水质监测实验室管理基础

主　　编　李怡庭　吴培任
副 主 编　朱圣清　潘曼曼
执行副主编　周良伟

中国水利水电出版社
www.waterpub.com.cn
·北京·

内 容 提 要

本书第一篇为水质监测实验室建设与运行管理，包括实验室建设、实验室管理、水质检验检测技术及应用、水质评价等；第二篇为水质监测质量管理，包括质量控制、质量管理、能力验证等。附录有水质监测常用词汇等内容。本书针对水利系统基层水质监测从业人员的特点，结合水质水生态监测工作实际需要，简明扼要地阐述了水质监测基本知识和新技术应用。注重专业性和可读性，深浅相宜，具有针对性、实用性和可操作性。

本书可供水利系统基层水质监测从业人员技术培训使用，也可供高校相关专业师生及第三方检验检测机构的技术人员参考。

图书在版编目（CIP）数据

水质监测实验室管理基础 / 李怡庭，吴培任主编.
北京 ：中国水利水电出版社，2024. 9. -- ISBN 978-7
-5226-2802-8

Ⅰ. X832-33

中国国家版本馆CIP数据核字第2024YW5519号

书　　名	**水质监测实验室管理基础** SHUIZHI JIANCE SHIYANSHI GUANLI JICHU
作　　者	主　　编　李怡庭　吴培任 副 主 编　朱圣清　潘曼曼 执行副主编　周良伟
出版发行	中国水利水电出版社 （北京市海淀区玉渊潭南路1号D座　100038） 网址：www. waterpub. com. cn E-mail：sales@mwr. gov. cn 电话：（010）68545888（营销中心）
经　　售	北京科水图书销售有限公司 电话：（010）68545874、63202643 全国各地新华书店和相关出版物销售网点
排　　版	中国水利水电出版社微机排版中心
印　　刷	清淞永业（天津）印刷有限公司
规　　格	184mm×260mm　16开本　47.75印张　1162千字
版　　次	2024年9月第1版　2024年9月第1次印刷
印　　数	0001—1000册
定　　价	**298.00**元

第一篇　水质监测实验室建设与运行管理

负　责： 李怡庭　周良伟

审　核： 吴培任　朱圣清

编　写： 刘洪林　田　华　杨浩文　董　华　刘玲花　王海兵　张　俊　吴　师　彭　菲　万晓红　王旭涛　梁永津　冷维亮　曲锦艳　李湫宜　刘晓茹　卓海华　吴云丽　高俊杰　武佃卫　韩小勇

第二篇　水质监测质量管理

负　责： 李怡庭　潘曼曼　周良伟

审　核： 吴培任　朱圣清

编　写： 万晓红　彭　辉　刘洪林　董　华　刘玲花　吴　师　杨浩文　杨　帆　王海兵　罗　阳　吴世良　高继军　冷荣艾　李淑贞　郎　杭

前 言

2007 年起，原水利部水文局及各流域水质监测机构每年面向水利系统各级水质监测机构举办多期水质监测技术培训。组织编写的系列培训讲义因与水质监测工作契合度高，经过教学检验后反映良好，获得参训人员普遍认可。在水利部《关于加强水质监测质量管理工作的通知》和水质监测质量管理“七项制度”实施后，淮河流域水环境监测中心和长江流域水环境监测中心约请了原水利部水文局、安徽省水文局、山东省水文局、上海市水文总站、广东省水文局、浙江省水文局、中国水利水电科学研究院水环境所等单位参加培训讲义编写的专家和技术人员根据各方面的反馈意见，对原讲义加以补充、修订、完善，连同水利系统历次开展的水质监测质量管理行动计划和实施情况的文件、成果报告汇编等，编写成《水质监测实验室管理基础》一书初稿。并于 2017 年 11 月在武汉经专家会审后定稿。后因机构改革和流域水环境监测机构的转隶，以及其他多因素的影响而延期交付出版。

本书结合水利系统水质监测工作需求和基层水质监测工作的特点，理论与实际相结合，以应用为重点，阐述了水质监测基本知识、实验室建设与管理、检验检测新技术应用、质量管理等内容。内容翔实，深浅相宜，注重专业性、针对性、实用性和可操作性。可作为基层水质监测从业人员岗位技术培训辅导教材使用，也可供其他水质监测管理、评价、检验检测技术人员及相关院校师生参考。

本书在编写中参考了一些专家的论文、著作，并得到业界声誉卓著的资深专家、中国环境监测总站研究员齐文启博士和相关方面的支持与帮助，在此一并表示感谢。

限于编者的水平，加之写作风格各有不同，不足之处在所难免，请读者给予批评指正。

编者

2022 年 10 月

前　言

编者

目　　录

第二篇　水质监测质量管理

第一篇

水质监测实验室建设与运行管理

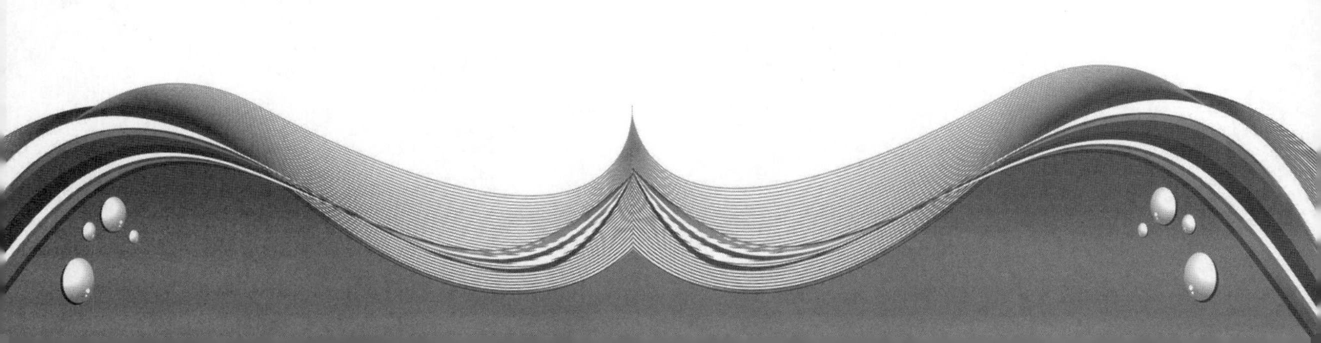

第一章　概　　述

第一节　水质监测的作用和特点

一、开展水质监测的作用

水质监测是我国水利部门一项重要的基础工作。在统筹水灾害、水资源、水生态、水环境治理，推动重要江河湖库生态保护，推行河流湖泊湿地休养生息，全面提升国家水安全保障能力，努力实现人与自然和谐共生的过程中，水质监测是一项不可或缺的技术支撑。

科学利用和保护水资源，改善水生态，防治水污染，首先需要了解和掌握水质和水生态状况。通过长期收集大量的水质监测数据，可以研究、掌握水体中水化学组分、污染物的种类、来源、分布和变化规律，对水质进行趋势预测，正确评价水质，计算水域纳污能力等。为水资源管理、水生态修复、水污染防治和科学研究提供依据。

二、开展水质监测的需求

水质监测是以江河湖库等地表水、地下水、大气降水以及向河道等水域排放的工业生产污水和居民生活污水为对象，利用各种检测手段来测定水质，检验水质是否符合国家规定的相关用水质量标准的过程。

水利系统开展水质监测的需求主要包括以下几个方面：

(1) 掌握水文水资源基本信息的需要。水质是水文要素之一，是合理开发利用、保护水资源的基础信息，是水利部门应该掌握的基本信息。

(2) 为水行政管理做好技术支撑的需要。落实最严格水资源管理制度，实施“河长制湖长制”达标考核工作、城市饮用水源地和行政区界水量水质管理、农村饮水安全、跨流域跨区域调水、建设项目水资源论证，以及水资源调查评价、水资源承载能力监测预警等都需要对水质进行有效监控。

(3) 配合有关部门做好突发性水污染事故监控的需要。特别是在危及或可能危及集中式居民饮用水源水质安全时，需要采取水资源调度措施降低水污染损害，及时启动应急机制，进行水质动态监测。

(4) 全面服务于经济建设和社会发展的需要。随着经济建设和社会发展，各行各业对水文信息的需求会更大，其中也包括对水质信息的需求。

三、水质监测工作的特点

水利系统的水质监测不仅要掌握江河湖库及地下水资源质量状况，还要对生活、生产、生态等用水和排入河湖的污水水质进行监测，其具有以下特点：

(1) 在服务方向上，由于是与水资源管理、水工程调度相结合，监控省际间、市县等行政区界水质状况及污水排入河湖水质状况，使水质监测具有服务于水行政管理的鲜明特征，主要为水资源的开发、利用、管理与保护提供服务。

(2) 在监测站点设置上以流域为单元，充分考虑行政区域水资源水生态管理需要，并尽可能与水文站的结合，因此，监测站网具有流域管理与区域管理相结合，量质并重的优势。

(3) 在监测站点的代表性上，注重水的自然属性和当地的经济社会发展，科学选择监测断面位置，因此，采集的样本代表性强；水质监测采样可由当地水文站负责，在采样上具有便利的条件；能做到采测分离，便于监测质量的管理。

(4) 在监测项目上兼顾天然水化学监测和当地的水污染情况，因此，具有能综合了解水体天然水化学特征与主要水污染的特点，能满足经济建设和社会发展的不同需要。

(5) 有一大批具有丰富的水文与水质监测经验的专业技术人员，有长系列的水文与水质监测资料，能够根据水文、河道等资料对流域水资源质量状况进行全面科学系统的分析和正确评价。

总之，水利系统水质、水量、水生态监测并重，流域监测与区域监测相结合，地表水、地下水、大气降水、水生态、入河排污口等多功能监测站网形成的独特优势，保证科学监测、诚信监测，为更好地服务于河湖长制和水资源管理考核提供快速、准确的科学依据。

第二节　水质监测工作基本情况回顾

一、水质监测发展历程

(1) 20世纪50年代中期起，全国各省（自治区、直辖市）水文系统陆续建立水化室，开展以“八大离子”（钾、钠、钙、镁、氯离子、硫酸盐、碳酸盐、重碳酸盐）为主的天然水化学的观测分析，目的是收集、了解水体天然水化学组分。其间，原水电部水文司于1962年编印了《水化学成分测验规范》，1974年组织制定了《水文测验试行规范》，1976年主编出版了《水文测验手册·第二册　泥沙颗粒分析和水化学分析》用于规范水化学测验。

这个时期的测验成果刊印在历年的《中华人民共和国水文年鉴》中。

(2) 20世纪70年代初，根据国民经济发展，对已出现的废气、废水、废渣等工业“三废”问题，提出水利部门不仅要管水量，还要管水质的要求。此后，又陆续开展了以挥发酚、氰化物、汞、砷、六价铬等“五项毒物”为代表的水污染项目的监测。进入20世纪80年代，随着经济社会的迅速发展，水污染日趋严重，为保护人类赖以生存的生态环境，全国人大常委会先后通过了《中华人民共和国环境保护法》《中华人民共和国水污染防治法》《中华人民共和国水法》等环境保护和自然资源保护的法律。国务院及其有关部委还相继颁布了一系列保护环境、防止污染及其他公害的行政法规。同时，人们对水资源保护的认识也得到提高，水利系统的水化学测验也随之转变为水质监测。

1）为适应形势变化，由单一的观测天然水化学状况，为工农业生产和水利工程建设服务向为水资源开发利用和水环境、水资源保护服务的转变。除原有的“八大离子”“五项毒物”外，根据具体情况增加了重金属和有机农药的监测。其间，原水电部水文局1982年印发了《水质监测技术规定》。1984年由原水电部批准发布行业标准SD 127—84《水质监测规范》，用于统一和规范全国水利系统的水质监测。1985年开始组织全国水利系统各级水质监测机构陆续开展实验室质量控制工作。

2）从1993年起，积极推进全国水利系统的水化室、水质监测中心统一更名为水环境监测中心申请国家计量认证。到20世纪90年代末，全国各省、自治区、直辖市和各流域的水质监测机构全部通过了国家级计量认证（资质认定），促进了各级水质监测机构质量体系的建立和实验室能力建设。1992—1993年，组织开展了全国水利系统水质监测机构的第一次质量控制考核（实验室间比对）和质量全优分析室评定，共有58个各级监测机构被水利部授予质量全优分析室。2003—2004年，又组织进行了全国水利系统水质监测机构的第二次质量控制考核（实验室间比对），通过质控考核等措施，以保证监测数据的可靠性。

3）组织开展全国水系本底值调查、海河流域中美地下水合作研究、长江和黄河流域中美河流沉降物化学研究、长江干流近岸水域水环境质量状况调查与研究、全国实验室分析质控考核与精密度偏性试验，以及北京等部分省市酸雨调查与研究、安徽省水污染动态监测和淮河流域水污染联防等工作。

1998年，水利部批准发布SL 219—98《水环境监测规范》，进一步规范水利系统的水质监测。

这个时期的监测成果，各省（自治区、直辖市）分别以水质简报、通报等形式向领导机关和相关部门提供江河湖库水质状况。并按流域刊印在历年的《中华人民共和国水文年鉴（水质分册）》中。

（3）2002年8月全国人大常委会通过修订后的《中华人民共和国水法》，2007年3月国务院发布了《中华人民共和国水文条例》，2008年国务院下发的水利部“三定”方案，以及地方法规都明确规定了水行政主管部门在水资源开发、利用、节约、保护、管理以及防治水害具体的职责，包括赋予水利部门开展水质监测的职责。水利部相继出台了《水功能区管理办法》《入河排污口管理办法》《水文站网管理办法》等部门规章。特别是《中共中央　国务院关于加快水利改革发展的决定》和《国务院关于实行最严格水资源管理制度的意见》，确定了“三条红线”，并实施“四项制度”。这些都给水利系统水质监测工作提出了新的要求与任务。在实行最严格水资源管理制度“三条红线”中，监测工作涉及水资源开发利用控制红线、水功能区限制纳污两条红。在“四项制度”中，监测工作涉及用水总量控制、水功能区限制纳污，以及水资源管理责任和考核三项制度。水质监测工作在水资源保护与管理中的作用更加突出，对监测的要求进一步提高，社会公众对水质监测的公共服务能力的需求也进一步加大。

1）2000年以来，水利系统水质监测工作有了较快发展。水质、水生态监测取得了显著的成绩。建立了流域与区域相结合，地表水、地下水、大气降水、水生态和入河排污口立体化监测网，统筹水质、水量与水生态监测。在监测手段与方式方面，常规监测与应急监测、固定监测与动态监测、人工监测与自动监测等多种监测手段与方式有机结合，相互补充。

2）为适应水资源、水生态、水环境管理的要求，2010年水利部印发《关于加强水质监测质量工作的通知》（水文〔2010〕169号）。水利部水文局制定了水质监测质量管理"七项制度"。在全国水利系统强力推进并圆满完成水质监测质量管理三年行动计划。①组织进行了有271个水质监测机构参加的全国水利系统第三次质量控制考核（实验室间比对），其中74个实验室被评为水利系统水质监测质量与安全管理优秀实验室；148个实验室被评为优良实验室。②广泛开展水质监测从业人员上岗培训和考核，全国水利系统水质监测从业人员均通过培训考核合格持证上岗。为配合培训与考核，2013年出版《水环境监测实用技术问答与岗位技术考核试题集》（中国水利水电出版社），2020年修订并更名后再版《水质监测岗位技术考核题集与水环境实用技术问题解答》（中国水利水电出版社）。③根据原部水文局要求，2015年起，水环境监测评价研究中心组织水利系统水质监测机构连续多年开展了能力验证。近几年，水环境监测评价研究中心作为协调者已多次成功地实施了由国家市场监督管理总局组织的全国检验检测机构能力验证。通过开展能力验证，水利系统水质监测技术和质量管理整体水平得到了较大提高。

2013年水利部批准发布SL 219—2013《水环境监测规范》，用于统一和规范水利系统的水质、水生态监测。为便于学习掌握，主编单位组织编写出版了《〈水环境监测规范〉（SL 219—2013）释义》一书（长江出版社，2015）。

3）监测能力快速提升，2002年和2015年，水利部分别批准发布SL 276—2002《水文基础设施建设及技术装备标准》、SL 684—2014《水环境监测实验室分类定级标准》两项行业标准，明确提出水质监测机构场所和仪器设备的配置要求，有力推进水利系统水质监测的能力建设。全国水利系统300多个各级水质监测机构均已获得国家级资质认定。仪器设备更新加快，陆续配备了气相色谱仪、液相色谱仪、气相色谱质谱仪、液相色谱质谱仪、流动分析仪、气相分子吸收光谱仪、电感耦合等离子体发射光谱仪、电感耦合等离子体发射光谱质谱仪等大型精密检验检测仪器，流域监测机构和部分省级监测机构已满足现行的《地表水环境质量标准》和《地下水质量标准》对检验检测能力的要求。

这个时期的水质、水生态监测成果，分别在《中国水资源公报》、各流域水资源公报、各省（自治区、直辖市）水资源公报（水质部分）公布，同时也以《水质月报》《水质年报》的形式向领导机关和相关部门及时提供水质信息。并以流域为单元整汇编录入数据库。

二、水质监测工作展望

（1）2018年，根据国务院机构改革方案，水利部不再承担编制水功能区划、入河排污口设置管理、流域水环境保护职责。由此，水质监测工作重点也随之转变，水质、水生态监测首要目标是为水资源管理与保护服务。

1）明确定位，继续实施对江河湖库和地下水水质等水文要素的监测。把重点监测水功能区和入河排污口转变为水质、水生态监测、调查和分析评价。水质监测就是要站稳河湖和地下水哨位，发挥“耳目”“尖兵”作用，重点服务于河湖长制和最严格水资源管理制度的考核。

2）夯实基础，按照水行政管理要求，充分利用现有水文站网和地下水观测井网等资源，建构严密的水质水生态监测网，要从站网规划、实验室建设运行与管理等方面加以提升。按照“应设尽设、应测尽测、应在线尽在线”原则，加快完善水文水质监测体系。

3）提升专业能力，加强应急监测技术储备，建构突发水污染事件应对预案。针对各类风险源，提前制定并滚动修订应对预案，坚决守住重要供水水源地水质安全底线。同时应重视开展必要的预防性监测和研究性监测。

4）根据河湖管理和水资源保护的需要，全过程跟进做好水量水质、水生态监测，快速、准确、及时提供水质、水生态监测信息，服务于水行政管理工作。如供水水源地的监管、突发公共水事件处置、跨流域跨区域调水、农村供水水质、大型水工程竣工验收、河湖生态环境复苏等方面水行政监督和评估考核。继续以水资源公报（水质部分）、水质月报、水质年报向领导机关和相关部门及时提供水质信息，充分有效地发挥水质和水生态监测的作用。

（2）水利部2022年3月25日印发《水质监测质量和安全管理办法》（水文〔2022〕136号），连同2020年11月印发的《水文监测监督检查办法（试行）》（水文〔2020〕222号），用强力的行业监测技术管理、质量管理和安全管理，促进行业监测技术水平的不断提高。

1）水资源的质与量具有自然、社会、经济和生态与环境属性，是水环境、水生态不可分割的基本要素。既要满足当前水资源保护与管理的需要，又要充分考虑水利事业长远发展的需要；既要全方位做好河湖、地下水保护与管理的技术支撑，又要长期、系统地观测与监测自然演变与人类活动等因素对水环境、水生态的影响及变化趋势。运用现代科学技术方法，对水体的物理、化学和生物成分和含量进行全面检验检测，开展水质预测预报和分析评价工作。

2）水质监测任务呈现多元化，既要开展水量、水质监测，还要进行水生态监测。加强自身建设与发展，从站网规划、实验室建设运行与管理，监测技术与质量安全管理，到开展水生态监测与重要河湖健康评估、水生态修复等，充分利用现有水文站网和地下水观测井网等资源，全过程做好水质、水生态监测，加强水质预测预报和分析评价。同时要加强应急监测技术储备，根据水资源管理需要，关注新污染物监测，重视开展必要的预防性监测和研究性监测。

要推进水质、水生态监测数智化转型，提升监测工作全过程流程化、数字化建设，逐步实现智慧监测。应尽快组织修订 SL 219《水环境监测规范》，积极应用新技术、新装备，以适应新时期水质水生态监测工作的需要。

3）近年来，水质监测项目和检验检测方法有较大变化，水质监测由微量分析向痕量、超痕量发展；由污染物成分分析发展到化学形态分析；由监测水体的理化性质发展到物理、化学、生物和生态全面监测。应积极参与或跟踪国家、行业或团体的有关检验检测方法标准的制修订，采用先进、高效的新方法做好水质监测。随着样品前处理方法和检验检测技术进步，自动化监测的水平快速提高，许多老的技术已被淘汰。气相色谱-电感耦合等离子体质谱（GC－ICP－MS）联用、色谱-核磁共振波谱（NMR）联用、色谱-傅里叶变换红外光谱联用等技术在检验检测工作中将得到应用和完善；以满足河湖、地下水管理对水质、水生态监测的时空代表性、系统完整性与可比性、可溯源性、检验检测精密性与准确性等技术与质量的要求。

4）在水生态修复，构建自然连通的健康水循环体系，实施幸福河湖建设中都需要持续挥发水质水生态监测的作用。各级监测机构要开展定期监测、研究，确认并逐步完善湖泊湿地水生生物图谱库，积极构建各地主要湖泊湿地生物资源库，深入开展生物多样性、水生态调查评估等工作，推动水生态监测能力跨越提升。

第二章 实验室建设

第一节 总体要求

水质监测实验室是检验人员从事水环境样品分析工作的场所，是水质监测机构必不可少的组成部分。检验人员在进行样品分析过程中，需要使用各种化学药品、精密仪器和辅助设备等，有些化学药品易燃、易爆、有毒、具有腐蚀性，在使用过程中会产生有毒、有害气体，分析所用精密仪器对环境的温度、湿度、洁净度有一定的要求等，因此，在筹建新的实验室或改建实验室时，除考虑建筑规范的要求外，对实验室的场地、房屋结构、功能室、环境、室内设施等特殊要求均应考虑周全，以满足实验工作的需要。

一、实验楼场地选择

在实验楼场地选址时，应选择在阳光充足、空气流通、场地干燥、排水通畅、地势较高，并远离灰尘、烟雾、噪声和有振动源的地段，尽量远离密集居民居住区。

二、实验楼建筑结构要求

实验室房屋结构要尽可能做到防震、防火、防尘、防中毒、空气流通、光线充足。

建筑结构应宜采用框架（剪力墙）结构或钢结构，消除混合结构中承重墙对空间的限制，以提供大面积的敞开空间以及一定的层高，便于各种类型实验室的布置与建造。实验室内部墙体结构应保证实验室具备良好的透明度，其意义在于：①提高安全性。由于实验室往往结构比较复杂，工作人员较少，因此，提高实验室透明度，有利于及时发现实验过程中出现的意外事故。②提高明亮度、增强开阔感。由于实验室隔墙很多，对光线的阻挡程度较重，因此，提高实验室透明度，有利于保证整个实验区域，包括走廊的明亮程度，并增强开阔感。

实验室的建筑材料应采用耐火或用不宜燃烧的材料建成，隔断和顶棚也要考虑到防火性能。

实验室建筑物的朝向，应根据夏季主导风向对实验室能形成穿堂风或能增加自然通风的风压作用确定。实验建筑物的迎风面与夏季主导风向宜成60°～90°夹角，最小也不宜小于45°，夏季主导方向可参照《采暖通风与空气调节设计规范》选取。实验楼最好是东西走向，坐北朝南，避免在东西向（尤其是西向）的墙上开门窗户，以防止阳光直射化验室仪器、试剂等，影响化验工作的进行。若因条件限制，无法取得最佳朝向时，则应设计局部遮阳或采取其他的相应补救措施。

楼面的载荷按照《工业与民用建筑结构荷载规范》，实验室为200kg/m^2，若荷重较大的实验室按照实际情况进行设计建造。

建设地点的防雷情况要调查清楚，在实验大楼建设时要提出防雷要求。

三、实验楼各功能实验室的要求

（一）实验室房间尺寸要求

各功能室的大小应根据实验楼的面积、实验室人数、实验室设备的数量和所设置功能室的数量来统筹考虑，化学分析室需根据放入前处理需要的设施（如水浴锅、烘箱、超声波清洗仪、培养箱等）数量及大小，确定房间的尺寸。近几年有些大的实验室采用比较大的开放空间作为化学分析室，将前处理设备集中在此区域，方便检验人员使用；仪器室根据放置仪器的大小及台数来确定其面积大小；试剂室、样品室等辅助实验室的面积应根据存放化学试剂、样品量的大小确定，其面积没有特殊规定。每间实验室的面积大小与建筑模数有关，根据采用何种模数及何种结构形式比较符合实际，计算实验室的使用面积。

实验室空间尺度又称实验室的模数，一般指实验室的开间、进深、层高、走廊的尺度。我国实验室的开间一般采用3.0m、3.3m、3.6m三种开间模数。原因主要是：

（1）能满足实验工作的正常需要。实验室的中央实验台和边台宽度为0.75～1.8m，设有工程管网的该类实验台宽度一般不小于1.4m，两个实验台之间的距离一般为1.2～1.8m。这样的开间均能满足上述的需要。

（2）开间模数与工业化生产紧密结合起来，考虑结构配件的互换性，有利于预制品构件的大量生产，与多层工业建筑6.0m柱距结合起来，与民用建筑中多采用3.3m的开间模数结合起来。

（3）与统一的标准窗扇采用0.3m为倍数的尺寸相结合。

实验室的进深主要取决于以下5个方面：

（1）根据实验性质确定的每个实验人员需要的实验台长度。

（2）实验台的布置方式。相同长度岛式实验台比半岛式实验台所需要的进深度大。

（3）实验台的端部是否布置检验人员进行数据处理的桌面。

（4）通风柜的布置方式，通风柜平行窗户布置比垂直窗户布置的进深大。

（5）采光通风方式。

综合上述的5个方面的因素，进深一般为6.0～9.0m。即6.0m、7.0m、8.0m、9.0m四种进深，基本上能满足实验室的要求。

层高指板面到楼板面的高度，净高指楼板底面（或吊顶面）到楼板面的距离。实验室的层高主要取决于实验室的类型。需要安装空调、通风、各排水等工程管网的实验室，因空调系统管道、通风管道等工程管网所占用的空间较大，这类实验室的层高一般要求较高，高度宜采用3.6～4.5m。洁净实验室本身的净高比一般实验室的净高要低，这是由于洁净实验室的空调冷量以及采用人工照明等原因，一般净高为2.5m左右。

走廊宽度要求一般为单面走廊净宽1.5～1.8m、双面走廊净宽1.8～2.1m，当走廊上空布置有通风管道或其他管道时，应加宽为2.4～3m。为了方便一些大型实验设备的运输和搬运，在条件允许的情况下，走廊宽度尽量采用较宽的尺寸。

（二）实验室的墙体要求

各实验室之间、实验室与走廊之间的间隔可采用实墙进行分隔，也可采用玻璃进行透明化分隔，或者两者结合。

当实验室采取透明化分隔时，地面以上宜采用不低于1m的实墙，以便放置装有电源插座的实验边台，并耐受推车等物体的冲撞，提高安全性。走廊两侧可以在条件允许的前提下尽量提高透明面积的比例，纵隔墙不宜全部采用玻璃隔断。实验室充分而有效地利用空间是现代实验室设计的重要理念之一，提高单位空间的储物量在大多数实验室中都是非常必要的，在实验台上方设置支架或在墙上安装吊柜是一种被普遍采用的既简洁又美观、实用的方式，因此，应根据具体情况，在需要的地方以实墙代替玻璃隔断来争取空间，储藏或搁置实验物品。当纵隔墙采用玻璃隔断时，应在近走廊与外墙处各留不小于1.5m的实墙，以增加墙体的刚度，并在一定程度上遮挡背部较为难看的冰箱、培养箱、器皿柜、资料柜等高大物件，增加试验室的总体美观性。

当采用实墙进行实验室分隔时，墙面材料应满足吸附性小，耐酸、碱及消毒剂等化学物质的腐蚀和清洗方便的要求。应优先选用厚度薄、保温性好、施工方便的新型轻质材料，并满足牢固、保温、防火及表面光滑平整的要求，对合理布局、扩大使用面积、提升建设档次、展现良好形象具有显著的作用，而且应对未来的改建、扩建具有较好的灵活性。

目前许多大型实验室多采用彩钢板为实验室内间隔墙体材料，实验室易于清洁且比较美观，但费用较高；也有采用钢化玻璃作为室内隔墙材料。比较传统的做法是化学分析室墙体采用加气块或空心砖为墙体，用瓷砖贴墙或涂防水防腐涂料；仪器室涂防水涂料、乳胶漆；洁净室用彩钢板包墙。传统的方法费用较低，但清洁比较费力且美观度稍差。

（三）实验室地面要求

实验室及其配套附属用房的地面，首先要考虑的是安全因素。这就要求同一楼层的各个房间的地面处在同一水平高度，各房间之间的通道、房间与走廊的地面不设台阶，不设门槛。地面要平整、防滑，各个通道地面都应无突出物、障碍物。设有地漏装置的房间，地面出水应自然、流畅、无淤积现象。

实验室地面装修材料应采用耐腐蚀、耐磨损、易冲洗的建筑材料。对于无洁净度要求的实验室，包括普通化学分析室、一般仪器室等可以选用防滑地砖，不仅耐酸耐碱，而且价格低廉。对于洁净实验室和其他有特定要求的实验室地面材料，除应满足上述一般要求外，更应满足整体无缝隙的要求，材料可选择环氧树脂或PVC地板胶。一楼的地面应采取防潮措施。对有防静电要求的房间，应采用具有防静电功能的地板胶或油漆。

（四）实验室门、窗要求

门窗的设计，除了要符合有关采暖通风空调的设计规范外，还要符合节能建筑的要求，不可采用大面积的外窗或玻璃幕墙来作为外墙的表现形式。

实验室因需要搬入尺寸较大的仪器设备，因此门的宽度一般至少为0.9m以上，实验室面积较大可采用双扇门，双扇门的宽度一般为1.5m。考虑到实验室如果发生意外时，需利于人员的撤离，门的开向应向房间外开，大实验室应设置两个出口。

窗户要能防尘，并应设置窗帘；精密仪器室对防尘的要求较高，因此需要窗户为双层窗；洁净室的窗户应密封；设计窗户大小时应考虑保证室内有充足的光照。因化学实验室易产生腐蚀性气体，窗户的材质最好采用塑钢材料或铝合金表面进行静电喷涂材料。

（五）实验室防震要求

（1）在选择实验室的建设基地时，应注意尽量远离振源较大的运输干线，以便减少或避免振动对实验室的干扰。

（2）在总体布置中，应尽可能利用自然地形，以减少振动的影响。如可利用河浜将产生振动的建筑物和实验室隔开。

（3）建设时根据《建筑抗震设防分类标准》，结合水利行业水环境监测中心的安全特点，确定实验楼的建筑抗震设防类别。

（六）实验室的接地要求

为保证实验室用电安全和保证电器设备的正常，实验室所使用的电器装置和仪器设备均应接地。新建实验室有条件应单独设置接地系统，接地电阻越小越好，一般在4Ω以下，个别仪器需要达到2Ω以下。对要求较高的仪器设备，如电感耦合等离子发射光谱仪，应单独安装接地系统，接地电阻要求根据仪器厂家的具体要求。

第二节　室　内　布　局

一、实验室应具备的功能室和布局的要求

（一）实验室需具备的功能室

实验室应有足够的场所满足各项实验的需要。每一类分析操作均应有单独的、适宜的区域，各区域间最好具有物理分隔。水质监测主要有综合指标和无机污染物监测、有机污染物监测和生物监测三大类，因此实验室用房大致分为三大类：化学分析室、仪器室、辅助室。化学分析室主要用于进行样品的化学前处理和分析测定，根据前处理样品检测污染物类别，可设置为无机污染物分析实验室、有机物污染物分析实验室、微生物分析实验室、藻类分析实验室等；仪器室是用于放置分析测定处理后样品的精密仪器，按照实验室所配置仪器的不同，应设有便携式仪器室、放置紫外可见分光计等的小型仪器室、天平室、原子吸收室、原子荧光仪室、电感耦合等离子发射光谱仪（ICP）、离子色谱室、连续流动/流动注射分析仪室、测油仪室、气相色谱室、液相色谱室、气质联用仪室、液质联用仪室、电感耦合等离子体质谱仪（ICP-MS）室等；辅助室主要有办公室、资料档案室、样品室、质控室、制水室、气瓶室、更衣室、高温室、配电房，以及存放化学药品、玻璃器皿、杂物等设备的仓库等。

（二）功能室的布局要求

各类功能室在楼宇中的垂直布局，应根据各类用房散发废气的毒性、刺激性及异嗅的强弱程度，以及工程管网量，并考虑合理的人流、物流组织和工作流程来确定。

办公室最好与实验区域分层设置，如无法分层设置，则必须分区设置。实验、办公等各类功能用房，如集中在一个楼宇的，宜将实验用房置于楼宇最上部，明确功能分区，保证实验用房呈独立区域，并处理好交通关系，建立完善的管理机制，避免不同类别的人流、物流相混杂。

为了合理组织人流、物流，避免交叉污染，方便检测工作，实验建筑内部平面布局应

满足下列要求：①实验区与非实验区相互隔离；②人员经更衣室更衣后进出实验区；③物品，特别是大型仪器设备经垂直通道到达楼层后可直接进出实验区；④符合检测流程。实验用房在楼层间的布局，宜按类别单元进行归拢，分层设置。对于容易造成交叉干扰，而又难以有效隔离的实验室，不得同层混合布置。同一类的样品前处理室和进行这类检测的仪器室应设置在同一层；天平是实验室必备且使用较频繁的常用仪器，应尽量靠近化学分析室，如实验室为多层建筑，为方便使用，每一层均应设置一间天平室；用于进行微生物检测的准备室和无菌室应紧挨设置。

（三）应急救援设施设置要求

洗眼器与紧急冲淋器是在非常态状况下使用的两种应急救援设施。

在需要经常使用硫酸、盐酸、硝酸及氢氧化钠等强腐蚀性化学品，以及需要接触致病微生物的实验过程中，当意外发生，造成化学灼伤或受到生物污染时，需立即采取紧急救护措施，比较理想的处理办法是在第一时间进行大水量冲洗，因此在危险实验区，宜根据实验性质，合理设置洗眼器与紧急冲淋器。

对于一般化学实验区，可以洗眼器为主，紧急冲淋器为辅，设置在易受化学灼伤的实验室内。当受条件限制时应在紧急疏散方向的公共区域，或交通便利、服务半径较小的区域（如公用走廊的中部），设置共用洗眼设施和紧急冲淋装置。

洗眼器与紧急冲淋器的水质应保持清洁。在建筑设计时应合理设置下水系统，以便定期置换管中陈水，保持水质常新。紧急冲淋器底部地面应防滑，不宜设置挡水板或淋浴盆，以防应急人员滑倒、绊倒，并采取地面防水措施，以免在日常维护保养过程中影响周遍环境。

有条件的实验室，应设置与检验检测范围相应的有毒有害气体报警器等安全防护报警设施，以便及时发现问题，消除隐患。

二、实验室对环境的要求

不同的功能实验室由于实验性质不同，对温度、湿度、阳光、粉尘、振动等有不同的限制要求。

（一）天平室

高精度天平对环境有一定要求：防振、防尘、防风、防阳光直射、防潮湿、防腐蚀性气体侵蚀以及较恒定的室温。天平的精度越高，对环境的要求也越高。因此天平室在设计时应满足如下要求：

（1）天平室应专室专用。如果受条件限制，即使是放在精密仪器室，也应安装玻璃屏墙分隔，以减少干扰。

（2）天平室设置应避免靠近阳光直射的外墙，不宜靠近窗户安放天平，室内应采用冷光源照明。

（3）天平室应远离振源，室内应安装专用的天平防振台，避免环境的振动影响天平测量的精度。

（4）1级、2级精度天平，对环境温度要求为20℃±2℃，相对湿度为50%～65%；分度值为0.001mg的3级、4级天平，对环境温度要求为18～26℃，相对湿度为45%～

75%；因温度变化影响电子元件和线路的稳定工作，电子天平对环境温度要求比较严格为20℃±1℃，且温度波动不大于0.5℃/h。

（二）精密仪器室

（1）大型精密仪器，如原子吸收仪、电感耦合等离子发射光谱仪（ICP）、离子色谱、气质联用仪等应专室专用，同类型的多台仪器可放置在同一间室，不同类型的仪器应分开房间放置。

（2）精密仪器多由光学材料和电器元件构成，对环境的温湿度均有一定的要求，一般对温度要求为15～28℃，湿度为75%以下。

（3）大型仪器，尤其是ICP，应有专用的地线，切勿与其他电热设备或水管、煤气管相接，否则会影响仪器的稳定性。

（4）放置仪器的桌面要结实、稳固、抗振，四周应留至少50cm的空间，以便于操作与维修。

（5）原子吸收仪、ICP、气相色谱、液相色谱、测油仪、连续流动/流动注射分析仪室等室内应有良好的通风，均应安装排风罩。

（6）需要使用气体的仪器，高压气体钢瓶应放于仪器室外另建的钢瓶室，因条件限制无法另外设置气瓶室时，应将钢瓶放在气瓶柜内，存放易燃、易爆的气瓶柜要求有报警功能。

（7）为确保仪器的稳定，仪器室需要加接交流稳压电源与不间断电源。

（8）在仪器室就近设置相应的化学处理室时，精密仪器要注意防腐。

（三）化学分析实验室

（1）室内的温湿度要求较精密仪器室宽松，实验室的温湿度按人体舒适性要求控制即可。

（2）室内照明宜用柔和的自然光，要避免直射光，当需要使用人工照明时，应注意避免光源色调对实验的干扰。

（3）室内应配备专用的给水和排水系统。

（4）因样品在前处理过程中会产生有毒有害气体，因此室内应根据检测工作的需要设置足够的通风设施——排气扇、万向排风罩、通风柜等。对产生较多有害物质的测试，可以放在通风柜内，通风柜内的气流通过排风机将实验室内的空气吸入通风柜，将通风柜内污染的气体稀释并通过排风系统排到户外，以确保实验室人员不受实验过程有害物质伤害。

（5）分析室如果配置空调，要设置室内的换风系统，保证室内空气新鲜，确保实验室人员的身体健康。

（四）化学试剂仓库

用于存放少量近期要用的化学药品，要符合化学试剂的管理与安全存放条件。仓库与其他房间之间的间隔需采用实墙，门窗应坚固，安装防盗门窗。仓库对温湿度有一定的要求，一般选择干燥、通风的北屋，避免阳光直接照射，达不到要求时，室内应安装空调进行调节，并应设置换风系统。存放挥发性的化学药品的试剂柜应设置排风系统。室内应安装防爆照明灯具。少量的危险品，可用铁皮柜分类隔离存放。

（五）洁净室

洁净室的工作目的是控制检测对象因外界和人的污染以及各房间的交叉感染而受到的污染。主要用于分析水中微生物，有十万级、万级、百级等，水环境监测实验室的洁净室一般要求达到万级即可。

该室对防尘菌要求比较严格。装修主要解决的技术问题是对空气中微生物的过滤清除和各种表面上的细菌处理。使用不产尘、不结尘、不产菌的不锈钢操作台，排水管采用耐强酸碱的 PPR 材料，给水管采用镀锌钢管，采用感应水龙头。要求专用的通风系统，室内有一定的正压，净化空调系统采用变频系统，经过初中高效过滤。

（六）气瓶室

若实验室有条件，易燃或助燃气体钢瓶要求安放在室外的气瓶室内。实验室用气采用由气瓶室引出，将各种气体如 Ar（氩气）、N_2（高纯氮气）、He（氦气）、空气等，分别输送到需要使用气体的各实验室。气瓶室要求远离热源、火源及可燃物仓库。墙体要用非燃或难燃材料构造，墙壁用防爆墙，轻质顶盖，门朝外开。室内要求有排风系统，并安装防爆灯。要避免阳光照射，并有良好的通风条件。钢瓶要按照可燃、惰性气体分开摆放，对摆放可燃气体的钢瓶区域要安装探头及报警系统。钢瓶距明火热源 10m 以上，室内设有直立稳固的铁架用于放置钢瓶。

三、室内布置要求

（一）天平室

天平室要求设有天平台、边台，天平台用于放置天平、边台用于放置需要称量的化学药品、干燥器等。

天平台要求具有防振功能，尺寸一般为长度 900mm、宽度 600mm、高度 850mm。

边台的宽度一般为 750mm，高度为 850mm。

（二）仪器室

要求设有仪器台、资料柜和气瓶柜。

仪器台的放置要求离墙 500～800mm，布置方式根据房间的规格大小、面积和放置仪器的种类、大小尺寸和数量而不同，多为直条型、L 形和 U 形。台面的宽度一般标准为 750mm，高度为 850mm，宽度可根据仪器的宽度大小进行调整，如 ICP 等仪器比较宽，台面的宽度一般选择 1000～1200mm；高度也可根据实验室人员的高度进行适当的调整。仪器台要求设置足够的多功能电源插座。

若实验室不采用气体集中供气，需要使用气体的仪器室应购置气瓶柜，气瓶柜要求靠墙放置，种类一般有可放置单瓶、两瓶钢瓶的，也有带报警功能的，可根据放置气体的数量和种类的不同进行选择。

（三）分析实验室

要求设有实验台、洗涤池、器皿柜、放置前处理设备如离心机、搅拌器、烘箱、水浴锅等的辅助台、通风柜等。

实验台的布置方式一般采用岛式和半岛式。岛式实验台，实验室人员可以在四周自由行动，在使用中是比较理想的一种布置方式，但占地面积比半岛式实验台大。半岛式实验台，有两种：一种靠外墙设置，另一种靠内墙设置，一般选择靠外墙设置，因其配管可直接靠墙立管直接引入，自然采光较好，发生危险时易于疏散。实验台要求配有试剂架、电源插座和洗涤池，种类一般有中央台和边台两种，台面的宽度标准中央台为1580mm、边台为750mm、高度为850mm。

辅助台一般为靠墙设置，放置烘箱、马弗炉等设备的台面要求耐高温，承重性较强，台面要求设置电源插座。宽度标准一般为750mm，高度为850mm。

通风柜、器皿柜一般靠墙放置，数量根据实际需要设置。规格一般有1200mm和1500mm两种。器皿柜插入器皿的层板最好可拉出，方便使用。

室内布置在靠墙位置需预留一定位置放置冰箱等落地设备。

（四）洁净室

洁净室根据工作流程至少需要具有更衣间、缓冲间和无菌间。更衣间需要放置衣柜；缓冲间一般需要安装风铃；无菌间要安装不锈钢的操作台。

（五）样品室

要求有足够的样品柜、冷藏柜和冷冻柜用于存放样品及样品瓶，有特殊要求的，可根据条件设置恒温区域；带水池的实验台用于清洗水样瓶。

（六）化学药品仓库

要求有试剂柜，试剂柜分为带抽风和不带抽风两种，根据存放试剂种类进行选择。

四、实验用台柜的材质要求

实验用台柜的基材应符合环保要求，面材应具备理化性能好、耐腐蚀、易清洗、防水、防火的特点，结构与配件应满足人类功效学及操作安全的要求。

第三节　通排风系统

在各类实验过程中，常会产生各种有毒、有腐蚀性、异嗅及易燃易爆的气体。这些有害气体需要及时排出室外，避免造成室内污染，保障实验人员的健康与安全，延长仪器设备的使用寿命。因此，实验室通风是实验室建设不可缺少的一项重要内容，要特别注意工作场所有害因素职业接触限值是否控制在国家标准内。

一、实验室通风的种类

（一）自然通风

自然通风是实验室全面通风的一种重要方式，它主要是依靠室外风力作用在建筑物上所形成的压差，使室内外空气进行交换，从而改善室内的空气环境，其优点是不消耗能源，在一般情况下通风换气量大、效果显著。实验室的自然通风主要依靠开启门窗来实现。因此，实验建筑物不宜采用玻璃幕墙，宜采用窗下墙形式。从采光和通风的要求来看，采用大面积外窗可增加采光量和通风量，但从节能要求来讲，采用大面积外窗，将增加空调的能耗，因此如何做到合理利用采光面积，将是每一个设计人员必须认真考虑的问题，必须从节能的角度来核算具体开窗面积的合理性。

（二）机械通风

机械通风是通过排风设施将室内空气抽出，是实验建筑不可缺少的重要的通风方式，例如：①许多实验室需要具备洁净、负压、恒温恒湿的环境条件，须设置空气调节系统；②在实验过程中集中产生的有毒有害气体需要通过局部排风罩进行捕集、排除等。因此，建筑形式应便于采取机械通风措施，在需要采取机械排风的功能室预留通风管，通风管管径大小需根据通风量经过计算合理分配。同时采用局部排风和全面通风措施时，应避免全面通风对局部排风气流产生横向干扰。对可能会产生有毒有害气体的局部单元，必须采用独立的通风系统。

不同功能类别的实验室，不得采用公共新风、回风和排风系统，其意义主要在于以下两方面：

（1）防止不同实验室的空气随回风相互混合，造成交叉干扰。

（2）系统简单、使用灵活、运行费用低、维修方便。

实验室的空气调节，应保证一定的新风量，其新风量按《采暖通风与空气调节设计规范》和《洁净厂房设计规范》要求，应不低于总送风量的10%，且应不少于40m^3/（人·h）。

二、机械通风方式

（一）全室通风

对于分散、少量释放有害物的实验用房，宜采取全面机械通风措施，减少危害。一般采取排气扇或通风竖井，换气次数一般为5次/h。

（二）局部排气罩

对于集中大量释放有害物的实验操作点，应采取局部机械排风措施；一般在大型仪器会产生有害气体的上方和在分析实验室中产生有害气体的上方设置局部排气罩以减少室内空气的污染。局部排气罩又有固定排气罩（一般排风量为650m^3/h）和方向可改变的万向排气罩（一般排风量为150m^3/h）两种。固定排气罩的材质一般使用不锈钢等金属材料，因其管路较宽，排风量较大，排气罩离仪器排气口的高度一般根据具体仪器要求而定，为预防以后仪器变化，将排气罩高度制作成可进行适当调节；万向排气罩的材质采用比较轻的有机塑料等材料，因其管路比较细，排风量较小。

（三）通风柜

这是实验室常用的一种局部排风设备。内有加热源、气源、水源、照明等装备。可采用防火防爆的金属材料制作通风柜，内涂防腐蚀涂料，通风管道要能耐酸碱有机物气体腐蚀。风机可安装在顶层机房内，并应有减少振动和噪声的装置，排气应经过处理塔后排出。排风系统的设计管路、排风机时需避免互相有影响的实验室共用一个风机和通风管路，以防交叉污染。风机应使用变频风机，排风系统可根据实验室的风量变化自动调节排风量，确保实验室达到良好的排气效果。

通风柜在实验室内的位置，对通风效果、室内的气流方向都有很大的影响，在室内的正确位置是放在空气流通较小的地方，下面介绍几种通风柜的布置方案：

（1）靠墙布置：这是最为常见的一种布置方式。通风柜通常与管道井或走廊侧墙相接，这样可以减少排风管的长度，而且便于隐蔽管道，使室内整洁。

（2）嵌墙布置：两个相邻房间的通风柜可分别嵌在隔墙内，排风管道也可布置在墙内，这种布置方式，有利于室内整洁，又节省一定的空间。

（3）独立布置：在实验室内设置四面均可观看的通风柜，此种通风柜适合于大型实验室，分析实验室面积比较大，使用通风柜人员较多。

通风柜的种类根据材料有全钢、钢木等种类，规格一般有1.2m、1.5m等，其中1.2m通风柜一般排风量为1600m^3/h，1.5m通风柜一般排风量为1800m^3/h。各实验室装备生产厂家在设计方面有所不同，可根据实验室具体要求和经费情况进行选择。

（四）实验室通风设计注意事项

负责实验室建设人员在进行通风设计前需明确具体的通风需求，哪些功能室需要排气，哪些仪器需要采用排气设施，排气量大小、排气罩位置等都需明确。一般所有的化学分析室、仪器室、化学试剂仓库都要求有排风扇对室内进行全面排风；需要使用挥发性有毒试剂进行前处理和分析实验的化学实验室要求配置通风柜和在实验台上方配置万向排气罩；产生废气的仪器室根据仪器要求配置固定的排气罩或万向排气罩。进行水样前处理目前实验室多采用风机设置在楼顶，各室的排风经过排风管到楼顶排放。一般建议划分区域设置风机排风，为达到较佳排风效果，一台风机控制的排风区域范围不要太大。

三、实验室空调、采暖系统

除有特殊实验条件的实验室外，一般实验室的温度、湿度除了应满足舒适性要求外，还应满足仪器设备的特殊工作要求，通常夏季温度不超过28℃，冬季温度不低于16℃，相对湿度为小于75%。因此实验室需安装空调、采暖设施，保证实验室环境温、湿度符合实验环境需要。

（一）空调

实验室空调可每间功能室独立安装，也可使用中央空调系统。采用中央空调时，系统不得造成不同实验室之间空气交换，并应满足使用灵活、节能的要求。有洁净、恒温恒湿、负压等特殊空气条件要求的实验室，空气调节系统宜分别独立设置；若采取合并系统，应按功能、类别进行归类组合形成不同的系统单元，各系统单元独立设置。

对可能产生有毒有害气体的实验室，应采用负压的空调系统，避免有害气体散出对周围环境造成危害。

总之，实验建筑物的空调应满足以下要求：

（1）满足避免造成交叉污染的要求。不同的实验室不得通过空调系统发生空气交换，造成实验室交叉污染，因此各实验室的空调应具有独立回风的功能。

（2）满足实验室不饱和使用的要求。通常，实验室的使用率不饱和，在实验建筑物中，有的是常用实验室，有的是非常用实验室，有的甚至很少使用。对于常用实验室，每天使用的数量、时间也多不统一。这些实验室使用的不确定因素，导致空调的运行负荷波动较大，因此，希望空调系统具有较好的负荷调节功能。

（3）满足实验室不定期加班的要求。实验室加班较多，为了保持实验过程的连贯性，往往需要超时使用，其工作特性决定了实验室的使用时间不受正常作息时间的限制，甚至无法通过制定计划来预见和安排实验室的工作时间，尤其在应对突发事件时更需要实验室能够随时启用，因此希望空调系统具有提供小负荷的功能。

（4）满足功能实验室的温度控制要求。因各功能室的面积不同，对温度的控制要求也不同，应根据需求配置空调。

（二）采暖

在中国北部地方，由于冬季气温较低，实验室必须加装暖气系统以维持适当的室温。但无论是电热还是蒸汽，均应注意合理布置，避免局部过热。另外，采暖需要注意以下两点问题：

（1）天平室、精密仪器室不宜直接加温，可以通过由其他房间的暖气自然扩散的方法采暖。

（2）安装暖气装置的时候，还要注意不要影响实验室人员在工作中走动的安全。

第四节　动　力　系　统

一、供电要求

实验室的用电量远高于常规建筑，不仅大量的各种规格的仪器设备需要足够的电力供应，维持实验室特定的室内环境指标也需要大量的供电容量，更为重要的是应考虑满足实验室未来发展的需要。一个科学的、安全可靠的实验室供配电系统是保证实验室设备和辅助用电设备可靠运行的基本条件。实验室在设计供电系统时要注意以下几个方面。

（1）实验室供电电源取自城市低压工频三相交流公用电力网。实验室内供电电源功率应根据用电总负荷设计（水利行业水质监测中心实验室总用电量一般为50～200kW），设计时要留有余地。照明及空调用电和工作用电线路要分开，并设专用配电系统，配电房供电要求为总用电量的2～3倍。实验室精密仪器供电系统应与前处理室、照明、空调、排风供电系统分开。

（2）实验室供电线路应给出较大裕量，输电线路应采用较小的载流量，并预留一定的备用容量（通常可按预计用电量增加30%左右）。

（3）进户线应使用三相电源。每个实验室均需配备三相和单相供电线路，以满足不同用电设备的要求。

（4）整个实验室要有总闸，各楼层、房间要有分闸。对于某些必须长期运行的用电设备，如冰箱、培养箱等，则应专线供电或与照明线路连接，避免因切断实验室总电源而受影响。

（5）实验室供电线路应有良好的安全保障系统，应配备安全接地系统，总线路及各实验室的总开关上均应安装漏电保护开关，所有线路均应符合供电安装规范，确保用电安全。

（6）有稳定的供电电压，在线路电压不够稳定的时候，通过交流稳压器向精密仪器实验室输送电能，对有特殊要求的仪器设备，在用电器前再加二级稳压装置，确保仪器稳定工作。

（7）在实验室的四周墙壁、实验台适当位置都应配备足够的电源插座，以保证实验仪器设备的用电需要。

(8) 实验室内供电线路应采用护套（管）暗铺或明铺。在使用易燃易爆物品较多的实验室，还要注意供电线路和用电仪器运行中可能引发的危险，并根据实际需要配置必要的附加安全设施（如防爆开关、防爆灯具及其他防爆电器等）。

(9) 实验室除马弗炉、干燥箱、电热板、电热蒸馏水器及原子吸收仪的石墨炉、等离子发射光谱设备容量较大外，其他则容量较小，但数量较多，因此，需合理配置。

(10) 实验室应采用双路供电，不具备双路供电条件的，应设置自备电源。有特殊要求的，应配备不间断电源。

(11) 有特殊要求的仪器设备宜设置独立的接地系统（如ICP仪）。

二、室内照明

(1) 实验室对照明的要求：光线明亮且柔和，布局合理且操作方便，为工作人员创造良好的工作环境。

(2) 实验室照明的设计：可按照《民用建筑电气设计规范》进行设计，满足规范对于照度、照明均匀度（不小于0.7)、照明稳定性及抑制眩光的要求。自然采光对于实验室而言是非常重要的，它不仅有利于实验人员的视觉判断，而且让自然日光进入实验室将会改善每个空间的形象与品质。在设计实验室窗户大小时应考虑保证室内有充分的光照。照明用电要单独设闸。

(3) 灯具的选择及布置：实验室的灯具一般选择安装日光灯，采用分散控制的方式，即通过墙面开关控制灯具的开启。

(4) 应急照明：应急照明是保证人员在做应急处理时，能安全快捷地沿通道向出口或应急出口疏散。一般在室内、走廊和消防通道应安装应急照明灯，以备夜间停电或突发事故时使用。

三、弱电要求

实验室需安装电话分机和计算机网络，具体点数根据实验室实际情况确定。实验室网络和电信线路一般采用暗藏式布设，在天花内套阻燃管独立布设在喷涂面料的金属槽内；在隔断、地面套阻燃管布设在隔断地面内；所有弱电线路必须和强电线路分管分槽布设，线槽间距1m以上。

第五节　给排水要求

一、实验室供水

实验室供水指在保证水质、水量和供水压力的前提下，从室外的供水管网引入进水，并输送到各个用水设备、配水龙头和消防设施，以满足实验和消防用水的需要。实验室的供水主要有以下几个方面。

(1) 直接供水：在外界管网供水压力及水量能够满足使用要求时，一般采用直接供水的方式，这是最简单、最节约的供水方法。

（2）高位水箱供水：属于间接供水，当外界管网供水压力不能够满足使用要求或供水压力不稳定时，各种用水设施将不能正常工作，此时需要考虑采用水塔或楼顶水箱等进行储水，再利用输水管道送往用水设施。

（3）混合供水：对较高楼层采用高位水箱间接供水，而对低楼层采用直接供水，可以降低供水成本。

（4）加压泵供水：由于高位水箱供水普遍存在“二次污染”问题，对于高层楼房使用“加压供水”已经普及，此法也可用于实验室，但在单独设置时运行费用较高。

一般化学分析实验室、样品室、制水室、生化室需要供水。

二、实验室排水

（一）排水方式

实验废水排水系统，按所排出的污水性质、成分和被污染的程度并结合室外排水系统的情况，可设置分流排水或合流排水系统：

（1）对于含有一般致病微生物的实验废水，宜设置专用排水管道，以便污水消毒。

（2）对于含有放射性物质的实验废水，在小型实验室，当废水量较小、放射性物质浓度不大时，往往就合成一个排水系统。对于排出的废水量较小，但浓度高时，可采用特制的专用容器就地进行收集后，送往集中废水贮存槽，然后送往外协废水处理厂。在大型实验室，应根据排出的废水中放射性物质浓度和化学性质等，可设置一个或几个排水系统分流排出，需要处理的废水排至废水集中处理设施或外协的公共废水处理厂进行处理。

（3）对于混合后更为有害的实验废水，当不同化学成分的废水混合后的反应对管道有损害或可能造成事故时应分流排出。

（4）对于含有机溶剂的实验废水，由于有机溶剂往往不溶于水，它们不但有毒有害，而且多有强烈的异味，会随排水支管道进入其他实验室的水封而散发至室内。因此，经常使用有机溶剂的实验室，应尽量集中布置，并单独安装专用的排水管道。

（5）实验废水常含有酸、碱、氰、铬等无机污染物，对于这些实验废水，有条件的也宜考虑设置独立的排水管道。

（二）排水管材

（1）对于含有酸、碱的实验废水，排水系统应选用耐酸耐碱的材料制作。现在建筑中通用的 PVC 排水管具有很好的耐酸耐碱性，可用于含酸、碱废水的排放。

（2）对于含有氯仿、苯系物等溶剂型污染物的实验废水，排水系统应选用耐有机溶剂腐蚀的材料制作，由于 PVC 很容易被有机溶剂侵蚀，因此在这里 PVC 排水管便不再适用。

耐有机溶剂的管材通常有铸铁、陶瓷、水泥、PP 及其他耐腐蚀合成材料等。由于陶瓷管与水泥管性能硬脆、韧性较差、强度较小，因此多被用于地下排水，而很少用于建筑排水。铸铁管是过去建筑中常规使用的排水管材，现在已普遍被 PVC 排水管取代，少有使用，但是由于它不受有机溶剂的腐蚀，而且强度大、韧性好、价格低，因此是排放含有机溶剂废水比较理想的管材。PP 等耐腐蚀合成材料，由于价格较高，因此不被广泛使用。

在实验室排水管的选材上，可根据各地的实际情况和财政能力进行选用。

（三）排水要求

实验污水中常含有少量的酸、碱、氰、铬、重金属等无机污染物，以及氯仿、苯、酯等有机污染物，甚至可能含有残存的致病微生物或放射性物质，因此，必须对污水进行有效处理，以达到安全排放的要求。

实验污水排水系统应与其他排水系统分开设置。涉及酸、碱及有机溶剂的实验室，水槽、排水管道应耐酸、碱及有机溶剂腐蚀。

实验污水应进行无害化处理，水质应符合 GB 8978《污水综合排放标准》要求。

（四）实验室污水处理

实验室污水处理可根据实验室排放污水中主要有害成分请相关部门设计污水处理方案，购买实验室污水处理成套设备进行污水处理；也可以收集有毒有害弃液，委托有资质的公司进行处理。实验室污水处理成套设备有多种，下面举两个例子。

1. 实验室综合废水处理机

（1）处理原理。首先是通过中和混凝沉淀，去除废水中的无机盐和杂质；再在活性炭的催化作用下，利用臭氧的强氧化性能，分解有机物，杀灭细菌，从而达到灭菌除臭、净化脱色、降解有机物的目的；然后利用活性炭的吸附截留、离子交换和微生物膜的生物吸附、分解等作用，去除污水中的COD、BOD、SS、色度和重金属离子等。最终实现废水的达标排放。

（2）工艺流程见图 2-1。

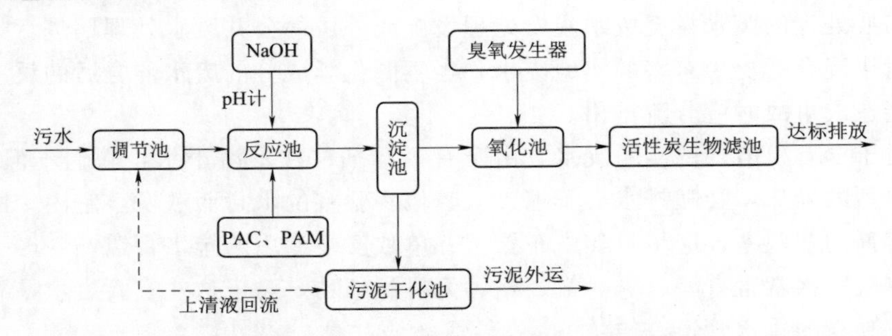

图 2-1 实验室综合废水处理机工艺流程图

（3）工作程序。污水经收集系统首先进入调节池，进行水质水量的调节，再经水泵均匀、恒定地打入污水处理机反应池，在此通过 pH 控制仪，利用计量泵准确投加一定量 NaOH 水溶液，调节 pH 值至 8～9，同时加入混凝剂 PAC 和助凝剂 PAM。在碱性条件下，污水中的酸被中和，铁、镉、铜、锰、镍、铅等重金属离子则与 OH^- 发生化学反应生成氢氧化物沉淀，同时在 PAC 和 PAM 的凝聚和絮凝作用下，反应生成的沉淀物互相凝结，污水存在的悬浮颗粒以及部分无机、有机物质被吸附，形成大块的絮状矾花。废水随即自流进入斜管沉淀池，这些絮状矾花依靠重力作用自然沉降，从而达到去除污水中悬浮物、重金属离子及部分有机物的目的。污泥斗内的污泥定期清理，交由有关部门做焚烧、填埋或其他处理。

沉淀池出水接着经泵打入活性炭臭氧氧化池，因填料的阻力作用，污水均匀布置，由上向下缓慢渗透。与此同时，以空气为原料，经臭氧发生器制成的臭氧经布气系统从氧化池底部由下向上穿透活性炭填料，或通过文丘里射流器以负压形式吸入水中，在气液两相充分接触的过程中，污水中的有机物、细菌、色度、臭气等，一部分通过具有巨大孔隙结构和比表面积的活性炭的吸附、截留、碰冲、卷带等物理、化学作用而被去除；另一部分则在活性炭的催化作用下，被具有极强氧化性能，具有良好的灭菌除臭、净化脱色、降解有机物能力的臭氧去除。

污水最后进入活性炭生物滤池，尚未被去除的细小悬浮物、微量金属及极少量的有机物等，一部分通过具有巨大孔隙结构和比表面积的活性炭的吸附、截留等物理、化学作用等去除；另一部分则被附着在活性炭上的微生物膜中的厌氧、好氧及兼性菌等降解去除，活性炭截留吸附，与微生物降解解吸的过程穿插、交替、循环进行。至此废水即可达标排放。

整个污水处理流程，通过 PLC 编程自动控制。调节池设有浮球液位控制仪，低液位自动停泵，高液位自动启动；加药箱设有液位计，缺药自动报警，并停止运行，整机可基本实现无人值守。

(4) 实验室综合废水处理机技术参数见表 2-1。

表 2-1　　实验室综合废水处理机技术参数

项目		指标		
		KY-CLS-ZH-3T	KY-CLS-ZH-5T	KY-CLS-ZH-8T
尺寸规格（长×宽×高）/mm		1850×1000×1350	2500×1100×1350	4000×1100×1350
处理流量/(m^3/d)		3	5	8
噪声/dB		≤65	≤65	≤65
额定功率/W		550×(1±5%)	750×(1±5%)	1100×(1±5%)
处理效率/%	化学需氧量（COD）	≥93		
	三氯甲烷	≥93		
	甲苯	≥93		
	苯酚	≥93		
	有机磷农药	≥90		
	总铅	≥96		
	总锰	≥96		
	总锌	≥96		
消毒效率/%		≥91		
粪大肠菌群数/(MPN/L)		≤220		
细菌总数/(cfu/L)		≤7500		
注：产品外形尺寸根据实际情况允许做适当调整；其他规格产品按供需双方协商而定。				

2. 间隙式自动废水处理设备

间隙式自动废水处理设备集先进的 pH、ORP 自控仪、反应槽、投药组件、固液分离和终端 pH 调节一体，形成一个完整的污水处理系统。设备集 pH 调节、氧化还原反应、混凝、过滤、污泥浓缩和终端pH调节功能于一体，全过程有PLC控制器和pH/ORP仪表控制，操作按预设的程序和参数自动进行。用户只需接上进、出水管，插上电源即能投入使用，无须复杂的工程性施工。

(1) 处理原理。首先对于含铬污水处理，首先加酸将pH调到2～3使达到六价铬还原最佳状态，再加焦亚硫酸钠，将ORP值调到300mv，还原为三价铬，调节pH到8.5形成氢氧化铬及重金属沉淀，再对于含氰废水处理，加碱将pH调到8～9使达到氰化物氧化最佳状态，加次氯酸钠将ORP值调到600mv，氧化去除掉氰化物；再加去COD剂降低COD，最后加聚丙烯酰胺PAM加速沉淀，延时后上清液经pH调节外经过重金属捕捉处理达标排放，污泥经污泥泵进入压滤机压滤，少量出水最终回集水池，污泥饼定期外运。

化学反应（酸碱中和或氧化还原）的自控原理：完整的pH/ORP自控设备由控制部分、反应部分和加药部分、固液分离部分和终端pH调节部分组成。控制部分主要由pH仪表、ORP仪表及电控箱组成，反应部分主要由机架和搅拌机组成，污水处理在此完成化学反应，加药部分主要由加药槽、加药泵和加药管组成，起到向反应槽投加酸、碱、氧化剂或还原剂和絮凝剂的功能。当污水泵入反应槽后传感器所测得pH值和ORP值反映到pH和ORP仪表，仪表经过处理后发出信号控制泵的开关，从而达到自动控制的目的，反应结束经螺杆泵进行固液分离，压滤机出水经pH调节最终排放。

(2) 间隙式自动废水处理设备工艺流程见图2-2。

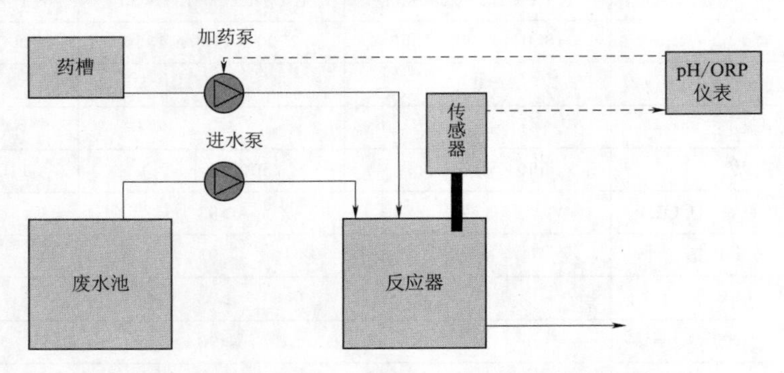

图2-2 间隙式自动废水处理设备工艺流程图

(3) 技术参数。

处理对象：含铬化物污水或含氰化物污水，COD＜200mg/L，重金属＜200mg/L。

污水浓度：Cr^{6+}＜100mg/L，pH＝2.5～7或CN^{-}＜100mg/L，pH＝7～11。

处理效果：pH＝6～9，Cr^{6+}＜0.5mg/L或CN^{-}＜0.5mg/L，COD＜100mg/L，重金属达标。

处理能力：10.0t/d。

设备尺寸：2.80m×1.80m×2.50m（长×宽×高）。

设备功率：7.5kW。

pH仪表：3台。

ORP仪表：1台。

（五）排水设计时需注意事项

（1）排水管应尽可能少拐弯，并具有一定的倾斜度，以利于污水排放。

（2）当排放的污水中含有较多的杂物时，管道的拐弯处应预留清理孔，以备必要之需。

（3）排水主干道应尽量靠近排水量最大、杂质最多的排水点设置。

（4）有供水的实验室内地面应设置地漏，以减少跑水事故的危害。

（5）根据实验室排放污水中主要有害成分请相关部门设计污水处理方案。

第六节 消 防 设 施

实验室建筑的消防系统根据使用灭火剂的种类和灭火方式可分为消火栓灭火系统、自动喷水灭火系统和使用非水灭火剂的固定灭火系统 3 种。

消火栓灭火系统是把室外给水系统提供的水量，经过加压输送到用于扑灭建筑物内的火灾而设置的固定灭火设备。一般由消火栓箱、消防卷盘、消防管道、消防水池、高位水箱、水泵接合器及增压水泵等组成。消火栓箱应设置在走道、防火构造楼梯附近、消防电梯前室等明显易取用的地方，设置在楼梯附近时，不应妨碍避难行动的位置；消防管道可与实验室供水系统合并；消防水池可与生产储水池合用。

自动喷水灭火系统是一种能自动打开喷头喷水灭火，同时发出火警信号的固定灭火装置。当室内发生火灾后，火焰和热气流上升至天花板，天花板内的火灾探测器因光、热、烟等作用报警，当温度继续升高到设定温度时，喷头自动打开喷水灭火。适用实验室建筑中易着火的部位如前处理室、高温室和疏散通道如走廊，但不适用于使用和储存遇水发生爆炸或加速燃烧、遇水发生剧烈化学反应或产生有毒有害物质和放置贵重精密仪器的实验室。

气体灭火系统用于不能用水作为灭火剂的场所，如用水灭火会引起化学物质的爆炸或造成仪器设备损坏等。常用的气体灭火剂有卤代烷、二氧化碳、混合气体（氮气、氩气、二氧化碳按一定比例组成）等。精密仪器室选择混合气体灭火较好。气体灭火系统可分为管网灭火系统和无管网灭火装置。管网灭火系统由灭火剂储存装置、管道和喷嘴等组成。无管网灭火装置是将灭火剂储存容器、控制阀门和喷嘴等组合在一起的灭火装置。

灭火器是一种移动式应急的灭火器材，主要用于扑救初起火灾。灭火器轻便灵活，但灭火能力有限。灭火器种类很多，按照灭火剂分为泡沫灭火器、干粉灭火器、二氧化碳灭火器等。

实验室建筑防火应根据《建筑设计防火规范》《建筑内部装修设计防火规范》等国家有关建筑设计防火要求进行设计。实验室建筑的耐火等级不应低于二级。实验室消防设施一般为自动喷水灭火系统、气体灭火系统和灭火器几种灭火系统的结合。具体根据实验室建设的资金状况进行设置，设置原则应符合国家有关建筑设计防火规范的规定。

一般化学分析室、仓库、走廊采用自动喷水灭火系统。对于大型贵重仪器实验室以及过水后将发生严重危害环境或严重危及人体健康事故的实验室，应采用合理的气体灭火装置。适用于实验室的气体灭火装置通常有无管网自动气体灭火装置和手动灭火器。采用自动气体灭火装置时，应在室内外分别设置手动控制开关，同时还应在消防值班室设置手动直接控制装置。

化学试剂库房应配置灭火器。

第七节　特殊气体供气系统

一、设计要求

特殊气体供气系统要按照安全、经济、稳定、可靠、美观、耐用等原则，根据使用单位的具体使用要求而制定。具体原则如下。

（一）根据实验室具体情况确定具体供气参数

（1）气体品种：实验室共需要几种气体。这些气体需要由气瓶室引出，分别输送到哪些实验室。

（2）用气点：根据各实验室的设备类型和数量，考虑今后实验室的发展，确定具体的使用和备用各种气体的点数，例如：

前处理室：N_2、He，每张操作台各1组。

通风柜：N_2，每个通风柜1个。

（3）压力要求：

1）采用气源种类：一般使用高压瓶装气体，按国家标准充装。

2）使用压力——常规，按一次减压（≤0.8MPa），终端减压到仪器需要的使用压力两级调压考虑（需要使用的管道配终端的减压阀及开关阀门，备用气体管道预留管口，管口处用管塞堵上）。

（二）供气的方式

气瓶房供气总台一般采用半自动切换系统集中供气形式，即每个气瓶柜内两个气瓶为一组，并联连接，双回路减压，两瓶使用，另两瓶备用，当在用气瓶没气或低于设定值时可自动切换到另外一路的备用气路，确保连续供气；对于单一个气瓶的直接连接减压阀，并可以同时供多台仪器同时用气，确保供气稳定。如有压力要求不同的仪器，需要通过末端二级减压就能满足要求。

（三）管道布置方式

管道布置一般靠墙敷设，进入实验室，再向各使用气体的仪器方向延伸，在各个使用仪器位置引出分支，安装终端配件装置；终端配有压力指示表和阀门，方便使用人员观察气体压力变化，整体使实验室整体更加实用美观。

（四）可燃性气体 C_2H_2

在气瓶柜减压阀后配置放空阀，用于将残留气体或紧急情况下气体向外安全排放。在气瓶房及使用仪器上面安装泄漏探测头，监测空气中 C_2H_2 气体的浓度，发现泄漏应及时报警。

二、供气流程

根据设计参数，确定供气流程。流程一般为：气体从气瓶经高压软管进入高压汇流管，经第一次减压将压力降低至 0.8MPa，通过洁净的不锈钢气体输送管道到达各实验室仪器台，通过开关阀门或终端减压阀控制气体输出，对于使用压力要求不同的仪器，在进入仪器前进行第二次调压，使压力符合仪器使用的工作条件。示意图见图 2－3、图 2－4。

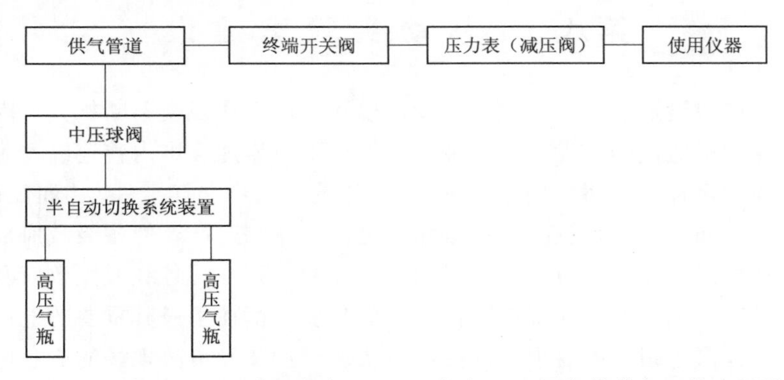

图 2－3　氩气（Ar）、高纯氮气（N_2）、氦气（He）气体供气工艺流程图

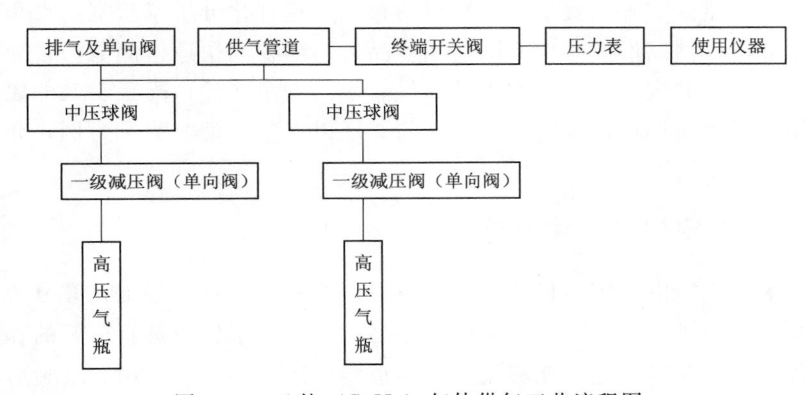

图 2－4　乙炔（C_2H_2）气体供气工艺流程图

三、配套设备及材料要求

从安全经济性考虑，气瓶房供气总台选用高压不锈钢管配高压瓶阀；采用高级特种气体减压阀；管道根据气体纯度要求选用 BA 级实验室专用仪表管；室内终端选用仪器专用产品，具体如下：

（1）高压气瓶：按国家标准气瓶充气及使用。

（2）气瓶室：气瓶室使用的半自动切换系统（高压特气减压器）、高压不锈钢软管、不锈钢针阀和球阀需全部采用不锈钢材料，材料要求纯度较高，一般选用 316 不锈钢材质。

（3）管道、管件：管道、管件全部采用不锈钢材料，材料要求纯度较高，一般选用 316 不锈钢材质。安装当今多采用欧美国家通用的卡套连接形式，减少焊接造成的管道污染，确保管道洁净，有利于保持管内气体纯度，提高对仪器保护。气瓶柜内为订制不锈钢材料，低压管道及室内采用高纯气体 BA 级以上仪表标准 BA 级不锈钢管 3/8 英寸 OD 及 1/4 英寸 OD，经外表面抛光，内表面化学处理，适用于高纯气体的供气。

(4) 终端减压：选用高级特殊气管道减压阀，确保输出压力稳定，满足不同使用压力要求。

第八节　移动实验室建设

随着我国经济建设迅猛发展，城市建设规模和生产企业规模不断扩大，因管理经营不善和人为过失等因素造成的突发性水环境污染也在不断增加。国内曾连续发生了多次水环境污染事故，如“吉林石化污染松花江事件”“韶关镉污染北江事件”“湘江镉污染事件”等，这些污染事故和突发事件发生直接威胁人民的生命和财产，使各级政府部门普遍认识到建立危机管理机制及建立应急处置手段的重要性和迫切性，各级人民政府及各部门都建立了应急响应机制，无一例外地都把事件现场应急监测摆在了极其重要的地位，从而对现场应急监测能力提出了很高的要求，需要可以快速到达突发事故现场的应急监测车（船），即车（船）载移动实验室。

应急监测车（船）实际上就是一个车载的移动快速理化分析实验室，在车（船）内配置不同的理化分析仪器以形成对应不同类别样品、污染物的快速检测能力；配置不同的防护设施为随车（船）的应急监测技术人员提供有效的安全防护；配置有效的通信能力把监测结果、现场勘察情况迅速地传输给指挥部门。现以水质移动监测车为例，介绍移动实验室建设。

一、移动实验室建设总体要求

移动实验室建设需以应用为目的，以业务管理的实际需求为基础，充分考虑系统的安全可靠性，配置仪器设备的先进性和成熟性。移动实验室车体应具有良好的越野性能和机动性，兼具备舒适性和安全性，能够满足不同道路情况下的紧急使用。改装后的移动实验室需具有独立的供电系统、完整的实验室装备和通信设备，能够为现场的仪器操作提供全面的实验室平台（供电、供水、样品储存、空调、通风等）。实验台柜内应能安装所有车载或便携式实验仪器设备。

(1) 驾驶舱需安装倒车监视系统和 GPS 卫星定位系统，以便于司机观察车体后部情况，保证安全驾驶。

(2) 实验舱整体以宽敞、简洁、舒适为设计原则，具有良好的照明和空气调节能力。车内装饰应具有一定的韧性、耐颠覆、抗振防火，地板材料应具备防水防静电易清洗、防滑耐磨、强度大寿命长等特点。充分利用车内空间设置储藏抽屉、柜，用于存放通信、检测设备及文件等。

理化实验台应选择实验室专用的材料，耐酸碱腐蚀，同时采用不锈钢矩形管焊接框架，保证车载使用强度，底座需进行减振处理，保证骨架牢固舒适。实验台面需安装综合端口组件（包含电源、网络、VGA 视频、COM 等端口），为车内便携设备如笔记本电脑、便携式检测仪器提供电源及网络接口，可将仪器检测数据直接显示于手提电脑的主显示屏上。同时安装有车载和便携式仪器的固定卡扣，保证仪器在桌面的水平固定性。采取有效措施进行仪器设备减振工作，如机柜通过钢丝绳减振器与下层机柜及车体侧壁连接，形成全浮式减振结构，较好的隔离车体振动颠簸对贵重通信设备造成的损害；合理布置，降低整车重心，平衡前后轴荷，保证车辆行驶的安全平稳性。

车内需有实验室上下水，配备净水箱、纯水箱和污水箱，方便水的使用和排放，同时应安装有实验室专用水槽、水泵、水龙头和紧急洗眼器等。供电系统需考虑外接电源和发电机发电两种方式，一般由外接电源口、发电机、UPS电源箱、备用免维护蓄电池电源控制板等几部分组成，各种供电方式应可以自动切换，并具有稳压、过流、过压、漏电、防雷、报警等多重保护，满足车辆配电的要求。

(3) 储物舱用于存放备用发电机，电源转换控制、电缆，储物架（分格），外接网络、通信、电源等接线箱。其设置应充分考虑物品存取方便，并有防振固定等措施。储物架选用可调铝合金框架，充分利用空间，存放栅格尺寸可任意调节。

二、车辆改装设计要求

（一）车体改装设计

车体改装不得影响原汽车底盘的动力性、制动性、通过性、承载能力等技术特性，充分计算原车前后桥载荷，合理布置全车配重，保证前后桥载荷不超原车允许范围，左右轮承载不平衡量不超过40kg；车厢具有足够强度、刚度，车体尺寸稳定，变形小，无裂纹和损伤；车载设备必须固定可靠，耐冲击、抗振动；保证设备和人员安全，操作方便，具有良好人机关系；车体造型美观、内饰布局合理舒适，具有良好保温、防雨、防尘，又可通风换气。

（二）安全性设计

整车安全性设计包括车辆行驶安全性和电气电子设备安全性。主要安全性设计应包括以下内容：按原车轴荷分配要求合理布局，按《机动车运行安全技术条件》要求设计布置车辆灯光电气系统，保证整车行驶安全性；良好接地保护和漏电保护，外部金属面板处于0电位防止触电和损坏机器设备，当车体对地电压超过26V漏电保护装置实施保护动作；电源线之间和电源线与地之间的绝缘强度不小于2kV/30s；各插件和各种电线有明显标志，便于安装及检修；高压设备有明显标志和安全保护措施；车外壁接插端口防水设计；室内明显处配有4kg灭火器2只；所有内部设施突出处应圆角平滑设计，防止伤人；机柜设计要求具有良好刚度和稳定性及良好通风散热能力；机柜后部应设有一公共汇流条，各设备地线汇接于汇流条上；机柜后部两侧均设走线槽，一侧为电源线走线槽和地线铜条，另一侧为信号线走线槽；机柜需进行减振设计，机柜下部加装弹性元件使机柜相对车体形成悬浮形式，弹性元件固有频率大于车体激励频率的1.414倍实现有效减振。

(1) 电磁兼容性设计。电子设备对电磁环境很敏感，电磁干扰的防护程度与屏蔽、接地质量有密切关系，可采取以下方法将电子设备之间可能产生的电磁干扰降至安全范围：射频设备采用的电模块屏蔽性好，只要有较好的接地，耦合到金属壳表面的集肤电流和电荷都可通过地线放掉，降低干扰，保护设备。对于连接室内外的射频电缆为易受辐射的部分，可通过选用屏蔽性能良好的军用电缆可降低干扰。车体转接板与车体之间加铍青铜衬垫；选用屏蔽性能良好的接插件和屏蔽电缆；采用防静电装饰材料；良好的车体接地；各分机接地采用多点接地，避免因较长接地线而引起存在分布电容；机柜接地与信号接地线、防雷接地线分开走线，使用不同接地地钉。

（2）可靠性设计。选用性能良好成熟可靠的电源系统，各固定接插件使用军用航空插头，可保证车辆在任何状态下，系统都能保持优良的性能。

（3）舒适性设计。通过合理布置室内设施和良好空调、音响系统，安装前后独立暖风系统，创造舒适的工作及乘坐环境。

（4）防雷设计。雷电放电可能发生在云层之间或云层内部，或云层对地之间；另外许多大容量电气设备的使用带来的内部浪涌，因此需要对供电系统（中国低压供电系统标准：AC 50Hz 220/380V）和用电设备的影响以及防雷和防浪涌进行保护。

1）直击雷的防护。主要依据是国际电工委员会 IEC 1312 系列标准《雷电电磁脉冲的防护》《电子计算机机房设计规范》《电子设备雷击导则》《建筑物防雷设计规范》等。目前，防避直击雷都是采用避雷针、避雷带、避雷线、避雷网作为接闪器，然后通过良好的接地装置迅速而安全把它送回大地。对于地面较低的车体来说这种情况较少见，可采取在车体使用转接青铜带和接地钢钎使车体与大地相连，并使接地电阻小于 5Ω。

2）感应雷的防护。感应雷为车体及设备破坏主要累积形式电源防雷。配电系统电源防雷应采用一体化防护，采用电源避雷器。考虑车体运行环境在城市，硬质路面较多，不易打接地钢钎，采用等电位避雷法，使车体和各种设备外壳做等电位连接，即使不接地或接地失效，也可防止感应雷产生的高电压差对人员和车体及设备的损害。

3）信号系统防雷。与电源防雷一样，通信网络的防雷主要采用通信避雷器防雷。目前，计算机远程联网常采用的方式有无线电设备天馈线、话线、专线、X. 25、DDN 和帧中继等，通信网络设备主要为 MODEM、DTU、路由器和远程中断控制器等。通常根据通信线路的类型、通信频带、线路电平等选择通信避雷器，将通信避雷器串联在通信线路上。

4）等电位连接。等电位连接的目的，在于减小需要防雷的空间内各金属部件和各系统之间的电位差。防止雷电反击。将车体内设备的主机金属外壳、UPS 及电池箱金属外壳、金属地板框架、金属门框架、设施管路、电缆桥架、车体多点等电位连接，并以最短的线路连到最近的等电位连接带或其他已做了等电位连接的金属物上，且各导电物之间的尽量附加多次相互连接，使设备和人员处于一个完整等电位保护体中，做到最大保护作用。

5）供电系统浪涌保护。对于低压供电系统，浪涌引起的瞬态过电压（TVS）保护，采用三级保护的方式来完成。从供电系统的入口开始逐步进行浪涌能量的吸收，对瞬态过电压进行分阶段抑制。第一级防护是连接在车体外接电源口系统入口进线各相和大地之间的大容量电源防浪涌保护器，具备至少 100kA/相以上的最大冲击容量，限制电压小于 1500V。电源防浪涌保护器是专为承受雷电和感应雷击的大电流和高能量浪涌能量吸收而设计的，可将大量的浪涌电流分流到大地。它们仅提供限制电压（冲击电流流过 SPD 时，线路上出现的最大电压成为限制电压）为中等级别的保护。第二级防护安装在重要或敏感用电设备供电的分路配电设备处的电源防浪涌保护器。这些 SPD 对于通过了供电入口浪涌放电器的剩余浪涌能量进行更完善的吸收，对于瞬态过电压具有极好的抑制作用。该处使用的电源防浪涌保护器要求的最大冲击容量为 45kA/相以上，要求的限制电压应小于

1200V。称为 CLASS Ⅱ级电源防浪涌保护器。一般的用户供电系统做到第二级保护就可以达到用电设备运行的要求。第三级防护在用电设备内部电源部分使用一个内置式的（UPS 内部）电源防浪涌保护器，以达到完全消除微小瞬态的瞬态过电压的目的（雷电参与及电网内部产生的浪涌）。该处使用的电源防浪涌保护器要求的最大冲击容量为 20kA/相或更低一些，要求的限制电压应小于 1000V。对于车载特别重要或特别敏感的电子设备（如计算机等），具备第三级的保护是必要的。同时也可以保护用电设备免受系统内部产生的瞬态过电压影响。

三、移动实验室车体主要改造内容

移动实验室车体分为三个功能区：驾驶区、实验区和储物区。具体进行改造时主要有以下方面。

（一）功能区间隔

三个功能区区域间需要设有隔断，隔断上有推拉窗，或有半隔断。车体内部结构需要进行加强处理，用于安装所有可移动物体；车内地面需进行防滑特殊处理；墙壁、门、天花板应使用免维护和便于清洁的材料，并耐酸碱腐蚀；车体侧窗，配避光窗帘。驾驶舱不改变原车结构，保证驾驶员视野开阔。

车内装饰以舒适、美观、安全、适用为宗旨，以人体工程学为基点，有效降噪隔音隔热处理，合理搭配色彩，简约设计，采用绿色环保装饰材料，不含甲醛和苯等有害、有异味物质，具有一定的韧性、耐颠覆、抗振防火。

（二）车体隔热、抗振、加固改造

需安装专用的抗振层和隔热层。机柜通过钢丝绳减振器与下层机柜及车体侧壁连接，形成全浮式减振结构，较好地隔离车体振动颠簸对贵重通信设备造成的损害。合理布置车体，平衡前后轴荷，降低整车重心，保证车辆行驶的安全平稳性，防止出现车辆甩尾现象。

车体顶部及左右侧围处需进行车体加强处理，使用钣金成型加强件与原车原有车顶棚条，侧中部上大边等坚固受力部位连接加强，车底部安装设备部位与原车纵、横梁连接加强，使车体承受设备重量而不会在运动状态下变形。全部车体进行加强隔热降噪处理，在原车内外板之间填充聚氨酯泡沫材料，使内外板刚度得到加强，并起到良好隔热降噪功能，底盘底部及轮胎护罩部位喷涂防石击涂料（厚 2～3mm），可良好防止碎石击打损伤，并可大大降低底盘发动机振动噪声，起到良好防腐保护作用。

（三）车顶改造

车体顶棚骨架及侧围骨架进行加强处理以安装顶棚平台，车体后部设计备梯高档进口铝合金备梯，用于检修车顶设备。车顶设计车载平台，并使用氧化防锈处理花纹铝板作防滑处理方便检修车载设备，车顶所有设备均安装于平台上，平台与车体连接车加强处理，使用不锈钢螺丝与车体满焊焊接，车顶走线孔通过焊接口向下 U 形不锈钢管走到车顶，彻底消除顶棚因改装而产生的漏水问题，整车完成后，经标准高强度全方位汽车淋雨房淋雨实验。整车改装后局部做标准汽车烤漆处理，所有外部螺栓均使用不锈钢螺栓，外部螺栓孔均在涂装处理之前打出，达到防腐防锈效果。

车顶设置车顶平台及后梯，安全、美观、耐用；车顶设备的安装要求稳定牢固、简洁、防水，易维护，有效解决车顶设备安装对车体刚度和强度的影响及天线间电磁干扰，预留车内外电缆接口。

（四）供电系统

车内需安装内部线缆和电源线缆，配置内置和外部电源、发电机；安装中央发电系统提供所需电力或联入市电，带有线卷，一般为50m；发电机最大功率根据所配置仪器的情况确定；220V外接气动/切断电流进给，至少有2个内置插口和220V故障电流保护开关；于工作台面上15cm处，安装适用于相配仪器的电源插座；车内设置独立控制开关包括：泵开关、应急照明开关、空调开关；空调和仪器用电分路，仪器输入接稳压电源。

设备操作实行中央控制，多路电源转换控制、设备电源分配控制（含状态显示），设备操作控制，标识清晰易辨。设备操作区需具有多种数据接口（SD、CF等卡、USB、1394、COM1等）。电源控制区实现电源控制（市电、备用电、UPS自动转换控制）、设备电源分配、显示（电压、电流、频率等数字显示）。

电源系统由外接电源口，发电机和逆变电源提供或由外接市电提供。电源系统由外接电源口，发电机、UPS电源箱、备用免维护蓄电池（200AHX3）电源控制板等几部分组成。其中电源箱、UPS电源应为装机设计，需具备集成程度高，可靠性安全性高等特点，具有稳压、过流、过压、漏电、防雷、报警等多重保护，满足车辆配电的要求。通过专用大容量免维护蓄电池、UPS电源、可逆变220V使用，增容改装车载外接电源，可直接与市电连接。具备可进行DC12V增容，控制、切换逆变的多路控制系统，AC220V两路自动切换，具备电压、电流指示、低压声光报警、自动切换、安全保护、直流交流集中控制、外电输入指示控制系统的功能，保持电源的不间断使用。后备蓄电池和逆变系统应确保车内设备在无市电和发电的情况下正常使用2h，在无市电或发电机未工作的情况下，后备电池通过逆变器为系统设备提供电力。蓄电池通过智能充电机连接市电端口充电（对于功率大的设备，包括强光照明灯等设备，不接入逆变电源系统）。发电机供电需选用性能质量好的发电机，为全车设备提供足够的电量，保证全车设备的正常工作。

整车供电系统改造需采用市电优先的原则：在有外电的地方通过线缆绞盘向系统供电，从而不用启动发电机，也可用于对电池充电；各种供电方式可以自动切换，除照明灯外其余设备均由逆变器进行供电，以保证在市电突然中断的情况下所有设备用电的不间断。在市电断电时自动启动发动机，在有市电时自动关闭，另外设置强制启动开关在必要时强制启动发电机。

在控制台面板上安装数字电压（带过、欠压设置功能）、电流表、频率表，可检测各路输入的参数值；每个设备都需有独立的空气开关保护，并在供电回路装有漏电保护、过电保护等措施；安装电源防雷装置，有效地避免雷击对人、设备的伤害。配电面板安装在机架上，具有电磁屏蔽保护层，防止对其他设备造成电磁干扰，交直流电源分离控制。在车内、外相应的地方安装有多套用电插座（含开关），大功率的用电插座直接由发电机或外电供电，均有独立的空气开关保护。设备走线统一接地，再通过一条铜带接到底盘，车上还配有接地桩，在需要的时候可以直接与大地相连。

(五) 照明及空调系统

照明系统应考虑车内和车外照明。车内为保证照明，需安装足够的顶灯；车外照明可在气动桅杆上安装照明灯用于现场照明和为摄像系统照明。

空调系统需要安装两套：一套是专门用于监测车车厢的空调，可制冷和制热，由发电机供电；另一套是车辆驾驶舱用空调系统，一般冷却量 3kW、加热量 2.2kW、冷凝器空气流动 $1200m^3/h$。空调主机安装在车顶。

(六) 车内通风系统

双向排风系统，满足实验室通风要求。

(七) 供水系统

车内需有实验室上下水，一般配备一个 30L 的净水箱、一个 19L 的纯水箱和一个 50L 的污水箱，方便水的使用和排放，同时安装有实验室专用水槽、水泵、水龙头和紧急洗眼器等带有不锈钢清洗槽。

(八) 实验台

实验台设计根据车内空间和所配置的仪器来确定。一般在车厢内两侧和后侧设置实验台，中间留有足够的过道空间；预留便携式应急检测仪器的存放空间，带减震垫，配备专用仪器导轨；实验台使用专用实验家具，双面镀特殊涂层，耐腐蚀。

四、移动实验室常规仪器设备配置要求

(一) 自动采样船

采样船带有软件系统，人员可在岸边遥控采样船进行采样。

(二) 多功能水质采样器

有定时、定量、混合采样等多种采样功能，采样器带有软件系统，可根据实际需要，设置采样时间、采样体积等，也可根据需要配置前置过滤网。

(三) 样品保存设备

用于现场采集样品的保存，如车载冰箱。

(四) 多功能水质快速检测仪

内置 70 多个参数分析方法的分光光度计主机，购买配套试剂，可快速测量硫化物、氰化物 70 多种水质污染指标。

(五) 便携式测油仪

测定水中石油类，配置仪器时要求手持式设计，具有体积小、重量轻、精度高、操作简便等特点，满足应急监测的需要。

(六) 便携式气相色谱仪或车载式气相色谱

利用气相色谱仪（GC）技术快速、精确地现场及时分析水中的挥发性有机化合物等有害物质，其检测数据质量要求与实验室气相色谱仪分析结果相当。要求重量较轻，便于携带到现场，仪器操作简单。

(七) 便携式气相色谱质谱联用仪

用来现场定性和定量地判定水体未知的挥发和半挥发气体，检测种类可达 135000 多种。便携式 GC/MS 要求重量较轻，便于携带到现场。内置的全球定位系统能够准确记录

采集样品处的经度、纬度；便携式GC/MS在野外污染的情况下，要求可用清水洗涤或漂洗，在0～100%RH湿度和极冷、极热的条件下可以使用，整体防振、防摔设计能够满足现场复杂环境；操作要求简单。

（八）车载式或便携式重金属测定仪

用来现场检测水体中镉、铅、砷、汞、锑、铊、铬、铜、锌等十多种重金属指标，要求重量较轻，便于携带到现场，操作简单，检测数据灵敏度、准确度与实验室检测结果相当。

（九）便携式细菌快速检测系统

是一种基于生物传感技术的毒性检测系统，根据发光细菌在新陈代谢时发光强度的变化进行定性和定量检测，从而评估水质毒性，达到快速检测水质的要求。监测范围包括重金属离子、DDT、有机磷、氰化物、洗涤剂等多种有机和无机毒物质。

（十）便携式多参数水质分析仪

无须化学试剂，采用探头测定，可快速同时测量pH、溶解氧、电导率、水温、浊度、氨氮、硝酸盐氮等参数。

（十一）便携式流速测量仪

采用多普勒原理测定流速，用于现场测验河流流量。

（十二）数据采集和传输设备

可配接全球卫星定位系统和地理信息系统，可选有线、无线等多种数据传输方式。

（十三）辅助系统

可配易燃易爆气体报警装置、应急灯、正压式防毒呼吸器加压充气机、激光测距望远镜、数码相机、移动计算设备、远程无线视频监控系统。

（十四）个人防护设备

可配头盔、防护靴、应急灯、救护箱、灭火器、防护口罩、呼吸器、防护服、水上救生设备等。

第九节　水质自动监测站

水质自动在线监测可分为地表水和污水自动在线监测系统，可以自动、连续地测定几个项目，做到及时、准确地掌握水质及其变化情况。

近年来，流域监测机构和各省（自治区、直辖市）水文机构为加强对河道湖库水质的实时监视，提高水质监测的自动化水平和能力，在主要边界河流、主要水利工程、饮用水源、水污染事故频繁、重要水功能区等敏感水域加快建设水质自动监测站，但由于我国地理水文条件复杂、水质状况不一致、管理和技术水平差异明显，在水质自动监测站的设计、建设，特别是后期日常运行管理和系统维护方面的效果不尽人意，不能达到水质自动监测系统的“稳定性、代表性、准确性”，即长期运行的稳定性，监测样品的代表性和监测结果的准确性。为发挥水质自动监测系统的应有作用，必须对其组成、技术要求有所了解，结合各地的实际情况，制定出日常运行的维护措施。

一、水质自动监测站的组成

地表水水质自动在线监测系统一般由一个监控中心站和多个水质自动监测站组成。一个水质自动监测站应包括站房、采水单元（采水泵、送水管、排水管等）、配水单元（包括预处理、管路自动清洗、除藻等）、检测单元、自动控制单元、数据采集和传输单元、辅助单元等组成部分。监控中心站应包括操作系统、数据库系统、远程控制和通信系统、显示和报表输出系统等软硬件设施，见图 2-5。

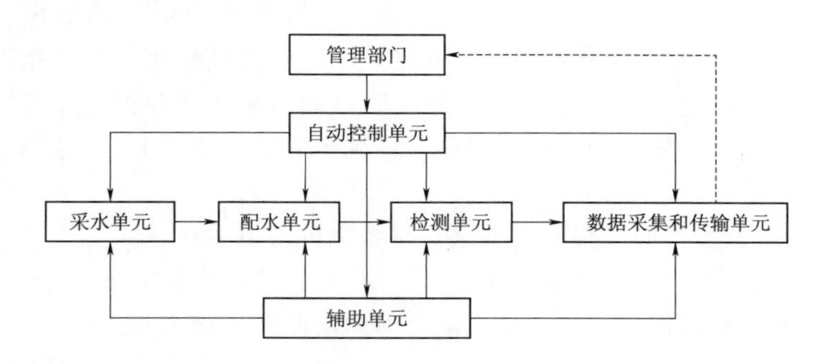

图 2-5　水质自动监测站的组成

二、水质自动监测站的建设要求

对自动在线监测系统的要求与实验室仪器有所不同，可以根据监测的项目、监测的方法对测量精度适当放宽。对一些分析方法简单的项目如 pH、水温、电导率等，精度一般能达到±5%，而对于 COD_{Mn}、氨氮等项目，精度能达到±15%，属于比较高的设备。

水质自动监测的数据能否真实反映该河道水质状况，一般还要求自动在线决策系统，具有自动清洗、自动校正、异常情况诊断、报警以及数据远程传输等功能。

为了使系统能长期稳定地运行，水质自动监测站站房建设所选择的位置应该满足以下建设的基础条件。

（1）交通要方便。自动监测站离承担管理任务的单位交通距离不要太远，最好有道路汽车能直接抵达。

（2）有可靠的电力保证且电压稳定。

（3）具有自来水或可建自备井水源，水质应符合生活用水要求。

（4）有直通电话通信条件，电话线路质量应符合数据传输要求；无线通信条件也要符合技术要求。

（5）站房距取水点的距离不超过 100m 为宜，枯水期时亦不得超过 150m，而且有利于铺设管线和管线的保温设施。

（6）枯水期时的水面与站房的高差一般不应超过采水泵的最大扬程。

（7）监测断面应保证常年有水，丰、枯季节河道摆幅不要大于 30m；枯水季节水面与河底的水位差不得小于 1.5m，保证能采集到水样；最大流量一般应低于 8m/s，有利于采水设施的建设和运行维护和安全。

除此之外，水质自动监测站具体的监测点选择、站房要求、监测项目选择、仪器设备要求、仪器监测方法、监测频次、数据处理和传输等方面还要满足相应的技术要求。

三、水质自动监测站的技术要求

（一）自动监测位置选择

（1）断面设置。根据监测的目的，监测断面大致可分成两类：一类为控制断面，主要为控制各行政区划单元出、入境河流水质设立的省界、市界断面，为控制湖泊（水库）和近海水域污染设立的出、入湖（库）和入海断面；另一类为水质趋势断面，为反映河流（河段）、湖泊（水库）的总体质量现状和变化趋势，经过优化布点研究选定的断面。

（2）采样点位的确定。为了尽可能减少水质自动站采水点位的局限性对监测结果影响，又要保证采水设施的安全和维护的方便，经确定后监测断面上的水质采水点应该满足以下条件：

1）在不影响航道运行的前提下，采水点尽量靠近河道主流。

2）取水口位置一般应设在河流凹岸（冲刷岸），不能设在河流（湖库）的漫滩处，避开湍流和容易造成淤积的部位，丰、枯水期离河岸的距离不得小于10m。

3）取水点与站房的距离一般不应超出100m，经取水管道后的水质应基本保持不变，各水质参数的变化小于10%。

4）采水点的水质与断面的平均水质的误差不得大于10%。

5）取水口处应有良好的水力交换，河流取水口不能设在死水区、缓流区、回流区。

6）取水点设在水下0.5～1m范围内，但应防止底质淤泥对采水水质的影响。

（二）自动监测站房

水质自动监测站房可以建在水面、河堤和岸边，可以视监测断面的建设条件而定。一般站房具有仪器间即可，有条件的地方可以再增加辅助工作间和生活用房等。

单独建设并远离集中生活设施的自动监测站，应考虑安全因素可设置值班室和相应的生活设施间。监测站房主体结构应具有耐久、抗振、防火、防止不均匀沉陷等性能，结构可以采用为砖混结构或复合钢板保温夹层结构或其他永久式结构。站房地面的高度应根据当地水位变化情况而定，站房地面标高要求应能够抵御50年一遇的洪水，易受洪水浸入的地方可以考虑采用高架式站房。站房内净空高度应大于2.7m。站房周围最好具有建围墙、护栏或护网，外形的设计应因地制宜，外观美观大方，结构经济实用；在一些风景区应和周边景物协调一致。

（1）站房仪器间的面积：根据SL/T 276—2022《水文基础设施建设及技术装备标准》所规定面积，站房面积标准型不低于60～100m^2，常规型为40～60m^2。仪器间的面积也可根据仪器和辅助设备的外形尺寸布置以及操作空间来确定，一般可以具有每台仪器和辅助设备占有面积的3～4倍即可满足，在实际中的确切面积还可根据工艺布置综合确定。目前大多数已建水质自动监测站仪器间的使用面积均控制在30m^{2}左右。此外根据需要再配备一间辅助工作间，辅助工作间面积可以与仪器间相当。

（2）站房仪器间内应有空调和冬季采暖设备，室内温度应保持在18～28℃，相对湿度在60%以内，最好安装能够自动上电、根据温度要求自动运行的空调；仪器间同时要配备通风设备，并应注意防尘、防虫。

(3) 站房应具备硬化道路与干线公路相通，路宽一般不小于3.0m。站房前应有适量空地，保证车辆的停放和物资的运输。

(4) 防雷设施：站房防雷系统应符合现行国家标准《建筑防雷设计规范》的规定，并应由具有相关资质的单位进行设计、施工以及检验。

(5) 给水排水：自动监测站应根据仪器、设备、生活等对水质、水压和水量的要求配备给水系统。总排水必须排入样品采水点的下游，排水点与采水点间的距离应大于20m。含有毒有害试剂的废水应单独存放，经处理后排放。

(6) 系统电源和接地：自动监测站的供电负荷等级和供电要求应按现行国家标准《供配电系统设计规范》的规定执行。配电系统最好设置专用动力配电箱，单项负荷应均匀地分配在三相线路上，并应使三相负荷不平衡度小于20%；同时要考虑预留今后的备用容量。电网至站房处电压降应小于5%，当电网质量不能满足供电要求时，应采用相应的电源质量改善措施和隔离防护措施。

接地装置的设置应满足人身安全和系统设备的安全要求，交流工作及安全保护接地电阻不应大于4Ω；直流工作接地电阻应按计算机系统具体要求确定，一般不应大于1Ω；防雷接地应按现行国家标准《建筑防雷设计规范》执行，一般不应大于10Ω。

(三) 采水单元

采水单元的作用是将采样点的水样引至站房仪器间内，其水量和水压应满足配水单元和分析仪器需要。采水单元一般由采水构筑物、采水泵、采水管道、清洗配套装置、防堵塞装置和保温配套装置等组成。

采水单元的一般采用双回路采水，一备一用，而且在控制系统中要设置自动诊断采样泵故障及自动切换泵工作的功能，以确保自动站的监测频次。同时采水系统宜设计成为连续或间歇可调节工作方式，日常工作一般采用间歇工作方式。

1. 采水单元结构类型

水质自动监测采水单元的结构设计应根据当地的水文、地质条件特征确定，保证采样系统运行的稳定性、水样的代表性、维护的方便性。

采水系统设施的基本类型主要有4种：

(1) 浮筒式。浮筒式采水类型可按其固定方法又可分为固定式和移动式两种。

1) 固定式浮筒：指浮筒固定在一个能够使浮筒随水位变化上下浮动的固定桩上，没有横向位移，采水头安装在浮筒内；这种形式适用于水位变化不大且水深也不大的监测断面。固定浮筒式采水设施可与栈桥设施相结合以提高系统的维护与操作性能。

2) 移动式浮筒：指可以随一定的水位变化而上下浮动的同时可一定程度的水平位移的浮筒采水形式，适用于水深较大且水位变化较大的监测断面。对于湖泊、水库等应用场合，可采用圆形浮筒，但需多点固定以防缠绕；对于水流速度较大者，应采用流线型浮筒，以减少漂浮物和杂草的影响。

浮筒可根据实际情况确定大小，原则上既要考虑维护操作方便，又要尽可能降低造价，减小浮筒在水中的迎水面积，降低安装复杂程度，提高采水可靠性。

(2) 缆车式。缆车式采水装置是将采样泵安装在一台小型斜拉缆车上，通过牵引设备在岸坡轨道上移动的取水构筑物，采水设备安装在缆车上，随缆车根据水位的变化沿轨道滑动。该种采水方式适用于在水位变化幅度大、流速和风浪较大而岸坡比较稳定监测断面上。缆车式采水设施必须能使采水头能随水位的涨落和岸边线的移动而沿轨道移动，而且轨道建筑物不被水流冲击而坍塌。

缆车式取水构筑物由泵车、轨道和输水斜管等组成；卷扬机应设在最高水位以上，缆车轨道应伸入最低水位以下；轨道可建在岸坡或采用架空斜桥；输水斜管上应设置叉管接口，可按水位高低承接压水管。

(3) 悬臂式。悬臂式取水结构主要适用于岸坡陡峭，水位变化较大，水流较急、较深，而且主航道离站侧较近难以铺设坡岸、水中设施的监测断面。该结构必须保证采样头能随水位的变化上下移动，而且建筑物能抗水流冲击。

吊臂式取水结构将采水头通过悬空的支撑臂直接伸入水中，依靠悬臂上的钢索带动调节采样头的深度。此结构关键是要保证取水点离岸边有足够的距离并方便地调节取水头的高度。

(4) 岸边式。岸边式取水是在岸坡适当处设置泵井，一般采用自吸式离心泵，将取水口安放在河道中（应确保取水口不被埋没）；通常在北方寒冷地区有较大冰冻的水体使用。优点在于可以从冰层以下采水，使用离心泵（自吸式离心泵）还可减轻水泵维护工作难度；缺点是无法保证采水深度要求。该种采水方式必须保证河道水与泵井中水的流动性，保证泵井水的代表性。

2. *采水单元主要设备*

采水泵分为潜水泵和离心泵两种。当取水头位置与站房的高差小于 9m，或平面距离小于 90m（没有高差时）一般选用离心泵；否则应选用潜水泵。选用潜水泵时，监测断面的枯水期的水深一般不得小于 1m；如果水深小于 1m 时，只能选用离心泵。采水管道材质应有足够的强度，可以承受内压和外载荷，具有极好的化学稳定性，以避免污染所采水样。同时应根据相关管道设计规范进行管道材质和管径的选择，确保管内流速和管道压力损失在合理范围之内。

采水单元要采取必要的保温、防冻、防压、防盗措施。

保温的目的是减少采集的水样在系统内传输过程中环境温度对水样的影响，使样品的温度变化不大于 2℃；根据保温层材料、保护层材料以及不同的条件和要求，可以选择不同的隔热结构。要保证具有足够的机械强度，以防止压力损坏；结构简单，施工方便，易于维修；经济的材料、经济的厚度、经济的外保护层，构成经济的保温结构；良好的防水性能。

防冻是为防止冬季采水单元冰冻致使水泵、管道、线路损坏而停止采水。采样泵或采样头应放置在水体冰冻层以下，若水体整体冰冻时，采水设备应离开水体，停止采样和系统运行；在采水管道经过水面冰冻层的一段，应安装电加热保温层，并有良好的防水性能；北方地区的采水管道应首先考虑敷设在冰冻深度以下，若地面为基岩而无法深埋管道时，敷设在地面上的采水管道应采取加热措施。

对于埋于地下的采水管道，硬管可直埋，但软管则必须加装硬质保护套管，防止被压。直埋采水管道或套管的埋深深度，在有地面车辆载荷时应大于 0.7m，一般情况应大于0.3m。

为防止采水系统被泥沙、藻类淤积、堵塞，防淤、防藻措施也必不可少。确保采水管道铺设平滑并具有一定坡度，尽可能减少弯头数量，避免管道内部存水；在计算采水水量和采水管道管径时应考虑水样在管道内部的流速，形成对管壁形成冲刷作用，可以达到防淤、防藻的效果；在系统设计时，还应考虑设置反冲洗措施，并采用一定的化学清洗功能，以防止淤泥以及藻类的形成和生长，必要时宜再增加一些机械辅助（如加热等）清洗功能。但应注意，化学清洗时严禁对环境造成二次污染。

（四）配水单元

配水单元是将采水单元采集到的水样根据所有分析仪器和设备的用水水质、水压和水量的要求分配各个分析单元，并采取相应的清洗、保障措施以确保系统长周期运转。配水单元基本由流量和压力调节、预处理、系统清洗等三部分组成。

1. 流量和压力调节

一般情况下，所选用的自动分析仪器和设备都有一个对所需水样流量和压力的适用范围，因此在进行配水单元设计时应尽可能合理利用这个适用范围，可避免设置流量和压力仪表以及自动调节设备，将流量和压力值相对固定，尽可能减轻系统的复杂程度以提高系统的可靠性。如确实需要进行流量和压力调节，应在配水单元的进水管道装备流量和压力调节阀，采用自动方式对流量和压力进行调节，但应注意经常清洗调节阀以防堵塞。配水流量需要与系统采水总量相统一。配水系统流量至少应满足所有仪器用水量的150%；同时应考虑采水管路的滞后时间不能大于30s。

2. 预处理

配水系统的预处理主要指根据仪器对样品水的要求采取一些诸如过滤、粉碎、乳化等措施满足仪器需求。对于泥沙含量较高的水样，配水单元应根据标准分析方法的样品预处理要求，设置预沉淀装置，在进行一定时间沉降后，取其上清液进入仪器进行分析。不同仪器对水样中的悬浮物含量要求不同，有些仪器必须采取恰当的过滤措施，以除去水样中的细泥沙、藻类等。过滤装置的孔径一般不宜小于250μm，便于清洗和更换，以防堵塞、吸附和藻类生物的生长，尽可能减小过滤装置的负荷。应尽可能采用带一定自清洗作用的流通式旁路过滤装置，避免采用拦截式过滤装置，必要时应设置自动反清（吹）洗装置。但应注意大的过滤面积往往由于反清（吹）洗介质流体特性的影响，其反清（吹）洗效果并不成比例。

3. 系统清洗

为防止水样的二次污染，需要在系统设清洗装置，定期清洗。系统的清洗功能应能够遍及全部系统管道和相关设备，包括外部采水管道及采水泵。清洗水应根据系统的实际需要确定对水质、水量和水压的要求，要注意系统的清洗不应损坏仪器和设备，而且不能对系统的采样分析构成影响。为防止藻类等影响，应在系统中设置化学药剂清洗功能或其他（加热）措施。但应注意不得造成二次污染。系统清洗频率应与清洗系统的设计理念相匹配，宜采取较高频率、较低强度的清洗模式，以抑制为主。如系统运行为间断模式，应在每次采样分析后即进行系统清洗，如连续运行，则应每1～2h进行5min左右的清洗。

（五）检测单元

1. 监测项目的选择

SL/T 276—2022《水文基础设施建设及技术装备标准》中常规型的配置自动监测仪为五参数（水温、pH、溶解氧、电导率、浊度）、氨氮、化学耗氧量（COD_{Cr}）、高锰酸盐指数（COD_{Mn}）。以河湖的水体有机污染指标为主，辅以感官、物理性状指标，起辅助监测作用。同时，可根据需要增加配置总磷、总氮、叶绿素自动监测仪。

标准型在常规型的配置自动监测仪基础上增加了总氮、总磷、叶绿素自动监测仪，根据需要可选配藻密度、总有机碳（TOC）、油类、挥发酚、重金属、挥发性有机物、生物毒性、藻类及其他水质项目的自动测定仪。以及气象、水位、流速流向等在线设备。

一般在实际工作中也可以根据被监测的河湖性质和经费情况来确定监测项目，最基本的五参数是必须的，它反映了河道水体的基本特征，对水质起到辅助监测的作用。再根据河湖的污染源特性增加一些污染指标，如有机污染严重，可以增加高锰酸盐指数、氨氮等项目。化学需氧量指标一般在河道中不监测，仪器的测量范围和准确度不能达到地表水监测的要求，仅用于污染源监测。目前环保部门采用TOC仪器较多，但没有相应标准进行评价，目前大部分采用与COD_{Cr}建立相关关系方法，在一定的水质状况下关系也很好。水库和湖泊站可以增加总氮、总磷、叶绿素a等项目，对其富营养化程度进行了解；对饮用水源地需要增加硝酸盐氮和亚硝酸盐氮；开展水生态监测，考虑增加、藻密度、藻类和生物毒性等；对某些特定污染物严重的河道，可以增加相应的污染项目进行监控，如重金属、汞、挥发酚、氰化物等。目前这些项目均具有相应的自动监测仪器。最好在同时设置监测河流的水位、流量自动监测仪，以满足量、质同步的需要。

2. 仪器设备要求

（1）设备选型原则：自动监测仪器是水质自动监测站最重要的组成部分，仪器型号的选择和基本功能的是否满足，是决定一个水质自动监测站成功与否的关键。对自动监测仪器设备选型应符合以下原则：

1）选购的仪器设备能维持系统设计中要求的所有监测项目，采用的法学方法、测量范围和各项技术指标应符合国家颁布的技术标准或达到规范的要求。

2）能长期无人值守连续自动运行，得到的数据应具有较高的准确性和可比性。

3）长期运行安全可靠，故障率低。

4）结构牢固可靠，便于搬运和安装。

5）应考虑仪器结构系列化和标准化，仪器设备应便于保养维护、故障诊断和零部件更换及维修。

6）仪器设备厂家应有良好的售后服务，能比较容易得到备品备件、易损易耗件的技术支持。

7）应有较好的性能价格比。

8）仪器设备的供应商和系统的集成商应有良好的销售业绩。

（2）自动监测仪基本功能要求：每台自动监测仪器的基本功能也必须满足以下要求。

1）仪器基本参数和监测数据的存储、断电保护和自动恢复。

2）时间设置功能，可任意设定监测频次。

3）定期自动清洗。

4）定期自动校准。

5）监测数据输出标准化，一般为4～20mA。

6）仪器故障自动报警及故障诊断功能。

7）LCD数字显示或其他现场显示方式。

8）具有密封防护箱体，抗电磁干扰及防潮功能。

3. 仪器测定方法及性能指标

（1）常规五参数。均为电极法。

（2）氨氮。有三种分析方法：纳氏试剂分光光度法、气敏电极法和膜浓缩—电导率法。

（3）高锰酸盐指数。采用的国标分析方法和微量滴定技术，一般具备自动清洗功能和标定功能，可调整仪器的分析样品间隔。

（4）总氮。有两种分析方法：碱性过硫酸钾光度法和密封燃烧氧化—化学发光分析法。

（5）总磷。过硫酸钾消解、钼酸铵分光光度法。

（6）总有机碳（TOC）。有两种分析方法：燃烧氧化—红外吸收法和紫外催化氧化—红外吸收法。

（六）自动控制单元

（1）水质自动监测站的自动控制单元的主要功能应能满足以下要求：

1）为站内分析仪器的采水、配水等单元以及系统清洗、仪器的校准和同步启动等工作模式进行自动控制，并要对故障或异常事件进行处理。

2）对自动站的控制状态和分析仪器的工作状态、分析流程进行实时显示和参数设置并记录。

3）对分析仪器的分析结果进行采集、处理和存储，数据采集与传输须完整、准确、可靠，采集值与仪器测量值误差不大于1%。

4）能够响应远程中心站的对现场各种参数的状态显示以及现场历史数据的下载（实时和历史数据），并可根据权限进行参数修改和控制功能等。

（2）控制部分技术指标应能满足以下要求：

1）应在满足现场控制点的基础上备用10%的控制点，以备日后控制单元的修改和升级。

2）具有远程显示现场工作状态、安全和参数超标（上、下限）报警，并可将报警和异常事件自动发送至各级监控中心。

3）能够记录有关现场异常事件的处理、仪器的修理、校准、标定等维护工作日志。

4）各自动监测站的控制单元应具有有效的ID授权控制，防止非法使用。

5）控制单元应能对仪器进行一些基本功能的控制，如待机控制、工作模式控制、校准控制、清洗控制，停水保护等。

6）可设定运行方式：现场或远程对系统设置连续或间歇的运行模式。

7）能够在水质超标事件发生时触发自动采样仪的采样。

（七）数据采集与传输单元

（1）水质自动监测站的数据采集与传输单元应能满足基本技术指标：

1）采集/控制/通信部分的平均无故障连续工作时间MTBF＞4000h。

2）所用设备需具有CCC认证（设备的电磁兼容性等强制执行标准）。

3）设备需满足室内0～50℃、室外－30～70℃的环境温度要求。

4）当运行在相对湿度5%～95%时现场设备必须满足性能指标。

5）电子设备必须是模块化结构，所有模块可以容易地拆卸，具有防插错特性。

6）控制器各端口必须配置不同防护级别的避雷装置和防浪涌保护系统。

7）满足直流或交流220V×（1±20%）50Hz×（1±10%）供电条件下的正常运行。

8）防护等级：室内为IP54、室外为IP65。

9）控制单元必须具有设备异常处理功能，能够及时处理控制器本身的软/硬件故障，并能够保护和恢复控制系统。

10）控制单元能够在指定的时间段对采集的数据进行统计计算，可以进行数据的有效性判断，自动或手工剔除并标注无效或异常数值，并输出各种统计报表。

（2）数据采集部分技术指标：

1）每通道的采集频率要高于0.2次/s。

2）每通道的采集精度优于1/4000（大于12有效位）。

3）数据采集误差限值要小于满量程的0.04%（12位A/D）。

4）在满足现有采集通道的情况下，应具有不少于3个备用通道以备仪器扩充和应急通道替换的需要。

（3）数据存储部分技术指标：系统必须能够在断电时保存系统参数和历史数据，在来电时自动恢复系统。最好配置相应的后备电源系统，以保证系统断电后通信部分仍维持运行8h，来完成异常事件的上传和远程数据下载。数据的存储容量能够保存30d以上的历史数据。

（4）通信部分技术指标：

1）现场层以对等或主从方式进行现场总线方式的通信，数据传输之间采用开放的通信协议和标准数据传输方式。

2）能够支持有线通信并可以扩展无线方式的通信（GSM-SMS/CSD/GPRS、无线电台、卫星通信等）。

3）远程数据传输必须采用具有校验功能的通信协议，能够及时纠正传输错误的数据包。通信协议推荐采用国际标准协议。

4）具有强大的网络功能，通过扩展能够由网络路由器来实现与局域网或广域网的连接。

（八）辅助单元

（1）自动监测站现场最好有自来水供给，且压力可长期维持在2kg以上，用于系统的管路清洗及仪器冷却水，纯水制作。无自来水供应的自动监测站可自行制备，并达到生活用水标准。

（2）冷却系统不仅能为分析仪提供经再次过滤的冷却水，而且能定时进行水流或试剂清洗，防止管道淤积泥沙和生成藻类。

（3）配置相应的纯水制备系统，纯水系统制备出合格的离子水，以用于在线仪器检测系统管路清洗、样品稀释，试剂和标样的配制等。纯水电导率应小于 0.2μS/cm，出水量满足系统工作需要。能够自动制备纯水，紫外消毒后进入纯水箱。反渗透膜、离子交换树脂可定期更换，并配有专用纯水管道，纯水箱设有低水位报警。

（4）配置空气自动反吹清洗系统，空气自动反吹清洗系统的气源主要靠辅助设备中的空气压缩机及滤水减压二联件等设备来提供的，它保证水站内空气自动反吹清洗系统的正常运行。空压机要求为无油型，避免机油污染水质分析样品，影响分析结果。

（5）配置相应的 UPS 电源，起停电保护作用，在停电状态下能保存及传输数据，恢复供电后系统能自动工作。UPS 电源要求具有在线可控、正弦波、断电保护、自动恢复、过载保护、故障诊断记录等功能，用于断电后保存数据，维持分析仪器事故停机处理，并发出报警信号。因为采样水泵和空调等大功率设备的存在，电网供电中断后，UPS 电源不能维持水质自动监测站继续长期运行。

（6）配电系统能保证仪表和系统的电源稳定、可靠、并在自动控制的基础上远程控制仪表和系统的启停等。为了保证整个系统的供电电源稳定可靠，以避免在该地区市电压变化过高或过低给仪表和控制系统造成损坏，使系统无法运行的严重后果，一般在配电系统的前端配备大容量的高精度交流稳压器，稳压器输出 220V/50Hz，三相，稳压功率不低于 15kW。根据已建成自动监测站的经验，这是必须配备和不可忽视的重要环节。

（7）水质自动采样器能够在水质超标事件发生时触发自动采样器的采样。自动采样器具备分瓶分装功能，能采集平行样品和混合样品，必须具备样品低温存贮功能。

（8）加药除藻清洗系统。管道内藻类的大量繁殖能够改变水样的参数指标，严重时使所采集的水样失去代表性，其中最严重的是对氨氮的降解作用，使氨氮分析仪所测量的结果偏离真实值。最好能具备正反向循环加热清洗、自动投药、高压空气擦洗、干燥等功能。多种方式清洗的结合及调整清洗的频率及周期可以有效地防止藻类的生长并保持分析管路内的清洁，使分析系统始终处于最佳运行状态。

四、自动监测站运行管理

（一）监测频次

（1）自动监测仪器中水温、pH、电导率、浊度、溶解氧、水位等探头式仪器，监测结果是瞬时完成的，可以设置为连续监测，但是监测数据的读取次数可按其他项目的频率设定。其他采配水式仪器如 COD_{Mn}、氨氮等，因有一定的测定周期，故基本设置一般为每 2～6h 监测 1 次（即每天 12 个或 4 个监测数据）。系统监测数据采集的最高频次一般为分析周期最长的项目确定，如 COD_{Mn} 的监测周期为 1～2h，则整个系统的数据采集也一般为每 1～2h 采集 1 次。在运行时，还需要考虑运行费用的经济性。

（2）自动监测站的运行模式可分成三种情况，常规、加强和停电工作模式，见表 2-2。

1）常规工作模式是在水质比较稳定的水期，为满足监测水质变化趋势的需要，一般为每天 4 次。

2）当发现水质状况明显变化或发生污染事故期间，应将调整至加强工作模式，一般为每天12次。

3）停电工作模式是指在主供电子系统停电时，为保证整个监测站相对较长时间的运行，信息采集密度基本满足实时监控需要的同时，节省备用电力资源。

表2-2　自动监测站工作模式

工作模式	自报周期		备注
	探头式/h	采配水式/h	
常规工作模式	1	6	正常值班
加强工作模式	0.5	2	污染高峰期
停电工作模式	2	8	停电时期

（二）日常管理

水质自动监测站建成后，管理部门要定期对水质自动监测站仪器设备开展维护、校准，有利于更好地发挥工程的作用。

1. 仪器校准

系统运行中的仪器每周要进行一次标准样单点校准，3个月内和更换各种关键部件后必须对仪器进行至少一次标准三点校准。仪器校准测试值与标准值间的平均相对允许误差为±10%，否则需要对自动监测仪器重新校准。

2. 定期巡检

（1）每周巡检。负责自动监测站运行的机构对整个系统必须每周进行一次巡检，检查系统各单元、仪器、设备的运行状况，进行例行的设备维护，发现重要故障而不能现场及时排除时应及向上级技术管理部门及系统维护单位报告，同时应按规定的频次开始手工采样、实验室分析。

（2）半年巡检。每年必须进行两次大的巡检，进行全面的运行状况检查和维护；排除事故隐患。

3. 对比试验

（1）对比实验是同一系列的实际样品进行实验室标准方法和水质自动监测系统分析数据进行对比，以评价自动监测仪器测试结果与国家标准分析方法测定结果的偏差，根据误差的大小对系统或仪器进行维护和校正。各项目的对比实验方法应采用现行的国家或行业标准分析方法。

（2）针对不同对比试验的性质，可以按不同的周期开展试验：

1）在仪器设备或整个系统的验收测试阶段，系统或仪器的验收对比实验应在仪器或系统正常运行后连续开展10～15d，每天上、下午各一组数据，至少应获得20对有效数据。

2）当对单台仪器进行了维护、更换主要部件或进行仪器周期性常规校核时，每次对比实验至少连续获得7组对比数据。

3）当仪器测试值发生较大的变化时（如发生水质量级别的变化），需要及时进行对比实验，以排除仪器问题，对比实验应至少获得3组连续数据。

（3）对比试验水样的采集也必须针对不同的目的，分别在不同的位置上采集：

1）当不考虑采水系统对水质量影响情况下，在配水系统进入检测仪器前位置上，与仪器进水的同时采集对比实验的水样。

2）当对整个系统进行对比考核时，应在采水泵处，与系统采水的同时采集对比水样，但是应考虑系统程序设置的水泵采水时间与仪器进样时间之差，确保对比实验和仪器测试是同一时间的样品。

3）若试验仪器需要过滤水样，则对比实验水样用相同过滤材料过滤。

4. 偏差计算与判断

对比试验相对偏差计算：同一水样仪器测试结果和采用标准方法的测试结果为一组成对数据（x_{yi}，x_{bi}），按对比频次的要求获得的若干组数据，在计算各组对比数据的相对偏差（RE_i）的基础上，计算对比实验的平均相对偏差（$\overline{RE}$）。计算公式如下：

$$RE_i = \frac{|x_{yi} - x_{bi}|}{x_{bi}} \times 100 \quad (2-1)$$

$$\overline{RE} = \frac{1}{n}\sum_{i=1}^{n} RE_i \quad (2-2)$$

式中：x_{bi} 为自动监测仪器测定值，%；x_{yi} 为国家标准分析方法测定值，%；n 为对比频次。

测定方法的平均相对允许偏差为±15%，否则需要对自动监测仪器重新校准或进行必要的维护和调整。

（三）运行维护

（1）采、配水单元。

（2）五参数仪器。

1）水温测定仪。

2）电导率测定仪。

3）pH 测量仪。

4）溶解氧测定仪。

5）浊度仪。

（3）氨氮分析仪。

（4）高锰酸盐指数监测仪。

（5）TOC 分析仪。

（6）总磷、总氮分析仪。

（7）系统控制与数据采集单元。

（8）数据传输单元。

（四）数据管理

1. 在系统运行期间异常值的确定原则

（1）当仪器一次监测值在前 7d 的监测值范围内，但连续 4 次为同一值时，应检查仪器及系统的运行状况，系统或仪器为正常时，确定为正常值。若仪器不正常时，判定位异常值。

（2）当一次峰值或最低值超过前3d和后2d各次监测值平均值的2倍标准差时，确定为异常值。

（3）当连续多次仪器监测值为最高或最低检测限时，应对仪器或系统的运行状况进行检查，若系统和仪器运行正常时，确定为正常值；否则判定为异常值。

（4）当数据采集系统发出异常值警告，并确认仪器正常时，警告值不作为异常值处理。

（5）当已知仪器或系统运行不正常期间的监测值应作为异常值处理。

2. 异常值处理方法

（1）当异常值的频次不影响日均值计算的数据频次要求时，异常值不参与日均值统计，也不需手工补测，但是在原始数据库中应给予标注。

（2）仪器连续发生可疑值而且无法及时确定系统或仪器是否运行正常时，应立即采取手工监测进行对比，当对比结果证实为异常值时，应以手工监测数据参与计算。对比结果误差小于规定时，则仍以仪器监测值参与计算。

（3）当仪器监测出现峰值而又不属于异常值时，应及时向管理部门报告水质变化情况。

第三章 实验室管理

第一节 玻璃仪器管理

玻璃仪器的管理是做好实验室工作的先决条件和基础。玻璃仪器其化学稳定性、抗腐蚀能力及易于洗涤的特点，使其成为实验室最基本的且使用量最多的仪器，需要切实加强使用管理。

实验室所用的玻璃仪器根据用途和精度，可分为玻璃容器和玻璃量器两大类。在使用时应根据用途不同，实施相应的管理措施。

一、常用玻璃仪器的种类

（一）容器与量器

1. 容器类

玻璃容器主要指实验室中用以贮存和运送物料，以及容纳物质在其中进行化学反应的各种玻璃器皿，包括试剂瓶、洗瓶、烧杯、烧瓶、试管、比色管等。

2. 量器类

玻璃量器主要指用于计量（量入或量出）液体体积的一类器皿，可按其形状、用途和容量分类。

（1）量筒和量杯。在配置百分比浓度、体积比浓度等溶液时，量取要求并不精确的试液体积可用量筒或量杯。

（2）容量瓶。容量瓶是精确的量入用量器。

（3）无分度吸管，又称移液管；分度吸管，又称吸量管。用作精确量出的量器。

（4）滴定管。滴定管是容量分析中的基本测量仪器，分常量和微量两个等级。从使用要求上，滴定管分为酸式滴定管、碱式滴定管两大类。

（二）实验室其他常用玻璃仪器

1. 干燥器

干燥器既可用于冷却和存入已烘干的样品、试药和称量瓶等，又可用于保存需要防潮的小型贵重仪器。

2. 冷凝管

冷凝管用于与其他仪器配套组装，在蒸馏或回流中起冷凝作用。冷凝管的规格按有效冷凝长度划分，最常用的为 300mm 和 400mm 两种。

3. 漏斗

普通玻璃漏斗主要用作过滤介质的支持物，使固相和液相物质分开。根据使用目的与要求的不同，漏斗可有多种不同的型号。

（1）短颈漏斗：用于一般过滤操作。

（2）长颈漏斗：利用长颈易于形成的连续液柱可提高过滤速度，多用于重量分析。

（3）筋纹漏斗：可用于皱褶形滤纸过滤，这样能加大过滤面积，加快过滤速度，常用于处理结晶的热溶液等。

（4）砂芯漏斗：也叫耐酸漏斗，漏斗的砂芯滤板由烧结玻璃料制成，可过滤酸液和用酸处理。

二、实验室玻璃量器的校准

玻璃量器的实际容量可能与其出厂标称容量不完全相符，因此新启用的玻璃量器时，应按国家有关计量检定规程进行检定，合格后才能使用。尤其是对准确度要求较高的分析工作，必须对所用量器进行容量检定。实验室内对玻璃量器进行容量检定时通常使用衡量法。

量器容量的基本单位是标准升，即在真空中质量为1kg的纯水在其密度为最大值时的温度下（3.98℃）所占的体积。

玻璃量器的校准方法是先对量器的某一容量标线内所容纳或放出的水进行称量得水的质量（W_t），再根据该温度下水的密度（P_t），将水的质量换算成体积（V_t）。在各种温度下水的密度是已知的，现有称量技术也可满足所需准确度的要求，因而衡量法可作为校准量器的依据。

量器的标称容量通常是指在20℃时的容量（V_{20}），温度为t℃时的容量（V_t）可用式（3-1）计算。

$$V_t = V_{20} + V_{20}(t-20) \times 0.000026 \tag{3-1}$$

式中：0.000026为钠钙玻璃的温度膨胀系数，℃$^{-1}$。

$$V_{20} = W_t / \gamma \tag{3-2}$$

$$\gamma = P_t[1+(t-20) \times 0.000026] \tag{3-3}$$

式中：γ为20℃时将充满容量为1000mL的玻璃量器的水在空气中于不同温度下用黄铜砝码称量的质量。

不同温度下1000mL水换算到20℃时的体积校准值可在相关表中查到。

三、实验室玻璃仪器的洗涤

化学实验中经常使用各种玻璃仪器和瓷器。如用不干净仪器进行实验，往往由于污物和杂质的存在，而得不到准确的结果。因此，在进行化学实验时，必须把仪器洗涤干净。

一般说来，附着在仪器上的污物有尘土和其他不溶性物质、可溶性物质、有机物和油垢。针对这些不同污物，可以分别用下列方法洗涤。

（一）常规洗涤法

1. 用水刷洗

用水和试管刷刷洗，可除去仪器上的尘土、不溶性物质和可溶性物质。

2. 用去污粉、肥皂液和合成洗涤剂洗

用这些洗涤剂可以洗去油污和有机物质。若油污和有机物质仍然洗不干净，可用热的碱液洗涤。

3. 用洗液洗

洗液即酸性氧化剂洗液，这是一种化学实验室的传统常规洗液，由重铬酸钾与硫酸配制而成，有很强的氧化能力。这种洗液对玻璃的侵蚀作用小，洗涤效果好。一般在进行精确的定量分析时，往往遇到一些口小、管细的仪器很难用上述方法洗涤时，就可用洗液来洗。如吸量管、滴定管等宜用洗液洗涤，必要时可加热洗液，洗液可反复使用。使用洗液时，应避免引入大量的水和还原性物质（如某些有机物），以免洗液冲稀或变绿而失效。洗液具有很强的腐蚀性，用时必须注意。

4. 用特殊的试剂洗

特殊的沾污应选用特殊试剂洗涤。如仪器上沾有较多 MnO_2，用酸性硫酸亚铁溶液或 H_2O_2 溶液洗涤，效果会更好。

已洗净的仪器壁上，不应附着不溶物、油垢，这样的玻璃仪器可以完全被水湿润，倒转过来，如水沿仪器壁流下，器壁上留下一层既薄而又均匀的水膜，而不挂水珠，则表示已经洗净。

已洗净的玻璃仪器不能再用布或纸擦，因为布或纸的纤维会留在器壁上而弄脏仪器。

在实验中洗涤玻璃仪器的方法，要根据实验的要求、脏物的性质、弄脏的程度来选择。在定性、定量实验中，由于杂质的引进影响实验的准确性，对洗净的要求比较高，除一定要求器壁上不挂水珠外，还要用蒸馏水荡洗 3 次。在有些情况下，如一般无机物制备，仪器的洗净要求可低一些，只要没有明显的脏物存在就可以了。

（二）水蒸气洗涤法

有些成套的玻璃仪器，除按上述要求洗涤之外，使用前还要安装起来用水蒸气洗涤一定的时间，以便彻底去除装置中的空气和前次实验所遗留的污物，从而减小实验误差。

（三）反渗透洗涤法

反渗透（RO）亦称逆渗透，主要由高压泵和反渗透膜两部分组成。在足够高压力的情况下，除水分子外、水中其他矿物质、有机物及各种离子几乎都被拒之于膜外，并被高压水流冲出。因为它和自然渗透的方向相反，故称为反渗透。其优点是不带入杂质，不污染环境。

（四）特殊的清洁要求

有些实验对玻璃仪器有特殊的清洁要求，如分光光度计的比色皿，在用于测定有机物之后，应用有机溶剂洗涤，必要时可用硝酸清洗，但要避免用重铬酸钾洗液洗涤，以免铬酸盐损伤玻璃。比色皿经酸浸后，先用水冲净再用乙醇或丙酮洗涤、干燥。参比池应做同样的处理。对洗好的比色皿进行几次吸光度或透光度检查，读数均应相等。

对于测定微量金属用的玻璃仪器，应用（1＋1）硝酸洗涤，或用 10％硝酸浸泡 8h 以上。

对用于测磷酸盐的玻璃仪器，不得使用含磷的洗涤剂。对测氨和凯氏总氮的玻璃仪器，要用无氨水洗涤。

测定水中微量有机物时，玻璃仪器需用铬酸洗液浸泡 15min 以上，并依次用自来水、丙酮、己烷等浸泡和冲刷，再用蒸馏水洗净。用于有机物分析的采样瓶，应用铬酸洗液、自来水、去离子水依次洗净，最后以重蒸的丙酮、乙烷或氯仿洗涤数次。瓶盖也用同样方法处理。

目前，许多实验室配置了实验室全自动器皿清洗机和超声波器皿清洗机。根据不同的实验要求对器皿器具进行清洗。

四、实验室玻璃仪器的干燥

每次实验都应使用清洁干燥的玻璃仪器。所以，玻璃仪器使用后应立即洗净并干燥。干燥方法有晾干、烤干、烘干、吹干和用有机溶剂润湿挥发干燥。可根据不同的情况，采用下列方法将洗净的仪器干燥。

（1）晾干：实验结束后，可将洗净的仪器倒置在干燥的实验柜内（倒置后不稳定的仪器应平放）或在仪器架上晾干，以供下次实验使用。

（2）烤干：烧杯和蒸发皿可以放在石棉网上用小火烤干。试管可直接用小火烤干，操作时应将管口向下，并不时来回移动试管，待水珠消失后，将管口朝上，以便水气逸去。

（3）烘干：将洗净的仪器置于110～120℃的清洁烘箱内烘烤1h左右烘干，放进烘箱前要先把水沥干。放置仪器时，仪器的口应朝下（倒置后不稳的仪器则应平放）。可以在电热干燥箱的最下层放一个搪瓷盘，以接收从仪器上滴下的水珠，不使水滴到电炉丝上，以免损坏电炉丝。

（4）烘干的玻璃仪器一般都在空气中冷却，但称量瓶等用于精确称量的玻璃仪器则应在干燥器中冷却保存。

（5）吹干：急用干燥的玻璃仪器，要用电吹冷风快速吹干。特别是不宜高温烘烤时，如移液管、滴定管等要用电吹冷风法快速进行干燥，以供急用。

（6）用有机溶剂干燥：在洗净仪器内加入少量有机溶剂（最常用的是酒精和丙酮），转动仪器使容器中的水与其混合，倾出混合液（回收），并晾干或用电吹风将仪器吹干（不能放烘箱内干燥）。

带有刻度的容器不能用加热的方法进行干燥，一般可采用晾干或有机溶剂干燥的方法，吹风时宜用冷风。

用实验室全自动器皿清洗机清洗的器皿可以利用烘干功能进行干燥。

五、实验室玻璃仪器的保存

实验室的玻璃仪器要针对其不同特点、用途、实验要求等进行妥善保存，分类保管。

总的要求：将干净的玻璃仪器倒置于专用柜内，柜的隔板上衬垫清洁滤纸，关紧柜门防止落尘。不宜在玻璃仪器上覆盖纱布。

（1）移液管可置于有盖的搪瓷盘、盒中，垫以清洁滤纸。

（2）滴定管可倒置于滴定架上或盛满蒸馏水，上口加套指形管或小烧杯，使用中的滴定管（内盛试液）在操作暂停期间也应加套以防沾污。

（3）清洁的比色皿、比色管、离心管要收在专用盒内或倒置在铺垫滤纸的专用架上。

（4）具有磨口塞的清洁玻璃仪器如量瓶、称量瓶、碘量瓶、试剂瓶等要衬纸加塞保存。

(5) 凡有配套塞盖的玻璃仪器，如称量瓶、量瓶、分液漏斗、比色管、滴定管等都必须保持原装配套，不得拆散使用和存放。

(6) 专用的组合式仪器如凯氏微量定氮仪、K－D蒸发浓缩器、旋转蒸发浓缩器等洗净后要加罩防尘。

六、实验室玻璃仪器及辅助品的购置

(一) 玻璃制品的购买要有计划性

作为实验室的设备管理员首先要根据库存清单，制订用品购置计划。一般实验室玻璃用品分为三类：一是每人必备用品；二是实验室公用品；三是特殊用品。

1. 必备及公用品的购置

必备及公用品是实验室的常规用品，要根据实验室的工作任务决定用品的购置数量，不能盲目购买。但易耗品除外，如锥形瓶、蒸馏瓶、分度吸管和无分度吸管、烧杯、量筒、容量瓶、漏斗等，应保证一定的库存数量，以方便使用。

2. 特殊用品的购置

特殊用品的购置要根据实验过程的实际需要购置，如实验室有机项目分析用品的购置，可以通过一个基础实验的建立和完成确定实验所需要的物品。

(二) 实验室必备玻璃仪器及辅助品种类

1. 必备玻璃仪器

(1) 无分度吸管和分度吸管：用于精确量取一定体积的液体。

(2) 试管：用作少量试剂的反应容器，便于操作、观察，用药量少。

(3) 称量纸：准确称取一定量的固体用品时用。

(4) 称量瓶：准确称取一定量的固体用品时用。

(5) 量筒：用于量度一定体积的液体。

(6) 烧杯：主要用于配制试剂，或用于反应物量较多时的反应器。

(7) 锥形瓶（三角烧瓶）反应容器，由于摇荡比较方便，适用于滴定操作。

(8) 离心管：可用于定性分析中少量沉淀的辨认和分离。

(9) 碘量瓶：用于碘量法实验。

(10) 容量瓶：配制一定体积的溶液时用。

(11) 滴定管：用于滴定操作或精确量取一定体积的溶液。

(12) 漏斗：用于过滤和倾注液体。

(13) 分液漏斗：用于互不相溶的液-液分离。

(14) 布氏漏斗和吸滤瓶：用于减压过滤。

(15) 试剂瓶：其中广口瓶盛放固体试剂，细口瓶盛放液体试剂。

(16) 蒸发皿：用于液体的蒸发浓缩。

(17) 干燥器：定量分析时，将灼烧过的坩埚置其中冷却；存放样品，以免样品吸收水气。

(18) 滴管：吸取或滴加少量（数滴或 1～2mL）液体；吸取沉淀的上层清液以分离沉淀。

（19）滴瓶：盛放每次使用只需数滴的液体试剂。

（20）研钵：研磨固体时用。

（21）蒸馏瓶：反应容器。当反应物较多，且需要长时间加热时用。

2. 实验用辅助品

（1）乳胶手套。

（2）记号笔。

（3）洗瓶。

（4）标签带。

（5）试管架。

（6）滴定管架。

（7）试管刷。

（8）石棉网。

（9）药匙。

第二节　化学试剂与化学试液的管理

化学试剂是实验室分析中不可缺少的物质基础，试剂的质量与选择恰当与否，直接影响分析结果的优劣，因此加强试剂与试液管理，并妥善保存和正确使用至关重要。

一、实验室化学试剂的管理

（一）化学试剂的正确选择

化学试剂的规格是以其中所含杂质多少来划分的，一般化学试剂按纯度分为四级，其规格和适用范围见表3-1。

表3-1　试剂规格和适用范围

等级	名称	英文名称	符号	适用范围	标签标志
一级品	优级纯（保证试剂）	Guarantee Reagent	G. R.	纯度很高，适用于精密分析工作和科学研究工作，有的还可作基准物质	绿色
二级品	分析纯（分析试剂）	Analytical Reagent	A. R.	纯度仅次于一级品，适用于一般的分析工作和科学研究工作	红色
三级品	化学纯（化学试剂）	Chemical Pure	C. P.	纯度较二级差些，适用于一般工业分析及化学试验	蓝色
四级品	实验试剂（医用）	Laboratorial Reagent	L. R.	纯度较低，适用作为实验辅助试剂	棕色或其他颜色
	生物试剂	Biological Reagent	B. R. 或 C. R.		黄色或其他颜色

在实验室检验中，一级品可用于配制标准溶液，二级品用于配制定量分析中的普通试液，三级品只能用于配制半定量或定性分析中的普通试液或清洁剂等。

（二）实验室化学试剂的管理

（1）实验室试剂的购置、储存、领用等要建立严格的管理制度，使检验人员认真执行，并充分了解和掌握试剂的性质、用途、保存、选择和配制方法。

（2）化学试剂的管理应指定专人负责，具有一定的专业知识和较强的工作责任心。

（3）实验室内只存放少量短期限内需用的药品。大量的化学药品一般不允许储存在实验室内的橱柜里，更不允许堆积在工作台上，应按有关规定专库保管。

（4）试剂保存的环境条件要达到通风、干燥、避免日光直射、严禁烟火、安全可靠。

（5）化学试剂的贮存应根据试剂的毒性、易燃性、腐蚀性和潮解性等不同特点，以不同的方式分门别类存放，禁止混放。

（6）试剂瓶上出现标签脱落或字迹模糊无法辨认时，应立即更新标签。

（7）剧毒药品的管理。剧毒危险药品，是各实验室药品管理的重点，应注意以下事项：

1）领用剧毒品要办理审批手续，并实行双人双锁管理。

2）对剧毒药品发放本着先入后出的原则，发放时有准确登记（发放时间、领用量和经手人）。

3）使用剧毒试剂时一定要严格遵守分析操作规程。

4）对使用后产生的废液不准随便倒入水池内，应倒入指定的废液桶或瓶内，集中回放。

5）废液处理应有记录，其内容包括：废液量、处理方法、处理时间、地点、处理人。

（三）实验室化学试剂的取用要求

（1）取用试剂时，要注意试剂的纯度与分析方法相一致。

（2）在同一批样品分析中应取用同一包装的试剂。

（3）取用化学试剂前，应检查试剂外观，注意其生产日期，不使用已失效的试剂。如果怀疑有变质可能，应检验合格后再用。

（4）取用液体试剂只准倾出使用，不得在试剂瓶中直接吸取，倒出的试剂不可再倾倒回原瓶中。倾倒液体试剂时，应使瓶签在上方，以免淌下的试剂沾污或腐蚀瓶签。

（5）取用固体试剂时应遵守“只出不回、量用为出”的原则，倾出的试剂有余量者不得倒回原瓶。所用药匙应清洁干燥，不能一匙多用。

（四）实验室购买化学试剂的管理要求

（1）制定化学试剂年度或季度购买计划。购买计划要根据年度常规水质监测任务、计划内的科研任务、对外服务项目和历年常用试剂的使用数量等情况制定，以减少试剂购买的盲目性和浪费。

（2）对于那些不稳定的试剂，易发生歧化、聚合、分解或沉淀变化的应分次少量采购。

（3）试剂的纯度对实验结果影响很大时，曾用过此试剂的检验人员可对药品采购人员就有关该试剂的类型、生产商甚至储存等提出建议。

（4）通过网络服务查询所需试剂及价格和标准，也可从销售商处索取产品信息，全面了解某产品的适合度及局限性，收集和掌握这方面的信息。

二、实验室配制试液的管理要求

（一）试液配制的基本要求

1. 准确称量取试剂

对于固体试剂，要按照试剂规定，先进行充分干燥，并冷却至室温后立即称重以供配制；对于液体试剂，应按需要计算出所需体积，而后直接量取。

2. 正确选择溶剂

选择溶剂的总原则是溶剂纯度要与试剂纯度等级大致相当。必要时应对溶剂质量进行检验，若其纯度偏低时应进行处理，以保证试液的质量。

3. 控制试剂配制的数量

确定每一种试剂配制的数量，应根据试液的稳定性、浓度及需要量配制试液，浓度较低、稳定性较差的试液则应分次少量配制；最好配制合理的最少体积，如果试剂昂贵或者不稳定，最好现用现配。

4. 做好标定工作

应按照规定对试液浓度进行定期标定，尤其是对浓度不稳定的标准溶液，应每次使用前进行标定，确保准确无误。

（二）实验室用水的管理要求

水是溶液中重要的成分，不仅是将物质溶解于其中，水的质量、组分以及 pH 值会极大影响实验结果。多数人都知道由于换了水有的实验就无法进行。

为了提高水的纯度，介绍几种水质分类的方法：

（1）自来水。自来水的矿物组成和非纯物质的组分决定于水源的地理位置、运输管道或者是那个季节的降雨量。自来水的诸多复杂因素对于实验都是非重复的变量，所以实验时不能用自来水。自来水只能用于清洗玻璃器皿和其他实验设备。

（2）实验室级用水（三级水）。实验室级用水一般都经过反渗透或蒸馏预处理，适合于一般试验工作。

（3）试剂级用水（二级水）。通过蒸馏或去离子，实验室级用水可以被进一步纯化，在精确分析中用于配制化学试液以及缓冲溶液等。

（4）超纯试剂级用水（一级水）。一些实验对于水有特殊和严格的要求，例如，用于制备标准样品或超痕量物质的分析。

（三）试液储存的管理要求

（1）检验人员配制试剂时在试剂瓶标签上应标明试剂名称、试剂浓度、配制人、配制日期，如用百分浓度表示试剂浓度的话，应在括号里注明是哪一种百分浓度。

试剂瓶的标签大小要与瓶子大小相称，且贴在中间，过期失效的试剂要及时处理。

（2）配完试剂后，在使用时或在使用过后，都必须将它放在特定的地方，实验室内的所有试剂都要考虑放置在适当的地方，并以检验项目所有成套试剂为一组排列，共用的试剂排列在另一个地方，方便于工作。

装在自动滴定管里的试剂（指短时间储存，一般不将试液放在滴定管中），如滴定管是敞口的，要加盖纸套或小烧杯或指形管，防止灰尘落入管内。

(3) 对于反复冻融会造成降解的试剂要进行分装保存。

(4) 需要长期储存的试剂，必须保存在一个安全的地方。如发现变色、沉淀、分解等变质、污染迹象时，应立即弃去重配，以免发生混淆误用。

(5) 根据试剂的性质选择保存的环境温度，按试剂对温度的不同要求分别储存在烘箱、室温、冰箱、低温冷柜或液氮中。

(6) 对光敏感试剂要远离光源，并用棕色瓶储存，或用铝箔包装。

(四) 试液使用的管理要求

(1) 应全面遵守试液使用管理的原则要求。

(2) 吸管应预先洗净、控干，专管专用，妥善存放，避免交叉污染或杂质污染。

(3) 试液吸取前应振摇均匀，特别要注意混匀瓶内壁溶液面上的冷凝液珠，以保证试液浓度的准确性。

(4) 试液瓶应随即盖好，不得长时间敞开，同时应防止盖错瓶盖，造成交叉污染。

(5) 当测定同一批样品时，应使用同一批试液，以便进行分析结果比较。

(6) 试液使用过程中，切勿靠近热源，以防变质和浓度变化。

第三节 标准物质管理

一、标准物质及等级

(一) 标准物质

标准物质（Reference Materials，RMs）和有证标准物质（Certified Reference Materials，CRMs）能使被测定的或已确定的量值（物理、化学、生物或工程技术方面的量值）在不同地区传递。它们广泛用于测量装置的校正和分析方法或实验方法的评价，以达到该系统的长期质量保证。

标准物质指具有一种或多种足够均匀并已经很好地确定其特性量值的材料或物质，标准物质可以是纯的或混合的气体，液体或固体。有证标准物质是附有经一定权威机构证书的标准物质，其一种或多种特征量值应能溯源于准确体现所表示的特征量值的国际单位制的基本单位，而且每一个标准物质必须在证书中所记载的置信水平的不确定度范围内准确可靠。

(二) 标准物质的等级

标准物质等级按照以国际制单位传递下来的准确等级分为两级，即国家一级标准物质和二级标准物质（部颁标准物质）。

1. 国家一级标准物质

国家一级标准物质指用绝对测量法或其他准确可靠的方法确定物质特征量值，准确度达到国内最高水平并相当于国际水平，经中国计量学会标准物质专业委员会技术审查和国家计量局批准颁布的，附有证书的标准物质。

一级标准物质的代号是以国家级标准物质的汉语拼音中“Guo - Biao - Wu”三个字的字头“GBW”表示。

2. 二级标准物质

二级标准物质指各工业部门或科研单位为满足本部门及有关使用单位的需要研制的工作标准物质。它的特征量值通过与一级标准物质直接比对或用其他准确可靠的分析方法测试获得，并经主管部门审查批准，报国家技术监督行政主管部门注册。其中性能良好，准确度高，具备批量制备条件的二级标准物质，经国家技术监督行政主管部门审批后，亦可上升为一级标准物质。

二级标准物质的代号是以国家级标准物质的汉语拼音中"Guo-Biao-Wu"三个字的字头"GBW"，加上二级的汉语拼音中"Er"字的字头"E"，并以小括号括起来——GBW（E）来表示。

二、环境标准物质及作用

（一）环境标准物质

环境标准物质是标准物质的一类。

我国环境标准物质的研制工作始于20世纪70年代末，主要研制单位有中国计量院标准物质研究与管理中心、生态环境部环境发展中心环境标准样品研究所以及住建、水利、农业等部门的相关机构及其他社会专业机构。目前，经国家质量监督行政主管部门陆续批准的国家一级标准物质和二级标准物质，涵盖水、固体和气体等无机样品和有机样品。

中国水利水电科学研究院水生态环境研究所是水利部标准物质研制单位，具有向社会提供实验用标准物质的资质。已研制国家一级和二级标准物质共91种，可供应水利系统水质监测常规需求。

（二）标准物质的作用

标准物质广泛地应用于各类检验检测中，主要用于如下几方面：

（1）用于分析方法准确度和精密度的校准，研究和验证标准方法，开发新的分析方法。

（2）用于分析仪器的校准，开发新的分析技术。

（3）在协作实验中用于评价实验室的管理效能和检验人员的技术水平，从而提高实验室提供准确、可靠数据的能力。

（4）把标准物质当作工作和监控标准使用，用于各级检验检测机构及检验人员进行质量控制考核。

（5）通过标准物质的准确度传递系统和追溯系统，用于实现国际同行间、国内同行间以及实验室间数据的可比性和时间上的一致性。

（6）作为相对真值，标准物质可以用作环境分析的技术仲裁依据。

（7）用于标准溶液的配制，以消除检验人员用自己配制标准溶液所做工作曲线的不一致性和不够准确的缺陷。用与被测样品基本类似的标准物质作为工作标准绘制工作曲线，使分析结果建立在一个相对准确、可靠、可比的基础上，并能提高工作效率。

三、实验室标准物质的管理

（一）标准物质的选择

标准物质是一种传递准确度的工作，只有当它和测量方法结合在一起，使用得当时，才能发挥其应有的作用。现在国内外提供的标准物质有几百种，如何从中选择适合自己工作需要的标准物质，是十分重要的。选择标准物质时需要注意如下几点。

1. 对标准物质基体组成的选择

标准物质的基体组成应与被测样品的组成越接近越好，这样可以消除方法基体效应引入的系统误差。对痕量分析，基体效应往往是系统误差的主要来源之一。要选择与待测样品的基体组成和待测成分的浓度水平相类似的标准物质；所谓类似并不是也不需要完全一致，只是要求类型上相似，基体大致相同。如待测样品是水质样品，就应选用水质标准物质。

2. 对标准物质准确度水平的选择

根据测定工作本身对准确度的要求可选用不同级别的标准物质。例如，在研制标准物质时必须使用一级标准物质，而在普通实验室的分析质量控制则可使用二级标准物质或工作标准物质。

3. 对标准物质特点及取样量的选择

要仔细了解标准物质的量值特点、化学组成、最小取样量和标准值的测定条件等内容。对现代仪器分析方法，一般进样量都很小。如果仪器的最大进样量小于标准物质的证书上规定最小取样量，一般此标准物质是不宜选用的，应选择最小取样量更小的标准物质。

4. 标准物质使用条件的选择

必须在测量系统经过标准化并达到稳定后方可使用标准物质。如果在使用标准物质时测量系统不稳定、噪声高、灵敏度低、重现性差，测量条件经常发生变化，或存在着明显的系统误差，即使使用了标准物质也难以取得质量可靠的结果。

5. 对标准物质的浓度水平的选择

分析方法的精密度随样品浓度的降低而放宽。所选标准物质的浓度水平应与直接用途相适应。若用标准物质评价分析方法时，应选择浓度水平接近方法上限与下限的两个标准物质；当用标准物质作控制标准时，应选择与被测样品浓度相近的标准物质；当用标准物质校准仪器时，则应选择浓度在仪器测量线性范围内的标准物质等。

6. 标准物质的准确度匹配的选择

标准物质的准确度水平应与期望分析结果的准确度相匹配。一般来讲，标准物质的准确度应比被测样品预期达到的准确度高 3～10 倍。

（二）使用标准物质应注意的问题

（1）物质的使用者根据要进行的测量目的从国家质量监督行政主管部门发布的《标准物质目录》中选择相应种类的标准物质，并注意标准物质证书中规定的使用有效期限。

（2）没有正式批准的标准物质，一般不允许使用，如必须使用时（包括使用新批号的各种标准物质），应经过分析测试，其性能（包括其稳定性）达到要求后方可使用，且分析测试数据必须长期存档。

（3）使用前应详细阅读附带技术说明，弄清使用条件及注意事项，严格按要求使用。

（4）用标准物质对量值进行校验时，测定系统必须处于质量控制状态下。

（5）注意标准物质基体、浓度等与待测样品的类似性，以排除基体干扰和浓度误差。

(6) 注意标准物质的均匀性，使用前应注意摇动并保持均匀；应按标准物质最小取样量规定取样，以尽量减小取样误差。

(三) 标准物质的管理要求

(1) 实验室标准物质设专人负责制和专柜储存管理。

(2) 标准物质的购置由检验人员申请，提出购置清单经批准后购置，使用人取用时办理领用手续。

(3) 建立实验室标准物质台账和标准物质登记制度，实行统一的标识管理，提出明确具体的要求，防止误用和混淆。

(4) 在实验室标准物质的管理中，注意标准物质证书中规定的保存条件，并按证书中的要求妥善保存。

(5) 应按标准物质说明书（合格证）上规定的使用期限定期更换，不得使用过期的标准物质。

(6) 个人领取待用的标准物质也要妥善保管并标识，防止变质和损坏。

(7) 实验室购买标准物质要有计划性，标准物质的数量要保证实验室工作需要，并保留一定的储备。

第四节　采样和样品管理

采样和样品管理是实验室的基础工作，因此，必须严格按照 SL 219《水环境监测规范》的要求，全面考虑采样点布设的合理性，加强样品采集、运输与保存的管理，以保证样品的代表性。

一、采样断面和采样点的布设

采样断面和采样点的布设是水质监测工作的重要环节。分析数据是否具有代表性，是能否真实反映水质现状及变化趋势的关键问题。如果布点不合理，样品缺乏代表性，那一切后续监测工作将没有任何实际意义。因此采样前需进行现场调查、收集资料，以确定采样断面和采样点的位置。断面一经确定应设置固定标志，并用北斗/GPS 定位。

可以把水质监测看作是对某一特定空间某一时段上的抽样，理论上讲，要想获得理想的监测结果，首先应有高精度、高分辨率的抽样结果。要求监测的空间和时间分辨率越高越好，然而高分辨率的空间和时间监测不但费时费力，且难于实现。尤其是空间分辨率只能是有限的，水质监测的重要指导思想是以最少（或尽可能少）的监测点位获取最有空间代表性的监测数据，即优化布点问题。

(一) 采样断面布设的一般原则

1. 优化原则

力求以较少的监测断面获取最具代表性的样品，达到全面、真实、客观反映水系或所在区域的水质现状及变化规律的总体情况。

2. 结合原则

断面的设置应尽可能与现有水文断面相结合，以便同时取得水质和水文方面的资料，量质结合，提高监测结果的使用价值。

3. 重点原则

断面布设要充分考虑重点区域，如：主要江河干流河段、较大支流汇入口、入海口、国际间和省界河流出入境处、主要供水水源区、城市排污区、重要风景区、自然和水生生物保护区、严重的水土流失区及重点河流发源地等。

4. 便利原则

充分考虑在交通方便、取样便利处布设断面，且尽量避开死水及回水区，选择河流顺直、河岸稳定、水流平缓、无急流湍滩处。

5. 定位原则

断面确定以后，要用北斗/GPS定位，对于重要断面且无明显标记的，应有固定标志设施，并报主管部门备案。

（二）采样断面的布设

1. 河流采样断面

水质监测断面是指在河流采样时，实施样品采集的整个剖面。即采样断面，分为背景断面、对照断面、控制断面和消减断面。根据河流具体情况分为单断面布设和多断面布设。一般应在河流源头布设背景断面。对流经城市或工业聚集区的河段需考虑布设对照断面、控制断面和削减断面。

（1）背景断面。背景断面是为评价某一完整水系的水质状况，能够提供水环境背景值的断面，应布设在河流源头处或未受人类活动明显影响的上游河段。

（2）对照断面。对照断面布设在本河段的上游，是为了弄清河流入境前水质状况而布设的断面。应避开各类污水流入或回流处布设，对照断面一般只布设一条。

（3）控制断面。控制断面是为弄清排污对水体的影响，评价水质污染状况所布设的采样断面。应根据河流具体情况布设一条或若干条。对于污染较重的河段按控制排污量不小于本河段入河排污总量的80％的控制指标布设若干控制断面。重要排污口下游的控制断面一般设在距排污口500～1000m处。

（4）消减断面。消减断面布设在本河段的下游，是污水汇入河流后，经一段距离与河水充分混合，水中污染物经稀释和自净作用而明显降低，其左、中、右三点浓度差异较小的断面。通常布设在城市或工业区最后一个排污口下游1500m以外的河段上。对水质稳定或污染源对水体无明显影响的河段，其监测断面布设可灵活掌握，可仅布设一条控制断面无须再布设对照断面和消减断面。

2. 湖泊和水库的采样断面

湖泊、水库水质监测断面的布设实际上是采样垂线和垂线上的采样点位的布设。应在进水区、出水区、中心区、滞流区、近坝区、重要供水水源取水口、鱼类洄游和产卵区等水域布设采样垂线和采样点位。峡谷型水库，应在水库上游、中游、近坝区及库尾与主要库湾回水区布设断面。

湖泊水库无明显功能分区，或水质无明显差异可采用网格法均匀布设，网格大小依湖、库面积而定。重要供水水源取水口按扇形布设弧形采样断面或垂线。

3. 潮汐河流采样断面

(1) 设有防潮闸的河流，在闸的上、下游分别布设断面。

(2) 未设防潮闸的潮汐河流，在潮流界以上布设对照断面；潮流界超出本河段范围时，在本河段上游布设对照断面。

(3) 在靠近入海口处布设消减断面；入海口在本河段之外时，设在本河段下游处。

(4) 控制断面的布设应充分考虑涨、落潮水流变化。

(三) 采样垂线和采样点的布设

1. 河流采样垂线和采样点的布设

河流采样断面上采样垂线和采样点的设置，应根据河流的宽度和深度而定。见表3-2、表3-3。

表3-2　采样垂线的设置

水面宽/m	采样垂线	说　明
<50	1条（中泓处）	1. 应避开污染带；考虑污染带时，应增设垂线 2. 能证明该断面水质均匀时，可适当调整采样垂线 3. 解冻期采样时，可适当调整采样垂线
50～100	2条（左、右岸水流处）	
100～1000	3条（左岸、中泓、右岸）	
>1000	5～7条	

表3-3　采样垂线上采样点的设置

水深/m	采样点	说　明
<5	1点（水面下0.5m处）	1. 水深不足1.0m时，在1/2水深处 2. 封冻时在冰下0.5m处采样、有效水深不足1.0m处时，在水深1/2处采样 3. 潮汐河段应分层设置采样点
5～10	2点（水面下0.5m处）	
>10	3点（水面下0.5m、水底上0.5m处、中层1/2水深处）	

2. 湖泊（水库）采样点的布设

湖泊（水库）的中心，滞流区的各断面，可视湖库大小水面宽窄，沿水流方向适当布设1～5条采样垂线。湖泊（水库）采样垂线上采样点的布设要求与河流相同。但在非均匀水体采样时，要有区别。由于分层现象，湖泊和水库的水质沿水深方向可能出现很大的不均匀性，其原因是来自水面［透光带内光合作用和水温变化引起的水质变化和沉积物（沉积层中物质的溶解）］的影响。此外，悬浮物的沉降也可能造成水质垂直方向的不均匀性。在斜温层也常常观察到水质有很大差异。在这种水体采样时，要尽可能缩短采样点深度间的距离。采样层次的合理布设取决于所需要的资料和局部环境。

二、样品采集前的准备

(一) 采样器的选择与使用

(1) 采样器的选择要根据当地实际情况和分析检验的项目选用合适的采样器，采样器的类型主要有：

1) 直立式采样器：适用于水流平缓的河流、湖泊、水库的水样采集。

2）横式采样器：与铅鱼联用，用于山区水深流急的河流水样采集。

3）有机玻璃采水器：由桶体、带轴的两个半圆上盖和活动底板等组成，主要用于水生生物样品的采集，也适用于除细菌指标与油类以外水质样品的采集。

4）自动采样器：利用定时关启的电动采样泵抽取水样，或利用进水面与表层水面的水位差产生的压力采样，或可随流速变化自动按比例采样等。此类采样器适用于采集时间或空间混合积分样，但不适宜于油类、pH、溶解氧、电导率、水温等项目的测定。

(2) 采样器应有足够强度，且使用灵活、方便可靠，与水样接触部分应采用惰性材料，如不锈钢、聚四氟乙烯等制成。

(3) 采样器在使用前，应先用洗涤剂洗去油污，用自来水冲净，再用10%盐酸洗刷，自来水冲净后备用。

(二) 贮样容器的选择与洗涤要求

1. 贮样容器的材质的选择

(1) 容器材质应化学稳定性好，不会溶出待测组分，且在储存期内不会与水样发生物理化学反应。

(2) 对光敏性组分，应具有遮光作用。

(3) 用于微生物检验用的容器能耐受高温灭菌。

2. 不同检验项目对贮样容器的要求

(1) 测定有机及生物项目的贮样容器应选用硬质（硼硅）玻璃容器。

(2) 测定金属、放射性及其他无机项目的贮样容器可选用高密度聚乙烯或硬质（硼硅）玻璃容器。

(3) 测定溶解氧及生化需氧量（BOD_5）应使用专用贮样容器，防止样品运送过程中发生曝气而改变样品的组分。

(4) 用于微生物样品容器的基本要求是能够经受高温灭菌，如果是冷冻灭菌，瓶子和衬垫的材料也应该符合要求。在灭菌和样品存放期间，该材料不应产生和释放出抑制微生物生存能力或促进繁殖的化学品。

3. 贮样容器的洗涤

容器在使用前应根据监测项目和分析方法的要求，采用相应的洗涤方法洗涤。采样容器清洗后应作质量检验，若因洗涤不彻底而有待测物检出时，整批容器应重新洗涤。

(1) 通用的洗涤方法。通常，玻璃瓶和塑料瓶首先用水和洗涤剂清洗，以除去灰尘和油垢，再用自来水冲洗干净，然后用10%的硝酸浸泡24h，取出沥干，用自来水漂洗干净，最后用蒸馏水充分荡洗3次。

(2) 有特殊要求的洗涤方法。测定金属的容器，使用前先用洗涤液清洗后，再用自来水冲洗干净，必要时用10%硝酸或盐酸剧烈振荡或浸泡，再用自来水冲净后用蒸馏水清洗干净。

测定铬的容器，不能用铬酸洗液或盐酸洗涤，只能用10%硝酸泡洗。

测定总汞的采样容器，用1：3硝酸洗后放置数小时，然后用自来水和蒸馏水漂洗干净。

测定油类的容器，在按通常洗涤方法洗涤后，还要用萃取液洗2～3次。

细菌检验的采样容器，除作普通清洗外，还要做灭菌处理，并在14d内使用。

测定有机物的玻璃容器，先用洗涤剂清洗，再用自来水冲洗，然后再用蒸馏水清洗干净，加盖存放备用。

（三）保存剂的准备

各种保存剂在采样前应作空白试验，其纯度和等级要达到分析方法的要求，按规定配置备用，并在每次使用前检查有无沾污情况。

有条件的实验室，可以将样品保存剂按加入量的多少制成安瓿瓶带入采样现场。

三、样品的采集

（一）采样方法与适用范围

（1）定流量采样：当累积水流流量达到某一设定值时，脉冲触发采样器采集水样。

（2）流速比例采样：可采集与流速成正比例的水样，适用于流量与污染物浓度变化较大的水样采集。

（3）时间积分采样：适用于采集一定时段内的混合水样。

（4）深度积分采样：适用于采集沿采样垂线不同深度的混合水样。

（二）采样方式与适用范围

（1）涉水采样：适用于水深较浅的水体。

（2）桥梁采样：适用于有桥梁的采样断面。

（3）船只采样：适用于水体较深的河流、水库、湖泊。

（4）缆道采样：适用于山区流速较快的河流。

（5）冰上采样：适用于北方冬季河流、湖泊和水库封冻期。

（6）无人机/船采样：适用于采样人员无法到达的水域。

（三）样品采集的注意事项

（1）水质采样应在自然水流状态下进行，不应扰动水流与底部沉积物，以保证样品代表性。

（2）采样时，采样器口部应面对水流方向。用船只采样时，船首应逆向水流，采样在船舷前部逆流进行，以避免船体污染水样。

（3）水样的采集应按先水质后底质，先浅层后深层的顺序采集。

（4）除细菌、油等测定用水样外，容器在装入前，应先用该采样点原水冲洗3次。装入容器后，应按要求加入相应的保存剂后摇匀，并及时填写标签。

（5）因采样器容积有限，需多次采样时，可将各次采集的样品放入洗净的大容器中，混匀后分装，但本法不适用于溶解氧及细菌等易变项目测定。采集和分装时要防止环境沾污。

（6）采样时应做好现场采样记录，填好送检单，核对瓶签。

（7）采样结束前，应仔细检查采样记录和样品，发现有漏采的应及时补采或重采。

（8）采用无人机船采样的，采样过程和器具需符合相关技术规定和要求。

（四）特殊项目的采集要求

（1）细菌：直接用细菌瓶采集水样，采样前不必用水样冲洗。在采集表层水样时，用手握着瓶底将瓶颈伸进水面下 25～40cm 处。灌水时瓶颈直接向上倾，瓶口直接对着水流。

（2）油：测油样应在水面下 30cm 处直接用油瓶采集，并现场加入保存剂。严禁预先用水样进行荡洗。

（3）溶解氧：从采样器分装时，溶解氧样品必须先采集，而且要在采样器从水中提出后立即进行。用乳胶管一端插入溶解氧瓶底。注入时先缓慢注入小半瓶，然后迅速充满，在保持溢流状态下，慢慢撤出管子。

（4）五日生化需氧量：采样方法同溶解氧。采样时带乳胶管，以备河水浅采样器无法装满水样时用。

（5）挥发性、半挥发性有机物：禁止预先用水样进行荡洗，采集样品必须注满容器，上部不留空隙，避免样品曝气和空气接触，采集完加入保存剂后，立即用垫有聚四氟乙烯薄膜（或铝箔）的翻口胶塞盖好，胶塞内孔先用铝箔填满填平，样品密封后，颠倒数次观察确认无气泡。装满水样的样品瓶用铝箔包裹避光，低温保存。应采集平行双样。

（五）地下水与降水样品的采集

1. 地下水样品的采集

如果采样目的只是为了确定某特定水源中有没有污染物，那么只需从自来水管中采集水样。采集自来水时，应先放水数分钟。如果要直接从井口采样时，应先抽取适量水，排净积留于管道中的存水，然后再采样。

2. 降水的采样

准确地采集降水样品是十分困难的，在降水前，必须盖好采样器，只在降水真实出现之后才打开。每次降水取全过程水样（降水开始到结束）。采集样品时，应避开污染源，四周应无遮挡雨、雪的高大树木或建筑物，以便取得准确的结果。

四、样品的保存与运输

（一）样品的保存

各种水质的样品，从采集到分析过程中，由于物理的、化学的和生物的作用，会发生各种变化。因此在样品的运送与放置过程中，要采取一定的保护措施。

1. 保存样品的基本要求

（1）抑制微生物作用。

（2）减缓化合物或络合物的水解及氧化还原作用。

（3）减少组分的挥发和吸附作用。

2. 样品的保存方法

（1）冷藏法。冷藏能抑制微生物的活动，减缓物理作用和化学作用的速度，多数应在4℃保存，最好放入暗处或冰箱中，这种保存方法具有不引入其他不定因素的好处。

（2）化学法。

1）加抑菌剂：在水样中加杀生物剂阻止生物的作用，常用的试剂有苯、甲苯、氯仿，或加氯化汞，但对测汞及金属化合物不适用。

2）加化学试剂法：在水样中加入某些化学试剂，以防止水样中某些金属元素发生变化。如加酸调节水样的 pH 值，使其中的金属元素呈溶解状态；加碱，与挥发性化合物生成盐类等。

某些保存剂的作用和应用范围见表 3-4。

表 3-4　　样品保存剂的作用和应用范围

保存剂	作　用	适用的待测项目
$HgCl_2$	细菌抑制剂	各种形式的氨，各种形式的磷
HNO_3	金属溶剂，防止沉淀	多种金属
H_2SO_4	1. 细菌抑制剂 2. 与有机碱形成盐	有机水样（COD、油和油脂） 氨和胺类
NaOH	与挥发化合物形成盐	氰化物、有机酸类、酚类
冷冻	抑制细菌 减慢化学反应速度	酸度、碱度、有机物 BOD、色度、有机磷、有机氮、生物机体

3. 样品的保存时限

采样与分析的时间间隔越短，分析结果越能反映采样点的实际情况。取样到分析的时间间隔很难统一确定，一般根据水样污染程度大致规定时间为：清洁水 72h；轻度污染水样 48h；严重污染水样 12h。样品所含参数的保存时间各不相同，要按照有关规定的保存时限及时进行样品分析。

（二）运输样品的管理要求

1. 运输样品的时间性

样品采集后要及时运送到实验室，以保证易变项目的分析时间要求。

2. 运输过程要防污染

样品的运输过程中，要配备带盖、密封性能好的专用洁净箱子，以避免样品受污染。

3. 运输样品要防震

为防止样品在运输过程振荡、碰撞而导致破碎损失，应将样品装箱运送。包装箱的盖子及四周应有弹性隔离材料，以增加样品在箱内的稳定程度。

4. 运输样品避光冷藏

水样容器内盖应盖紧，对有特殊要求的项目，要有低温保存措施，运输时应避免阳光直射。

五、样品的接收与存储管理

实验室的样品接收工作要形成一套完整的管理程序。样品管理员对样品的接收、标识、流转、制备、储存及安全处理等进行规范化管理，以确保自样品接收确认符合要求后，直至检验结束，清理处置的整个过程保护样品的完整性；确保样品在检验整个过程中标识清晰、可追溯；确保样品在储存、制备和处理过程中不变质、不遗失或损坏。样品接收与存储的程序如下：

（1）样品送达交实验室后，要有样品管理人员接收，并对照采样记录表对送检样品进行符合性检查。即样品标签及外观是否完好，标签名称与采样记录表的名称是否一致，样品要检验的项目与采样要求是否相符。核查样品无误后，送接双方在送样单上签字。

(2) 经验收合格的样品按实验室要求重新登记，内容包括：样品名称、水样类别（地表、地下、污水、处理水等）、采样（送样）单位、样品状况、检验项目、来样日期、联系电话等。

(3) 样品存储管理，样品管理人员对于不能及时进行检验或需冷藏冷冻保存的样品，应进行暂时保管和按样品的保存要求进行储存。储存环境应安全、无腐蚀、清洁干燥、且通风良好，确保样品在保存期间不变质、不遗失、不损坏，保护样品的完整性。

(4) 样品管理员接到样品后，应立即按检验方法要求进行样品缩分标识和制备。缩分样品分为 2 份平行样品，其中 1 份作为测试样品，1 份作为保留样品。对于委托监测的样品，这种平行备份更加重要。

(5) 已分析样品的保存期限，对于正常分析样品，样品经检验人员分析后，并经过对数据的合理性检查后，没有可疑数据存在，就可进行处理；对于委托监测的样品，在样品保留期内尽快完成监测结果的报送，检验样品留样期不得少于报告申诉期，留样期一般不超过 30d，特殊样品根据要求另行规定。

六、采样和样品管理工作的基本要求

(1) 样品管理要有与开展工作相适应的有关水质监测样品采集的文件化管理程序，建立切实可行的有关样品采集管理的规章制度。切实加强样品采集的技术管理，严格执行 SL 219《水环境监测规范》和相关的水质样品采集技术标准。

(2) 制订采样计划，根据监测目的和布点方案，明确采样断面、采样时间、样品运送和分析要求，采样人员分工及采样器材的准备要求等。

(3) 实验室采样人员必须经过采样、样品保存、处理和储运等方面的技术培训，避免出现采样不规范、检验结果出现异常值的现象。尤其以下情况更应重视培训：①样品由相关部门送样的实验室；②采样人员更换时；③承担临时性、应急性任务，且采样技术人员紧张时。在采样培训过程中要由实验室技术人员进行现场操作演示，并应有采样技术规定或操作手册等。

(4) 加强样品的唯一性标识管理，也是采样管理工作的重点。实验室应对每个拟检验样品建立保持唯一性识别系统，以保证在任何时候对样品的识别不发生混淆。

(5) 要有专门的样品管理员，对洗涤后的采样瓶的验收要有一套管理措施，这是保证采样质量的重要工作，验收标准的制定要具体、量化和可操作。

(6) 加强采样过程的质量控制管理，在样品采集过程中，应按采样规范要求采集现场空白样、现场平行样和现场加标样等工作，并按规定对样品的代表性进行跟踪检验。

第五节 实验室质量控制管理

实验室质量控制是使水质监测数据达到科学、公正、准确的技术保证措施，是实验室管理工作不可缺少的重要环节。

实验室质量控制是整个监测过程的全面质量管理，包含了保证水质监测数据正确可靠

的全部质量活动和措施。主要包括监测计划的制定、玻璃量器的校准、仪器设备的检定、采样方法的确定、样品的处理和保存、试剂和基准物质的选用、分析测试方法、质量控制程序、检验人员的技术培训、实验条件和环境状况的改善等各个方面的内容。

水质监测质量控制是对于分析过程的控制方法，它是质量保证的一部分。实验室质量控制包括实验室内与实验室间质量控制，前者是实验室内部对分析质量进行控制的过程，后者是上级监测机构通过发放考核样品等方式，对实验室报出合格分析结果的综合能力，数据的可比性与系统误差做出评价的过程。

一、常用术语

（一）监测数据的“五性”

从质量保证和质量控制的角度出发，为使监测数据能够准确反映水环境质量现状，预测污染发展趋势，要求监测数据具有代表性、准确性、精密性、可比性和完整性。

1. 代表性

代表性指在具有代表性的时间、地点，并按规定要求采集有效样品。所采集样品的监测数据需能真实反映水体实际状况。任何物质在水中的分布不可能是完全均匀的，因此要使监测数据如实反映水质现状和污染源的排放情况，必须充分考虑到所测目标物质的时空分布。首先要优化布设采样点位，使所采集的水样具有代表性。

2. 准确性

准确性指测定值与真实值的符合程度。它是反映检验方法或测量系统存在的系统误差和偶然误差，是分析结果可靠性的度量，一般以检验检测数据的准确度来表征。

评价准确度的方法有三种。

第一种方法是用某一方法检验标准物质，由其结果确定准确度。

第二种方法是“加标回收法”，即在样品中加入标准物质，根据回收率来确定准确度。多次“加标回收”试验还可发现方法的系统误差。

按式（3-4）计算回收率 P：

$$\text{回收率}\ P\% = \frac{\text{加标试样测定值} - \text{试样测定值}}{\text{加标量}} \times 100\% \tag{3-4}$$

第三种方法是进行不同方法的比较。通常认为，不同原理的检验检测方法具有相同不准确性的可能性极小。用不同原理的检验检测方法对同一样品进行测定，并获得一致的测定结果时，可将其作为真值的最佳估计。

用不同检验检测方法对同一样品进行重复测定时，若所得结果一致，或经统计检验表明其差异不显著时，则可认为这些方法都具有较好的准确度，若所得结果呈现显著性差异，则应以被公认的可靠方法为准。

3. 精密性

精密性以检验检测数据的精密度表征，是使用特定的分析程序在受控条件下重复分析均一样品所得测定值的一致程度。它反映了检验检测方法或测量系统存在的随机误差的大小。测试结果的随机误差越小，测试的精密度越高。

数据的准确性是指测定值与真值的符合程度，而其精密性则表现为测定值有无良好的重复性和再现性。

精密度通常用极差、平均偏差和相对平均偏差、标准偏差和相对标准偏差表示。标准偏差在数理统计中属于无偏估计量而常被采用。

常用如下术语表征精密度：

（1）平行性。在同一实验室中，当检验人员、分析设备和分析时间都相同时，用同一分析方法对同一样品进行双份或多份平行样测定结果之间的符合程度。

（2）重复性。在同一实验室中，当检验人员、分析设备和分析时间中的任一项不相同时，用同一分析方法对同一样品进行双份或多份平行样测定结果之间的符合程度。

（3）再现性。用相同的方法，对同一样品在不同条件下获得的单个结果之间的一致程度，不同条件是指不同实验室、不同检验人员、不同设备、不同（或相同）时间。

在考察精密性时还需注意以下几个问题：

（1）分析结果的精密度与样品中待测物质的浓度水平高低有关，因此，必要时应取两个或两个以上不同浓度水平的样品进行分析方法精密度的检查。

（2）精密度因实验条件的改变而变动，通常由一整批分析结果中得到的精密度，往往高于分散在一段较长时间里的所测得结果的精密度，如可能，最好将组成固定的样品分为若干批，分散在适当长的时期内进行分析。

（3）标准偏差的可靠程度受测量次数的影响，因此，对标准偏差做较好估计时（如确定某种方法的精密度）需要足够多的测量次数。

（4）通常以分析标准溶液的办法了解方法的精密度，这与分析实际样品的精密度可能存在一定的差异。

（5）准确度良好的数据必须具有良好的精密度，精密度差的数据则难以判别其准确程度。

4. 可比性

可比性指用不同测定方法测量同一水样的某污染物时，所得结果的吻合程度。对环境标准样品，用不同标准检验检测方法得出的数据应具有良好的可比性。各实验室之间对同一样品的检验检测结果及每个实验室对同一样品的检验检测结果都应该具有可比性。在此基础上，还应通过标准物质的量值传递与溯源，以实现国际间、行业间的数据一致、可比，以及大的环境区域之间、不同时间之间检验检测数据的可比。

例如，分别用离子色谱法与酚二磺酸分光光度法测定 $NO_3^- - N$ 的结果应基本一致；分别用气相色谱法与气相色谱-质谱法测定氯苯类的结果应相近。

过去，我国使用红外分光光度法测定石油类，这一方法与紫外法测定结果就没有可比性。因为紫外法使用的正己烷萃取剂与红外法使用的四氯化碳萃取效果不同，其次紫外法的吸收波长与红外法也不同，它们测定的是不同的石油成分。

5. 完整性

完整性强调工作总体规划的切实完成，即保证按预期计划取得有系统性和连续性的有效样品，而且无缺漏地获得这些样品的监测结果及有关信息。

只有达到这“五性”质量指标的监测结果，才是真正正确可靠的，也才能在使用中具有权威性和法律性。

“错误的数据比没有数据更可怕。”为获得质量可靠的监测结果，就要积极制订和实施质量保证计划，也必然是在切实执行质量保证计划的基础上方能达到。这就是实施水质监测质量保证的意义。

（二）灵敏度

灵敏度指某方法对单位浓度或单位量待测物质变化所产生响应量的变化程度。它可以用仪器的响应量或其他指示量与对应的待测物质的浓度或量之比来描述。如分光光度法常以校准曲线的斜率度量灵敏度。一个方法的灵敏度可因实验条件的变化而改变。在一定的实验条件下，灵敏度具有相对的稳定性。

灵敏度的表示方法如下。通过校准曲线可以把仪器响应量与待测物质的浓度或量定量地联系起来，用式（3－5）表示它的直线部分：

$$A = kC + a \tag{3-5}$$

式中：A 为仪器响应值；C 为待测物质的浓度；a 为校准曲线的截距；k 为方法灵敏度，即校准曲线的斜率。

1975年，国际纯粹和应用化学会（IUPAC）通过的光谱化学中的名词、符号、单位及其用法的规定，把能产生1%吸收的被测元素浓度或含量定义为特征浓度和特征含量，它们可用以比较低浓度或低含量区域校准曲线的斜率。

分光光度法中常用的摩尔吸光系数 ε，指当测量光程为1cm，待测物质浓度为1mol/L，相对应待测物质的吸光度值。ε 越大，方法的灵敏度越高。

原子吸收中，以产生1%（即0.0044吸光度）吸收值相对应的浓度作为灵敏度。

气相色谱中，灵敏度是指通过检测器物质的量变化时，该物质响应值的变化率。

测量灵敏度应在检测器的线性范围内进行。其信号应比检测限大10～100倍，或在相同的条件下比噪声大20～200倍。

（三）检出限

检出限为某特定分析方法在给定的置信度内可从样品中检出待测物质的最小浓度或最小量。“检出”指定性检出，即判定样品中存在浓度高于空白的待测物质。检出限除了与分析中所用试剂和水的空白有关外，还与仪器的稳定性及噪声水平有关。

尽管在灵敏度计算中没有明确噪声大小，但操作者不宜通过放大器将检测器的输出信号放到足够大，以提高灵敏度。必须考虑噪声这一参数。将产生2倍噪声信号时，单位体积的载气或单位时间内进入检测器的组分量称为检出限。

有时也用最小检测量（MDA）或最小检测浓度（MDC）作为检出限。它们分别是产生2倍噪声时，进入检测器的物质的质量（g）或浓度（mg/mL）。

不少高灵敏度检测器，如FID、NPD、ECD等往往用检出限表示检测器的性能。

灵敏度和检测限是两个从不同角度表示检测器对测定物质敏感程度的指标，前者越高，后者越低，说明检测器性能越好。

（四）测定限

测定限（Limit of Determination）为定量范围的两端，分别为测定下限与测定上限。

1. 测定下限

在测定误差能满足预定要求的前提下，用特定方法能准确地定量测定待测物质的最小浓度或量，称为该方法的测定下限。

测定下限反映出分析方法能准确地定量测定低浓度水平待测物质的极限可能性。在没有（或消除了）系统误差的前提下，它受精密度要求的限制（精密度通常以相对标准偏差表示）。分析方法的精密度要求越高，测定下限高于检出限越多。

2. 测定上限

在限定误差能满足预定要求的前提下，用特定方法能够准确地定量测量待测物质的最大浓度或量，称为该方法的测定上限。

对没有（或消除了）系统误差的特定分析方法的精密度要求不同，测定上限也将不同。

（五）最佳测定范围

最佳测定范围也称有效测定范围，指在限定误差能满足预定要求的前提下，特定方法的测定下限至测定上限之间的浓度范围。在此范围内能够准确地定量测定待测物质的浓度或量。

最佳测定范围应小于方法的适用范围。对测量结果的精密度（通常以相对标准偏差表示）要求越高，相应的最佳测定范围越小。

（六）校准曲线

校准曲线包括标准曲线和工作曲线，前者用标准溶液系列直接测量，没有经过水样的预处理过程，这对于废水样品或基体复杂的水样往往造成较大误差；而后者所使用的标准溶液经过了与水样相同的消解、净化、测量等全过程。

凡应用校准曲线的分析方法，都是在样品测得信号值后，从校准曲线上查得其含量（或浓度）。因此，绘制准确的校准曲线，直接影响到样品分析结果的准确与否。此外，校准曲线也确定了方法的测定范围。

1. 校准曲线的绘制

（1）对标准系列，溶液以纯溶剂为参比进行测量后，应先做空白校正，然后绘制标准曲线。

（2）标准溶液一般可直接测定，但如试样的预处理较复杂致使污染或损失不可忽略时，应和试样同样处理后再测定，在废水测定或有机污染物测定中十分重要，此时应做工作曲线。

（3）校准曲线的斜率常随环境温度、试剂批号和储存时间等实验条件的改变而变动。因此，在测定试样的同时，绘制校准曲线最为理想，否则应在测定试样的同时，平行测定零浓度和中等浓度标准溶液各两份，取均值相减后与原校准曲线上的相应点核对，其相对差值根据方法精密度范围为5%～10%，否则应重新绘制校准曲线。

2. 校准曲线的检验

（1）线性检验：即检验校准曲线的精密度。对于以4～6个浓度单位所获得的测量信号值绘制的校准曲线，分光光度法一般要求其相关系数$|r|\geqslant 0.9990$，否则应找出原因并加以纠正，重新绘制合格的校准曲线。

（2）截距检验：即检验校准曲线的准确度，在线性检验合格的基础上，对其进行线性回归，得出回归方程$y=a+bx$，然后将所得截距a与0做t检验，当取95%置信水平，经检验无显著性差异时，a 可作 0 处理，方程简化为 $y=bx$，移项得 $x=y/b$。在线性范围内，可代替查阅校准曲线，直接将样品测量信号值经空白校正后。计算出试样浓度。

当 a 与 0 有显著性差异时，表示校准曲线的回归方程计算结果准确度不高，应找出原因并予以校正后，重新绘制校准曲线并经线性检验合格，再计算回归方程，经截距检验合格后投入使用。

回归方程如不经上述检验和处理，就直接投入使用，必将给测定结果引入差值相当于截距口的系统误差。

(3) 斜率检验：即检验分析方法的灵敏度，方法灵敏度是随实验条件的变化而改变的。在完全相同的分析条件下，仅由于操作中的随机误差所导致的斜率变化不应超出一定的允许范围，此范围因分析方法的精度不同而异。例如，一般而言，分子吸收分光光度法要求其相对差值小于5%，而原子吸收分光光度法则要求其相对差值小于10%等。

(七) 加标回收

在测定样品的同时，于同一样品的子样中加入一定量的标准物质进行测定，将其测定结果扣除样品的测定值，以计算回收率。

加标回收率的测定可以反映测试结果的准确度。当按照平行加标进行回收率测定时，所得结果既可以反映测试结果的准确度，也可以判断其精密度。

在实际测定过程中，有的将标准溶液加入到经过处理后的待测水样中，这不够合理，尤其是测定有机污染成分而试样须经净化处理时，或者测定挥发酚、氨氮、硫化物等需要蒸馏预处理的污染成分时，不能反映预处理过程中的沾污或损失情况，虽然回收率较好，但不能完全说明数据准确。

进行加标回收率测定时，还应注意以下几点：

(1) 加标物的形态应该和待测物的形态相同。

(2) 加标量应和样品中所含待测物的测量精密度控制在相同的范围内，一般情况下做如下规定：

1) 加标量应尽量与样品中待测物含量相等或相近，并应注意对样品容积的影响。

2) 当样品中待测物含量接近方法检出限时，加标量应控制在校准曲线的低浓度范围。

3) 在任何情况下加标量均不得大于待测物含量的3倍。

4) 加标后的测定值不应超出方法的测量上限的90%。

5) 当样品中待测物浓度高于校准曲线的中间浓度时，加标量应控制在待测物浓度的半量。

(3) 由于加标样和样品的分析条件完全相同，其中干扰物质和不正确操作等因素所导致的效果相等。当以其测定结果的减差计算回收率时，常不能确切反映样品测定结果的实际差错。

二、实验室内部质量控制

实验室内部质量控制，是实验室自我控制质量的常规程序，它能反映分析质量的稳定性，以便及时发现分析中的异常情况，随时采取相应的校正措施。其内容包括空白实验、检出限的估算、校准曲线核查、平行样分析、选用合适的标准样品、使用标准溶液、密码样品分析和编制质量控制图等。

（一）实验室内质量控制的目的

实施实验室内质量控制的目的在于控制检验人员的实验误差，使之达到容许限值的范围，以保证测试结果的精密度和准确度能在给定的置信水平下，有把握达到规定的质量要求。

实验室内质量控制首先注重检验人员的业务素质和技术水平，然后是强调实验室的基础条件和所有方法的正确与否，最后才是合理的实施质量控制技术。

（二）误差的分类及表示方法

由于人们认识能力的不足和科学技术水平的限制，测量值与真值（某量的响应体现出的客观值或真值）之间总是存在差异，这个差异叫作误差。任何测量结果都具有误差，误差存在于一切测量的全过程。误差又分为系统误差、随机误差和过失误差。

误差表示方法有：

（1）测量值和真值之差，称为绝对误差。即：绝对误差＝测量值－真值。

（2）绝对误差与真值的比值，称为相对误差：

$$相对误差=绝对误差/真值\times 100\% \tag{3-6}$$

由于真值一般是不知道的，所以绝对误差常以绝对偏差表示。

某一测量值与多次测量值的均值之差：

$$d_i = x_i - \overline{X} \tag{3-7}$$

绝对偏差与均值的比值，称为相对偏差：

$$相对偏差(\%) = d_i/\overline{X}\times 100\% \tag{3-8}$$

（3）绝对偏差的绝对值之和的平均值，用平均偏差表示：

$$平均偏差\ \overline{d} = \frac{1}{n}\sum_{i=1}^{n} |d_i| \tag{3-9}$$

（4）平均偏差与均值的比值，称为相对平均偏差：

$$相对平均偏差=\overline{d}/\overline{X}\times 100\% \tag{3-10}$$

差方和 S、方差 s_2、标准偏差 s、相对标准偏差 $RSD\%$ 或变异系数 $CV\%$，用以下各式表示：

$$S = \sum_{i=1}^{n} x_i^2 - \frac{1}{n}\left(\sum_{i=1}^{1} x_i\right)^2 \tag{3-11}$$

$$s_2 = \frac{1}{n-1}\left[\sum_{i=1}^{n} x_i^2 - \frac{1}{n}\left(\sum_{i=1}^{n} x_i\right)^2\right] \tag{3-12}$$

$$s = \sqrt{\frac{1}{n-1}}\left[\sum_{i=1}^{n} x_i^2 - \frac{1}{n}\left(\sum_{i=1}^{n} x_i\right)^2\right] \tag{3-13}$$

某单次重复测定值的总体均值与真值之间的符合程度叫作准确度。准确度分别以加标回收率和相对误差（$RE\%$）表示。

$$加标回收率(\%) = \frac{加标样品测定值-样品测定值}{加标量}\times 100\% \tag{3-14}$$

$$RE\% = (X - \mu)/\mu \times 100\% \tag{3-15}$$

相对误差（$RE\%$）是环境水质标准样品或各地自配质控样品的真值与实际测定值误差之比的百分数。这是一种简便易行的方法。由于目前技术条件的限制，以上两种准确度控制方法可同时使用。

在特定分析程序和受控条件下，重复分析均一样品测定值之间的一致程度称为精密度。精密度分为室内精密度和室间精密度（以平行测定两份计算）。室内精密度以绝对偏差（d_i）和相对偏差（%）表示，主要用于实验室内部的质量控制。室间精密度是多个实验室测定同一样品的精密度，以相对平均偏差表示，主要用于实验室间的质控考核或实验室间的互相检验中。

（三）实验室内质量控制基础实验

1. 检验检测方法的选定

检验检测方法是分析测试的核心，每个检验检测方法各有其特定的适用范围，应首先选用国家标准检验检测方法。这些方法是通过统一验证和标准化程序上升为国家标准的，是最可靠的分析方法。也可以选用国际、地区标准检验检测方法，以及行业标准检验检测方法。

当没有上述相应的标准检验检测方法时，应优先采用统一方法，这种方法也是经过验证的，是比较成熟和完善的检验检测方法，待经过全面的标准化程序，经有关机构批准后可以上升为标准方法。

如果在既无标准方法也无统一方法时，可选用试行方法或新方法，但必须做等效实验。

2. 质控基础实验

检验人员要熟练掌握操作过程，对选定的分析方法，要了解其特性，正确掌握实验条件，必要时可用已知样品（明码样）进行方法操作练习，直到熟悉和掌握为止。

基础实验包括空白实验值的测定，检出限的估算和校正曲线的绘制及检验等。

（1）空白实验值的测定。空白值指以实验用水代替样品，其他分析步骤及使用试液与样品测定完全相同的操作过程所测定的值。空白值的大小和它的分散程度，直接影响所用方法的检出限和测试结果的精密度。影响空白值的因素包括纯水质量、试剂纯度、试液配制质量、玻璃器皿的洁净度、精密仪器的灵敏度和精确度、实验室的清洁度、分析人员的操作水平和经验等。对空白实验值的要求是重复结果应控制在一定的范围内，一般要求平行双份测定值的相对差值不大于50%。

（2）检出限的估算。检出限指所用方法在给定的可靠程度内，可以从样品中检出待测物质的最小值（或最小浓度）。所谓检出，指定性检出，判定样品中有浓度高于空白的待测物质。当计算值小于或等于方法规定值时，为合格；当计算值大于方法规定时，应检查原因，直至计算值合格为止，若经重复实验，检出限仍高于或低于方法检查时，经有关技术部门批准，可采用本实验室的检出限。

（3）精密度偏性试验。通过对影响分析测定的各种变异因素及回收率的全面分析，确定实验室测试结果的精密度和准确度。分别对五种不同浓度的溶液（空白溶液、0.1C标准溶液、0.9C标准溶液、天然水样、加标天然水样）每日一次测定平行样，连测6d，然后对精密度偏性试验结果进行评价。

(4) 校准曲线的绘制。在定量分析中，除重量法和库仑法外，所有分析方法都需要进行校正，建立测定的分析信号与被分析物浓度之间的关系。很多仪器分析方法一般需要绘制与被分析物质相同的标准试样浓度与相应信号之间的关系曲线——校准曲线，通过测量待测组分的相应信号，在校准曲线查出对应的被测组分浓度。

校准曲线包括工作曲线和标准曲线，工作曲线通常是用与被测样品的分析步骤完全相同的方式分析标准溶液所得的数据绘制的；而标准曲线是在分析标准溶液时，同样品分析相比，所用的分析步骤常有所省略的条件下测得的数据绘制的，如省略样品前处理步骤。

绘制校准曲线注意事项：标准系列应在线性范围内选取至少 6 个浓度点进行测定，扣除空白值后，以响应值的数据为纵坐标，浓度值为横坐标，绘制校准曲线并计算相关系数、斜率、截距，并对截距进行 t 检验，要求截距与 0 无显著性差异，否则找原因重做。

(四) 常规检验检测的质量控制技术

当一个检验检测标准方法应用于常规操作时，需要定期地检查以保证误差维持在适当小的范围，常规检验检测质量控制主要目的是控制测试数据的准确度和精密度。

在还没有统一的质量控制标准程序情况下，目前，通常使用的质量控制技术有平行样分析、加标回收率分析、密码样和密码加标样分析、标准物质（或质控样）对比分析、室内互检、室间外检、方法比较分析及质量控制图绘制等，常用的方法如下。

1. 平行样分析

平行样分析指将同一样品的两份或多份子样在完全相同的条件下进行同步分析，一般是做平行双样分析，它反映了测试的精密度。对于要求严格的测试，如标定标准溶液、检校仪器等，也有同时做 3～5 份平行测定的。在日常工作中，条件允许时，应全部做平行双样分析，否则随机抽取样品数的 10%～20%进行平行测定。样品的数量较少时，应增加平行样的测定率，保证每批样品测试中至少测定一份样品的平行双样。

2. 加标回收率分析

在测定样品时，于同一样品中加入一定量与待测物质形态相同、含量相近的标准物质进行测定，测定结果扣除样品的测定值，计算回收率，一般抽取样品数量 10%～20%的样品量做加标回收率分析。回收率可按 95%～105%的域限判断或根据方法规定的水平评估。

加标回收率的测定可以反映测试结果的准确度，当按照平行加标进行回收率测定时，所得结果既可以反映测定结果的准确度，也可以判断其精密度。

3. 密码样和密码加标样分析

由质量控制的专设机构或专职人员将一定数量的已知样品（标准样或质控样）和常规样品同时安排给检验人员进行测定。这些已知样品对检验者本人是未知样（密码样），测试结果经专职人员核对无误，即表示数据的质量是可以接受的。

密码加标样由专职人员在随机抽取 10%～20%的常规样品中加入适量标准物质（或标准溶液），与样品同时交付检验人员进行分析，测定结果由专职人员计算加标回收率，以控制分析测试结果的精密度和准确度。

4. 标准物质（或质控样）对比分析

标准物质（或质控样）被用于实验室内质量控制时，可将其与样品做同步测定，将所得结果与保证值（或理论值）相比，以评价其准确度，从而推断是否存在系统误差或出现异常情况。

5. 室内互检

室内互检指由同一实验室内的不同检验人员之间进行相互检查和比对分析，可以是自控方式，也可以是他控方式的质量控制方法。由于检验人员不同，实验条件也不完全相同，因而可以避免仪器、试剂以至习惯性操作等因素带来的影响。当不同人员检验的结果相一致时，可认为工作质量可以接受，否则要查找原因。

6. 室间外检

室间外检指将同一样品的不同子样分别交付不同实验室进行分析，因为不同实验室的条件都不尽相同，可以检验分析的系统误差。

7. 方法比较分析

方法比较分析指对同一样品分别使用具有可比性的不同方法进行测定，并将结果进行比较。由于不同方法对样品的反应不同，所用试剂、仪器也多有差别。如果不同方法所得结果一致，则表示分析结果的可靠性。但此方法由于所需手段、试剂等条件的不同，分析比较烦琐，一般常规监测不便使用，多用于重大的仲裁性监测或对标准物质进行定值等工作中。

8. 质量控制图绘制

质量控制图绘制为了能直观地描绘数据质量的变化情况，以便及时发现分析误差的异常变化或变化趋势所采取的一种统计方式，它的理论基础是高等数学的概率论和统计检验。质量控制图法常用的质量控制图有均值—标准差控制图、均值—极差控制图、加标回收控制图和空白值控制图等。

质控图的制作方法是：逐日分析质量控制样品达 20 次以上后，计算统计值。绘制中心线，上、下控制线，上、下警告线和上、下辅助线，按测定次序将相对应的各统计值在图上点，用直线连接各点，即成质量控制图。

在日常分析时，质量控制样品与被测样品同时进行分析，然后将质量控制样品测试结果标于图中，判断分析过程是否处于控制状态。

（五）常规分析的质量控制技术的特点与局限

前述的几种质量控制技术，各自具有一定的特点和局限性，问题的关键在于样品的基体和待测物浓度的未知性。所以无论使用哪种质量控制技术，都面临着对这两项内容的盲目性。

1. 平行样分析

平行样分析可以反映批内测定结果的精密度，但不能反映测定结果的准确度。

2. 平行加标回收率分析

平行加标回收率分析可抵消相同样品基体效应的影响，反映批内测定结果的精密度和准确度。但只对相同样品测定结果的精密度和准确度做出孤立的判断；在测定中加标样的各种误差均与样品相同而使误差相互抵消，难以发现某些问题；而且当加标的物质形态与待测物不同时，也常掩盖误差而造成判断的失误。

3. 密码样和密码加标回收率分析

密码样和密码加标回收率分析，如为密码平行样可反映批内测定的精密度，如是质控样或标准物质则可反映测定结果的准确度。它的技术局限为使用质控或标准物质时，仅能对测试质量做出孤立的点估计。

4. 标准物质（或质控样）对比分析

标准物质（或质控样）对比分析，当标准物质的组成及其形态与样品相同或相似时，能反映同批测定结果的准确度。但在实际工作中，由于标准物质（或质控样）的品种、规格所限，选项用的标准物质（或质控样）的基体和浓度水平常常难以与样品中待测物浓度的未知性以及同批样品的多样性等相匹配，所以使用标准物质（或质控样）对比分析以控制工作质量时，也存在着明显的局限性。

5. 方法对比分析

方法对比分析可以反映测定结果的精密度和准确度，但此种方法除了只能对测试结果做出孤立的判断外，其过程繁杂，不适于做常规质控技术使用。

6. 质量控制图

质量控制图可以用简单直观的图形全面连续地判断工作质量，但绘制质量控制图需要积累多种浓度样品的数据，计算程序较繁复，致使应用受到一定限制。

三、实验室间质量控制

实验室间质量控制又称外部质量控制，其目的是使协同工作的实验室间在保证基础数据质量的前提下，准确可靠并一致可比的测试结果，也就是在控制分析测试的随机误差达到最小的情况下，进一步控制系统误差。实验室间质量控制通常是由实验室以外的权威机构或行业专家来执行，并有足够的实验室参加，使所得数据的数量能满足数理统计处理的要求。

实验室间质量控制工作常由上级部门发放标准样品在所属实验室之间进行比对分析，也可用质控样以随机考核的方式进行，这实质上也是为了反映实验室测试能力而进行的实验室间的比对。

实验室间质量控制程序一般包括以下 6 步。

（1）建立工作机构。通常由上级单位的实验室或专门组织的专家技术组负责主持该项工作。

（2）制定计划方案。按照实验室间质量控制的目的和要求制定工作计划，包括实施范围、实施内容、实施方式、日期、数据报表及结果评价方法、标准等。

（3）标准溶液校准。由上级机构在分发标准样品之前，先向各实验室发放一份标准物质或标准溶液（其浓度接近于分析方法的上限标准），与各实验室的基准进行比对分析，以发现和消除系统误差。测定后用 t 检验法检验两份样品的测定结果有无显著性差异。

（4）统一样品的测试。在上级机构规定期限内进行样品测试，包括平行样测定、空白实验等，按要求上报结果。

（5）实验室间质量控制考核报表及数据处理。主管部门在收到各实验室统一样品测定结果后，及时进行登记整理、统计和处理，以制定的误差范围评价各实验室数据的质量（一般采用扩展标准偏差或不确定度来评价）；绘制质量控制图，检查各实验室间是否存在系统误差。

（6）向参加单位通知测试结果。

四、实验室质量控制管理工作的基本要求

（一）实验室内部控制质量管理要求

（1）实验室要有年度内部质控计划，既要针对实验室测试技术存在的薄弱环节，还要考虑常规分析质量控制技术的特点与局限性。

（2）做好实验室内部质量控制基础工作的内部审查监督，主要内容包括：

1）分析测试仪器的安放是否符合仪器使用要求，新启用的分析仪器与玻璃量器，是否按国家有关规定进行计量检定或校准，并对检定或校准结果进行了确认。

2）实验室分析用纯水的检验是否符合检验方法的使用要求。特殊要求的分析用水应按规定方法制备，是否经过检验。

3）基准溶液和标准溶液使用的化学试剂的是否符合等级要求，对关键试剂要进行质量验收。

（3）要做好新上岗人员的技术培训和岗前考核，要保证新进检验人员进行一次精密度偏性试验分析工作。新方法应用前应进行方法确认。

（4）要制定实验室内部检验检测能力比对计划，定期开展不同分析仪器设备、不同检验方法和检验人员之间的比对工作。

（二）实验室外部质量控制管理要求

（1）省级以上水质监测机构要制定年度实验室间的质量控制考核方案，质控方案的内容包括：实施范围、实施内容、实施方式、时间、数据报表及结果评价方法、标准等。

（2）选择有效的检查方法，对所属实验室进行定期不定期的检验检测质量审核工作，也可用有证标准物质组织对各实验室进行现场考核。

（3）省级以上水质机构要有计划地组织实验室之间的比对，定期组织开展实验室间的各种比对试验，如不同实验室、不同仪器、不同方法的比对分析，或对有争议的测定结果在不同实验之间进行复测等。

（4）有计划地组织参加高层次的比对试验和参加国家认监委和省级质量技术监督行政主管部门组织的能力验证活动。能力验证是确保实验室维持较高的检验水平的一种活动，通过参加能力验证可为实验室提供评价其出具数据可靠性的和有效性的客观证据。

第六节　技术标准管理

技术标准是实验室工作的行为准则，加强实验室技术标准管理，是减少实验室工作随意性，达到检验与评价工作合法性的保证。

一、技术标准的搜集

各类标准、规范、规程要搜集齐全。标准的版本要现行有效，标准的使用要正确，标

准的管理要规范。

（一）标准搜集的范围

按照标准化管理的要求，在检验检测与评价工作中始终都在贯彻执行相关的技术标准，因此，一定要按工作范围搜集与其相应的全部标准。经常使用的标准可以分为三类：一是基础标准；二是工程与产品的技术标准；三是测试方法与仪器设备校（验）方法标准。

（二）标准搜集的应注意的几个问题

（1）搜集国家标准（GB）、本行业标准（SL）和其他相关行业标准（HJ、CJ、DL、NY 等），注意使用现行有效版本。

（2）要注意搜集国际标准及国外先进标准（ISO、IEC 等）。

（3）既要搜集国家标准与行业标准，还要注意搜集地方标准、团体标准和企业标准。

（4）当标准中有引用标准时，对被引用的标准也要搜集齐全。

二、检验方法的管理和使用

检验方法是实施检验检测的技术依据，合理使用标准检验方法也能体现实验室检验检测能力。在方法的使用过程中，应采取必要措施，以保证检验检测工作按照完善、规范、统一的方法进行。因此，对检验方法的选择及非标准方法的合法化是管理工作的重要环节。

（一）检验方法管理的基本要求

1. 确保检验方法的齐全性

根据实验室所承担的检验检测任务，首先应保证检验方法标准的齐全，还要确保与检验过程相关的标准、规程、规范、规则的齐全。对各级水质监测机构来说，除检验检测方法外，还要包括如下内容：水质、土壤和底质、沉积物、生物等采样技术规程、水环境监测规范、数据修约规则、测量误差及数据处理、滴定分析（容量分析）用标准溶液的制备、分析实验室用水规格和试验方法、常用玻璃量器检定规程等，以及与检验过程相关的作业指导书和实验室自行编制程序性文件等，而且这些程序和方法应满足有关标准规范的要求。

2. 确保方法的有效性

实验室应采取有效措施，保证与其工作有关的方法、程序的现行有效性，并能及时提供给检验人员。在进行具体检验检测工作时，使用统一的公认的方法和程序。对已被修订或被替代废止的方法要及时收回和处理。

3. 确保方法的权威性

实验室在检验检测方法的选择上应优先使用国家标准、水利行业标准、其他相关行业标准以及地方标准、团体标准，应确保使用标准的现行有效版本。如果标准方法发生了变化，应重新进行确认。必要时，还应采用检验的附加细则或补充细则，以确保标准的理解和应用一致性。

在对外开展技术服务中，如果委托方未指定限用方法时，应选择国际标准、国家标准、行业标准中已经公布或由知名的技术组织或有关科技文献或杂志上公布的方法，但应经过验证，并经技术负责人确认。原则上，非必要不使用非标准方法。若确实需要使用非标准方法时，须首先征得委托方的书面同意，严格按新开展项目评审程序实施管理，并经必要的确认后形成有效文件，使出具的报告为委托方所接受。程序中至少应包含以下信息：

(1) 新方法的名称及程序代号。

(2) 适用范围。

(3) 被检验检测样品的类型描述。

(4) 被测定的参数或量值及其范围。

(5) 用于检验检测的装置和设备，包括技术性能参数要求。

(6) 所需要的参考标准和参考物质。

(7) 检验检测所要求的环境条件及其检定周期。

(8) 检验检测程序描述。

(9) 需记录的数据以及分析和表达的方法。

4. 确保方法的实用性

检验方法的选定首先要考虑其灵敏度，保证达到所要求的检出限度，对各种环境样品能得到相近的准确度和精密度，同时也要考虑其选择性、抗干扰性和方法的稳定性，另外还要考虑技术、仪器的现实条件等可操作性。

(二) 标准检验方法的准确选用

检验方法种类繁多，每类方法都有其特性并存在明显差别，在方法管理中，要把握特点，正确选用适用的方法。

1. 配套性

在选用方法时，应根据监测对象和目的，注意不同测定范围、存在各种抗干扰因素和不同应用场合的方法配套。还要注意从布点、采样、样品储存到测定等监测全程的方法配套。

2. 适用范围

方法的适用范围虽然不是方法的技术内容，但却是正确使用方法的关键内容。一个方法的适用范围通常包括方法的应用场合、方法的检出限、指明的干扰因素及其限量等。

(三) 检验方法的正确使用

1. 掌握方法原理及主要步骤

明确方法的基本原理，掌握方法的关键步骤是正确使用方法的重要保证。

2. 掌握方法对试剂的要求

每个方法都规定了所需试剂及其最低限度的质量要求，如无特殊规定，其试剂只应使用分析纯级。

3. 掌握方法对用水的要求

分析实验用水的纯度直接影响分析结果的准确度，应严格按方法要求选择蒸馏水和同等纯度的水。

4. 掌握方法对样品的要求

有关样品的采集、制备和保存等，在有关标准和方法中都给出了一般指导，应按规定操作。对方法中规定的一些特殊要求，更应清楚掌握，以保证满足方法要求。

5. 正确掌握方法的精密度

精密度是对方法使用性能的评估，也是对测试结果可信度估计的主要依据，在使用方法时，要正确掌握方法给定的精密度，以对方法的使用和结果的报告做出准确的判断和评估。

6. 切实维护方法的严肃性

对所选用的方法尤其是标准方法，使用者应毫无保留地执行，对方法在技术上不做任何改动，切实维护方法的严肃性。

（四）标准方法的验证与确认

实验室初次使用标准方法前，应进行方法验证，并根据标准方法的适用范围选取实际样品进行测定。其中，对方法性能指标的验证包括校准曲线、方法检出限、测定下限、精密度和准确度等。

实验室化学分析方法验证和确认，目前可遵循的国家技术标准有：GB/T 27417—2017《合格评定　化学分析方法确认和验证指南》和 GB/T 32465—2015《化学分析方法验证确认和内部质量控制要求》。

三、技术标准归档管理

加强对技术标准的搜集和管理工作是搞好标准化工作的前提条件。

（一）标准搜集的管理

（1）建立切实可行的标准收集制度，标准的收集由专人负责。

（2）由标准管理人员负责搜集与实验室业务有关的标准，各部门负责人也应积极协助收集标准。

（3）其他人搜集到新的标准，应随时与标准管理人员联系，以便及时增加或更新。

（4）每年度应定期公布标准查新信息，并随时更新作废的标准，确保技术标准现行有效。

（二）标准资料档案的管理

（1）标准档案的文件材料，由实验室的档案管理人员负责整理、登记、立卷。

（2）在实验室资料档案管理中，标准要单独立卷，分类管理。

（3）各类标准文件材料一般归档一份，使用频繁的标准可以归档两份。

（4）应建立健全标准档案借阅制度，标准档案一般不外借，特殊情况需外借时，应经实验室主管批准，并限期归还。

（5）标准更新或废止后，应及时更换标准，并由实验室主管或主办人员负责做好登记。

第七节 人员培训管理

实验室水平的高低，很大程度上取决于人员素质与技术水平。对技术实验室人员进行培训，提高专业技术人员的基本理论水平和操作技术能力，是保证实验室监测数据准确性的根本。因此，对人员培训的管理是实验室最重要的基础工作。培训内容应随着技术的不断更新、任务的不断扩展，做到不断学习、提高和创新。

一、人员培训管理的工作要点

(1) 根据实验室承担的任务、仪器设施等情况，对检验检测人员的教育和技能素质提出明确要求。

(2) 根据实验室当前的需要和今后发展方向和目标，制定检验检测人员培训中、长期计划，并采取有效措施，保证检验检测人员都能适时接受知识更新和技能提高培训，以不断适应河湖和地下水质监测工作需要和发展。

(3) 根据检验检测人员的基本情况，如受教育程度、所学专业、工作年限、工作经历等，制订人员年度培训计划。

(4) 编制实验室培训技术手册，内容主要是根据水质监测工作的需要，涵盖检验检测人员应知应会的基本常识。

(5) 省级以上监测机构按照统一标准、分级负责、备案管理的原则，负责对分工范围内的检验检测人员和样品采集人员进行基本理论和基本操作技能的培训、考核。

(6) 水质监测机构负责对新上岗人员进行岗前培训和岗前基础理论、基本操作技能及未知样品的考核工作，确保其有能力承担各自的监测项目；也可委托其他实验室资深持证技术人员对新上岗人员进行培训。

(7) 根据培训考核结果，分级认定检验检测人员和样品采集人员岗位技术考核合格。杜绝任何监测机构和检验检测人员未通过考核合格即上岗现象的发生。

(8) 对检验检测人员培训工作情况进行检查和总结，并根据新情况对培训计划进行调整和补充。

(9) 建立检验检测人员技术培训档案。实验室要建立和保存人员培训中、长期计划（规划）和人员年度培训计划。同时建立和保存现有检验检测人员的技术档案。档案的内容包括：工作经历、学习经历、技术培训、在职培训、证书和学位以及论文和学术文章、科技成果等。

二、监测人员培训的主要内容

(一) 水质监测的基础理论和方法

水质监测布点、采样、测试、数据处理、评价、综合分析和组织管理等方法学以及与之相关的抽样学、数理统计学和有关分析测试原理等基础理论和方法。

(二) 水质监测的标准法规

已经形成并在不断完善中的有关水质监测与水资源管理的相关制度、标准规范、管理法规以及质量保证程序等。

(三) 水质监测的新技术和新方法

学习国内外不断更新的新技术和新方法，掌握其基本原理及基本操作技能，并加以推广和及时利用。

(四) 水质监测计量学基本知识

检验人员应掌握有关水质监测领域的科技知识、计量学的基本知识以及有关计量法规和质量体系管理等知识。

三、水质监测人员业务培训与考核的主要方式

(一) 培训方式

业务培训的方式包括举办专题培训班、技术研讨班、成果交流会，以及聘请专家讲课、选派人员参加继续教育等。

(二) 检验检测人员上岗考核方式

岗位技术考核由理论考核和技能考核两部分组成。

1. 理论考核

理论考核包括分析化学基本理论、实验室基础知识，数理统计基本知识，质量保证和质量控制基本知识，检验检测方法原理、操作、计算、干扰排除，相关计量基本知识等理论考核采取闭卷方式考核。

2. 技能考核

技能考核包括玻璃器皿的正确使用，检验检测的基本要领、分析仪器的使用规则等。考核采用操作演示、现场采样、现场评估、综合评分的方法，以及按照规定方法，限定时间，对发放的考核样品进行分析测试。

四、新上岗人员实验操作技术培训的工作方法

(一) 实验之前

新上岗人员熟悉所承担的检验项目的检验方法，了解检验所需试剂、仪器设备、检验关键步骤、检出限、检验过程产生的干扰因素以及方法适用范围等，了解检验检测所需仪器设备的原理、性能及操作规程及使用中所需注意事项，准备好玻璃器皿，完成所用标准溶液、试剂的配制准备。

(二) 实验工作中

严格遵守仪器操作规程和样品测试的方法进行样品的检验检测，记录仪器的工作状态，正确填写原始记录及数据计算，掌握实验室内质量控制方法。

(三) 实验之后

清洗玻璃器皿，整理实验台；分析整理计算检测结果，归纳实验操作过程及注意事项；重温实验过程，反复练习，采用标准物质验证上岗人员对检验检测方法的掌握程度。

第八节 安全管理

实验室安全主要指在实验中存在的不安全因素，重点在防火、防爆、防压力容器及气瓶的安全、电气安全等方面。

一、实验室安全管理

实验室安全管理涉及实验室建立安全组织、制定安全规章制度、开展安全培训、进行定期或不定期安全检查、记录和保存安全事故等内容。

实验室安全管理要做到对安全工作高度重视，规章制度完善、责任体系健全、监督管理有力、隐患治理成效明显，要有安全责任重于泰山的意识和紧迫感，从细节抓起，不放过任何影响安全的不稳定因素，牢记“安全”无小事。

（一）安全管理工作的目的和重点

（1）安全管理的目的就是要使人们有安全感与必须安全的意识，有了安全意识，才能达到最大的工作效能。只有这样才能使意外事故的发生减少到最低限度。

（2）安全管理工作的重点：①树立安全第一的思想观念，并将这一思想和观念贯穿实验室管理的全过程；②摸排确定安全风险点和危险源，建立相应的安全管理规章制度，严格管理，科学管理；③采取各方面的措施，强化培训，掌握各项有关安全技术知识并能正确操作；④事事都有责任制，处处都将责任落到实处，眼睛向内查找安全漏洞，从小抓起、从零抓起，不断提高安全水平，扎实做到安全生产；⑤完善实验室安全管理制度、应急预案，完善建筑的消防疏散、应急照明、防火防烟分区划分、气体灭火、水消防系统。

（二）安全管理责任制

实验室应建立健全以主要负责人为第一责任人的各级安全责任人的责任制，实行层级管理，把责任落实到每个岗位、每个人。还应设专职（或兼职）安全员和安全知识培训人员，负责协调实验室的各项安全保障工作。

（三）安全培训

安全培训目的是让工作人员掌握实验室安全的有关知识，避免发生安全事故。

安全培训的内容可根据实际情况选择，一般包括有关安全的法律、法规知识，工具和设备的相应用途，个人防护用品的选择、保养和使用，工作环境中特定危险的识别及排除，化学品安全使用的常识，储存、搬运化学品的正确方法，废弃物处理、喷溅物处理、火情处理以及紧急情况和急救措施，劳动保护基本常识等方面的内容。

（四）安全检查及记录

实验室应组织相关人员在规定的时间内对实验室安全体系进行检查或评估，做好安全防范，不断提醒检查，减少出险可能性，发现事故隐患应当及时报告，对查出的安全隐患，要发现一条彻底解决一条，防止安全隐患久拖不决长期存在，确保实验室安全。

实验室应建立、保存包括安全事故在内的安全工作记录，时常进行评价，便于实验室持续改进安全工作，警钟长鸣。

二、实验室的安全分类

（一）危险化学品分类

（1）剧毒性药品：氰化物、砷化物、金属汞、生物碱等。

（2）放射性药品：铀、钴 60 等。

（3）腐蚀性药品：强酸、强碱、溴、甲醛、氢氧化钠等。

（4）易爆药品及能成为爆炸混合物或引起燃烧的氧化剂：氯酸钾、氯酸钠、硝酸、过氧化钠、硝酸钾等。

（5）易燃及助燃气体：氢气、乙炔气、煤气、天然气、氧气等。

（6）易燃、易自燃及遇水燃烧的固体：赤磷、黄磷、废影片、钾、钠、电石等。

(7) 闪点在45℃及以下的易燃液体：乙醚、汽油、二硫化碳、丙酮、苯、乙醇、丙醇等（闪点在−4℃以下者有石油醚、氯乙烷、溴乙烷、乙醚、汽油、二硫化碳、缩醛、丙酮、苯、乙酸乙酯、乙酸甲酯等；闪点在25℃以下的有丁酮、甲苯、甲醇、乙醇、异丙醇、二甲苯、乙酸丁酯、乙酸戊酯、三聚甲醛、吡啶等）。

(二) 按实验操作时的危险性特征分类

1. 有火灾爆炸危险性的实验操作

由于实验中或实验使用的药品有易燃易爆物品、高压气体、低温液化气体、高压或减压系统等，如处理不当都会酿成伤害。

2. 产生或使用有毒气体的实验操作

在实验中使用或产生有毒气体，这类性质的实验范围很广。例如烷烃类溶剂不仅易燃易爆而且有毒，加之使用广泛，极易造成事故。

3. 有触电危险性的实验操作

在实验中，检验人员与电打交道非常普遍，因此不慎触电、用电超负荷、化学试剂与电气设备的不合理接触都会造成人身、火灾和爆炸事故的发生。

4. 有机械伤害的实验操作

在化学实验中由于实验操作者的过失、违反操作规程，或疏忽大意、思想不集中造成的伤害事故，时有发生。如玻璃器皿破碎造成的皮肤创伤与手指割伤事故。

5. 有放射性危险的实验操作

随着水环境监测领域的不断拓宽，检验项目参数不断增加，越来越多的实验室将放射性物质的分析作为常规内容，因此放射性实验对人体的伤害不容忽视。

6. 生物实验操作

同样，越来越多的实验室将生物和微生物检验作为常规内容，要切实注意减少检验员对有害生物及致病菌的暴露。

7. 影响周围环境的实验操作

实验室产生的废水、废气、固体废弃物、噪声等对周围环境均存在污染和影响，必须按照相关要求收集，并加以处理。

三、实验室安全知识基础

(一) 燃烧与爆炸的基本原理

1. 可燃气体

凡是遇火、受热或与氧化剂接触能引起燃烧或爆炸的气体，统称为可燃气体，如氢气、乙炔、甲烷、乙烯等。这些气体当从容器或管道里泄漏出来，或者空气进入盛有这类气体的容器中互相混合达到某种浓度范围时，遇火源就能立即燃烧并能在瞬间将燃烧传播到整个混合物中发生爆炸。

2. 可燃液体

可燃液体指容易燃烧而在常温下呈液态的物质。可燃液体根据闪点的高低分为易燃液体和可燃液体两类，其中闪点小于45℃的称为易燃液体，如乙醚、丙酮、汽油、苯、乙醇等；闪点大于45℃称为可燃液体，如正戊醇、乙二醇、甘油等。闪点越低的易燃液体在常温下能不断地挥发出可燃蒸气。与空气形成爆炸性混合物。因此液体的闪点越低，危险性越大。

3. 可燃固体物质

凡是遇火、受热、撞击、摩擦或与氧化剂接触能着火的固体物质，都称为固体可燃物质。固体可燃物质按燃烧的难易程度，即燃点的高低分为易燃物质和可燃物质两大类。通常将燃点小于300℃的称为易燃物质，燃点高于300℃的称为可燃物质。其中属于化学危险品的可燃物质燃点均小于300℃。

4. 爆炸性物质

爆炸性物质指在热力学上很不稳定的一种或多种均一或非均一系的物质。当它们受到轻微的摩擦、撞击、振动高热等因素的激发就能发生剧烈的化学变化，并在极短的时间内放出大量气体和热量，使体积膨胀、压力骤升能产生巨大的破坏作用，同时伴有热和光等效应的发生。所有的炸药都属此类。

5. 自燃物质

有些物质，在没有任何外界热源的作用下，由于本身自行发热和向外散热的速度处于不平衡状态，热量积蓄，温度升高达到自燃点能自行燃烧，这类物质称为自燃物质。自燃物质按其氧化反应速度及危险性大小分为两级：一级自燃物品，在空气中氧化反应速度极快，自燃点低，燃烧迅速而猛烈，如黄磷。二级自燃物品指在空气中氧化速度较慢，在积热不散的情况下能产生自燃的物质，如油纸、蜡纸等。

6. 遇水燃烧物质

有些化学物质当吸收空气中的潮气或接触水分时，会发生剧烈反应，并放出可燃气体和大量热量。这些热量使可燃气体的温度猛升到自燃点而发生燃烧和爆炸，这些物质称为遇水燃烧物质或忌水性物质。如活泼金属锂、钠、钾及其氢化物等。

7. 混合危险性物质

当两种或两种以上的物质，互相混合或接触能发生燃烧和爆炸，这些物质称为混合危险性物质。混合危险性物质，一般发生在强氧化剂和还原剂之间。强氧化剂主要指硝酸盐、氯酸盐、过氯酸盐、亚氯酸盐、高锰酸盐、重铬酸盐、发烟硝酸、发烟硫酸等。还原性物质包括苯胺、胺类、醇类、醛类、有机酸、油脂等及其他有机化合物。

（二）压力容器安全基础

气瓶是实验室中使用最普遍的一种压力容器，一般容积在200L以下，常用的在40L左右。

1. 分类

按所装气体不同，气瓶可分为三类：

（1）压缩气体气瓶。又称高压气瓶。

（2）液化气体气瓶。

（3）溶解气体气瓶，主要是乙炔气瓶。

2. 特性

（1）贮于钢瓶内的各种气体性质各异。

（2）装贮的压缩气体和液化气体有的具有易燃、易爆、助燃或剧毒特性。

（3）贮气钢瓶内压力较高，在受热、撞击等情况下可使钢瓶爆炸。

（4）氧气瓶严禁与油脂接触，以防起火或爆炸。如果钢瓶沾有油脂，应立即用四氯化碳擦去。

（5）有些气体，如氯、乙炔等，比空气重，泄漏后往沉积于地面低洼处不易挥散，增加了危险性。

3. 安全使用和管理

（1）高压气瓶应分类保管，远离热源。避免严寒冷冻，不得暴晒和强烈振动。

（2）使用中的高压气瓶应固定牢靠，减压器应专用。

（3）开启高压气瓶时应在接口的侧面操作，避免气流直冲人体。操作时严禁敲击阀门，如有漏气，立即修好。

（4）瓶内气体不得用尽。

（5）气瓶定期进行检验。装贮腐蚀性气体的气瓶，每 2 年检验一次。装贮一般气体的气瓶，每 3 年检验一次。装贮惰性气体的气瓶，每 5 年检验一次。

（6）在用气瓶如发现有严重腐蚀、损伤，或对其安全可靠性有怀疑时，应提前进行检验。

（7）库存和停用时间超过一个检验周期的气瓶，启用前应进行检验。

（8）不得对在用气瓶进行挖补修焊。

（三）毒物及其预防

1. 毒物的基本概念

某些侵入人体的少量物质与人体发生作用，在一定的条件下破坏人体机能者，这一类物质称为毒物。由于这类物质破坏的结果，引起人体的各种病变现象叫中毒。

2. 毒物的分类

毒物可按化学结构、用途、生物作用等不同角度进行分类，一般较为合理的分法，是按其性质及作用来分，分法如下：

（1）窒息性毒物：窒息性毒物又分简单窒息与化学窒息两种。前者如氮、氢等；后者如一氧化碳、氰化氢等。

（2）刺激性毒物：如酸类之蒸气、氯气等。

（3）麻醉性或神经性毒物：如芳香族化合物、醇类化合物及苯胺等，主要对神经系统起不良作用，而且是全身性的。

（4）其他毒物：凡是对人体的作用不能归入上述三类的气体和挥发性毒物均属于此类，如金属蒸气、砷与锑的有机化合物等。

从毒物对人体的危害途径来说，则以空气污染具有特别重要的意义，主要原因是由于人在一般劳动强度下 8h 中约呼吸 $10m^3$ 的空气。

3. 毒物侵入人体途径

毒物侵入人体途径有：皮肤、消化道和呼吸道。一般情况只有少数毒物能透过皮脂腺及汗腺而入侵人体。而经消化道时入人体的途径一般与个人的不良卫生习惯有关，毒物侵入人体最常见也是最危险的是经呼吸道侵入。

4. 中毒的预防

(1) 进行有毒物质实验时，要在通风橱中进行并保持室内有良好的通风。

(2) 室内散逸大量有毒气体时，应立刻打开门窗加强换气。

(3) 检查物品的气味时，只能拂气轻嗅，不能向容器口上猛吸。

(4) 极力避免手与有毒试剂直接接触，实验后，必须充分洗手，不要用热水洗涤。

(5) 使用能经皮肤和黏膜入体的有毒物质或某些脂溶性毒物时，应戴橡皮手套。

(6) 不准随意倾倒有毒物品和有毒废液。

5. 中毒的急救

化学中毒的病情发展一般较快，一旦发生中毒事件，即应在现场先做必要有效的处理，严重的中毒患者应及时送医院救治；检验人员应熟知必要的急救常识和措施，一些常见有毒物质的主要入体途径及急救方法可查阅有关手册。

(四) 电气安全常识

由于实验与电的关系密切，因此对实验室工作人员来说，掌握一定的电气安全知识是十分必要的。对于电气安全的管理工作，大致涉及以下几方面主要内容。

1. 防止触电的一般安全措施

(1) 绝缘。用绝缘层把带电导体隔离，使人体不可能接触导体。

(2) 安全电压。根据不同环境采用相应的“安全电压”。

2. 配电线路

(1) 室内配线应全部使用橡胶和塑料绝缘电线。导线截面必须满足发热和允许电压损失的要求。

(2) 线路的安全距离。为了避免各种意外事故，导线与周围各建筑物以及导线与导线之间均应保持有足够的安全距离。

(3) 在有腐蚀、易燃、易爆物和特别潮湿的实验室内应装管内配线。用于易燃、易爆实验室或仓库的明管禁止使用硬塑料管配线。

3. 设备与实验室照明

(1) 实验室照明用额定电压为220V，在触电危险性较大的地方可用36V及其以下的安全电压。

(2) 照明灯具应符合用电电压和环境条件的要求。特别潮湿的地方应使用防水灯具。有易燃、易爆物品的地方如危险品仓库、气瓶室以及通风橱等处应安装防爆灯具。

(3) 对精密仪器，为保证其使用安全，每台仪器都应有固定的单独操作开关，安装在便于操作的地点，一般高度应距地面1.5m。

4. 保护接地和接零技术

当接触或走近漏电设备时，保护性接地或接零是预防触电事故的有效措施。保护性接地，其目的是漏电设备对地电位降低到安全限度（40V）以内；保护性接零的作用，在设备碰壳漏电时，缩短危险电压在设备上停留的时间。

四、实验室常见不安全因素和事故隐患

(1) 实验室布局不符合要求，办公区域与实验室未分开，使实验室操作人员长期处于

不良工作环境之中。

(2) 实验室通风设施简陋，通风设施偏少，操作人员在实际操作中存在的不良习惯等，如挥发性或有毒溶液的配制不习惯在通风橱中进行，玻璃器皿浸泡槽封闭不严等。

(3) 实验室线路超负荷使用，用电量过大等。

(4) 电冰箱储存挥发性易燃溶剂（如乙醚、石油醚等）。

(5) 实验室没有单独的气源室且实验用钢瓶缺少安全防护柜或固定装置。气瓶的安全附件（安全帽、压力表、易熔塞、防振圈）未能保证定期检查。

(6) 高压气瓶的操作方法不正确。气瓶搬运无专用装备，造成意外坠落。

(7) 化学药品的存放不合理（如需要低温存放才不至于聚合变质或发生其他事故，如苯乙烯、丙烯腈、甲基丙烯酸甲酯、乙烯基乙炔及其他可聚合的单体、过氧化氢、氢氧化铵等存放于温度10℃以下。易燃类试剂要求单独存放于阴凉通风处，特别要注意必须远离火源）。

(8) 消防器材的使用知识不普及，平时缺少实战演习，无法保证应付处置突发事故的能力。

(9) 安全知识的宣传工作不到位，操作人员对安全技术方面的认识不足、重视不够或疏忽大意。

(10) 安全管理制度不健全、不落实。

(11) 在实验室吸烟、饮食等不良习惯。

五、安全管理制度的制定

安全管理制度的制定需考虑以下方面的内容：实验室需装备哪些必备的安全设施；对消防灭火器材定期检查的时间与保证人员正确使用各种灭火器具的措施；对剧毒、易燃、易爆物品及贵重物品的管理手段；安全使用各种仪器设备的必要登记及问题报告制度；安全员的职责范围及奖励机制的建立健全等（详见本书第二篇）。

六、现场检测（采样）的安全管理

现场检测（采样）安全主要是防止在涉水、高空、高温、剧毒、热污染环境下发生安全事故。水污染事故应急监测人员更应采取有效安全防护措施。

(一) 常规现场检测（采样）安全

(1) 现场检测（采样）一般需要2人共同完成。

(2) 在江河湖库及入河排污口现场检测（采样），需配备必要的安全防护设备，如救生衣、安全绳、橡皮手套、口罩等。

(3) 在桥上现场检测（采样）时应在两端设置警示牌，注意来往车辆与行人。

(4) 采样车船行驶应遵守交通法规，注意交通安全。

(二) 应急监测的安全

(1) 应急监测人员必须有2人以上同行进入事故现场。

(2) 采样人员进入事故现场必须按规定佩戴防护服、防毒面具等防护设备，经事故现场指挥、警戒人员的许可，在确认安全的情况下进行采样；采集水样时，必须穿戴救生衣和佩带防护安全绳。

（3）进入易燃、易爆事故现场的应急监测车辆应配有防火、防爆安全装置；在确认安全的情况下，使用现场应急监测仪器设备进行现场监测。

（4）对送实验室进行分析的有毒有害、易燃易爆或性状不明样品，特别是污染源样品应用特别的标识（如图案、文字）加以注明，以便送样、接样和监测人员采取合适的防护措施，确保人身安全。

（5）对含有剧毒或大量有毒有害化合物的样品，严禁随意处置，应做无害化处理。

第九节　监测仪器配置与管理

大型分析仪器设备的管理，是实验室管理工作中的一个重要方面，既要合理添置所需的大型分析仪器，又要对已有的大型分析仪器加强管理。仪器设备的管理工作质量提高了，才能更有效地利用实验室的人力、物力和财力，进一步提高实验室的社会效益和经济效益。大型分析仪器的管理工作涉及采购计划、人员配备、辅助设施、采购和验收的工作管理，以及在日常工作中的常规管理和技术管理。

一、仪器分析室环境

为保证大型分析仪器正常开展工作，应具备良好的工作环境。除了按设计要求新建或改造实验室用房，为了保证仪器设备的使用寿命和保证测试结果的正确性，还需考虑它们在运行中对实验室环境的要求。

（一）供电

电源是保证大型分析仪器设备能正常运转的基本条件，大型分析仪器一般对电源的质量要求很高，必须认真对待，切实落实。

电源功率：大型分析仪器的电源功率要包括主机的额定功率和各配套设备的功率。在申请用电额度、铺设供电线时，要把这些仪器设备的用电量都包括在内，并且还要留有余地，以备扩展。

电源质量：如电源质量不好，在线路中产生高频尖脉冲，会影响仪器设备的测试数据和图谱的准确性，电压波动也会影响测试结果的准确性。所以主机使用的电源一般采用专用电线供电，与空调机、水泵、电炉线路分开。同时从变电所输出的电流应先经过调压变压器和稳压器以及抗干扰滤波器。

连续供电：大型仪器设备的开、关机具有一定的顺序，在测试过程中突然断电也会造成仪器的损坏，在供电不正常的地区最好在仪器中配备不间断电源，在突然停电时可维持供电一段时间，使检测人员有时间做紧急处理。

（二）供水

一些大型仪器设备需要清洁的冷却水，有的还要循环使用，如原子吸收仪中的石墨炉等。一般仪器设备的冷却水系统要采取单独处理措施，但必须保证在操作过程中不停水。如对冷却水有特殊要求，还要加装过滤器等。

（三）供气

一些大型仪器在工作时所需的各种压缩气体，如氦、氢、氧、氮、甲烷、乙炔、氧化亚氮等。这些气体钢瓶有的不能放置在一起，如氢和氧等；有的气体本身没有危险性，可放置在一个室内，如氦和氮等。但所有高压钢瓶都不应和仪器放置一起，在新建或改建实验室用房时，尽量考虑放置钢瓶的场所，铺设好输送气体的管道。输气管应根据所输送气体的性质，选择合适的管材，一般为铜管和不锈钢管，管径在5mm左右。若输送气体的压力比常压略高，则也可采用优质橡胶管。

（四）空调

为了保证大型分析仪器设备得出的实验结果准确、稳定、可靠，也为了保护好仪器设备，仪器间对温度、湿度都有一定的要求。日常温度应控制在15～25℃，在仪器运转过程中温度允许变化幅度为±3℃，最佳温度为20℃±2℃。仪器间的湿度应保持在50%～70%。此外，精密仪器间的空气最好能除尘净化，保持一定的新鲜程度。

（五）接地

大多数大型分析仪器要求单独接地。而且接地电阻值都很小。接地的目的，一是为了屏蔽，防电磁干扰；二是为了人身和仪器设备的安全。地线引入室内时必须采取绝缘措施，避免和各种金属管线接触，丧失其独立性。地线的位置应远离地下电缆，以防引入电磁干扰。

（六）防振

对于外界环境引起的振动，往往会影响测试结果失真，甚至导致仪器失灵，所以必须要防止。实验室仪器间最好远离铁路、公路外，对一些怕振动的大型分析仪器设备应放在低层，按设计要求，做好防振基础，然后将防振机座安放在防振基础上，即可进行安装工作。

（七）防尘

尘埃对大型仪器设备的危害性也较大，因尘埃中有些微粒的硬度较大，易使仪器的精密部分受损，如光学仪器的光栅、反射镜等。防尘的措施一般有：仪器间的窗子采用双层窗结构，既可防尘，同时也可用于隔热；工作人员进入仪器间，必须换鞋、换衣；在仪器间外设置缓冲间，用洁净空气清洁进出人员身上的灰尘。

（八）防潮、防腐蚀

如仪器间的相对湿度大于80%时，必须采取有效措施，以降低湿度，否则电子元件、光学系统、机身等都有可能发生霉变。一般可以在仪器间内临时使用去湿机，使相对湿度降低到50%～70%。同时仪器间不能混入腐蚀性气体，否则仪器设备易被锈蚀，必须严格规定不准携入有腐蚀性气体逸出的试剂和样品。

（九）防火、防爆

实验室防火设施应该包括自动报警系统和自动灭火系统。自动报警系统的探头，遇到着火时产生的光、热、烟，在火势没有蔓延之前能自动放出火警警报。自动灭火系统应采用高效化学气体灭火剂，如1211、2402灭火剂等，其特点是灭火效率高、速度快、残余气体易于驱散、对仪器设备无腐蚀作用也不留痕迹、绝缘性能好等。对于一般消防器材，也应合理配备，不断更新，仪器设备一旦着火，决不能使用泡沫灭火器，也不能用水浇。

实验室使用压缩气体时要按规定存放，严格按照操作规程操作。在使用氢氧焰及乙炔焰时必须严格遵照操作规程进行点火和熄火操作；存放压缩气体钢瓶的地点，应离开仪器间，并且要有安全防护设施。

二、采购及验收

（一）实验室仪器设备的配置

合理配置实验室的仪器设备是做好水质检验检测工作的基础，各级水质监测机构应按照 SL 276—2022《水文基础设施建设及技术装备标准》、SL 684—2014《水环境监测实验室分类定级标准》的配置要求，逐步配齐实验室技术装备。

表 3-5　　各级水质监测中心（分中心）实验室技术装备标准

序号	仪器设备名称	单位	流域中心	省中心、流域分中心	地市级分中心
1	移动实验室	套	1	1	自定
2	采（送）样车	辆	3～5	3	1～2
3	采样船	艘	自定	自定	自定
4	无人机	架	自定	自定	自定
5	便携式多参数监测仪	台	8～12	5～8	2～4
6	水生生物采样设备	套	3～4	2～3	自定
7	水质等比例采样器	台	3～5	2～4	1～3
8	气相色谱-质谱仪	台	1～2	1	自定
9	液相色谱-质谱仪	台	1	自定	自定
10	气相色谱仪	台	2～3	2	1～2
11	液相色谱仪	台	1～2	1	1～2
12	离子色谱仪	台	2	2	1～2
13	原子吸收分光光度计	台	1	1	1～2
14	石墨炉	台	1	1	1
15	紫外可见分光光度计	台	3	3	自定
16	分光光度计	台	3	3	3
17	流动注射/连续流动分析仪	台	2～4	2～3	1～3
18	COD 测定仪	台	2	2	1～2
19	BOD 测定仪	台	2	2	1～2
20	原子荧光光度计/光谱仪	台	1	1	1
21	测汞仪	台	1	1	自定
22	气相分子吸收光谱仪	台	自定	自定	自定
23	总有机碳测定仪	台	1	1	自定
24	总 α、β 测定仪	台	1	1	1
25	便携式叶绿素测定仪	台	3～5	2～4	自定

续表

序号	仪器设备名称	单位	流域中心	省中心、流域分中心	地市级分中心
26	生物显微镜/荧光显微镜	台	自定	自定	自定
27	光学显微镜	台	3～5	3	1～2
28	微波消解仪	台	1	1	自定
29	测油仪	台	1	1	1～2
30	高速冷冻离心机	台	1～2	1	1
31	电子天平	台	3～4	2～3	2
32	冷藏柜	台	5	5	5
33	生化培养箱	台	3～5	2～3	2～5
34	恒温干燥器	台	3	2	1～2
35	玻璃器皿清洗消毒机	台	自定	自定	自定
36	自动电位滴定仪	台	自定	自定	自定
37	生物毒性分析仪	台	2～4	1～2	
38	冷藏冷冻设备	台	3～5	3～5	3～5
39	流量测验仪器	台	自定	自定	自定
40	数字滴定器	台	3～5	3～5	3～5
41	高锰酸盐指数测定仪	台	1	1	1
42	薄膜进样质谱仪	台	自定	自定	
43	傅里叶变换红外光谱仪	台	自定	自定	
44	电感耦合等离子体发射质谱仪	台	1	自定	
45	电感耦合等离子体发射光谱仪	台	自定	1	
46	分子荧光光谱仪	台	自定	自定	
47	水中放射性α、β蒸发浓缩仪	台	自定	自定	
48	隐孢子虫和贾第鞭毛虫快速全自动检测系统	台	自定	自定	
49	扫描电子显微镜	台	自定	自定	
50	流式细胞仪	台	1	自定	
51	酶标仪	台	自定	自定	
52	荧光定量 PCR 仪	台	自定	自定	
53	电泳仪	台	自定	自定	
54	凝胶成像系统	台	自定	自定	
55	样品自动蒸发赶酸仪	台	自定	自定	
56	冷冻干燥器	台	自定	自定	
57	超低温冰箱	台	自定	自定	
58	高压灭菌器	台	3～5	2～3	
59	马弗炉	台	1～2	1	

续表

序号	仪器设备名称	单位	流域中心	省中心、流域分中心	地市级分中心
60	研磨机	台	自定	自定	
61	超声波清洗机	台	2～3	1～2	自定
62	鱼探仪	台	2～3	1～2	
63	超纯水制备系统	套	1～2	1～2	1
64	全自动固相萃取仪	台	1～2	1	1
65	高效固液萃取仪	台	1	1	1
66	常规仪器系列	套	1	1	1
67	服务器	台	自定	自定	自定
68	台式计算机		1台/人	1台/人	1台/人
69	便携式计算机	台	自定	自定	自定
70	图像扫描仪	台	2～3	2	1
71	数字化仪	台	1	1	
72	打印机	台	5～10	4～8	3～5
73	通信接收设备	台	自定	自定	自定
74	发电机	台	自定	自定	自定
75	多级泵	台	自定	自定	自定
76	地下水观测井采样设备	套	2～4	2	自定
77	水质分析处理专用软件	套	1	1	自定
78	不间断电源	台	自定	自定	自定
79	实验室信息管理系统	套	自定	自定	自定

（二）采购

实验室大型分析仪器设备的采购计划一旦批准立项，经过调研确定仪器主机品牌和规格后（技术参数），应着手进行采购工作。采购工作一般有常规采购和招标采购等方式，在运用中要注意以下几方面：

（1）招标采购由于有资格参加投标的厂商比较多，相互之间的竞争比较激烈，有利于买方降低价格。而常规采购仅局限于几家厂商之间，价格变幅不大。

（2）常规采购可以预先指定厂商和型号，而招标采购只能提规格和使用要求，要在评标结束后才能知道中标的厂商，所以对于独家生产的专用设备以常规采购为宜，可以就价格与厂商进行谈判而购置。

（3）常规采购的工作重点放在与厂商的谈判上，而招标采购的工作重点为招标文件的编制。

（三）安装调试

仪器安装调试工作是否顺利通过，不仅要看仪器设备本身的质量，与安装质量也有很大的关系。所以要认真做好安装调试前的一切准备工作，包括组织、技术、条件三方面工作。

（1）组织准备：在仪器设备到货后，应成立一个安装调试小组，负责整个安装调试过程中的技术和管理工作，成员中应包括今后从事日常操作和管理人员。其主要任务有：

1）制订安装调试工作计划，保证如期完成安装调试任务。

2）明确分工，落实职责，保证安装调试工作质量。

3）检查和督促辅助设施准备工作完成情况，处理和解决安装调试工作中产生的问题。

4）接待和协调生产厂商派来进行安装调试的技术人员工作。

5）总结安装调试工作。

（2）技术准备：新购的大型仪器设备，一般技术比较先进，结构比较复杂，因此在安装调试前有必要认真学习，了解、熟悉该仪器设备的安装程序、操作规程、各项技术指标的测试方法以及注意事项。一般通过以下途径来做好这项工作：

1）派人去生产厂家参加所购同类仪器设备的调试工作和接机工作。

2）组织人员参观学习或参加同类仪器设备的安装调试工作。

3）组织有关人员学习仪器设备的说明书和研究有关技术资料，进口仪器应将操作规程等重要资料译成中文。

4）举办培训班，请有经验的技术人员讲课和指导。

5）向有关厂商和专家咨询。

（3）条件准备：涉及大型仪器设备在安装调试工作中应予准备好的物质条件为：

1）安装仪器设备的仪器间及其必要的环境条件，这些工作应在仪器设备到货前全部完成。

2）安装调试中校准用的试剂、标准物质，仪器开机所需的压缩气体等，这些均需在安装调试前准备好，否则需要使用时不能及时提供，会影响安装调试进度。

（四）验收

验收是及时对已购买的仪器设备，从数量指标、技术指标、功能指标等方面均需核对和校验的过程。验收与安装调试的相互关系和工作流程见图 3－1。

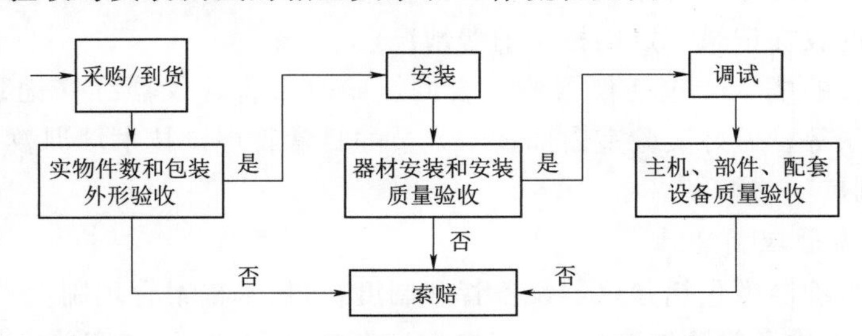

图 3－1　验收与安装调试的相互关系和工作流程图

（1）核对数量：在开箱后，首先要检查内在包装质量，尤其要注意防振装置是否安全、防潮措施是否可靠等，若发现问题要详细记录，最好拍照存证。其次是核对数量，其依据是合同而不是装箱单，装箱单和合同所列数量不符的事屡屡发生，必须引起注意，避免遭受损失。

（2）质量验收：仪器设备的质量验收是贯穿与安装、调试过程之中的。一般要求调试功能和考核指标都能达到合同要求。

在调试功能过程中要根据合同或说明书所列功能，需逐一调试，使全部的性能、功能达到规定的指标；然后考核各项指标的可靠性，考核其结果的重现性和稳定性。对于分析仪器，一般要对标准样品重复作几次实验，以比较其结果是否一致。在调试过程中如发现某些指标调试困难、不甚稳定，或发现结构不尽合理、加工粗糙等问题，可要求供货厂商调换部件或赔偿损失。

如果购买的仪器设备在数量和质量均能达到要求的话，可以通过验收。

三、大型分析仪器的常规管理

（一）常规管理的目的

（1）建立正常的工作次序。建立必要的规章制度，为仪器设备管理提供制度上的保证。规章制度的制定应体现管理的科学性、合理性和必要性；规章制度的执行，要体现民主化管理的精神，使人人能自觉遵守。

（2）创造良好的工作环境。仪器间的环境条件必须满足仪器设备的技术条件，使仪器能正常运行，检测数据稳定可靠，使水质监测和科研工作、对外服务等都能顺利开展。

（3）提供完善的物质条件。为使仪器设备能高质量、高效益地开展各项工作，要做好生产和维修用的器材的供应工作，及时提供在生产和维修工作中必需的和合格零配件和试剂、标准物质等。

（4）提高仪器的经济效益。对于大型分析仪器，不但一次投资较大，而且其运行费用也很大，所以要努力发挥仪器的作用，提高它们的经济效益。

（二）常规管理工作内容

（1）制定大型分析仪器及配套设备、附属设备、药品试剂、标准物质的年度添置计划，送财务部门审核。

（2）建立合理的规章制度，各种操作规程、维护保养办法，修理制定和事故处理办法等。

（3）审查日常领用器材的品名、规格、数量等，了解是否确属需要和经费承担能力。做好器材、试剂的收支记录，定期核实消费情况。

（4）建立完整的账卡，包括仪器购买合同、验收报告、仪器维修记录、仪器检定报告、仪器使用记录等。做好实验室内部技术人员的日常管理、技术培训教育等方面工作。

（三）管理制度

1. 实验室日常管理制度

实验室日常管理制度包括《仪器设备管理制度》《技术档案管理制度》《供配电及用电管理制度》《实验室内务管理制度》《员工培训和考核管理制度》《实验室环境条件保障制度》《安全管理制度等》。

2. 操作规程

操作大型分析仪器，必须严格遵守操作规程、绝对禁止违章操作。

国产大型分析仪器的操作规程内容可按照说明书所列条文，逐一执行，经复核无误后，方可把操作规程张挂在仪器旁。

进口大型分析仪器的操作规程，在制定过程中要小心从事，译文要贴切，并认真复核校对，然后按译文逐条操作，进行试运行，在确认无误后，方可作为正式的操作规程。

分析仪器的操作规程应放置在操作台上，以利检验人员随时查阅。

3. 维护、保养办法

仪器设备的维护、保养是在仪器设备处于完好状态下设施保护性措施，是大型分析仪器能经常保持最佳可用状态、提高它们使用效益的重要保证，还可防止偶尔事故的发生。维护保养的要求：一是对仪器定期进行常规检查，二是对仪器的测定精度进行常规校验（检定）。对长期没有检测任务的分析仪器，也要定期开机，保持正常状态。

4. 维修制度

维修制度主要指修复和更换已经磨损和损坏的零部件，是分析仪器的有关功能或技术指标恢复或接近原有的效能。因此对仪器设备的维修必须制定制度，内容要有专人负责、及时修理、制定维修计划和维修工艺、验收修理质量等。

5. 事故处理

大型分析仪器发生故障的原因主要有：①仪器设备本身结构中的薄弱环节引起的；②由于零配件的正常损耗而产生的；③由于操作不当或维护保养不良所造成的。所以事故发生后应立刻报告有关部门，迅速查明事故原因，及时组织修理调试。

四、大型分析仪器的技术管理

大型分析仪器的技术管理，较之常规管理要求更高、技术性更强。由于大型分析仪器设备的使用、操作，常常和先进的测试技术相结合，所以技术管理工作还应和技术开发、技术改造结合起来，以充分发挥仪器设备的潜在能力。

（一）技术管理的目的

技术管理的目的是保证分析仪器的精度，提高备用机时，挖掘技术潜力，以充分发挥作用。主要有：

（1）掌握技术资料，满足实验条件，遵守操作规程，以保证仪器的测试精度。

（2）采用诊断技术，实行状态监测，防止偶然事故，以提高仪器的备用机时。

（3）摸透仪器性能，致力功能开发，开展技术改造，以挖掘仪器的技术潜力。

（4）交流测试经验，开发实验技术，扩大使用范围，以发挥仪器的先进作用。

（二）技术管理的内容

对大型分析仪器实行系统的技术管理，其基本的内容为：

（1）建立技术档案：收集、整理每台大型分析仪器的有关技术资料，建立完整的技术档案。

（2）编写使用指南、制定操作规程：详细阅读说明书和技术手册，对进口仪器加以翻译后编写相应的技术资料。

（3）保持完好率和提高利用率：加强维护保养，定期效验、检定，以保持大型分析仪器的一级完好率，开展技术培训，扩大使用范围，以提高仪器设备的利用率。

（4）开发新功能和改造老技术：对较新的分析仪器，在消化技术的基础上，结合生产任务，开发新功能；对较老的分析仪器，在熟悉结构和性能的基础上，进行技术改造，使其重新发挥效益。

（5）采用诊断技术和实行状态监测：运用一些监视仪器对大型分析仪器在运行状态

下，监视其异常情况，预报即将发生的故障，做到防患于未然。

(6) 提高维护保养效能：对有缺陷的仪器设备在最短时间内，高效优质地予以修复、保养，使之达到原有技术指标，尽快恢复运行。

(三) 功能开发和技术改造

1. 消化技术

大型分析仪器一般都是多种学科最新成果的综合体，因此无论是操作、测试、校验，还是维护、保养、修理，都是技术性很强的工作，要做好各种工作，先要对技术进行消化，才能吸收、创新。消化技术的途径主要有：

(1) 阅读技术资料：这是贯穿于仪器的选型、论证、签订合同、接机、安装、调试、验收、使用、保养、修理和校验的全过程，在各阶段工作中，都要深入钻研有关技术资料，吃透消化有关技术资料的精神。

(2) 深入各个环节：消化技术还必须投身于各个环节的实际工作。如在参加接机工作，可学习仪器调试技术；在安装、调试和验收过程中，学习各种操作技术；在日常检测工作中，有的仪器要专门设计操作条件，所以能进一步消化技术；在保养、维修工作中，摸清设计思路，提出改进措施。

(3) 参加用户协会：用户协会能定期召开会议，交流使用和管理经验，切磋功能开发，研讨测试技术的改进，商讨解决问题的办法等。所以在用户协会很多技术问题往往可以得到进一步消化。

2. 开发功能

(1) 充分利用原有功能：对于大型分析仪器的原有功能，只有全部得到利用，才能算得上已充分发挥了它们的技术水平。

(2) 扩大原有功能的应用范围：在原有功能的基础上，采取某些技术措施，或配置一定的部件，使仪器原有功能的应用范围得到适当的扩大。

(3) 开发新功能：在充分利用原有功能的同时，对不能满足要求的问题加以研究，改进技术，开发新功能，这样就可长期保持其先进性。功能开发的措施和办法有：采用双机联用技术、增加新检测器、开发微机软件等。

第十节　实验室信息系统管理

一、实验室信息的种类

实验室的信息主要有两大类：一类是实验室管理信息；另一类是监测工作信息。

实验室管理信息通常是实验室为取保各项工作顺利开展，按照管理体系文件要求开展的各项管理工作所产生的各种信息。主要包括资源管理信息和质量管理信息。实验室资源一般分为人员、仪器设备、标准物质、规范标准、化学试剂和玻璃器皿等备品备件等，是实验室正常开展检验检测工作，并取得准确可靠的监测数据的重要基础。人员是最宝贵的资源，一个实验室的水平高低，很大程度取决于人员的素质与水平，特别是关键岗位人员。因此实验室需要对关键人员的任职资格进行规定，如受教育的程度、理论基础、实际工作能力、工作情况，并会定期对实验室人员进行培训、考核和认可，故实验室需要建立每个人员的技术档案，在档案中需记录学历、工作年限、参加培训情况、上岗考核和年终考核情况等信息以备查询，以确保实验室有足够数量及具备开展工作能力的人员。仪器设备及消耗材料是实验室开展检验检测必需的资源，因此需建立实验室所配置资源名称、数量、质量状况、合格供应商的相关信息资料等。质量管理信息是实验室为确保监测数据的准确可靠，所开展的各种质量活动产生的信息，如检验检测质量控制、实验室比对、能力验证、内审和管理评审等。

监测工作的信息主要是实验室开展监测工作，在整个监测流程中产生的各种信息，包括监测任务承接、监测方案、监测任务下达、采样、样品接收发放、样品检测、数据统计分析等。监测任务多样化，每类任务各有特点，为确保各项任务有序进行，避免出现信息传递不及时，工作出现混乱和准备不充分的情况，每项任务需编写监测方案，及时下达监测任务，明确各项工作要求、监测方法及负责人。监测方法是开展监测工作的依据，实验室必须收集齐全开展监测工作所需各种方法标准，并方便监测人员使用，且现行有效。实验室在完成一项监测任务过程中会产生从检验检测任务书、采样记录、样品接受与发放至各项目的检验检测等一整套记录，每次检验检测任务所监测的数据、使用的检验方法等信息集中，会形成检验检测报告，这是实验室检验的最终产品，也是实验室工作质量的最终体现。

二、实验室信息管理系统

随着科学技术的进步，工作任务的不断增加，实验室管理要求不断提高，实验室信息越来越多。在获取和管理信息的过程中，面临的挑战是如何使这些信息能够被方便地访问、智能化的储存以及如何进行再利用。

LIMS 即实验室信息管理系统（Laboratory Information Management System）的缩写，将实验室的分析仪器通过计算机网络连起来，采用科学的管理思想和先进的数据库技术，实现以实验室为核心的整体环境的全方位管理。它集检测业务管理、资源管理、网络管理、数据管理（采集、传输、处理、输出、发布）、报表管理等诸多模块为一体，组成一套完整的实验室综合管理和产品质量监控体系，既能满足外部的日常管理要求，又保证实验室分析数据的严格管理和控制。

实验室信息管理系统的分类根据其功能，LIMS 一般可以分为两大类。

第一类：纯粹数据管理型。这类的 LIMS 软件主要功能一般包括：数据采集、传输、储存、处理、数理统计分析、数据输出与发布、报表管理、网络管理等模块。这些功能满足了实验室检验工作的基本需要，功能比较单一，因而计算机网络结构一般比较简单，但比较容易实现，投资比较少，设计好后，一般在较长的时间里不需要对网络软硬件进行改变。实验室可以不配备或是配备比较少的计算机网络与数据库维护人员。在计算机应用广泛普及的今天，许多单位自己就可以设计这种软件。

第二类：实验室全面管理型。除了第一类的功能外，这类 LIMS 软件一般还可以增加：资源（人员、材料、设备、备品备件、固定资产管理等）管理、质量管理等模块，组成一套完整的实验室综合管理体系和检验工作质量监控体系，除了能够实现对检验数据严格管理和控制外，还能够满足实验室的日常管理要求，功能比较全面，网络结构相应要复杂一些，实现起来要困难一些，投资比较大，而且往往需要专业单位与实验室合作开发设计。另外，由于实验室的机构设置、职责、管理思路和其他特点可能会随着时间的改变而发生变化，因此需要经常对网络软硬件进行改变。故实验室一般需要配备专业的维护与再开发技术力量。如果所用软件与网络结构是其他单位帮助设计，则可能需要支出较多的资金。目前，国际上和国内都有此类商业软件销售。相对而言，国内软件开发商在软件的设计上与国外技术相比还有些差距。

三、实验室信息系统的建设总体要求

水利行业水质监测实验室一般设置有中心和分中心，因此水利行业水环境监测实验室信息管理系统建设一般分两个层次，实行二级管理：一级为中心实验室，二级为分中心实验室。在系统建设中拟实现的总体目标应以实验室管理要求为主线，以实验室工作流程为基础，以实验室生产工作内容为核心，建立全面、实用的实验室现代化管理平台，以使中心各项监测任务及实验室管理工作能够达到：任务下达清晰、进度控制及时、数据处理简洁、资源有效利用、质量有效保障、成果报告有序、各项记录保留齐全，从而为实验室日常管理、运行和计量认证评审检查做好支撑，具体如下。

（一）实验室监测任务有序安排

监测任务多样化，每类任务各有特点，通过LIMS平台对监测任务作出统筹安排，同时更新和变化信息及时显示并传达到相关部门及人员，确保任务及时下达，并在各部门流转通畅，避免信息传递不及时、工作出现混乱和准备不充分的情况。

（二）检验检测工作进度有效控制

由于检验检测任务多，情况各不相同，往往多个项目同时开展检测任务。通过LIMS进行每一步的时间提醒与进度控制，保障成果的及时性，避免在时间控制上依靠部门负责人记忆控制，造成忘记成果提交日期，或到下一个工作环节没有及时衔接等情况。

（三）监测质量全方位保障

质量控制得到的结果需要在最后的上报成果中再加以判断，对检验检测过程中间的质量控制存在一定的滞后性。利用LIMS信息基础平台的作用，考虑在检测过程中实现质量控制，保障全面的质量管理。

（四）数据处理审校简洁准确

利用LIMS集成每个检验检测项目的计算程序，并考虑一定的数据审校规程，简化并准确计算和校审过程。

（五）成果报告管理有序

通过LIMS实现检测报告、整汇编成果和各类评价、项目报告报表自动统计生成和有序化管理，大大提高工作效率，解决查找和版本控制难题。

（六）实验室管理规范化

实验室的日常管理按照水利系统水质监测质量管理的“七项制度”、RB/T 214—2017《检验检测机构资质认定能力评价 检验检测机构通用要求》等开展管理工作。通过LIMS

可以将有关管理要求纳入 LIMS。使得中心的各项检测工作强制在此平台上运行，各类事务都有记录凭证，促进实验人员良好习惯的形成，落实质量管理和计量认证工作的常态化管理。

（七）资源有效利用促进工作效率提高

各类资源依靠不同部门人员手工管理，资源的动态情况不清楚，往往造成资源利用率不高，同时管理耗费大量人力资源。利用 LIMS 管理好人员、仪器、试剂耗材、分析方法等各类监测工作资源，减少管理时间，提高管理效率，节约人力成本，获得更多的发展空间。

（八）强化分中心管理与质量控制

通过 LIMS 的整体建设模式不仅提高水质数据上报的时效性，而且强化中心对分中心的质量控制，有效促进分中心实验室各项业务流程的规范化、标准化、自动化建设。

（九）实现应急监测管理，快速准确完成应急响应

针对突发水生态水污染事件应急监测，有效实现水质数据分析的全流程控制，完成前方实验室与后方中心实验室的数据互联互通，进行数据质量实时有效控制，确保应急监测数据快速、精确上报。

总的来讲，实验室信息管理系统建设应实现中心及网点实验室的信息化以及相互间的互连互通、数据共享，全面实现对实验室质量保证体系的各个方面的辅助管理；实现从监测任务下达、样品采样、收样、发样、检验、数据处理直至检验报告发出的整个检验业务流程的管理和控制；实现对仪器设备输出的检验数据的电子化采集，提高检验工作速度和效率；实现对实验室各种资源的有效管理，这些资源包括人员、仪器设备、化学试剂等消耗材料、标准物质、技术资料档案等。建立监测资料数据库，并与实验室信息管理系统有机结合，便于对水质监测成果进行统计分析、评价、查询。

四、实验室信息管理系统设计原则

（一）实用性

整个系统在建设过程中必须充分考虑系统的实用性能，最大限度地满足实际监测工作要求，主要有如下几个方面：

（1）系统总体设计要充分考虑实验室当前的各业务层次、各环节管理中数据处理的便利性和可行性，把满足实验室管理作为第一要素进行考虑。

（2）采用系统总体集成设计、分步实施的技术方案，稳步向全面自动化过渡。

（3）全部人机操作设计均应充分考虑不同业务层次人员在使用过程中的具体情况和实际需要。

（4）人机界面在保证性能的基础上尽可能简单明了，方便操作使用，并保证与其他应用系统的接口。

（二）扩展性

随着系统应用的普及和推广，系统功能的扩展将是不可避免的，因此，提高系统的可扩展性、可维护性是提高整个系统性能的必然要求，在系统设计时需要充分考虑在结构、容量、通信能力、产品升级、处理能力、数据库、软件开发等方面具备良好的可扩展性和灵活性。

（三）易维护性

应用软件采用的结构和程序模块构造，要充分考虑使之获得较好的可维护性和可移植性，即可以根据需要修改某个模块、增加新的功能以及重组系统的结构以达到程序可重用的目的。

数据存储结构设计在充分考虑其合理、规范的基础上，同时具有可维护性，对数据库的修改维护可以在很短的时间内完成。

系统部分功能采用参数定义及生成方式以保证其具备普遍适应性；部分功能采用多种处理选择模块以适应管理模块的变更。

（四）安全保密性

整体的系统安全性是实验室信息系统中必须重点考虑的。在主机系统与网络的选型及设计中，安全、可靠应作为第一要素。同时，利用网络系统、数据库系统和应用系统的安全设置，拒绝非法用户进入系统和合法用户的越权操作，避免系统遭到恶意破坏，防止系统数据被窃取和篡改。此外还应通过软件方面的安全设置，避免合法用户对于数据的无意破坏。

（五）可靠性

社会向信息时代迅速发展的同时也有潜在危机，即对信息技术的依赖程度越高，系统失效可能造成的危害和影响也就越大。因此，系统的设计在保证实用简单，尽可能在有限的投资条件下，从系统结构、技术措施、产品选型以及技术服务和响应能力等方面综合考虑，确保系统运行的可靠性。

（六）经济性

根据系统的实际需求，以及当前信息技术的发展趋势，系统设计一方面要考虑安全、可靠、先进，另一方面要考虑经济实用，要易于扩展升级、易于操作、易于管理维护、易于用户掌握和学习使用。在完成系统功能的基础上，力争少花钱多办事，追求性能价格比最大化，保护投资。

（七）有效性

系统应有能进行日常的自检程序，保证系统能够在每天24h内能有效运行，并能够允许每月有一天停止运行以便进行常规的系统维护。

五、建设实验室信息管理系统硬件环境要求

（一）硬件运行环境

系统必须基于实验室的服务器及客户端的操作系统运行，并随着IT操作系统的升级，该系统必须能适时地与之兼容。硬件需要有Web服务器、数据库服务器和客户机。

（二）网络运行环境

应用系统可基于TCP/IP通信协议，使用Internet、Intranet网络；系统交互模式可采用B/S结构或C/S结构；网络接入系统在系统设计时需要考虑Internet的宽带接入模块；应用平台应保障该平台生成的最终数据文件能与终端文件完全兼容，实现无缝对接。

（三）系统软件

系统软件需要有服务器操作系统、服务器数据库平台、客户机操作系统软件。

六、实验室信息管理系统功能模块

实验室信息管理系统一般需具有系统管理、检验检测业务管理、质量管理、资源管理、数据管理五大基本功能模块。

（一）系统管理模块

此功能模块主要实现用户账号及操作权限设置、维护，各种基础数据设置维护，系统对接管理等。

1. 系统设置

通常是由LIMS数据库管理员进行设置和维护，包括默认设置、定义、权限、结果数字格式、各种控制限及价格等实验室的全部基础数据信息，系统各类参数库中应具有单位常用的基本参数设置（主要包括：分析项目、分析方法、评价标准等），并指导用户补充其他参数。

对于角色权限设置，实验室信息系统用户包括中心和分中心，他们是不同的角色，应拥有不同的权限，因此需要设立权限中所涉及的角色，并设置角色的操作权限。在系统中需要建立用户信息；对用户口令需要加密，即使系统管理员也不能看到普通用户的口令；一个用户可以对应多个角色。

对于检查项目可以方便设置化验项目所用分析方法的基本参数、参数间关系、参数的上下限值、参数单位、参数计算公式、参数的有效位数、参数修约规则等内容。

2. 系统对接管理

系统应具有良好的开放性和兼容性，提供开放的应用接口，可以按照要求实现与水质评价系统等各类信息系统的数据对接。LIMS系统要能够通过Web Service、ODBC、ActiveX/OLE、API、FTP文件等多种接口方式，实现与其他已建或在建系统的集成。

系统集成要实现信息的双向交互，不仅要减少相同信息在不同系统中重复录入的工作量，而且要确保信息的完整性和一致性。根据不同系统的具体情况，以及业务处理的要求，来明确信息交互的处理环节和信息交互的内容；而且在信息交互的过程中，要从同步性（同步/异步）、实时性（实时/非实时）、数据量（大/小）三个层面来确定信息处理的方式（交易型处理、批量数据处理等）。

3. 系统安全管理

系统应具备系统自动备份、自动修复功能。操作人员对原始记录的丝毫改动都需要记录在案，包含修改原因、操作的所有数据项、修改前的结果、修改后的结果、修改人员、修改日期等；用户登录到系统后，他的登录时间、退出时间，以及执行的关键性的操作，如对数据增加、修改、删除的具体情况都需要记录到用户登录日志文件中，以方便进行追溯历史、恢复误操作等；为加强用户口令的安全，个人应可以随时修改口令。

4. 系统远程管理

应设置有远程管理的模块，可以远程管理和更新系统。

（二）检验检测业务管理模块

此功能模块需要根据实验室的检验检测流程进行设计，应主要实现监测任务下达、样品采样、收样、发样、检验、数据处理直至检验报告发出的整个检验业务流程的管理和控制等功能。

1. 任务承接

该功能表示任务的开始，实现记录任务的来源，委托单位，数据报送日期等。可按承接任务的来源、性质、监测要素、承接/下达任务的时间进行分类管理。该功能必须具备“采样”“送样”“考核样”等多种工作模式，能够把管理部门指令项目和市场委托项目形成明确、清晰的监测（采样）或项目任务单，与委托项目相关的所有要素的数据应能集中调阅、分表打印。要求该模块能够处理日常工作流程，主要完成项目登记并形成唯一性项目登记编号。市场委托项目要有委托检验检测协议登记、检验检测收费管理。

2. 任务下达

实现自动根据任务的类型确定任务负责的部门，相关部门的领导层利用系统指派负责该项任务的负责人。负责人编写监测方案，并提交相关领导审核。监测方案的内容应包括点位信息、样品数量、分瓶、监测项目、质控方案等，必要时进行合同评审并下达项目（采样）任务书（形成现场监测文件），确定采样计划时，对于同一样品中不同项目分瓶采样的安排应由用户在下达具体采样单时灵活确定。类似的采样计划应可采用复制的方式录入，减少重复性输入，提高效率。

监测方案经审核无误后下达任务给相关部门和人员。系统自动生成监测任务通知单，负责任务审核的部门进行任务签发，意味着受理的正式开始。对任务需支持多种处理，如删除任务、任务完成、任务推迟、修改任务；对任务的展现也应支持多种视图，可分类显示任务情况。

3. 任务接收

任务通知单下达后，系统根据角色和用户以及计划，进行自动任务提醒。相关部门对任务进行查询浏览，在确定无误后接收任务。系统应可以管理每个人员接收的工作任务列表。对于每年指令性的常规监测任务应方便具体任务负责人员能够以表格的形式，查询一年的常规监测计划及监测时间。

4. 采样任务

系统实现根据监测任务的采样紧急程度和客户要求，由采样部门负责人在系统中安排采样日期、现场负责人和采样小组人员。当无法采样时，可随时退回上面任务安排部门。

根据监测方案，进行样品统一编号，打印条形码标签，分发给负责采样的部门贴瓶。相关部门连接工作编号，将条形码标签贴于瓶上，并进行采样。当采样回来后，发现样品多采和少采可在系统中进行添加和删除。当采样点与实际采样不相符时，可退回到采样安排的人员，也可退回到项目负责人。

5. 采样现场数据录入

现场监测数据录入能够提供多种灵活的记录形式，如笔记本电脑、手机输入系统，为避免无线远程登录的故障影响现场监测工作，现场监测记录模块应可实现在线和离线运行。

当现场条件比较差时，也可采用手工现场记录，回单位后再录入的方式，但现场记录的录入与样品交接与分析不要相互牵制。各系统应能够支持一个项目多要素、多点、分时采样的现场监测记录，同时还应支持同一点位多天采样和项目监测点位、监测项目和监测频次发生变更的现场监测记录。委托项目的编号应与后续的工作任务编号形成有机联系，使得同一个项目的数据能够统一收集、查阅和列表打印。

6. 样品交接

实现采样结束后样品统一交付给样品管理员进行分瓶分样，打印不含点位信息的标签，将原来含有点位信息的标签覆盖，隐去采样站点相关信息，然后交付样品管理部门集中收样和领取相关盲样质量控制样品，检验检测人员取样并进行样品登录。

样品管理员可通过条码扫描器读取样品信息，进行样品交接，样品交接的方式应该有多种，可以按照项目交接，或按照采样点交接，也可按照样品交接。例如当一个项目的样品一次全部接收时，可按照整个项目进行样品的交接，做到采集来的样品马上可以分析，没有采的样品还在待接收状态，如实反映项目的执行情况。记录样品交接详细信息，如采样或送样人、接样人、接样时间、样品状态、是否留样等，并可以形成样品交接记录。

7. 样品管理

主要实现样品入库登记、领用登记、在库样品的查询。样品入库登记系统应能够根据各种计划表提供的信息，生成备瓶标签，这些标签要求能够打印，并且能够在系统中保存和日后查看；能够根据不同批号样品及检验阶段标识不同的样品状态，可以实时对样品质量状态进行监控、检索样品的物理位置和质量状态；样品接受过程中应能对需要留样产品进行标记，应能记录留样人、留样量、留样截止日期；能够自动对已过留样截止日期的样品提醒用户对其进行销毁，并登记销毁记录；在库样品应能根据不同需求查询样品信息，样品数据，样品状态；应有样品浏览功能，输入查询起止日期即可显示所有在留样期间的样品信息，根据输入的采样表的信息也可以进行样品的查询；能够实现各检验检测人员根据自身的任务进行样品领用登记。

8. 样品的检验

检验检测人员领取样品后，根据任务书方法要求开展检验。系统应能提供测试方法和仪器的操作规程和检定（校验）记录等信息的查询。检验检测原始数据录入，即实验数据的采集，需提供多种方式，如通过电子记录簿，将原始记录数据录入，或通过仪器导入等手段录入，通过系统软件自动计算工作曲线、样品结果、质控结果等数据结果。

数据输入包括实验室检验检测数据和现场监测数据两部分。系统能根据不同的情况采取手工输入和仪器自动采集的方式。系统可提供快速、方便的数据手工输入方式。例如，批录入和 Excel 导入的功能，输入的数据能自动根据设定的修约规则进行数据修约，对定义有计算公式的数据能进行自动计算。数据录入时，可以将图表、文件等相关信息作为附件一起保存。数据录入时系统自动记录录入时间和录入人。原始记录应包含足够的信息，如任务信息、样品信息、分析方法、仪器编号、标准样品、标准溶液、试剂和试样等的用量、稀释倍数、分析人员等，并便于查询、浏览。

对于需要做工作曲线的监测方法，系统应能根据所添加的标样自动生成校准曲线，并计算斜率和截距和相关系数，并自动参与下一次样品的浓度计算直到新的校准曲线产生。

在试验前可根据实际的监测方法，能够完成各种质量控制样的添加，例如实验室平行、现场平行、质控样、样品加标、样品加标平行等。并且根据添加的质量控制样类型系统自动计算出加标回收率、百分比偏差等。

系统应提供开放的仪器数据采集接口模块，在仪器软件升级、更新或购置新仪器时，保证用户能够自行完成仪器数据采集的设置工作。系统应专为仪器数据无法采集的分析项目设计具有不同代表性的原始数据录入模板，数据录入形式尽量与现有工作模式保持一致。应提供用户自定义方案，方便用户对于模板进行完善更新。数据录入完成后，系统能够按照规范格式生成原始记录，并生成分析人员的电子签名。系统需为用户提供灵活方便的原始记录表格模板设计工具，用户可以根据需要自行定制，用户能够从 Excel 或其他工具中导入自行设计的各种原始数据表系统中，也能够直接在系统中编辑、查看、修改原始表，并能定义一系列计算公式。

9. 数据审核

系统对分析完成的数据需设置校核和审核，所有原始数据由检验检测人员采集完后，经过自动计算，发送到相应的校核、审核人员进行校核、审核，然后进入数据库存档。校核和审核设置电子签名。校核人和审核人发现原始记录有误或可疑应通过原始记录填写人查明原因并进行确认后由校核、审核人员改正并签名。无论何种修改方式，系统要记录修改全过程信息。

10. 报告编制、审核及签发

系统能够按照规范格式生成检验检测报告，实现监测报告结论的自动生成，并提供报告三级审核模式，报告编制和审核都采用电子签名。报告审核人员可以自定义，并可以使用电子签名，审核报告过程中可以查看任务书、现场采样记录、样品交接记录、分析原始记录等相关内容。审核过程如果认为不符合可以拒审，并记录拒审原因，还可把拒审的已经标记要修改的内容的报告以附件的形式，退回给编制报告人员。

报告格式可导出（包括 PDF、Word 和 Excel 等通用格式）可自由设定；同时报告一旦生成就不能被修改，以保证报告的可靠性和便于用电子文档的方式发送报告；能够自动产生文字和图谱共存的分析报告；能够自动生成质控报告。系统应备各种不同模板供用户选择，报告按一定格式由原始数据而自动生成。用户应可以自定义报告模板来满足不同的需求。

授权签字人可在 LIMS 中查看到待签发的任务列表，可以浏览报告，也可下载报告或打印报告，可以浏览整个项目的所有信息，可以查阅报告的审核跟踪过程，不能修改数据库中的数据，可对项目负责人上交的综合报告进行修改，修改后的报告可以用附件的形式作为审核意见在系统中保留，并进行电子签名，也可以退回报告。

实现报告发放登记功能，对报告领取人、领取时间进行记录，并可进行报告发放查询。

11. 应急监测任务管理

应急监测任务下达：可在实验室、应急监测车、移动终端直接下达应急监测任务，应急任务在所有监测任务中自动优先排序。对于涉及分中心协调监测的应急任务，可在系统中集中下达，数据统一汇总到中心系统进行查看。

应急任务采样：采样人员携带智能终端进行采样，可以根据应急任务查看相应采样要求及安全注意事项，现场监测数据（包括现场图片）可直接通过智能终端发送回实验室或者其他对接系统。

应急任务检验检测：在实施野外检验检测的同时，在现场采集水样送回实验室，按照相应质量控制要求进行检验检测，准确查清水体污染物种类、性质、成分和浓度。

应急监测报告：根据现场监测项目数据及室内监测数据生成相应的应急监测报告，实现与决策支持系统、现场指挥系统等相关系统的对接，直接通过网络发送报告以供领导专家查看。

应急数据分析：对监测数据进行类别、超标倍数评价；用曲线图等方式展示污染物变化趋势；对关联监测断面或者站点数据对比进行趋势分析；与在线监测系统对接，实现现场监测、室内常规监测和在线监测系统三者数据对比整合，有利于更加准确地判断污染范围、程度与发展趋势；与GIS系统、水文水情对接，实现监测数据与地理信息、水文水情信息的对接，对于决策进行更加完整有效的数据支持。

12. 流程管理

业务流程全程跟踪管理，管理者能够实时查看各项任务的进度。可根据任务来源、性质、编号、承接/下达时间进行分类统计，可对各类任务进行统计，包括任务的状态、完成情况等，可自动生成任意时段的各类统计图表。

（三）质量管理模块

此功能模块需要根据实验室质量管理体系文件要求进行设计，对于质量控制工作系统应提供多种质控措施选择方案，包括现场采样质控方案、样品前处理（准备）质控方案、样品分析质控方案并可溯源，同时还必须具有多种不同的质控手段（如空白、盲样、加标、平行等）选择，实现监测项目全程质量控制。

1. 采样监督

针对人工巡视采样、手工纸介质记录的工作方式存在着人为因素多、管理成本高、无法监督监测人员实际到位状况等缺点，系统采用智能终端（手机或者平板电脑）实现采样位置的到位监督管理，内置电子地图，直观反映采样人员与采样点的相对位置，提醒采样人员目前位置和规定位置的相差距离。管理人员可以在实验室直接查看各个站点的到位情况，是否在规定的位置采样，相差多少距离，并直接在地图上进行比对查看。

2. 现场项目实时录入

在智能终端开发现场采样记录界面，可以直接输入pH、水温、溶解氧等现场测定项目数据，通过网络（或者回到实验室使用局域网同步上传）将采样时间和现场测定项目数据直接发送到系统中的现场测定记录表中。

3. 现场平行与全程序空白

在下达采样任务界面可以按照相应比例要求选择站点进行现场平行质控，平行样品会以普通样品编号进入到检测任务中，检验检测人员填写检测结果后，在化验单上自动计算相对偏差并判断该现场平行样品是否合格。

在下达采样任务界面可以按照相应比例要求选择该批样品是否进行全程序空白质控，通过全程序空白和室内空白检验检测结果的相对偏差进行质控分析。

4. 室内质控

室内平行：由检验检测人员在检验单界面选择样品做平行双样，系统自动计算相对偏差并判是否合格，对不合格数据区别显示。

标准曲线：在系统中建立单独的标准曲线模块，自动计算曲线的截距、斜率并判断 t 值是否合格，在一些涉及标准曲线的化验项目表单中实现与最新一条标准曲线的自动关联，无须手工录入曲线的截距和斜率，同时保留检验检测人员选择以往曲线的权限。

加标回收：在样品中加入定量的待测成分标准物质，系统自动计算加标回收率，判断该值是否在合格的回收率范围之内。

标样考核：标样考核任务：质量负责人可以在系统中下达单独标样考核任务，系统自动判断考核结果是否合格。

5. 数据合理性分析

通过水质指标之间的特定关系进行数据的合理性分析：如三氮小于总氮、阴阳离子平衡、总硬度与总碱度的关系、三氮与溶解氧的关系的自动计算，辅助审核人员审核数据，改善以往只能通过经验判断对逐个数据进行审核的方式，提高数据审核的质量。

通过历史数据比对：在原始记录表中可直接查看任意站点、任意项目的历史值进行比对。

6. 质控统计与溯源

质量管理部门可以根据质量体系要求，制定质量控制计划，并将质控工作按照质量控制任务下达。相应部门做完质量控制后，在 LIMS 系统中保存质量控制记录，系统自动生成质控报告。

自动统计每一批次水样的质量控制措施，自动生成以下质控统计报表：实验室两空白检测结果比较表、实验室与现场空白检测结果比较表、密码平行样检测结果表、密码平行样检测结果评定表、实验室平行样控制结果表、实验室平行样检测结果评定表、加标回收率检测结果表、加标回收率检测结果评定表、盲样控制结果表。

现场采样质控表和实验室常规检测质控表：自动统计实验室每月做了多少组现场平行、全程序空白、室内平行、盲样、质控样品控制率、合格个数、合格率等信息，通过质控统计来的发现和控制检测过程中产生误差的来源，及时控制及改进实验室质量控制体系。

检测数据全流程溯源：可以根据 ISO/IEC 17025 导则的要求，对影响质量的诸要素进行有效的监控，对影响检测数据的各个环节和要素进行有效溯源，包括采样现场是否有异常情况，样品运输过程是否发生污染，采样人员、检验人员是否具备该项目检验资质，原始记录表、三级审核情况、方法标准、仪器状况是否在检定周期内，试剂和标准物质是否在有效期范围内使用，标准曲线 t 值是否合格，实验室环境是否正常，检验检测数据是否经过修改，何时、何人因为什么修改等，加强数据的准确性和可靠性。

7. 内审

实现用户设定内审计划。系统支持将计划发送到指定人、部门，内审完成后，系统支持将内审报告、不符合项审核，发送给相关人员。系统应提供打印、预览功能。

8. 管理评审

用户编制管理评审的安排表，包括时间、参加人、审核目的、审核地点、审核目标、审核内容等。系统支持发送会议通知到指定人、部门；实际审核完成，用户进入系统编写报告和整改后发给相关人员。

9. 分中心质量管理

能够实现对分中心信息管理情况的监督查询，如监督查询质量控制措施实施情况及相关统计数据，采样点位是否与预定采样点位一致或在容差范围以内等。

（四）资源管理模块

此功能模块需要实现人员、仪器设备、标准物质、化学试剂等实验室消耗物品管理。

1. 人员

建立人员档案，对单位的人员的档案信息进行管理，登记相关信息，包括姓名、性别、照片、学历、工作时间、技术职称、职务、部门、联系方式、培训情况、上岗考核情况等；实现上岗证的管理，根据人员上岗资质对监测人员所在的监测岗位进行授权。

2. 仪器设备

建立仪器设备台账，对仪器设备进行管理，记录相关信息，包括名称、型号、出厂编号、出厂日期、设备的状态、价格、制造商、代理商、存放地点、保养人、说明书编号、固定资产编号、技术指标、主要用途等基本信息。实现仪器设备的分类查询功能，能分类统计任何输入信息，并能按选定格式输出。

建立仪器使用档案，从仪器的验收调试、使用、周期检定、损坏、故障、修理、维护保养、期间核查、岗位交接、存放位置变更、报废情况等进行全程记录，可随时添加电子版的仪器检定证书，核查报告、仪器更换配件报告等附件及资料信息。

实现仪器设备的维修维护管理，LIMS系统可设置仪器设备的维护周期和维护到期日期，并可查询统计出到期日期，并自动对相关人员进行提醒，以安排设备的维护。

3. 消耗材料

要求系统在管理消耗材料基本信息时可按化学试剂、标准物质、玻璃器皿、仪器设备备件等原材料进行分类管理。

建立消耗材料的发放领用记录，包括领用日期、领用人、领用数量、领用部门和备注等信息。消耗材料入库时，系统能自动增加库存；领用时，系统则会自动扣除库存，从而可以实现库存的自动更新管理。同时，要能够设定最小库存量提醒，应能随时查询系统自动生成的标准物质领用记录。并实现标准物质的到期日期的自动提醒。

要求具有多种查询功能和统计汇总功能，如按分类、名称、编号、有效期、领用人、购置日期、出入库日期、出入库方向、存放位置等进行分类查询和统计，统计每月、每季、每年的消耗量和费用。并具有按月按季按年报表打印功能。

4. 方法规范管理

建立中心检验检测方法库，进行动态更新管理，检验检测方法的管理还包括新方法的申请和审批程序。对各种检验检测方法和评价标准进行管理，实现各种检验方法在系统中链接进入后，在结果录入界面，检验检测人员可随时浏览分析方法的电子版进行查询。

检验检测方法是检验检测工作的依据，也是报告数据的组成部分。系统应具备方法建立、查询、修改、作废、删除、存储等功能；把检验检测方法和检验检测项目建立关联，实现项目与检验检测方法的自动调用，当同一个检验检测项目有多种检验方法时，原始记录表界面可以提供下拉菜单供检验检测人员选择与调整。评价标准管理可按照实验室具体要求建立，如地表水、地下水、生活饮用水等各类国家检验检测标准，在原始检验检测单和报告中自动根据站点数据进行评价。

5. 供应商管理

供应商指那些为单位提供产品的外部单位，主要指提供仪器仪表、标准物质、试剂、易耗品材料等产品的企业。该模块主要完成供应商信息登记和维护，用于记录供应商的基本信息如供应商的名称、地址、联系人、联系电话、所供应的产品、供应商资质、供应商服务期限，同时动态维护和更新所提供的产品种类、数量、时间等，并将设备的维修次数和设备的表现情况与供应商进行关联，用于评价和统计供应商的产品和服务质量，对于过期的供应商不能进行其所提供产品信息的登记和入库。

（五）数据管理模块

主要实现对原始数据录入后的各类应用，这其中包括：数据入库、数据查询、数据统计、数据评价、数据导出以及形成报告等。

1. 数据入库

建立水质数据库，能够将审核合格的数据转入数据库管理。数据库格式应遵循 SL/T 324—2019《基础性数据库表结构及标识符标准》。

2. 数据查询

实现对所有任意任务类型、任意分中心、任意人员、任意站点（一个或者多个）、任意项目（一个或者多个）、任意时间段的水质数据的快速查询功能。

3. 数据统计

能够进行数据特征值统计。实现灵活的数据统计功能，可以按照任意人员、任意站点（单一或者多个站点）、任意项目（单一或者多个检验检测项目）、任意时间段（季度、半年、年等）的进行统计，生成相应的统计报告。具体包括：可以统计任意时间段、任意项目的最高值、最低值和平均值。可以统计任意任务、任意站点月、季度、年的整体和单项检验项目的合格率。可以统计一个站点多个项目的数据趋势图，通过项目的关联性进行特定的分析。可以统计多个站点同一时间段检验项目的数据趋势图，通过数据的变化趋势进行特定的分析等。

4. 数据评价

能够开展水质类别、富营养化等级、水源地水质指数、水功能区等多种评价。对于生物监测，自动生成浮游藻类定性分析成果表来分析采样水体的优势藻类，自动生成浮游藻类定量分析成果表来统计各种浮游藻类的密度、生物总密度、优势种类及数量。

5. 数据交互

系统应提供开放的用户输出接口模块，使用户可以自行调整信息的输入和输出，如改变样品标签文字和式样、生成和调整数据报表输出形式并按上级要求形成上报的文件格式（如 .dbf、.xls 等文件）。系统能够按照指定格式生成数据报表，并使得导出的数据能够导入数据上报系统。

6. 水质站电子地图

在地图上可以按任务类型直观查看每月所有的水质站点，点击站点可以显示该站点最新一次的监测数据。在地图上直接查看任意站点、任意检验项目的历史数据趋势图，可直接选择多个关联站点查看数据变化趋势。在地图上直接对监测站点进行水质类别评价（按照单因子评价方法），不同类别的站点按照不同的颜色进行区别显示，可直接查看各个站点水质类别历史趋势图。

7. 报告管理

根据各种业务要求，形成各类成果报告，包括基本分析测试报告、水质数据评价报告、月度成果报告、季度成果报告、资料整编报告等。实现这些报告在不同部门之间审校、签发与发出、归档的流程控制管理和分类管理、查询、浏览以及下载功能。

第四章　水质检验检测技术及应用

第一节　水质监测分析方法

水质监测分析方法，根据分析原理可分为化学法（物理法）和生物法二大类。

一、化学法（物理法）

化学法（物理法）主要用于水质样品中污染物成分的分析及其状态与结构的分析。化学法（物理法）分析又可分为两大类：一类是化学分析法；另一类是仪器分析法。详细分类见图4-1。

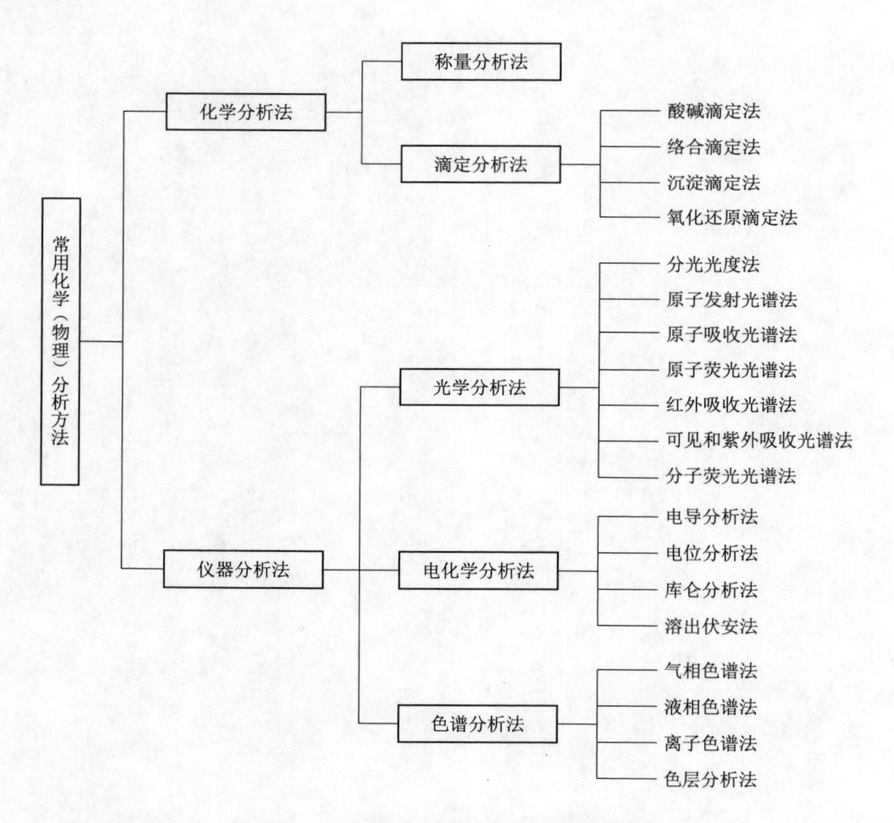

图4-1　常用水质分析技术分类示意图

（一）化学分析法

化学分析法是以化学反应为基础的分析方法，分为称量分析法和滴定分析法两种。

1. 称量分析法

称量分析是将待测物质以沉淀的形式析出，经过过滤、烘干、用天平称其质量，通过计算得出待测物质的含量。

称量分析准确度比较高，但此法操作烦琐、费时，主要用于废水中悬浮固体、残渣、油类等的测定。

2. 滴定分析法

滴定分析法又称容量分析法，是以一种已知准确度的溶液（标准溶液），滴加到含有被测物质的溶液中，根据反应完全时消耗标准溶液的体积和浓度，计算出被测物质的含量。

滴定分析法简便，测定结果的准确度也较高，不需要贵重的仪器设备，被广泛采用，是一种重要的分析方法。

根据化学反应类型的不同，滴定分析分为酸碱滴定、络合滴定、沉淀滴定和氧化还原滴定 4 种方法，主要用于水中酸碱度、硬度（钙离子和镁离子）、氯化物、化学需氧量、生化需氧量、溶解氧以及水体中含量较高的氨氮、硫化物、铬（六价）、氰化物和酚的测定。

滴定分析关键是准确地找到化学反应的理论终点，换句话说，就是要努力使滴定终点与理论终点相符合，否则就会产生误差。因此，进行滴定分析时，首先，要选择正确的分析方法，即所选用的化学反应本身能够反应完全，并且不发生副反应；其次，要选择合适的指示剂，它应能在理论终点附近突然变色；然后，还要能够正确而熟练地进行滴定操作，能够准确地判断颜色的变化，并能及时停止滴定。

（二）仪器分析法

仪器分析法也称为物理化学分析法，是利用被测物质的物理或物理化学性质来进行分析的方法，例如，利用光学性质、电化学性质等分析被测物质的含量。由于这类分析方法一般需要较精密的仪器，因此称为仪器分析法。

仪器分析法的发展非常迅速，各种新方法、新型仪器不断研制成功，使监测技术更趋于快速、灵敏、准确。在仪器分析法中使用较多的是光学分析法、电化学分析法和色谱分析法，其他方法也有不同程度的应用。

1. 光学分析法

光学分析法是根据物质发射、吸收辐射能，或物质与辐射能相互作用建立的分析方法。光学分析法主要有以下几种：

（1）分光光度法。分光光度法是利用棱镜或光栅等单色器获得单色光来测定物质对光吸收能力的方法。它的基本依据是物质对不同波长的光具有选择性吸收作用。在水环境监测中可用它测量许多污染物，如砷、镉、铅、汞、锌、酚、硒、氟化物、硫化物等。尽管近年来各种新的分析方法不断出现，但分光光度法与原子吸收分光光度法、气相色谱法和电化学分析法仍是水环境监测中的四大主要分析方法。

（2）原子光谱法。原子光谱法包括原子发射光谱法、原子吸收光谱法和原子荧光光谱法。目前应用最多的是原子吸收光谱法。

原子吸收光谱法又称原子吸收分光光度法，它是基于待测组分的基态原子对待测元素的特征谱线的吸收程度来进行定量分析的一种方法。该法能满足微量分析和衡量分析的要求，在水环境监测中被广泛应用。目前，它能测定70多种元素，如镉、汞、砷、铅、钴、铬、铜、锌、铁、铝、锶、钒、镁等的测定。

原子发射光谱法是根据气态原子受热或电激发时发射出的紫外光和可见光光域内的特征辐射，来对元素进行定性和定量分析的一种方法。由于近年来等离子体新光源的应用，等离子体发射光谱法（ICP-AES）发展很快，已用于清洁水、废水、底质、生物样品中多元素的同时测定。

原子荧光光谱法是根据被辐射激发的原子返回基态的过程中伴随着发射出来的一种波长相同或不同的特征辐射（即荧光）的发射强度对待测元素进行定量分析的方法。该方法还可以利用各元素的原子发射不同波长的荧光进行定性分析。原子荧光对铅、汞、硒、砷等具有很高的灵敏度。

（3）分子光谱法。分子光谱法包括可见和紫外吸收、分子荧光、红外吸收等方法。可见和紫外吸收应用最广泛。

可见和紫外吸收光谱法亦称为紫外分光光度法，以物质对可见和紫外区域辐射的吸收为基础，根据吸收程度对物质定量分析。

分子荧光光谱法是根据某些物质（分子）被辐射激发后发射出的波长相同或不同的特征辐射（即分子荧光）的强度对待测物质进行定量分析的一种方法。在水环境分析中主要用于强致癌物质——苯并（a）芘、硒、铵、油类的测定。

红外吸收光谱是以物质对红外区域辐射的吸收为基础的方法。例如，应用该原理已制成用于测定CO、SO_2、油类等专用监测仪器。

2. 电化学分析法

电化学分析法是利用物质的电化学性质测定其含量的方法。这类方法在水环境监测中应用非常广泛。所属方法也很多，常用下面几种。

（1）电导分析法。电导分析法是通过测量溶液的电导（电阻）来测定被测物质含量的方法。如水质监测中电导率的测定。

（2）电位分析法。电位分析法是一个指示电极和一个参比电极与试液组成化学电池，根据电池电动势（或指示电极电位）对待测物质进行分析的方法。电位分析已广泛应用于水质中pH值、氟化物、氰化物、氨氮和溶解氧等的测定。

（3）库仑分析法。库仑分析法是在电解分析法的基础上发展起来的，根据电解过程中待测物质发生电解反应所消耗的电量，按法拉第定律计算待测物质含量的方法。可用于水环境中化学需氧量和生化需氧量的测定。

（4）溶出伏安法。溶出伏安法是用悬汞电极或其他固体微电极电解被测物质的溶液，根据所得到的电流-电位曲线来测定物质含量的方法。该方法灵敏度高，测定范围可达10^{-11}～10^{6}mol/L，而且有较好的精度，检测限可达10^{-12}mol/L，可应于水环境中铜、锌、镉、铅等重金属离子和Cl^-、Br^-、I^-、S^{2-}等一些阴离子的测定。

3. 色谱分析法

色谱分析法是一种物理分离分析方法。它根据混合物在互不相溶的两相（固定相与流动相）中吸引能力，分配系数或其他亲和作用的差异作为分离的依据，当待测混合物随流动相移动时，各组分在移动速度上产生差异而得到分离，从而进行定性、定量分析。色谱分析法主要有以下几种。

（1）气相色谱法。气相色谱法是一种以气体为流动相的新型分离分析技术。具有分离效能高、样品用量少、灵敏度高和应用范围广等特点，已成为VOCs、苯系物、有机氯农药、有机磷农药等有机污染物的重要分析方法。

（2）液相色谱法。液相色谱法是近代的色谱分析新技术。此法效率高、灵敏度高，可用于高沸点、难以气化的、热不稳定的物质的分析。如：微囊藻毒素、抗生素等。

（3）离子色谱法。离子色谱法是近年来发展起来的新技术。它是通过离子交换分离、洗提液消除干扰、电导法进行检测的联合分离分析方法。此法可用于水环境中测定多种物质。一次进样可同时测定多种成分，阴离子如F^-、Cl^-、Br^-、NO_2^-、NO_3^-、SO_3^{2-}、SO_4^{2-}、$H_2PO_4^-$；阳离子如K^+、Na^+、NH_4^+、Ca^{2+}、Mg^{2+}等。

（4）色层分析法。色层分析法也叫层析法，是色谱法的一大分支，包括柱层析法、纸上层析法、薄层层析法和电泳层析法等。该方法不仅具有设备简单、便宜、操作方便、分离效果好等优点，而且检测灵敏度也较高。

除上述各类仪器分析方法外，还有质谱分析法、中子活化分析法、放射化学分析法等。此外，还有水环境监测的各种专项分析仪器，如浊度仪、溶解氧测定仪、化学需氧量测定仪、生化需氧量测定仪、总有机碳测定仪等。

化学分析法和仪器分析法各有其局限性，两者是相辅相成、互为补充的。可以说化学分析法是基础，仪器分析法是发展方向。

二、生物法

生物法是利用植物和动物在水污染环境中所产生的各种反映信息来判断水环境质量的方法。这是一种最直接也是一种综合的方法，在一定程度上能弥补化学法（物理法）的不足，近年来已日益受到重视。

（一）生物监测的理论依据

在一定条件下，水生生物群落和水环境之间互相联系、互相制约，保持着自然的、暂时的相对平衡关系。水环境中进入的污染物质，必然作用于生物个体、种群和群落，影响生态系统中固有生物种群的数量、物种组成及其多样性、稳定性、生产力以及生理状况，使得一些水生生物逐渐消亡，而另一些水生生物则能继续生存下去，个体和种群的数量发生变化。生物监测就是利用这些变化来表征水环境质量的变化。

（二）生物监测的特点

同化学（物理）监测方法相比，生物监测有自己的特点。化学（物理）监测是通过定期采样进行监测，其结果不能反映采样前、后的情况；而由于水中生物，汇集了整个生长期环境因素改变的情况，有些水生生物对污染物很敏感，有些连精密仪器都测不出的微量元素的浓度，却能通过“生物放大”作用在生物体内积累而被测出，因此，生物监测能反映各种污染物的综合影响。生物监测也有自己的不足之处，如不能定性和定量地测定水质污染、灵敏性和专一性方面不如化学（物理）检测方法、某些生物检测需时较长等。

（三）生物监测的方法

1. 指示生物

利用指示生物在水体中的出现或消失、数量的多少来监测水体质量变化情况。例如：利用水体中浮游动物群落优势种的变化来判断水体的污染程度和自净程度。结果表明，水体从上游至下游，浮游动物耐污种类逐渐减少，广布型种类逐渐出现较多，在下游许多正常水体出现的种类均有分布；同时，原生动物由上游的鞭毛虫至中游出现纤毛虫，在下游则发现很多一般分布在清洁型水体的种类，表明水体从上游到下游水体的污染程度不断减轻，水体具有明显而稳定的自净功能。

2. 水生生物群落结构变化

利用水生生物群落结构的变化来监测水体质量变化情况。例如：用底栖动物的变化趋势评价某水体水质污染，结果发现水体干流底栖大型无脊椎动物种类数和物种的多样性指数从上游到下游呈减少趋势，表明毒杀生物的有毒物质对水体的污染较为明显，并且可根据干流各断面种类数的减少程度判断出各断面的污染程度；同时也观察到，随着时间的推移，底栖大型无脊椎动物种类数和多样性指数发生明显变化，说明这种污染呈恶化趋势。

3. 生物测试

水污染的生物测试是利用水生生物受到污染物质的毒害所产生的生理机能的变化，测试水质污染状况。有人根据鱼的呼吸变化指示有毒环境，在有污染物存在的情况下，鱼鳃呼吸加快且无规律。德国从 1977 年开始研究利用鱼的正趋流性开展生物监测，在下游设强光区或适度电击，控制健康鱼向下游的活动；或间歇性提高水流速度，迫使鱼反应。如果鱼不能维持在上游的位置，则表明污染产生了危害。

第二节　实验室常用检验检测仪器

目前水质监测技术的发展较快，许多新技术在监测过程中已得到应用，表 4-1 和表 4-2 为《水与废水监测分析方法》中对分析方法在水环境监测中所占的比例及常用水环境监测方法测定项目。

为了适应水质监测及分析技术发展的客观要求，这里重点介绍在水质监测领域应用较广的常规精密仪器。

表 4-1　《水与废水监测分析方法》中各类分析方法所占比例

序号	方　法	项目数	比例/%	位次
1	称量法	7	3.9	7
2	滴定法	35	19.4	2
3	分光光度法	63	35.0	1
4	荧光光度法	3	1.7	11
5	原子吸收法	24	13.3	3

续表

序号	方　　法	项目数	比例/%	位次
6	火焰光度法	2	1.1	12
7	原子荧光法	3	1.7	10
8	电极法	5	2.8	9
9	极谱法	9	5.0	6
10	离子色谱法	6	3.3	8
11	气相色谱法	11	6.1	5
12	液相色谱法	1	0.6	13
13	其他	11	6.1	4
合　计		180	100	

表 4-2　　常用水环境监测方法测定项目

方法	测　定　项　目
称量法	SS、可滤残渣、矿化度、油类、SO_4^{2-}、Cl^-、Ca^{2+}等
滴定法	酸度、碱度、溶解氧、总硬度、氨氮、Ca^{2+}、Mg^{2+}、Cl^-、F^-、CN^-、SO_4^{2-}、S^{2-}、Cl_2、COD、BOD_5、挥发酚等
分光光度法	Ag、Al、As、Be、Bi、Ba、Cd、Co、Cr、Cu、Hg、Mn、Ni、Pb、Sb、Se、Th、U、Zn、NO_2-N、NO_3-N、氨氮、凯氏氮、PO_4^{3-}、F^-、S^{2-}、SO_4^{2-}、BO_3^{2-}、Cl_2、挥发酚、甲醛、三氯乙醛、苯胺类、硝基苯类、阴离子洗涤剂等
荧光光度法	Se、Be、U、油类、Ba、P等
原子吸收法	Ag、Al、Ba、Be、Bi、Ca、Cd、Co、Cr、Cu、Fe、Hg、K、Na、Mg、Mn、Ni、Pb、Sb、Se、Sn、Te、Ti、Zn等
冷原子吸收法	As、Sb、Bi、Ge、Sn、Pb、Se、Te、Hg等
原子荧光法	As、Sb、Bi、Ge、Se、Hg等
火焰光度法	Li、Na、K、Sr、Ba等
电极法	Eh、pH、DO、F^-、Cl^-、CN^-、S^{2-}、NO_3^-、SO_4^{2-}、$H_2PO_4^-$、K^+、Na^+、NH_3等
离子色谱法	F^-、Cl^-、Br^-、NO_2^-、NO_3^-、SO_3^{2-}、SO_4^{2-}、$H_2PO_4^-$、K^+、Na^+、NH_4^+等
气相色谱法	Be、Se、苯系物、挥发性卤代烃、氯苯类、六六六、DDT、有机磷农药类、三氯乙醛、硝基苯类、PCB等
液相色谱法	多环芳烃类
ICP-AES	用于水中机体金属元素、污染重金属以及底质中多种元素的同时测定

一、色谱法仪器

（一）色谱法简介

色谱法是仪器分析法的一个重要分支，是近年来迅速发展起来的一种新型分离分析技术，是一种物理化学分离分析方法。

1. 色谱法原理

色谱法是一种分离分析技术，利用不同物质在不同的两相（固定相、流动相）中的分配系数（或吸附能力、溶解度）不同，当两相做相对运动时，这些物质在两相中的分配反复多次进行，使得那些分配系数只有微小差异的组分产生很大的分离效果，从而使不同组分得到完全分离。

2. 色谱法分类

（1）按两相状态分类：以流动相状态为标准划分类型。用气体作为流动相的色谱法称为气相色谱法（Gas Chromatography，GC）；用液体作为流动相的色谱法称为液相色谱法（Liquid Chromatography，LC）。气相色谱与液相色谱两相状态对比见表 4－3。

表 4－3　气相色谱与液相色谱两相状态对比表

种　类		气相色谱	液相色谱
流动相		气体	液体
固定相	固体	气-固吸附色谱	液-固吸附色谱
	液体	气-液分配色谱	液-液分配色谱

（2）按分离机理分类：利用组分在流动相和固定相之间的分离原理不同而命名的分类方法。包括吸附色谱法、分配色谱法、离子交换色谱法、凝胶色谱法、凝胶渗透色谱法、离子色谱法和超临界流体色谱法等十余种方法。

（3）按色谱技术分类：为提高组分的分离效能和高选择性，采取了许多技术措施，根据这些色谱技术的性质不同而形成的色谱分类法。例如：程序升温气相色谱法、反应气相色谱法、裂解气相色谱法、顶空气相色谱法、毛细管气相色谱法、多维气相色谱法、制备色谱法等方法。

（4）按固定相存在形态分类：根据固定相在色谱分离系统中存在的形状，可分为柱色谱法（其中又含填充柱色谱法和开管柱色谱法）、平面色谱法（其中又含纸色谱法和薄层色谱法）等方法。

（5）按色谱动力学分类：根据流动相洗脱的动力学过程不同而进行分类的色谱法，例如：冲洗色谱法、顶替色谱法和迎头色谱法等。

3. 色谱法的特点

（1）分离效率高，可以分析沸点十分接近的组分和极为复杂的多组分混合物。

（2）分析速度快，一般用几分钟到几十分钟就可进行一次复杂样品的分离和分析。

（3）灵敏度高，可测定到 10^{-12}g 微量组分，在痕量杂质分析中，可以测出高分子的单体。

（4）样品用量少，用毫克、微克级样品可完成一次分离和测定。

（5）分离和测试一次完成，可以和多种波谱分析仪连用。

（6）应用范围广，几乎可以用于所有化合物的分离和测定。

4. 色谱仪的系统组成

色谱仪一般可分为 6 大系统。

（1）流动相控制系统：控制气体或液体流动相的压力和流量。

（2）进样系统：使样品不发生质的变化，快速定量地加入色谱的装置。

（3）分离系统：由色谱柱组成，是色谱仪的核心部分，用来分离样品中各个组分。

（4）检测系统：样品经色谱柱分离后，顺序进入本系统，按时间及浓度或质量的变化，转换成电信号。

（5）记录系统：记录检测器的信号，从而得到色谱流出曲线。

（6）计算机控制和采集系统：由计算机放出指令控制色谱仪工作参数，采集数据并储存，然后处理数据，打印报告。

（二）气相色谱仪

1. 气相色谱分离原理

气相色谱目前已成为分析化学领域中极为重要分析方法之一，是试样经过调整压力和流量的载气进入色谱柱（或称分离柱），试样中各组分在流动相（载气）和固定相（分离柱中填充物）间进行反复多次的吸附—脱附或溶解—挥发过程。

2. 气相色谱法特点

气相色谱是色谱中的一种，就是用气体作为流动相的色谱法，在分离分析方面，具有如下一些特点：

（1）高灵敏度：可检出 10^{-10}g 的物质，可做超纯气体、高分子单体的痕量杂质分析和空气中微量毒物的分析。

（2）高选择性：可有效地分离性质极为相近的各种同分异构体和各种同位素。

（3）高效能：可把组分复杂的样品分离成单组分。

（4）速度快：一般分析只需几分钟即可完成，有利于指导和控制生产。

（5）应用范围广：既可分析低含量的气、液体，亦可分析高含量的气、液体，可不受组分含量的限制。

（6）所需试样量少：一般气体样用几毫升，液体样用几微升或几十微升。

（7）设备和操作比较简单，仪器价格便宜。

3. 气相色谱仪的组成

气相色谱法测定样品时，样品经进样口气化，然后由载气带入色谱柱中进行分离，分离后的组分经检测器检测得到电信号，电信号由记录仪记录后进行数据处理得出结果。一般情况下，气相色谱仪主要包括气路系统（载气钢瓶、净化器、流量控制和压力表等）、进样系统（气化室、进样两部分）、分离系统（色谱柱）、检测系统和记录系统（包括放大器和记录仪）等 5 个部分。气相色谱基本结构见图 4－2。

（1）气路系统。气路系统由载气（及辅助气）的气源及其流经的部件组成，包括气源、减压阀、气体净化装置（脱水、烃、氧等）、电子压力控制器（EPC）等组成，为色谱仪提供各种气体支持。

一般情况下，载气为氦气、氮气、氩气等惰性气体，其纯度要求在 99.999％以上。载气的选择首先考虑所选择的检测器，如用氢气和氦气作为热导池检测器的载气，氮气或氢气作为氢火焰离子化检测器的载气，氮气作为电子俘获检测器的载气等。其次考虑对柱效的影响，使用氢气和氦气在较宽的流速范围内都可以获得很高的柱效，但氢气危险性大，氦气价格昂贵，故一般还是选择氮气作为载气居多。

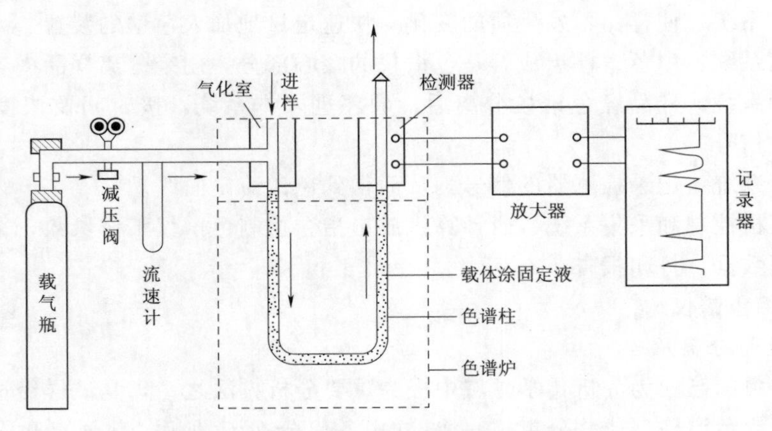

图 4-2　气相色谱基本结构示意图

常用的辅助气体是空气、氧气和氢气。气体进入色谱仪前要经过净化。气体的压力和流速调节、控制是通过减压阀、针形阀、压力表、转子流速计等实现。

(2) 进样系统。进样系统由进样器和汽化室组成。

1) 进样器。进样器是一种能把样品通过进样口送入色谱系统中去，而不造成漏气的装置。进样口一般分为分流/不分流进样口和冷柱头进样口。

a. 分流/不分流进样口。分流/不分流进样口可实现分流进样和不分流进样。当样品含量较低时，一般选择不分流进样；样品含量较高时以及采用其他特殊进样装置时（如吹扫捕集)，可采用分流进样。需要注意的是，大部分情况下，分流进样衬管和不分流进样衬管有所区别，当选择相应的进样模式时，需更换相对应的进样衬管。

分流/不分流进样口温度：要求在该温度下样品能瞬间气化而不分解，一般选在样品沸点或高于柱温 50℃左右。

b. 冷柱头进样口。冷柱头进样适用于大口径毛细管柱，将样品直接导入色谱柱中，主要用于分析沸点较高的和热不稳定的样品。冷柱头进样口温度的设置有恒温和程序升温两种。

目前液体试样的进样，有手动微量进样器和自动进样器，以微量注射器进样要做到快速、准确是比较困难的。在定量测定中采用六通阀进样，重现性较好。

2) 气化室。气化室也叫样品注射室。其作用就是将液体样品瞬间气化，快速准确地加到色谱柱中。一般由进样隔垫、衬管、分流板等构成。进样的速度、进样量大小、样品气化速度以及样品浓度都会影响分离效果和测定结果。对气化室的总体要求是热容量大、死体积小、无催化效应。衬管内表面需经硅烷化处理，减少对样品组分的吸附。

常用金属块制成气化室，而当金属加热到 250～300℃时可能有催化效应，为了使液体试样瞬间气化成蒸气而不被分解，要求气化室热容量大，采用玻璃管插入气化室，消除金属表面的催化效应。

(3) 分离系统。气相色谱仪的分离系统由色谱柱组成，它包括柱管和填充在其中的固定相等。分离过程正是在色谱柱中进行，因此色谱柱是色谱仪的最重要部件。

1）柱管。气相色谱法的色谱柱可分为填充柱和空心毛细管柱两大类。

a. 填充柱。填充柱由不锈钢或玻璃制成，内径为 2～4mm，长度 1～10mm，U 形或螺旋形，分离效果一样。为了减少“跑道效应”，其螺旋直径与柱内径之比一般为 15∶1～25∶1。

b. 空心毛细管柱。空心毛细管柱由石英或玻璃制成，内径为 0.2～0.5mm，长度 30～300mm，盘成螺旋状。

2）固定相。气相色谱的色谱柱是气相色谱法的核心部分。色谱柱内所涂渍的固定液决定了色谱柱性能。固定相分为固体固定相和液体固定相两大类。

（4）检测系统。气相色谱仪的检测器是一种将载气经色谱柱分离出来的各组分按其性质和含量转换成易测量的信号（一般为电信号）的装置。用于气相色谱仪、分析的检测器有 30 多种，但实际上通常使用的检测器仅 4 种。

1）热导池检测器（TCD）。热导池检测器结构简单、性能稳定、线性范围宽、灵敏度适宜，对有机物和无机物都有响应，既可做常量分析也可做微量分析，制作比较简单，是目前应用最广泛的一种检测器。图 4－3 为热导池检测器结构示意图。

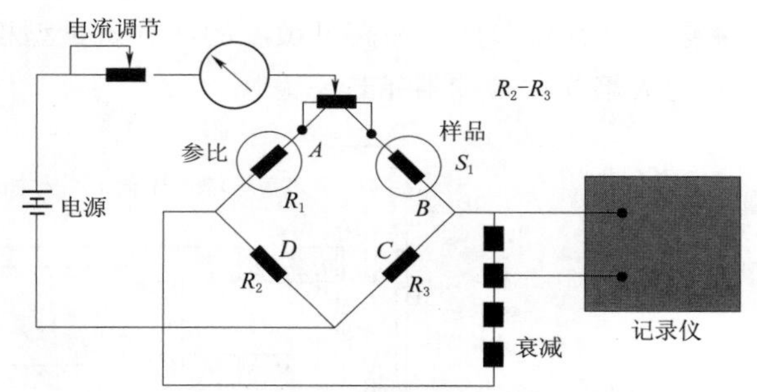

图 4－3　热导池检测器结构示意图

2）电子捕获检测器（ECD）。电子捕获检测器是一种高灵敏度、高选择性的浓度型检测器。经常用来分析痕量的含有卤素、O、S、N、P 等具有电负性的原子或基团的有机化合物，如食品、农副产品中的农药残留量，大气、水中的痕量污染等。图 4－4 为电子捕获检测器结构示意图。

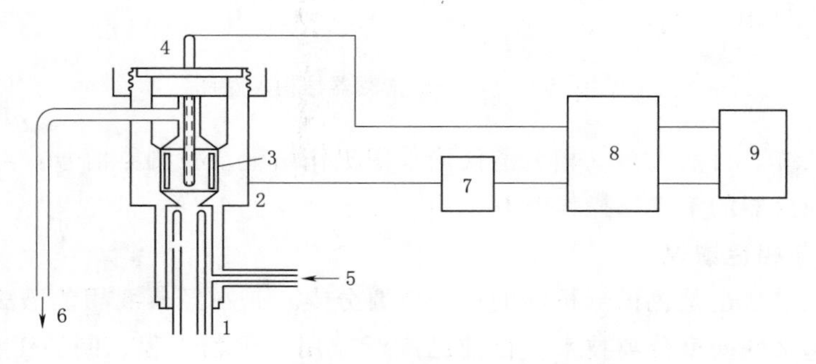

图 4－4　电子捕获检测器结构示意图

1—色谱柱；2—阴极；3—放射源；4—阳极；5—吹扫器；6—气体出口；
7—直流或脉冲电源；8—微电流放大器；9—记录或数据处理器

3）氢火焰离子化检测器（FID）。氢火焰离子化检测器又称氢焰检测器。它灵敏度高、结构简单、响应快、稳定性好，几乎对所有有机物都能产生响应（但对惰性气体和无机的永久性气体物质不产生响应），因此也是一种比较理想的检测器，目前应用广泛。图

4-5为氢火焰离子化检测器结构示意图。

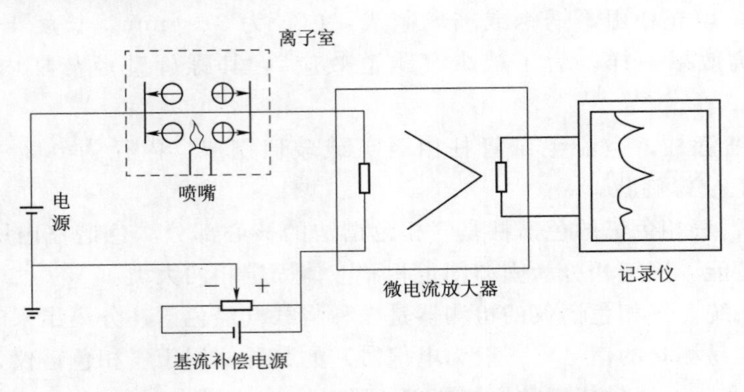

图4-5 氢火焰离子化检测器结构示意图

4）火焰光度检测器（FPD）。火焰光度检测器又称硫磷检测器。该检测器是对含硫或含磷化合物有高选择性和高灵敏度的一种质量型检测器，在环境保护检测中应用广泛。图4-6为火焰光度检测器结构示意图。

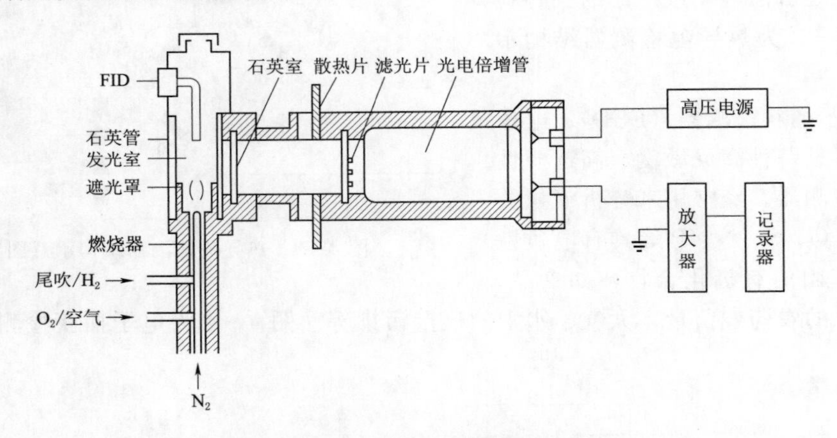

图4-6 火焰光度检测器结构示意图

(5) 记录系统。目前大多气相色谱仪均采用工作站记录检测器信号，经处理后可直接得出结果，不同仪器的工作站操作略有不同。

（三）高效液相色谱仪

高效液相色谱法也是色谱分析法的一个重要分支，是在经典液相色谱法和气相色谱法的基础上发展起来的新型分离技术。目前已广泛应用于生物工程、制药工业、食品工业、环境监测和石油化工等领域。

1. 液相色谱简介

色谱法也叫层析法，它是一种高效能的物理分离技术，将它用于分析化学并配合适当的检测手段，就成为色谱分析法。色谱法最早是由俄国植物学家茨维特在1906年研究用碳酸钙分离植物色素时发现的，他将含有植物色素（植物叶的提取液）的石油醚倒入装有碳酸钙的玻璃管中，然后用纯石油醚冲洗，随着石油醚的加入，玻璃管前端的混合谱带不断地向下移动，逐渐分开成几个不同颜色的谱带，并可分别进行鉴定。色谱法也由此而得名。分配色谱成果获1952年的诺贝尔化学奖。

色谱法中，流动相可以是气体，也可以是液体。当色谱分离的流动相采用液体时，即为液相色谱法。色谱仅仅是对样品中混合成分起到分离作用，因此需要在分离后连接检测器，才能对分离的各组分进行鉴定。当检测器为紫外、荧光等，通常称为液相色谱法；当检测器为质谱时，称为液相色谱质谱法。

2. 液相色谱分离原理

在色谱法中存在两相：一相是固定不动的，称为固定相；另一相则不断流过固定相，称为流动相。色谱法的分离原理就是利用待分离的各种物质在两相中的分配系数、吸附能力等亲和能力的不同来进行分离的。

色谱分离时，使用外力使含有样品的流动相（气体、液体）通过相互不相容的固定相表面。当流动相中携带的混合物经固定相时，混合物中的各组分与固定相发生相互作用。由于混合物中各组分在性质和结构上的差异，与固定相之间产生的作用力的大小、强弱不同，随着流动相的移动，混合物在两相间经过反复多次的分配平衡，使得各组分被固定相保留的时间不同，从而按一定次序由固定相中先后流出。与适当的柱后检测方法结合，可实现混合物中各组分的分离与检测。

3. 高效液相色谱法的特点

高效液相色谱法是一种高效、快速的分离技术，具有突出的特点：

（1）高压。高效液相色谱法是以液体为流动相，当液体流经色谱柱时，受到的阻力比较大，为了能迅速地通过色谱柱，必须对流动相施以高压。

（2）高速。高效液相色谱法由于采用了高压，流动相流动速度快，所以完成一个样品的分析时间仅需几分钟到几十分钟。

（3）分离效能高。由于许多新型固定相的开发和使用，使得高效液相色谱法的分离效率大大提高。

（4）水样中被测组分未被高温破坏，可以实现对少量珍贵样品的回收。

（5）不受水样中被测组分挥发性约束，应用范围广。

高效液相色谱法和气相色谱法的根本性差别在于流动相不同。气相色谱法使用气体作流动相，被分析的样品必须要有一定的蒸气压，气化后才能在色谱柱上分离，所以仅适用于蒸气压低、沸点低的样品，而不适合于分析高沸点的有机物、高分子或热稳定性差的化合物。而液相色谱法不受样品挥发性和热稳定性的限制，液相色谱法一般在常温下操作，最高不超过流动相液体的沸点，只要被分析物质在流动相溶剂中有一定的溶解度，便可以分离。

4. 高效液相色谱仪的工作流程和仪器部件

高效液相色谱仪一般都具有流动相储液槽、高压泵、梯度装置、进样装置、色谱柱、检测器、记录仪等主要部件。高效液相色谱基本结构见图4-7。

其工作过程是：高压输液泵将储液槽的溶剂经进样器送入色谱柱中，然后从检测器的出口流出；当欲分离样品从进样器进入时，流经进样器的流动相将其带入色谱柱进行分离，然后以先后顺序进入检测器，记录仪将进入检测器的信号记录下来，得到液相色

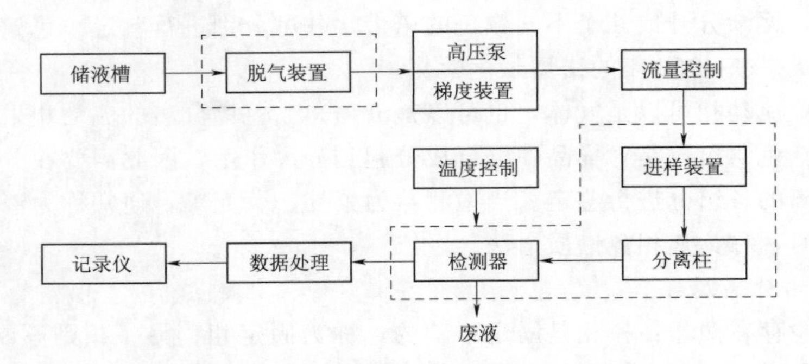

图 4-7　高效液相色谱基本结构示意图

谱图。

（1）储液槽。储液槽用以储存载液。多用聚四氟乙烯塑料制成，有足够的容量，并附有脱气装置。

（2）高压泵。高压泵是高效液相色谱仪的主要部件之一。高压泵的作用是以很高的柱前压将载液送入色谱柱，以维持载液在柱内有较快的流速。对高压泵的要求是由耐压、耐腐蚀材料制成，输出压力高，流量稳定无脉动，密封性好，易于清洗和适用于不同的载液。

（3）梯度洗提装置。梯度洗提指分离过程中，使载液中不同极性溶剂按一定程度连续地改变它们的比例，以改变载液的极性，或改变载液的浓度，来改变水样中被分离组分的分配系数，以提高分离效果和加快分离速度。

（4）进样器。常用的进样方式有三种：直接注射进样、停流进样和高压六通阀进样。直接注射进样的优点是操作简便，并可获得较高的柱效，但这种方法不能承受高压。停流进样是高压泵停止输液、体系压力下降的情况下，将样品直接加到柱头，这种进样方式操作不便，重现性差，仅在不得已时才使用。高压六通阀进样的优点是适合大体积进样，易于自动化，高压条件下也可连续不断吸纳样品，且进样重现性好。

（5）色谱柱。高效液相色谱的核心是色谱柱，使用小颗粒的无机氧化物做基质，如硅胶、三氧化二铝和有机多孔共聚微球等，在这些基质上键合各种化学基团，形成各种具有选择性作用的高效固定相。色谱柱既要有好的选择性，又要有高的柱效。色谱柱一般采用优质不锈钢管制成。

（6）检测器。用于液相色谱中的检测器应该具有灵敏度高、噪声低、线性范围宽、响应快、死体积小等特点，同时对温度和流速的变化不敏感。为了将谱带展宽现象减小到最低，检测池的体积一般小于 15μL。在液相色谱法中有两类基本类型的检测器：一类是溶质性检测器，是响应值取决于流出液组分的物理或化学特性的检测器，如紫外、荧光、电化学检测器等；另一类是总体性能检测器，是响应值取决于流出液某些物理性质的总变化的检测器，如示差折光、介电常数检测器等。

（四）气相色谱-质谱（GC-MS）联用仪

气相色谱-质谱（GC-MS）联用仪可以说是联用仪器中发展最快、用途最广泛的，尤其在环境监测领域，GC-MS 联用法已被广泛用作基本分析方法。

1．特点介绍

气相色谱法的检测器较多。由于质谱检测器的重要性，当气相色谱使用质谱检测器时，往往称为气相色谱质谱联用仪（GC－MS)。气相色谱质谱联用仪可以说是联用仪器中发展最快、用途最广泛的检测设备之一，尤其在环境监测领域，已被广泛用作挥发性有机物（如：苯系物等)、半挥发性有机物（如：六六六等）分析方法。质谱检测器可以提供丰富的结构信息而具有化合物定性的能力，而且具有灵敏度高，选择性好，能够适应目前待测有机化合物种类繁多与应用领域多样化的需求。质谱仪种类繁多，不同仪器应用特点也不同。一般来说，在300℃左右能汽化的样品，可以优先考虑用GC－MS进行分析。当GC－MS使用EI源，得到的质谱信息多，可以进行库检索。但是，如果在300℃左右不能汽化的样品，则需要考虑采用液相方法进行分离。

近年来，气相色谱质谱联用仪的相关技术取得了很大发展，整机的价格也不断降低，气相色谱质谱联用仪在环境监测领域的普及已成为一种必然趋势。

2．GC－MS联用仪工作原理

混合物试样注射到气相色谱进样口后，分离成不同的组分，按时间先后从色谱柱流出。接口装置将色谱柱的流出物——气态的分离组分转变成粗真空态的分离组分，且以尽可能高的试样传输率和浓缩系数将分离组分传输到质谱仪的离子源（离子化装置)。在离子源的电离盒中，真空态的组分经电离、引出和聚焦，成为高真空态下由不同质量数离子组成的离子束，然后进入更高真空状态下的质量分析器和离子检测器，离子在质量分析器中进行质量分离，然后被离子检测器及其分离子流检测系统检测，也就完成了对组分离子的一次离子质量数及其强度的鉴定。为避免组分之间的相互干扰，这一鉴定至少要在下一组分进入前完成。

3．GC－MS联用仪特点

质谱检测器可以提供丰富的结构信息而具有化合物定性的能力，而且具有灵敏度高，选择性好，能够适应目前待测有机化合物种类繁多与应用领域多样化的需求。近年来，GC－MS联用仪的相关技术取得了很大发展，整机的价格也不断降低，GC－MS联用仪的普及使用是必然趋势。

4．GC－MS联用仪分类

按质谱的离子化方法划分，可分为气相色谱-电子轰击电离质谱联用仪、气相色谱-化学电离质谱联用仪等。电子轰击法能提供结构信息和定量结果，化学电离法能提供化合物的相对分子质量信息以及对带有高电负性元素的化合物具有很高的选择性和灵敏度。

按质谱原理类别划分，可分为气相色谱-四级杆质谱联用仪、气相色谱-离子阱（或称三维四极）质谱联用仪、气相色谱-飞行时间质谱联用仪、气相色谱-串联质谱联用仪等。目前应用最广泛的属四级杆型，约占GC－MS联用仪总数的80％～90％，它的原理成熟、操作简便、维护方便、谱库丰富且质谱经典、易于解析、灵敏度高、定量重现性好，因此在环境监测中得到广泛应用。

5．GC－MS联用仪的组成

GC－MS联用仪由气相色谱仪、质谱仪、计算机、GC与MS之间的中间连接装置——接口四大件组成。其中气相色谱是混合样品的组分分离器，接口是样品组分的传输线和GC、MS两机工作流量或气压的匹配器，质谱仪是试样组分的鉴定器，计算机是整机工作的指挥器、数据处理器和分析结果输出器。

(1) 气相色谱仪。前面已经论述，但GC-MS联用仪中气相色谱仪的检测器是质谱仪。

(2) 质谱仪。质谱仪是属于气相离子分离的一种分析仪器，离子运动环境为真空，在高真空条件下完成气相离子分离。质谱仪一般由进样系统、离子源、离子质量分析器及其质量扫描部件、离子流检测器及记录系统和为离子运动空间所需的真空系统组成。

(3) 接口。GC-MS联用仪的接口组件是解决气相色谱和质谱联用的关键组件，它起传输样品、匹配两者工作流量（工作气压）的作用。理想的接口应能去除全部载气而使样品毫无损失地从气相色谱仪传输到质谱仪，要求试样传输产率高，浓缩系数大，延时短，色谱的峰形展宽小等。

(4) 计算机系统。气相色谱仪和质谱仪联用后，以每秒数百至数千质量数离子流的信息向外发送数据，人工处理这些数据是一项费时和十分困难的工作，所以计算机系统称为GC-MS联用仪的重要组件是必然的，这种计算机系统又成化学工作站。它的软件必须包括系统操作软件、谱库软件和其他功能软件。

(五) 液相色谱-质谱联用仪

1. 液相色谱-质谱联用仪简介

液相色谱-质谱联用仪（Liquid Chromatograph Mass Spectrometer，LC-MS），是液相色谱与质谱联用的仪器，它结合了液相色谱仪有效分离热不稳性及高沸点化合物的分离能力与质谱仪很强的组分鉴定能力，是一种分离分析复杂有机混合物的有效手段，亦是有机物分析市场中的高端仪器。液相色谱（LC）能够有效地将有机物待测样品中的有机物成分分离开，而质谱（MS）能够对分开的有机物逐个地分析，得到有机物分子量、结构（在某些情况下）和浓度（定量分析）的信息。强大的电喷雾电离技术造就了LC-MS质谱图十分简洁，后期数据处理简单的特点。LC-MS是有机物分析实验室，药物、食品检验室，生产过程控制、质检等部门必不可少的分析工具。

2. 液相色谱质谱联用仪特点

随着液相色谱-质谱联用技术的日趋成熟，LC-MS日益显现出优越的性能。它除了可以弥补GC-MS的不足之外，还具有以下几方面的优点：

(1) 广适性检测器。MS几乎可以检测所有的化合物，比较容易地解决了分析热不稳定化合物的难题。

(2) 分离能力强。即使在色谱上没有完全分离开，但通过MS的特征离子质量色谱图也能分别画出它们各自的色谱图来进行定性定量，可以给出每一个组分的丰富的结构信息和分子量，并且定量结构十分可靠。

(3) 检测限低。MS具备高灵敏度，它可以在小于10^{-12}g水平下检测样品，通过选择离子检测方式，其检测能力还可以提高一个数量级以上。

(4) 质谱引导的自动纯化。以质谱给馏分收集器提供触发信号，可以大大提高制备系统的性能，克服了传统UV制备中的很多问题。

3. 液相色谱-质谱联用仪应用领域

液相色谱-质谱联用仪主要应用于微量成分的定量分析和定性分析，特别适合于气相色谱-质谱不能直接测定的一些不挥发性化合物、极性化合物、热不稳定化合物、大分子量化合物（包括蛋白质、多肽、多聚物）的分析测定。主要应用于：

（1）医药科学：药物代谢、药物动力学、杂质分析、天然产物分析。

（2）生命科学：多肽、蛋白质、核酸、糖类等物质的分析。

（3）食品科学：香料、添加剂、包装材料、致癌物等的分析。

（4）环境科学：农药和农残、有机污染物、土壤和水质分析。

特别是针对监测中土壤和水质样品中的中等极性、极性和离子型化合物的痕量分析，液相色谱-质谱联用仪提供了很多优势，主要如下：

（1）鉴定和定量有目标多残留物质和一般未知物质，低至纳克每升（ng/L）的水平。

（2）高选择性，保证污染物识别的可靠性。

（3）最少的样品制备，保证快速的分析方法和结果的转换。

（4）为污染物检测提供高的灵敏度，减少化合物衍生化的需求。

（5）提供最多的相关数据结果。

（六）离子色谱仪

离子色谱仪是一种分析离子的液相色谱仪。

1. 离子色谱仪原理

在离子色谱法中，各种离子是根据对交换树脂的相对亲和力通过离子交换而分离开的。阴离子是在阴离子交换树脂柱（分离柱）上分离的，当阴离子分离柱的出水再流过一个阴离子交换树脂柱（抑制柱）时，阴离子就转变成其相应的酸；阳离子是在阳离子交换树脂柱（分离柱）上被分离。阳离子交换柱的出水再经过一个阴离子交换树脂柱（抑制柱）时，阳离子就转变成氢氧化物，而阴离子则转变成为低电导率的组分。

（1）色谱柱。离子色谱主要有三种分离方式，高效离子交换色谱、离子排斥色谱和离子对色谱。三种分离方式有不同的分离机理，高效离子交换色谱的分离机理主要是离子交换，用于 F^-、Cl^-、NO_3^-、SO_4^{2-}、Na^+、NH_4^+、K^+、Mg^{2+}、Ca^{2+}、Fe^{3+}、Zn^{2+}、Ni^{2+} 等无机阴、阳离子，多价阴离子和碳水化合物等的分离；离子排斥色谱主要利用离子排斥机理，用于有机酸、无机弱酸和醇类的分离；离子对色谱则主要基于吸附和离子对的形成，主要用于疏水性阴、阳离子的分离，以及金属络合物的分离。

（2）检测器。电导检测器主要用于在水溶液中化合物的酸、碱离解常数小于 7 的离子的检测；安培检测器有直流、脉冲和扫描三种操作方法，用于能发生电化学反应化合物的分析；光学检测器主要用于通过柱后衍生反应生成在可见光区有较强吸收的离子的测定，如过渡金属、磷、硅等。

电导检测器具有通用性而不具选择性，它测量的是溶液中离子的总电导，即溶液中全部正离子和负离子电导的总和。而离子色谱仪的淋洗液一般为酸、碱和盐等，淋洗液的电导远远大于被测离子的电导，因而淹没样品离子的电导。所以样品在进入电导池前必须经过化学抑制。抑制器的主要作用就是将淋洗液转变成低电导型（如水），将被测离子转变成较淋洗液的低电导型有较高电导的离子对，从而降低淋洗液的背景电导，增加样品离子的电导响应值，改善电导检测器的信噪比，同时消除样品离子中的平衡离子峰干扰。因此抑制器是化学抑制型电导检测中的一个非常重要而特殊的部件。

2. 离子色谱方法的特点

（1）快速、方便。对7种常见阴离子（F^-、Cl^-、Br^-、NO_3^-、NO_2^-、SO_4^{2-}、PO_4^{3-}）和6种常见阳离子（Li^+、Na^+、NH_4^+、K^+、Mg^{2+}、Ca^{2+}）的分析时间小于20min。如采用高效分离柱对上述7种常见阴离子的分析时间还将大为缩短。

（2）灵敏度高。离子色谱分析的浓度范围为低微克每升（1～10μg/L）至数百毫克每升。当进样量为50μL时，常见阴离子的检出限小于10μg/L。

（3）选择性好。离子色谱法分析无机和有机阴、阳离子的选择性主要由选择适当的分离和检测系统来达到的。由于离子色谱的选择性，对样品的前处理要求简单，一般只需做稀释和过滤。

（4）可同时测定多种离子化合物。与光度法、原子吸收法相比，IC的主要优点是只需很短的时间就可同时检测样品中的多种成分。

（5）分离柱的稳定性好。容量高IC中苯乙烯/二乙烯苯聚合物是应用最广的填料。这种树脂的高pH稳定性允许用强酸或强碱作淋洗液，有利于扩大应用范围。样品分析时，溶解、稀释和过滤是前处理的主要工作。

3. 离子色谱仪的组成

离子色谱仪由流动相传送部分、分离柱、检测器和数据处理系统四部分组成。离子色谱基本结构见图4-8。

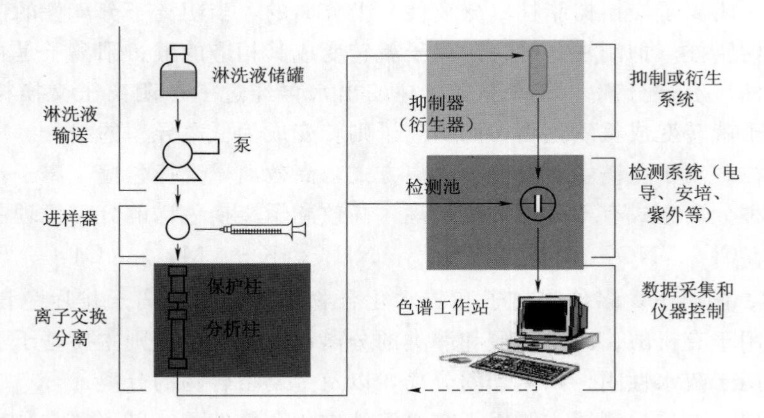

图4-8　离子色谱基本结构示意图

（1）流动相传送部分。离子色谱仪中的输液泵的作用与高效液相色谱仪中的泵完全相同，仅是材质、流速范围和对压力的要求不同。高效液相色谱仪的流速准确度到0.001mL/min，而离子色谱仪仅为0.01mL/min。

离子色谱仪所用的流动相一般是酸、碱、盐或络合剂，因此流动相经过的部件最好用可防止酸碱腐蚀的材料制作，避免流动相与金属接触而发生腐蚀。管道、泵、阀、柱子和接头一般均采用不被酸碱腐蚀的全塑系统。

（2）分离柱。离子色谱仪的分离系统采用的是填充柱，与高效液相色谱仪的液-固色谱相当。但柱填料和分离机理不同，离子色谱仪的柱填料是离子色谱研究的热点，目前发展很快。

（3）检测器。离子色谱仪的检测器主要有电化学和光学两类。电化学检测器包括电导、安培、脉冲和积分安培；光学检测器主要有可见、紫外和荧光。其中电导检测器是离子色谱仪中用得最多的检测器。用电导检测器的离子色谱仪有两类：一类称为化学抑制型电导检测器，即在分离柱与电导池之间串入一个叫作抑制器的部件；另一类不用抑制器，称为单柱法。化学抑制型对阴离子分析的灵敏度较单柱法高约一个数量级，因此对阴离子分析主要用化学抑制型电导法。

（4）数据处理系统。工作站不仅要对数据进行记录、数据处理，还要控制离子色谱仪的工作，使之自动化、智能化。

二、光学法仪器

光学分析方法是建立在电磁辐射与物质相互作用的基础上的，光学分析仪器是探测此种相互作用的工具。一般包括以下 4 个基本组成部分：信号发生器、检测系统、信号处理系统、信号读出系统以及计算机控制系统。

信号发生器是将被测物质的某一物理或化学性质转变为分析信号，如原子、分子吸收辐射产生的原子、分子吸收光谱，物质受电、热激发产生的原子发射光谱等，都是分析信号。这里主要介绍原子吸收分光光度计、原子荧光光谱仪和原子光谱中的电感耦合等离子体-原子发射光谱法。

（一）原子吸收分光光度计

1. 基本原理

原子吸收分光光度法的测量对象是呈原子状态的金属元素和部分非金属元素，是由待测元素灯发出的特征谱线通过供试品经原子化产生的原子蒸气时，被蒸气中待测元素的基态原子所吸收，通过测定辐射光强度减弱的程度，求出供试品中待测元素的含量。原子吸收一般遵循分光光度法的吸收定律，通常借比较对照品溶液和供试品溶液的吸光度，求得供试品中待测元素的含量。

在原子吸收分光光度分析中，必须注意背景以及其他原因引起的对测定的干扰。仪器某些工作条件（如波长、狭缝、原子化条件等）的变化可影响灵敏度、稳定程度和干扰情况。在火焰法原子吸收测定中可采用选择适宜的测定谱线和狭缝、改变火焰温度、加入络合剂或释放剂、采用标准加入法等方法消除干扰；在石墨炉原子吸收测定中可采用选择适宜的背景校正系统、加入适宜的基体改进剂等方法消除干扰。

2. 原子吸收光谱分析的特点

（1）选择性强。由于原子吸收谱线很窄（锐线），光谱干扰较小，在大多数情况下，共存元素不对原子吸收光谱分析产持干扰。

（2）灵敏度高。火焰原子吸收的相对灵敏度为微米每克至纳米每克级；无火焰（石墨炉）原子吸收的绝对灵敏度为 $10^{-10} \sim 10^{-14}$g。

（3）分析范围广。可测元素超过 70 种。就含量而言，既可测定低含量元素，又可测定微量、痕量，甚至超痕量元素；就元素的性质而言，既可测定金属元素、类金属元素，又可间接测定某些非金属元素，也可间接测定有机物；就样品状态而言，既可测定液态样品，也可测定气态样品，甚至可以直接测定某些固体样品。

(4) 精密度好。火焰原子吸收法的精密度好。在日常的微量分析中，精密度为1%～3%。如果仪器性能良好，精密度可小于1%。无火焰原子吸收法较火焰法的精密度低，一般可控制在15%之内，采取自动进样技术可使精密度大大提高。

(5) 可进行微量试样测定。火焰法需样量20～300μL，无火焰法原子吸收分析的需样量为5～100μL。

3. 原子吸收分光光度计的组成

现代原子吸收光谱分析仪器可分为五部分：激发光源、原子化系统、分光系统（单色器）、检测与控制系统和数据处理系统。随机附件结构有冷却系统装置、自动进样系统装置、背景校正系统、稳压电源、氢化物发生装置及空气压缩机。图4－9是单光束和双光束原子吸收分光光度计结构示意图。

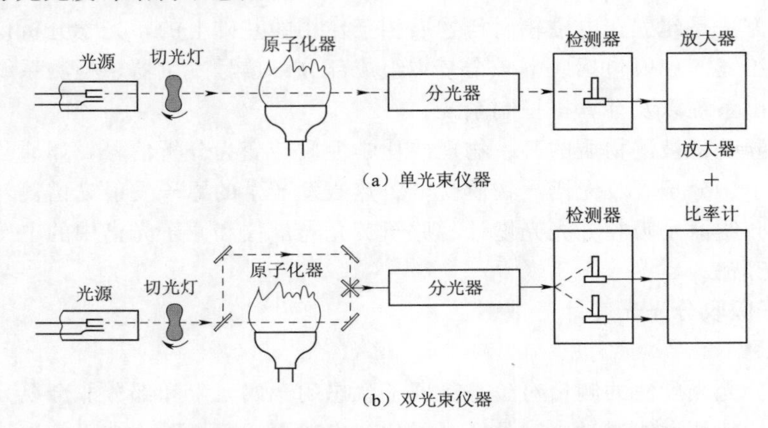

图4－9　单光束和双光束原子吸收分光光度计结构示意图

(1) 激发光源。原子吸收使用的激发光源有锐线光源和连续光源两种。目前常用的是锐线光源的单元素空心阴极灯（HCL）。

(2) 原子化器。

1) 火焰原子化器。火焰原子化法中，常用的是预混合型原子化器，由雾化器、雾化室和燃烧器三部分组成。燃烧器的作用是使试样原子化。预混合型燃烧器的优点是火焰稳定性好，有效吸收光程长，缺点是样品利用率低，仅为10%左右。

2) 石墨炉原子化器。石墨炉原子化器由炉体、石墨炉电源和石墨管组成。石墨炉原子化器原子化效率高，检测限低，在可调的高温下试样利用率达100%，试样用量少，适合难熔元素的测定。缺点是干扰大，重现性差。

(3) 分光系统。在原子吸收分光光度计中，空心阴极灯发射的光谱除含待测元素的共振线外，还有其他一些谱线，如待测原子的其他谱线（非共振线）、惰性气体谱线、杂质谱线、分子光谱等，这些谱线照射到检测系统上，就会影响到测定结果，因此，必须将这些谱线分开，这就要借助光学系统，即单色器。单色器由色散元件（光栅、棱镜）、反射镜、狭缝等组成。

（4）检测系统与数据处理系统。检测系统由检测器（光电倍增管）、放大器、对数转换器和电脑组成，作用是光信号转变为电信号。

空心阴极灯发出的原子光谱线，被待测元素的基态原子吸收后，经光学系统传导、会聚与分光，送入光电倍增管，将光信号转变为电信号，经前置放大和主放大后进入解调器，进行同步检波，得到一个和输入信号成正比的直流信号。在将此信号送入计算机进行数据处理，在显示屏显示测量结果。

（5）背景校正系统。背景干扰是原子吸收测定中的常见现象。背景吸收通常来源于样品中的共存组分及其在原子化过程中形成的次生分子或原子的热发射、光吸收和光散射等。这些干扰在仪器设计时应设法予以克服。常用的背景校正法有以下四种：连续光源（在紫外区通常用氘灯）、塞曼效应、自吸效应、非吸收线等。

（二）原子荧光光谱仪

原子荧光光谱法是原子光谱的一个重要分支，具有一些独特的优点，如谱线简单、检出限低、线性范围宽、可以多元素同时测定等。近年来，随着氢化物发生与原子荧光光谱联用分析技术的成功应用，以及在激发光源和原子化器方面的研究进展，原子荧光光谱法的应用以及相关仪器的发展均得到了较快的发展。

1. 基本原理

原子蒸气吸收具有特征波长的光源辐射后，其中一些自由电子被激发到较高能态，而后，激发原子在去激发过程中跃迁某一较低能态（常常是基态）而发射出特征波长的原子荧光，利用测量荧光强度继而获得待测元素的含量。

2. 氢化物发生-原子荧光法的仪器特点

（1）选择性好。氢化物发生技术本身就是一种选择性较高的样品分离方法，加上原子荧光技术本身的特点，使得氢化物发生原子荧光法具有较高的选择性，大多数溶液样品可以不经分离直接进行测量。

（2）检出限低。氢化物发生-原子荧光法对大多数可检测元素的检出限均小于0.2ng/mL，一般在10倍检出限即可得到准确测量，可以满足目前众多检测项目的需要。

（3）线性范围宽。原子荧光具有原子发射的技术特点，具有极宽的线性测量范围。线性测量一般可达3～4数量级，大多数样品可无须富集和稀释，直接用一条工作曲线进行测量，可大大减少在样品准备过程中的污染及工作量。

（4）干扰少。除铜、镍、钴等一些过渡金属对氢化物反应有干扰外，原子荧光技术本身具有极佳的选择性。在水质监测中无须基体分离，直接测定。

3. 原子荧光光谱仪的仪器结构

原子荧光光谱仪的基本结构包括激发光源、原子化器、分光系统、检测器、信号放大器及数据处理器等。原子荧光光谱仪基本结构见图4-10。

（1）激发光源。空心阴极灯是目前能全面满足要求的激发光源。

（2）原子化器。与原子吸收光谱法相类似，在原子荧光光谱法中采用的原子化器主要有火焰原子化器和电热原子化器两大类。为满足水质中汞、砷等有毒元素的测定，可形成氢化物元素用原子化器（冷原子蒸气池）运用较多。通过在溶液中与某些还原剂反应，汞可以被还原并成为原子状态，通过载气流将其带入特殊设计的原子化器，在不需要加热的

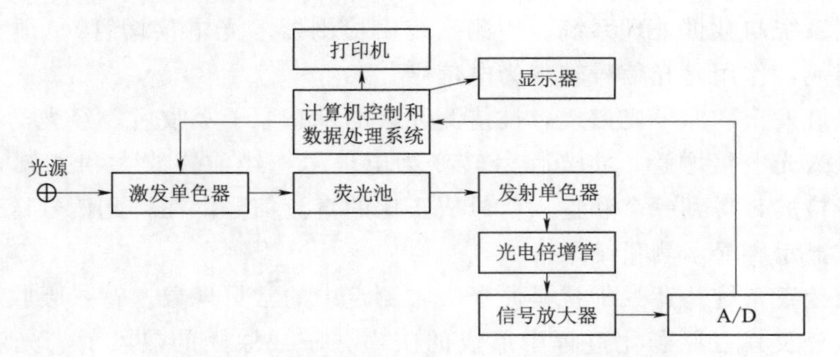

图 4-10　原子荧光光谱仪基本结构示意图

情况下即可进行原子荧光测定。

(3) 分光系统。原子荧光光谱比较简单，对所采用的分光系统的色散率要求不高。

(4) 检测器。荧光检测器目前最常用的是光电倍增管。

(三) 电感耦合等离子体-原子发射光谱法

ICP-AES 是一种由原子发射光谱法衍生出来的新型分析技术，它能够方便、快速、准确地测定水样中多种金属元素和准金属元素，且没有显著的基体效应。

1. ICP-AES 工作原理

样品溶液由自动进样系统抽取进入雾化器，雾化器把样品溶液雾化形成气溶胶，并进入雾室，雾室进一步把气溶胶通筛、粉碎、脱水，变成干的气溶胶，然后由载气送进 ICP 炬管，载气从电感耦合等离子体的轴心通过，样品气溶胶在高温炬焰中受热、蒸发、汽化分解，被测原子被激发，产生包含其他共存组分在内的不同波长的复合光。复合光由入口狭缝进入光栅单色器，作为色散元件的光栅把复合光分解成单色光，并按波长的大小排列。出口狭缝从被测组分原子特征波长的单色光中截取所需要的波段，送至光电倍增管检测器检测。光电倍增管众多的发射阴极，把光信号转变成电信号并加以放大，然后由计算机的数据处理系统处理。计算机处理的项目包括背景扣除、定性分析、定量分析、单位换算等。分析结果和分析过程的各种参数经过数模转换器转换，以表格形式储存、输出。

2. ICP-AES 方法特点

(1) 分析速度快。ICP-AES 干扰低、时间分布稳定、线性范围宽，能够一次同时读出多种被测元素的特征光谱，同时对多种元素进行定量和定性分析。

(2) 分析灵敏度高。直接摄谱法测定，一般相对灵敏度可达 10^{-9} 级，绝对灵敏度可达 10^{-11}g。

(3) 分析准确度和精密度较高。ICP-AES 是各种分析方法中干扰较小的一种，一般情况下，其相对标准偏差小于等于 10%，当分析浓度大于等于 100 倍检出限时，其相对标准偏差小于等于 1%，因此 ICP-AES 法可以较好地克服人的主观误差，准确地进行定量分析，尤其是被测组分含量较低时（≤1%）。

(4) 测定范围广。可以测定几乎所有紫外和可见光谱的谱线，被测元素的范围大，一次可以测定几十个元素。

(5) ICP 等离子炬发射光谱的光源，其工作温度高，可以轻而易举地激发那些其他光源不能激发的元素，在ICP等离子炬中，几乎没有元素能以化合物状态存在。谱线强度大、背景小，试样中的基体和共存元素干扰小。在数据处理阶段又通过光电元件，将分光后的谱线的光信号直接转换成电信号，使ICP－AES的分析速度大幅度提高。

（6）ICP－AES法的不足之处在于设备费用和操作费用稍高，样品一般需预先转化成溶液（固体直接进样时精密度和准确度降低），对有些元素优势并不明显。

3. ICP－AES的组成

ICP－AES系统的主要部件有：作为载气、辅助气、冷却气的氩气源和氩气流量控制装置；样品引入装置；炬管；射频发生器；传输光路和分光计；单个或多个检测器；数据处理系统。仪器结构示意图见图4－11。

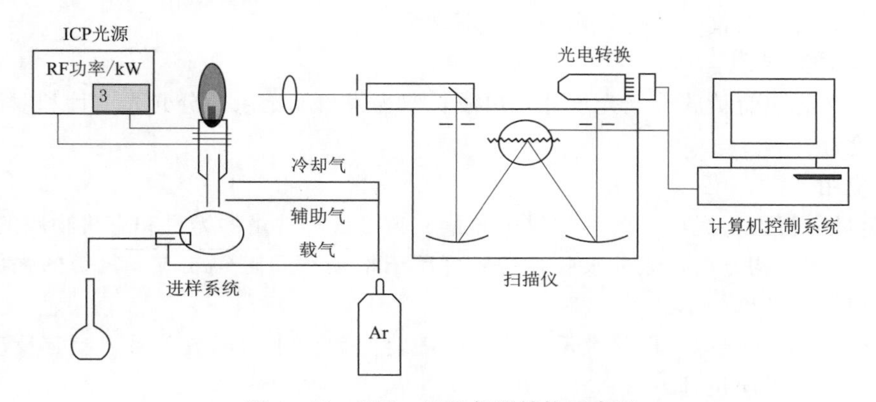

图4－11　ICP－AES仪器结构示意图

4. ICP－AES在水质检测中的应用

在水质监测中，一般水样经过简单的酸化和过滤后，可直接用ICP系统分析。当待测元素的含量低于ICP系统的检出限时，则需要浓缩。对于生活污水和工业废水，分析前常常需要进行处理，溶解样品中的悬浮物。有时水中的金属离子的含量极低，不能直接测定，这时需要用到一些分离富集技术。在水质监测中常用的分离富集技术有溶剂萃取法、共沉淀法、离子交换法、流动注射法、色谱法、氢化物发生法以及泡沫塑料、纤维素、活性炭富集法等，这些分离富集技术的应用不仅扩大了ICP－AES的应用范围，而且使分析的检测限、精密度和准确度有了很大的提高。

（四）紫外可见分光光度仪

测定物质在紫外光、可见光光区的分子吸收光谱的分析方法称为紫外可见分光光度法，是利用某些物质的分子吸收在200～800nm光谱区的辐射来进行分析测定的方法，广泛用于无机和有机物质的定性和定量测定。紫外可见分光光度仪是实验室紫外可见分光光度法检测使用的监测设备，检测指标多、使用频率高的仪器，检测仪器应具备高效、方便的特性。

（1）仪器组成。

1）辐射源。必须具有稳定的、有足够输出功率的、能提供仪器使用波段的连续光谱，如钨灯、卤钨灯（波长范围350～2500nm），氘灯或氢灯（180～460nm），或可调谐染料激光光源等。

2）单色器。它由入射、出射狭缝、透镜系统和色散元件（棱镜或光栅）组成，是用以产生高纯度单色光束的装置，其功能包括将光源产生的复合光分解为单色光和分出所需的单色光束。

3）试样容器，又称吸收池。供盛放试液进行吸光度测量之用，分为石英池和玻璃池两种，前者适用于紫外到可见区，后者只适用于可见区。容器的光程一般为0.5～10cm。

4）检测器，又称光电转换器。常用的有光电管或光电倍增管，后者较前者更灵敏，特别适用于检测较弱的辐射。近年来还使用光导摄像管或光电二极管矩阵作检测器，具有快速扫描的特点。

5）显示装置。这部分装置发展较快。较高级的光度计常备有微处理机、荧光屏显示和记录仪等，可将图谱、数据和操作条件都显示出来。

（2）仪器类型。

单波长单光束直读式分光光度计，单波长双光束自动记录式分光光度计和双波长双光束分光光度计。

（3）应用范围。

1）定量分析，广泛用于各种物料中微量、超微量和常量的无机和有机物质的测定。

2）定性和结构分析，紫外吸收光谱还可用于推断空间阻碍效应、氢键的强度、互变异构、几何异构现象等。

3）反应动力学研究，即研究反应物浓度随时间而变化的函数关系，测定反应速度和反应级数，探讨反应机理。

4）研究溶液平衡，如测定络合物的组成、稳定常数、酸碱离解常数等。

三、流动分析仪

流动分析技术（Flow Analysis）是20世纪50年代开发的一种湿化学分析技术，该技术自动化程度高，极大地解放了劳动力，且具有检出限低、重现性好、分析速度快等特点，已广泛应用于环保、水质、烟草、质检及医学检验等行业。

目前主流的流动分析技术主要有两种：连续流动分析（Continuous Flow Analysis，CFA）和流动注射分析（Flow Injection Analysis，FIA）。

（一）连续流动分析仪（CFA）

1. CFA 简介

连续流动分析又称为间隔流动分析（Segmented Flow Analysis，SFA）。1955年，在美国 Skeggs 医生的设计下，TECHNICON 公司首次生产出第一台连续流动分析仪。流动分析技术最初应用于生化分析方面，可显著降低劳动强度，提高检测效率，且整个检测过程由仪器自动完成，精密度比手工检测更高，因此，目前该技术已广泛应用于医学检验、环保、水质、烟草以及质检等行业。代表产品主要有 SKALAR SAN^{++}、SEAL AA3、爱利安斯 FUTURA Ⅱ等。连续流动分析装置是一种现代湿化学分析仪，被用于工业实验室的复杂化学反应自动分析。可以分析大部分类型的液体样品，比如水、土壤提取液、饮料或化合物。

2. CFA 工作原理

连续流动分析仪通过蠕动泵提供动力，以蠕动泵代替手动添加试剂，通过改变试剂管路的直径来实现不同试剂的加液量，并且通过空气或氮气将液体流分隔成许多个小的反应单元，减小样品间的扩散，液体流经过流通池比色，产生相应的吸收信号，用峰高进行定量。

3. CFA 方法特点

（1）自动完成复杂的工作程序，如萃取、蒸馏、透析等过程，自动化程度高，大大解放劳动力。

（2）分析速度快，对于步骤烦琐的检测项目，有明显的优势。如测定挥发酚或氰化物时，样品速度可达 30 个/h。

（3）精密度高，整个流程由软件自动控制，每个样品检测过程和条件高度一致，如蒸馏温度、时间、试剂加入量等重现性好，结果精密度高。

（4）稳态检测，试剂与样品完全反应，达到平衡后检测，灵敏度高。

（5）有气泡间隔，样品相互间扩散小。

（6）与手工法相比，样品和试剂消耗量低。

4. CFA 仪器结构

连续流动分析仪一般由进样系统（自动进样器）、蠕动泵、预处理单元、显色单元（化学反应单元）、检测器和工作站（操作软件）组成。CFA 仪器结构示意图见图 4-12。

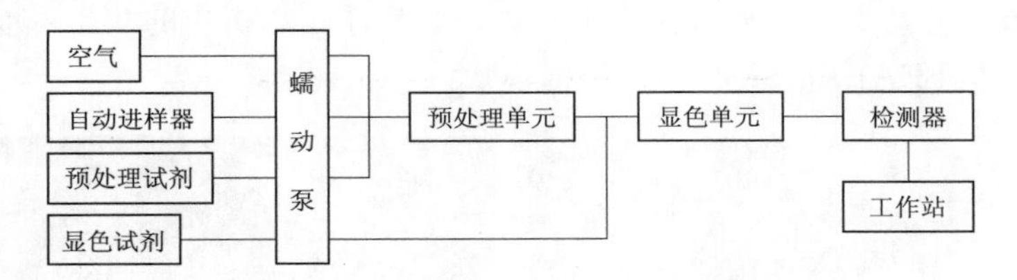

图 4-12　CFA 仪器结构示意图

（1）自动进样器。通过软件控制自动吸取样品。图 4-13 是 SKALAR 和 SEAL 双通道自动进样器。根据通道数量自动进样器和分为单通道（单针）进样器和双通道（双针）进样器。当所测参数的样品保存方法相同且相互不干扰时可选用单针进样，当样品保存方法不同或相互干扰时应选用双针进样。有些自动进样器还具有超声混匀或气泡混匀的功能，通过超声或吹气泡的方式使水样充分混匀呈悬浊液状态再进样，当测定水中总磷、总氮、化学需氧量、硫化物等参数时，自动混匀的功能显得尤为重要。

（2）蠕动泵。蠕动泵给液体流提供动力，将载流、样品、试剂以及空气稳定的加载到管路中。哈希 LACHAT 蠕动泵是多管卡蠕动泵，因为泵管内径不同，所需要的压力也不尽相同。多管卡的好处是每一个泵管都能找到一个最佳的压力，比较灵活，但一旦确定泵管之后，最好标注管卡卡紧的位置，否位置若变化会导致流速改变，继而导致很多参数需要重新调整。SEAL 蠕动泵中所有泵管共用一个管卡，蠕动泵出厂时经过调试找到一个折中的适用于所有泵管的压力，无须自己再调整，使用更方便。

（3）样品预处理单元。样品在线预处理是流动分析仪最大的优势，可以显著降低劳动强度，解放劳动力，提高检测效率。预处理包括蒸馏、萃取、透析、消解等。

1）蒸馏器是流动分析仪中常用的预处理单元，可以消除水样中悬浮物、色度以及其

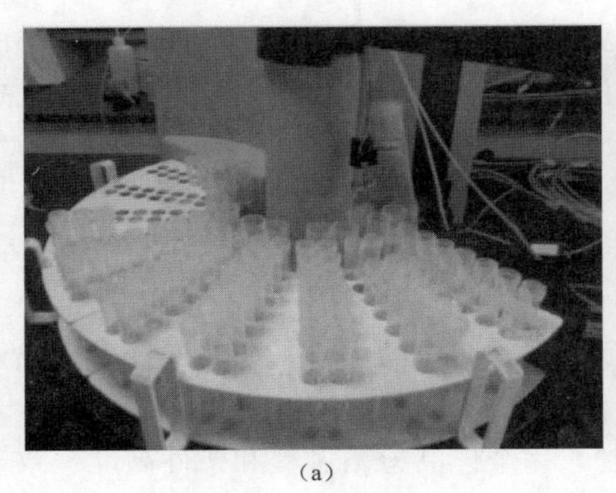

(a)

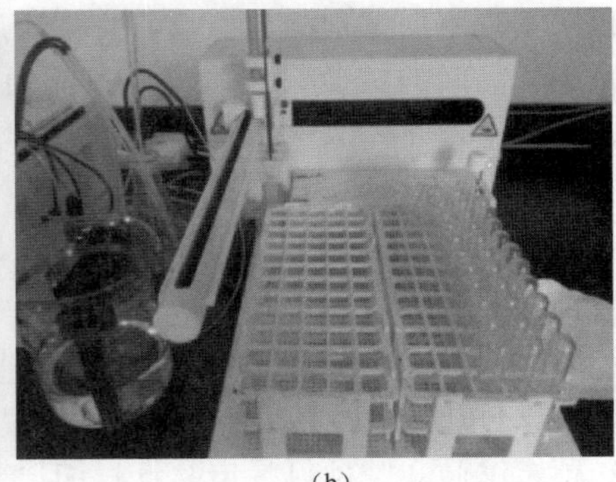

(b)

图 4－13　SKALAR 双通道自动进样器和 SEAL 双通道自动进样器

他离子的干扰。在线蒸馏模块一般有两种方式：一种是加热利用水蒸气将待测化合物带出，如 SEAL 蒸馏模块，在蒸馏试剂中加入甘油，以提高样品和蒸馏试剂混合液的沸点，挥发性物质随部分加热气化的水蒸气带出，未气化部分液体从废液出口排出；另一种是加热后用氮气或空气将待测化合物带出，如 SKALAR 蒸馏模块，挥发性物质加热时随氮气或空气带出，其余未气化的液体从废液入口排出。因样品中含有少量的悬浮物和盐类，而蒸馏液中也含有部分盐类，若混合液完全气化，则悬浮物和析出的盐类可能会堵塞蒸馏器管路。图 4－14 是 SEAL 和 SKALAR 蒸馏模块。

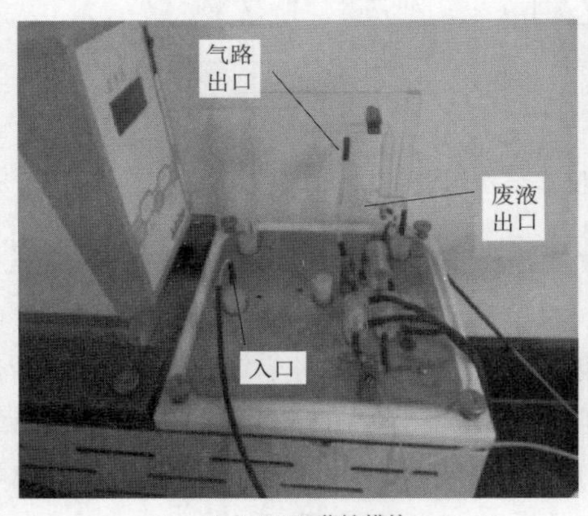

(a) SEAL蒸馏模块

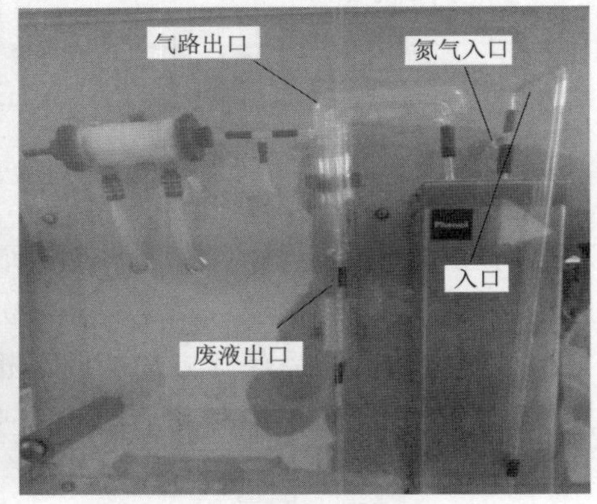

(b) SKALAR蒸馏模块

图 4－14　SEAL 和 SKALAR 蒸馏模块

2）萃取是流动分析仪中常用的预处理方式。萃取模块中关键部件主要有萃取管道和相分离器。当用有机相萃取水相中待测物质时，萃取管道最佳材质应为聚四氟乙烯，因为在聚四氟乙烯管道中，大多数有机物的浸润性远大于水相，因此水相很容易被带出管道。而玻璃或石英材质管道中，水相与管壁的作用力比有机相大，不容易完全带出，容易形成拖尾峰。同理，聚四氟乙烯材质的相分离器分离效果比玻璃或石英材质的相分离器好。当使用玻璃或石英材质相分离器时，应定期对相分离器清洗和镀膜，镀膜的作用主要是为了减少水相与管壁的作用力，提高分离效果。图 4－15 和图 4－16 是石英相分离器分离过程和聚四氟乙烯相分离器分离过程示意图。

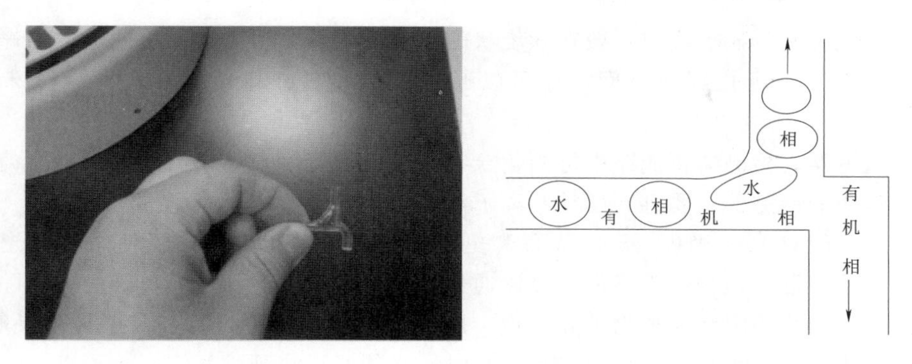

图 4-15　石英相分离器分离过程

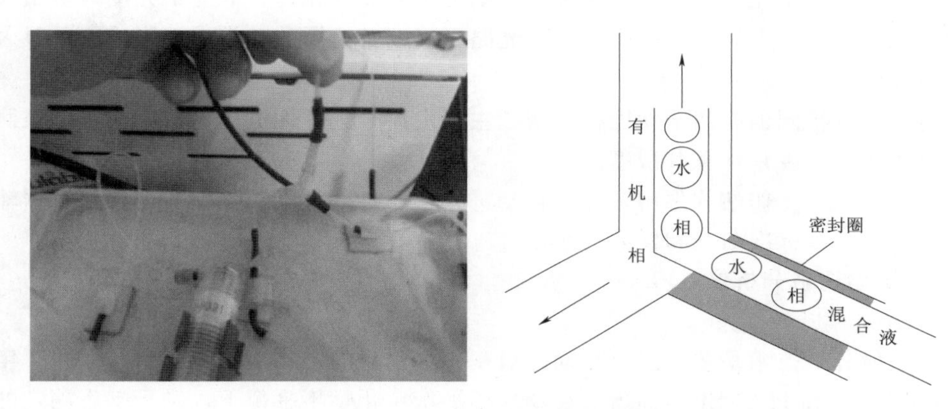

图 4-16　聚四氟乙烯相分离器分离过程

分析仪中相分离器与透析模块类似，有机相可透过聚四氟乙烯材质的半透膜使两相分离。

3）透析可消除水中悬浮物的干扰，减少色度对测定的干扰。透析的原理类似于小肠壁上的半渗透膜，离子和小分子量的物质可以通过，然后调节膜两侧流路溶液的 pH 或离子强度，使待测物质透过膜进入测定的流路中。图 4-17 是透析模块示意图。

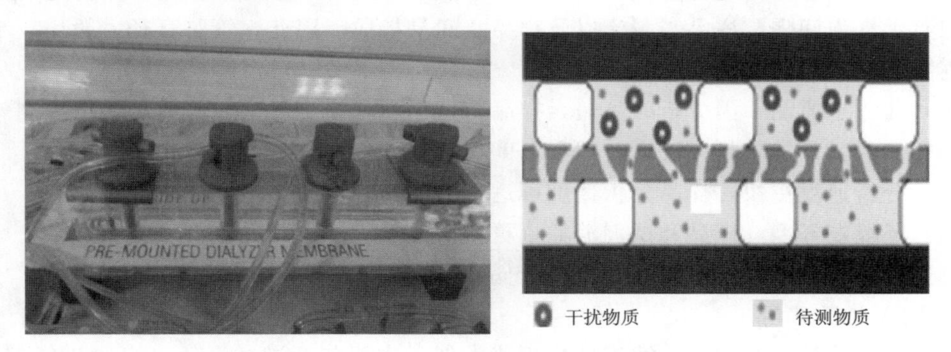

图 4-17　透析模块示意图

4）消解模块是流动分析仪中常用的模块之一，根据测定项目的不同，消解的方式有加热、紫外等，还可以给消解模块加压，使消解更加完全。

(4) 显色单元。显色反应一般在螺旋状的管道中进行，根据需要可通过增加螺旋管道的圈数（长度）来延长反应时间，还可以通过恒温加热、避光等方式满足特殊反应的需要。

(5) 检测器。检测器将流路中待测化合物浓度（吸光度、离子活度等）以电信号的方式输出，常用的检测器主要有光度计和离子活度计。

光度计一般有1cm光程、5cm光程和更高光程比色池可选择。当使用较短光程比色池时，有些检测器无须物理除气泡，可以通过软件计算来除去气泡峰，称为电子除气泡或气泡自动识别功能。因为无须物理除气泡，所以扩散控制得更好。当需要提高灵敏度时，可通过增加比色池光程来实现，但光程较长时，必须经过物理除气泡。

光度计可分为单光束和双光束两种，与单光束光度计相比，双光束光度计多了参比光路，和双光束分光光度计原理一样，参比光路可以校正光源波动带来的影响，可显著降低基线噪声和漂移。

其他类型的检测器有离子活度检测器，主要由离子选择性电极构成，通过电极测定流路中待测离子的活度来计算其浓度。

(6) 工作站。工作站软件用来控制自动进样器等各部件的动作，并记录检测器输出的信号，可自动计算标准曲线和样品的浓度。

(二) 流动注射分析仪 (FIA)

1. FIA工作原理

流动注射分析技术是基于连续流动分析基础上建立的一项新技术，20世纪70年代由丹麦RUZICKA和HANSEN提出，在物理不平衡和化学不平衡下，进行动态测定的一门微量湿化学分析技术。将样品注入一个连续的、无气泡间隔的载流中，按顺序加入试剂，样品与试剂在分析模块中按比例混合反应，在非完全反应的条件下，进入流通池进行比色，用峰高或峰面积进行定量。流动注射具有自动化程度高、分析速度快、精密度高等优点。代表产品有LACHAT QC 8500、OI FS3100和吉天FIA6100等。

2. FIA方法特点

与连续流动分析相比，FIA主要特点有：

(1) 无气泡间隔，样品与载流以及样品之间易扩散，因此，管路直径一般比较小，且分析需要在短时间内完成。

(2) 非稳态监测，因分析时间短，样品与试剂尚未完全反应，因此需严格控制外部条件，如样品和试剂加入量、反应时间和温度等。

(3) 分析速度更快，样品分析速度可达100～300个/h。

(4) 环境友好型，样品和试剂消耗量更低。

(5) 设备简单，国产品牌多，价格较低。

3. FIA仪器结构

流动注射分析仪结构与连续流动分析仪类似，主要包括进样系统（自动进样器）、蠕动泵、预处理单元、六通阀、显色单元（化学反应单元）、检测器和工作站（操作软件），其中进样系统、蠕动泵、显色单元、检测器、工作站与连续流动分析仪基本相似，请参考连续流动分析仪结构介绍。与连续流动分析仪相比，流动注射系统少了气泡注入的装置，多了六通阀，预处理单元也略有不同。流动注射分析仪结构示意图见图 4－18。

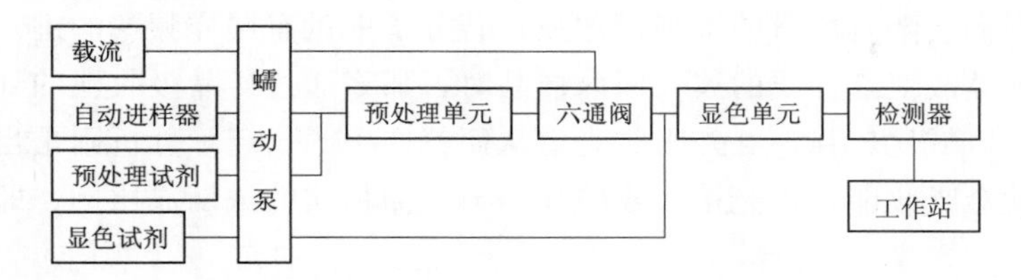

图 4－18　流动注射分析仪结构示意图

（1）六通阀。六通阀主要用来切换载流和样品，和离子色谱类似，走基线或加载样品时，自动进样器吸取纯水或样品，然后通过预处理单元，再经过六通阀中的定量环排出，载流则通过六通阀进入显色单元。进样时，切换六通阀，载流将定量环中的样品注入到显色单元，预处理单元出来的溶液则通过六通阀直接排出。

（2）预处理单元。流动注射分析仪预处理单元一般有透析、萃取和消解模块。与连续流动分析仪不同的是，蒸馏被加热-透析代替，样品被加热气化后通过半透膜，待测物质经过半透膜进入测定流路然后进入定量环。

萃取模块与连续流动分析仪类似，但有机相与水相分离则通过透析完成。消解模块与连续流动分析仪基本相同。

四、其他仪器设备

（一）总有机碳分析仪

总有机碳（TOC）是一个快速检定的综合指标，它以碳的数量表示水中含有机物的总量，通常作为评价水体有机物污染程度的重要依据。目前广泛应用的测定方法是燃烧氧化-非色散红外吸收法，即将一定量水样注入高温炉内的石英管，900～950℃温度下，以铂和三氧化钴或三氧化二铬为催化剂，有机物燃烧裂解转化为 CO_2，用红外线气体分析仪测定 CO_2 含量，从而确定水样中碳的含量。总有机碳的测定是采用燃烧法，能将有机物全部氧化，因此常被用来评价水体中有机物污染的程度，结果用水体的有机碳的含量来表示，与氧的消耗无关。主要有以下两种测定方法。

1. *直接测定法*

将水样预先酸化，通入 N_2 曝气，驱除各种碳酸盐分解生成的 CO_2 后再注入仪器测定。曝气过程中由于挥发性有机物的损失会造成误差，故测定结果为不可吹出有机物的碳值。

2. *差减法*

将同一等量水样分别注入高温炉（900℃）和低温炉（150℃），则水样中的有机碳和无机碳均转化为 CO_2，低温炉的石英管中有机物不能被分解氧化。将高、低温炉中测得的总碳（TC）和无机碳（TIC）二者之差即为总有机碳（TOC）。

（二）红外分光测油仪

红外分光测油仪是光机电一体化的精密仪器，其工作原理符合朗伯比尔定律。它可以用来对油样进行定性和定量分析。定性分析是用一束指定波长范围的红外光线射入样品物质，如果样品物质分子中某一个键的振动频率和它一样，该键的能量增加主要靠对红外线的吸收，此时振动会随着能量的增强而加强；若分子中没有同样频率的键，则就无法吸收红外线。如果连续改变红外线的波长照射样品时，那么通过样品吸收池的红外线，有些区域比较弱，有些区域比较强，红外吸收光谱从而就产生了。定量分析则是当某单色光通过被测溶液时，就会吸收能量，光被吸收的强弱与被测物质的浓度成比例，即符合朗伯比尔定律。

（三）毒性分析仪

生物毒性测试技术是一种基于生物传感技术的毒性检测系统，它提供一种有效应对水污染的检测手段，已经被很多国家被用来检测饮用供水系统，监测因为事故或故意破坏造成的污染。生物毒性分析仪能对1000多种不同的简单化合物和混合物的反应敏感，而且对很大范围的毒性物质及广泛类别的化学药剂反应敏感，如金属、杀虫剂、杀真菌剂、灭鼠剂、氯溶物质、工业化学药剂及相关物质等，整个毒性测试可以在5～30min内完成。目前生物毒性分析仪有化学发光法、发光细菌法等检测方法，其中发光细菌法的测试结果比较准确可靠，而化学发光法毒性分析可用于恶劣测试环境的毒性检测，并且该方法对微量有机物污染的毒性反应明显优于发光细菌法。

第三节　原子吸收光谱分析技术应用

一、原子吸收光谱分析

（一）吸收定义

原子吸收法是一种利用元素的基态原子对特征辐射线的程度进行定量的分析方法。

（二）原子吸收光谱的产生

当有光辐射通过自由原子蒸汽，且入射光辐射的频率等于原子中的电子由基态跃迁到较高能态（一般情况下都是第一激发态）所需要的能量频率时，原子就要从辐射场中吸收能量，产生吸收，电子由基态跃迁到激发态，同时伴随着原子吸收光谱的产生。

原子吸收光谱是原子由基态向激发态跃迁产生的原子线状光谱。

（三）原子吸收几个重要概念

1. 共振吸收线

当电子吸收一定能量从基态跃迁到第一激发态时所产生的吸收谱线，称为共振吸收线，简称共振线。

2. 共振发射线

当电子从第一激发态跃回基态时，则发射出同样频率的光辐射，其对应的谱线称为共振发射线，也简称共振线。

3. 分析线

用于原子吸收分析的特征波长的辐射称为分析线，由于共振线分析灵敏度高，光强大，常作为分析线使用，分析线也称为特征谱线。

二、原子化器及原子化过程

原子吸收原子化器分为火焰原子化器和无火焰原子化器，其功能是提供能量，使试样干燥、蒸发和原子化。

（一）火焰原子化器

1. 火焰原子化器结构

火焰原子化器由雾化器、混合室和燃烧器组成。

（1）雾化器：作用是将试液雾化，使之形成直径为微米级的气溶胶。

（2）混合室：使进入火焰的气溶胶充分混合均匀，以减少其进入火焰时对火焰的扰动，让气溶胶在室内部分蒸发脱溶，使较大的气溶胶在室内凝聚为大的溶珠沿室壁流入泄液管排走。

（3）燃烧器：产生火焰，使进入火焰的气溶胶蒸发和原子化。常用的燃烧器是单缝燃烧器。

2. 火焰原子化过程

火焰原子化过程大致分为两个主要阶段：

（1）从溶液雾化至蒸发为分子蒸气的过程。主要依赖于雾化器的性能、雾滴大小、溶液性质、火焰温度和溶液的浓度等。

（2）从分子蒸汽至解离成基态原子的过程。主要依赖于被测物形成分子的键能，同时还与火焰的温度等相关。分子的离解能越低，对离解越有利。就原子吸收光谱分析而言，解离能小于 3.5eV 的分子，容易被解离；当解离能大于 5eV 时，解离就比较困难。

（二）无火焰原子化器

1. 无焰原子化器结构

火焰原子化器一般为管式石墨炉原子化器，由加热电源、保护气控制系统和石墨管状炉组成。

2. 无焰原子化过程

石墨炉原子化样品置于石墨管内，用大电流通过石墨管，产生 3000℃以下的高温，使样品蒸发和原子化。为了防止石墨管在高温氧化，在石墨管内、外部用惰性气体保护。石墨炉加温阶段一般可分为：

（1）干燥。此阶段是将溶剂蒸发掉，加热的温度控制在溶剂的沸点左右，但应避免暴沸和发生溅射，否则会严重影响分析精度和灵敏度。

（2）灰化。这是比较重要的加热阶段。其目的是在保证被测元素没有明显损失的前提下，将样品加热到尽可能高的温度，破坏或蒸发掉基体，减少原子化阶段可能遇到的元素间干扰，以及光散射或分子吸收引起的背景吸收，同时使被测元素变为氧化物或其他类型物。

（3）原子化。在高温下，把被测元素的氧化物或其他类型物热解和还原（主要的）成自由原子蒸汽。

三、原子吸收分析最佳条件选择

（一）火焰原子吸收分析条件最佳条件选择

1. 吸收谱线的选择

为获得较高的灵敏度、精密度和较宽的线性范围及无干扰测定，必须选择合适的吸收线，应根据分析目的、待测元素浓度、试样性质组成、干扰情况、仪器、波长范围以及光电倍增管光谱特性等加以考虑和具体分析。下面针对水利系统利用原子吸收测定项目的情况，以测定重金属元素和碱金属元素为例进行说明。

吸收谱线的选择主要从检测需要的灵敏度、稳定度、干扰度、线性范围、光敏性几个方面来考虑。

例如：由于水体中重金属含量很低，测定重金属元素 Cu 时，主要考虑检测的灵敏度，此时选择的吸收谱线为最灵敏线，即 324.7nm，使检测下限达到 0.01mg/L。

测定水体中锌时，由于其 218.8nm 谱线存在着铜 216.5nm 和 217.9nm 的干扰，因此，在满足检测灵敏度的情况下，选择 213.9nm 谱线进行检测。

测定大气降水和地表水中的钠时，由于大气降水中钠含量很低，此时主要考虑检测的灵敏度，此时选择的吸收谱线为最灵敏线，即 589.0nm，使检测下限达到 0.006mg/L；而地表水体中的钠含量是较高的，此时主要考虑检测的稳定度和线性范围，此时选择的吸收谱线为次灵敏线，即 330.2nm。

2. 光谱通带宽度的选择

光谱通带宽度指分光系统出射的单色光束波长区间。选择光谱通带宽度以能排除光谱干扰和具有一定的透光强度为原则。

光谱带宽即狭缝。在能分开非共振线的前提下，应尽量采用宽的狭缝，以便提高信号的信噪比和分析稳定性。用火焰法一般采用狭缝宽度为 0.2mm。

3. 灯电流的选择

灯电流的大小影响分析的灵敏度和精密度，较小的电流可获得较高的灵敏度，但会有较大的噪声。较大的灯电流，会使谱线宽度变大，灵敏度下降，灯寿命缩短。所以应选择合适的灯电流，同时满足测定的灵敏度和精密度，一般采用工作灯电流为 2.0mA。

4. 火焰种类的选择

火焰的温度和气氛对脱溶剂、熔融、蒸发、解离或还原过程有圈套影响。为了获得较高的原子化效率，需选择适宜的火焰条件，也就是通过选择助燃比来选择火焰的类型。

根据火焰温度和气氛，可分为贫燃火焰、化学计量火焰、发亮性火焰和富燃火焰。

（1）贫燃火焰：又称氧化性火焰。燃气与助燃气之比小于化学反应的当量时，就产生贫燃火焰。对空气-乙炔火焰，空气：乙炔约为 6：1。火焰清晰，呈蓝色。由于燃烧充分，火焰温度较高，氧化性较强，适于碱金属和熔点高的惰性金属，但由于燃烧不稳定，原子化区窄小，测定结果重现性较差。

（2）化学计量火焰：又称中性火焰。这种火焰的燃气及助燃气基本上是按照它们之间的化学反应当量提供的。对空气-乙炔火焰，空气：乙炔约为 4：1。火焰蓝色透明，层次清晰，燃烧稳定。它具有温度高、干扰少、背景低等特点，适合于多数元素（除碱金属）

的原子化。

(3) 发亮性火焰：又称为还原性火焰。火焰带黄色光亮、层次稍模糊，火焰温度较化学计量火焰低，空气：乙炔大于4：1。

(4) 富燃火焰：也称为还原性火焰。火焰温度低，黄色发亮，层次模糊，还原性强，空气：乙炔大于3：1。

发亮性火焰和富燃火焰适合于测定易形成难熔氧化物的元素，但此种火焰干扰多、背景强，不够稳定。

5. 观测高度的选择

就火焰的结构而言，分预热区、第一反应区、中间薄层区和第二反应区四个区域。

(1) 预热区：又称干燥区。燃烧不完全，温度不高，试液在这里被干燥，呈固态颗粒。

(2) 第一反应区：又称蒸发区。这一高度大约离燃烧器缝4mm以下，是一条清晰地蓝色光带。燃烧不充分，半分解产物多，温度未达最高点。干燥的试样固体微粒在这里被熔解蒸发或升华。对于易原子化、干扰效应小的碱金属可在该区内进行分析。

(3) 中间薄层区：也叫原子化区。这一高度大约离燃烧器缝4～6mm。燃烧完全，温度高。被蒸发的化合物在这里被原子化，是原子吸收的主要应用区。

(4) 第二反应区：又称电离区。这一高度大约离燃烧器缝4～6mm。燃气在该区反应充分。中间温度高，部分原子被电离，而外层温度逐渐下降，被电离的基态原子又重新形成化合物。该区不能用于实际原子吸收分析工作。

燃烧器的位置，尤其是高度，对分析的灵敏度和稳定性有很大影响。完成燃烧器对光后，应着重进行燃烧器高度的选择，以寻找具有最大吸收或稳定的火焰区域。

6. 试液提取量的选择

样品提取速率（喷雾量）的大小对分析的灵敏度影响极大，在一定的程度上喷入火焰的试液量越多越好，但过多，吸收反而下降。目前生产的仪器不需要调节。

（二）无火焰原子吸收分析条件最佳条件选择

与火焰原子吸收分析条件最佳条件选择的区别主要在原子化器。包括干燥温度和时间的选择、灰化温度和时间的选择、原子化温度和时间的选择、热清洗及空烧温度和时间的选择、惰性气体流量的选择。

四、原子吸收仪器调整

利用原子吸收分光光度计测定元素，希望得到灵敏度和精密度均符合要求的数据。以下仪器调整程序供参考。

（一）静态调整

1. 空心阴极灯位置的初调整

通过调整空心阴极灯的位置，使其发光阴极位于单色器的主光轴上。目前生产的仪器均采取了自动换灯功能，但由于机械加工过程存在某些误差，空心阴极灯的位置有可能存在一些偏差，因此需要人工再次微调。

检查方法：用滤纸紧贴单色器光线入口，与光线垂直缓缓挡住光线，判定光线是否进入单色器光线入口。也可以直接观察，但由于光线较弱，判定有一定困难。

2. 吸收谱线的调整

根据测定元素含量，选择相应的吸收谱线，由仪器自动扫描到选择的谱线。再通过微调器，对谱线进行微调，使接收器得到最大光强，由此确定准确的吸收谱线。

3. 空心阴极灯二次调整

(1) 空心阴极灯位置确定：通过再次微调空心阴极灯，使接收器得到最大光强。

(2) 空心阴极灯与接收器同心调整：缓慢旋转空心阴极灯，使接收器得到最大光强，确定空心阴极灯与接收器同心。

通过二次调整，此时的空心阴极灯位置就是最佳位置。

4. 燃烧器位置的调整

调整燃烧位置的目的在于使其缝口平等于外光路的光轴并位于正下方，以保证空心阴极灯的光束完全通过火焰并会聚于火焰中心而获得较高的灵敏度。

(1) 调整方法1：将仪器透光率达到100%，用透光检验工具或一根火柴棒插入燃烧器缝口，当光棒处于中间时，透光率应接近0%；光棒处于燃烧器两端时，透光率应在30%。

(2) 调整方法2：将光棒垂直燃烧器，插入燃烧器缝，从一端缓缓划向另一端，使光棒始终被光照射。

(二) 动态调整

动态调整指在仪器点火状态下，通过调整燃烧器上下、前后的位置，同时测定一定浓度的被测元素，使吸光值达到最高。

通过以上程序，仪器处于最佳工作状态。

五、原子吸收测定方法及干扰的消除

(一) 原子吸收测定方法

原子吸收测定法有直接测定法和间接测定法。

1. 直接测定法

直接测定法主要有标准曲线法、标准加入法和紧密内插法3种。

(1) 标准曲线法。测定标准系列溶液的吸光度，绘制浓度-吸光度曲线，即标准曲线。由测得试液的吸光度在标准曲线上求出样品中被测元素的浓度（或含量）。常用的原子吸收测定水中的铜、锌、镉、锰、铁、钾和钠就是用的这种方法。

此方法的优点是简便、快速；缺点是物理干扰大，适用于组成简单的试样。

(2) 标准加入法。当试样中共存物不明，或基体含量高、变化大，使得很难配置相似的标准时，用标准加入法较好。此方法适合于组成复杂样品，可消除基体效应和某些化学干扰；不足是不能消除背景吸收的影响。

方法是将试液分成四等份，在二份、三份、四份加入不同量的标准溶液，稀释至相同体积后一起测定。绘制分析曲线并外推，延长线在横轴上的截距表示的浓度即为待测试样的浓度，见图4-19。

(3) 紧密内插法。方法是调整两份标准液的浓度，使其吸收值与样品的吸收值相差

±10%左右，以两标准点的连线作为标准曲线，求得被测液浓度。标准曲线的拐弯段，很接近的两点可近似于直线。此方法可提高原子吸收对高含量测定的准确度。

2. 间接测定法

间接测定法就是通过测定能与被分析元素（或有机物）发生反应（生成化合物或增感、抑制作用）的非被分析元素的原子吸收，间接推断被测元素含量的方法。

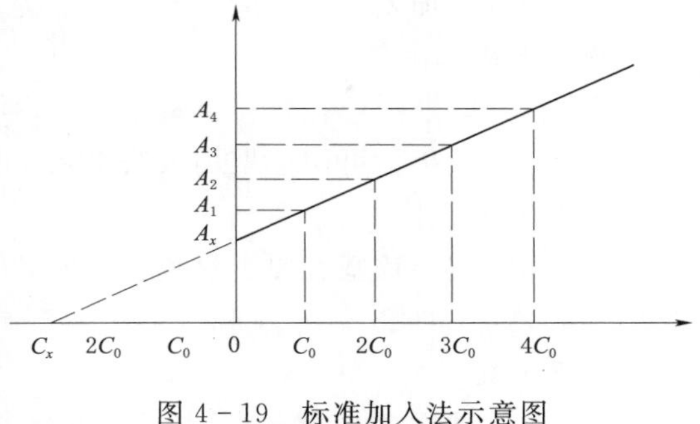

图 4－19　标准加入法示意图

（二）标准溶液配制要求

以制备试样用的同样溶剂来制备待测元素的标准溶液。

标准系列浓度的最佳范围约为能得到 0.1～0.5A 的吸光度值。一般以等间隔配置 5 个点，并随带空白。标准系列应含有与试样溶液大致相同的酸度和基本元素。如果样品需要消解，则工作标准溶液也用相同步骤进行消解。

（三）方法的精密度、检出限和特征浓度

1. 精密度

一个方法的精密度以相对偏差来表示。

2. 检出限

以 99.7%置信度检出被测元素的最小浓度（或含量），称为检出限。

3. 特征浓度、特征量

原子吸收的特征浓度至产生 1%吸收（吸光度 0.0044）所对应的元素的浓度，用 μg/mL/1%表示。

（四）干扰及其消除

原子吸收分析中的干扰通常有 5 种：化学干扰、物理干扰、电离干扰、光谱干扰及背景干扰。

1. 化学干扰

化学干扰是原子吸收分析中经常遇到的、影响最大的干扰，其产生的主要原因是待测元素不能从它的化合物中全部解离出来，即形成稳定或难熔化合物，使原子化率下降。可分为阳离子干扰和阴离子干扰两类。

消除化学干扰最常用的方法是：

（1）加入释放剂（又称抑制剂）：释放剂指能与干扰元素形成更稳定或更难挥发的化合物，而释放待测元素的试剂。

（2）加入保护络合剂：保护剂与被测元素或干扰元素形成稳定的络合物，从而消除干扰。

（3）加入干扰缓冲剂：共存的干扰元素超过一定量（称为缓冲量）时，其干扰趋于稳定，可在样品和标准溶液中均加入超过缓冲量的干扰元素来消除干扰。

（4）预先分离干扰物：常用有机萃取法。

(5) 采用标准加入法：既能补偿化学干扰，也能补偿物理干扰。

2. 物理干扰

待测试样与标准溶液在转移、蒸发等过程中的物理因素（黏度、表面张力、溶剂）等的改变而引起的干扰。可用标准加入法消除。

3. 电离干扰

由于电离作用导致基态原子数减少，灵敏度降低。可用加入消电剂和降低火焰温度的方法消除。

4. 光谱干扰

由于光源、试样或仪器使某些不需要的辐射被检测器测量引起的干扰，称为光谱干扰。

制作空心阴极灯时，已考虑了选合适的惰性气体和使用高纯度阴极材料避免光源可能引起的光谱干扰。由于干扰元素共振线和待测元素共振线重叠造成的光谱干扰，称为谱线重叠干扰，可选用被测元素的其他分析线或预先分离干扰元素来消除。

5. 背景干扰

背景干扰包括背景吸收、火焰发射和连续背景发射。

(1) 背景吸收：是一种非原子性吸收，包括光散射、分子吸收和火焰吸收。这种干扰均增加吸收值，产生正误差。可采用氘灯背景校正和邻近线扣除法消除。

(2) 火焰发射：火焰本身或原子蒸气中待测元素的发射。可调制消除，用交流电源或用斩光器使之变为交流电源。

(3) 连续背景发射（非锐线光源）：由灯质量引起，灵敏度降低，工作曲线弯曲。

第四节　原子荧光光谱分析技术应用

一、原子荧光光谱定量分析的基本方程

从荧光的产生机理来看，原子荧光光谱法是用一定强度的激发光源，照射到含有一定浓度待测元素的原子蒸气时，将产生一定的原子荧光强度，根据原子荧光强度即可求得待测样品中的元素含量。因此，原子荧光强度、待测样品中某元素的浓度、激发光源的强度以及其他参数之间存在着一定的函数关系，即是原子荧光光谱的理论基础。

对于特征波长，被基态原子所吸收的光强度可用式（4-1）表示：

$$I_a = I_0 A(1-e^{-KLN}) \tag{4-1}$$

式中：I_a 为被吸收的光强；I_0 为入射光的强度；A 为受光源所照射的在检测系统中所观察到的有效面积；K 为峰值吸收系数；L 为吸收光程长度；N 为能吸收辐射线的原子总密度。

荧光强度 I_f 与被吸收的光强存在以下关系：

$$I_f = \phi I_a \tag{4-2}$$

式中：ϕ 为原子的荧光量子效率，则

$$I_f=\phi I_0 A(1-e^{-KLN}) \tag{4-3}$$

在理想情况下，即假设所研究的体系满足下列条件：

（1）激发光源是稳定的，照射到原子蒸气上的特征波长的入射光强度可近似看成为一常量。

（2）原子只吸收某一频率的波长，并在激发至特定的能级后产生原子荧光。

（3）原子化器中基态原子分布是均匀的，原子化器温度也是均匀的。

（4）整个荧光池处于可被检测观察到立体角之内，即荧光池不存在可吸收入射光而不为检测器所观察到的区域。

（5）产生的荧光不会在荧光池中被重新吸收。

则当基态原子的总密度 N 很低时，经简化，原子蒸气所吸收的光强 I_a 和产生的原子荧光强度 I_f 之间存在以下简单关系：

$$I_f=\phi I_0 AKLN \tag{4-4}$$

式（4-4）即为原子荧光光谱定量分析的基本关系式。

在确定的仪器条件下，当待测定元素的浓度 C 较低时，N 与 C 成正比，即

$$I_f=aC \tag{4-5}$$

式中：a 为常数。

即在待测元素浓度较低时，荧光强度与试样含量存在线性关系。

二、荧光猝灭与荧光效率

1. 荧光猝灭

处于激发态的原子寿命是十分短暂的，当它从高能级跃迁到低能级时，原子将发射出荧光。但是，除上述过程外，处于激发态的原子也有可能在原子化器中与其他分子、原子或电子发生非弹性碰撞而丧失其能量，在这种情况下，荧光将减弱或完全不产生，这种现象称为荧光猝灭。

荧光猝灭的程度与被测元素及其存在的其他分子和原子的种类有关，一般按下列顺序递减，$CO_2>O_2>CO>N_2>Ar$，而 CO_2 和 O_2 是典型的猝灭剂。因此，在原子荧光光谱分析中，采用氢化法将待测元素以氢化物的形式进入仪器，并以氩气为屏蔽气，防止出现荧光猝灭现象。

2. 荧光量子效率

原子化器中物理化学作用是复杂的，一定条件下达到平衡时，产生荧光的量子效率可能在试样组成变化、原子化条件变化等因素下有所降低，也就是说使无辐射去活化现象的比重增加，造成校准曲线提前弯曲。

表 4-4 列出的是文献所发表的经计算的几个元素在原子荧光中不同火焰中的荧光量子效率 ϕ。

表 4-4　　原子在不同火焰及氩气中荧光量子效率表

火焰成分	温度/K	荧光量子效率 ϕ				
		Na	K	Li	Ti	Pb
$2H_2-O_2-4N_2$	2100	0.066	0.047	0.021	0.070	0.079
$6H_2-O_2-4N_2$	1800	0.049	0.049	0.014	0.099	0.10
$0.4C_2H_2-O_2-4N_2$	2200	0.042	0.028	0.017	0.042	0.067
$2H_2-O_2-10Ar$	1800	0.75	0.37	0.15	0.33	0.22
$H_2-O_2-4N_2$	1600	0.044	0.03	—	0.051	0.069
热 Ar	3000	≥0.98	≥0.99	≥0.95	≥0.99	≥1

由表 4-4 中可以看到，在热氩火焰中可获得较高的荧光量子效率。

三、原子荧光光谱仪仪器参数设置

原子荧光光谱仪仪器参数包括灯电流、负高压、原子化器温度、延时时间、注入时间、读数时间等，一般应根据被测元素的特性及其气体发生条件、被测试样含量及标准曲线的浓度等因素来选择最佳参数。

（一）单通道单元素测定

1. 空心阴极灯电流的选择

原子荧光光谱仪中采用的光源为特殊设计的空心阴极灯。分为特种空心阴极灯（单阴极）和带有辅助电极的空心阴极灯（双阴极），它们在结构上具有共同的能承受高脉冲电流冲击的特点，一般原子吸收用的空心阴极灯不适用于原子荧光分析。

根据原子荧光原理，光源辐射强度与荧光强度成正比，尽管如此，但并不意味着灯电流越大，灵敏度越高，因为灯电流太大，会产生自吸现象，影响检出限和稳定性，以及缩短灯的使用寿命。为此应在满足分析灵敏度的要求情况下，尽可能选择小的灯电流。

例如：对于砷元素，灯电流大于 100mA 还未见自吸现象（见图 4-20），但生产厂家一般建议使用灯电流不要超过 100mA；对于汞元素，属于低压汞灯，无单极和双极之分，试验表明，汞灯的灯电流适用范围是 30～50mA，见图 4-21。

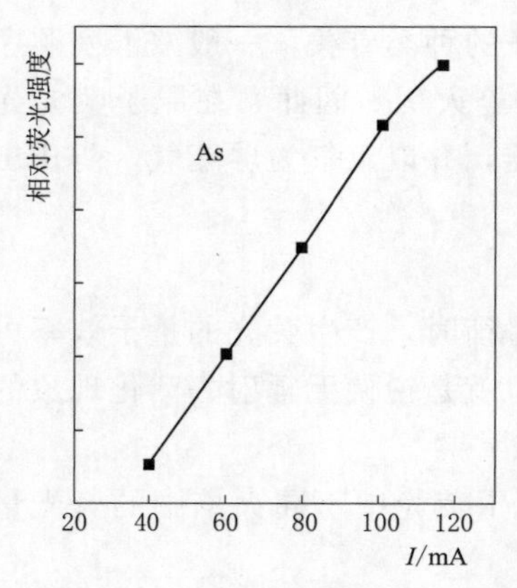

图 4-20　As 灯的峰值电流与荧光强度关系图

对于带有辅助阴极的高强度空心阴极灯，应根据被测元素的要求，首先初步确定主电流后再选用不同辅助电流进行试验观察灵敏度及其稳定性，根据试验结果选择两种电流最佳配值。

2. 负高压的选择

原子荧光分析是通过光电检测器把原子荧光信号转换成电信号，经前置放大、主放大、同步解调、放大器等组成的检测电路。

原子荧光的光电检测器一般采用日盲光电倍增管，它的光阴极是 Cs-Te 制成。这种材料对 160～320nm 波长的辐射有很高的灵敏度。光电倍增管的放大倍数与阴极和

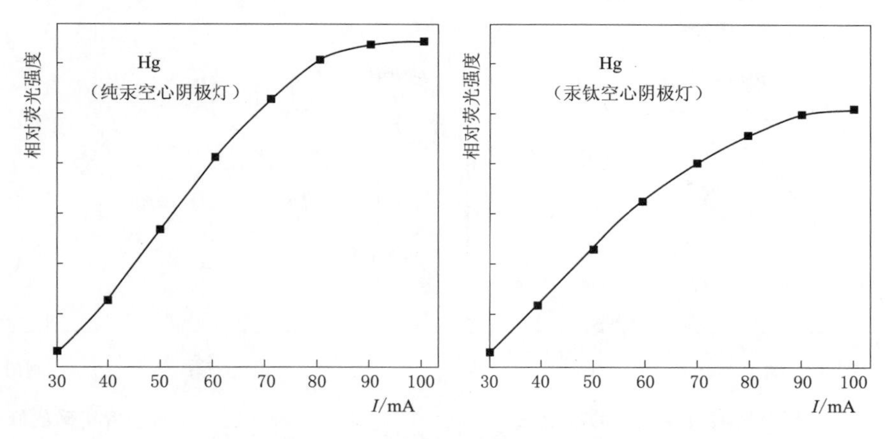

图 4－21　Hg 灯的峰值电流与荧光强度关系图

阳极之间所加的负高压有密切关系，即负高压增大光电倍增管放大倍数也相应增大，在负高压一定范围内基本上呈线性关系。一般情况下，在线性范围内光电负高压每增加 20V，则灵敏度提高 1 倍左右。但过高的负高压同时引起仪器噪声过大，因此，在已满足分析灵敏度条件下，不宜将负高压选择太大，影响测定精密度。

最佳工作条件的选择，应该根据对某元素测定的要求，通过试验选用负高压和灯电流两者最佳配合的工作条件。在参照仪器厂家给的仪器条件的基础上进行调试。

3. 原子化器温度的选择

不同的分析元素对原子化器温度有不同的要求，选用适宜的原子化器加热温度，以利于达到最佳分析灵敏度和测试精度，同时可降低记忆效应和气相干扰。原子化器温度经试验后确定。

4. 泵速与采样时间的选择

泵速与采样时间决定试样的进样量。对于某一型号仪器，厂家都会推荐一个泵速与采样时间，一般情况下是在泵速确定的情况下计算采样时间，保证试样充满管道。

5. 注入时间、延时时间、读数时间和停泵时间的选择

（1）注入时间。注入时间指采样完毕后，将吸液管转入载流中，注入载流的时间。注入载流有两个作用：一是将采集的试样向前推进，进入混合模块与 KBH_4 反应；二是将试样推进完毕后，还有一段时间用载流清洗管道作用。一般情况下，注入时间是固定的。

（2）延时时间。即从载流开始注入，样品经过混合模块在反应管中反应，进入气液分离器直至原子化器产生荧光信号被检测所需要的时间。延时时间的设置，必须保证整个峰形恰好处于读数时间。由于不同元素的反应速度不一样，因此延时时间也不相同，延时时间是否合适，可以从峰形上进行判断。

延时时间设置较短的峰形见图 4－22。

延时时间设置正确的峰形见图 4－23。

延时时间设置较长的峰形见图 4－24。

（3）读数时间。根据不同元素的氢化反应和蒸气发生速率以及不同浓度所形成峰形过程中时间长短来确定读数时间（即积分时间），原则上应使整个峰形面积全部被积分。

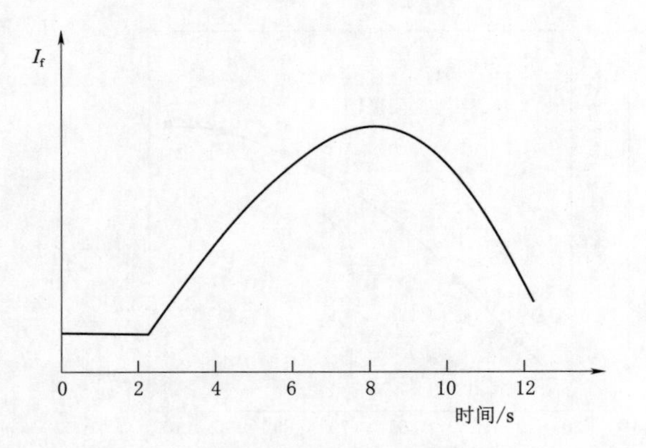

图 4-22 延时时间设置较短的峰形图

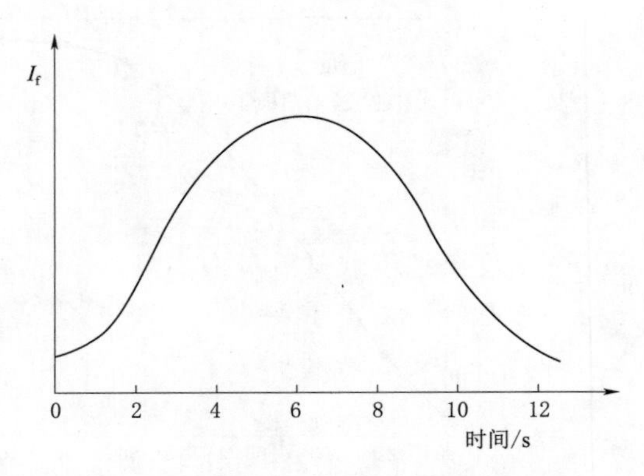

图 4-23 延时时间设置正确的峰形图

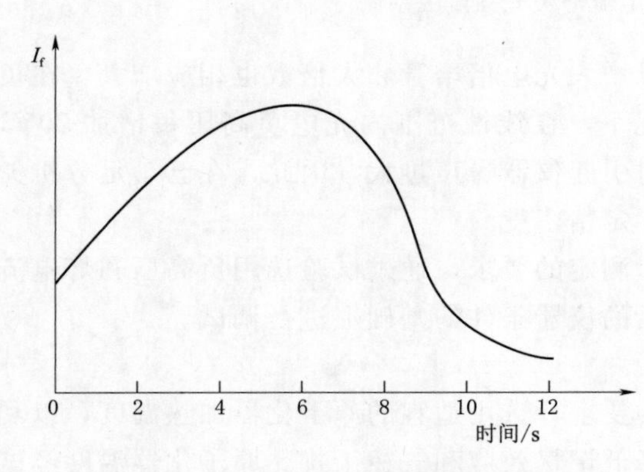

图 4-24 延时时间设置较长的峰形图

例如：砷元素选择读数时间为 12～14s，冷蒸气汞由于反应时间较长，读数一般选用 14～18s，这只是一个试验数据，针对不同的仪器应进行试验后确定。

(4) 采样、注入时间、延时时间、读数时间的关系。一般的仪器采用 2 个计时系统分别对采样和注入时间、延时和读数时间进行计时，即采样和注入时间由一个计时系统计时，延时时间和读数时间由另一个计时系统计时。当采样后，注入时间开始时，此时延时间也开始计时，至读数时间结束后（停止积分），此时注入时间仍在继续，直到停止载流注入，蠕动泵停止转动，等待下一次采样进行测定。

因此，在设置参数时，必须遵循以下条件：注入时间＞延时时间＋读数时间（一般大于 2～3s），见图 4-25。

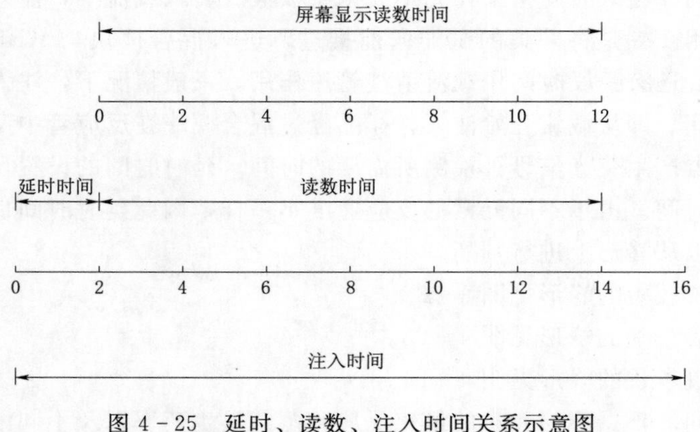

图 4-25 延时、读数、注入时间关系示意图

（5）停泵时间。按样品测试过程中有两次停泵时间：第一次停泵是当采样完毕，将吸液管转入载流杯之间；第二次是注入时间结束，一个样品测试完毕，将转入下一个样品的测试。目前一般采用自动进样程序，可根据机械手的操作时间确定。

6. 载气流量的选择

在氢化物发生技术中产生的氢气由载气导入原子化器形成氩氢焰。因此在选用适宜的 KBH_4 浓度条件下载气流量大小对火焰稳定性有较大的影响。如载气流量太小，则火焰较小且左右摆动，测定重现性得不到保障；当气流量调大时，则火焰变细，被测元素原子密度被冲稀，致使灵敏度下降。为此，使用火焰法时，应仔细观察火焰状态调节适宜的载气流量至关重要，使火焰保持比较稳定的最佳状态。

（二）双通道双元素同时测定

目前，多数厂家生产的原子荧光仪实现了双通道或多通道，使同时测定两个或两个以上的元素成为可能，起到事半功倍的效果。

1. 可调试的仪器条件

由原子荧光仪器的特点来看，激发光波长、光电倍增管负高压、空心阴极灯电流、测量方式、计数方式、计数时间和延时时间均可针对元素的特性进行调节。

2. 必须一致的仪器条件

由于同时测定，测定时共用同一个原子化器，因此原子化器高度、原子化器点火温度、载气流量和屏蔽气流量的条件必须是一致的。

3. 干扰

同时测定两种或两种以上的元素时，应注意元素之间的干扰。如：砷和汞元素同时测定时，由于高含量的汞对测定砷有一定的影响，因此，砷和汞同时测定时，应控制汞的标准系列浓度不要过大。

4. 仪器参数调试

以原子荧光同时测定砷和汞进行简单说明。

（1）单个元素测定仪器参数调试。通过试验，分别确定砷和汞元素单独测定时的仪器条件。特别是通过对不同原子化器高度、原子化器点火温度载气流量和屏蔽气流量条件下的测试，确定不同条件下仪器的准确度和精密度（过程线）。

（2）同时测定仪器参数调试。通过对单独测砷、汞时不同仪器条件的分析，找出一个适合两个元素共同的仪器条件，然后经实际试验确定。

四、原子荧光测技术应用

2005年，水利部颁布了原子荧光光度计测定砷、汞、硒和铅的分析方法（水利行业标准），方法编号分别为 SL 327.1—2005、SL 327.2—2005、SL 327.3—2005 和 SL 327.4—2005。下面做简单介绍。

（一）原理

（1）酸化过的样品溶液中的被测元素与还原剂反应，在氢化物发生系统中生成氢化物或原子态元素（氢化砷、原子态汞、氢化硒、氢化铅）。

（2）过量的氢气和气态氢化物或原子态元素与载气混合，进入原子化器，氢气和氩气在特制点火装置的作用下形成火焰，使待测元素原子化。

（3）待测元素空心阴极灯发射的特征谱线通过聚焦，激发氩氢焰中待测元素原子，得到的荧光信号被光电倍增管接收，然后经过放大，解调，由数据处理系统得到结果。

（4）利用荧光强度在一定范围内与溶液中被测物质含量成正比的关系计算样品中的被测物质含量。

（二）适用范围

适用于地表水、地下水、大气降水及污水中砷、汞、硒、铅的测定。方法检出砷：0.2μg/L；汞：0.01μg/L；硒：0.3μg/L；铅：1.0μg/L。线性范围砷：1～200μg/L；汞：0.05～30μg/L；硒：1～300μg/L；铅：2～200μg/L。不同评价标准最低检出浓度的要求见表4-5。

表4-5　不同评价标准对砷、汞、硒、铅最低检出浓度的要求　单位：mg/L

项目	地表水评价标准	地下水评价标准	饮用水评价标准
砷	0.05	0.005	0.01
汞	0.00005	0.00005	0.001
硒	0.01	0.01	0.01
铅	0.01	0.005	0.01

（三）干扰

原子荧光测定砷、汞、硒、铅时，干扰很少，共存离子和化合物不干扰测定。

其中：当砷含量为11.42μg/L时，若共存离子分别为1000μg/L三价铁、1010μg/L二价锰、1000μg/L二价镍、13090μg/L二价锌、10000μg/L六价铬、200μg/L二价汞、20μg/L二价铅，对测定无干扰。

当铅含量为40.0μg/L时，若共存离子分别为609.2μg/L三价铁、214μg/L二价锰、201.6μg/L二价镍、200μg/L二价汞、52360μg/L二价锌、2000μg/L六价铬，对测定无干扰。

（四）仪器条件

依仪器型号不同，测量参数会有所变动，表4-6可作为参考。

表4-6　原子荧光测砷、汞、硒、铅仪器条件

仪器条件	砷	汞	硒	铅
激发光波长/nm	193.7	253.7	217.6	228.8
光电倍增管负高压/V	250～310	240～340	240～340	250～310
空心阴极灯电流/mA	40～90	15～55	40～90	40～90
原子化器高度/mm	8～10	8～12	8～10	10～14
原子化器点火温度/℃	＞200	＞200	＞200	＞200
载气流量/(mL/min)	300～900	300～900	300～900	300～900
屏蔽气流量/(mL/min)	600～1200	500～1200	700～1200	600～1200
测量方式	标准曲线法	标准曲线法	标准曲线法	标准曲线法

续表

仪器条件	砷	汞	硒	铅
读数方式	峰高或峰面积	峰高或峰面积	峰高或峰面积	峰高或峰面积
读数时间/s	10～16	10～16	10～16	12～16
延迟时间/s	0～2	0～2	0～2	0～2

一般来讲，砷、硒、铅元素的最佳原子化器温度为200℃，即已达到最佳原子化温度和自动点燃氩氢火焰双重目的。

汞元素可采用冷蒸气原子荧光法测定，具有很高的分析灵敏度，但试验表明，由于在反应过程中的水汽产生散射影响测定的重现性。为此，采用原子化器低温加热利于克服上述影响，虽然灵敏度略有下降，但重现性较好。

五、有关注意事项

（一）分析中对试剂的要求

1. *对酸类纯度的要求*

氢化物-原子荧光光谱法主要应用于痕量与超痕量分析。被测元素具有很高的分析灵敏度，因此在分析过程对试剂要求很高。

在盐酸试剂中一般均含有杂质，如砷和汞，因此应使用优级纯盐酸，并将待使用的盐酸按载流空白的酸度在仪器上进行测试，检查其空白值的高低，以确定盐酸的质量。

2. *硼氢化钾（钠）溶液*

硼氢化钾（钠）是氢化物发生原子荧光光谱法中常用的重要试剂，在使用时注意以下几点：

（1）国内主要生产硼氢化钾（KBH_4），而国外一般都生产硼氢化钠（$NaBH_4$），使用试剂纯度一般要求含量不小于95%。

（2）配制的硼氢化钾（钠）溶液中必须含有一定量的氢氧化钾（钠），以保证溶液的稳定性。据有关文献介绍，采用硼氢化钾作还原剂时必须使用氢氧化钾，不能使用氢氧化钠；另外，必须先将所需的氢氧化钾溶于水中，然后再加入硼氢化钾溶于含有氢氧化钾的溶液中，避免硼氢化钾遇水后分解。

（3）氢氧化钾（钠）的浓度为0.2%～1%，过低的浓度不能有效防止硼氢化钾（钠）的分解。

（4）配制后的硼氢化钾（钠）溶液应避免阳光照射，以免引起还原剂产生较多气泡，影响测定的精度。如发现溶液有混浊物时，必须过滤后才能使用。所使用的溶液宜现用现配，不要使用隔天剩余的还原液。

（5）KBH_4 和 $NaBH_4$ 一般均可互相代替使用，但因钾盐的分子量大，故应进行浓度换算以保持硼氢根的量一致，其换算系数为0.7。

（二）实验用水的要求

在分析中必须采用较高纯度的蒸馏水或去离子水，最好采用一级（UP）水，其电阻率不小于18MΩ/cm（25℃）。

（三）容器的清洗

分析过程使用的锥形瓶、容量瓶等玻璃器皿必须严格清洗。将使用过的器皿在(1+1) HNO_3 溶液中浸泡24h，或用热 HNO_3 荡洗后，再用去离子水洗净。对于新器皿，应做相应的空白检查后才能使用。

（四）样品保存时间

一般来讲，水样采集后，应尽快进行检测。如不能及时分析（建议及时分析），应对水样进行保存，表4-7保存方法仅供参考。

表4-7　样品保存方法及保存时间表

项目	保存方法	保存时间	项目	保存方法	保存时间
砷	硝酸酸化至1%	数月	硒	硝酸酸化至1%	1个月
汞	硝酸酸化至1%		铅	硝酸酸化至1%	1个月

（五）校准曲线

1. 定义

校准曲线是用于描述待测物质的浓度或量与相应的测量仪器的响应量或其他指示量之间的定量关系曲线。

校准曲线包括工作曲线（标准溶液的分析步骤与样品分析步骤完全相同）和标准曲线（标准溶液的分析步骤与样品分析步骤相比有所省略，如省略样品的前处理）。

2. 原子荧光光谱分析的校准曲线

(1) 原子荧光光谱分析的校准曲线也有两种方式：一种是标准曲线，是针对不需要进行消解前处理的清洁水体测定的校准曲线；另一种是工作曲线，是针对需要进行消解前处理的受污染水体测定的校准曲线。需要说明的是，对受污染水体进行前处理消解时，应同时制备并测定样品空白。

(2) 在SL 219—2013《水环境监测规范》中规定，标准曲线的系列不得少于包括零浓度点在内的6个点。这里需要说明的是，在原子荧光光谱分析中，载流空白与标准系列的零浓度不属于同一概念（常有分析人员将载流空白作为零浓度点对待），载流空白是对所用试剂质量的检验，而零浓度点是在去离子水中加入与标准系列相同量的试剂，两者是有区别的，特别是在测定超痕量元素时，这种区别表现的更加突出。

3. 校准曲线浓度范围的确定

校准曲线浓度范围的确定应与被测水体中物质的含量相对应。方法给出的检出限为：砷，0.0002mg/L；汞，0.00001mg/L；硒，0.0003mg/L；铅，0.001mg/L。这个检出限是方法的最低检出限。

但在日常检测中，往往不需要达到如此高的灵敏度。以地表水评价标准为例，Ⅰ类水体对砷、汞、硒、铅的要求分别为0.05mg/L、0.0005mg/L、0.01mg/L和0.01mg/L。因此应根据检测目标或被测物质的含量来调整仪器的灵敏度，同时确定校准曲线的范围（在线性范围内）。

4. 校准曲线的配制

在校准曲线的配制中，需要稀释和定容过程。规范的稀释方法是先配制需要的稀释液（如3%HCl），然后用稀释液最后定容，而不是在系列中加上一定量的HCl，再用去离子水定容。由此消除加量不准确而造成的误差。

第五节 流动分析技术应用

一、流动分析中主要参数介绍

（一）连续流动分析仪

1. 起始峰的定位

起始峰的定位主要是为了确定样品从进样到出峰所需的时间（以下简称 *T* 值）。一般情况下，*T* 值与流路的长短、流速的大小、试剂的加入量等因素密切相关。在一个特定的项目中，理论上 *T* 值应是一个固定值，但实际上，经过维护，流路长短可能略有变化，泵管弹性的改变也会影响流速等，这些都会导致 *T* 值发生变化，因此，在分析开始时，需要用一定浓度的标样来进行定位，然后根据清洗时间和进样时间对后面的样品进行定位。设置起始峰的时候需要注意两点：

（1）需要用一定浓度的标样，一般情况下用标准曲线最高点或其中某个较高的点。

（2）需要设置一个阈值，在一次分析中信号首次超过这个阈值时，即认为该峰为起始峰。

2. 基线校正

基线即当进样器持续吸入纯水时，检测器响应值随时间变化的曲线。理论上来说，基线应该是一条水平直线，但实际上，受光源的稳定性、环境温度的变化、泵管弹性的细微变化等诸多因素的影响，基线会有一定的漂移，因此需要设置一些基线校正点。一般每隔一定的样品设置一个校正点，在相邻的两个校正点之间画一条直线作为这两个基线校正点间的基线。

3. 漂移校正

漂移校正类似于色谱法中的内标校正，流动分析是一个长时间的过程，因此，环境温度的变化、试剂和样品加入量的细微变化、光源强度的变化等因素均能导致灵敏度的改变，漂移校正可以校正灵敏度变化带来的影响。每隔一定数量的样品插入一个漂移校正的溶液，该溶液在一个分析周期（包含标准曲线）中浓度应保持一致。SKALAR 和 SEAL 的软件均称之为 Drift（漂移）。

（二）流动注射分析仪

（1）到阀时间：从自动进样器吸样开始，样品经过预处理单元然后到达六通阀的时间。

（2）注入周期：即填充定量环时间，从到阀开始计算，样品浓度极大值充满定量环的时间。

（3）加载时间：从注入周期开始计算，载流将样品推出定量环的时间。

以上3个参数均需要经过试验来确定，且当更换泵管、更换定量环、泵管弹性改变、蠕动泵管卡松紧改变以及六通阀之前的流路发生改变时均需要重新确定上述3个参数。

二、连续流动与流动注射比较

连续流动分析与流动注射分析见图 4 - 26 和图 4 - 27。

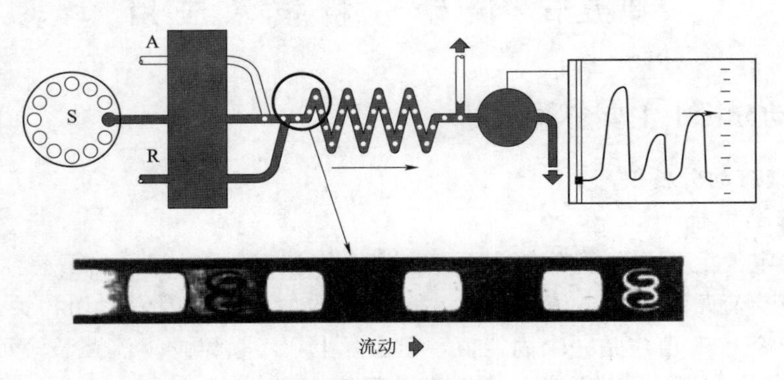

图 4 - 26　连续流动分析示意图

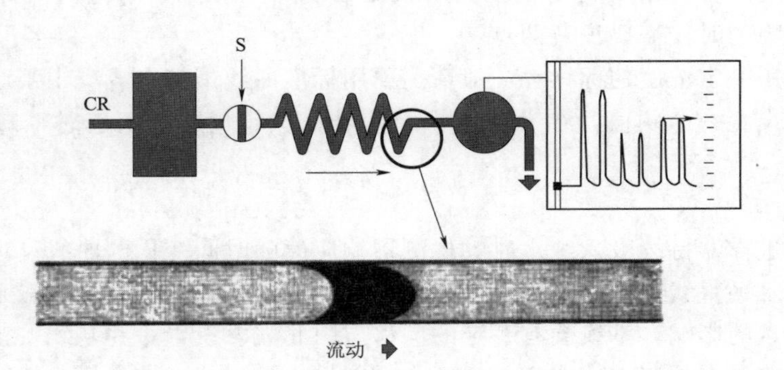

图 4 - 27　流动注射分析示意图

（一）监测类型

连续流动分析属稳态监测，给定的条件（如温度、时间等）使反应达到平衡态（稳态）后进行测定，换言之，即试剂与样品完全反应后进行测定。稳态监测有以下几个优点：

(1) 灵敏度达到最大。

(2) 反应时间足够长，反应条件的细微变化不会引起灵敏度的变化。

流动注射分析属非稳态监测，即当试剂和样品反应未达到平衡态即进行测定，但只要保证标样和样品的反应条件（如反应时间、温度等）高度一致，也可以通过绘制标准曲线计算样品的含量。见图 4 - 28 FIA 和 CFA 监测类型比较图。

由图 4 - 28 可以看出，连续流动分析是稳态监测，有足够的时间使反应达到平衡态，尤其是当反应温度的变化、存在催化剂或抑制剂等严重影响反应速率时，均不会干扰测定。而流动注射需要严格控制反应条件，反应时间会对反应程度造成影响，温度变化会对反应速率曲线有很大的影响，而如果样品中存在催化剂或抑制剂时，会严重干扰测定。反应时间变化对测定的影响见图 4 - 29。

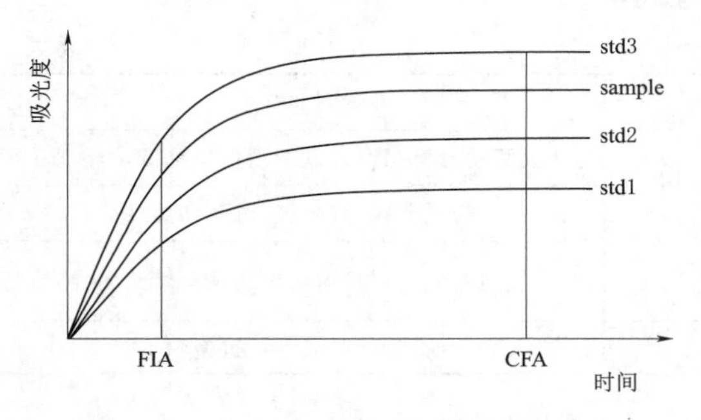

图 4-28 FIA 和 CFA 监测类型比较图

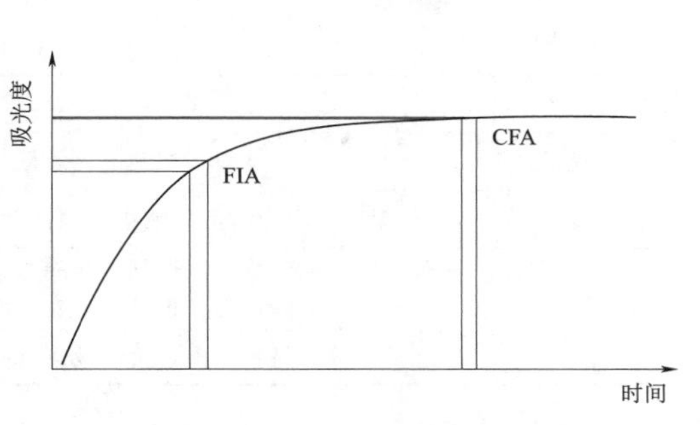

图 4-29 反应时间变化对测定的影响

由图 4-29 可以看出，连续流动分析是稳态监测，有足够的时间使反应达到平衡态，时间的变化（泵管弹性的改变以及泵管压紧的程度会影响流速继而影响反应时间）对测定产生的干扰极小。而流动注射分析需要严格控制反应时间，受原理的影响，反应时间的变化会对结果产生较大的影响。见图 4-30 反应速率变化对测定的影响图。

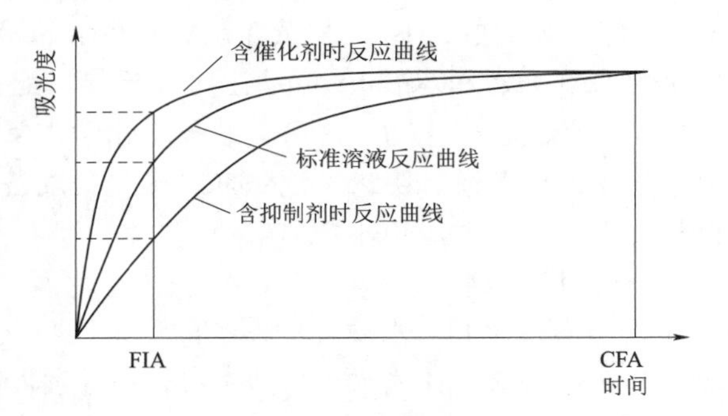

图 4-30 反应速率变化对测定的影响

由图 4-30 可以看出，当影响反应速率的因素改变时，如反应温度的变化、含有催化剂或抑制剂时，因连续流动分析有足够的反应时间使其达到平衡态，所以影响反应速率因素的改变对连续流动分析基本不产生影响，而对流动注射分析则会产生较大的影响。

（二）气泡间隔影响

连续流动分析中用气泡将样品和载流分隔成一个个小的反应单元，使每个反应单元间的扩散降至最小，因此样品与载流间的扩散可以控制到最小，即使经过长时间的反应（经过较长的反应管道），因扩散产生的样品间的相互干扰也在可控制范围内，可用于反应时间较长的物质的测定。

流动注射分析无气泡间隔，样品间的扩散不能得到很好控制，因此不适用于长时间的反应，一般情况下反应时间不超过 1min。连续流动分析与流动注射分析比较见表 4-8。

表 4-8 连续流动分析与流动注射分析比较

分析方式	连续流动分析	流动注射分析
监测类型	稳态	非稳态
反应时间	适合长时间反应	不适合长时间反应
灵敏度	反应完全，吸收达到最大值，灵敏度高	非完全反应，吸收未达到最大值
扩散控制	有气泡间隔，可减少样品间扩散	无气泡间隔，样品间易扩散
峰形		

续表

分析速度	可达到 30 个/h	可达到 300 个/h
试剂消耗量	与手工法比较，试剂消耗量低	与连续流动分析相比，试剂消耗量更低，环境友好
精密度	受温度、反应时间影响小，精密度高	需要严格控制反应时间和温度
故障判断	因有气泡间隔，通过观察气泡间隔的长度来了解试剂加入过程是否异常，直观明了	无气泡间隔，很难通过肉眼观察管路的异常
价格	国产品牌不多，价格较高	有不少国产品牌，价格较低

三、分析技术应用

水利系统近年来购置了大量的连续流动分析仪和流动注射分析仪，其中代表产品有 SKALAR 公司的 SAN^{++} 连续流动分析仪、SEAL 公司的 AA3 连续流动分析仪和 HACH 公司的 LACHAT QC8500 流动注射分析仪，配备的模块有氰化物（总氰化物）、挥发酚、阴离子洗涤剂、硫化物、总磷、总氮、化学需氧量、高锰酸盐指数、氨氮、氟化物等。其中氰化物、挥发酚、阴离子洗涤剂、硫化物配备的较为普及，现在就以上几种参数检测过程与现行的主流方法相比较。

（一）挥发酚

HJ 503—2009《水质　挥发酚的测定　4-氨基安替比林分光光度法》定义挥发酚为：随水蒸气蒸馏出，并能和 4-氨基安替比林反应生成有色化合物的挥发性酚类化合物。

1. 样品保存

（1）ISO 14402：1999（E）中规定用玻璃瓶或聚四氟乙烯瓶储存样品，用硫酸调节 pH 至 2 左右，立即测定；或者用硫酸或 50% 盐酸调节 pH 至 2 左右，2～5℃避光保存，可保存 24h。

（2）HJ 503—2009 中规定用硬质玻璃瓶储存样品，样品采集后应及时加磷酸酸化至 pH 约 4.0，并加适量硫酸铜（1g/L）以抑制微生物对酚类的生物氧化作用，4℃下冷藏，24h 内测定。

2. 相关标准方法比较

流动分析仪测定挥发酚与相关标准方法比较见表 4-9。

表 4-9　流动分析仪测定挥发酚与相关标准方法比较

比较内容	HJ 503—2009	GB/T 8538—2008	ISO 14402：1999（E）
方法类型	手动比色	流动注射分析	连续流动分析/流动注射分析
原理	挥发性酚在碱性介质中，在铁氰化钾存在下，与 4-氨基安替比林反应生成橙红色化合物		
预处理方式	水蒸气馏出	水蒸气馏出	蒸馏或显色后萃取
蒸馏器温度	约 100℃	145℃	155℃
检测波长	直接法：510nm 萃取法：460nm	直接法：500nm	蒸馏法：505～515nm 萃取法：470～475nm
检出限	20mm 光程 直接法：0.1×10^{-6} 萃取法：2×10^{-12}	未注明光程 2×10^{-12}	5～50mm 光程 10×10^{-12}

3. 流动分析测定流程

（1）SAN^{++}测定流程。SAN^{++}测定挥发酚流程图及标准曲线图见图 4－31 和图 4－32。

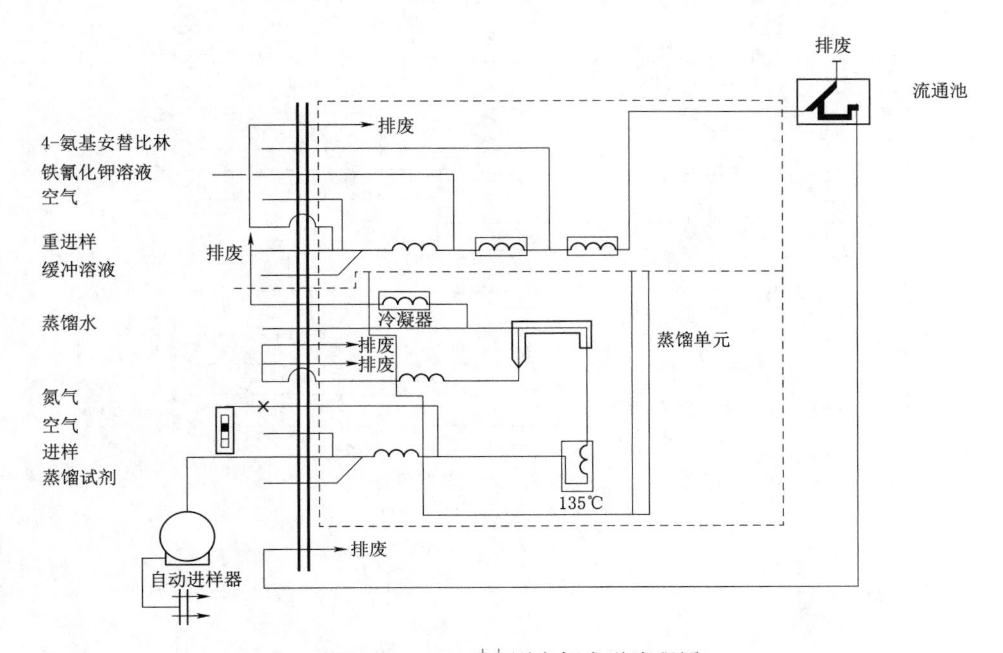

图 4－31　SAN^{++}测定挥发酚流程图

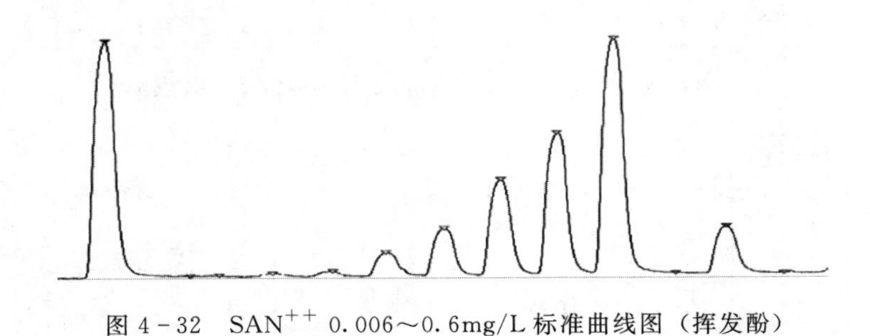

图 4－32　SAN^{++} 0.006～0.6mg/L 标准曲线图（挥发酚）

（2）SEAL AA3 测定流程。SEAL AA3 测定挥发酚流程图及标准曲线图见图 4－33 和图 4－34。

（3）QC8500 测定流程。QC8500 测定挥发酚流程图及标准曲线图见图 4－35 和图 4－36。

4. 注意事项

（1）严格按照使用说明书操作仪器，尤其注意说明书中的注意事项。如：开关机注意事项、每次走试剂前应观察试剂是否载入、试剂过滤、试剂脱气等。

（2）熟练掌握仪器测定流程，平时注意观察，尤其注意观察仪器正常工作时的状态，如各个环节气泡间隔长度以及是否均匀等，一旦出现异常情况，便能很快判断出问题所在。

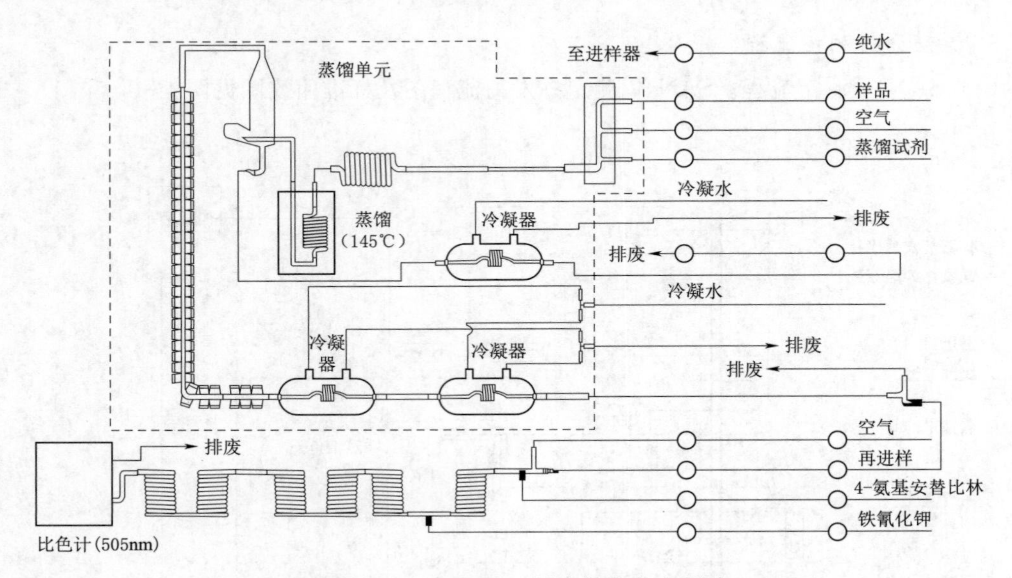

图 4－33　SEAL AA3 测定挥发酚流程图

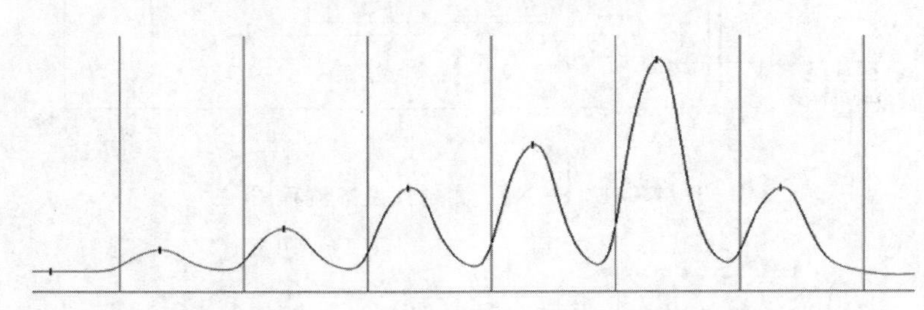

图 4－34　AA3 0.005～0.050mg/L 标准曲线图（挥发酚）

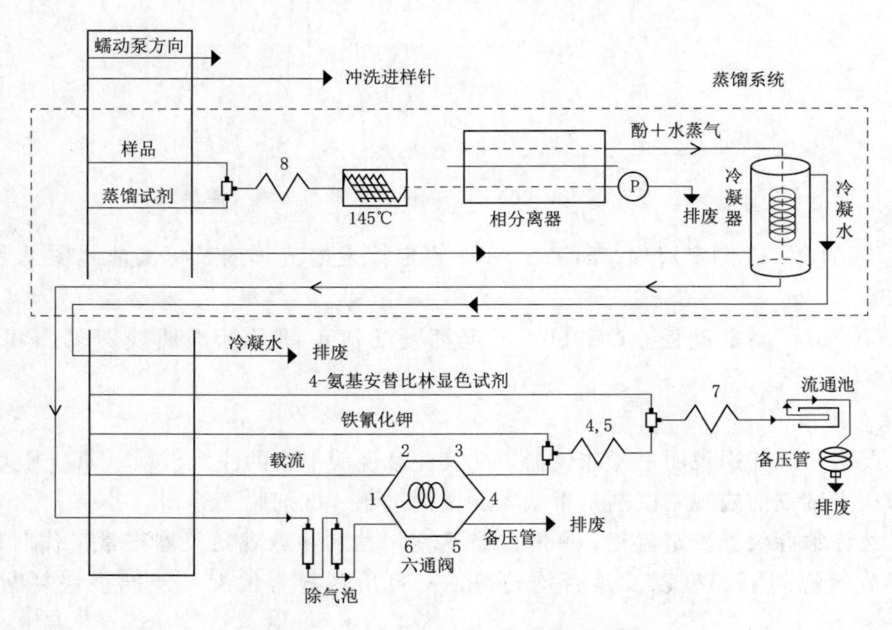

图 4－35　QC8500 测定挥发酚流程图

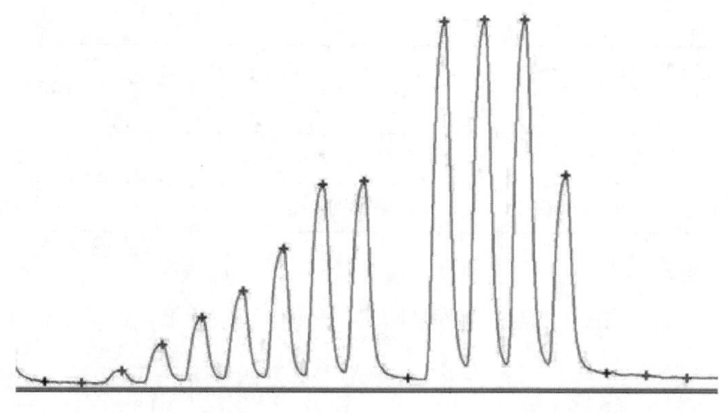

图 4-36　QC8500 0.002～0.050mg/L 标准曲线图（挥发酚）

（3）注意观察气泡形状，气泡应呈椭圆形，若形状不规则，则应考虑清洗管路或提高试剂中表面活性剂的加入量。

（4）按说明书要求定期维护仪器。如更换泵管、清洗管路等。

（二）氰化物

HJ 484—2009《水质　氰化物的测定　容量法和分光光度法》和 GB/T 5750.5—2023《生活饮用水标准检验方法　第 5 部分：无机非金属指标》中均有异烟酸-吡唑（啉）酮分光光度法和异烟酸-巴比妥酸分光光度法。其中蒸馏措施均相同：酸性条件下，在锌盐（掩蔽剂）存在下加热蒸馏，氰化物以氰化氢形式释放出来，用氢氧化钠溶液吸收。当测定总氰化物时，HJ 484—2009《水质　氰化物的测定　容量法和分光光度法》中蒸馏时加入 EDTA 二钠，使大部分络合氰化物离解出氰离子。流动分析仪中均采用紫外消解的方式使络合氰化物释放出来。

1. 样品保存

（1）ISO 14403：2012（E）中规定样品用 0.01～1.0mol/L 氢氧化钠溶液调节 pH 至 12 左右（氢氧化钠体积要尽可能的小），尽快测定；ISO 5667-3 中有说明调节 pH 后样品在阴暗处可保存 7d。

（2）HJ 484—2009 规定必须加氢氧化钠固定，一般每升水样加 0.5g 固体氢氧化钠，当水样酸度高时，应多加固体氢氧化钠，使样品的 pH>12，聚乙烯塑料瓶或硬质玻璃瓶保存。

2. 相关标准方法比较

流动分析仪测定氰化物与相关标准方法比较见表 4-10。

表 4-10　流动分析仪测定氰化物与相关标准方法比较

比较内容	GB/T 5750.5—2023 HJ 484—2009	ISO 14403-1：2012（E）	ISO 14403-2：2012（E）
方法类型	手动比色	流动注射分析	连续流动分析
原理	氰化物与氯胺 T 作用生成氯化氰，再与异烟酸-巴比妥酸反应生成紫蓝色化合物		
蒸馏方式	加入锌盐，水蒸气馏出	加热透析	蒸馏
蒸馏器温度	约 100℃	40℃	125℃

续表

比较内容	GB/T 5750.5—2023 HJ 484—2009	ISO 14403-1：2012（E）	ISO 14403-2：2012（E）
检测波长	600nm	590～610nm	590～610nm
检出限	30mm 光程，2×10^{-12}	10mm 光程，20×10^{-12}	10mm 光程，10×10^{-12}

3. 标准曲线谱图

SAN^{++} 0.005～0.1mg/L 标准曲线图（氰化物）见图 4-37。

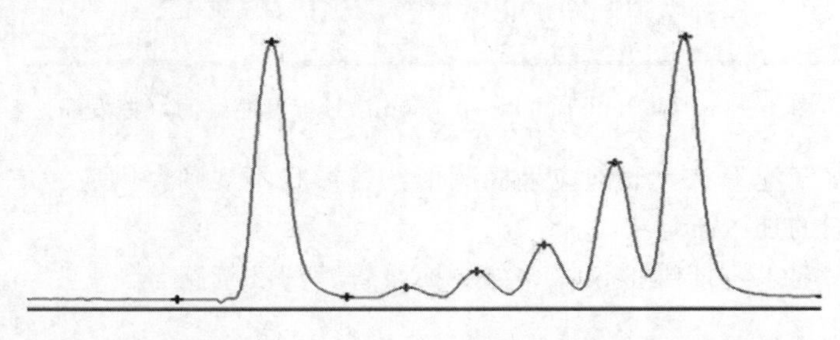

图 4-37　SAN^{++} 0.005～0.1mg/L 标准曲线图（氰化物）

4. 注意事项

（1）严格按仪器说明书操作仪器，定期维护仪器。

（2）当测定总氰化物时，应经紫外消解后蒸馏，蒸馏时无须加入锌盐。测定氰化物时，应关闭紫外消解模块，蒸馏时加入锌盐。

（3）铁氰化钾对总氰化物测定有影响，测定总氰化物时，应避免与挥发酚的管路和器具发生交叉污染。若出现倒峰，则表示载流（进样针冲洗液）可能被污染。

（三）硫化物

GB/T 16489—1996《水质　硫化物的测定　亚甲基蓝分光光度法》中定义硫化物为水中溶解性无机硫化物和酸溶性金属硫化物，包括溶解性的 H_2S、HS^-、S^{2-}，以及存在于悬浮物中的可溶性硫化物和酸溶性金属硫化物。样品经酸化后，用氮气将生成的 H_2S 吹出，用乙酸锌-乙酸钠吸收，与 N,N-二甲基对苯二胺和三价铁反应生成蓝色络合物亚甲基蓝。水样预处理方式有沉淀分离法和酸化吹气法。流动分析仪中一般采用酸化吹气法、膜透析法或直接比色法。

1. 样品保存

（1）流动分析：每 100mL 水样加入 1mL 稳定剂，不要留有气泡，立即分析，稳定剂的主要成分为氢氧化钠、氯化锌和羧甲基纤维素钠。

（2）GB/T 16489—1996：采样时防止曝气，并加适量的氢氧化钠溶液和乙酸锌-乙酸钠溶液，使水样呈碱性并形成硫化锌沉淀。采样时应先加乙酸锌-乙酸钠溶液，再加水样。通常每升中性水样加 1mL 浓度为 1mol/L 氢氧化钠溶液，2mL 以上的乙酸锌（50g/L）-乙酸钠（12.5g/L）溶液直至硫化物沉淀完全。水样应充满瓶，不留空气，棕色玻璃瓶保存，可保存 1 周。

2. 相关标准方法比较

流动分析仪测定硫化物与相关标准方法比较见表 4-11。

表 4－11　　　流动分析仪测定硫化物与相关标准方法比较

比较内容	GB/T 16489—1996	水和废水标准检验方法（第 20 版）
方法类型	手动比色	连续流动分析
原理	S^{2-}与 N,N－二甲基对苯二胺和三价铁反应生成蓝色络合物亚甲基蓝	
预处理方式	沉淀分离法、酸化—吹气—吸收	（80℃）透析或酸化加热吹出法
检测波长	665nm	660nm
检出限	10mm 光程 5×10^{-12}	10～50mm 光程 6×10^{-12}～20×10^{-12}

3. 标准曲线谱图

SAN^{++} 0.05～1.00mg/L 标准曲线图（硫化物）见图 4－38。

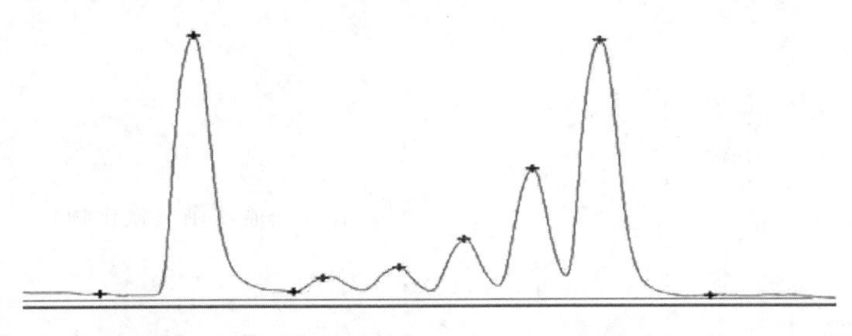

图 4－38　SAN^{++} 0.05～1.00mg/L 标准曲线图（硫化物）

4. 注意事项

（1）严格按说明书操作仪器，定期维护仪器。

（2）测定硫化物时，水样保存时一般加入碱性溶液和锌盐和增稠剂，使硫化物生成硫化锌并形成悬浊液。因此上样之前应将水样充分混匀，若有条件，应选用带超声混匀装置或气泡混匀装置的自动进样器。

（3）N,N－二甲基对苯二胺盐酸盐很容易变质，遇空气易变黑，易吸潮，固体试剂应密封存放于干燥器中，显色剂应临用前配制。

（四）阴离子表面活性剂

GB/T 7494—1987《水质　阴离子表面活性剂的测定　亚甲蓝分光光度法》中用阳离子染料亚甲蓝与阴离子表面活性剂作用，生成蓝色盐类，用氯仿萃取，经酸性溶液洗涤后比色。流动分析仪：阴离子表面活性剂和碱性亚甲基蓝反应形成蓝色化合物，用氯仿萃取，经酸性亚甲基蓝洗涤后比色。

1. 样品保存

（1）ISO 16265：2009（E）：样品用玻璃瓶储存，2～5℃下最长可保存 3d；如储存时间超过 24h，则可加入 1%（*V*/*V*）40%的甲醛水溶液，保存时间可达 4d。

（2）GB/T 7494—1987：用甲醇清洗过的玻璃瓶保存，不加任何保存剂在 4℃可保存不超过 24h。加入 1%（*V*/*V*）的 40%（*V*/*V*）甲醛溶液可保存 4d。

2. 相关标准方法比较

流动分析仪测定阴离子表面活性剂与相关标准方法比较见表 4－12。

表 4-12　　流动分析仪测定阴离子表面活性剂与相关标准方法比较

比较内容	GB/T 7494—1987	ISO 16265：2009（E）
方法类型	手动比色	连续流动分析
原理	亚甲蓝与阴离子表面活性剂作用，生成蓝色盐类，用氯仿萃取，经洗涤后比色	
预处理方式	反应后氯仿萃取，经酸性溶液洗涤	与碱性亚甲蓝反应，氯仿萃取后经酸性亚甲蓝溶液洗涤
检测波长	652nm	650nm±10nm
检出限	10mm 光程，0.05mg/L	50mm 光程，0.05mg/L

3. 标准曲线谱图

AA3 0.10～1.00mg/L 标准曲线图（阴离子表面活性剂）见图 4-39。

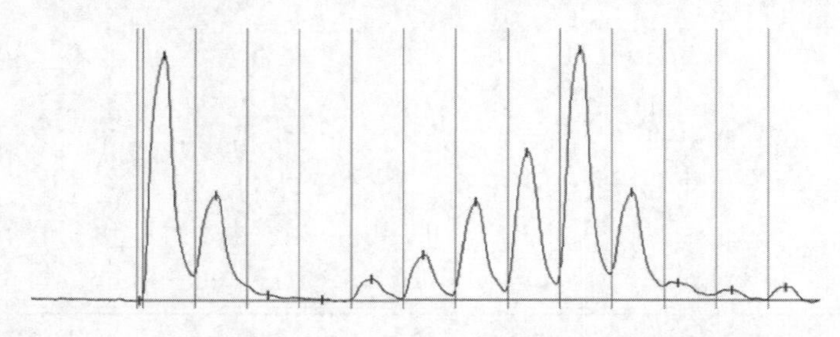

图 4-39　AA3 0.10～1.00mg/L 标准曲线图（阴离子表面活性剂）

4. 注意事项

（1）按仪器说明书操作仪器，定期维护仪器。

（2）每天测试结束之后，应依次用纯水和乙醇（或甲醇）冲洗试剂管路（氯仿管除外），排空后，走氯仿试剂 5min 左右，然后排空管路。

（3）聚四氟乙烯相分离器应定时清洗；玻璃相分离器应定期清洗和镀膜，否则影响相分离效果。

（五）总磷

SAN^{++} 和 AA3 测定总磷的原理与 GB/T 11893—1989《水质　总磷的测定　钼酸铵分光光度法》基本类似，水样经过硫酸钾消解后，在酸性介质中，在锑盐存在下，与钼酸铵反应生成磷钼多杂酸，然后被抗坏血酸还原成蓝色络合物。国标方法采用色度浊度校正消除悬浮物、色度等物理干扰，流动分析仪一般采用加热＋紫外＋加压等方式消解，可采用膜透析的方式消除悬浮物的干扰。2013 年原环境保护部发布了 HJ 671—2013《水质　总磷的测定　流动注射-钼酸铵分光光度法》和 HJ 670—2013《水质　磷酸盐和总磷的测定　连续流动-钼酸铵分光光度法》。

1. 样品保存

（1）流动分析法：样品应在－18℃保存或者用硫酸调节 pH 至 2 左右，可以保存 1 个月。

（2）GB/T 11893—1989：采取 500mL 水样后加入 1mL 浓硫酸调节样品的 pH 值，使之低于或等于 1，或不加任何试剂于冷处保存。

2. 相关标准方法比较

总磷与相关标准方法比较见表 4-13。

表 4-13　流动分析仪测定总磷与相关标准方法比较

比较内容	GB/T 11893—1989	HJ 671—2013 HJ 670—2013	ISO 15681-1：2003（E） ISO 15681-2：2003（E）
方法类型	手动比色	流动注射分析 连续流动分析	流动注射分析 连续流动分析
原理	水样经过硫酸钾消解后，在酸性介质中，在锑盐存在下，与钼酸铵反应生成磷钼多杂酸，然后被抗坏血酸还原成蓝色络合物		
预处理方式	过硫酸钾消解	酸性过硫酸钾，125℃高压紫外消解 酸性过硫酸钾，107℃紫外消解	手动消解或加热至 95℃ 紫外消解
物理干扰消除方式	浊度-色度补偿	浊度-色度补偿 透析	无
检测波长	700nm	880nm	880nm
检出限	20mm 光程，0.01mg/L	10mm、0.005mg/L 50mm、0.01mg/L	未注明光程，0.01mg/L

3. 标准曲线谱图

SAN^{++} 0.20～2.00mg/L 标准曲线图（总磷）见图 4-40。

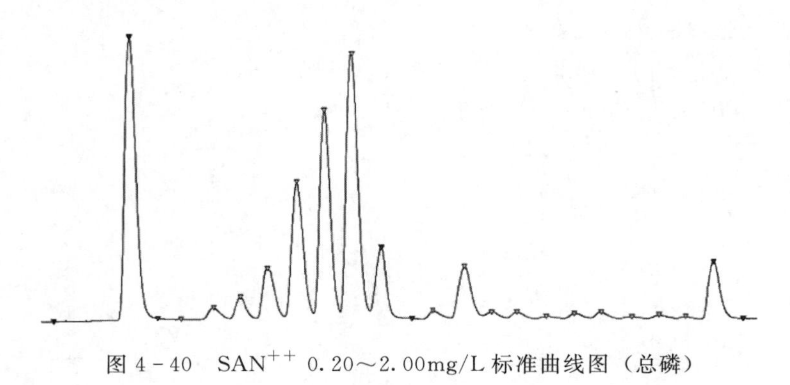

图 4-40　SAN^{++} 0.20～2.00mg/L 标准曲线图（总磷）

4. 注意事项

（1）按仪器说明书操作仪器，定期维护仪器。

（2）过硫酸钾溶液易结晶堵塞管路，应将过硫酸钾拿出冰箱稳定至室温一段时间后再走试剂。

（六）总氮

HJ/T 636—2012《水质　总氮的测定　碱性过硫酸钾消解紫外分光光度法》中采用碱性过硫酸钾消解水样，使水样中各种形态的氮氧化为硝酸根，用紫外法测定。流动分析仪中采用碱性过硫酸钾消解，使水样中的氮转化为硝酸根，然后经镉柱还原成亚硝酸根，用重氮偶合分光光度法测定亚硝酸根含量，通过亚硝酸根含量计算出总氮含量。该方法通过消解后静置取上清液的办法消除悬浮物的干扰，流动分析仪中可采用膜透析的方式消除悬浮物的干扰。各方法之间的比较见表4-14。

1. 样品保存

(1) ISO 29441：2010 (E)：样品在2～5℃可保存48h。

(2) HJ/T 636—2012：采集好的样品贮存在聚乙烯瓶或玻璃瓶中，用浓硫酸调节pH值至1～2，常温保存7d。

2. 相关标准方法比较

流动分析仪测定总氮与相关标准方法比较见表4-14。

表4-14　流动分析仪测定总氮与相关标准方法比较

比较内容	HJ/T 636—2012	ISO 29441：2010 (E)
方法类型	手动比色	连续流动分析/流动注射分析
原理	碱性过硫酸钾消解水样，使水样中各种形态的氮氧化为硝酸根，用紫外法测定	碱性过硫酸钾消解，使水样中的氮转化为硝酸根，然后经镉柱还原成亚硝酸根，用重氮偶合分光光度法测定亚硝酸根含量，通过亚硝酸根含量计算出总氮含量
预处理方式	碱性过硫酸钾消解	碱性过硫酸钾紫外消解
物理干扰消除方式	消解定容后静置使澄清	透析
检测波长	220nm、275nm	540nm
检出限	10mm光程，0.05mg/L	10～50mm光程，0.04～0.01mg/L

3. 标准曲线谱图

AA3 0.05～2.00mg/L标准曲线图（总氮）见图4-41。

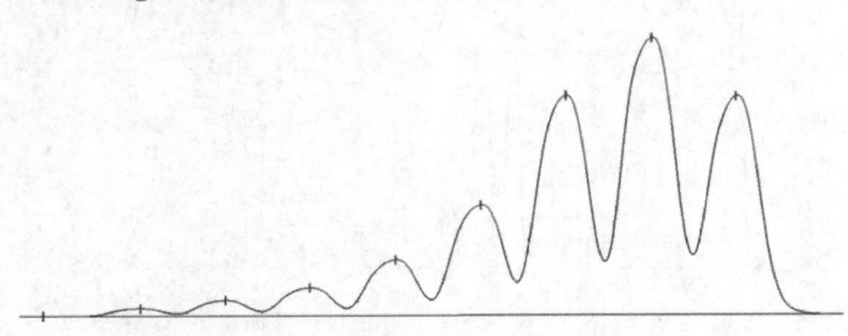

图4-41　AA3 0.05～2.00mg/L标准曲线图（总氮）

4. 注意事项

(1) 按仪器说明书操作仪器，定期维护仪器。

(2) 因试剂中有氯化铵等含氮试剂，应注意防止交叉污染。

(3) 镉柱易被空气氧化，封闭镉柱时，应注意不要引入空气，必要时应进行镉还原能力测试（如肉眼看见镉柱全部变色时）。

(七) 化学需氧量

1. 方法比较

连续流动分析仪测定化学需氧量原理主要基于快速消解分光光度法，以气泡间隔的硫酸-硫酸银-重铬酸钾溶液为载流，将样品添加到载流中，混匀后经150℃消解器消解，然后经比色池于420nm处连续测定吸收值，与载流相比，其吸收值的减少量与样品化学需氧量值成正比。与HJ/T 399—2007《水质 化学需氧量的测定　快速消解分光光度法》相比，其主要区别是将测定过程自动化，消解温度等也略有差别，主要异同处见表4-15。

表4-15　　流动分析仪测定化学需氧量与相关标准方法比较

比较内容	连续流动分析仪	快速消解分光光度法
方法类型	分光光度法	分光光度法
操作方式	测定过程完全自动化	手工消解、比色
消解温度和时间	150℃，约15min	165℃，15min
比色波长	420nm	440nm±20nm（低量程）
比色光程	10mm	10mm
测定下限	10mg/L	15mg/L
上限（未稀释）	200mg/L	150mg/L（低量程）

2. 标准曲线谱图

AA3 10.6～106mg/L标准曲线图（化学需氧量）见图4-42。

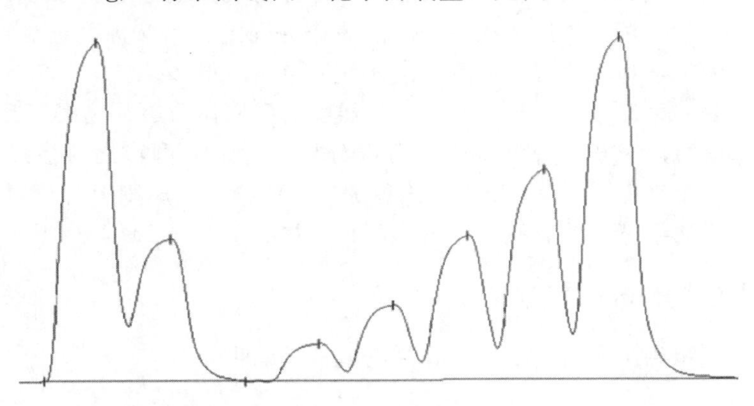

图4-42　AA3 10.6～106mg/L标准曲线图（化学需氧量）

3. 注意事项

（1）化学需氧量作为评价水质的主要指标，应格外重视，质控措施应做到位。

（2）应定期更换硫酸汞溶液，硫酸汞溶液如果过期，常规的质控手段（如平行、加标、插标样等）不易发现问题，可通过定期测定含氯的标准溶液来检验。

四、总结

（1）流动分析仪的优势：将复杂、烦琐的操作步骤自动化处理，解放劳动力。

（2）流动分析仪的缺点：价格昂贵。管路繁多且复杂，自动化程度高，一旦出现问题，不容易排查。

（3）各个厂家都有各自的优势，应取长补短。采购之前应了解各产品的优势，如仪器原理、与标准方法吻合程度、消除干扰的方式、样品预处理的方式、检出限等。

（4）如何使用好流动分析仪。

1）熟练掌握仪器操作规程和方法，尤其要熟悉参数测定流程，平时多注意观察，对正常状态做一些统计性记录，如：气泡间隔、气泡宽度、基线信号值、基线与增益、出峰时间、仪器灵敏度（曲线斜率）等。一旦出现异常情况，立刻就能发现，并能分析出原因。

2）严格按照仪器说明书定期做好维护工作。如：管路清洗、泵管和透析膜更换等。

3）某些试剂尽量买高等级的，如4-氨基安替比林、亚甲蓝、过硫酸钾等。

4）任何时候都要绷紧质量控制这根弦，当发现异常数据时，应及时有针对性地做一些质量控制，如插标样、多做几个稀释度、加标等。

第六节　气相色谱、气相色谱质谱法分析技术应用

一、气相色谱法简介

气相色谱法中以气体作为流动相（又称为载气），采用固体或液体为固定相，分为气固色谱和气液色谱。气固色谱适合于分离非极性化合物或分子量较小的化合物，应用范围较窄，如烃类气体的分析。气液色谱中采用液体作为固定相（又称固定液），由于固定液种类繁多，可以调节选择性，因而应用范围比气固色谱广得多。

气相色谱法是一种高效能、选择性好、灵敏度高、操作简单、应用广泛的分离分析方法。气相色谱法既可以分析气体样品，也可以分析易挥发或可转化为易挥发的液体和固体。一般来说，只要沸点在500℃以下，热稳定良好的物质，原则上都可以采用气相色谱法，目前气相色谱法可分析的有机物约占全部有机物的15%～20%。

二、常用色谱术语及其意义

图4-43为气相色谱流出曲线图，有关色谱术语说明如下。

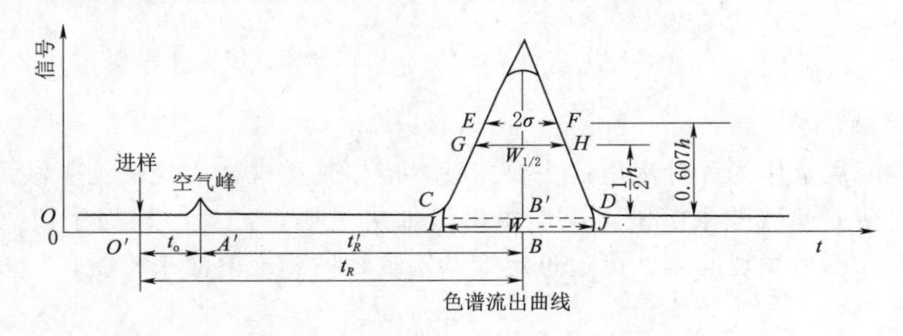

图4-43　气相色谱流出曲线图

（1）保留时间（t_R）：组分从进样开始到检测器检测到浓度极大值的时间。

（2）死时间（t_M）：流动相流过色谱柱所需要的时间。气相色谱中可用空气或甲烷近似进行测定，也可以用柱长除以载气线速度得到。

（3）调整保留时间（t'_R）：$t'_R=t_R-t_M$。

（4）基线：当只有载气通过时，检测器响应信号随时间变化的曲线。

（5）峰高：峰顶点（浓度极大值）到基线的高度。

（6）峰面积：色谱峰和基线构成的区域的面积。

（7）峰底宽（W_b）：沿色谱峰两边做切线至基线交点的距离。

（8）半峰宽（$W_{1/2}$）：峰高一半处对应的峰宽度。

三、色谱法中常用关系式

（1）分配系数：在一定温度和压力下，固定相和流动相达到平衡时，组分在两相中的浓度比。

$$K=\frac{\text{固定相中的浓度}}{\text{流动动相中的浓度}}=\frac{c_l}{c_g}=k'\beta \tag{4-6}$$

（2）容量因子：也称分配比，在一定温度、压力下，当两相平衡时，组分分配在固定相中的质量与分配在气相中的质量比。

$$k'=\frac{m_l}{m_g}=\frac{t'_R}{t_M} \tag{4-7}$$

（3）相比：色谱柱中流动相和固定相体积比。

$$\beta=\frac{V_g}{V_l} \tag{4-8}$$

相比是色谱柱的重要参数，相比越大，容量因子就越小；相比越小，容量因子就越大。如：当毛细管柱中液膜越厚时，相比越小，容量因子越大，保留时间越长。

（4）载气线速度：载气通过色谱柱的平均速度，用 u 表示。

（5）载气流量：载气通过色谱柱的流量，用 V 表示。

$$V=u\pi(d/2)^2 \tag{4-9}$$

式中：d 为色谱柱内径。

（6）理论塔板数和有效塔板数：将色谱分离过程比拟做蒸馏过程，理论塔板数相当于分离过程中两相间分配平衡的次数，理论塔板数越大，分配平衡次数越多，分离效果越好。理论塔板数是反应柱效的一个指标，但同一色谱柱对不同物质的柱效是不一样的，当用这些指标表示柱效能时，必须说明是对什么物质而言的。

理论塔板数：$$n=16(t_R/W)^2=5.545(t_R/W_{1/2})^2 \tag{4-10}$$

有效塔板数：$$n_{\text{eff}}=16(t'_R/W)^2=5.545(t'_R/W_{1/2})^2 \tag{4-11}$$

（7）分离度：形容两个相邻峰分离的程度，用来表征总分离效能。

$$R=2\left(\frac{t_{R2}-t_{R1}}{W_1+W_2}\right)=\frac{2\Delta t_R}{W_1+W_2} \tag{4-12}$$

当 $W_1\approx W_2$ 时：

$$R=\frac{\Delta t_R}{W_1} \tag{4-13}$$

当 R 达到 1 时，两个峰基本能分开；当 R 达到 1.5 时，两个峰能完全分离开。

四、气相色谱分析方法

（一）定性方法

气相色谱法是一种高效、快速的分离技术，可分离几十种或几百种组分的混合物。定性分析就是确定每个色谱峰是何种物质，必要时采用色谱与鉴定未知物的有效工具——质谱、光谱等联用技术，以及化学反应联用，来解决未知物的定性问题。

各种化合物在一定的色谱条件下，均有确定的保留值，所以在气相色谱分析中可以用保留值作为定性依据。但是具有相同保留值的两个化合物却不一定是同一种物质，因此保留值是定性的必要条件，而不是充分条件。

常用的定性方法有以下几种。

1. 保留值法

保留值法是最简单最常用的色谱定性方法。其缺点是柱长、柱温、固定液配比及载气的流速等因素都会对保留值产生较大的影响，因此必须严格控制操作条件。

2. 相对保留值法

在某一固定相及柱温下，分别测定被测物质与另一基准物质（或称标准物）的调整保留值之比。由于相对保留值只与柱温有关，不受其他操作条件的影响，所以此法作色谱定性是比较可靠的。

3. 加入已知物增加峰高法

对试样进样后得到待测物质的色谱图，再在试样中加入待定物质的纯物质进行试验，比较同一色谱峰的高低。如果得到的色谱峰峰高增加而半峰宽不变，则待定物质可能即是试验中所用的纯物质。

4. 与其他仪器配合定位法

利用保留值和峰高增加法定性是最常用、最方便的定性方法。但有时对待测物质全然不知时，用上述方法定性有一定困难，可用气相色谱和质谱、红外光谱的联用技术。如气相色谱-质谱联用技术，即充分利用了气相色谱的强分离能力，又利用了质谱的强鉴别能力，使该法成为鉴定复杂多组分混合物非常有利的工具。

（二）定量方法

定量方法是气相色谱的主要任务。在一定操作条件下，检测器对组分产生的响应信号（峰面积或峰高）与该组分的量成正比。

$$c_i = f_i A_i \tag{4-14}$$

式中：c_i 为组分浓度；f_i 为该组分校正因子；A_i 为该组分峰面积。

目前气相色谱定量法主要有面积归一化法、外标法、内标法和内标标准曲线法。

（1）面积归一化法：把所有流出的色谱峰的峰面积加起来，其中某个峰面积占总峰面积的百分数即为该组分的含量。该方法适合高浓度样品分析（百分比含量级别），如纯度分析等。归一化法一般只适合于 FID，因为多数有机物在 FID 上的响应值近似相同。

（2）外标法：外标法即标准曲线法，根据校正因子公式，组分浓度与峰面积成正比，可以做一条浓度对应峰面积的标准曲线，通过标准曲线算出样品含量。外标法要求仪器操作条件要严格一致，进样量要准确，重复性要好等。

(3) 内标法：在标准样品中加入已知量的内标物质（c_s），根据得到的峰面积（A_s）计算相对校正因子 f'。

$$c_i = f_i A_i \tag{4-15}$$

$$c_s = f_s A_s \tag{4-16}$$

$$f' = \frac{f_i}{f_s} \tag{4-17}$$

将上面公式相比得

$$c_i = \frac{f_i A_i}{f_s A_s} \times c_s = f' \times \frac{A_i}{A_s} \times c_s \tag{4-18}$$

然后在待测样品中加入一定量的内标物，测得待测物和内标物的峰面积，根据式（4-16）即可算出待测物的浓度。

内标法受操作条件影响较小，能校正进样量和仪器灵敏度漂移带来的影响。内标物选择原则是：

1）待测样品中本来没有的，能与样品互溶，且与样品不发生反应。

2）内标物应与待测样品中的组分完全分离开，内标物的保留时间应尽量接近待测组分保留时间。

3）内标物和待测组分浓度和结构应相似，测定多个复杂的组分应选择多种内标物。

(4) 内标标准曲线法：在外标法的标准系列溶液中和待测溶液中加入相同浓度的内标物质，根据式（4-17）计算：

$$c_i = f' \times \frac{A_i}{A_s} \times c_s \tag{4-19}$$

一般情况下，内标物加入量（c_s）是恒定的，故只要用待测组分与内标物峰面积之比对待测物浓度绘制标准曲线即可，无须计算相对校正因子。

五、色谱柱技术应用

(一) 色谱柱

色谱柱是色谱分离的核心，选择一根合适的色谱柱是色谱分析成败的关键。首先根据待分析物质的性质选择合适的固定相，固定相是决定柱子性能的关键因素。

1. 色谱柱的选择

一般情况下，毛细管柱的柱效随着柱内径的增加而减小，从柱效来考虑也许会建议采用最细的柱子。不过柱子的选取需与色谱仪匹配，因为柱子内径越小，需要的进样口压力越大，对仪器要求越高，同时柱容量也越小。因此，在选择柱内径时，通常做折中处理，主要要考虑的是：分析寿命、所需要的柱效、柱容量等。

与填充柱不同的是，毛细管柱中，柱长不是十分重要的参量，从分离度考虑，分离度需要提高 1 倍时，柱长需要增加 3 倍，分析时间需要增加 7 倍。因此，很少用增加柱长方式来提高分离度，毛细管柱的长度一般在 30～60m。

在毛细管气相色谱柱中，柱内径和液膜的厚度决定了固定液的体积，液膜越厚，相比越大，柱容量也越大，同时出峰时间越长。液膜越薄，相比越小，柱容量越小，分析时间越短，但如果太薄，待测物质的保留时间接近于死时间，影响分离度。故液膜厚度的选择应考虑到待测组分的含量、分离度和分析时间等。

表 4-16 为部分毛细管气相色谱柱选择参考表。

表 4-16　部分毛细管气相色谱柱选择参考表

固定相	商品名	极性	使用温度/最高温度/℃	应　用
100%甲基硅氧烷	HP-1、DB-1、BP-1、SPB-1、OV-1 等	非极性	60～325/350	烃类、农药、多氯联苯、酚类、含硫化合物
5%苯基 95%甲基硅氧烷	HP-5、DB-5、BP-5、SPB-5、OV-5 等	非极性	60～325/350	非挥发性化合物、生物碱、药物、卤化物、农药、杀虫剂等
6%氰丙基苯基 94%甲基硅氧烷	DB-1301、CP-1301、DB-624、HP-VOC 等	中等极性	20～280/300	芳氯物、酚、农药、挥发性有机物等
14%氰丙基苯基 86%甲基硅氧烷	DB-1701、DB-1701、OV-1701 等	中等极性	20～280/300	农药、杀虫剂等
聚乙二醇	DB-WAX	极性	20～250/260	酚、游离脂肪酸、溶剂、矿物油等
聚乙二醇改性	HP-FFAP、DB-FFAP、OV-351 等	极性	40～250	有机酸、醛、酮、丙烯酸酯等

2. 柱温的选择

柱温是影响分离最重要的因素，而且在一定条件下常常表现为控制因素。柱温的设定一般有两种：恒温和程序升温。

恒温模式适用于组分比较单一的样品（如单一组分标样的定值），一般来说，选择的柱温应比待测组分低 20%～30%，对沸点为 300～400℃的组分，可选择柱温为 200～250℃；对沸点位 200～300℃的组分，可选择柱温为 150～200℃；对沸点 100～200℃的组分，可选择柱温为 80～150℃。

如果组分比较复杂，待测化合物种类比较多时，恒温模式则不太适用，因为所选择的柱温对大部分组分来说不是太高就是太低。对于低沸点的组分，柱温太高很快流出，色谱峰重叠在一起不易分开；对于沸点高的组分，柱温太低，组分流出很慢，导致色谱峰矮且宽，不利于定量，甚至在有些情况下，高沸点的组分在测定时间内不能流出，在下一个周期内又表现为假峰，干扰测定。程序升温可以很好地解决上述问题，采用较低的初始温度，使低沸点的组分能得到良好的分离，而高沸点的组分在升高的柱温下被推出色谱柱，得到尖锐的色谱峰，灵敏度相应提高，而且总分析时间也相应缩短。一般情况下，起始温度应尽可能低（但不能低于最低使用温度），使低沸点组分得到有效分离，结束温度应使高沸点组分得到一样尖锐的峰（但不能超过最高使用温度）。当分析基体较为复杂的样品，最后还可以设置高温除残的时间，温度可以设置为高于正常使用温度，但应低于固定液最高使用温度。

3. 载气流速选择

一般情况下，分离度随载气流速的增加而降低，但影响不是太大。在满足分离度的条件下，增加载气的流速可缩短分析时间。因此，流速的选择应考虑待测组分的分离度和分析时间，载气流量的选择还应考虑色谱柱的内径大小。不同内径色谱柱的载气流量推荐见表 4－17。

表 4－17　不同内径色谱柱的载气流量推荐表

内径/mm	0.10	0.25	0.32	0.53
流速/(cm/s)	40～50	25～35	20～35	18～27
流量/(mL/min)	0.05～0.02	0.3～0.6	0.4～1.0	1.3～2.6
	0.2～0.3	0.7～1.0	1.0～1.7	2.4～3.5

4. 色谱柱老化

新买的色谱柱或色谱柱使用一段时间后需要对色谱柱进行老化处理，老化可以除去残留的杂质，在老化温度下，固定液在毛细管内壁还有一个再分布均匀的过程，使固定液均匀地附着在管壁上。老化时一般将色谱柱进样口端装好，断开检测器端，流量按正常使用流量调节，在接近色谱柱最高使用温度下进行老化，一般需要 8h 以上。

（二）进样过程需要注意的问题

1. 衬管过载

样品瞬间气化后的体积超过衬管的体积，造成部分样品逸出衬管，导致结果精密度和准确度下降。进样量需要根据衬管的体积和溶剂的类型进行调整。常用溶剂的鼓胀倍数见表 4－18。

表 4－18　常用溶剂的膨胀倍数（250℃、13psi）

溶剂	己烷	二氯甲烷	甲醇	异辛烷	乙酸乙酯	氯仿	水
分子量	86	85	32	112	88	118	18
膨胀倍数	174	356	563	138	233	284	1261

如：安捷伦 6890 系列分流/不分流进样衬管体积为 1mL，甲醇可以进 1μL，但水进 1μL 就会造成衬管过载。

2. 色谱柱过载

色谱柱在不过载的条件下能承受的最大进样量称为样品容量。过载说明组分在两相间的分配呈非线性分配，可体为峰形畸变，分离度降低。

不同柱内径和液膜厚度下的样品容量见表 4－19。

表 4－19　不同柱内径和液膜厚度下的样品容量

柱内径/mm	液膜厚度/μm	样品容量/ng
0.25	0.15	60～70
	0.25	100～150
	0.50	200～250
	1.0	350～400

续表

柱内径/mm	液膜厚度/μm	样品容量/ng
0.32	0.25	150～200
	0.50	250～300
	1.0	400～450
	3.0	1200～1500
0.53	1.0	1000～1200
	1.5	1400～1600
	3.0	3000～3500
	5.0	5000～6000

（三）检测系统

在气相色谱分析中，多组分样品经色谱柱分离后，各组分按顺序进入检测器，检测器将各组分浓度转化为电信号，然后经记录系统记录下来。检测器按检测器能否准确而及时的响应将直接影响定性定量结果。一般来说，灵敏度、噪声、线性范围及稳定性是恒量检测器性能的主要指标。

1. 有关检测器的几个指标

（1）噪声。当只有载气通过检测器时，检测器得到的毛刺状信号组成基线，毛刺的峰顶至峰谷的高度称为噪声，通常用 N 表示，见图 4-44。

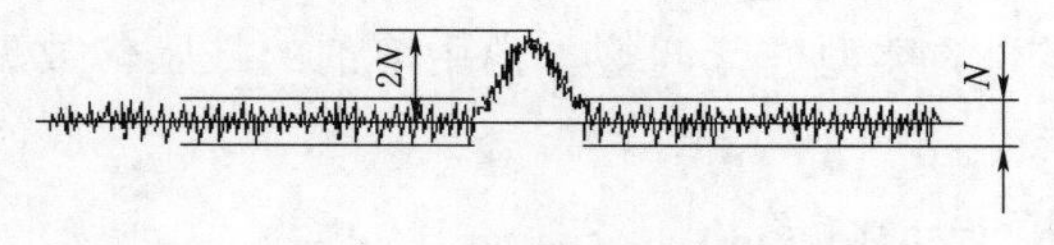

图 4-44　噪声测定谱线图

（2）灵敏度。灵敏度是评价检测器的重要指标，又分为浓度型检测器灵敏度和质量型检测器灵敏度。

1）浓度型检测器：响应信号与组分在载气中的浓度成正比，如热导池检测器和电子俘获检测器属浓度型检测器。浓度型检测器灵敏度公式如下：

$$S_c = FA/m \qquad (4-20)$$

式中：F 为载气流速；A 为色谱峰面积；m 为样品质量。

2）质量型检测器：响应信号与单位时间内组分进入检测器的质量成正比，如氢火焰离子化检测器、火焰光度检测器属质量型检测器。质量型检测器灵敏度公式如下：

$$S_m = A/m \qquad (4-21)$$

式中：A 为峰面积；m 为样品质量。

（3）检测限。检测限取决于仪器的信噪比，与灵敏度和噪声相关，一般以 2 倍或 3 倍的噪声计算检出限，用 D 表示。

1）浓度型检测器：

$$D_c = 2N/S_c \qquad (4-22)$$

2）质量型检测器：

$$D_m = 2N/S_m \qquad (4-23)$$

2. 检测器的选择

按用途来分检测器一般分为通用性检测器和选择性检测器，通用性检测器有热导池检测器、氢火焰离子化检测器和质谱检测器，而电子俘获检测器、火焰光度检测器、氮磷检测器则属于选择性检测器。

（1）氢火焰离子化检测器（FID）。FID 以氢气与空气燃烧生成的火焰为能源，经色谱柱分离的组分在载气的带动下进入离子化室后发生电离，电离产生的离子在极化电场作用下被两电极收集后产生电流，电流的大小与单位时间内进入的组分的量成正比，FID 对所有含有碳氢结构的有机物都有响应。FID 用到 3 种气体，其流量比大约为

空气：氢气：尾吹气＝10：1：1

空气的流量一般为 300～450mL/min，氢气流量一般为 30～40mL/min，尾吹气一般为 20～40mL/min，检测器温度一般为 250～300℃。用 FID 时，载气需经脱烃处理。

（2）电子俘获检测器（ECD）。ECD 是一种高选择性、高灵敏度的检测器，对电负性大的物质有很好的响应，如含卤素的化合物、多硫化合物、硝基化合物等有很高的灵敏度。需要注意的是，柱流失会显著降低基流，产生噪声，使用 ECD 时，柱温应低于色谱柱最高使用温度 80～100℃为佳。因 ECD 属于不可拆卸的检测器，故使用温度尽量不要低于 300℃，以减少污染，如有污染，可在 340℃下用较高流量的氮气进行热清洗。

（3）火焰光度检测器（FPD）。FPD 是一种高灵敏度、高选择性的检测器，主要对含硫、磷的化合物有很好的响应。当含硫或磷的化合物流出色谱柱时，在富氢-空气火焰中燃烧，发出特征波长，经滤光片过滤后用光电倍增管检测特征光的强度。一般情况下，测磷时，尾吹气为 40～80mL/min，氢气为 170mL/min，空气为 130～150mL/min；测硫时，尾吹气为 100mL/min，氢气为 50～70mL/min，空气为 100mL/min；不同的仪器对气体流量的要求可能略有不同。

（四）样品处理方法

气相色谱法是分析有机物的有效手段，尽管气相色谱检测器具有较高的灵敏度，但一方面，对含量甚微的环境有机物污染物来说，直接进样还不能检出；另一方面，因为某些组分在色谱检测器上响应值不太理想，又或者机体较为复杂，需要净化等。因此，一般情况下，对样品进行预处理是色谱分析的首要步骤，甚至是色谱分析成败的关键。样品预处理一般分为浓缩富集、净化和衍生化等，样品浓缩富集主要有顶空法、吹扫捕集法、液液萃取法、固相萃取法、固相微萃取法等。本次主要介绍液体样品的顶空法、吹扫捕集法、液液萃取法处理过程。

1. 顶空法

顶空法的原理是，在一定温度和压力下，溶液中的待测组分浓度与其上方气体中待测组分的浓度之比是一个常数，及分配常数。在一个封闭的顶空瓶中，当恒温时间足够长时，气-液两相达到平衡，气相中该组分的浓度和初始液相中的浓度成正比，通过测定气相中的含量即可得出该组分在水样中的初始浓度。关系式如下：

$$K = c_w / c_g \qquad (4-24)$$

$$R=v_g/v_w \tag{4-25}$$

$$c_0 v_w=c_g v_g+c_w v_w \tag{4-26}$$

$$c_0=c_g \times v_g/v_w+c_w=c_g R+K c_g \tag{4-27}$$

$$c_g=c_0/(R+K) \tag{4-28}$$

式中：K 为分配常数；R 为顶空瓶中气液相比；c_w 为平衡时液相中浓度；c_g 为平衡时气相中浓度；v_g 为顶空瓶中气相体积；v_w 为顶空瓶中液相体积；c_0 为液相中初始浓度。

在恒温封闭体系中和操作条件保持一致时，R 和 K 都是常数，故只要测定气相中浓度即可测定水样中的初始浓度。

顶空法适合于测定挥发性较强的有机物，特点是不直接进水样，而是取平衡后的上方气体进样，进样量大，可降低方法检出限。从以上式中可以看出，当 K 和 R 越小，c_g 越高，样品富集程度越高，对测定越有利。通常情况下，在溶液中加入适量的电解质如氯化钠、硫酸钠可降低 K 值，减小液相上方气体体积来减小 R 值。还可以适当提高温度，因为 K 值受温度影响较为显著，提高温度的同时又可以减少平衡时间，但温度过高又会导致水蒸气含量过高，不利于测定。对于 K 值较大的组分来说，提高温度比减小相比效果更有效；对于 K 值较小的组分来说，减小相比效果比提高温度效果要好。

顶空法需要注意的问题：

（1）操作条件要严格一致，如平衡温度、平衡时间、电解质含量以及气液相比等。

（2）顶空进样瓶的垫片不可重复使用，平衡后的样品瓶只能进样一次，不可多次进样。

25℃时常见挥发性有机物的分配常数见表 4-20。

表 4-20　　25℃时常见挥发性有机物的分配常数

化合物名称	分配常数	化合物名称	分配常数
四氯化碳	0.95	甲苯	4.46
1,1-二氯乙烷	4.85	乙苯	3.70
1,2-二氯乙烷	24.27	邻二甲苯	5.78
1,1,1-三氯乙烷	1.65	间二甲苯	4.03
三氯乙烯	2.85	对二甲苯	4.31
四氯乙烯	1.66	萘	50
苯	5.16		

2. 吹扫捕集法

吹扫捕集法利用高纯惰性气体（如氮气或氦气）吹扫水样，气体通过鼓泡的方式将样品中挥发性组分带出来，经过吸附剂吸附，然后通过热解吸和载气反吹的方式将被吸附的组分导入气相色谱仪。

一般情况下，取样量为5～25mL，吹扫气体流速为20～40mL/min，吹扫时间为10～15min，吸附剂大多由活性炭、硅胶和有机多孔聚合物组成。与顶空方法相比，吹扫捕集法富集倍数更高，可显著降低方法检出限。

3. 液-液萃取法

液-液萃取法主要利用化合物在两种互不相溶（或微溶）的溶剂中溶解度或分配系数的不同，使化合物从一种溶剂内转移到另外一种溶剂中，主要用于半挥发性及难挥发组分的处理。液-液萃取需要考虑的问题主要有两个：溶剂选择和破乳。

（1）溶剂选择。一般来说，溶剂应和水不相溶；溶剂不与水和待测组分反应，不应干扰组分的测定；待测组分在溶剂中的溶解度应大于在水中的溶解度；溶剂挥发性应较强，便于浓缩；尽量选择响应值低的溶剂。

（2）破乳。液-液萃取最常发生的问题是乳化，破乳的方式有搅拌（玻棒）、过滤（玻璃棉或无水硫酸钠柱过滤）、加入电解质（如硫酸钠、氯化钠等）、冷藏、离心或加入少量不同的有机溶剂。

4. 固相萃取法

固相萃取是一种较新的、发展很快的富集和净化方法，也是目前比较流行的样品前处理方法。它是基于液相色谱分离机理上的分离浓缩技术。它采用高效、高选择性的固定相，能显著减少溶剂用量和简化样品处理。基本过程：在压力作用下液态样品通过活化的固相萃取柱，目标物质和部分杂质被柱中的填料保留下来，再选择合适的溶剂将杂质洗脱（注意不能洗脱目标物质），然后选择合适溶剂将目标物质洗脱下来。固相萃取法流程示意图见图4-45。

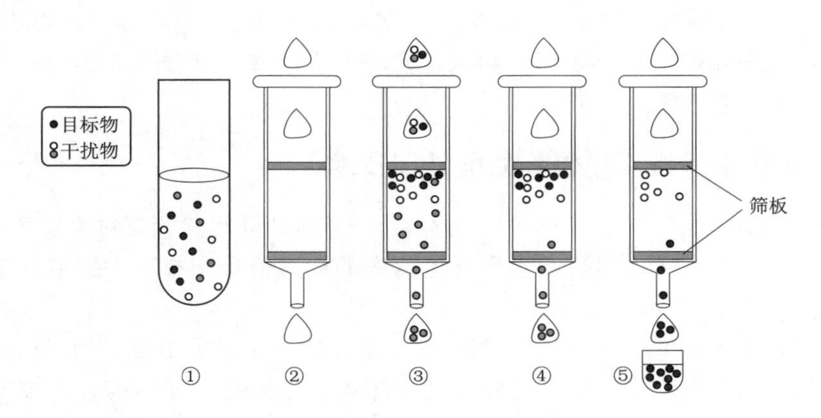

图4-45　固相萃取法流程示意图

①—样本；②—预淋洗；③—上样；④—洗涤；⑤—洗脱

一般情况下，当水样悬浮物含量较多时，需用玻璃纤维滤膜将样品预过滤，否则很容易堵塞SPE柱。

一般步骤为：SPE柱净化和活化→上样→干燥SPE柱→用合适的溶剂淋洗除去杂质→选择合适的溶剂将目标物质洗脱→干燥、浓缩。

正向色谱：固定相为极性物质，流动相一般为非极性或弱极性物质。

反向色谱：固定相为非极性物质，流动相一般为极性或弱极性物质。如液相色谱一样，固相萃取也分为正向和反向。一般情况下，因为分析的对象一般是水体，水是极性很强的溶剂，采用的都是反向体系。

5. 样品衍生化

衍生化是通过在合适的条件下，加入合适的衍生化试剂，将不易被测定的组分转化成为便于测定的物质。样品衍生化一般出于以下几个目的：①改善预处理条件；②改善色谱分析条件及效果；③提高响应值。

改善预处理条件：首先将水中不易提取的组分转化为易提取的物质，然后通过测定反应产物的量来还原待测组分的含量。如测定水中三氯乙醛时，因三氯乙醛极性较强，在水中不易挥发，但在碱性环境中，三氯乙醛很容易水解成为三氯甲烷，而三氯甲烷就可以通过顶空或吹扫捕集的方式进行预处理。测定敌百虫时，因敌百虫在水中溶解度很大（120g/L），有机溶剂萃取效率极低，但敌百虫在50℃碱性条件下可水解为敌敌畏，而敌敌畏在水中溶解度较小（10g/L），易被三氯甲烷等有机溶剂萃取。

改善分离效果：当需要测定一些热不稳定、沸点高、易产生拖尾的物质，可用衍生化的方式提高其热稳定性和挥发性，以及改善拖尾的情况。如灭草松是沸点较高的一类除草剂，测定水中灭草松时，在酸性条件下用乙酸乙酯萃取，然后用碘甲烷溶液进行酯化，使其生成挥发性较强的甲基化衍生物，便于气相色谱法测定。如有些有机酸极性较强，峰拖尾严重，而且大多数有机酸挥发性较差，热稳定性差，因此，许多有机酸在测定前都需要衍生化成相应的酯进行测定。

提高响应值：液相色谱中常用衍生化来提高待测组分的响应值，一般采取柱后衍生化居多。如测定氨基甲酸酯类（甲萘威、呋喃丹等）化合物时，先在碱性环境中进行水解，生成的胺类物质与邻苯二醛（OPA）和巯基乙醇反应生成一种强荧光的异吲哚产物，在荧光检测器上有很强的响应值。

六、气相色谱质谱联用仪样品前处理技术

气相色谱质谱是在气相色谱分离技术的前提下，利用质谱检测器对含量低的有机物进行测定的技术，GC－MS联用仪在水环境监测中的样品前处理技术主要包括顶空法和吹扫-捕集法。

挥发性有机物（VOCs）的测定在我国地表水环境质量标准中也有相应的规定。但由于它的含量低，因此对样品的前处理技术要求很高。目前对水样的前处理主要使用顶空法。顶空法又有静态顶空法和动态顶空法之分。顶空进样器很容易实现自动化，具有操作简单、分析速度快、结果重现性好等特点。

吹扫-捕集法是动态顶空法的延伸，是一种先把载气吹出的挥发性目的成分吸附到捕集管上进行富集浓缩，然后热脱附，进入冷凝聚系统再浓缩，最后快速加热导入气相色谱仪。

固相微萃取法目前应用也较多，该方法是在特制微量注射器的针上涂上某种固定液，放入待测溶液，溶液中的待测化合物会选择性地吸附在固定液上。然后将注射器注入气相色谱进样口，化合物在汽化室的高温下被解吸。

第七节　液相色谱、液相色谱质谱分析技术应用

一、液相色谱、液相色谱质谱仪器应用现状

随着液相色谱技术的发展，液相色谱法检测有机物技术已经得到推广和应用，如 GB 3838—2002《地表水环境质量标准》中有苯并（α）芘、微囊藻毒素-LR、邻苯二甲酸二丁酯、甲萘威、溴氰菊酯等有机物，GB 5749—2022《生活饮用水卫生标准》中有苯并（α）芘、微囊藻毒素-LR、甲萘威、溴氰菊酯、呋喃丹、莠去津、草甘膦等有机物采用液相色谱进行检测。液相色谱质谱检测技术也逐步得到应用，如 GB/T 14848—2017《地下水质量标准》中有克百威、涕灭威、甲基对硫磷、马拉硫磷、百菌清、莠去津、草甘膦等有机物采用液相色谱质谱检测技术进行检测。

但由于仪器价格昂贵、运行成本高、操作技术要求较高等特点，目前在水环境监测中液相色谱和液相色谱质谱的应用尚不普遍。但是，液相色谱和液相色谱质谱有着不可取代的地位。因为气相色谱法分析对象只限于分析气体和沸点较低的化合物，它们仅占有机物总数的 20%。对于占有机物总数近 80%的那些高沸点、热稳定性差、摩尔质量大的物质，需要采用高效液相色谱法进行分离和分析。随着社会经济的发展，人工合成技术的成熟，水环境中不断涌现出新型有机污染物，液相色谱和液相色谱质谱必然会在水质水生态监测中得到更广泛的应用。

二、液相色谱、液相色谱质谱检测方法中关键问题

（一）样品前处理方法

有机污染物检测的前处理过程，不仅过程烦琐，耗时，费人力、试剂，而且处理效果直接影响着样品检测方法的回收率和精度。下面介绍几种水环境中常见的有机前处理方法以及方法的关键影响因素和问题。

1. 液-液萃取（LLE）

（1）适用范围。本方法适用于水样中难溶或微溶的半挥发性有机物。

（2）方法概述。定量移取一定量的水样至分液漏斗中，调至所需的 pH 值后，选择适当的有机溶剂进行萃取，然后干燥、浓缩。依净化和测定方法所需要的溶剂，进行溶剂置换。

（3）优缺点及注意问题。溶剂、试剂、玻璃容器及处理样品用的其他器皿均可能导致沾污，应采用全程方法空白验证实验中所用的材料是否存在干扰，若存在，找出干扰源，消除污染。有些化合物在碱性萃取条件下易发生分解反应，需要调节水样的 pH 值或加入无机盐，如：有机氯农药可能发生脱氯反应，酞酸酯类化合物可能发生置换反应，酚类化合物可能反应生成丹宁酸盐。避免使用含有酞酸酯的塑料制品，以防止对测定结果产生干扰。液液萃取有机萃取剂消耗量大，给环境造成二次污染。主要靠人工操作，比较耗时费力。萃取较脏水样有时会形成乳浊液或沉淀等。

2. 固相萃取法（SPE）

（1）适用范围。本方法适用于从水样中萃取半挥发和难挥发有机物。

（2）方法概述。取一定体积的水样，将其调至所需的 pH 值后，以一定的速率通过固相萃取盘或固相萃取柱，利用高分子大网状吸附树脂与样品各组分之间的相互作用，将样品中的待测物吸附、保留在固相萃取盘或柱中，并最大限度地摒弃其他组分。采用合适的溶剂将吸附的待测物洗脱下来，再经过净化、浓缩后用于检测，计算出组分在水样中的含量。

（3）优缺点及注意问题。SPE 所用固定相主要有反相 C18 固定相、石墨化炭黑、苯乙烯-聚乙烯基苯（XAD）系列、聚二甲基硅氧烷（PDMS）等。这些固定相对不同有机污染物的选择性不同，SPE 可利用固定相的选择性来萃取水样中各种有机污染物，从而提高目标有机污染物的分析灵敏度。SPE 与 LLE 相比，分析时间大大减少，避免了 LLE 中易出现的乳化问题。但对许多样品，SPE 空白值较高，灵敏度比 LLE 方法差，极性化合物的萃取也存在一些问题。另外，SPE 操作是顺序操作，步骤多，导致不同步骤的优化较复杂，甚至不能优化。

3. 索氏提取法（Soxhlet Extraction）

（1）适用范围。本方法适用于提取土壤、沉积物中的难挥发和半挥发性有机物。

（2）方法概述。将一定量固体样品与无水硫酸钠混合，置于萃取套筒中或置于两层玻璃棉之间，利用合适的溶剂在索氏提取器中进行提取。然后根据需要对提取液进行干燥、溶剂置换、净化和浓缩等处理。

（3）优缺点及注意问题。

1）选择性好。索式萃取的选择性主要取决于目标物质和溶剂性质的相似性。萃取剂可用 CS2、苯、甲醇等。通常的做法是将萃取剂按照极性不同的顺序进行多级萃取。从而提高了产品的萃取纯度，将不同类的物质分别萃取出来。

2）能耗低。由于索式萃取是直接对萃取剂进行加热，且选用的萃取剂一般沸点都较低，从根本上保证了能量的快速传导和充分利用。而且萃取剂是在索式萃取器中循环利用的，这既减少了溶剂用量，又缩短了操作时间，大大降低了能耗。

3）设备简单、操作简便。索式萃取的设备简单、操作简便。且其造价低，体积小，适于实验室应用。

4）但是，索氏抽提通常耗时比较长，溶剂消耗大，所以不太适合样品量多的检测工作。该方法使用的大量试剂对环境的影响也非常大。

4. 快速溶剂萃取法（ASE）

（1）适用范围。本方法适用于萃取土壤、沉积物中难溶或微溶于水的半挥发性有机物。

（2）方法概述。对于小颗粒的干燥物体萃取效率较高，因此样品最好经过风干和研磨，再进行萃取。样品经干燥、研磨后，加入分散剂，转移至萃取池中。根据目标化合物极性选择合适的溶剂，加入萃取池，加温、加压，萃取 5～10min。将萃取液收集到收集瓶中，经净化、脱水、浓缩处理，供色谱分析用。

（3）优缺点及注意问题。与索氏提取等其他方法相比，加速溶剂萃取的突出优点主要为有机溶剂用量少、萃取速度快速、基体影响小、萃取效率高、选择性好、自动化程度高。但是，快速溶剂萃取设备一般价格比较贵，目前在水环境检测中还没有完全普及。

（二）色谱分离需要注意的问题

1. 柱效

色谱分离中一个关键问题就是柱效，简而言之就是色谱柱对色谱中两种物质分离能力的大小。柱效越高，分离效果越好，峰形越好；反之则分离效果差，峰形差，甚至不能完全分开两个物质。值得一提的是，也要注意柱外效应，即进样点到检测池之间除柱子本身以外的所有死体积，如：柱两头管路内径和长度、接头等。

2. 流动相的选择

一个理想的液相色谱流动相溶剂应具有低黏度、与检测器兼容性好、易于得到纯品和低毒性等特征。根据目标物的极性，选择合适极性的流动相。常用流动相的极性大小顺序：正己烷＞环己烷＞四氯化碳＞甲苯＞苯＞无水乙醚＞氯仿＞二氯甲烷＞四氢呋喃＞乙酸乙酯＞丙酮＞乙腈＞异丙醇＞甲醇＞水＞乙酸。

3. 压力曲线

在色谱分析中，特别是梯度洗脱中，流动相比例的调节一般很快能实现，但是压力的变化稳定往往要大大滞后于流动相的变化。因此，在多个样品检测中，一定要保证每次进样前系统压力是一致的，这样才能确保结果的重现性。

4. 温度

液相色谱对温度要求没有气相色谱要求那么高，所以部分液相色谱甚至没有控温装置。但是，实验结果表明，色谱分离时的温度不同，或者温度不稳定，对结果影响也比较大。不控制色谱分离时的温度，检测准确度和重现性都无法保障。

三、水质监测中的应用范例（以微囊藻毒素为例）

以微囊藻毒素为例，阐述液相色谱、液相色谱质谱在水体中微囊藻毒素检测中的应用。

（一）样品前处理

液相色谱、液相色谱质谱检测的前处理和色谱分析条件基本一致，以 SPE 方法为例。水样过 0.45μm 硝酸纤维滤膜，去除水中悬浮颗粒物。分别用 5mL 甲醇和 5mL 水活化 Oasis HLB 柱。在真空泵的负压作用下，待测溶液以稳定速度通过小柱，流速为 10mL/min。用 5mL 纯水清洗固相萃取柱，真空干燥柱子 10min。用 6mL 浓度为 20％甲醇溶液淋洗，然后再用 6mL 甲醇（含 0.1％的三氟乙酸）洗脱，洗脱液在微弱氮气流下吹至近干，用初始流动相（20％甲醇溶液）定容至 1mL，过 0.45μm 尼龙过滤器，待测。选用 C18 柱（150mm×2.1mm，3.5μm），流动相为 0.1％甲酸溶液（A）和甲醇（B），柱温 25℃，流速 0.3mL/min，进样量 10μL。梯度洗脱程序为：0～8min，20％～80％B；8～10min，80％B；10～12min，80％～20％B；12～25min，20％B。

（二）液相色谱法

液相色谱法一般选用紫外可见光检测器，波长选用 238nm。该方法也是国家标准推荐采用方法之一，检出限为 0.1μg/L。由于 GB 3838—2002《地表水环境质量标准》、GB 5749—2022《生活饮用水卫生标准》中微囊藻毒素标准限值定为 1.0μg/L，因此该方法满足检测要求。但是，多数水源地水体中微囊藻毒素含量很低，该方法不能检出，因此不能完全了解水体中微囊藻毒素现状以及风险大小。

（三）液相色谱质谱法

采用质谱作为检测器，尤其是串联质谱，方法灵敏度大大提高，检出限要低几个数量级，能检测出水体中超痕量微囊藻毒素。以三重四级杆质谱为例，配制 MCs 标准混合溶液进行质谱条件摸索，全扫描模式进行一级质谱分析，得到 $[M+H]^+$ 分子离子峰，优化碎裂电压，然后利用子离子模式对二级质谱的碰撞能进行优化，进而确定多离子监测模式下每个 transition 的条件。该方法优势非常明显，灵敏度高，检出限要比液相色谱法低 2～3 个数量级，定量能力好。但是由于该仪器价格昂贵，运行成本高，因此在水环境监测中还没有普及。

第八节　电感耦合等离子体发射光谱分析技术应用

一、ICP-AES 的基本概念

（一）原子发射光谱

原子（离子）受电能或热能的激发，外层电子得到一定的能量，由较低能级 E_1 被激发到较高能级 E_2，此时原子（离子）处于激发态，吸收的能量。在较高能级上运动的电子处于不稳定状态，当电子直接跃迁回较低能级时就发射一定波长的光，在光谱中形成一条谱线（图 4-46），其波长（λ）为

$$\lambda=\frac{c}{\nu}=\frac{ch}{E_2-E_1} \tag{4-29}$$

式中：c 为光速；h 为普朗克常数；ν 为频率；E_1 为较低能级的电子能量；E_2 为较高能级的电子能量。

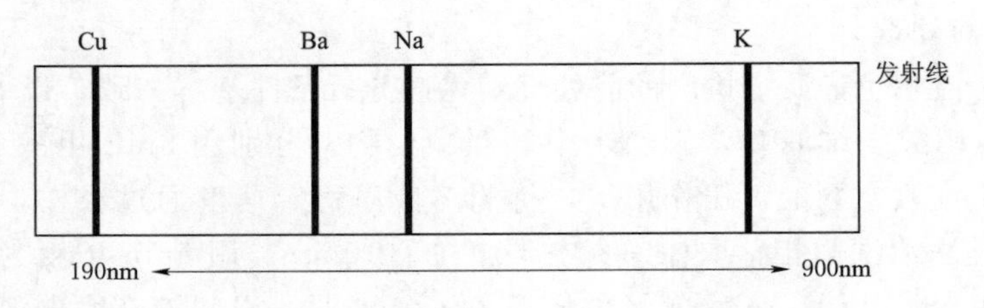

图 4-46　原子发射线示意图

当处于激发态原子（离子）中的电子也可能经过几个中间能级才跃迁回原子（离子）基态，这时就会产生几条不同波长的光，在光谱中跃迁形成几条谱线。原子发射光谱是根据处于激发态的待测元素原子回到基态时发射的特征谱线对待测元素进行分析。

由于待测元素原子的能级结构不同，因此发射谱线的特征不同，能够对样品进行定性分析；而根据待测元素的浓度不同，因此发射强度不同，能够实现元素的定量测定。

由原子被激发发射的谱线称为原子线。原子在获得足够能量后，外层电子能够脱离原

子体系，形成自由电子和离子，原子失去一个电子形成离子的过程称为一级电离。离子受激发发射的谱线称为离子线。原子线和离子线分别用“元素＋罗马数字Ⅰ或Ⅱ”表示，例如，镁元素的原子光谱线用 Mg（Ⅰ）表示，离子光谱线用 Mg（Ⅱ）表示。多数元素的离子线较原子线能量较强。

原子发射光谱分析包括了 3 个主要的过程，即：

（1）电能或热能使样品蒸发，形成气态原子（离子），并进一步使气态原子（离子）激发产生光辐射。

（2）将发出的复合光经分光装置分解成按波长顺序排列的谱线，形成光谱。

（3）经过光电转换器将光信号转换成电信号输出。

（二）ICP 光源及其特点

等离子体是被电离了的气体，它不仅含有中性原子和分子，而且含有大量的电子和离子，是电的导体，通过电流加热气体或其他加热方式获得温度。ICP 光源属于低温热等离子体，是在频率 27～40MHz，电源功率为 1～1.5kW 条件下，使氩气电离而形成能自持的稳定等离子体，具有如下特点：

（1）ICP 光源可以激发大部分的金属元素和非金属元素。

（2）可以进行多元素的同时测定。

（3）任何一种元素均可选多个灵敏度不同的波长，适合从微量到常量分析的所有浓度测定。

（4）测定灵敏度高，检出限能达到 ppt 级。

（5）基体效应低，具有良好的精密度和准确度。

（6）用于校正的标准曲线具有较宽的线性动态范围，一般宽度达 5 个数量级。

（7）速度快，全谱直读 30s 完成，测定一个常规样品约 3min。

（三）ICP 光源的温度

ICP 是感应圈内的涡流加热气体形成等离子体焰炬，因而涡流区（又称热环区）有很高的温度，等离子体焰炬由下而上温度逐渐降低，典型的温度分布如图 4－47 所示。其高温区温度高达 10000K，而尾焰则在 5000K 以下。

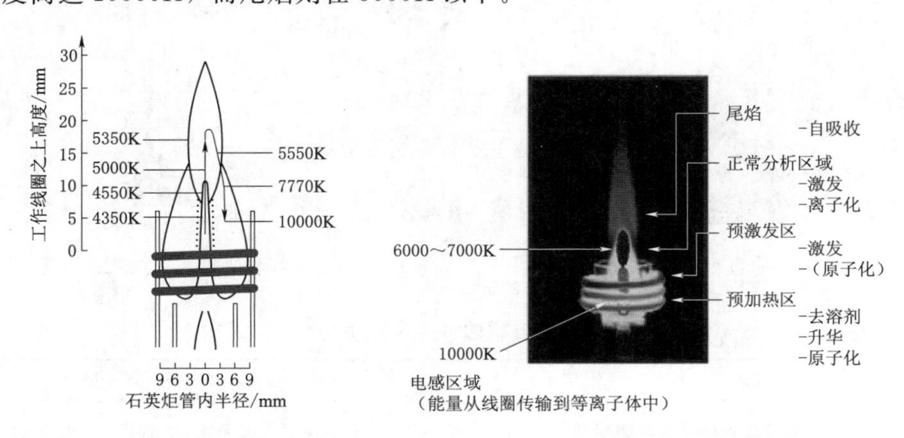

图 4－47　ICP 光源的温度　　　图 4－48　ICP 光源不同区域的作用

ICP 焰炬温度不同，其功能也不相同。各部分焰炬的功能见图 4－48。进行分析区域的温度为6000～7000K。

（四）ICP-AES测定的元素范围

根据元素特性，ICP-AES能够测定大部分元素，见图4-49，但不同元素的测定效果不同，常用测定过渡金属效果较好。例如，碱土金属性质较活泼，检测时灵敏度较高，稳定性较差。汞、铊、铅、钋等元素在紫外区有吸收，会产生干扰。

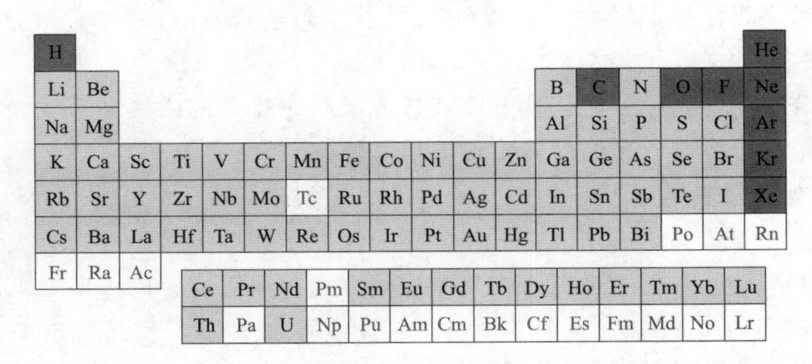

图4-49　ICP-AES测定元素示意图（浅灰色方块为能够测定的元素）

（五）ICP-AES仪器的观测方式

和ICP-MS不同，ICP-AES仪器既可以采取水平观测，还可以进行垂直观测。垂直观测由等离子体一侧进行观测，观测方向垂直于等离子体，适合测定高基体和高浓度的样品，见图4-50。水平观测方式由等离子体中心通道观测，可以提供最好的灵敏度和检出限。对于水平观测的仪器配置也可以通过矩管轴一侧的小孔进行垂直观测，两个方向都可以观测，称为双向观测，见图4-51。垂直观测和水平观测具有不同特点，适合不同的基体，表4-21列举了两种方式的特点和应用。根据不同的样品特点选取不同的观测方式。

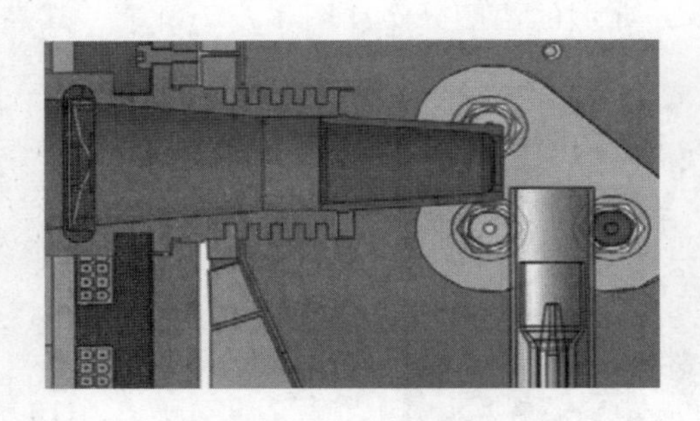

图4-50　垂直观测示意图

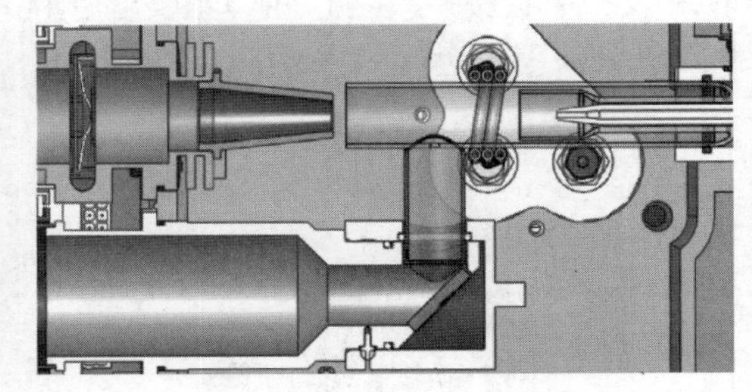

图4-51　水平观测和双向观测示意图

表4-21　观测方式的特点及应用

观测方式	垂直观测	水平观测
特点	①对高基体和有机物耐受 ②干扰较少 ③灵敏度较低	①最好的灵敏度和检出限 ②干扰较多 ③更适合干净的水溶液

续表

观测方式	垂　直　观　测	水　平　观　测
观测方式适合的样品类别	①有机溶剂 ②钢铁 ③石化 ④地球化学、采矿、矿石 ⑤海水和盐水	①环境水质 ②高纯金属 ③半导体 ④食品和饮料 ⑤土壤、植物和化肥

二、ICP-AES与ICP-MS不同的构成

电感耦合等离子体发射光谱仪主要由载气、辅助气、冷却气的氩气流量控制系统、冷却水系统、进样系统、ICP光源、分光系统、检测器和数据处理系统组成。ICP-AES的氩气流量控制系统、冷却水系统、进样系统、ICP光源，同ICP-MS一样，注意事项见ICP-MS章节。而分光装置和测光装置是ICP-AES特有的。

（一）分光装置

ICP光源具有很高的温度和电子密度，对各种元素有很强的激发能力，除了可以激发产生原子谱线和离子谱线，由于等离子体各部分温度不同，还可以发射出分子谱线。ICP光源光谱的复杂性对分光装置提出了很高的要求。①宽的全波长覆盖范围。ICP具有多个元素同时激发的能力，其灵敏线分布的波长跨度较大，分光装置应具有180～800nm的波段范围，但最常用的波长范围是190～780nm。②较高的色散能力和实际分辨率。ICP光源的发射光谱具有丰富的谱线，各元素间很容易产生谱线重叠和干扰，分光系统的高分辨能力能够降低光谱干扰，改善测定的可能性，同时可以降低光谱背景。③具有良好的热稳定性和机械稳定性。④低的杂散光，能够测定痕量元素得到可靠的结果。⑤良好的波长定位精度。在ICP光源中谱线的物理宽度为2～5pm范围内，要获得谱线峰值强度测量的准确数值，定位精度至少在±0.005nm以内。⑥具有快速检测能力，即光路内部无移动部件。

基于这些要求，光谱仪常用的三种光栅分别是平面光栅、中阶梯光栅和凹面光栅。目前，ICP-AES领域平面光栅也有应用，应用较多的分光器是中阶梯光栅。中阶梯光栅光谱仪是由ICP发出的光经反射镜进入狭缝后，经准直镜成平行光后射至中阶梯光栅上。分光后再经棱镜分级和聚焦射到出射狭缝和检测器上。由中阶梯光栅光谱仪获得的光谱与平面光栅光谱仪不同，它是由多级光谱组成的二维光谱。

（二）测光装置

原子发射光谱仪的光电转换器件有光电倍增管和电荷转移器件两种。由光电转换器将光强度转换成电信号，在积分放大后通过输出装置给出定性或定量分析结果。采用光电倍增管做检测器限制了ICP-AES的分析，一次只能测定一条谱线或一个波长的背景强度，不仅费时，误差也会增大。目前ICP-AES测光装置采用电荷转移器件，也称固态检测器，电荷转移器件是新一代光谱用光电转换器件，它是以半导体硅片为基材的平面检测器，能够同时进行多元素测定，同时进行多谱线及光谱背景的测量，主要常用的是电荷注入检测器（CID）和电荷耦合检测器（CDD）。

CID 的主要特点是检测时无光的溢出，还具有非破坏性读出，允许信号多次测量，能够得到最优化的结果。

CDD 具有很宽的线性响应范围，一般线性范围可达 9 个数量级。但 CDD 有可能因为入射光过强、电荷超过了容量，溢出，造成图像的变形或模糊。可以通过用相反电荷中和来解决溢出问题。

(三) ICP－AES 光谱系统的发展

ICP－AES 光谱仪经过了单道扫描、多通道的发展，目前，发展到全谱直读，既可以选择任意谱线，这些谱线又是同时检测的，灵活又精确快速，见图 4－52。

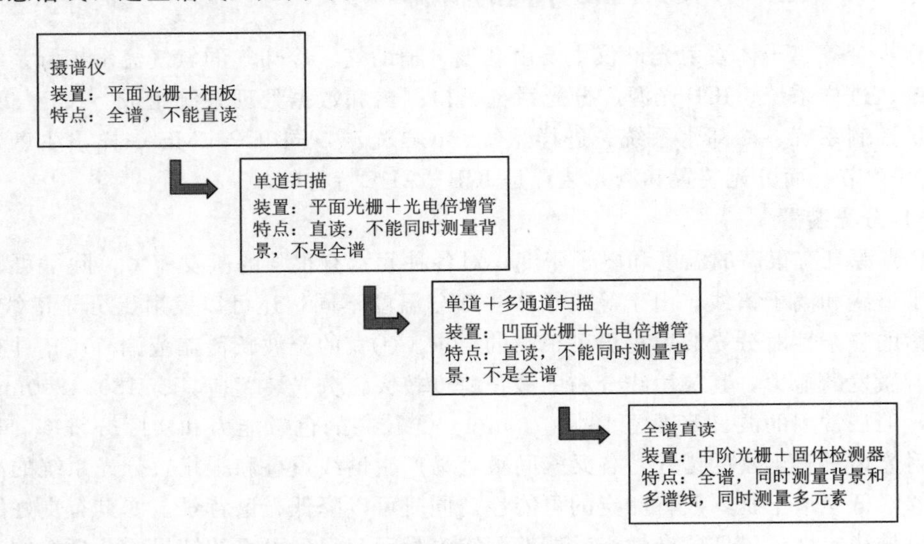

图 4－52　ICP－AES 光谱系统发展

三、ICP－AES 干扰和消除

在 ICP－MS 的非质谱干扰章节中对物理、化学干扰产生的基体效应以及如何消除进行了讲解，除了这两种主要的干扰以外，ICP－AES 还存在光谱干扰、电离干扰等。与火焰光源及电弧光源相比，ICP 光源的电离干扰、化学干扰和激发干扰比较小，但样品基体复杂时产生的光谱干扰较严重。

(一) 物理干扰和消除

物理干扰是样品和标准品的特性不一致，导致进样和雾化效率的差异。主要受样品液体的黏度、高溶解固体（即样品密度）、使用酸的类型和浓度影响。

由于所有的波长都会受到相同程度的干扰，因此不能通过改换谱线的方法进行校正。物理干扰可以采用样品稀释、基体匹配、内标校正和标准加入法消除。需要注意，样品稀释会影响检出限，基体匹配是多数情况下最有效的方法。

(二) 化学干扰和消除

化学干扰是样品基体的化学特性造成样品和标准品之间的分析差异，分为易电离元素（如碱金属、碱土金属等）干扰和等离子体负载干扰。

化学干扰可以通过加入样品稀释、基体匹配、内标校正、加入电离缓冲剂和优化等离子体条件的方法消除，其中，内标校正能够有效减小对等离子体的负载影响。

（三）光谱干扰和消除

光谱仪工作的波长范围有数十万条谱线，经常会出现不同程度的谱线重叠干扰，光谱干扰是 ICP - AES 中最为严重的干扰。光谱干扰分为基线漂移和直接谱线重叠。

1. 基线漂移

基线漂移可以通过标准品与样品的图像数据重叠来确认，不能通过峰形图确定基线漂移。基线漂移情况较多，整体基线上移、存在临近光谱干扰基线、不均衡的基线漂移、不均衡的基线漂移同时伴随存在临近光谱干扰等。图 4 - 53 列举了常见的 4 种基线漂移情况。

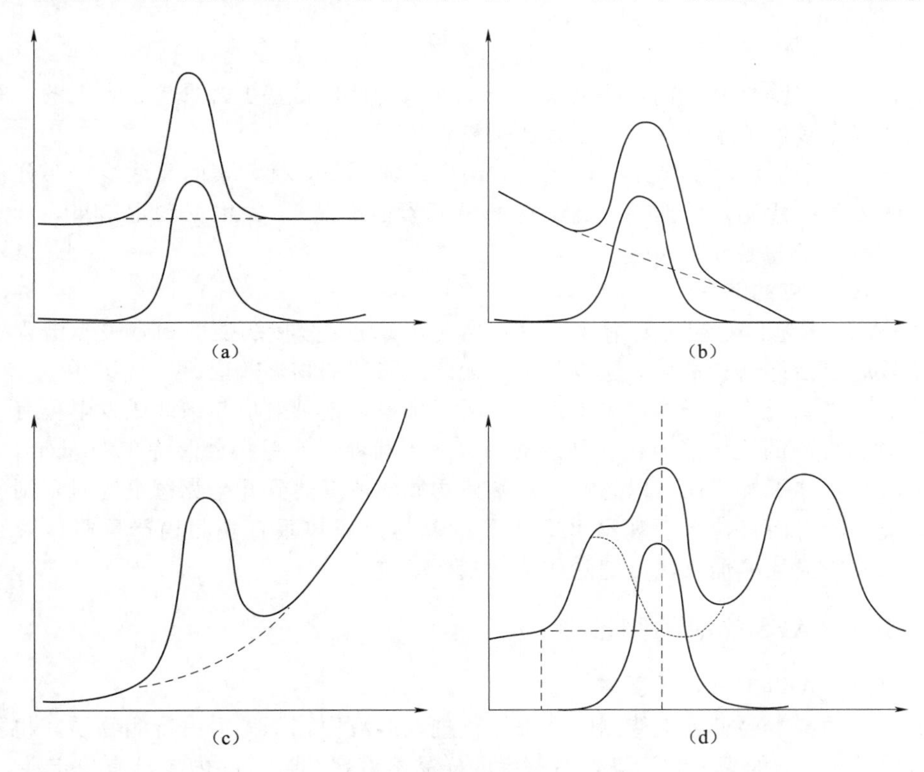

图 4 - 53　4 种基线漂移情况

基线漂移的校正方法：

（1）更换谱线波长。可以选择一条受干扰小或不受干扰的谱线。

（2）使用背景校正。固态检测器是同时进行背景测量与目标谱线测量的，因此可以使用仪器背景校正来校正仪器的基线漂移。使用背景校正也可以在日常样品检测中提高信噪比，降低检出限。

2. 直接谱线重叠

直接谱线重叠有时难以发现，可以通过样品与标准品的图像数据对比或使用单元素标准品测定来确定。

直接谱线重叠的校正方法：

(1) 更换谱线波长。可以选择一条不发生重叠的谱线。

(2) 干扰元素校正 (Interfering Element Correction，IEC)，是通过经验计算出干扰元素与目标元素之间的校正因子，在后续样品测定中扣除干扰元素带来的影响。

IEC 例子：在分析矿物样品时，干扰系数是指干扰元素所造成分析元素浓度升高与干扰元素浓度的比值。如分析地矿样品时，分析线 Cr 205.55nm 受到 Fe 的干扰。当溶液中 Fe 浓度为 1000mg/L 时，造成 Cr 浓度增加 0.2mg/L，此时 Fe 对 Cr 的干扰系数为 0.0002。

$$K=\frac{0.2\text{mg/L}}{1000\text{mg/L}}=0.0002 \tag{4-30}$$

当分析线 Cr 205.55nm 受到 Fe 的干扰时，用它来分析样品时测定结果要偏高，这时校正后 Cr 的浓度：

$$C_{\text{校正后}}=C_{\text{未校正}}-K\times C_{\text{干扰元素}} \tag{4-31}$$

IEC 方法：在设置 IEC 前，需要确定干扰元素。IEC 是基于背景校正点上的，并且假设干扰和浓度是线性关系，从而应用系数来校正。

IEC 步骤：①辨别出干扰元素；②在方法中添加一条干扰元素的灵敏线；③分析一个含有合适浓度的干扰元素标准品（高纯度的单元素标准品）；④根据测定结果，计算 IEC 因子 K，进而计算出校正后浓度。

(四) 基体效应的消除

ICP－AES 的基体效应主要指样品中主要成分变化对分析线强度和有关光谱背景的影响。基体效应包括抑制和增强效应以及由高盐含量引起的物理效应。

基体效应来源于等离子体，对于任何分析线来说，这种效应与谱线激发电位有关，但由于 ICP 具有良好的检出能力，样品溶液可以适当稀释，使总盐量保持在 1mg/mL 左右，在此稀溶液中基体干扰往往可以忽略。当基体物质的浓度达到几毫克每毫升时，则不能忽略基体效应。相对而言，水平观察 ICP 光源的基体效应较垂直观测稍严重些。采用基体匹配、内标校正或标准加入法可消除或抑制基体効应。

四、ICP－AES 样品的制备

(一) ICP－AES 对样品的要求

样品处理的基本要求是把待测物全部转化进入溶液中，不得损失待测物质，也不得引进待测物质引起样品的损失和污染，消解后的样品溶液在测试时间内应具有稳定性。ICP－AES 分析对样品还有特殊要求：

(1) 测定样品溶液清亮透明。

(2) 控制总溶解固体不大于 10mg/L，不能存在粒径不小于 50μm 的固体杂质，不能存在胶体。

(3) 不能含有腐蚀进样系统的物质，主要是氢氟酸或氟离子（配置耐氟进样系统和耐氟炬管系统除外）。

(4) 控制进样溶液中可溶性盐含量不能过高，通过限制样品称样量或增加稀释倍数。由于含有较高可溶性盐的样品溶液易导致黏度增加，沉积在雾化器喷口，造成喷雾不均匀。

(二) 样品制备方法

ICP－AES 样品的制备重点关注以下内容：

（1）尽量避免过滤样品。

（2）微波消解是目前应用较多的样品处理技术，和其他方法相比，具有能够在高温高压下密闭均匀加热，对样品分解能力强，溶剂用量少损失少，空白值较低，程序化操作，能够有效地控制分解样品的温度、压力及时间，易于重复等优点。

在微波消解时需要注意：①为避免化学反应过快而溢出，向样品加入试剂后，特别是高浓度试剂，或试样含有机物时，需开盖放置在通风橱内一段时间然后再进行密闭；②尽管聚四氟乙烯可耐温 250℃，但加热温度一般设置在 230℃以下。

微波消解常用的消解液是硝酸、氢氟酸、盐酸、高氯酸及过氧化氢，它们都是良好的微波吸收体。

在环境分析领域，微波消解主要用于消解大气颗粒物样品、土壤及植物样品、湖泊沉积物样品等。

（3）对于含有大量有机质的，如植物、生物化学、食品等样品，首先要破坏有机质才能把无机成分释放出来。可以采用氧化性的无机酸（硝酸、高氯酸及硫酸），也可以采用干灰化法。将样品置于马弗炉中 450～600℃加热，使有机质氧化分解，生成气态物质逸出，剩下的无机灰分再使用少量无机酸溶解，进行测定。干灰化法能够彻底去除有机物，降低基体影响。

（4）碱溶融法处理样品的优点是可以将样品分解完全，但由于加入碱金属溶剂，分解后溶液中的含盐量很高，这就导致大量的碱金属离子将会对 ICP 的激发有影响，并且溶液的溶解性总固体过高，稀释后分析会影响元素的检出限。

（三）检测用试剂

ICP－AES 使用的试剂与 ICP－MS 相同，还需要补充的是：

（1）硝酸（HNO_3），沸点 122℃，作为样品制备使用时，硝酸具有酸性和氧化性，溶解能力强，速度快，除铂族金属和一些稀有金属外，硝酸能溶解多数金属及其氧化物、氢氧化物、硫化物，但与铝、铬、铁金属可生成氧化膜，产生钝化，在这种情况下，为了破坏氧化膜，需要加入盐酸。

（2）盐酸（HCl），沸点 110℃，是样品消解常用酸，使用时，应估计到一些易挥发金属氯化物（如 As、Sb、Sn、Se、Te、Ge 和 Hg 等）的潜在挥发损失。在测定过高含量 Ag 溶液后需要充分清洗才可以进含盐酸的溶液，否则氯化银沉淀会堵塞雾化器。

（3）王水［$HCl + HNO_3$（3＋1）］通常用于分解金属、合金、硫化物及一些矿物（金、银、铂和钯）。

五、ICP－AES 分析方法的优化及日常维护

（一）分析方法的优化

建立 ICP－AES 的方法的主要包含以下四个内容：①待测元素谱线的选择；②干扰的判断和消除；③等离子体及进样条件的选择；④方法验证。干扰部分内容详见上一节，方法优化主要介绍谱线选择和等离子体及进样条件的优化。

1. 谱线选择

在 ICP－AES 方法中，谱线的选择是最重要的条件确定，需注意：①测定微量和痕

量元素应首先考虑选择灵敏线，主量元素可以选择次灵敏线；②一般灵敏线具有较宽的动态线性范围；③当灵敏线受到基体或者共存元素的干扰时，则可以根据干扰情况改用其他谱线；④如果次灵敏线达不到检测要求时，采用基体匹配或者IEC校正。在理想情况下样品和标准品能够基体匹配，如果做不到，至少要保证使用的酸体系一致。

2. 等离子体及进样条件优化

（1）RF功率和雾化器载气流量对信号的影响较大。RF功率对硬线和软线的影响是不同的。将比较容易激发的原子线称为软线，如Na；难激发的原子线和所有的离子线称为硬线，如As。硬线需要高的RF功率和低的雾化器气体流量；软线需要低的RF功率和高的雾化器气体流量。泵速需要和雾化器的载气流量配合，不能随意调节。

（2）辅助气只有在分析高盐样品和有机样品时需要进行调节。

（3）垂直观测的高度优化对于有机样品的分析具有明显的作用。

（二）日常维护

ICP－AES主要维护区域是进样系统、接口区、等离子体炬管、空气过滤气和冷却循环水系统。维护内容与ICP－MS一致，还需注意以下几点：

（1）保持仪器室温22～25℃，湿度小于65%，干净无尘。当湿度低于20%时应使用加湿器，否则容易产生静电。

（2）定期检查泵管、雾室和雾化器、中心管、矩管，发现异常及时更换或清洗。

1）雾室内壁若出现油膜，使用肥皂水清洗，去离子水冲至干净。

2）绝对不能采用超声波清洗雾化器，超声波会使毛细管共振，与喷嘴碰撞碎裂。在测样开始和结束使用酸空白和去离子水对雾化器冲洗几分钟，可以确保样品不在雾化器毛细管内沉积或结晶。

3）当灵敏度下降或点火困难时需要清洗矩管：①地矿、土壤和海水样品造成的盐分沉积，使用稀释的表面活性剂浸泡矩管5min；②金属样品的沉积通过浸泡在热的稀王水中去除；③化工样品造成的矩管的碳沉积，应将矩管放入750℃马弗炉中清除，打开马弗炉几秒钟让空气进入，再次将温度升至750℃，重复几次去除碳沉积，在清洗之后需要使用去离子水冲洗，95℃烘干后使用。矩管绝对不可以使用超声波清洗。

（3）由于仪器消耗氩气量较大，开机前检查氩气是否足够，为了保护固体检测器，氩气驱气时间需保证。

（4）开机前，预热仪器时间足够，保证光室温度和固体检测器温度。

（5）开机前确认废液桶是否有足够空间容纳废液，避免因废液溢出吸入雾室造成样品污染和等离子体熄火。

（6）每年检查并清洁一次光路石英片。

六、ICP－AES和ICP－MS的比较以及在环境分析领域的应用

ICP－AES和ICP－MS方法的应用领域范围均较广，均使用ICP源对元素激发，在检测部分不同，因此能够测定的元素有很大部分的重叠。简单对比两种方法：ICP－AES能够测定常见的大部分元素，能够同时对主量元素和微量元素进行测定，对于活泼的碱金属碱土金属元素能够使用垂直观测直接测定，并且对于未知元素的样品能够进行全谱扫

描，快速简便得到半定量结果，但ICP-AES的检出限较MS高，常用于常量和微量元素分析，痕量元素分析困难。ICP-MS检出限低，能够完成痕量元素的分析，特别是对一些毒性、放射性较大但含量较低的元素分析具有明显优势，如Hg、Ti等。但对于一些常见元素，碱金属（如Fe、Na、K等）的分析步骤烦琐且干扰较大。在具体实践中，还应对比进行方法的选择。

ICP-AES在环境分析领域可用于水和废水、土壤、沉积物、环境空气中元素分析，分析的样品中同时含有常量和微量的元素，因此可以充分发挥ICP-AES法的多元素快速分析的特点。

（一）水质检测元素分析

ICP-AES与ICP-MS相似，在GB 3838—2002《地表水环境质量标准》、GB 5749—2022《生活饮用水卫生标准》、GB/T 14848—2017《地下水质量标准》和中都有规定多种重金属元素的ICP-AES分析方法。

近年来ICP-AES相关的国际、国内技术标准相继颁布实施，如EPA200.7、EPA SW-846，6010B、GB/T 5750.6—2023《生活饮用水标准检验方法　第6部分：金属和类金属指标》、SL 394—2007《铅、镉、钒、磷等34种元素的测定》、HJ 776—2015《水质　32种元素的测定　电感耦合等离子体发射光谱法》、DZ/T 0064.22—2021《地下水质分析方法　第22部分：铜、铅、锌、镉、锰、铬、镍、钴、钒、锡、铍及钛量的测定　电感耦合等离子体发射光谱法》、CJ/T 51—2018《城镇污水水质标准检验方法》等，涉及饮用水、地表水、地下水、污废水各种类型水体，ICP-AES已经成为水质元素分析的一种重要方法。

（二）土壤、沉积物和固体废物元素分析

土壤、沉积物和固体废物相关的ICP-AES标准方法的颁布，对环境领域固态物质中的元素分析提供了重要的依据，如EPA SW-846，方法6010B、HJ/T 166—2004《土壤环境监测技术规范》、SL 394—2007《铅、镉、钒、磷等34种元素的测定》、LY/T 3129—2019《森林土壤铜、锌、铁、锰全量的测定电感耦合等离子体发射光谱法》、HJ 804—2016《土壤8种有效态元素的测定　二乙烯三胺五乙酸浸提-电感耦合等离子体发射光谱法》、HJ 974—2018《土壤和沉积物11种元素的测定　碱熔-电感耦合等离子体发射光谱法》、HJ 781—2016《固体废物22种金属元素的测定　电感耦合等离子体发射光谱法》等。

（三）环境空气、污染源废气元素分析

GB 3095—2012《环境空气质量标准》、GB 16297—1996《大气污染物综合排放标准》等都规定了环境空气、无组织排放、污染源废气中的重金属含量，并且颁布了HJ 777—2015《空气和废气　颗粒物中金属元素的测定　电感耦合等离子体发射光谱法》和HJ 1007—2018《固定污染源废气　碱雾的测定　电感耦合等离子体发射光谱法》标准。

第九节　水质检验检测新技术

随着科学技术的迅猛发展，目前，水质监测新技术的发展趋势是开发便携式监测仪、高分辨精密监测仪及连续自动监测仪，将遥感技术用于水质监测，发展联用的分析技术，微量分析向痕量或超痕量分析深入，污染物成分分析向到化学形态分析发展，手工操作与监测管理向计算机自动化方向发展。另外，激光技术和生物技术的应用也得到更广泛的研究与发展。

一、便携式水质分析仪

常规监测方法要经过实地采样、水样预处理、实验室检验分析、检测报告的编写、提出处理意见等一系列烦琐复杂的工作环节，测试仪器也以手动、半自动为主，这不仅费工、费时、费材料，而且由于样品需要异地储存、运输，获取监测数据的时间较长，有时还会发生水质改变，出现数据失真的情况。所以，开发便携式水质分析仪、建立自动化监测系统是水质监测技术重要的发展方向之一。

随着微电子技术的发展，出现了各种新的便携式水质分析仪。其特点是，体积小、携带方便，反应迅速；一般自身都具有防尘、放水、质轻和耐腐蚀等特性，配有手提工作箱，完备的附件及维修工具，便于野外操作；可以多点自动校正，自动温度补偿，自动功能调测，自动显示结果等，可调存数据及分析方法。

按测试项目，便携式分析仪可分为单项分析型和多项分析型。单项分析型只能测定一种参数，而多项分析型可同时测定两种以上的参数。各测试探头均使用不锈钢制造，电极端外加塑料保护套，确保坚固耐用。测试时可根据监测任务的要求，自由选配不同的电极组成一个测试系统，通过特定的校准溶液校正后，将电极浸入水中，即可得到测试结果。下面介绍几种便携式监测仪：

（1）Hydrolab4a 型多参数水质监测仪：能测定常规五参数（pH、水温、DO、浊度、电导率）及氧化还原电位、叶绿素 a、深度等 15 个参数。

（2）用于叶绿素测定的 SCUFA 测定仪：常规方法测定叶绿素需将测定的水样过滤，将叶绿素浓缩到滤膜上，然后以有机溶剂进行提取后，用分光光度法测定，所需时间较长。而 SCUFA 的优点是：仪器应用了荧光法测定叶绿素 a，较少干扰；由于采用了固体二级标准，且无机械部分需维护，不仅使用方便，还具有良好的灵敏度、专属性和实用性，具有自动选定测定范围的功能，无须人工设定，线性范围好，灵敏度可达 0.02μg/L，而且样品不需特殊处理，可在天然水环境中测定，也可根据需要用水泵抽取后测定。

但目前有些便携式水质监测仪受到监测参数和监测精度的限制，在实际中尚不能取代常规的实验室分析方法，需要进一步提高其性能。

二、智能移动监测系统

目前我国在主要河流上已建立了一批固定式水质监测站，但数量较少，缺乏实时水质监测数据，不利于水功能区水环境质量的及时评价，而且对突发性水污染事故的水质监测仍存在滞后问题，因而智能水质移动监测系统的开发和研制具有重要意义。可以将水质监测系统、GPS 定位系统和通信设备安装在移动监测船上。智能移动水质监测系统的应用，一方面，可以快速提供水质信息，较早发现水质异常变化；另一方面，可以在江河湖库等水体进行高密度监测，为城市江段岸边污染带的监测提供有效方法，而且还可以用于水污染事故的水质监测。现在的关键问题是，自动化水质参数的数量和精度及集成系统还有待于进一步研究和开发。

三、遥感技术的应用

用遥感技术监测水质可以反映水质在空间和时间上的分布情况和变化，具有监测范围广、速度快、成本低和便于进行长期动态监测的优势。随着遥感技术的不断发展和对水质参数光谱特征及算法研究的不断深入，遥感监测水质逐渐从定性发展到定量，通过遥感可监测的水质参数种类逐渐增加，反演精度也不断提高。近年来，高光谱遥感技术应用于水质监测大大提高了水质参数的遥感估算精度。

遥感技术监测水质是通过分析水体吸收和散射太阳辐射能形成的光谱特征与水质指标浓度之间的关系实现的。

遥感技术除监测水体热污染和油类外，目前能监测的其他参数分为四大类：

(1) 浑浊度（Turbidity，TURB），悬浮水中的黏土粒子、有机碎屑、浮游生物、微生物、各种沉淀以及絮凝物等，都能形成浑浊度，其中一部分由浮游植物死亡而产生的有机碎屑以及陆生或湖体底泥经再悬浮而产生的无机悬浮颗粒，总称为非色素悬浮物（以下简称悬浮物，Suspended Sediments，SS）。与这类相关的水质数据有：浑浊度（TURB）、透明度（SD）、悬浮物浓度（SS）。

(2) 浮游植物，如水球藻、硅藻等，与浮游植物相关的参数有叶绿素（chloro - phyl1）和褐色素（phaeo - pigment），一切浮游植物均含叶绿素，一般用叶绿素 a 这一所有植物中的首要光合作用色素来反映水体中浮游植物的含量。与这类相关的水质数据有：叶绿素 a（Chl - a）、褐色素（PHAE）。

(3) 溶解性有机物（Dissolved Organic Matter，DOM），包含颗粒状有机碳（Particulate Organic Carbon，POC）和溶解的有机碳（Dissolved Organic Carbon，DOC）。水中的有色溶解有机物（Colored Dissolved Organic Matter，CDOM）是 DOM 中的主要成分，是水流过沼泽或森林地区带入了有机物分级过程中产生的腐殖酸、黄腐酸或丹宁酸等。它能吸收蓝色的光并且散射黄色的光，从而使水呈浅黄色，故被人们通俗地称为黄色物质（Yellow Substance）。相关水质参数有：CDOM、DOC。

(4) 化学性水质指标，常用来监测的有氧平衡指标和营养指标两类，氧平衡指标包括溶解氧（Dissolved Oxygen，DO）、生化需氧量（Biochemical Oxygen Demand，BOD）、高锰酸盐指数（COD_{Mn}）、化学需氧量（Chemical Oxygen Demand，COD）等，营养指标包括氨氮（$NH_3 - N$）、总磷（TP）、总氮（TN）等。

在这 4 类参数中，悬浮物是最先被遥感的水质参数，20 世纪 70 年代末已有人提出悬浮物遥感定量的统一模式，很多研究证明了遥感定量监测悬浮物含量的可行性；叶绿素具有独特的吸收光谱，水中叶绿素含量的遥感监测国内外学者也做了大量工作；而与第一类第二类水质参数相比，后两类水质参数的遥感监测技术相比较还不成熟，没有形成系统的研究和分析模式。

对这些水质指标进行分析时，通过辐射值估测水中组分含量一般有三种方法：理论方法、经验方法和半经验方法。理论方法又叫分析方法，它是根据水中光场的理论模型来确定吸收系数与后向散射系数之比与表面反射率的关系。然后由遥感测得的反射率值计算水中实际吸收系数与后向散射系数的比值，与水中组分的特征吸收系数、后向散射系数相联系，就可以得到组分的含量。经验方法一般通过建立遥感测量值与地面监测的水质参数值之间的数学统计关系来外推算水质参数值。该种方法的缺陷是由于水质参数与遥感监测辐射值之间的事实相关性不能保证，结果可能不可信。半经验方法是当需要预测的水质参数的光谱特征已知时，将已有信息与统计模型相结合的方法。这是目前最常用的方法。经验方法与半经验方法的关键是对遥感数据进行适当的统计分析得到水质参数的估测值。

尽管遥感技术在水质研究方面取得了不少实质性的进展，但也存在不少问题：

(1) 监测精度不高，各种算法以经验、半经验方法为主。

(2) 算法具有局部性、地方性和季节性，适用性、可移植性差。

(3) 监测的水质参数少，主要集中在悬浮沉积物、叶绿素和透明度、浑浊度等参数。

(4) 遥感水质监测的波段范围小，多集中于可见和近红外范围，微波遥感研究少。

今后的重点研究方向应该是：

(1) 加深对遥感机理的认识，特别是水质对表层水体的光学和热量特性的影响机理上，以进一步发展基于物理的模型，把水质参数更好地和遥感器获得的光学测量值联系起来。

(2) 深入研究地表水质各参数的光谱特性及光谱分析技术，加强除主要水质参数以外的其他参数的研究，以增加水质遥感的种类。

(3) 加深目视解译和数字图像处理的研究，提高遥感影像的解译精度。

(4) 增强高光谱遥感的研究，完善航空成像光谱仪数据处理技术。高光谱数据会更好地区分水质参数，能更好地理解光、水和物质的相互作用。

(5) 加深对遥感建模机理研究，建立综合水质遥感信息模型；充分考虑模型的各种影响因子，增强模型的适用性和可移植性。

(6) 多种遥感数据结合，提高监测精度。如 TM 与 CASI 数据，MODIS、MERIS 与 AISA 数据，CASI 与 HyMap 数据的结合等。

(7) 统计方法的改进。回归分析方法是目前最常用的方法，应探讨和研究更有效的方法，如灰色系统理论、主成分分析、神经网络模型等。

(8) 遥感与地理信息系统的结合。GIS 可以更有效地组织、管理和分析遥测的数据，与遥感集成，便于水质的动态监测和分析。

四、用于微量有机污染物分析的 SPME 技术

在水体中微量有机物分析方面，传统的前处理方法耗时、耗力、耗溶剂，所以高效的前处理技术一直是国际上技术开发的热点。近年来，固相萃取（SPE），尤其是固相微萃取技术（SPME）得到了迅速发展和广泛应用。目前，样品采集和前处理往往是同时完成的。以半透膜装置（SPMDs）和 SPME 为代表的被动采样技术已用于采集水体中的环境污染物，其优点是装置简单、无须电源，特别适于野外操作。SPME 技术可用于水体挥发性、半挥发性和难挥发性化合物的采集、分离和富集。

五、痕量分析、化学形态分析

（一）痕量分析

水体环境复杂多样，加快对新的高灵敏度、选择性好而又快速的痕量和超痕量分析方法的研究，将成为今后水体分析发展的一个重要方向。应用现代分离技术及化学分离与高灵敏度分析方法结合将促进发展环境水体水质因子的痕量分析。如果将催化分析与化学分离结合扩大催化法的应用范围，将是环境痕量元素的化学分析中值得研究的问题。可以预测，利用这种技术作为一种直接同时测定环境水体中痕量重金属的常规分析方法是很有前途的。

（二）污染物的化学形态分析

环境水体污染物的分析不仅要测定含量，也要分析它在水体中的形态。随着对污染效应认识的不断深入和对污染物状态分析研究的增加，化学形态分析将成为今后探讨的重要课题。污染物的毒性不仅取决于它的浓度，也和化学形态有关，化学形态不同，污染程度也不同。特别是在评价重金属对环境污染的危害程度时，有必要进行实际形态分析，例如汞在水体中的形态不同，对人类健康造成的危害也有所不同。

第五章　微量有机污染物监测

第一节　开展微量有机污染物监测的意义

环境中的有机化合物广泛存在于大气、水体和土壤中，一部分是天然来源，另一部分是人类活动排放的。向环境中排放的含有机物的废水导致水体、土壤、大气出现污染，进入环境中的有机物会在不同介质（水、大气、土壤）间通过分配、吸附、生物富集、挥发和光解等物理化学作用互相迁移。

进入环境中的有机物通常难于降解，导致环境中会有一定的残留水平。具有持久性、可生物累计性和毒性特征的有机污染物（POPs）虽然在环境中的含量较低，但它们能够从环境中迁移至生物体内并发生富集，并通过食物链最终影响到人类。一些有毒有机物含有危害性的官能团，会抑制或破坏生命组织的功能，进而对人类健康产生不利影响。从20世纪60年代国外发现用氯消毒产生的副产物对人体有危害开始，逐渐进行人工合成的化学物质对人体健康危害研究。通过流行病调查，长期对不同饮水地区的居民进行跟踪追查与通过动物实验等，已经取得了大量宝贵资料。20世纪80年代的研究表明有机污染物能够提高格陵兰因纽特人乳腺癌的发病率，造成海洋中海豹生殖系统的损坏，在一些地区的母乳中检测出多氯联苯。过去曾认为低水平污染是安全的，现在认识到低水平的污染物也会危害健康，甚至有机物在非常低的浓度范围也会对人体和生物体产生严重影响，且有时这些影响是不可逆的。有报告指出，用作杀虫剂的多种化学物质，从单个来看是没有显著不良影响的，每个个体的浓度极低，大多只有十亿分之几十，但是如果混合在一起就会产生相当于个体160～1600倍的激素作用。20世纪90年代的相关研究指出具有“三致”作用的有机污染物不仅能引起机体的急性、亚急性和慢性毒害作用，而且还能引起畸形、突变、癌变等特殊毒性作用，造成野生动植物和人类的内分泌紊乱，抑制海豹、海豚等海洋生物的免疫作用。近年来，发现了一些由于环境污染，破坏生物的激素平衡，导致发育与生殖功能出现异常的畸形动物，学者认为是由于近似于生物激素的有机污染物引起的。

微量有机污染物不断在环境中迁移转化，在过程中还可能形成比母体危害更大的代谢物。因此开展微量有机污染物的监测是进行影响研究的基础。气相色谱、液相色谱等检测技术已经逐步应用到水体、沉积物、土壤中有机物的检测工作中。

通过废水排放进入水环境是微量有机污染物进入环境中的主要途径，对特定区域水体中的微量有机污染物的种类和含量变化进行趋势分析，就能够发现区域水环境污染的特征，随后有针对性地对可能的污染源进行调查，制定出切实可行的治理方案，为制定污染物防治措施、预防水体污染提供可靠的依据，从而维护生态环境健康发展，保障人民生产生活饮水安全。

第二节　微量有机污染物监测

一、国外监测现状

目前，世界上已经合成出各种化学物质大约 2000 万种，生产和使用的有七八万种。随着有机化工、石油化工、医药、农药、杀虫剂以及除草剂等生产工业的迅速增长，向环境中排放的有机物种类和数量不断地增加。这些化合物通过各种途径进入水环境中，造成了水环境质量的下降和恶化。20 世纪 70 年代，随着公众对环境保护的呼声高涨，特别是 1972 年斯德哥尔摩全球环境大会以后，水环境保护及监测工作在各国以前所未有的局面迅速开展起来。目前，主要发达国家和地区在微量有机污染物监测方面已经取得了较大进展，形成了较完整的监测体系，且以美国和欧盟具有较典型的代表性。下面重点介绍美国和欧盟有机物监测方面的进展。

（一）美国

美国的环境保护管理体制主要分为美国环境保护局（EPA）、10 个大区办公室和州环境保护局 3 个层次。美国环境保护局是负责环境保护的综合协调管理机构，其主要职责是进行宏观管理，负责制定有关环境保护的法规、政策、标准与方法并监督执行。美国环境保护局没有建立本系统的国家级水环境监测站网及其监测队伍，各大区和各州环境保护局负责组织对本地区水体进行定期的监测。水环境监测主要由合同实验室完成，美国环境保护局按合同给予经费补助。

根据美国《净水法》（CWA）、《安全饮用水法》（SDWA）等法案，美国 EPA 开发、研制了与其配套的标准分析方法系列，包括《废水中污染物的分析方法》（即 EPA100～EPA400 系列的前身）、《废水中有机污染物的分析方法》（即 EPA600 系列的前身）、《饮用水中四种三卤甲烷的分析方法》（即 EPA500 系列的前身）。

《净水法》（CWA）提出了对废水中毒性污染物的控制，特别是对废水中那些含量很低（一般在微量级、痕量级，甚至在超痕量级水平）但毒性大、具有“三致”（致癌、致畸、致突变）的毒性污染物的控制。以此为导向，美国水质监测重点向以毒性有机污染物为主的毒性污染物监测的方向发展，促使了 EPA500 和 EPA600 系列方法的发展。特别是在有毒有机物监测领域，EPA600 系列成为主导。EPA 颁布的水中优先监测 65 类 129 种污染物名单，并列入《净水法》（CWA）以法令的形式颁布。目前，EPA 已开发的 EPA200 系列、EPA500 系列、EPA600 系列以及 CIP 系列等水质分析方法，并广泛应用新技术不断更新，使得对水环境的监控能力达到一个较高的水平。

（二）欧盟

欧盟水环境监测方法标准化工作主要由欧洲标准委员会（CEN）负责，欧洲标准委员会制定的监测方法标准——欧盟标准，在欧盟成员国可无条件地转化为国家标准，保证了欧盟区建立统一的水环境监测分析方法标准体系。

欧盟水环境监测分以下 3 个类型：

（1）监视性监测。类似于我国的常规性监测，包括为制定未来有效的监测方案提供基础信息的监测，用于评估自然水体长期变化趋势的监测，用于评估人类活动影响所导致的长期变化趋势的监测。

（2）运行性监测。其监测目的是弄清或确定具有不达标风险的水体的水质状况，以及评估这类水体水质状况的变化情况。

（3）调查性监测。类似于我国的专项监测或专题监测，如对原因不明的超标水体的监测；对常规监测中未达标水体且目前还未纳入运行性监测的水体的监测，其目的是弄清水体未达标的原因。

欧盟水环境标准主要针对具有毒性、持久性和生物蓄积性危险物质，其环境标准体系包括质量标准、排放标准、监测及分析方法等。欧盟的环境标准是以指令形式发布，质量标准包括《饮用水水源地地表水的 91/692/EEC 指令》《游泳水水质标准的 76/160/EEC 指令》《饮用水质量标准的 98/83/EEC 指令》等。排放标准包括《某些危险物排入水体的 06/11/EC 指令》《保护地下水免受特殊危险物质污染的 80/68/EEC 令》《城镇污水厂废水处理的 98/15/EEC 指令》等。这些指令主要对具有毒性、持久性和生物蓄积性危险物质做出规定。监测方法标准为《地表水质量监测方法的 2000/60/EC 指令》，规定了地表水取样、采样频率、监测和分析方法等。

二、国内监测现状

目前，我国的各级职能部门对环境中有毒有机物完成了一些局部调查和监测，政府主管部门在制定法规标准方面和国际履约方面做了大量工作，取得一定进展，但与发达国家和地区相比，差距仍较大。气相色谱仪、气相色谱质谱仪、高压液相色谱仪以及高效液相色谱仪质谱仪逐步被应用在国内环境监测中，使得采取措施对有毒有机物造成的污染开展监测及控制成为可能。中国环境监测总站根据国内有机物污染的特征，提出了反映中国环境特征的优先控制污染物共 14 类 68 种，其中有毒有机物 58 种。2002 年颁布的 GB 3838—2002《地表水环境质量标准》中的集中式生活饮用水地表水源地特定项目共 80 项污染物，其中，涉及 68 项有毒有机物指标。2017 年颁布的 GB/T 14848—2017《地下水质量标准》，毒理学指标中有机污染指标由 2 项增至 49 项。2021 年修订后的 GB 5084—2021《农田灌溉水质标准》，增加了 8 项有机选择控制项目，共 11 项。2022 年修订后的 GB 5749—2022《生活饮用水卫生标准》，对生活饮用水及其水源地水质标准中涉及 53 项有毒有机污染物指标。

20 世纪 80 年代初，我国科研工作者就意识到农药广泛使用的危害，完成了部分水域的有机氯农药残留调查研究。20 世纪 90 年代至 21 世纪初，卫生部和国家海洋局分别在全国范围膳食中农药残留和海域沉积物中有机物污染调查。1992 年和 2002 年，水利部长江水利委员会长江流域水环境监测中心对长江干流水域进行了有毒有机物定性定量分析。2003 年和 2004 年，水利部组织对全国范围集中式饮用水水源地有毒有机物进行了全面调查和监测，取得了较好的社会反响。2005 年原环境保护部也组织对全国 56 个城市的 206 个集中式饮用水源地的有机污染物进行了监测。自 2008 年开始，中国环境监测总站要求对重点城市水源地每月增加监测 GB 3838—2002《地表水环境质量标准》中 1～35 项特定污染物和每年一次 109 项全分析。2008 年颁布了《中华人民共和国水污染防治法》，规定了有毒污染物的排放要求。2019年7月根据《中华人民共和国水污染防治法》有关规定，生态环境部会同国家卫生健康委制定公布了《有毒有害水污染物名录》，名录中包含5种有机污染物。

随着经济与社会的不断发展，水污染事频发，污染源呈日益复杂的趋势，对水环境监测工作特别是微量有毒有机污染物的监测提出了新的更高的要求。但由于水环境中的有机污染物监测通常具有样品基体复杂多变、待测组分浓度低、组成差异性大、前处理烦琐复杂、对仪器及人员相关配置要求高的特点，因此多年来一直是监测工作开展的薄弱点。但是，随着国家“十三五”污染治理和水资源保护项目的落实，有关部门的监测机构所配备的有机物污染物检验检测及相关配套前处理系列设备，如气相色谱仪、气相色谱-质谱仪、液相色谱仪、液相色谱-质谱仪、加速溶剂萃取、固相萃取装置等逐步普及，将GB 3838—2002《地表水环境质量标准》、GB 5749—2022《生活饮用水卫生标准》等标准中规定的有机物监测项目纳入常规监测已经成为可能。

表5-1为我国有关水利、环境、海洋、农业等质量标准中要求开展检验检测的较常见有毒有机物列表。

表5-1　　水质监测常见有机分析参数

序号	参数	地表水	地下水	饮用水	海水	污水	沉积物与土壤
1	甲基汞（烷基汞）	√				√	○
2	挥发性酚类	√	√	√	√	√	
3	苯胺	√		○		√	√
4	硝基苯胺	○		○		√	
5	2,4-二硝基苯胺	○		○		○	
6	硝基苯	√		○		√	√
7	硝基甲苯	○		○		√	
8	硝基氯苯	√		○		√	
9	二硝基氯苯	√		○		√	
10	二硝基甲苯	○	√	○		○	
11	氯丁二烯	√		○			
12	溴氯甲烷	○					√
13	二溴甲烷	○					
14	阿特拉津	√	√	√			
15	苯	√	√	√		√	√
16	甲苯	√	√	√		√	√
17	乙苯	√	√	√		√	√
18	二甲苯	√	√	√		√	√
19	丙苯	√		○		○	
20	苯乙烯	√	√	√		○	√
21	二氯甲烷		√				√

续表

序号	参数	地表水	地下水	饮用水	海水	污水	沉积物与土壤
22	二氯丙烷		√				√
23	三氯甲烷	√	√	√		√	√
24	四氯化碳	√	√	√		√	√
25	三氯乙烯	○	√	√		√	√
26	四氯乙烯	√	√	√		√	√
27	三溴甲烷	√		√		○	√
28	一溴二氯甲烷	○		√		○	√
29	二溴一氯甲烷	○		√		○	
30	二氯乙烷	√	√	√			√
31	氯乙烯	○	√	√			√
32	二氯乙烯	√	√	√			
33	六氯丁二烯	√		√			
34	二氯甲烷	√		√			√
35	五氯酚	√	√	√		√	√
36	苯酚	○		○		○	
37	2,4-二氯酚	√		○		√	
38	2,4,6-三氯酚	√	√	√		√	
39	二氯苯	√	√	√		√	
40	三氯苯	√	√	√		○	
41	四氯苯	√		○		○	
42	六氯苯	√	√	√		○	
43	氯苯	√	√	√		√	√
44	邻苯二甲酸二甲酯	○		○		○	
45	邻苯二甲酸二乙酯	○		○		○	
46	邻苯二甲酸二正丁酯	√		○		√	
47	邻苯二甲酸二己酯	○		○		○	
48	邻苯二甲酸二（2-乙基己基）酯	√	√	√		○	
49	邻苯二甲酸二正辛酯	○		○		√	
50	甲醛	√		√		√	
51	六六六	√	√	√	√		√
52	滴滴涕	√	√	√	√		√
53	七氯	○	√	√			√
54	环氧七氯	√		○			
55	敌敌畏	○	√	√		○	

续表

序号	参数	地表水	地下水	饮用水	海水	污水	沉积物与土壤
56	乐果	√	√	√		√	√
57	甲基对硫磷	√	√	√	√	√	○
58	马拉硫磷	√	√	√	√	√	
59	对硫磷	√		√		√	
60	敌百虫	√		○		○	
61	萘	○	√				○
62	苊	○					○
63	二氢苊	○					○
64	芴	○					○
65	菲	○					○
66	蒽	○	√				○
67	荧蒽	○	√				○
68	芘	○					○
69	苯并（a）蒽	○					○
70	屈	○					○
71	苯并（k）荧蒽	○					○
72	苯并（b）荧蒽	○	√				○
73	苯并（a）芘	√		√	√	√	√
74	茚并（1,2,3－cd）芘	○					○
75	二苯并（a，h）蒽	○					○
76	苯并（ghi）苝	○					○
77	多氯联苯	√	√	○	○		√
78	微囊藻毒素	√		√			
79	内吸磷	√		○			
80	甲萘威	○		○			
81	2,4,6－三硝基甲苯	√		○			
82	环氧氯丙烷	√		√			
83	乙醛	√					
84	丙烯醛	√					
85	三氯乙醛	√		√			
86	二硝基苯	√					
87	联苯胺	√					
88	丙烯酰胺	√		√			
89	丙烯腈	√				√	
90	水合肼	√					

续表

序号	参数	地表水	地下水	饮用水	海水	污水	沉积物与土壤
91	四乙基铅	√					
92	吡啶	√					
93	松节油	√					
94	苦味酸	√					
95	丁基黄原酸	√					
96	百菌清	√	√	√			
97	溴氰菊酯	√		√			
98	二氯乙酸			√			
99	三氯乙烷		√	○			
100	三氯乙酸			√			
101	灭草松			√			
102	呋喃丹			√			
103	毒死蜱		√	√			
104	草甘膦		√	√			
105	2,4-滴		√	√			
106	艾氏剂	○		○			
107	硫丹Ⅰ	○		○			√
108	狄氏剂	○		○			○
109	异狄氏剂	○		○			
110	硫丹Ⅱ	○		○			√
111	速灭磷	○					○
112	甲拌磷	○		○			○
113	二嗪磷	○					○
114	异稻瘟净	○					○
115	杀螟硫磷	○					○
116	溴硫磷	○					○
117	水胺硫磷	○					○
118	稻丰散	○					○
119	杀扑磷	○					○
120	硝基乙苯					√	
121	苯酚					√	√
122	间-甲酚					√	
123	克百威		√				
124	涕灭威		√				

注　1. 同类型项目有合并，如1,2-二甲苯和1,4-二甲苯。

2. √为相关评价标准规定有机监测项目；○为经常要求监测项目。

近年来，虽然新颁布或修订了一系列微量有机污染物国家或行业的检验检测方法标准，标准的制定工作有提速的趋势，但与需求仍有相当的差距。大型精密仪器的广泛应用，需要专业的、训练有素的检验检测人员，人员的操作技术水平也亟待提高。

三、发展前景

1. 微量有机污染物监测能力将进一步增强

近年来，随着我国对生态文明建设的要求不断提高，各级财政对相关监测领域投入逐年增加，为加强微量有机污染物监测能力建设提供了经济保障。以水利系统为例，经过多年的努力，全国水利系统水质监测体系逐渐完善，形成了具备相当素质的检验检测人才队伍；随着能力建设投入的不断加大，特别是“十三五”以来各级监测机构已经配备了相关微量有机物检测、处理设备，部分检验检测机构的检验检测仪器设备配备水平已经达到国际先进的水平。

2. 将建立适应我国社会经济发展的微量有机污染物标准体系

随着人群对饮水安全和生态安全关注程度日渐提高，在今后的一个时期，我国水环境监测标准体系建设将逐步完善，监测分析方法总体落后与水环境保护与管理对检验检测工作的要求的局面逐步扭转，最终将形成与社会经济发展水平相适应微量有机污染物监测分析方法标准和技术规范。一方面，新的有机物检验检测、评价标准将制定；另一方面，结合当前检验检测技术的新发展和在检验检测中发现的问题，对那些滞后于当前分析技术和分析仪器发展水平的方法加以修订，使之与技术发展水平相适应。

3. 新技术将广泛应用于检测工作

随着样品前处理方法和检测分析技术的进步，新技术将被广泛应用于水环境有机检验检测工作中。除传统的液-液萃取、固相萃取、顶空等技术外，未来微波消解和微波辅助萃取、免疫萃取、超声辅助乳化微萃取等新兴、自动化程度高、对环境友好的前处理技术将得到快速的发展；气相色谱-电感耦合等离子体质谱（GC - ICP - MS）联用、色谱-核磁共振波谱（NMR）联用、色谱-傅里叶变换红外光谱联用等技术在检验检测工作中得到完善和发展，一方面提升了对污染物的分离能力和质谱定性功能，另一方面提高了仪器灵敏度，以定性、定量含量极低的污染物，痕量有机污染物检验检测能力将进一步取得突破。届时，微量有机污染物检验检测技术将得到有效改善、充实和完善，自动化与智能化样品处理、检验检测技术应用范围也将会扩大，样品检验检测将快速、高效进行，复杂的环境样品检验检测难题也将会得到有效解决。

4. 检验检测对象和内容将进一步拓展

随着新技术的应用和标准体系的建立，水环境微量有机污染物检验检测对象必将进一步拓展，由现在的水扩展到废污水、土壤和沉积物、水生生物等方面，检验检测内容也将由水质标准规定的有机检验项目拓展到危害人群健康和生态环境的持久性有机污染物（POPs）、环境内分泌干扰物（EEDs）、抗生素、藻类代谢物等微量有机污染物方面的检验检测和研究。

第三节　微量有机污染物样品采集和前处理技术

水中有机污染物监测主要分为样品采集、样品前处理、分析测定、数据处理4个过程。研究表明，相比实验室内测定分析和数据处理，样品采集和样品前处理两个过程导致的误差更大，达到70%以上（见图5-1）。不同于美国EPA标准系列，我国微量有机污染物样品采集和样品前处理技术要求分别在相关的行业标准和专项检测方法中加以规定，如：SL 219—2013《水环境监测规范》、HJ 91.1—2019《污水监测技术规范》、HJ 493—2009《水质采样　样品的保存和管理技术规定》、HJ 494—2009《水质　采样技术指导》、SL 393—2007《吹扫捕集气相色谱/质谱分析方法（GC/MS）测定水中挥发性有机污染物》、SL 392—2007《固相萃取气相色谱-质谱分析法（GC/MS）测定水中半挥发性有机污染物》等。但是，目前尚没有建立独立的微量有机污染物样品采集和前处理技术指导标准。本节系统介绍了各类微量有机污染物样品采集技术，重点阐述了各类样品前处理技术以及应用范围。

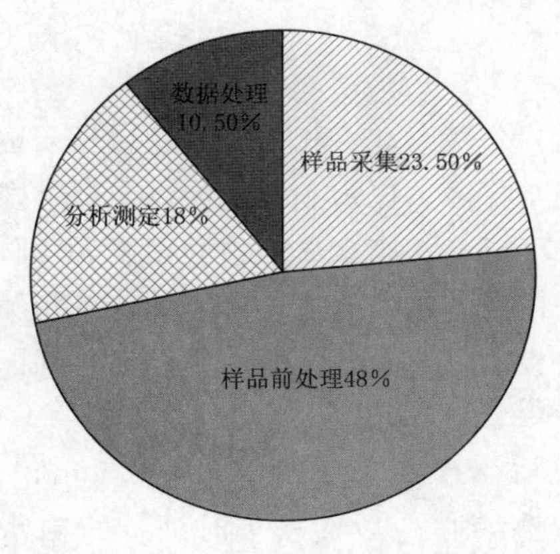

图5-1　微量有机污染物检验检测过程中误差来源情况

一、样品采集

（一）挥发性微量有机污染物的采样

在采样前应向每个采样瓶（顶空瓶或50mL左右能密闭的玻璃小瓶）中加入适量的抗坏血酸（每40mL水样加入25mg），然后采集水样至满瓶（应该避免将溶解的抗坏血酸冲出）。每40mL水样中加入2～3滴（1＋1）盐酸溶液，使水样的pH＜2，并立即用包有聚四氟乙烯薄膜（或铝箔）的翻口胶塞或具聚四氟乙烯内衬垫的螺旋盖紧，样品封瓶后水样中不能留任何空间。如果从水龙头采样，应先打开水龙头放水至水温稳定（一般10min），然后调节水流流速至约500mL/min进行采样；如果是从开放水体采样，应先用洁净大烧杯或不锈钢采样器从有代表性的区域采样，再小心地把水样倒入样品瓶中。水样采集后应在4℃条件下保存和运输并尽快完成样品分析。

（二）半挥发性微量有机污染物采样

采集水样至满瓶后向采样瓶（通常为1～4L棕色玻璃瓶）中加入适量的抗坏血酸（每升水样加入100mg）以去除余氯，加入（1＋1）盐酸溶液使水样的pH＜2以防止生物降解。样品采集完成后，在4℃条件下保存、运输、存储并在14d内完成样品前处理。如果从水龙头采样，应先打开水龙头放水至水温稳定（一般10min），然后调节水流流速至约500mL/min进行采样；如果是从开放水体采样，应先用洁净大烧杯或不锈钢采样器从有代表性的区域采样，再小心地把水样倒入样品瓶中。采样过程中不能使用或含有塑料、橡胶制品和器材，防止污染。

（三）特定微量有机污染物的采样

值得注意的是，有些特定的有机物在样品中加入保存剂会发生降解、反应或离子化，采样时需单独采样并根据其物化性质采用适当的保存方法；还有一些有机物在水中稳定性差，易降解，采样后必须尽快分析，如敌百虫和敌敌畏。另外，在不同标准中，对样品采集后保存方法表述也不尽相同。因此，在实际的操作过程中，检测人员需要根据检测对象，参考相适应的标准方法进行采样和保存，有条件的话可以通过现场加标等方法对采集保存效果进行验证。

二、样品前处理

水体、土壤中的污染物种类繁多、含量低（通常为微克每升或纳克每升数量级），一般检验检测方法的灵敏度达不到要求，且污染物与基质间存在较强的相互作用，很难直接进行目标组分检测，需要利用样品前处理技术对目标组分进行预分离、预富集后再进行检测。样品前处理是检验检测工作的关键环节，是监测工作良好开展的基础。据统计，样品前处理过程占整个分析测试过程的相当大一部分时间，有的甚至可以占有全程时间的70%以上，但约50%的误差来自前处理过程，而仪器测试的误差只占10%左右。为了满足仪器检测要求，提高样品方法检出限，样品在大多数情况下都必须经过处理才能进行分析测定。

对样品进行前处理，主要可以起到浓缩和消除干扰等作用，使分析顺利进行。一般而言，样品中有机物组分含量都在微量和痕量水平，通过前处理可以使组分浓度提高，从而使仪器能够有效检测。另外，环境样品是复杂、多样的，通过前处理可以消除基体对测定的干扰并除去对仪器或分析系统有害的强酸或强碱性物质、生物分子等物质，从而降低检测难度，提高方法的灵敏度，降低对仪器操作的要求和测量误差，延长仪器的使用寿命，使分析测定能长期的保持稳定、可靠的状态下进行。

样品前处理主要分为样品提取、净化和浓缩等过程。在水环境微量有机污染物监测过程中，对于水样中有机物的提取一般采用液-液萃取、固相萃取、顶空处理技术、吹扫补集、固相微萃取等方式进行，对土壤、沉积物等固体样品中有机物的提取则多采用索氏提取、超声波萃取、加速溶剂萃取、超临界萃取、固相微萃取等方式进行处理。在有机物提取后，为了便于检测，针对样品的特性，一般会采用硅土净化、硅胶净化、硫酸盐净化、氧化铝净化等方式进行进一步净化，以消除干扰。

（一）样品提取

1. 液-液萃取（LLE）

液-液萃取是利用溶剂的相似相溶原理达到分离和提取液体混合物中组分的过程。在样品中加入与其不相混溶（或稍相混溶）的溶剂，利用组分在溶剂中溶解度的不同而达到分离或提取。由于多数有机物在有机溶剂中有更好的溶解性，常用有机溶剂来萃取溶解于水溶液中的有机物。

实验室中进行液-液萃取时一般使用分液漏斗。液-液萃取时，将溶液和溶剂从分液漏斗上口倒入，液体总体积不能超过漏斗容积的2/3，振摇使两层液体充分接触。充分振摇后，将分液漏斗静置分层。待两层液体界面清晰后，将顶塞打开，然后缓缓旋开旋塞放出下层液体。为防止污染，待下层液体全部流出后再将上层液体从上口倒出。在萃取过程中，将一定量的溶剂分做多次萃取，其效果比一次萃取好。萃取溶剂应和样品基质不能混溶，待测物质和溶剂之间应该有较大的分配比，化学稳定性强、安全性好（无毒或低毒、不易燃、难挥发、耐热性好、无腐蚀）；同时，为了避免对检测过程的影响，溶剂必须不含有干扰分析的物质，对检测器的响应尽可能地小且保留时间和待测物不相同。当形成乳浊液难于分层时，可采用增加静置时间、离心、搅拌、加热或加入电解质（氯化钠或某些去泡剂）利用盐析作用、加入无水乙醇等方式消除乳化现象。

液-液萃取是一个较传统的方法，适用于环境水体中大多数半挥发性，难挥发性有机物提取，但是由于其选择性相对较差、溶剂用量大、浓缩净化等后续处理较多，在很多方法中已经被固相萃取、固相微萃取等替代。

2. 固相萃取（SPE）

固相萃取的基本原理是样品在两相间的分配，即在固定相（吸附剂）和液相（溶剂）之间的分配。它是利用吸附剂对分析物和干扰性杂质吸着能力的差异所产生的选择性保留，对目标物质进行提取和净化。固相萃取吸附剂根据其对中性有机化合物的保留机制和溶剂洗脱能力，常分为正相和反相吸附剂两类。正相吸附剂（如硅胶、弗罗里硅土、中性氧化铝等）属极性保留，溶剂极性越强，洗脱能力越强；反相吸附剂（如 C18、C8、C2、CH、pH 等）属非极性保留，溶剂极性越强，洗脱能力越弱。

固相萃取是一个包括液相和固相的物理萃取过程。在固相萃取中，固相对待测物质的吸附力比溶解分离物的溶剂更大。当样品溶液通过吸附剂床时，待测物质浓缩在其表面，其他样品成分通过吸附剂床；通过只吸附待测物质而不吸附其他样品成分的吸附剂，可以得到高纯度和浓缩的待测物质。由于在水环境分析中，对象主要为各类水样，所以常使用反相吸附剂进行萃取，常用的反相吸附剂是 C18 和 C8。正相吸附剂主要用于提取后样品的净化处理。

在固相萃取中最通常的方法是将固体吸附剂装在一个针筒状柱子里（固相萃取小柱），使样品溶液通过吸附剂床，样品中的待测物质或通过吸附剂或保留在吸附剂上（依靠吸附剂对溶剂的相对吸附），最后用溶剂把待测物质从吸附剂上洗脱下来。固相萃取一般包括活化、上样、淋洗去除杂质和洗脱等过程。

（1）活化。固定相活化的目的是建立一个与样品溶剂相容的环境并去除吸附柱内的杂质。通常需要两种溶剂，第一种溶剂（初溶剂）用于去除固定相的杂质，第二种溶剂（终溶剂）用于建立一个合适的固定相环境使样品中的待测物质得到适当的保留。终溶剂不应强于样品溶剂，若使用极性太强的溶剂，则降低待测物质在吸附剂上的吸附，降低回收率。

（2）上样。上样指样品通过加压、抽真空或离心的方式使样品以适当的流速通过固相萃取柱的过程，这时待测物质和干扰物质均会保留在固定相上。

（3）淋洗去除杂质。待测物质得到保留后，通常需要淋洗固定相以洗脱不需要的样品组分。要选择合适溶剂，既不会把吸附在固相萃取柱填料上面的目标产物洗掉，又能清洗掉一些干扰杂质。淋洗溶剂的洗脱强度应略强于或同等于上样溶剂。溶剂体积可为 0.5～0.8mL/100mg 固定相。淋洗时不宜使用太强溶剂，太强溶剂会将强保留杂质洗下来；使用太弱溶剂会使淋洗体积加大。可改为强、弱溶剂混用，但混用或前后使用的溶剂必须互溶。

(4) 洗脱。洗脱指淋洗过后，将待测物质从固定相上洗脱收集起来的过程，洗脱溶剂用量一般为0.5～0.8mL/100mg固定相。为了使待测物质尽可能的洗脱，使比待测物质吸附更强的杂质留在固定相上，需要选择强度合适的洗脱溶剂。溶剂太强，一些更强保留的杂质组分将被洗出来；溶剂太弱，就需要更多的洗脱液来洗脱。

需要注意的是：①在固相萃取过程中，固定相都不能抽干，因为这将导致填料床出现裂缝，从而使回收率和重现性降低，样品净化效果差；②控制样品和溶剂流过固相萃取柱的流速并保持稳定，有利于提高回收率和重现性；③流过固定相的溶剂必须与前一溶剂互溶，否则会导致回收率低和净化效果差。

固相萃取方法近年来发展较快，适用于环境水体中大多数半挥发性，难挥发性有机物提取，试剂使用少，可采用手动操作，也可采用全自动固相萃取装置，应用较普遍。

3. 固相微萃取 (SPME)

固相微萃取技术是20世纪90年代兴起的一项样品前处理与富集技术，属于非溶剂型选择性萃取法。固相微萃取技术是一种集萃取、浓缩、解吸、进样于一体的样品前处理技术。该技术以固相萃取为基础，保留了其全部优点，摒弃了传统的样品前处理方法如液-液萃取 (LLE)、索氏提取等方法普遍存在有机溶剂使用量大、处理时间长、操作步骤烦琐、容易使易挥发组分丢失，产生较大误差、可能会造成环境的污染等缺点。

固相微萃取技术是以涂敷在纤维上的高分子涂层或吸附剂为固定相，通过吸附或吸收机理对待测物质进行萃取和浓缩，并在气相色谱 (GC) 进样器中直接热解吸，进行分析检测，在无溶剂条件下可一步完成取样、萃取和浓缩，降低了试剂使用量，对环境污染较小。其可与气相色谱、高效液相色谱等仪器联用，样品用量少，具有较好的重复性、灵敏度和较高的选择性，线性范围可达10^3～10^5，操作简便。因其具有这些特性和优点，SPME法已成功地应用于气态、水体、固态中的挥发性有机物 (VOCs)、半挥发性有机物以及无机物的分析，如采用SPME法开展环境中农药残留、酚类、多氯联苯 (PCBs)、多环芳烃 (PAH)、脂肪酸、胺类、醛类、苯系物 (BTEXs) 等污染物的检测。随着SPME法与高效液相色谱 (HPLC)、电泳 (CE)、紫外光谱 (UV) 等检测仪器联用技术的实现，其应用范围将趋于更广。与其他技术相比SPME法更适合于现场监测。

4. 顶空处理技术

顶空处理技术适合测定固体或液体样品中挥发性有机物，其主要取决于被分析物在气相和液相 (或固相) 间的分配系数，达到平衡时，待测物质在气相分配越多，检测的灵敏度越高。顶空处理技术分两种类型：静态顶空和动态顶空。

(1) 静态顶空。静态顶空指将样品置于密闭样品瓶中，平衡一段时间后，样品中的挥发性或半挥发性物质进入气相中，部分气体进入气相色谱 (GC) 分析的前处理方法。增加平衡温度或降低活度系数可增加气相中有机物的量，从而提高分析灵敏度，将被分析物转化为更易挥发，溶解度更低的物质进行分析，也可提高分析灵敏度。静态顶空操作主要分析步骤为：

1) 加热和振荡密封样品瓶，使顶空层分析物平衡。

2) 通过载气向样品瓶加压。

3）断开载气，使瓶中顶空层气样流入 GC 或 GC/MS 中分析。

在过程中应该注意：顶空瓶加热温度、定量管温度、传输线温度应由小到大，传输线不大于进样口的温度；需设置合适的加热和振荡时间，使得样品顶空层达到充分平衡。样品充满定量环的时间应充分，定量环的平衡时间不应太长，进样的时间应足够长。

（2）动态顶空（吹扫捕集）。动态顶空又称吹扫捕集（PURGE & TRAP），该方法自 1974 年提出以来被广泛用于地表水、地下水、饮用水和废水中挥发性、半挥发性有机物的检验检测。吹扫捕集是用惰性气体连续吹扫水样或固体样品，使挥发性或半挥发性有机物随气体转入到装有固定相的捕集管中。加热捕集管的同时用气体反吹扫捕集管，待测物质进入 GC 或 GC/MS 进行分析。动态顶空中，具有高分配系数的物质可完全转入到捕集管中。与静态顶空相比，动态顶空的分析灵敏度大大提高。

吹扫捕集-气相色谱联机分析具有较高的灵敏度，可以检测出浓度为 0.1μg/L 的挥发性有机物，在方法中吹扫温度、吹扫时间和解吸温度是关键条件。

5. 索氏提取

索氏提取法（Soxhlet Extractor Method）是公认的经典方法，也是我国粮油分析首选的标准方法。在环境监测中，多用于环境中土壤、底质等固体、半固体样品的提取。萃取前先将样品风干、研碎以增加固液接触的面积，然后将样品放在滤纸套内（可加入一定量的无水硫酸钠拌匀）置于提取器中，提取器的下端与盛有溶剂的圆底烧瓶相连，上面接回流冷凝管。加热圆底烧瓶使溶剂沸腾，有机蒸气通过提取器的支管上升，遇冷却水冷凝后滴入提取器中，溶剂和固体接触进行萃取，当溶剂面超过虹吸管的最高处时，含有萃取物的溶剂虹吸回烧瓶，因而萃取出一部分物质。如此重复，使固体物质不断被纯溶剂所萃取，将萃取出的物质富集在烧瓶中。

目前，传统的索氏提取方式因耗时长、溶剂需要量较大且在萃取过程中部分溶剂会挥发到空气中、不能够定量浓缩等缺点逐渐被全自动索氏提取装置以及加速溶剂萃取装置所取代。

6. 超声波萃取

超声波萃取是基于超声波的特殊物理性质，通过超声波振动来减少待测物质与样品基体之间的作用力从而实现固-液萃取分离。超声波在媒质中形成介质粒子的机械振动，这种由含有能量的超声波振动引起的与媒质的相互作用，主要归纳为热作用、机械作用和空化作用。

与常规萃取技术相比，超声波辅助萃取快速、价廉、高效。在环境样品有机污染物提取中，超声波辅助萃取用于环境样品预处理主要集中在土壤、沉积物及污泥等样品中有机污染物的提取分离上，被提取的有机污染物包括有机氯农药、多环芳烃、多氯联苯、苯、硝基苯、除草剂、杀虫剂等。

7. 微波萃取

微波萃取指使用频率为 300～300000MHz 的电磁波，利用电磁场的作用使固体或半固体物质中的某些有机物成分与基体有效的分离。在过程中不能破坏分子和分子键，这就要求微波能量发射要尽可能微量，温度控制准确。

微波萃取的优势在于：①选择性好，在萃取过程中可以对萃取物质的不同组份进行选择性加热，从而使目标物质直接从基体中分离；②加热效率高，有利于萃取热不稳定物质，避免长时间高温引起样品分解；③萃取结果不受物质水分含量影响，回收率高；④试剂用量较少，节能、污染小。

微波萃取技术主要应用于食品分析（包括水分、农药残留和食品中的营养成分等）、生物样品、制药等领域。在环境监测方面微波萃取技术用于提取土壤和沉积物中的多氯联苯、农药残留等分析项目的样品前处理。

8. 加速溶剂萃取

加速溶剂萃取是在较高的温度（50～200℃）和压力（1000～3000psi 或 10.3～20.6MPa）下选用适合的溶剂萃取固体或半固体样品的前处理方法。加速溶剂萃取技术具有有机溶剂用量少、快速、基体影响小、萃取效率高、选择性好等特点，已在环境、药物、食品和聚合物工业领域得到广泛应用，主要用于土壤、污泥、沉积物、动植物组织、蔬菜和水果等样品中多氯联苯、多环芳烃、有机氯农药、有机磷农药、除草剂等的萃取。

9. 超临界萃取（SFE）

超临界流体（Supercritical Fluid，SF）指某种气体（液体）或气体（液体）混合物在操作压力和温度均高于临界点时，使其密度接近液体，而其扩散系数和黏度均接近气体，其性质介于气体和液体之间的流体。超临界流体萃取（Supercritical Fluid Extraction，SFE）技术就是利用超临界流体为溶剂，从固体或液体中萃取出某些有效组分并进行分离的一种技术。应用二氧化碳超临界流体做溶剂，具有临界温度与临界压力低、化学惰性等特点，适合于提取分离挥发性物质及含热敏性组分的物质。其优点在于快速方便、选择性强、超临界流体常温下可自然挥发而不用专门浓缩、样品用量少、回收率高等优点，但也存在对技术和设备要求高、样品基质对萃取过程影响较大、适用的农药和样品范围较窄等明显缺点。

（二）样品的净化处理

1. 佛罗里硅土净化提纯法

佛罗里硅土净化提纯法是固液萃取的一种，固体吸附剂为佛罗里硅土，利用杂质与待测物质在佛罗里硅土上物理吸附性能的不同，然后选择不同极性的溶剂将待测物质与杂质洗脱分离，达到净化提纯的效果。样品干扰物较少时可使用商品化佛罗里硅土萃取小柱，操作步骤与固相萃取步骤相同。样品干扰物较多时可使用层析柱，填充佛罗里硅土，净化容量较大。但是两种净化方法对干扰物的去除量都是有限的。

2. 硅胶净化提纯法

硅胶净化提纯法也是固液萃取的一种，固体吸附剂为硅胶，利用杂质与待测物质在硅胶上的疏水作用力不同，然后选择不同极性的溶剂将待测物质与杂质洗脱分离，达到净化提纯的效果。硅胶净化提纯主要应用于酚类、多环芳烃、有机氯农药和多氯联苯的等项目的提纯过程。硅胶净化提纯时，层析柱装填要均匀，不能有气泡，在整个净化的过程中不能使填料暴露在空气中，以免开裂影响提纯效果。

3. 酸碱分配净化提纯法

酸碱分配净化提纯法是通过调节溶液 pH 值，改变酸性有机物在两种溶剂中的溶解度，采用液液萃取技术分离酸性有机物。首先将样品与强碱性水混合，用有机溶剂萃取，酸性化合物分配到水相，而碱性及中性化合物进入有机溶剂中，水相酸化后使用有机溶剂进行萃取，萃取液经浓缩后用于酸性有机物的分析。

酸碱分配净化提纯法需注意：①采用全程方法空白验证实验中所用的溶剂、试剂、器皿是否存在干扰；②无机试剂应为优级纯，有机试剂应为农残级；③萃取过程中应注意在通风柜中周期性放气；④如存在较为严重乳化现象（乳化层大于有机相 1/3），需进行破乳处理。

4. 脱硫净化提纯法

脱硫净化提纯法主要适用于含硫萃取液的净化。将需要脱硫净化的样品提取液与铜粉或亚硫酸四丁基铵混合，充分振荡混合液，硫生成难溶物而被除去。

5. 硫酸/高锰酸盐净化提纯法

硫酸/高锰酸盐净化提纯法是利用浓硫酸和高锰酸盐的强氧化性将样品中一些大分子杂质破坏经水溶解后除去，过程机理是发生氧化还原反应。通常在部分有机氯农药和多氯联苯的净化过程中使用，主要起到去除脂肪、蜡质和色素的作用。

浓硫酸和高锰酸盐净化过程一般采用液液萃取方法。将提取液预浓缩到 30mL 左右（由于丙酮会和硫酸反应，若提取液中有丙酮，先用 2%的硫酸钠水溶液洗涤去除丙酮），加入有机相体积 10%～20%的浓硫酸，振摇、静置分层后弃去硫酸层。重复上述操作直到硫酸层无色为止。最后，向净化后的有机相中加入 2%硫酸钠水溶液洗涤直至水溶液为中性。需要注意这种方法具有选择性，对于六六六和滴滴涕等比较适宜采用该方法，但艾氏剂、异荻氏剂则不宜使用。

6. GPC 净化法

凝胶色谱可分为凝胶过滤色谱（GFC）和凝胶渗透色谱（GPC）。分离原理是分子较大物质只能进入孔径较大的凝胶孔隙内，而分子较小物质可进入较多的凝胶颗粒内，这样分子较大物质在凝胶床内移动距离较短，分子较小物质移动距离较长，分子较大的物质先通过凝胶床而分子较小的后通过凝胶床，这样就利用分子筛将分子量不同的物质分离。这种方法不但可以用于分离测定高聚物的相对分子质量和相对分子质量分布，同时根据所用凝胶填料不同，可分离油溶性和水溶性物质，分离相对分子质量的范围从几百万到 100 以下。

样品分离、净化常用 GPC 净化法，具有净化容量大的特点，适用于基体复杂样品的净化（去除脂肪和色素等大分子干扰物），回收率较高，但凝胶柱成本较高，溶剂用量大。

7. 衍生技术

由于含有羟基、羧基、巯基和氨基等官能团的化合物极性较大，沸点较高，检测时容易产生拖尾峰，不利于分析。除相对分子质量极小的组分外，多数化合物进行衍生化处理后，使之生成相应的酯、醚和酰基等衍生物，使组分极性降低、挥发性增大、热稳定性提高（一般加热至 300℃不分解），可以使在通常检测器上无响应或响应值较低的化合物转化为响应值高的化合物。衍生化通常还用于改变被测物的性质，提高被测物与基体或其他干扰物的分离度，从而达到改善方法灵敏度与选择性的目的，此外，样品经前处理后容易保存或运输，且使被测组分保持相对的稳定，不容易发生变化。

常用的有柱前衍生法和柱后衍生法两种，各有其优缺点。

（1）柱前衍生法。优点是：相对自由地选择反应条件；不存在反应动力学的限制；衍生化的副产物可进行预处理以降低或消除其干扰；容易允许多步反应的进行；有较多的衍生化试剂可选择；不需要复杂的仪器设备。缺点是：形成的副产物可能对色谱分离造成较大困难；在衍生化过程中，容易引入杂质或干扰峰，或使样品损失。

（2）柱后衍生法。优点是：形成副产物不重要，产物也不需要高的稳定性，只需要有好的重复性即可；被分析物可以在其原有的形式下进行分离，容易选用已有的分析方法。缺点：需要额外的设备，对仪器要求比较高；反应器可造成峰展宽，降低分辨率；有过量的试剂会造成干扰。

在目前水环境监测中，采用衍生法进行分析的主要有草甘膦、呋喃丹、灭草松、2,4-滴、2,4,6-三氯酚、五氯酚、壬基酚和双酚A。

8. 氧化铝净化提纯法

氧化铝净化提纯法在水质分析中很少应用，仅作为一种方法加以介绍。该方法将样品提取液转移到氧化铝层析柱或萃取柱中，用适当溶剂将待测物洗脱下来，洗脱液经浓缩后进行色谱分析。层析柱是在玻璃柱子中填充适量的氧化铝吸附剂，固相萃取柱是购买商业氧化铝萃取柱。在净化时，将样品提取液转移到层析柱或固相萃取柱子中，用适当溶剂将待测组分洗脱下来，洗脱液经浓缩后，进行色谱分析。主要适用于含有钛酸酯和亚硝胺的样品的提取液的净化。钛酸酯的净化可以用层析柱技术完成，也可以用固相萃取柱技术完成，但亚硝胺只能用层析柱技术净化。

（三）样品浓缩

常见的浓缩方法有蒸馏、K-D浓缩、氮吹仪浓缩及减压旋转蒸发浓缩。

1. 蒸馏

蒸馏主要利用液体混合物中各组分挥发性的差异从而实现分离，是将液体沸腾产生的蒸气导入冷凝管，使之冷却凝结成液体的一种蒸发、冷凝的过程。蒸馏是分离混合物的一种重要的操作技术，尤其是对于较大体积的液体混合物的分离、提纯和浓缩。

2. K-D浓缩

K-D浓缩是利用K-D浓缩器直接浓缩到刻度试管中，适合于中等体积（10～50mL）提取液的浓缩。K-D蒸发浓缩器是为浓缩易挥发性溶剂而设计的，其特点是浓缩瓶与施耐德分馏柱连接，下接有刻度的收集管，可以有效地减少浓缩过程中有机物的损失，且其样品收集管能在浓缩后直接定容测定，无须转移样品。

3. 氮吹仪浓缩

氮吹仪浓缩是直接利用氮气流轻缓吹拂提取液，加速溶剂的蒸发速度来浓缩样品，只适合于小体积浓缩，且对于蒸气压较高的有机物比较容易损失。

4. 减压旋转蒸发浓缩

减压旋转蒸发浓缩是利用旋转蒸发器，在较低温度下使大体积（50～500mL）提取液得到快速浓缩，操作方便，但浓缩农药残留成分时容易损失，且样品需转移、定容。旋转蒸发器是为提高浓缩效率而设计的，其原理是利用旋转浓缩瓶对浓缩液起搅拌作用，并在瓶壁上形成液膜，扩大蒸发面积，同时又通过减压使溶剂的沸点降低，从而达到高效率浓缩目的。

第四节　微量有机污染物检测技术

在现行水体质量标准中，推荐气相色谱、气相色谱质谱联用仪、液相色谱、液相色谱质谱联用开展微量有机污染物监测的情况见表5-2。统计结果表明，受标准中微量有机污染物类型、仪器价格和技术难度影响，现行各类水体质量标准中推荐质谱法检测微量有机污染物相对较少，主要以气相色谱法、液相色谱法为主。气相色谱法在各类水质标准推荐方法中最为广泛，GB 3838—2002《地表水环境质量标准》中高达61种有机物推荐使用气相色谱法，GB/T 14848—2017《地下水质量标准》、GB 5749—2022《生活饮用水卫生标准》、GB 8978—1996《污水综合排放标准》、GB 18918—2002《城镇污水处理厂污染物排放标准》中均有20多种以上的有机污染物推荐气相色谱法。其次是液相色谱法，在各水质标准也基本都有推荐使用。另外，从GB/T 14848—2017《地下水质量标准》中微量有机污染物推荐方法上看，目前微量有机污染物监测方法逐渐倾向质谱法检测。在该标准中，推荐气相色谱质谱联用法检测的微量有机污染物多达46种，推荐液相色谱质谱联用法检测的微量有机污染物多达10种。显而易见，质谱在环境监测中的应用逐渐普及，从而可以更准确地测定更低含量的微量有机污染物，更好地保障人民群众的生产生活、饮水安全和身体健康。

表5-2　各类水体标准中微量有机污染物推荐检测方法一览表（部分推荐两种及以上方法）

标准名称	标准号	气相色谱法	气相色谱质谱联用法	液相色谱法	液相色谱质谱联用法
地表水环境质量标准	GB 3838—2002	61种（三氯甲烷、四氯化碳、三溴甲烷等）	0	5种［苯并（a）芘、微囊藻毒素-LR、邻苯二甲酸二丁酯等］	0
地下水质量标准	GB/T 14848—2017	23种（三氯甲烷、四氯化碳、苯等）	46种（2,4-二硝基甲苯、2,6-二硝基甲苯、多氯联苯等）	11种（萘、蒽、荧蒽等）	10种（克百威、涕灭威、甲基对硫磷等）
生活饮用水卫生标准	GB 5749—2022	47种（一氯二溴甲烷、二氯一溴甲烷、二氯乙酸等）	0	7种［苯并（a）芘、微囊藻毒素-LR、溴氰菊酯等］	0
农田灌溉水质标准	GB 5084—2021	9种（苯、丙烯醛等）	9种（氯苯、硝基苯等）	0	1种（苯胺）
污水综合排放标准	GB 8978—1996	27种（烷基汞、马拉硫磷、乐果等）	0	2种（邻苯二甲酸二丁酯苯、邻苯二甲酸二辛酯醛）	0
城镇污水处理厂污染物排放标准	GB 18918—2002	26种（烷基汞、马拉硫磷、乐果等）	1种（多氯代二苯并二噁英和多氯代苯并呋喃）	7种［苯并（a）芘、苯酚、间-甲酚等］	0

一、气相色谱法、气相色谱-质谱联用法

气相色谱法、气相色谱-质谱联用法实际都是以气相色谱柱分离为基础的微量有机污染物检测方法，当检测器选用质谱时称气相色谱质谱联用法，选用火焰电离检测器、氮磷检测器等其他检测器时称为气相色谱法。

（一）气相色谱柱

气相色谱柱是色谱分离的核心，主要分为填充柱和毛细管柱，由于填充柱目前很少在水环境监测中使用，因此我们主要介绍毛细管色谱柱的选择。

1. 色谱柱的选择

（1）固定相选择。固定相的选择最重要的是相似相溶原则，还要从极性、化学官能团和主要差别来考虑。一般非极性分子通常由C、H元素组成并且无偶极矩，极性分子不仅包括C、H元素，还有N、O、P、S或卤素。固定相功能团与待测组分相同时相互作用力强，选择性高。当组分差别为沸点时，选非极性固定相。另外，固定相热稳定性随着极性增加而降低，使用时一定要注意最低温度和最高温度要求。部分毛细管气相色谱柱选择见表5－3。

表5－3 部分毛细管气相色谱柱选择参考表

固定相	常用型号	极性	使用温度/最高温度/℃	应用
100%甲基硅氧烷	HP－1、DB－1、BP－1、SPB－1、OV－1	非极性 ↓ 极性	60～325/350	烃类、农药、多氯联苯、含硫化合物
5%苯基，95%甲基硅氧烷	HP－5、DB－5、BP－5、SPB－5、OV－5		60～325/350	半挥发性化合物、农药、卤化物、农药、杀虫剂等
6%氰丙基苯基，94%甲基硅氧烷	DB－1301、CP－1301、DB－624、HP－VOC		20～280/300	芳氯物、酚、农药、挥发性有机物等
14%氰丙基苯基，86%甲基硅氧烷	DB－1701、DB－1701、OV－1701		20～280/300	农药、杀虫剂等
聚乙二醇	DB－WAX		20～250/260	酚、游离脂肪酸、溶剂、矿物油等
聚乙二醇改性	HP－FFAP、DB－FFAP、OV－351		40～250	有机酸、醛、酮、丙烯酸酯等

（2）内径、膜厚、长度。窄口径毛细管色谱柱效率更高（可以分离更多的有机物质），但其柱容量更低，分离度与色谱柱长度的平方根成正比（色谱柱越长可以分离更多的待测物），膜厚度增加可以提高色谱柱容量并延长保留时间，但是使用温度需降低。

2. 柱温的选择

恒温模式适用于组分比较单一的样品（如单一组分标样的定值），如果组分比较复杂，待测物质种类较多时，可采用程序升温，将不同沸点的物质分开。

3. 载气流速选择

一般情况下，分离度随载气流速的增加而降低，但影响较小。

4. 色谱柱老化

色谱柱的老化可以除去毛细管柱内表面不稳定的固定相流失碎片和污染物，并且使固

定液在毛细管内壁再次分布均匀。

（二）检测器

被测组分经气相色谱柱分离后，由检测器将气体中组分的真实浓度变成可测量的电信号，且信号的大小与组分的量成正比。目前，水环境监测中常用的检测器主要有火焰电离检测器、电子捕获检测器、氮磷检测器、火焰光度检测器、质量选择检测器。下面分别介绍这几类检测器工作原理以及特点。

(1) 火焰电离检测器（Flame Ionization Detector，FID）是利用氢火焰做电离源，使有机物电离，产生微电流而响应的检测器，又称氢火焰电离检测器。它是典型的破坏性、质量型检测器。火焰电离检测器主要特点是对几乎所有挥发性的有机化合物均有响应，具有灵敏度高、基流小、线性范围宽、死体积小、响应快，对气体流速、压力和温度变化不敏感等优点，成为应用最广泛的气相色谱检测器之一。

(2) 电子捕获检测器（Electron Capture Detector，简称 ECD）使用β-射线轰击待测物质，电离产生大量电子，得到响应信号，信号大小与进入检测池中的待测物质量成正比。它是一种高选择性、高灵敏度的检测器，对电负性大的物质有很好的响应，如含卤素的化合物、多硫化合物、硝基化合物等有很高的灵敏度。

(3) 氮磷检测器（Nitrogen Phosphorus Detector，简称 NPD）是一种微火焰离子化检测器，它对含氮或磷的有机化合物有很高的灵敏度。氮磷检测器的使用寿命长、灵敏度极高，被广泛应用于环境中有机磷农药和含氮有机物的监测。

(4) 火焰光度检测器（Flame Photometric Detector，简称 FPD）是气相色谱仪用的一种对含磷、含硫化合物有高选择型、高灵敏度的检测器，能够排除大量溶剂峰及烃类的干扰，是检测环境中有机磷农药和含硫污染物的主要工具。

(5) 质量选择检测器（Mass Selective Detectors）又称为质谱检测器（Mass Spectrometric Detectors）。环境监测领域常用的有四级杆质谱仪、离子阱质谱仪、飞行时间质谱仪。离子源不同是气相色谱-质谱联用仪与液相色谱质谱联用仪的主要区别之一。气相色谱-质谱联用法离子源主要有电子轰击源（Electron Ionization，简称 EI）和化学电离源（Chemical Ionization，简称 CI），其中电子轰击源是气相色谱-质谱联用法中应用最广泛的离子源。

质量选择检测器灵敏度高、定性能力强，但是价格昂贵，对操作技术水平要求高，气相色谱-质谱联用仪几乎可以检测所有沸点在 300℃以下，热稳定良好的有机物质，可分析的有机物约占全部有机物的 15%～20%。

（三）定性定量方法

1. 定性方法

各种化合物在一定的色谱条件下，均有确定的保留值，所以在气相色谱分析中可以用保留值作为定性依据。但是具有相同保留值的两个化合物却不一定是同一种物质，因此保留值是定性的必要条件，而不是充分条件。

常用的定性方法有以下几种。

(1) 保留值法。保留法是最简单最常用的色谱定性方法。其缺点是柱长、柱温、固定液配比及载气的流速等因素都会对保留值产生较大的影响，因此必须严格控制操作条件。

（2）相对保留值法。在某一固定相及柱温下，分别测定被测物质与另一基准物质（或称标准物）的调整保留值之比。由于相对保留值只与柱温有关，不受其他操作条件的影响，所以此法作色谱定性是比较可靠的。

（3）加入已知物增加峰高法。对试样进样后得到待测物质的色谱图，再在试样中加入待定物质的纯物质进行试验，比较同一色谱峰的高低。如果得到的色谱峰峰高增加而半峰宽不变，则待定物质可能即是试验中所用的纯物质。

（4）与其他仪器配合定位法。利用保留值和峰高增加法定性是最常用、最方便的定性方法。但有时对待测物质全然不知时，用上述方法定性有一定困难，可用气相色谱和质谱、红外光谱的联用技术。如气相色谱-质谱联用技术，既充分利用了气相色谱的强分离能力，又利用了质谱的强鉴别能力，使该法成为鉴定复杂多组分混合物非常有利的工具。

2. *定量方法*

定量方法是气相色谱的主要任务。在一定操作条件下，检测器对组分产生的响应信号（峰面积或峰高）与该组分的量成正比。

$$c_i = f_i \times A_i \tag{5-1}$$

式中：c_i 为组分浓度；f_i 为该组分校正因子；A_i 为该组分峰面积。

目前气相色谱定量法主要有面积归一化法、外标法、内标法和内标标准曲线法。

（1）面积归一化法：把所有流出的色谱峰的峰面积加起来，其中某个峰面积占总峰面积的百分数即为该组分的含量。该方法适合高浓度样品分析（百分比含量级别），如纯度分析等。归一化法一般只适合于 FID，因为多数有机物在 FID 上的响应值近似相同。

（2）外标法：外标法即标准曲线法，根据校正因子公式，组分浓度与峰面积成正比，可以做一条浓度对应峰面积的标准曲线，通过标准曲线算出样品含量。外标法要求仪器操作条件要严格一致，进样量要准确，重复性要好等。

（3）内标法：在标准样品中加入已知量的内标物质（c_s），根据得到的峰面积（A_s）计算相对校正因子 f'。

$$c_i = f_i A_i \tag{5-2}$$

$$c_s = f_s A_s \tag{5-3}$$

$$f' = \frac{f_i}{f_s} \tag{5-4}$$

将上面公式相比得

$$c_i = \frac{f_i A_i}{f_s A_s} \times c_s = f' \times \frac{A_i}{A_s} \times c_s \tag{5-5}$$

然后在待测样品中加入一定量的内标物，测得待测物和内标物的峰面积，根据式（5-5）即可算出待测物的浓度。

内标法受操作条件影响较小，能校正进样量和仪器灵敏度漂移带来的影响。内标物选择原则：待测样品中本来没有的，能与样品互溶，且与样品不发生反应；内标物应与待测样品中的组分完全分离开，内标物的保留时间应尽量接近待测组分保留时间；内标物和待测组分浓度和结构应相似，测定多个复杂的组分应选择多种内标物。

(4) 内标标准曲线法：在外标法的标准系列溶液中和待测溶液中加入相同浓度的内标物质，根据下式计算待测物组分浓度：

$$c_i = f' \times \frac{A_i}{A_s} \times c_s \tag{5-6}$$

一般情况下内标物加入量（c_s）是恒定的，故只要用待测组分与内标物峰面积之比对待测物浓度绘制标准曲线即可，无须计算相对校正因子。

(四) 仪器使用中关键问题及注意事项

(1) 使用纯度合乎要求的载气。

(2) 定期检查并清洗进样衬管。

(3) 准备一份色谱柱测试标样，用于检测色谱柱性能和排除故障。

(4) 及时更换石墨密封垫。石墨密封垫漏气是气相色谱仪最常见的故障之一。

(5) 使用性能可靠的气体减压器，并经常试漏检漏。

(6) 定期更换气体净化器填料。

(7) 定期更换进样衬垫，防止进样口衬垫漏气和老化讲解。

(8) 及时清洗注射器，避免样品记忆效应的干扰和样品间的污染与干扰。

二、液相色谱法、液相色谱-质谱联用法

液相色谱法、液相色谱-质谱联用法实际都是色谱理论为基础的微量有机污染物检测方法，当检测器选用质谱时称液相色谱-质谱联用法，选用紫外、荧光等其他检测器称为液相色谱法。

液相色谱所用保留值、分离度、选择性、塔板理论和速率方程等与气相色谱一致。而液体和气体的性质不相同，所以液相色谱与气相色谱有一定的差别。

(一) 液相色谱柱

(1) 样品是极性的且弱酸性的，就可以选择 C18 在酸性水溶液条件下检测，要选择承受 100%纯水且对极性化合物保留很好的色谱柱。

(2) 如果样品极性太强，或酸性太强，可以选择 CN、NH_2 或硅胶柱，也有使用 $C18^+$ 强阴离子对试剂或强阴离子交换色谱柱（缺点是离子对试剂平衡时间长，对流动相 pH 要求比较精密，否则很难重复实验，另外离子对试剂很难洗下来，基本上用了离子对的色谱柱就不能再用于其他实验）。

(3) 若样品是碱性的，可选择高纯硅胶柱（高纯硅胶缺少金属杂质，且硅胶端基封尾）或一些经过修饰的 C18 柱（如极性嵌入技术或碱去活技术等），都会减少碱性化合物的拖尾，一般会选择中性或偏碱的条件下做，因为这样可增加碱性样品的保留。

(4) 如果碱性化合物的极性太强，或碱性太强，可以选择宽 pH 值范围的 C18 色谱柱在高 pH 值检测（优点是方法开发简单，缺点是目前实现这一技术的色谱柱品牌比较少，价格较高）。

(二) 检测器

水质监测中常用的检测器主要有紫外检测器、二极管阵列检测器、荧光检测器、示差

折光检测器、质量选择检测器。下面分别介绍这几类检测器工作原理以及特点。

(1) 紫外检测器 (Ultraviolet - visible Detector)，工作原理是 Lambert - Beer 定律。大部分常见有机物质和部分无机物质都具有紫外或可见光吸收基团，因而有较强的紫外或可见光吸收能力，能够采用紫外检测器检测。紫外检测器检测不仅灵敏度高、噪声低、线性范围宽、有较好的选择性，而且对环境温度、流动相组成变化和流速波动不太敏感，既可用于等度洗脱，也可用于梯度洗脱。并且光吸收小、消光系数低的物质也可用 UV 检测器进行微量分析。是液相色谱中应用最广泛的检测器。

(2) 二极管阵列检测器即光电二级阵列管检测器，又称光电二极管列阵检测器或光电二极管矩阵检测器，表示为 PDA (Photo - Diode Array)、PDAD (Photo - Diode Array Detector) 或 DAD (Diode Array Detector)，是一种光学多通道检测器，有助于未知组分或复杂组分的结构确定，适合检测有紫外吸收的物质，被认为是液相色谱最有发展、最好的检测器。

(3) 荧光检测器选择性高，只对产生荧光的物质有响应；灵敏度高，最低检出限可达 10～12μg/mL，适合于多环芳烃及各种荧光物质的痕量分析。也可用于检测不发荧光但经化学反应后可发荧光的物质，如酚类物质。

(4) 示差折光检测器。示差折光检测器是连续检测样品流路与参比流路间液体折光指数差值的检测器，根据折射原理设计，属偏转式类型的通用型检测器，液相色谱的绝大多数物质都能检测。但它灵敏度不够高，受温度、流速、气泡等因素影响较明显，不能采用梯度洗脱等，在环境监测领域该检测器应用较少。

(5) 质量选择检测器应用于液相色谱后，大大提高了液相色谱检测能力，特别在样品定性分析中优势尤为明显，质谱可以用于分析高极性、难挥发和热不稳定样品应用广泛。

(三) 定性定量方法

液相色谱法能通过色谱柱分离复杂样品中不同组分的能力。对色谱柱分离后的组分进行定性及定量鉴定。

1. 定性方法

(1) 利用已知标准样品定性，这是唯一在任何条件下都有效的方法。为了更有效定性确定组分与标准样品为一种，应在多个色谱条件下比较待测物和标准样品保留值，如果均一致，能够更为准确地进行定性。

(2) 利用检测器的选择性定性。各种不同的液相色谱检测器均有其独特的性能，几种不同检测器联合确定，更有效对待测物质进行定性。

(3) 利用二极管阵列检测器三维图谱检测器定性。二极管阵列检测器可以对色谱峰进行光谱扫描，在进行未知组分与已知标准物质比对时，除了比较未知组分与已知标准物质的保留时间外，还可以比较两者的紫外光谱图。如果保留时间一样，两者的紫外光谱图也完全一样，则可基本上认定两者是同一物质。

2. 定量方法

色谱法定量的依据与气相色谱法基本一致，样品中各组分的质量或者在流动相中的浓度与检测器的响应信号成正比关系。主要通过测量峰高或峰面积，采用面积归一化法、外标法、内标法和内标标准曲线法来进行定量分析。

(四) 仪器使用中关键问题及注意事项

1. 柱效及柱外效应

柱效是色谱柱对色谱中两种物质分离能力的大小。需要注意柱外效应，即进样点到检测池之间除柱子本身以外的所有死体积，例如柱两头管路内径和长度、接头等。

2. 流动相的选择

一个理想的液相色谱流动相溶剂应具有低黏度、与检测器兼容性好、易于得到纯品和低毒性等特征。根据目标物的极性，选择合适极性的流动相。常用溶剂的极性大小顺序：正己烷>环己烷>四氯化碳>甲苯>苯>无水乙醚>氯仿>二氯甲烷>四氢呋喃>乙酸乙酯>丙酮>乙腈>异丙醇>甲醇>水>乙酸。水环境监测中，常选用乙腈、甲醇、水作为流动相。所用的纯水不仅要电导率低，而且紫外吸收也要低。

3. 压力曲线

在梯度洗脱中，压力的变化稳定往往要大大滞后于流动相的变化。因此在多个样品检测中，保证每次进样前系统压力一致才能确保结果的重现性。

4. 温度

液相色谱法分析时不控制色谱柱分离时的温度，检测准确度和重现性都无法保障。

第五节　水质监测中的应用示例

以典型微量有机污染物为例，详细介绍气相色谱法、气相色谱-质谱联用法、液相色谱法、液相色谱-质谱联用法在水环境微量有机污染物监测中的应用情况。

一、气相色谱法分析技术应用示例

以挥发性有机物为例，介绍吹扫捕集-气相色谱法在水体中挥发性微量有机污染物检测中的应用。

1. 吹扫捕集条件

进样体积：5mL（注射器）

吹扫气体：高纯氦气。

吹扫温度：室温。

吹扫气体的流速：40mL/min。

吹扫时间：10min。

解吸温度：180℃。

解吸反吹气体流速：15mL/min。

解吸时间：4min。

烘烤温度：220℃。

烘烤时间：10min。

2. 气相色谱条件

色谱柱：Angilent 提供的 HP－624，60m×0.32m×1.8μm。

载气：高纯氦气。

柱流量：1.0mL/min。

进样口温度：180℃。

进样方式：分流进样，分流比 10：1。

检测器：氢火焰检测器（FID）。

检测器温度：280℃。

升温程序：初始温度 35℃，保持 6min，再以每 5℃/min 升温至 200℃，保持 3min。色谱图详见图 5-2。

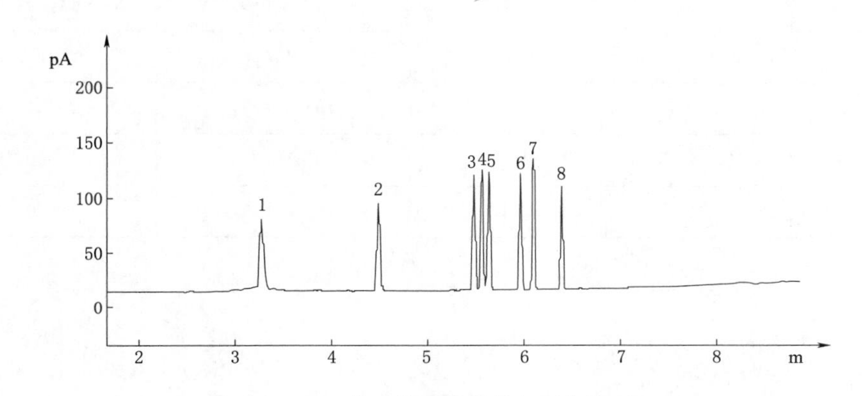

图 5-2　苯系物标准样品气相色谱图

1—苯；2—甲苯；3—乙苯；4—对二甲苯；5—间二甲苯；6—异丙苯；7—邻二甲苯；8—苯乙烯

二、气相色谱-质谱联用法分析技术应用示例

以六六六和滴滴涕为例，介绍气相色谱质谱联用法在水体中六六六和滴滴涕检测中的应用。

使用 Bond Elut C18 固相萃取小柱对地下水水样进行富集。取地下水水样 500mL，按 V（水样）：V（甲醇）＝100：1 加入甲醇，混合均匀；将固相萃取小柱置于全自动固相萃取仪上，经 5mL 流速为 3mL/min 的二氯甲烷和乙酸乙酯洗涤、10mL 流速为 5mL/min 的甲醇和高纯水活化后，将水样以 15mL/min 流速通过小柱，富集完成后干燥固相萃取柱，再用 2mL 乙酸乙酯、2mL 二氯甲烷和 2mL 二氯甲烷分别以 1mL/min、1mL/min 和 2mL/min 的流速依次洗脱小柱，合并收集洗脱液。经干燥浓缩后，用二氯甲烷定容至刻度 1mL，摇匀后上机分析。

气相色谱条件：DB-5MS 毛细管柱（30m×0.25mm×0.25μm）；进样口温度：270℃；传输线温度：280℃；载气：高纯 BIP 氦气；柱流量：1.2mL/min；进样模式：不分流进样；进样体积 1μL。升温程序为：80℃保持 1min，以 20℃/min 升至 230℃，保持 6min，总分析时间为 14.5min。

质谱条件：EI 源，能量 70eV，温度 230℃；四极杆温度：150℃；溶剂延迟：7.5min；碰撞气为高纯氮气；参数优化方式为 SCAN 模式和 productor 模式；检测方式为 MRM 模式。优化后的质谱检测条件和色谱图详见表 5-4 和图 5-3。

表 5-4　　8 种 HCH 和 DDT 的检测条件

化合物	保留时间/min	母离子/(m/z)	定量离子/(m/z)［碰撞能量/(eV)］	辅助定性离子/(m/z)［碰撞能量/(eV)］
α-HCH	8.229	182.8	147.0 (15)	108.9 (25)
β-HCH	8.503	182.8	147.0 (20)	108.9 (25)
γ-HCH	8.588	182.8	146.9 (15)	108.9 (25)
δ-HCH	8.841	182.8	146.8 (15)	144.9 (15)
p,p′-DDE	11.807	245.8	176.1 (30)	211.1 (25)
o,p′-DDT	12.038	234.9	165.0 (25)	200.1 (10)
p,p′-DDD	12.955	234.9	165.1 (25)	199.0 (15)
p,p′-DDT	12.955	234.9	165.0 (25)	199.0 (15)

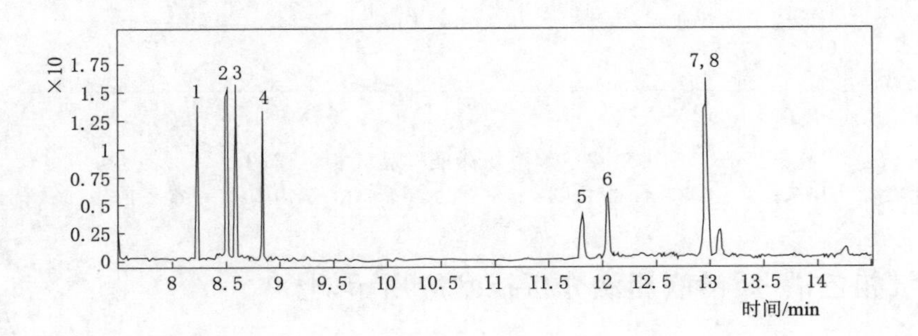

图 5-3　4 种六六六和 4 种滴滴涕 MRM 模式色谱图

1—α-HCH；2—β-HCH；3—γ-HCH；4—δ-HCH；5—p,p′-DDE；6—o,p′-DDT；7—p,p′-DDD；8—p,p′-DDT

三、液相色谱法分析技术应用示例

以 3 种常见微囊藻毒素（MC-RR、MC-YR、MC-LR）为例，介绍固相萃取-液相色谱法在水体中微囊藻毒素检测中的应用。

水样过 0.45μm 硝酸纤维滤膜，去除水中悬浮颗粒物。分别用 5mL 甲醇和 5mL 水活化 Oasis HLB 柱。在真空泵的负压作用下，待测溶液以稳定速度通过小柱，流速为 10mL/min。用 5mL 纯水清洗固相萃取柱，真空干燥柱子 10min。用 6mL 浓度为 20% 甲醇溶液淋洗，然后再用 6mL 甲醇（含 0.1%的三氟乙酸）洗脱，洗脱液在微弱氮气流下吹至近干，用初始流动相（20%甲醇溶液）定容至 1mL，过 0.45μm 尼龙过滤器，待测。选用 C18 柱（150mm×2.1mm，3.5μm），流动相为 0.1%甲酸水溶液（A）和甲醇（B），柱温 25℃，流速 0.3mL/min，进样量 10μL。梯度洗脱程序为：0～8min，（20%～80%）B；8～10min，80%B；10～12min，（80%～20%）B；12～25min，

20%B。选用紫外可见光检测器，波长选用238nm。3种微囊藻毒素标准样品色谱图如图5-4所示。

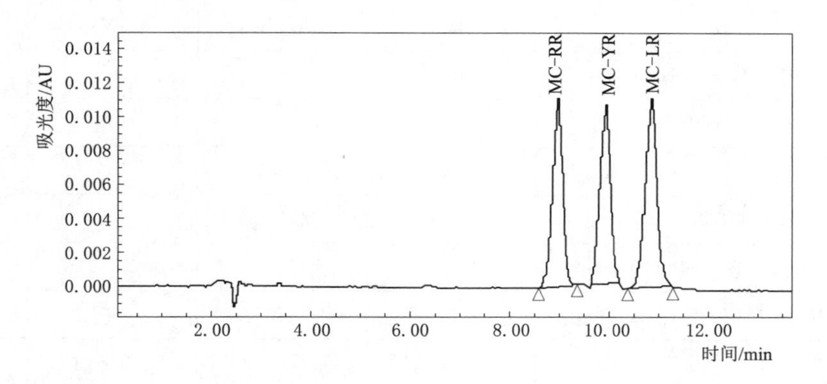

图5-4　微囊藻毒素（MC-RR、MC-YR、MC-LR）标准样品色谱图

该方法也是国家标准推荐采用方法之一，检出限为0.1μg/L。由于GB 3838—2002《地表水环境质量标准》、GB 5749—2006《生活饮用水卫生标准》中微囊藻毒素标准限值定为1.0μg/L，因此该方法满足检测要求。但是，多数水源地水体中微囊藻毒素含量很低，该方法不能检出，因此不能完全了解水体中微囊藻毒素现状以及风险大小。如果想掌握水源地微囊藻毒素污染现状，需要选用灵敏度更高的检测器（如质谱）来开展监测工作。

四、液相色谱-质谱联用法分析技术应用示例

以15种磺胺、四环素、喹诺酮类抗生素为例，介绍液相色谱质谱联用法在水体中检测抗生素的应用。

水样过0.45μm硝酸纤维滤膜，去除样品中的悬浮颗粒物。分别用5mL甲醇和5mL水活化Oasis HLB柱。在真空泵的负压作用下，使待测溶液以稳定速度通过小柱，流速为2～3滴/s。用5mL纯水清洗固相萃取柱，真空干燥柱子10min。用6mL甲醇洗脱，洗脱液在微弱氮气流下吹至近干，用初始流动相（20%甲醇溶液）定容至1mL，过0.45μm尼龙过滤器，待测。

选用Symmetry C18柱（150mm×2.1mm i.d.，3.5μm）液相色谱柱，流动相为0.1%甲酸溶液（A）和甲醇（B），柱温25℃，流速0.2mL/min，进样量10μL。梯度洗脱程序为：0～8min，（20%～80%）B；8～10min，80%B；10～12min，（20%～80%）B；12～25min，20%B。电喷雾离子源；正离子扫描；锥孔气为氮气；碰撞气为高纯氮气；参数优化方式为SCAN模式和production模式；检测方式为MRM模式。

7种磺胺类抗生素配制成0.1mg/L标准混合溶液，过滤后进行质谱条件摸索，SCAN模式进行一级质谱分析，得到[M+H]+分子离子峰，优化Fragmentor电压，然后在一级质谱优化结果下对二级质谱的碰撞能进行优化，确定MRM模式下每个transition的条件，见表5-5。

表 5-5 磺胺、四环素和喹诺酮三类抗生素化合物的 MRM 检测参数

抗生素名称	母离子 /(m/z)	子离子 /(m/z)	碎裂电压 /V	碰撞电压 /V
磺胺醋酰（SAAM，Sulfacetamide）	215.0	156.1	95	10
磺胺嘧啶（SDZ，Sulfadiazine）	251.0	108.1	105	23
磺胺甲基异噁唑（SMZ，Sulfamethoxazole）	254.0	108.1	105	25
磺胺噻唑（STZ，Sulfathiazole）	256.0	156.1	95	10
磺胺甲基嘧啶（SMR，Sulfamerazine）	265.0	156.1	115	15
磺胺二甲异噁唑（SIX，Sulfisoxazole）	268.0	156.1	95	10
磺胺二甲基嘧啶（SMT，Sulfamethazine）	279.0	186.1	115	15
磺胺氯哒嗪（SCP，Sulfachloropyridazine）	284.9	156.1	95	10
诺氟沙星（NOR，Norfloxacin）	320.1	302.0	115	20
环丙沙星（CIP，Ciprofloxacin）	332.1	314.1	115	20
恩诺沙星（ENR，Enrofloxacin）	360.1	342.1	125	20
四环素（TC，Tetracycline）	445.1	410.0	120	15
强力霉素（DC，Doxycycline）	445.1	428.0	120	15
土霉素（OTC，Oxytetracycline）	461.1	426.0	125	20
金霉素（CTC，Chlortetracycline）	479.1	444.0	115	20

方法开发中发现如果不采用柱温箱进行控温，色谱峰重现性不好，起始压力略有变化，导致保留时间和分离效果不稳定。另外，样品的溶剂组成对色谱峰影响较大。当选用100%甲醇作为样品溶剂时，梯度洗脱条件下 15 种抗生素虽然都能分开，但是分离效果不理想，基线较高，有拖尾，且 2min 左右由一个较大共流出峰，影响定量效果，见图 5-5（b）。当采用 20%甲醇溶液（初始流动相）做溶剂时，抗生素色谱分离效果和峰形较好，基线平稳，见图 5-5（a）。

采用质谱作为检测器，和色谱串联，方法灵敏度大大提高。由于串联质谱 MRM 模式

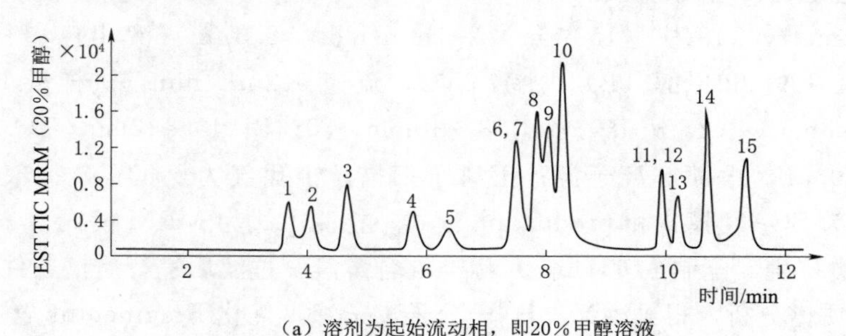

（a）溶剂为起始流动相，即20%甲醇溶液

图 5-5（一） 15 种抗生素标准物多反应监测总离子流图

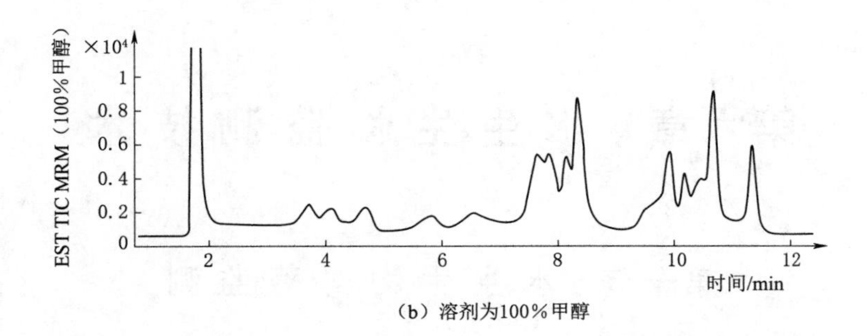

（b）溶剂为100%甲醇

图 5-5（二）　15 种抗生素标准物多反应监测总离子流图

1—SAAM；2—SDZ；3—STZ；4—SMR；5—TC；6—OTC；7—NOR；8—SMT；9—CIP；10—EOR；11—SCP；12—CTC；13—SMZ；14—SIX；15—DC

特点，即使部分有机物分离效果较差，只要选择的母离子和子离子不完全一致，依然可以通过提取色谱峰方式分别进行定量检测。但是由于仪器价格昂贵，运行成本高，谱图库不全，因此在水质监测中还尚未普及。

第六章　水生生物监测技术

第一节　水生生物群落监测

一、浮游生物监测

浮游生物是指悬浮在水体中的生物，它们多数个体小，游泳能力弱或完全没有游泳能力，过着随波逐流的生活。浮游生物可划分为浮游植物和浮游动物两大类。在淡水中，浮游植物主要是藻类，它们以单细胞、群体或丝状体的形式出现。浮游动物主要由原生动物、轮虫、枝角类和桡足类组成。浮游生物是水生食物链的基础，所以在水生生态系统中占有重要地位。许多浮游生物对环境变化反应很敏感，可作为水质的指示生物，所以在水污染调查中，浮游生物也常被列为主要的研究对象之一。

（一）采样

1. 采样点设置

采样点的设置要有代表性，采到的浮游生物要能真正代表一个水体或一个水体不同区域的实际状况。在江河中，应在污水汇入口附近及其上下游设点，以反映受污染和未受污染的状况。在排污口下游则往往要多设点，以反映不同距离受污染和恢复的程度。对整个调查流域，必要时按适当间距设置。在较宽的河流中，河水横向混合较慢，往往需要在近岸的左右两边设置。受潮汐影响的河流，涨潮时污水可能向上游回溯，设点时也应考虑。在湖泊或水库中，若水体时圆形或者接近圆形的，则应从此岸到彼岸至少设两个互相垂直的采样断面。若是狭长的水域，则至少应设三个互相平行、间隔均匀的断面。第一个断面设在排污口附近，第二个断面在中间，第三个断面在靠近湖库的出口处。此外，采样点的设置尽可能与水质监测的采样点相一致，以便于所得结果相互比较。如若有浮游生物历史资料的，拟设的点应包括过去的采样点，便于与过去的资料做比较。在一个水体里，要在非污染区设置对照采样点，如若整个水体均受污染，则往往须在邻近找一个非污染的类似水体设点作为对照点，在整理调查结果时可做比较。

2. 采样深度

浮游生物在水体中不仅水平分布上有差异，而且垂直分布上也有不同。若只采集表层水样，则不能代表整个水层浮游生物的实际情况。因此，要根据各种水体的具体情况采取不同的取样层次。如在湖泊和水库中，水深 5m 以内的，采样点可在水表面以下 0.5m、1m、2m、3m 和 4m 等 5 个水层采样，混合均匀，从其中取定量水样。水深 2m 以内的，仅在 0.5m 左右深处采集亚表层水样即可，若透明度很小，可在下层加取一样，并与表层样混合制成混合样。深水水体可按 3～6m 间距设置采样层次。变温层以下的水层，由于缺少光线，浮游植物不多，浮游动物数量也很少，可适当少采样。对于透明度较大的深水水体，可按表层、透明度 0.5 倍处、1 倍处、1.5 倍处、2.5 倍处、3 倍处各取一个水样，将各层样品混合均匀后再从混合样中取一个样品，作为定量样品。在江河中，由于水不断流动，上下层混合较快，采集水面以下 0.5m 左右亚表层样即可，或在下层加采一次，两次混合即可。若需了解浮游生物垂直分布状况，不同层次分别采样后，不需混合。

3. 采样量

采样量要根据浮游生物的密度和研究的需要量而定。一般原则是：浮游生物密度高，采水量可少；密度低，采水量则要多。常用于浮游生物计数的采水量：对藻类、原生动物和轮虫，以 1L 为宜；对甲壳动物，需 10～50L，并通过 25 号网过滤浓缩。若要测定藻类叶绿素和干重等，则需另外采样。

采集定性标本，小型浮游生物用 25 号浮游生物网，大型浮游生物用 13 号浮游生物网，在表层至 0.5m 深处以 20～30cm/s 的速度做“∞”形循回缓慢拖动 1～3min，或在水中沿表面拖滤 1.5～5.0m^3 体积水。

4. 采样频率

浮游生物由于漂浮在水中，群落分布和结构随环境的变更而变化较大，采样频率一般全年应不少于 4 次（每季度 1 次），条件允许时，最好是每月 1 次。根据排污状况，必要时可随时增加采样次数。

5. 采集工具

在湖泊、水库和池塘等水体中，可用有机玻璃采水器采样。有机玻璃采样器为圆柱形，上下底面均有活门。采水器沉入水中，活门自动开启，沉入哪一深度就能采到哪一水层的水样。采水器内部有温度计，可同时测量水温。有机玻璃采水器现有 1000mL、1500mL、2000mL 等各种容量和不同深度的型号。在河流中采样，要用颠倒式采水器或其他型号采水器。

定性标本用浮游生物网采集。浮游生物网呈圆锥形，网口套在铜环上，网底管（有开关）接盛水器。网的本身用筛绢制成，根据孔径的不同划分型号。25 号网网孔 0.064mm（200 孔/英寸）（1 英寸＝0.0254m），用于采集藻类、原生动物和轮虫。13 号网网孔 0.112mm（130 孔/英寸），用于采集枝角类和桡足类。

（二）固定和浓缩

水样采集之后，除作其他用途的水样外，计数用的水样应立即加固定液固定，即杀死水样中的浮游植物和其他生物，以免时间延长标本变质。对藻类、原生动物和轮虫水样，每升加入 15mL 左右鲁哥氏液固定保存。可将 15mL 鲁哥氏液事先加入 1L 的玻璃瓶中，带到现场采样。固定后，送实验室保存。鲁哥氏液配制方法：40g 碘溶于含碘化钾 60g 的 1000mL 水溶液中。保存时间较长或需长期保存的样品，在水样中加入 2～3mL 的福尔马林固定液。福尔马林固定液的配制方法是：福尔马林（市售的 40%甲醛）4mL、甘油 10mL、水 86mL。对枝角类和桡足类水样，100mL 加 4～5mL 福尔马林固定液保存。福尔马林固定液在现场加入。

从野外采集并经固定的水样，带回实验室后必须进一步沉淀浓缩。为避免损失，样品不要多次转移。1000mL 的水样直接静置沉淀 24h 后，用虹吸管（虹吸管在水的一端用 25 号筛绢封盖）小心抽掉上清液，余下 20～25mL 沉淀物转入 30mL 定量瓶中。为减少标本损失，再用上清液少许冲洗容器几次，冲洗液加到 30mL 定量瓶中。用鲁哥氏液固定的水样，作为长期保存的浮游植物样品，在实验室内浓缩至 30mL 后补加 1mL 40%的甲醛溶液然后密封保存。另外可采用医用输液泵、管浓缩浮游动物，该方法比较简便、适用。浮游动物中的甲壳类动物样品用 5%甲醛溶液固定。

使用特制的浮游生物浓缩器可以实现浮游生物样品的批量浓缩处理，见图 6-1。浓缩器中加入固定后的浮游生物样品，静置沉降 24h 后，打开沉降器侧面阀门，缓慢放出上清液，然后由下部阀门释放出浓缩后的浮游生物样品。排放上清液时无须值守，且可将多个浓缩器放置于铁架上同时处理多个浮游生物样品。

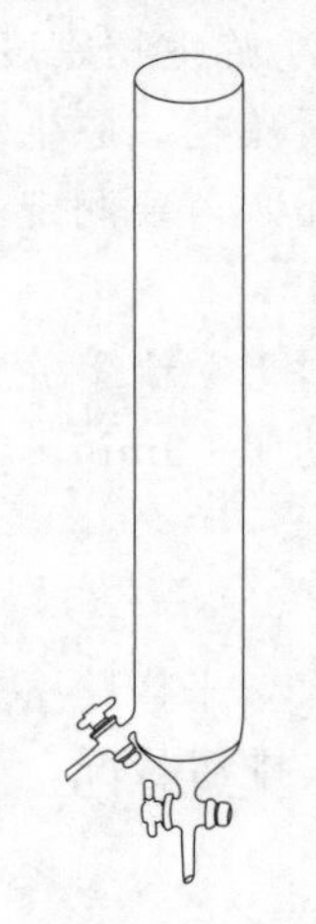

图 6-1　浮游生物浓缩器示意图

（三）显微镜的校准

将目（测微）尺放入 10 倍目镜内，应使刻度清晰成像（一般刻度面应朝下），将台（测微）尺当作显微镜玻片标本，用 20 倍物镜进行观察，使台尺刻度清晰成像。台尺的刻度代表标本上的实际长度，一般每小格 0.01mm。转动目镜并移动载物台，使目尺与台尺平行，目尺的边沿刻度与台尺的 0 刻度重合，然后数出目尺 10 格相当于台尺的多少格，用这个格数去乘 0.01mm，其乘积表示目尺 10 格代表标本上的长度（mm），做好记录，即某台显微镜 20 倍物镜配 10 倍目镜，某目尺 10 格代表标本上的长度多少。用台尺测出视野的直径，按 πr^2 计算视野面积 A_c。

用作测量和计数的其他镜头的每一种搭配，也都应做同样的校准和记录。

（四）浮游生物的分类鉴定

目前浮游生物的分类鉴定主要依靠对细胞结构和组织结构的观察。进行分类鉴定时，先在显微镜下观察定性样品中的浮游生物的形态结构、基本特征等，然后根据观察到的形态结构和基本特征确定浮游生物的类别。

（五）计数

个体计数仍是目前常用的浮游生物定量方法。计数可用血球计数框或其他型式的计数框。我国目前通用的是面积 20mm×20mm、容量 0.1mL 的计数框（内划分横直各 10 行格，共 100 个小方格）和面积 25mm×40mm、容量 1mL 的计数框。浮游生物计数时，要将样品充分摇匀，将样品置入计数筐内，在显微镜或解剖镜下进行计数。用加样管在水样中部吸液移入计数框内。移入之前将盖玻片斜盖在计数框上，样品按准确定量注入，在计数框中一边进样，另一边出气，这样可避免气泡产生。注满后把盖玻片移正。计数片制成后，稍候几分钟，让浮游生物沉至框底，然后计数。不易下沉到框底的生物，则要另行计数，并加到总数之内。

1. 计数方法

常用的计数方法有全片计数法、计数框行格法、目镜视野法等。

计数时，硅藻细胞破壳不计数。若藻类数量太少，则应用全片计数法计数；采用计数框行格法时，即对计数框上的第 2 行、第 5 行、第 8 行 3 行共 30 个小方格进行计数；采用目镜视野法时，其具体方法如下：首先，利用显微镜的目镜视野来选取计数的面积，视

野面积 A_c 的计算如前显微镜的校准；其次，利用计数框上的小方格或者显微镜的机械移动台上标尺刻度，使得选取的视野在计数框上均匀地分布；最后，根据样品中浮游藻类数量的多少确定计数的视野数目，一般计数 100～150 个视野，使所得计数值至少在 300 以上，且计数的视野应均匀分布在计数框的全部面积上。

2. 浮游藻类、原生动物和轮虫的计数

吸取 0.1mL 样品注入 0.1mL 计数框，在 10×40 倍或 8×40 倍显微镜下计数，藻类计数 100～150 个视野，原生动物全片计数。轮虫则取 1mL 注入 1mL 计数框内，在 10×8 倍显微镜下全片计数。以上各类均计数两片取其平均值。如两片计数结果个数相差 15% 以上，则进行第三片计数，取其中个数相近两片的平均值。

藻类计数亦可采用长条计数法，选取两相邻刻度从计数框的左边一直计数到计数框的右边称为一个长条。与下沿刻度相交的个体，应计数在内，与上沿刻度相交的个体，不计数在内，与上、下沿刻度都相交的个体，以生物体的中心位置作为判断的标准，也可在低倍镜下，按上述原则单独计数，最后加入总数之中。若藻类数量太少，则应全片计数。

若计数种属的组成，分类计数 200 个藻体以上。用画“正”的方法，即每划代表一个个体，记录每个种属的个体数。

3. 甲壳动物的计数

将 30mL 浓缩样分批次吸取进行计数，每次将浓缩样吸取 8mL（或 5mL），注入计数框，在 10×10 倍或 10×20 倍倒置显微镜或显微镜下，计数整个计数框内的个体按此法计数，最后再将各次计数所得的个体数相加得到 30mL 浓缩样的总个体数。

（六）计算

（1）把计数所得结果按下式换算成每升水中浮游植物的数量：

$$N=\frac{A}{A_c}\times\frac{V_w}{V}n \qquad (6-1)$$

式中：N 为每升水中浮游植物的数量，个/L；A 为计数框面积，mm^2；A_c 为计数面积，即视野面积×视野数或长条计数时长条长度×参与计数的长条宽度×镜检的长条数，mm^2；V_w 为 1L 水样经沉淀浓缩后的样品体积，mL；V 为计数框体积，mL；n 为计数所得的浮游植物的个体数或细胞数。

按上述方法进行采样、浓缩、计数。A 为 $400mm^2$，V_w 为 30mL，V 为 0.1mL，故 $V_w/V=300$。

（2）每升内某计数类群浮游动物个体数 N 可按下式计算：

$$N=\frac{nV_1}{V_2V_3} \qquad (6-2)$$

式中：N 为每升水中浮游动物的数量，个/L；n 为计数所得个体数；V_1 为浓缩样体积，mL；V_2 为计数体积，mL；V_3 为采样量，L。

原水样中每升浮游动物总数等于各类群个体数之和。

二、着生生物监测

着生生物即周丛生物，指生长在浸没于水中的各种基质的表面上的有机体群落。由于悬浮颗粒也沉淀在基质上，这些有机体群落往往被一层黏滑的，甚至毛茸的泥沙所覆盖。近年来，因其具有较大的初级生产能力，以及自来水厂给排水系统中的各种管道常被大量繁殖的着生生物所堵塞，影响正常使用，着生生物的研究日益受到重视。主要在环境保护工作中，用着生生物指示水体的污染程度，其在河流中应用较多，亦可在湖泊、水库以及氧化塘中应用。

（一）采样

采样点的设置及其数量可视被调查水体的形态和大小而定。关键是要有代表性，要顾及水体（或污染水体）的污染源及不同地段。在河流中，上游的采样点可做对照，在湖泊、水库则应根据深度和其他形态特征选择断面及采样点，并尽可能与水化学监测断面一致，以利于时空同步采样。一般来讲，采样频率每年不少于 2 次，建议春秋各 1 次。采样时，在水中固定的基质如岩石、趸船等上采取着生生物，并测量采样面积，做好记录。

（二）样品的保存与制作

1. 着生藻类定量样品的保存与制作

用毛刷或硬胶皮将基质上所着生的藻类及其生物全部刮到盛有蒸馏水的玻璃瓶中，并用蒸馏水将基质冲洗多次，用鲁哥氏液固定，贴上标签，带回实验室。取样时，如时间不允许，可在野外将基质放入带水的玻璃瓶中，带回实验室内刮取，并固定保存。

2. 着生藻类定性样品的保存与制作

仍按上述方法，将全部着生生物刮到盛有蒸馏水的玻璃瓶中，用鲁哥氏液固定，带回实验室作种类鉴定。鉴定后，再加入 4%福尔马林液长期保存。

3. 着生原生动物样品的保存与制作

将两个盛有该采样点水样的玻璃瓶，分别装入采样基质，其中一瓶立即加入鲁哥氏液和 4%福尔马林液固定，另一瓶不加任何试剂，带回实验室做活体鉴定用。

（三）种类鉴定与计数

着生藻类的定性鉴定与定量计数同浮游生物的定性鉴定与定量计数方法；着生原生动物（及其他微生物）的定性鉴定和定量计数时，皆应采用活体观察。从理论上讲，可以直接进行观察计数，但在实际工作过程中，往往由于层次过多而不能直接进行观察计数，多数情况下，着生原生动物仅进行定性鉴定。

（四）计算与结果报告

1. 着生藻类的计算

依据下面的公式，将定量计数的各种类的个体数进行计算，并换算为 $1cm^2$ 基质上着生藻类个体数量。

$$N_i=\frac{C_1Ln_i}{C_2RhS} \tag{6-3}$$

式中：N_i 为单位面积 i 种藻类的个体数，个/cm^2；C_1 为标本定容水量数，mL；C_2 为实际计数的标本水量，mL；L 为藻类计数框每边的长度，μm；h 为视野中平行线间的距离，μm；R 为计数的行数；n_i 为实际计数所得 i 种藻类个体数；S 为刮取基质的总面积，cm^2。

2. 着生原生动物的计算

根据定量计数结果，依据下列公式，求出单位面积各种类的个体数，一般以个/cm^2表示。

$$N_i = \frac{n_i}{S} \tag{6-4}$$

式中：N_i 为单位面积 i 种藻类的个体数，个/cm^2；n_i 为实际计数所得 i 种藻类个体数；S 为刮取基质的总面积，cm^2。

三、大型底栖生物监测

大型底栖生物是在浅水型溪流和河流生物评价中常用的动物类群，一般包括水生昆虫、甲壳类动物、环节动物、软体动物、线虫、涡虫、苔藓虫、刺胞动物和纽虫等。它们栖息于沉积物中或生活在水生系统的底质底部，能够被 500μm 大小的网孔截留。在使用标准野外收集方法进行采样后，通过实验室种类鉴别和计数、类群的结构和功能特征来评估生态环境。

（一）采样

1. 采样频次

大范围的河流或流域环境基线调查，及长期的水质监测，第一年每季调查一次，之后可每年一次；常规监测雨季前和后各调查一次。事故性污染物的监测频率必须考虑污染物效力的严重程度及持续时间，各类监测类群的生命周期及经过采样后的恢复能力也必须予以考虑。

2. 采样时间

一年一次的调查，一般选择夏末或秋初；季节性调查，一般选择春、秋和冬三季。需要注意的是，若进行逐季或逐月调查，各季或各月调查的时间间隔应基本相同。

3. 采样工具

根据采样环境以及监测目的的不同，选择不同的采样工具。

索伯网：主要用于底栖动物定量采集，适用于浅水环境。一般由 30cm×30cm×5cm 定样框和 40 目收集网衣组成。采样时搅动定样框中底质，并将粘附在底质上的底栖动物洗刷入收集网衣中。

彼得逊采泥器：主要用于底栖动物定量采集，适用于河流、湖库等水域的表层底泥采集。主要由两个可活动的抓斗、钢索、挂钩等组成，通过抓斗的闭合将沉积物取入，采样面积为 1/16m^2。采集到的底泥通过 40 目检验筛收集其中的底栖动物。

踢网：多用于急流生境中的半定量采样，适用于可涉水的溪流或河流。一般由两根撑网杆和 40 目网衣组成，网口边长为 1m×1m，通过搅动底质将底栖动物个体悬浮于水中并收集到网衣内。

D 形手抄网：多用于急-缓流生境的半定量采样，适用于可涉水的溪流或河流及浅水河湖滨带。一般由 1 根持杆、D 形或矩形网口框及 40 目网兜组成，网口边长 30cm，通过搅动底质将底栖动物个体悬浮于水中并收集到网兜内。

三角拖网：适用于大型河流定性采集底泥中的底栖动物。一般由正三角形金属网口及支架和40目网兜组成，使用时利用网体重力沉入水底，需配备带动力船只拖动网体。

采样过程中所需的其他工具包括水桶、40目检验筛、吸管、镊子、白色搪瓷盘、样品瓶，以及用于固定生物体的75%酒精、福尔马林等。

4. 采样点选择

在河流、湖库等水体进行底栖动物采样应根据监测目的选取有代表性的点位进行采样。采样点位要反映该水域的基本状况，因此选点前应了解水体的地形形态及环境特点，根据该水域水深、底质、水生植被分布、水流流态等状况采集一定数量的样本。各样本应分别处理并记录分布位置、水温、透明度、水深、水生植被等现场情况。

5. 采样方法

(1) 可涉水溪流和河流。可涉水溪流或河流可采用踢网或D形手抄网进行半定量采样，水深较浅的（<0.3m）可采用索伯网进行定量采样。

急流生境中使用踢网采集底栖动物需两人配合完成，一人手持撑杆展开网衣紧贴河底置于下游，另一人于上游用脚或其他工具搅动网衣前$1m^2$的底质，利用急流将底栖动物个体收集于网衣中；针对不同底质条件采集数个样本。急-缓流生境中采样时可使用D形手抄网紧贴河底，逆流拖行，同时采样人员双脚在网前搅动河流底质，使其中的底栖动物悬浮到水中，并随水流进入网内；在采样区域中不同的小生境进行多次重复采样后达到一定的采集距离，建议总采集距离5～10m。

采用索伯网进行定量采样时，将定量样框固定于采样点，将样框中的底质搅动，并将粘附在石块上的生物个体尽数刷洗进入网兜内；针对不同底质条件采集数个样本。

(2) 不可涉水河流、湖库。不可涉水河流及湖库可选择深度小于1m的沿岸区进行半定量采样，在岸边或浅水中选择采样区域，将D形手抄网紧贴河底，向前推动，使河流底质进入网中；对D形手抄网中采集到的底质（如淤泥、石块等）进行清洗，收集其中的生物样品。对采样区域中各类可能出现的小生境进行采集，多次重复达到一定的采集距离，建议总采集距离10m。

对于河道中央或湖库等深水水域，可采用彼得逊采泥器进行定量样本采集。采样前将活动抓斗张开并系于挂钩上，通过拉绳缓缓将采样抓斗放入水中，利用抓斗自身重力作用沉于底质上，轻松拉绳后抓斗与挂钩自动松开，用力提拉后采样抓斗自动关闭，同时底泥采入采样抓斗中。根据底质状况进行数次有效采样。

(二) 样品的固定与保存

1. 样品收集

将采集到的样品倒入采样桶中，并对采样工具进行多次清洗，保证采样网衣或抓斗上不残留生物体。采样桶中样品过40目检验筛，用水冲洗滤出杂质，直接检出大型底栖动物个体，样品经筛选、澄清后倒入白色搪瓷盘中检出中小型个体后收集到采样瓶或采样袋中，剩余样品可收集带回实验室进一步挑选。

2. 样品固定与保存

(1) 固定：样品检出或过检验筛后，往盛装容器中加入75%乙醇或5%甲醛溶液进行固定。

(2) 保存：将样品带回实验室，常温保存。确认样品按正确方法装载，使样品不致泄漏。保存时，每隔几周检查固定液，必要时进行添加，直至样品分析。

3. 样品标识与记录

（1）标识：将永久性标签放于样品瓶内，附以下信息：采样地点、站位编号、日期、采集人姓名、固定液类型。同时，在样品瓶外侧标注采样地点、站位编号、日期与样品类型。

（2）记录：在野外记录本或大型底栖动物现场采样记录表中记录下河流名称、采样位置、站位编码、采样日期、采集人姓名、采样方法及相关的生态信息。

（三）实验室分析程序

1. 标本整理

对样品进行重新分类、装瓶，并更换固定液。摇蚊的幼虫和蛹以及寡毛类个体，应当用合适的介质（如加拿大树胶）封在玻片内，再进行观察和鉴定。

种类鉴定：在解剖镜下，对采集到的样品进行种类鉴定，分类完毕尽可能按种分别装瓶。

2. 计数及称重

以种为单位，对样品进行计数。易断的环节动物等按头部计数；软体动物的死壳不计数；数量较多、无法全部计数时，可使用标准网格托盘，随机抽取其中一部分计数，换算总数。称重前将样品放在吸水纸上轻轻翻滚，以吸去体外附着水分，然后称其重量。

3. 栖息密度及生物量换算

实测个体总数量、重量除以采样总面积，即可得该种类的栖息密度（ind/m^2）及生物量（g/m^2）。需注意的是，不同采样站点之间的量化比较应采用相同的采样方法，不定量与定量采样之间不宜进行比较。

4. 记录

在大型底栖动物计数记录表上方部分填写样品相关信息，记录下各个种类的种名、相应的个体数量及栖息密度。

四、鱼类调查

鱼类作为水生群落的一个重要组成部分，是很好的生态环境指标，因为鱼的生存时间相对较长、可移动、可以在任何营养水平生活，并能相对简单地鉴定到种。鱼类处于水生食物链的顶端，凡能改变浮游生物和大型无脊椎动物生态平衡的水质因素，也可能改变鱼类种群，因此鱼类可以表征水体的总体水环境状况。

鱼类调查参考规范有：HJ 710.7—2014《生物多样性观测技术导则——内陆水域鱼类》、《内陆水域渔业自然资源调查手册》、《河流漂流性卵鱼卵、仔鱼采样技术规范》（农业部，2013 年）等。

（一）调查内容

鱼类调查的主要内容有鱼类区系组成、种群结构、单船产量、单位时间捕捞量(Catch Per Unit of Effort，CPUE)、资源量、鱼类生物学、鱼类重要生境、鱼类早期资源等。通过鱼类种群调查掌握鱼类区系、种群结构及鱼类生物学等资料。

鱼类早期资源调查一般应对主要的鱼类产卵场进行调查，调查产卵群体组成、产卵场环境因子（如产卵场的地貌、水位、流量、流速、水质状况和产卵基质等环境因子）、鱼类产卵习性（产卵的季节、行为及产卵所要求的外界条件等）、产卵场分布和产卵规模。鱼类重要生境主要是“三场”——产卵场、越冬场及索饵场。

（二）调查方法

1. 鱼类种群调查

历史资料收集和整理：收集水域鱼类资源的有关历史资料，并对收集到的资料进行初步整理，按不同内容制成卡片。

不同季节或水情状况（丰水期、平水期、枯水期），采集水域各种渔具的鱼类标本，鉴别鱼类种类并进行鱼类生物学测定。

部分样品拍照及制作标本。制作标本的鱼应新鲜、鳞片和鳍条完整无缺、包含不同大小个体。每种鱼的标本数量宜为10～20尾，稀少或特有种类的标本应多采集。采得的标本应用水洗涤干净，并在鱼的下颌或尾柄上系上带有编号的标签。采集时间、地点、渔具等应随时记录。

种类鉴定和区系分析应符合下列规定：所有标本必须鉴定到种或亚种；每种鱼的观测数据，应进行统计处理，求出各种性状的大小比例及变动范围；分析的鱼类种类组成，包括区系组成特点和生态类型，并按分类系统列出。

种群组成分析应符合下列规定：样品应按种类计数和称重，并计算每种鱼在渔获物中所占的百分比；样品中的主要优势种类、经济种类和珍稀濒危种可逐尾测定体长和称重，同时采集鳞片等年龄材料并逐号进行鉴定。并根据测定结果求出每种鱼的体长组成、体重组成、年龄组成以及各龄鱼的体长和体重。

鱼类年龄材料的收集应符合下列规定：

（1）鉴定鱼类年龄的材料一般有鳞片、鳍条、耳石、脊椎骨、鳃盖骨等。有鳞的鱼类一般以鳞片为主，其他年龄材料用以对照。无鳞或鳞片细小的鱼类，可取鳍条等骨质年龄材料。

（2）鳞片应从背鳍下方、侧线上方的部位取得，鱼体左右两侧宜各取5～10枚。再生鳞不得用于鉴定鱼类年龄。取下的鳞片置于鳞片袋内，并在鳞片袋上记录被取鳞鱼的体长、体重、性别以及日期、地点等。

（3）收集鱼类年龄材料应在冬季进行。

鱼类年龄材料的处理应符合下列规定：

（1）鳞片的处理：取出鳞片袋中的鳞片，放入温水（或稀氨水）中浸泡，并用软刷子（如牙刷）把鳞片表面的黏液、皮肤、色素等洗掉，吸干水分后夹入载玻片中间备用。

（2）鳍条等骨质年龄材料的处理：鳍条等骨质年龄材料用水煮10min左右，洗净后经肥皂水或汽油等浸泡以便脱去脂肪，再漂洗干净并晾干。如果用鳍条做鉴定鱼类年龄的材料，可用小钢锯在距鳍条基部的1/3处锯4～5片，每片厚0.5mm左右，并用细油石把鳍条切片的表面磨光，直到年轮能够显现出来。鳍条切片磨光时，其厚度可掌握在0.3mm左右。在处理好的鳍条切片上，先滴少量二甲苯以增加切片的透明度，然后用普氏胶将切片粘在载玻片上。其他年龄材料的处理与鳍条的处理基本相同。

鱼类年龄组的划分应符合下列规定：

(1) 龄鱼组(0+~1),经历了一个生长季节,一般在鳞片(或骨质组织)上面还没有形成年轮(0+)或第一个年轮正在形成中(1)的个体,归入1龄鱼组。

(2) 龄鱼组(1+~2),经历了两个生长季节,一般在鳞片(或骨质组织)上面已形成一个年轮(1+)或第二个年轮正在形成中(2)的个体,归入2龄鱼组。

(3) 龄鱼组(2+~3),经历了三个生长季节,一般在鳞片(或骨质组织)上面已形成两个年轮(2+)或第三个年轮正在形成中(3)的个体,归入3龄鱼组。

(4) 其他龄鱼组,可按上述依此类推。

鱼类生长的计算应符合下列规定:

(1) 生长速度:鱼类生长速度,可直接从渔获物中测量鱼的体长和体重,再根据年龄材料鉴定年龄,计算出各龄鱼的平均体长和体重,亦可根据鱼类体长和鳞长成正比例增长的原理,可按式(6-5)计算:

$$L_n=\frac{R_nL}{R} \tag{6-5}$$

式中:L_n 为推算的在以往第 n 年的体长,mm;R_n 为与 L_n 相应的第一年的鳞片长度,mm;L 为实测体长,mm;R 为实测鳞片长度,mm。

(2) 生长指标:比较同一种鱼在不同生长阶段中的生长情况,或者是比较同一种鱼在不同水域中的生长情况,可采用生长指标。生长指标可按式(6-6)进行计算:

$$K=\frac{(\lg L_2-\lg L_1)L_1}{0.4343\times(T_2-T_1)} \tag{6-6}$$

式中:K 为某一段时间内的生长指标,mm/a;L_1 为某一段时间开始的体长,mm;L_2 为某一段时间结束时的体长,mm;T_1 为某一段时间的开始时间,a;T_2 为某一段时间的结束时间,a;0.4343为从自然对数变为对普通对数的转换系数。

(3) 体长与体重的关系:各种鱼类的体长与体重的关系可按式(6-7)进行计算:

$$W=aLn \tag{6-7}$$

式中:W 为体重,g;L 为体长,mm;a 为回归截距;n 为斜率(回归系数)。

a 和 n 可根据收集的大量的体长和体重数据,按数理统计方法求得。

(4) 肥满度:肥满度按式(6-8)计算:

$$K=\frac{W}{L^3}\times100 \tag{6-8}$$

式中:K 为肥满度(或称肥满系数);W 为去内脏体重,g;L 为体长,mm。

2. 渔获物分析

从渔获物中随机取样进行统计分析。取样数量应能反映当时渔获物状况,每种鱼的数量一般不少于50尾。渔获物中所占比例很少的种类,应全部进行统计分析。

常年有渔船作业的水体,可按月(每月2~3次)进行渔获物统计分析。渔船数量较多时,可根据各种渔具的渔船数量按比例进行取样;渔船数量较少时,应对所有渔船的渔获物进行统计分析。各种渔具的渔获物应单独统计分析。统计时应掌握各种渔具的渔船数量和渔具规模以及其产量在总渔获物中所占的比例,统计单船产量及单位时间捕捞量(CPUE)。

3. 鱼类资源量及生态习性调查

(1) 水声学探测评估。水声学探测已成为鱼类资源评估的重要手段之一。目前主要的鱼类水声学探测设备有回声探测仪和声呐等。水声学探测在鱼类资源量评估上具有快捷、经济的优势，目前该水声学探测在国内已经等到较为广泛的应用。

(2) 标志放流重捕法。标志放流是研究鱼类的洄游和鱼类资源的一种方法。将天然水域中捕获的鱼类做上标记后放回原水域，重新捕获时可据以研究鱼类的洄游、分布、生长和资源等状况。标志的方法有挂牌法、切鳍法、化学物法、电子标签法（PIT）、超声波标志跟踪等。

(3) 水下视频或水下机器人观测。水下机器人是一种可在水下移动、具有视觉和感知系统、通过遥控/自主操作方式、使用机械手完成水下任务的装置，一般简称 ROV。水下机器人可以便捷、直观的观测鱼类的空间分布、数量、规格及行为习性。

4. 鱼类产卵场及生境调查

(1) 产漂流性卵鱼类的产卵场调查。应根据河流的长度、宽度和岸形等布设采样断面和采样点。采样点可设在河流的一侧或两侧。

一般可只在表层采样。河流较深时，应在表层和中层采样。

一般用弶网或圆锥形鱼苗网采集鱼卵和鱼苗样品。采集时，应测定网口处水的平均流速以及采集持续时间。

样品中的鱼卵应立即捡出计数，在解剖镜下测量卵膜直径，观察鱼卵发育期，并将鱼卵逐一培养直至能鉴别种类为止。样品应鉴定到种。鉴定时，可滴 1～2 滴 5%～10%的尿烷将鱼苗麻醉。样品鉴定后应立即用 7%甲醛溶液固定保存。

样品中的鱼苗，应立即用 7%甲醛溶液（一般含有 7‰盐度）固定。计数并在解剖镜下逐一鉴定出鱼苗的种类，观察鱼苗的发育期，计数、鉴定和观察的结果应随时记录。

按式 (6-9) 推算出产卵江段：

$$L=VT \tag{6-9}$$

式中：L 为鱼卵（或嫩口鱼苗）的漂流距离，m；V 为采集江段的平均流速，m/s；T 为胚胎发育所经历的时间，s。

首先按式 (6-10) 计算出采集时间内流经采样断面各产卵场每一种鱼卵（鱼苗）的径流量：

$$M=\frac{mQ}{SV} \tag{6-10}$$

式中：M 为采集时间内鱼卵（鱼苗）径流量，尾；m 为采集时间内鱼卵（鱼苗）样品数量，尾；Q 为采样断面流量，m^3/s；S 为采集网网口面积，m^2；V 为采集网网口处水的流速，m/s。

如断面设置的采样点较多，计算时还需加上断面系数。

以产卵场为单位逐日统计径流量，整个繁殖季节累计，即为该产卵场的产卵规模。

(2) 产黏性卵鱼类的产卵场调查。一般可在水体岸边有大型水生植物分布和具有植物碎屑、岩石等底质的水域中采样。采样时可直接采集产卵基质，亦可用圆锥形鱼苗网采集鱼苗。

鱼卵培养时，应带有产卵基质。

根据采集到的鱼卵，可以确定产卵场的位置。此外，亦可通过观察亲鱼的产卵行为，判断产卵场的位置。

根据所确定的产卵场位置，随机采集若干基质，估算粘着有鱼卵的基质面积，求出单位面积内的鱼卵数，再估算产卵规模。

（3）产沉性卵鱼类的产卵场调查。应采取从产卵场捕捞产卵亲鱼、检查吞食鱼卵的某些鱼类的消化道或直接从产卵场采集鱼卵、鱼苗等方法确定产卵场的分布状况及产卵规模。

（三）数据分析与评价

1. 历史资料比较法

与历史资料比较鱼类区系的变化、鱼类种类组成、单船产量、单位努力捕捞量、鱼类生长、规格大小等。

比较分析珍稀特有鱼类的空间分布及资源量变化。比较分析不同生态习性鱼类的种群变化。

比较分析鱼类“三场”变化，重点关注鱼类产卵场的分布及规模变化。

2. 鱼类种群数学模型法

根据鱼类生物学特性资料和渔业统计资料建立数学模型，对鱼类的生长、死亡规律进行研究；分析环境因子对鱼类资源数量的影响，同时对资源量变动趋势做出评估。

3. 生物学参数分析

通过生物多样性指数，包括生物完整性指数、功能群指数等参数分析鱼类资源状况。

常见的多样性指数计算公式如下：

（1）Gleason（1922）指数。

$$D=S/\ln A \tag{6-11}$$

式中：A 为单位面积；S 为群落中的物种数目。

（2）Margalef 指数。

$$D=(S-1)/\ln N \tag{6-12}$$

式中：S 为群落中的总数目；N 为观察到的个体总数。

（3）Simpson 指数。

$$D=1-\sum P_i^2 \tag{6-13}$$

式中：P_i 种的个体数占群落中总个体数的比例。

（4）Shannon - Wiener 指数。

$$H'=-\sum P_i \ln P_i \tag{6-14}$$

其中

$$P_i=N_i/N \tag{6-15}$$

（5）Pielou 均匀度指数。

$$E=H/H_{max} \tag{6-16}$$

其中

$$H_{max}=\ln S \tag{6-17}$$

式中：H 为实际观察的物种多样性指数；H_{max} 为最大的物种多样性指数；S 为群落中的总物种数。

生物完整性指数利用鱼类监测数据，利用多项参数信息，从生物完整性角度进行评价。建立 IBI 工作量比较大；但 IBI 涵盖信息更全面、丰富，可以得到更科学、更有针对性的评价结果。

功能多样性 Rao 指数公式：

$$FD=\sum_{i=1}^{s}\sum d_{ij}p_ip_j \tag{6-18}$$

式中：s 为物种数；p_i 为群落中第 i 个种类的比例（物种丰富度）；d_{ij} 为种 i 和种 j 的相异性，$d_{ij}=0\sim1$。

Rao 指数的计算分以下两个步骤：第一步，获得物种特征值的矩阵；第二步，不同样方（或样地）中物种的相对丰富度计算。

4. 水声学探测数据分析

水声学探测数据分析鱼类的资源量动态变化、空间分布、洄游路线及时间等。

5. 标志重捕及跟踪法分析

标志重捕法分析评估鱼类的资源量、洄游迁移、生长及死亡率等。标志跟踪法可以分析鱼类的生态习性等。

6. 水下机器人观测分析

水下机器人观测主要应用在水质清澈的水体，可以快捷、直观地掌握鱼类的数量、分布及行为习性。

第二节　水中的细菌学测定

天然水体中含有多种微生物，当水体受到污染时，水中微生物数量可大量增加。因此水中的细菌学测定，尤其是肠道细菌的检验在水环境质量评价和监督等方面具有重要的意义。一般主要监测水体中的细菌总数、总大肠菌群、粪大肠菌群和粪链球菌。

细菌总数测定的是水中需氧菌、兼性厌氧菌和异养菌密度，指 1mL 水样在营养琼脂培养基中，于 37℃经 24h 培养后，所生长的细菌菌落的总数（CFU）。由于细菌能以单独个体、链状、成簇等形式存在，而且没有任何单独一种培养基能满足水样中所有细菌的生理要求，因此此方法所得的菌落可能要低于真正存在的活细菌总数。

总大肠菌群是指那些能在 37℃培养 48h 发酵乳糖产酸产气的、需氧及兼性厌氧的革兰氏阴性的无芽孢杆菌。主要包括有埃希氏菌属、柠檬酸杆菌属、肠杆菌属、克雷伯氏菌属等菌属的细菌。

粪大肠菌群是总大肠菌群的一部分，主要来自粪便，在 44.5℃温度下能生长并发酵乳酸产酸产气。

粪链球菌存在于人和温血动物的粪便，是革兰氏阳性、过氧化氢酶阴性，呈短链状的球菌，可以作为粪便污染的指示菌。由于人粪便中粪大肠菌群数多于粪链球菌，动物粪便中粪链球菌多于粪大肠菌群，因此在水质检验时根据这两种菌数量的比值不同可以推测粪便污染的来源。

一、采样前的准备

（一）培养基的配制

1. 配置培养基注意事项

（1）培养基含有可被迅速利用的碳源、氮源、无机盐类以及其他成分。

（2）含有适量的水分。

（3）调至适合微生物生长的 pH 值。

（4）具有合适的物理性能（透明度、固化性等）。

2. 配置方法

（1）调配：按培养基配方准确称取各成分，用少量水溶解。

（2）融化：将各成分混匀于水中，最好以流通蒸汽融化 0.5h，融化后应注意补充失去的水分，补足至原体积。

（3）调整 pH 值：一般细菌用的培养基 pH 值调整为 6.8～7.2。调整 pH 值时需注意逐步滴加，勿使过酸或过碱而破坏培养基中的某些组分。

（4）过滤澄清：培养基配成后，一般都有沉渣或浑浊，需过滤使其清晰透明方可使用。

（5）分装：将调整 pH 后的培养基按需要趁热分装于三角瓶或试管内，以免琼脂冷凝。分装量不宜超过容器的 2/3，以免灭菌时外溢。

（6）灭菌：绝大多数液态培养基都应在高压灭菌锅内 121℃灭菌 15min。

（7）检定：每批培养基制成后须经检定后方可使用。

（8）保存：配置好的培养基不宜长久保存，每批应注明制作日期，存放时避免阳光直射、杂菌侵入和液体蒸发。

3. 培养基种类

（1）营养琼脂培养基。

（2）乳糖蛋白胨培养基。

（3）品红亚硫酸钠培养基。

（4）伊红美蓝培养基。

（5）乳糖蛋白胨半固体培养基。

（6）M-远藤氏培养基。

（7）LES MF 保存性培养基。

（8）LES 远藤氏琼脂培养基。

（9）EC 培养液。

（10）M-FC 培养基。

各种培养基的配方详见《水和废水监测分析方法（第四版）》。

（二）采样瓶的洗涤和灭菌

1. 采样瓶

通常采用玻璃制成的、带磨口玻璃塞的 500mL 广口瓶，也可使用适当大小、广口的聚乙烯塑料瓶或聚丙烯耐热塑料瓶。

2. 采样瓶的洗涤

一般可用加入洗涤剂的热水洗刷采样瓶，用清水冲洗干净，最后用蒸馏水冲洗 1～2 次。聚乙烯采样瓶可先用盐酸洗液浸泡，再用蒸馏水冲洗干净。

3. 采样瓶的灭菌

将洗涤干净的采样瓶盖好瓶塞，用牛皮纸等防潮纸将瓶塞、瓶顶和瓶颈处包裹好。灭菌方式一般有 3 种：①高压蒸汽灭菌，121℃灭菌 15min；②干热灭菌，放置于恒温干燥箱内 160～170℃干热灭菌 2h；③不能使用加热灭菌的塑料瓶可采用环氧乙烷气体进行低温灭菌。

二、水样的采集与保存

1. 水样的采集

(1) 已灭菌和封包好的采样瓶，无论在什么条件下采样时，均要小心开启包装纸和瓶盖，避免瓶盖和瓶子颈部受杂菌污染。

(2) 同一采样点与理化监测项目同时采样时，要优先采集微生物样品；采样后采样瓶内要留足够空间，一般采样量为采样瓶容量的 80%左右，以便在实验室检测时能充分振摇混合样品。

(3) 同一采样点进行分层采样时，应自上而下进行。

(4) 从自来水龙头采样时，采水前先将水龙头打开至最大，放水 3～5min，然后关闭水龙头，用酒精灯火焰灼烧或用 70%酒精溶液消毒水龙头口，再打开水龙头，放水 1min 后采集微生物样品。

2. 水样的保存

采好的微生物水样应放置在 10℃以下的冷藏设备内迅速运往实验室进行检验；实验室接收到样品后应将样品立即放于冰箱内，并在 2h 内着手检验。一般从取样到检验不宜超过 6h，如果因路途遥远，送检时间超过 6h，应考虑现场检验或采用延迟培养法。

三、检测方法

(一) 平板计数法

1. 操作步骤

(1) 用灭菌移液管吸取 1mL 充分混匀的水样或 2～3 个适宜浓度的稀释水样，注入灭菌培养皿中。

(2) 分别倾注 15mL 已融化并冷却到 45℃左右的灭菌营养琼脂培养基，并立即在桌面上做平面旋摇，使水样与培养基充分混匀。

(3) 另取一空的灭菌培养皿，倾注 45℃左右的灭菌营养琼脂培养基 15mL，做空白对照。

(4) 待培养基凝固后，倒置于 37℃温箱中，培养 24h，进行菌落计数。

(5) 细菌总数是以每个培养皿中菌落的总数或平均数（例如同一稀释度两个重复培养皿的平均数）乘以稀释倍数得来。

2. 注意事项

(1) 吸取水样之前，应该将水样用力振摇20～25次，使可能存在的细菌团得以分散。

(2) 培养基不可在高温时倾倒，温度过高会产生大量水汽，凝集于平皿盖，影响实验观察和实验结果。

(3) 平皿培养时一定要倒置，以防平皿盖水珠落于琼脂表面，造成细菌的流动，影响实验结果。

(4) 进行细菌总数的检验时，所有步骤应在超净工作台内的酒精灯火焰边进行，所有操作必须严格按照无菌操作的要求工作，每次检验时应另用平皿倾注营养琼脂做空白对照。

(5) 培养过细菌的平皿，应将底盖分开，放在搪瓷桶中经高压蒸汽灭菌（不宜直接将平皿放入灭菌锅内，以免琼脂熔化后流出而堵塞灭菌锅的蒸汽孔）。灭菌后，趁热倒出培养基，用热肥皂水刷洗，最后用自来水及蒸馏水冲净。晾干后，底盖相配备用。

（二）多管发酵法

1. 方法原理

多管发酵法是根据大肠菌群能发酵乳糖、产酸产气以及具备革兰氏染色阴性、无芽孢、呈杆状等有关特性，通过初发酵、平板分离和复发酵3个步骤进行检验，以求得水样中总大肠菌群数。多管发酵法是以最可能数（Most Probable Number，MPN）来表示试验结果的。实际上它是根据统计学理论，估计水体中的大肠杆菌密度和卫生质量的一种方法。如果从理论上考虑，并且进行大量的重复检定，可以发现这种估计有大于实际数字的倾向。不过只要每一稀释度试管重复数目增加，这种差异便会减少，对于细菌含量的估计值，大部分取决于那些既显示阳性又显示阴性的稀释度。因此在实验设计上，水样检验所要求重复的数目，要根据所要求数据的准确度而定。

2. 操作步骤

(1) 初发酵试验。将水样分别接种到盛有乳糖蛋白胨培养液的发酵管中。在37℃±0.5℃下培养24h±2h。产酸和产气的发酵管表明试验阳性。如在倒管内产气不明显，可轻拍试管，有小气泡升起的为阳性。

(2) 平板分离（总大肠菌群）。将产酸产气及只产酸发酵管，分别用接种环划线接种于品红亚硫酸钠培养基或伊红美蓝培养基上，置于37℃恒温箱内培养18～24h，挑选紫红或深红色菌落进行涂片、革兰氏染色、镜检。

(3) 复发酵试验。

1) 总大肠菌群：上述涂片镜检的菌落如为革兰氏阴性无芽孢的杆菌，则挑选该菌落的另一部分接种于装有普通浓度乳糖蛋白胨培养液的试管中（内有倒管），每管可接种分离自同一初发酵管（瓶）的最典型菌落1～3个，然后置于37℃恒温箱中培养24h，有产酸产气者（不论倒管内气体多少皆作为产气论），即证实有大肠菌群存在。根据证实有大肠菌群存在的阳性管（瓶）数查“大肠菌群检数表”，报告每升水样中的大肠菌群数。

2) 粪大肠菌群：轻微振荡初发酵试验阳性结果的发酵管，用接种环或灭菌棒将培养物转接到EC培养液中，在44.5℃±0.5℃温度下培养24h，发酵管产气则证实为粪大肠菌群阳性。

（三）滤膜法

1. *方法原理*

将水样注入已灭菌的放有滤膜（孔径 0.45mm）的滤器中，经过抽滤将水样中的微生物截留在滤膜上，然后将滤膜贴于培养基上（如总大肠菌群使用品红亚硫酸钠培养基，粪大肠菌群使用 M-FC 培养基）进行培养，计数滤膜上生长的菌落数，计算出每升水中含有的微生物数量。

滤膜法具有高度的再现性，可用于检验体积较大的水样，能比多管发酵法更快地获得肯定的结果，但是在检验浑浊度较高水样时有其局限性。

2. *操作步骤*

（1）过滤水样。将滤膜及滤器灭菌，用无菌镊子夹取灭菌滤膜边缘，将粗糙面相上，贴放在已灭菌的滤床上，固定好过滤器。将适量的水样注入滤器中，加盖，开动真空泵即可抽滤细菌。

（2）培养。

1）总大肠菌群：将过滤后的滤膜放在品红亚硫酸钠培养基上，滤膜截留细菌面朝上，滤膜应与培养基完全贴紧，然后将培养皿倒置放于37℃恒温箱内培养 24h，之后挑选紫红或深红色菌落进行革兰氏染色、镜检。计数滤膜上生长的总大肠菌群落总数。

2）粪大肠菌群：将过滤后的滤膜放在 M-FC 培养基上，在 44.5℃±0.5℃温度下培养 24h；计数呈蓝色或蓝绿色的菌落，计算每升水中粪大肠菌群数。

（四）酶底物法

1. *方法原理*

酶底物法采用 ONPG 和 MUG 两种营养指示剂，这两种试剂分别可以被大肠菌群的β-半乳糖苷酶和大肠杆菌的β-葡糖醛酸酶分解代谢。当大肠菌群在酶底物检测试剂中生长时，其使用β-半乳糖苷酶分解代谢 ONPG，并使样品从无色变为黄色。大肠杆菌使用β-葡糖醛酸酶分解代谢 MUG 时，能够发出荧光。

2. *操作步骤*

（1）将水样加入 100mL 取样瓶中，加入酶底物法检测试剂，拧紧盖子摇匀至完全溶解。

（2）将样品加到定量检测盘中。

（3）使用程控定量封口机对定量检测盘进行样品分配及封口。

（4）将封口好的定量检测盘放在 36℃±1℃，如需测定粪大肠菌群（耐热大肠菌群）则将培养箱设定为 44.5℃，培养 24h。

（5）对照比色盘数阳性（显黄色，或荧光）格子数，按照使用的检测盘类型，分别查51 孔或者 97 孔 MPN 表得出 100mL 中大肠菌群的菌群数。对照 MPN 表出数据。

（6）根据稀释倍数最终结果按公式计算结果：

$$大肠菌群(个/L)=MPN值\times稀释倍数\times1000mL/100mL \quad (6-19)$$

（五）延迟培养法

当水样在运输途中不能保证所要求的温度或者采样后不能在允许的时间内进行检验时都可应用延迟培养法。延迟培养法操作步骤类似滤膜法，将过滤后的滤膜放在可抑制微生物生长的运输培养基上（如LES-MF保存性培养基），回到实验室后再将滤膜从运输培养基上转移到特定培养基上（如粪大肠菌群使用M-FC培养基）在特定温度下培养，计数滤膜上的特定菌落总数（详见滤膜法）。

第三节　水中初级生产力的测定

初级生产力是指绿色植物在单位面积单位时间内光合作用（或化合作用）所产生的有机质量，代表太阳能在生态系统中被固定的速率。这是整个生态系统中生物生产过程的最初始和最基础的能量积累过程，也是无机碳转变为有机碳的过程，这个过程称为初级生产。初级生产量可分为毛生产量、净生产量和群落净生产量。毛生产量指自养生物所固定的总能量或所合成的全部有机物质量（包括本身已被消耗的部分）；净生产量指自养生物本身呼吸作用消耗以外所剩下来的能量或有机质的量；群落净生产量指整个生态系统中自养生物所固定的能量除去全部生物呼吸作用消耗以外的剩余部分。

陆地上植物合成的有机物有一部分可进入水体，但在大多数湖泊、池塘和水库中，主要是由水体本身的浮游植物制造有机物，进行初级生产。浮游植物是一般水体中主要的初级生产者，它含有叶绿素，是一类独立生活的自养型生物。

水体初级生产力测定的方法较多，一般采用我国的水生生物监测技术规范、《水和废水监测分析方法（第四版）》、SL 88—2012《水质　叶绿素的测定　分光光度法》以及GB 17378.7—2007《海洋监测规范　第7部分：近海污染生态调查和生物监测》中所规定的叶绿素a测定法和黑白瓶测氧法。

一、叶绿素a的测定

（一）方法原理

以丙酮溶液提取浮游植物色素，依次在750nm、663nm、645nm、630nm下测定吸光度，将测得的吸光度代入公式计算出叶绿素a的含量。

（二）仪器设备

（1）分光光度计：波带宽度应小于3nm，吸光值可读到0.001单位。

（2）冰箱。

（3）干燥器。

（4）离心机：4000r/min。

（5）抽滤装置：包括砂芯过滤活动装置（直径50mm、抽滤瓶、负压表、真空泵等）。

（6）混合纤维素酯微孔滤膜（孔径0.45μm，ϕ50mm）。

（7）组织研磨器：玻璃研钵。

（8）离心管：具塞，10mL，若干。

（9）棕色试剂瓶：100mL、1000mL各1个。

（10）量筒：100mL、1000mL各1个。

（11）镊子：2把。

（12）一般实验室常用设备。

（三）水样的采集与保存

用于测定叶绿素 a 的水样的采集方法与用于浮游植物数量测定的采集方法相同（见第六章第一节）。采集的水样量可根据水中浮游植物的含量的多少来确定，一般湖泊、水库采样 500mL，池塘 300mL。

水样采集后应放在荫凉处，避免日光直射。最好立即进行测定的预处理，如需经过一段时间（4～48h）方可进行预处理，则应将水样保存在低温（0～4℃）避光处。在每升水中加入 1% 碳酸镁悬浊液 1mL，以防止酸化引起色素溶解。水样在冰冻情况下（−20℃）最长可保存 30d。

（四）试剂配制

所有试剂均为分析纯，水为蒸馏水或等效纯水。

90% 的丙酮溶液：量取 900mL 丙酮于 1000mL 的量筒中，加水至标线，摇匀保存在棕色试剂瓶中。

10g/L（1%）的碳酸镁悬浊液：称取 1g 碳酸镁，加水至 100mL，摇匀，盛试剂瓶中待用，用时再摇匀。

（五）实验步骤

（1）抽滤。安装好抽滤装置，在抽滤器中放入混合纤维素酯微孔滤膜。抽滤时负压不得大于 0.5 大气压（50kPa）。抽滤完毕后，用镊子小心取下滤膜，将其对折（有浮游植物样品的一面向里），再套上一张普通滤纸，置于含硅胶的干燥器内，储存在低于 1℃ 冰箱中（普通冰箱的冷冻室可保存几天，在−20℃ 的低温冰箱中可保存 30d）。

（2）提取。样品先经研磨，可以提高色素提取效果。取出带有浮游植物的滤膜放入玻璃研钵中，加入少量碳酸镁粉末及 2～3mL 90% 丙酮，充分研磨，提取叶绿素 a，提取时间应不少于 6h。

（3）离心。将装有提取液的离心管放入离心机中，在转速 3500～4000r/min 下离心 10～15min。将上层叶绿素提取清液移入定量的试管中，用 90% 丙酮将提取液定容到 10mL。

（4）吸光度测定。用 90% 丙酮作空白吸光度测定，作为参比样品。将上清液在分光光度计上，用 1cm 光程的比色皿，分别读取 750nm、663nm、645nm、630nm 波长的吸光度。

（六）实验结果的计算

将测得的吸光度代入式（6－20）计算：

$$C=[11.64\times(D_{663}-D_{750})-2.16\times(D_{645}-D_{750})+0.10\times(D_{630}-D_{750})]\times V_1/(VI) \tag{6-20}$$

式中：C 为叶绿素 a 含量，μg/L；D 为吸光度；V_1 为提取液定容后的体积，mL；V 为水样体积，L；I 为比色皿光程，cm。

（七）注意事项

（1）水样抽完后，继续抽 1～2min，以减少滤膜上的水分。

（2）提取液在 750nm 时的吸光度对丙酮与水的比例非常敏感，操作人员要严格遵守 90 份丙酮：10 份水（体积比）的色素提取公式。

（3）研磨时应充分研磨碎浮游植物细胞，保证提取效果。

（4）研磨后置于离心管中的提取液应盖上塞子，放在阴暗、避光的地方提取 6～8h。

（5）离心后的提取液上清液在定容的过程中，应小心移出，避免杂质进入影响读数。

（6）750nm 时的吸光度读数应控制在 0.005 个单位以内。

二、黑白瓶测氧法

（一）方法原理

通过比较一段时间内有无光照的条件下，水体中氧气浓度的差别，可计算出植物光合作用形成的初级生产量。

（二）仪器设备

（1）玻璃瓶：300mL 具磨口塞完全透明的玻璃瓶或 BOD 瓶，黑瓶可用黑布或外涂黑漆等方法进行遮光，使之完全不能透光。

（2）绳子或支架：悬挂或固定黑白瓶用。

（3）采水器。

（4）水温计。

（5）水下照度计或透明盘。

（6）测定溶解氧的仪器设备材料试剂等（参见 GB/T 7489—1987《水质　溶解氧的测定　碘量法》）。

（三）水样的采集与挂瓶

采样点与采样时间同浮游植物。每组有 3 个样品瓶——黑瓶、白瓶、初始瓶。

采样层次：为了计算单位面积的水柱生产量，必须在不同水深的水层中分层采样，采样层次的确定通常有以下几种方法。

（1）固定层次。如无照度计，可用透明度盘测定水体的透明度。然后根据水体的深度和透明度放置瓶子的深度间隔。可从水面到水底每隔 1～2m 或几米挂一组瓶子。一般的浅水湖泊（水深不大于 3m，水团混合均匀的）可按 0m、0.5m、1m、2m、3m 分层；深水水体，如透明度在 2m 以下的，在 0m、0.5m、1m、2m、3m、4m 处采样，再在较深水层中采 1～2 个样即可；透明度较大的深水水体，则最好根据水体透明度和水下照度值确定层次。

（2）按水下照度确定采样层次。采样前先用水下照度计测定有光层的深度（接受表面照度 1%），按照表面照度 100%（0m，水刚淹没照度计探头时的照度）、50%、25%、10%、1%处的深度分层采样。

（3）按透明度值确定采样层次。因浮游植物的光合作用强弱与透明度有关，故可先测定水体的透明度，然后在水表（0m）透明度的 0.5 倍处、1 倍处、2 倍处、3 倍处分层采样。

（四）曝光培养

各层次采样和灌瓶结束后，将各层次的黑、白瓶按组分别悬挂到原来的采水深度，进行曝光。

水样灌装于瓶中后，瓶中的理化和生物情况是与在天然水体中不同的，而且随着时间的延长，发生越来越大的变化。从这一点考虑，曝光时间不宜过长，但曝光时间过短（不足一昼夜），又会带来溶氧变化太小、测定误差大以及换算为日产量时的困难和误差。因而一般建议曝光 24h，在工作条件不允许或生产量和呼吸量极高时，可考虑缩短时间为 12h。

每次测定的开始时间最好相近，按预定的曝光时间终止曝光，将黑、白瓶取出，按溶氧测定的要求固定溶氧，将瓶置于阴暗的容器中，带回实验室滴定溶氧。

（五）溶解氧的测定

参见 GB/T 7489—1987。

（六）实验结果的计算

白瓶中有光合作用和呼吸作用（不仅包括浮游植物本身的呼吸作用，还包括了所有群落生物如细菌、浮游动物等的呼吸作用）；黑瓶中则无光合作用而只有呼吸作用。一般将白瓶中曝光前后溶氧量的变化作为初级生产量；黑瓶中曝光前后溶氧量的变化作为呼吸作用量。即：

净初级生产量(PN)＝白瓶曝光后溶氧量(LB)－初始溶氧量(IB)

呼吸作用(R)＝IB－黑瓶曝光后溶氧量(DB)

毛初级生产量(PG)＝LB－DB

（1）单位体积日生产量的计算。如果曝光时间为 24h，则上述溶解氧值（单位为 mg/L）就成为单位体积日生产量［单位为 $mgO_2/(L \cdot d)$ 或 $gO_2/(m^2 \cdot d)$］。

（2）单位面积水柱日生产力的计算。水柱生产量是指在 $1m^2$ 水面下，从水表面垂直到水底整个水柱中的生产量。可通过求积法或平均值积加法求得。

假定某水体某日曝光后测得 0m、0.5m、1m、2m、3m 和 4m 水深处的 PG 为 2.0mg/(L·d)、4.0mg/(L·d)、2.0mg/(L·d)、1.0mg/(L·d)、0.5mg/(L·d) 和 0mg/(L·d)，则水柱 PG 值得计算见表 6-1。

表 6-1　水柱毛生产量计算例表

水层 /m	$1m^2$ 水面下水层体积 /(L/m^2)	每升水平均日产量 /[mg/(L·d)]	每 $1m^2$ 水面下各水层的日产量 /[g/(m^2·d)]
0～0.5	500	(2+4)/2=3	3×500=1500mg/(m^2·d)=1.5
0.5～1.0	500	(4+2)/2=3	3×500=1500mg/(m^2·d)=1.5
1.0～2.0	1000	(2+1)/2=1.5	1.5×1000=1500mg/(m^2·d)=1.5
2.0～3.0	1000	(1+0.5)/2=0.75	0.75×1000=750mg/(m^2·d)=0.75
3.0～4.0	1000	(0.5+0)/2=0.25	0.25×1000=250mg/(m^2·d)=0.25
0～4.0			1.5+1.5+1.5+0.75+0.25=5.5

（七）注意事项

（1）黑白玻璃瓶应选用玻璃质量好、壁薄透明、厚薄均匀、瓶塞密闭好的试剂瓶或 BOD 测定用瓶等，黑白瓶在使用前应用酸洗过，并用蒸馏水彻底洗过，含磷的洗涤剂不能用。

（2）应在晴天的上午进行采样。

（3）每组瓶要用同次采集的水样灌满瓶，将采水器导管插到样品瓶底部，灌满瓶并溢出2～3倍体积的水。因此，采水器的大小容量应根据所用的黑白瓶的容量来确定，如一般采用150mL的黑白瓶，则采水器的容量需要在2000mL以上（150mL＋溢出部分150mL×3＝600mL；每组黑瓶1个、白瓶1个以及初始瓶1个，共需灌瓶3个，600mL×3＝1800mL）。

（4）每组的3个样品瓶，即黑瓶、白瓶、初始瓶应统一编号。做测定初始溶氧量用的初始瓶灌满水样后应立即固定，其余水样瓶盖上瓶塞，瓶内不应有气泡。以灌满水样尚未放入水中的瓶应放在阴暗处，避免日光直射。

（5）挂瓶时，应以保持瓶的垂直和水平位置稳定和不被遮光为原则。在有机质含量较高的湖泊、水库，可采用每2～4h挂瓶一次，连续测定的方法，以免由于溶解氧过低而使颈生产力出现负值。

（6）如光合作用很强，形成氧气过饱和，在瓶中会产生较大的气泡。应将瓶微微倾斜，将气泡置于瓶肩处，小心打开瓶塞加入固定液，不使气泡逸出，然后盖上瓶盖充分摇动。为防止产生氧气泡，也可将培养时间缩短为2～4h，但需在结果报告中注明。

（7）测定时应同时记录当天的水温、水深、透明度、光照强度，以及水草的分布情况等。

（8）尽可能对水体中的主要营养盐，特别是无机磷和无机氮进行分析，根据水样中有机物含量或其他干扰物质的存在情况选择恰当的溶解氧测定的修正法。

第七章 应急监测

水利系统水质监测机构在发生以下情况时需要开展应急监测。一是发生特大水旱等自然灾害危及饮用水源安全的紧急情况；敏感水域水工程调度、跨流域或跨区域调水；河湖生态环境复苏、生态补水等而开展的水质动态监测；再如河湖不明原因发生水质异常、发生重大公共卫生事件时，社会上大量使用消毒液的情况下，对河湖和地下水水质采取的防范性监测等。二是突发污染物排入河湖、引起水环境污染和水生态破坏事件时，配合有关部门开展的查明污染物种类、浓度、危害程度和水生态环境恶化范围而对相关水域进行的水量水质应急监测。

第一节 公共水事件应急监测

公共水事件一般指除水污染事件和水生态破坏事件以外的引起水质明显变化，影响用水安全的其他公共水事件。其他公共水事件有别于水环境化学污染事故和水生态破坏事件，但大都又涉及民生，是各级水质监测机构承担的重要监测工作。

一、监测范围与作用

(1) 在跨流域跨区域应急调水，水域水质突变影响城镇生活生产正常供水，受节制闸控制有大量污水蓄积的河流在运行前后，湖泊、水库发生藻类暴发等情况都应开展应急监测。

(2) 由于水旱自然灾害引发的危及城乡居民饮用水安全的情况时有发生，在发生20年一遇的大洪水或严重干旱期要适时开展应急监测，对防范饮用水源受到污染，保障饮用水安全有着重要作用。

(3) 有的河流、湖泊在一些敏感时期或季节，易发水质突变或藻类暴发，给下游或周边地区带来水污染、水生态损害。水利部流域机构或地方人民政府，在敏感时期或季节，组织开展跨行政区界河流水污染联防期间，相关监测机构应当开展应急监测。

二、开展监测的时机要求

(1) 启动跨流域或跨区域应急调水输水、水生态环境需水调度等。

(2) 河流、输水渠道、湖泊、水库发生水质突变，沿岸城镇生活、生产正常供水受到影响或出现大面积死鱼。

(3) 河流上游蓄积大量高浓度污水的闸坝运行前后，特别是长期关闸遇首场洪水开闸运行前后，或在运行中泄量有大的改变。

(4) 湖泊、大型水库等水域发生或可能发生大范围藻类暴发或其他生态危害。

（5）河流、湖泊发生20年一遇及以上的大洪水及其退水期。

（6）河流、湖泊发生20年一遇及以上的严重干旱期。

（7）跨省或跨设区市的河流、湖泊水污染联防期。

三、断面布设与监测方式

（1）跨流域应急调水、生态应急补水是为应急工程提供水质变化信息服务，并不直接涉及水污染问题，因此，监测断面或点位布设、监测频率、监测项目选择要充分考虑应急工程的需求。

（2）公共水事件应急监测，应在下列水域布设监测断面（点）：

1）跨流域或跨区域应急调水输水干线节点（闸坝）处。

2）水生态环境需水调度控制节点处。

3）枯水期易发生水质严重恶化，危及沿岸城市供水安全的河段。

4）污染严重的主要河流出入省界处。

5）污染严重的主要支流，流入国家确定的重要江河湖泊的河口处。

6）有大量污水积蓄的闸坝处。

7）易大面积暴发水华（湖泛）的水域。

8）发生大洪水、严重干旱、地震等自然灾害区域的饮用水源地，洪水淹没区内有毒危险品存放地的周边水域。

9）其他易发生水质恶化的水域。

10）其中有一部分监测断面或点位可以和监测机构常规监测断面或点位相结合，也有些不能与常规监测断面或点位相结合，如洪水淹没区内有毒危险品存放地周围水域，应按照SL 219《水环境监测规范》相关规定加以布设。

（3）监测方式。水利系统各级监测机构有开展公共水事件应急监测的丰富经验。在引江济太、引黄济津、1998年洪水、汶川抗震救灾、淮河及主要支流污染联防等公共水事件中开展应急监测，都不乏有许多经典的范例。

1）公共水事件应急监测，可按不同水情和水质状况，因地制宜，采取定点监测和干支流河道、调（输）水沿线、上下游间跟踪（移动）监测相结合，河道水量水质同步监测和入河排污口水量水质同步监测相结合，实验室内测定和水质自动监测站在线监测以及遥感遥测相结合等动态监测方式。

2）公共水事件应急监测有关采样、监测频率、监测项目、分析方法标准、质量控制、安全防护、结果报告等，均应符合SL 219《水环境监测规范》相关技术规定。

3）各级监测机构应利用自身具有的水量水质并重的优势，在公共水事件应急监测中发挥不可替代的重要作用。

第二节 水污染事件应急监测

在发生水污染事件后，地方人民政府或有关部门会要求水利部门配合相关部门开展水量水质的应急监测。因此，水质监测机构的人员应该了解和掌握相关的技术要求。

一、历史上重大水污染和水生态破坏事件

在我国工农业生产和经济建设的快速发展时期，许多地区曾经水污染事故频发，仅举几例在全国有影响的重大水污染事故和水生态破坏事件：

（1）20世纪80年代末期至2005年间，淮河干流及其主要支流沙颍河、涡河等突发性水污染事件频发，严重影响了沿岸居民生活用水和工农业生产用水。“九五”起，与海河、辽河同时列为国家重点水污染治理的“三河”。

（2）20世纪80年代中期起，云南滇池、江苏太湖、安徽巢湖水质持续恶化，几乎每年都出现蓝藻水华大面积暴发，水体富营养化严重，湖泊生态环境受到破坏。太湖、巢湖、滇池从“九五”起，列为国家重点水污染治理的“三湖”。

（3）2004年2—4月期间，四川川化股份有限公司一化肥厂因生产故障导致约2000t氨氮排入沱江，造成特大水污染事故，给成都、资阳等五市的工农业生产和人民生活造成了严重的影响和经济损失。

（4）2005年11月13日，位于吉林市的中石油吉化公司双苯厂发生爆炸事故，苯类污染物流入第二松花江，造成了重大水污染事件，直接影响了哈尔滨等下游沿江城市和相关地区的居民饮水安全，引起了国内外的广泛关注。

二、水污染事故的特点与分类

（一）水污染事故特点

突发性化学品水污染事故不同于一般的环境污染，它没有固定的排放方式和排放途径，而是突然发生、来势凶猛，在瞬时或短时内大量排放污染物质，对水环境水生态造成污染和破坏，给人民的生命安全、财产和工农业生产造成重大或巨大损失。

化学品水污染事故具有以下特点：

（1）事故的突发性。由于化学品污染物的排放、生产安全事故等原因导致有毒有害物质进入河湖，突然造成或可能造成水质下降，危及公众身体健康和财产安全，或者造成水生态破坏，或造成重大社会影响，需要采取紧急措施予以应对。

（2）危害的严重性。由于化学品污染事故的突发性，使得短时间内排放大量污染物质，破坏性强，难于采取应急措施，从而破坏水生态环境，影响社会秩序和工农业生产。

（3）危害的持续性和累计性。有毒有害化学品一旦污染水体，在短时间内难以全部清除，有的需要长期治理。另外，污染物质在水环境中的迁移转化不仅污染多个环境要素，而且可能通过化学反应转变为毒性更大的污染物，从而具有危害的累计性和长期性。

（4）危害影响的广泛性。化学品的水污染事故不仅对社会公众产生负面的心理影响，若处理不当，还可能引起重大的社会问题，甚至是政治问题或影响国际关系。

（二）水污染事件分类

（1）有毒化学品和剧毒农药的泄漏与排放事故。有毒化学品如氰化钾、砒霜、苯酚、多氯联苯等，有机磷农药如甲基1605、甲胺磷、马拉硫磷、敌百虫等，有机氯农药如DDT等。储运不当会造成翻车、翻船或储罐泄漏事故可引起地表水、周边土壤等的严重污染及人身伤亡事故，这类事故在国内外常有发生。

（2）工业废水和城镇生活污水突然大量集中排泄造成的水体污染事故。由于工业和生活污废水含大量耗氧物质，进入水体可消耗水中的溶解氧，使水中溶解氧急剧降低，水体发黑发臭，致使鱼虾等窒息死亡，破坏水生态，还可能造成居民饮用水及工业用水的困难。

（3）溢油污染事故。由于炼油厂、油库（固定源）、油车（船）（流动源）泄漏而引起的油污事故也时有发生。致使大量鱼类死亡，严重破坏水生态环境，还可能引起燃烧、爆炸和次生水污染危害。

三、应急监测的作用及特殊要求

（1）化学品水污染事故一旦发生，最紧迫的任务之一就是进行现场应急监测。其作用有以下几个方面：

1）对水污染事故给予定性。通过现场应急监测，能迅速提供污染物的特征、释放量、形态及浓度、解毒剂等信息，初步判定事故性质，并预测其向下游或周边水域扩散的速率、有无叠加作用、降解速率、影响范围等信息。

2）为当地政府或有关部门制定处置措施提供必要的信息。地方政府或有关部门根据应急监测提供的信息，迅速提出适当的应急处理措施，将事故的有害影响降至最低限度。

应急监测所提供的监测数据及其他信息应保证高度准确和可靠。有关判定污染事故严重程度的数据质量尤为重要。以确保当地政府和有关部门采取应急处理措施的合理性和科学性。

3）为实验室精准分析提供第一手资料。应急监测要精确地弄清楚事故现场所涉及的是何种化学物质，有时是很困难的。现场监测设备往往是不够用的，但根据现场测试结果，可为实验室分析提供正确的采样地点、采样范围、采样方法、采样数量及分析方法等。

4）为化学品污染事故的恢复计划提供基础信息。鉴于污染事故的类型、规模污染物性质千差万别，很难预先建立一种统一模式来进行水污染事故发生后的水环境恢复。现场监测可为水污染事故发生后的恢复措施提供基础资料。

（2）应急监测不同于常规监测，具有特殊要求。

1）接到上级指令后，监测机构快速启动应急预案，监测人员快速赶赴现场。在确保现场人员人身安全的前提下，根据事故现场的具体情况布点采样。

2）应用快速监测手段开展现场检测，使用应急监测仪器须轻便、易于携带，采样与分析应随时随地即可进行。在满足一定精度的条件下，采样分析的步骤越简单越好，试剂用量越少越好。

3）迅速判断污染物的种类，给出定性、半定量或定量的监测结果，判断污染事故的危害程度和影响范围等。

四、水污染事件调查

化学品水污染事故一般是由于违反国家法律法规的经济、社会活动与行为，以及意外因素的影响或不可抗拒的自然灾害等原因在瞬时或短时间内大量排放有毒有害污染物质，对地表水、地下水和水域周边土壤等水环境水生态要素造成严重污染和破坏。发生水污染和水生态破坏事件后，作为应急监测支援系统的水质监测机构按就近原则根据上级有关部门的指挥和调遣，参与当地有关部门组织开展调查。

涉及跨省界的水污染事件或重特大水污染事件，须有上级授权，流域水文水资源监测机构要做好水量水质监测。

在水污染事件或水生态破坏事件发生地的水文监测机构因监测能力等因素，不能有效开展调查监测，请求技术支持或接到上级指示时，其他监测机构应当给予快速援助。

(1) 对固定源引发的突发性水环境化学污染事故，通过对引发事故固定源单位的有关人员（如管理、技术人员和使用人员等）的调查询问，以及对事故的位置、所用设备、原材料、生产的产品等的调查，同时采集有代表性的污染源样品，确定主要污染物。

(2) 对流动源引发的突发性水环境化学污染事故，通过对有关人员（如货主、驾驶员、押运员等）的询问以及运送危险化学品或危险废物的外包装、准运证、押运证、上岗证、驾驶证、车号或船号等信息，调查运输危险化学品的名称、数量、来源、生产或使用单位，同时采集有代表性的污染源样品，确定主要污染物。

(3) 对于未知污染物的突发性水环境化学污染事故，通过事故现场的一些特征，发气味、挥发性、遇水的反应性、颜色及对周围水环境、植物及鱼类的影响等，初步确定主要污染物。

(4) 如发生人员中毒、牲畜中毒，可根据中毒反应的特殊症状，初步确定主要污染物。

第三节　应急监测方案的制定

由于公共水事件特别是水污染事故的类型、污染成分及危害程度各异，事先制定一套统一的现场应急监测方案可能实际意义不大。但把握现场应急监测方案制定过程中应该考虑的最普遍的基本要求是必要的。

一、应急监测基本原则

在制定突发性水污染事故应急监测方案时，应遵循的基本原则是现场监测与实验室分析相结合，定性与定量、快速与准确相结合，先进技术性与现实可行性相结合。

二、采样布点的原则和方法

化学品突然大量泄漏进入水体时，污染物的时空分布不均匀，对各环境要素的污染程度也不同，因而采样布点也不同于常规监测，须遵循以下原则。

(一) 地表水

(1) 监测点位以事故发生地为主，根据水流方向、扩散速度、水流速度和现场具体情况布点采样。同时采样断面的确定，应考虑水功能区，尤其是污染事故对居民饮水安全的影响，及时发布预警通知，避免居民饮用受到污染的非安全水。

(2) 对江河的监测应在事故发生地及其下游布设若干点位，同时在事故发生地的上游一定距离布设对照断面。当江河水流速度很小时，还可根据污染物的特性在不同水层采样；在事故影响范围内的饮用水功能区取水口必须设置采样断面。当采样断面水宽不大于10m时，在中泓采样；当断面水宽大于10m时，在左、中、右三点采样后混合。

（3）对湖泊水库的监测应在事故发生地、以事故发生地为中心的水流方向的出水口处，按一定间隔的扇形或圆形布点，并根据污染物的特性在不同水层采样。同时根据水流方向，在其上游适当距离布设对照断面（点）；必要时，在湖库出水口和饮用水源取水口布设采样断面（点）。

（4）采样器具应洁净并应避免交叉污染，现场可采集平行双样，一份供现场快速测定，另一份现场立刻加入保护剂，并尽快送至实验室进行分析。

（二）地下水

（1）应以事故发生地为中心，根据本地区地下水流向采用辐射法或网格法在周围2km内布设监测井采样，同时在掌握地下水补给水源方位的情况下，在垂直于地下水流的上方向，设置对照监测井采样；在一定区域内以地下水为饮用水源的取水口设置采样点。

（2）采样应避开井壁，并使采样瓶以均匀的速度沉入水中，使整个垂直断面的各层水样进入采样瓶。

（三）土壤

（1）对河湖水库陆域范围的土壤，应以事故地点为中心，在事故发生地及其周围一定距离内的区域按一定间隔圆形布点采样，并根据污染物的特性在不同深度采样，同时采集未受污染区域的样品作为对照样品。必要时，还应采集在事故地附近的作物样品。

（2）在相对开阔的污染区域采取垂直深10cm的表层土。一般在10m×10m范围内，采用梅花形布点方法或根据地形采用蛇形布点方法（采样点不少于5个）。

（3）将多点采集的土壤样品除去石块、草根等杂物，现场混合后取1～2kg样品装在塑料袋内密封。

三、监测频次的确定

一般情况下，发生化学品水污染事故污染物进入水体后，随着稀释、扩散、沉降和降解等自然作用和应急处置处理后，其浓度会逐渐降低。应急监测应覆盖事发、事中和事后等不同阶段，但各阶段监测频次应有所差别。事故刚发生时，可适当加密采样频次，甚至连续监测。待了解污染物的变化规律后，可逐渐减少监测频次。为了掌握水污染事故的后续影响，还需进行跟踪监测，以便采取进一步措施，最大限度减少事故的危害程度。在应急指挥机构确认水污染事件或水生态破坏事件的影响结束，宣布应急响应行动终止，应急监测即可结束。

（一）监测项目的选择

化学品水污染事故的突发性、形式多样性、成分复杂性使得应急监测项目往往一时难以确定。只有对污染事故的起因及污染成分有初步了解时，监测项目的选择才比较容易确定。当对污染事故的起因尚未了解时，应根据现场调查情况（危险源资料、现场背景资料、污染物的气味、颜色、人员与动植物的中毒反应等）确定拟监测污染物。或者迅速采集样品，送至实验室分析确定应监测的污染物。

（1）对固定源引发的突发性化学品污染事故，可通过对引发事故固定源位置、设备、原辅材料、产品及有关人员的调查，同时采集有代表性的污染源样品，确定主要污染物和监测项目。

（2）对流动源引发的突发性化学品污染事故，可通过对有关人员的询问及运送危险化学品的箱罐的外包装、准运证、押运证、上岗证、驾驶证、车号或船号等信息，调查运输危险化学品的名称、数量、来源、生产或使用单位，同时采集有代表性的污染源样品，来确定主要污染物和监测项目。

（3）对未知污染物的突发性化学品水污染事故，可通过污染事故现场的一些特征，如气味、挥发性、反应性、颜色及对周围环境、作物的影响等，初步确定主要污染物及监测项目。

（4）如发生人员或动物中毒情况，可根据中毒反应的症状，初步确定主要污染物和监测项目。

（5）通过污染事故现场可能产生的污染的排放源的生产、环保、安全记录，初步确定主要污染物和监测项目。

（6）通过现场采样，包括采集有代表性的污染源样品，利用试纸、快速检测管和便携式监测仪器等快速分析手段，来确定主要污染物和监测项目。

（7）通过采集样品，包括采集有代表性的污染源样品，送至实验室分析后，来确定主要污染物和监测项目。

（二）优先考虑的监测项目

最常见化学品水污染事故涉及化学污染成分150多种，根据突发性水污染事故的类型，建议优先考虑的监测项目如下。

1. 河湖水体污染事故

pH值、溶解氧、耗氧量、化学需氧量、氰化物、氨氮、硝酸盐氮、亚硝酸盐氮、硫酸盐、氯化物、硫化物、氟化物、余氯、磷、砷、铜、铅、锌、镉、铬（六价）、铍、汞、钡、钴、镍、肼、三烃基锡、苯、甲苯、二甲苯、苯乙烯、苯胺、苯酚、硝基苯、丙烯腈及其他有机氰化物、二硫化碳、甲醛、丁醛、甲醇、氯乙烯、二氯甲烷、三氯甲烷、四氯化碳、溴甲烷、1,1,1-三氯乙烷、三氯乙烯、甲胺类（一甲胺、二甲胺、三甲胺）、氯乙酸、硫酸二甲酯、二异氰酸甲苯酯（TDI）、甲基异氰酸酯（C_2H_3NO）、有机氟及其化合物、倍硫磷、敌百虫、敌敌畏、甲胺磷、马拉硫磷、倍硫磷、对硫磷、甲基对硫磷、乐果、六六六、五氯酚、杀虫螟、除草醚、毒杀芬、杀虫醚、莠去津、过氧乙酸、次氯酸钠、过氧化氢、二氧化氯、臭氧、环氧乙烷、甲基苯酚、戊二醛等。

2. 河湖陆域土壤污染事故

重金属，有机污染物，有机磷农药（甲拌磷、乙拌磷、对硫磷、内吸磷、特普、八甲磷、磷胺、敌敌畏、甲基内吸磷、二甲基硫磷、敌百虫、乐果、马拉硫磷、杀螟松、二溴磷）、有机氮农药（杀虫脒、杀虫双、巴丹）、氨基甲酸酯农药（呋喃丹、西维因）、有机氟农药（氟乙酰胺、氟乙酸钠）、拟除虫菊酯农药（戊氰菊酯、溴氰菊酯）、有机氯农药、杀鼠药（安妥、敌鼠钠）等。

四、应急监测方法的选择

（1）应急监测方法选择的基本原则是：

1）分析方法的操作步骤要简便，具有易实施性和可操作性，无须特殊的专门知识。

2）分析方法要快速、分析结果直观、易判断。

3）检测器材要轻便，易于携带，采样与分析方法均应满足现场监测要求，体积小，重量轻。

4）分析方法的灵敏度、准确度和再现性要好，检测范围宽，尽量结合我国的现状与水平，分析仪器具有采集、存储和传输功能。

5）杂质对分析方法的干扰要小。

6）试剂用量少，稳定性好。

7）采样方法和采样器具都要简单。

8）采样和分析最好不使用电源。

9）检测器具最好是一次性使用，避免用后进行洗刷、晾干、收存等处理工作。

（2）根据以上原则，在实际的应急监测中，应优先考虑检测试纸法、水质检测管法、化学比色法、便携式分光光度计法、便携式综合水质检测仪器法、便携式电化学检测仪器法、便携式气相色谱法、便携式红外光谱法、便携式气相色谱-质谱联用法等。

（3）常见应急监测项目或污染物应采取的应急分析方法：

1）酸碱度或 pH 值。检测试纸法，化学测试组件法。

2）色度。简易器具法（2～100 度）；便携式比色计/光度计法（50～500 度）；便携式分光光度法（50～1000 度）。

3）电导率。便携式电导率仪法。

4）溶解氧（DO）。水质检测管法（1～15mg/L）；化学测试组件法（0.2～10mg/L）；便携式 DO 仪法。

5）碳氢化合物。检测试纸法；水质检测管法；便携式比色计/光度计法；便携式红外光谱仪器法；现场萃取-实验室分析法。

6）阴离子洗涤剂。水质检测管法；化学测试组件法；便携式比色计/光度计法。

7）阳离子洗涤剂。化学测试组件法；便携式比色计/光度计法；便携式分光光度计法。

8）银（Ag）。检测试纸法（定性，≥20mg/L；定量，0.5～10g/L）；化学测试组件法（0.05～1mg/L）；便携式分光光度计法；便携式 X 射线荧光光谱仪法。

9）砷（As）。检测试纸法；砷检测管法；便携式分光光度计法；便携式 X 射线荧光光谱仪法。

10）铬（Cr）。检测试纸法；水质检测管法；便携式比色计/光度计法；便携式分光光度计法；便携式 X 射线荧光光谱仪法。

11）铜（Cu）。检测试纸法；水质检测管法；化学测试组件法；便携式比色计/光度计法。

12）汞（Hg）。水质检测管法；便携式分光光度计法。

13）铅（Pb）。检测试纸法；水质检测管法；便携式比色计/光度计法；便携式分光光度计法；便携式X射线荧光光谱仪法。

14）锑［Sb（Ⅲ）］。检测试纸法；便携式分光光度计法；便携式X射线荧光光谱仪法。

15）铊（Tl）。便携式分光光度计法；便携式阳极溶出伏安仪法；便携式X射线荧光光谱仪法。

16）氯化物。检测试纸法；水质检测管法；化学测试组件法；便携式比色计/光度计法；便携式离子计法；便携式分光光度计法；便携式离子色谱法。

17）氟化物。检测试纸法；水质检测管法；化学测试组件法；便携式比色计/光度计法；便携式离子计法；便携式分光光度计法；便携式离子色谱法。

18）碘化物。检测试纸法；水质检测管法；化学测试组件法；便携式离子计法；便携式分光光度计法；便携式离子色谱法。

19）氰化物。检测试纸法；水质检测管法；化学测试组件法；便携式比色计/光度计法；便携式离子计法；便携式分光光度计法；便携式离子色谱法。

20）铵（NH_4^+）。检测试纸法；水质检测管法；化学测试组件法；便携式比色计/光度计法；便携式离子计法；便携式分光光度计法。

21）硝酸盐。检测试纸法；水质检测管法；化学测试组件法；便携式比色计/光度计法；便携式离子计法；便携式分光光度计法；便携式离子色谱法。

22）亚硝酸盐。检测试纸法；淀粉-KI试纸法；水质检测管法；化学测试组件法；便携式比色计/光度计法；便携式离子计法；便携式分光光度计法；便携式离子色谱法。

23）元素磷。萃取-比色法；实验室快速气相色谱法。

24）硫化物（S^{2-}，H_2S）。醋酸铅试纸法；水质检测管法；化学测试组件法；便携式比色计/光度计法；便携式离子色谱法。

25）烷烃类。气体检测管法；便携式VOC检测仪法；便携式气相色谱法；便携式气相色谱-质谱联用法；实验室快速气相色谱法；便携式红外分光光度法。

26）石油类。气体检测管法；水质检测管法；便携式VOC检测仪法；便携式气相色谱法；便携式红外分光光度法。

27）甲醛。检测试纸法；气体检测管法；水质检测管法；化学测试组件法；便携式检测仪法。

28）醛酮类。气体检测管法；便携式气相色谱法；实验室快速气相色谱法；便携式气相色谱-质谱联用法；实验室快速液相色谱法；便携式红外分光光度法。

29）卤代烃类。气体检测管法；便携式VOC检测仪法；现场吹脱补集-检测管法；便携式气相色谱法；便携式气相色谱-质谱联用法；实验室快速气相色谱法；便携式红外分光光度法。

30）氰/腈。气体检测管法；便携式气相色谱法；便携式气相色谱-质谱联用法；实验室快速气相色谱法；便携式红外分光光度法。

31）苯系物（芳香烃）。气体检测管法；现场吹脱捕集-检测管法；便携式VOC检测仪法；便携式气相色谱法；便携式气相色谱-质谱联用法；实验室快速气相色谱法；便携式红外分光光度法。

32）酚类。气体检测管法；水质检测管法；化学测试组件法；便携式比色计/光度计法；便携式分光光度计法；便携式气相色谱法；便携式气相色谱-质谱联用法；实验室快速气相色谱法；便携式红外分光光度法。

33）氯苯类。气体检测管法；便携式气相色谱法；便携式气相色谱-质谱联用法；实验室快速气相色谱法；便携式红外分光光度法。

34）苯胺类。气体检测管法；便携式气相色谱法；便携式气相色谱-质谱联用法；实验室快速气相色谱法；便携式红外分光光度法。

35）硝基苯类。气体检测管法；便携式气相色谱法；便携式气相色谱-质谱联用法；实验室快速气相色谱法；便携式红外分光光度法。

36）醚酯类。气体检测管法；便携式气相色谱法；便携式气相色谱-质谱联用法；实验室快速气相色谱法；便携式红外分光光度法。

37）有机磷农药。残留农药测试组件法；便携式气相色谱法；便携式气相色谱-质谱联用法；实验室快速气相色谱法；便携式红外分光光度法。

五、应急监测的质量保证与安全措施

（一）应急监测质量保证

1. 前期质量管理

（1）应组建应急监测队伍，根据本地区危险污染源的情况配备必要的应急监测仪器设备，定期组织技术培训和应急监测实战演练，提升应急监测响应能力。

（2）参加应急监测的人员应做到持证上岗，熟悉应急监测的工作程序、掌握应急监测的采样方法、仪器设备操作技术、安全防护等。

（3）应保证应急监测的快速反应，要做好应急监测方法筛选，试剂和应急监测仪器设备的条件保障，对便携式应急监测仪器设备有专人负责，定期进行检定或校准、期间核查，常做功能检查。

（4）各类检测试纸、检测管、化学测试组件等应按规定的保存条件进行保管，定期更新，并保证在有效内使用。定期用标准物质对检测试纸、快速检测管、便携式检测器等进行使用性能检查并实行标识化管理。

（5）应急监测方法的准确度、精密度、回收率、可靠性等应符合相应的标准。对承担应急监测任务的实验室应定期进行质量考核。

2. 运行中的质量管理

（1）水污染事故的现场勘查，应急监测方案的制定。

（2）现场采样和现场检测中的质量管理，现场和实验室中的分析质量管理、数据处理等。

（3）应急监测的所有采集的样品要防止交叉污染，现场无法测定的项目必须立即送达实验室检验。

（4）在江河采样时要同步施测流量，必要时还应同步采集沉积物样品。采样现场应进行定位、摄像等。

（5）采集地表水样品时，采样器具应洁净，现场可采集平行双样，一份供现场快速测定，另一份现场立刻加入保护剂，并尽快送至实验室进行分析。

（6）采集地下水样品时，采样器具应避开井壁，并使其以均匀的速度沉入水中，使整个垂直断面的各层水样进入采样瓶。

（7）要测定一定数量的现场平行样，送实验室检验检测样品的同时，测定有证标准物质质控样品。

（8）数据处理及应急监测报告编制中的质量管理。

（9）应建立应急监测信息管理系统，实施例行监督检查，及时发现和解决存在的问题，实时更新，确保应急监测信息系统的持续有效性和检验检测结果质量等。

（二）应急监测的安全措施

（1）进入突发性水污染事件或水生态破坏事件现场，尤其是水环境化学污染事故现场的应急监测人员，必须高度注意自身的安全防护。对事故现场不熟悉、不能确认现场安全、不按规定配备必需的防护设备（如防护服、防毒呼吸器等）、未经现场指挥和警戒人员许可，都不得进入事故现场进行采样监测。

（2）进入事故现场进行采样监测，必须在确认安全的情况下，应经现场指挥及警戒人员的许可，至少应有 2 人同行，佩戴好必需的防护设备（如防护服、防毒呼吸器等）方可进入现场。

（3）进入易燃、易爆事故现场的应急监测车辆应有防火、防爆安全装置，使用防爆的应急监测仪器设备（包括附件，如电源等），或在确认安全的情况下使用应急监测仪器设备进行现场监测。

（4）进入水域或登高（桥梁、水上构筑物）采样，应穿戴救生衣或佩带防护安全带（绳），以防安全事故。

（5）送实验室进行检验的有毒有害、易燃易爆或性状不明的样品，应用特别明显的标识（如图案、文字）加以注明，以便送样、接样和检验人员采取妥善处置对策，确保送样、接收样品和检验人员的人身安全。

（6）对含有剧毒或大量有毒有害化合物的样品，不得随意处置，应做无害化处理，最好送至具有资质的专业单位进行无害处理。

六、应急监测记录和数据的有效性检验

（一）应急监测现场记录

（1）应急监测人员须认真按规定格式及时详细记录，保证信息的完整性，不得以回忆的方式填写，并对现场原始记录真实性负责。

（2）检验检测原始记录上必须有检验人员、审核人员的签名。如果数据有错误，需要更正时，须符合有关规定。现场检验检测数据的有效性检验，包括数据的准确性、可比性、完整性和代表性检验。

（3）原始记录应有唯一性编号，不准在原始记录上涂改或撕页，个人不准擅自销毁。应急监测任务完成后归档保存。

（4）应急监测现场原始记录的内容主要包括：

1）绘制突发性水污染事件或水生态破坏事件现场位置示意图，标出采样断面或点位。记录事故发生时间，现场性状描述及事故原因，持续时间，采样时间，水文、气象参数。包括现场音像资料。

2）说明可能存在的污染物种类、流失量及影响范围、污染或破坏程度、有害特性等信息，与突发性水污染事件或水生态破坏事件相关的其他信息。

3）现场检验检测记录是报告应急监测结果的重要依据，主要包括现场检验检测环境条件、样品类型、检验项目、方法和日期，仪器名称、型号、编号，测定结果等。

（二）应急监测数据的有效性检验

（1）监测数据的准确性检验。对一组或几组监测数据中的极值，除进行分析外，还应进行同一样本总体的统计检验，剔除异常值。其检验方法有 Dixon 检验法、Grubbs 检验法和 Cochran 最大方差检验法。

（2）监测数据的可比性检验。检查监测条件，如仪器、方法和环境条件是否一致，监测数据的有效数字位数、浓度单位是否相同。

（3）监测数据的完整性检验。根据数据统计的有效性规定，检验各污染物监测数据的有效性，是否符合取值的要求。

（4）监测数据的代表性检验。检验监测数据是否反映了水环境真实情况，最高值和最低的出现是否合理等。

第四节 应 急 监 测 管 理

一、重大公共水事件的报告制度

水利部、各流域机构和各级水行政主管部门已实行突发性重大公共水事件的报告制度。水质监测机构需进一步强化与完善监测机构信息报告渠道和时限要求，做到及时、迅速、有效地收集和上报突发性重大公共水事件信息。

突发性重大公共水事件发生后要立即报告。水质监测机构获悉发生突发性重大公共水事件后，在迅速赶赴现场的同时，应及时向当地人民政府和上级水行政主管部门报告。

实行逐级报告制度，紧急情况下可以越级报告。凡有财产损失、人员中毒及引起污染纠纷的污染事故必须向省级水行政主管部门报告，对有重大经济财产损失与人员伤亡的必须向水利部报告。同时向可能受到影响的相关地区的水行政主管部门通报。

二、应急监测管理

应急监测按照属地管理的原则，水利系统各级水质监测机构应接受当地应急事件指挥机构领导，承担监测任务。水质监测机构都要做好应急监测预案，完善快速应急响应机制。建立应急监测队伍，做到人员精干，措施得力，拉得出，测得到，报得快，数据准。平时应开展不同情况下的应急监测演练，做到常备不懈，反应快速。要做好装备、技术、人员等储备。一旦发生水污染事故或水生态破坏事件，能快速判断污染物种类和浓度、污染范围及其可能的危害。形成运行有效的水污染事故和水生态破坏事件应急监测的保障能力。

第八章　水　质　评　价

水质监测工作的目的是有针对性地收集相关的原始数据和资料。这些数据资料大多是相对独立、没有联系的，还不能用来说明水体的特性、水质状况和水环境污染问题。因此，必须将这些单个的、分散的数据资料汇总起来，运用数量统计方法、数学（或物理）模型或计算公式，通过对数据资料的整理、分析、比较、归纳、分类、模拟、判别等一系列的技术处理，从中找出各种相关关系、变化趋势、规律和结论。这一系列的技术处理，就是评价的全部工作。所以，水质评价的本质就是一种对收集的监测数据、调查资料进行分析解释的工作。

水质评价对水资源的规划、监督管理和保护具有十分重要的意义，基体表现为：一是通过评价工作，可以客观地、全面的认识水资源的质量状况；二是可以进一步判断其变化趋势，分析其成因；从而为研究和提出保护与改善水质的措施以及管理决策提高科学依据。

第一节　污 染 源 评 价

以确定区域内主要污染源、主要污染物和主要污染途径为目的的污染源评价是查明污染物排污地点、形式、数量和规律的基础上，综合考虑污染物毒性、危害和水环境功能等因素，经过科学加工，以潜在的污染能力来表达区域内主要环境污染问题的方法。

一、污染源评价类型及评价方法

（1）以潜在污染能力为指标的污染源评价体系：该体系是以环境质量标准为评价依据的标准化处理方法，目前研究较多，内容丰富，表达形式多样。

1）类别评价。主要描述污染物对水环境潜在污染能力。主要指标有检出率、超标率和超标倍数等。

2）综合评价。考虑多种污染物、多种污染类型和多种污染源对水环境总的潜在污染能力。

（2）以经济技术指标为评价依据的污染源评价体系：该方法是以某些经济技术指标作为评价污染源的依据。它揭示了污染源单位产品产量排放污染物的能力，以及对资源、水源和能源水平、工艺流程中存在的重要问题等。这种评价可在深层次上揭示问题，富有指导意义和现实价值。

目前污染源研究评价工作，多限于对污染能力的评价，对于从经济技术角度探讨污染源评价较少。

二、污染源评价指标

（一）类别评价

类别评价是根据各类污染源某一污染物的相对含量（浓度）、绝对含量（体积和质量）、统计指标（检出率、超标率、超标倍数、标准差、概率加权值）等来评价污染物和污染源的污染程度。

（1）浓度指标。浓度指标是污染源排放污染物浓度超过排放标准的倍数，用其表示污染能力大小程度的差别。因考虑不够全面，往往是绝对排放量大，而浓度偏低的污染物的污染源被掩盖了。

（2）排放强度指标。计算公式为

$$W=CQ \tag{8-1}$$

式中：W 为单位时间排放某污染物的绝对量，t/d 或 m^3/d；C 为实测某污染物的平均浓度，mg/L 或 mg/m^3；Q 为污水日平均排放量，t/d 或 m^3/d。

排放强度考虑到污染物排放时的载体排放量，所以较浓度指标标准更能反映污染物或污染源的污染程度。

（3）统计指标。

检出率：指污染物的检出数占样品总数的百分比。计算公式为

$$B=(n/A)\times 100\% \tag{8-2}$$

式中：B 为检出率，%；n 为污染物检出样品个数；A 为污染物样品总数。

超标率：指污染物超过排放标准的检出次数占该污染物检出样品数的百分比。计算公式为

$$D=(f/n)\times 100\% \tag{8-3}$$

式中：D 为超标率，%；f 为污染物超过标准的样品数；n 为污染物检出样品个数。

标准差：指污染物检出值离排放标准的程度，计算公式为

$$\delta=\sqrt{\frac{\sum(C-C_0)^2}{n-1}} \tag{8-4}$$

式中：δ 为污染物的标准差；C 为污染物的实测浓度，mg/L 或 mg/m^3；C_0 为污染物的排放浓度，mg/L 或 mg/m^3；n 为污染物的检测次数。

δ 越大，实测值偏离排放标准越大，污染程度越严重。

概率加权值：指污染物的浓度小于、等于和大于排放标准的概率。计算公式为

$$W=\frac{C_0-C}{\delta} \tag{8-5}$$

式中：W 为污染概率加权值；δ 为污染物的标准差。

以上介绍的类别评价方法简便易行、直观。但这些评价方法适用范围窄，只宜于同种污染物的相互比较，而不能综合反映一个污染源的潜在污染能力，不便于污染源之间的地区之间的相互比较，因而要对污染源进行综合评价。

（二）综合评价

综合评价是较全面、系统地衡量污染源污染能力的评价方法。该方法不仅考虑了污染

物的种类、浓度、绝对排放量和累积排放量等，同时还考虑了量排放途径、排放场所的环境功能。综合评价的要点是综合概念的开发，在综合过程中形成新概念，发现新问题，在综合中进行思维再创造，悟出新理念。两种或两种以上的污染因子复合存在时，可能出现拮抗、叠加、协同等效应，不是简单的线性关系，而可能出现非线性效应等。这都是综合评价在理念与方法上的提升和变革创新，为此，综合评价需要有广博的知识、坚实的理论、丰富的经验、灵活的思维才可得心应手。

各种污染物具有不同的特性和环境效应，要对污染源和污染物做综合评价，必须考虑到排污和污染物毒性两个方面的因素，为了便于分析比较，需把这两个因素综合到一起，形成一个把多种污染物或污染源进行比较的量。为了使不同的污染源和污染物能够在同一尺度上加以比较，可采用等标污染负荷、排毒系数、等标排放量等方法来表示评价结果，或者对污染物和污染源进行标准化比较。其目的都在于使各种不同的污染物和污染源能够相互比较，以确定其对环境影响大小的顺序。

1. 评价项目

原则上要求各水体污染源排放出来的大多数种类的污染物都进入评价。但考虑到区域水环境中的污染源和污染物的数量大、种类多，目前困难较大。因此，在评价项目的选择时，应保证该水体引起污染的主要污染源和污染物进入评价。科学地客观地选择评价参数是十分必要的，也是污染源评价应首先解决的问题。考虑现有的监测能力和先进标准现状，评价参数的选择要遵循如下原则：

（1）根据水体环境质量现状及主要环境问题选择评价参数。

（2）根据污染物本身的理化性质及特点选择评价参数。

（3）根据污染的生态效应与区域环境特征综合选择评价参数。

2. 评价标准

为了消除不同污染源和污染物因毒性和计量单位的不统一，评价标准的选择就成为衡量污染源评价结果合理性、科学性的关键之一。在选择标准进行标准化处理时，一要考虑所选择标准的合理性；二要考虑到各标准能否反映出污染源在水环境中可能造成的危害的各主要方面；三要使应选的标准至少包括水体中所有污染物的80%以上。

水体承受污染物排放以后，严重地影响其质量，阻碍着各种功能的实现，甚至可使生态环境服务功能退化和丧失。因此在评价污染源时，应考虑水功能区划的不同，从不同侧面反映出污染源潜在的污染能力。可供选用的标准有“毒性标准”“感官标准”“卫生标准”“生化标准”“污灌标准”“渔业标准”“排放标准”。在近年来的污染源调查和评价工作中，常采用对应的环境质量标准或排放标准作为污染源评价标准。

3. 评价方法

一般采用等标污染负荷法（等标排放量法）对水中污染物进行评价。但任何评价方法都可能有一定的片面性，可能掩盖着某些方面，这在评价分析中应特别注意。如采用等标污染负荷法处理容易造成一些毒性大、流量小，在水环境中容易积累的污染物排不到主要污染物中去，然而对这些污染物的排放控制又是非常必要的。所以在做评价计算时要全面考虑和分析，最后确定出主要污染物和污染源。

等标污染负荷。即污染物绝对排放量与评价标准的比值。

$$P_i=(C_i/C_{oi})Q_i \tag{8-6}$$

式中：P_i 为等标污染负荷，m^3/h；C_i 为某种污染物的实测浓度，mg/L 或 mg/m^3；C_{oi} 为某种污染物的实测浓度，mg/L 或 mg/m^3；Q_i 为含某种污染物的污水排放量，m^3/h。

等标污染负荷是有量纲数，与污水排放量的量纲一致。某污染源几种污染物质的等标污染负荷之和为该污染源的等标污染负荷（P_n），计算公式为

$$P_n=\sum_{i=1}^{n}P_i=\sum_{i=1}^{n}\frac{c_i}{c_{oi}}Q \tag{8-7}$$

某条河道几个污染源等标污染负荷之和，即为该河道的等标污染负荷（P_m）。

$$P_m=\sum_{n=1}^{m}P_n \tag{8-8}$$

全流域的等标污染负荷（P）为

$$P=\sum_{m=1}^{n}P_m \tag{8-9}$$

流域内某个污染物的总等标污染负荷（$P_{i总}$）为该流域内所有污染源中该污染物的等标污染负荷之和。

$$P_{i总}=\sum_{n=1}^{k}P_i \tag{8-10}$$

等标污染负荷比。为了确定污染源和污染物对环境的贡献，还要引入等标污染负荷比的概念。某污染物的等标污染负荷（P_i）占该排污口等标污染负荷（P_n）的百分比，称为等标污染负荷比（K_i），计算公式为

$$K_i=P_i/P_n \tag{8-11}$$

K_i 是一个无量纲数，可以确定污染源内各种污染物的排序。K_i 较大者，对水环境污染较大。K_i 最大者，就是该污染源最主要的污染物。

某河道各污染源的污染负荷比用 K_n 表示，可以用来确定该河道的主要污染源及其排序。

$$K_n=P_i/P_m \tag{8-12}$$

4. 主要污染物的确定

按调查流域中污染物总等标污染负荷（$P_{i总}$）的大小排列，分别计算百分比和累计百分比，将累计百分比大于80%的污染物列为该流域的主要污染物。

第二节　地表水水质评价

一、水质评价分类

（一）按区域范围的评价

全国性评价、流域性评价、地域性评价和局部性评价4种。前三种主要用于水资源规划、开发利用、优化配置等宏观决策管理和调控；后一种往往跟局部水域的利用和保护措施相结合。

（二）按时段的评价

按时间分段的评价有现状评价、回顾评价和影响评价 3 种。

（1）现状评价是目前做的较多、较普遍的，其目的是根据最近监测数据，及时进行评价，时效性较强，可及时将水质状况反映给上级主管机关，以利加强监督管理，或防患于未然。

（2）回顾评价是研究分析水质的变化趋势，了解水资源（水环境）质量的历史演变过程，分析原因，为制定未来的管理和保护对策提高有价值借鉴，提出有效的防治方案。

（3）影响评价又称预断评价，主要针对大规模的工程项目的建设，评估其建成投产后对水环境、水资源的影响，同时对建设项目提出可否建设或建设中应采取防止不利影响的技术和管理措施等要求。影响评价类似建设项目水资源论证。

（三）按水体特征的评价

（1）天然水化学分类评价。

（2）地表水水质评价。

（3）地下水水质评价。

（4）湖泊水库富营养化评价。

（5）水体污染评价。

（四）按水用途的水质评价

（1）农业（灌溉）用水水质评价。

（2）工业用水水质评价。

（3）渔业用水水质评价。

（4）景观用水水质评价等。

（五）水功能区水质评价

主要目的是为功能区管理提供依据。掌握水功能区水质状况对水资源开发利用、功能区排污总量控制十分重要的，特别是重要饮用水源区水质评价是水资源保护的重点，保证安全供水，不仅要有足够的水量，更要有良好的水质。

（六）按评价参数的评价

（1）单指数评价有两种典型方法。

1）根据国家 GB 3838—2002《地表水环境质量标准》将实测值与国家标准值进行比较，做出水质类别的评价。

2）单因子水质指数法是水质浓度值与标准值的比值，得到一个无量纲数值，在同一类水质中进行比较。

（2）综合评价是以单指数为基础的，将多项指数对水质产生的综合影响的程度，通过各种数学关系式综合求得。

（七）生物学水质评价

水生生物是水环境的重要组成部分，每种生物和生物群都要求有一定的生活条件，而且对其生存环境的变化反应极为敏感。水质一旦发生变化，会使生物种类、数量和生物群结构随之发生变化。因此，用水中生物学指标评价水质能够在整体上综合地反映水质状况。

与其他方法相比，生物学指标评价方法具备一定的优点，即对整个水质的综合反映是长期环境质量累积的结果，反映了某些还未被测知的因素影响。但也有它的不足之处，它不能显示造成生态破坏的物质及其数量，同时生物的种类随时间和地域的不同而很难比对，还要有经验的生物学家对生物进行鉴别等，致使至今难以建立一套完整的统一的评价方法体系。但生物性指标评价与其他评价方法之间可以相互补充。

生物学水质评价方法较多，最常用的有指示生物法、生物指数法和多样性生物指数。

(八) 水环境医学评价

主要是评价水环境污染对人群健康的有害影响及其预防等。

二、水质评价标准及项目

(一) 水质标准

评价标准必须针对水的利用或管理的要求，选择相应的标准作为评价依据，尽管不同的标准中的项目相同，但有些标准规定的限制值不尽相同。

标准是衡量事件的尺子。水的利用、水资源管理、水环境保护和水污染治理是涉水的不同事件，因此标准的制定要区别对待。目前我国有工业、农业、生态、生活类用水水质标准，食品安全类、资源管理类和环境管理类的水质标准等，每一类又包含若干个水质标准。除国家标准外还有有关行业标准，形成了我国目前的水质标准体系。水利系统水质监测与评价主要涉及表 8-1 中所列的水质标准。

表 8-1　　主 要 水 质 标 准

序号	标 准 名 称	标准代码	类型
1	地表水环境质量标准	GB 3838—2002	生态环境
2	地下水质量标准	GB/T 14848—2017	自然资源
3	农田灌溉水质标准	GB 5084—2021	农业
4	渔业水质标准	GB 11607—1989	农业
5	海水水质标准	GB 3097—1997	海洋
6	生活饮用水卫生标准	GB 5749—2022	卫生
7	食品安全国家标准　饮用天然矿泉水	GB 8537—2018	食品安全
8	食品安全国家标准　包装饮用水	GB 19298—2014	食品安全
9	污水综合排放标准	GB 8978—1996	生态环境
10	城镇污水处理厂污染物排放标准	GB 18918—2002	生态环境
11	生活饮用水水源水质标准	CJ 3020—93	城建
12	污水排入城市下水道水质标准	CJ 3082—1999	城建
…			

除此之外，还包括 GB 8978—1996《污水综合排放标准》等一批行业类型的国家排放标准。

(二) 评价项目

水质评价项目的确定可以根据水体水污染的特征进行选择，一般选择氧平衡、营养素、有机污染物以及毒物等指标。

（1）氧平衡指标一般有溶解氧、化学需氧量、高锰酸盐指数、五日生化需氧量、总有机碳等项目，其中溶解氧反映水体中氧的数量，后四项基本反映了水体中有机污染物的耗氧。用这些指标做水质评价，可基本反映水体受有机物污染的情况。

（2）有害有毒物质指标包括了重金属、有机毒物和无机毒物等。

1）重金属可分为危害较大的如汞、镉、铬、铅等，和危害较小的锰、铜、锌等，此外砷、硒、镍等也是累积性毒物，也常用来评价。

2）有机毒物有酚类化合物，典型的代表是苯酚和石油类；此外还有难以生物降解的有机氯农药如六六六、滴滴涕等。

3）无机毒物有氰类化合物，如氰化物中包含的氰化钠、氰化钾等；酸、碱与一般无机盐、水中悬浮物也是评价水质的重要指标。

（3）营养素指标主要指反映水体富营养化的化学物质，常用的指标为氨氮、亚硝酸盐氮、硝酸盐氮、磷酸盐和总磷等。

以上3类指标是水质评价中经常使用的，需要时还可以根据评价采用的标准再做补充。

三、水质评价方法

（一）水质评价基本概念

（1）水质代表值：在水质评价中要选取水质代表值，来与标准值相比以确定水质类别和级别，水质代表值一般有实测浓度值，时段（年度、季度、月度及不同水期）代表值，河段的评价代表值，参数代表值等。这些代表值必须具备对被监测评价的水体的样本代表性。

1）实测浓度值：该数值离被监测水体的浓度真值比较接近，基本符合水质的实际情况。

2）时段代表值和河段评价代表值：这些数据在时间和空间上的准确可靠，某时段或某河段多次实测水质的算术平均值可以作为该时段或该河段的代表值。

$$C=\frac{1}{n}\sum_{i}^{n}C_i \tag{8-13}$$

3）参数代表值：在评价水体的水质特性时，某参数具有代表该评价水体的某些水质特性，同时该参数也反映了水体的质量的好坏。

（2）特征值：表示水体质量好坏的各种特征，常用的水质特征有以下6种。计算公式如下：

$$单参数超标倍数=\frac{实测浓度值-标准值}{标准值} \tag{8-14}$$

$$单参数超标率=\frac{断面单参数全年超标次数}{断面单参数全年测定次数}\times 100\% \tag{8-15}$$

$$水质项目综合超标率=\frac{断面全年水质项目超标个数}{断面监测水质项目个数}\times 100\% \tag{8-16}$$

$$污染河长百分数=\frac{被污染河长}{评价总河长}\times100\% \tag{8-17}$$

$$水质成分变化趋势(升、降)百分比=\frac{趋势升(降)站数}{趋势分析总站数}\times100\% \tag{8-18}$$

$$检出率=\frac{某参数被检出的个数}{检测样品总个数}\times100\% \tag{8-19}$$

（3）异常值：指在同一批检测样品中，某样品的参数测定值和其他样品测定值相比，出现了统计学上的显著性差异，偏大或偏小异常。通常情况下异常值不具有代表性，在合理性检验中将予以剔除。

（二）水质评价基本方法

根据评价目的，以及评价标准中的参数限制值、分类分级，将项目（参数）的实测代表值与标准值相比来确定水质类别或级别。多参数则分别跟标准中规定的相应参数标准值相比之后，以最差的参数值确定水质的最终类别或级别。如某水质参数超标，则应计算其超标倍数，超标倍数越大，水质越差。

地表水环境质量评价应根据应实现的水域功能类别，选取相应类别标准，进行单因子评价，评价结果应说明水质达标情况，超标的应说明超标项目和超标倍数。

水质指数评价是水质现状评价的经典方法，大体可以分为两种类型，单指数评价法和综合指数评价法。

1. 单指数评价法

该法只用一个参数作为评价指标，简单明了，可直接了解水质状况和评价标准之间的关系。其一般表达式为

$$S_i=\frac{C_i}{C_{si}} \tag{8-20}$$

式中：S_i 为水质评价参数 i 的水质指数；C_i 为水质评价参数 i 的监测浓度，mg/L；C_{si} 为水质评价参数 i 的评价标准，mg/L。

溶解氧是随浓度增加而污染程度而降低的项目，其水质指数的计算方法如下：

$$S=\frac{C_{饱和}-C}{C_{饱和}-C_s} \tag{8-21}$$

式中：S 为溶解氧的水质指数；C 为溶解氧的监测浓度，mg/L；C_s 为溶解氧的评价标准，mg/L；$C_{饱和}$ 为饱和溶解氧浓度，mg/L。

pH 值是具有最高、最低允许限值，其水质指数的计算方法如下：

$$S=\frac{7.0-pH}{7.0-pH_d},\mathrm{pH}\leqslant7.0 \tag{8-22}$$

$$S=\frac{pH-7.0}{pH_v-7.0},\mathrm{pH}>7.0 \tag{8-23}$$

式中：S 为 pH 值的水质指数；pH 为 pH 的监测浓度；pH_d 为 pH 评价标准中规定的下限值；pH_v 为 pH 评价标准中规定的上限值。

若某水质评价参数的水质指数 $S>1$，表明该水质评价参数已超过了水质标准，已不能满足使用要求。水质指数评价法能客观地反映水体的污染程度，可清晰地判断出影响水

质的主要污染物、主要污染时段和水体的主要污染区域，能较完整地提供评价水域质的时空变化和变化历史。

2. 综合评价法

选择多项评价参数进行水质的综合评价，常用的几种指数有湖库营养状态评价分级指数、有机污染综合评价指数、罗斯水质指数、综合水质标识指数法等。

（1）湖库营养状态评价分级指数。湖泊从贫营养向重度富营养转变的过程中，湖泊的营养盐浓度和与之相关联的生物生产量从低到高逐渐转变，所以湖库营养状态评价应采用综合指数法，从营养盐浓度、生产能力和透明度三个方面设置评价项目。评价项目一般包括总磷、总氮、叶绿素 a、高锰酸盐指数和透明度，其中叶绿素 a 为必评项目。采用线性插值法将水质项目浓度值转换为赋分值，按式（8-24）计算营养状态指数 EI，最后参照表 8-2，根据营养状态指数确定营养状态分级。

$$EI=\sum_{n=1}^{N} En/N \tag{8-24}$$

式中：EI 为营养状态指数；En 为评价项目赋分值；N 为评价项目个数。

表 8-2　　湖库营养状态评价分级表

营养状态分级（EI＝营养状态指数）		评价项目赋分值 En	总磷/(mg/L)	总氮/(mg/L)	叶绿素 a/(mg/L)	高锰酸盐指数/(mg/L)	透明度/m
贫营养（$0\leqslant EI\leqslant 20$）		10	0.001	0.020	0.0005	0.15	10
		20	0.004	0.050	0.0010	0.4	5.0
中营养（$20<EI\leqslant 50$）		30	0.010	0.10	0.0020	1.0	3.0
		40	0.025	0.30	0.0040	2.0	1.5
		50	0.050	0.50	0.010	4.0	1.0
富营养	轻度富营养（$50<EI\leqslant 60$）	60	0.10	1.0	0.026	8.0	0.5
	中度富营养（$60<EI\leqslant 80$）	70	0.20	2.0	0.064	10	0.4
		80	0.60	6.0	0.16	25	0.3
	重度富营养（$80<EI\leqslant 100$）	90	0.90	9.0	0.40	40	0.2
		100	1.3	16.0	1.0	60	0.12

（2）有机污染综合评价指数。20 世纪 70—80 年代，中国环境科学工作者鉴于上海地区黄浦江等河流的水质受有机污染的问题比较突出，对此进行了一系列研究，在此基础上提出了有机污染综合评价值 A，其定义为

$$A=\frac{BOD_i}{BOD_o}+\frac{COD_i}{COD_o}+\frac{NH_3-N_i}{NH_3-N_o}-\frac{DO_i}{DO_o} \tag{8-25}$$

式中：A 为有机污染综合指数；BOD_i、BOD_o 为五日生化需氧量的实测值和评价标准值；COD_i、COD_o 为高锰酸盐指数的实测值和评价标准值；NH_3-N_i、NH_3-N_o 为氨氮的实测值和评价标准值；DO_i、DO_o 分别为溶解氧的实测值和评价标准值。

该指数根据有机污染为主的情况，评价参数只选了代表有机物污染状况的 4 项，其中溶解氧前面的负号表示它对水质的影响与前 3 项污染物相反（溶解氧不能理解为污染物

质）。在计算时根据评价河道的水功能类别，选取相应类别的评价标准值。

根据有机污染综合评价指数 A 值的大小，分级评定水质受到有机物质污染的程度，水质质量评价分级如表 8-3 所示。

表 8-3　水质质量评价分级标准

A 值	污染程度分级	水质质量评价	A 值	污染程度分级	水质质量评价
<0	0	良好	2～3	3	开始污染
0～1	1	较好	3～4	4	中等污染
1～2	2	一般	>4	5	严重污染

（3）罗斯水质指数。英国人罗斯在常规监测参数中选取了 4 个参数作为计算河流水质指数的评价参数，分别是 BOD、NH_3-N、DO 和悬浮固体，并对这 4 个参数分别赋予不同的权重系数和分级值，给某个评价参数打分，见表 8-4、表 8-5。罗斯水质指数解决了评价参数过多，使水质指数的使用复杂的问题，是一种较为简单的水质指数计算方法。

表 8-4　各参数的分级值

悬浮固体		BOD		NH_3-N		DO		DO	
浓度/(mg/L)	分级	浓度/(mg/L)	分级	浓度/(mg/L)	分级	饱和度/%	分级	浓度/(mg/L)	分级
0～10	20	0～2	30	0～0.2	30	>120	6	>9	10
10～20	18	2～4	27	0.2～0.5	24	40～60	4	8～9	8
20～40	14	4～6	24	0.5～1.0	18	10～40	2	6～8	6
40～80	10	6～10	18	1.0～2.0	12	0～10	0	4～6	4
80～150	6	10～15	12	2.0～5.0	6			1～4	2
150～300	2	15～25	6	5.0～10.0	3			0～1	0
>300	0	25～50	3	>10.0	0				
		>50	0						

表 8-5　各参数的权重系数

参数	BOD	NH_3-N	DO	悬浮固体	权重系数合计
权重系数	3	3	2	2	10

在计算水质指数时先根据各参数的实测浓度查参数的分级值表，得出各参数的分级值，再按式（8-26）计算：

$$WQI=\frac{\sum 分级值}{\sum 权重值} \tag{8-26}$$

式中：WQI 为罗斯水质指数。

罗斯计算法要求值用整数表示，小数点以后的数值全部进位。然后将河流水质分为 11 个等级（水质指数 0～10）。河流水质指数为 0 表示水质最差，类似腐败的原始水；对天然纯净状态的水，规定水质指数为10。具体分级情况如表8-6所示。

表8-6　罗斯指数分级标准

WQI 值	10	8	6	3	0
水质状况	纯净	轻度污染	污染	严重污染	水质类似腐败的原始水

（4）综合水质标识指数法。这是上海市环保局在上海苏州河环境综合整治和黑臭河道整治中的水质评判中，提出的一种新的河流水质综合评价方法。这里介绍它的表达意义。

综合水质标识指数能基本表达河流整体水质信息，如总体水质类别及与水功能区类别的比较情况，参与评价的水质指标劣于水功能区标准的情况等。它的特点是既能定性评价，也能定量评价；既可以用于一条河流不同断面水质的客观比较，又可以用于不同河流水质的评价分析；既可以在同一类别中比较水质的优劣，也可以对劣Ⅴ类的水比较污染的程度。

综合水质标识指数是由4位有效数字和1个小数点组成，1位整数位，3位小数位，其结构为

$$WQI = X1.X2X3X4 \tag{8-27}$$

式中：$X1$ 为总体水质类别；$X2$ 为总体水质在 $X1$ 类水质变化区间内所处位置，从而实现同类水中的水质比较；$X3$ 为总体水质与功能区类别的比较结果；$X4$ 为参与整体水质评价的指标中，劣于水功能区标准的水质指标个数。

式中的 $X1.X2$ 由计算获得，$X3$ 和 $X4$ 根据比较得到。

通过综合水质标识指数 WQI 的 $X1.X2$，可以评定总体水质类别，判断关系为

$1.0 \leqslant X1.X2 < 2.0$　　Ⅰ类水

$2.0 \leqslant X1.X2 < 3.0$　　Ⅱ类水

$3.0 \leqslant X1.X2 < 4.0$　　Ⅲ类水

$4.0 \leqslant X1.X2 < 5.0$　　Ⅳ类水

$5.0 \leqslant X1.X2 < 6.0$　　Ⅴ类水

$X1.X2 > 6.0$　　劣Ⅴ类水

其中：$6.0 < X1.X2 < 7.0$，水体不黑臭；$X1.X2 \geqslant 7.0$，水体黑臭。

例如，总体水质在Ⅰ～Ⅴ类的，$WQI = 4.812$，其数值意义为：

4表示总体水质类别为Ⅳ类；

8表示总体水质在Ⅳ类水标准浓度区间内位于其下限值的80%的位置；

1表示水质类别劣于水功能区目标水质1个类别，根据总体水质类别为Ⅳ类，可推知水功能区的目标水质为Ⅲ类；

2表示参与评价的指标中，劣于水功能区水质类别（Ⅲ类）的指标有2个。

又如，总体水质劣于Ⅴ类的，$WQI = 8.732$，其数值意义为：

8表示总体水质类别为劣于Ⅴ类，且水体黑臭；

7表示总体水质在Ⅴ类水浓度上限的3.7（=8.7−5）倍；

3表示水质类别劣于水功能区目标水质3个类别，由此推知水功能区的目标水质为Ⅴ类；

2 表示参与评价的指标中，劣于水功能区水质类别（Ⅴ类）的指标有 2 个。

（三）地表水水质评价要求

地表水水体类型包括河流、湖泊和水库。河流是具有较高的平均流速、流向相对单一的水流运动，湖泊内水流运动相对较弱，水库的水动力特征介于河流和湖泊之间。所以水质应按河流和湖泊（水库）两种水体类型分别进行评价，水库还应根据其水力特性和蓄水规模等因素区分为河流型水库和湖泊型水库：河流型水库按河流评价，湖泊型水库按湖泊评价。如需对流域及区域开展水质评价，应按水资源分区和行政分区两种口径分别进行。

水质评价时段一般分为旬、月、水期和年度。水期应分为汛期和非汛期，不同地区因水文条件不同，水期划分存在差异，故汛期和非汛期的划分要遵循有关水文规范的规定。

1. 评价标准与评价项目

水质评价标准应采用 GB 3838—2002《地表水环境质量标准》，评价项目应包括 GB 3838 规定的基本项目。其中高锰酸盐指数和化学需氧量（COD）均是反应水体中有机和无机氧化物质污染的表征指标，但在实际水质评价中发现，当 COD 值较低或高锰酸盐指数值较高时，这两个水质项目的评价结论常会相互矛盾，所以在 COD＞30mg/L 的水域较适合选用化学需氧量，在 COD≤30mg/L 的水域宜选用高锰酸盐指数。流量、湖泊（水库）水面面积、水库蓄水量、总硬度等对水质评价具有辅助作用，也应该作为水质评价参考项目。

2. 评价数据要求

对水质评价采用的监测数据应符合以下要求：

（1）水质监测数据应由具备计量认证或国家实验室质量认可的监测机构提供。

（2）水样的采样分布及监测频率应符合 SL 219—2013《水环境监测规范》的规定。

（3）监测项目的分析方法应采用国家或行业标准。

（4）水质监测数据的处理应符合 SL 219 的规定。

（5）如果按旬、月评价可采用一次监测数据，有多次监测数据时应采用多次监测结果的算术平均值。

（6）如果按水期评价应采用 3 次（含 3 次）以上监测数据的算术平均值。

（7）如果按年度评价应采用 6 次（含 6 次）以上监测数据的算术平均值。

3. 水质站水质评价

水质站水质评价应包括单项水质项目水质类别评价、单项水质项目超标倍数评价、水质站水质类别评价和水质站主要超标项目评价四部分内容。

（1）单项水质项目水质类别应根据该项目实测浓度值与 GB 3838 限值的比对结果确定。当不同类别标准值相同时，应遵循从优不从劣原则，如铜Ⅱ～Ⅳ类的标准限值均为 1.0mg/L，当铜实测浓度为 1.0mg/L 时，其水质类别应为Ⅱ类，当铜实测浓度为 1.1mg/L 时，其水质类别应为劣Ⅴ类。

（2）如单项水质项目浓度超过 GB 3838Ⅲ类标准限值的称为超标项目，超标项目的超标倍数应按下式计算，水温、pH 值和溶解氧不计算超标倍数。

$$B_i=\frac{C_i}{S_i}-1 \tag{8-28}$$

式中：B_i 为某水质项目超标倍数；C_i 为某水质项目浓度，mg/L；S_i 为某水质项目的Ⅲ类标准限值，mg/L。

（3）水质站水质类别应按所评价项目中水质最差项目的类别确定，即一票否决法。

（4）水质站主要超标项目的判断方法应是将各单项水质项目的超标倍数由高至低排序，列前三位的项目应为水质站的主要超标项目。

4. 流域及区域水质评价

流域及区域水质评价应包括各类水质类别比例、Ⅰ～Ⅲ类比例、Ⅳ～Ⅴ类比例、流域及区域的主要超标项目四部分内容。河流应再按水质站、代表河流长度两种口径进行评价；湖泊应再按水质站、水面面积两种口径进行评价；水库应再按水质站、水库蓄水量和水面面积三种口径进行评价。

（1）各类水质类别比例为Ⅰ类、Ⅱ类、Ⅲ类、Ⅳ类、Ⅴ类及劣Ⅴ类的比例。

（2）Ⅰ～Ⅲ类比例应为Ⅰ类、Ⅱ类及Ⅲ类比例之和。

（3）Ⅳ～Ⅴ类比例应为Ⅳ类及Ⅴ类比例之和。

（4）流域及区域的主要超标项目应根据各单项水质项目超标频率的高低排序确定。排序前三位的为流域及区域的主要超标项目。水质项目超标频率应按下式计算：

$$PB_i=\frac{NB_i}{N_i}\times 100\% \tag{8-29}$$

式中：PB_i 为某水质项目超标频率；NB_i 为某水质项目超标水质站数，个；N_i 为某水质项目评价水质站总数，个。

5. 水功能区水质达标评价

水功能区水质达标评价范围应包括水功能一级区中的保护区、保留区、缓冲区，水功能二级区中的饮用水源区、工业用水区、农业用水区、渔业用水区、景观娱乐用水区、过渡区和有水质管理目标的排污控制区。

其中饮用水源区一般按月或旬评价，评价期内监测次数不应少于1次；缓冲区一般按月评价，评价期内监测次数不应少于1次；保护区和保留区一般按水期评价，评价期内监测次数不应少于3次；其他水功能区的评价周期可根据具体条件设置。

如果按年度评价的水功能区，评价期内监测次数不应少于6次。

流域及区域水功能区水质达标评价也应按水资源分区和行政分区两种口径分别进行评价。

（1）评价数据要求。水功能区水质监测数据首先要符合评价数据要求的规定。其次水功能区水质代表值应按以下规定确定：

1）只有一个水质代表断面的水功能区，应以该断面的水质数据作为水功能区的水质代表值。

2）有多个水质监测代表断面的缓冲区，为避免地区矛盾，应优先以省界控制断面的监测数据作为水质代表值。

3）有多个水质监测代表断面的饮用水源区，为提高饮用水水质安全保障程度，应以最差断面的水质数据作为水质代表值。

4）有两个或两个以上代表断面的其他水功能区，应以代表断面水质浓度的加权平均值或算术平均值作为水功能区的水质代表值。采用加权方法时，河流应以流量或河流长度作权重，湖泊应以水面面积作权重，水库应以蓄水量作权重。

（2）评价标准与评价项目。

1）评价标准应以 GB 3838 为基本标准，同时应根据水功能区功能要求综合考虑相应的专业标准和行业标准。

2）单一功能水功能区，应以其水质管理目标对应的水质标准为评价标准。多功能水功能区，应以其水质要求最高功能所规定的水质管理目标对应的水质标准为评价标准。

3）评价项目应根据水功能区功能要求确定。具有饮用水功能的水功能区评价项目应包括 GB 3838 中地表水环境质量标准基本项目和集中式生活饮用水地表水源地补充项目，有条件的地区可以再增加集中式生活饮用水地表水源地特定项目。

（3）单个水功能区达标评价。单个水功能区达标评价应包括单次水功能区达标评价、单次水功能区主要超标项目评价、水期或年度水功能区达标评价、水期或年度水功能区主要超标项目评价四部分。

1）单次水功能区达标评价应根据水功能区管理目标规定的评价内容进行。

对规定了水质类别管理目标的水功能区，应进行水质类别达标评价。所有参评水质项目均满足水质类别管理目标要求的水功能区为水质达标水功能区，有任何一项不满足水质类别管理目标要求的水功能区为水质不达标水功能区。对规定了营养状态管理目标的水功能区，应进行营养状态达标评价，水功能区营养状态评价应符合湖库营养状态评价的要求。满足营养状态管理目标要求的水功能区为营养状态达标水功能区；反之为营养状态不达标水功能区。水质类别和营养状态均达标的水功能区为达标水功能区，有任何一方面不达标的水功能区为不达标水功能区。

2）单次水功能区达标评价水质浓度代表值劣于管理目标类别对应标准限值的水质项目称为超标项目。超标项目的超标倍数应按下式计算，水温、pH 值和溶解氧不计算超标倍数。应将各超标项目按超标倍数由高至低排序，排序列前三位的超标项目为单次水功能区的主要超标项目。

$$FB_i=\frac{FC_i}{FS_i}-1 \tag{8-30}$$

式中：FB_i 为水功能区某超标项目的超标倍数；FC_i 为水功能区某水质项目浓度，mg/L；FS_i 为水功能区水质管理目标对应的标准限值，mg/L。

3）水期或年度水功能区达标评价应在各水功能区单次达标评价成果基础上进行，在评价水期或年度内，达标率不小于 80%的水功能区为水期或年度达标水功能区。水期或年度水功能区达标率应按式（8－31）计算：

$$FD=\frac{FG}{FN}\times100\% \tag{8-31}$$

式中：FD 为水期或年度水功能区达标率；FG 为水期或年度水功能区达标次数；FN 为水期或年度水功能区评价次数。

4）水期或年度水功能区超标项目应根据水质项目水期或年度的超标率确定，水期或年度超标率大于 20%的水质项目为水期或年度水功能区超标项目。应将水期或年度水功能区超标项目按超标倍数由高至低排序，排序列前三位的超标项目为水期或年度水功能区主要超标项目。水质项目水期或年度超标率应按式（8-32）计算：

$$FC_i=\left(1-\frac{FG_i}{FN_i}\right)\times 100\% \tag{8-32}$$

式中：FC_i 为水质项目水期或年度超标率；FG_i 为水质项目水期或年度达标次数；FN_i 为水质项目水期或年度评价次数。

（4）流域及区域水功能区达标评价。流域及区域水功能区达标评价应包括水功能区达标比例、水功能一级区（不包括开发利用区）达标比例、水功能二级区达标比例、各分类水功能区达标比例四部分内容。

1）应根据功能区水体类型采用不同口径进行水功能区水质评价。河流类应按功能区个数和河流长度进行评价，湖泊类应按功能区个数和水面面积进行评价，水库类应按功能区个数、水库水面面积和蓄水量进行评价。

2）流域及区域主要超标项目应根据各单项水质项目水功能区超标频率的高低排序确定。排序列前三位的单项水质项目应为流域及区域主要超标项目。水质项目超标率应按式（8-33）计算。

$$PFB_i=\frac{NFB_i}{NF_i}\times 100\% \tag{8-33}$$

式中：PFB_i 为某水质项目超标频率；NFB_i 为某水质项目超标水功能区个数；NF_i 为某水质项目评价水功能区总个数。

第三节　水质变化趋势分析

水质变化趋势分析的主要目的是从不同方面了解和判断水中污染物随时间和空间的变化。其要求水质数据具有系列性、代表性、完备性和较好的一致性。

一、基本要求

（1）水质变化趋势分析时段不应低于5年，每年监测次数不应低于4次。评价时段内选择的评价断面应相同或相近。

（2）水质变化趋势分析应包括水质站水质变化趋势分析和流域及区域水质变化趋势分析两部分。其中流域及区域水质变化趋势分析也应按水资源分区和行政分区两种口径分别进行评价。

二、评价项目

水质变化趋势分析项目应包括高锰酸盐指数、五日生化需氧量、氨氮、溶解氧、挥发酚、镉、总硬度、矿化度等项目。此外湖库类还应增加总磷、总氮；城市下游河段和入海口应增加氯化物；内流河应增加硫酸盐。各地区还可根据本地区的水质特点增加其他评价项目。

三、水质站水质变化趋势分析

水质数据与流量、季节有关，在一定评价时段会出现漏测和未检出，水质数据的非正态分布特性是传统的处理正态分布的统计学无法解决的，所以水质站水质变化趋势分析应该采用季节性 Kendall 趋势检验方法。

水质站水质变化趋势分析应包括水质站水质项目浓度变化趋势分析、水质站水质项目输送率变化趋势分析和水质站水质项目流量调节浓度变化趋势分析三方面的内容。对污染物浓度变化主要由流量变化引起的水质站，应进行流量修正下的水质变化趋势分析，以剔除流量变化对水质浓度变化的一些，流量调节浓度变化趋势分析应从下列各式中选择流量与浓度相关性最好的一组进行分析：

$$C=a+bQ \tag{8-34}$$

$$C=a+bQ+cQ^2 \tag{8-35}$$

$$C=a+b\ln(Q) \tag{8-36}$$

$$C=a+b\frac{1}{Q} \tag{8-37}$$

$$C=a+b\frac{1}{1+cQ} \tag{8-38}$$

$$\ln(C)=a+b\ln(Q) \tag{8-39}$$

$$\ln(C)=a+b\ln(Q)+c\ln(Q)\ln(Q) \tag{8-40}$$

式中：C 为水质项目浓度，mg/L；Q 为流量，m^3/s；a、b、c 为系数。

水质站水质变化趋势分析的结果可分为三类五级：三类为上升、下降和无趋势；五级为高度显著上升、显著上升、无趋势、显著下降、高度显著下降。如水质站水质项目呈上升趋势（溶解氧呈下降趋势），表示与该项目相关的水质状况趋向恶化；反之趋于改善。变化趋势分析的显著性应根据显著性水平 α 确定，其中：

（1）$\alpha \leqslant 0.01$，水质变化趋势高度显著。

（2）$0.01<\alpha \leqslant 0.1$，水质变化趋势显著。

（3）$\alpha>0.1$，水质变化无趋势。

四、流域及区域水质变化趋势分析

流域及区域水质变化趋势分析应包括单项水质项目上升趋势水质站比例、下降趋势水质站比例、无趋势水质站比例评价，单项水质项目水质变化特征评价和流域及区域水质变化特征评价三部分的内容。

（1）单项水质变化趋势比例可以采用下列各式计算：

$$TUP_m=\frac{NUP_m}{N} \tag{8-41}$$

$$TDN_m=\frac{NDN_m}{N} \tag{8-42}$$

$$N=NUP_m+NDN_m+NNO_m \tag{8-43}$$

式中：TUP_m 为某单项水质项目的上升比例；TDN_m 为某单项水质项目的下降比例；NUP_m 为某单项水质项目上升趋势水质站数；NDN_m 为某单项水质项目下降趋势水质站数；NNO_m 为某单项水质项目无趋势水质站数；N 为进行流域及区域水质项目趋势分析的水质站总数。

根据上式计算的单项水质项目上升比例和下降比例的大小关系，判断流域及区域单项水质项目的变化特征。若 $TUP_m > TDN_m$（溶解氧为 $TUP_{DO} < TDN_{DO}$），表明流域及区域该单项水质项目趋于恶化；反之趋于改善。

（2）流域及区域水质变化趋势分析结果可以用综合指数 $WQTI$ 表示。综合指数 $WQTI$ 应按下列各式计算：

$$WQTI_{UP} = \frac{\sum_{m=1}^{M-1} TUP_m + TND_{DO}}{M} \tag{8-44}$$

$$WQTI_{DN} = \frac{\sum_{m=1}^{M-1} TDP_m + TUP_{DO}}{M} \tag{8-45}$$

式中：$WQTI_{UP}$ 为流域及区域水质变化上升趋势综合指数；$WQTI_{DN}$ 为流域及区域水质变化下降趋势综合指数；TUP_{DO} 为溶解氧上升趋势比例；TDN_{DO} 为溶解氧下降趋势比例；TUP_m 为其他水质项目上升趋势比例；M 为评价项目总数。

根据上述各式计算的流域及区域水质变化上升趋势综合指数和下降趋势综合指数的大小关系，判断流域及区域总体水质变化特征。若 $WQTI_{UP} > WQTI_{DN}$，表明流域及区域水质整体状况趋向恶化，反之有所好转。

第四节　富营养化评价

水体富营养化指湖泊、水库等水体含有过量的氮、磷等营养物质，使藻类及其他水生生物异常繁殖，水体透明度下降，溶解氧降低，而引起的水质恶化现象。浮游植物大量、异常繁殖程度严重时，会造成水体颜色改变，在海水水域表现为“赤潮”，在淡水水域表现为水华或称“湖靛”“湖泛”。

自然富营养化进程非常缓慢，需要百万年计，而人为富营养化过程则可以短至几年或几十年。我国著名的湖泊如昆明滇池、杭州西湖、武汉东湖和南京的玄武湖等在20世纪80年代初期就达到了富营养化水平；江苏的太湖、安徽的巢湖富营养化水平也相当严重。兴建于20世纪50—60年代的许多水库，如首都北京的官厅水库和密云水库、辽宁的大伙房水库和天津的于桥水库等都出现了富营养化现象。甚至某些河流在敏感季节也发生了水华。如汉江中下游，自1992年以来，已发生多次水华现象。富营养化和水华的发生对饮水安全、水体生态平衡都构成了严重威胁。水体富营养化已成为一个世界性问题，也是一个世界性难题。

对湖泊、水库等水体富营养化的评价有多种方法。

一、单因子评价

（一）叶绿素 a

叶绿素 a 是存在于所有藻类中而且含量最大的一种色素。它主要存在于活的藻类中，在浮游动物、无机漂浮物质和死亡藻体中含量都很少，而且叶绿素 a 测定方法简单，因此一般将叶绿素 a 作为藻类现存量的一个重要指标，也可作为生物量的重要指标。在富营养化的各种评价方法中，叶绿素 a 都是一项重要评价参数。

大量研究表明，叶绿素 a 与湖泊、水库中总磷、透明度显著相关，与总磷呈正相关，与透明度呈反双曲线关系的负相关（表 8－7）。

表 8－7 叶绿素 a 与总磷、透明度的部分相关关系式

研究者	与总磷的关系	与透明度的关系
Sakamoto（1966）	$(chla)=0.07\ (P)^{1.58}$	
Dillonrigler（1974）	$(chla)=0.07\ (P)^{1.45}$	
Carlson（1977）	$(chla)=0.09\ (P)^{1.45}$	$(SD)=7.69\ (chla)^{-0.66}$
Schindier（1978）	$(chla)=0.14\ (P)^{0.42}$	
Oglesby，Schaffner（1980）		$(SD)=9.14\ (chla)^{-0.61}$
Fosbery，Ryding（1980）		$(SD)=7.08\ (chla)^{-0.57}$
OECD（1980）	$(chla)=0.28\ (P)^{0.36}$	$(SD)=9.33\ (chla)^{-0.51}$
	$(chla)=0.64\ (P)^{1.06}$	
日本	$(chla)=0.29\ (P)^{1.15}$	$(SD)=10.18\ (chla)^{-0.60}$

注 资料来自《全国主要湖泊、水库富营养化调查研究》课题组编，湖泊富营养化调查规范，中国环境科学出版社。

根据叶绿素 a 来判断水体湖泊、水库富营养化的方法见表 8－8。

表 8－8 叶绿素 a 与湖泊、水库富营养化的关系 单位：mg/m^3

研究者	营养类型			
	超贫营养	贫营养	中营养	富营养
日本吉村		<4	4～10	>10
美国环保局		0.3～2.5		50～140
Seirgensew（1980）	0.01～0.5	0.3～3.0	2～15	10～500

（二）初级生产力

初级生产力指绿色植物在单位面积单位时间内通过光合作用所产生的有机质量，代表太阳能在生态系统中被固定的速率。这是生态系统最初和最基础的能量积累过程，也是无机碳转变为有机碳的过程。

在湖泊富营养化评价中，初级生产力也是富营养化的一项重要参数。瑞典的 Rodhe 于 1990 年便提出了用湖泊生产力来判断湖泊的富营养化程度。

Bnhoepr（1960）根据浮游植物产量将湖泊分为 4 类：

（1）高营养湖。日产氧量为 $7.5～10g/m^2$，年产量为 $1.05\times10^4～1.47\times10^4 J/m^2$。

（2）富营养湖。日产氧量 2.5～7.5g/m^2，年产量为 4.2×10^3～1.05×10^4J/m^2。

（3）中营养湖。按水深和透明度的不同，产量变化很大，日产量 1～7.5g/m^2，年产量为 1.26×10^3～1.05×10^4J/m^2。

（4）贫营养湖。日产量一般低于 0.1mg/L，当水体较深，透明度较高时，达到 0.5～1.0g/(m^2·d)，年产量 1.26×10^3～6.28×10^2J/m^2。

（三）浮游植物

浮游植物是一般水体中主要初级生产者，它含有叶绿素，是一类独立生活的自养生物。浮游植物也是湖泊富营养化程度的一项重要生物学指标。浮游植物浓度越高，标志着富营养化程度越严重。

Vollenweider（1968）、Likens（1975）提出了不同营养类型的浮游植物量指标（表 8-9）。

表 8-9　富营养化类型与浮游植物量的关系　单位：mg/m^3

营养类型	Vollenweider 法湿重	Likens 法干重
贫营养	＜1	20～30
中营养	3～5	200～600
富营养	＞10	1000～2000

在湖泊富营养化调查与评价中，浮游植物量通常以密度来表示，即以每升水中含有浮游藻类细胞数或个体数两种方法表示。

不同营养状态的湖泊中浮游植物种类差别很大。一般而言，贫营养湖中的浮游植物以金藻为主，中营养湖中硅藻为主，而富营养湖中以蓝藻、绿藻为主。形成蓝藻水华是湖泊富营养化的典型特征。

二、综合评价

单因子评价法较为简单，但由于湖泊、水库富营养化是多种因素共同作用的结果，除生物因素外，还有物理的、化学的因素。因而，单因子评价结果与客观实际有时会有一定出入，于是又提出了富营养化综合评价方法。

（一）评分与分类法

根据水利部 SL 395—2007《地表水资源质量评价技术规程》，对湖泊、水库的富营养化评价采用百分制评分法，首先根据待评价水域各测点项目测定值的平均值，对照评价标准（表 8-2），求得各单项指标的分值，然后依据式（8-46）计算待评价水域的分值。

$$M=\frac{1}{n}\sum_{i=1}^{n}M_i \tag{8-46}$$

式中：M 为湖泊、水库营养状态的评价值；M_i 为第 i 个项目的评价值；n 为评价项目个数；

最后，根据评价值的大小，对照评价标准，确定该湖、库的营养状况。

评价项目一般包括叶绿素 a、总磷、总氮、高锰酸盐指数和透明度 5 项。

(二) 特征法

特征法是根据湖泊富营养化生态因子的特征来评价湖泊富营养化程度，最初是由日本的吉村于 1937 年提出。湖泊富营养化程度的评价见表 8-10。

表 8-10　湖泊富营养化程度的评价

湖泊特征		贫营养湖	富营养湖
湖泊形态		深湖，湖面狭窄，深层水比表层水的容积大	浅湖，湖面开阔，深层水比表层水的容积小
水的物理性质	水色	蓝色或绿色	绿色—黄色
	透明度	5m 以上	5m 以下
水质	pH 值	中性附近	中性-弱碱性，夏季表层有时呈强碱性
	溶解氧	全层饱和	表层饱和或过饱和
	其他	$N<0.2mg/L$；$P<0.02mg/L$	$N>0.2mg/L$；$P>0.02mg/L$
生物	生产力	小，在 $200mg/[m^3 \cdot d(C)]$ 以下	大，在 $200mg/[m^3 \cdot d(C)]$ 以上
	叶绿素	$0.3\sim2.5mg/m^3$；$10\sim50mg/m^3$	$50\sim140mg/m^3$；$20\sim140mg/m^3$
	浮游植物	稀少，金藻为主	丰富，在夏季有蓝藻增生，水域有时有"水华"
	浮游动物	贫弱，甲壳类为主	丰富，轮虫增多
	沿岸植物	少，深	多，浅
底质		有机物少，泥	骸泥，腐泥

(三) 综合营养状态指数法

1. 计算公式

综合营养状态指数计算公式为

$$TLI(\Sigma)=\sum_{j=1}^{m}W_j \cdot TLI(j) \tag{8-47}$$

式中：$TLI(\Sigma)$ 为综合营养状态指数；W_j 为第 j 种参数的营养状态指数的相关权重；$TLI(j)$ 为第 j 种参数的营养状态指数。

以 chla 作为基准参数，则第 j 种参数的归一化的相关权重计算公式为

$$W_j=\frac{r_{ij}^2}{\sum_{j=1}^{m}r_{ij}^2} \tag{8-48}$$

式中：r_{ij} 为第 j 种参数与基准参数 chla 的相关系数；m 为评价参数的个数。

中国湖泊（水库）的 chla 与其他参数之间的相关关系 r_{ij} 及 r_{ij}^2 见表 8-11。

表 8-11　中国湖泊（水库）部分参数与 chla 的相关关系 r_{ij} 及 r_{ij}^2 值

参数	chla	TP	TN	SD	COD_{Mn}
r_{ij}	1	0.84	0.82	−0.83	0.83
r_{ij}^2	1	0.7056	0.6724	0.6889	0.6889

注　引自金相灿等著《中国湖泊环境》，表中 r_{ij} 来源于中国 26 个主要湖泊调查数据的计算结果。

营养状态指数计算公式为

$$\left.\begin{aligned}
&TLI(\text{chla})=10(2.5+1.086\ln \text{chla})\\
&TLI(\text{TP})=10(9.436+1.624\ln \text{TP})\\
&TLI(\text{TN})=10(5.453+1.694\ln \text{TN})\\
&TLI(\text{SD})=10(5.118-1.94\ln \text{SD})\\
&TLI(\text{COD}_{Mn})=10(0.109+2.661\ln \text{COD}_{Mn})
\end{aligned}\right\} \tag{8-49}$$

式中：叶绿素 chla 单位为 mg/m^3，透明度 SD 单位为 m；其他指标单位均为 mg/L。

2. 湖泊（水库）富营养化状况评价指标

叶绿素 a（chla）、总磷（TP）、总氮（TN）、透明度（SD）、高锰酸盐指数（COD_{Mn}）。

3. 湖泊（水库）营养状态分级

采用 0～100 的一系列连续数字对湖泊（水库）营养状态进行分级：

$TLI(\Sigma)<30$　　贫营养

$30\leqslant TLI(\Sigma)\leqslant 50$　　中营养

$TLI(\Sigma)>50$　　富营养

$50<TLI(\Sigma)\leqslant 60$　　轻度富营养

$60<TLI(\Sigma)\leqslant 70$　　中度富营养

$TLI(\Sigma)>70$　　重度富营养

在同一营养级别下，指数值越高，其营养程度越重。

（四）卡尔森（Garlson）营养状态指数（*TSI*）法

卡尔森指数是美国科学家卡尔森于 1977 年提出来的。该评价方法克服了单一因子评价富营养化的片面性。卡尔森指数是以水体透明度（SD）为基准确定 *TSI* 指数，分为 0～100 的连续数值，作为湖泊富营养化的分级标准。当 *TSI* 指数为 0 时，透明度最大，湖泊营养状态最低。其表达式为

$$TSI(\text{SD})=10\left(6-\frac{\ln \text{SD}}{\ln 2}\right) \tag{8-50}$$

由经验公式将式（8-50）化简得到以叶绿素 a（chla）和以总磷（TP）为基础的营养状态指数：

$$TSI(\text{chla})=10\left(6-\frac{2.04-0.68\ln \text{chla}}{\ln 2}\right) \tag{8-51}$$

$$TSI(\text{TP})=10\left(6-\frac{\ln(48/\text{TP})}{\ln 2}\right) \tag{8-52}$$

根据上述公式，可得到 *TSI* 指数与其有关参数之间的关系，见表 8-12。

表 8-12　*TSI* 指数与各参数之间的相互关系[1]

TSI	SD/m	TP/(mg/m^3)	chla/(mg/m^3)
0	64	0.75	0.04
10	32	1.5	0.12
20	16	3	0.34

续表

TSI	SD/m	TP/(mg/m³)	chla/(mg/m³)
30	8	6	0.94
40	4	12	2.6
50	2	24	6.4
60	1	48	20
70	0.5	96	56
80	0.25	192	154
90	0.12	384	427
100	0.062	768	1183

（五）修正的卡尔森指数（TSI_M）法

卡尔森提出的以透明度为基准的 TSI 指数忽视了浮游植物以外的因素对透明度的影响。实际上湖水颜色、溶解物质和悬浮物对光的吸光系数一般情况下是不可忽视的。为了弥补上述不足，日本相守弦等将卡尔森以透明度为基准的 TSI 指数，改为以叶绿素 a 浓度为基准的营养状态指数，称为修正的营养状态指数 TSI_M。

TSI_M 为 100 的指数值所对应的 chla 浓度为生产层（照度为表面光强度 1%处以上的水层）的平均最大浓度。迄今为止的多项调查研究表明，湖泊生产层平均最大 chla 浓度不超过 1000mg/m^3，故取 TST_M 为 100 时所对应的叶绿素 a 的数值为 1000mg/m^3。当 TSI_M 为 0 时，湖水中浮游植物对光的吸收远小于其他因素的影响。同上述卡尔森指数一样，采用 0～100 的连续数值来描述湖泊的营养状态，并使 chla 每增加 2.5 倍时，其 TSI_M 的值增加 10，得到下述公式：

$$TSI_M(\text{chla})=10\left(2.46+\frac{\ln\text{chla}}{\ln 2.5}\right) \tag{8-53}$$

由经验公式将上式化简得到：

$$TSI_M(\text{SD})=10\left(2.46+\frac{3.69-1.53\ln\text{SD}}{\ln 2.5}\right) \tag{8-54}$$

$$TSI_M(\text{TP})=10\left(2.46+\frac{6.71+1.15\ln\text{TP}}{\ln 2.5}\right) \tag{8-55}$$

根据这几个公式，可求得 TSI_M 指数与各参数之间的经验关系，见表 8-13。

表 8-13　TSI_M 指数与各参数之间的关系[1]

指数	参数								
	叶绿素/(mg/m³)	透明度/m	总磷/(mg/m³)	悬浮物/(mg/L)	悬浮物有机碳/(mg/m³)	悬浮物有机氮/(mg/m³)	总氮/(mg/L)	耗氧量/(mg/L)	细菌总数/(个/mL)
0	0.1	48	0.4	0.04	0.02	3	0.010	0.06	4.2×10^4
10	0.26	27	0.9	0.09	0.05	6	0.020	0.12	8.3×10^4
20	0.66	15	2.0	0.23	0.10	13	0.040	0.24	1.6×10^5

续表

指数	参数								
	叶绿素 /(mg/m^3)	透明度 /m	总磷 /(mg/m^3)	悬浮物 /(mg/L)	悬浮物有机碳 /(mg/m^3)	悬浮物有机氮 /(mg/m^3)	总氮 /(mg/L)	耗氧量 /(mg/L)	细菌总数 /(个/mL)
30	1.60	8.0	4.6	0.55	0.21	29	0.079	0.48	3.2×10^5
40	4.10	4.4	10.0	1.30	0.44	62	0.160	0.96	6.4×10^5
50	10.0	2.4	23.0	2.10	0.92	130	0.310	1.80	1.3×10^6
60	26.0	1.3	50.0	7.70	1.90	290	0.650	3.60	2.5×10^6
70	64.0	0.73	110	19.0	4.10	620	1.20	7.10	4.9×10^6
80	160	0.40	250	45.0	8.60	1340	2.30	14.0	9.6×10^6
90	400	0.22	555	108	18	2900	4.60	27.0	1.9×10^7
100	1000	0.12	1230	260	38	6500	91	54.0	3.8×10^7

附录　水质监测常用词汇

附录一　水　文　气　象

一、水文

1　水 water

一个氧原子和两个氢原子构成的氢氧化合物，化学式为 H_2O，一般是无色无味的透明体，常以液、固、气三种聚集状态并存于自然界中，液态称水，固态称冰，气态称水汽。

2　水圈 hydrosphere

地球表层水体的总称。

3　水体 water body

天然或人工形成的水的聚集体，包括海洋、河流（运河）、湖泊（水库）、沼泽（湿地)、冰川、积雪。地下水和大气圈中的水。

4　地表水 surface water

存在于河流、湖泊、水库、沼泽、冰川和冰盖等水体中的水分的总称。

5　地下水 ground water

狭义指埋藏于地面以下岩土空隙、裂隙、溶隙中的重力水。广义指地面以下各种形态的水。

6　土壤水 soil water

吸附于土壤颗粒上和存在于土壤孔隙中的水主要为液态水，少数为寒冷季节结冰的固体水和以水汽形式存在的气态水。

7　水汽 water vapor

大气中呈气态的水。

8　生物水 biowater

在各种生命体系中存在的不同状态的水。

9　水文 hydrology

自然界中水的各种变化和运动等的现象。

10　水文学 hydrology

研究地球上水的形成、循环、时空分布、化学和物理性质以及水与环境的相互作用的学科。

11　陆地水文学 terrestrial hydrology

水文学的一个主要分支学科，研究陆地上水的分布、运动、化学和物理性质以及水与环境的相互关系。

12 河流水文学 river hydrology

研究河流的自然地理特征、河流的补给、径流形成过程、河流的水温和冰情、河流泥沙运动和河床演变、河流水质、河流与环境的关系学科。

13 湖泊（水库）水文学 lake hydrology（limnology）

研究湖泊和水库中水文现象的发生、发展和变化规律以及湖（库）水资源开发利用和保护的学科。

14 河口水文学 estuary hydrology

研究河口水流的特性、泥沙运动及其演变的学科。

15 城市水文学 urban hydrology

研究发生在城市环境内部和外部，受到城市化影响的水文过程的学科。

16 环境水文学 environmental hydrology

研究人类活动引起的水文情势变化及其与环境之间相互关系的学科。

17 生态水文学 ecohydrology

研究水体中或是陆地上水与生态系统的相互作用，包括蒸散与植物用水，生物对其水环境的适用性，植被对河川径流与河流功能的影响，以及生态过程与水文循环间的反馈机制等的学科。

18 水文要素 hydrologic element

构成某一地点或区域在某一时间的水文情势的主要因素，是描述水文情势的主要物理量，包括各种水文变量和水文现象，如降水、蒸发、水位、流速、流量、含沙量、水质、水温等。

19 水文情势 hydrologic regime

河流、湖泊、水库等水体各水文要素随时间的变化情况。包括水位时间变化、一次洪水的流量过程、一年的流量过程、河川径流量的年际间的变化等。

20 水文循环（水循环）hydrologic cycle

地球上或某一区域内，在太阳辐射和重力作用下，水分通过蒸散发、水汽输送、降水、入渗、径流等过程不断变化、迁移的现象。

21 水量平衡 water balance

水文循环过程中某区域在任一时段内，输入的水量等于输出的水量与蓄水量变量之和。

22 热量平衡 heat balance

地球上任一区域或水体，在一定的时段内，通过各种方式得到的热量和失去的热量之差等于该区域或水体的蓄热变量。

23 盐量平衡 salt balance

地球上任一区域或水体，在一定的时段内，盐分的离子总量输入量与输出量之差等于该区域或水体的离子总量变量。

24 降水 precipitation

从大气中降落到地面的各种固态或液态水粒子，如雨、雪、霰、雹等。

25　雨 rain

从大气中降落到地面的液态水滴。

25.1　降雨 rainfall area

大气中的水汽凝结以液态水降落到地面的现象。

25.2　雨季 rainy season

降雨比较集中的季节。

26　雪 snow

大量白色不透明的冰晶（雪晶）和其聚合物组成的降水。

27　霰 graupel

由白色不透明的球形或圆锥形（直径约 2～5mm）的颗粒组成的固态降水。

28　雹（冰雹）hail

自升降气流特别强烈的积雨云中降落的直径在 5mm 以上的冰球或冰块。俗称雹子、冷子等。

29　径流 runoff

在水文循环过程中，沿流域的不同路径向河流、湖泊、沼泽和海洋汇集的水流。

29.1　地表径流 surface runoff

沿地表向河流、湖泊、沼泽、海洋等汇集的水流。

29.2　地下径流 groundwater runoff

沿潜水层或隔水层间的含水层向河流、湖泊、沼泽、海洋汇集的水流。

29.3　壤中流 interflow（subsurface flow）

在土壤中相对不透水层界面上形成的一种水流。

30　河川径流 streamflow

河流中的水流。

30.1　降雨径流 rainfall runoff

由降雨所形成的河川径流。

30.2　枯季径流 runoff during low－flow period

在枯水季节，主要依靠流域蓄水为补给水源的河川径流。

30.3　基流 base flow

由前期降水形成的地下水和汇集速度缓慢的壤中流补给形成的河川径流。

31　洪水 flood

河湖在较短时间内发生的流量急骤增加、水位明显上升的水流现象。

32　水位 stage

自由水面相当于某一基面的高程。

33　流速 flow velocity

水的质点在单位时间内沿流程移动的距离。

34　流量 dischage

单位时间内通过河渠或管道某一过水断面的水体体积。

35　含沙量 sediment concentration

单位体积浑水中所含干沙的质量，或浑水中干沙质量（容积）与浑水的总质量（总体积）的比值。

36　悬移质 suspended load

受水流的紊动作用悬浮于水中并随水流移动的泥沙。

37　推移质 bed load

受水流拖曳作用沿河床滚动、滑动、跳跃或层移的泥沙。

38　蒸发 evaporation

液态或固态物质转变为气态的过程。气象学上主要指液态水变成水汽。

39　陆面蒸发（总蒸发）land evaporation

流域内水面（冰雪）蒸发，土壤蒸发、散发（植物蒸腾）的总称。

40　水温 water temperature

水体中某一点或某一水域的温度。

41　水深 depth

水体的自由水面到其床面的垂直距离。

42　水面宽 water surface width

断面上两岸水边点之间水面的水平距离。

43　横断面 cross - section

垂直于水流平均流向的河流断面

44　中泓 midstream

河道中水面最大流速水流的运动轨迹。

二、河流湖库

45　流域 watershed，basin

地表水和地下水的分水线所包围的集水区域，习惯上指地表水的集水区域。

46　分水岭 drainage divide

分隔相邻两个流域的山岭或高地，河水从这里流向两个相反的方向。

47　水系（河系）drainage system

干流、支流和流域内湖泊。沼泽或地下暗河相互连接组成的系统。

48　河流 river

陆地表面宣泄水流的通道，是溪、川、江、河等的总称。

48.1　河源 headwaters

河流最初形成地表水的源头部分。

48.2　河口 estuary，river mouth

河流汇入海洋、湖泊或其他河流的河段。

48.3　干流 main river

在水系中，汇集流域径流的主干河流。

48.4　支流 tributary

流入干流或湖泊的河流。

48.5　运河 canal

人工开挖以航运为主的沟通地区或水域之间的河流。

48.6　悬河（地上河）perched stream

河床高出两岸地面的河流。

49　明渠 open channel

具有自由表面水流的通道。根据它的形成可分为天然明渠和人工明渠，前者如天然河道，后者如人工输水渠道、运河以及未充满水流的管道。

50　国际河流 international river

通常指分隔或流经两个或两个以上的国家河流，即不是完全处于一个国境内的河流。有时特指通过条约规定对所有国家开放航行的流经多国的河流。

51　界河 boundary river

以河流主流划分国界或行政区划的河流。

51.1　国界河 national border river

河道中设置有中华人民共和国与相邻国国界的河流。

51.2　省界河 province border river

河道中设置有相邻省（自治区、直辖市）界的河流。

51.3　市界河 city border river

河道中设置有相邻市界的河流。

52　岸 bank

河流、湖泊、沼泽、海洋等水体水边的陆地。

52.1　左岸 left bank

面向下游时河流的左侧边界。

52.2　右岸 right bank

面向下游时河流的右侧边界。

53　河段 reach

限定两横断面间的河流。

53.1　控制河段 control reach

对某断面水位流量关系起控制作用的河段。

53.2　上游 upstream

靠近河源或与水流正常方向相反的河段。

53.3　中游 middle

上、下游中间的河段。

53.4　下游 downstream

靠近河口或与水流正常方向一致的河段。

54　泥石流 debris flow，mudflow

山地溪沟中饱含大量泥沙和石块的突发性洪流。

55　沼泽

土壤经常浸水饱和，地表长期或暂时积水，生长湿生和沼生植物，有泥炭累积或虽无泥炭累积但有潜育成存在的区域。

56　沼泽水 mire water

在类似海绵机构的草根层和泥炭层中，富含有机物和悬浮物，呈黄褐色，有腥臭味，矿化度底，呈弱酸性和中性的水。

57　冰情 ice regime

寒冷季节江河常出现结冰。封冻和解冻过程的一系列现象。

58　结冰河流 ice - frozen stream

常出现冰凌现象的河流。

58.1　封冻河流 freeze - up stream

常出现封冻现象的河流。

58.2　稳定封冻河流 stable freeze - up stream

在严寒地区，有较长的封冻时期的河流。

58.3　非稳定封冻河流 unstable freeze - up stream

在较寒冷地区，由于气温及河道流量变化等原因，不是年年封冻，或在封冻年度里，封冻、解冻频繁的河流。

59　结冰期 ice - frozen period

河流中出现冰情现象至冰凌有明显消融的整个时期。

60　封冻期 freeze - up period

河流出现封冻的整个时期。

61　解冻期 break - up period

河流冰凌开始明显消融或封冻冰盖开始消融，至冰情现象全部消失的整个时期。

62　解冻（开河）break - up

随着气温的逐渐上升，较长河段没有固定冰盖，敞露水面上下游贯通，其面积超过河段总面积20%的现象。

62.1　文开河 tranquil break - up

水势平稳，水位、流量没有急剧变化，主要由热力因素作用引起的开河。

62.2　武开河 violent break - up

水势变化急剧，主要由水力因素作用引起的开河。

63　湖泊 lake

陆地上的储水洼地。由湖盆、湖水及其中所含物质组成的宽阔水域的综合自然体。

63.1　淡水湖 fresh lake

湖水含盐量小于1000mg/L的湖泊。

63.2　咸水湖 salt lake

湖水含盐量为1000～35000mg/L的湖泊。

63.3　盐湖 saline lake

湖水含盐量大于35000mg/L的湖泊。

63.4　季节性湖泊 seasonal lake

在丰水期湖盆积一定的湖水，而在平水期或枯水期湖盆裸露的湖泊。

63.5 富营养湖泊 eutrophic lake

湖泊中氮、磷等营养物质丰富，其生产力旺盛的湖泊。

63.6 贫营养湖泊 dystrophic lake

湖泊中氮、磷等营养物质贫乏，藻类、浮游生物和叶绿素很少，耗氧量小，透明度大的湖泊。

63.7 堰塞湖 imprisoned lake

河流被外来物质堵塞而形成的湖泊。常由山崩、地震、滑坡、泥石流、火山喷发的熔岩流和流动沙丘等造成。

64 湖泊换水周期 lake residence period

湖泊容积与年度出湖水量的比值。

65 湖盆 lake basin

注满湖水到一定水位下的陆地表面凹陷的盆地。

66 湖泊分层 lake layering

湖泊内不同水深的水质、水温、含沙量的分层现象。

66.1 正温层 direct thermal stratification

湖水温度沿垂线分布，上层温度较高而下层较低但不低于4℃的状况。

66.2 逆温层 inverse thermal stratification

在气温降至4℃以下湖水温度沿垂直分布，上层温度较低而下层较高但不高于4℃的状况。

67 湖泊面积 area of lake

湖泊在一定水位时的水面面积。

68 湖泊容量 storage of lake

湖泊在一定水位形成湖面以下湖盆的总储量。

69 湖泥 lacusrtrine muck

湖泊沉积物经过交合作用形成的淤泥，是无机物和有机物微粒的组成体。

70 水库 reservoir

在河道、山谷、低洼地有水源或可从另一河道引入水源的地方修建挡水坝或堤堰，形成的蓄水区域；或在有隔水条件的地下透水层修建截水墙，形成的地下蓄水区域。

71 水库特征水位 characteristic water level of reservoir

水库在不同时期为完成不同任务，需控制达到或允许消落的各种库水位，如正常蓄水位、死水位、防洪限制水位、防洪高水位、设计洪水位、校核洪水位等。

72 库容 reservoir storage

坝上游水位水平面以下的水库容积。

73 潮汐 tide

海水面在月球和太阳等引潮力作用下产生的周期性涨落现象。

73.1 涨潮 flood tide

一个潮期内，水位上升的过程。

73.2 落潮 ebb tide

一个潮期内，水位下降的过程。

73.3　高潮 high tide

一个潮汐涨落周期中出现的最高水位。

73.4　低潮 low tide

一个潮汐涨落周期中出现的最低水位。

73.5　平潮 slack water

潮汐涨落过程中，海水上涨到最大高度后，短时期内保持的不涨也不落的现象。

73.6　停潮 stand of tide

潮汐涨落过程中，低潮时出现的水位短时间不动现象。

74　天文潮 astronomic tide

主要由月球和太阳的引潮力作用所产生的潮汐。由月球引潮力所产生的潮汐称太阴潮，由太阳引潮力所产生的潮汐称太阳潮。

75　气象潮 meteorological tide

由水文气象要素如风、气压等变化而引起的天然水域中水位升降现象。

76　潮流 tidal current

海水在月球和太阳等引潮力作用下产生的周期性水平流动。

77　滩涂（海涂）tidal flat

地面高程介于高、低潮位之间的地带。

78　墒情 soil moisture status

田间土壤湿度。

79　冰川 glacier

在两极或高山地区，一段长时间内固态降水量超过融化量和蒸发量，在重力作用下能自行沿地面缓慢运动，长期存在的天然巨大冰体。

80　人类活动水文效应 hydrologic effect of human activities

由水工程、灌溉、开采地下水、水土保持、土地利用改变、城市化、排水等引起降水、洪水、径流、地下水、沙量、水质等流域水文情势的变化。

81　水文应急监测 hydrologic monitoring for emergency response

在发生危害公众安全的涉水事件情况下，进行水文要素观测、调查与分析等的工作。

82　化学示踪剂 chemical tracer

人为添加或天然存在于水中，用于示踪水流的化学物质。

三、气象

83　气象 meteorology

大气中的冷、热、干、湿、风、云、雪、霜、雾、雷电、光等物理状态和现象的统称。

84　天气 weather

某一时间某一地区的大气状态，这种大气状态是各种气象要素的综合表现。

85　气团 air mass

温度、湿度和大气静力稳定度等物理属性水平分布比较均匀的大范围气块。

86 气候 climate

某地区多年天气状况及变化特征的综合。

87 小气候 microclimate

不同物理特性的下垫面、自然地理和天气、气候条件相互作用所形成的近地层局地气候。也包括贴地层和土壤内植物根系分布层以及农田作物之间微气候。

88 热带 tropical zone

一般指南、北纬26°纬圈之间的广大低纬地区。这一带常出现热带风暴、东风波等热带天气系统。

89 副热带（亚热带） subtropical zone

一般指南、北纬26°～40°纬圈的地区，为热带和温带间的过渡带。副热带高压基本控制着这一带的天气和气候。

90 温带 temperate zone

一般指南、北纬40°～60°纬圈的地区，盛行西北气流。

91 寒带 frigid zone

泛指南、北半球极圈以内的地区。

92 大气环流 atmospheric circulation

大气层具有一定稳定性各种气流的综合现象，一般指给定时段内大范围大气运动的基本状况。

93 热带气旋 tropical cyclone

发生在热带或副热带洋面上，具有有组织的对流和确定气旋性环流的非锋面性旋涡的统称。包括热带低压、热带风暴、强热带风暴、台风（强台风和超强台风）。

94 季风 monsoon

大范围盛行风向随季节有显著变化的现象。

95 梅雨（霉雨） plum rain

初夏江南梅子黄熟时期，中国江淮流域到日本南部一带出现的雨期较长的连阴雨天气。

96 暴雨 torrential rain

降雨强度和降雨量均相当大的雨。1h内降雨量大于等于16mm，或连续12h降雨量大于等于30mm，或连续24h降雨量大于等于50mm的降水。按降水强度大小，暴雨又分为三个等级，即24h降水量大于等于50mm的称暴雨；100～200mm的称大暴雨；200mm以上的称特大暴雨。

97 温室效应 greenhouse effect

大气对地球的保暖作用的俗称。大气对太阳短波辐射有较好的通过率，但对于红外长波辐射则有相当程度的吸收，使地面及大气下层增温。大气中具有温室效应的微量气体有CO_2、CH_4、N_2O等30余种。

98 气压（大气压强） sea - level pressure

由地球周围大气重量而产生的压强。通常用单位横截面上所承受的铅直大气柱质量表示。

99　地温 ground temperature

地面和不同深度土层的温度的统称。

100　湿度 humidity

大气中水汽含量或潮湿的程度，常用水汽压、相对湿度、饱和差、露点等物理量来表示。

100.1　水汽压 vapor pressure

空气中水汽的分压力。

100.2　绝对湿度 absolute humidity

单位容积空气中含有的水汽质量，即空气中的水汽密度。以 g/m^3 为单位。它是空气水汽绝对含量的一种度量。

100.3　相对湿度 relative humidity

空气中实际水汽压与同温下的饱和水汽压的比值，用百分数来表示。

101　风 wind

空气相对于地面的运动。除另有规定外，一般只考虑其水平分量。

101.1　风向 wind direction

风的来向。一般地面观测用 16 个方位。高空观测用 360°水平方位角表示。

101.2　风速 wind speed

空气所经过的距离与其所需时间的比值，单位为 m/s。

102　人工降水 artificial precipitation

用人工催化方法促成云层产生降水、增加降水或改变降水分布的措施。

附录二　水　资　源

一、水资源管理

1　水资源 water resources

地表和地下可供人类利用又可更新的水。通常指较长时间内保持动态平衡，可通过工程措施供人类利用，可以恢复和更新的淡水。

2　水资源分区 water resources regionalization

能反映水资源和其他自然条件地区差别，尽量照顾供水系统、水文地质单元和流域水系完整，适当考虑行政区划且便于水资源评价和水资源规划的单元划分。

3　水资源分配 water resources allocation

根据水资源供水条件和需水要求，制定调度方案，按计划合理分配水资源量。

4　水资源保护 water resources protection

为防止水污染与可利用水量日益减少，保证人类生活和经济发展对淡水需要，运用立法、行政、经济、技术等手段对水资源进行管理的措施。

5　水资源危机 water resources crisis

水资源紧缺或超量利用地表水和地下水，造成可利用水量日益减少，或水环境污染和破坏导致水质恶化，使可利用量严重短缺，以致危及正常生活和生产的情况。

6 水资源调查 water resources survey

通过区域普查、典型调查、临时测试、分析估算等途径，在短期内收集与水资源评价有关的基础资料的过程。

7 水资源监测 water resources monitoring

对水资源数量、质量、分布、开发利用、保护等进行的定时、定位分析与观测活动。

8 水资源评价 water resources assessment

对水资源的数量、质量、赋存条件、时空分布特征、运动规律、开发利用条件等进行的分析评定。

9 水资源综合评价 comprehensive water resources assessment

在水资源数量、质量和开发利用现状评价以及对环境影响评价的基础上，对水资源时空分布特征、利用状况及与经济社会发展的协调程度等各个方面所做的综合评价。

10 水量评价 water quantity assessment

根据水循环和水平衡的原理，以水资源区为评价单元，在分析计算降水量、河川径流量、浅层地下水补给量及其相互转化关系的基础上，对水资源数量进行的分析评定。

11 水资源管理 water resources management

运用法律、行政、经济、技术等手段对水资源的开发、利用、节约、配置、调度和保护进行管理，以求可持续地满足发展经济社会和改善生态与环境对水的需求的各种活动的总称。

12 水资源承载能力 carrying capacity of water resources

在一定流域或区域内，其自身的水资源能够持续支撑经济社会发展规模，并维系良好生态系统的能力。

13 水资源总量 total amount of water resources

流域或区域内地表水资源量、地下水资源量和两者不重复计算量的代数和。

14 地表水资源量 surface water resources amount

河流、湖泊、冰川等地表水体逐年更新的动态水量，即天然河川径流量。

15 地下水资源量 groundwater resources amount

地下饱和含水层逐年更新的动态水量，即降水和地表水入渗地下水的补给量。

16 地表与地下水资源重复量 overlap quantity between surface water resources and groundwater resources

由于地表水与地下水存在相互转化关系，按地表水资源量和地下水资源量的定义及其相应的计算方法，分别计算的地表水资源数量与地下水资源数量之间的重复计算量。

二、水资源利用

17 水资源综合利用 comprehensive utilization of water resources

通过各种措施使水资源为国民经济各部门利用，而进行的水资源综合治理、开发利用、保护和管理。

18　水资源可利用量 available water resources

在不造成水质恶化及水生态环境破坏等不良后果和水资源可持续利用的前提下，可供开发利用的水资源量。

19　跨流域调水 interbasin water transfer

通过工程措施将水资源较丰富流域的水调至水资源紧缺的流域。

20　水体的更新周期 renewal period of water bodies

通过水循环或人工干预使水体更新一次所需要的时间。

21　淡水 fresh water

矿化度小于 1g/L 的水。

22　咸水 saltwater

矿化度大于等于 1g/L 的水。

23　泉水 spring water

在适宜的地形、地质条件下，潜水或承压水的天然集中出露，排出地面成泉。

24　水荒 water famine

正常生活和生产的用水量出现严重短缺或中断的现象。

25　水平年 target year

实现特定目标的年份。

26　基准年 baseline year

在进行水资源开发利用现状评价时，选定具有正常水文情势且能表征当前经济社会发展水平的年份。

27　保证率 reliability

满足兴利部门需水量或水位要求的程度。

28　“三水”转化 transformation among three water forms

降水、地表水、地下水之间的水量交换和平衡关系。

29　“四水”转化 transformation among four water forms

降水、地表水、土壤水、地下水之间的水量交换和平衡关系。

30　用水定额 water - use quota

一定生产生活水平下，单位时间内单位产品、单位灌溉面积、单位人口等的用水量。

31　用水定额管理 management of water use norm

依据同一地区或同一行业限定的生产单位产品或提供一项服务的用水量，对用水实施的管理。

32　水资源利用率 utilization factor of water resources

不同水平年多年平均或不同保证率的年供（耗）水量与其相应水资源量的比值。

33　重复利用率 repeated utilization factor

在供水系统中可重复使用的水量占总用水量的百分数。

34　可供水量 available water supply

考虑来水和用水条件，通过各种工程措施可提供的水资源量。

35　供水能力 water supply capacity

利用供水工程设施，对水量进行存储、调节、处理、传输，可以向用水户分配的具有一定保证程度的最大水量。

36 缺水率 ratio of water deficiency

缺水量与需水量的比值。

37 缺水量 water deficit

需水量与可供水量之差。

38 河道内用水 instream water uses

水力发电、航运、淡水养殖、冲沙、旅游、河道内环境等用户，只要求河流、水库、湖泊内有一定流量或水位的用水。

39 河道外用水 offstream water uses

农林牧灌溉、工业和生活用水等用户，需要从河流、水库、湖泊、地下水中引出的用水。

39.1 城镇生活用水 urban domestic water

城镇居民生活及公用设施的用水。

39.2 工业用水 industrial water

工业生产过程的用水，包括原料用水、动力用水、冲洗用水和冷却用水等。

39.3 灌溉用水 irrigation water

人工补充作物、林草正常生长的用水。

39.4 农村饮用水 rural potable water

农村居民生活及饲养牲畜的用水。

40 循环用水 recycling water

引用的水量在供水工艺流程中反复被使用的水。

41 回归水 return flow

水在利用过程中，通过地表或地下回流到河流、湖泊等地表水体或地下含水层的水。

42 取水许可 water - drawing permit

用水单位或个人为从江河、湖泊或地下含水层取用某一额定水资源，依法向水行政主管部门申请并获得许可的一种制度。

43 取水许可证 water - drawing license

水行政主管部门发给用水单位或个人的许可取水的证书。

44 用水总量控制 total amount control of water use

依据各流域、行政区、行业、企业、用水户可以使用的水资源量，对取水实施的定量管理。

45 节约用水 water saving

为达到同等用水效果而科学合理地减少供水量的措施。

46 工业用水量 industrial water use

工矿企业在生产过程中用于制造、加工、冷却（包括火电直流冷却）、空调、净化、洗涤等方面的用水，按新水取用量计，不包括企业内部的重复利用水量。

47 万元工业增加值用水量 water abstraction per 10000 yuan industrial added value

一定时期一定区域的平均每万元工业增加值的取水量。根据工业用水量与以万元为单位的工业增加值之比计算。

48　循环利用率 recycling rate

在工农业生产中所供水量扣除耗水量后，剩余水量经过一定处理后重复利用于供水，此重复利用水量与总供水量的比值即重复利用率。

49　海水利用 utilization of seawater

利用海水为人类的生产、生活服务的技术和过程。

50　微咸水利用 utilization of brackish water

利用矿化度为1～3g/L的水为人类的生产、生活服务的技术和过程。

51　生活饮用水 drinking water

供人生活的饮水和用水。

52　集中式供水 central water supply

自水源集中取水，通过输配管网送到用户或者公共取水点的供水方式包括自建设施供水。

53　小型集中式供水 small central water supply

农村日供水在1000m^3以下或供水人口在1万人以下的集中式供水。

54　出厂水 finished water

集中式供水单位完成处理工艺流程后即将进入输配水管网的水。

55　末梢水 tap water

出厂水经输配水管网送到用户水龙头的水。

56　分散式供水 non-central water supply

分散居户直接从水源取水，未经任何处理或仅有简易设施处理的供水方式。

57　农田灌溉用水 farmland irrigation water

为满足农作物生长要求，经人为输送，直接或通过渠道、管道供给农田的水。

58　用水预测 prediction of water use

根据国民经济发展规划，预估各用水部门不同发展阶段的用水数量和质量的工作。

附录三　水　环　境

一、水环境

1　水环境 water environment

围绕人群空间及可直接或间接影响人类生活和发展的水体，包括水、悬浮物、沉积物和水生生物在内的整个水体。

2　水环境要素（水环境基质）water environment element

由构成水环境整体的各个独立的、性质不同的而又服从整体演化规律的基本物质组成。

3　水环境质量 quality of water environment

水环境对人群的生存和繁衍以及社会经济发展的适宜程度，通常指水环境遭受污染的程度。

4　水环境质量评价 quality assessment of water environment

按照一定目的，根据水环境质量标准，对一个区域的水环境质量进行总体定性和定量的评定。

5　水环境影响评价 water environmental impact assessment

对人类活动所引起的水环境改变及其影响进行的预测和评定。

6　环境水利学 environmental hydro - science

研究水利与环境的相互关系，以发挥水利优势，减免不利影响，保护和改善环境的学科。

7　环境水力学 environmental hydraulics

研究污染物质在水体中扩散与输移规律及其应用的学科。

8　水化学 hydrochemistry

研究水体中的化学性质、化学成分的变化规律、成因和分布特点的学科。

9　环境水化学 environmental hydrochemistry

研究人类活动与水体化学性质的形成、发展、演变和效应之间相互关系的学科。

10　环境水生物学 environmental hydro - biology

研究人类活动对水环境与水生生物相互作用的规律及其机理的学科。

11　水环境效应 water environment effect

人类活动或自然环境变化改善或改变水环境系统的结构和功能所产生的效果。

12　水污染环境效应 environmental effect of water pollution

水污染引起的水环境系统结构和功能的变化。

13　水环境容量 water environment capacity

在人群生存和水生态不致受害的前提下，水环境所能容纳污染物的最大负荷量。

14　环境流量 environmental flow

为了改善河流水质、维持水生生境与生态系统良好功能、美化景观环境等，河流必须保持的流量。

15　最小环境流量 minimum environmental discharge

维系和保护水体最基本的环境功能不受破坏而必须保留的最小流量。

16　环境用水 environmental water

改善水质、协调生态和美化环境的用水。

17　化学径流 chemical runoff

溶解质在水流携带下的迁移。

18　水环境保护 water environment protection

为合理利用水资源，保持生态平衡，防止水环境污染和破坏所采取法律的、行政的、宣传教育的、经济的、技术的等多方面措施。

19　水环境保护目标 water environment protection target

饮用水水源保护区、饮用水取水口，涉水的自然保护区、风景名胜区，重要湿地、重点保护与珍稀水生生物的栖息地、重要水生生物的自然产卵场及索饵场、越冬场和洄游通道、天然渔场等渔业水体，以及水产种质资源保护区等。

20　水环境保护标准 standard for water environment protection

在一定时期和地区，根据一定水环境保护目标，由政府制定对水环境管理要求的规定，包括水环境质量标准、各类污水排放标准、水环境保护基础标准和水环境保护方法标准等。

21　水环境质量标准 quality standard of water environment

为保护人群健康和社会物质财富、维持生态平衡，由政府制定的限定水体中有害物质或因素的标准，包括生活饮用水卫生标准、工业用水水质标准、农田灌溉水质标准、渔业水质标准、地面水环境质量标准等。

22　水环境背景值（水环境本底值）background value of water environment

水环境要素在未受污染影响的情况下，其水环境要素的原始含量以及水环境质量分布的正常值。

23　水质基准 water quality criteria

水环境中的污染物或有害因素对人群健康或水生态系统不产生有害影响的最大浓度或水平。

24　水质保护 water quality protection

为保护河流、湖泊、水库、地下水等水体的水质及功能所采取的措施。

25　水质管理 water quality management

为满足各类水体设定的水质标准，对水质进行的保护行为。

26　水源地保护规划 protection planning of water source area

为保障供水安全，保护人群健康，对供水水源地的污染控制所作的总体安排。

27　水质规划 water quality planning

为保护水资源与水环境，根据水体条件，开发利用要求及排污情况，提出一定时期、一定地域内的水质目标及其实现措施的总体方案。

27.1　河流水质规划 river water quality planning

为使河流水质在规划水平年达到水环境目标规定的水质标准，通过建立水质模型，利用模拟、优化技术，寻求保护和改善河流水质的总体措施安排。

27.2　水库水质规划 reservoir water quality planning

为使水库水质维持高水平，防治水污染，以规划水平年要求的水质标准，拟定合理措施，通过模拟、优化技术，寻求保护和改善水库水质的总体措施安排。

28　酸沉降 acid deposition

大气中酸性污染物的自然沉降，分为干沉降和湿沉降。

28.1　湿沉降 wet deposition

发生降水时，高空雨滴吸收大气中酸性污染物降到地面的沉降过程，包括雨、雪、雹、雾等。

28.2　干沉降 dry deposition

不发生降水时，大气中酸性污染物受重力、颗粒物吸附等作用由大气沉降到地面的过程。

29　地下水超量开采 groundwater excessive exploitation

地下水开采量超过可开采量，使地下水位持续下降的开采。

30　地下水降落漏斗 groundwater depression cone

当某一地区对某一含水层开采量持续大于可开采量时，形成以开采强度最大地点为中心的形似漏斗的潜水面或水压面。

31　地面沉降 land subsidence

在自然或人为因素作用下，某一范围的地表面在垂直方向发生的高程降低的现象。

32　人工补给（人工回灌）artificial recharge

借助工程措施，将地表水或其他水源的水引入地下含水层的过程。

33　湖水咸化 salinization of lake water

湖水溶解盐分浓度增大的现象。

34　海水入侵 seawater intrusion

海水侵入地下含水层或入海河口的现象。

35　淡水阻隔体 freshwater barrier

能防止盐水、咸水的侵入，保持有足够水头的地下水淡水脊。

36　盐水楔 saline wedge

海水侵入河口，形成交界面清晰、形态稳定的盐水楔形体。

37　咸潮倒灌 intrusion of tidal saltwater

感潮河段在涨潮时发生的海水上溯现象。

38　地球化学异常 geochemical anomaly

与周围地球化学背景有显著差异的地球化学特征。

二、水污染

39　水污染 water pollution

由于人为或天然因素，污染物进入水体，引起水质下降，使水的使用价值降低或正常功能丧失的现象。

39.1　次生水污染 secondary water pollution

吸附于悬浮物或积累于底质中的污染物质重新引起水污染的现象，又称二次水污染。

39.2　地表水污染 surface water pollution

污染物进入江河、湖泊和水库等地表水体，并导致水质下降的现象。

39.3　地下水污染 groundwater pollution

污染物沿包气带竖向入渗，并随地下水流扩散和输移，导致地下水体污染的现象。

39.4　生物水污染 water pollution by organism

病原微生物、寄生虫或卵等进入水体或某些水生物异常繁殖引起的水体污染现象。

40　污染物 pollutant

由人类活动产生或由自然界释放，进入水体后使水体的正常组成和性质发生直接或间接有害于人类的物质。

40.1　污染物迁移 transport of pollutant

污染物在水体中移动、富集、分散与消失过程，包括机械迁移、物理化学迁移和生物迁移。

(1) 机械迁移 physical transport

由水的机械作用和重力作用，污染物被水体携带而进行的搬迁。

(2) 物理化学迁移 physicochemical transport

污染物在水体中发生一系列物理化学作用时所伴随的污染物形态变化及富集。

(3) 生物迁移 biological transport

污染物通过水生物新陈代谢、生长、死亡等生理过程而伴随的生物富集。

(4) 水生物富集（水生物浓缩）enrichment of aquatic organism

水生物从水环境中聚集污染物的现象。

40.2　污染物转化 transformation of pollutant

污染物在水体中通过物理、化学、生物的作用，改变形态或转变为另一种污染物的过程。

(1) 物理转化 physical transformation

污染物在水体中的蒸发、渗透、凝聚、吸附、解吸及放射性元素蜕变等过程。

(2) 化学转化 chemical transformation

污染物在水体中的光化学氧化、氧化还原、络合分解等过程。

(3) 生物转化 biological transformation

污染物在水体中的生化反应、生物体吸收、代谢作用及生物降解等过程。

40.3　污染物降解 degradation of pollutant

对水体中天然和人工合成的有机污染物质的破坏与矿化作用，包括生物降解、光化学降解和化学降解。

(1) 生物降解 biological degradation

用需氧微生物以生化方法的污染物降解。

(2) 光化学降解 opto－chemical degradation

在太阳辐射或紫外线照射下的污染物降解。

(3) 化学降解 chemical degradation

在催化反应或非催化反应下的污染物降解。

41　污水 sewage (waste water)

在生产与生活活动中排放含有污染物的弃水。

41.1　工业污水 industrial wastewater

工业生产中，包括工艺、机器设备冷却、烟气洗涤、设备和场地清洗等过程中排放的污水。

41.2　农业污水 agricultural sewage

农田径流、农业灌溉、牲畜饲养及农产品加工等过程排放的污水。

41.3　城市污水 municipal sewage

城镇排入城市排水系统的污水的总称。在合流制排水系统中，还包括截流的雨水。

41.4 医疗机构污水 medical organization sewage

医疗机构门诊、病房、手术室、各类检验室、病理解剖室、放射室、洗衣房、太平间等处排出的诊疗、生活及粪便污水。

42 水体污染源 pollution source of water body

向水体排放污染物或对水环境产生有害影响的场所、设备和装置等，通常也包括污染物进入水体的途径。

42.1 天然污染源 natural pollution source

自然界自行向水体排放有害物质或造成有害影响的场所。

42.2 人为污染源 artificial pollution source

由人类活动而形成的水体污染源。

42.3 点污染源 point pollution source

进入水体污染物有固定范围的排污场所或装置，如城市、工矿企业等排出的污水，有稳定的排污口。

42.4 非点污染源（面污染源）nonpoint pollution source（diffuse pollution source）

进入水体污染物没有固定的排污场所，如地表径流、水土流失、农田排水、放射性沉降、酸雨等携带污染物呈“面”范围对水体的污染。

43 入河排污口 pollution discharge outlets（effluent outfalls into surface water bodies)

直接或者通过沟、渠、管道等设施向江河湖库及运河、渠道等水域排放污水的口门。

44 入河排污口分类 classification of pollution discharge outlets

根据排放污水的性质，入河排污口一般分为工业污水、生活污水、混合污水、农业污水和其他污水等入河排污口。

44.1 工业污水入河排污口 industrial wastewater of discharge outlets

接纳工业企业生产污水的入河排污口。

44.2 生活污水入河排污口 domestic sewage of discharge outlets

接纳生活污水的入河排污口。

44.3 混合污水入河排污口 mixed wastewater of discharge outlets

接纳市政排水系统污水或污水处理厂弃水的入河排污口。

44.4 农业排污口 wastewater outfalls of intensive livestock and poultry farms and aquaculture farms

规模化畜禽养殖场、规模化水产养殖场和农产品加工过程的污水直接或通过管道、沟、渠等通道排入环境水体的口门。

44.5 其他排污口 other types of effluent outfalls

除工业污水、生活污水、农业污水等入河排污口及城镇雨洪排口以外的其他入河排污口，包括大中型灌区排口、规模以下畜禽养殖和水产养殖排污口、不能纳入污水收集系统的居民区或人群聚集地排污口、农村污水处理设施排污口、农村生活污水散排口、混入污水的城镇雨洪排口等。

45 城镇污水处理厂排污口 municipal wastewater treatment plant outfalls

城镇污水处理厂出水直接或通过管道、沟、渠等设施排入环境水体的口门。

46　城镇雨洪排口 drainage outfalls of urban storm water and flood

雨水或洪水通过城镇市政管道、沟、渠等通道排入环境水体的口门。

47　入河排污量 pollution discharge capacity

通过入河排污口排入水域的污水量和污染物量。

48　入河排污口设置单位 institution discharging wastewater via pollution discharge outlets，or owner，operator and user of pollution discharge outlets structures

利用入河排污口排放自身产生的污水的单位，或者入河排污口建筑物的产权单位、运营管理单位和使用单位。

49　排污口调查 sewage outfall investigation

对污水排放的口门位置以及排污量、污水主要来源进行的调查。

50　污水排放量 amount of wastewater discharge

第二产业、第三产业和城镇居民生活等用水户排放的已被污染的水量，不包括火电直流冷却水排放量和矿坑排水量。

51　排污总量 total amount of sewage discharge

指某一时段内从排污口排出的某种污染物的总量，是该时段内污水的总排放量与该污染物平均浓度的乘积、瞬间污染物浓度的时间积分值或排污系数统计值。

52　排放浓度控制 concentration control of pollutant discharge

根据污水排放的允许浓度标准值，调控污染源排放的污染物。

53　排污总量控制 total amount control of sewage discharge

在一定水体功能、水质标准和目标要求下，对水域允许排入的污染物总量的限定、监督和管理。

54　污染源控制 pollution source control

为改善水环境，在污染源调查的基础上，运用法律的、行政的、经济的、技术的以及其他管理手段和措施，对污染源进行监督，控制污水的排放量。

55　污染负荷 pollution load

在一定时段内，进入水体的污染物质总量。

56　径污比 dilution ratio of water

河流径流量与排入该河流的污水量之比。

57　最高允许排水量 maximum allowable discharge amount

在工业生产或畜禽养殖过程中直接用于生产的水的最高排放量。

58　污水处理 sewage treatment

为使污水得到净化，通过物理、化学或生物方法，回收或去除污水中的污染物的过程。

59　污水资源化 reclamation of sewage

为使污水重新具有使用价值和经济价值，把污水用作低质水源、污水经处理后再利用或从污水中回收有用物质的过程。

60　城镇污水再生利用 reuse of municipal wastewater

以城镇污水为再生水源，经再生工艺净化处理后，达到可用的水质标准，通过管道输送或现场使用方式予以利用的全过程。

61 城镇污水再生水 reclaimed water for municipal wastewater

城镇污水经再生工艺处理后具有一定使用功能的水。

62 水污染综合防治规划 planning for comprehensive water pollution control

为保护水资源，防治水污染，根据规划水平年的水域水质保护目标，把水环境同社会经济发展作为一个整体，制定防治水污染综合措施方案。

63 污水排放标准 sewage discharge standard

为保护与改善水环境，有效地控制构成污染源的污水排放量，由政府制定对人为排放污水中的污染物所作的限额规定。包括污水综合排放标准、行业污水排放标准、医疗机构水污染物排放标准、城镇污水处理厂污染物排放标准、畜禽养殖业污染物排放标准等。

64 水污染物排放标准 water pollutant discharge standards

为改善环境质量，结合技术、经济条件和环境特点，对污染源直接或间接排入环境水体中的水污染物种类、浓度和数量等限值，以及对环境造成危害的其他因素、监控方式与监测方法等所做出的限制性规定。

65 流域水污染物排放标准 water pollutant discharge standards in watersheds

根据特定流域的水环境质量改善需求，针对流域范围内污染源制订的水污染物排放标准。

66 流域允许排放量 permitted discharge quantity of pollutants of watershed

在考虑流域生态因素、设计水文条件和排污口空间分布的情况下，为实现流域水环境质量改善，流域允许排放的最大污染负荷。

67 岸边污染带 near - shore pollution belt

当水体宽深比较大，废污水进入水体，在近岸水域形成一条明显的由废污水与天然水组成的带状污染区。

68 水污染事故 water pollution accident

污染物排入水体，造成水质突发恶变，给居民的生活、工农业生产以及环境带来紧急危害的事件。

69 突发环境事件 environmental accidents

由于污染物排放或自然灾害、生产安全事故等因素，导致污染物或放射性物质等有毒有害物质进入大气、水体、土壤等环境介质，突然造成或可能造成环境质量下降，危及公众身体健康和财产安全，或者造成生态环境破坏，或者造成重大社会影响，需要采取紧急措施予以应对的事件。

70 应急监测 emergency monitoring

突发环境事件发生后至应急响应终止前，对污染物、污染物浓度、污染范围及其动态变化进行的监测。应急监测包括污染态势初步判别和跟踪监测两个阶段。

70.1 应急监测启动 emergency monitoring start

突发环境事件发生后，根据应急组织指挥机构应急响应指令，启动应急监测预案，开展应急监测工作。

70.2 跟踪监测 track monitoring

突发环境事件应急监测的第二阶段，指污染态势初步判别阶段后至应急响应终止前，开展的确定污染物浓度、污染范围及其动态变化的环境监测活动。

70.3　应急监测终止 emergency monitoring termination

当突发环境事件条件已经排除、污染物质已降至规定限值以内、所造成的危害基本消除时，由启动响应的应急组织指挥机构终止应急响应，同时终止应急监测。

71　水污染源管理 water pollution source management

对影响水质的污染源所采取的行政、技术、经济、法律等防治措施。

三、水功能区划

72　功能 function

自然或社会事物于人类生存和社会发展所具有的价值与作用。

73　水功能 water function

水体对满足人类生存和社会发展需求所具有的不同属性的价值与作用。

74　主导功能 dominant function

水域有多种功能同时并存的情况下，依据区域自然属性和经济社会持续发展需要程度，保证水资源与水环境客观价值的充分发挥，分析对比而选定的最佳优势功能。

75　水质管理目标 objective of water quality

根据水功能区的特点、纳污状况、水质现状、水资源保护的要求以及技术经济条件，在相应的水量保证率条件下，拟定的现状及规划水平年水质项目浓度限值。

76　水功能区划 division of water functional zonation

按各类水功能区的指标和标准，把某一水域划分为不同类型的水功能区单元的工作，是加强河湖管理，保护水生态环境的一项基础性工作。

77　水功能区 water function zone

根据自然资源条件、环境状况和地理区位，结合水资源开发利用现状和经济社会发展的需要，划定具有明确的主导功能和水质管理目标，能够发挥最佳效益的水域。

77.1　保护区 protection zone

对水资源保护与自然生态环境及珍稀濒危物种保护具有重要意义的水域。

71.2　保留区 reserved zone

目前开发利用程度不高，但为今后开发利用和保护水资源预留的水域。

77.3　缓冲区 buffer zone

为协调省际间用水关系和用水矛盾突出地区而划定的特定水域。

77.4　开发利用区 development and utilization zone

为满足居民生活、工农业生产、渔业、景观娱乐、水污染控制等需求的水域。

(1) 饮用水源区 drinking water source zone

用作集中式居民生活饮用水水源的水域。

(2) 工业用水区 industrial water use zone

用作工业生产用水水源的水域。

(3) 农业用水区 agricultural water use zone

用作农业及林业用水水源的水域。

(4) 渔业用水区 fishery water use zone

用作水产养殖的水域。

(5) 景观娱乐用水区 recreation water use zone

用作景观、娱乐、运动、休闲、度假、疗养的水域。

(6) 过渡区 transition zone

为使水质有差异的相邻功能区或行政区域边界功能区之间顺利衔接而划定的水域。

(7) 排污控制区 polluting discharge control zone

集中接纳大中城市生活和生产污水，且对水环境无重大不利影响的水域。

78　水功能区达标评价 water function zones compliance evaluation

根据水质管理目标设定的标准限值，按规定的评价方法对水功能区水质监测结果进行符合性分析评价。

79　水源保护区 protection zone of water source

为保护水源，按水域功能及水质标准划定和管理的区域。

80　饮用水水源地 drinking water source

提供饮用水水源的河流、湖泊、渠道、水库等水域，地下水及相关的陆域。

81　入河排污口 pollution discharge outlets

直接或者通过沟、渠、管道等设施向江河、湖泊（含运河、渠道、水库等水域）排放废污水的口门。

82　入河排污量 pollution discharge capacity

通过入河排污口排入水域的废污水量和污染物量。

83　水域纳污能力 permitted assimilative capacity of water body

在设计水文条件下，水域满足水功能区水质管理目标要求，所能容纳的污染物的最大数量。

84　水利风景区 water park

以水域（水体）或水利工程为依托，具有一定规模和质量的风景资源与环境条件，可以开展观光、娱乐、休闲、度假或科学、文化、教育活动的区域。

85　水利风景资源 water scenery resources

水域（水体）及相关联的岸地、岛屿、林草、建筑等能对人产生吸引力的自然景观和人文景观。

附录四　水　生　态

一、生态系统

1　生态系统 ecosystem

在一定的空间和时间范围内，在各种生物之间以及生物群落与其无机环境之间，通过能量流动和物质循环而相互作用的统一整体。生态系统是生物与环境之间进行能量转换和物质循环的基本功能单位。

2　生态环境问题 ecological environment problem

由于人类活动引起的自然生态系统退化、环境质量恶化及由此衍生的不良生态环境效应，包括土壤侵蚀、沙漠化、酸雨、土壤盐渍化、草地退化、生物多样性丧失与水环境污染等。

3　生态平衡 ecological balance

生态系统的结构和功能均处于适应与协调的动态平衡状态。

4　生态效应 ecological effect

由人类活动和自然环境变化引起的生态系统结构和功能改变所造成的影响。

5　生态效益 ecological benefit

自然生态系统及其过程形成的维持人类赖以生存的环境条件及其提供的服务。

6　生态过程 Ecological process

生态系统中物质、能量、信息的输入、输出、流动、转化、储存与分配。包括食物链、生态系统演替、能量流动、物质循环、反馈控制等过程。

7　生态安全 ecological safety

生态系统自然平衡状态和生态环境退化的程度。

8　生态服务功能 Ecological service function

生态系统及其生态过程所形成的有利于人类生存与发展的生态环境条件与效用，例如森林生态系统的水源涵养功能、土壤保持功能、气候调节功能、环境净化功能等。

9　生态环境敏感性 Sensitivity of ecological environment

生态系统对人类活动反应的敏感程度，用来反映产生生态失衡与生态环境问题的可能性大小。

10　生态敏感目标 ecological sensitive targets

国家公园、自然保护区、生态保护红线、保护物种和特有种的栖息地、饮用水源地等各类生态保护目标。

11　生态敏感区 ecological sensitive region

包括法定生态保护区域、重要生境以及其他具有重要生态功能、对保护生物多样性具有重要意义的区域。

注：法定生态保护区域包括：依据法律法规、政策等规范性文件划定或确认的国家公园、自然保护区、自然公园等自然保护地、世界自然遗产、生态保护红线等区域；重要生境包括：重要物种的天然集中分布区、栖息地，重要水生生物的产卵场、索饵场、越冬场和游通道，迁徙鸟类的重要繁殖地、停歇地、越冬地以及野生动物迁徙通道等。

12　生态功能区划 Ecological function regionalization

根据区域生态环境要素、生态环境敏感性与生态服务功能空间分异规律，将区域划分成不同生态功能区的过程。

13　生态保护目标 ecological protect object

根据生态系统的需要、社会需要和社会期望，由有关政府部门设定，要实现的生态系统状态。其为生态系统管理的一部分。

14　生态系统服务 ecosystem service

人类从生态系统获取的利益，主要包括防风固沙、土壤保持、水源涵养、生物多样性维护等方面的服务。

15　水生态 water ecosystem (hydroecology)

环境水因子对生物的影响和生物对各种水分条件的适应。

16　水生态文明 water ecological civilization

人类遵循人、水、自然、社会和谐发展这一客观规律而取得的物质与精神成果的总和。贯穿于经济社会发展和“自然-人工”水循环的全过程和各方面，反映社会人水和谐程度和文明进步状态。

17　水生态监测 aquatic ecology monitoring

通过对水生生物、水文要素、水环境质量等的监测和数据收集，分析评价水生态的现状和变化，为水生态系统保护与修复提供依据的活动。

18　植被 vegetation

一地区植物群落的总体。

19　自然植被 natural vegetation

在历史和现在的环境因素的影响下，未经人工干预自然长成的植被。

20　水源涵养 water conservation

生态系统通过其结构和过程拦截滞蓄降水，增强土壤下渗，涵养土壤水分和补充地下水，调节河川流量，增加可利用水资源量的功能。

21　土壤 soil

位于陆地表层能够生长植物的疏松多孔物质层及其相关自然地理要素的综合体。

22　土壤保持 soil conservation

生态系统通过其结构与过程保护土壤，降低雨水的侵蚀能力，减少土壤流失，防止泥沙淤积的功能。

23　防风固沙 wind break and sand fixation

生态系统通过增加土壤抗风能力，降低风力侵蚀和风沙危害的功能。

24　荒漠化 desertification

生态平衡遭到破坏而使原野逐步荒芜的过程。

25　盐碱化 soil salinization

土壤中可溶性盐分不断向土壤表层积聚形成盐碱土的过程。

26　沼泽化 swampiness

地下水位接近地表，土壤长期被水分所饱和，在湿性植物作用和嫌气条件下，进行有机质的生物积累与矿质元素的还原过程。

27　湿地 wetland

天然或人工、长久或暂时性的沼泽地、湿原、泥炭地或水域地带，带有或静止或流动、或为淡水、半咸水或咸水水体，包括低潮时水深不超过 6m 的水域。

28　潜蚀 underground erosion

渗透到地下的水分对岩土的水蚀作用。

29　水库塌岸 reservoir bank caving

水库蓄水后，水库周边岸壁发生的坍塌现象。

30　水库浸没 reservoir inundation

水库蓄水使水库周边地带的地下水壅高，引起土地盐碱化、沼泽化等次生灾害的现象。

31　水库冷害 cold water hazard of reservoir

水库下泄低温水引起的危害。

32　水土流失 soil and water losses（soil erosion and water loss)

在水力、风力、冻融、重力等内外营力作用下，土壤及其他地表组成物质被破坏、剥蚀、转运和沉积的过程。

33　水土保持 soil and water conservation

防止水土流失，保护、改良与合理利用水土资源的综合性措施，维护和提高土地生产力，以利于充分发挥水土资源的经济效益和社会效益，减轻水旱灾害，建立良好生态环境，支撑可持续发展的社会公益性事业。

34　生态补偿 ecological compensation

通过行政干预手段，使生态效益受益者向生态效益原所有者和经营者进行经济补偿。为保证生态补偿的正常和顺利实施而设立的专项资金称为生态补偿基金。

35　生态修复 ecological restoration

按照自然规律，采用适当的技术手段对退化或被破坏的生态系统进行修复的过程。

36　生态护岸 ecological revetment

利用植物或者植物与土木工程相结合，对河流、湖泊等水体岸边带进行防护的一种河道护坡形式，具有防止河岸塌方、维持岸边生物群落自然生长、沟通地表地下水力联系、增强河道自净能力的功能和自然景观效果。

37　生态自我调节 ecological self - regulation

生态系统保持自身稳定的能力。

37.1　抵抗力稳定性 resistance stability

生态系统抵抗外界干扰并使自身的结构和功能保持原状的能力。

37.2　恢复力稳定性 restoring stability

生态系统在遭到外界干扰因素的破坏以后，能够恢复到原状的能力。

38　水生态系统 aquatic ecosystem

水生具有特定结构和功能的动态平衡系统。分为淡水生态系统和海洋生态系统。

38.1　淡水生态系统 freshwater ecosystem

一定的淡水水域内所有生物，即生物群落与该环境相互作用，并通过物质和能量共同构成的具有一定结构与功能的统一体。

38.2　海洋生态系统 marine ecosystem

海洋中由生物群落及其环境相互作用所构成的自然系统。

39　河流生态 river ecosystem

河流、溪流中生物类群与其生存环境相互作用构成的具有一定结构和功能的系统。

40 湖泊生态 lake ecology (lake ecosystem)

由湖泊内生物群落与其生存环境相互作用而构成的具有一定结构和功能的系统。

41 河口生态 estuary ecology (estuary ecosystem)

河口水域各类生物之间及其与环境之间的相互作用，构成的具有一定结构和功能的系统。

42 水库生态 reservoir ecology (reservoir ecosystem)

由水库水域内所有生物与非生物因素相互作用，通过物质循环与能量流动构成的具有一定结构和功能的系统。

43 湿地生态 wetland ecology (wetland ecosystem)

湿地生物与其生存环境组成的系统。

44 河湖健康 river and lake health

河湖生态状况良好，且具有可持续的社会服务功能。河湖生态状况包括河湖物理、化学和生物状况，用完整性表述良好状况；可持续的社会服务功能是指河湖在具有良好的生态状况基础上，具有可持续为人类社会提供服务的能力。

45 河湖健康评估 river and lake health assessment

对河湖生态系统状况与社会服务功能以及二者相互协调性的评估。

46 河湖（库）岸带 riparian zone

直接影响河湖（库）水域或受到河湖（库）水域影响的河湖（库）水域毗连地带，是河湖（库）水域与相邻陆地生态系统之间的过渡带。

47 河湖社会服务功能 social service function of river and lake

河湖生态系统提供的满足和维持经济社会可持续发展的条件与效用。

二、水生生物

48 水生生物 aquatic organism

全部或部分生活在各种水域中的动物和植物。包括淡水生物和海洋生物。

49 生境（栖息地）habitat

生物个体、种群或群落能够正常生活或繁衍后代的场所。

50 小生境 micro-habitat

某物种或某些生物类群生活或繁衍所需的特殊小环境。

51 替代生境 equivalent habitats

由于人类活动而导致某特定种类动植物赖以生活的生境受到破坏时，在其位置所营造的，能够维持其生育或生活的自然或近自然环境。

52 演替 succession

在一定区域内，一种生物群落被另一种生物群落所取代的过程。

53 生物群 biota

水生生物系统中的所有活的组分。

54 生物群落 biotic community

生活在一个地段或水域内，相互间具有直接或间接关系的各种动植物的总体。

55　群落交错区 ecotone

两个不同群落交界的区域，亦称生态过渡带。

56　生物量 biomass

给定水体中生命物质的总质量。

57　生物指数 biotic index

描述水体生物群的数值，用以表示水体的生物质量。

58　生物安全 biological safety

在生物技术研究、应用以及生物技术产品研究、开发、商品化生产过程中发生的可能危及生物多样性、环境和人类健康的安全性问题。

59　重要物种 important species

在生态影响评价中需要重点关注、具有较高保护价值或保护要求的物种，包括国家及地方重点保护野生动植物名录所列的物种，《中国生物多样性红色名录》中列为极危（critically endangered）、濒危（endangered）和易危（vulnerable）的物种，国家和地方政府列入拯救保护的极小种群物种，特有种以及古树名木等。

60　水生生物优势种 dominant species of aquatic organism

对水生生物群落的存在和发展有决定性作用的个体数量最多的生物种。

61　水生生物富集 enrichment of aquatic organism

水生生物从水环境中聚集元素或难分解物质的现象，又称水生生物浓缩。聚集后的元素或难分解物质，在生物体内的浓度大于在水环境中的浓度。

62　水污染指示性生物 indicator organism of water pollution

具有能显示水污染及其程度的某些特征性的生物个体和种群。

63　水体生物净化 biologic purification of water body

水生物类群通过生命活动，使水体中污染物无害化或污染浓度下降的过程。

64　生物监测 biological monitoring

利用生物个体、种群或群落对环境污染和生态环境破坏的反应来定期调查、分析环境质量及其变化。

65　水生生物监测 aquatic organism monitoring

对水体中水生生物的种群、个体数量、生理功能或群落结构变化所进行的监测。

66　水体富营养化 eutrophication

在人类活动的影响下，生物所需的营养盐和有机物质过多地进入湖泊、河口、海湾等缓流水体，引起藻类及其他浮游生物迅速繁殖，水体溶解氧量急剧下降，水质恶化有腥臭，造成鱼类或其他生物死亡的现象。

67　水华 water blooms

藻类在河流、湖泊水体中异常繁殖并大面积覆盖水面的一种现象，水体呈蓝、绿色或暗褐色，是水体富营养化的一种特征。

68　赤潮 red tide

在特定的环境条件下，海洋水域中某些浮游植物、原生动物或细菌爆发性增殖或高度聚集而引起水体变色的一种有害生态现象。

69　生物生产力 biological productivity

生物吸取外界物质和能量制造有机物质的能力，以单位时间和空间内生产的有机物质总量表示。一般分为初级生产力和次级生产力。

69.1　初级生产力 primary productivity

在单位时间和空间内初级生产者通过光合作用产生有机物的数量。

69.2　次级生产力 secondary productivity

在单位时间内由于动物和微生物的生长和繁殖而增加的生物量或储存的能量。

70　黑白瓶 black and white bottle

可以进行曝光的（白瓶）和不可曝光的（黑瓶）测定初级生产力的装置。

71　浮游植物 phytoplankton

在水中营浮游生活的藻类植物，通常浮游植物就是指浮游藻类，包括蓝藻门、绿藻门、硅藻门、金藻门、黄藻门、甲藻门、隐藻门和裸藻门等。

72　浮游植物优势种 dominant species of phytoplankton

群落中在数量或生物量方面占有优势地位的浮游植物种类，优势种在竞争中居于优势地位，对群落结构影响较大。

73　浮游植物密度 phytoplankton density

某一时间内单位水体中现存浮游植物的数量，用个体数或细胞数表示。

74　浮游植物生物量 phytoplankton biomass

某一时间内单位水体中所存在的浮游植物的质量。

75　大型水生植物 macrophyte

目测可见的大型维管束植物和大型藻类，主要包括挺水植物、浮叶植物、沉水植物以及漂浮植物。

76　大型底栖无脊椎动物 benthic macroinvertebrate

生活史的全部或大部分时间生活于水体底部，且不能通过 500μm 孔径网筛的无脊椎动物，主要由环节动物、软体动物、线形动物、扁形动物和节肢动物等组成。

77　大肠埃希菌 Escherichia coli（E. coli）

一种好氧和兼性厌氧的粪大肠菌，在 44℃ 可发酵乳糖或甘露醇同时产酸产气，并可使色氨酸生成吲哚，可水解 4-甲基伞形酮-B-D-葡糖酸（MUG）。

78　大肠菌群 coliform organisms；总大肠菌群 total coliform organisms

好氧和兼性厌氧的、无孢子生殖的、能发酵乳糖的呈革兰氏阴性的细菌，通常寄生在人或动物的大肠中。

注：除大肠埃希氏菌外，多数能在自然环境中存活和繁殖。

79　藻类 algae

一类单细胞或多细胞生物（包括通常所说的蓝细菌），通常含有叶绿素或其他色素。

注：藻类通常水生，并能进行光合作用。

80　藻类水华 algal bloom

由于浮游植物大量繁殖后聚集使得水体颜色明显改变的一种自然生态现象。

81　真菌 fungi

异养生物中的一大群体，通常形成芽孢，有明显的细胞核，但缺少光合作用物质，叶绿素。

注：酵母是单细胞真菌，出芽繁殖。其他真菌是多细胞和丝状的，如镰刀菌属（*Fusarium* spp.）可造成生物滤池积水，而地丝菌属（*Geotrichum* spp.）可导致活性污泥膨胀。

82　细菌 bacteria

一类单细胞生物，在光学显微镜下可见，具有代谢活性，具有拟核结构（核区分散、不独立）。多为游离生活，通常以二分裂方式繁殖。

83　异养细菌 heterotrophic bacteria

需要有机物作为能源的细菌。

注：与之相反的称为自养细菌（autotrophic bacteria）。

84　驯化 acclimation

为满足实验需求，使生物种群适应特定环境条件的过程。

85　细菌样品 bacteriological sample

样品用于细菌检验。需在无菌条件下采集并适当储存。

86　中营养水 mesotrophic water

天然的或由于营养累积形成的中等营养状态的水，介于贫营养和富营养之间。

87　基因组 genome

细胞中编码遗传信息的所有遗传物质（核酸、DNA、RNA）。

88　核酸 nucleic acid

重要的遗传物质，由核酸按一定的顺序连接而成的双螺旋结构，决定遗传编码。

89　核糖核酸 ribonucleic acid，RNA

构成遗传物质的重要组分之一。在 RNA 病毒中是基因组的唯一组成成分。

三、生态需水量

90　生态评估 ecological assessment

通过一定的技术手段对人类赖以生存的外部环境的生态功能及其提供生态服务的能力水平进行评价和价值判断的行为和过程。

91　生态影响评估 ecological impact assessment

评价特定的过程或措施对生态系统或其组成可能带来的各种影响进行的调查、监测和分析活动。

92　生态风险评估 ecological risk assessment

评价由于一种或多种外界因素导致可能发生或正在发生对生态带来不利影响的行为和过程。

93　生态需水评估 assessment of ecological water requirements

依据生态保护目标确定相应生态需水的相关工作。

94　生态需水 ecological water requirements

将生态系统结构、功能和生态过程维持在一定水平所需要的水量。一定生态保护目标对应的水生态系统对水的需求。

95　水质需水 water requirements of water quality

将生态系统中水体水质维持在一定水平所需要的水量。

96　水温需水 water requirements of water temperature

将生态系统中水体温度维持在一定水平所需要的水量。

97　泥沙冲淤平衡需水 water requirements of balance of water and sediment

将生态系统中河床（湖床）形态维持在一定水平所需要的水量。

98　生态耗水 used water of ecosystem

将生态系统结构、功能和生态过程维持在一定水平所需要所消耗的水量。如湖泊水体蒸散发量。

99　生态流量 ecological flow

生态需水中的某个流量，具有某种生态作用。

100　生态基流 ecological base flow

维持河流生态系统运转的基本流量。与河流生态系统的结构和功能有关，与流域的气候、土壤、地质和其他诸多因素有关，同时还与河流水文的动态特征密切相关。

101　生态水文过程 ecohydrological process

水文过程与生物动力过程之间的功能关系，包括物理过程、化学过程及其生态效应。

102　河湖健康 river and lake health

河湖生态状况良好，且具有可持续的社会服务功能。河湖生态状况包括河湖物理、化学和生物状况，用完整性表述良好状况；可持续的社会服务功能指河湖在具有良好的生态状况基础上，具有可持续为人类社会提供服务的能力。

103　河湖健康评估 river and lake health assessment

对河湖生态系统状况与社会服务功能以及二者相互协调性的评估。

附录五　水质监测与评价

一、水质监测

1　水质 water quality

水体质量的简称。由水的物理、化学和生物等方面的综合特性所决定。

1.1　天然水质 natural water quality

在自然环境条件下，天然水体中水与其所含物质共同表现的水的质量的综合特性。

1.2　地下水水质 quality of groundwater

地下水的物理性质、化学成分、细菌和其他有害物质的含量的总称。

2　水质监测 water quality monitoring

利用化学、生物、物理等方法，对水体质量进行定期和不定期调查和测定。

2.1　移动监测 mobile monitoring

利用安装有测试仪器设备的运载工具，对河、渠、湖、库的水质参数进行流动性的现场测定。

2.2　水质在线自动监测 on－line automatic monitoring of water quality

通过仪器设备，按预先编定的程序对若干水质参数进行连续或不连续地在线自动采样和测定。

3　水质站（水质监测站）water quality monitoring station

为掌握河湖水质与水生态变化动态，收集和积累水体的物理、化学和生物等监测信息而进行采样和现场测定位置的总称。按设站目的与作用，分为基本水质站和专用水质站。

3.1　基本水质站 basic water quality monitoring station

为公用目的、经统一规划设立，能获取基本水质与水生态要素信息的水质站。

3.2　专用水质站 special water quality monitoring station

为科学研究、工程建设与运行管理等特定目的服务而设立的水质站。

4　地下水站（井）groundwater observation well

为观测地下水的量、质动态变化，在水文地质单元或地下水开采区等设置的水文测站或地下水监测井（孔）。

5　水质（水环境监测）站网 water quality monitoring station network

在流域或者区域内，由适量的水质监测实验室与地表水、地下水、大气降水水质站和水生态监测站组成的水环境与水生态监测活动和监测信息收集系统。

6　水环境监测 water environment monitoring

运用现代科学技术手段连续或者不连续地测定地表水和地下水中的各种特性指标的动态变化对水环境、水生态影响的程序化过程。

7　采样断面 sampling cross－section

为监测水质参数而设置的水样采集横断面。

7.1　背景断面 background cross－section

为评价某一完整水系的污染程度，未受人类生活和生产活动影响，能够提供水环境背景值的断面。

7.2　对照断面 check cross－section

河流流经城镇或排污区上游，未受污染影响的采样断面。

7.3　控制断面 control cross－section

排污区下游，能反映本区域污染状况和变化趋势的采样断面。

7.4　消减断面 attenuation cross－section

污染物流经一定距离而达到最大程度混合，经稀释、降解，浓度有明显降低的采样断面。

7.5　交界断面 boundary cross－section

用来反映国界河流和省界、市界、县界河流水质状况的监测断面。

8　水质采样 sampling of water quality

为检验各种规定的水质特性，从水体中采集具有代表性水样的过程。

8.1　瞬时水样 snap water sample

从水体中不连续地随机采集的单一样品，一般在一定的时间和地点随机采取。

8.2　等比例混合水样 mixed water sample with same percentage

在某一时段内，在同一采样点所采水样量随时间或流量成比例的混合水样。

8.3　等时混合水样 mixed water sample with same interval

在某一时段内，在同一采样点按等时间间隔采等体积水样的混合水样。

8.4　自动采样 automatic sampling

采样过程中不需人干预，通过仪器设备按预先编定的程序进行连续或不连续的采样。

8.5　原位监测 in - situ monitoring

利用检测器或传感器在采样点所在位置水体直接开展的监测活动。

9　水质样品 water sample

为检验各种水质指标，连续地或不连续地从特定的水体中取出尽可能有代表性的一部分水。

10　混合样 composite sample

两个或更多的样品按照确定的比例连续地或不连续地加以混合。由此得到的混合样是所需特征的平均样。

注：通常这种比例是根据时间或流量的测定来确定的。

11　水样保存 water sample preservation

水样从采集经运送到实验室，在进行分析之前的时间内，为防止发生化学的、物理的、生物的反应所采取的必要防护措施。

12　保存剂 preservation agent

可固定水样中的待测组分或者抑制水样中待测组分的变化，且不干扰待测组分测定的各种化学试剂。

13　抑制剂 inhibitor

降低化学或生物变化过程速度的物质。

14　混凝 coagulation

通过某种方法（如投加化学药剂）使水中胶体粒子和微小悬浮物聚集的过程，是水和废水处理工艺中的一种单元操作。

15　预处理 prepare

样品进行分析测定之前的处理过程，包括水沙分离，悬浮物、沉积物的脱水、筛分与制备，生物样品取样种类与年龄的鉴定和制备等。

16　活性炭处理 activated carbon treatment

用活性炭吸附去除水和废水中溶解的或胶态的有机物的过程。例如用以改善水的味和色。

17　水质参数 water quality parameter

水体中的物理、化学和生物因子的特征指标，用以反映水体质量优劣程度和变化趋势。

18　常规水质监测参数 routine monitoring indices of water quality

能反映水域水质状况，统一监测的水质基本参数（指标）。

19　非常规水质监测参数 non - routine monitoring indices of water quality

根据区域、时间或特殊情况需要实施监测的特定水质参数（指标）。

20　水污染常规指标 regular indices of water pollution

反映水污染状况的重要指标，包括臭味、水温、浑浊度、pH 值、电导率、溶解性总固体、悬浮性固体、总氮、总有机碳、溶解氧、氨氮、生化需氧量、化学需氧量、细菌总数、大肠菌群等，是对水体进行监测、评价、利用及污染防治的主要依据。

21　硬度 hardness

反映水的含盐特性，天然水中以钙盐和镁盐为主其值为水中钙、镁、铁、锰、锶、铝等溶解盐类的总量。

21.1　碳酸盐硬度（暂时硬度）carbonate hardness

水中可溶性钙镁等碳酸盐、碳酸氢盐所引起的硬度，煮沸时可以除去。

21.2　非碳酸盐硬度（永久硬度）non - carbonate hardness

水中可溶性钙镁等硫酸盐、氯化物和硝酸盐等引起的硬度，煮沸不能除去。

21.3　硬水 hard water

钙镁盐含量超过 150mg/L（以 $CaCO_3$ 计）为硬水，300mg/L 以上为极硬水。

21.4　软水 soft water

钙镁盐含量小于 100mg/L（以 $CaCO_3$ 计）为软水，40mg/L 以下为极软水。

22　溶解性总固体 total dissolved solids（TDS）

水样经过过滤后，在一定的温度下烘干，所得的固体残渣，包括不易挥发的可溶性盐类、有机物及能通过滤器的不溶性微粒等。

23　矿化度 mineral content

单位水容积内含有的无机矿物质总离子量。

24　离子平衡 ionic balance

在水溶液中，所有阳离子和阴离子的总离子电荷数和摩尔浓度的代数和应等于零。如果从实际分析结果计算出的代数和不等于零，则表明测定项目不完全（有些离子未测定），或者分析中有误差。

25　盐度 salinity

水中溶解性盐类物质的含量程度。

26　pH 值 pH value

水中氢离子浓度常用对数的负值，表示水中的酸碱性。

27　碱度 alkalinity

水介质与氢离子反应的定量能力。

28　酸度 acidity

水介质与氢氧根离子反应的定量能力。

29　电导率 electric conductivity

水传导电流的能力，以能过单位面积的电流除以单位长度的电压降落来量度。

30　浑浊度（浊度）turbidity

由于水体中存在微细分散的悬浮性粒子、可溶的有色有机物质、浮游生物、微生物，使水透明度降低的程度，是水的光学性质的一种表达。

31　总需氧量 total oxygen demand

水中全部还原性物质氧化成简单稳定的无机物质及有机物质过程中所消耗的氧量。

31.1　溶解氧 dissolved oxygen (DO)

以分子状态溶存于水中的氧。

31.2　氧亏 oxygen deficit

在水中，实际溶解氧浓度与其饱和浓度值之差。

31.3　需氧量 oxygen demand

水中还原性物质氧化成为简单的稳定的无机物质过程中所消耗的氧量。

31.4　氧垂曲线 dissolved oxygen sag curve

在受需氧有机物污染的河段中，表示溶解氧浓度沿程或随时间变化的下凹曲线。

32　生化需氧量 biochemical oxygen demand (BOD)

水中有机物质在好氧微生物作用下，在好氧分解过程中所消耗的氧量。

33　化学需氧量 chemical oxygen demand (COD)

在规定条件下，用氧化剂处理水样时，水中被氧化物质消耗的该氧化剂数量折算的氧量。

34　总碳 total carbon

水中的有机碳和无机碳的总和。

35　总无机碳 total inorganic carbon

水中溶解性和悬浮性含碳无机物的总量。

36　总氧化氮 total oxidized nitrogen

水中硝酸盐和亚硝酸盐中存在的总氮量，以浓度表示。

37　悬浮物 suspened sediment

河流中通过水的亲动作用而保持悬浮状态，且不与河流底部接触的粒径在 0.45～63μm 范围内的颗粒状物质。

38　沉积物 bottom - sediment

沉积在河流底部的松散矿物质颗粒或有机物质。

39　致癌物 carcinogen

致癌物质 carcinogenic substance

能在人、动物或植物体内诱发恶性细胞增殖（癌）的物质。

40　致突变剂 mutagen

能引起生物遗传性改变的物质。

41　电感耦合等离子体 inductively coupled plasma (ICP)

将高频功率加到等离子体炬管耦合的线圈上所形成的炬焰。

42　比例采样器 rateable sampler

一种专用的自动水质采样器，采集的水样量随时间和流量成一定比例，使其任一时段所采集的混合水样的污染物浓度，反映该时段的平均浓度。

43　便携式水质监测仪 portable water quality monitor

可随身携带能在现场快速测定水质参数的仪器。

44　水质自动监测系统 automatic water quality monitoring system

对指定水体的水质参数自动进行测量、分析处理和显示记录的成套设备。

45　卫星水质遥测系统 remote - measuring system of water quality by satellite

通过卫星对指定水体的水质参数进行远距离测量、分析处理和显示记录的成套设备。

46　水污染遥感监测 remote - sensing monitoring of water pollution

应用遥感技术从高空或远距离对地表水体污染状况进行的监测。

二、水质评价

47　水质模型 water quality model

描述污染物在水体中运动变化规律及其影响因素相互关系的数学表达式和计算方法。

47.1　综合水质模型 integrated water quality model

描述多个水质项目（组分）相互作用的数学表达式。

47.2　河流水质模型 river water quality model

描述河流水质变化基本规律的数学表达式，也称河流水污染模型。

47.3　湖泊水质模型 lake water quality model

描述湖泊水质的物理、化学和生物转化过程的数学表达式。

47.4　河口水质模型 estuary water quality model

描述入海河口和感潮河段水质变化基本规律的数学表达式。

48　水温模型 water temperature model

以热力学、流体力学、气象学为基础，以热量平衡为核心，描述河流、湖泊、水库和其他水体温度场变化规律的数学模型。

49　水质变化趋势分析 water quality trend analysis

采用定性定量结合的方法，揭示一定时段内水质变化规律及地理分布模式。常见的分析方法有序列建模法和趋势检验法等，其中，趋势检验法又可分为参数检验法和非参数检验法。

50　水质预报（水质预测）water quality prediction

根据前期和现时水体的水量、流速场、污染物及浓度场等资料，对水体未来水污染变化所作的预测。

50.1　水质相关法 water quality correlation method

水质参数与影响参数的主要因素建立相关关系，以此作为水质参数预测的方法。

50.2　水质模型法 water quality model method

根据水质现状，结合影响水质主要因素的变化及趋势，建立水质预测数学模型，做出近期、中期、长期的预报。

51　水质生物评价 biological assessment of water quality

用生物学方法对水质优劣及其变化趋势作出判断。

52　地表水资源质量评价 surface water resources quality assessment

地表水资源质量评价是以水资源保护和管理为目标，根据水资源开发利用和保护的要求，参考国家和行业制定的各类用水水质标准对地表水资源的评价工作。

53 超标项目 exceeding standard item

污染项目 pollution item

现状水质评价中，浓度值不满足管理目标所设定的标准限值的水质项目/参数。

54 水体复氧 reoxygenation of water body

水体自然流动或利用堰闸、过水坝、跌水等水工建筑物泄水，空气与水体发生掺混，气泡中的氧气在水体中扩散，提高水体中溶解氧浓度的过程。

55 水体自净能力 self-purification capacity of water body

水体依靠自身能力，在物理、化学或生物方面的作用下使水体中污染物无害化或污染浓度下降的过程。

附录六 计量和质量管理

一、计量

1 计量 metrology

实现单位统一，量值准确可靠的活动。

2 检验 inspection

通过观察和判断，必要时结合测量、试验所进行的符合性评价。

2.1 检验实验室 inspection laboratory

从事检验工作的实验室。

2.2 检验方法 inspection method

为进行检验而规定的技术程序。

2.3 检验结果 inspection result

严格按照规定的测量方法所得的特性值。

3 产品检测（测试、试验）test

按照规定的程序，由测定给定产品的一种或多种特征、处理或服务组成的技术操作。

4 参考物质/标准物质 reference material

具有一种或多种足够均匀和很好地确定了的特性，用以校准测量装置、评价测量方法或给材料赋值的一种材料或物质。

二、质量管理

5 质量管理 quality management

通过实施质量策划、质量控制、质量保证和质量改进等全部管理职能的活动。

6 质量保证 quality assurance

为通过足够的信任表明能够满足质量要求，而实施并根据需要进行证实的全部有计划和有系统的活动。

7 质量控制 quality control

为达到质量要求，采用一定的技术措施消除引起数据偏差或数据不合理因素的过程。

8　质量评估 quality assessment

通过构建精度分析与质量评价体系，对调查评估成果的精度、可信度等进行评估的过程。

9　实验室间比对 interlaboratory comparison

按照预先规定的条件，由两个或多个实验室对相同或类似的测试样品进行检测的组织、实施和评价，从而确定实验室能力、识别实验室存在的问题与实验室间的差异。

10　能力验证 proficiency testing

利用实验室间比对，确定实验室从事特定检验检测活动的技术能力。

11　检出率 detected ratio

检出某水质参数的样品个数占被检验样品总数的百分数。

12　超标率 over－limit ratio

检出某水质参数的含量超过规定标准的样品个数占被检验样品总数的百分数。

13　痕迹量 trace

有检出显示，但小于分析方法检出限的量。

14　未检出 not detect

检测结果小于分析方法检出限而难以判断有无的现象。

15　回收率 recovery ratio

在水样中加入已知数量的标准物质，加入后与加入前该物质的测得值之差占所加入量的百分数。它是评定分析方法的精度或检验分析质量的惯用指标。

16　现场空白 field reagent blank（FRB）

按水样采集的步骤，采用相同的装置和试剂，在采样现场，用高纯水充满采样瓶，密封后随样品一起运回实验室，运送、保存及分析方法与水样一致。

17　实验室试剂空白 laboratory reagent blank（LRB）

把一份高纯水或其他空白基体按照样品的程序进行前处理和测定。

18　实验室加标空白 laboratory fortified blank（LFB）

在一份高纯水或其他空白基体中加入已知量的待测物，按照样品分析步骤进行前处理和测定。

19　实验室样品基质加标 laboratory fortified sample matrix（LFM）

在实测样品中加入已知量的待测物，按照样品分析步骤进行前处理和测定，基质加标实验用来检查样品基质中是否含有干扰物质。

20　现场平行样 field duplicates（FD）

同一时间，同一采样地点，在同等的采样和保存条件下，采集平行双样送实验室，按照相同的分步骤进行前处理和测定。

21　回收率指示物 surrogate（SUR）

在样品萃取前加入已知量的纯物质到样品中，并按照分析样品其他组分的程序进行处理和分析。

22　外标法 external standard

采用一组含有待测组分的标准系列作为标准，绘制校准曲线进行定量分析的方法。

23　置信区间 confidence interval

在一定置信水平时（例如 95%），以测量结果为中心，真值出现的可信范围。

24　变异系数 coefficient of variation

概率分布离散程度的一个归一化量度，其定义为标准差与平均值之比，又称离散系数。

25　相关系数 correlation coefficient

研究变量之间线性相关程度的量，一般用字母 r 表示。

26　方差分析 analysis of variance

又称“变异数分析”或“F 检验”，用于两个及两个以上样本均数差别的显著性检验。

27　t 检验 Student's t test

主要用于样本含量较小（例如 $n<30$），总体标准差 σ 未知的正态分布。t 检验是用 t 分布理论来推论差异发生的概率，从而比较两个平均数的差异是否显著

注：本附录主要收录 GB/T 50095—2014《水文基本术语和符号标准》及水利、环境、卫生、城建等行业标准的相关内容。

参 考 文 献

[1] 齐文启，孙宗光，边归国．环境监测新技术［M］．北京：化学工业出版社，2003.

[2] 齐文启．环境监测实用技术［M］．北京：中国环境出版社，2006.

[3] 张扬祖．原子吸收光谱分析应用基础［M］．上海：华东理工大学出版社，2007.

[4] 孙汉文．原子吸收光谱分析技术［M］．北京：中国科学技术出版社，1992.

[5] 刘明钟．原子荧光光谱分析［M］．北京：化学工业出版社，2008.

[6] 张锦茂．原子荧光光谱分析技术［M］．北京：中国标准出版社，2011.

[7] 方肇伦．流动注射分析法［M］．北京：科学出版社，1999.

[8] ISO 14402，Water quality - Determination of phenol index by flow analysis（FIA and CFA）［S］. Switzerland：International Organization for Standardization，1999.

[9] ISO 14403 - 2，Water quality - Determination of total cyanide and free cyanide using flow analysis（FIA and CFA）- Part 2：Method using continuous flow analysis（CFA）［S］. Switzerland：International Organization for Standardization，2012.

[10] ISO 16265，Water quality - Determination of the methylene blue active substances（MBAS）index - Method using continuous flow analysis（CFA）［S］. Switzerland：International Organization for Standardization，2009.

[11] ISO 16265，Water quality - Determination of orthophosphate and total phosphorus contents by flow analysis（FIA and CFA）- Part 2：Method by continuous flow analysis（CFA）［S］. Switzerland：International Organization for Standardization，2003.

[12] ISO 16265，Water quality - Determination of ammonium nitrogen - Method by flow analysis（CFA and FIA）and spectrometric detection［S］. Switzerland：International Organization for Standardization，2005.

[13] 吴烈钧．气相色谱检测方法［M］．北京：化学工业出版社，2005.

[14] 刘虎威．气相色谱方法及应用［M］．北京：化学工业出版社，2007.

[15] 江桂斌．环境样品前处理技术［M］．北京：化学工业出版社，2003.

[16] 王立，汪正范．色谱分析样品处理［M］．北京：化学工业出版社，2001.

[17] 张玉奎．液相色谱分析［M］．北京：化学工业出版社，2016.

[18] GURBUZ F，UZUNMEHMETOGLU O Y，DILER O，et al. Occurrence of microcystins in water，bloom，sediment and fish from a pubic water supply［J］. Science of Total Environment，2016，562：860 - 868.

[19] SU X，STEINMAN A D，XUE Q，et al. Evaluating the contamination of microcystins in lake Taihu，China：The application of equivalent total MC - LR concentration［J］. Ecological Indicators，2018，89：445 - 454.

[20] 张俊，孟宪智，张世禄，等．海河流域地表水中微囊藻毒素的测定［J］．环境监测管理与技术，2019，31（5）：40 - 42.

[21] 李冰，杨红霞．电感耦合等离子体质谱原理和应用［M］．北京：地质出版社，2005.

[22] 王小如．电感耦合等离子体质谱应用实例［M］．北京：化学出版社，2005.

[23] Robert Thomas. Practical Guide to ICP - MS：A Tutorial for Beginners，3rd Revised edition［M］. CRC Press Inc，2013.

[24] 游小燕，郑建明．电感耦合等离子体质谱原理与应用 [M]．北京：化学出版社，2014.

[25] 李金英，徐书荣．ICP - MS仪器的过去、现在和未来 [J]．现代科学仪器，2011，5：29 - 34.

[26] 李冰，胡静宇，赵墨田．碰撞/反应池 ICP - MS性能及应用进展 [J]．质谱学报，2010，31 (1)：1 - 11.

[27] Huang Benli，et al．An Atlas of High Resolution Spectra of Rare Earth Elements for ICP - AES [C]．Cambridge：Royal Society of Chemistry，2000.

[28] 辛仁轩．等离子体发射光谱分析 [M]．3版．北京：化学工业出版社，2018.

[29] 陈新坤．原子发射光谱分析原理 [M]．天津：天津科学技术出版社，1991.

[30] 费学宁．现代水质监测分析技术 [M]．北京：化学工业出版社，2004.

[31] AFNOR. Norme française NFT 90 - 354. Détermination de l' Indice Biologique Diatomées (IBD) [S]．France：2000.

[32] Descy J P，Coste M. A test of methods for assessing water quality based on diatoms [J]．Verhandlungen Internationale Vereinigung für theoretische und angewandte Limnologie，1991，24：2112 - 2116.

[33] EN 13946. Water quality - Guidance standard for the routine sampling and pretreatment of benthic diatoms from rivers [S]．2003.

[34] 段学花，王兆印，徐梦珍，等．底栖动物与河流生态评价 [M]．北京：清华大学出版社，2010.

[35] 国家环境保护总局，《水和废水监测分析方法》编委会．水和废水监测分析方法 第四版（增补版）[M]．北京：中国环境科学出版社，2006.

[36] 克拉默，兰格·贝尔塔洛．欧洲硅藻鉴定系统 [M]．刘威，朱远生，黄迎艳，译．广州：中山大学出版社，2012.

[37] 刘建康．高级水生生物学 [M]．北京：科学出版社，1999.

[38] 张丹，丁爱中，林学钰，等．河流水质监测和评价的生物学方法 [J]．北京师范大学学报：自然科学版，2009，45 (2)：200 - 204.

[39] 戴纪翠，倪晋仁．底栖动物在水生生态系统健康评价中的作用分析 [J]．生态环境，2008，05：2107 - 2111.

[40] 水利部水文局，等．中国内陆水域常见藻类图谱 [M]．武汉：长江出版社，2012.

[41] 国家职业资格培训教材编审委员会，季剑波．化学检验工 [M]．北京：机械工业出版社，2006.

[42] 曾鸽鸣，李庆宏．化验员必备 [M]．长沙：湖南科学技术出版社，2004.

第二篇

水质监测质量管理

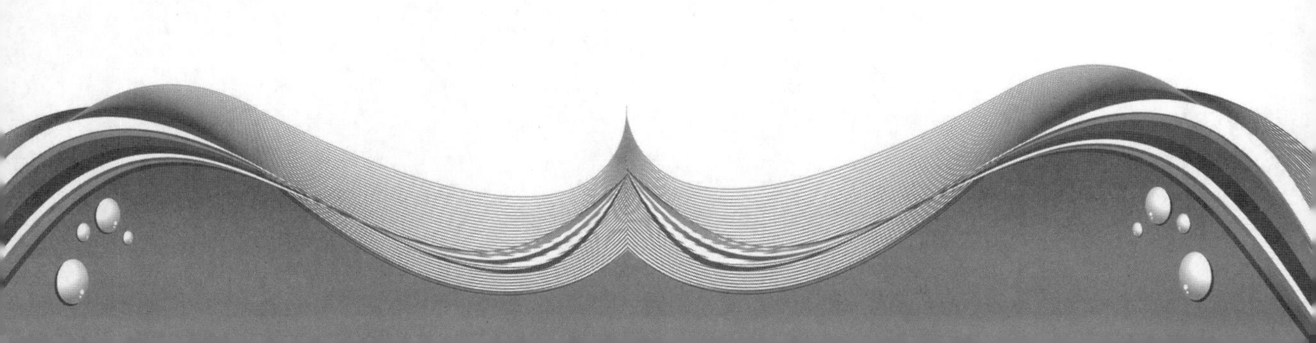

本篇主要收录自2010年以来，水利系统组织开展的质量控制、实验室比对、能力验证等水质监测质量管理工作的相关文件、报告等材料，完整地记录了水利系统加强水质监测质量管理工作的全过程，且保留因机构改革后职能调整而发生变化的一些工作内容。这些历史资料对相关从业人员了解水质监测质量管理的发展过程和经验，并从中得到借鉴是有帮助的。

第一部分　水质监测质量管理指导性文件

一、水质监测质量和安全管理办法
（水利部水文〔2022〕136号）

第一章　总　　则

第一条　为加强和规范水利系统水质监测质量和安全管理工作，依据《中华人民共和国水法》和《中华人民共和国水文条例》及有关法律法规，制定本办法。

第二条　本办法适用于水利系统各级水质监测机构及其行政主管部门，包括部直属有关单位、地方各级水行政主管部门及其所属的水质（水资源、水生态、水环境）监测中心和实验室。

第三条　本办法所称水质监测，是指依据相关标准等规定，运用科学技术方法和专业技能，对水体的物理、化学、生物等指标进行检测和分析评价的活动。

本办法所称质量管理工作，是指在水质监测过程中为保证监测结果的准确性、真实性、完整性等质量要求所实施的活动和措施，主要包括制度、场所、人员、仪器设备、样品、方法、数据资料和质量控制等管理内容。

本办法所称安全管理工作，是指贯穿于水质监测工作全过程的安全活动和措施，主要包括人员安全、实验室安全、野外作业安全和数据资料安全等管理内容。

第四条　水利系统各级水质监测机构应当开展水质监测质量和安全管理工作。水质监测质量和安全管理工作坚持统一标准、统一方法，严控质量、确保安全，分级负责、落实责任的原则。

第五条　按照有关法律法规规定取得检验检测机构资质认定的水质监测机构，还应当遵守水利系统水质监测质量和安全管理有关要求。

第六条　水利部指导水利系统水质监测质量和安全管理工作，组织开展水质监测质量和安全管理工作监督检查。

部直属有关单位、地方各级水行政主管部门负责所属水质监测机构质量和安全管理工作的组织协调和日常监管，加强水质监测场所、设施设备、人才队伍等能力建设，落实工作经费等有关保障措施。

第二章　质　量　管　理

第七条　水质监测机构应当建立健全水质监测质量保障与责任体系，完善数据质量责任追溯和弄虚作假防范与惩治机制，制定质量管理相关制度，保证体系规范持续运行。

第八条　水质监测机构应当具备满足相关法律法规、标准规范要求的工作场所。

工作场所环境条件、安全条件应当满足监测活动要求。水质监测机构应当采取有效措施减少或消除水质监测产生的废气、废水、废渣、噪声等对周边环境的影响，并保证监测人员健康和工作质量不受影响或损害。

第九条　水质监测机构应当具有与所承担监测任务相适应的各类专业技术人员和管理人员，并根据需要设置样品采集、样品管理、样品检测、数据分析、实验室管理等水质监测人员岗位。

水质监测机构实行人员岗位技术考核制度。水质监测人员岗位技术考核包括理论考核和技能考核，由水利部统一组织，委托部直属有关单位或省级水行政主管部门所属监测机构实施。水质监测人员须通过培训达到相应的能力，经岗位技术考核合格后，可承担相应岗位水质监测工作。

第十条　水质监测机构实行水质监测仪器设备管理制度。水质监测机构应当配备满足水质监测工作要求的设备、设施、标准物质和化学试剂等，并按照相关制度规定和技术规范要求进行配置、保存、使用、维护和废弃物处置等管理。

第十一条　水质监测机构应当对样品的采集、流转、保存、使用和处置等环节进行规范管理。

第十二条　水质监测机构应当规范管理、使用标准和方法。水质监测机构应当按照地表水环境质量标准、地下水质量标准和生活饮用水卫生标准等国家标准开展工作，应当正确使用有效的方法开展监测活动，优先使用标准方法，对新引入或者变更的标准方法进行验证、非标准方法进行确认后，方可投入使用。

第十三条　水质监测机构实行水质监测数据资料管理制度。监测机构应当规范数据生产过程的记录、文件资料收集、存储、使用等工作，建立和维护数据资料录入、传输和保管储存的软硬件环境以及信息管理系统，并按照相关要求规范管理。

第十四条　水质监测机构实行水质监测质量控制管理制度。监测机构应当实施有效的数据结果质量控制，质量控制活动应当包括实验室内质量控制、实验室间质量控制和对外部协作方的质量控制。水质监测机构应当开展贯穿于样品采集、检测、数据分析等水质监测活动全过程的质量控制，并按要求参加质量控制考核、比对试验、能力验证等实验室间质量控制活动。

第十五条　水质监测机构和人员违法违规操作或直接篡改、伪造监测数据的，依法依规追究相关人员责任。

第三章　安　全　管　理

第十六条　水质监测机构应当建立并实施水质监测安全管理制度。水质监测机构应当按照国家有关法律法规和安全生产工作要求，落实安全管理责任，保证安全管理制度规范化运行。

第十七条　水质监测机构人员应当定期参加安全培训和安全应急演练。水质监测机构应当配备与监测任务相适应的安全防护设施、个人安全防护用品和应急救助设施设备等，并进行定期检查和更新维护。

第十八条 水质监测机构实验室安全包括实验室布局与警示标识等环境安全、用水用电和消防安全、压缩气体安全、仪器设备安全、化学品安全、实验废弃物安全等。实验室应当建立和保存安全记录，定期开展安全检查和危险源排查，及时排除安全隐患。

第十九条 野外作业安全包括野外采样安全、现场监测安全和水质自动监测站安全等。野外作业人员应当严格按照操作规程开展涉水、冰上、桥梁和缆道作业，安全驾驶船只和车辆，对监测船、移动监测车和水质自动监测站涉及的水、电、气、化学品、废弃物等方面进行安全管理。

第二十条 水质监测机构应当开展数据资料产生和收集、存储和使用等全流程安全管理，采取相应的技术措施和手段，保障数据和资料安全。

涉及国家秘密的监测数据和资料，按照国家保密法律法规和水行政主管部门的有关规定执行。

第二十一条 发生水质监测安全事故，水质监测机构应当立即启动应急预案，按要求第一时间报告，采取应急处置措施，降低事故危害。

有关水行政主管部门依法开展或参与事故调查，依据规定权限和程序对事故发生单位和有关责任人员进行处理。

第四章 附 则

第二十二条 本办法由水利部水文司负责解释。

第二十三条 本办法自印发之日起施行。

二、水文监测监督检查办法（试行）
（水利部水文〔2020〕222号）

第一章 总 则

第一条 为加强水文监测监督管理，规范监督检查行为，依据《中华人民共和国水法》《中华人民共和国水文条例》《水利监督规定（试行）》等法律法规和规章制度，制定本办法。

第二条 本办法适用于水文监测的监督检查、问题认定、问题整改和责任追究。

第三条 本办法所称水文监测是指通过水文站网对江河、湖泊、渠道、水库的水位、流量、水质、水温、泥沙、冰情、水下地形和地下水资源，以及降水量、蒸发量、墒情、风暴潮等实施监测，并进行信息报送、预测预报、分析评价等活动。

第四条 水利部负责组织指导、统筹协调水文监测监督检查工作。水利部水文司会同有关司局负责组织实施水文监测监督检查，督促问题整改。

流域管理机构负责所属单位水文监测工作的组织领导和日常监管，承担水利部委托的水文监测监督检查任务。

省级水行政主管部门负责本行政区域内水文监测工作的组织领导和日常监管，做好监督检查配合和问题整改等工作。

第五条　水文监测监督检查对象包括流域管理机构、地方水行政主管部门及其所属各级水文机构、水文测站，以及其他有从事水文监测工作的相关单位及其所属水文测站。

第六条　水文监测监督检查坚持依法依规、客观公正、问题导向、突出重点的原则。

第二章　监督检查内容

第七条　水文监测监督检查主要内容包括：组织与保障、站网管理、监测管理、信息采集、情报预报、分析评价、资料管理和安全生产。

第八条　组织与保障监督检查主要内容：组织领导、经费保障、人员保障和设施与监测环境保护。

第九条　站网管理监督检查主要内容：测站设立、测站调整和审批管理。

第十条　监测管理监督检查主要内容：汛前准备、预案方案制定、设施设备管理、新技术装备应用、自动测报设施设备运行维护、质量管理和任务完成情况。

第十一条　信息采集监督检查主要内容：测站工作制度及操作规程、测站任务书、测验场地环境、监测作业、实验室工作制度、实验室人员管理、水质采样、水质水生态检测分析、实验室质量控制和实验室资质认定。

第十二条　情报预报监督检查主要内容：信息报送、预报方案制定和预报制作发布。

第十三条　分析评价监督检查主要内容：资料加工和成果服务。

第十四条　资料管理监督检查主要内容：资料汇交、资料整汇编、资料保管和资料提供。

第十五条　安全生产监督检查主要内容：日常管理、测站管理、实验室管理和工作成效。

第三章　程序及方式

第十六条　水文监测监督检查通过“查、认、改、罚”等环节开展工作，主要工作程序如下：

（一）按照水文监测年度工作重点制定监督检查工作方案，明确检查目标、方式、任务内容与具体要求等。

（二）成立监督检查组，采取现场查看、查阅资料等形式开展监督检查。

（三）进行问题认定并提出问题整改建议。

（四）印发整改通知，督促问题整改及实施整改核查。

（五）实施责任追究。

检查发现违反相关法律法规及有关制度的，按照其规定执行。

第十七条　水文监测监督检查通过飞检、检查、调查等方式开展工作。

（一）飞检，是针对水文监测工作开展的专项或全面检查，主要采用“四不两直”方式，即不发通知、不向被检查单位告知行动路线、不要求被检查单位陪同、不要求被检查单位汇报；直赴现场、直接接触一线工作人员。

（二）检查，是针对水文监测工作开展的专项或全面检查。一般在检查前印发通知，通知中明确检查时间、内容、参加人员，以及需要配合的工作要求等。

（三）调查，是针对个别或突出问题开展的专项检查。水文监测调查应明确专项调查工作要求，一般可结合年度飞检或检查任务实施；也可针对突发问题线索、问题特性等随时部署开展调查。

水文监测监督检查要充分利用水文监测业务系统进行实时监控和数据分析，提高监督检查效能。

第十八条　水文监测监督检查实行组长负责制，监督检查组组长应具有5年及以上水文监测及相关工作经历。水文监测监督检查人员应熟悉了解水文监测管理与业务要求，或熟悉水利监督检查有关工作要求。

水文监测监督检查人员实施监督检查行为应遵守《水利督查队伍管理办法（试行）》等有关规定。

第十九条　被检查单位及有关人员应积极配合监督检查组开展工作，对有关事项的询问如实反映情况，依法依规提供相关材料和信息，并根据监督检查要求配合开展现场作业工作。

第四章　问　题　认　定

第二十条　监督检查组依据本办法和相关法律法规、政策规定、技术规范、工作部署，对检查中发现的问题进行认定。问题按照严重程度分为一般问题、较重问题和严重问题三个等级。

水文监测监督检查问题分类见《水文监测监督检查问题分类》（附件1，略）。

第二十一条　监督检查组应对检查发现的问题做好拍照、录像等取证工作，必要时可要求有关单位或人员提供相关说明。

第二十二条　监督检查工作结束前，监督检查组应与被检查单位交换意见，对发现的问题予以确认（确认单样式见附件2，略）。

第二十三条　被检查单位对监督检查发现的问题有异议的，可在5个工作日内提供相关材料进行陈述和申辩，监督检查组应进行复核并提出复核意见。

第五章　问　题　整　改

第二十四条　监督检查工作完成后，监督检查组应及时提交检查情况报告，提出问题清单和整改建议。

第二十五条　水利部按照“一单位一单”方式，向流域管理机构和省级水行政主管部门印发整改通知，提出整改要求，对重点问题跟踪督促整改进展情况，适时组织开展整改核查。

第二十六条　被检查单位应对照整改通知要求组织整改，建立问题整改台账，制定整改措施，明确整改时限、整改责任单位（部门）和责任人等，按要求逐项整改落实并将整改情况在规定期限内反馈水利部。

第六章　责　任　追　究

第二十七条　水利部可直接实施责任追究或责成流域管理机构、省级水行政主管部门实施责任追究。

第二十八条　责任追究包括对单位责任追究和对个人责任追究。个人责任追究包括对直接责任人的责任追究和领导责任人的责任追究。

责任追究标准见附件3（略）。

第二十九条　对责任单位的责任追究方式分为：

（一）责令整改。

（二）约谈。

（三）通报批评。

（四）其他相关纪律和法律法规等规定的责任追究。

第三十条　对责任人的责任追究方式分为：

（一）书面检查。

（二）约谈。

（三）通报批评。

（四）建议调离岗位。

（五）建议降级降职。

（六）其他相关纪律和法律法规等规定的责任追究。

第三十一条　责任单位或责任人有下列情况之一，从重责任追究：

（一）拒不执行工作任务，造成重大影响或重大损失的。

（二）成果造假、隐瞒问题等恶劣行为。

（三）未按期整改或拒不整改的。

（四）其他依法依规应予以从重责任追究的情形。

第七章　附　　则

第三十二条　省级水行政主管部门可参照本办法，结合工作实际制定相关制度。

第三十三条　本办法自印发之日起施行。

三、关于加强水质监测质量工作的通知
（水利部水文〔2010〕169号）

各流域机构，各省、自治区、直辖市水利（水务）厅（局）：

为进一步加强水质监测质量管理工作，及时、准确、全面地为水资源管理与保护提供水质监测结果，有效发挥水质监测的技术支撑作用，现将有关事项通知如下：

一、充分认识加强水质监测质量管理工作的重要性

水质监测质量管理是指在水质监测的全过程中，为保证监测数据的代表性、可靠性、可比性、系统性和科学性所实施的全部质量保证、质量控制、质量监督检查、质量评定等措施。水质监测数据是否准确，分析结论是否客观，将直接影响到水资源管理决策的正确性。实施最严格的水资源管理制度，要求建立和完善水资源开发利用、水功能区限制纳污、用水效率控制等监测指标体系，建立水资源监管的监测网络，实施目标责任制、考核

制和问责制。水质监测数据是监督管理和严格执法的主要依据，因此，必须强化水质监测质量管理，确保监测结果质量，使其在水资源保护监管中发挥应有的作用。各流域机构、各省、自治区、直辖市水行政主管部门、各级监测机构必须高度重视水质监测质量，提高监测机构的质量管理能力和水平，保障监测结果的科学性与公信力。

二、水质监测质量管理的原则和目标

水质监测质量管理的原则是：坚持制度规范与监督管理并重；提高素质与强化考核并重；分级管理与协调配合并重。坚持以先进的质量管理方式，保证监测质量的持续提升。

水质监测质量管理的主要目标是：突出监测机构的质量主体地位，推动监测机构建立全员、全过程、全方位的质量管理体系；建立行之有效的质量监督检查和质量评定机制；建设质量和安全都合格的水环境监测机构。

三、完善水质监测质量管理制度建设

1. 制定和完善水质监测质量管理的相关制度。建立并完善实验室管理、监测人员持证上岗考核、监测质量监督检查及考评等制度，明确水质监测质量管理各相关主体的责任。各级监测机构要认真贯彻各项监测质量管理制度，要以提高质量效益为核心，从管理、监测技术、人员3个方面切实提高水质监测质量管理水平。

2. 实行水质监测质量管理报告制度。各级监测机构应于每年年底向上级监测机构提交当年的质量管理总结和下一年度的质量管理工作计划。各级监测机构应重视水质监测全过程质量保证和质量控制，并坚持常抓不懈。

四、建立水质监测质量管理的监督考核机制

1. 建立监督检查机制。重点加强对省界缓冲区及重要水功能区监测质量、自动监测站监测及运行管理、监测人员持证上岗、大型仪器设备使用情况的监督检查。

2. 建立考核评定机制。建立并完善以日常监督管理与专项检查评定相结合、上级主管部门的监督检查与各级监测机构自查相结合的质量考核评定机制，通过有效的质量管理，形成全国统一、上下贯通、合力推进水质监测质量管理的良好工作局面。

五、加强水质监测质量监督管理的组织领导

为加强水质监测质量管理工作的领导，我部将组建水质监测质量监督管理领导小组，指导全国水利系统水质监测质量监督管理和考核评定工作。

水利部水质监测质量管理工作，由部水文局负责组织实施，会同部水资源管理司制定“加强水质监测质量管理工作的实施方案”和水质监测质量监督管理相关制度；建立水质监测质量考核评定技术专家库；组织对流域和省级水环境监测机构的质量考核评定；强化监测人才培养和监测队伍素质建设。

各流域水资源保护局负责组织和指导流域内水质监测机构认真做好监测质量管理和考核工作。同时，各流域水资源保护局、水文局，各省、自治区、直辖市水文水资源（勘测）局，应切实加强领导，将质量管理工作纳入各级监测机构年度工作考核内容，并进行监督检查，努力推动水质监测质量管理取得实效。

水利部
二〇一〇年五月十一日

第二部分　水质监测质量管理各项制度

一、水质监测质量管理监督检查考核评定办法
(2015年5月修订)

第一章　总　　则

第一条　为统一和规范水利系统水质监测机构质量管理监督检查和考核工作，依据水利部《关于加强水质监测质量管理工作的通知》（水文〔2010〕169号）和《水环境监测规范》(SL 219—2013)，制定本办法。

第二条　本办法适用于水利系统水质监测机构的质量管理与安全管理监督检查和考核工作。

本办法所称水利系统水质监测机构是指水利部水环境监测评价研究中心，各流域水环境监测中心及其分中心，各流域水文局直属水环境监测中心及其分中心，各省、自治区、直辖市水文机构直属水环境（水文水资源）监测中心及其分中心，各级水利（水务）部门和水利工程管理单位直属其他水质监测中心等（以下简称监测机构）。

第二章　组　织　管　理

第三条　水利部水文局会同水资源司制定并滚动实施水质监测质量管理行动计划，负责对流域监测机构及其分中心、流域水文局直属监测机构及其分中心、省级监测机构实施质量管理监督检查和考核。

第四条　受部水文局的委托，流域监测机构按分工对本流域省级以下监测机构进行质量管理监督检查和考核。

第五条　监督检查考核组实行组长负责制，依据监督检查考核计划对监测机构进行随机抽查和考核。

第六条　流域监测机构委派的监督检查考核组组长人选，须事先向部水文局报备。

第三章　检查方式与内容

第七条　质量监督检查和考核应按照本办法规定的各项内容进行，覆盖各级监测机构。

第八条　监督检查内容和方法

（一）质量管理制度建设及实施情况检查

主要检查监测机构是否建立健全相关制度或实施细则，重点是评价实施效果。

（二）全员岗位技术培训和考核工作检查

按照《水质监测人员岗位技术培训和考核制度》，主要检查：

1. 监测机构从事样品采集、检验、实验室管理、水质评价等岗位人员是否经过分级技术培训和考核，持有《水利部培训登记证明》的情况。

2. 采样人员、检验人员等持有《水质监测从业人员岗位证书》情况，持证上岗率是否达到《水环境监测规范》规定的要求。

3. 流域监测机构和省级监测机构是否按计划组织开展了水质监测相关技术培训。

（三）质量控制考核、实验室比对试验与能力验证工作检查

按照《实验室质量控制考核与比对试验实施办法》《实验室能力验证实施办法》，主要检查：

1. 在日常监测工作中采取质量控制措施的情况及效果。

2. 参加部水文局、流域监测机构或省级监测机构组织的质量控制考核和实验室比对试验情况及结果。

3. 参加国家或省级技术监督主管部门组织的实验室能力验证的情况，参加部水文局组织的实验室能力验证情况。

4. 流域监测机构是否按要求组织开展年度质量控制考核或实验室比对试验。

（四）省界缓冲区等重点水功能区水质监测质量检查

按照《省界缓冲区等重点水功能区水质监测质量监督检查制度》，主要检查：

1. 监测断面布设、采样位置、监测频率、监测项目、采样和现场测试、样品保存、实验室检验检测、数据处理和结果报送等监测过程。

2. 监测数据的有效性、检验项目的数据统计处理过程、计量单位、数据填报的规范性、监测数据之间逻辑关系的合理性、不同监测机构监测数据一致性等。

3. 是否组织相关监测机构采取联合采样，实施水功能区水质比对监测。必要时，可采取现场实测的方式进行检查与考核。

（五）大型水质监测仪器设备使用情况检查

按照《大型水质监测仪器设备监督检查制度》，主要检查：

1. 仪器设备的配置是否符合有关水环境监测实验室装备或分类定级标准，备品备件、相关资料的完备情况等。

2. 授权操作人员的配备及专业水平、熟练程度，实际操作能力等。

3. 仪器设备的检定、管理维护、运行使用效率，环境条件与安全防护等。

4. 移动监测仪器设备的功能和状态完好、使用和维护情况，车船及所载仪器设备和试剂的安全存放条件控制，以及对周边环境的影响，野外使用保障条件和措施。

5. 应急监测组织建设、对应急预案和应急监测工作流程的熟悉程度、开展应急演练情况。按照应急预案规定的应急监测出勤及时性、应急监测结果报告的及时性和准确性、应急监测人员的安全防护措施等。

（六）水质自动监测站质量监督检查

按照《水质自动监测站质量监督检查制度》，主要检查：

1. 运行管理制度的执行情况、运行记录、数据传输、管理维护、使用效率、质量控

制、环境条件与安全防护等。

2. 查阅资料，了解利用自动监测数据为水资源保护与管理、水污染防治以及突发性水污染事故处置服务的情况。

3. 采取标准物质考核或实际水样比对，评估自动监测站监测结果质量。

（七）实验室管理、环境条件和安全生产情况检查

按照《水环境监测规范》、《水环境监测实验室安全技术导则》（SL/Z 390）、《地表水资源质量评价技术规程》（SL 395）的要求，主要检查：

1. 实验室管理人员是否按照相关规定有效开展实验室管理。实验室检验条件是否符合要求。

2. 监测机构是否按时进行水质监测资料的整汇编，实验室检验记录管理与技术档案管理的情况。

3. 通过查看业绩成果，考核水质评价人员能否正确开展水质评价。

4. 监测机构是否按规定及时报送年度质量管理总结和计划。

5. 监测机构是否有健全的安全组织管理体系，严格管理实验室各类危险品，有无完备的实验操作和个人安全防护措施、消防设施、野外作业安全保障措施以及废弃污染物处置措施等，安全生产无事故。

（八）现场操作考核

1. 通过选择特定项目进行样品现场采集全过程考核，了解采样人员能否正确并熟练地按《水环境监测规范》等技术规程规范的要求采集样品。

2. 通过现场操作考核，了解检验人员对所承担的检验检测项目基本操作技能的掌握情况及熟练程度。

3. 监督检查考核组长应按不少于监测机构监测能力5%的比例抽取考核项目。并在实施考核的前3天，将现场操作考核项目和考核方式以电子邮件形式通知到监测机构负责人。

4. 现场操作考核可采取有证标准样品（盲样）考核、留样复测、现场样品的人员比对、方法比对、操作演示等方式进行。其中，除采取有证标准样品（盲样）考核外，采取其他考核方式所占比例应为20%～40%。

5. 如抽考项目有多名持有上岗证的检验人员，可采取抽签方法决定参加考核的人员。参加现场操作考核的人员不得携带作业指导书和其他相关资料，检查考核组成员在现场全程监督。

6. 监测机构在近二年内参加部水文局组织的质量控制考核（实验室比对试验）成绩合格、参加国家或省级技术监督主管部门，以及部水文局组织的实验室能力验证取得满意结果的项目（参数）不再抽考，且不占抽考基数。

第九条 监督检查考核程序

1. 监督检查考核组成员分工，确定检查步骤和检查重点。

2. 监督检查考核组向被检查的监测机构介绍监督检查考核的时间、内容、方法和要求。

3. 实施现场监督检查考核。

4. 向监测机构负责人通报监督检查考核结果，征询意见。

5. 监督检查考核组汇总检查考核结果，形成监督检查考核报告。其中应明确检查考核时间、人员、内容、结果、整改要求等，并有监督检查考核组全体成员及被检查的监测机构负责人签名。监督检查考核报告一式两份，一份交被检查的监测机构，另一份报部水文局。

第四章　检查考核评分值

第十条　监督检查考核结果按满分100分制进行评分。各项内容的所占分值为：

（一）质量管理制度建设及实施情况检查，满分为4分。

（二）全员岗位技术培训和考核工作检查，满分为10分。

（三）质量控制考核、实验室比对试验与能力验证工作检查，满分为22分。

（四）省界缓冲区等重点水功能区水质监测质量检查，满分为18分。

（五）大型水质监测仪器设备使用情况检查，满分为14分。

（六）水质自动监测站质量监督检查，满分为4分。

（七）实验室管理、环境条件和安全生产情况检查，满分为20分。

（八）现场操作考核，满分为8分。

第五章　监督检查考核结果的评定

第十一条　申请参加质量和安全管理考核结果评定的监测机构，应向部水文局提交申报材料。部水文局组织评定组负责对各监测机构提交的申报材料进行审查评定。

第十二条　监测机构提交的申报材料包括：

（一）监测机构的申报文件。监测机构为非独立法人单位的，需提供其上级主管部门的申报文件。

（二）监测机构全员岗位技术培训和持证上岗记录。

（三）开展内部质量控制活动记录。

（四）参加部水文局组织的水利系统质控考核或实验室比对结果，参加流域监测机构组织的质控考核或实验室比对结果。

（五）参加国家或省级质量监督主管部门组织的能力验证满意结果证明，参加部水文局组织的水利系统实验室能力验证满意结果证明。

（六）部水文局组织的质量管理监督检查考核结果。

（七）其他需要提供的相关证明材料。

第十三条　评定标准

评定得分90分（含）以上为优秀；

评定得分80～89分为优良；

评定得分65～79分为基本合格；

评定得分65分（不含）以下为不合格。

第十四条　优秀等级和优良等级有效期为五年。一旦发现监测机构质量管理或安全管理存在严重问题时，由部水文局撤销其优秀或优良等级评定结果。

第十五条　评定结果为不合格的监测机构，应责令其限期整改。

第六章　附　　则

第十六条　本办法自发布之日起执行。

附件：质量管理监督检查考评表

附件

质量管理监督检查
考评表

监测机构：________________________________

考核组成员：______________________________

考核日期：____年____月____日至____年____月____日

水利部水文局

质量管理监督检查考评表

考核项目及分值			考核内容及分值		考核意见			得分	情况说明
序号	考核项目	分值	考核内容	分值	符合	基本符合	不符合		
1	质量管理制度建设及实施情况	4							
1.1	质量管理制度	1.5	建立质量管理制度或实施细则健全	1.5					
1.2	实施效果	2.5	相关人员熟悉质量管理制度或实施细则	1					
			严格执行质量管理制度或实施细则	1.5					
小　计									
2	全员岗位技术培训和考核	10	以100%计，按比例递减						
2.1	人员培训	4	管理人员培训	1					
			评价人员培训	1					
			采样人员培训	1					
			检验人员培训	1					
2.2	持证上岗率	6	采样人员持证上岗率	2					
			检验人员持证上岗率	4					
小　计									
3	质量控制考核、实验室比对试验与能力验证	22							
3.1	质量控制考核（比对试验）	8	全部合格	8					
			一项次不合格，经补考合格	6					
			二项次不合格，经补考合格	4					
			二项次以上不合格，缺项，补考不合格	0					
3.2	能力验证	4	应参加的项目结果均满意	4					
			参加部分项目，结果均满意	2					
			结果可疑或离群	0					
3.3	精密度偏性试验、质控图	5	回收率检验合格	0.5					
			变异显著性检验合格	0.5					
			总标准差检验合格	0.5					
			检测限计算合格	1					
			校准曲线绘制线性检验合格	0.5					
			质控图绘制	1					
			质控报告	1					

续表

考核项目及分值			考核内容及分值		考核意见			得分	情况说明
序号	考核项目	分值	考核内容	分值	符合	基本符合	不符合		
3.4	常规质量控制	5	现场采样质量控制	2					
			实验室质量控制	3					
小　　计									
4	省界缓冲区等重点水功能区水质监测质量检查	18							
4.1	断面设置	3	采样断面点位布设符合SL 219规定	2					
			采样断面有明显标识，变更备案存档	1					
4.2	样品采集	4	采样过程规范，记录翔实	1					
			样品保存、运输、交接符合SL 219规定	2					
			采样安全措施到位	1					
4.3	监测频率	2	符合SL 219规定	2					
4.4	监测参数	2	符合SL 219规定	2					
4.5	对比监测	2	开展相同断面对比监测	2					
4.6	质量与报告	5	数据合理性审查	1.5					
			质控报告内容完整	1.5					
			监测报告内容完整	2					
小　　计									
5	监测人员现场操作考核	8							
5.1	采样人员	3	采样计划与准备	1					
			样品采集、保存、交接	2					
5.2	检验人员	5	称量、配液、标定	1					
			仪器操作或生物操作	1					
			盲样考核	3					
小　　计									
6	大型水质监测仪器设备使用情况	14							
6.1	人员情况	2	人员配备满足需要	1					
			能熟练操作运用	1					
6.2	管理维护	3	操作规程齐备，定期维护，期间核查，按周期检定或校准	2					
			使用记录完整，符合有关规定	1					

续表

考核项目及分值			考核内容及分值		考核意见			得分	情况说明
序号	考核项目	分值	考核内容	分值	符合	基本符合	不符合		
6.3	使用效率	4	整体状态良好，功能齐全完好	2					
			有效使用次数不少于6次/年	2					
6.4	安全环境	1	环境条件符合要求	0.5					
			安全无责任事故	0.5					
6.5	移动实验室	流域监测机构及所属分中心，流域水文局直属监测机构，省级监测机构参加本项检查考核							
6.5.1	操作人员	1	熟悉应急监测仪器设备结构和原理	0.5					
			熟悉应急预案，能及时处理异常情况	0.5					
6.5.2	管理维护与安全	2	定期比对试验	0.5					
			定期开展应急演练	0.5					
			妥善存放仪器设备，保证野外监测条件	0.5					
			车船证照齐全，定期养护，状态完好	0.5					
6.5.3	使用效率	1	仪器设备功能齐全常态化	0.5					
			应急监测出勤及时	0.5					
小计									
7	水质自动监测站质量监督检查	4	流域监测机构及所属分中心，流域水文局直属监测机构，省级监测机构参加本项检查考核						
7.1	管理制度	0.5	规章制度完善、有效运行	0.5					
7.2	资料管理	0.5	系统建设、安装、调试、竣工验收技术文档齐全	0.2					
			运行、维护、维修，易耗品更换，质控记录齐全	0.3					
7.3	监测频次	0.5	符合SL 219规定	0.5					
7.4	运行与日常维护	1.5	专门人员负责日常维护，系统运行状态正常	0.3					
			水、电、通信，仪器设备安全运行环境符合要求	0.2					
			采水系统、配水系统，装置维护检修情况正常	0.2					
			数据采集传输正常	0.3					

续表

考核项目及分值			考核内容及分值		考核意见			得分	情况说明
序号	考核项目	分值	考核内容	分值	符合	基本符合	不符合		
7.4	运行与日常维护	1.5	运行中标准溶液和试剂保持有效性	0.2					
			自动站样品和实验室测定方法有可比性	0.3					
7.5	质量保证	0.5	仪器定期检定（校准）	0.25					
			标准溶液核查	0.25					
7.6	现场检查	0.5	比对试验符合 SL 219 规定	0.2					
			现场考核	0.3					
小　计									
8	实验室管理、环境条件和安全生产情况	20							
8.1	检验检测场所	5	面积符合 SL 276 和 SL 684 相关规定	3					
			布局合理，相互无干扰	1					
			整洁有序，采光通风好	1					
8.2	资料整汇编、记录和档案管理	5	按年度进行水质资料整汇编	2.5					
			记录和档案管理符合 SL 219 规定	2.5					
8.3	水质评价及质量管理	5	按 SL 395 等规定，正确开展水质评价	2.5					
			按要求及时报送年度质量管理总结和计划	2.5					
8.4	安全生产	5	健全安全组织管理体系，严格管理实验室各类危险品，废弃污染物处置措施到位	1					
			安全生产无责任事故	1					
			实验操作和个人安全防护措施完备	1					
			野外作业安全保障措施完备	1					
			消防设施完备有效	1					
小　计									
合　计									

注　1. 不符合和基本符合者为整改项，应在说明栏内做相应的说明。

2. 流域监测机构或省级机构不按规定组织年度培训的扣 1 分。

3. 主管领导未参加过业务培训扣 1 分。

4. 流域监测机构未按规定组织本流域省（自治区、直辖市）监测机构开展比对试验扣 2 分。

质量管理监督检查考评表

<table>
<tr><td>考核意见</td><td>考核组成员（签名）　　考核组长（签名）

年　月　日　　年　月　日</td></tr>
<tr><td>备注</td><td></td></tr>
</table>

二、水质监测人员岗位技术培训和考核制度
（2015年5月修订）

第一章　总　　则

第一条　为规范水质监测人员岗位技术培训和考核工作，根据水利部《关于加强水质监测质量管理工作的通知》（水文〔2010〕169号）和《水环境监测规范》（SL 219—2013），制定本制度。

第二条　本制度适用于水利系统各级监测机构从事样品采集、检验、水质评价和实验室管理等岗位技术培训和考核。

第三条　岗位技术培训和考核实行统一标准、分级负责、备案管理。

第二章　组　织　管　理

第四条　水利部水文局负责水利系统水质监测机构监测人员岗位技术培训和考核的组织管理工作。

第五条　监测岗位技术培训

（一）各级监测机构的管理人员、水质评价人员应根据本单位培训计划，分别参加列入水利部年度培训计划或经水利部备案同意的有关实验室管理或其他内容相近的管理岗位技术培训，水资源质量评价、水文水资源调查评价、水资源论证或其他专项水质评价的岗位技术培训。

（二）各级监测机构的检验人员应适时参加列入水利部年度培训计划或经水利部备案同意的检验检测高新技术应用培训。

（三）检验检测高新技术应用培训内容由部水文局确定，或委托水利部水环境监测评价研究中心（以下简称部中心）负责。流域监测机构、流域水文局相关职能部门和省级监测机构可根据需要，组织检验检测相关技术培训。

（四）参加水利部相关司局组织的水质监测技术、实验室管理、水质评价培训的人员，成绩合格可取得《水利部培训登记证明》。其中，实验室管理、水质评价岗位可同时填发《水质监测从业人员岗位证书》。

第六条　样品采集、检验等岗位技术考核

（一）部水文局负责组织对部中心的样品采集、检验人员进行岗位技术考核。

（二）受部水文局的委托，部中心负责对流域监测机构的样品采集、检验人员进行岗位技术考核。

（三）受部水文局的委托，流域监测机构负责对流域水文局直属监测机构、省级监测机构的样品采集、检验人员进行岗位技术考核。

（四）流域监测机构、流域水文局直属监测机构、省级监测机构负责对所属分中心的样品采集、检验人员进行岗位技术考核。

（五）各级水利（水务）部门和水利工程管理单位直属的其他水质监测中心自愿申请

参加样品采集、检验人员岗位技术考核的，由其所在地的流域监测机构或省级监测机构负责考核。

第七条　部中心、流域监测机构等主考单位对相关监测机构的样品采集和检验人员实施岗位技术考核前，先将考核计划报部水文局。考核结束15个工作日内，将考核结果和《水质检验（采样）人员岗位技术考核报告》的电子版报部水文局备案登记后，方可填发《水质监测从业人员岗位证书》。登记后20个工作日内，应将考核组成员签字确认，并加盖主考单位公章的《水质检验（采样）人员岗位技术考核报告》（一式三份）报部水文局。

第八条　流域水文局直属监测机构、省级监测机构等主考单位对所属分中心的样品采集和检验人员实施岗位技术考核前，先将考核计划报流域监测机构。考核结束15个工作日内，将考核结果和《水质检验（采样）人员岗位技术考核报告》的电子版报流域监测机构复核后，方可填发《水质监测从业人员岗位证书》。复核后20个工作日内，应将考核组成员签字确认，并加盖主考单位公章的《水质检验（采样）人员岗位技术考核报告》，报经流域监测机构签署复核意见后转报部水文局。

第九条　各主考单位应在每年6月和12月将《岗位技术考核情况统计表》报送部水文局。

第三章　考核方式与内容

第十条　样品采样、检验等岗位技术考核分别采取理论考核和技能考核的方式。各级主考单位应根据不同岗位的工作需要，确定理论考核和技能考核内容。

（一）理论考核包括：水环境监测基础理论知识、采样方法、样品预处理方法、质量保证和质量控制知识、常用数据统计知识、分析测试方法、数据处理、水环境保护标准和监测规范等。

（二）技能考核包括：现场采样、试剂配制、分析仪器的规范化操作、质量保证和质量控制措施、数据记录和处理、校准曲线制作、样品测定以及数据审核程序等。

第十一条　理论考核试卷命题主要从《水环境监测实用技术问答与岗位技术考核试题集（第二部分）》抽取，考核组自行命题不超过20%。理论考核采取闭卷方式考核。

第十二条　技能考核中的样品测定可选择有证标准样品的测定、留样复测、天然样品的加标回收率测定、人员比对和操作演示等考核方式。

第十三条　新进检验人员须有不少于3个月在实验室见习的经历，方可申请参加见习项目的岗位技术考核。

第十四条　检验人员首次参加理论考核成绩合格的，5年内再申请同类别其他检验项目岗位技术考核时，可免于理论考核。

第十五条　样品采集人员、检验人员参加理论考核和技能考核成绩均合格的，填发《水质监测从业人员岗位证书》。考核不合格的，可给予一次补考。

第十六条　部中心、流域监测机构等主考单位在每年春季和冬季定期举行岗位技术考核。有关监测机构应在主考单位预告的考核日期前2个月向主考单位递交《水质监测人员岗位技术考核申请表》。主考单位可根据参加考核人数、考核项目，组建考核组，确定集中考核或分别考核的时间、地点。

第十七条　主考单位派遣的考核组应由2～4名专家组成，并实行组长负责制。考核组成员持证上岗项目应能基本覆盖所主考的项目。

第十八条　考核组具体实施的考核工作，主要包括理论考核试卷的命题及阅卷评分、确定现场样品测定的考核方式并同步监督、形成岗位技术考核意见、编写并提交《水质检验（采样）人员岗位技术考核报告》等。

第十九条　理论考核试卷、《检验（采样）人员基本技能考核评分表》，由考核组成员签字交被考单位存档备查。

第四章　岗位证书管理

第二十条　《水质监测从业人员岗位证书》有效期为5年。

第二十一条　岗位证书有效期满前90天，持证人员须向所在监测机构提出岗位技术考核书面申请。

持证检验人员继续从事原岗位工作的，技术考核程序从简。近三年内参加上级机构组织的质控考核、实验室比对或能力验证成绩合格或结果满意的，经验证后可延续证书有效期5年。

其他岗位人员经培训或验证后可延续证书有效期5年。

第二十二条　检验人员离法定退休年龄不满5年，且连续从事水质监测工作满10年的，岗位证书有效期满后仍从事原岗位工作的，其证书有效期可予以延续。

第二十三条　持有《水质监测从业人员岗位证书》的样品采集和检验人员方能从事相应的样品采集和检验工作。未持证者只能在持证人员的指导下从事相应工作，其质量由持证指导人员负责。

第二十四条　水质监测从业人员取得《水质监测从业人员岗位证书》后，有下列情况之一者即取消或注销持证资格：

（一）违反操作规程，造成重大安全和质量事故者。

（二）伪造数据、弄虚作假者。

（三）调离水利系统监测机构者。

第五章　附　则

第二十五条　本制度自发布之日起执行。

附件1-1：水利系统水质监测人员岗位技术考核申请表

附件1-2：水利系统水质监测人员岗位技术考核项目统计表

附件2：检验（采样）人员基本技能考核评分表

附件3：水质检验（采样）人员岗位技术考核报告

附件4：《水质监测从业人员岗位证书》附表

附件5：岗位技术考核情况统计表

附件 1-1

表 1　　水利系统水质监测人员岗位技术考核申请表

＿＿＿＿＿＿＿＿监测中心　　填表日期：　年　月　日　　第　页共　页

序号	姓名	性别	技术职称	考核项目	分析方法名称、代号	考核方式							持证情况		
						理论考核	样品分析					基本技能	新进人员	新增项目	有效期满
							标准样品	留样复测	天然样品	操作演示	人员比对				

注　1. 分析方法填写检验标准方法和标准号。

2. 样品分析考核方式由主考单位确定。

3. 持证情况："新进人员"指新人职人员首次申请考核，"新增项目"指已有检验岗位证书人员申请新项目上岗，"有效期满"指检验人员该项目持岗位证书满五年，再次申请考核。请根据具体情况在相应栏目画"√"表示。

附件 1-2

表 2　　水利系统水质监测人员岗位技术考核项目统计表

＿＿＿＿＿＿＿＿监测中心　　填表日期：　年　月　日　　第　页共　页

序号	考核项目	分析方法名称、代号	参加考核人员名单	考核人数	考核内容	备注

注　考核内容分为"采样"和"检验"。

附件 2

检验（采样）人员基本技能考核评分表

水利部水文局

检验人员基本技能考核评分表

单位： 姓名： 考核日期： 年 月 日

序号	考核项目及分值		操作考核内容及分值		得分	考核情况说明
	考核项目	分值	操作考核内容	分值		
1	天平操作	30				
1.1	准备	10	查看仪器状态及环境状况	4		
			进行称量前清理	3		
			接通电源预热至少30min（或按说明书要求预热）	3		
1.2	称量	15	称量容器及操作符合要求	5		
			多余称量试剂的处置	3		
			称量过程无试剂洒落	3		
			正确读取并记录称量数据	4		
1.3	整理	5	称毕、取称量物后恢复天平原状	3		
			在使用记录本上登记使用情况并签字	2		
小计						
2	溶液配制	30				
2.1	准备	8	所用量具是否有检定标识	3		
			所用量具是否清洁	2		
			所用量具使用前是否经过检查	3		
2.2	溶解与稀释	10	试剂溶解及稀释过程有无洒落	4		
			安培瓶打开时无溶液外溅、瓶体完好			
			试剂溶解及转移是否符合要求	2		
			配制标准使用溶液时，是否将储备液倒入洁净的小烧杯内移取	4		
			提取安培瓶中标准溶液时，是否有固定防护措施			
2.3	定容	12	溶液移入后，是否进行初步摇匀	3		
			定容前是否经过一定时间的静止	3		
			定容是否准确	3		
			溶液是否充分混匀	3		
小计						
3	标定与滴定	40				
3.1	准备	15	正确选择滴定管，并进行漏液检查	5		
			标准溶液使用前是否充分摇匀	5		
			滴定管使用前是否用标准溶液充分润洗，润洗方法是否得当	3		
			加入标准溶液后，是否存有气泡	2		

续表

序号	考核项目及分值		操作考核内容及分值		得分	考核情况说明
	考核项目	分值	操作考核内容	分值		
3.2	滴定	20	操作是否得当，滴定速度是否合适	6		
			滴定终点前的操作是否符合要求，判断是否准确	6		
			滴定管读数方式和记录是否符合要求	8		
3.3	整理	5	洗净器皿回归原处	2		
			清理现场，废液和废弃物的处理与回收	3		
小　计						
4	仪器操作	40				
4.1	准备	12	检查仪器环境条件，温度、湿度是否满足要求	2		
			按开机顺序开机	5		
			按使用说明书要求预热	5		
4.2	测试	20	检查仪器静态及动态稳定性	5		
			调整仪器参数，以达到合适的灵敏度	5		
			测试结束后按顺序关机	5		
			仪器操作熟练程度	5		
4.3	整理	8	记录	5		
			清理现场，恢复仪器原状	1		
			废液和废弃物的处理与回收	2		
小　计						
5	生物操作	40				
5.1	准备	16	无菌操作间的消毒和灭菌，培养基灭菌过程中温度控制。环境条件是否满足要求	5		
			按要求对所用器皿进行处理（现场观察或提问）	5		
			是否按要求配制各类试剂	6		
5.2	操作	18	无菌操作、水样稀释、吹打混匀，样品处理是否符合要求	4		
			无菌采样瓶不畅露，避免污染，操作过程是否符合规范，无明显失误	4		
			浮游生物定性采样	4		
			显微镜观察	3		
			测试结果是否合理	3		
5.3	整理	6	实验完毕清理现场	2		
			所用器皿和废物是否经灭菌	4		
小　计						
合　计						

考核组成员签字：　　　　　　　　　　　　　　　　　　年　月　日

采样人员基本技能考核评分表

单位：　　　　　　　　　　　　姓名：　　　　　　　　　　　　考核日期：　　年　月　日

序号	考核项目及分值		操作考核内容及分值		得分	考核情况说明
	考核项目	分值	操作考核内容及分值	分值		
1	采样计划	20	是否了解监测目的	5		
			是否了解采样的时间、位置、采集数量	5		
			是否了解添加保存剂要求	5		
			是否了解采样的质量控制要求	5		
小　计						
2	采样准备	20	采样器具与储样容器是否按要求进行清洗	4		
			采样器具与储样容器材质是否满足测定项目要求	4		
			温度计校准	4		
			是否有安全措施	8		
小　计						
3	采样与保存	50	采样断面是否在规定位置	10		
			特定项目和常规项目采集是否符合规范	10		
			平行样采集是否注意采集条件的一致性	10		
			是否按要求添加保存剂、密封、标识	10		
			是否按要求如实详细记录现场采样情况	10		
4	样品交接	10	正确履行样品交接手续	10		
小　计						
合　计						

考核组成员签字：　　　　　　　　　　　　　　　　　　　　　　年　月　日

附件 3

水质检验（采样）人员
岗位技术考核报告

监测机构：________________________________

考核日期：____年____月____日至____月____日

水利部水文局

1. 基本情况

<table>
<tr><td rowspan="11">监测机构</td><td>单位名称</td><td colspan="3"></td></tr>
<tr><td>通信地址</td><td colspan="3"></td></tr>
<tr><td>邮政编码</td><td colspan="3"></td></tr>
<tr><td>负 责 人</td><td colspan="3"></td></tr>
<tr><td>联 系 人</td><td colspan="3"></td></tr>
<tr><td>联系电话</td><td colspan="3"></td></tr>
<tr><td>E-mail</td><td colspan="3"></td></tr>
<tr><td>传　　真</td><td colspan="3"></td></tr>
<tr><td>直属监测机构</td><td colspan="3"></td></tr>
<tr><td>总人数</td><td colspan="3"></td></tr>
<tr><td>考核人数</td><td colspan="3"></td></tr>
<tr><td rowspan="7">主考单位</td><td>单位名称</td><td colspan="3"></td></tr>
<tr><td>通信地址</td><td colspan="3"></td></tr>
<tr><td>邮政编码</td><td colspan="3"></td></tr>
<tr><td>联 系 人</td><td colspan="3"></td></tr>
<tr><td>联系电话</td><td colspan="3"></td></tr>
<tr><td>E-mail</td><td colspan="3"></td></tr>
<tr><td>传　　真</td><td colspan="3"></td></tr>
<tr><td rowspan="5">考核组</td><td>姓名</td><td>职称</td><td>职责</td><td>签名</td></tr>
<tr><td></td><td></td><td></td><td></td></tr>
<tr><td></td><td></td><td></td><td></td></tr>
<tr><td></td><td></td><td></td><td></td></tr>
<tr><td></td><td></td><td></td><td></td></tr>
</table>

2. 标准样品考核统计表

第　页共　页

序号	姓名	考核项目	分析方法	样品编号	测定值 /(mg/L)	标准值±不确定度 /(mg/L)	结果评价

3. 样品复测考核统计表

第　页共　页

序号	姓名	考核项目	分析方法	样品编号	原测定值/(mg/L)	复测值/(mg/L)	相对偏差/%	结果评价

4. 天然样品加标回收率考核统计表

第　页共　页

序号	姓名	考核项目	分析方法	样品编号	样品测定值/(mg/L)		加标量	加标回收率/%	结果评价
					加标前	加标后			

注　考核组提供标样和稀释方法、加标体积。

5. 监测岗位技术考核统计表

第　页共　页

<table>
<tr><th rowspan="3">序号</th><th rowspan="3">姓名</th><th rowspan="3">考核项目</th><th colspan="7">考核方式</th><th rowspan="3">存在问题</th><th rowspan="3">评价</th><th rowspan="3">备注</th></tr>
<tr><th rowspan="2">理论考核</th><th colspan="5">样品分析</th><th rowspan="2">基本技能</th></tr>
<tr><th>标准样品</th><th>留样复测</th><th>天然样品</th><th>人员比对</th><th>操作演示</th></tr>
<tr><td></td><td></td><td></td><td></td><td></td><td></td><td></td><td></td><td></td><td></td><td></td><td></td><td></td></tr>
<tr><td></td><td></td><td></td><td></td><td></td><td></td><td></td><td></td><td></td><td></td><td></td><td></td><td></td></tr>
<tr><td></td><td></td><td></td><td></td><td></td><td></td><td></td><td></td><td></td><td></td><td></td><td></td><td></td></tr>
<tr><td></td><td></td><td></td><td></td><td></td><td></td><td></td><td></td><td></td><td></td><td></td><td></td><td></td></tr>
<tr><td></td><td></td><td></td><td></td><td></td><td></td><td></td><td></td><td></td><td></td><td></td><td></td><td></td></tr>
</table>

6. 建议发证项目表

第　页共　页

序号	监测机构	证书编号	姓名	性别	技术职称	发证项目
合计：　人					合计　项（项目不重复统计）、　项次	

岗位技术考核意见及登记情况

岗位技术考核结果   考核组组长： 年　月　日
主考单位意见：   主考单位盖章： 年　月　日
备案（复核）登记情况   经办人： 年　月　日

附件 4

《水质监测从业人员岗位证书》附表

姓　　名：________________身份证号：________________单　　位：________________

证书编号：________________岗　　位：________________发证机关：________（盖章）

序号	项目	分析方法	证书页码	主考单位（盖章）	备注

附件 5

岗位技术考核情况统计表

主考单位（盖章）：________________　复核单位（盖章）：________________

序号	被考单位	考核时间	新进人员			增项人员			合计		备注
			考核人数	考核合格项目	考核项次	考核人数	考核合格项目	考核项次	人数	项次	
合计											

注　该表由各级主考单位填写，并于每年 6 月和 12 月连同电子表一并报水利部水文局备案；该表可续表。

三、实验室质量控制考核与比对试验实施办法（2015年修订版）

第一章　总　　则

第一条　为加强实验室质量控制和质量保证，保证水质监测数据合格率和可信度，根据水利部《关于加强水质监测质量管理工作的通知》（水文〔2010〕169号）和《水环境监测规范》（SL 219—2013），制定本办法。

第二条　本办法适用于水利系统各级监测机构实验室质量控制与比对试验的考核评定工作。

第二章　组　织　管　理

第三条　水利部水文局负责组织开展水利系统水质监测机构实验室质量控制考核与比对试验工作，下达年度质量控制考核与比对试验计划。

第四条　受部水文局委托，水利部水环境监测评价研究中心（以下简称部中心）拟订水利系统实验室质量控制考核与比对试验方案，实施质量控制考核与实验室间比对试验，建立水利系统监测机构质量管理信息数据库，汇总流域监测机构、流域水文局直属监测机构、省级监测机构年度质量管理总结和下年度计划，提出水利系统水环境监测质量年度报告，报送部水文局。

第五条　流域监测机构负责本流域实验室质量控制管理工作，制定并实施本流域实验室质量控制考核和比对试验计划，积极参加部水文局组织的实验室质量控制考核与比对试验，汇总省级监测机构和流域水文局直属监测机构的年度质量管理总结，编制下年度的质量管理工作计划报送部中心。

第六条　流域水文局有关职能部门负责制定并实施本机构的质量控制和比对试验计划，安排所属直属监测机构积极参加部水文局或流域监测机构组织的实验室质量控制考核与比对试验，汇总直属监测机构的年度质量管理总结，编制下年度质量管理工作计划，并抄送流域监测机构。

第七条　省级监测机构负责制定并实施本机构的质量控制和比对试验计划，安排所属分中心积极参加部水文局或流域监测机构组织的实验室质量控制考核与比对试验，汇总分中心年度质量管理总结，编制下年度质量管理工作计划，并报送流域监测机构。

第三章　质控考核方式与内容

第八条　质量控制考核方式

（一）实验室质量控制考核与比对试验，由检验人员按照质控程序对有证标准物质（盲样）进行分析，用测定结果与标准值相符程度来评估数据的准确性和可靠性。

（二）实验室常规质量控制考核，由实验室自身完成质量控制基础试验和常规质量控制试验，编制常规质量控制工作报告。

第九条　质量控制考核与比对试验内容

（一）根据年度质量控制考核与比对试验计划和实际需要，主考单位制定考核工作计划和实施方案，确定考核项目。

（二）主考单位向被考监测机构发放考核样品，明确稀释方法、浓度范围及注意事项等。

（三）被考监测机构应在规定期限内完成样品测试，并按考核实施方案要求上报有关数据和资料。

（四）主考单位汇总各被考监测机构上报的考核测试结果，进行综合统计处理，对考核结果做出分析评价。考核不合格的，主考单位应及时安排一次补考。

第十条　常规质量控制考核内容：

（一）选定1～2个项目进行质量控制基础试验，并在规定期限内完成精密度偏性试验（AQC试验）及质量控制图的计算和绘制。

（二）采集现场平行样和全程序空白样，进行采样过程的质量控制检查。

（三）针对本实验室所开展的分析项目，选用空白试验、平行双样、加标回收、质控样或密码样等方法进行日常监测质量控制检查。

第十一条　按常规质量控制技术方法和要求，编制常规质量控制工作报告（见附件1和附件2）。

第四章　考　核　评　定

第十二条　质量控制考核与比对试验评定：

根据GB/T 15483.1《利用实验室间比对的能力验证》和《水环境监测规范》，采用相应的统计方法，对各监测机构上报的考核测试结果进行统计处理和综合评定。

第十三条　常规质量控制评定：

（一）质量控制基础试验评定：

1. 收集试验中的空白值，由空白批内标准差计算分析方法的检出限DL，要求计算出的检出限DL小于或等于方法规定检出限。

2. 通过测定系列标准溶液建立标准曲线，以确定方法灵敏度及线性范围。一般要求相关系数$r \geqslant 0.999$，截距a与零无显著性差异。

3. 比较各组溶液测定结果的批内变异和批间变异，检验变异的显著性。

4. 比较标准溶液和天然水样测定结果的标准差，判断天然水中是否存在影响测定精密度的干扰因素。

5. 测定加标回收率，检查水样中是否存在能改变分析灵敏度而不影响精密度的组分。

6. 对各组溶液测定结果的总标准差与各相应浓度的5%或检出限进行比较，评价分析方法的适应性和检查操作人员对分析方法的熟练程度。

7. 检验质量控制图的合理性。落于上、下辅助线范围内点数不足50%，则表示点的分布不合理；连续七点落在中心线一侧，则表明存在明显的系统误差；连续七点递升或递降则表示有明显地失控趋势；相邻三点中的两点屡屡接近控制限，表示测试质量异常，凡属上述情况之一者应立即中止实验，查明原因，重新绘制质量控制图。

（二）常规质量控制试验评定：

1. 完成现场采样质控。通过现场平行样及全程序空白样，将全年所开展的全部分析项目均作一次质量检查。

2. 全年应完成开展监测项目的90%以上（不得少于水质年报全部分析项目）的常规质量控制试验内容。

第十四条　各级监测机构应按时完成质控考核项目，上报质控结果。凡考核项目全部一次合格的，可作为申请减免本年度或下一年度的质量管理监督检查现场考核的依据。

第十五条　凡考核缺项者，要出具监测机构的主管单位正式公函，说明原因，报主考单位备案，否则视该项目考核评定不合格。

第十六条　各级监测机构每年应按时提交年度质量管理总结与工作计划。凡因特殊原因不能按时上报的监测机构，应事先书面说明原因，经同意后另行处理，否则按评定不合格处理。发现有虚报现象，取消该监测机构当年评定资格。

第十七条　质量控制考核与比对试验及常规质量控制考核结果采用综合评分，并根据得分情况分为优秀、良好、基本合格、不合格。

第十八条　综合评分结果为不合格的，监测机构应根据主考单位或监督检查考核组下达限期整改意见加以整改。

第十九条　部水文局定期公布质量控制考核与比对试验综合评定结果。

第五章　附　　则

第二十条　本办法自发布之日起执行。

附件1：常规质量控制技术方法和要求

附件2：常规质量控制工作报告内容（各类质量控制表格、图）

附件 1

常规质量控制技术方法和要求

1. 质量控制基础实验

(1) 空白试验值的测定与检测限的确定。

使用选定的分析方法对试验用纯水做全程序空白试验。根据所得结果按照附件 2：表三规定公式，计算检测限填入附件 2：表三。要求所得检测限近似于标准方法的给出值，明显偏高则不合格，应找原因重新测定。

(2) 校准曲线绘制及线性检验。

标准系列应在线性范围内选取至少 6 个浓度点进行测定，扣除空白值后，以响应值的数据为纵坐标，浓度值为横坐标，绘制校准曲线并计算下列参数，结果填入附件 2：表一、表四。

1) 相关系数 一般要求 $r \geqslant 0.999$，否则要求排除影响重新测定。

2) 列出回归方程 $y=a+bx$ 对截距 a 进行 t 检验，要求截距与零无显著性差异，否则找原因重做。

2. 精密度偏性分析质量控制试验

用实验室自配的标准溶液取 $0.1C$、$0.9C$（C 为标准曲线的测定上限），统一发放的标准水样、天然水样及加标天然水样，以随机次序每天一批，每次 2 份，原子吸收法共 10 批，分光法和容量法共 6 批。计算下列参数，结果填入附件 2：表一、表二、表三。

(1) 批内变异 $MS_{批内}$。

(2) 批间变异 $MS_{批间}$。

(3) 批内、批间变异分析。

计算 F 值，$F=\dfrac{MS_{批间}}{MS_{批内}}$如果 $F<F_{0.05}$，可评价变异“不显著”。$F>F_{0.01}$，可评价变异“显著”，实验结果可能受到环境、条件的影响。$F_{0.05}<F<F_{0.01}$，可评价为变异显著性证据不足，应进一步找原因。

如果 $MS_{批间}<MS_{批内}$，则 $F=\dfrac{MS_{批内}}{MS_{批间}}$。若 $F<F_{0.05}$，说明批内、批间变异不显著，可将批间变异视为零，将批内变异作总变异的估计值，若 $F>F_{0.05}$，则必须查找原因并予以纠正。

(4) 批内标准差 $S_w=\sqrt{MS_{批内}}$。

(5) 批间标准差 $S_b=\sqrt{(MS_{批间}-MS_{批内})/n}$。

(6) 总标准差 $S_t=\sqrt{S_w^2+S_b^2}$。

总标准差小于被测浓度的 5%可以接受，当 5%浓度低于方法给定的检测限时，即用检测限作为衡量标准。

3. 准确度

进行加标回收试验，计算回收率 $P\%$，结果填入附件 2：表三。

4. 质量控制图

在方法的精密度和准确度均达到要求的基础上，按下述要求做成质量控制图，结果填入附件 2：表五。

（1）控制水样的制备。

配制一定浓度的储备浓液，用纯水稀释，再根据当地地表水的浓度值范围进行稀释备用。

（2）分析质量控制水样要求。

分析方法与分析水样相同，每天至少平行分析二份，逐日积累，重复试验获得 20 个以上数据，每日分析结果的相对偏差不得大于标准方法中规定的相对偏差的两倍，否则应重做。

（3）按附件 2：表五要求内容计算并绘制质控图。

（4）控制图的判断。

1）落入上、下辅助线范围内的点数应约占总点数的 68%，如落入点数小于 50%，表示点的分布不合理，应补充数据，重新计算和绘图，直至分布合理。

2）连续七点偏在中心线同侧，表明测得结果有异常，应查明原因，重新积累数据和绘图。

3）连续七点递升或递降，表示有明显地失控趋势，应查找原因，重新补充数据、计算和绘图。

4）相邻三点中的两点屡屡接近控制限，表示测试质量异常，应终止试验查明原因，予以纠正。

5）超出控制限的为离群值，应剔除。剔除后，应补充新数据至 20 个，重新计算各统计值并重新绘图。

5. 常规监测质量控制

（1）现场采样质量控制。

1）采样时要求采集不少于总数 5%～10%的平行样，选 1～2 个平行样做加标回收试验，合格标准参照《空白试验值、平行双样、加标回收合格率合格范围表》。

2）要进行采样过程的质量检查，每次可在一个采样点采集监测全程序空白样品。其方法：将实验室用纯水在采样现场装入采样瓶中，与样品相同地加入保存剂，并同时运输到实验室，与样品同时进行全过程的分析。测得结果与实验室的空白值比较，应符合空白值测得的要求，否则应从采样过程中查找原因。

（2）实验室质量控制。

1）空白试验值。

a. 测定方法：一次平行测定至少两个空白值。

b. 合格要求：

A. 平行测定的相对偏差不得＞50%。

B. 分析中绘有空白试验值控制图的，将所测空白值的均值点入图中进行控制。

2）平行双样。

a. 测定率：

A. 有质量控制水样并绘有质量控制图的监测项目，随机抽取5%～10%的样品进行平行双样测定。当同批样品较少时，应适当增加双样测定率。

B. 无质量控制水样和质量控制图的监测项目，应对全部样品进行平行双样测定。

b. 合格要求：

A. 将质量控制水样的测定结果点入质量控制图中进行判断。

B. 水样平行测定所得相对偏差不得大于分析方法规定的相对偏差的两倍，分析方法没有规定相对偏差时，可参照《空白试验值、平行双样、加标回收合格率合格范围表》的规定。

C. 全部平行双样测定总合格率≥95%。

3）加标回收率。

a. 测定率：随机抽取5%～10%样品进行加标回收率的测定。

b. 合格要求：

A. 有准确度控制图的监测项目，将测定结果点入图中进行判断；无此控制图者其测定结果不得超出监测分析方法中规定的加标回收率范围。

B. 监测分析方法中没有规定范围值时，可参照《空白试验值、平行双样、加标回收合格率合格范围表》的规定。

c. 全部加标回收率总合格率≥95%。

4）质控样品比较分析。

a. 可用于实验室工作基准的确定，要求测定值落在真值的不确定度范围内，否则应查找原因进行校正。

b. 于每批水样中插入5%～10%质控标样，也可随机加入5%～10%密码样（分析者不知），按标样保证值的不确定度检查其质量。

上述结果均填入附件2：表四（1）、（2）。

空白试验值、平行双样、加标回收合格率合格范围表

分析结果所在数量级/(mg/L)		B（空白）	0.0001	0.001	0.01	0.1	1.0	10	100
相对偏差最大允许值/%		50	50	30	20	10	5	2.5	1
加标回收率	常量（≥1mg/L）	95%～105%							
	半微量（0.1～0.9mg/L）	90%～110%							
	微量（0.01～0.09mg/L）	80%～120%							
	痕量（<0.01mg/L）	70%～130%							

附件 2

常规质量控制工作报告内容
（各类质量控制表格、图）

一、内控表
二、内控表（容量法）
三、精密度偏性检验表
四、常规分析质控表
1. 现场采样质控表
2. 实验室质控表
五、质控图
六、各表中公式说明及注意事项

表一　　　　　　　　　　　　**内　控　表**

单位							分析项目		分析人员	
分析方法							浓度单位		分析时间	
批数		1	2	3	4	5	6	标准曲线		
标准曲线	A							测定上限		r
	C							回归方程		
空白	$A1$							截距检验		
	$A2$							$\overline{X}$	S	备注
	$C1$									
	$C2$									
0.1C	$C1$									
	$C2$									
0.9C	$C1$									
	$C2$									
天然水样	$C1$									
	$C2$									
加标水样	$C1$									
	$C2$									
统一标样	$C1$									$RE\%$
($\mu=$　)	$C2$									

注　A—吸光度；C—浓度值；μ—标样真值。

标准曲线绘制：常规分光法需要连续6批，精密仪器分析项目需要连续10批，任选一批标准曲线列出，表格可自行调整。

技术负责人：　　　　　　单位：(盖章) ____________

表二　　　　　　　　　　　　**内控表（容量法）**

单位							分析项目		分析人员	
分析方法							浓度单位		分析时间	
批数		1	2	3	4	5	6	$\overline{X}$	S	备注
空白	$C1$									
	$C2$									
0.1C	$C1$									
	$C2$									
0.9C	$C1$									
	$C2$									
天然水样	$C1$									
	$C2$									
加标水样	$C1$									
	$C2$									
统一标样	$C1$									$RE\%$
($\mu=$　)	$C2$									

注　C—浓度值；μ—标样真值。

技术负责人：　　　　　　单位：(盖章) ____________

表三　　**精密度偏性检验表**

单　位		分析浓度		分析人员	
分析方法		浓度单位		分析日期	

1. 空白批内标准差及检测限			2. 加标回收率检验		
项目	说明	结果	项目	说明	结果
空白批内标准差 S_{wb}	$\sqrt{\frac{\sum x^2-1/n\sum X^2}{m(n-1)}}$		平均回收率 $\overline{P}$	见表六	
零浓度标准差	$\sqrt{2}\times S_{wb}$		回收率合格检验	当 $95\%<\overline{P}<105\%$时；$\overline{P}$ 合格　　（是）	
检测限	$2t_f\times\sqrt{2}\times S_{wb}$			当 $\overline{P}$ 在此范围之外时；$\overline{P}$ 不合格　　（否）	

3. 分析批内批间变异，检验总标准差

项目	说　明	0.1C	0.9C	天然水样	加标水样	统一标样
批内变异 (a)	$\sum_{i=1}^{m}\sum_{j=1}^{n}(x_{ij}-\overline{x}_i)^2/[m(n-1)]$					
批间变异 (b)	$\sum_{i=1}^{m}ni(\overline{x}_i-\overline{X})^2/(m-1)$					
变异显著性检验（F 检验）	当 $b/a<F_{0.05}$ 时；无显著性差异　(NS) 当 $F_{0.05}<b/a<F_{0.01}$ 时；显著性证据不足（*） 当 $b/a>F_{0.01}$ 时；有显著性差异　（* *）					
总变异（f）	$a+(b-a)/n$					
总标准差（S_t）	$\sqrt{f}$					
指标检出限（w）	测得浓度的5%或检出限两者的最大值为 w					
总标准差检验	当 $S_t<w$ 时，总标准差合格　（是） 当 $S_t>w$ 时，总标准差不合格　（否）					

4. 三种检验不合格的原因初步分析及改正措施

技术负责人：　　　　单位：（盖章）________

表四　　　　　　　　　　　　**常规分析质控表**

（1）现场采样质控表

年　月

序号	采样日期	样品采集总数	现场平行样		全程序空白样		备注
			检查率/%	相对偏差范围	检查项目	采集数	

技术负责人：　　　　　　单位：（盖章）＿＿＿＿＿＿＿＿

采样日期：＿＿＿＿＿＿＿＿

（2）实验室质控表

编号	分析项目	分析方法	空白				标准曲线			平行样		回收率		标准控制水样		分析人员
			1	2	平均值	相对偏差/%	回归方程	r	截距检验	测定率/%	相对偏差范围/%	测定率/%	范围/%	测定率/%	$RE\%$	

技术负责人：　　　　　　单位：（盖章）＿＿＿＿＿＿＿＿

表五　　　　　　　　质　控　图

单　位		分析项目		分析人员	
分析方法		浓度单位		分析日期	

n	1	2	3	4	5	6	7	8	9	10	11
x											
n	12	13	14	15	16	17	18	19	20	21	22
x											
n	23	24	25	26	27	28	29	30	31	32	33
x											

质控图：　　　　　　$\overline{X}=$　　　　$S=$

结果分析及说明：

技术负责人：　　　　　　单位：(盖章) ________

表六　各表中公式说明及注意事项

1. 表一

a）回归方程的计算：$y=a+bx$

$$S(x,x)=\sum_{i=1}^{n}(x_i-\overline{x})^2 \qquad b=\frac{S(x,y)}{S(x,x)}$$

$$S(x,y)=\sum_{i=1}^{n}(x_i-\overline{x})(y_i-\overline{y}) \qquad a=\overline{y}-b\overline{x}$$

$$S(y,y)=\sum_{i=1}^{n}(y_i-\overline{y})^2 \qquad r=S(x,y)/\sqrt{S(x,x)\times S(y,y)}$$

一般要求$|r|\geqslant 0.999$，否则查找原因重做曲线。

b）$0.1C$、$0.9C$——C为本方法的测定上限。

c）天然水样的浓度不能为零。

d）$C1$、$C2$——一批样中的两个平行样。

e）测定上限——在限定误差满足的情况下，本方法能准确测定的最大浓度。

f）截距检验：

$$\text{Ⅰ}>S_o=\sqrt{\frac{S(y,y)-S(x,y)^2/S(x,x)}{n-2}}$$

$\text{Ⅱ}>S_a=S_o\sqrt{\sum x^2/[n\times S(x,x)]}$　　n——所做曲线的点数；

$\text{Ⅲ}>t=|a-0|/S_a$　　f——自由度；$f=n-2$

由t值表可查出$t_{0.05}$的值；

若$t<t_{0.05}$；填“合格”；

若$t\geqslant t_{0.05}$；填“不合格”。

2. 表三

a）空白批内标准偏差：

x——每批中单个测定值；X——每批总和；

m——批数；n——每批测定次数；

tr是自由度$f=m(n-1)$，显著性水平$a=0.05$时的t值（单侧）

$m=6$；$n=2$时，由t表可查得$tr=1.943$

b）$\overline{P}\%=\frac{1}{n}\sum\frac{\text{加标试样测定值}-\text{试样测定值}}{\text{加标量}}\times 100$

c）批内变异、批间变异：

式中：$\overline{x}_i$——第i批的平均值；x_{ij}——单个测定值；$\overline{X}$——总平均值。

d）变异显著性检验中临界值由F表查得：

当$m=6$；$n=2$时，自由度为$f_{间}=m-1=5$；$f_{内}=m(n-1)=6$

$F_{0.05}(5,6)=4.39$；$F_{0.01}(5,6)=8.75$

3. 表四

a）平行样测定率（%）$=\frac{\text{所测平行样品数}}{\text{所测样品总数}}\times 100$

b）回收率测定率（%）$=\frac{\text{所测加标样品数}}{\text{所测样品总数}}\times 100$

c）标准控制样测定率（%）$=\frac{\text{标样测定数}}{\text{所测样品总数}}\times 100$

d）现场平行样检查率（%）$=\frac{\text{现场平行样品采集数}}{\text{样品采集总数}}\times 100$

4. 表五

a）n——样品在图中各点编号；x——样品浓度；

$\overline{X}$——总平均值；S——标准差。

b）$S=\sqrt{\frac{1}{n-1}\sum_{i=1}^{n}(x_i-\overline{x})^2}$　$\overline{x}=\frac{1}{n}\sum_{i=1}^{n}x_i$

c）图中：$\overline{X}+3S$——上控制限；$\overline{X}+2S$——上警告限；$\overline{X}+S$——上辅助限；

$\overline{X}-3S$——上控制限；$\overline{X}-2S$——下警告限；$\overline{X}-S$——下辅助限；

$\overline{X}$——中心线。

四、水利系统水质监测能力验证实施办法
(2015年5月修订)

第一章　总　　则

第一条　为保证规范、有效地开展水利系统能力验证活动，根据水利部《关于加强水质监测质量管理工作的通知》（水文〔2010〕169号）和《水环境监测规范》（SL 219—2013），制定本办法。

第二条　本办法所称的能力验证，是指水利系统利用实验室间指定检测数据的比对，确定实验室从事特定测试活动的技术能力。

第三条　本办法适用于水利系统各级实验室的能力验证组织、运作、纠正措施和结果利用等活动。

第四条　本办法所称实验室，是指水利系统各级水环境（水文水资源）监测机构。

第二章　组　织　管　理

第五条　水利部水文局负责组织水利系统各级实验室的能力验证活动，并按规定向中国合格评定国家认可委员会（英文缩写：CNAS）报送有关材料。

第六条　受部水文局的委托，水利部水环境监测评价研究中心（以下简称部中心）负责编制能力验证计划，组织实施能力验证活动。

第七条　各级实验室应积极参加水利系统能力验证活动。各级水利部门、水利工程管理单位直属的其他水质监测实验室，可以根据条件和需要，自愿申请参加能力验证活动。

第三章　能力验证工作程序

第八条　部水文局下达能力验证计划，组建专家组，按GB/T 15483.1《利用实验室间比对的能力验证 第1部分：能力验证计划的建立和运作》的有关要求，编制能力验证计划实施方案。

第九条　部中心作为能力验证计划的实施机构，根据专家组编制的能力验证计划实施方案，编制作业指导书，制备能力验证样品，并按CANS－GL03《能力验证样品均匀性和稳定性评价指南》要求进行样品均匀性和稳定性检验。

第十条　专家组负责审核实施机构起草的作业指导书和制备的能力验证样品。审核通过后，方可启动能力验证计划。

第十一条　各级实验室根据要求，自愿报名参加能力验证计划。一般应在考核前2个月向部中心提交《水利系统水质监测能力验证报名表》。

第十二条　部中心向所有参加能力验证的实验室及时寄送《能力验证样品接收状态确认表》《能力验证样品试验结果报告单》和能力验证测试样品。

第十三条　参加能力验证的实验室收到能力验证样品后，应尽快进行测试，并在规定时间内上报结果报告单等材料。

第十四条　参加能力验证的实验室收到部中心寄送的《能力验证样品试验结果通知单》后，若能力验证结果为不满意的，可申请进行补测，并应采取有效的纠正措施，在规定期限内将实施纠正措施的记录以及纠正措施有效性证明材料报部中心确认。

第十五条　部中心负责编制《水利系统水质监测能力验证总结报告》，并将签章齐全的纸质文件和电子版一并送专家组审核，再报部水文局审定。

第十六条　对能力验证结果审定满意的实验室，由部中心发给《水利系统水质监测能力验证满意结果证书》。

第四章　能力验证结果评定

第十七条　部中心在收到各实验室上报的能力验证结果后，会同专家组按 GB/T 27043《合格评定能力验证的通用要求》和 CNAS－GL02《能力验证结果的统计处理和能力评价指南》的有关要求，采用总计统计量进行结果描述和评定。

第十八条　能力验证结果评定分为：满意结果、可疑结果和不满意（离群）结果。

第十九条　对参加能力验证活动且有满意结果的实验室，在本年度或下一年度的水质监测质量管理监督检查中可减免同项目的现场考核。

第五章　附　　则

第二十条　本办法自发布之日起执行。

附件 1　水利系统水质监测能力验证实施方案
附件 2　水利系统水质监测能力验证报名表
附件 3　水利系统水质监测能力验证作业指导书
附件 4　水利系统水质监测能力验证样品接收状态确认表
附件 5　水利系统水质监测能力验证样品试验结果报告单
附件 6　水利系统水质监测能力验证补测试验报名回执单
附件 7　水利系统水质监测能力验证补测计划作业指导书
附件 8　水利系统水质监测能力验证样品试验补测结果报告单
附件 9　水利系统水质监测能力验证样品试验结果通知单
附件 10　水利系统水质监测能力验证总结报告

附件 1

水利系统水质监测能力验证实施方案

一、能力验证的性质和目的

二、能力验证的要求

1　能力验证组织要求

2　能力验证测试要求

三、能力验证的内容

1　能力验证项目

2　能力验证时间

3　能力验证结果评定

4　能力验证样品制备

四、能力验证附件

1　水利系统水质监测能力验证报名表

2　水利系统水质监测能力验证计划作业指导书

3　水利系统水质监测能力验证样品接收状态确认表

4　水利系统水质监测能力验证样品试验结果报告单

5　水利系统水质监测能力验证补测试验报名回执单

6　水利系统水质监测能力验证补测计划作业指导书

7　水利系统水质监测能力验证样品试验补测结果报告单

8　水利系统水质监测能力验证样品试验结果通知单

9　水利系统水质监测能力验证总结报告

附件 2

水利系统水质监测能力验证报名表

考核项目名称			
实验室名称			
通信地址		邮编	
联系人		联系电话（手机）	
传真		E－mail	
计量认证 证书编号		本实验室该检测项目为	□已获计量认证 □未获计量认证
拟采用方法			

说明

1. 实验室应独立地完成能力验证考核项目的试验。
2. 对出现了可疑值和不满意结果的实验室，将发放样品进行补测。对补测结果不合格的，部水文局将要求其开展纠正措施。
3. 对于结果满意的实验室，部水文局将建议有关部门在进行实验室资质认定（计量认证/审查认可验收）评审时，免予对该项目的现场实验。
4. 在能力验证考核结果报告中，出于为实验室保密原因，均以实验室的参加代码表述。
5. 实验室填好报名表并返回技术实施执行单位后，不得无故退出本次计划。

实验室负责人签名：
实验室（盖章）：

年　月　日

附件 3

水利系统水质监测能力验证作业指导书

1. 代码

贵实验室在本次能力验证计划中的代码为____________________

2. 测试样品

（1）本次能力验证水中__________的检测，发出 2 个不同浓度水平的样品，每个浓度水平各____瓶，样品编号为__________和__________。

（2）本次能力验证样品制备说明：

（3）各实验室在收到能力验证样品后，应先确认样品是否完好，并填写《能力验证样品接收状态确认表》。请于样品接收当日以传真（　　　　　）方式反馈《能力验证样品接收状态确认表》，我单位也将及时查询能力验证样品送达、签收状态。各实验室《能力验证样品接收状态确认表》的签字盖章原件与《能力验证样品试验结果报告单》一同快递至水利部水环境监测评价研究中心。

（4）样品保存条件说明：

3. 测试说明

（1）样品稀释办法：

（2）样品质量浓度范围为：

（3）检测方法说明：

4. 结果报告

样品检测结果上报说明：

5. 保密

本次能力验证计划实施过程中，严禁参加实验室相互串通结果。

6. 缴费说明

7. 其他事宜

附件 4

水利系统水质监测能力验证样品接收状态确认表

<table>
<tr><td>能力验证
计划名称</td><td colspan="3"></td></tr>
<tr><td>实施机构</td><td colspan="3"></td></tr>
<tr><td>发送机构</td><td colspan="3"></td></tr>
<tr><td>电 话</td><td></td><td>传 真</td><td></td></tr>
<tr><td>电子邮件</td><td></td><td>联系人</td><td></td></tr>
<tr><td>发放日期</td><td></td><td>运输单据号码</td><td></td></tr>
<tr><td>发放状态</td><td>完好□ 不完好□</td><td>发放人签名</td><td></td></tr>
<tr><td colspan="4">接收实验室名称：

实验室代码：

能力验证样品编号： 和

联系地址：

邮编： 电子邮件地址：
联系电话： 传真：
联系人：</td></tr>
<tr><td colspan="4">接收时，被测物品状态是否良好，样品编号是否清晰： 是□ 否□
接收人姓名： 接收时间：</td></tr>
<tr><td colspan="4">如需要，对接收状态的详细说明：</td></tr>
<tr><td colspan="4">备注：</td></tr>
</table>

注 请确保“确认表”上留有接收实验室联系人及其手机、传真、邮箱等详细信息，如出现无法及时找到联系人造成的影响，组织方不承担相应责任。

附件 5

水利系统水质监测能力验证样品试验结果报告单

实验室代码：

序号	检验项目	样品编号	检测结果		平均结果	检测方法全称及方法号	检测日期	检测人员签字	校核人员签字
检测过程中出现的问题或异常现象：									
实验室负责人签名：					实验室（盖章） 年　月　日				

注　检测结果报告单位说明：

附件 6

水利系统水质监测能力验证补测试验报名回执单

实验室代码			
实验室名称			
补测项目名称			
通信地址		邮编	
联系人		联系电话（手机）	
传真		E－mail	
拟采用方法			
实验室负责人签名： 实验室（盖章）： 年　月　日			

附件7

水利系统水质监测能力验证补测计划作业指导书

1. 代码

贵实验室在本次能力验证计划中的代码为________________

2. 测试样品

（1）本次能力验证水中__________的检测，发出2个不同浓度水平的样品，每个浓度水平各____瓶，样品编号为__________和__________。

（2）本次能力验证样品制备说明：

（3）各实验室在收到能力验证样品后，应先确认样品是否完好，并填写《能力验证样品接收状态确认表》。请于样品接收当日以传真（　　　　　）方式反馈《能力验证样品接收状态确认表》，我单位也将及时查询能力验证样品送达、签收状态。各实验室《能力验证样品接收状态确认表》的签字盖章原件与《能力验证样品试验结果报告单》一同快递至水利部水环境监测评价研究中心。

（4）样品保存条件说明：

3. 测试说明

（1）样品稀释办法：

（2）样品质量浓度范围为：

（3）检测方法说明：

4. 结果报告

样品检测结果上报说明：

5. 保密

本次能力验证计划实施过程中，严禁参加实验室相互串通结果。

6. 缴费说明

7. 其他事宜

附件8

水利系统水质监测能力验证样品试验补测结果报告单

实验室代码：

序号	检验项目	样品编号	检测结果		平均结果	检测方法全称及方法号	检测日期	检测人员签字	校核人员签字

检测过程中出现的问题或异常现象：

实验室负责人签名：

实验室（盖章）

年　月　日

注　检测结果报告单位说明：

附件 9

水利系统水质监测能力验证样品试验结果通知单

____

贵单位在参加本次水利系统能力验证工作中，所报送的检测数据及能力评价结果为：
实验室代码：

样品编号	结果	ZB	ZW
样品编号	结果	ZB	ZW

$|Z| \leqslant 2$　　　　为满意结果；

$2 < |Z| < 3$　　　　为可疑结果；

$|Z| \geqslant 3$　　　　为离群或不满意结果。

说明：

1. 对于出现离群结果（$|Z| \geqslant 3$）或可疑结果（$2 < |Z| < 3$）的实验室，请自行查找原因。

2. 初测出现不满意或可疑结果的实验室可有一次补测机会（补测结果仍然离群或可疑的，不再组织测试）。

3. 需要补测的实验室，请于　年　月　日前，将《水利系统能力验证补测试验报名表回执单》传真到项目承担单位。

4. 补测样品将于　年　月　日发出。参加补测试验的实验室请做好样品接收确认工作，并请于　年　月　日前报送补测结果（已邮戳为准）。

5. 请参加补测的实验室向承担单位支付能力验证补测成本费　元，于　年　月　日前汇入项目承担单位账户。

6. 如对本通知结果有异议，请于　年　月　日前将异议反馈到项目承担单位，本次能力验证最终结果以水利部水文局公告为准。

7. 参加补测的实验室应当在补测前认真总结初测结果偏离的原因，并在报送补测结果时连同自查整改情况说明一并报项目承担单位。

附件 10

水利系统水质监测能力验证总结报告

能力验证总结报告应包括以下章节：

前言

能力验证工作概述

能力验证样品的清晰说明，包括样品制备和均匀性检验的细节

能力验证统计方法设计

参加实验室代码和检测结果

统计结果处理（除包括结果、Z 比分数表和总计统计量之外，通常还应包含一定数量的图表，推荐使用 Z 比分数序列图和尤登图）

技术分析和技术建议

总结

附录 A　样品均匀性检验结果

附录 B　实验室复测结果

附录 C　实验室 Z 值结果

五、省界缓冲区等重点水功能区水质监测质量监督检查制度（2015年5月修订）

第一章　总　　则

第一条　为保证省界缓冲区等重点水功能区水质监测数据的准确可靠，根据水利部《关于加强水质监测质量管理工作的通知》（水文〔2010〕169号）和《水环境监测规范》（SL 219—2013），制定本制度。

第二条　本制度适用于承担省界缓冲区等重点水功能区及入河排污口水质监测的流域监测机构和其他各级监测机构的质量监督检查和考核评定。

第二章　组　织　管　理

第三条　水利部水文局会同水资源司组织全国省界缓冲区等重点水功能区水质监测质量监督检查与考核评定，按照水质监测质量管理行动计划，对流域监测机构承担的省界缓冲区等重点水功能区水质监测质量进行监督检查。

第四条　受部水文局委托，流域监测机构按照分工，对流域内其他监测机构承担的重点水功能区及入河排污口水质监测质量实施监督检查，并将监督检查结果报部水文局。

第三章　监督检查方式与内容

第五条　省界缓冲区等重点水功能区及入河排污口水质监测质量监督检查，主要采取现场检查、查看档案资料、现场抽测、比对试验等方式。

第六条　监督检查内容

（一）对监测频率和项目（参数）进行监督检查，重点检查与《水环境监测规范》相关规定的符合性，以及在特殊情况下偏离《水环境监测规范》相关规定的报备、审批手续是否齐全。

（二）对监测断面布设、采样和现场测试、样品保存、实验室检验检测、数据报送等监测过程的主要环节进行监督检查。重点核查采样断面的位置、采样和送样、仪器设备、实验室条件、检验检测与质量控制、成果报告等监测过程记录。

（三）对监测数据规范性和有效性进行监督检查。重点核查检验项目、数据统计处理过程、计量单位、数据填报的规范性、监测数据之间逻辑关系的合理性等。

（四）选择部分断面进行现场抽测或进行现场操作考核。主要检查采样、监测过程规范性和结果的准确性。

（五）对相关监测机构之间实施联合采样，开展实验室间比对试验的情况进行监督检查，重点核查监测数据的一致性。

第四章　考　核　评　定

第七条　省界缓冲区等重点水功能区及入河排污口水质监测质量监督检查结果由考核

组采用现场综合评分，根据得分情况，评定结果分为优秀、良好、基本合格、不合格。

第八条　现场监督检查考核结果为不合格的，监测机构应根据考核组提出的限期整改意见加以整改。

第五章　附　　则

第九条　本制度自发布之日起执行。

六、大型水质监测仪器设备监督检查制度（2015年5月修订）

第一章　总　　则

第一条　为加强水质监测机构大型监测仪器设备的监督管理，提高水质监测仪器设备的运行效率，根据水利部《关于加强水质监测质量管理工作的通知》（水文〔2010〕169号）和《水环境监测规范》（SL 219—2013），制定本制度。

第二条　本制度适用于水利系统各级监测机构大型水质监测仪器设备的监督检查和考核。

第三条　本制度所称大型水质监测仪器设备是指单台（套）价值在人民币十万元以上的水质和水生态监测仪器设备。移动实验室车（船）及所载仪器设备整体作为特殊的水质监测仪器设备，纳入监督检查和考核的范围。

第二章　组　织　管　理

第四条　大型水质监测仪器设备监督检查实行统一组织，分级实施。

第五条　水利部水文局统一负责监测机构大型水质监测仪器设备的监督检查，按照水质监测质量管理行动计划，组织或委托水利部水环境监测评价研究中心负责对流域监测机构及其分中心、流域水文局直属监测机构的大型水质监测仪器设备实施监督检查和考核。

第六条　受部水文局的委托，流域监测机构按照分工，负责对本流域省级监测机构及其分中心的大型水质监测仪器设备实施监督检查和考核。

第七条　流域监测机构、流域水文局直属监测机构、省级监测机构每年3月底前应将本机构及其分中心的“大型水质监测仪器设备信息表”报送部水文局备案。流域水文局直属监测机构、省级监测机构应同时将“大型水质监测仪器设备信息表”抄送流域监测机构。

第三章　检查方式与内容

第八条　监督检查主要采取实地检查、查阅档案资料、操作演示等方式，重点检查考核大型仪器设备的装备情况，操作人员的专业水平、熟练程度，仪器设备的管理维护，运行使用效率，环境条件与安全防护等。

第九条　大型水质监测仪器设备检查考核内容：

1. 对照有关水环境监测实验室装备或分类定级标准，检查监测机构大型水质监测仪器设备的配置情况和备品备件、相关资料的完备情况等。

2. 授权操作人员配备与适应性，对仪器设备的熟悉程度、实际操作能力和处置异常情况的能力。参加相关考核和比对的情况等。

3. 管理制度和使用、校准、维护、期间核查等操作规程的制定和执行情况，是否按周期检定，使用过程记录等。

4. 仪器设备的功能和状态完好情况，实际运行效率等。

5. 仪器设备的安装环境和条件控制，对周边环境的影响，操作人员及相关的水、电、气、化学危险品等安全防护措施。

第十条　移动实验室车（船）及所载仪器设备检查考核内容：

1. 操作人员配备与适应性，操作人员对车船和仪器设备的熟悉程度、实际操作能力和处置异常情况的能力，参加相关比对，应急监测组织建设，对应急预案和应急监测工作流程的熟悉程度。

2. 管理制度和使用、校准、维护、期间核查等操作规程的制定和执行情况，是否按周期检定，使用过程记录，移动车船证照、备品备件和相关资料情况等。

3. 移动车船和仪器设备的功能和状态完好情况，开展应急演练情况，按照应急预案规定的应急出勤及时性、应急监测结果报告的及时性和准确性等。

4. 车船及所载仪器设备和试剂的安全存放环境及条件控制，对周边环境的影响，保证野外使用条件的措施，应急人员、检测仪器、车船的安全防护措施等。

第四章　检 查 结 果 评 定

第十一条　大型水质监测仪器设备监督检查考核结果由考核组现场综合评分，根据得分情况，评定结果分为优秀、良好、基本合格、不合格。

第十二条　现场监督检查考核结果为不合格的，监测机构应根据考核组提出的限期整改意见加以整改。

第五章　附　　则

第十三条　本制度自发布之日起执行。

附件

××××年大型水质监测仪器设备信息表

监测机构名称：

序号	仪器设备名称	型号	出厂编号	制造厂商	生产日期	购置日期	最近检定日期	备注
1								
2								
3								
4								
5								
6								
7								
8								
9								
10								
11								
12								

附加说明：

（盖章）

年　月　日

七、水质自动监测站质量监督检查制度
（2015年5月修订）

第一章　总　　则

第一条　为加强水利系统水质自动监测站的运行与管理，提高水质自动监测数据的准确性和代表性，充分发挥水质自动监测站的预警作用，根据水利部《关于加强水质监测质量管理工作的通知》（水文〔2010〕169号）和《水环境监测规范》（SL 219—2013），制定本办法。

第二条　本办法适用于水利系统各级监测机构运行管理的水质自动监测站质量监督检查和考核。

第二章　组　织　管　理

第三条　水质自动监测站质量监督检查实行统一组织，分级实施。

第四条　水利部水文局统一负责监测机构的水质自动监测站质量监督检查，按照水质监测质量管理行动计划，组织或委托水利部水环境监测评价研究中心负责对流域监测机构、流域水文局直属监测机构的水质自动监测站实施监督检查和考核。

第五条　受部水文局的委托，流域监测机构按照分工，负责对本流域内省级监测机构及其分中心的水质自动监测站实施监督检查和考核。

第三章　检查方式与内容

第六条　监督检查主要采取现场检查或通过视频远程查看仪器运行情况和环境，查阅档案资料，有证标准物质考核或比对试验等方式。

第七条　监督检查内容

1. 查阅人员岗位职责、运行管理、操作规程和质量控制等水质自动监测站管理制度的建立和执行情况。

2. 查阅自动站档案资料，数据传输以及日常运行、维护、工作环境等水质自动监测站运行情况记录。

3. 查阅仪器定期校准、标准使用液更新、比对试验、数据审核等水质自动监测站质量保证措施落实情况记录。

4. 查阅水质自动监测站监测数据为水资源保护与管理、水污染防治以及突发性水污染事故处置服务等利用情况。

5. 检查水质自动监测站现场环境条件，采取标准物质考核或实际水样比对。

第八条　现场考核要求

1. 现场考核应在自动监测仪器各参数运行稳定后实施，考核过程中不得对仪器参数、指标进行调整或修正。

2. 有证标准物质考核、实际水样比对试验应按照《水环境监测规范》（SL 219—

2013）的有关要求进行。

第四章 检查结果评定

第九条 自动监测监督检查考核结果由考核组现场综合评分，根据得分情况，评定结果分为优秀、良好、基本合格、不合格。

第十条 现场监督检查考核结果为不合格的，监测机构应根据考核组提出的限期整改意见加以整改。

第五章 附 则

第十一条 本办法自发布之日起执行。

第三部分　水质监测质量监督管理三年行动计划实施综述（2011—2013年）

为进一步加强水质监测质量管理工作，及时、准确、全面地为水资源管理提供水质监测结果，客观地反映水环境质量现状及变化趋势，有效发挥水质监测的技术支撑作用，为实施最严格的水资源管理制度提供技术支撑，2010年5月，水利部下发了《关于加强水质监测质量管理工作的通知》（水文〔2010〕169号）。部水文局会同水资源司迅速贯彻落实，在全国水利系统组织开展了水质监测质量管理专项工作。

一、水质监测质量管理工作简要回顾

质量管理是水质监测工作的重要组成部分，也是做好水质监测工作的重要保障。水质监测质量管理是指在水质监测的全过程中，为保证监测数据的代表性、可靠性、可比性、系统性和科学性所实施的全部质量保证、质量控制、质量监督检查、质量评定等措施。水利部水文局从1985年开始，着手推进质量控制工作，先后与有关高等院校和科研院所合作，通过技术培训普及质量控制知识，组织全国水利系统各级水质监测机构陆续开展了实验室质量控制工作。1992—1993年，组织开展了全国水利系统水质监测机构的第一次质量控制考核（实验室间比对）和质量全优分析室评定，共有58个各级监测机构被水利部授予质量全优分析室。这一时期，全系统兴起了学习、落实质量控制措施的良好氛围。1993年起，部水文局着重推动水利系统水质监测机构申请国家计量认证，到20世纪90年代末，全国省级以上监测机构全部通过了国家级计量认证，促进了各级水质监测机构质量体系的建立和实验室能力建设。2003—2004年，又组织进行了全国水利系统水质监测机构的第二次质量控制考核（实验室间比对），通过质控考核等措施，以保证监测数据的可靠性。但是，如何根据水利系统水质监测自身的特点，实现贯穿监测全过程的质量管理，尚有许多工作要做。

随着实行最严格水资源管理制度，水质监测在水资源监督管理和保护中的作用也越来越突出，强化监测质量管理的要求也越来越迫切。同时，由于各级监测机构监测任务量的增加等多种原因，有的监测机构放松了监测质量的管理，一些监测质量的问题也逐步凸显出来。水利部《关于加强水质监测质量管理工作的通知》强调各流域机构、各省、自治区、直辖市水利（水务）厅（局）要充分认识加强水质监测质量管理工作的重要性；明确水质监测质量管理的原则和目标；提出完善水质监测质量管理制度建设；要求建立以监督检查和考核评定为内容的水质监测质量管理监督考核机制和加强水质监测质量监督管理工作的组织领导。2010年8月，水文局会同水资源司印发了《加强水质监测质量管理工作的实施方案》（水文质〔2010〕143号），确定的工作目标是，争取用3年时间，完善各级监测机构的质量管理体系，建立岗位技术培训和考核、质量控制、质量监督检查和评定等行之有效的机制，努力建设一批质量管理和安全管理优秀的监测机构。同年 11 月在石家庄召开了水质监测质量管理工作会议，部署质量管理专项工作。部水文局主要负责人、分管副局长和部水资源司有关负责人出席会议，并就如何加强水质监测质量管理和开展质量监督管理专项工作分别提出要求，正式启动了为期三年的第一轮水利系统水质监测质量管理专项工作。

石家庄会议后，部水文局认真谋划，抓住重点，积极准备。在广泛征求意见的基础上，会同水资源司于 2011 年 1 月制定并印发了《水质监测质量管理监督检查考核评定办法》《水质监测人员岗位技术培训和考核制度》《实验室质量控制考核与比对试验实施办法》《实验室能力验证实施办法》《省界缓冲区等重点水功能区水质监测质量监督检查制度》《水质监测仪器设备监督检查制度》《水质自动监测站质量监督检查办法》等七项制度（水文质〔2011〕8 号）。2 月公布了聘任第一批水质监测质量考核评定技术专家的名单。3 月初在贵阳市召开质量管理专项工作布置会，对开展全国水利系统水质监测实验室质量控制考核（比对试验）及其他各项工作进行具体布置。4 月起全国各监测机构普遍开展检测岗位持证上岗情况的登记、换证。期间，派出 7 个检查组对各流域监测机构负责的上岗证换证工作进度及质量进行督查。同时，各级监测机构按统一要求进行的岗位培训和上岗考核工作开始起步。6—9 月全国第三次质控考核全面开展。11 月印发了《关于第三次全国水利系统水质监测机构质量控制考核（实验室比对）情况的通报》（水文质〔2011〕239 号）。同月，启动监督检查考评工作，选择淮河流域水环境监测中心作为第一家接受监督检查考评的单位，并组织各流域监测中心负责人及部分技术专家现场观摩，协商确定统一考评尺度和评分标准。随后，对全国各级监测机构的质量管理监督检查考评工作陆续展开。2013 年 6 月底各项检查、考评全部完成。7 月印发了《关于提交水质监测质量管理评定工作总结申报材料的函》（水文质函〔2013〕34 号），8 月召开水质监测质量管理监督检查成果汇总会议，9 月印发了《关于公示水质监测质量管理监督检查考核评定结果的通知》（水文质〔2013〕127 号），10 月组织对公示反馈意见进行复核。经过对 271 个水质监测机构的质量监督检查考核、结果公示、复核，确定 74 个实验室为水利系统水质监测质量与安全管理优秀实验室；148 个实验室为水利系统水质监测质量与安全管理优良实验室并予以公布（水文质〔2013〕159 号）。

二、质量管理专项工作的主要成效

（一）质量管理制度体系进一步完善

质量管理工作的有效开展，需要一套科学完整的制度化管理体系作为保障。长期以来，水利系统实验室为保证水质监测质量，做了大量的工作，为开展全面的质量管理工作打下了一定的基础，却未形成质量管理制度化成果。通过水质监测机构质量管理专项工作，制度建设取得了显著成效。

质量管理专项工作的开展，促进了各级监测机构质量管理制度的建设。“七项制度”的制定，将水质监测质量管理工作的全过程纳入制度化管理轨道，分别从监督检查考评、人员培训上岗考核、实验室质量控制考核、比对试验、实验室能力验证、重点水功能区监测质量、水质监测仪器设备、水质自动监测站、移动实验室等方面，对水质监测质量进行全面的规范与管理。各流域监测机构，长江、黄河水文局直属监测机构，各省、自治区、直辖市监测机构都在原有制度的基础上，根据“七项制度”的要求，进一步细化质量管理工作，建立健全本机构的相应制度与实施细则，丰富和完善了质量管理制度体系，进一步细化质量管理工作。形成全国统一、上下贯通，合力推进水质监测质量管理工作的良好局面。如松辽水环境监测中心编制了《松辽流域水质监测质量管理实施方案》《人员岗位职责》《仪器设备管理制度》《实验室安全管理规定》等规章制度；广东省水文水资源监测中心制定了《贯彻执行〈水质监测质量管理监督检查考核评定办法〉等七项制度（办法）工作方案》和《〈水质监测质量管理监督检查考核评定办法〉等七项制度实施细则》；甘肃省水环境监测中心制定了《水质监测质量管理监督检查考核评定》等六项制度实施细则、《实验室安全管理办法》《实验室间能力验证（比对考核）考核管理办法》和《人员培训考核办法》等管理制度；山东省水环境监测中心青岛分中心将部水文局、流域和省中心有关水质监测质量管理工作的通知、实施方案等内容汇编成册，人手一本，确保应用“七项制度”规范水质监测日常工作。同时，不少监测机构还结合实际，制订了针对本单位提高质量管理的措施，如黑龙江省水环境监测中心伊春分中心的“谁主管，谁负责”，细化责任、义务和职权范围，将质量管理工作落实到人，责任到位，层层落实；“三不放过”，即问题原因没查清不放过；责任人不整改不放过；整改措施不到位不放过；“细节意识”，即培养技术人员在日常监测、管理、分析中的注重细节的习惯，使样品的采集、检测分析、评价各个环节工作始终处于良好的运行中，不断提升了质量管理的执行力。

由于制度的完善，再通过各级监测机构组织各种形式的宣贯和学习，提高了各类监测人员的质量和安全管理意识、进一步明确了加强质量管理的目标和任务。形成了以制度管人、管事的良好氛围，促进了水质监测质量管理工作有序开展。

（二）质量意识和责任意识进一步提高，质量管理理念不断增强

通过质量管理专项工作，各级监测机构清醒地认识到，水质监测数据是否准确，分析结论是否客观，将直接影响到水资源管理决策的正确性和执法的公正性。实施最严格的水资源管理制度，要求建立和完善水质监测指标体系，实施目标责任制、考核制和问责制，水质监测数据将作为监督管理和严格执法的依据，因此，必须确保监测结果准确、可靠，水质监测质量管理一刻也不能松懈。但是，在一些监测机构对开展水质监测质量监督管理工作还是有不同认识，一是有畏难情绪，担心产生额外工作量，给本来就十分繁重的监测工作又加重了负担。二是认为实验室已经通过计量认证评审，再开展质量监督管理就是重复检查。本轮质量管理专项工作由于合理安排，实际工作量增加有限，过度增加负担的顾虑很快消除。通过石家庄和贵阳两次质量管理工作会议对“七项制度”的宣贯、解读，以及质量管理监督检查工作的逐步推进，特别是考核、检查发现的问题，大家厘清了开展水利系统水质监测质量管理监督检查考评工作与计量认证评审的关系，认识到两者在质量管理目标上是一致的，并不矛盾，在内容和形式上也不重复，是互补关系，但不能相互替代。充分肯定20年来，计量认证工作对促进水质监测机构实验室能力建设、实验室质量管理等方面发挥了很大作用，将继续做好计量认证的相关工作。大家知道，在相当长的一段时间里，质量管理的主要手段基本上是依靠计量认证的外部评审。在通过计量认证评审后，监测机构还需要不需要加强行业质量管理来保证监测质量呢？回答是肯定的。2009

年7月，部水文局在哈尔滨召开的水质监测质量管理与计量工作座谈会上，有不少单位代表，特别是与会的31位国家级计量认证评审员结合自身参加计量认证现场评审的体会，普遍反映“由于多年没有从全国层面集中开展质量控制考核和加强质量监督管理工作，有的监测机构只以迎接计量认证评审作为质量管理唯一的措施是不够的，致使水质监测质量管理工作存在松懈情况，甚至出现质量滑坡的现象，建议部水文局尽早采取措施”。这些意见是与会代表的共识，引起我们的高度重视。与此同时，我们了解到同样也开展了计量认证的环保、城建、国土、卫生等其他部门都先后实施了本系统的检验检测机构的质量管理工作。特别是中国环境监测总站，它同时又是国家计量认证环境评审组，有体制机制优势，对本系统的监测机构一体实施计量认证/资质认定评审、质量监督检查专项行动，包括严格的人员上岗考核制度。因此，采纳大家的意见，根据水利系统水质监测工作实际，顺应实施最严格水资源管理制度的要求，会同水资源司启动水质监测质量监督管理工作。这也是部水文局履行行业管理职能的一项重要内容。

计量认证/资质认定是国家和省级质量监督行政主管部门实施的一项行政许可。同时，质量监督行政主管部门也鼓励和要求行业管理部门及监测机构结合自身的特点，开展质量管理工作。计量认证评审/资质认定准则是对各行各业检验检测机构（实验室）的一个通用要求，不可能针对每个行业都提出具体要求。所以在计量认证评审准则中许多内容都强调要按“相关技术标准、规范”执行等。这就是说，计量认证的许多规定和要求是以国家、行业的相关技术标准、规范做支撑。譬如，计量认证评审准则规定检验人员要经培训持证上岗，但对如何培训考核没有具体要求，对样品采集与管理，质量控制，数据处理及合理性审查，水功能区监测断面设置，大型仪器设备使用、自动监测站、移动实验室等也都没有具体的要求。而水利行业的相关标准和制度则反映了水质监测工作特点，规定上岗培训考核实行省中心、流域中心、部中心三级考核制度及检验人员上岗培训考核的具体细则，明确持证上岗率须达100%，项目参数要求全覆盖。对其他技术问题的具体要求同样都由《水环境监测规范》等行业标准及“七项制度”加以明确规定，具有很强的针对性和操作性。因此，认真执行《水环境监测规范》和“七项制度”等行业技术和质量管理的要求，就能有助于实验室管理体系的持续有效运行。换句话说，“七项制度”就是在计量认证评审准则基础上，结合水利系统水质监测的特点和具体要求，制定和实施的补充规定。

正如有的监测机构反映，以前，每次迎接计量认证/资质认定的换证评审、内审和管理评审等都要做很长时间的“前期准备工作”，不仅影响了正常水质监测工作的开展，也让我们身心疲惫。随着质量管理意识的不断加强，对质量管理工作的理解和领悟，“前期准备工作”的时间正在逐步缩短，许多检查前的准备工作都在平时的日常工作中得以完成。我们的目标是不用前期准备，随时能接受质量监督检查和认证评审。

（三）初步建立了上岗培训考核机制，人员素质得到明显提升

1. 岗位技术培训力度强，内容丰富，形式多样，规模适度，满意度高

近年来水质监测工作任务日益繁重，许多检测人员疲于完成工作任务，缺少岗位技术培训的机会，有的没有进行过系统的基本操作技能的培训，有的难以对专业知识进一步学习研究。同时，随着水质监测技术的快速发展，新仪器、新方法、新技术的不断出现，需要加大对检测人员和采样人员进行岗位技术培训的力度，提高监测技能与质量意识。水质监测人员的专业技术水平与职业素质直接影响到监测数据的准确性与可靠性，加强对人员的岗位技术培训，提高监测队伍人才素质，是水质监测质量控制与质量保证的根本。

2010年以来，根据各级监测机构的需求，部水文局不断完善水质监测技术培训方式与培训内容，开展多层次多角度的管理与技术培训。按照培训对象不同分为三大类：一是面向各级水文机构主管水质监测工作的局领导，各级水环境监测中心负责人及中层管理人员，举办以宣贯《水环境监测规范》《水环境监测实验室安全导则》等标准或制度、实验室管理与建设、应急监测、国内外水环境发展现状等内容为主的管理培训班；二是面向从事水质评价工作的技术人员，举办以宣贯《地表水资源质量评价技术规程》等内容为主的评价培训班；三是面向各级水环境监测机构中从事水质采样、检测等工作的分析技术人员，举办以分析测试新技术、基本操作技能与实用分析技术、生物检测、大型分析仪器使用等内容为主的各类技术培训班。同时，各流域监测机构和省级水文机构也分别组织各类质量管理和监测技术培训班，如长江流域监测中心组织的离子色谱、总有机碳、水质多参数仪等原理与操作的培训，淮河流域监测中心组织的气相色谱质谱仪与流动注射分析仪的原理与操作的培训；珠江流域监测中心组织的重金属监测、水生生物监测技术的培训；海河流域监测中心组织的水质采样培训；四川等省中心组织对分中心的培训，侧重基础理论知识、基本技能操作等培训，如容量分析、比色分析、仪器分析、质量控制等水环境监测理论和操作培训。

2010—2013年，部水文局、流域监测机构、省级监测机构利用各种形式组织举办各类培训班共215期，培训人员8200多人次。其中，部水文局先后举办备案管理的培训班12期，为开展水生态监测专门组织藻类监测培训班3期，以及依托厂商举办4期分析仪器培训班，培训2000余人次；流域监测机构共举办46期培训班，培训1000余人次。省级监测机构和流域水文局直属监测机构举办150期培训班，培训4000余人次。基本做到让每一位水质监测人员都有机会参加所承担工作的技术培训。各主办单位在举办培训班之前，都经过比较细致的调研和安排，并适当控制每个班的人数，为了保证培训效果，使每个参加培训的人员都能够有充分的实习机会，不少主办单位宁可增加办班的期数，也不盲目扩大办班的规模。长江流域监测中心还专门去拉萨为西藏自治区监测中心举办气相色谱培训班。长江委、黄委水文局都多次为直属监测机构举办各类培训班。

除办培训班外，松辽、黄河、淮河、长江等流域监测机构还举办了不同专题的水质监测技术交流会。通过培训和交流，监测人员的技术水平得到了提高，各监测机构之间加强了沟通与了解，搭建了质量管理的新平台。

2. 通过采样技术培训，前置质量管理的重点

水质监测采样环节是质量管理的重要组成部分。采样位置和采样时间的确定、采样容器的选择、样品的储存方法和条件等都会影响监测数据的准确、客观。然而，长期以来，各级监测机构质量管理工作的重点大多放在实验室分析测试环节，对现场监测采样环节的质量管理普遍重视不够，采取的质控措施也相对薄弱，影响水质监测质量的提升。水质样品采集是监测质量的第一环节，我们将质量管理的重点前置，注重抓好采样环节的质量控制，保证客观、准确地反映水环境真实状况。海河、淮河等流域监测中心组织的采样和现场测定培训，各省级监测中心举办水文站采样人员的技术培训，都采用专家讲授有关采样

理论和现场操作演示相结合的方式，针对不同采样项目、采样方式进行示范并分析原因，使大家不仅知其然而且知其所以然，从而熟练掌握，极大地提高了采样环节的质量保证。为促进水质采样技术和质量控制水平的提高，在第五届全国水文勘测技能大赛上将水质取样与现场测定列为6个外业竞赛项目之一。

通过力度空前的技术培训，加快了采样人员、检测人员、评价人员的知识更新，掌握了先进的仪器设备和监测方法，不规范操作得到纠正，提高了技术水平，促进了业内技术交流与学习，进一步拓展监测服务领域和能力。

3. 规范各类监测人员岗位技术考核工作

按照“七项制度”规定，统一了岗位技术培训与考核办法并实行分级管理。基本形成了水利系统水质监测人员上岗实行统一标准，三级考核，备案管理的机制。改变了过去各单位新人员上岗考核方式五花八门，松严不一，无统一标准，自考自发上岗证，随意性大，缺权威性的状况。由水利部水文局组织，部中心、流域中心和省级中心分别承担不同技术类别、不同岗位的人员培训与考核任务。确保培训和考核的内容多元与全覆盖，上岗考核需分别进行理论考试和操作考核。为了统一理论考试的要求，部水文局组织专家编写出版了岗位技术考核习题集。经严格的上岗考核，成绩合格的分级发给《水质监测从业人员岗位证书》。

为确保岗位技术考核工作的延续性，先期组织了全国水利系统水质监测人员上岗证换证登记确认。对符合条件的原有持证人员，经复核后统一换发《水质监测从业人员岗位证书》。部中心、流域中心负责对开展换证登记工作的结果进行了审查、复核、确认。

截至2013年6月，全国有271个水质监测机构均做到了全员持证上岗。其中水质检测持证人员2291人，包括博士22人，硕士137人；实验室采样持证人员2027人，水文测站水质采样持证人员3156人；水质评价持证人员857人；水质监测管理持证784人。

三年来，部中心、流域中心、省中心三级主考单位共计考核上岗人员2292人次，检测项目13360项次。其中部中心考核检测人员205人次，考核项目2062项次；流域中心考核考核检测人员772人次，考核项目4340项次；省中心考核上岗检测人员1315人次，考核项目6958项次。由于实行统一标准，三级考核，备案管理的上岗考核机制，提高了岗位持证技术门槛，同时也提升了检验检测上岗证含金量，更利于水质监测工作和对外开展技术服务。

（四）继续开展实验室质控考核，准确识别质量管理存在的问题

实验室质控考核（比对试验）是多年来大家最熟悉也最常用的质控措施。受水利部水文局委托，水利部水环境监测评价研究中心于2011—2013年组织开展了第三次全国水利系统水质监测实验室质量控制考核（实验室间比对）、实验室内部质量控制（质控图、精密度偏性实验）评价和各级监测机构实验室年度质量管理工作报告评价。各流域监测机构和省级监测机构按规定，每年定期组织实施分管范围内监测机构的质量控制考核工作。通过开展质量控制基础实验和常规质量控制，提高各级监测机构全员的常规质控意识与水平；通过开展监测质控考核（比对试验），全面系统分析水利系统水质监测实验室质量控制和质量管理工作现状，科学评价各级水质监测实验室的质量管理水平，准确识别水质监测实验室质量管理存在的问题，进一步完善水利系统水质分析实验室质量管理制度。

1. 第三次全国水利系统水质监测实验室质量控制考核（实验室间比对）根据各级监测机构实验室能力水平和仪器设备配置状况，分A、B、C三组进行，A组为7个流域监测机构；B组为46个省、自治区、直辖市监测机构及流域水文局直属监测机构和流域监测中心所属分中心；C组为报考的217个省、自治区、直辖市监测机构直属的市级监测机构。在考核项目选取上充分考虑水功能区限制纳污红线考核指标监测评价的需求，体现水利系统水质监测能力，盲样考核项目选取为水功能区达标考核的项目，即氨氮和高锰酸盐指数。同时，为适应有机污染监测工作的需要，促进有机监测仪器设备的配备和使用力度，A、B组增加有机项目的考核，重点检查大型仪器设备的使用状况。C组重点检查近年来加大能力建设大量配置的大型仪器设备使用状况。

2. 在第三次全国质控考核中，全部考核项目成绩合格的实验室有178个，占总数65%；其中，A组一次合格率86%；B组一次合格率52%；C组一次合格率67%（2003—2004年第二次全国质控考核结果合格实验室占总数68%，A组100%，B组64%，C组70%）。实验室质量控制基础试验除总硬度检出限合格率低外，其他考核指标成绩较好。通过质控考核，全面了解了全国水利系统各类实验室的技术水平和质量管理现状。质控考核结果合格率偏低，盲样考核结果不理想，有的实验室考核项目经补考仍未合格，这些都反映了一个时期以来质量管理的缺失。根据部水文局领导的意见，跟踪监督补考成绩不合格的2个省级监测机构，13个分中心，结合监督检查或专门派出专家组帮助其分析、查找原因，一抓到底。除个别监测机构因仪器原因外，其他监测机构通过整改均已达到要求。从质控考核成绩看，说明加强质量管理工作的必要性。

3. 鼓励有条件的监测机构可自愿申报跨组考核。全国共有69个监测机构参加跨组考核，约占全部考核单位的25%，成绩全部合格的有54个单位，占跨组考核的78%。其中B组跨A组共6个，C组跨B组共9个，C组跨A组共54个。尤其是江苏省无锡分中心C组跨A组考核5项全部合格，苏州分中心跨A组考核5项4项合格。淮安分中心C组跨B组考核3项全部合格。表明一些分中心的监测能力和质量管理水平达到了一定水准。

2010—2012年，有91家各级监测机构参加了由国家或省级技术监督部门组织的能力验证，共有355项次取得满意结果。广东、上海、江苏、新疆、吉林、河北、安徽、广西、云南等省级监测机构都积极组织所属分中心参加能力验证。

4. 为促进监测机构监测能力的加强，在本次质量监督检查中对监测能力提出了刚性要求，质控考核方案中采取了缺项补考的设计，即监测机构没有考核项目必备的仪器，允许申请延期考核，只要在规定的一年多时间内，配备了相应仪器并具备正常使用的条件后可以补考。其中，B组有8个省、自治区监测机构，6个流域水文局和水保局直属监测中心共14个监测机构；C组涉及12个省级监测机构的47个分中心共61个监测机构因无指定的仪器参加考核而出现考核缺项。经过一年多的努力，有49个监测机构配备了仪器，达到了补考条件，其中47个监测机构缺项补考成绩全部合格。质控考核促进了这些监测机构能力建设，效果明显。

（五）建立水质监测质量管理监督考评机制

开展监测机构质量管理监督检查考评是本次专项工作的重点，此次监督检查规模之大、参加检查人数之多为水利系统开展水质监测工作以来首次。

1. 2011—2013年，部水文局和流域机构共派遣95个监督检查考核组，对271个流域监测机构、流域水文局直属监测机构、省级监测机构及省级以下监测机构进行质量管理监督检查。三年来，部水文局共组派50个专家组，完成对137个监测机构的监督检查考评工作。其中2011年，组派14个专家组，监督检查考评39个监测机构；2012年，组派22个专家组，监督检查考评58个监测机构；2013年，组派14个专家组，监督检查考评40个监测机构。受部水文局委托，流域监测机构共组建45个专家组，完成对134个监测机构的监督检查考评工作。其中长江流域水环境监测中心组派7个专家组，对流域内5个省（自治区）的25个监测机构进行监督检查考评；黄河流域水环境监测中心组派5个专家组，对流域内3个省（自治区）的14个监测机构进行了监督检查考评；淮河流域水环境监测中心组派6个专家组，对流域内4个省的22个监测机构进行了监督检查考评；海河流域水环境监测中心组派4个专家组，对流域内3个省（直辖市）的14个监测机构进行了监督检查考评；珠江流域水环境监测中心组派8个专家组，对流域内5个省（自治区）的26个监测机构进行了监督检查考评；松辽流域水环境监测中心组派8个专家组，对流域内4个省（自治区）的17个监测机构进行了监督检查考评；太湖流域水环境监测中心组派7个专家组，对流域内4个省（直辖市）的16个监测机构进行了监督检查考评。

2. 在质量管理监督检查过程中，得到各单位领导的重视和大力支持。长江、淮河、海河、松辽流域水资源保护局，太湖流域水文局的分管局领导和七个流域监测中心主任都亲自带队参加监督检查。四川、福建、浙江、海南、北京和长江上游水文局等单位的主要负责人主动过问并参加了水质监测质量监督检查。各省级水文机构的分管领导都十分关注水质监测质量管理工作，亲自过问，或参加自查或陪同检查，确保了监督检查工作顺利完成。

3. 水质监测机构质量管理监督检查考评专业性较强，部水文局注重监督检查考评组成员的结构。除聘请了国内环境监测知名资深专家为组长，对流域监测机构实施检查考评外，在其他检查考评组组成上都注意发挥水利系统各级监测机构的知名专家、监测机构负责人及青年技术骨干的作用。在部水文局和各流域监测机构组成的检查考评组中有70%为省级监测机构的人员，其中还包括部分分中心的技术骨干。

4. 通过三年的质量管理监督检查，初步建立了以日常监督管理与专项检查评定相结合、上级主管部门监督检查与各级监测机构自查相结合的质量管理监督考核评定机制。部水文局负责水利系统水质监测质量管理工作，定期组织开展全国性监测机构的质量监督检查和考核评定，流域管理机构直属的监测机构或省级水文机构，按职责分工，负责对本流域或本行政区的监测机构进行经常性的质量监督检查。监督考核涉及制度、人员、设备、管理、日常质控工作以及安全等多个方面，随机抽取人员现场操作，并重点考核野外现场采样全过程，重点水功能区监测质量比对和巡查，全面反映被检查单位业务技术与管理水平。通过开展全国性的监督检查与考核评定工作，不断完善质量管理的考核与评价工作，促进各级监测机构的自我监督与持续完善。由于质量管理检查力度不断加大，发现存在的不少质量隐患，以查促管理、以查促防止质量滑坡、以查促持续改进、以查促取得成效的作用十分明显。

5. 水质监测机构质量管理监督检查内容充实、形式丰富。监督检查考核涉及质量管理与安全管理7方面29条、71项具体内容，覆盖了监测机构的各项日常工作。监督检查考核组采用查阅资料，技术交流、现场采样操作考核以及一对一的监测人员现场操作考评等考核方式，对监测机构质量管理及安全生产进行了全面考核。通过监督检查考评，包括技术培训、上岗考核以及实验室间的比对试验，加强了省区市之间、流域与省区市之间监测机构的技术交流，大家取长补短，密切了关系，推进了流域和区域水质监测工作的发展。部中心、流域中心通过“七项制度”的开展也积累了经验，为发挥技术优势，指导、服务水质监测工作打下了良好基础。大家反映这样监督考核，比的是真本领，靠的是真功夫。对广大监测人员加强基础理论的学习，提高基本操作技能起到很好的推动作用。通过质量管理专项工作，培养和锻炼了人才，各地涌现出一批知识全面、基础扎实、操作规范、技术精湛的年轻有为的技术人才。这次质量管理专项工作也为部分优秀人才提供了发挥才干的平台。

（六）促进了监测机构基础能力建设，加强和完善安全设施

本次监督检查考评按照“七项制度”规定从人员情况、管理维护、使用效率、环境条件以及安全等方面对实验室监测仪器设备以及移动实验室车辆和车载仪器进行监督与考评，减少仪器使用维护的不规范，避免因人员、经费等各种因素造成的仪器空置状况，确保仪器使用的安全。明确大型仪器设备要有稳定的使用频率，应急监测设备必须保持良好状态。

1. 通过质量管理专项工作，促进了实验室基础能力建设，近几年，许多监测机构在监测经费保障、实验室面积、仪器设备配置、人员配备和技术培训方面都较往年有较大发展。为水质监测做好水资源管理服务提供了条件保障。长江委水文局直属监测机构检测环境条件有很大改善，如长江上游、汉江、长江中游等监测中心新投入使用的实验室面积都达到1200m^2以上，安徽省改造后的省中心实验室面积超过1600m^2，上海市各级实验室总体面积增加了35%。江苏、北京等省（直辖市）新建了分中心。广东、福建、上海等省（直辖市）近三年来分别投入3400万元、4000万元、6383万元，新增或更新了高效液相色谱质谱仪、气相色谱-质谱联用仪、等离子体发射质谱仪、电感耦合等离子体质谱仪、原子吸收仪，连续流动分析仪、气相色谱仪、离子色谱仪等仪器设备以及自动监测站、移动实验室。近年来，长江委水文局、黄委水文局为部分直属监测机构新配置了移动实验室，江苏、山西、长江委水文局中游监测中心等新建了水质自动监测站，这些先进仪器设备的投入使用，既提高了检验检测工作自动化水平、应急能力，也提高了监测结果的准确度、时效性和工作效率。同时也为拓宽监测领域奠定了基础。

2. 各级监测机构对实验室安全生产十分重视，加强了安全管理，安全意识全面提升。一是消防设施配备齐全。实验室均配备了消防栓、灭火器、消防沙桶等。二是安全管理进一步化。越来越多的实验室在现有监控系统的基础上，在实验室的进出通道加装了门禁系统。三是个人防护得到提升。为保障人员安全，相关实验室配备有冲淋洗眼器，安装新风系统和烟感报警系统。四是安全检查得到重视。各单位都不定期组织安全检查，排查安全隐患，防止安全事故的发生。

三、质量管理工作需要重视和完善的问题

通过三年的水质监测质量管理专项工作，还有许多问题需要加强和不断地完善。

1. 质量管理意识需要进一步提高。质量是监测工作的生命线，是立业之本，也是衡量监测工作管理水平的重要标志。在质量管理专项工作中发现少数监测机构对加强质量管理的认识还是有一定差距。从检查的结果来看，质量通病还时有发生，有些监测机构存在质量问题较多，除了认识层面的欠缺，还在于制度约束的疏漏，需要各单位给予重视，进一步强化质量意识，提高管理水平，完善薄弱环节。对一些质量通病，还需要下大力气整改。要进一步加强岗位技术培训和岗位练兵，提高检测技术水平。对存在的质量问题限时整改，始终对质量缺陷保持高压态势。要自始至终以质量为中心，不断创新监管方式，狠抓管理，使总体质量不断提高。为适应水资源管理保护新形势新要求，部水文局主持修订了《水环境监测规范》，“七项制度”成熟的内容均已列入新规范。新规范颁布施行后，要加大新规范的宣贯和执行力度，做好水质监测各项工作。

2. 继续贯彻执行水利部《关于加强水质监测质量管理工作的通知》（水文〔2010〕169号）精神，各监测机构要按要求做好各项质量管理工作，坚持质量管理报告制度，及时报送质量管理年度报告。要根据质量管理专项工作三年总结和在具体执行中发现的问题，进一步完善“七项制度”部分内容，要组织力量尽快补充修订，使之日臻完善，更好的指导水质监测质量管理工作，以规范化的要求保证质量管理常态化、长效化。

3. 当前水质监测队伍存在缺少管理型人才、高层次学术和技能型人才，基层监测机构专业技术人才匮乏，人才结构和分布不尽合理的现状。无论在检测人员的数量和技术水平方面，都难以满足实行最严格水资源管理制度的需要。监测机构实验室一线监测人员偏少已成为水利系统存在的普遍现象，省级及省级以下的监测机构更为突出，多数省级监测机构实验室监测人员只有10人左右，省级以下监测机构多数在6～7人，个别实验室监测人员只有2人，有的监测机构采取聘用方式，但聘用职工存在流动性大、不稳定的因素，对监测工作影响较大，不利于队伍稳定和长期发展。据了解，随着实行最严格水资源管理和“三条红线”制度的推进，水质监测工作量普遍大幅度增加2～3倍，人员匮乏现象将更为突出，或将成为保证水质监测质量的瓶颈。

4. 多数省（自治区、直辖市）监测机构能力建设和监测工作经费渠道依然不畅。经费渠道不畅是造成实验室面积不足、布局不合理，实验室仪器设备陈旧、老化，甚至缺少相应的检测设备的主要原因。本次质量控制考核中，有2个省级监测机构和10个分中心因缺乏监测仪器没能参加有关项目（参数）的考核。

5. 各级监测机构，特别是省级以下监测机构从事检验人员中分析化学、生物及相关专业的较少，基础薄弱，难于胜任专业性较强的检测检验工作，人员培训需求大，监测人员水平有待进一步提高。目前举办的培训班仍难以满足，尤其大型设备培训难度较大。从问卷调查看，绝大多数监测人员对部水文局加大培训力度表示肯定和有更大的期待。随着监测技术发展迅速，对新技术、新方法、新仪器的培训需求不断增加，急需加大技术培训投入，扩大培训内容范围，增加监测人员技术交流，促进技术提升。推进水质监测技术练兵和比武，鼓励有条件的流域、省区市开展水质监测技术竞赛，并适时在全国水文勘测技

能大赛中纳入水质监测竞赛内容。

6. 采样人员和检验检测人员上岗考核方式需要进一步优化。监测工作范围日益扩大，每年有新的监测项目增加，人员培训和上岗考核需求量大。要继续推进岗位技术培训和上岗考核工作，检验人员上岗考核办法要多为基层着想，要方便基层，努力为基层提供便利服务。要坚持统一标准，三级考核，备案管理的机制，实行一级考一级，即主考单位有能力考核的项目（参数）不再交上一级主考单位。采样人员上岗考核的主考单位为流域监测机构和省级监测机构。各主考单位在规定的时间内应及时上报备案材料，要督察主考人员和考核组不能降低考核标准和要求。各级水文监测机构和流域水质监测机构在申请相关资质认定、对外服务中都应提供统一格式的水质监测持证上岗材料。

7. 水功能区监测是质量监督检查考评的重点，在本轮质量管理监督检查考评中做得不深入。要推动水功能区水质监测质量管理工作，流域监测中心和省级中心应加大重点水功能区监测质量比对监测，适时组织开展重点水功能区水质监测质量巡查。

8. 目前，水利系统因无具备承担能力验证的协调、实施者资格的监测机构，能力验证渠道不畅，只能参加由国家相关部门或地方质检机构组织的能力验证，但验证内容往往与我们实际需求有差距。应尽快起步开展能力验证工作，要把能力验证作为质量管理的一个抓手，争取部中心能尽快取得具备承担能力验证的相关资格的监测机构。

已经建立了由部中心、流域中心、省级中心及其分中心共300余个监测机构组成的监测网络，监测范围覆盖了全国的主要江河湖库及地下水，检验项目涵盖地表水环境质量标准的基本项目和补充项目，越来越多的监测机构还能承担一定数量的特定项目检验检测，以及地下水常规项目和水生物监测。水质监测为水资源管理起到了重要的基础支撑作用。

质量管理无止境，双优是起点，考评是目标不是目的。抓住实施最严格水资源管理制度的有利契机，共同努力，在水质监测质量管理工作中体现时代性、把握规律性、富于创造性，拓展水质监测工作新局面。

第四部分　第三次水质监测实验室质量控制考核结果评价报告

1　工作背景

根据水利部《关于加强水质监测质量管理工作的通知》（水文〔2010〕169号）及部水文局《关于加强水质监测质量管理工作的实施方案》（水文质〔2010〕143号）的总体要求，为了加强全国水利系统水质监测工作的质量管理力度，提高水质监测能力和监测技术水平，水利部水文局委托水利部水环境监测评价研究中心组织开展2011—2013年度即第三次全国水利系统水质监测实验室质量控制考核（比对试验），内容包括实验室常规质量控制、比对试验、质量管理年度工作报告。拟通过对水利系统各级水质监测机构质控考核结果、实验室内部质量控制结果和年度质量管理工作报告的全面评价，系统了解各级监测机构水质监测质量管理、实验室分析人员的技能水平以及实验室监测能力建设现状，为加强水利系统水质监测能力建设和质量管理工作提供依据。

2　工作目标

全面系统分析水利系统水质监测实验室质量控制和质量管理工作现状，科学评价水利系统各级水质监测实验室的质量管理水平，准确识别水利系统水质监测实验室质量管理存在的问题，归纳分析质量问题原因，提出合理的质量管理建议，为进一步完善水利系统水质分析实验室质量管理制度、提高水质分析数据质量提供科学依据。

3　工作内容

3.1　全国水利系统水质监测实验室间质量控制考核评价

对全国水利系统271家水质监测实验室组织实施质控考核评价工作，工作内容包括系统调研全国各级监测机构实验室的仪器设备配置状况、编制质控考核方案、制定工作计划、确定评价方法、研制质控考核盲样、汇总盲样考核数据、统计分析考核数据、评价考核结果、编写质控考核结果文件等有关工作。

3.2　全国水利系统水质监测实验室内质量控制结果评价

选取总磷、总硬度2个水质参数，按照常规的分光光度法和容量法，要求各实验室完成精密度偏性试验（AQC试验）及质控图的计算和绘制，将质控图和精密度偏性试验结果上报水利部水环境监测评价研究中心，部中心对各实验室所做的质控图和精密度偏性实验结果进行评价，编写评价结果报告。

3.3　全国水利系统水质监测实验室常规质量控制结果评价

为完善实验室对采样、运输、贮存和实验等各个技术环节管理制度的建立，使常规监测质控工作常态化，实现质量保证体系的正常运行，受部水文局委托，部中心开展水利系统各级水环境监测实验室常规质控工作的评价工作，对各级实验室现场采样质量控制措施（现场平行样和全程序空白样）和常规监测质量控制措施（空白试验、平行双样、加标回收、质控样或密码样）的执行情况进行评价，编写评价结果报告。

4　工作方案和组织实施

4.1　实验室质量控制考核方案

4.1.1　总体设计

根据全国水利系统 271 个监测机构实验室仪器设备配置状况，部水文局决定采取分组考核并确定了分组考核项目。具体分 A、B、C 三组进行。

A 组：各流域监测机构；

B 组：各省、自治区、直辖市监测机构；流域水文局及各直属局监测机构；

C 组：各省、自治区、直辖市监测机构直属的市级监测机构，水利工程管理单位和地方水务部门所属的水质监测机构。

A、B 组考核的主要目的：

（1）评价水利系统各流域监测机构和省监测机构实验室的分析质量状况；

（2）了解分析人员对大型仪器设备及部分常规监测项目分析方法的掌握情况；

（3）有机监测项目的开展状况。

C 组考核的主要目的：

（1）评价水利系统基层监测机构实验室水质分析的总体质量状况；

（2）了解分析人员对大型仪器设备及常规项目分析方法的掌握情况。

为全面反映总体质量状况，故在考核内容上力求体现全面、水平高及难度大的特点。在本次考核中拟定了三个方面考核内容：一是实验室内质量控制，由实验室自身完成，自身评价；二是实验室间质量控制，用于检验室内质量控制工作情况，了解实验室的性能，评价其测定工作的质量；三是实验室常规监测质量控制，以期达到实验室日常水质监测工作的全面质量保证。

现分述如下：

（1）实验室内质量控制试验。

选用常规的分光光度法和容量法，选取 2 个常规水质参数：总磷、总硬度，要求 A、B、C 组完成精密度偏性试验（AQC 试验）及质控图的计算和绘制，这是分析人员对分析质量进行自我控制的过程。其目的是使实验人员通过质量控制基础试验，熟练掌握操作技术和基本原理；通过对所选方法的测试，取得必要的参数，学会运用质控图和精密度偏性试验检查分析质量，进行“误差分析与评价”，提高分析人员自我控制的能力，以保证分析的质量。

（2）实验室间质量控制试验。

采用各实验室单独测定的方法，即各实验室监测人员各自按照质控程序和规范，对盲样进行分析，部中心对各实验室测定的结果进行统计处理，用各实验室测定盲样的结果与真值相符程度来评估数据的准确性和可靠性，从而科学定量地评价全国水利系统水质监测数据的总体质量状况。通过各实验室对不合格项目查找原因，及时补测，以促进各实验室监测水平的提高，保证监测分析的质量。

同时对仪器暂未到位按缺项处理的监测机构，在具备仪器能正常使用的条件后安排了缺项补考，部中心对补考结果给予了评定，并通知各实验室。本次考核鼓励有条件的监测机构自愿申报跨组考核。经部中心确认符合规定条件，跨组考核成绩有效。全年评定结果报部水文局审定。

（3）实验室常规监测质量控制。

为促进实验室对采样、运输、贮存和实验等各个技术环节管理制度的建立，使常规监测质控工作常态化，以达到质量保证体系的正常运行，要求实验室完成以下工作：

1）现场采样质量控制：通过采集现场平行样和全程序空白样，进行采样过程的质量检查。

2）实验室质量控制：针对本实验室所开展的分析项目，选用空白试验、平行双样、加标回收、质控样或密码样等方法进行常规监测质量控制。

4.1.2　考核项目

由于全国水利系统各级监测机构分析人员素质及设备条件差别较大，导致在监测项目的开展上有很大差异。为满足水功能区限制纳污红线考核指标监测评价的需求，体现水利系统水质监测能力，首先考虑抽查目前江河中主要污染项目：COD、NH_4-N。所选项目均是SL 219—98《水环境监测规范》[1]中规定的常规项目，要求A、B、C组实验室完成上述两个常规项目的盲样考核。

考虑到GB 3838—2002《地表水环境质量标准》在集中式生活饮用水地表水源地特定项目中列入69个有机项目标准值。为适应有机污染监测工作的需要，近年来在流域及省级监测中心加大了有机监测仪器设备的配备力度。因此，A、B组增加了有机项目的考核，重点检查大型仪器设备的使用状况。C组重点检查近年来加大能力建设大量配置的大型仪器设备使用状况。具体考核项目见表1～表3。

表1　　A组考核项目

计划编号	项目（参数）	分析方法	仪器名称
A-1	化学需氧量	GB 11914—1989《水质　化学需氧量的测定　重铬酸盐法》	
A-2	氨氮	GB/T 5750.5—2006《生活饮用水标准检验方法　无机非金属指标》，HJ 535—2009《水质　氨氮的测定　纳氏试剂分光光度法》	可见分光光度计
A-3	铅	GB/T 5750.6—2006《生活饮用水标准检验方法　金属指标》	石墨炉原子吸收分光光度计
A-4	锰	SL 394.1—2007《铅、镉、钒、磷等34种元素的测定——电感耦合等离子体原子发射光谱法（ICP-AES）》，SL 394.2—2007《铅、镉、钒、磷等34种元素的测定——电感耦合等离子体质谱法（ICP-MS）》，GB/T 5750.6—2006《生活饮用水标准检验方法　金属指标》	电感耦合等离子体质谱仪或电感耦合等离子体发射光谱仪

[1] 本报告形成时，SL 219—98为现行有效版本。余同。

续表

计划编号	项目（参数）	分 析 方 法	仪器名称
A-5	挥发酚	GB/T 8538—2008《饮用天然矿泉水检验方法》	流动注射分析仪
A-6	苯乙烯	SL 393—2007《吹扫捕集气相色谱/质谱分析法（GC/MS）测定水中挥发性有机污染物》	气相色谱-质谱仪
A-7	萘	HJ 478—2009《水质 多环芳烃的测定 液液萃取和固相萃取高效液相色谱法》	液相色谱仪

表 2　　B 组 考 核 项 目

计划编号	项目（参数）	分 析 方 法	仪器名称
B-1	化学需氧量	GB 11914—1989《水质 化学需氧量的测定 重铬酸盐法》	
B-2	氨氮	GB/T 5750.5—2006《生活饮用水标准检验方法 无机非金属指标》，HJ 535—2009《水质 氨氮的测定 纳氏试剂分光光度法》	可见分光光度计
B-3	镉	GB/T 5750.6—2006《生活饮用水标准检验方法 金属指标》，SL 394.1—2007《铅、镉、钒、磷等 34 种元素的测定——电感耦合等离子体原子发射光谱法（ICR-AES)》	石墨炉原子吸收分光光度计或电感耦合等离子体发射光谱仪
B-4	氰化物	GB/T 8538—2008《饮用天然矿泉水检验方法》，HJ 484—2009《水质 氰化物的测定 容量法和分光光度法》（无流动注射分析仪监测机构）	流动注射分析仪或分光光度计
B-5	汞	SL 327.2—2005《水质 汞的测定 原子荧光光度法》	原子荧光光度计
B-6（任选一项）	氯苯	HJ/T 74—2001《水质 氯苯的测定 气相色谱法》	气相色谱仪
	萘	HJ 478—2009《水质 多环芳烃的测定 液液萃取和固相萃取高效液相色谱法》	液相色谱仪

表 3　　C 组 考 核 项 目

计划编号	项目（参数）	分 析 方 法	仪器名称
C-1	高锰酸盐指数	GB 11892—89《水质 高锰酸盐指数测定》	
C-2	氨氮	GB/T 5750.5—2006《生活饮用水标准检验方法 无机非金属指标》，HJ 535—2009《水质 氨氮的测定 纳氏试剂分光光度法》	可见分光光度计
C-3	镉	GB 7475—1987《水质 铜、锌、铅、镉的测定 原子吸收分光光度法》，SL 394.1—2007《铅、镉、钒、磷等 34 种元素的测定——电感耦合等离子体原子发射光谱法（ICR-AES)》	原子吸收分光光度计或电感耦合等离子体发射光谱仪
C-4	砷	SL 327.1—2005《水质 砷的测定 原子荧光光度法》	原子荧光光度计

4.2　技术方法和要求

4.2.1　实验室内质量控制试验方法及要求

（1）质量控制基础实验。

1）空白试验值的测定与检测限的确定。

使用选定的分析方法对试验用纯水做全程序空白试验。根据所得空白试验结果计算检测限，要求所得检测限近似于标准方法的给出值，明显偏高或偏低则不合格，应找原因重新测定。

2）标准曲线绘制及线性检验。

标准系列应在线性范围内选取至少 6 个浓度点进行测定，扣除空白值后，以响应值的数据为纵坐标，浓度值为横坐标，绘制标准曲线并计算下列参数：

相关系数 r，要求 $r \geqslant 0.9990$，否则要求排除影响重新测定；

列出回归方程 $y=a+bx$，对截距 a 进行 t 检验，要求截距与零无显著性差异，否则找原因重做。

（2）精密度偏性分析质量控制试验。

用实验室自配的标准溶液 $0.1C$、$0.9C$（C 为标准曲线的测定上限），统一发放的标准水样，天然水样及加标天然水样，以随机次序每天一批，每次 2 份，分光法共 6 批。计算下列参数：

1）批内变异 $MS_{批内}$。

2）批间变异 $MS_{批间}$。

3）批内、批间变异分析。

计算 F 值，
$$F=\frac{MS_{批间}}{MS_{批内}}$$

如果 $F<0.05F$，可评价变异“不显著”；$F>0.01F$，可评价变异“显著”，说明实验结果可能受到环境、条件等因素的影响；$0.05F<F<0.01F$，可评价变异“显著性证据不足”，应进一步找原因。

如果 $MS_{批间}<MS_{批内}$，则
$$F=\frac{MS_{批内}}{MS_{批间}}$$

若 $F<0.05F$，说明批内、批间变异不显著，可将批间变异视为零，将批内变异作总变异的估计值；若 $F>0.05F$ 则必须查找原因予以纠正。

4）批内标准差 $S_w=\sqrt{MS_{批内}}$。

5）批间标准差 $S_b=\sqrt{(MS_{批间}-MS_{批内})/n}$。

6）总标准差 $S_t=\sqrt{S_w^2+S_b^2}$。

总标准差小于被测浓度的 5%可以接受，当 5%浓度低于方法给定的检测限时，即用检测限作为衡量标准。

（3）准确度。

进行加标回收试验，计算回收率。

（4）质量控制图。

在方法的精密度和准确度均达到要求的基础上，按下述要求作成质量控制图：

1）控制水样的制备。

配制一定浓度的储备溶液，用纯水稀释，再根据当地地表水的浓度值范围进行稀释备用。

2）质量控制水样要求。

质量控制水样与分析水样相同，每天至少平行分析 2 份，逐日积累，重复试验获得 20 个以上数据，每日分析结果的相对偏差不得大于标准方法中规定的相对偏差的两倍，否则应重做。

3）计算并绘制质控图。

4）控制图的判断。

a. 落入控制限内的点数应约占总点数的68%，如落入点数小于50%，表示点的分布不合理，应补充数据，重新计算和绘图，直至分布合理。

b. 连续七点偏在中心线同侧，表明测得结果有异常，应查明原因，重新积累数据和绘图。

c. 连续七点递升或递降，表示有明显的失控趋势，应查找原因，重新补充数据，计算和绘图。

d. 相邻三点中的两点屡屡接近控制限，表示测试质量异常，应终止试验查明原因，予以纠正。

e. 超出控制限的为离群值，应剔除。剔除后，应补充新数据至20个，重新计算并重新绘图。

4.2.2 常规监测质量控制方法及要求

(1) 现场采样质量控制。

1）采样时要求采集不少于总数10%的平行样，选1～2个平行样做加标回收试验，合格标准参照分析方法的要求。

2）要进行采样过程的质量检查，每次可在一个采样点采集监测全程序空白样品。其方法是将实验室用的纯水，在采样现场装入采样瓶中，与样品相同地加入保存剂，并同时运输到实验室，与样品同时进行全过程的分析。测得结果与实验室的空白值比较，应符合空白值测得的要求，否则应从采样过程中查找原因。

(2) 实验室内质量控制。

1）空白试验值。

a. 测定方法：一次平行测定至少两个空白值。

b. 合格要求：平行测定的相对偏差不得大于50%；分析中绘有空白试验值控制图的，将所测空白值的均值点入图中进行控制。

2）平行双样。

a. 测定率：有质量控制水样并绘有质量控制图的监测项目，随机抽取10%～20%的样品进行平行双样测定，当同批样品较少时，应适当增加双样测定率；无质量控制水样和质量控制图的监测项目，应对全部样品进行平行双样测定。

b. 合格要求：将质量控制水样的测定结果点入质量控制图中进行判断；水样平行测定所得相对偏差不得大于分析方法规定的相对偏差的两倍；全部平行双样测定总合格率不小于95%。

3）加标回收率。

a. 测定率：随机抽取10%～20%的样品进行加标回收率的测定。

b. 合格要求：有准确度控制图的监测项目，将测定结果点入图中进行判断；无此控制图者其测定结果不得超出分析方法中规定的范围；全部加标回收率总合格率不小于95%。

4）标准控制样品。

可用于实验室工作基准的确定，要求测定值落在标样保证值的不确定度范围内，否则应查找原因进行校正；于每批水样中插入10%～20%质控标样，也可随机加入10%～

20%密码样，按标样保证值的不确定度检查其质量。

4.2.3　实验室间质量控制试验方法及要求

（1）分析方法。

采用国家标准或行业标准方法进行。

（2）考核过程中的质量保证。

1）以国家级标准样品作为分析量值溯源基准。在分析测试中，一律要求跟踪标准样品进行自我控制，以保证测试结果准确度。

2）要求每个项目同时测定6个数据，以控制分析测试精密度，进而分析各实验室精密度与测定盲样准确度之间的相关性。

4.2.4　考核样品制备

部中心统一配制并经过定值的国家二级标准样品。

考核样品浓度水平的确定：原则上选用地表水质量分类标准值浓度水平，以检查分析人员为水质评价提供数据的能力。

4.3　组织方式

根据对水利部系统各级监测机构实验室仪器设备和分析测试能力基本状况的调查，将全系统实验室相应划分为A组、B组、C组见表4。

A组：7个流域监测机构；

B组：各省（自治区、直辖市）监测机构，流域水文局、水资源保护局直属监测机构，共有46个监测机构；

C组：31个省（自治区、直辖市）217监测机构，辽宁省的水利工程管理单位有1个水质监测站（室）自愿参加，共218个监测机构。

表4　2011—2013年质控考核实验室分组一览表

监测机构类型			组别		
			A组	B组	C组
流域机构	流域监测中心		7	0	0
流域机构	长江委	水文局系统	0	7	4
流域机构	长江委	水保局系统	0	1	0
流域机构	黄委水文局系统		0	5	0
流域机构	海委水保局系统		0	2	0
省级水文机构	省中心		0	31	0
省级水文机构	分中心		0	0	213
水利（水务）工程管理单位					1
合计			7	46	218

5　评价标准

5.1　实验室内质量控制试验评价内容及评价标准

（1）收集试验中的空白值，从空白批内标准差计算分析方法的检出限DL，要求计算

出的 DL 小于方法规定检出限，否则排除影响重新测定。

（2）通过测定系列标准溶液建立标准曲线，以确定方法灵敏度及线性范围。要求相关系数 $r \geqslant 0.999$，否则应排除影响重新测定。要求截距 a 与零无显著性差异，否则查找原因，重新测定。

（3）比较各种溶液分析结果的批内变异和批间变异，检验变异的显著性，以判断分析结果的误差是否来自操作者的技能环境条件的变化或被测物自身的分解。

（4）比较标准溶液和天然水样的标准差，发现天然水中是否存在影响分析精密度的干扰物，以决定是否有除干扰的必要。

（5）测定加标样的回收率，发现水样中是否存在能改变灵敏度而不影响精密度的组分。

（6）对各种溶液测定结果的总标准差与各相应浓度的 5%或检出限进行比较，评价分析方法的适应性和检查操作人员对分析方法的熟练程度。

（7）质控图以正态分布假设为基础，测定中只有 0.3%的结果会落在上、下控制限以外，其可能是极小的；有 5%会落在上、下警告限以外，故偶尔有一个测定结果出现在警告限之外，而其他的结果还在之内，仍为正常状态。如果测得结果越出警告限过于频繁，说明实验室内已存在影响分析结果准确性的因素，分析方法的随机误差变大。有时分析结果连续偏向均值的一侧（7 个点以上），虽然误差值并未超过警告值，根据随机误差分布特征，正常情况下误差应随机地分布在均值的两侧，而不应具有方向性，故这种现象说明分析中已存在明显的系统误差。

5.2　常规监测质量控制试验结果评价标准

（1）完成现场采样质控。要求每月应完成现场平行样及全程序空白样采集，通过现场平行样及全程序空白样，全年将本实验室所开展的全部分析项目均作一次质量检查。

（2）全年应完成本实验室开展项目 90%以上（不得少于水质年报全部分析项目）的常规监测质量控制试验内容。

（3）按时提交本单位“质量管理年度工作报告”。报告内容包括本年度的质量管理工作总结，自查存在的问题及改进意见和下一年度的质量管理工作计划。其中 2011 年或 2012 年的《质量管理工作年度报告》应包括本监测机构及所属监测机构的《实验室质量控制基础试验报告》，各省级监测机构和流域水文局直属监测机构应在当年 12 月 31 日前将《质量管理年度工作报告》送流域监测机构汇总。流域监测机构在次年的 1 月 31 日前连同本监测机构的年度报告集中报送部中心评定，部中心在 3 月 31 日前将各流域监测机构和省级监测机构质量管理年度报告的评定结果报送部水文局。

5.3　实验室间质量控制考核试验数据处理原则及评价标准

由于是在水利系统全国范围内开展质控考核，实验室类型包括流域水环境监测中心，省、自治区、直辖市监测中心及其分中心，其中分中心实验室有 218 个，占总体的 80%。分析人员素质及仪器设备条件差别较大，分析方法不能强求一致，因此影响分析质量的因素较多。为了更客观地反映分析质量，故采用多种统计方法进行对照分析，并根据实际情况进行综合评定。

5.3.1　统计计算考核数据的总均值和总标准偏差

（1）用偏态系数法、Dixon 检验法、Grubbs 检验法剔除离群值，计算公式如下：

1）偏态系数法检验数据正态性。

偏态系数按下式计算：

$$A=|m_s|/\sqrt{(m_2)^3} \quad 为偏态系数$$

$$B=m_4(m_2)^2 \quad 为峰态系数$$

其中：

$$m_2=\left[\sum_{i=1}^{n}(xi-\overline{x})^2\right]/n$$

$$m_3=\left[\sum_{i=1}^{n}(xi-\overline{x})^3\right]/n$$

$$m_4=\left[\sum_{i=1}^{n}(xi-\overline{x})^4\right]/n$$

$$\overline{x}=\left(\sum_{i=1}^{n}xi\right)/n$$

$P=0.95$，$n=300$ 以 $A_1=0.23$ 为偏态临界值；$B_1-B_1'=2.59\sim3.47$ 为峰态临界值。

判断：当 $A<A_1$，B 落入区间 B_1-B_1' 时，为正态分布；

当 $A>A_1$，B 落入区间 B_1-B_1' 之外时，为非正态分布，剔除离群值。

2）Dixon 检验法。

将数据从小到大顺序列，求出统计量 Q 值：

$$Q_{\min}=\frac{x_3-x_1}{x_{n-2}-x_1}$$

$$Q_{\max}=\frac{x_n-x_{n-2}}{x_n-x_3}$$

判断：当 $Q>Q_{0.01}$ 时，可疑值为离群值；

当 $Q_{0.05}<Q\leqslant Q_{0.01}$ 时，可疑值为偏离值；

当 $Q\leqslant Q_{0.05}$ 时，为正常值。

3）Grubbs 检验法。

可疑均值为最大值 $\overline{X}_{\max}$ 时，　$T=\dfrac{\overline{X}_{\max}-\overline{\overline{X}}}{S_{\overline{x}}}$

可疑均值为最小值 $\overline{X}_{\min}$ 时，　$T=\dfrac{\overline{\overline{X}}-\overline{X}_{\min}}{S_{\overline{x}}}$

判断：当 $T>T_{0.01}$ 时，可疑值为离群值；

当 $T_{0.05}<T\leqslant T_{0.01}$ 时，可疑值为偏离值；

当 $T\leqslant T_{0.05}$ 时，为正常值。

（2）出限值统计。

按下式计算平均值的 95% 置信范围：

1）总平均值范围值 $\overline{\overline{X}}\pm S_t/\sqrt{n}$。

2）每个平均值范围值 $\overline{\overline{X}}\pm S_t$，超出此限者为出限值，剔除出限值。

3）求出总体均值和总标准偏差。

5.3.2　总体均值检验

用t检验法检验总体均值（$\overline{\overline{X}}$）与考核样品标准值（μ）有无显著性差异。

$$t=\frac{\overline{\overline{x}}-\mu}{S/\sqrt{n}}$$

当$\alpha=0.05$时，由t表查得$t_{0.05,(n-1)}$（双侧）

$|t|<t_{0.05,(n-1)}$即测定结果与保证值无显著性差异。

5.3.3　综合评定标准

根据SL 219—98《水环境监测规范标准》的要求（见表5）和GB/T 15483.1—1999能力评价标准进行综合评定。

表5　　水样测定值的精密度和准确度允许差（SL 219—98）

序号	项目	样品含量范围/(mg/L)	准确度/%	适用的监测分析方法
			室间相对误差	
1	COD_{Cr}	50～100	≤±10	容量法
2	氨氮	0.1～1.0	≤±10	分光法
3	COD_{Mn}	>0.2	≤±10	容量法
4	挥发酚	0.05～1.0	≤±10	分光法
5	Mn	<0.1	≤±10	石墨炉原子吸收法
6	Pb	<0.05	≤±15	石墨炉原子吸收法
7	Cd	0.005～0.1	≤±10	原子吸收法
		>0.1	≤±10	原子吸收法
8	As	>0.05	≤±10	分光法、冷原子吸收法
9	Hg	<0.001	≤±20	分光法
10	CN	0.05～5.0	≤±15	分光法

本次质控考核的允许区间列于附表1。

6　水质监测质量控制和质量管理工作评价

全国水利系统共有271个实验室参加了水质分析质量控制考核，参加率达100%。《实验室内质量控制试验报告》递交率100%，《质量管理年度工作报告》递交率100%，参加考核的271个实验室均按时完成质控考核工作。在盲样抽查考核中，一次性通过全部考核项目且考核成绩优秀的实验室有178个，占总数65%；一项不合格、补考一次通过且考核成绩优良的实验室有52个，占总数19%；本次考核共有230个（占总数84%）实验室取得了优异成绩。现根据考核综合统计结果，进行质量状况总体评价。

6.1　实验室间质量控制试验准确度和精密度评价

对各项测试结果统计的总体均值和标样保证值做t检验，两者均无显著性差异，说明各项目考核数据的随机误差服从正态分布规律，各项目结果总体均值与标样保证值的相对误差均在2%以下，说明考核结果的准确度较好，见附表2。

各项考核结果的标准偏差和变异系数见附表3，考核结果变异系数1.5%～8.5%，所有考核项目的变异系数均未超过10%，符合常规监测规定（SL 219—98《水环境监测规范》），故考核结果的精密度是好的。

6.2　实验室内质量控制试验结果评价

2011—2013年A组、B组、C组完成了总磷、总硬度精密度偏性试验（AQC试验）及质控图的计算和绘制，本次考核涉及流域、省中心及所有的地区实验室进行的内控试验。

1. 空白值与检出限

空白值是指由空白试验溶液，用与样品相同的步骤而得到的分析响应值，它的大小主要取决于使用的纯水、试剂的纯度、器皿的清洁程度及实验环境、条件的影响程度等因素。检出限是指在给定置信水平下能检出被测物质的最小浓度值，它的大小主要取决于仪器的灵敏度、稳定程度和操作技能等因素。汇总各实验室的空白值见附表7，由空白值批内标准偏差估算检出限，建立检出限质控图（见附图1-1、附图2-1，略）。得出检出限的综合估计值见附表6，由附表6看出检出限综合估计值均达到方法给定的检出限要求，总磷合格率在87%以上，说明实验用水、试剂及环境条件良好。各实验室可根据本次内控的初始质控数据，建立空白值及检出限的质控图，作为本实验室内空白试验的质控指标，供分析人员参考。值得探讨的是，本次内控试验综合统计值DL为0.006mg/L，而方法规定值为0.01mg/L，显然本次统计值低于方法规定值，说明随着仪器设备的更新、实验人员素质的提高、实验环境条件的改善，使得方法检出限降低。同时也说明通过质控考核，分析人员的操作技能提高幅度很大。本次内控试验空白综合估计值详见质控图（附图1-2、附图2-2，略），可供参考。

由附表6还可看出，总硬度检出险的合格率仅为49%，说明有相当一部分实验室总硬度检出限未达到方法给定的检出限要求。有的实验室未做任何试验，则认为总硬度检出限为零，而未达到方法要求。很显然，方法要求加入缓冲溶液（pH=10），而该试剂配制中引入了EDTA二钠镁，故空白值不可能为零。因此当与方法给定的检出限不一致时，应找原因重新测定。

此外，必须说明的是，EDTA滴定法测定总硬度的检测方法GB/T 7477—1987和GB/T 5750.4—2006，这两种方法给出的总硬度检测限分别是5mg/L和1mg/L，通过两种方法验证分析发现，它们的分析原理、缓冲溶液、EDTA标准溶液的配制和使用都是相同的，只是在铬黑T的配制和使用上有所不同而导致检测限不同。

2. 标准曲线

标准曲线是反映分析方法及分析仪器灵敏度及测定范围的重要指标，是分析工作的基础，汇总各参数的标准曲线数据，进行线性回归检验，计算出斜率、相关系数、截距，并测定了检测上限，见附表8《标准曲线汇总表》。由附表8可见，各实验室测得的相关系数均大于0.999，线性关系良好，斜率满足测试要求，大部分实验室测得的方法上限达到方法要求，说明各实验室均能较好地掌握该方法。值得指出的是，还有个别实验室因未能测到标准曲线的弯点或超出弯点，而未达到方法要求，且检测上限仍照搬方法规定值，则更不可取，说明对光吸收比耳定律只在一定浓度范围内适用没有理解。值得注意的是，本次考核样品浓度水平较低，原则上选用地表水质量分类标准值浓度水平。使用标准曲线时，应选用最佳测量范围，不得任意外延，应使待测样品浓度值处于曲线中间值，否则会使误差加大而不合格。

此外，测定方法的灵敏度一般用工作曲线的斜率 b 表示，b 值越大，方法灵敏度越高。b 值由测量方法的原理决定，但它同时受测量条件的影响，所以在测量方法选定后，对某个分析室来讲，b 值应基本恒定，要通过控制测量条件，减小 b 值的波动性。当然在实际测定中，各实验点并不都落在回归直线上，有一定的发散性，实验点的发散性也会影响测量方法的灵敏度，发散性大，灵敏度下降，故 b 值出现异常时，应及时排除测量条件中出现的问题。鉴于各实验室仪器的生产厂家及型号不统一，故对斜率未作统一规定。

3. 精密度

精密度是指对均匀样品多次测定结果重现性，表示测量数据的离散度，它受设备、环境条件、操作技术和被测样品等因素的影响。汇总各参数 $0.1C$、$0.9C$、水样、加标水样和统一标样测定值，计算总均值、批内批间变异和显著性检验、总标准偏差和相对总标准偏差，结果列于附表 9《精密度及变异分析汇总表》。

此外，将精密度偏性试验中三种检验（A 回收率检验；B 变异显著性检验；C 总标准差检验）的合格率做了统计，如附表 5 所示。统计结果表明：虽然精密度偏性试验在如此大范围内进行，而合格率均在 93%以上，说明经过历年来的质控工作，全国水利系统分析人员操作技能状况是好的，分析人员具备较好的自我控制能力。值得指出的是，有个别实验室出现检验不合格时，没有仔细分析查找原因，再重新做，忽视了自我控制过程，应予以重视。

（1）变异分析。

批内变异是指同一批（天）测定结果的不一致，它是由操作中的随机误差引起的，批间变异是指不同批（天）测定结果之间的不一致，它是由操作的环境、条件变化及样品本身的不稳定性而引起的。对于一个可靠的分析方法，同时有较好的操作技能，批内、批间的误差仍可能不一致，但不应具有统计学上的显著性，否则应查明原因予以消除。利用变异分析分别求出各溶液的批内、批间变异，并进行变异显著性检验如附表 5 所示，其合格率达到 93%以上，仅有少数实验室出现变异显著性，现初步分析如下：

1）$0.1C$、$0.9C$、水样、统一标样四种溶液的批内、批间变异检验出现显著，而总标准偏差合格。这种情况说明总标准偏差主要来自批间变异，即由于操作的环境和条件变化所造成的误差，而分析人员的操作及仪器的稳定性是良好的；还有一种情况是由于每批平行样是在同一样品中测得的，特别在分光法时，甚至采用一个样品同时读 2 个数，使操作中的随机误差合并到批间变异中，而使批内变异减少，批间变异加大，造成其显著性。

2）$0.1C$、$0.9C$、水样、统一标样四种溶液的批内、批间变异检验不显著，而总标准偏差不合格。这种情况说明总标准偏差主要来自批内变异，即由于操作中的随机误差引起的，操作环境和条件是良好的。应查找操作和仪器不稳定带来的反常误差来源，并予以纠正。

3）一般情况下，批内变异总是小于批间变异，但如果在试验中 $MS_{批间} < MS_{批内}$ 则 $F=\frac{MS_{批内}}{MS_{批间}}$，若 $F < F_{0.05}$，说明批内和批间变异不显著，可将批间变异视为零，将批内变异作总变异的估计值，若 $F > F_{0.05}$，则必须对该分析方法及操作中所存在的偶然误差来源进行检查并予纠正。值得指出的是，个别实验室此时出现的计算问题较多，当计算值较小时，将批内变异、批间变异均视为零是错误的，因为 $F=0/0$ 无意义；当 $MS_{批间}$

$<MS_{批内}$时，仍用$F=\frac{MS_{批间}}{MS_{批内}}$来计算是错误的，因为$F<1$无意义。

（2）总标准偏差分析。

各实验室0.1C、0.9C、水样、统一标样四种溶液的总标准偏差合格率均在93%以上见附表5，说明绝大多数分析人员的操作技能状况是良好的。

（3）干扰分析。

由于各实验室测定水样和统一标样分析结果的总标准偏差96%以上，均小于5%浓度值，具有良好的精密度见附表5，各水样与统一标样分析结果的标准偏差均无显著性差异，说明水样中不存在干扰因素的影响。但有少数分析室存在显著性差异，需要进一步考虑排除干扰的影响。

（4）准确度。

汇总各实验室水样和加标水样测定值，计算回收率。回收率检验99%合格详见附表5，说明各实验室测定的准确度是可靠的。

（5）质控图的绘制。

在误差的给予评价阶段获得实验室内具有代表性的精密度和准确度水平后，宜在常规工作中始终保持这个良好的水平，最好的方法是绘制质控图。它是控制分析质量的有效工具，能连续观察分析质量的变化情况，从而及早发现分析质量的变化趋势，以便及时采取有效措施，尽量避免分析质量出现恶化甚至失控状态。本次质控考核中各实验室均能较好地记录和绘制质控图，但个别实验室没有连接过程线，仍以单点来表示，反映对质控图如何应用不清楚，起不到“自我控制”的作用，应予以关注。

6.3　常规监测质控试验结果评价

实验室全面质量管理是保证分析数据质量的决定因素，分析数据的质量又反映了管理过程中的薄弱环节。因此，只有把分析质量控制试验的内容常态化，才能及时发现和纠正存在于实验中的误差，保证分析数据的准确性。

当一个经过预评价的分析方法应用于常规操作，需要定期地检查以保证误差维持在适当小的范围，这种措施称为“常规分析质量控制”。分析数据的质量受多方面的因素影响，故本次质控内容力求从采样到分析各个环节来控制误差来源。此处仅对“质量管理年度工作报告”内容进行评述（不包括现场质量管理监督检查的内容）。现评述如下。

1. 采样过程质量控制

通过对现场平行样和全程序空白样的测试，多数实验室每月均安排了现场平行样和全程序空白样的测试，均能寻找并解决采样、保存和运输过程中存在的问题。但仍有部分实验室还未达到要求，不能保证每月安排现场平行样和全程序空白样的测试，造成有的月份采样无控制。此外，有部分实验室无现场采样质控数据（无相对偏差范围、无结果判定），或将相对偏差范围全年均标为零，很显然这是不可能的。明显对采样过程质控缺乏足够重视，应予以关注。

2. 常规监测中的质量控制

运用空白试验、平行双样、加标回收、标准控制样等质控方法，控制分析试样的精密度和准确度，各实验室均能提出具体的项目要求、日程安排和质控方法，全年均能完成本实验室开展项目90%以上（不得少于水质年报全部分析项目）的常规监测质量控制试验内容，说明质控管理体制是完善和健全的。但仍有个别实验室还未达到要求，如：实验室常规质控全年6个月未列质控数据；列出的质控项目数极少，6个月1～4项/月，全年共20项次，无标样控制、空白试验；或每月有半数以上项目无标样、回收率、平行样控制等。这充分说明，个别实验室对常规监测质控缺乏足够重视，质量保证体系还不健全。

值得指出的是，有相当一部分实验室对空白试验认识不足，将空白试验值均标为零或以小于检出限来表示，甚至根本不做空白试验，显然这是不对的。检出限是由空白试验值批内标准偏差估算来的，在实验中应设法降低空白试验值，并减小空白试验值的波动性，以降低分析方法的检出限和提高精密度。

值得关注的是，尽管水利系统常规监测质量控制工作于1984年在各流域、省中心率先开始进行，以后从20世纪90年代至今普及到所有实验室；尽管目前271个实验室已全部通过国家级计量认证，但也绝不能忽视质量控制工作必须常态化。因为岗位分析人员的更换、设备的更新、监测水体的多样化、复杂化等均要求我们必须予以高度重视。

6.4 考核结果综合评价

本次盲样抽查考核结果，A组一次合格率86%；B组一次合格率52%；C组一次合格率67%。

全国水利系统市级分中心实验室共218个，占总数80%，选取常规分析项目氨氮、COD_{Mn}统计。从表6看出，2011—2013年氨氮、COD_{Mn}分别为三个浓度水平，氨氮浓度水平低于1991—1992年，难度加大了，在考核区间基本一致的情况下，考核结果一次合格率与1991—1992年质控考核结果相比，有了较明显提高，说明通过质控考核，完成精密度偏性试验，全系统实验室尤其基层实验室，分析人员的技术水平提高幅度是很大的。

表6 水利系统水质监测实验室1991—1992年、2011—2013年质控考核结果统计表

序号	考核项目	1991—1992年			2011—2013年			备注
		浓度值/(mg/L)	允许误差/%	合格率/%	浓度值/(mg/L)	允许误差/%	合格率/%	
1	氨氮	0.517	±10.0	79	0.191～0.258	±10.0	88（ABC）	1991—1992年地区分析室总计152个，2011—2013年分中心计218个
2	COD_{Mn}	2.03	±10.0	87	2.23～3.04	±10.0	87（C）	

全球水质监测曾于1982—1983年由世界卫生组织主办进行了一次分析质量活动，所用标准合成水样由美国EPA提供，其质量评价标准确定为最大允许误差±20%，测定数据的合格率为70%。虽然测定指标有些不同，但仍可表明我国实验人员的实际水平是较高的。

综上所述，可以看出，开展水分析质量控制以来，水利系统各类实验室分析测试的总体水平有了显著提高。

应予以注意的是，本次考核也反映了水利系统薄弱的一面，B组一次合格率52%，补考一次后合格率91%。说明开展质量监督管理的必要性，各单位应有效地强化实验室质量管理，不断提高分析人员的技术水平。

7　水质监测质量管理建议

7.1　考核不合格原因分析

考核结果公布后，凡有不合格项目的实验室，均及时做了考核失误原因分析，上报部中心。汇总不合格原因分析结果可以看出，在影响考核不合格的主要因素中，大部分是由于仪器设备和操作方法失误所造成的，目前水利系统除流域机构、省中心实验室外，绝大部分实验室仪器设备仍还陈旧，急需更新换代。C组主要为市级分中心实验室，监测人员力量要弱一些。当然，近年来各级实验室均在加大投入，更新了部分仪器设备，目前从操作掌握上还欠熟练，故操作技能上的问题较为突出。

7.2　质量管理对策措施建议

为了把水利系统水质监测质量保证和质量控制提高到一个新的水平，迈上一个新台阶，急需针对考核失误因素分析的结果，逐项研究，做出改进和解决的对策。

（1）努力开展监测基础技术研究，搞好水质监测质量控制，提高监测为管理服务的水平。

（2）通过举办培训班，普及并推广质量保证和质量控制的科学方法。培养一支质控技术骨干队伍，使监测人员深刻了解质量保证的技术关键，不仅能知其然，而且还要知其所以然，以便在实践中做到灵活运用。

（3）不断完善“七项制度”建设，使质量保证与质量控制进一步落到实处。

（4）增强监测质量意识，要使质量问题普遍得到各单位领导和全体监测人员的重视，充分认识到质量是监测的生命，一个错误的数据比没有更糟。因为监测数据是制定政策的依据，同时又是执法的根据，所以要使监测数据准确、可靠、可信。而各级领导的重视更要体现在人力、物力、财力上的投入，这是开展质量保证和质量控制的物质基础。

（5）广泛开展监测人员的“三基”培训，即基本理论、基本操作技能和基础测试数据精密度、准确度的训练，并采用多种方式进行技术培训，以提高监测人员的业务素质。

（6）开展监测动态信息与质量信息系统的开发与应用研究。监测信息是一笔巨大的财富，收集、储备和处理这些信息资源十分重要。要能从中提出规律性的东西，为制定政策和制定管理措施提供科学的依据。而目前监测质量信息反馈滞后，一定程度上影响监测信息的利用，故应加紧信息系统的开发与应用研究。

（7）标准样品和质控样品的研制要做到系列化和批量生产供应，特别要加强不同基体标准样品的研制，保证质控标样更符合实际，并在水质监测质控中广泛应用。

总之，为适应目前水资源管理形势发展的需要，必须采取相应有效措施，强化质量管理，努力提高监测质量。

结语

综上所述，3年来的质控工作和质量管理评价工作成绩是显著的，并取得明显效果，现总结如下：

（1）全面了解了全国水利系统各类实验室的技术现状和水平，为今后监测工作的总体规划，提供了可靠依据。

（2）通过2011—2013年一系列质控基础工作，有效地强化了实验室管理，各级监测机构都建立健全了质量控制措施，保证了分析数据的质量。

（3）以部中心研制的国家二级标准物质为量值溯源基准，形成了全系统化学成分的溯源体系，保证了检测数据的可靠性和公正性。

（4）增加了水质监测质量意识，目前质量问题已普遍得到各地水质监测主管部门领导和全体监测人员的重视，认识到以技术求生存，以质量求信誉，质量是水质监测工作生命线的深刻道理。从2011—2013年度水利系统各类实验室100%参加了考核，质控数据及质量管理报告递交率达100%，可充分说明了这个问题。考核结果公布后，各实验室对不合格项目查找原因，及时补测，并立即采取积极的措施和办法，加强管理中的薄弱环节，以求得问题的纠正和解决，促进了各实验室监测水平的提高，保证了监测分析的质量。

（5）普及并推广了质量保证和质量控制的科学方法，并使监测人员加以掌握，业务素质得到提升，提高了水质监测成果的质量。值得指出的是，通过各级领导和全体监测人员的努力，大部分监测机构均能达到水利系统水质监测质量与安全管理优秀、优良实验室的考评标准，这是来之不易的。

总之，做好水质监测质量保证工作，为决策部门提供优质可靠的监测数据，为国家合理开发利用水资源，为水资源可持续利用具有重要现实意义和长远意义。各单位应在2011—2013年水质监测质量监督检查考评工作的基础上，巩固已取得的成绩，进一步加强对水质监测质量管理工作的领导，健全和完善各项质量管理制度，加强质量控制措施，不断提高质量信誉，为水行政主管部门的管理和决策提供可靠的水质数据和信息，再接再厉做出新的贡献。

附表1　　2011—2013年质控考核区间

序号	项　目	浓度批号	指　标			组别
			标准值 μ/(mg/L)	允许区间	允许误差/%	
1	化学需氧量	1	56.9	±3.8	7.0	AB
		2	71.6	±5.0	7.0	
2	COD_{Mn}	1	2.24	±0.24	10.0	C
		2	2.60	±0.26	10.0	
		3	3.04	±0.30	10.0	
3	氨氮	1	0.192	±0.019	10.0	ABC
		2	0.238	±0.024	10.0	
		3	0.259	±0.026	10.0	
4	镉	1	0.195	±0.020	10.0	C
		2	0.230	±0.023	10.0	
5	砷	1	0.0603	±0.0061	10.0	C
		2	0.0780	±0.0080	10.0	
6	镉	1	0.0775	±0.0080	10.0	B
7	氰化物	1	0.0936	±0.0140	15.0	B
		2	0.105	±0.016	15.0	
		3**	0.200	±0.030	15.0	补考样

续表

序号	项目	浓度批号	指标			组别
			标准值 μ/(mg/L)	允许区间	允许误差/%	
8	汞/(μg/L)	1	0.841	±0.168	20.0	B
		2**	1.682	±0.252	15.0	补考样
9	氯苯	1	106	±11	10.0	B
10	萘	1	248.0	±24.8	10.0	B
11	锰	1	0.0432	±0.0043	10.0	A
12	铅	1	0.0478	±0.0048	10.0	A
13	挥发酚	1	0.0735	±0.0074	10.0	A
14	苯乙烯	1	101.3	±10.1	10.0	A

注 ** 补考样品。

附表 2　　各项考核统计结果及总均值与标准值的显著性检验结果

序号	项目	编号	N(测)	N(合)	X /(mg/L)	S_X	CV /%	μ /(mg/L)	相对误差 /%	t 检验	备注
1	COD_{Cr}	1	36	35	56.91	1.56	2.7	56.9	0.02	NS	AB
		2	15	15	71.62	1.68	2.3	71.6	0.03	NS	
2	COD_{Mn}	1	62	54	2.23	0.12	5.4	2.24	−0.45	NS	C
		2	79	74	2.61	0.12	4.6	2.60	0.38	NS	
		3	74	59	3.07	0.12	4.2	3.04	0.99	NS	
3	氨氮	1	97	80	0.191	0.01	5.2	0.192	−0.52	NS	ABC
		2	90	79	0.239	0.01	4.2	0.238	0.42	NS	
		3	79	75	0.258	0.01	3.9	0.259	−0.39	NS	
4	镉	1	96	90	0.196	0.007	3.1	0.195	0.51	NS	C
		2	96	96	0.231	0.008	3.0	0.230	0.43	NS	
5	砷	1	87	81	0.0602	0.002	3.3	0.0603	−0.17	NS	C
		2	84	76	0.0782	0.003	3.8	0.0780	0.26	NS	
6	镉	1	36	33	0.0776	0.003	3.9	0.0775	0.13	NS	B
7	氰化物	1	25	22	0.0929	0.007	7.5	0.0936	−0.75	NS	B
		2	20	17	0.107	0.006	5.6	0.105	1.9	NS	
8	汞/(μg/L)	1	44	31	0.822	0.07	8.5	0.841	−2.3	NS	B
9	氯苯	1	48	43	105.5	2.33	2.2	106	−0.47	NS	B
10	萘	1	10	10	249.7	8.75	3.8	248.0	0.69	NS	A
11	锰	1	15	13	0.0432	0.0011	2.5	0.0432	0.0	NS	A
12	铅	1	54	41	0.0480	0.0020	2.0	0.0478	0.42	NS	A
13	挥发酚	1	21	20	0.0733	0.0019	2.6	0.0735	−0.27	NS	A
14	苯乙烯	1	16	16	101.1	2.608	1.5	101.3	−0.20	NS	A

注 统计包括跨组单位。

附表 3　　　　2011—2013 年考核结果的相对误差，标准偏差和变异系数

序号	项目	编号	*RE*/%	*S*	*CV*/%	备注
1	COD_{Cr}	1	0.02	1.56	2.7	AB
		2	0.03	1.68	2.3	
2	COD_{Mn}	1	−0.45	0.12	5.4	C
		2	0.38	0.12	4.6	
		3	0.99	0.12	3.9	
3	氨氮	1	−0.52	0.01	5.2	ABC
		2	0.42	0.01	4.2	
		3	−0.39	0.01	3.9	
4	镉	1	0.51	0.007	3.6	C
		2	0.43	0.008	3.5	
5	砷	1	−0.17	0.002	3.3	C
		2	0.26	0.003	3.8	
6	镉	1	0.13	0.003	3.9	B
7	氰化物	1	−0.75	0.007	7.5	B
		2	1.9	0.006	5.6	
8	汞/(μg/L)	1	−2.3	0.07	8.5	B
9	氯苯	1	−0.47	2.33	2.2	B
10	萘	1	0.69	8.75	3.5	A
11	锰	1	0.0	0.0011	2.5	A
12	铅	1	0.42	0.0020	4.2	A
13	挥发酚	1	−0.27	0.0019	2.6	A
14	苯乙烯	1	−0.20	2.608	2.6	A

附表 4　　　　质控合格情况统计表

序号	项目	编号	合格率/%				备注
			一次合格率		一次补考合格率	总合格率	
1	COD_{Cr}	1	97.2	98.6	100	100	AB
		2	100				
2	COD_{Mn}	1	87.1	86.8	96.3	96.4	C
		2	93.7				
		3	79.7				
3	氨氮	1	82.5	88.4	97.4	97.4	ABC
		2	87.8				
		3	94.9				
4	镉	1	93.8	96.9	100	99.1	C
		2	100				

续表

序号	项目	编号	合格率/%				备注
			一次合格率		一次补考合格率	总合格率	
5	砷	1	93.1	91.8	98.8	98.6	C
		2	90.5				
6	镉	1	90.9		100	100	B
7	氰化物	1	91.3	89.8	100	97.8	B
		2	88.2				
8	汞/(μg/L)	1	70.5		95.5	95.7	B
9	氯苯	1	94.7		100	100	B
10	萘	1	100		100	100	A
11	锰	1	87.5		100	100	A
12	铅	1	87.5		100	100	A
13	挥发酚	1	87.5		100	100	A
14	苯乙烯	1	87.5		100	100	A

注　一次补考合格率不包括缺项补考；总合格率包括一次补考和缺项补考。

附表5　2011—2013年AQC试验中回收率检验、变异显著性检验、总标准差检验合格率统计表（A组、B组、C组）

序号	项目	呈交单位数	0.1C		0.9C		天然水样		加标水样		统一样品		回收率检验/%
			变异显著性检验/%	总标准差检验/%	变异显著性检验/%	总标准差检验/%	变异显著性检验/%	总标准差检验/%	变异显著性检验/%	总标准差检验/%	变异显著性检验/%	总标准差检验/%	
1	总硬度	271	98	98	94	100	96	100	93	100	96	100	99
2	总磷	271	97	93	94	96	95	96	93	98	94	100	100

注　合格率以呈交单位来统计。

附表6　AQC试验中方法检出限统计表（A组、B组、C组）

项目		总硬度	总磷
分析方法		滴定法	分光法
DL/(mg/L)*	方法规定值	1.00	0.010
	统计值	1.03	0.006
统计单位总数		271	271
剔除单位数		137	34
合格率/%		49	87

注　*表示统计值 DL 是绘制 DL 质控图的中心线值；个别实验室总硬度采用方法GB/T 7477—1987不列入本次 DL 统计。

附表 7　　空白值及检出限汇总表

所属机构	序号	单位名称	总硬度		总　磷	
			空白	DL	空白	DL
流域水环境监测中心（7个）	1	长江	0.1	1.284	0.0001	0.0033
	2	黄河	2.428	1.376	−0.013	0.0022
	3	淮河	0.59	0.61	0.003	0.006
	4	海河	0.9	1.51	0.008	0.009
	5	珠江	3.56	4.08	0.0009	0.0042
	6	松辽	0.013	* 0.0053	0.002	0.0022
	7	太湖	0	* 0	0.00212	0.00251
省、自治区、直辖市水环境监测中心（31个）	8	北京	0.16	* 0.049	0.0073	0.006731
	9	天津	0.75	0.594	0.004	0.005
	10	河北	2.27	0.989	0.005	0.0039
	11	山西	4.77	0.777	0.169	0.008974
	12	内蒙古	0.991	* 0	0.001	0.013
	13	辽宁	0.1	* 0	0.006	0.0022
	14	吉林	0.275	0.4626	0.007	0.0022
	15	黑龙江	0.1	* 0	−0.016	* 0
	16	上海	3.5	1	0.0035	0.005
	17	江苏	2.04	1.5547	0.006	0.0047
	18	浙江	0.748	0.76	0.0006	0.001
	19	安徽	5.22	0.91	0.002	0.0037
	20	福建	2.23	1.95	−0.0000833	0.00692
	21	江西	0.88	1.019	0.018	0.01016
	22	山东	1	0.78	0.03	0.012
	23	河南	0.92	0.71	0.0006	0.0042
	24	湖北	0.89	0.8156	0.0076	0.0097
	25	湖南	1.009	* 0	0.003	0.007
	26	广东	1.04	0.9392	0.003	0.0043
	27	广西	0	* 0	0.009	0.0045
	28	海南	0.299	* 0.0416	0.009	0.0053
	29	重庆	1.4	0.8974	−0.003	0.019
	30	四川	0.066	0.4442	0.0057	0.005
	31	贵州	0.8	* 0.15704	0.0044	0.004
	32	云南	0.641	* 0	0.003	0.005
	33	西藏	4.12	* 0	0.0015	* 0
	34	陕西	1.8	4.73	0.004	0.00614

续表

所属机构	序号	单位名称	总硬度		总磷	
			空白	*DL*	空白	*DL*
省、自治区、直辖市水环境监测中心（31个）	35	甘肃	0.0673	0.9063	−0.00517	0.01
	36	青海	0	*0	0	*0
	37	宁夏	3.5	3.89	0.009	0.018
	38	新疆	0	*0	0	0.0022
长江委水文局（7个）	39	上游局	0.9	0.4852	0.0058	0.0012
	40	三峡	1.04	0.55	0.0022	0.00381
	41	荆江	2.02	*0	0.0049	0.0045
	42	中游	0	*0	0.0022	0.00317
	43	下游	2	*0.318	0.0051	0.0094
	44	长江口	0	*0	−0.003	*0
	45	汉江	1	*0	0.0001	0.00254
黄委水文局（5个）	46	上游	0	未做	0.002	0.0055
	47	三门峡	0	*0	0.002	0.004
	48	山东	0	未做	0.0056	0.0022
	49	包头	1.72	1.286	0	0.0125
	50	中游	1.05	2.17	0.0032	0.0038
长江委水保局（1个）	51	上海	2.05	0.56	−0.001	*0
海委（2个）	52	潘家口	2.3	1.1977	0.006	*0
	53	漳卫南	1	1.45	0.01	0.0082
北京市（6个）	1	官厅水库	4	0.65	0	*0
	2	密云水库	0.5	0.43	0.005	0.0022436
	3	昌平	0	*0	0.006	0.00224
	4	大兴	0.65	0.8	0.007	0.0014
	5	海淀	1.02	0.54	0.02	0.0158
	6	通州	0.377	*0.23	0.007	0.0014
河北省（10个）	7	邯郸	2.05	0.526	0.005	0.0055
	8	邢台	3.93	0.6346	0.012	0.0048
	9	石家庄	0	*0	0.007	0.0022
	10	衡水	0	*0	0.007	0.0055
	11	沧州	0.101	*0	0.003	0.0022
	12	保定	0.94	0.449	0.014	0.005
	13	廊坊	0	*0	0.068	0.00614
	14	承德	0	未做	0.004	0.0063
	15	唐秦	0	*0	0.015	0.00526
	16	张家口	0.993	*0.0991	0.003	0.0016

续表

所属机构	序号	单位名称	总硬度		总　磷	
			空白	*DL*	空白	*DL*
山西省（8个）	17	大同	0.35	1.7	0.006	*0.00032
	18	太原	1.02	*0	0.0038	*0.006（0）
	19	临汾	4.027	*0	0.004	0.006144
	20	运城	1	1	0.016	0.00691
	21	长治	0	*0	0.0015	0.003173
	22	吕梁	5.76	1.3555	0.007	0.00549
	23	忻州	0.8	*0	0.01	0.00389
	24	晋中	0.4	*4.73×10^{-8}	0.017	0.00317
内蒙古自治区（4个）	25	包头	4.064	*0	0.01005	0.006
	26	赤峰	3.11	*0	0.016	0.006
	27	通辽	0.98	*0	0.0082	0.00952
	28	呼伦贝尔	0.1083	*0	0	0.009
辽宁省（11个）	29	铁岭	4.1	1.1	0.00675	0.00492
	30	抚顺	2.02	2.27	0.0107	0.00355
	31	本溪	0.2	*0.04	0.006	*0
	32	辽阳	3.3	1.22886	0.007	0.00594
	33	鞍山	4.8	*0	0.007	0.01
	34	营口	0	*0	0.004	0.0047
	35	丹东	2	*0	0.005	0.007
	36	大连	0	*0	0.001	*0
	37	朝阳	0	*0.01	0.01	0.002
	38	锦州	2.08	0.54	0.008	*0
	39	阜新	1.4	2.1	0.013	0.02
吉林省（5个）	40	四平	1.03	*0	0.001	0.0021
	41	通化	0.91	0.8201	0.0081	0.0051
	42	白城	0	*0	0.0217	0.006
	43	延边	3.7	*0	0.005	0.0032
	44	吉林	2.04	0.567	0.004	0.0048
黑龙江省（6个）	45	齐齐哈尔	0	*0	0.018	0.007
	46	牡丹江	0	*0	0.005	0.0099
	47	佳木斯	0.1	*0.0317	0.045	0.0721
	48	伊春	0	*0	0.001	0.0016
	49	绥化	1.23	2.09	0.02	0.009
	50	黑河	0	未做	0.011	0.00502

续表

所属机构	序号	单位名称	总硬度		总　磷	
			空白	*DL*	空白	*DL*
上海市（9个）	51 52	青浦（南汇合并浦东）	0	*0	0.001	0.00793
	53	嘉定	0	*0	0.001	0.00274
	54	浦东新区	0	*0	0.004	0.002
	55	闵行	0	*0	0.002	0.005
	56	崇明	0	*0	0.001	0.0049
	57	金山	0	*0	0.002	0.0055
	58	松浦	1.09	0.925	0.005	0.00571
	59	奉贤	0.34	0.904	0.001	0.0054
江苏省（10个）	60	镇江	0.3	0.72	0.013	0.009
	61	常州	0.48	0.466	0.005141	*0.000839
	62	无锡	2.3	1.9037	0.002	0.00556
	63	苏州	5.2	3.17	0	0.0022
	64	徐州	2	2.77	0.007	0.006
	65	连云港	0	*0	−0.006	*0
	66	淮安	1.9	1.586	0.004	0.0032
	67	盐城	1.06	1.073	0.006	0.0066
	68	扬州	1.12	0.471	0.001	0.003
	69	南通	0.31	*0.07	0.0038	0.0058
浙江省（7个）	70	嘉兴	1.8	4.52	0.0021	0.00677
	71	金华	0.93	0.62	0.001	0.002
	72	台州	1.69	0.9	0.001	0.003
	73	杭州	0.967	0.9	0.0001	0.001
	74	温州	1.41	0.98	0.002	0.008
	75	宁波	2	0.78	0.001	0.005
	76	湖州	1.1	0.9	0.006	0.005
安徽省（5个）	77	阜阳	1.4	0.45	−0.00031	0.003
	78	芜湖	4.1	0.87	−0.007	0.004
	79	安庆	4.69	1.24	−0.0005	0.003
	80	蚌埠	0.36	*0.27	0.0001	0.00208
	81	巢湖	4.1	0.8455	0.005	0.0081
福建省（7个）	82	南平	1.8467	0.6882	0.00025	0.00115
	83	漳州	1.39	1.02528	−0.0003	0.00429
	84	泉州	1.14	1.383	0.25	*1.586

续表

所属机构	序号	单位名称	总硬度		总　磷	
			空白	*DL*	空白	*DL*
福建省（7个）	85	龙岩	2.2158	1.3321	−0.00045	0.00525
	86	莆田	2.75	1.2289	0.0074	0.0048
	87	三明	2.03	0.77	0.0005	0.00162
	88	宁德	2.1908	1.1266	0.0013	0.00224
江西省（8个）	89	赣州	0.91	1.1	0.009	0.008974
	90	吉安	0.4	0.698	0.001	0.009
	91	宜春	0.9	0.55	0.001	0.008689
	92	抚州	1.02	0.603	0.001	0.003173
	93	上饶	1.08	1.25	0.007	0.0027
	94	九江	0.82	0.711	0.005	0.002027
	95	鄱阳湖	1.01	1.032	0.0109	0.006144
	96	景德镇	0.855	0.857	0.008	0.003547
山东省（14个）	97	青岛	1.82	0.881	0.007	0.0081
	98	烟台	0.99	0.99	0.0000744	0.00773
	99	潍坊	0.83	0.7772	0.007	0.006
	100	淄博	0.89	0.8161	0.0015	0.004
	101	滨州	0.03	0.7	0.008	0.005
	102	德州	0.93	0.796	0.00521	0.00941
	103	聊城	4.03	0.881	0.024	0.00572
	104	菏泽	0.95	0.8807	0.003	0.0039
	105	济宁	1.31	0.97	0.0063	0.0081
	106	泰安	0.09	*0.13	0.004	0.006
	107	枣庄	1.31	0.87	0.0041	0.0079
	108	临沂	0.042	0.74	0.0016	0.0096
	109	日照	0.1	0.777	−0.011	0.013
	110	威海	1.53	0.58	−0.0006	0.006
河南省（9个）	111	驻马店	0.57	*0.0011	0.0029	0.0011
	112	新乡	0.65	*0	0.001	0.01
	113	许昌	0.42	*0.05	0.000609	0.003
	114	周口	0.96	0.47	0.0016	0.0082
	115	洛阳	0.99	0.79	0.003	*0
	116	南阳	0.46	0.43	0.006	0.004
	117	信阳	0.59	0.48	0.0025	0.0044
	118	商丘	0.61	0.79	0.0008	0.0042
	119	安阳	0.7	0.62	0.01	0.002

续表

所属机构	序号	单位名称	总硬度		总 磷	
			空白	*DL*	空白	*DL*
湖北省（9个）	120	荆州	0	*0	0.003	0.0071
	121	襄樊	0.022	*0.027	0.002	0.0053
	122	宜昌	0.19	0.7932	0.0039	0.0086
	123	孝感	0.64	0.5404	0.0023	0.00314
	124	黄冈	0	*0	0.005	0.01
	125	黄石	0.9	0.96	0.002	0.004
	126	咸宁	1.0615	1.3225	0.0031	0.00766
	127	十堰	0.505	0.803	0	0.0079
	128	恩施	0	*0	0.027	0.0076
湖南省（10个）	129	长沙	1.5	*0	0.01	*0
	130	郴州	0	*0	0.01	*0
	131	永州	0	*0	0.03	*0.00002
	132	衡阳	2	*0	0.0063	0.006
	133	湘潭	0.5	*0	0.01	*0
	134	邵阳	2	*0	0.004	0.007
	135	洞庭湖	1.5	*0	0.01	*0
	136	怀化	0	*0	0.01	*0
	137	湘西	0	*0	0	0.022
	138	常德	0	*0	0.02	0.016
广东省（9个）	139	佛山	0.9	0.71	0.016	0.005
	140	肇庆	0	*0	−0.004	0.01
	141	韶关	0	*0	0.005	*0
	142	茂名	0	*0	0	*0
	143	惠州	0.94	0.8546	0	0.005
	144	江门	0	*0	−0.001	0.002
	145	汕头	0.96	0.727	0.003	0.003
	146	湛江	0	*0	−0.01	*0
	147	梅州	0.3	*0.2775	0	*0
广西壮族自治区（7个）	148	玉林	0	*0	0.003	0.0059
	149	沿海	0.48	*0.32	0.004	0.0016
	150	百色	0.68	*0.31	0.0065	0.0055
	151	河池	0.1	*0.032	0.0302	0.0076
	152	柳州	2	*0.317	0.013	0.0081
	153	桂林	0.3	*0.057	0.001	0.0016
	154	梧州	0	*0.63（0）	0.005	*0.0027（0）

续表

所属机构	序号	单位名称	总硬度		总　磷	
			空白	DL	空白	DL
四川省（8个）	155	岷江	0	未做	0.0106	0.00206
	156	内江	0.966	1.781	0.014	0.011
	157	绵阳	0.859	0.65	0.007	0.00317
	158	阿坝	1.04	未计算	0.0022	0.007
	159	南充	1.28	0.666	0.0069	0.008
	160	达州	0	*0	0.0089	0.003
	161	雅安	0	*0	0.0008	0.003
	162	西昌	1.438	*0.354	0.003	0.007
贵州省（8个）	163	铜仁	0.213	*0.1618	0.01	0.0031
	164	黔南	3.17	0.4486	0.005	0.0258
	165	遵义	2.169	*0.0003	0.002	0.005
	166	六盘水	0.996	*0.00502	0.005	0.00502
	167	安顺	2	*0	0.007	0.0055
	168	黔西南	7.914	5.8204	0.0063	0.0044
	169	毕节	0.467	0.857	0.009	0.0031
	170	黔东南	1.455	1.5535	0.032	0.0089
云南省（13个）	171	丽江	0	*0	0.009	0.0078
	172	大理	1	*0	0.004	0.0025
	173	保山	0	*0	0.0029	0.0025
	174	楚雄	0	*0	0.0038	0.0035
	175	临沧	0	*0	0.0017	0.0016
	176	玉溪	0	*0	0.004	0.00257
	177	普洱	0.224	*0.1428	0.002	0.0067
	178	西双版纳	0	*0	0.0067	0.003
	179	红河	0.5445	*0	0.004	0.003
	180	曲靖	0	*0	0.006	0.008937
	181	昭通	0	*0	0.0038	0.00334
	182	文山	0	*0	0.004	0.005
	183	德宏	0.4	*0	0.0104	0.00275
西藏自治区（4个）	184	日喀则	0	*0	0	*0
	185	林芝	0	*0	0	*0
	186	昌都	2.1	2.27	0	0.0089
	187	山南	0	*0	0	*0

续表

所属机构	序号	单位名称	总硬度		总　磷	
			空白	DL	空白	DL
陕西省（5个）	188	安康	2.44	4.7876	0.0083	0.00692
	189	延安	0.8	4.49	0.0064	0.0091
	190	宝鸡	1.52	4.41	0.006	0.0112
	191	商洛	3.4	4.97	0.003	0.0099
	192	汉中	2.363	4.54	0.0013	0.0065
甘肃省（7个）	193	酒泉	0	*0	0	*0
	194	张掖	0	*0	0.006	*0.000354
	195	武威	0	未做	0.002767	0.00258
	196	定西	0	*0	0.003	0.00224
	197	临洮	0	*0	0.00025	0.00275
	198	平凉	5.713	3.3245	0.0113	0.00839
	199	陇南	4.48	2.16	0.003	0.0055
青海（2个）	200	海东	0	*0	0	未计算
	201	格尔木	0	*0	−0.001	0.003
新疆维吾尔自治区（11个）	202	伊犁	0	*0	0	0.0068
	203	阿勒泰	0.017	*0	0	0.006
	204	塔城	0	*0	0.0122	0.013
	205	博州	1.98	0.952	0.001	0.0033
	206	石河子	0.14	*0	0.006	0.0131
	207	哈密	14.38	*0	0.01	0.01
	208	巴州	0	*0	0.001	0.003
	209	阿克苏	0	*0	0.005	0.0048
	210	克州	0.8	*0	0	*0
	211	喀什	0	*0	0.015	0.011
	212	和田	0	未做	0.01	0.0029
长江上游局（4个）	213	宜宾	3.34	*0.0043	0.002	0.001
	214	攀枝花	0.27	0.98	0.005	0.00297
	215	嘉陵江	0.27	0.98	0.01	0.00432
	216	万州	0.18	0.87	0.006	0.0047
重庆市（2个）	217	渝东北	2.22	0.7095	−0.0023	0.0061
	218	渝东南	1.2	0.8395	0.005	*0
工程类	219	碧流河	0	*0	0.01	0.0045

注　1. 表中数据均为上交报告中的原始数据。

2. *DL* 为方法检出限，单位为 mg/L。* 表示 *DL* 超出方法规定值（总磷 *DL*＜0.001mg/L、总硬度 *DL*＜0.4mg/L）。

3.（括号）内为经校核后计算结果。

附表 8　　**标准曲线汇总表**

所属机构	序号	单位名称	总磷				
			a	b	r	C	截距检验
各流域水环境监测中心（7个）	1	长江	0.0001	0.0297	1	0.6	合格
	2	黄河	0.0154	1.4339	0.9996	0.6	合格
	3	淮河	−0.0038	1.502	0.9999	0.6	合格
	4	海河	0.0002	0.5049	1	0.6	合格
	5	珠江	−0.0007	1.479	1	0.6	合格
	6	松辽	0.0009	0.5147	0.9998	0.6	合格
	7	太湖	0.00745	3.97	0.999	*1.2	合格
省、自治区、直辖市水环境监测中心（31个）	8	北京	−0.001	0.0302	0.9996	0.6	合格
	9	天津	−0.0067	1.387	0.9997	0.6	合格
	10	河北	0	1.5	1	0.6	合格
	11	山西	0.0008	0.257	0.9996	*1.2	合格
	12	内蒙古	0.001	0.248	1	**0.6	合格
	13	辽宁	0.003	1.52	0.9998	0.6	合格
	14	吉林	−0.0012	0.7925	0.99985	0.6	合格
	15	黑龙江	0.01	0.715	0.999	*0.79	合格
	16	上海	−0.00107	0.505	0.9999	0.6	合格
	17	江苏	0.0003	4.066	0.9999	*1.2	合格
	18	浙江	0.0004	1.505	0.9999	0.6	合格
	19	安徽	0.00196	1.482	0.99997	0.6	合格
	20	福建	0.0008	0.1022	1	**0.6	合格
	21	江西	0.00126	0.02048	0.9998	**0.6	合格
	22	山东	0.00011	0.76	1	*0.72	合格
	23	河南	0.0001	0.0637	1	0.6	合格
	24	湖北	0.0133	1.4551	0.9998	0.6	合格
	25	湖南	0.0046	0.2414	1	0.6	合格
	26	广东	−0.002	1.919	0.9999	0.6	合格
	27	广西	−0.002	0.062	0.9997	**0.6	合格
	28	海南	−0.001	0.657	0.9999	0.6	合格
	29	重庆	−0.0033	3.951	0.9993	*0.64	合格
	30	四川	0.001	0.6494	0.9999	0.6	合格
	31	贵州	0.0017	0.0598	1	**0.6	合格
	32	云南	0.0029	1.4945	1	0.6	合格
	33	西藏	−0.000038	0.0207	0.9999	*0.801	合格
	34	陕西	−0.0035	0.0594	0.9998	**0.6	合格

续表

所属机构	序号	单位名称	总　磷				
			a	*b*	*r*	*C*	截距检验
省、自治区、直辖市水环境监测中心（31个）	35	甘肃	0.004	−0.0582	0.9999	0.6	合格
	36	青海	0.1	29.9	1	*0.8	合格
	37	宁夏	0.0016	0.4925	0.9999	0.6	合格
	38	新疆	−0.003	0.059	0.9999	**0.6	合格
长江委水文局（7个）	39	上游局	1.4171	0.0016	0.9999	0.6	合格
	40	三峡	0.0017	1.5866	0.9999	0.6	合格
	41	荆江	0.0021	0.0564	0.9999	**0.6	合格
	42	中游	0.00014	0.06	0.9999	0.6	合格
	43	下游	−0.000006	1.32176	0.9998	**0.6	合格
	44	长江口	0.0039	1.5258	0.9999	0.6	合格
	45	汉江	0.000553	1.512	0.9999	***0.4	合格
黄委水文局（5个）	46	上游	0.0004	1.5219	0.9999	0.6	合格
	47	三门峡	0.0011	1.4936	1	0.6	合格
	48	山东	−0.0001	1.476	1	0.6	合格
	49	包头	0.3987	55.417	0.9999	**0.6	合格
	50	中游	0.001	1.51	0.9999	0.6	合格
长江委水保局（1个）	51	上海	−0.0008	0.0293	0.9999	0.6	合格
海委（2个）	52	潘家口	−0.0003	0.2504	1	*1.2	合格
	53	漳卫南	−0.0011	1.4962	1	0.6	合格

北京市（6个）	1	官厅水库	0.0058	1.4885	0.9998	0.6	合格
	2	密云水库	0.0012	0.7422	0.9999	0.6	合格
	3	昌平	0.00117	0.02659	1	0.6	合格
	4	大兴	−0.0019	1.462	0.9999	0.6	合格
	5	海淀	−0.003	0.0303	1	0.6	合格
	6	通州	0.0008	0.02997	0.9998	0.6	合格
河北省（10个）	7	邯郸	0.001	1.47	1	0.6	合格
	8	邢台	0	1.546	0.9992	0.6	合格
	9	石家庄	−0.003	1.477	0.9999	0.6	合格
	10	衡水	0	1.504	1	0.6	合格
	11	沧州	0	1.501	1	0.6	合格
	12	保定	0	1.519	0.9999	0.6	合格
	13	廊坊	0	1.456	1	0.6	合格
	14	承德	0	1.485	1	0.6	合格
	15	唐秦	0	1.699	0.9999	0.6	合格
	16	张家口	0	1.5612	0.9999	0.6	合格

续表

所属机构	序号	单位名称	总磷				
			a	b	r	C	截距检验
山西省（8个）	17	大同	0.0021	0.742	0.9998	**0.6	合格
	18	太原	0.0014	0.767	0.9994	**0.6	合格
	19	临汾	0.0013	0.0602	0.9999	*1.2	合格
	20	运城	−0.0007	0.7318	0.9999	**0.6	合格
	21	长治	0.0022	1.443	0.9999	0.6	合格
	22	吕梁	0	1.4819	1	0.6	合格
	23	忻州	−0.0049	0.7012	0.9999	**0.6	合格
	24	晋中	−0.0004	0.6982	0.9999	**0.6	合格
内蒙古自治区（4个）	25	包头	0.001	1.576	0.9999	0.6	合格
	26	赤峰	−0.002	0.811	0.9991	0.6	合格
	27	通辽	0	0.82	0.9998	**0.6	合格
	28	呼伦贝尔	−0.001	0.0066	0.9998	**0.6	合格
辽宁省（11个）	29	铁岭	−0.004	1.58	0.9996	0.6	合格
	30	抚顺	−0.001	1.44	0.999	0.6	合格
	31	本溪	0.003	1.52	0.9996	0.6	合格
	32	辽阳	−0.001	1.49	0.999	0.6	合格
	33	鞍山	−0.004	1.49	0.9997	0.6	合格
	34	营口	0.001	1.472	0.9999	0.6	合格
	35	丹东	−0.001	0.749	1	*0.8	合格
	36	大连	−0.00398	7.36	0.9999	*0.8	合格
	37	朝阳	0.001	1.46	0.9999	0.6	合格
	38	锦州	0.00118	0.725	0.9993	**0.6	合格
	39	阜新	0.00595	0.733	0.9996	*1.2	合格
吉林省（5个）	40	四平	0.0014	0.0606	0.99998	**0.6	合格
	41	通化	−0.0002	0.7592	1	0.6	合格
	42	白城	0.004	0.8	0.9998	*0.06	合格
	43	延边	0.0003	0.0589	0.9995	**0.6	合格
	44	吉林	0.0006	1.0573	0.99998	0.6	合格
黑龙江省（6个）	45	齐齐哈尔	−0.7	59.1	0.9999	**0.6	合格
	46	牡丹江	−0.7	60.1	0.99998	**0.6	合格
	47	佳木斯	0.8	59.8	0.9997	**0.6	合格
	48	伊春					未做
	49	绥化			0.9997	*1.2	
	50	黑河	1.2816	63.517	0.9998	**0.6	合格

续表

所属机构	序号	单位名称	总磷				
			a	*b*	*r*	*C*	截距检验
上海市（9个）	51	青浦	−0.002175	0.03776	0.999	**0.6	合格
	52						
	53	嘉定	0.003	0.677	0.999	0.6	合格
	54	浦东新区	0.003	1.602	0.999	0.6	合格
	55	闵行	0.001	0.745	0.999	0.6	合格
	56	崇明	0.001864	1.4984	0.999	0.6	合格
	57	金山	−0.003049	0.02829	0.999	**0.4	合格
	58	松浦	0.002	1.34	0.002	*1.34	合格
	59	奉贤	0.002593	0.02915	0.9999	**0.6	合格
江苏省（10个）	60	镇江	−0.001402	0.6975	0.9999	*1.2	合格
	61	常州	0.0002	1.36	0.9999	*1.2	合格
	62	无锡	−0.003	1.324	0.9999	*1.2	合格
	63	苏州	0.0012	0.0606	1	0.6	合格
	64	徐州	−0.001	1.3568	0.9999	*1.2	合格
	65	连云港	−0.0032	0.6766	0.9999	0.6	合格
	66	淮安	−0.0001	1.3325	0.9999	*1.2	合格
	67	盐城	−0.0016	0.6845	0.9998	0.6	合格
	68	扬州	−0.0028	0.6729	0.9999	0.6	合格
	69	南通	−0.0026	1.325	0.9999	*1.2	合格
浙江省（7个）	70	嘉兴	0.0002	1.51	0.9999	0.6	合格
	71	金华	0.001	1.462	0.9998	0.6	合格
	72	台州	−0.0011	0.6896	0.9999	0.6	合格
	73	杭州	0.0016	1.493	0.9999	0.6	合格
	74	温州	0.0024	1.441	0.9999	0.6	合格
	75	宁波	−0.0001	1.5	0.9999	0.6	合格
	76	湖州	−0.0000387	1.481	0.9999	0.6	合格
安徽省（5个）	77	阜阳	0.0036	1.466	0.9998	0.6	合格
	78	芜湖	0.00381	1.4849	0.9997	0.6	合格
	79	安庆	0.00219	1.527	1	0.6	合格
	80	蚌埠	−0.0006	1.5357	0.9999	0.6	合格
	81	巢湖	0.00092	1.487	1	0.6	合格
福建省（7个）	82	南平	0.0005	0.0657	0.9996	***0.4	合格
	83	漳州	0.0007	0.0603	1	**0.6	合格
	84	泉州	−0.007	0.0296	1	0.6	合格

续表

所属机构	序号	单位名称	总磷				
			a	*b*	*r*	*C*	截距检验
福建省（7个）	85	龙岩	0.0005	0.0594	1	** 0.6	合格
	86	莆田	0.0017	0.0612	0.9999	0.6	合格
	87	三明	0.0009	0.0613	1	** 0.6	合格
	88	宁德	0.0044	0.0401	0.9995	0.6	合格
江西省（8个）	89	赣州	−0.00073	0.02038	0.99995	** 0.6	合格
	90	吉安	0.0017	0.7722	0.99996	0.6	合格
	91	宜春	−0.00014	0.7462	0.9999	* 0.8	合格
	92	抚州	0.00112	0.26455	0.9999	** 0.6	合格
	93	上饶	0.00137	0.02089	0.9999	0.6	合格
	94	九江	0.00055	0.78278	0.9999	* 0.06	合格
	95	鄱阳湖	0.00946	0.06905	0.99945	** 0.6	合格
	96	景德镇	0.00461	0.0564	0.9997	* 10	合格
山东省（14个）	97	青岛	−0.00132	1.49	0.9999	0.6	合格
	98	烟台	0.0271	1.45	0.9999	0.6	合格
	99	潍坊	0.00697	0.989	0.9994	* 0.8	合格
	100	淄博	−0.0022	1.48	0.9998	0.6	合格
	101	滨州	0.0013	1.49	0.9999	0.6	合格
	102	德州	0.00923	1.51	0.9995	0.6	合格
	103	聊城	−0.0016	0.0592	1	0.6	合格
	104	菏泽	0.00152	1.49	1	0.6	合格
	105	济宁	0.00036	7.98	0.9998	0.6	合格
	106	泰安	0.00488	1.59	0.9997	0.6	合格
	107	枣庄	0.00267	1.52	0.9999	0.6	合格
	108	临沂	0.0152	0.729	0.9998	0.6	合格
	109	日照	0.000579	6.04	1	* 10	合格
	110	威海	0.00104	1.52	1	0.6	合格
河南省（9个）	111	驻马店	0.002	0.0612	1	0.6	合格
	112	新乡	0.0007	0.0585	1	0.6	合格
	113	许昌	0.00725	1.511	0.9998	0.6	合格
	114	周口	0.002	1.58	1	0.6	合格
	115	洛阳	−0.0003	0.0624	1	0.6	合格
	116	南阳	0.0015	1.488	1	0.6	合格
	117	信阳	0.0003	1.477	1	0.6	合格
	118	商丘	0.0006	0.059	1	0.6	合格
	119	安阳	0.000581	1.551	0.9999	0.6	合格

续表

所属机构	序号	单位名称	总磷				
			a	b	r	C	截距检验
湖北省（9个）	120	荆州	0.0024	0.0191	0.9999	0.6	合格
	121	襄樊	0.0034	0.6952	0.9999	**0.6	合格
	122	宜昌	0.0004	0.0511	0.9997	0.5	合格
	123	孝感	0.0017	0.0592	0.9999	0.6	合格
	124	黄冈	0.0003	0.0527	1	0.6	合格
	125	黄石	0.0005	0.7295	0.9998	0.596	合格
	126	咸宁	0.0008	0.0154	0.9997	0.6	合格
	127	十堰	−0.0007	0.0297	0.9999	**0.6	合格
	128	恩施	0.0096	0.0303	0.9998	0.6	合格
湖南省（10个）	129	长沙	−0.0011	0.03	0.9999	0.6	合格
	130	郴州	−0.0018	0.0298	1	**0.6	合格
	131	永州	0.0008	0.0191	0.9999	0.6	合格
	132	衡阳	0	0.0552	0.9999	**0.6	合格
	133	湘潭	0	0.0339	0.9999	**0.6	合格
	134	邵阳	0.0002	0.0202	1	*1.2	合格
	135	洞庭湖	0	0.0399	1	*1.6	合格
	136	怀化	0.0059	0.0265	0.9992	*1.2	合格
	137	湘西	−0.0003	0.0199	0.9999	*1.2	合格
	138	常德	−0.0023	0.0199	0.9998	*1.2	合格
广东省（9个）	139	佛山	0.001	1.226	0.9998	0.6	合格
	140	肇庆	0.002	0.26	0.9997	*1.2	合格
	141	韶关	0.0007	1.9047	0.9999	0.6	合格
	142	茂名	0.002	1.96	0.9999	0.6	合格
	143	惠州	−0.002	4.033	0.9999	*1.2	合格
	144	江门	−0.003	1.945	0.998	0.6	合格
	145	汕头	−0.001	1.915	0.9999	0.6	合格
	146	湛江	−0.005	1.965	0.9998	0.6	合格
	147	梅州	0.003	2.02	0.9999	0.6	合格
广西壮族自治区（7个）	148	玉林	0.002	1.477	0.9999	0.6	合格
	149	沿海	−0.001	0.876	0.9999	**0.6	合格
	150	百色	0.001	0.059	1	**0.6	合格
	151	河池	0	0.063	0.9997	***0.4	合格
	152	柳州	−0.001	1.493	0.9999	0.6	合格
	153	桂林	−0.001	0.06	0.9998	**0.6	合格
	154	梧州	−0.002	0.056	0.9999	**0.6	合格

续表

所属机构	序号	单位名称	总　磷				
			a	b	r	C	截距检验
四川省（8个）	155	岷江	0.00128	1.3457	0.9995	0.6	合格
	156	内江	0	2.027	1	0.6	合格
	157	绵阳	−0.0021	1.4851	0.9999	0.6	合格
	158	阿坝	0	0.6523	1	0.6	合格
	159	南充	0.001	1.329	0.9999	0.6	合格
	160	达州	0	1.321	0.9998	0.6	合格
	161	雅安	0	0.677	1	0.6	合格
	162	西昌	0.002	1.488	1	0.6	合格
贵州省（8个）	163	铜仁	−0.0019	0.0586	0.9999	** 0.6	合格
	164	黔南	0.001	0.019	0.9995	** 0.6	合格
	165	遵义	−0.0004	0.00588	0.9999	* 0.8	合格
	166	六盘水	0.0026	0.0588	1	** 0.6	合格
	167	安顺	0.0002	0.0584	0.9998	** 0.6	合格
	168	黔西南	−0.0043	0.0591	0.9996	** 0.6	合格
	169	毕节	−0.0009	0.0639	0.9996	** 0.6	合格
	170	黔东南	0.0005	0.0305	1	0.6	合格
云南省（13个）	171	丽江	−0.0006	1.5676	0.9999	0.6	合格
	172	大理	−0.0007	1.5158	1	0.6	合格
	173	保山	0.0021	1.4806	1	0.6	合格
	174	楚雄	0.0014	1.4694	0.9999	0.6	合格
	175	临沧	0.0012	1.4968	1	0.6	合格
	176	玉溪	0.0001	1.5226	0.9999	0.6	合格
	177	普洱	0.0019	1.5143	1	0.6	合格
	178	西双版纳	−0.0011	1.5079	1	0.6	合格
	179	红河	0.0012	1.473	1	0.6	合格
	180	曲靖	0.0052	1.5062	0.9999	0.6	合格
	181	昭通	0.0001	1.5002	0.9999	0.6	合格
	182	文山	0.0006	1.4812	1	0.6	合格
	183	德宏	0.0003	1.4743	1	0.6	合格
西藏自治区（4个）	184	日喀则	−0.0008	0.01927	0.9996	** 0.6	合格
	185	林芝	−0.0009	0.01	0.9999	** 0.6	合格
	186	昌都	0	0.0101	0.9999	*** 0.3	合格
	187	山南	0.003	0.02	0.9998	* 15	合格

续表

所属机构	序号	单位名称	总磷				
			a	b	r	C	截距检验
陕西省（5个）	188	安康	0.0031	0.0296	0.9994	0.6	合格
	189	延安	−0.0003	0.0599	0.9999	**0.6	合格
	190	宝鸡	0.0012	0.0605	0.9998	**0.6	合格
	191	商洛	−0.0019	0.5993	1	**0.6	合格
	192	汉中	0.0144	0.05837	0.9995	0.6	合格
甘肃省（7个）	193	酒泉	−0.0003	0.0599	0.9999	**0.6	合格
	194	张掖	−0.001	0.06	0.9999	0.6	合格
	195	武威			0.9999	**0.6	合格
	196	定西	0.002	0.0592	0.9999	0.6	合格
	197	临洮	0.002	1.457	0.9999	0:6	合格
	198	平凉	0.001	0.0555	0.9999	0.6	合格
	199	陇南	0.05997	0.003	1	**0.6	合格
青海省（2个）	200	海东	0.4	29.9	1	*2	合格
	201	格尔木	0.8	29.8	1	**0.8	合格
新疆维吾尔自治区（11个）	202	伊犁	−0.002	0.0592	0.9999	**0.6	合格
	203	阿勒泰					未做
	204	塔城	0.0041	0.7448	0.9998	**0.6	合格
	205	博州	0.005	1.2784	0.9993	0.6	合格
	206	石河子	0.002	0.0585	0.9995	**0.6	合格
	207	哈密	0.002	0.0623	0.9999	**0.6	合格
	208	巴州	−0.002	1.3295	1	**0.6	合格
	209	阿克苏	0.002	1.478	0.9999	0.6	合格
	210	克州					未做
	211	喀什	0	1.518	0.9999	0.6	合格
	212	和田	−0.006	1.296	0.9996	**0.6	合格
长江上游局（4个）	213	宜宾	0.0059	1.3461	0.9999	0.6	合格
	214	攀枝花	1.4752	−0.00079	0.9998	0.6	合格
	215	嘉陵江	1.4955	−0.0011	0.9999	0.6	合格
	216	万州	1.481	−0.00014	0.9999	0.6	合格
重庆市（2个）	217	渝东北	−0.0064	3.82	0.9998	*0.64	合格
	218	渝东南	−0.004	3.977	0.9997	0.6	合格
工程类	219	碧流河	−0.003	1.24	0.9999	0.6	合格

注　1. 表中数据均为上交报告中的原始数据。

2. “C”为方法测定上限，单位为mg/L；* 表示C值超出方法规定值，** 表示曲线超出C值，*** 表示C值不能涵盖所有的试验值。

附表 9-1　　精密度及变异分析汇总表（总硬度—0.1*C*）

所属机构	序号	单位名称	浓度/(mg/L)	批内变异	批间变异	显著性	总标准差	CV/%	总标准差检验
各流域水环境监测中心（7个）	1	长江	15.00	0.0810	0.1350	NS	0.3280	2.19	是
	2	黄河	15.11	0.0817	0.1244	NS	0.3210	2.12	是
	3	淮河	16.50	0.1508	0.2968	NS	0.4731	2.87	是
	4	海河	15.00	0.0600	0.2500	NS	0.4000	2.67	是
	5	珠江	15.00	0.0767	0.0560	NS	0.2576	1.72	是
	6	松辽	15.01	0.0200	0.0240	NS	0.1480	0.99	是
	7	太湖	16.50	0.9908	0.2513	NS	0.7881	4.78	是
省、自治区、直辖市水环境监测中心（31个）	8	北京	14.90	0.0760	0.1070	NS	0.3020	2.03	是
	9	天津	15.00	0.1300	0.2190	NS	0.1520	1.01	是
	10	河北	17.00	0.0130	0.0560	NS	0.1860	1.09	是
	11	山西	15.60	0.1400	0.6133	NS	0.6137	3.93	是
	12	内蒙古	16.10	0.1500	0.8200	*	0.7000	4.35	是
	13	辽宁	14.88	0.0753	0.1128	NS	0.3067	2.06	是
	14	吉林	15.20	0.0319	0.0035	NS	0.1331	0.88	是
	15	黑龙江	14.71	0.0208	0.0448	NS	0.1812	1.23	是
	16	上海	15.40	0.0267	0.0560	NS	0.2000	1.30	是
	17	江苏	14.23	0.1867	0.0853	NS	0.3688	2.59	是
	18	浙江	14.78	0.2610	0.3460	NS	0.5180	3.50	是
	19	安徽	17.82	0.2762	1.0630	NS	0.8183	4.59	是
	20	福建	14.80	0.0940	0.1560	NS	0.3530	2.39	是
	21	江西	15.40	0.6770	0.2000	NS	0.6580	4.27	是
	22	山东	15.00	0.0567	0.0140	NS	0.1880	1.25	是
	23	河南	15.20	0.2567	0.0213	NS	0.5067	3.33	是
	24	湖北	15.08	0.0300	0.0914	NS	0.2464	1.63	是
	25	湖南	14.90	0.0835	0.0835	NS	0.2889	1.94	是
	26	广东	14.40	0.3681	1.4514	NS	0.9538	6.62	是（否）
	27	广西	15.00	0.0558	0.0708	NS	0.2517	1.68	是
	28	海南	15.46	0.1792	0.2383	NS	0.4517	2.92	是
	29	重庆	14.97	0.1800	0.5013	NS	0.5837	3.90	是
	30	四川	14.40	0.0593	0.0763	NS	0.2604	1.81	是
	31	贵州	15.00	0.0240	0.0530	NS	0.1960	1.31	是
	32	云南	15.42	0.0240	0.0230	NS	0.1540	1.00	是
	33	西藏	21.00	0.0000#	2.4030	NS	1.0960	5.22	是
	34	陕西	15.00	0.0400	0.4400	NS（**）	0.4900	3.27	是

续表

所属机构	序号	单位名称	浓度/(mg/L)	批内变异	批间变异	显著性	总标准差	CV/%	总标准差检验
省、自治区、直辖市水环境监测中心（31个）	35	甘肃	15.00	0.0267	0.0160	*（NS）	0.5480	3.65	是
	36	青海	15.20	0.0230	0.0430	NS	0.1830	1.20	是
	37	宁夏	15.70	0.5000	1.1300	NS	0.9000	5.73	是
	38	新疆	14.30	0.5000	0.3330	NS	0.6450	4.51	是
长江委水文局（7个）	39	上游	14.00	0.5000	0.1750	NS	0.6471	4.62	是
	40	三峡	14.70	0.2800	0.4800	NS	0.6100	4.15	是
	41	荆江	14.25	0.3500	0.5700	NS	0.6800	4.77	是
	42	中游	15.10	0.0000#	0.0000#	NS	0.0000#	0.00	是
	43	下游	15.30	0.0301	0.1000	NS	0.2550	1.67	是
	44	长江口	14.35	0.1670	0.3339	NS	0.5004	3.49	是
	45	汉江	15.06	0.2858	0.2948	NS	0.5388	3.58	是
黄委水文局（5个）	46	上游	14.90	0.0410	0.0920	NS	0.2580	1.73	是
	47	三门峡	14.70	0.1730	0.4160	NS	0.5430	3.69	是
	48	山东	16.05	0.1950	0.0880	NS	0.3760	2.34	是
	49	包头	15.05	0.2210	0.9010	NS	0.7491	4.98	是
	50	中游	14.98	0.1100	0.2800	NS	0.4400	2.94	是
长江委水保局（1个）	51	上海	15.90	0.1400	0.2700	NS	0.4600	2.89	是
海委（2个）	52	潘家口	15.10	0.0350	0.0140	NS	0.1565	1.04	是
	53	漳卫南	15.10	0.1200	0.2400	NS	0.2683	1.78	是
北京市（6个）	1	官厅水库	15.00	0.3333	0.4000	NS	0.6055	4.04	是
	2	密云水库	15.00	0.4000	0.5000	NS	0.2120	1.41	是
	3	昌平	14.80	0.5100	0.1840	NS	0.5891	3.98	是
	4	大兴	15.20	0.0200	0.0120	NS	0.1300	0.86	是
	5	海淀	15.00	0.1550	0.2580	NS	0.4544	3.03	是
	6	通州	15.30	0.0200	0.0600	NS	0.2000	1.31	是
河北省（10个）	7	邯郸	17.60	0.0030	0.0020	NS	0.0520	0.30	是
	8	邢台	16.00	0.0470	0.0530	NS	0.2240	1.40	是
	9	石家庄	15.30	0.0130	0.0210	NS	0.1320	0.86	是
	10	衡水	15.00	0.0720	0.2080	NS	0.3740	2.49	是
	11	沧州	14.50	0.0070	0.0130	NS	0.1000	0.69	是
	12	保定	14.81	0.0300	0.0620	NS	0.2140	1.44	是
	13	廊坊	15.30	0.0058	0.0110	NS	0.0917	0.60	是
	14	承德	14.50	0.0400	0.0160	NS	0.1670	1.15	是
	15	唐秦	14.88	0.0710	0.0510	NS	0.2470	1.66	是
	16	张家口	14.96	0.0075	0.0288	NS	0.1350	0.90	是

续表

所属机构	序号	单位名称	浓度/(mg/L)	批内变异	批间变异	显著性	总标准差	CV/%	总标准差检验
山西省（8个）	17	大同	14.29	0.0160	0.4300	NS	0.5500	3.85	是
	18	太原	15.79	0.2634	0.1054	NS	0.4294	2.72	是
	19	临汾	15.09	0.4167	0.4833	NS	0.6708	4.45	是
	20	运城	15.10	0.2000	0.0600	NS	0.3600	2.38	是
	21	长治	15.80	0.1700	0.0000#	NS	0.4100	2.59	是
	22	吕梁	12.80	1.0610	0.5140	NS	0.6200	4.84	是
	23	忻州	15.01	0.0530	0.0160	NS	0.0010	0.01	是
	24	晋中	15.03	0.0767	0.0113	NS	0.2100	1.40	是
内蒙古自治区（4个）	25	包头	15.44	0.1370	0.0330	NS	0.3700	2.40	是
	26	赤峰	15.00	0.1100	0.0100	NS	0.2400	1.60	是
	27	通辽	15.00	0.1667	0.3333	NS	0.5000	3.33	是
	28	呼伦贝尔	15.08	0.0833	0.1833	NS	0.3651	2.42	是
辽宁省（11个）	29	铁岭	15.20	0.0930	0.0450	NS	0.2630	1.73	是
	30	抚顺	15.33	0.4170	0.8830	NS	0.8060	5.26	是
	31	本溪	14.98	0.0877	0.1534	NS	0.3472	2.32	是
	32	辽阳	14.40	0.0100	0.0433	NS	0.1633	1.13	是
	33	鞍山	15.90	0.0025	0.0028	NS	0.0516	0.32	是
	34	营口	15.15	0.0680	0.2827	NS	0.4187	2.76	是
	35	丹东	15.20	0.1200	0.0780	NS	0.2898	1.91	是
	36	大连	16.07	0.4033	0.1613	NS	0.5314	3.31	是
	37	朝阳	14.99	0.1000	0.0000#	NS	0.1970	1.31	是
	38	锦州	15.33	0.1267	0.0533	NS	0.3000	1.96	是
	39	阜新	15.12	0.5300	0.1073	NS	0.5645	3.73	是
吉林省（5个）	40	四平	14.90	0.0283	0.0595	NS	0.2096	1.41	是
	41	通化	15.20	0.0159	0.0159	NS	0.1261	0.83	是
	42	白城	15.07	0.1200	0.2450	NS	0.4270	2.83	是
	43	延边	15.00	0.0466	0.0106	NS	0.1691	1.13	是
	44	吉林	14.80	0.0210	0.0260	NS	0.1530	1.03	是
黑龙江省（6个）	45	齐齐哈尔	15.01	0.2200	0.2900	NS	0.5040	3.36	是
	46	牡丹江	15.20	0.1900	0.0600	NS	0.3540	2.33	是
	47	佳木斯	15.20	0.2033	0.0940	NS	0.3856	2.54	是
	48	伊春	13.90	0.0070	0.0130	NS	0.1000	0.72	是
	49	绥化	6.43##	0.0870	0.0522	NS	0.2640	4.11	是
	50	黑河	14.70	0.0500	0.0280	NS	0.1970	1.34	是

续表

所属机构	序号	单位名称	浓度/(mg/L)	批内变异	批间变异	显著性	总标准差	CV/%	总标准差检验
上海市(9个)	51 52	青浦	16.00	0.1520	0.2190	NS	0.4310	2.69	是
	53	嘉定	15.30	0.4080	0.0808	NS	0.4940	3.23	是
	54	浦东新区	14.90	0.4500	0.3700	NS	0.6400	4.30	是
	55	闵行	14.60	0.1020	0.1370	NS	0.3460	2.37	是
	56	崇明	14.00	0.0900	0.1500	NS	0.3500	2.50	是
	57	金山	14.80	0.2110	0.0650	NS	0.3710	2.51	是
	58	松浦	13.90	0.2800	0.0480	NS	0.4050	2.91	是
	59	奉贤	14.30	0.1100	0.2700	NS	0.4360	3.05	是
江苏省(10个)	60	镇江	14.90	0.3500	0.5060	NS	0.6500	4.36	是
	61	常州	15.90	0.3150	0.8840	NS	0.7740	4.87	是
	62	无锡	12.54##	0.3808	0.1768	NS	0.5280	4.21	是（否）
	63	苏州	15.00	0.0400	0.0930	NS	0.2580	1.72	是
	64	徐州	15.30	1.3000	1.5400	NS	1.2000	7.84	是
	65	连云港	16.20	0.2900	0.9100	NS	0.7750	4.78	是
	66	淮安	15.50	0.1670	0.4000	NS	0.5320	3.43	是
	67	盐城	15.30	0.4200	0.5000	NS	0.6800	4.44	是
	68	扬州	15.00	0.1600	0.5760	NS	0.6070	4.05	是
	69	南通	30.60##	0.0430	1.0570	NS（**）	0.7420	2.42	是
浙江省(7个)	70	嘉兴	15.20	0.3200	0.1300	NS	0.4700	3.09	是
	71	金华	14.70	0.2080	0.3550	NS	0.5310	3.61	是
	72	台州	15.05	0.0490	0.1230	NS	0.2930	1.95	是
	73	杭州	15.57	0.4730	0.4110	NS	0.6650	4.27	是
	74	温州	15.10	0.2870	0.7570	NS	0.7220	4.78	是
	75	宁波	15.20	0.1670	0.2640	NS	0.4640	3.05	是
	76	湖州	15.10	0.0367	0.1180	NS	0.2780	1.84	是
安徽省(5个)	77	阜阳	15.01	0.0533	0.0160	NS	0.1862	1.24	是
	78	芜湖	14.89	0.1091	0.0402	NS	0.2732	1.83	是
	79	安庆	15.70	1.2971	1.0573	NS	1.0850	6.91	是
	80	蚌埠	15.01	0.0878	0.1465	NS	0.3423	2.28	是
	81	巢湖	22.0##	0.0980	0.1770	NS	0.3700	1.68	是
福建省(7个)	82	南平	14.88	0.0500	0.1233	NS	0.2944	1.98	是
	83	漳州	13.8##	0.1780	0.1709	NS	0.4177	3.03	是
	84	泉州	14.15	0.0967	0.3820	NS	0.4892	3.46	是
	85	龙岩	15.80	0.6900	0.4480	NS	0.7543	4.77	是

续表

所属机构	序号	单位名称	浓度/(mg/L)	批内变异	批间变异	显著性	总标准差	CV/%	总标准差检验
福建省(7个)	86	莆田	15.20	0.1200	0.2880	NS	0.4517	2.97	是
	87	三明	15.0	0.0640	0.1150	NS	0.2990	1.99	是
	88	宁德	14.78	0.0767	0.1393	NS	0.3286	2.22	是
江西省(8个)	89	赣州	15.2	0.1200	0.2880	NS	0.4520	2.97	是
	90	吉安	15.0	0.0180	0.0570	NS	0.1930	1.29	是
	91	宜春	15.3	0.1070	0.1010	NS	0.3220	2.10	是
	92	抚州	15.2	0.0670	0.2370	NS	0.3900	2.57	是
	93	上饶	13.1##	0.0633	0.1553	NS	0.3307	2.52	是
	94	九江	36.66##	0.0400	0.0130	NS	0.1630	0.44	是
	95	鄱阳湖	15.3	0.1230	0.4850	NS	0.5520	3.61	是
	96	景德镇	15.1	0.3680	0.2410	NS	0.5520	3.66	是
山东省(14个)	97	青岛	15.5	0.1700	0.4380	NS	0.5510	3.55	是
	98	烟台	14.53	0.4800	0.1653	NS	0.5680	3.91	是
	99	潍坊	15.85	0.1300	0.4060	NS	0.5177	3.27	是
	100	淄博	15.61	0.0592	0.0788	NS	0.2630	1.68	是
	101	滨州	15.0	0.2033	0.1153	NS	0.3992	2.66	是
	102	德州	14.23	0.6333	0.1013	NS	0.6061	4.26	是
	103	聊城	15.17	0.1067	0.2293	NS	0.4099	2.70	是
	104	菏泽	15.11	0.2242	0.0728	NS	0.3854	2.55	是
	105	济宁	14.5	0.3058	1.1335	NS	0.8483	5.85	是
	106	泰安	14.73	0.0829	0.0488	NS	0.2567	1.74	是
	107	枣庄	15.0	0.1950	0.1420	NS	0.4105	2.74	是
	108	临沂	15.0	0.0196	0.0246	NS	0.1490	0.99	是
	109	日照	24.7##	1.5400	1.3600	NS	1.2000	4.86	是
	110	威海	14.6	0.0400	0.0293	NS	0.1862	1.28	是
河南省(9个)	111	驻马店	15.13	0.0100	0.0273	NS	0.1366	0.90	是
	112	新乡	16.0	0.0720	0.0260	NS	0.2214	1.38	是
	113	许昌	15.13	0.1627	0.5064	NS	0.5784	3.82	是
	114	周口	14.85	0.0214	0.0937	NS	0.2399	1.62	是
	115	洛阳	15.0	0.3375	0.2835	NS	0.5572	3.71	是
	116	南阳	15.0	0.0333	0.0453	NS	0.1983	1.32	是
	117	信阳	15.41	0.0190	0.0640	NS	0.2037	1.32	是
	118	商丘	15.10	0.0594	0.0818	NS	0.2657	1.76	是
	119	安阳	15.0	0.0163	0.0617	NS	0.1976	1.32	是

续表

所属机构	序号	单位名称	浓度/(mg/L)	批内变异	批间变异	显著性	总标准差	CV/%	总标准差检验
湖北省(9个)	120	荆州	15.10	0.2100	0.2290	NS	0.4690	3.11	是
	121	襄樊	14.95	0.6230	0.0700	NS	0.4080	2.73	是
	122	宜昌	14.78	0.1833	0.2193	NS	0.4489	3.04	是
	123	孝感	14.90	0.2867	0.1040	NS	0.4420	2.97	是
	124	黄冈	15.06	0.2104	0.2288	NS	0.4686	3.11	是
	125	黄石	15.00	0.7200	1.2360	NS	0.9890	6.59	是
	126	咸宁	14.94	0.1669	0.2323	NS	0.4467	2.99	是
	127	十堰	14.95	0.4170	0.3500	NS	0.6190	4.14	是
	128	恩施	15.00	0.4900	0.6100	NS	0.7400	4.93	是
湖南省(10个)	129	长沙	14.81	0.0040	0.0090	NS	0.0810	0.55	是
	130	郴州	15.01	0.0630	0.0710	NS	0.2580	1.72	是
	131	永州	15.20	0.2500	0.0920	NS	0.4140	2.72	是
	132	衡阳	14.70	0.0630	0.0710	NS	0.2580	1.76	是
	133	湘潭	20.40##	0.0650	0.0737	NS	0.2634	1.29	是
	134	邵阳	15.08	0.0420	0.0330	NS	0.1940	1.29	是
	135	洞庭湖	15.20	0.0925	0.1508	NS	0.3488	2.29	是
	136	怀化	14.59	0.1040	0.0210	NS	0.2500	1.71	是
	137	湘西	15.01	0.0620	0.0710	NS	0.2580	1.72	是
	138	常德	15.10	0.0833	0.1480	NS	0.3401	2.25	是
广东省(9个)	139	佛山	15.10	0.0667	0.1493	NS	0.3290	2.18	是
	140	肇庆	12.70	0.0067	0.0160	NS	0.1065	0.84	是
	141	韶关	15.20	0.0800	0.3500	NS	0.4700	3.09	是
	142	茂名	15.20	0.0233	0.0093	NS	0.1278	0.84	是
	143	惠州	16.50	0.3333	0.2000	NS	0.5164	3.13	是
	144	江门	15.20	0.0267	0.0320	NS	0.1713	1.13	是
	145	汕头	15.10	0.1167	0.0493	NS	0.2881	1.91	是
	146	湛江	15.80	0.0100	0.0180	NS	0.1183	0.75	是
	147	梅州	14.50	0.0833	0.3500	NS	0.4655	3.21	是
广西壮族自治区(7个)	148	玉林	15.00	0.0567	0.1100	NS	0.2887	1.92	是
	149	沿海	15.10	0.5000	0.1660	NS	0.5770	3.82	是
	150	百色	15.70	0.0680	0.1300	NS	0.3100	1.97	是
	151	河池	14.95	0.1107	0.1334	NS	0.3493	2.34	是
	152	柳州	14.99	0.0170	0.0190	NS	0.1340	0.89	是
	153	桂林	14.70	0.3050	0.5473	NS	0.6528	4.44	是
	154	梧州	14.55	0.1300	0.1660	NS	0.3847	2.64	是

续表

所属机构	序号	单位名称	浓度/(mg/L)	批内变异	批间变异	显著性	总标准差	CV/%	总标准差检验
四川省（8个）	155	岷江	15.49	0.0175	0.0195	NS	0.1362	0.88	是
	156	内江	14.79	0.0081	0.0486	*	0.1680	1.14	是
	157	绵阳	14.82	0.0953	0.0374	NS	0.2600	1.75	是
	158	阿坝	15.04	0.0510	0.2200	NS	0.3650	2.43	是
	159	南充	15.20	0.1375	0.0568	NS	0.3117	2.05	是
	160	达州	15.00	0.6480	0.1890	NS	0.6470	4.31	是
	161	雅安	15.03	0.0130	0.0290	NS	0.1450	0.96	是
	162	西昌	15.27	0.0150	0.0430	NS	0.1700	1.11	是
贵州省（8个）	163	铜仁	15.08	0.0040	0.0030	NS	0.0610	0.40	是
	164	黔南	14.91	0.0200	0.0000##	NS	0.1000	0.67	是
	165	遵义	15.18	0.3330	0.3330	NS	0.5770	3.80	是
	166	六盘水	16.50	0.0130	0.0240	NS	0.1370	0.83	是
	167	安顺	14.93	0.5830	0.2830	NS	0.6580	4.41	是
	168	黔西南	14.97	—	—	—	—	—	未做
	169	毕节	15.10	0.2130	0.1490	NS	0.4260	2.82	是
	170	黔东南	15.00	0.0200	0.0640	NS	0.2050	1.37	是
云南省（13个）	171	丽江	14.85	0.0600	0.0700	NS	0.2570	1.73	是
	172	大理	14.58	0.2500	0.2800	NS	0.5200	3.57	是
	173	保山	15.03	0.0455	0.0514	NS	0.2201	1.46	是
	174	楚雄	15.06	0.0900	0.1000	NS	0.3100	2.06	是
	175	临沧	14.97	0.3468	0.5549	NS	0.6714	4.48	是
	176	玉溪	15.10	0.1700	0.5600	NS	0.6017	3.98	是
	177	普洱	14.99	0.0308	0.0196	NS	0.1590	1.06	是
	178	西双版纳	14.63	0.3152	0.7234	NS	0.7206	4.93	是
	179	红河	15.31	0.0700	0.1700	NS	0.3500	2.29	是
	180	曲靖	15.62	0.2767	0.2249	NS	0.5008	3.21	是
	181	昭通	15.05	0.4367	0.3740	NS	0.6367	4.23	是
	182	文山	15.20	0.1507	0.1803	NS	0.4068	2.68	是
	183	德宏	14.98	0.0367	0.1073	NS	0.2683	1.79	是
西藏自治区（4个）	184	日喀则	15.68	0.0000#	0.1667	NS	0.2887	1.84	是
	185	林芝	14.92	0.0830	0.0420	NS	0.2500	1.68	是
	186	昌都	14.70	0.1840	0.1100	NS	0.3830	2.61	是
	187	山南	14.92	0.0830	0.0420	NS	0.2500	1.68	是

续表

所属机构	序号	单位名称	浓度/(mg/L)	批内变异	批间变异	显著性	总标准差	CV/%	总标准差检验
陕西省(5个)	188	安康	15.10	0.0835	0.0167	NS	0.2238	1.48	是
	189	延安	15.10	0.5200	0.1400	NS	0.5700	3.77	是
	190	宝鸡	15.00	0.8600	0.2000	NS	0.7300	4.87	是
	191	商洛	15.00	0.2500	0.2100	NS	0.4800	3.20	是
	192	汉中	14.70	0.2300	0.3300	NS	0.5300	3.61	是
甘肃省(7个)	193	酒泉	15.98	0.9088	0.2501	NS	0.7612	4.76	是
	194	张掖	15.24	0.0800	0.0614	NS	0.1750	1.15	是
	195	武威	15.10	0.1430	0.1020	NS	0.3500	2.32	是
	196	定西	15.13	0.0767	0.0274	NS	0.2281	1.51	是
	197	临洮	15.00	0.0400	0.1090	NS	0.2730	1.82	是
	198	平凉	14.83	0.5308	0.5395	NS	0.7320	4.94	是
	199	陇南	14.96	0.0540	0.0840	NS	0.2600	1.74	是
青海省(2个)	200	海东	15.20	0.1200	0.1440	NS	0.3630	2.39	是
	201	格尔木	14.50	0.0900	0.2100	NS	0.3800	2.62	是
新疆维吾尔自治区(11个)	202	伊犁	14.90	0.0625	0.1380	NS	0.2739	1.84	是
	203	阿勒泰	15.92	0.7500	0.4833	NS	0.7850	4.93	是
	204	塔城	15.00	0.4425	0.8228	NS	0.7954	5.30	是(否)
	205	博州	15.18	0.0330	0.0850	NS	0.2430	1.60	是
	206	石河子	16.06	0.3142	0.2848	NS	0.5470	3.41	是
	207	哈密	14.38	0.0833	0.0833	NS	0.2890	2.01	是
	208	巴州	15.42	0.0717	0.1393	NS	0.3286	2.13	是
	209	阿克苏	16.08	0.4170	0.4830	NS	0.6710	4.17	是
	210	克州	14.88	0.0618	0.1316	NS	0.3109	2.09	是
	211	喀什	15.00	0.4300	0.4900	NS	0.6810	4.54	是(否)
	212	和田	40.00##	0.3340	1.1354	NS	0.8571	2.14	是
长江上游局(4个)	213	宜宾	15.11	0.1600	0.1600	NS	0.4000	2.65	是
	214	攀枝花	15.05	0.4550	0.3350	NS	0.6520	4.33	是
	215	嘉陵江	15.15	0.5010	0.3340	NS	0.1920	1.27	是
	216	万州	14.65	0.2970	0.2420	NS	0.5320	3.63	是
重庆市(2个)	217	渝东北	15.45	0.0000#	0.0000#	NS	0.0020	0.01	是
	218	渝东南	15.20	0.0170	0.0460	NS	0.1770	1.16	是
工程类	219	碧流河	15.20	0.1158	0.5353	NS(*)	0.5706	3.75	是

注 1. "NS"表示批内、批间变异不显著；

"*"表示批内、批间变异显著性差异证据不足，应进一步查找原因；

"**"表示批内、批间变异非常显著。

2. 表中数据均为上交报告中的原始数据，(括号)内为经校核后的结果。

3. "#"批内变异、批间变异不应为零；"##"未按规定测定上限150mg/L配制。

附表 9-2　　精密度及变异分析汇总表（总硬度—0.9*C*）

所属机构	序号	单位名称	浓度/(mg/L)	批内变异	批间变异	显著性	总标准差	*CV*/%	总标准差检验
流域水环境监测中心（7个）	1	长江	135.00	0.6940	1.5970	NS（*）	1.0700	0.79	是
	2	黄河	135.50	0.1267	0.5094	NS	0.5639	0.42	是
	3	淮河	135.70	1.4267	0.5920	NS	1.0047	0.74	是
	4	海河	136.40	1.5900	5.6900	NS	1.9100	1.40	是
	5	珠江	136.60	0.0800	0.2773	NS	0.4227	0.31	是
	6	松辽	134.80	0.0500	0.2350	NS（*）	0.3770	0.28	是
	7	太湖	137.40	1.9558	2.0620	NS	1.4174	1.03	是
省、自治区、直辖市水环境监测中心（31个）	8	北京	134.00	0.6670	0.3360	NS	0.7080	0.53	是
	9	天津	134.90	0.1530	0.4860	NS（**）	0.2210	0.16	是
	10	河北	136.20	0.2580	0.6650	NS	0.6790	0.50	是
	11	山西	135.00	0.4167	0.8833	NS	0.8062	0.60	是
	12	内蒙古	135.10	0.4300	1.5500	NS	1.0000	0.74	是
	13	辽宁	135.70	0.1103	0.1963	NS	0.3915	0.29	是
	14	吉林	135.00	0.8998	0.2352	NS	0.7534	0.56	是
	15	黑龙江	133.51	0.1192	0.1828	NS	0.3886	0.29	是
	16	上海	136.00	0.3330	0.4000	NS	0.6000	0.44	是
	17	江苏	133.60	2.1133	2.0213	NS	1.4378	1.08	是
	18	浙江	133.90	1.0150	0.5680	NS	0.9890	0.74	是
	19	安徽	137.41	0.3300	0.5494	NS	0.6631	0.48	是
	20	福建	133.00	0.7500	0.3830	NS	0.7530	0.57	是
	21	江西	135.90	0.9170	0.2830	NS	0.7750	0.57	是
	22	山东	135.00	2.9167	0.6833	NS	1.3416	0.99	是
	23	河南	135.90	0.9267	1.0513	NS	0.9945	0.73	是
	24	湖北	133.75	1.5833	6.1500	NS	1.9664	1.47	是
	25	湖南	134.95	0.3896	0.1336	NS	0.3876	0.29	是
	26	广东	133.50	4.6726	1.9964	NS	1.8261	1.37	是
	27	广西	135.00	0.0500	0.0220	NS	0.1897	0.14	是
	28	海南	135.22	0.1650	0.0850	NS	0.3552	0.26	是
	29	重庆	134.65	0.9233	1.4380	NS	1.0866	0.81	是
	30	四川	129.59	1.0887	1.9739	NS	1.2375	0.95	是
	31	贵州	135.37	0.5350	0.6310	NS	0.7640	0.56	是
	32	云南	135.60	0.0270	0.0240	NS	0.1590	0.12	是
	33	西藏	136.40	0.0000#	9.2500	NS	2.1510	1.58	是
	34	陕西	134.00	0.5000	0.3100	NS	0.6400	0.48	是
	35	甘肃	135.50	0.3330	1.4000	NS	0.9310	0.69	是

续表

所属机构	序号	单位名称	浓度/(mg/L)	批内变异	批间变异	显著性	总标准差	CV/%	总标准差检验
省、自治区、直辖市水环境监测中心（31个）	36	青海	135.00	0.1670	0.3330	NS	0.5000	0.37	是
	37	宁夏	135.90	0.5000	1.3300	NS	0.9600	0.71	是
	38	新疆	135.00	0.2500	0.2830	NS	0.5160	0.38	是
长江委水文局（7个）	39	上游	135.40	1.4728	1.4838	NS	1.2147	0.90	是
	40	三峡	134.50	1.1000	1.8100	NS	1.2100	0.90	是
	41	荆江	130.00	1.0000	0.3300	NS	0.8200	0.63	是
	42	中游	142.40	0.1091	0.4269	NS	0.5177	0.36	是
	43	下游	134.30	0.0801	0.0454	NS	0.2500	0.19	是
	44	长江口	$129.12^{\#\#}$	0.6679	1.6029	NS	1.0655	0.83	是
	45	汉江	134.94	0.3692	0.4348	NS	0.6340	0.47	是
黄委水文局（5个）	46	上游	133.50	0.3370	0.7560	NS	0.7390	0.55	是
	47	三门峡	138.00	0.4170	0.4830	NS	0.6710	0.49	是
	48	山东	135.40	1.0050	1.6000	NS	1.1410	0.84	是
	49	包头	134.50	0.7400	0.8150	NS	0.8819	0.66	是
	50	中游	133.33	0.2400	0.7500	NS	0.7100	0.53	是
长江委水保局（1个）	51	上海	136.80	0.3400	1.1500	NS	0.8700	0.64	是
海委（2个）	52	潘家口	135.20	0.0200	0.0200	NS	0.1400	0.10	是
	53	漳卫南	135.90	2.4300	6.6000	NS	2.1255	1.56	是
北京市（6个）	1	官厅水库	135.00	0.2500	0.2833	NS	0.5164	0.38	是
	2	密云水库	135.20	0.0400	0.0100	NS	0.1580	0.12	是
	3	昌平	134.60	1.2670	0.3940	NS	0.8964	0.67	是
	4	大兴	135.30	0.0530	0.0320	NS	0.2000	0.15	是
	5	海淀	135.00	1.5800	2.7000	NS	1.4600	1.08	是
	6	通州	135.40	0.0250	0.0950	NS（*）	0.2400	0.18	是
河北省（10个）	7	邯郸	137.40	0.1040	0.1880	NS	0.3820	0.28	是
	8	邢台	134.10	1.9700	0.6670	NS	1.1500	0.86	是
	9	石家庄	135.70	0.1670	0.3330	NS	0.5000	0.37	是
	10	衡水	138.20	1.7700	1.5200	NS	1.2800	0.93	是
	11	沧州	136.00	0.0220	0.0510	NS（*）	0.1910	0.14	是
	12	保定	134.80	0.1780	0.2000	NS	0.4340	0.32	是
	13	廊坊	137.00	1.0000	0.4000	NS	0.8370	0.61	是
	14	承德	134.00	0.3330	0.9330	NS	0.7960	0.59	是
	15	唐秦	134.80	0.3750	0.0540	NS	0.4530	0.34	是
	16	张家口	134.70	0.6670	0.9330	NS	0.8940	0.66	是

续表

所属机构	序号	单位名称	浓度/(mg/L)	批内变异	批间变异	显著性	总标准差	CV/%	总标准差检验
山西省（8个）	17	大同	135.49	0.5500	1.5000	NS	1.0000	0.74	是
	18	太原	138.30	0.1267	0.1573	NS	0.3768	0.27	是
	19	临汾	134.95	0.3333	0.7333	NS	0.7303	0.54	是
	20	运城	135.10	0.2700	0.1300	NS	0.4400	0.33	是
	21	长治	137.00	0.8300	0.000#	NS	0.9100	0.66	是
	22	吕梁	134.00	0.4170	1.4820	NS（* *）	0.9020	0.67	是
	23	忻州	134.65	0.0800	0.3470	NS（*）	0.0460	0.03	是
	24	晋中	135.60	0.5030	0.4380	NS	0.0026	0.00	是
内蒙古自治区（4个）	25	包头	134.80	0.8930	0.5360	NS	0.9450	0.70	是
	26	赤峰	135.20	0.2400	0.5400	NS	0.6200	0.46	是
	27	通辽	135.40	0.1350	0.5613	NS	0.5901	0.44	是
	28	呼伦贝尔	132.17	0.2917	0.2162	NS	0.5039	0.38	是
辽宁省（11个）	29	铁岭	135.00	0.2500	0.1500	NS	0.4470	0.33	是
	30	抚顺	135.81	0.8830	0.7330	NS	0.8860	0.65	是
	31	本溪	135.80	0.1167	0.1660	NS	0.3759	0.28	是
	32	辽阳	130.10	0.1200	0.4160	NS	0.5177	0.40	是
	33	鞍山	137.92	0.4167	0.4833	NS	0.6708	0.49	是
	34	营口	135.56	0.2650	0.4310	NS	0.5900	0.44	是
	35	丹东	135.00	0.4167	0.0833	NS	0.5000	0.37	是
	36	大连	132.73	0.4958	0.5935	NS	0.7380	0.56	是
	37	朝阳	134.68	1.6000	0.3000	NS	0.9760	0.72	是
	38	锦州	137.83	0.6667	2.3333	NS	1.2247	0.89	是
	39	阜新	136.92	2.9167	1.0833	NS	1.4142	1.03	是
吉林省（5个）	40	四平	135.00	0.1417	0.3146	NS	0.4777	0.35	是
	41	通化	135.00	0.3594	0.2195	NS	0.5380	0.40	是
	42	白城	136.22	0.2100	1.3230	NS	0.8760	0.64	是
	43	延边	135.00	0.3160	0.1769	NS	0.4964	0.37	是
	44	吉林	135.10	1.5060	0.1060	NS	0.8980	0.66	是
黑龙江省（6个）	45	齐齐哈尔	134.54	1.8900	1.8900	NS	1.3740	1.02	是
	46	牡丹江	134.80	0.9800	3.2200	NS（*）	1.4500	1.08	是
	47	佳木斯	135.30	1.1667	1.1333	NS	1.0724	0.79	是
	48	伊春	132.90	1.0700	2.7030	NS	1.3180	0.99	是
	49	绥化	57.60##	1.2100	1.7100	NS	1.2100	2.10	是
	50	黑河	133.20	0.1770	0.1960	NS	0.4310	0.32	是

续表

所属机构	序号	单位名称	浓度/(mg/L)	批内变异	批间变异	显著性	总标准差	CV/%	总标准差检验
上海市（9个）	51	青浦	130.00	1.0000	4.1300	NS	1.6000	1.23	是
	52								
	53	嘉定	135.00	0.7230	1.1500	NS	0.9680	0.72	是
	54	浦东新区	146.90	0.6100	0.5100	NS	0.7500	0.51	是
	55	闵行	131.00	0.4170	0.4830	NS	0.6710	0.51	是
	56	崇明	123.80	0.5900	0.8900	NS	0.8600	0.69	是
	57	金山	134.00	0.4170	0.4830	NS	0.6710	0.50	是
	58	松浦	134.30	0.1830	0.6160	NS	0.6320	0.47	是
	59	奉贤	133.00	0.1100	0.4000	NS	0.5050	0.38	是
江苏省（10个）	60	镇江	136.00	4.8333	10.000	NS	2.7200	2.00	是
	61	常州	137.00	3.3330	0.3330	NS	1.3540	0.99	是
	62	无锡	124.20##	4.3400	2.7500	NS	1.8828	1.52	是
	63	苏州	135.40	0.1230	0.4350	NS	0.5290	0.39	是
	64	徐州	135.70	5.0000	14.600	NS	3.1300	2.31	是
	65	连云港	136.80	4.3330	1.9330	NS	2.0820	1.52	是
	66	淮安	135.70	0.4170	0.4840	NS	0.6710	0.49	是
	67	盐城	134.00	0.9200	2.1500	NS	1.2400	0.93	是
	68	扬州	135.20	0.6670	2.3330	NS	1.2250	0.91	是
	69	南通	271.10	1.2500	4.6830	NS	1.7220	0.64	是
浙江省（7个）	70	嘉兴	136.10	4.0200	7.3000	NS	2.3800	1.75	是
	71	金华	135.40	0.8840	0.5970	NS	0.8610	0.64	是
	72	台州	135.00	0.4030	0.2220	NS	0.5590	0.41	是
	73	杭州	135.30	0.9430	0.6750	NS	0.9000	0.67	是
	74	温州	134.30	1.9700	5.3400	NS	1.9100	1.42	是
	75	宁波	135.30	0.3330	0.3040	NS	0.5640	0.42	是
	76	湖州	135.10	0.0767	0.1660	NS	0.3480	0.26	是
安徽省（5个）	77	阜阳	134.52	0.1667	0.7120	NS	0.6628	0.49	是
	78	芜湖	135.02	2.2170	3.8670	NS	1.7441	1.29	是
	79	安庆	132.16	2.4747	3.7651	NS	1.7663	1.34	是
	80	蚌埠	134.94	0.0443	0.1863	NS	0.3395	0.25	是
	81	巢湖	135.20	0.2984	0.2602	NS	0.5300	0.39	是
福建省（7个）	82	南平	132.3	0.2500	0.9500	NS	0.7746	0.59	是
	83	漳州	133	0.5000	0.4444	NS	0.6872	0.52	是
	84	泉州	132.2	0.1667	0.5333	NS	0.5916	0.45	是
	85	龙岩	133.6	0.9167	1.4833	NS	1.0954	0.82	是

续表

所属机构	序号	单位名称	浓度/(mg/L)	批内变异	批间变异	显著性	总标准差	CV/%	总标准差检验
福建省（7个）	86	莆田	133.0	0.3333	1.2000	NS	0.8756	0.66	是
	87	三明	135	0.3500	0.7830	NS	0.7530	0.56	是
	88	宁德	133.9	0.2500	0.2833	NS	0.5164	0.39	是
江西省（8个）	89	赣州	135.5	0.3330	0.4000	NS	0.6060	0.45	是
	90	吉安	134.6	0.7500	1.2830	NS	1.0080	0.75	是
	91	宜春	135.7	0.8270	0.0770	NS	0.6720	0.50	是
	92	抚州	135.6	0.5680	0.7920	NS	0.8240	0.61	是
	93	上饶	114.3##	0.3400	0.6953	NS	0.7195	0.63	是
	94	九江	324.0##	0.2730	0.1730	NS	0.4730	0.15	是
	95	鄱阳湖	135.2	0.5510	0.6170	NS	0.7640	0.57	是
	96	景德镇	132.7	1.4700	0.3540	NS	0.9550	0.72	是
山东省（14个）	97	青岛	134.2	0.3680	1.2440	NS	0.8980	0.67	是
	98	烟台	134.00	0.3333	0.8000	NS	0.7528	0.56	是
	99	潍坊	136.58	0.2500	0.2833	NS	0.5164	0.38	是
	100	淄博	136.08	0.5830	0.6830	NS	0.7960	0.58	是
	101	滨州	135	1.5000	0.3333	NS	0.9574	0.71	是
	102	德州	129.00##	40.670	3.2000	NS	4.6833	3.63	是
	103	聊城	136.75	0.5833	2.1500	NS	1.1690	0.85	是
	104	菏泽	135.25	0.5833	0.5500	NS	0.7528	0.56	是
	105	济宁	131.8	0.7500	1.9500	NS	1.1619	0.88	是
	106	泰安	134.00	2.0000	0.4000	NS	1.0954	0.82	是
	107	枣庄	131.9	1.9167	1.0833	NS	1.2247	0.93	是
	108	临沂	135.2	0.3330	0.3330	NS	0.5770	0.43	是
	109	日照	148.8##	1.2500	0.9500	NS	1.0500	0.71	是
	110	威海	134.7	0.4125	0.6000	NS	0.6983	0.52	是
河南省（9个）	111	驻马店	135.18	0.0100	0.0433	NS	0.1633	0.12	是
	112	新乡	138	0.4000	0.4000	NS	0.6325	0.46	是
	113	许昌	134.8	0.3942	0.1528	NS	0.5230	0.39	是
	114	周口	134.63	0.9458	1.1455	NS	1.0226	0.76	是
	115	洛阳	135	2.1683	1.0013	NS	1.2589	0.93	是
	116	南阳	134.7	0.1700	0.4753	NS	0.5680	0.42	是
	117	信阳	135.02	6.6450	2.5650	NS	2.1460	1.59	是
	118	商丘	135.34	0.1425	0.2868	NS	0.4633	0.34	是
	119	安阳	138	0.1090	0.3985	NS	0.5038	0.37	是

续表

所属机构	序号	单位名称	浓度/(mg/L)	批内变异	批间变异	显著性	总标准差	CV/%	总标准差检验
湖北省（9个）	120	荆州	133.60	0.1130	0.3560	NS	0.4840	0.36	是
	121	襄樊	135.40	0.5240	0.4160	NS（**）	0.6850	0.51	是
	122	宜昌	136.10	0.4267	0.6640	NS	0.7385	0.54	是
	123	孝感	134.90	0.3167	0.0433	NS	0.4243	0.31	是
	124	黄冈	133.58	0.1133	0.3555	*（NS）	0.4842	0.36	是
	125	黄石	133.00	1.2500	1.9000	NS	1.2550	0.94	是
	126	咸宁	135.45	0.3713	0.3958	NS	0.6193	0.46	是
	127	十堰	135.38	1.6120	0.6110	NS	1.0660	0.79	是
	128	恩施	134.90	0.6700	0.7300	NS	0.8400	0.62	是
湖南省（10个）	129	长沙	136.22	0.0420	0.0330	NS	0.1930	0.14	是
	130	郴州	135.09	0.3130	0.0710	NS	0.4380	0.32	是
	131	永州	134.90	0.7530	0.8120	NS（*）	0.8840	0.66	是
	132	衡阳	135.70	0.3320	0.8910	NS	0.7820	0.58	是
	133	湘潭	181.50##	0.0867	0.0520	NS	0.2634	0.15	是
	134	邵阳	136.22	0.1040	0.2880	NS	0.4430	0.33	是
	135	洞庭湖	135.20	0.1317	0.2720	NS	0.4493	0.33	是
	136	怀化	134.26	0.3630	0.1700	NS	0.5200	0.39	是
	137	湘西	135.09	0.1460	0.2710	NS	0.4560	0.34	是
	138	常德	135.02	0.1667	0.4833	NS	0.5701	0.42	是
广东省（9个）	139	佛山	134.90	0.1508	0.1395	NS	0.3810	0.28	是
	140	肇庆	114.10	0.0200	0.0373	NS	0.1693	0.15	是
	141	韶关	133.90	0.2500	1.0800	NS	0.8200	0.61	是
	142	茂名	135.00	0.0217	0.0260	NS	0.1544	0.11	是
	143	惠州	138.60	0.6667	1.0000	NS	0.9129	0.66	是
	144	江门	134.30	2.2350	2.1213	NS	1.4759	1.10	是
	145	汕头	135.40	0.0708	0.1728	NS	0.3490	0.26	是
	146	湛江	140.90	0.0092	0.0068	NS	0.0894	0.06	是
	147	梅州	134.80	0.3333	1.1333	NS	0.8563	0.64	是
广西壮族自治区（7个）	148	玉林	134.90	0.0833	0.0193	NS	0.2266	0.17	是
	149	沿海	135.10	0.2500	0.4960	NS	0.6110	0.45	是
	150	百色	142.00	0.5800	1.4800	NS	1.0200	0.72	是
	151	河池	135.22	0.3100	0.0870	NS	0.4456	0.33	是
	152	柳州	138.32	0.5300	0.0320	NS	0.2070	0.15	是
	153	桂林	132.20	0.6175	0.2795	NS	0.6697	0.51	是
	154	梧州	135.46	0.8067	1.0453	NS	0.9623	0.71	是

续表

所属机构	序号	单位名称	浓度/(mg/L)	批内变异	批间变异	显著性	总标准差	CV/%	总标准差检验
四川省（8个）	155	岷江	134.90	0.0601	0.1552	NS	0.3281	0.24	是
	156	内江	134.70	0.1370	0.5840	NS	0.6000	0.45	是
	157	绵阳	135.50	1.1430	2.4600	NS	1.3400	0.99	是
	158	阿坝	135.21	0.0470	0.1900	NS	0.3420	0.25	是
	159	南充	133.90	0.4083	0.6020	NS	0.7107	0.53	是
	160	达州	135.00	1.1670	0.9330	NS	1.0240	0.76	是
	161	雅安	135.00	0.1330	0.0950	NS	0.3380	0.25	是
	162	西昌	134.40	0.2500	0.2830	NS	0.5160	0.38	是
贵州省（8个）	163	铜仁	135.36	0.0870	0.5030	NS（*）	0.5430	0.40	是
	164	黔南	135.06	0.0570	0.0490	NS	0.2310	0.17	是
	165	遵义	134.77	0.1670	0.3330	NS	0.2500	0.19	是
	166	六盘水	142.30	1.4170	2.8830	NS	1.4660	1.03	是
	167	安顺	135.10	0.3330	0.4000	NS	0.6060	0.45	是
	168	黔西南	136.36	2.0210	6.0370	NS	2.0070	1.47	是
	169	毕节	135.00	0.3330	0.5330	NS	0.6580	0.49	是
	170	黔东南	134.92	3.4150	2.1770	NS	1.6720	1.24	是
云南省（13个）	171	丽江	136.00	0.3900	0.8700	NS	0.7940	0.58	是
	172	大理	134.10	0.3300	0.4000	NS	0.6100	0.45	是
	173	保山	135.20	0.0850	0.2513	NS	0.4101	0.30	是
	174	楚雄	134.60	0.3300	1.0000	NS	0.8200	0.61	是
	175	临沧	135.54	0.4342	1.2008	NS	0.9042	0.67	是
	176	玉溪	135.00	0.3300	0.1300	NS	0.4830	0.36	是
	177	普洱	134.90	0.2670	0.4780	NS	0.6100	0.45	是
	178	西双版纳	135.80	0.7158	2.9230	NS	1.3490	0.99	是
	179	红河	134.80	0.1800	0.5700	NS	0.6100	0.45	是
	180	曲靖	135.60	1.4025	5.4388	NS	1.8495	1.36	是
	181	昭通	136.50	1.8330	6.4000	NS	0.2029	0.15	是
	182	文山	135.20	0.2367	0.2940	NS	0.5151	0.38	是
	183	德宏	134.13	0.0417	0.1033	NS	0.2693	0.20	是
西藏自治区（4个）	184	日喀则	134.60	0.0717	1.5300	**	0.8949	0.66	是
	185	林芝	134.75	0.7500	0.5750	NS	0.8140	0.60	是
	186	昌都	135.00	0.2550	0.1450	NS	0.4470	0.33	是
	187	山南	134.75	0.7500	0.5750	NS	0.8140	0.60	是
陕西省（5个）	188	安康	135.00	0.2775	0.4950	NS（*）	0.9086	0.67	是
	189	延安	136.10	1.9100	0.1400	NS	1.0100	0.74	是

续表

所属机构	序号	单位名称	浓度/(mg/L)	批内变异	批间变异	显著性	总标准差	CV/%	总标准差检验
陕西省（5个）	190	宝鸡	134.00	3.1200	1.9000	NS	1.5800	1.18	是
	191	商洛	135.00	0.4600	0.3600	NS	0.6400	0.47	是
	192	汉中	136.10	0.6900	0.7800	NS	0.8600	0.63	是
甘肃省（7个）	193	酒泉	138.60	25.2200	20.540	NS	4.7830	3.45	是
	194	张掖	134.60	0.1330	0.1040	NS	0.2280	0.17	是
	195	武威	137.40	2.3070	4.1970	NS	1.8030	1.31	是
	196	定西	134.60	0.1533	0.1760	NS	0.4058	0.30	是
	197	临洮	135.00	1.0000	1.7300	NS	1.1700	0.87	是
	198	平凉	134.40	0.8333	2.7333	NS	1.3350	0.99	是
	199	陇南	135.08	2.5800	3.5900	NS	1.7600	1.30	是
青海省（2个）	200	海东	135.00	0.3330	0.8000	NS	0.7530	0.56	是
	201	格尔木	134.00	0.5800	0.6800	NS	0.8000	0.60	是
新疆维吾尔自治区（11个）	202	伊犁	135.00	0.5000	2.1330	NS	0.8790	0.65	是
	203	阿勒泰	130.17	0.6667	2.3333	NS	1.2250	0.94	是
	204	塔城	135.00	3.0000	2.3333	NS	1.6300	1.21	是
	205	博州	135.32	0.0870	0.2480	NS	0.4100	0.30	是
	206	石河子	137.00	1.0000	0.4000	NS	0.8370	0.61	是
	207	哈密	147.60	0.2500	0.6833	NS	0.6830	0.46	是
	208	巴州	134.70	4.0000	0.9333	NS	1.5706	1.17	是
	209	阿克苏	133.30	0.4170	1.1500	NS	0.8850	0.66	是
	210	克州	136.75	0.3072	1.0900	NS	0.8358	0.61	是
	211	喀什	134.90	0.2200	0.4400	NS	0.5760	0.43	是
	212	和田	362.00	0.4170	1.1521	NS	0.8859	0.24	是
长江上游局（4个）	213	宜宾	135.04	0.5400	0.4200	NS	0.7100	0.53	是（否）
	214	攀枝花	134.62	0.6190	0.2830	NS	0.7310	0.54	是
	215	嘉陵江	135.10	0.3230	0.4990	NS	0.6060	0.45	是
	216	万州	134.53	0.3240	0.9700	NS	0.6970	0.52	是
重庆市（2个）	217	渝东北	135.30	0.4070	0.3600	NS	0.6190	0.46	是
	218	渝东南	135.60	0.3240	0.2400	NS	0.5310	0.39	是
工程类	219	碧流河	135.60	0.5908	2.6048	NS（*）	1.2641	0.93	是

注　1. "NS"表示批内、批间变异不显著；

"*"表示批内、批间变异显著性差异证据不足，应进一步查找原因；

"**"表示批内、批间变异非常显著。

2. 表中数据均为上交报告中的原始数据，(括号）内为经校核后的结果。

3. "#"批内变异、批间变异不应为零；"##"未按规定测定上限150mg/L配制。

附表 9-3　　　　精密度及变异分析汇总表（总硬度一天然水样）

所属机构	序号	单位名称	浓度/(mg/L)	批内变异	批间变异	显著性	总标准差	CV/%	总标准差检验
各流域水环境监测中心（7个）	1	长江	73.20	0.9710	2.0650	NS	1.6160	2.21	是
	2	黄河	123.50	0.0767	0.1500	NS	0.3367	0.27	是
	3	淮河	50.80	1.5000	4.9553	NS	1.7966	3.54	是
	4	海河	45.40	0.5900	1.2100	NS	0.9500	2.09	是
	5	珠江	143.30	0.5567	0.6193	NS	0.7668	0.54	是
	6	松辽	43.80	0.0510	0.0310	NS	0.2020	0.46	是
	7	太湖	111.00	2.6033	0.6273	NS	1.2710	1.15	是
省、自治区、直辖市水环境监测中心（31个）	8	北京	50.40	0.0150	0.0340	NS	0.1560	0.31	是
	9	天津	47.10	0.1650	0.3250	NS（*）	0.2000	0.42	是
	10	河北	114.70	0.2830	0.6270	NS	0.6750	0.59	是
	11	山西	91.70	0.3500	0.6700	NS	0.7141	0.78	是
	12	内蒙古	115.30	0.3700	0.3600	NS	0.6000	0.52	是
	13	辽宁	59.96	0.0667	0.1200	NS	0.3055	0.51	是
	14	吉林	118.00	0.9955	0.2189	NS	0.7792	0.66	是
	15	黑龙江	49.02	0.0500	0.0913	NS	0.2658	0.54	是
	16	上海	124.00	0.4170	0.5000	NS	0.7000	0.56	是
	17	江苏	75.70	1.4442	2.0515	NS	1.3221	1.75	是
	18	浙江	71.68	0.3670	0.8640	NS	0.6390	0.89	是
	19	安徽	66.33	0.3199	1.1155	NS	0.8472	1.28	是
	20	福建	59.30	0.3690	0.6050	NS	0.6970	1.18	是
	21	江西	54.20	1.0000	3.8000	NS	1.5490	2.86	是
	22	山东	105.00	1.9167	1.3500	NS	1.2780	1.22	是
	23	河南	75.00	0.1025	0.2055	NS	0.3924	0.52	是
	24	湖北	130.00	1.3333	2.0000	NS	1.2910	0.99	是
	25	湖南	97.05	0.0209	0.0209	NS	0.1445	0.15	是
	26	广东	118.70	2.0325	1.1679	NS	1.2650	1.07	是
	27	广西	84.60	0.0400	0.0293	NS	0.1862	0.22	是
	28	海南	63.42	0.1433	0.1550	NS	0.4893	0.77	是
	29	重庆	161.05	0.8900	1.3820	NS	1.0658	0.66	是
	30	四川	100.16	0.2791	0.3116	NS	0.5435	0.54	是
	31	贵州	111.17	0.1670	1.7330	**	0.9750	0.88	是
	32	云南	83.65	0.0170	0.0650	NS	0.2020	0.24	是
	33	西藏	72.50	0.0000#	9.3190	NS	2.1590	2.98	是（否）
	34	陕西	77.60	0.7500	2.2700	NS	1.2300	1.59	是
	35	甘肃	75.08	0.3630	0.4670	NS	0.6440	0.86	是

续表

所属机构	序号	单位名称	浓度/(mg/L)	批内变异	批间变异	显著性	总标准差	CV/%	总标准差检验
省、自治区、直辖市水环境监测中心（31个）	36	青海	128.00	0.4170	0.4830	NS	0.6710	0.52	是
	37	宁夏	207.40	1.6700	5.1300	NS	1.8400	0.89	是
	38	新疆	75.50	0.8860	0.3630	NS	0.7900	1.05	是
长江委水文局（7个）	39	上游	145.50	0.5472	0.8824	NS	0.7944	0.55	是
	40	三峡	168.00	1.4200	2.7100	NS	1.4400	0.86	是
	41	荆江	177.00	3.0800	2.0800	NS	1.6100	0.91	是
	42	中游	144.20	0.2960	0.2025	NS	0.4993	0.35	是
	43	下游	115.40	0.3240	1.0290	NS	0.8220	0.71	是
	44	长江口	120.02	0.2505	0.6846	NS	0.6837	0.57	是
	45	汉江	66.34	0.4008	0.3208	NS	0.6007	0.91	是
黄委水文局（5个）	46	上游	48.00	0.2300	0.1600	NS	0.4420	0.92	是
	47	三门峡	73.00	0.2550	0.5610	NS	0.6390	0.88	是
	48	山东	73.99	0.0970	0.2960	NS	0.4430	0.60	是
	49	包头	124.60	0.5042	1.6800	NS	1.0452	0.84	是
	50	中游	38.26	0.2800	0.3500	NS	0.5700	1.49	是
长江委水保局（1个）	51	上海	118.00	0.3200	0.2700	NS	0.5500	0.47	是
海委（2个）	52	潘家口	124.10	6.0100	3.7300	NS	2.2100	1.78	是
	53	漳卫南	45.00	3.3300	1.8000	NS	1.6021	3.56	是
北京市（6个）	1	官厅水库	145.00	0.3333	1.3330	NS	0.9129	0.63	是
	2	密云水库	87.30	0.0600	0.0400	NS	0.2240	0.26	是
	3	昌平	266.80	1.3470	0.3200	NS	0.9130	0.34	是
	4	大兴	291.60	0.0500	0.0220	NS	0.1900	0.07	是
	5	海淀	63.30	0.2500	0.8800	NS	0.7517	1.19	是
	6	通州	132.80	0.0740	0.0720	NS	0.2700	0.20	是
河北省（10个）	7	邯郸	202.70	0.6670	0.5330	NS	0.7750	0.38	是
	8	邢台	218.70	1.4100	0.8210	NS	1.0600	0.48	是
	9	石家庄	104.70	0.1670	0.3330	NS	0.5000	0.48	是
	10	衡水	209.10	4.0500	6.7300	NS	2.3200	1.11	是
	11	沧州	259.60	0.1100	0.3660	NS	0.4880	0.19	是
	12	保定	31.89	0.1030	0.1720	NS	0.3710	1.16	是
	13	廊坊	37.70	0.0142	0.0490	NS	0.1780	0.47	是
	14	承德	59.00	0.0880	0.5070	NS（*）	0.5450	0.92	是
	15	唐秦	82.72	0.0580	0.2150	NS	0.3690	0.45	是
	16	张家口	180.90	0.2500	1.0800	NS	0.8160	0.45	是

续表

所属机构	序号	单位名称	浓度/(mg/L)	批内变异	批间变异	显著性	总标准差	CV/%	总标准差检验
山西省（8个）	17	大同	48.02	0.7600	0.1700	NS	0.6800	1.42	是
	18	太原	233.50	0.0400	0.0240	NS	0.1789	0.08	是
	19	临汾	120.28	1.0000	1.1330	NS	1.0328	0.86	是
	20	运城	100.20	0.1700	0.1200	NS	0.3800	0.38	是
	21	长治	196.00	0.5800	0.0000	NS	0.7600	0.39	是
	22	吕梁	117.00	1.5390	0.6460	NS（*）	1.1940	1.02	是
	23	忻州	89.35	0.0530	0.1230	NS（*）	0.0080	0.01	是
	24	晋中	101.40	0.3570	1.5600	NS	0.9800	0.97	是
内蒙古自治区（4个）	25	包头	35.69	0.3570	0.4180	NS	0.6230	1.75	是
	26	赤峰	31.40	0.0000	0.3100	**	0.3900	1.24	是
	27	通辽	47.00	0.2500	0.2833	NS	0.5164	1.10	是
	28	呼伦贝尔	45.53	0.0175	0.0395	NS	0.1688	0.37	是
辽宁省（11个）	29	铁岭	75.20	0.0700	0.1740	NS	0.3490	0.46	是
	30	抚顺	72.54	0.2500	0.5500	NS	0.6320	0.87	是
	31	本溪	59.82	0.1761	0.1786	NS	0.4211	0.70	是
	32	辽阳	167.40	0.2200	0.6133	NS	0.6455	0.39	是
	33	鞍山	86.03	0.1267	0.2533	NS	0.4359	0.51	是
	34	营口	75.41	0.0730	0.0130	NS	0.2080	0.28	是
	35	丹东	45.10	1.0167	0.7340	NS	0.9356	2.07	是
	36	大连	127.31	0.3175	1.3608	NS	0.9161	0.72	是
	37	朝阳	244.00	1.8000	1.5000	NS	1.2730	0.52	是
	38	锦州	29.73	0.4067	0.7973	NS	0.7759	2.61	是
	39	阜新	59.18	0.5367	1.0113	NS	0.8798	1.49	是
吉林省（5个）	40	四平	60.60	0.0461	0.1176	NS	0.2861	0.47	是
	41	通化	79.90	0.4771	0.5630	NS	0.7212	0.90	是
	42	白城	109.67	0.0870	0.5090	NS	0.5460	0.50	是
	43	延边	46.60	0.1563	0.4004	NS	0.5276	1.13	是
	44	吉林	73.40	0.7090	0.7790	NS	0.8630	1.18	是
黑龙江省（6个）	45	齐齐哈尔	30.00	0.5400	0.5400	NS	0.7350	2.45	是
	46	牡丹江	24.00	0.4000	0.2700	NS	0.5770	2.40	是
	47	佳木斯	45.40	0.2133	0.4533	NS	0.5774	1.27	是
	48	伊春	46.80	0.2700	0.5310	NS	0.6330	1.35	是
	49	绥化	60.50	0.4380	0.8370	NS	0.7980	1.32	是
	50	黑河	38.80	0.0700	0.0520	NS	0.2470	0.64	是

续表

所属机构	序号	单位名称	浓度/(mg/L)	批内变异	批间变异	显著性	总标准差	CV/%	总标准差检验
上海市(9个)	51	青浦	139.00	2.1700	0.7330	NS	1.2000	0.86	是
	52								
	53	嘉定	147.40	3.0600	3.8400	NS	1.8600	1.26	是
	54	浦东新区	182.80	1.0200	1.6000	NS	1.1400	0.62	是
	55	闵行	112.00	2.0800	0.8830	NS	1.2200	1.09	是
	56	崇明	144.90	1.4400	1.2100	NS	1.1500	0.79	是
	57	金山	119.00	0.3330	0.7330	NS	0.7300	0.61	是
	58	松浦	166.20	1.0700	0.4720	NS	0.8780	0.53	是
	59	奉贤	59.40	0.1500	0.3200	NS	0.4850	0.82	是
江苏省(10个)	60	镇江	54.00	3.6667	10.1333	NS	2.6300	4.87	是
	61	常州	84.10	3.4330	0.8750	NS	0.6090	0.72	是
	62	无锡	124.60	0.4408	1.5715	NS	1.8828	1.51	是
	63	苏州	131.80	0.1600	0.2770	NS	0.4680	0.36	是
	64	徐州	118.20	1.5000	3.3400	NS	2.4200	2.05	是
	65	连云港	166.20	7.0000	1.9330	NS	2.6460	1.59	是
	66	淮安	149.80	0.0830	0.3560	NS	0.4690	0.31	是
	67	盐城	136.00	2.2500	0.5500	NS	1.1800	0.87	是
	68	扬州	76.90	0.3470	0.1970	NS	0.5220	0.68	是
	69	南通	99.80	2.7500	3.5500	NS	1.7750	1.78	是
浙江省(7个)	70	嘉兴	156.10	1.1700	3.7000	NS	1.5600	1.00	是
	71	金华	60.50	0.0908	0.2240	NS	0.3970	0.66	是
	72	台州	27.26	0.0767	0.2350	NS	0.3950	1.45	是
	73	杭州	78.40	1.3100	0.4910	NS	0.9490	1.21	是
	74	温州	53.60	0.7370	2.7800	NS	1.3300	2.48	是
	75	宁波	74.40	0.1670	0.3040	NS	0.4850	0.65	是
	76	湖州	80.60	0.3200	1.0800	NS	0.8360	1.04	是
安徽省(5个)	77	阜阳	67.96	0.1867	0.6480	NS	0.6460	0.95	是
	78	芜湖	54.23	1.1304	1.4139	NS	1.1279	2.08	是
	79	安庆	50.81	1.0691	1.5436	NS	1.1429	2.25	是
	80	蚌埠	61.42	0.0384	0.0434	NS	0.2023	0.33	是
	81	巢湖	75.70	0.1020	0.2886	NS	0.4400	0.58	是
福建省(7个)	82	南平	20.53	0.0467	0.0773	NS	0.2490	1.21	是
	83	漳州	37.9	0.1025	0.2116	NS	0.3963	1.05	是
	84	泉州	43.967	0.2017	0.7433	NS	0.6874	1.56	是
	85	龙岩	37.15	1.1450	1.4000	NS	1.1281	3.04	是

续表

所属机构	序号	单位名称	浓度/(mg/L)	批内变异	批间变异	显著性	总标准差	CV/%	总标准差检验
福建省（7个）	86	莆田	24.683	0.0967	0.3393	NS	0.4669	1.89	是
	87	三明	43.9	0.0620	0.1400	NS	0.3180	0.72	是
	88	宁德	53.233	0.1533	0.3253	NS	0.4892	0.92	是
江西省（8个）	89	赣州	32.0	0.1670	0.3330	NS	0.5000	1.56	是
	90	吉安	61.2	0.0470	0.0050	NS	0.1610	0.26	是
	91	宜春	30.3	0.4470	0.3200	NS	0.6190	2.04	是
	92	抚州	23.6	0.2190	0.1260	NS	0.4150	1.76	是
	93	上饶	116	2.5833	6.6833	NS	2.1525	1.86	是
	94	九江	136.0	0.1370	0.1420	NS	0.3730	0.27	是
	95	鄱阳湖	57.6	0.4460	0.4230	NS	0.6590	1.14	是
	96	景德镇	68.8	0.1840	0.4410	NS	0.5590	0.81	是
山东省（14个）	97	青岛	95.0	0.4100	1.0510	NS	0.8550	0.90	是
	98	烟台	264.42	4.4167	4.4833	NS	2.1095	0.80	是
	99	潍坊	81.65	0.1033	0.2460	NS	0.4179	0.51	是
	100	淄博	121.67	0.6670	1.3300	NS	1.0000	0.82	是
	101	滨州	73.9	0.6867	0.7653	NS	0.8521	1.15	是
	102	德州	100.20	0.8750	2.6500	NS	1.3276	1.32	是
	103	聊城	90.78	1.8183	0.3253	NS	1.0353	1.14	是
	104	菏泽	51.40	0.2533	0.0640	NS	0.3983	0.77	是
	105	济宁	49.1	0.3283	0.1033	NS	0.4646	0.95	是
	106	泰安	139.58	18.5833	44.6833	NS	5.6244	4.03	是
	107	枣庄	96.2	0.3483	0.2373	NS	0.5411	0.56	是
	108	临沂	144.67	0.3330	0.1330	NS	0.4830	0.33	是
	109	日照	196.4	1.4200	0.4830	NS	0.9750	0.50	是
	110	威海	90.6	0.0933	0.0453	NS	0.2633	0.29	是
河南省（9个）	111	驻马店	104.70	0.1400	0.4240	NS	0.5310	0.51	是
	112	新乡	225	0.3000	0.6500	NS	0.6892	0.31	是
	113	许昌	71.43	0.5285	1.4462	NS	0.9937	1.39	是
	114	周口	50.42	0.1635	0.1706	NS	0.4087	0.81	是
	115	洛阳	223	0.4433	0.5153	NS	0.6923	0.31	是
	116	南阳	59.7	0.2125	0.3855	NS	0.5468	0.92	是
	117	信阳	57.18	1.3820	1.8430	NS	1.2700	2.22	是
	118	商丘	66.51	0.0531	0.1471	NS	0.3164	0.48	是
	119	安阳	251	0.2299	0.9149	NS	0.7566	0.30	是

续表

所属机构	序号	单位名称	浓度/(mg/L)	批内变异	批间变异	显著性	总标准差	CV/%	总标准差检验
湖北省（9个）	120	荆州	178.90	0.2410	0.9570	NS	0.7740	0.43	是
	121	襄樊	99.80	0.0630	0.0270	NS	0.2130	0.21	是
	122	宜昌	24.80	0.2533	0.0560	NS	0.3933	1.59	是
	123	孝感	68.00	0.1506	0.3980	NS	0.5237	0.77	是
	124	黄冈	169.71	0.1140	0.1121	*	0.3363	0.20	是
	125	黄石	121.00	1.9170	3.1000	NS	1.5840	1.31	是
	126	咸宁	19.53	0.2555	0.2078	NS	0.4813	2.46	是
	127	十堰	97.90	3.1700	2.0280	NS	1.6120	1.65	是
	128	恩施	275.40	0.3200	0.5200	NS	0.6500	0.24	是
湖南省（10个）	129	长沙	102.48	0.0630	0.0380	NS	0.2240	0.22	是
	130	郴州	125.20	0.0050	0.0060	NS	0.0740	0.06	是
	131	永州	152.70	3.2000	1.2760	NS（**）	1.4960	0.98	是
	132	衡阳	88.70	0.2230	0.5290	NS	0.6130	0.69	是
	133	湘潭	119.00	0.0218	0.0223	NS	0.1483	0.12	是
	134	邵阳	107.35	0.1250	0.4000	NS	0.5120	0.48	是
	135	洞庭湖	76.30	0.2467	0.3933	NS	0.5657	0.74	是
	136	怀化	128.10	0.1250	0.2500	NS	0.4300	0.34	是
	137	湘西	126.52	0.1670	0.1830	NS	0.4180	0.33	是
	138	常德	96.60	0.1667	0.4000	NS	0.5322	0.55	是
广东省（9个）	139	佛山	77.20	0.4342	0.9275	NS	0.8250	1.07	是
	140	肇庆	109.80	0.0133	0.0560	NS（**）	0.1863	0.17	是
	141	韶关	35.20	0.2500	0.5500	NS	0.6300	1.79	是
	142	茂名	88.50	0.0167	0.0033	NS	0.1000	0.11	是
	143	惠州	32.70	2.0000	0.5333	NS	1.1255	3.44	是
	144	江门	36.30	0.0300	0.0033	NS	0.1291	0.36	是
	145	汕头	43.90	0.4117	1.5340	NS	0.9863	2.25	是
	146	湛江	26.30	0.0217	0.0213	NS	0.1466	0.56	是
	147	梅州	196.00	0.3333	0.8000	NS	0.7528	0.38	是
广西壮族自治区（7个）	148	玉林	150.40	0.1025	0.4068	NS	0.5046	0.34	是
	149	沿海	42.60	0.3540	0.3770	NS	0.6050	1.42	是
	150	百色	92.10	0.3400	0.4500	NS	0.6300	0.68	是
	151	河池	73.78	0.1944	0.7375	NS	0.6826	0.93	是
	152	柳州	96.19	0.0200	0.0640	NS	0.2050	0.21	是
	153	桂林	66.20	0.1433	0.2553	NS	0.4465	0.67	是
	154	梧州	75.64	0.2900	3.3900	NS（**）	1.3565	1.79	是

续表

所属机构	序号	单位名称	浓度/(mg/L)	批内变异	批间变异	显著性	总标准差	*CV*/%	总标准差检验
四川省（8个）	155	岷江	15.57	0.0042	0.0089	NS	0.0809	0.52	是
	156	内江	119.40	0.6530	1.2760	NS	0.9820	0.82	是
	157	绵阳	102.20	0.1430	0.0560	NS	0.3200	0.31	是
	158	阿坝	15.39	0.0400	0.1400	NS	0.2980	1.94	是
	159	南充	82.30	0.1942	0.2455	NS	0.4689	0.57	是
	160	达州	146.00	1.6670	1.9330	NS	1.3420	0.92	是
	161	雅安	101.00	0.0580	0.1020	NS	0.2830	0.28	是
	162	西昌	45.37	0.0150	0.0150	NS	0.1220	0.27	是
贵州省（8个）	163	铜仁	141.74	0.2600	0.1560	NS	0.4560	0.32	是
	164	黔南	113.60	0.3330	0.2000	NS	0.5160	0.45	是
	165	遵义	104.60	0.1670	0.4000	NS	0.5320	0.51	是
	166	六盘水	160.70	1.0000	4.3330	NS	1.6330	1.02	是
	167	安顺	113.10	0.1670	1.0000	NS	0.7640	0.68	是
	168	黔西南	212.11	0.8190	2.5030	* *	128.9000	60.77	是
	169	毕节	83.60	0.1600	0.0210	NS	0.3010	0.36	是
	170	黔东南	287.15	2.4170	0.6500	NS	1.2380	0.43	是
云南省（13个）	171	丽江	97.61	0.5618	0.6742	NS	0.7980	0.82	是
	172	大理	190.87	0.3300	0.5300	NS	0.6600	0.35	是
	173	保山	64.71	0.3002	1.0030	NS	0.8073	1.25	是
	174	楚雄	174.10	0.3600	0.9600	NS	0.8100	0.47	是
	175	临沧	62.28	0.5202	0.6242	NS	0.7565	1.21	是
	176	玉溪	50.20	0.2000	0.4640	NS	0.5762	1.15	是
	177	普洱	72.24	0.0727	0.1120	NS	0.3040	0.42	是
	178	西双版纳	101.00	1.7230	3.2120	NS	1.5710	1.56	是
	179	红河	122.40	0.3200	1.1700	NS	0.8600	0.70	是
	180	曲靖	97.93	0.7009	2.2287	NS	1.2103	1.24	是
	181	昭通	35.92	0.3767	1.7793	*	0.1038	0.29	是
	182	文山	97.86	0.0670	0.1817	NS	0.3527	0.36	是
	183	德宏	48.40	0.0400	0.0560	NS	0.2129	0.44	是
西藏自治区（4个）	184	日喀则	40.29	0.0000	0.4417	NS	0.6422	1.59	是
	185	林芝	48.50	0.3330	0.3000	NS	0.5320	1.10	是
	186	昌都	80.00	0.0170	0.6800	NS（*）	0.9670	1.21	是
	187	山南	48.50	0.3330	0.3000	NS	0.5320	1.10	是
陕西省（5个）	188	安康	119.00	0.0921	0.0184	NS	0.2351	0.20	是
	189	延安	154.60	0.7800	0.9200	NS	0.9200	0.60	是

续表

所属机构	序号	单位名称	浓度 /(mg/L)	批内变异	批间变异	显著性	总标准差	CV /%	总标准差检验
陕西省（5个）	190	宝鸡	94.70	0.0265	0.6300	NS	1.2800	1.35	是
	191	商洛	21.40	0.1333	1.2800	NS（* *）	1.2300	5.75	是
	192	汉中	95.35	0.7100	0.2350	NS	1.2400	1.30	是
甘肃省（7个）	193	酒泉	72.28	0.0688	0.0215	NS	0.2125	0.29	是
	194	张掖	59.92	0.1270	0.3010	NS	0.3880	0.65	是
	195	武威	129.20	1.5330	0.8240	NS	1.0860	0.84	是
	196	定西	60.05	0.1333	0.0640	NS	0.3141	0.52	是
	197	临洮	61.00	0.6570	1.7400	NS	1.1000	1.80	是
	198	平凉	99.74	3.0325	3.0588	NS	0.1745	0.17	是
	199	陇南	100.49	1.3800	5.1400	NS	1.8000	1.79	是
青海省（2个）	200	海东	127.00	0.5000	1.1300	NS	0.9040	0.71	是
	201	格尔木	184.00	0.5800	0.5500	NS	0.7500	0.41	是
新疆维吾尔自治区（11个）	202	伊犁	70.00	0.4170	1.6830	NS	0.7920	1.13	是
	203	阿勒泰	26.10	0.2500	1.0833	NS	0.8160	3.13	是
	204	塔城	86.20	1.6525	1.4228	NS	1.2400	1.44	是
	205	博州	70.76	0.1000	0.0960	NS	0.3130	0.44	是
	206	石河子	60.58	0.2117	0.1653	NS	0.4340	0.72	是
	207	哈密	50.61	0.6525	2.3748	NS	1.2300	2.43	是
	208	巴州	143.50	4.0000	1.4000	NS	1.6432	1.15	是
	209	阿克苏	61.10	0.3330	1.2000	NS	0.8760	1.43	是
	210	克州	251.08	0.4658	1.9989	NS	1.1101	0.44	是
	211	喀什	59.60	0.8300	1.0000	NS	0.9580	1.61	是
	212	和田	142.00	0.1670	0.5343	NS	0.5921	0.42	是
长江上游局（4个）	213	宜宾	127.25	5.4000	8.0000	NS	2.5000	1.96	是
	214	攀枝花	172.81	0.8950	0.4010	NS	0.8780	0.51	是
	215	嘉陵江	198.86	0.2610	0.5310	NS	0.5730	0.29	是
	216	万州	191.43	0.3080	0.4500	NS	0.5860	0.31	是
重庆市（2个）	217	渝东北	161.90	0.6680	0.1460	NS	0.6380	0.39	是
	218	渝东南	31.00	0.2080	0.3320	NS	0.5190	1.67	是
工程类	219	碧流河	90.90	0.4508	1.6168	NS	1.0168	1.12	是

注　1. “NS”表示批内、批间变异不显著；

“*”表示批内、批间变异显著性差异证据不足，应进一步查找原因；

“* *”表示批内、批间变异非常显著。

2. 表中数据均为上交报告中的原始数据，（括号）内为经校核后的结果。

3. “#”批内变异、批间变异不应为零；“# #”未按规定测定上限150mg/L配制。

附表 9－4　　精密度及变异分析汇总表（总硬度-加标水样）

所属机构	序号	单位名称	浓度/(mg/L)	批内变异	批间变异	显著性	总标准差	CV/%	总标准差检验
各流域水环境监测中心（7个）	1	长江	86.00	0.2840	0.8720	NS（*）	1.0800	1.26	是
	2	黄河	149.40	0.1967	0.0914	NS	0.3795	0.25	是
	3	淮河	102.70	3.0783	3.2573	NS	1.7798	1.73	是
	4	海河	78.70	4.2000	3.2400	NS	1.9300	2.45	是
	5	珠江	220.60	2.3858	4.3228	NS	1.8315	0.83	是
	6	松辽	68.68	0.2700	0.1640	NS	0.4660	0.68	是
	7	太湖	260.90	3.2608	2.1280	NS	1.6415	0.63	是
省、自治区、直辖市水环境监测中心（31个）	8	北京	90.50	0.0230	0.0910	NS	0.2380	0.26	是
	9	天津	97.70	0.0940	0.3370	NS（**）	0.1410	0.14	是
	10	河北	134.20	0.2540	0.8790	NS	0.7530	0.56	是
	11	山西	109.00	0.7500	0.3500	NS	0.7416	0.68	是
	12	内蒙古	132.60	0.1400	1.1700	*	0.8100	0.61	是
	13	辽宁	73.99	0.1100	0.1793	NS	0.3804	0.51	是
	14	吉林	120.00	1.0365	0.2280	NS	0.7951	0.66	是
	15	黑龙江	98.87	0.1450	0.0713	NS	0.3289	0.33	是
	16	上海	126.00	2.3300	2.0000	NS	1.5000	1.19	是
	17	江苏	125.60	2.3833	3.4320	NS	1.7052	1.36	是
	18	浙江	87.06	0.3410	0.3070	NS	0.5810	0.67	是
	19	安徽	190.63	0.3739	0.2954	NS	0.5785	0.30	是
	20	福建	68.90	0.4520	0.4790	NS	0.6820	0.99	是
	21	江西	102.50	1.3330	2.4000	NS	1.3660	1.33	是
	22	山东	140.00	1.2500	0.5500	NS	0.9487	0.68	是
	23	河南	151.30	0.5933	1.7420	NS	1.0806	0.71	是
	24	湖北	231.08	0.9167	1.0834	NS	1.0000	0.43	是
	25	湖南	156.14	0.1670	0.2004	NS	0.4286	0.27	是
	26	广东	143.40	1.0917	2.2121	NS	1.2853	0.90	是
	27	广西	91.60	0.0358	0.0188	NS	0.1653	0.18	是
	28	海南	68.48	0.1300	0.1238	NS	0.3545	0.52	是
	29	重庆	159.95	0.3483	0.6600	NS	0.7100	0.44	是
	30	四川	195.08	0.0827	0.2804	NS	0.4261	0.22	是
	31	贵州	117.07	0.1670	0.5330	NS	0.5920	0.51	是
	32	云南	84.98	0.0420	0.0710	NS	0.2380	0.28	是
	33	西藏	73.90	0.0000#	11.2900	NS	4.1150	5.57	是（否）
	34	陕西	90.50	1.6600	2.4100	NS	1.4300	1.58	是
	35	甘肃	99.98	0.2330	0.5390	NS	0.6222	0.62	是

续表

所属机构	序号	单位名称	浓度/(mg/L)	批内变异	批间变异	显著性	总标准差	CV/%	总标准差检验
省、自治区、直辖市水环境监测中心（31个）	36	青海	134.00	0.4170	0.4830	NS	0.6710	0.50	是
	37	宁夏	265.80	1.4700	5.7500	NS	1.9000	0.71	是
	38	新疆	122.00	0.5830	0.2830	NS	0.6580	0.54	是
长江委水文局（7个）	39	上游	155.40	0.6367	0.8740	NS	0.8343	0.54	是
	40	三峡	198.20	0.7500	1.5400	NS	1.0700	0.54	是
	41	荆江	208.00	2.3300	7.0000	NS	2.1600	1.04	是
	42	中游	150.30	0.3272	0.1651	NS	0.4961	0.33	是
	43	下游	155.20	0.2500	0.5880	NS	0.6470	0.42	是
	44	长江口	122.03	0.2505	0.6846	NS	0.6837	0.56	是
	45	汉江	75.12	0.3017	0.3613	NS	0.5758	0.77	是
黄委水文局（5个）	46	上游	72.90	0.3470	0.3960	NS	0.6100	0.84	是
	47	三门峡	97.10	0.3370	0.4040	NS	0.6090	0.63	是
	48	山东	97.96	0.1380	0.1680	NS	0.3910	0.40	是
	49	包头	141.60	0.5651	1.7000	NS	1.0651	0.75	是
	50	中游	82.40	0.0900	0.2700	NS	0.4200	0.51	是
长江委水保局（1个）	51	上海	138.20	0.2500	0.1800	NS	0.4700	0.34	是
海委（2个）	52	潘家口	172.20	1.8300	3.7400	NS	1.6700	0.97	是
	53	漳卫南	79.60	2.4300	0.1540	NS	1.1378	1.43	是
北京市（6个）	1	官厅水库	185.00	0.2500	0.9500	NS	0.7764	0.42	是
	2	密云水库	93.40	0.1000	0.0600	NS	0.2830	0.30	是
	3	昌平	307.00	1.3970	0.2780	NS	0.9152	0.30	是
	4	大兴	368.20	0.0500	0.0600	NS	0.2300	0.06	是
	5	海淀	75.90	1.2858	4.2920	NS	1.6700	2.20	是
	6	通州	232.00	0.0700	0.1380	NS（*）	0.3200	0.14	是
河北省（10个）	7	邯郸	240.90	1.0490	2.9630	NS	1.4160	0.59	是
	8	邢台	258.60	1.1900	1.2900	NS	1.1100	0.43	是
	9	石家庄	123.90	0.2500	0.6830	NS	0.6830	0.55	是
	10	衡水	229.30	2.5400	5.5200	NS	2.0100	0.88	是
	11	沧州	300.20	0.0400	0.1600	NS	0.3160	0.11	是
	12	保定	70.34	0.0570	0.0510	NS	0.2320	0.33	是
	13	廊坊	139.00	1.0800	1.7000	NS	1.1800	0.85	是
	14	承德	99.00	1.5800	5.6600	NS	1.9000	1.92	是
	15	唐秦	122.20	0.2370	0.3260	NS	0.5300	0.43	是
	16	张家口	220.80	0.5000	1.3300	NS	0.9570	0.43	是

续表

所属机构	序号	单位名称	浓度/(mg/L)	批内变异	批间变异	显著性	总标准差	CV/%	总标准差检验
山西省（8个）	17	大同	83.55	0.1100	0.1500	NS	0.3600	0.43	是
	18	太原	252.50	0.1467	0.4853	NS	0.5621	0.22	是
	19	临汾	139.96	0.6667	0.7333	NS	0.8367	0.60	是
	20	运城	120.10	0.1300	0.0700	NS	0.3200	0.27	是
	21	长治	213.00	0.3300	0.0000	NS	0.5800	0.27	是
	22	吕梁	124.00	1.8470	0.2460	NS（*）	1.0950	0.88	是
	23	忻州	96.72	0.0400	0.1190	NS（*）	0.0060	0.01	是
	24	晋中	121.00	0.3470	0.4950	NS	0.6490	0.54	是
内蒙古自治区（4个）	25	包头	75.62	1.0860	0.8410	NS	1.0420	1.38	是
	26	赤峰	72.40	0.0100	0.6000	* *	0.5600	0.77	是
	27	通辽	75.30	0.3333	0.7333	NS	0.7303	0.97	是
	28	呼伦贝尔	65.33	0.0258	0.0055	NS	0.1250	0.19	是
辽宁省（11个）	29	铁岭	79.80	0.1170	0.1980	NS	0.3970	0.50	是
	30	抚顺	144.15	0.4170	0.4830	NS	0.6710	0.47	是
	31	本溪	73.92	0.1367	0.1100	NS	0.3512	0.48	是
	32	辽阳	154.60	0.3767	0.1900	NS	0.5323	0.34	是
	33	鞍山	98.80	0.1483	0.4020	NS	0.5246	0.53	是
	34	营口	77.02	0.1800	0.0770	NS	0.3590	0.47	是
	35	丹东	70.60	1.1900	0.4353	NS	0.9015	1.28	是
	36	大连	207.94	1.0000	2.7187	NS	1.3636	0.66	是
	37	朝阳	246.10	1.3000	1.7000	NS	1.2330	0.50	是
	38	锦州	60.22	0.5383	1.2373	NS	0.9422	1.56	是
	39	阜新	75.40	0.3500	0.9740	NS	0.8136	1.08	是
吉林省（5个）	40	四平	81.00	0.0707	0.1275	NS	0.3150	0.39	是
	41	通化	95.20	0.3809	0.6354	NS	0.7129	0.75	是
	42	白城	129.65	0.1300	0.1660	NS	0.3850	0.30	是
	43	延边	61.50	0.0998	0.3911	NS	0.4954	0.81	是
	44	吉林	93.80	0.1560	0.5920	NS	0.6120	0.65	是
黑龙江省（6个）	45	齐齐哈尔	60.20	2.5400	2.5400	NS	1.5930	2.65	是
	46	牡丹江	64.00	0.6100	1.1200	NS	0.9300	1.45	是
	47	佳木斯	75.70	0.3517	0.0800	NS	0.4646	0.61	是
	48	伊春	96.60	0.1430	0.5180	NS	0.5750	0.60	是
	49	绥化	73.00	0.2440	0.9530	NS	0.7740	1.06	是
	50	黑河	88.50	0.0600	0.0400	NS	0.2240	0.25	是

续表

所属机构	序号	单位名称	浓度/(mg/L)	批内变异	批间变异	显著性	总标准差	CV/%	总标准差检验
上海市（9个）	51 52	青浦	274.00	1.0000	2.6200	NS	1.3500	0.49	是
	53	嘉定	126.80	1.1300	2.1400	NS	1.2800	1.01	是
	54	浦东新区	165.90	0.4800	1.3700	NS	0.9600	0.58	是
	55	闵行	124.00	0.6670	0.7330	NS	0.8370	0.68	是
	56	崇明	142.60	0.5700	1.5700	NS	1.0300	0.72	是
	57	金山	94.90	0.2800	0.1840	NS	0.4820	0.51	是
	58	松浦	146.90	0.3820	0.6600	NS	0.7220	0.49	是
	59	奉贤	86.70	0.0400	0.0900	NS	0.2550	0.29	是
江苏省（10个）	60	镇江	106.00	4.3333	8.5333	NS	2.5400	2.40	是
	61	常州	232.00	4.2500	6.1500	NS	2.2800	0.98	是
	62	无锡	173.10	0.4208	1.3088	NS	0.9299	0.54	是
	63	苏州	102.90	0.1670	0.3570	NS	0.5120	0.50	是
	64	徐州	115.40	2.7500	0.8800	NS	1.3500	1.17	是
	65	连云港	366.50	3.1670	4.6000	NS	1.9710	0.54	是
	66	淮安	245.00	0.0830	0.3560	NS	0.4690	0.19	是
	67	盐城	220.00	1.0000	0.9300	NS	0.9800	0.45	是
	68	扬州	168.20	0.9170	0.5500	NS	0.8560	0.51	是
	69	南通	199.20	1.6830	7.2910	NS	2.1180	1.06	是
浙江省（7个）	70	嘉兴	193.70	0.6000	2.0500	NS	1.1500	0.59	是
	71	金华	119.70	0.4720	1.1400	NS	0.8970	0.75	是
	72	台州	64.27	0.2260	0.8050	NS	0.7180	1.12	是
	73	杭州	101.40	1.6000	0.4770	NS	1.0200	1.01	是
	74	温州	90.60	0.1900	0.7710	NS	0.6930	0.76	是
	75	宁波	78.20	0.0833	0.0520	NS	0.2600	0.33	是
	76	湖州	108.30	0.9170	1.1100	NS	1.0100	0.93	是
安徽省（5个）	77	阜阳	105.63	0.6323	2.4402	NS	1.2395	1.17	是
	78	芜湖	73.51	1.1585	1.2646	NS	1.1007	1.50	是
	79	安庆	90.41	0.4501	1.3031	NS	0.9362	1.04	是
	80	蚌埠	123.82	0.1588	0.2695	NS	0.4628	0.37	是
	81	巢湖	107.60	0.2664	0.4931	NS	0.6200	0.58	是
福建省（7个）	82	南平	35.38	0.0142	0.0595	NS	0.1919	0.54	是
	83	漳州	87.5	0.6400	0.9191	NS	0.8829	1.01	是
	84	泉州	53.88	0.1050	0.3893	NS	0.4972	0.92	是
	85	龙岩	63.15	3.3617	1.3760	NS	1.5391	2.44	是

续表

所属机构	序号	单位名称	浓度/(mg/L)	批内变异	批间变异	显著性	总标准差	CV/%	总标准差检验
福建省（7个）	86	莆田	44.93	0.0667	0.0853	NS	0.2757	0.61	是
	87	三明	53.8	0.0740	0.1420	NS	0.3290	0.61	是
	88	宁德	78.98	0.1000	0.3753	NS	0.4875	0.62	是
江西省（8个）	89	赣州	52.1	0.1670	0.4000	NS	0.5320	1.02	是
	90	吉安	110.2	0.7500	1.1500	NS	0.9750	0.88	是
	91	宜春	68.9	0.3970	0.1070	NS	0.5020	0.73	是
	92	抚州	53.1	0.5440	0.8410	NS	0.8320	1.57	是
	93	上饶	176	2.5833	2.9500	NS	1.6633	0.95	是
	94	九江	294.4	0.3530	0.1520	NS	0.5030	0.17	是
	95	鄱阳湖	92.6	0.5320	0.2450	NS	0.6230	0.67	是
	96	景德镇	73.7	0.2500	0.1200	NS	0.4300	0.58	是
山东省（14个）	97	青岛	129.9	0.2540	0.5320	NS	0.6270	0.48	是
	98	烟台	385.25	6.9167	12.9500	NS	3.1517	0.82	是
	99	潍坊	132.58	0.2500	0.2833	NS	0.5164	0.39	是
	100	淄博	200.92	0.9170	1.8800	NS	1.1800	0.59	是
	101	滨州	112	0.5000	0.7333	NS	0.7853	0.70	是
	102	德州	117.58	1.4167	3.2833	NS	1.5330	1.30	是
	103	聊城	125.33	1.6667	0.5333	NS	1.0488	0.84	是
	104	菏泽	102.58	0.4167	0.4833	NS	0.6708	0.65	是
	105	济宁	133.4	0.5833	1.8833	NS	1.1106	0.83	是
	106	泰安	155.92	11.2500	10.6833	NS	3.3116	2.12	是
	107	枣庄	130.5	1.0000	0.6000	NS	0.8944	0.69	是
	108	临沂	242.67	0.8330	0.3330	NS	0.7640	0.31	是
	109	日照	273.3	1.5000	4.7300	NS	1.7700	0.65	是
	110	威海	151.9	0.3267	0.3693	NS	0.5899	0.39	是
河南省（9个）	111	驻马店	111.99	0.1075	0.3610	NS	0.4839	0.43	是
	112	新乡	427	0.7000	1.3500	NS	1.0124	0.24	是
	113	许昌	76.50	0.2185	0.4706	NS	0.5870	0.77	是
	114	周口	100.35	0.3890	0.5234	NS	0.6754	0.67	是
	115	洛阳	443	1.2050	0.8673	NS	1.0179	0.23	是
	116	南阳	119.5	0.3800	0.6933	NS	0.7326	0.61	是
	117	信阳	112.21	3.4240	1.3850	NS	1.5510	1.38	是
	118	商丘	130.60	0.1533	0.2240	NS	0.4344	0.33	是
	119	安阳	415	0.4000	1.4000	NS	0.9487	0.23	是

续表

所属机构	序号	单位名称	浓度/(mg/L)	批内变异	批间变异	显著性	总标准差	CV/%	总标准差检验
湖北省（9个）	120	荆州	262.20	0.2270	0.1030	NS	0.4060	0.15	是
	121	襄樊	135.80	0.4860	0.5050	NS（**）	0.7040	0.52	是
	122	宜昌	34.75	0.2633	0.0700	NS	0.4082	1.17	是
	123	孝感	78.20	0.1190	0.3452	NS	0.4817	0.62	是
	124	黄冈	252.60	1.9767	1.8832	NS	1.3892	0.55	是
	125	黄石	127.00	1.4170	2.5000	NS	1.3990	1.10	是
	126	咸宁	29.50	0.3372	0.1260	NS	0.4813	1.63	是
	127	十堰	138.75	2.5830	3.3500	NS	1.7220	1.24	是
	128	恩施	290.50	0.4800	0.3500	NS	0.6400	0.22	是
湖南省（10个）	129	长沙	160.88	0.0420	0.0330	NS	0.1940	0.12	是
	130	郴州	135.49	0.0000	0.1520	NS（**）	0.2760	0.20	是
	131	永州	170.20	4.4170	1.5780	NS	1.7310	1.02	是
	132	衡阳	147.70	0.2290	0.2710	NS	0.5000	0.34	是
	133	湘潭	129.00	0.0867	0.1387	NS	0.3357	0.26	是
	134	邵阳	166.51	0.2220	0.3510	NS	0.5350	0.32	是
	135	洞庭湖	136.40	0.1250	0.2000	NS	0.4031	0.30	是
	136	怀化	136.59	0.0620	0.0700	NS（*）	0.2600	0.19	是
	137	湘西	135.05	0.0420	0.1000	NS	0.2660	0.20	是
	138	常德	196.69	0.2308	0.3448	NS	0.5365	0.27	是
广东省（9个）	139	佛山	96.60	0.4517	1.7580	NS	0.1051	0.11	是
	140	肇庆	149.20	0.0067	0.0213	NS（*）	0.1183	0.08	是
	141	韶关	135.30	0.3300	1.7300	*	1.0100	0.75	是
	142	茂名	99.00	0.0192	0.0028	NS	0.0105	0.01	是
	143	惠州	60.80	4.7367	1.7633	NS	1.8028	2.97	是
	144	江门	51.60	0.0633	0.0433	NS	0.2309	0.45	是
	145	汕头	63.70	0.4583	1.6320	NS	1.0223	1.60	是
	146	湛江	35.70	0.0083	0.0100	NS	0.0957	0.27	是
	147	梅州	215.90	0.4167	1.2833	NS	0.9220	0.43	是
广西壮族自治区（7个）	148	玉林	150.30	0.0888	0.0581	NS	0.2710	0.18	是
	149	沿海	90.90	0.4170	1.2690	NS	0.9180	1.01	是
	150	百色	98.20	0.0730	0.1300	NS	0.3200	0.33	是
	151	河池	78.35	0.4012	0.6380	NS	0.7208	0.92	是
	152	柳州	167.48	0.0230	0.0260	NS	0.1570	0.09	是
	153	桂林	102.50	0.0892	0.7215	NS（*）	0.6367	0.62	是
	154	梧州	103.65	0.8270	0.6753	NS	0.8667	0.84	是

续表

所属机构	序号	单位名称	浓度/(mg/L)	批内变异	批间变异	显著性	总标准差	CV/%	总标准差检验
四川省（8个）	155	岷江	19.75	0.0047	0.0050	NS	0.0696	0.35	是
	156	内江	157.20	1.2400	3.8040	NS	1.5880	1.01	是
	157	绵阳	116.90	0.1500	0.0560	NS	0.3200	0.27	是
	158	阿坝	20.77	0.0170	0.0460	NS	0.1780	0.86	是
	159	南充	112.30	0.2808	0.2768	NS	0.5280	0.47	是
	160	达州	256.00	3.1670	2.1330	NS	1.6280	0.64	是
	161	雅安	200.90	0.6210	0.0570	NS	0.5820	0.29	是
	162	西昌	85.86	0.1720	0.2870	NS	0.4800	0.56	是
贵州省（8个）	163	铜仁	151.87	0.2600	0.1560	NS	0.4560	0.30	是
	164	黔南	133.60	0.1670	0.4000	NS	0.5320	0.40	是
	165	遵义	110.52	0.4170	0.8830	NS	0.8060	0.73	是
	166	六盘水	204.30	3.6340	7.4080	NS	2.3500	1.15	是
	167	安顺	127.93	0.5000	0.5330	NS	0.7190	0.56	是
	168	黔西南	215.24	1.5340	5.5850	NS	1.8870	0.88	是
	169	毕节	109.00	1.0830	0.3500	NS	0.8470	0.78	是
	170	黔东南	299.79	1.9160	0.2390	NS	1.0380	0.35	是
云南省（13个）	171	丽江	139.90	0.9017	0.1480	NS	0.7600	0.54	是
	172	大理	181.00	0.4300	0.2600	NS	0.5800	0.32	是
	173	保山	81.60	0.3204	1.3740	NS	0.9205	1.13	是
	174	楚雄	169.10	0.4200	0.4800	NS	0.6700	0.40	是
	175	临沧	87.50	0.2500	0.6833	NS	0.6831	0.78	是
	176	玉溪	86.80	0.3600	1.2000	NS	0.8743	1.01	是
	177	普洱	92.54	0.0925	0.0908	NS	0.3030	0.33	是
	178	西双版纳	118.70	2.9810	2.8370	NS	1.7060	1.44	是
	179	红河	127.40	0.2900	0.2200	NS	0.5100	0.40	是
	180	曲靖	135.30	1.5975	3.8408	NS	1.6490	1.22	是
	181	昭通	37.77	0.4933	1.8053	NS	0.1072	0.28	是
	182	文山	115.70	0.2500	0.1500	NS	0.4472	0.39	是
	183	德宏	67.28	0.0300	0.0513	NS	0.2017	0.30	是
西藏自治区（4个）	184	日喀则	94.67	0.0000	0.4417	NS	0.8139	0.86	是
	185	林芝	76.50	0.5000	1.2000	NS（*）	1.2450	1.63	是
	186	昌都	110.00	0.2550	0.7570	NS（*）	1.0000	0.91	是
	187	山南	76.50	0.5000	1.2000	NS（*）	1.2450	1.63	是

续表

所属机构	序号	单位名称	浓度/(mg/L)	批内变异	批间变异	显著性	总标准差	CV/%	总标准差检验
陕西省（5个）	188	安康	144.00	0.0921	0.1737	NS	0.3645	0.25	是
	189	延安	227.60	0.4300	0.9200	NS	0.8200	0.36	是
	190	宝鸡	101.00	3.7100	1.7100	NS	1.6500	1.63	是
	191	商洛	41.10	0.1867	0.9973	NS（*）	1.4300	3.48	是
	192	汉中	121.40	0.4867	3.3860	NS（*）	1.3600	1.12	是
甘肃省（7个）	193	酒泉	80.91	3.7637	1.9620	NS	1.6920	2.09	是
	194	张掖	72.67	0.2820	0.7660	NS	0.6190	0.85	是
	195	武威	248.10	3.4000	2.7250	NS	1.7500	0.71	是
	196	定西	74.95	0.1500	0.3394	NS	0.4947	0.66	是
	197	临洮	89.80	0.9100	1.7900	NS	1.1600	1.29	是
	198	平凉	118.50	4.0000	1.8000	NS	1.7030	1.44	是
	199	陇南	116.25	1.7500	7.1200	NS	2.1100	1.82	是
青海省（2个）	200	海东	133.00	0.5000	1.1300	NS	0.9040	0.68	是
	201	格尔木	214.00	1.8300	1.6000	NS	1.3100	0.61	是
新疆维吾尔自治区（11个）	202	伊犁	142.00	0.1667	1.9333	NS（**）	0.7780	0.55	是
	203	阿勒泰	97.92	0.2500	1.0833	NS	0.8160	0.83	是
	204	塔城	132.00	1.6525	1.4228	NS	1.2400	0.94	是
	205	博州	75.77	0.0470	0.1600	NS	0.3220	0.42	是
	206	石河子	146.70	0.6667	2.1333	NS	1.1830	0.81	是
	207	哈密	144.58	0.2500	1.4833	NS（*）	0.9310	0.64	是
	208	巴州	226.90	1.9167	5.0833	NS	1.8708	0.82	是
	209	阿克苏	100.10	0.6860	0.4350	NS	0.7490	0.75	是
	210	克州	286.00	0.3223	1.1574	NS	0.8601	0.30	是
	211	喀什	157.80	0.1800	0.2600	NS	0.4700	0.30	是
	212	和田	230.00	0.1670	0.4007	NS	0.5328	0.23	是
长江上游局（4个）	213	宜宾	147.12	4.7000	6.4000	NS	2.3000	1.56	是
	214	攀枝花	182.90	0.8360	0.3940	NS	0.8520	0.47	是
	215	嘉陵江	208.83	0.4140	1.0860	NS	0.7630	0.37	是
	216	万州	201.24	0.4520	0.7820	NS	0.7310	0.36	是
重庆市（2个）	217	渝东北	157.95	0.2370	0.3320	NS	0.5330	0.34	是
	218	渝东南	36.40	0.2290	0.5020	NS	0.6040	1.66	是
工程类	219	碧流河	103.50	0.7383	1.0993	NS	0.9586	0.93	是

注 1. “NS”表示批内、批间变异不显著；

“*”表示批内、批间变异显著性差异证据不足，应进一步查找原因；

“**”表示批内、批间变异非常显著。

2. 表中数据均为上交报告中的原始数据，（括号）内为经校核后的结果。

3. “#”批内变异、批间变异不应为零；“##”未按规定测定上限150mg/L配制。

附表 9-5　　精密度及变异分析汇总表（总硬度-统一标样）

所属机构	序号	单位名称	浓度 /(mg/L)	批内变异	批间变异	显著性	总标准差	CV /%	总标准差检验
各流域水环境监测中心（7个）	1	长江	127.20	0.1130	0.0250	NS	0.2630	0.21	是
	2	黄河	126.80	0.1233	0.1154	NS	0.3455	0.27	是
	3	淮河	127.20	2.2408	1.3768	NS	1.3449	1.06	是
	4	海河	128.20	3.2900	4.6200	NS	1.9900	1.55	是
	5	珠江	129.80	0.6175	0.6715	NS	0.8028	0.62	是
	6	松辽	127.08	0.0070	0.0530	*	0.1730	0.14	是
	7	太湖	122.20	1.9575	1.6540	NS	1.3438	1.10	是
省、自治区、直辖市水环境监测中心（31个）	8	北京	124.40	0.7500	2.0840	NS	1.1900	0.96	是
	9	天津	126.10	0.5300	1.0800	NS（*）	0.6530	0.52	是
	10	河北	129.20	0.8950	2.4900	NS	1.3010	1.01	是
	11	山西	131.00	0.2500	0.5500	NS	0.6325	0.48	是
	12	内蒙古	126.00	0.5200	1.4800	NS	1.0000	0.79	是
	13	辽宁	300.60	0.2633	0.2193	NS	0.4913	0.16	是
	14	吉林	130.00	0.9778	0.6944	NS	0.9144	0.70	是
	15	黑龙江	127.10	0.1983	0.1580	NS	0.4221	0.33	是
	16	上海	127.10	1.6000	0.9880	NS	1.1000	0.87	是
	17	江苏	124.20	2.4892	2.8228	NS	1.6297	1.31	是
	18	浙江	123.80	0.7980	2.6000	NS	0.9740	0.79	是
	19	安徽	129.61	0.6804	0.2471	NS	0.6810	0.53	是
	20	福建	123.00	0.5000	0.5800	NS	0.7340	0.60	是
	21	江西	127.80	1.6340	1.3410	NS	1.2200	0.95	是
	22	山东	128.00	3.2500	7.0833	NS	2.2730	1.78	是
	23	河南	127.20	0.3567	0.3093	NS	0.5972	0.47	是
	24	湖北	125.50	2.0000	1.0000	NS	1.2247	0.98	是
	25	湖南	126.28	0.1252	0.0835	NS	0.3230	0.26	是
	26	广东	126.10	2.5091	3.9908	NS	1.8028	1.43	是
	27	广西	127.10	0.0500	0.0273	NS	0.1966	0.15	是
	28	海南	127.18	0.1833	0.2030	NS	0.4409	0.35	是
	29	重庆	127.10	0.4933	0.8000	NS	0.8042	0.63	是
	30	四川	127.56	0.3134	1.0351	NS	0.8211	0.64	是
	31	贵州	128.55	0.2500	0.5500	NS	0.6320	0.49	是
	32	云南	126.40	0.1700	0.7100	NS	0.6630	0.52	是
	33	西藏	128.20	—	5.8470	NS	1.7100	1.33	是
	34	陕西	127.00	1.9200	6.9500	NS	2.1100	1.66	是

续表

所属机构	序号	单位名称	浓度/(mg/L)	批内变异	批间变异	显著性	总标准差	CV/%	总标准差检验
省、自治区、直辖市水环境监测中心（31个）	35	甘肃	126.30	0.5000	2.7330	*	1.2720	1.01	是
	36	青海	127.40	0.1270	0.1840	NS	0.3940	0.31	是
	37	宁夏	127.10	2.0000	3.2000	NS	1.6100	1.27	是
	38	新疆	122.00	0.6670	0.6000	NS	0.7960	0.65	是
长江委水文局（7个）	39	上游	119.40	0.7778	0.4417	NS	0.8329	0.70	是
	40	三峡	127.60	1.6300	3.5800	NS	1.6100	1.26	是
	41	荆江	127.70	2.0000	2.1300	NS	1.4400	1.13	是
	42	中游	130.30	0.0467	0.1776	NS	0.3349	0.26	是
	43	下游	126.00	0.0835	0.1260	NS	0.3240	0.26	是
	44	长江口	126.28	0.6679	0.7347	NS	0.8374	0.66	是
	45	汉江	128.93	0.3533	0.4253	NS	0.6240	0.48	是
黄委水文局（5个）	46	上游	126.00	0.6350	1.0800	NS	0.9260	0.73	是
	47	三门峡	128.00	0.3330	0.5330	NS	0.6580	0.51	是
	48	山东	127.40	0.7180	0.8000	NS	0.8710	0.68	是
	49	包头	127.30	0.3633	0.5740	NS	0.6846	0.54	是
	50	中游	125.08	0.2700	0.3800	NS	0.5700	0.46	是
长江委水保局（1个）	51	上海	127.80	0.4600	1.3400	NS	0.9500	0.74	是
海委（2个）	52	潘家口	127.60	0.3960	1.3310	NS	0.9300	0.73	是
	53	漳卫南	127.10	3.9200	4.3900	NS	2.0375	1.60	是
北京市（6个）	1	官厅水库	127.00	1.1670	2.3330	NS	1.3230	1.04	是
	2	密云水库	126.80	0.5000	0.1200	NS	0.2920	0.23	是
	3	昌平	126.80	1.4280	0.3860	NS	0.9524	0.75	是
	4	大兴	126.30	0.0170	0.0340	NS	0.1600	0.13	是
	5	海淀	127.00	0.1670	0.6000	NS	0.6190	0.49	是
	6	通州	126.10	0.1400	0..028	NS	0.2900	0.23	是
河北省（10个）	7	邯郸	129.30	0.5000	1.1330	NS	0.9040	0.70	是
	8	邢台	126.40	0.0930	0.0370	NS	0.2560	0.20	是
	9	石家庄	130.80	0.0830	0.3500	NS	0.4650	0.36	是
	10	衡水	129.10	2.9100	1.7300	NS	1.5200	1.18	是
	11	沧州	128.60	0.0350	0.1330	NS	0.2900	0.23	是
	12	保定	128.20	0.1970	0.5020	NS	0.5910	0.46	是
	13	廊坊	125.00	0.9170	0.7000	NS	0.8990	0.72	是
	14	承德	130.00	0.1670	3.3300	NS（**）	1.3200	1.02	是
	15	唐秦	125.90	0.2690	0.2150	NS	0.4920	0.39	是
	16	张家口	127.95	0.0317	0.1040	NS	0.2600	0.20	是

续表

所属机构	序号	单位名称	浓度/(mg/L)	批内变异	批间变异	显著性	总标准差	CV/%	总标准差检验
山西省（8个）	17	大同	129.95	0.0580	0.0520	NS（* *）	0.2300	0.18	是
	18	太原	127.30	0.1000	0.1733	NS	0.3697	0.29	是
	19	临汾	127.20	0.4234	0.4860	NS	0.6743	0.53	是
	20	运城	128.20	0.2300	0.2800	NS	0.5000	0.39	是
	21	长治	127.00	0.8300	0.0000	NS	0.9100	0.72	是
	22	吕梁	126.00	1.8470	2.0930	NS	3.8790	3.08	是
	23	忻州	127.04	0.1870	0.3480	NS	0.0720	0.06	是
	24	晋中	127.50	0.2670	0.2530	NS	0.5100	0.40	是
内蒙古自治区（4个）	25	包头	126.60	1.1200	0.4800	NS	1.0580	0.84	是
	26	赤峰	128.10	0.0000	1.2100	* *	0.7800	0.61	是
	27	通辽	126.90	0.3333	1.2300	NS	0.8841	0.70	是
	28	呼伦贝尔	126.67	1.0000	0.9330	NS	0.9831	0.78	是
辽宁省（11个）	29	铁岭	130.00	0.1670	0.5330	NS	0.5920	0.46	是
	30	抚顺	127.64	0.9170	0.5500	NS	0.8560	0.67	是
	31	本溪	127.50	0.1500	0.2593	NS	0.4524	0.35	是
	32	辽阳	127.10	1.3970	0.4270	NS	0.9550	0.75	是
	33	鞍山	125.00	0.3333	0.8000	NS	0.7528	0.60	是
	34	营口	127.55	0.1097	0.4550	NS	0.5314	0.42	是
	35	丹东	129.00	0.7500	0.0833	NS	0.6455	0.50	是
	36	大连	126.48	0.1583	0.5973	NS	0.6147	0.49	是
	37	朝阳	127.05	0.6000	0.3000	NS	0.6700	0.53	是
	38	锦州	129.25	0.2500	0.5500	NS	0.6325	0.49	是
	39	阜新	127.25	1.9167	0.5500	NS	1.1100	0.87	是
吉林省（5个）	40	四平	126.00	0.0531	0.0298	NS	0.2036	0.16	是
	41	通化	127.00	0.2926	0.3976	NS	0.5875	0.46	是
	42	白城	126.25	0.1100	0.5900	NS	0.5920	0.47	是
	43	延边	127.00	0.5954	0.2834	NS	0.6628	0.52	是
	44	吉林	125.20	0.3860	0.6330	NS	0.7140	0.57	是
黑龙江省（6个）	45	齐齐哈尔	126.70	3.7100	3.7100	NS	1.9260	1.52	是
	46	牡丹江	126.70	4.8200	2.8900	NS	1.9640	1.55	是
	47	佳木斯	126.30	1.4167	4.3500	NS	1.6980	1.34	是
	48	伊春	126.10	0.0600	0.2290	NS	0.3800	0.30	是
	49	绥化	127.60	1.8100	1.2300	NS	1.2300	0.96	是
	50	黑河	126.00	0.1200	0.0880	NS	0.3220	0.26	是

续表

所属机构	序号	单位名称	浓度/(mg/L)	批内变异	批间变异	显著性	总标准差	CV/%	总标准差检验
上海市（9个）	51 52	青浦	130.00	0.7500	2.4600	NS	1.2700	0.98	是
	53	嘉定	126.80	0.7300	1.6000	NS	1.0800	0.85	是
	54	浦东新区	126.40	0.7900	0.3000	NS	0.7400	0.59	是
	55	闵行	127.40	0.8140	0.5760	NS	0.8340	0.65	是
	56	崇明	126.50	0.4100	0.8500	NS	0.7900	0.62	是
	57	金山	126.00	1.9200	7.0800	NS	2.1200	1.68	是
	58	松浦	126.80	0.7850	0.4000	NS	0.7690	0.61	是
	59	奉贤	130.00	0.1600	0.5600	NS	0.6000	0.46	是
江苏省（10个）	60	镇江	128.00	1.0000	4.1333	NS	2.5400	1.98	是
	61	常州	127.00	3.8330	7.0000	NS	2.2570	1.78	是
	62	无锡	126.30	2.5708	5.7515	NS	2.0399	1.62	是
	63	苏州	128.40	0.3230	2.1800	NS	0.8960	0.70	是
	64	徐州	128.60	3.5800	4.6800	NS	2.0300	1.58	是
	65	连云港	125.70	0.6670	1.3330	NS	1.1830	0.94	是
	66	淮安	127.50	0.2500	0.6840	NS	0.6830	0.54	是
	67	盐城	126.00	0.8300	0.5300	NS	0.8300	0.66	是
	68	扬州	126.90	0.9170	0.2830	NS	0.7750	0.61	是
	69	南通	125.80	0.6670	1.5330	NS	1.0490	0.83	是
浙江省（7个）	70	嘉兴	127.80	2.6600	3.1100	NS	1.7000	1.33	是
	71	金华	125.90	0.1820	0.0613	NS	0.8970	0.71	是
	72	台州	126.70	0.5930	0.5440	NS	0.7540	0.60	是
	73	杭州	127.10	1.1100	2.3200	NS	1.3100	1.03	是
	74	温州	125.40	3.4600	4.6100	NS	2.0100	1.60	是
	75	宁波	126.90	0.1670	0.1040	NS	0.3680	0.29	是
	76	湖州	127.50	0.1500	0.4940	NS	0.5670	0.44	是
安徽省（5个）	77	阜阳	126.41	0.1533	0.5760	NS	0.6039	0.48	是
	78	芜湖	127.57	3.6534	5.1785	NS	2.1014	1.65	是
	79	安庆	127.18	1.7805	1.1724	NS	1.2151	0.96	是
	80	蚌埠	126.64	0.1143	0.1638	NS	0.3729	0.29	是
	81	巢湖	127.40	0.1183	0.1570	NS	0.3700	0.29	是
福建省（7个）	82	南平	126.5	0.3333	1.0000	NS	0.8165	0.65	是
	83	漳州	125	0.8000	0.5333	NS	0.8165	0.65	是
	84	泉州	125.83	0.5000	2.1333	NS	1.1475	0.91	是
	85	龙岩	125.17	3.1667	2.1333	NS	1.6279	1.30	是

续表

所属机构	序号	单位名称	浓度/(mg/L)	批内变异	批间变异	显著性	总标准差	CV/%	总标准差检验
福建省（7个）	86	莆田	128.42	0.4167	1.2833	NS	0.9220	0.72	是
	87	三明	126	0.5000	0.7800	NS	0.7990	0.63	是
	88	宁德	131.58	0.5833	1.0833	NS	0.9129	0.69	是
江西省（8个）	89	赣州	127.8	0.2500	0.2830	NS	0.5160	0.40	是
	90	吉安	126.6	1.0830	1.2830	NS	1.0880	0.86	是
	91	宜春	129.1	0.8870	1.3330	NS	1.0540	0.82	是
	92	抚州	126.5	0.1040	0.2170	NS	0.4010	0.32	是
	93	上饶	128.8	1.4258	1.3508	NS	1.1783	0.91	是
	94	九江	127.0	0.2200	0.1120	NS	0.4070	0.32	是
	95	鄱阳湖	129.7	0.7130	0.4130	NS	0.7510	0.58	是
	96	景德镇	130.4	0.4170	0.0830	NS	0.5000	0.38	是
山东省（14个）	97	青岛	126.0	0.3520	1.0190	NS	0.8280	0.66	是
	98	烟台	126.58	1.2500	1.8833	NS	1.2517	0.99	是
	99	潍坊	125.83	0.3333	0.3333	NS	0.5774	0.46	是
	100	淄博	125.67	1.0000	0.1330	NS	0.7530	0.60	是
	101	滨州	127	0.8333	0.3333	NS	0.7638	0.60	是
	102	德州	128.08	1.2500	1.4833	NS	1.1690	0.91	是
	103	聊城	127.17	0.6667	1.9333	NS	1.1402	0.90	是
	104	菏泽	126.08	1.2500	1.8833	NS	1.2517	0.99	是
	105	济宁	125.9	0.9167	0.2833	NS	0.7746	0.62	是
	106	泰安	125.92	2.2500	0.2833	NS	1.1255	0.89	是
	107	枣庄	125.8	1.5000	3.3333	NS	1.5546	1.24	是
	108	临沂	126.17	0.6670	2.7300	NS	1.3000	1.03	是
	109	日照	126.9	1.2500	1.8800	NS	1.2500	0.99	是
	110	威海	127.2	0.1225	0.2068	NS	0.4058	0.32	是
河南省（9个）	111	驻马店	125.97	0.3467	0.3733	NS	0.6000	0.48	是
	112	新乡	129	0.1791	0.1791	NS	0.4232	0.33	是
	113	许昌	126.9	0.3200	1.1953	NS	0.8704	0.69	是
	114	周口	126.98	1.1108	1.1275	NS	1.0579	0.83	是
	115	洛阳	126.3	0.6750	0.4860	NS	0.7619	0.60	是
	116	南阳	126.8	0.4367	0.2033	NS	0.5657	0.45	是
	117	信阳	124.5	3.3220	2.8140	NS	1.7520	1.41	是
	118	商丘	126.9	0.1667	0.1893	NS	0.4219	0.33	是
	119	安阳	129.5	0.0403	0.1874	NS	0.3374	0.26	是

续表

所属机构	序号	单位名称	浓度/(mg/L)	批内变异	批间变异	显著性	总标准差	CV/%	总标准差检验
湖北省(9个)	120	荆州	129.20	0.3760	1.3400	NS	0.9240	0.72	是
	121	襄樊	126.80	1.3640	2.7810	NS	1.4400	1.14	是
	122	宜昌	127.42	0.4100	1.0513	NS	0.8548	0.67	是
	123	孝感	128.60	0.2900	0.6033	NS	0.6683	0.52	是
	124	黄冈	129.16	0.3667	1.3394	NS	0.9236	0.72	是
	125	黄石	126.00	2.1670	3.0000	NS	1.6070	1.28	是
	126	咸宁	129.50	0.6336	0.1635	NS	0.6313	0.49	是
	127	十堰	126.80	3.3350	6.0180	NS	2.1630	1.71	是
	128	恩施	127.40	0.7500	2.3500	NS	1.2400	0.97	是
湖南省(10个)	129	长沙	127.89	0.0630	0.1710	NS	0.3420	0.27	是
	130	郴州	125.65	0.3220	2.0400	NS(*)	1.4690	1.17	是
	131	永州	125.70	12.5100	2.4860	NS	2.7380	2.18	是
	132	衡阳	126.70	0.9240	7.1280	NS(*)	2.0060	1.58	是
	133	湘潭	127.40	0.0867	0.0520	NS	0.2634	0.21	是
	134	邵阳	127.52	0.1670	0.3830	NS	0.5240	0.41	是
	135	洞庭湖	127.40	0.2592	0.3108	NS	0.5339	0.42	是
	136	怀化	128.27	0.3330	0.1300	NS	0.4800	0.37	是
	137	湘西	127.18	1.2500	0.6830	NS	0.9830	0.77	是
	138	常德	127.02	0.2500	0.6833	NS	0.6831	0.54	是
广东省(9个)	139	佛山	125.80	2.0192	5.2895	NS	1.9120	1.52	是
	140	肇庆	126.70	0.0433	0.0513	NS	0.0091	0.01	是
	141	韶关	127.40	0.2500	0.2800	NS	0.5200	0.41	是
	142	茂名	126.10	0.5208	0.1208	NS	0.5664	0.45	是
	143	惠州	125.60	1.5000	0.4000	NS	0.0091	0.01	是
	144	江门	128.10	2.0000	2.9333	NS	1.5706	1.23	是
	145	汕头	127.90	3.5125	7.3175	NS	2.3270	1.82	是
	146	湛江	130.40	0.0158	0.0108	NS	0.1155	0.09	是
	147	梅州	126.10	0.4167	0.4833	NS	0.6708	0.53	是
广西壮族自治区(7个)	148	玉林	127.50	0.1975	0.4008	NS	0.5470	0.43	是
	149	沿海	126.90	0.5000	0.8590	NS	0.8240	0.65	是
	150	百色	127.00	0.9200	3.0800	NS	1.4100	1.11	是
	151	河池	127.76	0.1020	0.0870	NS	0.3076	0.24	是
	152	柳州	128.20	0.0970	0.0590	NS	0.2790	0.22	是
	153	桂林	127.30	0.1325	0.3855	NS	0.5089	0.40	是
	154	梧州	129.02	9.8667	7.9093	NS	2.9813	2.31	是

续表

所属机构	序号	单位名称	浓度/(mg/L)	批内变异	批间变异	显著性	总标准差	CV/%	总标准差检验
四川省（8个）	155	岷江	126.10	0.0167	0.0194	NS	0.1343	0.11	是
	156	内江	127.40	0.9120	2.1040	NS	1.2280	0.96	是
	157	绵阳	127.20	1.4420	1.6200	NS	1.2400	0.97	是
	158	阿坝	125.73	0.0780	0.0760	NS	0.2790	0.22	是
	159	南充	128.20	2.9808	0.0610	NS	1.2333	0.96	是
	160	达州	126.00	0.6670	0.9330	NS	0.8940	0.71	是
	161	雅安	127.10	0.1630	0.0650	NS	0.3380	0.27	是
	162	西昌	125.90	0.2500	0.2830	NS	0.5160	0.41	是
贵州省（8个）	163	铜仁	123.02	0.1730	0.4160	NS	0.5430	0.44	是
	164	黔南	128.43	1.0000	0.9330	NS	0.9830	0.77	是
	165	遵义	127.60	0.1670	0.4000	NS	0.5320	0.42	是
	166	六盘水	127.80	0.6670	1.6000	NS	1.0600	0.83	是
	167	安顺	126.61	0.3330	1.0000	NS	0.8160	0.64	是
	168	黔西南	127.53	0.7850	5.4110	NS	1.7600	1.38	是
	169	毕节	128.00	0.9170	1.0830	NS	1.0000	0.78	是
	170	黔东南	127.28	1.5020	14.1330	NS（* *）	2.7960	2.20	是
云南省（13个）	171	丽江	127.10	0.5517	0.7813	NS	0.8300	0.65	是
	172	大理	125.93	0.3300	0.7300	NS	0.7300	0.58	是
	173	保山	127.20	0.3042	0.9688	NS	0.7978	0.63	是
	174	楚雄	126.40	0.3300	0.9300	NS	0.8000	0.63	是
	175	临沧	126.35	0.2500	0.9500	NS	0.7746	0.61	是
	176	玉溪	126.00	0.2500	1.0800	NS	0.8165	0.65	是
	177	普洱	126.50	0.1180	0.1830	NS	0.3880	0.31	是
	178	西双版纳	127.60	4.4470	5.2470	NS	2.2020	1.73	是
	179	红河	127.40	0.3700	0.7000	NS	0.7300	0.57	是
	180	曲靖	127.83	1.0333	3.1893	NS（*）	1.4530	1.14	是
	181	昭通	123.33	0.4667	0.9333	NS	0.2646	0.21	是
	182	文山	126.90	0.2933	0.9413	NS	0.7857	0.62	是
	183	德宏	125.08	0.1167	0.1193	NS	0.3435	0.27	是
西藏自治区（4个）	184	日喀则	127.77	0.0208	0.8604	* *	0.6638	0.52	是
	185	林芝	127.45	0.0830	0.3030	NS（*）	0.4400	0.35	是
	186	昌都	128.00	1.1000	4.3280	NS（*）	1.6500	1.29	是
	187	山南	127.45	0.0830	0.3030	NS（*）	0.4400	0.35	是
陕西省（5个）	188	安康	127.00	0.0692	0.1737	NS	0.3484	0.27	是
	189	延安	128.00	4.8600	4.7300	NS	2.1900	1.71	是

续表

所属机构	序号	单位名称	浓度/(mg/L)	批内变异	批间变异	显著性	总标准差	CV/%	总标准差检验
陕西省（5个）	190	宝鸡	127.00	3.3300	2.0000	NS	1.2800	1.01	是
	191	商洛	127.00	0.1920	0.6950	NS	2.1100	1.66	是
	192	汉中	127.60	0.0200	0.0720	NS	0.6800	0.53	是
甘肃省（7个）	193	酒泉	124.50	23.5000	0.4000	NS	3.7080	2.98	是
	194	张掖	127.20	0.3470	1.3840	NS	0.8320	0.65	是
	195	武威	125.50	1.5100	0.7710	NS	1.0680	0.85	是
	196	定西	127.20	0.3367	0.5320	NS	0.6591	0.52	是
	197	临洮	128.00	1.2500	1.7500	NS	1.2200	0.95	是
	198	平凉	127.80	2.5833	6.5500	NS	2.1370	1.67	是
	199	陇南	127.08	1.0800	4.3300	NS	1.6400	1.29	是
青海省（2个）	200	海东	126.70	0.3330	0.9330	NS	0.7960	0.63	是
	201	格尔木	127.10	2.6100	5.6900	NS	2.0400	1.61	是
新疆维吾尔自治区（11个）	202	伊犁	121.50	0.3330	0.2000	NS	0.5580	0.46	是
	203	阿勒泰	126.68	0.9167	4.6833	*	1.6730	1.32	是
	204	塔城	75.10	2.1542	1.0808	NS	1.2700	1.69	是
	205	博州	126.83	2.5200	4.0300	NS	1.8090	1.43	是
	206	石河子	130.20	1.3333	0.7333	NS	1.0170	0.78	是
	207	哈密	131.00	0.1667	0.2000	NS	0.4280	0.33	是
	208	巴州	128.80	4.9167	3.3500	NS	2.0331	1.58	是
	209	阿克苏	127.40	0.5830	1.0830	NS	0.9130	0.72	是
	210	克州	125.75	0.5810	2.4097	NS	1.2229	0.97	是
	211	喀什	75.00	0.2200	0.4900	NS	0.5990	0.80	是
	212	和田	129.10	0.5010	0.2004	NS	0.5921	0.46	是
长江上游局（4个）	213	宜宾	129.75	17.0000	10.0000	NS	3.9000	3.01	是
	214	攀枝花	124.31	0.5890	1.1310	NS	0.8510	0.68	是
	215	嘉陵江	122.47	0.2690	0.1820	NS	0.4980	0.41	是
	216	万州	120.60	0.4520	0.7820	NS	0.7310	0.61	是
重庆市（2个）	217	渝东北	126.68	0.0000	0.0000	NS	0.0032	0.00	是
	218	渝东南	127.40	0.1430	0.3630	NS	0.5030	0.39	是
工程类	219	碧流河	127.30	0.1967	0.2493	NS	0.4722	0.37	是

注　1.“NS”表示批内、批间变异不显著；

“*”表示批内、批间变异显著性差异证据不足，应进一步查找原因；

“**”表示批内、批间变异非常显著。

2. 表中数据均为上交报告中的原始数据，(括号) 内为经校核后的结果。

3.“#”批内变异、批间变异不应为零；“##”未按规定测定上限150mg/L配制。

附表 9-6　　精密度及变异分析汇总表（总磷—0.1*C*）

所属机构	序号	单位名称	浓度 /(mg/L)	批内变异 /10^{-4}	批间变异 /10^{-4}	显著性	总标准差 /10^{-2}	*CV* /%	总标准差检验
各流域水环境监测中心（7个）	1	长江	0.060	0.0008	0.0005	NS	0.0255	0.43	是
	2	黄河	0.061	0.0600	0.1100	NS	0.2900	4.75	是（否）
	3	淮河	0.059	0.1280	0.1370	NS	0.3645	6.18	是
	4	海河	0.059	0.0670	0.0770	NS	0.2700	4.58	是
	5	珠江	0.060	0.0090	0.0350	NS	0.1483	2.47	是
	6	松辽	0.060	0.0025	0.0148	*（NS）	0.0900	1.50	是
	7	太湖	0.099	0.0225	0.0213	NS	0.1500	1.52	是（否）
省、自治区、直辖市水环境监测中心（31个）	8	北京	0.060	0.0749	0.0428	NS	0.2430	4.02	是
	9	天津	0.059	0.0358	0.0388	NS	0.1930	3.27	是
	10	河北	0.061	0.0050	0.0110	NS	0.0900	1.48	是
	11	山西	0.121	0.1900	0.4400	NS	0.5652	4.67	是
	12	内蒙古	0.065	0.1000	0.1000	NS	0.3350	5.15	是
	13	辽宁	0.059	0.0080	0.0270	NS	0.1300	2.20	是
	14	吉林	0.060	0.0410	0.0390	NS	0.2000	3.33	是
	15	黑龙江	0.056	0.0000#	0.0000#	NS	0.2000	3.57	是
	16	上海	0.061	0.0333	0.0800	NS	0.3000	4.92	是
	17	江苏	0.116	0.0792	0.0348	NS	0.2400	2.07	是
	18	浙江	0.061	0.0058	0.0188	NS	0.1000	1.64	是（否）
	19	安徽	0.061	0.0100	0.0100	NS	0.0800	1.31	是
	20	福建	0.059	0.0000#	0.0000#	NS	0.1920	3.25	是
	21	江西	0.060	0.0750	0.1153	NS	0.3085	5.14	是
	22	山东	0.070	0.0467	0.0653	NS	0.2400	3.43	是
	23	河南	0.055	0.0100	0.0100	NS	0.1080	1.96	是
	24	湖北	0.059	0.0470	0.0770	NS	0.2500	4.26	是
	25	湖南	0.062	0.0642	0.0888	NS	0.3000	4.84	是
	26	广东	0.060	0.0613	0.1280	NS	0.3080	5.13	是（否）
	27	广西	0.061	0.0140	0.0160	NS	0.1220	2.00	是
	28	海南	0.059	0.0283	0.1250	NS（*）	0.2570	4.36	是
	29	重庆	0.059	0.0217	0.0393	NS	0.1700	2.88	是
	30	四川	0.061	0.0210	0.0320	NS	0.1600	2.64	是
	31	贵州	0.115	0.0320	0.0290	NS	0.1739	1.52	是
	32	云南	0.061	0.0783	0.0793	NS	0.2800	4.59	是
	33	西藏	0.060	0.0267	0.0800	NS	0.2309	3.85	是
	34	陕西	0.062	0.0600	0.0300	NS	0.2030	3.27	是

续表

所属机构	序号	单位名称	浓度 /(mg/L)	批内变异 $/10^{-4}$	批间变异 $/10^{-4}$	显著性	总标准差 $/10^{-2}$	CV /%	总标准差检验
省、自治区、直辖市水环境监测中心（31个）	35	甘肃	0.055	0.0867	0.0142	NS	0.0295	0.54	是
	36	青海	0.076	0.0058	0.0055	NS	0.1000	1.32	是
	37	宁夏	0.063	0.2420	0.0508	NS	0.0383	0.61	是
	38	新疆	0.059	0.0167	0.0413	NS	0.1700	2.88	是
长江委水文局（7个）	39	上游	0.065	0.0370	0.0800	NS	0.2200	3.37	是
	40	三峡	0.059	0.1230	0.0293	NS	0.2760	4.68	是
	41	荆江	0.060	0.0119	0.0089	NS	0.1000	1.67	是
	42	中游	0.063	0.0308	0.0395	NS	0.1880	2.97	是
	43	下游	0.070	0.0925	0.0908	NS	0.3030	4.35	是
	44	长江口	0.050	0.0830	0.1000	NS	0.3000	6.00	是
	45	汉江	0.038	0.0063	0.0175	NS	0.1090	2.89	是
黄委水文局（5个）	46	上游	0.060	0.0233	0.0373	NS	0.1700	2.83	是
	47	三门峡	0.059	0.0170	0.0090	NS	0.1140	1.93	是
	48	山东	0.006	0.0300	0.0500	NS	0.2000	32.79	是
	49	包头	0.059	0.0700	0.0900	NS	0.2828	4.79	是
	50	中游	0.059	0.0060	0.0200	NS	0.1000	1.69	是
长江委水保局（1个）	51	上海	0.061	0.0142	0.0195	NS	0.1300	2.13	是
海委（2个）	52	潘家口	0.061	0.0167	0.0140	NS	0.1200	1.97	是
	53	漳卫南	0.062	0.1650	0.0093	NS	0.3000	4.84	是
北京市（6个）	1	官厅水库	0.060	0.5000	0.0000	NS	0.5000	8.33	是（否）
	2	密云水库	0.060	0.0150	0.0020	NS	0.1323	2.21	是
	3	昌平	0.060	0.0050	0.0160	NS	0.1050	1.75	是
	4	大兴	0.061	0.0500	0.0200	NS	0.3000	4.93	是
	5	海淀	0.060	0.4200	1.3000	NS	0.9000	15.00	是
	6	通州	0.060	0.0200	0.0300	NS	0.1000	1.67	是
河北省（10个）	7	邯郸	0.060	0.0270	0.0490	NS	0.1900	3.17	是
	8	邢台	0.058	0.0008	0.0008	NS	0.0300	0.52	是
	9	石家庄	0.059	0.0075	0.0210	NS	0.1200	2.03	是
	10	衡水	0.061	0.0475	0.0288	NS	0.1950	3.20	是
	11	沧州	0.060	0.0067	0.0053	NS	0.0800	1.33	是
	12	保定	0.060	0.0092	0.0148	NS	0.1100	1.83	是
	13	廊坊	0.059	0.0292	0.0150	NS	0.1490	2.53	是（否）
	14	承德	0.062	0.0560	0.0190	NS	0.1900	3.06	是
	15	唐秦	0.061	0.0200	0.0513	NS	0.1890	3.10	是
	16	张家口	0.061	0.0367	0.0273	NS	0.1790	2.93	是

续表

所属机构	序号	单位名称	浓度 /(mg/L)	批内变异 /10^{-4}	批间变异 /10^{-4}	显著性	总标准差 /10^{-2}	CV /%	总标准差检验
山西省（8个）	17	大同	0.069	0.0210	0.0680	NS（* *）	0.2100	3.04	是
	18	太原	0.058	0.0000#	0.0000#	NS	0.0000#	0.00	是
	19	临汾	0.117	0.0360	0.0170	NS	0.1633	1.40	是
	20	运城	0.062	0.0117	0.0233	NS	0.1320	2.13	是
	21	长治	0.060	0.0525	0.0052	NS	0.2402	4.00	是
	22	吕梁	0.063	0.0789	0.0510	NS	0.2550	4.05	是
	23	忻州	0.060	0.0080	0.0131	NS	0.1030	1.72	是
	24	晋中	0.058	0.0250	0.0753	NS	0.2240	3.86	是
内蒙古自治区（4个）	25	包头	0.059	0.0481	0.1010	NS	0.2700	4.58	是
	26	赤峰	0.060	0.0300	0.0100	NS	0.1540	2.57	是
	27	通辽	0.064	0.0360	0.0780	NS	0.2400	3.74	是
	28	呼伦贝尔	0.064	0.0650	0.0780	NS	0.2674	4.18	是
辽宁省（11个）	29	铁岭	0.064	0.1030	0.0950	NS	0.2570	4.02	是
	30	抚顺	0.059	0.0192	0.0188	NS	0.1380	2.34	是
	31	本溪	0.061	0.0033	0.0080	NS	0.0800	1.31	是
	32	辽阳	0.055	0.0590	0.0780	NS	0.2610	4.75	是
	33	鞍山	0.060	0.0058	0.0148	NS	0.1000	1.67	是
	34	营口	0.061	0.0317	0.0113	NS	0.1470	2.41	是
	35	丹东	0.082	0.0258	0.0228	NS	0.1600	1.95	是
	36	大连	0.117	0.0000#	0.0000#	NS	0.2300	1.97	是
	37	朝阳	0.060	0.0000#	0.0000#	*	0.2300	3.83	是
	38	锦州	0.064	0.0000#	0.0000#	NS	0.2500	3.91	是
	39	阜新	0.122	0.0000#	0.0000#	NS	0.4300	3.52	是
吉林省（5个）	40	四平	0.059	0.0000#	0.0000#	NS	0.2600	4.41	是
	41	通化	0.057	0.0500	0.0500	NS	0.2400	4.18	是
	42	白城	0.059	0.0108	0.0155	NS	0.1200	2.02	是
	43	延边	0.059	0.0000#	0.0000#	*	0.2300	3.90	是
	44	吉林	0.056	0.1000	0.1000	NS	0.3600	6.43	是
黑龙江省（6个）	45	齐齐哈尔	0.060	0.0317	0.0120	NS	0.0148	0.25	是
	46	牡丹江	0.063	0.0104	0.0745	*	0.2060	3.27	是
	47	佳木斯	0.056	0.0190	0.0190	NS	0.1400	2.50	是
	48	伊春	0.070	0.2000	0.1000	NS	0.3650	5.21	是
	49	绥化	0.090	0.5000	1.0000	NS	0.8660	9.62	是
	50	黑河	0.061	0.0225	0.0180	NS	0.1570	2.57	是

续表

所属机构	序号	单位名称	浓度/(mg/L)	批内变异/10^{-4}	批间变异/10^{-4}	显著性	总标准差/10^{-2}	CV/%	总标准差检验
上海市（9个）	51 52	青浦	0.081	0.1390	0.1900	NS	0.4060	5.01	是
	53	嘉定	0.060	0.0550	0.0973	NS	0.2760	4.60	是
	54	浦东新区	0.060	0.0600	0.0550	NS	0.2400	4.00	是
	55	闵行	0.060	0.0425	0.1310	NS	0.2940	4.90	是
	56	崇明	0.059	0.0067	0.0200	NS	0.1200	2.03	是
	57	金山	0.041	0.0092	0.0028	NS	0.0775	1.89	是
	58	松浦	0.060	0.0167	0.0400	NS	0.1690	2.82	是
	59	奉贤	0.057	0.0250	0.0410	NS	0.1800	3.16	是
江苏省（10个）	60	镇江	0.117	0.1300	0.3800	NS	0.5000	4.27	是
	61	常州	0.116	0.0625	0.1710	NS	0.3420	2.95	是
	62	无锡	0.118	0.1220	0.3600	NS	0.4910	4.16	是
	63	苏州	0.060	0.0192	0.0215	NS	0.1400	2.33	是
	64	徐州	0.120	0.2250	0.2820	NS	0.5000	4.17	是
	65	连云港	0.055	0.0367	0.0133	NS	0.1910	3.47	是
	66	淮安	0.121	0.0140	0.0400	NS	0.1600	1.32	是
	67	盐城	0.060	0.1220	0.0068	NS	0.2540	4.23	是
	68	扬州	0.061	0.0692	0.0388	NS	0.2320	3.80	是
	69	南通	0.120	0.0217	0.0760	NS	0.2200	1.83	是
浙江省（7个）	70	嘉兴	0.060	0.0000#	0.0000#	NS	0.1080	1.80	是
	71	金华	0.060	2.1700	0.0033	NS	0.1120	1.87	是
	72	台州	0.060	0.0083	0.0033	NS	0.0764	1.27	是
	73	杭州	0.061	0.0033	0.0093	NS	0.0796	1.30	是
	74	温州	0.061	0.0192	0.0295	NS	0.1560	2.56	是
	75	宁波	0.060	0.0050	0.0180	NS	0.1070	1.78	是
	76	湖州	0.062	0.0558	0.0908	NS	0.3000	4.84	是
安徽省（5个）	77	阜阳	0.060	0.0090	0.0150	NS	0.1107	1.85	是
	78	芜湖	0.059	0.1800	0.0400	NS	0.1600	2.71	是
	79	安庆	0.061	0.0210	0.0290	NS	0.1576	2.58	是
	80	蚌埠	0.123	0.0450	0.1410	NS	0.2770	2.25	是
	81	巢湖	0.062	0.0700	0.1500	NS	0.3200	5.16	是
福建省（7个）	82	南平	0.043	0.0000#	0.1000	NS	0.1360	3.14	是
	83	漳州	0.062	0.0000#	0.0000#	NS	0.1810	2.92	是
	84	泉州	0.058	0.0158	0.0255	NS	0.1438	2.45	是
	85	龙岩	0.058	0.0000#	0.1000	NS	0.2580	4.44	是

续表

所属机构	序号	单位名称	浓度 /(mg/L)	批内变异 /10^{-4}	批间变异 /10^{-4}	显著性	总标准差 /10^{-2}	CV /%	总标准差检验
福建省（7个）	86	莆田	0.059	0.0475	0.0155	NS	0.1800	3.04	是
	87	三明	0.058	0.0000#	0.1000	NS	0.1560	2.68	是
	88	宁德	0.064	0.0000#	0.1000	NS	0.233	3.63	是
江西省（8个）	89	赣州	0.081	0.0400	0.1093	NS	0.2733	3.37	是
	90	吉安	0.087	0.0217	0.0413	NS	0.2000	2.30	是
	91	宜春	0.080	0.0433	0.0280	NS	0.1889	2.36	是
	92	抚州	0.061	0.0417	0.1053	NS	0.2657	4.36	是
	93	上饶	0.060	0.0000#	0.0000#	NS	0.0000	0.00	是
	94	九江	0.060	0.0650	0.0160	NS	0.2012	3.35	是
	95	鄱阳湖	0.061	0.0192	0.0588	NS	0.1975	3.23	是
	96	景德镇	0.053	0.0400	0.0673	NS	0.2317	4.37	是
山东省（14个）	97	青岛	0.059	0.1680	0.1850	NS	0.4200	7.12	是
	98	烟台	0.055	0.2500	0.2830	NS	0.5160	9.25	是
	99	潍坊	0.161	0.0167	0.0373	NS	0.1640	1.02	是
	100	淄博	0.061	0.1060	0.0748	NS	0.3010	4.93	是
	101	滨州	0.061	0.0500	0.1290	NS	0.2990	4.90	是
	102	德州	0.060	0.1220	0.0313	NS	0.2770	4.56	是
	103	聊城	0.120	0.3330	0.3330	NS	0.5770	4.81	是
	104	菏泽	0.058	0.0742	0.1130	NS	0.3060	5.28	是
	105	济宁	0.057	0.1930	0.1630	NS	0.4220	7.40	是
	106	泰安	0.061	0.1670	0.0220	NS	0.1390	2.28	是
	107	枣庄	0.063	0.0592	0.0308	NS	0.2120	3.37	是
	108	临沂	0.058	0.1810	0.1120	NS	0.3820	6.59	是
	109	日照	0.056	0.0858	0.1350	NS	0.3320	5.93	是
	110	威海	0.057	0.1670	0.3330	NS	0.5000	8.77	是
河南省（9个）	111	驻马店	0.065	0.0000#	0.0000#	NS	0.1200	1.85	是
	112	新乡	0.06	0.0000#	0.0000#	NS	0.2900	4.83	是
	113	许昌	0.059	0.0600	0.0800	NS	0.2600	4.42	是
	114	周口	0.060	0.0300	0.0200	NS	0.1400	2.32	是
	115	洛阳	0.060	0.0000#	0.0000#	NS	0.2700	4.50	是（否）
	116	南阳	0.060	0.0200	0.0500	NS	0.1750	2.92	是
	117	信阳	0.060	0.0380	0.0650	NS	0.2260	3.77	是
	118	商丘	0.059	0.0442	0.0648	NS	0.2335	3.95	是
	119	安阳	0.060	0.0000#	0.0000#	NS	0.2900	4.83	是

续表

所属机构	序号	单位名称	浓度/(mg/L)	批内变异/10^{-4}	批间变异/10^{-4}	显著性	总标准差/10^{-2}	CV/%	总标准差检验
湖北省（9个）	120	荆州	0.056	0.0775	0.0955	NS	0.2940	5.25	是
	121	襄樊	0.061	0.0675	0.0515	NS	0.2439	4.00	是（否）
	122	宜昌	0.050	0.0100	0.0470	NS（*）	0.0170	0.34	是
	123	孝感	0.061	0.0357	0.1467	NS	0.3020	4.98	是（否）
	124	黄冈	0.057	0.0067	0.0060	NS	0.0800	1.40	是（否）
	125	黄石	0.061	0.0150	0.0500	NS	0.1800	2.95	是
	126	咸宁	0.061	0.0127	0.0403	NS	0.1628	2.68	是（否）
	127	十堰	0.062	0.0300	0.0200	NS	0.1533	2.47	是（否）
	128	恩施	0.061	0.0400	0.0370	NS	0.1989	3.26	是（否）
湖南省（10个）	129	长沙	0.056	0.0120	0.0300	NS	0.1000	1.79	是
	130	郴州	0.060	0.2500	0.6800	NS	0.7000	11.67	是（否）
	131	永州	0.060	0.3000	0.2000	NS	0.5000	8.33	是
	132	衡阳	0.081	0.0560	0.2700	NS	0.4000	4.94	是
	133	湘潭	0.086	0.4200	0.0830	NS	0.5000	5.81	是
	134	邵阳	0.121	0.2100	0.2270	NS	0.5000	4.13	是
	135	洞庭湖	0.160	0.0800	0.0320	NS	0.2370	1.48	是
	136	怀化	0.120	0.3300	0.4000	NS	0.6000	5.00	是
	137	湘西	0.120	0.1700	0.2000	NS	0.4000	3.33	是
	138	常德	0.130	0.3300	0.3330	NS	0.6000	4.62	是
广东省（9个）	139	佛山	0.058	0.0200	0.0500	NS	0.2000	3.45	是
	140	肇庆	0.064	0.0180	0.0700	NS	0.2100	3.28	是（否）
	141	韶关	0.061	0.0242	0.1008	*	0.2500	4.10	是（否）
	142	茂名	0.060	0.0000	0.0000	NS	0.0000	0.00	是
	143	惠州	0.065	0.3300	0.2000	NS	0.5160	7.94	是（否）
	144	江门	0.060	0.1000	0.1000	NS	0.2890	4.82	是
	145	汕头	0.060	0.0735	0.0900	NS	0.2860	4.77	是
	146	湛江	0.060	0.1000	0.1000	NS	0.2890	4.82	是
	147	梅州	0.060	0.0800	0.1000	NS	0.3000	5.00	是
广西壮族自治区（7个）	148	玉林	0.060	0.0243	0.0110	NS	0.1320	2.20	是
	149	沿海	0.062	0.0400	0.0100	NS	0.1500	2.42	是
	150	百色	0.058	0.0100	0.0400	NS	0.1549	2.67	是
	151	河池	0.043	0.0190	0.0150	NS	0.1300	3.05	是
	152	柳州	0.062	0.0300	0.0900	NS	0.2401	3.87	是
	153	桂林	0.059	0.0200	0.0200	NS	0.1360	2.31	是
	154	梧州	0.062	0.1100	0.0190	NS	0.2530	4.08	是

续表

所属机构	序号	单位名称	浓度 /(mg/L)	批内变异 /10^{-4}	批间变异 /10^{-4}	显著性	总标准差 /10^{-2}	*CV* /%	总标准差检验
四川省（8个）	155	岷江	0.077	0.0091	0.0110	NS	0.1000	1.31	是
	156	内江	0.044	0.2500	0.0280	NS	0.5200	11.82	是
	157	绵阳	0.062	0.0617	0.0360	NS	0.2000	3.23	是
	158	阿坝	0.061	0.0750	0.2100	NS	0.3800	6.23	是
	159	南充	0.061	0.0517	0.0120	NS	0.1800	2.95	是
	160	达州	0.062	0.0170	0.0230	NS	0.1400	2.26	是
	161	雅安	0.063	0.0280	0.0490	NS	0.2000	3.17	是
	162	西昌	0.059	0.0992	0.1870	NS	0.3800	6.44	是
贵州省（8个）	163	铜仁	0.061	0.0062	0.0124	NS	0.1000	1.64	是
	164	黔南	0.060	0.0000#	0.0000#	NS	0.6000	10.00	是
	165	遵义	0.076	0.1200	0.1600	NS	0.3700	4.87	是
	166	六盘水	0.119	0.0008	0.1550	NS	0.3000	2.52	是
	167	安顺	0.119	0.0700	0.2500	NS	0.4000	3.36	是
	168	黔西南	0.060	0.1500	0.2700	NS	0.5000	8.35	是
	169	毕节	0.060	0.1000	0.1000	NS	0.3160	5.27	是
	170	黔东南	0.060	0.0517	0.1120	NS	0.2860	4.77	是
云南省（13个）	171	丽江	0.061	0.0493	0.0173	NS	0.1820	2.98	是
	172	大理	0.060	0.0099	0.0115	NS	0.1030	1.71	是
	173	保山	0.059	0.0320	0.0479	NS	0.2000	3.39	是
	174	楚雄	0.060	0.0140	0.0393	NS	0.1630	2.72	是
	175	临沧	0.060	0.0154	0.0182	NS	0.1290	2.14	是
	176	玉溪	0.057	0.2100	0.0860	NS	0.3900	6.84	是（否）
	177	普洱	0.060	0.0483	0.0120	NS	0.1740	2.90	是
	178	西双版纳	0.060	0.0281	0.0216	NS	0.1730	2.86	是
	179	红河	0.061	0.0433	0.0800	NS	0.2480	4.07	是
	180	曲靖	0.057	0.0233	0.0193	NS	0.1460	2.55	是
	181	昭通	0.060	0.0059	0.0362	*	0.1450	2.42	是
	182	文山	0.061	0.0092	0.0148	NS（* *）	0.1100	1.80	是
	183	德宏	0.060	0.0153	0.0399	NS	0.1660	2.77	是
西藏自治区（4个）	184	日喀则	0.059	0.2010	0.2300	NS	0.4640	7.90	是（否）
	185	林芝	0.056	0.2920	0.0477	NS	0.4120	7.36	是（否）
	186	昌都	0.120	0.0817	0.0368	NS	0.2000	1.67	是
	187	山南	0.056	0.0661	0.7990	* *	0.6740	12.04	否
陕西省（5个）	188	安康	0.060	0.0000	0.0000	NS	0.0220	0.37	是
	189	延安	0.060	0.0308	0.1035	NS	0.2600	4.33	是

续表

所属机构	序号	单位名称	浓度 /(mg/L)	批内变异 $/10^{-4}$	批间变异 $/10^{-4}$	显著性	总标准差 $/10^{-2}$	*CV* /%	总标准差检验
陕西省（5个）	190	宝鸡	0.059	0.1960	0.1030	NS	0.3800	6.44	是
	191	商洛	0.059	0.0220	0.1100	NS（*）	0.2030	3.44	是
	192	汉中	0.059	0.0208	0.0768	NS	0.2210	3.75	是
甘肃省（7个）	193	酒泉	0.047	0.3530	0.3560	NS	0.0073	0.16	是
	194	张掖	0.062	0.0033	0.0200	NS（*）	0.1080	1.74	是
	195	武威	0.066	0.0050	0.0053	NS	0.0719	1.09	是
	196	定西	0.060	0.0167	0.0440	NS	0.1740	2.90	是
	197	临洮	0.060	0.0425	0.0188	NS	0.1750	2.90	是
	198	平凉	0.063	0.1580	0.1130	NS	0.3680	5.80	是
	199	陇南	0.060	0.0758	0.3020	NS	0.4346	7.24	是
青海省（2个）	200	海东	0.234	0.0966	0.1240	NS	0.3300	1.41	是
	201	格尔木	0.080	0.0092	0.0268	NS	0.1300	1.63	是
新疆维吾尔自治区（11个）	202	伊犁	0.057	0.0092	0.0348	NS	0.1200	2.11	是
	203	阿勒泰	0.073	0.0500	0.2000	NS	0.3500	4.77	是
	204	塔城	0.053	0.3190	0.2790	NS	0.5500	10.46	是
	205	博州	0.070	0.0180	0.1900	**	0.3200	4.57	是
	206	石河子	0.056	0.0700	0.2000	NS	0.3500	6.25	是
	207	哈密	0.063	0.0158	0.0230	NS	0.1400	2.22	是
	208	巴州	0.063	0.1000	0.1000	NS	0.2900	4.60	是
	209	阿克苏	0.055	0.1500	0.1600	NS	0.2600	4.73	是
	210	克州	0.060	0.0092	0.0068	NS	0.0894	1.49	是
	211	喀什	0.063	0.0850	0.0940	NS	0.3000	4.76	是
	212	和田	0.061	0.0250	0.0700	NS	0.2200	3.61	是
长江上游局（4个）	213	宜宾	0.060	0.0140	0.0230	NS	0.1300	2.17	是
	214	攀枝花	0.058	0.2900	0.1200	NS	0.4900	8.45	是
	215	嘉陵江	0.072	0.0300	0.4000	NS	0.1900	2.64	是
	216	万州	0.059	0.1600	0.2900	NS	0.4400	7.46	是
重庆市（2个）	217	渝东北	0.059	0.1000	0.0000#	NS	0.2000	3.41	是
	218	渝东南	0.061	0.0000#	0.1000	NS	0.1860	3.05	是
工程类	219	碧流河	0.060	0.0320	0.0110	NS	0.1470	2.45	是

注　1. “NS”表示批内、批间变异不显著；

“*”表示批内、批间变异显著性差异证据不足，应进一步查找原因；

“**”表示批内、批间变异非常显著。

2. 表中数据均为上交报告中的原始数据，（括号）内为经校核后的结果。

3. “#”批内变异、批间变异不应为零；“##”未按规定测定上限150mg/L配制。

附表 9-7　　　　精密度及变异分析汇总表（总磷—0.9C）

所属机构	序号	单位名称	浓度 /(mg/L)	批内变异 /10^{-4}	批间变异 /10^{-4}	显著性	总标准差 /10^{-2}	CV /%	总标准差检验
流域水环境监测中心（7个）	1	长江	0.540	0.0008	0.0008	NS	0.0278	0.05	是
	2	黄河	0.533	0.1500	0.3000	NS	0.4700	0.88	是
	3	淮河	0.537	1.4250	1.2510	NS	1.1568	2.15	是
	4	海河	0.541	0.2700	0.4300	NS	0.5900	1.09	是
	5	珠江	0.540	0.0400	0.0130	NS	0.1633	0.30	是
	6	松辽	0.540	0.0050	0.0433	*	0.1600	0.30	是
	7	太湖	0.998	0.8210	3.3700	NS	1.4500	1.45	是（否）
省、自治区、直辖市水环境监测中心（31个）	8	北京	0.542	0.0150	0.0473	NS	0.1760	0.32	是
	9	天津	0.541	0.0625	0.0748	NS	0.2620	0.48	是
	10	河北	0.540	0.0050	0.0150	NS	0.1000	0.19	是
	11	山西	1.063	0.3300	1.3300	NS	0.9000	0.85	是
	12	内蒙古	0.547	0.1000	0.1000	NS	0.3540	0.65	是
	13	辽宁	0.513	0.0100	0.0170	NS	0.1200	0.23	是
	14	吉林	0.541	0.1260	0.0360	NS	0.2849	0.53	是
	15	黑龙江	0.539	0.0000#	0.0000#	NS	0.2500	0.46	是
	16	上海	0.541	0.0600	0.0933	NS	0.3000	0.55	是
	17	江苏	1.070	3.0000	4.1300	NS	1.8900	1.77	是
	18	浙江	0.540	0.0033	0.0140	NS	0.9000	1.67	是（否）
	19	安徽	0.553	0.0400	0.1300	NS	0.2900	0.52	是
	20	福建	0.540	0.1000	0.1000	NS	0.2770	0.51	是
	21	江西	0.543	0.1867	0.5333	NS	0.6000	1.10	是
	22	山东	0.640	0.2790	0.2140	NS	0.5000	0.78	是
	23	河南	0.537	0.2600	0.3800	NS	0.5660	1.05	是
	24	湖北	0.539	1.2400	2.7600	NS	1.4100	2.62	是
	25	湖南	0.545	0.2800	0.7760	NS	0.7000	1.28	是
	26	广东	0.540	0.1100	0.1830	NS	0.3830	0.71	是
	27	广西	0.543	0.0270	0.0650	NS	0.2140	0.39	是
	28	海南	0.532	0.1060	0.4550	NS	0.5295	1.00	是
	29	重庆	0.540	0.5800	0.9170	NS	0.8700	1.61	是
	30	四川	0.538	0.3500	0.5200	NS	0.6800	1.26	是
	31	贵州	1.076	0.8330	0.6830	NS	0.8708	0.81	是
	32	云南	0.548	0.1970	0.1800	NS	0.4300	0.78	是
	33	西藏	0.540	0.0800	0.0000#	NS	0.2000	0.37	是
	34	陕西	0.530	1.4300	3.2000	NS	1.5140	2.86	是

续表

所属机构	序号	单位名称	浓度/(mg/L)	批内变异/10^{-4}	批间变异/10^{-4}	显著性	总标准差/10^{-2}	CV/%	总标准差检验
省、自治区、直辖市水环境监测中心（31个）	35	甘肃	0.538	0.1480	0.6010	NS	0.6120	1.14	是
	36	青海	0.718	0.0283	0.0880	NS（*）	0.2000	0.28	是
	37	宁夏	0.543	0.0667	0.1200	NS	0.3060	0.56	是
	38	新疆	0.551	0.1620	0.6190	NS	0.6200	1.13	是
长江委水文局（7个）	39	上游	0.543	0.1430	0.2350	NS	0.4100	0.75	是
	40	三峡	0.539	0.0867	0.0073	NS	0.2170	0.40	是
	41	荆江	0.552	0.0155	0.0646	NS	0.2000	0.36	是
	42	中游	0.543	0.0392	0.0988	NS	0.2630	0.48	是
	43	下游	0.540	0.3560	0.9900	NS	0.8200	1.52	是
	44	长江口	0.460	0.0830	0.1000	NS	0.3000	0.65	是
	45	汉江	0.359	0.0360	0.0713	NS	0.2320	0.65	是
黄委水文局（5个）	46	上游	0.544	0.0183	0.0273	NS	0.1500	0.28	是
	47	三门峡	0.544	0.0620	0.0390	NS	0.2240	0.41	是
	48	山东	0.541	0.0500	0.0600	NS	0.2350	0.43	是
	49	包头	0.554	0.3300	0.5700	NS	0.6708	1.21	是
	50	中游	0.532	0.0200	0.0300	NS	0.2000	0.38	是
长江委水保局（1个）	51	上海	0.552	0.1300	0.2640	NS	0.4440	0.80	是
海委（2个）	52	潘家口	0.542	0.0642	0.0648	NS	0.2500	0.46	是
	53	漳卫南	0.545	0.4900	0.3890	NS	0.6600	1.21	是
北京市（6个）	1	官厅水库	0.540	3.1700	1.6000	NS	1.5000	2.78	是
	2	密云水库	0.540	1.6667	0.8000	NS	1.1000	2.04	是
	3	昌平	0.540	0.0083	0.0360	NS（*）	0.1489	0.28	是
	4	大兴	0.540	0.8000	0.4000	NS	0.8000	1.48	是
	5	海淀	0.530	0.8300	3.2000	NS	1.4200	2.68	是
	6	通州	0.539	0.4000	0.7000	NS	0.8000	1.48	是
河北省（10个）	7	邯郸	0.538	0.0600	0.0900	NS	0.2800	0.52	是
	8	邢台	0.536	0.0600	0.0090	NS	0.1900	0.35	是
	9	石家庄	0.541	0.0500	0.0500	NS	0.2100	0.39	是
	10	衡水	0.535	0.0400	0.1170	NS	0.2800	0.52	是
	11	沧州	0.539	0.0410	0.1200	NS	0.2900	0.54	是
	12	保定	0.535	0.1030	0.0673	NS	0.2920	0.55	是
	13	廊坊	0.537	0.1080	0.0290	NS	0.2620	0.49	是
	14	承德	0.545	0.2900	0.2600	NS	0.5300	0.97	是
	15	唐秦	0.550	0.1220	0.1060	NS	0.3380	0.61	是
	16	张家口	0.541	0.0300	0.0260	NS	0.1670	0.31	是

续表

所属机构	序号	单位名称	浓度/(mg/L)	批内变异/10^{-4}	批间变异/10^{-4}	显著性	总标准差/10^{-2}	CV/%	总标准差检验
山西省（8个）	17	大同	0.547	0.0680	0.1700	NS	0.3400	0.62	是
	18	太原	0.528	0.0000#	0.0000#	NS	0.0000#	0.00	是
	19	临汾	1.083	0.1400	0.5000	NS（*）	0.5664	0.52	是
	20	运城	0.544	0.0233	0.0780	NS	0.2250	0.41	是
	21	长治	0.541	0.0233	0.0214	NS	0.2000	0.37	是
	22	吕梁	0.545	0.0227	0.0901	NS	0.2570	0.47	是
	23	忻州	0.532	0.0661	0.1030	NS	0.2570	0.48	是
	24	晋中	0.536	0.0625	0.1590	NS	0.2570	0.48	是
内蒙古自治区（4个）	25	包头	0.539	0.1260	0.0822	NS	0.3500	0.65	是
	26	赤峰	0.541	0.1000	0.0400	NS	0.2810	0.52	是
	27	通辽	0.540	0.0180	0.0260	NS	0.1500	0.28	是
	28	呼伦贝尔	0.527	0.9117	1.2380	NS	1.3200	2.50	是
辽宁省（11个）	29	铁岭	0.544	0.2660	0.3730	NS	0.5650	1.04	是
	30	抚顺	0.542	0.0433	0.0680	NS	0.2360	0.44	是
	31	本溪	0.541	0.0120	0.0160	NS	0.1200	0.22	是
	32	辽阳	0.538	0.4380	1.2780	NS	0.9260	1.72	是
	33	鞍山	0.541	0.0167	0.0220	NS	0.1400	0.26	是
	34	营口	0.542	0.0558	0.0308	NS	0.2080	0.38	是
	35	丹东	0.724	0.0500	0.0673	NS	0.2400	0.33	是
	36	大连	1.080	1.0000	1.0000	NS	0.7400	0.69	是
	37	朝阳	0.540	0.0000#	0.0000#	NS	0.3100	0.57	是
	38	锦州	0.523	0.0000#	1.0000	NS	0.9400	1.80	是
	39	阜新	1.079	0.0000#	0.0000#	NS	0.6200	0.57	是
吉林省（5个）	40	四平	0.538	0.0000#	0.0000#	NS	0.4300	0.80	是
	41	通化	0.536	0.0600	0.0600	NS	0.3100	0.58	是
	42	白城	0.545	0.0140	0.0370	NS	0.1600	0.29	是
	43	延边	0.536	0.0000#	0.0000#	NS	0.6000	1.12	是
	44	吉林	0.536	0.1000	0.1000	NS	0.3300	0.62	是
黑龙江省（6个）	45	齐齐哈尔	0.539	0.0200	0.0060	NS	0.0114	0.02	是
	46	牡丹江	0.541	0.0100	0.0320	NS	0.1450	0.27	是
	47	佳木斯	0.538	0.0260	0.0420	NS	0.1800	0.33	是
	48	伊春	0.560	0.2000	0.4000	NS	0.5450	0.97	是
	49	绥化	0.940	5.3300	6.2000	NS	2.4000	2.55	是
	50	黑河	0.544	0.0492	0.0922	NS	0.2660	0.49	是

续表

所属机构	序号	单位名称	浓度 /(mg/L)	批内变异 $/10^{-4}$	批间变异 $/10^{-4}$	显著性	总标准差 $/10^{-2}$	CV /%	总标准差检验
上海市（9个）	51 52	青浦	0.503	0.2430	1.7200	*（**）	0.9910	1.97	是
	53	嘉定	0.541	0.1240	0.4570	NS	0.5390	1.00	是
	54	浦东新区	0.524	0.7110	0.5010	NS	0.7800	1.49	是
	55	闵行	0.539	0.0517	0.1610	NS	0.3260	0.60	是
	56	崇明	0.542	0.0375	0.1120	NS	0.2700	0.50	是
	57	金山	0.361	0.0117	0.0213	NS	0.1280	0.35	是
	58	松浦	0.559	0.0150	0.0360	NS	0.1600	0.29	是
	59	奉贤	0.542	0.1000	0.2000	NS	0.4000	0.74	是
江苏省（10个）	60	镇江	1.084	0.5200	1.2700	NS	0.9000	0.83	是
	61	常州	1.072	0.1280	0.1520	NS	0.4640	0.43	是
	62	无锡	1.080	0.6670	1.1300	NS	0.9490	0.88	是
	63	苏州	0.541	0.0125	0.0135	NS	0.1100	0.20	是
	64	徐州	1.080	2.2500	2.3000	NS	1.5100	1.40	是
	65	连云港	0.540	0.1200	0.3920	NS	0.5060	0.94	是
	66	淮安	1.079	0.0490	0.1300	NS	0.3000	0.28	是
	67	盐城	0.539	0.1760	0.2910	NS	0.4830	0.90	是
	68	扬州	0.541	0.1520	0.5410	NS	0.5890	1.09	是
	69	南通	1.080	3.0800	3.6800	NS	1.8000	1.67	是
浙江省（7个）	70	嘉兴	0.541	0.0000#	0.0000#	NS	0.1450	0.27	是
	71	金华	0.537	0.0725	0.0948	NS	0.2890	0.54	是
	72	台州	0.541	0.1120	0.1810	NS	0.3830	0.71	是
	73	杭州	0.541	0.0233	0.0140	NS	0.1370	0.25	是
	74	温州	0.551	0.3430	0.5930	NS	0.6840	1.24	是
	75	宁波	0.537	0.0108	0.0370	NS	0.1550	0.29	是
	76	湖州	0.543	0.0358	0.8028	NS	0.2000	0.37	是
安徽省（5个）	77	阜阳	0.540	0.0090	0.0190	NS	0.1183	0.22	是
	78	芜湖	0.550	1.0000	1.0000	NS	0.8300	1.51	是
	79	安庆	0.540	0.0950	0.1010	NS	0.3133	0.58	是
	80	蚌埠	1.087	0.0258	0.0735	NS	0.2930	0.27	是
	81	巢湖	0.547	0.0900	0.2400	NS	0.4100	0.75	是
福建省（7个）	82	南平	0.354	0.1000	0.5000	NS	0.5120	1.45	是
	83	漳州	0.542	0.0000#	0.4000	NS	0.4490	0.83	是
	84	泉州	0.540	0.0475	0.1048	NS	0.2760	0.51	是
	85	龙岩	0.541	0.1000	0.1000	NS	0.3180	0.59	是

续表

所属机构	序号	单位名称	浓度/(mg/L)	批内变异/10^{-4}	批间变异/10^{-4}	显著性	总标准差/10^{-2}	CV/%	总标准差检验
福建省（7个）	86	莆田	0.543	0.0542	0.1155	NS	0.2900	0.53	是
	87	三明	0.546	0.0000#	1.4000	NS	0.8470	1.55	是
	88	宁德	0.541	0.2000	0.3000	NS	0.5000	0.92	是
江西省（8个）	89	赣州	0.705	0.0342	0.0768	NS	0.2356	0.33	是
	90	吉安	0.537	1.1990	4.1950	NS	1.6000	2.98	是
	91	宜春	0.720	0.1342	0.1048	NS	0.3457	0.48	是
	92	抚州	0.537	0.4033	0.0820	NS	0.4926	0.92	是
	93	上饶	0.534	3.0000	1.0000	NS	0.0200	0.04	是
	94	九江	0.543	0.0792	0.0588	NS	0.2623	0.48	是
	95	鄱阳湖	0.539	0.1967	0.1113	NS	0.3924	0.73	是
	96	景德镇	0.540	0.0767	0.0593	NS	0.2608	0.48	是
山东省（14个）	97	青岛	0.533	0.2860	0.4340	NS	0.6000	1.13	是
	98	烟台	0.536	25.0000	0.6830	NS	0.6830	1.27	是
	99	潍坊	1.439	0.0200	0.0593	NS	0.1990	0.14	是
	100	淄博	0.538	0.3150	0.7760	NS	0.7390	1.37	是
	101	滨州	0.541	0.1220	0.1910	NS	0.3960	0.73	是
	102	德州	0.536	1.9800	0.9250	NS	1.2100	2.26	是
	103	聊城	1.070	0.5830	0.5500	NS	0.7530	0.70	是
	104	菏泽	0.541	0.0725	0.1710	NS	0.3490	0.65	是
	105	济宁	0.531	2.5800	5.4800	NS	2.0100	3.79	是
	106	泰安	0.540	0.0142	0.0168	NS	0.1240	0.23	是
	107	枣庄	0.537	0.5920	0.0993	NS	0.5880	1.09	是
	108	临沂	0.530	2.2500	3.3800	NS	1.6800	3.17	是
	109	日照	0.517	0.0233	0.0920	NS	0.2400	0.46	是
	110	威海	0.541	0.4170	1.2800	NS	0.9220	1.70	是
河南省（9个）	111	驻马店	0.548	0.0000#	0.0000#	NS	0.1700	0.31	是
	112	新乡	0.540	0.0000#	1.0000	NS	0.6300	1.17	是
	113	许昌	0.538	0.2200	0.1400	NS	0.4200	0.78	是
	114	周口	0.539	0.0300	0.0700	NS	0.2300	0.43	是
	115	洛阳	0.545	0.0000#	0.0000#	NS	0.4400	0.81	是
	116	南阳	0.541	0.4300	0.2100	NS	0.5670	1.05	是
	117	信阳	0.553	0.4200	0.5800	NS	0.7100	1.28	是
	118	商丘	0.537	0.2450	0.3053	NS	0.5246	0.98	是
	119	安阳	0.530	1.0000	1.0000	NS	0.8000	1.51	是

续表

所属机构	序号	单位名称	浓度/(mg/L)	批内变异/10^{-4}	批间变异/10^{-4}	显著性	总标准差/10^{-2}	CV/%	总标准差检验
湖北省（9个）	120	荆州	0.546	0.2170	0.8930	NS	0.7450	1.36	是
	121	襄樊	0.539	0.0975	0.0328	NS	0.2553	0.47	是（否）
	122	宜昌	0.455	0.2276	0.8162	NS	0.7200	1.58	是
	123	孝感	0.543	1.1500	0.6240	NS	0.9400	1.73	是（否）
	124	黄冈	0.534	0.0500	0.0480	NS	0.1800	0.34	是（否）
	125	黄石	0.540	0.0480	0.0460	NS	0.2200	0.41	是
	126	咸宁	0.541	0.0169	0.0221	NS	0.1396	0.26	是（否）
	127	十堰	0.541	0.0100	0.0200	NS	0.1245	0.23	是
	128	恩施	0.536	0.4170	1.2950	NS	0.7504	1.40	是（否）
湖南省（10个）	129	长沙	0.535	0.0892	0.1400	NS	0.3000	0.56	是
	130	郴州	0.540	0.3300	0.7300	NS	0.7000	1.30	是
	131	永州	0.560	0.1200	0.4000	NS	0.9000	1.61	是
	132	衡阳	0.721	0.4100	0.9500	NS	0.8000	1.11	是
	133	湘潭	0.719	0.4170	0.4830	NS	0.7000	0.97	是
	134	邵阳	1.075	0.5420	0.8170	NS	0.8000	0.74	是
	135	洞庭湖	1.441	0.1870	0.0534	NS	0.3460	0.24	是
	136	怀化	1.080	0.1700	0.2000	NS	0.4000	0.37	是
	137	湘西	1.080	0.1700	0.2000	NS	0.4000	0.37	是
	138	常德	1.100	0.3330	0.9330	NS（*）	0.8000	0.73	是
广东省（9个）	139	佛山	0.538	0.1000	0.3700	NS	0.5000	0.93	是
	140	肇庆	0.542	0.0730	0.0720	NS	0.2700	0.50	是（否）
	141	韶关	0.542	0.1800	2.8080	**	1.2200	2.25	是（否）
	142	茂名	0.540	0.1000	0.1000	NS	0.2890	0.54	是
	143	惠州	0.537	0.3300	0.1300	NS	0.4830	0.90	是（否）
	144	江门	0.540	0.2000	0.1000	NS	0.3870	0.72	是
	145	汕头	0.540	0.1100	0.4390	NS	0.5240	0.97	是
	146	湛江	0.540	0.4000	0.8000	NS	0.7640	1.41	是
	147	梅州	0.550	0.5000	1.4000	NS	0.9750	1.77	是
广西壮族自治区（7个）	148	玉林	0.540	0.0620	0.0200	NS	0.2020	0.37	是
	149	沿海	0.537	0.3600	0.3100	NS	0.5800	1.08	是
	150	百色	0.537	0.0200	0.4000	NS	0.1678	0.31	是
	151	河池	0.363	0.0340	0.0450	NS	0.2000	0.55	是
	152	柳州	0.541	0.1000	0.0800	NS	0.3114	0.58	是
	153	桂林	0.540	0.0600	0.4600	*	0.5084	0.94	是
	154	梧州	0.536	0.2900	0.2100	NS	0.4990	0.93	是

续表

所属机构	序号	单位名称	浓度 /(mg/L)	批内变异 /10^{-4}	批间变异 /10^{-4}	显著性	总标准差 /10^{-2}	CV /%	总标准差检验
四川省（8个）	155	岷江	0.548	0.0117	0.0274	NS	0.1400	0.26	是
	156	内江	0.357	0.0830	0.3600	NS	0.4700	1.32	是
	157	绵阳	0.541	0.3400	0.1100	NS	0.5000	0.92	是
	158	阿坝	0.533	0.2500	0.3600	NS	0.5500	1.03	是
	159	南充	0.542	0.0667	0.0260	NS	0.2200	0.41	是
	160	达州	0.566	0.5700	1.7700	NS	0.9300	1.64	是
	161	雅安	0.542	0.0320	0.0370	NS	0.1800	0.33	是
	162	西昌	0.545	0.2180	0.4580	NS	0.5800	1.06	是
贵州省（8个）	163	铜仁	0.542	0.0062	0.0143	NS	0.1000	0.18	是
	164	黔南	0.560	10.0000	10.0000	NS（*）	3.2000	5.71	是
	165	遵义	0.722	0.1600	0.8700	*	0.7200	1.00	是
	166	六盘水	1.063	0.0250	1.1600	NS	0.8000	0.75	是
	167	安顺	1.091	1.9700	1.5900	NS	1.3300	1.22	是
	168	黔西南	0.557	0.2400	0.1900	NS	0.5000	0.90	是
	169	毕节	0.540	0.2000	0.1000	NS	0.3160	0.59	是
	170	黔东南	0.540	0.0817	0.1713	NS	0.3560	0.66	是
云南省（13个）	171	丽江	0.538	0.6950	0.9260	NS（*）	0.9000	1.67	是
	172	大理	0.542	0.0056	0.0225	NS	0.1190	0.22	是
	173	保山	0.536	0.0192	0.0548	NS	0.1920	0.36	是
	174	楚雄	0.539	0.1400	0.0852	NS	0.3350	0.62	是
	175	临沧	0.540	0.0430	0.0796	NS	0.2480	0.46	是
	176	玉溪	0.532	0.1900	0.3100	NS	0.5000	0.94	是
	177	普洱	0.545	0.2450	0.7280	NS	0.6970	1.28	是
	178	西双版纳	0.546	0.1920	0.3600	NS	0.5250	0.96	是
	179	红河	0.536	0.1480	0.4130	NS	0.5290	0.99	是
	180	曲靖	0.539	0.8490	0.1060	NS	0.6910	1.28	是
	181	昭通	0.540	0.0117	0.0354	NS	0.1530	0.28	是
	182	文山	0.544	0.0117	0.0253	NS（**）	0.1360	0.25	是
	183	德宏	0.540	0.1175	0.1128	NS	0.3400	0.63	是
西藏自治区（4个）	184	日喀则	0.541	0.1010	0.1390	NS（*）	0.3460	0.64	是
	185	林芝	0.543	0.0795	1.7000	NS（**）	0.9440	1.74	是
	186	昌都	1.110	0.0339	0.1620	NS（*）	0.9100	0.82	是
	187	山南	0.494	0.1450	0.7830	**	0.6880	1.39	是
陕西省（5个）	188	安康	0.540	0.0000	3.0000	NS（**）	0.3600	0.67	是
	189	延安	0.543	0.0325	0.1108	NS	0.2700	0.50	是

续表

所属机构	序号	单位名称	浓度/(mg/L)	批内变异/10^{-4}	批间变异/10^{-4}	显著性	总标准差/10^{-2}	CV/%	总标准差检验
陕西省（5个）	190	宝鸡	0.540	0.3510	0.1330	NS	0.4900	0.91	是
	191	商洛	0.540	0.0360	0.2100	NS（*）	0.3531	0.65	是
	192	汉中	0.537	0.3690	1.0800	NS	0.8520	1.59	是
甘肃省（7个）	193	酒泉	0.549	1.0400	0.9210	NS	0.9900	1.80	是
	194	张掖	0.540	0.0075	0.0130	NS	0.1010	0.19	是
	195	武威	0.545	0.3633	0.5600	NS	0.6795	1.25	是
	196	定西	0.536	0.0125	0.0358	NS	0.1560	0.29	是
	197	临洮	0.541	0.1140	0.0608	NS	0.2960	0.55	是
	198	平凉	0.536	0.2320	0.1810	NS	0.4540	0.85	是
	199	陇南	0.539	0.6242	1.2400	NS	0.9654	1.79	是
青海省（2个）	200	海东	1.834	0.9820	0.4540	NS	0.8500	0.46	是
	201	格尔木	0.721	0.1050	0.0833	NS	0.3100	0.43	是
新疆维吾尔自治区（11个）	202	伊犁	0.540	0.0200	0.0660	NS	0.1700	0.31	是
	203	阿勒泰	0.545	3.3000	1.2700	NS	1.5000	2.75	是
	204	塔城	0.544	2.2500	1.4100	NS	1.3500	2.48	是
	205	博州	0.561	0.3100	6.9000	**	1.9000	3.39	是
	206	石河子	0.536	0.3200	1.4000	NS	0.9300	1.74	是
	207	哈密	0.501	0.0958	3.6400	NS（**）	1.3700	2.73	是
	208	巴州	0.557	0.2000	1.2000	*	0.8400	1.51	是
	209	阿克苏	0.542	0.2400	0.4900	NS	0.6000	1.11	是
	210	克州	0.539	0.0183	0.0233	NS	0.1440	0.27	是
	211	喀什	0.546	0.3000	0.4300	NS	0.6000	1.10	是
	212	和田	0.540	0.0690	0.1900	NS	0.3600	0.67	是
长江上游局（4个）	213	宜宾	0.540	0.0160	0.0350	NS	0.1400	0.26	是
	214	攀枝花	0.537	0.6400	0.5100	NS	0.7800	1.45	是
	215	嘉陵江	0.550	0.1600	0.2900	NS	0.4400	0.80	是
	216	万州	0.540	0.4300	0.7000	NS	0.7100	1.31	是
重庆市（2个）	217	渝东北	0.541	0.1000	0.1000	NS	0.3580	0.66	是
	218	渝东南	0.538	0.3000	0.4000	NS	0.5750	1.07	是
工程类	219	碧流河	0.540	0.0560	0.0310	NS	0.2080	0.39	是

注　1. “NS”表示批内、批间变异不显著；

“*”表示批内、批间变异显著性差异证据不足，应进一步查找原因；

“**”表示批内、批间变异非常显著。

2. 表中数据均为上交报告中的原始数据，（括号）内为经校核后的结果。

3. “#”批内变异、批间变异不应为零；“##”未按规定测定上限150mg/L配制。

附表 9-8　　精密度及变异分析汇总表（总磷-天然水样）

所属机构	序号	单位名称	浓度 /(mg/L)	批内变异 $/10^{-4}$	批间变异 $/10^{-4}$	显著性	总标准差 $/10^{-2}$	CV /%	总标准差检验
各流域水环境监测中心（7个）	1	长江	0.021	0.0015	0.0019	NS	0.0415	2.01	是
	2	黄河	0.039	0.1000	0.0900	NS	0.3100	7.95	是（否）
	3	淮河	0.211	0.2340	0.9970	NS	0.7845	3.72	是
	4	海河	0.321	0.1870	0.1490	NS	0.4100	1.28	是
	5	珠江	0.179	0.0170	0.0620	NS	0.1983	1.11	是
	6	松辽	0.122	0.0225	0.0588	NS	0.2000	1.64	是
	7	太湖	0.014	0.0017	0.0053	NS	0.0600	4.29	是
省、自治区、直辖市水环境监测中心（31个）	8	北京	0.040	0.0167	0.0500	NS	0.1830	4.63	是
	9	天津	0.080	0.0242	0.0128	NS	0.1360	1.70	是
	10	河北	0.023	0.0050	0.0150	NS	0.1000	4.35	是
	11	山西	0.156	0.2700	0.2800	NS	0.5252	3.37	是
	12	内蒙古	0.209	0.2000	0.4000	NS	0.5540	2.65	是
	13	辽宁	0.142	0.0220	0.0250	NS	0.1500	1.06	是
	14	吉林	0.056	0.0150	0.0380	NS	0.1635	2.92	是
	15	黑龙江	0.200	0.0000#	0.0000#	NS	0.2900	1.45	是
	16	上海	0.125	0.0633	0.0913	NS	0.3000	2.40	是
	17	江苏	0.221	0.1330	0.4640	NS	0.5500	2.49	是
	18	浙江	0.127	0.0392	0.0988	NS	0.3000	2.36	是
	19	安徽	0.268	0.0200	0.0700	NS	0.2200	0.82	是
	20	福建	0.048	0.0000#	0.0000#	NS	0.1300	2.71	是
	21	江西	0.109	0.0675	0.1955	NS	0.3626	3.33	是
	22	山东	0.060	0.0142	0.0248	NS	0.1400	2.33	是
	23	河南	0.220	0.1600	0.0700	NS	0.3360	1.53	是
	24	湖北	0.030	0.0130	0.0270	NS	0.1400	4.70	是
	25	湖南	0.083	0.0983	0.2490	NS	0.4000	4.82	是
	26	广东	0.030	0.0613	0.1479	NS	0.3230	10.77	是（否）
	27	广西	0.052	0.0230	0.0090	NS	0.1280	2.46	是
	28	海南	0.235	0.6680	3.5600	*	1.4540	6.19	否
	29	重庆	0.022	0.0608	0.1170	NS	0.3000	13.64	是
	30	四川	0.110	0.0690	0.0400	NS	0.2600	2.37	是
	31	贵州	0.166	0.0220	0.0260	NS	0.1544	0.93	是
	32	云南	0.169	0.0475	0.0435	NS	0.2100	1.24	是
	33	西藏	0.008	0.0000#	0.0270	NS	0.2000	25.54	是
	34	陕西	0.049	0.0200	0.0700	NS	0.2070	4.22	是

续表

所属机构	序号	单位名称	浓度 /(mg/L)	批内变异 $/10^{-4}$	批间变异 $/10^{-4}$	显著性	总标准差 $/10^{-2}$	*CV* /%	总标准差检验
省、自治区、直辖市水环境监测中心（31个）	35	甘肃	0.252	0.4980	1.6200	NS	0.9080	3.60	是
	36	青海	0.028	0.0025	0.0108	NS	0.1000	3.57	是
	37	宁夏	0.053	0.1040	0.1210	NS	0.3350	6.32	是
	38	新疆	0.156	0.0650	0.2420	NS	0.3900	2.50	是
长江委水文局（7个）	39	上游	0.081	0.0700	0.1210	NS	0.2900	3.59	是
	40	三峡	0.188	0.1180	0.2730	NS	0.4430	2.36	是
	41	荆江	0.198	0.1150	0.1230	NS	0.3400	1.72	是
	42	中游	0.112	0.0208	0.0128	NS	0.1300	1.16	是
	43	下游	0.163	0.0558	0.1860	NS	0.3470	2.13	是
	44	长江口	0.090	0.3300	0.4000	NS	0.6000	6.67	是
	45	汉江	0.031	0.0238	0.0628	NS	0.2080	6.69	是
黄委水文局（5个）	46	上游	0.026	0.0058	0.0148	NS	0.1000	3.85	是
	47	三门峡	0.022	0.0050	0.0030	NS	0.0630	2.86	是
	48	山东	0.074	0.0900	0.1000	NS	0.3080	4.16	是
	49	包头	0.342	1.1900	1.3000	NS	1.1158	3.26	是
	50	中游	0.030	0.0090	0.0300	NS	0.1400	4.67	是
长江委水保局（1个）	51	上海	0.093	0.0550	0.0350	NS	0.2120	2.28	是
海委（2个）	52	潘家口	0.154	0.0058	0.0108	NS	0.0900	0.58	是
	53	漳卫南	0.323	0.3640	0.0808	NS	0.4700	1.46	是
北京市（6个）	1	官厅水库	0.030	0.3300	1.2000	NS	0.9000	30.00	是（否）
	2	密云水库	0.021	0.0017	0.0120	NS（*）	0.0695	3.31	是
	3	昌平	0.002	0.0017	0.0040	NS（*）	0.1489	74.45	是
	4	大兴	0.234	0.2000	0.0500	NS	0.3000	1.28	是
	5	海淀	0.180	0.5800	0.7000	NS	0.8000	4.44	是
	6	通州	0.318	0.0500	0.0500	NS	0.2000	0.63	是
河北省（10个）	7	邯郸	0.135	0.0440	0.1100	NS	0.2800	2.07	是
	8	邢台	0.024	0.0208	0.0048	NS	0.1100	4.58	是
	9	石家庄	0.011	0.0025	0.0028	NS	0.0500	4.55	是
	10	衡水	0.079	0.0917	0.0453	NS	0.2620	3.32	是
	11	沧州	0.044	0.0067	0.0040	NS	0.0700	1.59	是
	12	保定	0.236	0.0125	0.0188	NS	0.1250	0.53	是
	13	廊坊	0.388	0.0292	0.0870	NS	0.2410	0.62	是
	14	承德	0.257	0.1500	0.0390	NS	0.3100	1.21	是
	15	唐秦	0.041	0.0592	0.0308	NS	0.2120	5.17	是
	16	张家口	0.071	0.0250	0.0133	NS	0.1380	1.94	是

续表

所属机构	序号	单位名称	浓度 /(mg/L)	批内变异 $/10^{-4}$	批间变异 $/10^{-4}$	显著性	总标准差 $/10^{-2}$	*CV* /%	总标准差检验
山西省（8个）	17	大同	0.245	0.0430	0.0870	NS	0.2600	1.06	是
	18	太原	0.107	0.0000#	0.0000#	NS	0.0000#	0.00	是
	19	临汾	0.397	0.3000	0.2000	NS	0.4846	1.22	是
	20	运城	0.075	0.0142	0.0408	NS	0.1660	2.21	是
	21	长治	0.082	0.0225	0.0202	NS	0.2066	2.52	是
	22	吕梁	0.018	0.0910	0.1200	NS	0.3250	18.06	是
	23	忻州	0.023	0.0288	0.0668	NS	0.2190	9.52	是
	24	晋中	0.016	0.0175	0.0128	NS	0.1230	7.69	是
内蒙古自治区（4个）	25	包头	0.111	0.0092	0.0278	NS	0.1000	0.90	是
	26	赤峰	0.074	0.0020	0.0030	NS	0.0500	0.68	是
	27	通辽	0.221	0.0150	0.0270	NS	0.1500	0.68	是
	28	呼伦贝尔	0.062	0.1792	0.4430	NS	0.5578	9.00	是
辽宁省（11个）	29	铁岭	0.239	0.3150	0.5480	NS	0.6570	2.75	是
	30	抚顺	0.241	0.0075	0.0208	NS	0.2360	0.98	是
	31	本溪	0.140	0.0083	0.0280	NS	0.1300	0.93	是
	32	辽阳	0.138	0.1510	0.4050	NS	0.5270	3.82	是
	33	鞍山	0.153	0.0192	0.1020	NS	0.2500	1.63	是
	34	营口	0.154	0.0775	0.0208	NS	0.2220	1.44	是
	35	丹东	0.045	0.0250	0.0373	NS	0.1800	4.00	是
	36	大连	0.054	0.0000#	0.0000#	NS	0.2100	3.89	是
	37	朝阳	0.100	0.0000#	0.0000#	NS	0.2700	2.70	是
	38	锦州	0.244	0.0000#	0.0000#	NS	0.4300	1.76	是
	39	阜新	0.016	0.0000#	0.0000#	NS	0.1200	7.50	是
吉林省（5个）	40	四平	0.300	0.0000#	0.0000#	NS	0.2400	0.80	是
	41	通化	0.302	0.1100	0.1100	NS	0.3700	1.22	是
	42	白城	0.106	0.0667	0.0453	*	0.1600	1.51	是
	43	延边	0.027	0.0000#	0.0000#	NS	1.0000	37.04	是
	44	吉林	0.191	0.1000	0.1000	NS	1.0000	5.24	是
黑龙江省（6个）	45	齐齐哈尔	0.200	0.0158	0.0574	NS（*）	0.0191	0.10	是
	46	牡丹江	0.067	0.0017	0.0054	NS（**）	0.0594	0.89	是
	47	佳木斯	0.284	0.0330	0.0230	NS	0.1700	0.60	是
	48	伊春	0.031	0.3000	0.1000	NS	0.4170	13.45	是
	49	绥化	0.170	0.1670	0.2000	NS	0.4280	2.52	是
	50	黑河	0.114	0.0567	0.0680	NS	0.2500	2.19	是

续表

所属机构	序号	单位名称	浓度/(mg/L)	批内变异/10^{-4}	批间变异/10^{-4}	显著性	总标准差/10^{-2}	CV/%	总标准差检验
上海市（9个）	51 52	青浦（南汇合并到此）	0.409	0.9410	0.2330	NS	0.7660	1.87	是
	53	嘉定	0.373	0.1860	0.6620	NS	0.6510	1.75	是
	54	浦东新区	0.349	0.5040	0.4150	NS	0.6800	1.95	是
	55	闵行	0.206	0.0217	0.0880	NS	0.2340	1.14	是
	56	崇明	0.149	0.0650	0.2550	NS	0.4000	2.68	是
	57	金山	0.290	0.0492	0.0215	NS	0.1880	0.65	是
	58	松浦	0.220	0.0100	0.0240	NS（*）	0.1300	0.59	是
	59	奉贤	0.119	0.1100	0.2100	NS	0.4000	3.36	是
江苏省（10个）	60	镇江	0.147	0.1900	0.4500	NS	0.6000	4.08	是
	61	常州	0.248	0.1220	0.3080	NS	0.4640	1.87	是
	62	无锡	0.188	0.0533	0.2090	NS	0.3620	1.93	是
	63	苏州	0.101	0.0183	0.0200	NS	0.1400	1.39	是
	64	徐州	0.133	0.0733	0.1200	NS	0.3100	2.33	是
	65	连云港	0.133	0.1400	0.1890	NS	0.4060	3.05	是
	66	淮安	0.133	0.0120	0.0470	NS	0.1700	1.28	是
	67	盐城	0.103	0.0350	0.0020	NS	0.1360	1.32	是
	68	扬州	0.170	0.0392	0.0268	NS	0.1820	1.07	是
	69	南通	0.112	0.0558	0.1510	NS	0.3000	2.68	是
浙江省（7个）	70	嘉兴	0.464	0.1000	0.1000	NS	0.3170	0.68	是
	71	金华	0.170	0.0208	0.0248	NS	0.1510	0.89	是
	72	台州	0.081	0.0125	0.0135	NS	0.1140	1.41	是
	73	杭州	0.105	0.0258	0.0748	NS	0.2240	2.13	是
	74	温州	0.228	0.0525	0.1870	NS	0.3460	1.52	是
	75	宁波	0.403	0.9780	0.8370	NS	0.9530	2.36	是
	76	湖州	0.064	0.0558	0.1670	NS	0.3000	4.69	是
安徽省（5个）	77	阜阳	0.316	0.1140	0.0770	NS	0.3090	0.98	是
	78	芜湖	0.020	0.0000#	0.1000	NS	0.2400	12.00	是
	79	安庆	0.102	0.1770	0.1880	NS	0.4270	4.19	是
	80	蚌埠	0.162	0.0367	0.0600	NS	0.8100	5.00	是
	81	巢湖	0.399	0.0500	0.1800	NS	0.3400	0.85	是
福建省（7个）	82	南平	0.034	0.0000#	0.1000	NS	0.1290	3.81	是
	83	漳州	0.285	0.0000#	0.1000	NS	0.2280	0.80	是
	84	泉州	0.032	0.0067	0.0040	NS	0.0816	2.55	是
	85	龙岩	0.071	0.0000#	0.0000#	NS	0.1690	2.38	是

续表

所属机构	序号	单位名称	浓度 /(mg/L)	批内变异 /10^{-4}	批间变异 /10^{-4}	显著性	总标准差 /10^{-2}	CV /%	总标准差检验
福建省（7个）	86	莆田	0.183	0.0292	0.0068	NS	0.1300	0.71	是
	87	三明	0.022	0.0000#	0.1000	NS	0.1040	4.83	是
	88	宁德	0.022	0.0000#	0.0000#	NS	0.0940	4.26	是
江西省（8个）	89	赣州	0.113	0.0400	0.1093	NS	0.2733	2.42	是
	90	吉安	0.044	0.0333	0.0700	NS	0.2000	4.55	是
	91	宜春	0.071	0.0683	0.1340	NS	0.3181	4.48	是
	92	抚州	0.169	0.1217	0.2833	NS	0.4500	2.66	是
	93	上饶	0.273	0.0000#	1.0000	NS	0.0000#	0.00	是
	94	九江	0.067	0.0567	0.0553	NS	0.2366	3.53	是
	95	鄱阳湖	0.166	0.2958	0.3495	NS	0.5680	3.43	是
	96	景德镇	0.231	0.3583	0.4093	NS	0.6195	2.68	是
山东省（14个）	97	青岛	0.204	0.1910	0.5690	NS	0.6160	3.02	是
	98	烟台	0.055	0.1670	0.4000	NS	0.5320	9.67	是
	99	潍坊	0.392	0.0267	0.0353	NS	0.1760	0.45	是
	100	淄博	0.209	0.0683	0.1450	NS	0.3270	1.56	是
	101	滨州	0.297	0.1700	0.5330	NS	0.5930	2.00	是
	102	德州	0.207	0.3870	0.2970	NS	0.5850	2.83	是
	103	聊城	0.240	0.1420	0.3670	NS	0.5040	2.10	是
	104	菏泽	0.247	0.0208	0.0328	NS	0.1640	0.66	是
	105	济宁	0.218	1.2500	0.9500	NS	1.0500	4.82	是
	106	泰安	0.026	0.0417	0.0640	NS	0.2300	8.85	是
	107	枣庄	0.248	0.3230	0.0828	NS	0.4500	1.81	是
	108	临沂	0.211	1.1500	0.6060	NS	0.9370	4.44	是
	109	日照	0.022	0.0025	0.0118	NS	0.0816	3.71	是
	110	威海	0.054	0.2500	0.2830	NS	0.5160	9.56	是（否）
河南省（9个）	111	驻马店	0.165	0.0000#	0.0000#	NS	0.2400	1.45	是
	112	新乡	0.160	0.0000	0.0000	NS	0.4700	2.94	是
	113	许昌	0.050	0.0500	0.0500	NS	0.2200	4.40	是
	114	周口	0.150	0.0200	0.0500	NS	0.1900	1.26	是
	115	洛阳	0.232	0.0000#	0.0000#	NS（*）	0.2700	1.16	是
	116	南阳	0.182	0.0600	0.0800	NS	0.2590	1.42	是
	117	信阳	0.116	0.3570	0.0970	NS	0.4800	4.15	是
	118	商丘	0.100	0.0183	0.0753	NS	0.2164	2.16	是
	119	安阳	0.120	0.0000#	0.0000#	NS	0.3900	3.25	是

续表

所属机构	序号	单位名称	浓度/(mg/L)	批内变异$/10^{-4}$	批间变异$/10^{-4}$	显著性	总标准差$/10^{-2}$	CV/%	总标准差检验
湖北省（9个）	120	荆州	0.185	0.0500	0.1840	NS	0.3420	1.85	是
	121	襄樊	0.241	0.0575	0.0688	NS	0.2513	1.04	是
	122	宜昌	0.151	0.0404	0.0555	NS	0.2200	1.46	是
	123	孝感	0.013	0.0130	0.0430	NS	0.1700	13.18	是
	124	黄冈	0.038	0.0083	0.0040	NS	0.0800	2.11	是
	125	黄石	0.113	0.0140	0.0290	NS	0.1500	1.33	是
	126	咸宁	0.059	0.0500	0.0740	NS	0.2490	4.23	是
	127	十堰	0.003	0.0000$^{\#}$	0.0300	*	0.1360	45.33	是
	128	恩施	0.089	0.1650	0.0990	NS	0.3925	4.41	是
湖南省（10个）	129	长沙	0.142	0.0067	0.0200	NS	0.1000	0.70	是
	130	郴州	0.060	0.3300	0.3300	NS	0.6000	10.00	是（否）
	131	永州	0.060	2.3000	0.4000	NS	1.0000	16.67	是
	132	衡阳	0.140	0.0360	0.1900	NS	0.3000	2.14	是
	133	湘潭	0.062	0.0000$^{\#}$	1.1300	NS（* *）	0.8000	12.90	是（否）
	134	邵阳	0.067	0.1430	0.2590	NS	0.4000	5.97	是
	135	洞庭湖	0.064	0.1600	0.2560	NS	0.4560	7.13	是
	136	怀化	0.010	0.0000$^{\#}$	21.6000	NS	3.3000	33.00	是
	137	湘西	0.040	0.1700	0.2000	NS	0.4000	10.00	是
	138	常德	0.070	0.2500	0.2830	NS（*）	0.5000	7.14	是
广东省（9个）	139	佛山	0.193	0.1000	0.1200	NS	0.3000	1.55	是
	140	肇庆	0.222	0.2200	0.0950	NS	0.4000	1.80	是
	141	韶关	0.057	0.0600	0.0320	NS	0.2140	3.75	是
	142	茂名	0.160	0.0000$^{\#}$	0.0000$^{\#}$	NS	0.0000$^{\#}$	0.00	是
	143	惠州	0.070	0.3000	0.2000	NS	0.4470	6.39	是
	144	江门	0.160	0.3000	0.3000	NS	0.5160	3.23	是
	145	汕头	0.030	0.0735	0.0901	NS	0.2860	9.53	是（否）
	146	湛江	0.140	0.5000	0.4000	NS	0.6710	4.79	是
	147	梅州	0.050	0.0000	0.0000	NS	0.0000	0.00	是
广西壮族自治区（7个）	148	玉林	0.138	0.0150	0.0050	NS	0.1000	0.72	是
	149	沿海	0.100	0.0200	0.0100	NS	0.1200	1.20	是
	150	百色	0.112	0.0400	0.0010	NS	0.1408	1.26	是
	151	河池	0.078	0.0240	0.0830	NS	0.1100	1.41	是
	152	柳州	0.050	0.1000	0.0300	NS	0.2611	5.22	是
	153	桂林	0.045	0.0500	0.0100	NS	0.1688	3.75	是
	154	梧州	0.018	0.0392	0.0548	NS	0.0218	1.21	是（否）

续表

所属机构	序号	单位名称	浓度/(mg/L)	批内变异/10^{-4}	批间变异/10^{-4}	显著性	总标准差/10^{-2}	CV/%	总标准差检验
四川省（8个）	155	岷江	0.077	0.0091	0.0110	NS	0.1000	1.31	是
	156	内江	0.326	0.2500	0.6800	NS	0.6800	2.09	是
	157	绵阳	0.168	0.0600	0.1400	NS	0.3000	1.79	是
	158	阿坝	0.097	0.0420	0.1600	NS	0.3200	3.29	是
	159	南充	0.199	0.1080	0.0493	NS	0.2900	1.46	是
	160	达州	0.106	0.0560	0.1420	NS	0.2800	2.64	是
	161	雅安	0.126	0.0490	0.0190	NS	0.1800	1.43	是
	162	西昌	0.118	0.1740	0.2410	NS	0.4600	3.90	是
贵州省（8个）	163	铜仁	0.067	0.0047	0.0051	NS	0.0700	1.04	是
	164	黔南	0.023	0.0000#	0.0000#	NS	0.5000	21.90	是
	165	遵义	0.598	0.2000	0.3300	NS	0.5100	0.85	是
	166	六盘水	0.022	0.0008	0.1780	NS	0.3000	13.64	是
	167	安顺	0.160	0.3200	0.5100	NS	0.6400	4.00	是
	168	黔西南	0.085	0.5200	0.3000	* *	0.6000	7.04	是
	169	毕节	0.238	0.0000#	0.1000	NS	0.0220	0.09	是
	170	黔东南	0.002	0.0033	0.0093	NS	0.0796	39.80	是
云南省（13个）	171	丽江	0.053	0.0817	0.0340	NS	0.2400	4.53	是
	172	大理	0.052	0.0115	0.0164	NS	0.1180	2.27	是
	173	保山	0.225	0.0233	0.1000	NS	0.2480	1.10	是
	174	楚雄	0.038	0.0168	0.0127	NS	0.1220	3.24	是
	175	临沧	0.100	0.0655	0.1380	NS	0.3190	3.21	是
	176	玉溪	0.238	0.0317	0.1370	NS	0.2900	1.22	是
	177	普洱	0.346	0.1980	0.4440	NS	0.5670	1.64	是
	178	西双版纳	0.101	0.0607	0.0268	NS	0.2090	2.07	是
	179	红河	0.093	0.0875	0.0328	NS	0.2450	2.65	是
	180	曲靖	0.021	0.0083	0.0073	NS	0.0885	4.15	是
	181	昭通	0.039	0.0119	0.0658	*	0.1970	5.00	是
	182	文山	0.104	0.0125	0.0388	NS（* *）	0.1600	1.54	是
	183	德宏	0.038	0.0092	0.0148	NS	0.1100	2.86	是
西藏自治区（4个）	184	日喀则	0.246	0.0716	0.4480	*	0.7980	3.24	是
	185	林芝	0.566	0.1330	0.4080	NS（* *）	0.7390	1.31	是（否）
	186	昌都	0.050	0.1490	0.1620	NS	0.4100	8.20	是
	187	山南	0.072	0.0793	0.4280	* *	0.7700	10.69	否
陕西省（5个）	188	安康	0.138	0.0000	0.0000	NS	0.1660	1.20	是
	189	延安	0.007	0.0008	0.0005	NS	0.0290	4.14	是

续表

所属机构	序号	单位名称	浓度 /(mg/L)	批内变异 $/10^{-4}$	批间变异 $/10^{-4}$	显著性	总标准差 $/10^{-2}$	CV /%	总标准差检验
陕西省（5个）	190	宝鸡	0.049	0.1070	0.0500	NS	0.2120	4.33	是
	191	商洛	0.154	0.0200	0.0100	NS	0.1111	0.72	是
	192	汉中	0.025	0.0167	0.0113	NS	0.1180	4.68	是
甘肃省（7个）	193	酒泉	0.284	0.0800	0.0550	NS	0.2600	0.92	是
	194	张掖	0.295	0.0217	0.0220	NS	0.1480	0.50	是
	195	武威	0.216	0.1350	0.1640	NS	0.3867	1.79	是
	196	定西	0.350	0.0100	0.0240	NS	0.1300	0.37	是
	197	临洮	0.088	0.0067	0.0113	NS	0.0948	1.08	是
	198	平凉	0.300	0.1930	0.5270	NS	0.5600	1.87	是
	199	陇南	0.199	0.2492	0.5390	NS	0.0063	0.03	是
青海省（2个）	200	海东	0.313	0.0525	0.0390	NS	0.2100	0.67	是
	201	格尔木	0.010	0.0117	0.0620	*	0.1900	19.00	是（否）
新疆维吾尔自治区（11个）	202	伊犁	0.118	0.0075	0.0368	*	0.1300	1.10	是
	203	阿勒泰	0.160	0.9000	0.4000	NS	0.7800	4.88	是
	204	塔城	0.108	0.3960	0.2700	NS	0.5800	5.36	是
	205	博州	0.169	0.0960	0.6700	*	0.6200	3.67	是
	206	石河子	0.293	1.3300	0.9000	NS	1.0500	3.58	是
	207	哈密	0.103	0.0142	0.3130	NS（* *）	0.4000	3.88	是
	208	巴州	0.109	0.3000	0.2000	NS	0.5200	4.77	是
	209	阿克苏	0.246	0.2000	0.2600	NS	0.4800	1.95	是
	210	克州	0.019	0.0117	0.0053	NS	0.0922	4.85	是
	211	喀什	0.063	0.0440	0.0990	NS	0.2700	4.29	是
	212	和田	0.020	0.0100	0.0047	NS	0.0850	4.25	是
长江上游局（4个）	213	宜宾	0.028	0.0130	0.0110	NS	0.1100	3.93	是
	214	攀枝花	0.041	0.2300	0.2500	NS	0.4800	11.71	是
	215	嘉陵江	0.104	0.1800	0.2500	NS	0.4500	4.33	是
	216	万州	0.227	0.4300	0.3400	NS	0.6400	2.82	是
重庆市（2个）	217	渝东北	0.112	0.0000#	0.0000#	NS	0.1860	1.67	是
	218	渝东南	0.023	0.0000#	0.0000#	NS	0.0920	4.00	是
工程类	219	碧流河	0.030	0.0780	0.0210	NS	0.2220	7.40	是

注 1.“NS”表示批内、批间变异不显著；

“*”表示批内、批间变异显著性差异证据不足，应进一步查找原因；

“* *”表示批内、批间变异非常显著。

2. 表中数据均为上交报告中的原始数据，(括号）内为经校核后的结果。

3.“#”批内变异、批间变异不应为零；“##”未按规定测定上限150mg/L配制。

附表 9-9 精密度及变异分析汇总表（总磷-加标水样）

所属机构	序号	单位名称	浓度/(mg/L)	批内变异/10^{-4}	批间变异/10^{-4}	显著性	总标准差/10^{-2}	CV/%	总标准差检验
流域水环境监测中心（7个）	1	长江	0.180	0.0045	0.0102	NS	0.0860	0.48	是
	2	黄河	0.202	0.2300	0.5300	NS	0.6200	3.07	是
	3	淮河	0.414	1.0010	0.6320	NS（*）	0.9034	2.18	是
	4	海河	0.451	0.1200	0.3330	NS	0.4800	1.06	是
	5	珠江	0.341	0.0300	0.0620	NS	0.2145	0.63	是
	6	松辽	0.239	0.0350	0.2710	*（NS）	0.3900	1.63	是
	7	太湖	0.170	0.0392	0.1330	NS	0.2900	1.71	是
省、自治区、直辖市水环境监测中心（31个）	8	北京	0.196	0.0400	0.1090	NS	0.2730	1.39	是
	9	天津	0.201	0.0267	0.0173	NS	0.1480	0.74	是
	10	河北	0.063	0.0075	0.0130	NS	0.1000	1.59	是
	11	山西	0.232	0.2400	0.4900	NS	0.6018	2.59	是
	12	内蒙古	0.407	0.2000	0.1000	NS	0.3920	0.96	是
	13	辽宁	0.297	0.0100	0.0250	NS	0.1300	0.44	是
	14	吉林	0.227	0.0160	0.0130	NS	0.1207	0.53	是
	15	黑龙江	0.363	1.0000	1.0000	NS	0.7600	2.09	是
	16	上海	0.245	0.0742	0.0808	NS	0.3000	1.22	是
	17	江苏	0.419	0.6240	0.5150	NS	0.5800	1.38	是
	18	浙江	0.307	0.1240	0.2330	NS	0.4000	1.30	是
	19	安徽	0.506	0.0400	0.1600	NS	0.3200	0.63	是
	20	福建	0.208	0.1000	0.2000	NS	0.3720	1.79	是
	21	江西	0.311	0.1083	0.2140	NS	0.4015	1.29	是
	22	山东	0.200	0.0608	0.0635	NS	0.2500	1.25	是
	23	河南	0.426	0.3900	1.0300	NS	0.8420	1.98	是
	24	湖北	0.109	0.0710	0.0400	NS	0.2400	2.21	是
	25	湖南	0.182	0.2870	0.5980	NS	0.7000	3.85	是
	26	广东	0.180	0.0736	0.0724	NS	0.2700	1.50	是
	27	广西	0.090	0.0190	0.0110	NS	0.1220	1.36	是
	28	海南	0.319	0.0875	1.0500	**	0.7540	2.36	是
	29	重庆	0.171	0.0958	0.1850	NS	0.3800	2.22	是
	30	四川	0.269	0.1100	0.0940	NS	0.3300	1.23	是
	31	贵州	0.330	0.0154	0.0675	NS（*）	0.2036	0.62	是
	32	云南	0.245	0.0358	0.1140	NS	0.2700	1.10	是
	33	西藏	0.169	0.0270	0.0930	NS（**）	0.3559	2.11	是
	34	陕西	0.130	0.0400	0.0400	NS	0.2070	1.59	是

续表

所属机构	序号	单位名称	浓度 /(mg/L)	批内变异 /10^{-4}	批间变异 /10^{-4}	显著性	总标准差 /10^{-2}	CV /%	总标准差检验
省、自治区、直辖市水环境监测中心（31个）	35	甘肃	0.404	0.6870	0.2020	NS	1.0200	2.52	是
	36	青海	0.192	0.0200	0.7130	NS（**）	0.2000	1.04	是
	37	宁夏	0.357	0.3010	0.3810	NS	0.5840	1.64	是
	38	新疆	0.299	0.0458	0.0948	NS	0.2700	0.90	是
长江委水文局（7个）	39	上游	0.156	0.0680	0.1200	NS	0.2800	1.79	是
	40	三峡	0.348	0.4260	0.2750	NS	0.5920	1.70	是
	41	荆江	0.359	0.0602	0.1250	NS	0.9600	2.67	是
	42	中游	0.195	0.0158	0.0268	NS	0.1460	0.75	是
	43	下游	0.320	0.0708	0.2200	NS	0.3810	1.19	是
	44	长江口	0.160	0.1700	0.2000	NS	0.4000	2.50	是
	45	汉江	0.108	0.3600	0.0848	NS	0.4710	4.37	是
黄委水文局（5个）	46	上游	0.322	0.0142	0.0515	NS	0.1800	0.56	是
	47	三门峡	0.226	0.0240	0.0610	NS	0.2050	0.91	是
	48	山东	0.236	0.0300	0.0700	NS	0.2240	0.95	是
	49	包头	0.419	0.3300	0.8600	NS	0.7714	1.84	是
	50	中游	0.190	0.0200	0.0300	NS	0.2000	1.05	是
长江委水保局（1个）	51	上海	0.334	0.1810	0.2530	NS	0.4660	1.40	是
海委（2个）	52	潘家口	0.306	0.1100	0.1880	NS	0.3900	1.27	是
	53	漳卫南	0.459	0.3530	0.2670	NS	0.5600	1.22	是
北京市（6个）	1	官厅水库	0.360	0.6700	0.4000	NS	0.7000	1.94	是
	2	密云水库	0.098	0.0017	0.0080	NS（*）	0.0695	0.71	是
	3	昌平	0.081	0.0117	0.0200	NS	0.1259	1.55	是
	4	大兴	0.314	0.3000	0.0400	NS	0.4000	1.27	是
	5	海淀	0.390	0.5800	1.1000	NS	0.9000	2.31	是
	6	通州	0.556	0.0700	0.1000	NS	0.3000	0.54	是
河北省（10个）	7	邯郸	0.293	0.0720	0.1000	NS	0.2900	0.99	是
	8	邢台	0.178	0.0050	0.0053	NS	0.0700	0.39	是
	9	石家庄	0.173	0.0167	0.0500	NS	0.1800	1.04	是
	10	衡水	0.159	0.0467	0.0393	NS	0.2070	1.30	是
	11	沧州	0.204	0.0120	0.0190	NS	0.1300	0.64	是
	12	保定	0.315	0.0400	0.0373	NS	0.1970	0.63	是
	13	廊坊	0.586	0.0567	0.0680	NS	0.2500	0.43	是
	14	承德	0.340	0.0790	0.1200	NS	0.3200	0.94	是
	15	唐秦	0.294	0.1700	0.1740	NS	0.4150	1.41	是
	16	张家口	0.150	0.0258	0.0175	NS	0.1470	0.98	是

续表

所属机构	序号	单位名称	浓度 /(mg/L)	批内变异 /10^{-4}	批间变异 /10^{-4}	显著性	总标准差 /10^{-2}	CV /%	总标准差检验
山西省（8个）	17	大同	0.324	0.0400	0.1100	NS	0.2800	0.86	是
	18	太原	0.189	0.0000#	0.0000#	NS	0.0000#	0.00	是
	19	临汾	0.473	0.2000	0.2100	NS	0.4540	0.96	是
	20	运城	0.152	0.0167	0.0133	NS	0.1220	0.80	是
	21	长治	0.271	0.0850	0.0122	NS	0.3118	1.15	是
	22	吕梁	0.098	0.1620	0.0780	NS	0.3470	3.54	是
	23	忻州	0.251	0.0305	0.0108	NS	0.1440	0.57	是
	24	晋中	0.093	0.0183	0.0313	NS	0.1580	1.70	是
内蒙古自治区（4个）	25	包头	0.268	0.1380	0.0856	NS	0.4000	1.49	是
	26	赤峰	0.398	0.0100	0.1000	**	0.1950	0.49	是
	27	通辽	0.361	0.0380	0.1000	NS	0.2600	0.72	是
	28	呼伦贝尔	0.217	0.1908	0.1850	NS	0.4335	2.00	是
辽宁省（11个）	29	铁岭	0.482	1.6400	1.0400	NS	1.1600	2.41	是
	30	抚顺	0.482	0.0058	0.0068	NS	0.0796	0.17	是
	31	本溪	0.298	0.0050	0.0320	NS（*）	0.1400	0.47	是
	32	辽阳	0.374	0.2490	0.2020	NS	0.4750	1.27	是
	33	鞍山	0.555	0.1110	0.1050	NS	0.3300	0.59	是
	34	营口	0.354	0.2050	0.1400	NS	0.4150	1.17	是
	35	丹东	0.125	0.0133	0.0160	NS	0.1200	0.96	是
	36	大连	0.134	0.0000#	0.0000#	NS	0.1600	1.19	是
	37	朝阳	0.340	0.0000#	0.0000#	*	0.4600	1.35	是
	38	锦州	0.396	0.0000#	1.0000	NS	0.6500	1.64	是
	39	阜新	0.604	0.0000#	1.0000	NS	0.6200	1.03	是
吉林省（5个）	40	四平	0.371	0.0000#	0.0000#	NS	0.1100	0.30	是
	41	通化	0.385	0.1400	0.1400	NS	0.4600	1.20	是
	42	白城	0.188	0.0175	0.0448	NS	0.1800	0.96	是
	43	延边	0.106	0.0000#	0.0000#	*	1.0000	9.43	是
	44	吉林	0.271	0.1000	0.1000	NS	1.3500	4.98	是
黑龙江省（6个）	45	齐齐哈尔	0.401	0.8830	0.2140	NS	0.2290	0.57	是
	46	牡丹江	0.257	0.0096	0.0175	NS	0.1160	0.45	是
	47	佳木斯	0.402	0.0160	0.0670	NS	0.2000	0.50	是
	48	伊春	0.340	0.2000	0.2000	NS	0.4390	1.29	是
	49	绥化	0.330	1.5000	0.9330	NS	1.1000	3.33	是
	50	黑河	0.214	0.0158	0.0560	NS	0.1890	0.88	是

续表

所属机构	序号	单位名称	浓度/(mg/L)	批内变异/10^{-4}	批间变异/10^{-4}	显著性	总标准差/10^{-2}	CV/%	总标准差检验
上海市（9个）	51 52	青浦	0.532	1.0500	0.1020	NS	0.7590	1.43	是
	53	嘉定	0.711	0.4290	1.0700	NS	0.8660	1.22	是
	54	浦东新区	0.583	0.6160	0.6540	NS	0.8000	1.37	是
	55	闵行	0.405	0.0833	0.1610	NS	0.3170	0.78	是
	56	崇明	0.286	0.1508	0.5440	NS	0.6200	2.17	是
	57	金山	0.197	0.0058	0.0108	NS	0.0913	0.46	是
	58	松浦	0.337	0.0183	0.0200	NS	0.1390	0.41	是
	59	奉贤	0.214	0.0880	0.0392	NS	0.2500	1.17	是
江苏省（10个）	60	镇江	0.243	0.2900	1.0700	NS	0.8000	3.29	是
	61	常州	0.486	0.1390	0.3140	NS	0.4760	0.98	是
	62	无锡	0.387	0.0367	0.0333	NS	0.4020	1.04	是
	63	苏州	0.222	0.1080	0.0080	NS	0.2400	1.08	是
	64	徐州	0.295	0.1200	0.1920	NS	0.3900	1.32	是
	65	连云港	0.214	0.2030	0.2330	NS	0.5180	2.42	是
	66	淮安	0.280	0.0330	0.0980	NS	0.2600	0.93	是
	67	盐城	0.259	0.0633	0.0353	NS	0.2220	0.86	是
	68	扬州	0.366	0.0317	0.0593	NS	0.2130	0.58	是
	69	南通	0.228	0.0475	0.1370	NS	0.3000	1.32	是
浙江省（7个）	70	嘉兴	0.543	0.0000#	0.1000	NS	0.2680	0.49	是
	71	金华	0.372	0.0250	0.0333	NS	0.1710	0.46	是
	72	台州	0.199	0.0383	0.0173	NS	0.1670	0.84	是
	73	杭州	0.259	0.0325	0.0708	NS	0.2270	0.88	是
	74	温州	0.427	0.0992	0.2780	NS	0.4340	1.02	是
	75	宁波	0.563	0.6170	2.4400	NS	1.2400	2.20	是
	76	湖州	0.141	0.0233	0.0573	NS	0.2000	1.42	是
安徽省（5个）	77	阜阳	0.656	0.1130	0.2750	NS	0.4401	0.67	是
	78	芜湖	0.099	0.1400	0.1000	NS	0.3700	3.74	是
	79	安庆	0.263	0.1440	0.3680	NS	0.5058	1.92	是
	80	蚌埠	0.322	0.0258	0.1110	NS	0.2970	0.92	是
	81	巢湖	0.562	0.0600	0.2100	NS	0.3700	0.66	是
福建省（7个）	82	南平	0.113	0.1000	0.1000	NS	0.2970	2.64	是
	83	漳州	0.366	0.0000#	0.0000#	NS	0.1850	0.51	是
	84	泉州	0.071	0.0050	0.0133	NS	0.0957	1.34	是
	85	龙岩	0.231	0.0000#	0.1000	NS	0.1940	0.84	是

续表

所属机构	序号	单位名称	浓度/(mg/L)	批内变异/10^{-4}	批间变异/10^{-4}	显著性	总标准差/10^{-2}	CV/%	总标准差检验
福建省（7个）	86	莆田	0.342	0.0208	0.0688	NS	0.2100	0.61	是
	87	三明	0.099	0.0000#	0.4000	NS	0.4370	4.41	是
	88	宁德	0.312	0.1000	0.3000	NS	0.4410	1.41	是
江西省（8个）	89	赣州	0.213	0.0400	0.0453	NS	0.2066	0.97	是
	90	吉安	0.246	0.2120	0.1880	NS	0.4000	1.63	是
	91	宜春	0.151	0.0992	0.1588	NS	0.3592	2.38	是
	92	抚州	0.375	0.8533	1.1550	NS	1.0020	2.67	是
	93	上饶	0.543	0.0000#	0.0000#	NS	0.0000#	0.00	是
	94	九江	0.165	0.0725	0.0428	NS	0.2401	1.46	是
	95	鄱阳湖	0.362	0.1333	0.2320	NS	0.4274	1.18	是
	96	景德镇	0.421	0.0775	0.1355	NS	0.3263	0.78	是
山东省（14个）	97	青岛	0.360	0.2530	0.3460	NS	0.5470	1.52	是
	98	烟台	0.119	0.2500	0.2830	NS	0.5160	4.34	是
	99	潍坊	0.659	0.0275	0.0928	NS	0.2450	0.37	是
	100	淄博	0.342	0.2920	0.0105	NS	0.4460	1.30	是
	101	滨州	0.362	0.1700	0.5490	NS	0.6000	1.66	是
	102	德州	0.293	0.2170	0.1660	NS	0.4370	1.49	是
	103	聊城	0.307	0.1100	0.1920	NS	0.3890	1.27	是
	104	菏泽	0.495	0.0592	0.1260	NS	0.3040	0.61	是
	105	济宁	0.450	0.6670	0.8000	NS	0.8560	1.90	是
	106	泰安	0.099	0.0050	0.0053	NS	0.0719	0.73	是
	107	枣庄	0.367	0.3210	0.1170	NS	0.4680	1.28	是
	108	临沂	0.446	0.7000	1.6900	NS	1.0900	2.44	是
	109	日照	0.098	0.0417	0.0833	NS	0.2500	2.55	是
	110	威海	0.126	0.2500	0.2830	NS	0.5160	4.10	是（否）
河南省（9个）	111	驻马店	0.302	0.0000#	0.0000#	NS	0.2600	0.86	是
	112	新乡	0.240	0.0000#	0.0000#	NS	0.4700	1.96	是
	113	许昌	0.089	0.0400	0.0500	NS	0.2100	2.36	是
	114	周口	0.318	0.1500	0.2800	NS	0.4600	1.45	是
	115	洛阳	0.434	0.0000#	0.0000#	NS	0.2700	0.62	是
	116	南阳	0.344	0.0900	0.1400	NS	0.3400	0.99	是
	117	信阳	0.273	0.0680	0.1850	NS	0.3600	1.32	是
	118	商丘	0.203	0.0717	0.1760	NS	0.3519	1.74	是
	119	安阳	0.280	1.0000	0.0000#	NS	0.7200	2.57	是

续表

所属机构	序号	单位名称	浓度/(mg/L)	批内变异/10^{-4}	批间变异/10^{-4}	显著性	总标准差/10^{-2}	CV/%	总标准差检验
湖北省（9个）	120	荆州	0.257	0.2570	1.0300	NS	0.8030	3.12	是
	121	襄樊	0.309	0.3833	0.0433	NS	0.2021	0.65	是
	122	宜昌	0.357	0.7598	1.0460	NS	0.0950	0.27	是
	123	孝感	0.053	0.0260	0.0360	NS	0.1800	3.42	是
	124	黄冈	0.075	0.0067	0.0140	NS（*）	0.1000	1.33	是
	125	黄石	0.125	0.0120	0.0380	NS	0.1600	1.28	是
	126	咸宁	0.099	0.0500	0.0800	NS	0.2550	2.57	是
	127	十堰	0.082	0.0100	0.0600	*	0.1945	2.37	是
	128	恩施	0.129	0.1750	0.1470	NS	0.4128	3.20	是
湖南省（10个）	129	长沙	0.295	0.0350	0.0700	NS	0.2000	0.68	是
	130	郴州	0.110	0.3300	0.3300	NS	0.6000	5.45	是（否）
	131	永州	0.100	1.7000	0.1000	NS	1.0000	10.00	是
	132	衡阳	0.239	0.0410	0.1200	NS	0.3000	1.26	是
	133	湘潭	0.142	0.0000	1.1300	NS	0.8000	5.63	是（否）
	134	邵阳	0.115	0.2180	0.2830	NS	0.5000	4.35	是
	135	洞庭湖	0.139	0.1600	0.0534	NS	0.3270	2.35	是
	136	怀化	0.020	0.0000	86.4000	NS	6.6000	330.0	是
	137	湘西	0.080	0.1700	0.2000	NS	0.4000	5.00	是
	138	常德	0.150	0.2500	0.2830	NS（*）	0.5000	3.33	是
广东省（9个）	139	佛山	0.273	0.1600	0.0300	NS	0.3000	1.10	是
	140	肇庆	0.377	0.6100	0.3100	NS	0.6800	1.80	是
	141	韶关	0.215	0.0767	0.1073	NS	0.3030	1.41	是
	142	茂名	0.320	0.0000#	0.0000#	NS	0.0000#	0.00	是
	143	惠州	0.230	0.2000	0.1000	NS	0.4770	2.07	是
	144	江门	0.320	0.3000	0.2000	NS	0.7750	2.42	是
	145	汕头	0.180	0.0735	0.0404	NS	0.2390	1.33	是
	146	湛江	0.300	0.5000	0.4000	NS	0.6710	2.24	是
	147	梅州	0.210	0.1700	0.6000	NS	0.6250	2.98	是
广西壮族自治区（7个）	148	玉林	0.276	0.0464	0.0112	NS	0.1697	0.61	是
	149	沿海	0.217	0.0200	0.0200	NS	0.1500	0.69	是
	150	百色	0.150	0.0200	0.0030	NS	0.1041	0.69	是
	151	河池	0.155	0.0260	0.0095	NS	0.1300	0.84	是
	152	柳州	0.090	0.1300	0.0300	NS	0.2864	3.18	是
	153	桂林	0.085	0.0500	0.0100	NS	0.1638	1.93	是
	154	梧州	0.058	0.1830	0.1540	NS	0.4100	7.07	是（否）

续表

所属机构	序号	单位名称	浓度/(mg/L)	批内变异/10^{-4}	批间变异/10^{-4}	显著性	总标准差/10^{-2}	CV/%	总标准差检验
四川省（8个）	155	岷江	0.152	0.0100	0.0174	NS	0.1170	0.77	是
	156	内江	0.661	0.5200	1.7000	NS	0.1060	0.16	是
	157	绵阳	0.458	0.1350	0.1360	NS	0.4000	0.87	是
	158	阿坝	0.287	0.3700	0.7300	NS	0.7400	2.58	是
	159	南充	0.343	0.0683	0.0453	NS	0.2400	0.70	是
	160	达州	0.256	0.3400	1.2800	NS	0.7600	2.97	是
	161	雅安	0.239	0.0030	0.0110	NS	0.0900	0.38	是
	162	西昌	0.269	0.2050	0.1060	NS	0.3900	1.45	是
贵州省（8个）	163	铜仁	0.146	0.0047	0.0185	NS（*）	0.1100	0.75	是
	164	黔南	0.105	0.0000#	0.0000#	NS	0.7000	6.67	是
	165	遵义	0.651	0.0800	0.7100	**	0.6300	0.97	是
	166	六盘水	0.103	0.0005	0.2140	NS	0.3000	2.91	是
	167	安顺	0.241	0.1900	0.7700	NS	0.7100	2.95	是
	168	黔西南	0.165	0.6900	0.2900	NS	0.7000	4.25	是
	169	毕节	0.320	0.1000	0.0000	NS	0.3160	0.99	是
	170	黔东南	0.041	0.0358	0.0695	NS	0.2295	5.60	是
云南省（13个）	171	丽江	0.286	0.2490	0.3150	NS	0.5310	1.86	是
	172	大理	0.129	0.0580	0.0235	NS	0.2020	1.56	是
	173	保山	0.296	0.0458	0.1820	NS	0.3370	1.14	是
	174	楚雄	0.116	0.0445	0.0232	NS	0.1840	1.59	是
	175	临沧	0.240	0.1260	0.3010	NS	0.4620	1.92	是
	176	玉溪	0.373	0.1600	0.5500	NS	0.5900	1.58	是
	177	普洱	0.409	0.3830	0.5080	NS	0.6670	1.63	是
	178	西双版纳	0.176	0.0650	0.0789	NS	0.2690	1.53	是
	179	红河	0.166	0.1220	0.1190	NS	0.3470	2.09	是
	180	曲靖	0.179	0.0692	0.2780	NS（**）	0.4160	2.32	是
	181	昭通	0.115	0.0299	0.0168	NS	0.1530	1.33	是
	182	文山	0.176	0.0125	0.0215	NS（**）	0.1300	0.74	是
	183	德宏	0.115	0.0258	0.0428	NS	0.1900	1.66	是
西藏自治区（4个）	184	日喀则	0.387	0.2300	0.2950	NS	0.5720	1.48	是
	185	林芝	0.212	0.0663	0.4200	*（**）	0.7730	3.64	是（否）
	186	昌都	0.210	0.2320	0.0956	NS	0.1700	0.81	是
	187	山南	0.216	0.0661	2.6600	**	1.9600	9.07	否
陕西省（5个）	188	安康	0.381	0.0000	1.0000	NS（**）	0.2400	0.63	是
	189	延安	0.310	0.0758	0.0155	NS	0.3400	1.10	是

续表

所属机构	序号	单位名称	浓度/(mg/L)	批内变异/10^{-4}	批间变异/10^{-4}	显著性	总标准差/10^{-2}	CV/%	总标准差检验
陕西省（5个）	190	宝鸡	0.129	0.0580	0.0310	NS	0.2120	1.64	是
	191	商洛	0.313	0.0200	0.0600	NS	0.1958	0.63	是
	192	汉中	0.326	0.0650	0.7390	NS（**）	0.6340	1.95	是
甘肃省（7个）	193	酒泉	0.300	0.3090	0.3220	NS	0.4540	1.51	是
	194	张掖	0.386	0.0550	0.1500	NS	0.3200	0.83	是
	195	武威	0.403	0.2917	0.4140	NS	0.5940	1.47	是
	196	定西	0.416	0.0192	0.0474	NS（*）	0.2350	0.56	是
	197	临洮	0.288	0.0108	0.0088	NS	0.0990	0.34	是
	198	平凉	0.500	0.1370	0.4670	NS	0.5500	1.10	是
	199	陇南	0.325	0.1025	0.3930	NS	0.4977	1.53	是
青海省（2个）	200	海东	0.394	0.0642	0.1870	NS	0.3600	0.91	是
	201	格尔木	0.173	0.0125	0.0828	*	0.2200	1.27	是
新疆维吾尔自治区（11个）	202	伊犁	0.358	0.0125	0.0308	NS	0.1200	0.34	是
	203	阿勒泰	0.447	1.2000	1.1000	NS	1.1000	2.46	是
	204	塔城	0.205	0.0950	0.0990	NS	0.3100	1.51	是
	205	博州	0.326	0.0240	0.7800	**	0.6300	1.93	是
	206	石河子	0.586	0.2300	0.5000	NS	0.6200	1.06	是
	207	哈密	0.294	0.0250	0.3940	NS（**）	0.4600	1.56	是
	208	巴州	0.222	0.3000	0.6000	NS	0.6800	3.06	是
	209	阿克苏	0.430	0.2200	0.3900	NS	0.5500	1.28	是
	210	克州	0.098	0.0292	0.0295	NS	0.1710	1.74	是
	211	喀什	0.141	0.1000	0.0470	NS	0.2700	1.91	是
	212	和田	0.275	0.0650	0.0850	NS	0.2700	0.98	是
长江上游局（4个）	213	宜宾	0.227	0.1300	0.1300	NS	0.3500	1.54	是
	214	攀枝花	0.120	0.2800	0.3600	NS	0.5500	4.58	是
	215	嘉陵江	0.183	0.1100	0.2500	NS	0.3900	2.13	是
	216	万州	0.306	0.8800	0.5800	NS	0.9000	2.94	是
重庆市（2个）	217	渝东北	0.184	0.1000	0.0000#	NS	0.9200	5.00	是
	218	渝东南	0.149	0.0000#	0.0000#	NS	0.0920	0.62	是
工程类	219	碧流河	0.050	0.2050	0.1400	NS	0.4150	8.30	是

注 1.“NS”表示批内、批间变异不显著；
“*”表示批内、批间变异显著性差异证据不足，应进一步查找原因；
“**”表示批内、批间变异非常显著。
2. 表中数据均为上交报告中的原始数据，(括号) 内为经校核后的结果。
3.“#”批内变异、批间变异不应为零；“##”未按规定测定上限 150mg/L 配制。

附表 9 - 10　　　　　　精密度及变异分析汇总表（总磷-统一标样）

所属机构	序号	单位名称	浓度/(mg/L)	批内变异/10^{-4}	批间变异/10^{-4}	显著性	总标准差/10^{-2}	CV/%	总标准差检验
各流域水环境监测中心（7个）	1	长江	0.413	0.0046	0.0026	NS	0.0599	0.14	是
	2	黄河	0.422	0.0100	0.0100	NS	0.1000	0.24	是
	3	淮河	0.413	1.0330	1.2320	NS	1.0643	2.58	是
	4	海河	0.411	0.2800	0.2050	NS	0.4900	1.19	是
	5	珠江	0.356	0.0230	0.0430	NS	0.1826	0.51	是
	6	松辽	0.410	0.0058	0.0335	*	0.1400	0.34	是
	7	太湖	1.320	3.1700	12.3000	NS	2.7800	2.11	是
省、自治区、直辖市水环境监测中心（31个）	8	北京	0.414	0.0200	0.0653	NS	0.2070	0.50	是
	9	天津	0.411	0.0192	0.0348	NS	0.1640	0.40	是
	10	河北	0.410	0.0120	0.0160	NS	0.1200	0.29	是
	11	山西	0.404	0.5500	0.8200	NS	0.8279	2.05	是
	12	内蒙古	0.415	0.7000	0.8000	NS	0.8580	2.07	是
	13	辽宁	0.243	0.1000	0.0130	NS	0.1100	0.45	是
	14	吉林	0.408	0.0140	0.0230	NS	0.1365	0.33	是
	15	黑龙江	0.409	0.0000#	0.0000#	NS	0.2600	0.64	是
	16	上海	0.404	0.6500	0.3360	NS	0.7000	1.73	是
	17	江苏	0.407	0.6060	1.5400	NS	1.0400	2.56	是
	18	浙江	0.417	0.0158	0.0215	NS	0.1000	0.24	是
	19	安徽	0.420	0.1300	0.0500	NS	0.3000	0.71	是
	20	福建	0.407	0.1000	0.1000	NS	0.2860	0.70	是
	21	江西	0.405	0.1867	0.1600	NS	0.4163	1.03	是
	22	山东	0.413	0.4360	0.1060	NS	0.5200	1.26	是
	23	河南	0.407	0.1200	0.2800	NS	0.4500	1.10	是
	24	湖北	0.416	0.3600	0.8300	NS	0.7700	1.85	是
	25	湖南	0.414	0.2080	0.5180	NS	0.6000	1.45	是
	26	广东	0.410	0.1840	0.2500	NS	0.4660	1.14	是
	27	广西	0.411	0.0520	0.0620	NS（*）	0.2380	0.58	是
	28	海南	0.420	0.2110	0.3170	NS	0.5140	1.22	是
	29	重庆	0.412	0.0550	0.1170	NS	0.2900	0.70	是
	30	四川	0.405	0.2500	0.3100	NS	0.5300	1.31	是
	31	贵州	0.410	0.2620	0.4800	NS	0.6090	1.49	是
	32	云南	0.411	0.0683	0.2060	NS	0.3700	0.90	是
	33	西藏	0.408	0.0930	0.0000#	NS	0.2160	0.53	是
	34	陕西	0.409	0.9000	0.6900	NS	0.8910	2.18	是

续表

所属机构	序号	单位名称	浓度/(mg/L)	批内变异/10^{-4}	批间变异/10^{-4}	显著性	总标准差/10^{-2}	CV/%	总标准差检验
省、自治区、直辖市水环境监测中心（31个）	35	甘肃	0.416	0.2730	1.2800	*	0.8060	1.94	是
	36	青海	0.412	0.0133	0.0373	NS	0.2000	0.49	是
	37	宁夏	0.411	0.7500	0.8830	NS	0.9040	2.20	是
	38	新疆	0.423	0.0408	0.1320	NS	0.2900	0.69	是
长江委水文局（7个）	39	上游	0.413	0.1310	0.3190	NS	0.4200	1.02	是
	40	三峡	0.407	0.0975	0.0208	NS	0.2430	0.60	是
	41	荆江	0.422	0.0315	0.0707	NS	0.2300	0.55	是
	42	中游	0.411	0.0308	0.6880	NS	0.2230	0.54	是
	43	下游	0.417	0.0583	0.1350	NS	0.3110	0.75	是
	44	长江口	0.410	0.2500	0.3000	NS	0.5000	1.22	是
	45	汉江	0.411	0.2250	0.6570	NS	0.6640	1.62	是
黄委水文局（5个）	46	上游	0.409	0.0242	0.0248	NS	0.1600	0.39	是
	47	三门峡	0.407	0.0150	0.0470	NS	0.1760	0.43	是
	48	山东	0.412	0.1900	0.3000	NS	0.5000	1.21	是
	49	包头	0.411	0.0300	0.0500	NS	0.2000	0.49	是
	50	中游	0.410	0.0200	0.0200	NS	0.1400	0.34	是
长江委水保局（1个）	51	上海	0.420	0.2570	0.2870	NS	0.5220	1.24	是
海委（2个）	52	潘家口	0.420	0.0150	0.0340	NS	0.1600	0.38	是
	53	漳卫南	0.406	1.8800	0.6830	NS	1.1300	2.78	是
北京市（6个）	1	官厅水库	0.410	1.1700	1.2000	NS	1.1000	2.68	是
	2	密云水库	0.417	0.0033	0.0120	NS	0.0876	0.21	是
	3	昌平	0.410	0.0133	0.0200	NS	0.1291	0.31	是
	4	大兴	0.413	0.2600	0.4900	NS	0.6000	1.45	是
	5	海淀	0.413	1.8000	5.5000	NS	1.9000	4.60	是
	6	通州	0.413	0.5000	0.9000	NS	0.8000	1.94	是
河北省（10个）	7	邯郸	0.408	0.0550	0.0450	NS	0.2200	0.54	是
	8	邢台	0.410	0.1020	0.0893	NS	0.3100	0.76	是
	9	石家庄	0.410	0.0167	0.0333	NS	0.1600	0.39	是
	10	衡水	0.407	0.0508	0.1010	NS	0.2750	0.68	是
	11	沧州	0.412	0.0180	0.0600	NS	0.2000	0.49	是
	12	保定	0.412	0.0717	0.2240	NS	0.3840	0.93	是
	13	廊坊	0.280	0.1260	0.2390	NS	0.4270	1.53	是
	14	承德	0.411	0.2500	0.5000	NS	0.6100	1.48	是
	15	唐秦	0.406	0.1030	0.2830	NS	0.4390	1.08	是
	16	张家口	0.407	0.6020	0.2650	NS	0.6580	1.62	是

续表

所属机构	序号	单位名称	浓度/(mg/L)	批内变异/10^{-4}	批间变异/10^{-4}	显著性	总标准差/10^{-2}	CV/%	总标准差检验
山西省（8个）	17	大同	0.424	0.2900	0.2600	NS	0.5300	1.25	是
	18	太原	0.407	0.0000#	0.0000#	NS	0.0000#	0.00	是
	19	临汾	0.407	0.1600	0.4000	NS（*）	0.5430	1.33	是
	20	运城	0.418	0.0483	0.1620	NS	0.3240	0.78	是
	21	长治	0.412	0.0675	0.1000	NS	0.4093	0.99	是
	22	吕梁	0.416	0.0839	0.2950	NS	0.4350	1.05	是
	23	忻州	0.407	0.0237	0.0881	NS	0.2360	0.58	是
	24	晋中	0.410	0.0100	0.0253	NS	0.1330	0.32	是
内蒙古自治区（4个）	25	包头	0.413	0.2230	0.8080	NS	0.7000	1.70	是
	26	赤峰	0.406	0.0200	0.8000	**	0.6460	1.59	是
	27	通辽	0.411	0.0340	0.0810	NS	0.2400	0.58	是
	28	呼伦贝尔	0.407	0.5400	1.1520	NS	0.9198	2.26	是
辽宁省（11个）	29	铁岭	0.396	0.1200	0.2060	NS	0.4040	1.02	是
	30	抚顺	0.411	0.0350	0.1970	NS（*）	0.3410	0.83	是
	31	本溪	0.412	0.0015	0.0200	NS（*）	0.1300	0.32	是
	32	辽阳	0.413	1.2730	1.2210	NS	1.1170	2.70	是
	33	鞍山	0.412	0.0633	0.1240	NS	0.3100	0.75	是
	34	营口	0.413	0.2275	0.4830	NS	0.5960	1.44	是
	35	丹东	0.411	0.0317	0.0773	NS	0.2300	0.56	是
	36	大连	0.409	0.0000#	0.0000#	NS	0.2600	0.64	是
	37	朝阳	0.405	0.0000#	0.0000#	NS	0.3200	0.79	是
	38	锦州	0.403	0.0000#	0.0000#	NS	0.4700	1.17	是
	39	阜新	0.241	0.0000#	0.0000#	NS	0.4400	1.83	是
吉林省（5个）	40	四平	0.411	0.0000#	0.0000#	NS	0.3300	0.80	是
	41	通化	0.406	0.0900	0.0900	NS	0.4000	0.99	是
	42	白城	0.414	0.0200	0.0860	NS	0.2300	0.56	是
	43	延边	0.402	0.0000#	0.0000#	NS	0.2010	0.50	是
	44	吉林	0.414	0.1000	0.1000	NS	0.5000	1.21	是
黑龙江省（6个）	45	齐齐哈尔	0.407	0.8830	0.2140	NS（*）	0.2300	0.57	是
	46	牡丹江	0.408	0.0133	0.0440	NS	0.1690	0.41	是
	47	佳木斯	0.411	0.0120	0.0430	NS	0.1700	0.41	是
	48	伊春	0.420	0.3000	0.2000	NS	0.4980	1.19	是
	49	绥化	0.408	0.8330	2.1300	NS	1.2200	2.99	是
	50	黑河	0.414	0.0683	0.0620	NS	0.2650	0.64	是

续表

所属机构	序号	单位名称	浓度/(mg/L)	批内变异/10^{-4}	批间变异/10^{-4}	显著性	总标准差/10^{-2}	CV/%	总标准差检验
上海市（9个）	51 52	青浦	0.364	0.3400	0.4340	NS	0.6220	1.71	是
	53	嘉定	0.412	0.2560	5.4500	NS	0.6330	1.54	是
	54	浦东新区	0.408	0.7440	0.3870	NS	0.7600	1.86	是
	55	闵行	0.413	0.0161	0.1610	NS	0.3500	0.85	是
	56	崇明	0.409	0.0283	0.0770	NS	0.2300	0.56	是
	57	金山	0.410	0.0417	0.0140	NS	0.1670	0.41	是
	58	松浦	0.418	0.1370	0.0800	NS	0.3290	0.79	是
	59	奉贤	0.412	0.0290	0.0800	NS	0.2300	0.56	是
江苏省（10个）	60	镇江	0.413	0.8000	1.3300	NS	1.0000	2.42	是
	61	常州	0.412	0.0567	0.0873	NS	0.2680	0.65	是
	62	无锡	0.418	2.5700	5.7500	NS	2.0400	4.88	是
	63	苏州	0.412	0.0233	0.0593	NS	0.2000	0.49	是
	64	徐州	0.414	0.0825	0.3190	NS	0.4500	1.09	是
	65	连云港	0.410	0.0667	0.0700	NS	0.2610	0.64	是
	66	淮安	0.411	0.0290	0.0990	NS	0.2500	0.61	是
	67	盐城	0.406	1.1600	0.1930	NS	0.8240	2.03	是
	68	扬州	0.412	0.0475	0.0195	NS	0.1830	0.44	是
	69	南通	0.411	0.0825	0.2550	NS	0.4000	0.97	是
浙江省（7个）	70	嘉兴	0.419	0.1000	0.1000	NS	0.2990	0.71	是
	71	金华	0.413	0.0717	0.0131	NS	0.3190	0.77	是
	72	台州	0.403	0.0592	0.0895	NS	0.2730	0.68	是
	73	杭州	0.415	0.0467	0.1250	NS	0.2930	0.71	是
	74	温州	0.420	0.1440	0.1130	NS	0.3580	0.85	是
	75	宁波	0.413	0.0250	0.0860	NS	0.2360	0.57	是
	76	湖州	0.418	0.0225	0.0508	NS	0.2000	0.48	是
安徽省（5个）	77	阜阳	0.413	0.0150	0.0410	NS	0.1678	0.41	是
	78	芜湖	0.405	0.4400	1.0000	NS	0.8600	2.12	是
	79	安庆	0.410	0.5950	0.4260	NS	0.7145	1.74	是
	80	蚌埠	0.412	0.0167	0.0280	NS	0.1560	0.38	是
	81	巢湖	0.410	0.0800	0.0300	NS	0.2400	0.59	是
福建省（7个）	82	南平	0.396	0.1000	0.3000	NS	0.3990	1.01	是
	83	漳州	0.414	0.0000#	0.1000	NS	0.1950	0.47	是
	84	泉州	0.406	0.0825	0.1695	NS	0.3550	0.87	是
	85	龙岩	0.413	0.0000#	0.0000#	NS	0.1860	0.45	是

续表

所属机构	序号	单位名称	浓度 /(mg/L)	批内变异 /10^{-4}	批间变异 /10^{-4}	显著性	总标准差 /10^{-2}	CV /%	总标准差检验
福建省（7个）	86	莆田	0.416	0.0592	0.1335	NS	0.3100	0.75	是
	87	三明	0.413	0.1000	0.3000	NS	0.4770	1.15	是
	88	宁德	0.417	0.1000	0.3000	NS	0.4920	1.18	是
江西省（8个）	89	赣州	0.414	0.0533	0.0853	NS	0.2633	0.64	是
	90	吉安	0.406	0.9680	0.7410	NS	0.9000	2.22	是
	91	宜春	0.412	0.1658	0.2415	NS	0.4513	1.10	是
	92	抚州	0.407	0.5492	0.7388	NS	0.8025	1.97	是
	93	上饶	0.405	0.0000#	0.0000#	NS	0.0000	0.00	是
	94	九江	0.410	0.0479	0.0169	NS	0.1780	0.43	是
	95	鄱阳湖	0.400	0.1433	0.5993	NS	0.6094	1.52	是
	96	景德镇	0.419	0.0500	0.9133	NS	0.2658	0.63	是
山东省（14个）	97	青岛	0.412	0.4290	0.8850	NS	0.8110	1.97	是
	98	烟台	0.408	0.4170	0.7500	NS	0.7640	1.87	是
	99	潍坊	0.411	0.0167	0.0453	NS	0.1760	0.43	是
	100	淄博	0.411	0.5200	0.0693	NS	0.5430	1.32	是
	101	滨州	0.407	0.1350	0.5600	NS	0.5890	1.45	是
	102	德州	0.406	0.1350	0.5600	NS	0.5900	1.45	是
	103	聊城	0.406	0.0958	0.3470	NS	0.4700	1.16	是
	104	菏泽	0.410	0.0192	0.0055	NS	0.1110	0.27	是
	105	济宁	0.406	0.4100	0.4550	NS	0.6580	1.62	是
	106	泰安	0.409	0.2310	0.3930	NS	0.5580	1.36	是
	107	枣庄	0.415	0.3030	0.2320	NS	0.5170	1.25	是
	108	临沂	0.409	0.2910	0.8230	NS	0.7470	1.83	是
	109	日照	0.407	0.0142	0.0168	NS	0.1240	0.30	是
	110	威海	0.408	0.5000	0.5330	NS	0.7190	1.76	是
河南省（9个）	111	驻马店	0.405	0.0000#	0.0000#	NS	0.2600	0.64	是
	112	新乡	0.413	0.0000#	0.0000#	NS	0.4000	0.97	是
	113	许昌	0.409	0.0400	0.0800	NS	0.2400	0.59	是
	114	周口	0.412	0.2000	0.0600	NS	0.3600	0.87	是
	115	洛阳	0.406	0.0000#	0.0000#	NS	0.2100	0.52	是
	116	南阳	0.409	0.0300	0.0500	NS	0.1940	0.47	是
	117	信阳	0.415	0.1530	0.5170	NS	0.5800	1.40	是
	118	商丘	0.411	0.0533	0.1413	NS	0.3120	0.76	是
	119	安阳	0.415	0.0000#	0.0000#	NS	0.5000	1.20	是

续表

所属机构	序号	单位名称	浓度/(mg/L)	批内变异/10^{-4}	批间变异/10^{-4}	显著性	总标准差/10^{-2}	CV/%	总标准差检验
湖北省（9个）	120	荆州	0.418	1.0800	1.8900	NS	1.2200	2.92	是
	121	襄樊	0.410	0.0792	0.0842	NS	0.2858	0.70	是
	122	宜昌	0.414	0.4062	1.6044	NS	1.0000	2.42	是
	123	孝感	0.418	0.1080	0.3700	NS	0.4700	1.12	是
	124	黄冈	0.409	0.0367	0.0060	NS	0.1500	0.37	是
	125	黄石	0.410	0.0220	0.0620	NS	0.2000	0.49	是
	126	咸宁	0.401	0.0480	0.0800	NS	0.2864	0.71	是
	127	十堰	0.412	0.0200	0.0700	NS	0.2113	0.51	是
	128	恩施	0.416	1.1390	2.0143	NS	1.1430	2.75	是
湖南省（10个）	129	长沙	0.407	0.2410	0.5000	NS	0.6000	1.47	是
	130	郴州	0.410	0.4200	0.8800	NS	0.8062	1.97	是
	131	永州	0.420	2.0000	0.5000	NS	1.0000	2.38	是
	132	衡阳	0.411	0.2300	0.2400	NS	0.5000	1.22	是
	133	湘潭	0.409	0.2500	0.6830	NS	0.7000	1.71	是
	134	邵阳	0.412	0.2340	0.0928	NS	0.4000	0.97	是
	135	洞庭湖	0.410	0.2400	0.3410	NS	0.5390	1.31	是
	136	怀化	0.410	0.1700	0.2000	NS	0.4000	0.98	是
	137	湘西	0.410	0.2500	0.3000	NS	0.5000	1.22	是
	138	常德	0.412	0.3330	0.7330	NS	0.7000	1.70	是
广东省（9个）	139	佛山	0.405	0.0600	0.2400	NS	0.4000	0.99	是
	140	肇庆	0.413	0.2200	0.2600	NS	0.4900	1.19	是
	141	韶关	0.408	0.1075	0.0448	NS	0.2800	0.69	是
	142	茂名	0.410	0.2000	0.2000	NS	0.4280	1.04	是
	143	惠州	0.410	0.3000	0.2000	NS	0.4470	1.09	是
	144	江门	0.410	0.2000	0.1000	NS	0.3870	0.94	是
	145	汕头	0.410	0.1470	0.5540	NS	0.5920	1.44	是
	146	湛江	0.410	0.6000	0.1000	NS	0.8760	2.14	是
	147	梅州	0.400	0.6700	4.7400	NS	0.5390	1.35	是
广西壮族自治区（7个）	148	玉林	0.410	0.0679	0.0757	NS	0.2679	0.65	是
	149	沿海	0.412	0.0500	0.1100	NS	0.2800	0.68	是
	150	百色	0.410	0.0500	0.0300	NS	0.1906	0.46	是
	151	河池	0.405	0.0180	0.0033	NS	0.1000	0.25	是
	152	柳州	0.410	0.1100	0.2800	NS	0.4397	1.07	是
	153	桂林	0.409	0.2400	0.3200	NS	0.0528	0.13	是
	154	梧州	0.414	0.9950	0.4950	NS	0.8527	2.06	是

续表

所属机构	序号	单位名称	浓度/(mg/L)	批内变异/10^{-4}	批间变异/10^{-4}	显著性	总标准差/10^{-2}	CV/%	总标准差检验
四川省（8个）	155	岷江	0.417	0.0033	0.0014	NS	0.4880	1.17	是
	156	内江	0.411	0.4000	1.0000	NS	0.8500	2.07	是
	157	绵阳	0.411	0.1850	0.2040	NS	0.4000	0.97	是
	158	阿坝	0.406	0.2400	0.2400	NS	0.4900	1.21	是
	159	南充	0.406	0.1260	0.0948	NS	0.3300	0.81	是
	160	达州	0.281	0.0620	0.2320	NS	0.3200	1.14	是
	161	雅安	0.411	0.1100	0.0630	NS	0.2900	0.71	是
	162	西昌	0.411	0.1410	0.2320	NS	0.4300	1.05	是
贵州省（8个）	163	铜仁	0.366	0.0089	0.0050	NS	0.0800	0.22	是
	164	黔南	0.397	0.0000#	0.0000#	NS（*）	1.6000	4.04	是
	165	遵义	0.420	0.2200	0.2700	NS	0.4900	1.17	是
	166	六盘水	0.418	0.0117	0.6450	NS	0.6000	1.44	是
	167	安顺	0.404	0.4400	0.0400	NS	0.4900	1.21	是
	168	黔西南	0.417	0.4900	0.5000	NS	0.7000	1.68	是
	169	毕节	0.409	0.7000	0.2000	NS	0.6320	1.55	是
	170	黔东南	0.410	0.0600	0.1053	NS	0.2880	0.70	是
云南省（13个）	171	丽江	0.409	0.5070	0.5650	NS（*）	0.7320	1.79	是
	172	大理	0.411	0.1070	0.1450	NS	0.3550	0.86	是
	173	保山	0.408	0.0183	0.0680	NS	0.2080	0.51	是
	174	楚雄	0.411	0.1110	0.1960	NS	0.3920	0.95	是
	175	临沧	0.412	0.0703	0.2320	NS	0.3890	0.94	是
	176	玉溪	0.395	0.2220	0.5770	NS	0.6300	1.59	是
	177	普洱	0.407	0.6720	0.0720	NS	0.6100	1.50	是
	178	西双版纳	0.413	0.0705	0.2480	NS	0.3990	0.97	是
	179	红河	0.409	0.3650	0.1640	NS	0.5140	1.26	是
	180	曲靖	0.402	0.2440	0.6150	NS	0.6560	1.63	是
	181	昭通	0.104	0.0475	0.0127	NS	0.1740	1.68	是
	182	文山	0.411	0.0258	0.0788	NS（*）	0.2290	0.56	是
	183	德宏	0.412	0.0592	0.2228	NS	0.3800	0.92	是
西藏自治区（4个）	184	日喀则	0.409	0.0573	0.4450	*（**）	0.5020	1.23	是
	185	林芝	0.401	0.0000	0.1750	NS	0.2960	0.74	是
	186	昌都	0.410	0.4460	0.1910	NS	0.5600	1.37	是
	187	山南	0.412	6.0100	4.5300	**	2.3000	5.58	是
陕西省（5个）	188	安康	0.417	0.0000	1.0000	NS（**）	0.1880	0.45	是
	189	延安	0.413	0.1358	0.2068	NS	0.4100	0.99	是

续表

所属机构	序号	单位名称	浓度/(mg/L)	批内变异/10^{-4}	批间变异/10^{-4}	显著性	总标准差/10^{-2}	CV/%	总标准差检验
陕西省（5个）	190	宝鸡	0.410	0.3390	0.1110	NS	0.4743	1.16	是
	191	商洛	0.313	0.8800	0.7200	NS	0.8936	2.85	是
	192	汉中	0.411	0.3550	1.5400	NS	0.9740	2.37	是
甘肃省（7个）	193	酒泉	0.406	0.4040	0.3220	NS	0.6020	1.48	是
	194	张掖	0.409	0.0350	0.0100	NS	0.1500	0.37	是
	195	武威	0.416	0.1625	0.0855	NS	0.3521	0.85	是
	196	定西	0.409	0.0158	3.9940	NS（**）	0.5680	1.39	是
	197	临洮	0.411	0.0358	0.0668	NS	0.2260	0.55	是
	198	平凉	0.400	0.1830	0.6110	NS	0.6300	1.58	是
	199	陇南	0.407	0.2200	0.6360	NS	0.6542	1.61	是
青海省（2个）	200	海东	0.411	0.0692	0.1870	NS	0.3600	0.88	是
	201	格尔木	0.413	0.0633	0.1930	NS	0.3600	0.87	是
新疆维吾尔自治区（11个）	202	伊犁	0.278	0.0158	0.0428	NS	0.1400	0.50	是
	203	阿勒泰	0.414	0.6000	1.5000	NS	1.0000	2.42	是
	204	塔城	0.305	0.2000	0.8520	NS	0.7300	2.40	是
	205	博州	0.420	0.1600	0.6400	NS	0.6300	1.50	是
	206	石河子	0.408	0.3600	—	NS	0.8800	2.16	是
	207	哈密	0.304	0.0300	1.0000	NS（**）	0.7200	2.37	是
	208	巴州	0.417	0.3000	0.2000	NS	0.4800	1.15	是
	209	阿克苏	0.408	0.3800	0.4800	NS（**）	0.5100	1.25	是
	210	克州	0.303	0.0367	0.0140	NS	0.1590	0.53	是
	211	喀什	0.378	0.8700	0.3400	NS	0.7800	2.06	是
	212	和田	0.299	0.0610	0.1000	NS	0.0008	0.00	是
长江上游局（4个）	213	宜宾	0.240	0.0067	0.0004	NS	0.0710	0.30	是
	214	攀枝花	0.241	0.4300	0.3000	NS	0.6300	2.61	是
	215	嘉陵江	0.241	0.0800	0.1600	NS	0.3100	1.29	是
	216	万州	0.240	0.3000	0.2900	NS	0.5400	2.25	是
重庆市（2个）	217	渝东北	0.412	0.1000	0.1000	NS	0.3190	0.77	是
	218	渝东南	0.365	0.2000	0.2000	NS	0.4130	1.13	是
工程类	219	碧流河	0.410	0.0000#	715.131	NS	18.909	46.12	是

注 1. “NS”表示批内、批间变异不显著；

“*”表示批内、批间变异显著性差异证据不足，应进一步查找原因；

“**”表示批内、批间变异非常显著。

2. 表中数据均为上交报告中的原始数据，（括号）内为经校核后的结果。

3. “#”批内变异、批间变异不应为零；“##”未按规定测定上限150mg/L配制。

附图　质控图

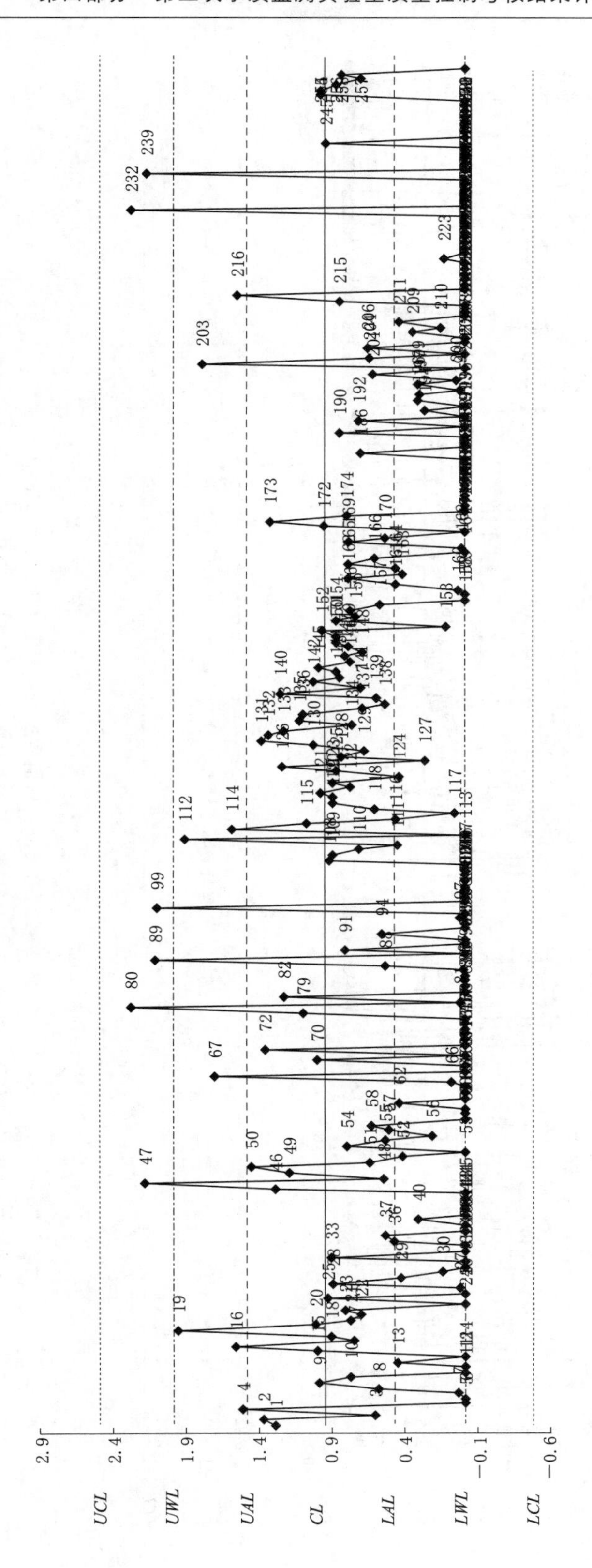

图 1-1　总硬度检出限质控图（滴定法）

图中：$UCL=2.525$　$UWL=2.026$　$UAL=1.527$　$CL=1.028$　$LAL=0.529$　$LWL=0.030$　$LCL=-0.469$

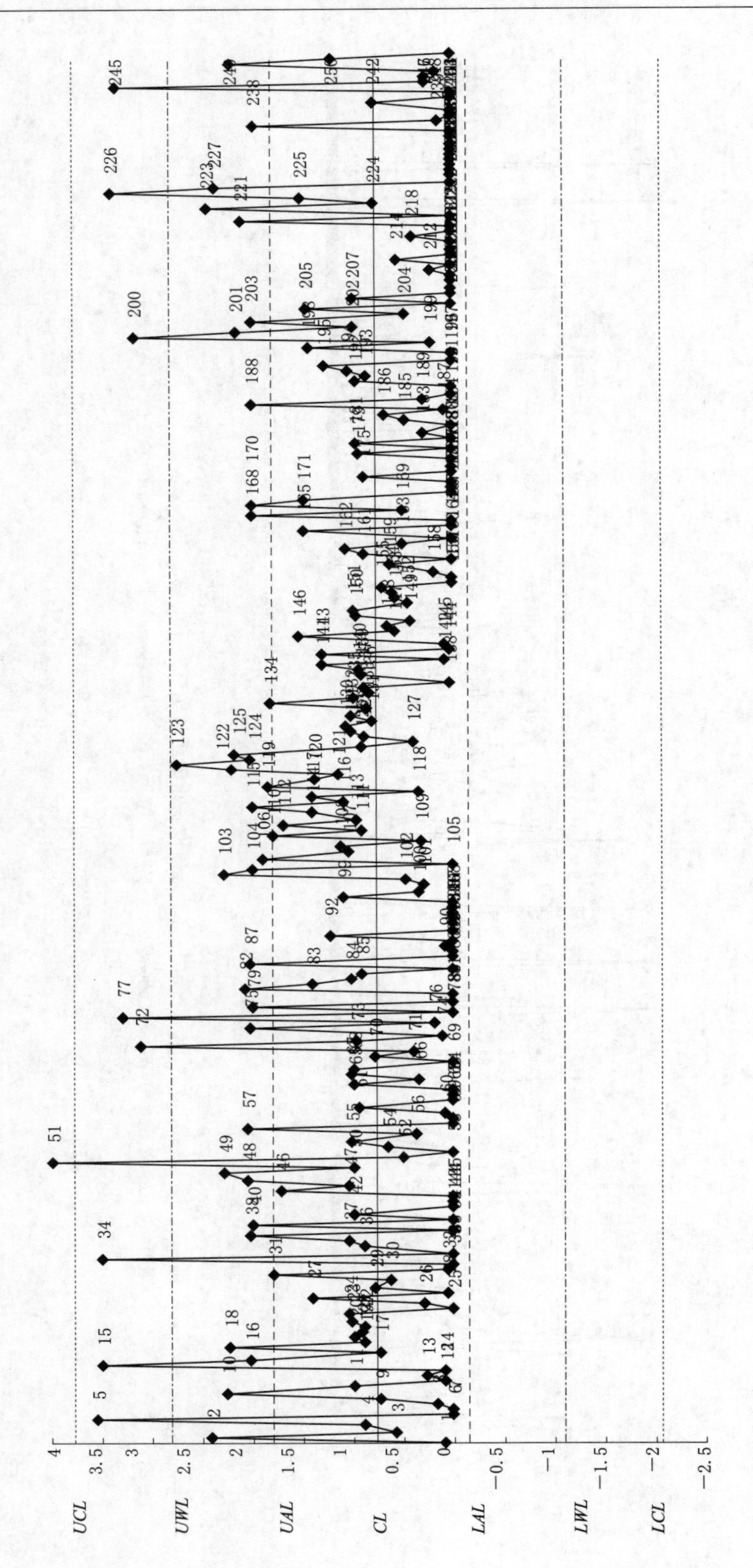

图 1-2 总硬度空白值质控图（滴定法）

图中：$UCL=4.478$ $UWL=3.389$ $UAL=2.300$ $CL=1.211$ $LAL=0.122$ $LWL=-0.967$ $LCL=-2.056$

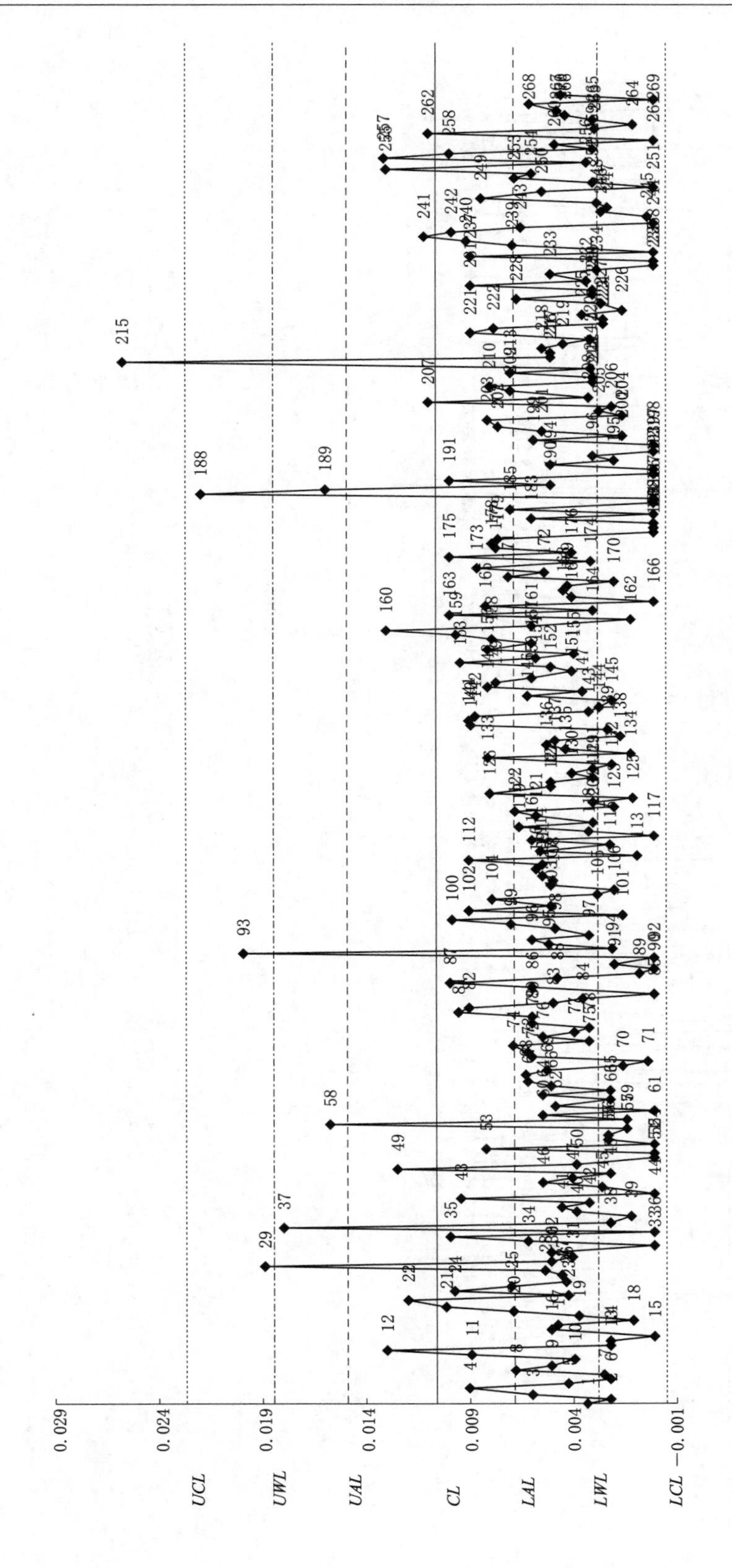

图 2-1　总磷检出限质控图（分光法）

图中：$UCL=0.0171$　$UWL=0.0134$　$UAL=0.0097$　$CL=0.0060$　$LAL=0.0023$　$LWL=-0.0014$　$LCL=-0.0051$

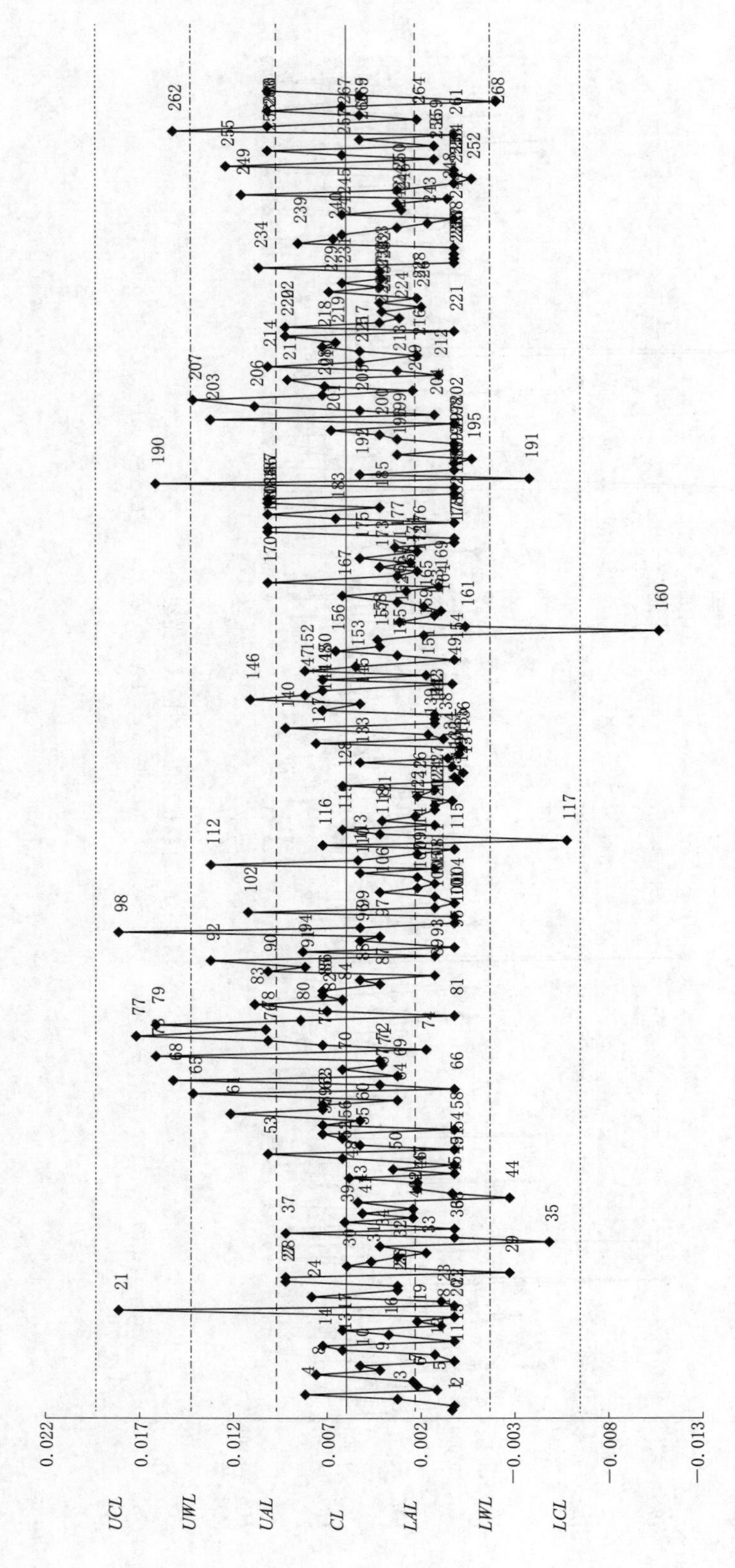

图 2-2 总磷空白值质控图（分光法）

图中：$UCL=0.0228$ $UWL=0.0168$ $UAL=0.0108$ $CL=0.0048$ $LAL=-0.0012$ $LWL=-0.0072$ $LCL=-0$

第五部分　水质监测实验室能力验证

第一章　水利系统实验室能力验证

第一节　能力验证的发展历程

能力验证作为判定实验室能力的主要技术手段，随着社会各方对实验室数据的可靠性要求越来越高，而越来越受到国际实验室认可合作组织及各国实验室认可机构、利用实验室数据的社会公证机构以及实验室主管和监管部门的重视，以此增加对实验室持续出具可靠数据的信心，同时，也被越来越多的实验室用作实验室内部质量控制的外部补充措施。

国际标准化组织（IOS）和国际电工委员会（IEC）于1997年联合发布的新版ISO/IEC指南《利用实验室间比对的能力验证》，成为规范能力验证活动的基础性国际文件。1998年，亚太实验室认可合作组织（APLAC）在该国际指南的基础上出台了APLAC PT001《校准实验室间比对》、PT002《检测实验室间比对》等文件。在1999年又将对能力验证的要求作为必须条款写入了《APLAC MR001互认协议要求》中，成为签署相互承认协议的必要条件。国际实验室认可合作组织（ILAC）在2000年出台了ILAC G13《能力验证计划提供者能力的指南》，规范能力验证计划提供者的管理体系和技术运作。

在我国，虽然某些行业很早就开展了行业内实验室间比对活动，但真正能够成为符合上述国际要求的能力验证则只有很短的历史。尽管我国原实验室国家认可委员会（CNACL）从1995年初就开始参加了APLAC的第一项能力验证计划“砝码比对”校准计划，但严格地讲，直至1999年之前，我国还没有开展完全符合国际要求的能力验证计划。

1998年，原CNACL制定了在1999年加入APLAC－MRA的目标，为了配合该目标的实现，满足能力验证要求，原CNACL专门设立了能力验证部组织开展了将指南《利用实验室间比对的能力验证》转化为我国国家标准的起草工作，使我国该项工作具有了法规层面的依据；1999年，初步建立可涵盖当时所有有效国际要求的我国能力验证体系，策划并实施了我国第一项完全满足国际要求的能力验证计划——“CNACL T001白酒中甲醇和杂醇油检测”能力验证计划。其后，为满足国际要求，我国的认可机构不断加大推动能力验证工作的力度。

第二节　能力验证的作用

能力验证是利用实验室间比对来确定实验室检测/校准能力的活动，为确保实验室维持较高检测和校准水平而对其能力进行考核、监督和确认的一种验证活动，是一种通过外部质量控制手段来测试一个实验室准确度的途径和对实验室工作能力进行评估验证的客观方法。实验室在验证活动中的表现是认可组织、政府部门和实验室的客户评价实验室能力的重要依据。因此，能力验证在实验室质量管理中具有重要的作用。

（1）通过能力验证活动，评价并确定实验室是否具有胜任所从事检测/校准工作的能力。能力验证可以有效地提高检验机构出具检验数据的准确性和可靠性，为检验机构实验室资质认定和承担各级政府的监督抽查和委托检验创造有利条件，其中包括由实验室认可或实验室资质认定评审机构、法定技术机构考核组、实验室的顾客以及实验室自身等所进行的评价。

（2）通过实验室能力验证的外部措施，补充和完善检验机构内部的质量控制，及时发现实验室存在的问题，以便制定相关的补救措施，纠正人员操作、检验方法或仪器的校准等方面出现的问题。

（3）通过能力验证可以不断进行自我评定和持续改进，确保实验室能够长期持续维持较高的检验水平，并补充评审员和技术专家对实验室现场评审的手段。

（4）开展能力验证可以不断提高和促进实验室的检测能力，增加了实验室顾客对实验室持续地出具可靠结果的信任，有效地提高检验机构出具检验数据可靠性和有效性，加强了客户对实验室可持续出具可靠的检验结果能力的信任，增强了实验室信誉度，可以更好地服务于社会。

（5）能力验证还可为确定某种新的检验方法的有效性和可比性，识别实验室间的差异，为标准物质赋值等其他目的提供信息。开展新项目前只有通过多次的能力验证和比对试验，才能保证人员操作、仪器设备和检验方法稳定，确保检验结果的准确、可靠，为新产品和新开展检验项目的资质认定以及检验能力的提高创造条件。

第三节　能力验证的类型

能力验证技术根据检测物品的性质、使用的方法和参加实验室的数目而变化。大部分能力验证具有共同的特征，即将一个实验室所得的结果与其他一个或多个实验室所得的结果进行比对。

常见的能力验证活动有以下6种类型：实验室间量值比对、实验室间检测比对、分割样品检测比对、定性比对、已知值比对和部分过程比对。实验室可以根据其自身的特点和情况，有选择地开展或参加这项活动。

（1）实验室间量值比对：比对涉及的被测样品的指定值由某个参考实验室提供，然后按顺序从一个实验室传递到下一个实验室。实验室间量值比对具有以下4个特征：

1）某检测物品的指定值由某个参考实验室提供，该实验室可能是国家有关测量的最高权威机构。在实施能力验证过程中，特定阶段对检测物品的校核可能是必要的，这样可以确保在整个能力验证过程中，指定值无明显变化，能力验证活动有效。

2）完成按顺序参加的能力验证计划是费时的（国际间的实验室比对有的需要若干年），这会造成一些困难，如物品的稳定性、严格监控物品的传送和各参加者许可的测量时间等。

3）各个测量结果要与参考实验室确定的参考值相比较。协调者应考虑各参加实验室声称的测量不确定度。

4）用于此类能力验证的检测物品可以是稳定的物品、标准物质或参考标准（如电阻器、量块或仪器等）。

（2）实验室间检测比对：比对涉及从材料源中随机抽取次级样品，同时分发给参加检测的实验室共同检测。完成检测后，将检测结果返回协调机构与公议值或指定值相比对，以表明各个实验室和参加的实验室整体组的能力。实验室间检测比对的检测样品应：

1）被检测物品是从材料源（也可以理解为散样样品的集合，如食品、饲料、土壤或标准物质等）中随机抽取的。

2）材料源（样品集合）必须充分均匀。以保证以后识别出的任何极端结果均不能归因于检测物品间存在着差异。

3）将实验室返回的检测结果与指定值比对，以表明各个实验室和参加的实验室整体组的能力。

以上测量比对计划、实验室间检测计划均包含多个实验室参加。认可机构、法定机构和其他组织在校准领域应用能力验证时，通常采用测量比对计划：在检测领域应用能力验证时，通常采用检测实验室间检测计划。

（3）分割样品检测比对：分割样品检测比对包括把某种样品分成两份或几份，每个参加实验室检测一份。与实验室间检测计划不同的是，分割样品检测计划通常只有数量非常有限的（经常两个）实验室参加。

典型的分割样品检测比对指比对数据由包含少量实验室的小组（通常只有两个实验室）提供，这些实验室将作为潜在的或连续的检测服务的提供者接受评估。此类计划的用途包括识别不良的测量准确度、验证纠正措施的有效性。

在商业交易中经常采用类似的比对，在供方和买方实验室进行类似的分割样品检测计划，若出现差异需仲裁，通常把另一个保留样品在第三方实验室进行检测。类似的分样检测技术也用于监控临床实验室和环境实验室。该比对经常需保留足够的材料或样品，以便必要时由另外的实验室做出进一步分析，以解决那些有限数量实验室间发生的差异。

（4）定性比对：为评价实验室“定性”表征特定实物的能力而设计的能力验证计划。定性比对可能包含比对协调者专门制备外加目标组分的检测物品，来评价实验室或人员对同一物品的定性区分或描述的能力，如定性识别特定病原有机体等。这类计划是“定性”的，通常不需要多个实验室的参与或通过实验室间比对来评价一个实验室的检测能力。

（5）已知值比对：通过对制备待测的、被测量值已知的检测物品的检测，提供与已知值比对的数字结果等，以此来评价实验室的检测能力。已知值比对是测量比对、实验室间检测比对、分割样品检测比对等的一种特殊类型。这类能力验证比对通常不需要多个实验室的参与，经常为实验室进行自身能力验证时所采用。

(6) 部分过程比对：对实验室完成检测或测量全过程中的若干部分过程的能力验证。如验证实验室对给定检测数据的处理能力，或根据规范抽取样品和制备样品的能力等。

第四节　能力验证的技术方法

一、均匀性、稳定性检验方法

比对样品的一致性对利用实验室间比对进行能力验证至关重要。在实施能力验证计划时，组织方应确保能力验证中出现的不满意结果不应归咎于样品之间或样品本身的变异性。因此，对于能力验证样品的检测特性量，必须进行均匀性检验和（或）稳定性检验。

对于制备批量样品的检测能力验证计划，通常必须进行样品均匀性检验。对于稳定性检验，则可根据样品的性质和计划的要求来决定。对于性质较不稳定的检测样品如生物制品，以及在校准能力验证计划中传递周期较长的测量物品，稳定性检验是必不可少的。

对于均匀性检验或稳定性检验的结果，可根据有关统计量表明的显著性或样品的变化能否满足能力验证计划要求的不确定度进行判断。

（一）均匀性检验方法

1. 均匀性检验的要求和方法

对能力验证计划所制备的每一个样品编号。从样品总体中随机抽取 10 个或以上的样品用于均匀性检验。若必要，也可以在特性量可能出现差异的部位按一定规律抽取相应数量的检验样品。

对抽取的每个样品，在重复条件下至少测试 2 次。重复测试的样品应分别单独取样。为了减小测量中定向变化的影响（漂移），样品的所有重复测试应按随机次序进行。

均匀性检验中所用的测试方法，其精密度和灵敏度不应低于能力验证计划预定测试方法的精密度和灵敏度。特性量的均匀性与取样量有关。均匀性检验所用的取样量不应大于能力验证计划预定测试方法的取样量。

当检测样品有多个待测特性量时，可从中选择有代表性和对不均匀性敏感的特性量进行均匀性检验。

对检验中出现的异常值，在未查明原因之前，不应随意剔除。可采用单因子方差分析法对检验中的结果进行统计处理。若样品之间无显著性差异，则表明样品是均匀的。

如果 σ 是某个能力验证计划中能力评价标准偏差的目标值，S_S 为样品之间不均匀性的标准偏差。若 $S_S \leqslant 0.3\sigma$，则使用的样品可认为在本能力验证计划中是均匀的。

2. 单因子方差分析 (one way ANOVA)

为检验样品的均匀性，抽取 i 个样品（$i=1, 2, \cdots, m$），每个样在重复条件下测试 j 次（$j=1, 2, \cdots, n$）。

每个样品的测试平均值

$$\overline{x_i} = \sum_{j=1}^{n} x_{ij} / n_i$$

全部样品测试的总平均值

$$\overline{\overline{x}}=\sum_{i=1}^{m}\overline{x_i}/m$$

测试总次数

$$N=\sum_{i=1}^{m}n_i$$

样品间平方和

$$SS_1=\sum_{i=1}^{m}n_i(\overline{x_i}-\overline{\overline{x}})^2$$

均方

$$MS_1=\frac{SS_1}{f_1}$$

样品内平方和

$$SS_2=\sum_{i=1}^{m}\sum_{j=1}^{n_i}(x_{ij}-\overline{x_i})^2$$

均方

$$MS_2=\frac{SS_2}{f_2}$$

自由度

$$f_1=m-1$$
$$f_2=N-1$$

统计量

$$F=\frac{MS_1}{MS_2}$$

若 $F<$ 自由度为（f_1，f_2）及给定显著性水平 α（通常 $\alpha=0.05$）的临界值 $F_\alpha(f_1,f_2)$，则表明样品内和样品间无显著性差异，样品是均匀的。

3. $S_S\leqslant 0.3\sigma$ 准则

从能力验证计划制备的样品中随机抽取 i 个样品（$i=1, 2, \cdots, m$），每个样在重复条件下测试 j 次（$j=1, 2, \cdots, n$）。按 4.2 款计算均方 MS_1、MS_2。若每个样品的重复测试次数均为 n 次。按下式计算样品之间的不均匀性标准偏差 S_S：

$$S_S=\sqrt{(MS_1-MS_2)/n}$$

式中：MS_1 为样品间均方；MS_2 为样品内均方；n 为测量次数。

若 $S_S\leqslant 0.3\sigma$，则使用的样品可认为在本能力验证计划中是均匀的。式中 σ 是能力验证计划中能力评价标准偏差的目标值。

（二）稳定性检验

1. 稳定性检验的要求和方法

对于某些性质较不稳定的检测样品，运输和时间对检测的特性量可能会产生影响。因此，在样品发送给实验室之前，需要进行有关条件的稳定性检验。

当检测样品有多个待测特性量时，应选择容易发生变化和有代表性的特性量进行稳定性检验。

稳定性检验的测试方法应是精密和灵敏的，并且具有很好的复现性。稳定性检验的样品应从包装单元中随机抽取，抽取的样品数具有足够的代表性。

在校准能力验证计划中，测量的物品需在参加实验室之间传递，作为被测特性量的监控，在计划运作的始末或期间应作稳定性检验。

稳定性检验的统计方法有 t 检验法、$|\overline{x}-\overline{y}|\leqslant 0.3\sigma$ 准则法等。t 检验法通常用于比较一个平均值与标准值/参考值之间或两个平均值之间是否存在显著性的差异。检验者可根据样品的性质和工作要求选用某一方法。

2. t 检验法

一系列测量的平均值与标准值/参考值的比较按式计算 t 值：

$$t=\frac{|\overline{x}-\mu|\sqrt{n}}{S}$$

式中：$\overline{x}$ 为 n 次测量的平均值；μ 为标准值/参考值；n 为测量次数；S 为 n 次测量结果的标准偏差。

注：为了保证平均值和标准偏差的准确度，$n\geqslant 6$。

若 $t<$ 显著性水平 α（通常 $\alpha=0.05$）自由度为 $n-1$ 的临界值 $t_{\alpha(n-1)}$，则平均值与标准值/参考值之间无显著性差异。

3. 二个平均值之间的一致性

按式计算 t 值：

$$t=\frac{|\overline{x}_2-\overline{x}_1|}{\sqrt{\frac{(n_1-1)s_1^2+(n_2-1)s_2^2}{n_1+n_2-2}\cdot\frac{n_1+n_2}{n_1 n_2}}}$$

式中：$\overline{x}_1$ 为第一次检验测量数据的平均值；$\overline{x}_2$ 为第二次检验测量数据的平均值；s_1 为第一次检验测量数据的标准偏差；s_2 为第二次检验测量数据的标准偏差；n_1 为第一次检验测量的测量次数；n_2 为第二次检验测量的测量次数。

注：为了保证平均值和标准偏差的准确度，n_1 和 n_2 均不小于 6。

若 $t<$ 显著性水平 α（通常 $\alpha=0.05$）自由度为 n_1+n_2-2 的临界值 $t_{\alpha(n_1+n_2-2)}$，则二个平均值之间无显著性差异。

4. $|\overline{x}-\overline{y}|\leqslant 0.3\sigma$ 准则

若 $|\overline{x}-\overline{y}|\leqslant 0.3\sigma$ 成立，则认为被检的样品是稳定的。式中：$\overline{x}$ 为均匀性检验的总平均值；$\overline{y}$ 为稳定性检验时，对随机抽出样品的测量平均值（注：抽样数 $\geqslant 3$。对每个抽取的样品重复测试 2 次，每次分别单独取样。测量方法与均匀性检验用的测量方法相同）；σ 为该能力验证计划的能力评价标准偏差目标值。

二、统计处理方法

（一）统计设计

（1）能力验证的结果可以多种形式出现，并构成各种统计分布。分析数据的统计方法应与数据类型及其统计分布特性相适应。无论使用哪一种方法对参加者的结果进行评价，一般应包括以下几方面内容：

1）确定指定值。

2）计算能力统计量。

3）评价能力。

4）在某些情况下需预先确定被测样品的均匀性和稳定性。

（2）在统计设计中应考虑下列事项及其相互影响：

1）所涉及测试的精密性和正确性。

2）在要求的置信水平下检出参加者之间的最小差异。

3）参加者的数量。

4）待检样品的数目和对每一被测样品进行重复检测/测量的次数。在校准能力验证计划中，应考虑比对的周期。

5）估算指定值所使用的程序，及识别离群值所使用的程序。

6）校准能力验证计划中，参考实验室必须能够给出优于参加者的测量不确定度（应尽量选择拥有国家级标准的实验室）。

（二）指定值及其不确定度的确定

（1）确定指定值的方法有多种，下面是最常用的几种。按不确定度增加的顺序（多数情况下如此）排列如下：

1）已知值。其结果由特定样品配制（如制备、稀释）时确定。

2）有证参考值。由定义法确定（用于定量检测）。

3）参考值。与一个可追溯到国家或国际标准的参考标准物质/标准样品或标准进行分析、测量或比对检测物品所确定的值。

4）由各专家实验室获得的公议值。专家实验室在对被测量的测定方面应具有可证实的能力，其使用的方法已经过确认，并且有较高的精密度和准确度，与通常使用的方法具有可比性。在某些情况下，这些实验室可以是参考实验室。

5）从参加实验室获得的公议值。

（2）为公正地评价参加实验室，以及促进实验室之间和方法之间的协调一致，应有确定的指定值。这一点通过参加共同的比对，并使用共同的指定值就可以实现。

（3）下述统计量适合于使用公议方法来确定指定值：

1）定性值。预先确定的多数百分率的公议值。

2）定量值。适当比对组的平均值，如：可以是加权或变换（如修剪平均或几何均值）的平均值；中位值、众数或其他稳健度量。

（4）应根据所开展项目的特定技术要求，运用“测量不确定度表示指南”（由 BIPM、IEC、IFCC、ISO、IUPAC 和 OIML 等联合制定）中规定的程序确定指定值的不确定度。

（5）极端结果。

1）在使用参加实验室的数据确定指定值时，所用的统计方法应当使极端结果的影响降至最小，这可以通过使用稳健统计方法或在计算之前剔除离群值来实现（详见 ISO 5725－2）。

2）如果参加者的结果作为离群值被剔除，那么该剔除应仅为了计算总计统计量，而在能力验证报告中仍需对这些结果进行评估，并且给出适当的能力评价。

（6）其他需考虑的事项。

1）按理想情况，如果用参考值或参加者的公议值来确定指定值，协调人应有一个程序来确定指定值的正确度以及检查数据的分布。

2）协调人必须有根据其不确定度判断指定值是否可接受的准则。

（三）能力统计量的计算

1. 单个检测项目的能力

能力验证结果常需转换成一个能力统计量以便于说明和衡量与指定值的偏差。

检测能力的评价对于能力验证的参加者应有意义。因此，对检测项目的能力评价应该和检测的要求相关，并能被理解或符合特定领域里的惯例。

变动性度量常用于计算能力统计量和能力验证计划的总结报告中。对一组比对的数据常用例子是：

（1）标准偏差（*SD*）。

（2）变异系数（*CV*）或相对标准偏差（*RSD*）。

（3）百分数与中位值的绝对偏差或其他稳健度量。

2. 定性结果通常不需要经过计算

定量结果常用的统计量如下：

（1）偏差 $D=x-X$，这里 x 是参加者的结果值，X 为指定值。

（2）偏差百分比率$\frac{D}{X}\times 100\%$。

（3）百分数或秩。

（4）Z 比分数 $Z=\frac{x-X}{S}$。

这里 S 指变动性的适当的估计量/度量值。这种模式既适用于 X 和 S 由参加者结果推导出的情形，亦适用于 X 和 S 不是由全部参加者结果推导出的情形（例如，对指定值和变动性可做出明确规定时）。

利用四分位数稳健统计方法处理结果时，$Z=\frac{(x-X)}{0.7413IQR}$，式中 IQR 为四分位间距。

（5）E_n 值（该统计量通常用于测量比对计划和测量审核活动）。

$$E_n=\frac{x_{LAB}-x_{REF}}{\sqrt{U_{LAB}^2+U_{REF}^2}}$$

式中：x_{LAB} 为实验室的测量结果；x_{REF} 为被测物品的参考值；U_{LAB} 为参加者结果的不确定度；U_{REF} 为指定值的不确定度。

3. 注意事项

（1）参加者结果和指定值之间的简单差值可能足以确定能力，且易被参加者所理解。数值（$x-X$）在 ISO 5725-4 中称为“实验室偏移的估计值”。

（2）百分率差适用于浓度的变化，参加者较易理解。

(3) 百分数或秩用于高度离散或偏态分布的结果和次序响应，或不同的响应值有限时的情形。不要轻易使用该方法。

(4) 根据检测数据的性质须对结果实行变换。有时这种变换是必要的，比如，稀释的结果以几何尺度变化，因而可以进行对数变换。

(5) 如果使用统计量作为评价标准（如 Z 比分数），变动性的估计必须可靠，即基于足够的观察以减少极端值的影响和降低不确定度。

(四) 综合能力评估

(1) 在单独一次能力验证轮回中，可以根据一个以上的结果对实验室能力进行评估。这种情况出现在一个特定测试物或一组相关的测试物有一个以上测试项目时，将能提供更为全面的测试能力的评估方法。

某些图表，例如尤登（Youden）图或曼德尔（Mandel）-h 值图，都是表示测试能力的有效手段。

综合评估的例子如下：

1) 相同被测量的综合值：

——满意结果的数目；

——z 比分数的平均值；

——绝对偏差的平均值（以单位或百分比表示）；

——绝对偏差（或平方偏差）之和。

2) 不同被测量的综合值：

——满意结果的数目或百分比；

——绝对 Z 比分数的平均值；

——与评价极限相关的绝对偏差的平均值。

(2) 注意事项。

1) 数值可以根据需要进行变换，使它们都服从相同的假设分布（如 Z 比分数服从正态分布，偏差的平方服从 x^2 分布）。

2) 对严重影响综合能力评价的极端值应进行检查。

(五) 能力评价

(1) 在建立能力的评价标准前，应考虑能力的度量值是否具有下列特点：

1) 专家公议：在这种情况下，顾问组或其他资深专家直接确定报告的数据是否符合要求，专家公议是评价定性检测结果的主要途径。

2) 与目标的符合性：例如，应考虑方法的使用范围和参加者被认可的操作水平等。

3) 数值的统计判定：这里的评价准则适用于各种结果值。一般将 Z 比分数分为：

$|Z|\leqslant 2$ 满意结果

$2<|Z|<3$ 有问题

$|Z|\geqslant 3$ 不满意或离群的结果

将 E_n 值分为

$|E_n|\leqslant 1$ 满意结果

$|E_n|>1$ 不满意结果

4）参加者的公议：由一定百分比的参加者或由某个参考标准组提供的比分数值或结果的范围。如：

——中心百分比（80%、90%或95%）满意；

——单侧百分比（最低90%）满意。

（2）分割样品方案的设计，目的是识别不合适的校准或结果中严重的随机误差。对此，应依据足够数量的数据和较宽的浓度范围进行评估。

为识别和描述这些问题，可采用作图法，特别是采用平均值所作的图表明实验室间差异。结果用适当的参数或非参数技术与回归分析和残差分析进行比较。

（3）只要可能，应使用图示法表示能力（如直方图、误差柱状图和 Z 比分数次序图）这些图示法可用来表示：

——参加者结果的分布；

——多个检测项目数据间的关系；

——不同方法的分布比较。

有时，某些实验室出具的数据，在能力验证计划中为离群结果，但可能仍在其相关标准规定的允差范围之内，鉴于此，利用参加能力验证计划的结果来对实验室的能力进行判定时，通常不作出“合格”与否的结论，而是使用“满意/不满意”或“离群”的概念。

（4）当利用测量审核对实验室的能力进行判定时，可利用 E_n 值或参照相关技术标准（包括统计技术方面的标准）进行判定。

第五节　能力验证结果的影响因素

能力验证是实验室一种常用的、有效的外部质量控制措施，它可以对实验室内部的质量控制措施起到有效的补充作用。实验室应该积极分析能力验证结果的影响因素，识别和改进实验室本身存在的不足，不断改善和提升管理水平和技术能力，以期提高实验室的检测水平和市场竞争力，为社会提供准确的检测数据。常见能力验证结果影响因素包括以下几方面。

一、对能力验证项目参加指导书的理解

能力验证参加指导书中一般都会对样品、检验方法、检测结果进行说明，如样品说明里可能会提及样品包装、样品量、开封注意事项（如请勿从铝箔袋预开口处开封，以免撒漏）、收到样品应先恢复至室温等；检验方法说明里可能会提及检测项目的大致含量范围、推荐检验方法或指定检验方法等；检测结果说明里一般会提及测试次数、检测结果保留的有效数字或小数点后位数、结果上报时间要求、提交原始记录要求等，参加单位应该准确理解参加指导书，并按说明进行操作。

二、实验过程质量控制

1. 人员

检测人员掌握操作条件与操作技巧的偏差，是造成检测结果误差的原因之一。实验室

人员必须经过培训和有效的考核，具有良好的业务技术，熟练掌握所承担的检测项目对应的检验方法和仪器设备，并且具有严谨、公正的科学态度。

实验室应该关注检测人员的初始能力和已上岗人员的持续能力，并且不断加强监督。可以通过能力验证考核人员的检测能力，促进其不断改进和提升。

2. 仪器设备

能力验证需要利用实验室间比对，在选择仪器设备时，各参加实验室间测量工具最好能具有一致性，增加各参加实验室检测数据之间的可比性。

3. 试剂（标准物质）

CNAS 能力认可准则中规定实验室应确保所购买的、影响检测和/或校准质量的供应品、试剂盒消耗材料，只有在经检查或以其他方式验证了符合有关检测和/或校准方法中规定的标准规范或要求之后才投入使用。实验室应选择正规的厂家购买试剂，使用时应注意试剂的储存条件、纯度、生产时间、最小取样量和使用说明书等。另外，实验室还应区分不同厂家试剂对检测结果的影响。

对标准物质应注意：

（1）对标准物质证书的理解：标准物质的储存条件、用法、有效期和最小取样量。

（2）配制标准物质使用液：考虑配制时的温度影响、量具精度和量具的检定/校准状态，另外，标准溶液在配制时应防止污染，尽量和样品溶液的基质相同，保证质控样、被测样前处理过程一致，从而抵消前处理过程和基质干扰可能产生的误差。

（3）绘制标准物质标准曲线：考虑仪器灵敏度、样品浓度、杂质干扰、稀释倍数和相关系数等方面。

4. 检验方法

不同检验方法可能会影响能力验证结果。实验室在参加能力验证时，应选择合适的检验方法，尽量较低方法差异引入的检测结果偏差。另外，参加实验室还应注意采用恰当的前处理方法、测得准确的空白值、增加质控样品的测定过程和回收率实验，减少测定结果的偏差。

5. 环境条件

环境条件是直接影响检测结果的要素，是保证检测工作正常开展的先决条件。能力验证参加实验室应该在检测标准和参加指导书要求的环境条件下进行检验。

6. 量值溯源

能力验证实验过程中使用的仪器设备、量器量具均应经过检定/校准。在两次检定/校准周期之间，通过期间核查来保持对设备校准状态的可信度，以此来提高检测结果的准确度。

三、提交检测结果的审核

能力验证结果的审核人员应在了解检测样品的来源和特征、所用的检验方法、统计模式、重复次数、被测次数和质控方式等方面后。认真审核能力验证结果（如通过产品特征了解某些特性参数，对照检验方法标准要求的精密度来审核重复测量的结果等），并注意同项目不同参数结果间的相关性，审核原始记录的完整性、充分性、原始性和规范性。

另外，审核人员还应注意检测结果保留的有效数字（或小数点后的位数）与参加指导书的要求相吻合。

第六节 水利系统能力验证工作

一、计划概况

（一）项目背景与实施过程

根据水利部《关于加强水质监测质量管理工作的通知》（水文〔2010〕169号）及水利部水文局《关于加强水质监测质量管理工作的实施方案》（水文质〔2010〕143号）的总体要求，水利部水环境监测评价研究中心（以下简称“部中心”）受水利部水文局委托，承担2014—2018年水利系统水质监测实验室能力验证工作。

水利系统能力验证计划由水利部水文局组织，部中心负责实施。能力验证计划方案由部中心提出，经过专家审议修改，由水利部水文局批准实施。每年3月成立项目组，制定了能力验证计划方案；4月召开专家研讨会，专家对能力验证计划方案进行了讨论证和修订；5月发出第一轮通知和报名表；6月完成了能力验证样品的研制；7月寄出考核样品、《能力验证计划作业指导书》《能力验证样品接收状态确认表》和《能力验证样品试验结果报告单》等，规定收到样品后的5个工作日内上报检测结果；8月对回收结果进行了统计分析；9月召开了专家会议，审议通过了中期报告；10月对检测结果$|Z|\geqslant 2$的实验室重新发送样品；10月下旬回收复测结果并对复测结果进行了统计分析。

水利系统能力验证的样品由部中心研制，样品均通过均匀性检验和稳定性检验；技术分析和统计分析由项目组技术专家组完成；结果报告由部中心编写。

由于水利系统水质监测工作主要是为政府职能部门水功能区管理、入河湖排污口监管、饮用水水源地保护等提供数据支持，为此，近三年的能力验证工作将社会关注度高的全国重要江河湖泊水功能区水质达标考核的主要控制项目以及GB 3838—2002《地表水环境质量标准》中部分参数作为实验室能力验证计划的主要内容，包括高锰酸盐指数、氨氮、化学需氧量、总磷、铜、汞、挥发酚、硝基苯、甲萘威、1,2-二氯乙烷、百菌清、氯苯和对硫磷等。

（二）参加实验室概况

每年全国水利系统7个流域、31个省（自治区、直辖市）共280多家实验室报名参加能力验证计划，参加实验室全部反馈结果，其中省级以上（各流域中心、各省中心、流域水文局直属中心和各流域中心所属分中心）实验室54家，市级（各省中心所属分中心、各流域水文局直属中心所属分中心以及省级以下水利部门所属中心）实验室234家，实验室所在地区分布见表1。

二、能力验证样品（以2014年为例）

根据能力验证实施方案的要求，2014年考核项目确定为以下两类，分别是：

A类为全国重要江河湖泊水功能区水质达标考核的主要控制项目：高锰酸盐指数和氨氮。

表 1　　参加实验室所在地区分布

流域、省（自治区、直辖市）	数量/家	流域、省（自治区、直辖市）	数量/家	流域、省（自治区、直辖市）	数量/家
松辽流域	2	新疆	12	山西	9
黄河流域	7	云南	15	广西	9
海河流域	3	青海	3	山东	16
长江流域	16	陕西	6	辽宁	14
太湖流域	1	广东	10	甘肃	8
珠江流域	1	浙江	9	内蒙古	5
淮河流域	1	福建	8	湖北	10
北京	9	宁夏	1	湖南	13
天津	2	安徽	6	海南	1
重庆	3	贵州	9	西藏	5
上海	9	江苏	13	河南	10
河北	11	江西	9	四川	9
吉林	6	黑龙江	7	—	—

B类为集中式生活饮用水地表水源地水质检验的特定项目：硝基苯和甲萘威。

（一）样品制备

1. A类项目的制备程序

氨氮和高锰酸盐指数是全国重要江河湖泊水功能区水质达标考核的主要控制项目，为了模拟天然水中复杂的环境背景，本次能力验证样品添加了常规离子作为样品背景。为了满足样品的均匀性和稳定性要求，对所用试剂及药品的纯度要求很高，其中 NH_4Cl、KCl、Na_2SO_4、NaCl 选用国药集团化学试剂有限公司的优级纯试剂，纯度为 99.5%。葡萄糖选用国药集团化学试剂有限公司的分析纯试剂。实验用水为反渗透离子交换树脂三级处理，出水电阻率为 18.25μS/cm。

在选择试剂时，主要考虑试剂的稳定、毒性较小等因素，以保证配制和使用过程的可操作性、安全性和标样浓度的稳定性，同时还要考虑仪器分析过程中的影响。

综合考虑分析方法适用范围、水利系统水环境监测的浓度水平及质控工作的需要，确定能力验证样品的浓度范围、配制溶剂，详见表 2。

表 2　　A类项目能力验证样品配方表　　单位：mg/L

项　目	样品 1（低浓度）	样品 2（中浓度）	样品 3（高浓度）
氨氮	0.379	0.528	0.753
高锰酸盐指数	2.15	3.55	4.61
K	8.0	8.0	8.0
Na	30.0	30.0	30.0
Cl	30.0	30.0	30.0
SO_4	20.0	20.0	20.0

注　表中样品浓度为按照作业指导书稀释后浓度。

能力验证样品的配制是按照二级标准物质要求制备的，即在清洁的实验室中，20℃±2℃条件下，采用高纯试剂和纯水准确配制，分装于20mL安瓿瓶内，迅速封口、灭菌，粘贴标签待用。

2. B类项目的制备程序

硝基苯和甲萘威在环境中都是痕量存在的，因此对所用试剂及药品的纯度要求很高。对生产厂家的选择，主要依据计量认证标准物质管理程序，选取质量信誉俱佳的厂商，考虑厂家的实力水平、服务质量、国内代理商情况、产品的质量及性价比，以充分保证样品配制的适用性、代表性及容易复制的原则。溶剂选用美国DIKMAPURE牌系列色谱级高纯试剂，它对ECD检测有响应的杂质含量被控制在10^{-18}水平，对FID检测有响应的杂质含量被控制在10^{-12}水平，适合所有GC/HPLC/光谱使用。溶质选用美国CHEM SERVICE公司纯度标准物质，纯度99.8%，不确定度±0.5%。

由于硝基苯和甲萘威几乎不溶于水，很难配制在水基体中，故首先将其配制在合适的有机试剂中，制成能力验证样品。在选择有机试剂时，考虑硝基苯和甲萘威易溶解、溶剂稳定、毒性较小等因素，以保证配制和使用过程的可操作性、安全性和标样浓度的稳定性，同时还要考虑溶剂与水有较好的互溶性，保证检测的灵敏度及准确度，详见表3。

表3　B类项目能力验证样品配方表　　单位：μg/L

项　目	样品1（低浓度）	样品2（高浓度）
硝基苯	47.0	111
甲萘威	64.0	161

注　B类项目能力验证样品溶剂为甲醇。

能力验证样品的配制是按照二级标准物质要求制备的，即：由高纯试剂为原料，以甲醇为溶剂，采用重量法-容量法准确配制。将该溶液置入低温冰箱（－20℃），2h后分装于洁净干燥的2mL安瓿内，迅速封口，粘贴标签，规格为1.5mL/支。

3. 主要实验条件

部中心于1994年获得了国家质量技术监督局颁发的《计量认证合格证》，之后的2000年、2005年、2008年、2011年、2014年都顺利通过计量认证复查换证的评审，目前计量认证项目143项。现有实验室面积超过700m^2，其中标准物质自动灌封间面积53m^2（万级超净间，见图1），已实现洗瓶、烘干、灌装、封口、灭菌、印标半自动化（见图2、图3）。

部中心拥有现代化大型仪器设备，包括：电感耦合等离子体质谱仪（ICP－MS）、原子吸收分光光度计（AAS）、固液相直接测汞仪、超纯酸蒸馏装置、离子色谱仪（IC）、总有机碳测定仪（TOC）、紫外分光光度等，还有精密天平、计算机、多参数水质分析仪，以及其他多种精密仪器。具备完成能力验证样品的研制、定值检验、批量生产等条件。

（二）样品均匀性检验

比对样品的均匀性对利用实验室间比对进行能力验证至关重要，在实施能力验证计划时，对于能力验证样品，必须进行均匀性检验。

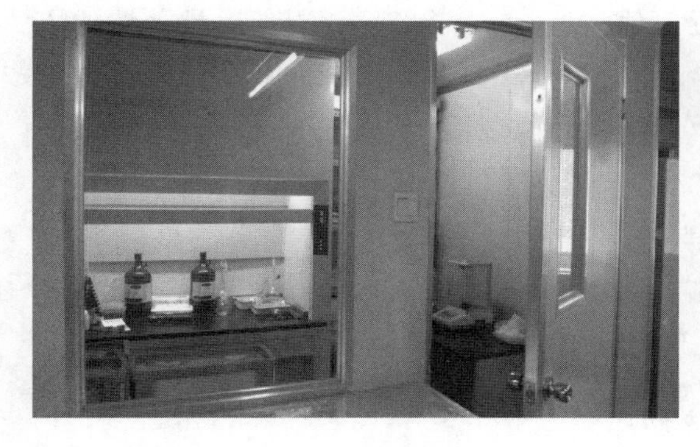

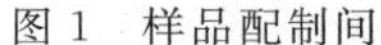

图 1　样品配制间

图 2　A 类样品灌封装置

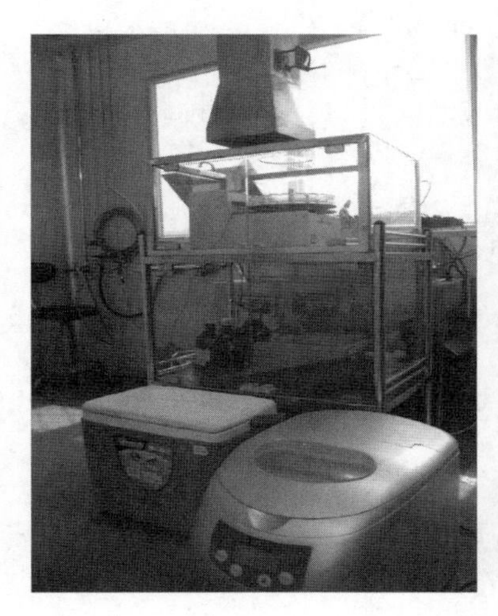

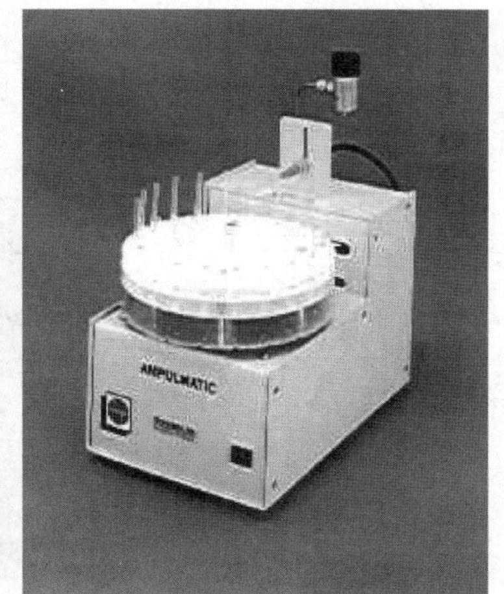

图 3　B 类样品灌封装置

1. *样品抽取方法和要求*

依据 CNAS－GL03：2014《能力验证样品均匀性和稳定性评价指南》中对样品均匀性检验的要求，对能力验证所制备的每一个样品，从样品总体中随机抽取 10 个或以上的样品用于均匀性检验。对抽取的每个样品，在重复条件下至少测试 2 次，重复测试的样品应分别单独取样。为了减小测量中定向变化的影响（飘移），样品的所有重复测试应按随机次序进行。

均匀性检验中所用的测试方法，其精密度和灵敏度不应低于能力验证计划预定测试方法的精密度和灵敏度。均匀性检验所用的取样量不应大于能力验证计划预定测试方法的取样量。

2. *数据处理方法*

方差分析法是用来统计检验均匀性的常用方法，通过瓶间方差和瓶内方差的比较来判断各瓶测量值之间有无系统性差异，如果二者的比小于统计检验的临界值，则认为样品是均匀的。

设 S_1 为瓶间方差即为能力验证样品的不均匀性误差和测定方法的随机误差的结合；

S_2 为瓶内方差即为测定方法的随机误差的近似值。$F_{实验值}=S_1^2/S_2^2$。从 5%显著性的 F 值表上查出相应自由度的临界值。若 $F_{实验值}>F_{临界值}$，说明两瓶样品之间的方差有显著的差异，则可认为样品是不均匀的，反之，若 $F_{实验值}\leqslant F_{临界值}$，则两瓶样品之间的方差无显著性差异，标准物质是均匀的。

设

$$\overline{\overline{x}}=\frac{\sum_{i=1}^{m}\overline{x}_i}{m}$$

$$N=\sum_{i=1}^{m}n_i$$

则瓶间差方和：

$$Q_1=\sum_{i=1}^{m}n_i(\overline{x}_i-\overline{\overline{x}})^2$$

瓶内差方和：

$$Q_2=\sum_{i=1}^{m}\sum_{j=1}^{n_i}(x_{ij}-\overline{x}_i)^2$$

记 $\nu_1=m-1$（瓶间自由度），$\nu_2=N-m$（瓶内自由度）。

$$S_1^2=\frac{Q_1}{\nu_1},S_2^2=\frac{Q_2}{\nu_2}$$

统计量 F：

$$F=\frac{S_1^2}{S_2^2}$$

该统计量是自由度（ν_1，ν_2）的 F 分布变量。

根据自由度（ν_1，ν_2）及给定的显著性水平 α，可由 F 表查得临界的 F_α 值。若 $F<F_\alpha$，则认为瓶内与瓶间无明显差异，样品是均匀的；若 $F\geqslant F_\alpha$，则怀疑各瓶间有系统差异，即样品之间存在差异。

3. 均匀性检验结果

按照《能力验证计划作业指导书》的要求，在同样的实验条件下，氨氮的测定采用标准方法 HJ 535—2009《水质　氨氮的测定　纳氏试剂分光光度法》，高锰酸盐指数的测定采用标准方法 GB 11892—1989《水质 高锰酸盐指数的测定》，硝基苯的测定采取 GB/T 5750.9—2006《生活饮用水标准检验方法　第 9 部分：农药指标》气相色谱法，甲萘威的测定采取 GB/T 5750.9—2006《生活饮用水标准检验方法　第 9 部分：农药指标》液相色谱法，测定样品的均匀性，测定结果见表 4～表 13。

在能力验证样品的均匀性测定结果中，如果不均匀性误差同测定方法的随机误差相比忽略不计时，则认为均匀性达到了标准物质的要求。均匀性检验结果表明：瓶内与瓶间测定平均值和它们的标准偏差均无显著性差异，从而可以判定能力验证样品都是均匀的。

表 4 “水中氨氮 N1”均匀性检验 单位：mg/L

样品号（i）	测试次数（j）	
	1	2
N1-1	0.385	0.389
N1-2	0.365	0.386
N1-3	0.376	0.379
N1-4	0.378	0.371
N1-5	0.385	0.383
N1-6	0.387	0.382
N1-7	0.374	0.369
N1-8	0.376	0.368
N1-9	0.386	0.374
N1-10	0.389	0.381
总平均值	0.380	
统计量 F	1.56	
临界值 $F_{0.05(9,10)}$	3.02	
检验结果	$F_{实}<F_{(9,10)}$，在 0.05 显著性水平时，样品中的 NH_4^+-N 是均匀的	

表 5 “水中氨氮 N2”均匀性检验 单位：mg/L

样品号（i）	测试次数（j）	
	1	2
N2-1	0.523	0.536
N2-2	0.528	0.536
N2-3	0.512	0.519
N2-4	0.513	0.522
N2-5	0.523	0.528
N2-6	0.533	0.521
N2-7	0.529	0.528
N2-8	0.523	0.531
N2-9	0.531	0.512
N2-10	0.534	0.528
总平均值	0.526	
统计量 F	1.26	
临界值 $F_{0.05(9,10)}$	3.02	
检验结果	$F_{实}<F_{(9,10)}$，在 0.05 显著性水平时，样品中的 NH_4^+-N 是均匀的	

表 6　　"水中氨氮 N3"均匀性检验　　单位：mg/L

样品号 (i)	测试次数 (j)	
	1	2
N3-1	0.746	0.752
N3-2	0.748	0.736
N3-3	0.763	0.754
N3-4	0.748	0.756
N3-5	0.752	0.759
N3-6	0.748	0.754
N3-7	0.738	0.751
N3-8	0.767	0.753
N3-9	0.759	0.747
N3-10	0.749	0.753
总平均值	0.752	
统计量 F	1.36	
临界值 $F_{0.05(9,10)}$	3.02	
检验结果	$F_{实}<F_{(9,10)}$，在 0.05 显著性水平时，样品中的 NH_4^+ -N 是均匀的	

表 7　　"水中高锰酸盐指数 M1"均匀性检验　　单位：mg/L

样品号 (i)	测试次数 (j)	
	1	2
M1-1	2.13	2.15
M1-2	2.17	2.07
M1-3	2.19	2.18
M1-4	2.13	2.17
M1-5	2.19	2.14
M1-6	2.08	2.18
M1-7	2.08	2.03
M1-8	2.13	2.21
M1-9	2.17	2.21
M1-10	2.19	2.13
总平均值	2.15	
统计量 F	1.60	
临界值 $F_{0.05(9,10)}$	3.02	
检验结果	$F_{实}<F_{(9,10)}$，在 0.05 显著性水平时，样品中的 NH_4^+ -N 是均匀的	

表 8　**“水中高锰酸盐指数 M2”均匀性检验**　单位：mg/L

样品号（i）	测试次数（j）	
	1	2
M2－1	3.53	3.45
M2－2	3.52	3.62
M2－3	3.47	3.55
M2－4	3.56	3.51
M2－5	3.56	3.62
M2－6	3.48	3.55
M2－7	3.56	3.48
M2－8	3.56	3.58
M2－9	3.55	3.56
M2－10	3.60	3.58
总平均值	3.55	
统计量 F	1.24	
临界值 $F_{0.05(9,10)}$	3.02	
检验结果	$F_{实}<F_{(9,10)}$，在 0.05 显著性水平时，样品中的 NH_4^+－N 是均匀的	

表 9　**“水中高锰酸盐指数 M3”均匀性检验**　单位：mg/L

样品号（i）	测试次数（j）	
	1	2
M3－1	4.62	4.68
M3－2	4.58	4.53
M3－3	4.58	4.64
M3－4	4.62	4.59
M3－5	4.58	4.63
M3－6	4.65	4.57
M3－7	4.56	4.56
M3－8	4.62	4.69
M3－9	4.58	4.48
M3－10	4.64	4.51
总平均值	4.60	
统计量 F	1.30	
临界值 $F_{0.05(9,10)}$	3.02	
检验结果	$F_{实}<F_{(9,10)}$，在 0.05 显著性水平时，样品中的 NH_4^+－N 是均匀的	

表 10 “硝基苯 X1”均匀性检验 单位：μg/L

瓶号	1	2	3	均值	标准偏差 S
X1-1	43.97	48.64	52.80	48.5	4.42
X1-2	49.35	40.62	45.35	45.1	4.37
X1-3	47.02	40.66	48.37	45.3	4.12
X1-4	47.22	43.70	46.18	45.7	1.81
X1-5	52.27	47.46	48.92	49.6	2.47
X1-6	46.63	42.36	47.85	45.6	2.88
X1-7	43.95	50.67	47.74	47.5	3.37
X1-8	49.82	50.77	44.86	48.5	3.17
X1-9	45.67	50.81	40.84	45.8	4.99
X1-10	47.16	46.28	40.64	44.7	3.54
X1-11	47.91	46.00	42.20	45.4	2.90
X1-12	50.32	47.18	49.04	48.8	1.58
X1-13	48.98	53.11	48.90	50.3	2.40
X1-14	50.26	47.26	51.50	49.7	2.18
X1-15	41.53	44.60	47.89	44.7	3.18
总均值	47.00				
S_X	2.03				
F 检验	$F_{实}$	1.13			
	$F_{(14,30)}$	2.04			
	结果	$F_{实}<F_{(14,30)}$			
结论	均匀				

表 11 “硝基苯 X2”均匀性检验 单位：μg/L

瓶号	1	2	3	均值	标准偏差 S
X2-1	113.60	101.52	117.44	110.9	8.31
X2-2	119.46	100.10	102.82	107.5	10.48
X2-3	116.84	100.12	103.50	106.8	8.84
X2-4	110.70	101.52	114.42	108.9	6.64
X2-5	110.24	101.90	113.96	108.7	6.18
X2-6	113.62	101.32	110.12	108.4	6.34
X2-7	100.78	103.61	117.52	107.3	8.96
X2-8	104.74	112.64	96.88	104.8	7.88
X2-9	103.46	114.76	110.94	109.7	5.75
X2-10	114.64	116.86	111.50	114.3	2.70
X2-11	115.52	111.50	113.24	113.4	2.02

续表

瓶号	1	2	3	均值	标准偏差 S
X2-12	113.84	120.07	115.88	116.6	3.18
X2-13	119.43	117.17	114.92	117.2	2.26
X2-14	121.66	106.92	119.46	116.0	7.95
X2-15	123.22	117.50	109.30	116.7	7.00
总均值	111.14				
S_X	4.18				
F 检验	$F_{实}$	1.13			
	$F_{(14,30)}$	2.04			
	结果	$F_{实}<F_{(14,30)}$			
结论	均匀				

表 12　　**“甲萘威 Y1”均匀性检验**　　单位：μg/L

瓶号	1	2	3	均值	标准偏差 S
Y1-1	64.30	62.70	66.34	64.4	1.83
Y1-2	61.53	61.04	64.57	62.4	1.91
Y1-3	66.63	55.88	61.63	61.4	5.38
Y1-4	61.77	64.30	65.60	63.9	1.95
Y1-5	64.18	57.07	63.45	61.6	3.91
Y1-6	61.04	63.07	58.81	61.0	2.13
Y1-7	60.35	63.71	63.91	62.7	2.00
Y1-8	67.21	64.28	62.05	64.5	2.59
Y1-9	65.70	60.35	63.33	63.1	2.68
Y1-10	61.46	67.34	66.85	65.2	3.26
Y1-11	64.68	62.26	61.45	62.8	1.68
Y1-12	64.62	64.52	64.22	64.5	0.21
Y1-13	66.89	64.61	61.24	64.2	2.84
Y1-14	63.04	66.42	68.45	66.0	2.73
Y1-15	63.45	67.23	67.46	66.0	2.25
总均值	63.58				
S_X	1.61				
F 检验	$F_{实}$	1.04			
	$F_{(14,30)}$	2.04			
	结果	$F_{实}<F_{(14,30)}$			
结论	均匀				

表 13　　"甲萘威 Y2" 均匀性检验　　单位：μg/L

瓶号	1	2	3	均值	标准偏差 S
Y2-1	160.60	164.81	166.69	164.0	3.12
Y2-2	161.39	160.06	161.79	161.1	0.91
Y2-3	160.83	158.51	162.52	160.6	2.01
Y2-4	162.18	156.56	160.66	159.8	2.91
Y2-5	160.60	160.54	166.38	162.5	3.35
Y2-6	164.73	157.68	158.55	160.3	3.84
Y2-7	162.09	160.24	158.57	160.3	1.76
Y2-8	164.09	162.60	160.52	162.4	1.80
Y2-9	165.08	160.36	161.79	162.4	2.42
Y2-10	160.56	164.77	161.93	162.4	2.15
Y2-11	168.38	166.75	162.16	165.8	3.22
Y2-12	164.31	158.59	158.17	160.4	3.43
Y2-13	166.42	160.50	160.08	162.3	3.54
Y2-14	157.82	160.15	162.16	160.0	2.18
Y2-15	159.82	163.01	165.06	162.6	2.64
总均值	161.80				
S_X	1.67				
F 检验	$F_{实}$	1.11			
	$F_{(14,30)}$	2.04			
	结果	$F_{实}<F_{(14,30)}$			
结论	均匀				

（三）样品稳定性检验

稳定性是指在不同的时间（例如以月为单位）积累特性值的稳定性。由于本次能力验证参加单位涉及全国各省（自治区、直辖市）的 288 家实验室，为避免样品发放过程中运输和时间对检测的特性量产生的影响，在样品发送给实验室之前，需要进行有关条件的稳定性检验。

稳定性检验的测试方法应是精密和灵敏的，并且具有很好的复现性。稳定性检验的样品应从包装单元中随机抽取，抽取的样品数据有足够的代表性。

1. 稳定性检验方法

能力验证样品的稳定性检验采用直线拟合法，检验特性值是否随时间变化。以 X 代表时间，以 Y 代表标准物质的特性值，拟合成一条直线，则有斜率 b_1：

$$b_1=\frac{\sum_{i=1}^{n}(X_i-\overline{X})(Y_i-\overline{Y})}{\sum_{i=1}^{n}(X_i-\overline{X})}$$

截距 b_0：

$$b_0=\overline{Y}-b_1\overline{X}$$

直线的标准偏差 S：

$$S^2=\frac{\sum_{i=1}^{n}(Y_i-b_0-b_1x_1)^2}{n-2}$$

斜率的不确定度 $S(b_1)$：

$$S(b_1)=\frac{s}{\sqrt{\sum_{i=1}^{n}(X_i-\overline{X})^2}}$$

统计量 $b_1/S(b_1)$：

$$b_1/S(b_1)<t_{0.05,(n-2)}$$

根据自由度（$n-2$）及给定的显著性水平 $\alpha=0.95$，由表查得临界 $t_{0.05,(n-2)}$ 值。若 $|t|<t_{0.05,(n-2)}$，则认为斜率是不显著的，可判定标准物质在监测期间内是稳定的，无明显上升或下降趋势；反之则为不稳定。

2. 稳定性检验结果

在室温（A类）或低温（B类）及避光的保存条件下，分别对A类两个参数的最低浓度样品和B类样品进行了为期3个月的连续测定，测定频率按照时间间隔前密后疏的原则，在样品配制的0d，1d，2d，…，90d，每次随机取样测定，计算其平均值及标准偏差。测定方法同均匀性检验的测定方法，测定结果见表14～表19。

表14　“水中氨氮N1”稳定性检验　单位：mg/L

序号	天数/d	$\overline{X}$	S_X	S_X^2
1	0	0.369	0.00630	0.0000397
2	1	0.380	0.00590	0.0000348
3	2	0.375	0.00620	0.0000384
4	7	0.379	0.00680	0.0000462
5	15	0.384	0.00570	0.0000325
6	20	0.383	0.00640	0.0000409
7	30	0.378	0.00520	0.0000270
8	60	0.381	0.00610	0.0000372
9	90	0.376	0.00530	0.0000281
总平均值		0.378	$\sum Sx^2$	0.000313
$b_1=1.54E-05$		$b_0=0.378$	$S_t=0.0013$	$t_{(0.95,7)}=2.36$
$b_1/S_{(b1)}=0.275$			$b_1/S_{(b1)}<t_{(0.95,7)}$	
检验结果			3个月内稳定	

表 15 “高锰酸盐指数 M1”稳定性检验 单位：mg/L

序号	天数/d	$\overline{X}$	S_X	S_X^2
1	0	2.17	0.0253	0.000640
2	1	2.15	0.0261	0.000681
3	2	2.15	0.0287	0.000824
4	7	2.17	0.0223	0.000497
5	15	2.12	0.0288	0.000829
6	20	2.17	0.0254	0.000645
7	30	2.13	0.0269	0.000724
8	60	2.15	0.0225	0.000506
9	90	2.18	0.0272	0.000741
总平均值		2.15	ΣSx^2	0.00609
$b_1=1.69E-04$		$b_0=2.15$	$S_t=0.0059$	$t_{(0.95,7)}=2.36$
$b_1/S_{(b1)}=0.275$			$b_1/S_{(b1)}<t_{(0.95,7)}$	
检验结果			3 个月内稳定	

表 16 “甲萘威 Y1”稳定性检验 单位：μg/L

序号	天数/d	1-1	1-2	2-1	2-2	3-1	3-2	Y_i	S_X
1	0	64.6	63.0	61.8	61.3	66.9	56.1	62.3	3.6
2	7	67.2	64.6	64.5	57.3	61.3	63.3	63.0	3.4
3	15	60.6	64.0	67.5	64.6	66.0	60.6	63.9	2.8
4	30	61.7	67.6	65.0	62.5	64.9	64.8	64.4	2.1
5	90	62.0	64.9	63.3	66.7	63.7	67.5	64.7	2.1
均值		63.7							
$b_1=0.62$		$S(b_1)=0.29$		$t_{0.95,(n-2)}=3.18$			$t\times S(b_1)=0.93$		
$b_1<t\times S(b_1)$									
检验结果					3 个月内稳定				

表 17 “甲萘威 Y2”稳定性检验 单位：μg/L

序号	天数/d	1-1	1-2	2-1	2-2	3-1	3-2	Y_i	S_X
1	0	160.1	164.3	160.9	159.6	160.3	158.0	160.5	2.1
2	7	161.7	156.1	160.1	160.0	164.2	157.2	159.9	3.0
3	15	161.6	159.7	163.6	162.1	164.6	159.9	161.9	1.9
4	30	160.1	164.3	167.9	166.2	163.8	158.1	163.4	3.7
5	90	165.9	160.0	157.3	159.7	159.3	162.5	160.8	3.0
均值		161.3							
$b_1=0.09$		$S(b_1)=0.63$		$t_{0.95,(n-2)}=3.18$			$t\times S(b_1)=2.02$		
$b_1<t\times S(b_1)$									
检验结果					3 个月内稳定				

表 18 “硝基苯 X1”稳定性检验 单位：μg/L

序号	天数/d	1-1	1-2	2-1	2-2	3-1	3-2	Y_i	S_X
1	0	43.86	48.52	49.23	40.52	46.91	40.56	44.9	3.9
2	7	47.10	43.60	52.15	47.35	46.52	42.26	46.5	3.4
3	15	43.84	50.55	49.70	50.65	45.56	44.61	47.5	3.1
4	30	47.04	46.17	47.79	45.89	50.20	47.06	47.4	1.6
5	90	48.87	52.98	50.14	47.15	41.43	44.49	47.5	4.1
均值		46.8							
$b_1=0.49$		$S(b_1)=0.42$		$t_{0.95,(n-2)}=3.18$			$t\times S(b_1)=1.35$		
$b_1<t\times S(b_1)$									
检验结果				3个月内稳定					

表 19 “硝基苯 X2”稳定性检验 单位：μg/L

序号	天数/d	1-1	1-2	2-1	2-2	3-1	3-2	Y_i	S_X
1	0	113.60	101.52	119.46	100.10	116.84	100.12	108.6	9.0
2	7	114.64	110.86	115.52	111.50	113.84	104.07	111.7	4.2
3	15	100.78	103.61	104.74	112.64	103.46	114.76	106.7	5.6
4	30	110.70	101.52	110.24	101.90	113.62	121.32	109.9	7.5
5	90	119.43	117.17	121.66	106.92	123.22	117.50	117.7	5.8
均值		110.9							
$b_1=2.89$		$S(b_1)=0.99$		$t_{0.95,(n-2)}=3.18$			$t\times S(b_1)=3.16$		
$b_1<t\times S(b_1)$									
检验结果				3个月内稳定					

稳定性检验结果表明，在抽检期间内，在特性量值与时间的线性关系中，斜率是不显著的，无明显的上升或下降趋势，无方向性变化，未观测到不稳定性，从而可以判定能力验证样品在3个月内是稳定的。

（四）能力验证统计方法设计

1. 分组设计

根据水利部水文局《关于开展2014年水利系统水质监测机构能力验证的通知》（水文质〔2014〕77号）的要求，水利系统各级水质监测机构均须参加A类项目的能力验证；流域监测机构及其分中心、流域水文局直属监测机构、省级监测机构均须参加B类项目的能力验证；省级监测机构的分中心、流域水文局直属监测机构的分中心可根据自身能力或需要自愿报名参加B类项目的能力验证。

由于B类项目报名参加的单位较少，因此，本次能力验证的分组设计分A类和B类。A类项目对报名参加的实验室随机分成3组，每组每个项目得到2个不同组合的样品对；B类项目对报名参加的实验室分成1组，每个项目得到2个不同组合的样品对，详细分组设计见表20、表21。

表 20　　　　A 类项目分组设计

项　目	第一组 96 家		第二组 96 家		第三组 96 家	
氨氮	样品 1	样品 2	样品 2	样品 3	样品 1	样品 3
高锰酸盐指数	样品 1	样品 2	样品 1	样品 3	样品 2	样品 3

表 21　　　　B 类项目分组设计

项　目	第　一　组		参加单位/家
硝基苯	样品 1	样品 2	44
甲萘威	样品 1	样品 2	30

2. 统计与评价依据

2014 年能力验证的统计与评价依据为 CNAS－GL02：2014《能力验证结果的统计处理和能力评价指南》。

3. 统计设计

（1）确定指定值。

2014 年能力验证的样品由承担单位“部中心”配制，“指定值”的确定采用从参加实验室获得的共议值来获得，即 A 类项目样品 1、样品 2 和样品 3 的指定值为 3 组中位值的平均值；B 类项目样品 1 和样品 2 的指定值为能力验证的中位值，具体数值见表 22。

表 22　　　　能力验证的指定值

项　目	样品 1			样品 2			样品 3		
	中位值 1	中位值 2	均值	中位值 1	中位值 2	均值	中位值 1	中位值 2	均值
氨氮/(mg/L)	0.380	0.380	0.380	0.528	0.528	0.528	0.753	0.757	0.755
高锰酸盐指数/(mg/L)	2.19	2.20	2.20	3.62	3.60	3.61	4.62	4.64	4.63
硝基苯/(μg/L)	46.9	—	46.9	108	—	108	—	—	—
甲萘威/(μg/L)	63.4	—	63.4	162	—	162	—	—	—

（2）计算能力统计量。

2014 年能力验证采用稳健（Robust）统计方法对结果进行统计分析，由于采用中位值和标准化四分位距，从而减少了极端结果对平均值和标准偏差的影响。对能力验证数据计算总计统计量，其中包含七种综合的统计量，即结果数、中位值、标准四分位数间距（*IQR*）、稳健的变异系数（*CV*）、最小值、最大值和极差。

其中最重要的统计量是中位值和标准化 *IQR*——它们是数据集中和分散的量度，与平均值和标准偏差相似。使用中位值和标准化 *IQR* 是因为它们是稳健的统计量，即它们不受数据中离群值的影响。

结果数是从一个特定检测中得到的结果总数，符号为 N。

中位值是一组数据的中间值，即有一半的结果高于它，一半的结果低于它。如果 N 是奇数，那么中位值是一个单一的中心值，即 $X\,\dfrac{N+1}{2}$。如果 N 是偶数，那么中位值是两个中心值的平均，即是$\frac{X(N/2)+X[(N/2)+1]}{2}$。例如，如果 N 是 9，中位值是第 5 个值，如果 N 是 10，那么中位值是第 5 个和第 6 个值的平均值。

标准化 IQR 是一个结果变异性的量度。它等于四分位间距（IQR）乘以因子 0.7413，其与一个标准偏差相类似。四分位间距是低四分位数值和高四分位数值的差值。低四分位数值（Q_1）是低于结果的四分之一处的最近值，高四分位（Q_3）是高于结果四分之三处的最近值。在大多数情况下 Q_1 和 Q_3 通过数据值之间的内插法获得。$IQR=Q_3-Q_1$，标准化 $IQR=IQR\times0.7413$。

稳健 CV 是变异系数，稳健 $CV=\frac{\text{标准化 } IQR}{\text{中位值}}\times100\%$。

最小值是最低值（即 $X[1]$），最大值是最高值（即 $X[N]$），极差是它们之间的差值（即 $X[N]-X[1]$）。

中期报告发布之后，组织者不应对数据再做改动和添加（如迟到的结果）。

4. 能力评价

为了统计评价参加实验室的结果，项目组采用基于稳健总计统计量的 Z 比分数（中位值和标准化 IQR）进行统计评价。部中心计算两个 Z 比分数，即实验室间 Z 比分数（ZB）和实验室内 Z 比分数（ZW），它们分别基于结果对的和与差值。

由于结果对是从 A 和 B 两个样品中获得的，因此，把样品 A 所有结果的中位值和标准化 IQR 分别写为中位值（A）和标准化 $IQR(A)$（样品 B 也类似）。根据样品对的结果 A 和 B 计算 ZB 和 ZW 时，首先计算结果对的标准化和（用 S 表示）和标准化差值（D），即

$$S=(A+B)/\sqrt{2} \text{ 和 } D=(A-B)/\sqrt{2} \text{（保留 } D \text{ 的+或-号）}$$

通过计算每个实验室的标准化和及标准化差值，可以得出所有的 S 和 D 的中位值和标准化（IQR）等。

随后计算实验室间 Z 比分数（ZB）和实验室内 Z 比分数（ZW），即

$$ZB=\frac{S-\text{中位值}(S)}{\text{标准 } IQR(S)} \text{ 和 } ZW=\frac{D-\text{中位值}(D)}{\text{标准 } IQR(D)}$$

对于样品对，一个正的 ZB（$ZB\geqslant3$），表示结果/结果对太高；反之，一个负的 ZB（$ZB\leqslant-3$）表示结果/结果对太低。

对于样品对，实验室内离群值 ZW（$|ZW|\geqslant3$），表示两个结果间的差值太大。

5. 统计图表

为使参加者更直观了解本次能力验证的结果，采用直方图表示有关的统计量。直方图用图的形式表示各个实验室能力验证的结果，将 Z 比分数按期大小顺序列分别做出柱状图，每一个柱条标有该实验室代码。

（五）统计处理结果

1. 结果的统计分析描述

2014 年能力验证 A 类项目共收到 288 家实验室的结果报告；B 类项目共收到 45 家实验室的结果报告，其中硝基苯测试结果 44 家，甲萘威测试结果 30 家，1 家实验室没有参

加硝基苯的测试，15 家实验室没有参加甲萘威的测试，缺考原因都在报名时进行了说明。对收到的所有测试结果进行统计分析，4 组总计统计量结果见表 23、表 24、表 25 和表 26，Z 值统计表见附表 1～附表 8，Z 比分数柱状图见附图 1～附图 8。

表 23　能力验证测试结果的总计统计量（第一组）

样品对	测试项目	结果数量/个	中位值	标准化 *IQR*	最大值	最小值	极差	稳健 *CV*/%
1	高锰酸盐指数/(mg/L)	96	2.19	0.126	3.78	1.72	2.060	5.754
		96	3.62	0.143	4.65	2.02	2.630	3.947
2	氨氮/(mg/L)	96	0.380	0.008	0.450	0.332	0.118	2.195
		96	0.528	0.010	0.570	0.493	0.077	1.860

注　中位值、最大值和最小值按照作业指导书要求保留 3 位有效数字，其他项保留 3 位小数。

表 24　能力验证测试结果的总计统计量（第二组）

样品对	测试项目	结果数量/个	中位值	标准化 *IQR*	最大值	最小值	极差	稳健 *CV*/%
1	高锰酸盐指数/(mg/L)	96	2.20	0.148	3.56	1.46	2.100	6.754
		96	4.62	0.111	5.62	4.09	1.700	2.407
2	氨氮/(mg/L)	96	0.528	0.010	0.750	0.484	0.266	1.860
		96	0.753	0.013	0.854	0.520	0.334	1.698

注　中位值、最大值和最小值按照作业指导书要求保留 3 位有效数字，其他项保留 3 位小数。

表 25　能力验证测试结果的总计统计量（第三组）

样品对	测试项目	结果数量/个	中位值	标准化 *IQR*	最大值	最小值	极差	稳健 *CV*/%
1	高锰酸盐指数/(mg/L)	96	3.60	0.132	4.84	2.14	2.700	3.655
		96	4.64	0.119	5.71	3.84	1.870	2.556
2	氨氮/(mg/L)	96	0.380	0.010	0.522	0.358	0.164	2.585
		96	0.757	0.012	0.784	0.372	0.412	1.591

注　中位值、最大值和最小值按照作业指导书要求保留 3 位有效数字，其他项保留 3 位小数。

表 26　能力验证测试结果的总计统计量（第四组）

样品对	测试项目	结果数量/个	中位值	标准化 *IQR*	最大值	最小值	极差	稳健 *CV*/%
1	硝基苯/(μg/L)	44	46.9	2.984	74.5	28.4	46.1	6.362
		44	108	6.116	143	82.4	60.6	5.689
2	甲萘威/(μg/L)	30	63.4	1.616	93.7	58.6	35.1	2.549
		30	162	7.228	168	43.1	125	4.462

注　中位值、最大值和最小值按照作业指导书要求保留 3 位有效数字，其他项保留 3 位小数。

附表 1　　第一组氨氮 Z 值统计表

序号	实验室代码	氨氮/(mg/L)											
		编号	浓度	浓度	平均	编号	浓度	浓度	平均	S	ZB	D	ZW
1	001	N401	0.372	0.372	0.372	N215	0.540	0.540	0.540	0.645	0.290	−0.119	−2.266
2	004	N402	0.378	0.378	0.378	N216	0.526	0.526	0.526	0.639	−0.174	−0.105	−0.108
3	007	N403	0.372	0.377	0.374	N217	0.524	0.529	0.526	0.636	−0.406	−0.107	−0.540
4	010	N404	0.382	0.382	0.382	N218	0.513	0.513	0.513	0.633	−0.696	−0.093	1.727
5	013	N405	0.375	0.380	0.378	N219	0.530	0.525	0.528	0.641	−0.058	−0.106	−0.324
6	016	N406	0.376	0.379	0.378	N220	0.531	0.528	0.530	0.642	0.058	−0.107	−0.540
7	019	N407	0.377	0.377	0.377	N221	0.529	0.529	0.529	0.641	−0.058	−0.107	−0.540
8	022	N408	0.382	0.383	0.382	N222	0.525	0.525	0.525	0.641	0.000	−0.101	0.432
9	025	N409	0.379	0.382	0.380	N223	0.512	0.512	0.512	0.631	−0.870	−0.093	1.619
10	028	N410	0.386	0.389	0.388	N224	0.538	0.541	0.540	0.656	1.218	−0.107	−0.540
11	031	N411	0.388	0.388	0.388	N225	0.525	0.530	0.528	0.648	0.522	−0.099	0.755
12	034	N412	0.384	0.388	0.386	N226	0.532	0.532	0.532	0.649	0.638	−0.103	0.108
13	037	N413	0.371	0.381	0.376	N227	0.524	0.519	0.522	0.635	−0.522	−0.103	0.108
14	040	N414	0.371	0.376	0.374	N228	0.522	0.522	0.522	0.634	−0.638	−0.105	−0.108
15	043	N415	0.379	0.373	0.376	N229	0.524	0.524	0.524	0.636	−0.406	−0.105	−0.108
16	046	N416	0.375	0.385	0.380	N230	0.510	0.510	0.510	0.629	−0.986	−0.092	1.835
17	049	N417	0.389	0.383	0.386	N231	0.533	0.533	0.533	0.650	0.696	−0.104	0.000
18	052	N418	0.376	0.371	0.374	N232	0.510	0.505	0.508	0.624	−1.451	−0.095	1.403
19	055	N419	0.383	0.371	0.377	N233	0.520	0.503	0.512	0.629	−1.044	−0.095	1.295
20	058	N420	0.371	0.368	0.370	N234	0.512	0.507	0.510	0.622	−1.567	−0.099	0.755
21	061	N421	0.371	0.376	0.374	N235	0.490	0.496	0.493	0.613	−2.321	−0.084	3.022
22	064	N422	0.373	0.357	0.365	N236	0.502	0.513	0.508	0.617	−1.973	−0.101	0.432
23	067	N423	0.387	0.384	0.386	N237	0.561	0.566	0.564	0.672	2.495	−0.126	−3.345
24	070	N424	0.382	0.382	0.382	N238	0.529	0.526	0.528	0.643	0.174	−0.103	0.108
25	073	N425	0.380	0.384	0.382	N239	0.542	0.510	0.526	0.642	0.058	−0.102	0.324
26	076	N426	0.383	0.394	0.388	N240	0.536	0.522	0.529	0.648	0.580	−0.100	0.648
27	079	N427	0.387	0.389	0.388	N241	0.534	0.533	0.533	0.651	0.812	−0.103	0.216
28	082	N428	0.393	0.385	0.389	N242	0.531	0.536	0.534	0.653	0.928	−0.103	0.216
29	085	N429	0.376	0.376	0.376	N243	0.536	0.536	0.536	0.645	0.290	−0.113	−1.403
30	088	N430	0.390	0.393	0.392	N244	0.544	0.544	0.544	0.662	1.683	−0.107	−0.540
31	091	N431	0.385	0.387	0.386	N245	0.549	0.545	0.547	0.660	1.509	−0.114	−1.511
32	094	N432	0.378	0.384	0.381	N246	0.526	0.523	0.524	0.640	−0.116	−0.101	0.432
33	097	N433	0.387	0.381	0.384	N247	0.558	0.561	0.560	0.668	2.147	−0.124	−3.130
34	100	N434	0.387	0.385	0.386	N248	0.521	0.518	0.520	0.641	−0.058	−0.095	1.403

续表

序号	实验室代码	氨氮/(mg/L)											
		编号	浓度	浓度	平均	编号	浓度	浓度	平均	S	ZB	D	ZW
35	103	N435	0.384	0.384	0.384	N249	0.534	0.534	0.534	0.649	0.638	−0.106	−0.324
36	106	N436	0.375	0.377	0.376	N250	0.514	0.509	0.512	0.628	−1.102	−0.096	1.187
37	109	N437	0.378	0.372	0.375	N251	0.523	0.531	0.527	0.638	−0.290	−0.107	−0.540
38	112	N438	0.382	0.382	0.382	N252	0.522	0.522	0.522	0.639	−0.174	−0.099	0.755
39	115	N439	0.404	0.396	0.400	N253	0.544	0.528	0.536	0.662	1.683	−0.096	1.187
40	118	N440	0.392	0.395	0.394	N254	0.543	0.545	0.544	0.663	1.799	−0.106	−0.324
41	121	N441	0.422	0.417	0.420	N255	0.566	0.574	0.570	0.700	4.816	−0.106	−0.324
42	124	N442	0.375	0.373	0.374	N256	0.528	0.525	0.526	0.636	−0.406	−0.107	−0.540
43	127	N443	0.377	0.375	0.376	N257	0.529	0.527	0.528	0.639	−0.174	−0.107	−0.540
44	130	N444	0.388	0.380	0.384	N258	0.528	0.520	0.524	0.642	0.058	−0.099	0.755
45	133	N445	0.400	0.397	0.398	N259	0.541	0.538	0.540	0.663	1.799	−0.100	0.540
46	136	N446	0.372	0.370	0.371	N260	0.512	0.516	0.514	0.626	−1.276	−0.101	0.432
47	139	N447	0.411	0.414	0.412	N261	0.546	0.546	0.546	0.677	2.959	−0.095	1.403
48	142	N448	0.394	0.395	0.394	N262	0.544	0.543	0.544	0.663	1.799	−0.106	−0.324
49	145	N449	0.386	0.384	0.385	N263	0.530	0.530	0.530	0.647	0.464	−0.103	0.216
50	148	N450	0.397	0.394	0.396	N264	0.531	0.529	0.530	0.655	1.102	−0.095	1.403
51	151	N451	0.386	0.385	0.386	N265	0.540	0.541	0.540	0.655	1.102	−0.109	−0.755
52	154	N452	0.374	0.386	0.380	N266	0.533	0.521	0.527	0.641	0.000	−0.104	0.000
53	157	N453	0.376	0.376	0.376	N267	0.544	0.521	0.532	0.642	0.058	−0.110	−0.971
54	160	N454	0.379	0.373	0.376	N268	0.520	0.526	0.523	0.636	−0.464	−0.104	0.000
55	163	N455	0.384	0.370	0.377	N269	0.526	0.524	0.525	0.638	−0.290	−0.105	−0.108
56	166	N456	0.395	0.395	0.395	N270	0.544	0.547	0.546	0.665	1.973	−0.107	−0.432
57	169	N457	0.404	0.393	0.398	N271	0.569	0.566	0.568	0.683	3.423	−0.120	−2.482
58	172	N458	0.390	0.388	0.389	N272	0.537	0.542	0.540	0.657	1.276	−0.107	−0.432
59	175	N459	0.389	0.387	0.388	N273	0.563	0.566	0.564	0.673	2.611	−0.124	−3.130
60	178	N460	0.375	0.380	0.378	N274	0.528	0.525	0.526	0.639	−0.174	−0.105	−0.108
61	181	N461	0.375	0.381	0.378	N275	0.540	0.534	0.537	0.647	0.464	−0.112	−1.295
62	184	N462	0.381	0.386	0.384	N276	0.520	0.498	0.509	0.631	−0.812	−0.088	2.374
63	187	N463	0.381	0.371	0.376	N277	0.513	0.522	0.518	0.632	−0.754	−0.100	0.540
64	190	N464	0.373	0.378	0.376	N278	0.519	0.519	0.519	0.633	−0.696	−0.101	0.432
65	193	N465	0.387	0.389	0.388	N279	0.526	0.528	0.527	0.647	0.464	−0.098	0.863
66	196	N466	0.368	0.371	0.370	N280	0.525	0.531	0.528	0.635	−0.522	−0.112	−1.187
67	199	N467	0.374	0.379	0.376	N281	0.530	0.536	0.533	0.643	0.116	−0.111	−1.079
68	202	N468	0.378	0.384	0.381	N282	0.519	0.525	0.522	0.639	−0.232	−0.100	0.648

续表

序号	实验室代码	氨氮/(mg/L)											
		编号	浓度	浓度	平均	编号	浓度	浓度	平均	S	ZB	D	ZW
69	205	N469	0.387	0.382	0.384	N283	0.527	0.516	0.522	0.641	−0.058	−0.098	0.971
70	208	N470	0.354	0.360	0.357	N284	0.518	0.529	0.524	0.623	−1.509	−0.118	−2.158
71	211	N471	0.366	0.371	0.368	N285	0.534	0.538	0.536	0.639	−0.174	−0.119	−2.266
72	214	N472	0.372	0.372	0.372	N286	0.527	0.527	0.527	0.636	−0.464	−0.110	−0.863
73	217	N473	0.065	0.064	0.368	N287	0.092	0.093	0.523	0.630	−0.928	−0.110	−0.863
74	220	N474	0.385	0.390	0.387	N288	0.527	0.535	0.522	0.643	0.116	−0.095	1.295
75	223	N475	0.379	0.382	0.380	N289	0.506	0.503	0.504	0.625	−1.334	−0.088	2.482
76	226	N476	0.377	0.383	0.380	N290	0.528	0.525	0.527	0.641	0.000	−0.104	0.000
77	229	N477	0.378	0.389	0.384	N291	0.517	0.528	0.522	0.641	−0.058	−0.098	0.971
78	232	N478	0.374	0.382	0.378	N292	0.524	0.526	0.525	0.639	−0.232	−0.104	0.000
79	235	N479	0.389	0.394	0.392	N293	0.539	0.533	0.536	0.656	1.218	−0.102	0.324
80	238	N480	0.381	0.386	0.384	N294	0.522	0.524	0.523	0.641	0.000	−0.098	0.863
81	241	N481	0.378	0.383	0.380	N295	0.530	0.530	0.530	0.643	0.174	−0.106	−0.324
82	244	N482	0.384	0.387	0.386	N200	0.542	0.539	0.540	0.655	1.102	−0.109	−0.755
83	247	N483	0.390	0.390	0.390	N201	0.531	0.534	0.532	0.652	0.870	−0.100	0.540
84	250	N484	0.394	0.397	0.396	N202	0.534	0.531	0.532	0.656	1.218	−0.096	1.187
85	253	N485	0.347	0.350	0.348	N203	0.508	0.505	0.506	0.604	−3.075	−0.112	−1.187
86	256	N486	0.376	0.378	0.377	N204	0.534	0.536	0.535	0.645	0.290	−0.112	−1.187
87	259	N487	0.450	0.450	0.450	N205	0.560	0.570	0.565	0.718	6.266	−0.081	3.453
88	262	N488	0.375	0.375	0.375	N206	0.505	0.505	0.505	0.622	−1.567	−0.092	1.835
89	265	N489	0.369	0.356	0.362	N207	0.530	0.520	0.525	0.627	−1.160	−0.115	−1.727
90	268	N490	0.392	0.387	0.390	N208	0.530	0.525	0.528	0.649	0.638	−0.098	0.971
91	271	N491	0.412	0.412	0.412	N209	0.569	0.566	0.568	0.693	4.236	−0.110	−0.971
92	274	N492	0.334	0.329	0.332	N210	0.534	0.534	0.534	0.612	−2.379	−0.143	−5.936
93	277	N493	0.368	0.368	0.368	N211	0.518	0.520	0.519	0.627	−1.160	−0.107	−0.432
94	280	N494	0.375	0.375	0.375	N212	0.506	0.506	0.506	0.623	−1.509	−0.093	1.727
95	283	N495	0.374	0.374	0.374	N213	0.536	0.533	0.534	0.642	0.058	−0.113	−1.403
96	286	N400	0.377	0.377	0.377	N214	0.532	0.532	0.532	0.643	0.116	−0.110	−0.863
97	结果数				96				96	96		96	
98	中位值				0.380				0.528	0.641		−0.104	
99	标准 *IQR*				0.008				0.010	0.012		0.007	
100	稳健 *CV*/%				2.195				1.860	1.900		−6.304	
101	最小值				0.332				0.493	0.604		−0.143	
102	最大值				0.450				0.570	0.718		−0.081	
103	极差				0.118				0.077	0.114		0.062	

附表 2　　**第一组高锰酸盐指数 Z 值统计表**

序号	实验室代码	高锰酸盐指数/(mg/L)											
		编号	浓度	浓度	平均	编号	浓度	浓度	平均	*S*	*ZB*	*D*	*ZW*
1	001	M155	3.09	3.07	3.08	M200	4.65	4.65	4.65	5.466	8.467	−1.110	−0.964
2	004	M156	1.86	1.89	1.87	M201	3.49	3.47	3.48	3.783	−1.974	−1.138	−1.221
3	007	M157	2.39	2.39	2.39	M202	3.88	3.81	3.84	4.405	1.886	−1.025	−0.193
4	010	M158	2.00	2.08	2.04	M203	3.76	3.76	3.76	4.101	0.000	−1.216	−1.927
5	013	M159	1.92	1.92	1.92	M204	3.44	3.44	3.44	3.790	−1.930	−1.075	−0.642
6	016	M160	2.01	2.03	2.02	M205	3.47	3.49	3.48	3.889	−1.316	−1.032	−0.257
7	019	M161	2.18	2.18	2.18	M206	3.67	3.67	3.67	4.137	0.219	−1.054	−0.450
8	022	M162	2.05	2.05	2.05	M207	3.55	3.58	3.56	3.967	−0.834	−1.068	−0.578
9	025	M163	2.15	2.15	2.15	M208	3.54	3.54	3.54	4.023	−0.483	−0.983	0.193
10	028	M164	2.18	2.20	2.19	M209	3.36	3.38	3.37	3.932	−1.053	−0.834	1.542
11	031	M165	2.12	2.12	2.12	M210	3.45	3.47	3.46	3.946	−0.965	−0.948	0.514
12	034	M166	2.04	2.07	2.06	M211	3.60	3.68	3.64	4.031	−0.439	−1.117	−1.028
13	037	M167	2.23	2.18	2.20	M212	3.69	3.67	3.68	4.158	0.351	−1.047	−0.385
14	040	M168	2.19	2.17	2.18	M213	3.45	3.45	3.45	3.981	−0.746	−0.898	0.964
15	043	M169	2.20	2.23	2.21	M214	3.70	3.69	3.70	4.179	0.483	−1.054	−0.450
16	046	M170	2.56	2.64	2.60	M215	3.88	3.84	3.86	4.568	2.895	−0.891	1.028
17	049	M171	2.50	2.48	2.49	M216	3.68	3.72	3.70	4.377	1.711	−0.856	1.349
18	052	M172	2.29	2.37	2.33	M217	3.67	3.76	3.72	4.278	1.097	−0.983	0.193
19	055	M173	2.15	2.15	2.15	M218	3.70	3.70	3.70	4.134	0.206	−1.091	−0.790
20	058	M174	2.05	2.03	2.04	M219	3.38	3.36	3.37	3.825	−1.711	−0.940	0.578
21	061	M175	2.02	1.98	2.00	M220	3.51	3.49	3.50	3.889	−1.316	−1.061	−0.514
22	064	M176	2.29	2.11	2.20	M221	3.74	3.68	3.71	4.179	0.483	−1.068	−0.578
23	067	M177	3.76	3.80	3.78	M222	2.00	2.04	2.02	4.101	0.000	1.245	20.427
24	070	M178	2.26	2.26	2.26	M223	3.76	3.76	3.76	4.257	0.965	−1.061	−0.514
25	073	M179	2.09	2.13	2.11	M224	2.65	2.71	2.68	3.387	−4.431	−0.403	5.460
26	076	M180	2.20	2.24	2.22	M225	3.68	3.60	3.64	4.144	0.263	−1.004	0.000
27	079	M181	2.28	2.26	2.27	M226	3.59	3.60	3.60	4.151	0.307	−0.940	0.578
28	082	M182	2.21	2.21	2.21	M227	3.56	3.56	3.56	4.080	−0.132	−0.955	0.450
29	085	M183	2.22	2.22	2.22	M228	3.60	3.60	3.60	4.115	0.088	−0.976	0.257
30	088	M184	2.16	2.20	2.18	M229	3.59	3.61	3.60	4.087	−0.088	−1.004	0.000
31	091	M185	1.98	2.00	1.99	M230	3.40	3.40	3.40	3.811	−1.799	−0.997	0.064
32	094	M186	2.12	2.18	2.15	M231	3.55	3.61	3.58	4.052	−0.307	−1.011	−0.064
33	097	M187	2.20	2.20	2.20	M232	3.59	3.59	3.59	4.094	−0.044	−0.983	0.193
34	100	M188	1.99	2.01	2.00	M233	3.30	3.29	3.30	3.748	−2.193	−0.919	0.771

续表

序号	实验室代码	高锰酸盐指数/(mg/L)											
		编号	浓度	浓度	平均	编号	浓度	浓度	平均	S	ZB	D	ZW
35	103	M189	2.28	2.26	2.27	M234	3.66	3.65	3.66	4.193	0.570	−0.983	0.193
36	106	M190	2.08	2.11	2.10	M235	3.69	3.63	3.66	4.073	−0.175	−1.103	−0.899
37	109	M191	2.19	2.16	2.18	M236	3.66	3.62	3.64	4.115	0.088	−1.032	−0.257
38	112	M192	2.27	2.27	2.27	M237	3.69	3.69	3.69	4.214	0.702	−1.004	0.000
39	115	M193	2.06	1.98	2.02	M238	3.58	3.50	3.54	3.932	−1.053	−1.075	−0.642
40	118	M194	3.64	3.64	3.64	M239	4.64	4.64	4.64	5.855	10.880	−0.707	2.698
41	121	M195	2.01	2.03	2.02	M240	3.89	3.87	3.88	4.172	0.439	−1.315	−2.826
42	124	M100	2.22	2.26	2.24	M241	3.78	3.74	3.76	4.243	0.877	−1.075	−0.642
43	127	M101	2.28	2.26	2.27	M242	3.70	3.73	3.72	4.236	0.834	−1.025	−0.193
44	130	M102	2.17	2.20	2.18	M243	3.72	3.70	3.71	4.165	0.395	−1.082	−0.707
45	133	M103	2.15	2.23	2.19	M244	3.68	3.68	3.68	4.151	0.307	−1.054	−0.450
46	136	M104	2.32	2.28	2.30	M245	3.68	3.64	3.66	4.214	0.702	−0.962	0.385
47	139	M105	2.31	2.30	2.30	M246	3.64	3.66	3.65	4.207	0.658	−0.955	0.450
48	142	M106	2.22	2.23	2.22	M247	3.49	3.50	3.50	4.045	−0.351	−0.905	0.899
49	145	M107	2.11	2.06	2.08	M248	3.59	3.58	3.58	4.002	−0.614	−1.061	−0.514
50	148	M108	2.36	2.26	2.31	M249	3.52	3.51	3.52	4.122	0.132	−0.856	1.349
51	151	M109	1.99	1.95	1.97	M250	3.60	3.62	3.61	3.946	−0.965	−1.160	−1.413
52	154	M110	2.06	2.06	2.06	M251	3.68	3.65	3.67	4.052	−0.307	−1.138	−1.221
53	157	M111	2.16	2.14	2.15	M252	3.26	3.30	3.28	3.840	−1.623	−0.799	1.863
54	160	M112	2.00	2.02	2.01	M253	3.68	3.66	3.67	4.016	−0.526	−1.174	−1.542
55	163	M113	2.86	2.67	2.76	M254	3.98	3.90	3.94	4.738	3.948	−0.834	1.542
56	166	M114	2.08	2.12	2.10	M255	3.60	3.52	3.56	4.002	−0.614	−1.032	−0.257
57	169	M115	2.16	2.12	2.14	M256	3.32	3.28	3.30	3.847	−1.579	−0.820	1.670
58	172	M116	2.10	2.18	2.14	M257	3.31	3.31	3.31	3.854	−1.535	−0.827	1.606
59	175	M117	2.17	2.18	2.18	M258	3.30	3.29	3.30	3.875	−1.404	−0.792	1.927
60	178	M118	2.24	2.32	2.28	M259	3.36	3.68	3.52	4.101	0.000	−0.877	1.156
61	181	M119	2.31	2.29	2.30	M260	3.68	3.65	3.66	4.214	0.702	−0.962	0.385
62	184	M120	2.00	2.40	2.20	M261	0.30	3.12	3.08	3.734	−2.281	−0.622	3.469
63	187	M121	2.15	2.43	2.29	M262	3.40	3.71	3.56	4.137	0.219	−0.898	0.964
64	190	M122	2.29	2.29	2.29	M263	3.51	3.67	3.59	4.158	0.351	−0.919	0.771
65	193	M123	2.17	2.21	2.19	M264	3.53	3.49	3.51	4.031	−0.439	−0.933	0.642
66	196	M124	2.07	2.05	2.06	M265	3.63	3.63	3.63	4.023	−0.483	−1.110	−0.964
67	199	M125	2.17	2.21	2.19	M266	3.57	3.61	3.59	4.087	−0.088	−0.990	0.128
68	202	M126	2.29	2.25	2.27	M267	3.75	3.75	3.75	4.257	0.965	−1.047	−0.385

续表

序号	实验室代码	高锰酸盐指数/(mg/L)											
		编号	浓度	浓度	平均	编号	浓度	浓度	平均	S	ZB	D	ZW
69	205	M127	2.09	2.09	2.09	M268	3.08	3.12	3.10	3.670	−2.676	−0.714	2.634
70	208	M128	2.20	2.12	2.16	M269	3.60	3.64	3.62	4.087	−0.088	−1.032	−0.257
71	211	M129	2.21	2.21	2.21	M270	3.72	3.72	3.72	4.193	0.570	−1.068	−0.578
72	214	M130	2.44	2.48	2.46	M271	3.90	3.90	3.90	4.497	2.457	−1.018	−0.128
73	217	M131	2.57	2.57	2.57	M272	3.65	3.65	3.65	4.398	1.843	−0.764	2.184
74	220	M132	2.31	2.29	2.30	M273	3.70	3.72	3.71	4.250	0.921	−0.997	0.064
75	223	M133	2.18	2.10	2.14	M274	4.24	4.08	4.16	4.455	2.193	−1.428	−3.854
76	226	M134	2.18	2.24	2.21	M275	3.71	3.61	3.66	4.151	0.307	−1.025	−0.193
77	229	M135	2.10	2.12	2.11	M276	3.51	3.49	3.50	3.967	−0.834	−0.983	0.193
78	232	M136	2.18	2.16	2.17	M277	3.47	3.49	3.48	3.995	−0.658	−0.926	0.707
79	235	M137	3.64	3.62	3.63	M278	2.19	2.17	2.18	4.108	0.044	1.025	18.436
80	238	M138	2.20	2.18	2.19	M279	3.60	3.64	3.62	4.108	0.044	−1.011	−0.064
81	241	M139	2.08	2.12	2.10	M280	3.51	3.50	3.50	3.960	−0.877	−0.990	0.128
82	244	M140	2.25	2.28	2.26	M281	3.65	3.63	3.64	4.172	0.439	−0.976	0.257
83	247	M141	1.97	2.01	1.99	M282	3.56	3.56	3.56	3.924	−1.097	−1.110	−0.964
84	250	M142	2.20	2.21	2.20	M283	3.76	3.80	3.78	4.228	0.790	−1.117	−1.028
85	253	M143	2.05	2.07	2.06	M284	3.60	3.61	3.60	4.002	−0.614	−1.089	−0.771
86	256	M144	2.20	2.24	2.22	M285	3.89	3.94	3.92	4.342	1.492	−1.202	−1.799
87	259	M145	2.20	2.14	2.17	M286	3.53	3.55	3.54	4.038	−0.395	−0.969	0.321
88	262	M146	1.98	2.02	2.00	M287	3.68	3.64	3.66	4.002	−0.614	−1.174	−1.542
89	265	M147	2.30	2.35	2.32	M288	3.60	3.63	3.62	4.200	0.614	−0.919	0.771
90	268	M148		2.27	2.30	M289	3.55	3.61	3.58	4.158	0.351	−0.905	0.899
91	271	M149	2.12	2.12	2.12	M290	3.52	3.58	3.55	4.009	−0.570	−1.011	−0.064
92	274	M150	2.26	2.30	2.28	M291	3.80	3.84	3.82	4.313	1.316	−1.089	−0.771
93	277	M151	2.27	2.23	2.25	M292	3.70	3.78	3.74	4.236	0.834	−1.054	−0.450
94	280	M152	1.99	2.01	2.00	M293	3.57	3.55	3.56	3.932	−1.053	−1.103	−0.899
95	283	M153	2.19	2.20	2.20	M294	3.71	3.70	3.70	4.172	0.439	−1.061	−0.514
96	286	M154	1.70	1.74	1.72	M295	2.75	2.67	2.71	3.132	−6.010	−0.700	2.762
97	结果数				96				96	96		96	
98	中位值				2.19				3.62	4.101		−1.004	
99	标准 *IQR*				0.126				0.143	0.161		0.110	
100	稳健 *CV*/%				5.754				3.947	3.930		−10.963	
101	最小值				1.72				2.02	3.132		−1.428	
102	最大值				3.78				4.65	5.855		1.245	
103	极差				2.06				2.63	2.722		2.673	

附表3　　第二组氨氮Z值统计表

序号	实验室代码	氨氮/(mg/L)											
		编号	浓度	浓度	平均	编号	浓度	浓度	平均	*S*	*ZB*	*D*	*ZW*
1	002	N501	0.529	0.534	0.532	N615	0.718	0.716	0.717	0.883	−1.624	−0.131	3.897
2	005	N502	0.523	0.528	0.526	N616	0.757	0.757	0.757	0.907	0.157	−0.163	−0.699
3	008	N503	0.509	0.520	0.514	N617	0.742	0.753	0.747	0.892	−0.995	−0.165	−0.899
4	011	N504	0.528	0.523	0.526	N618	0.741	0.747	0.744	0.898	−0.524	−0.154	0.600
5	014	N505	0.538	0.544	0.541	N619	0.752	0.758	0.755	0.916	0.838	−0.151	0.999
6	017	N506	0.539	0.537	0.538	N620	0.776	0.778	0.777	0.930	1.834	−0.169	−1.499
7	020	N507	0.535	0.535	0.535	N621	0.757	0.757	0.757	0.914	0.629	−0.157	0.200
8	023	N508	0.540	0.534	0.537	N622	0.743	0.752	0.748	0.909	0.262	−0.149	1.299
9	026	N509	0.527	0.530	0.528	N623	0.765	0.768	0.766	0.915	0.733	−0.168	−1.399
10	029	N510	0.526	0.521	0.524	N624	0.749	0.763	0.756	0.905	0.000	−0.164	−0.799
11	032	N511	0.531	0.531	0.531	N625	0.753	0.753	0.753	0.908	0.210	−0.157	0.200
12	035	N512	0.532	0.526	0.529	N626	0.764	0.758	0.761	0.912	0.524	−0.164	−0.799
13	038	N513	0.527	0.515	0.521	N627	0.764	0.740	0.752	0.900	−0.367	−0.163	−0.699
14	041	N514	0.625	0.628	0.626	N628	0.856	0.853	0.854	1.047	10.478	−0.161	−0.400
15	044	N515	0.509	0.509	0.509	N629	0.749	0.749	0.749	0.890	−1.153	−0.170	−1.599
16	047	N516	0.510	0.516	0.513	N630	0.749	0.755	0.752	0.894	−0.786	−0.169	−1.499
17	050	N517	0.520	0.520	0.520	N631	0.750	0.745	0.748	0.897	−0.629	−0.161	−0.400
18	053	N518	0.516	0.506	0.511	N632	0.715	0.715	0.715	0.867	−2.829	−0.144	1.998
19	056	N519	0.516	0.525	0.520	N633	0.736	0.736	0.736	0.888	−1.257	−0.153	0.799
20	059	N520	0.503	0.509	0.506	N634	0.728	0.733	0.730	0.874	−2.305	−0.158	0.000
21	062	N521	0.527	0.529	0.528	N635	0.753	0.753	0.753	0.906	0.052	−0.159	−0.100
22	065	N522	0.525	0.525	0.525	N636	0.745	0.742	0.744	0.897	−0.576	−0.155	0.500
23	068	N523	0.513	0.511	0.512	N637	0.739	0.742	0.740	0.885	−1.467	−0.161	−0.400
24	071	N524	0.529	0.529	0.529	N638	0.739	0.739	0.739	0.897	−0.629	−0.148	1.399
25	074	N525	0.502	0.500	0.501	N639	0.715	0.720	0.718	0.862	−3.196	−0.153	0.699
26	077	N526	0.527	0.519	0.523	N640	0.746	0.737	0.742	0.894	−0.786	−0.155	0.500
27	080	N527	0.538	0.539	0.538	N641	0.762	0.765	0.764	0.921	1.153	−0.160	−0.200
28	083	N528	0.539	0.533	0.536	N642	0.765	0.760	0.762	0.918	0.943	−0.160	−0.200
29	086	N529	0.538	0.539	0.538	N643	0.769	0.769	0.769	0.924	1.414	−0.163	−0.699
30	089	N530	0.546	0.540	0.543	N644	0.737	0.732	0.734	0.903	−0.157	−0.135	3.298
31	092	N531	0.501	0.492	0.496	N645	0.763	0.763	0.763	0.890	−1.100	−0.189	−4.297
32	095	N532	0.527	0.527	0.527	N646	0.752	0.750	0.751	0.904	−0.105	−0.158	0.000
33	098	N533	0.531	0.523	0.527	N647	0.750	0.742	0.746	0.900	−0.367	−0.155	0.500
34	101	N534	0.520	0.520	0.520	N648	0.733	0.739	0.736	0.888	−1.257	−0.153	0.799

续表

序号	实验室代码	氨氮/(mg/L)											
		编号	浓度	浓度	平均	编号	浓度	浓度	平均	*S*	*ZB*	*D*	*ZW*
35	104	N535	0.531	0.526	0.528	N649	0.745	0.756	0.750	0.904	−0.105	−0.157	0.200
36	107	N536	0.528	0.522	0.525	N650	0.753	0.756	0.754	0.904	−0.052	−0.162	−0.500
37	110	N537	0.528	0.534	0.531	N651	0.754	0.760	0.757	0.911	0.419	−0.160	−0.200
38	113	N538	0.532	0.535	0.534	N652	0.741	0.743	0.742	0.902	−0.210	−0.147	1.599
39	116	N539	0.524	0.524	0.524	N653	0.743	0.743	0.743	0.896	−0.681	−0.155	0.500
40	119	N540	0.530	0.533	0.532	N654	0.745	0.737	0.741	0.900	−0.367	−0.148	1.499
41	122	N541	0.528	0.522	0.525	N655	0.766	0.764	0.765	0.912	0.524	−0.170	−1.599
42	125	N542	0.525	0.522	0.524	N656	0.745	0.745	0.745	0.897	−0.576	−0.156	0.300
43	128	N543	0.520	0.523	0.521	N657	0.753	0.750	0.752	0.900	−0.367	−0.163	−0.699
44	131	N544	0.533	0.536	0.534	N658	0.764	0.767	0.766	0.919	1.048	−0.164	−0.799
45	134	N545	0.543	0.532	0.538	N659	0.790	0.785	0.788	0.938	2.410	−0.177	−2.598
46	137	N546	0.523	0.521	0.522	N660	0.741	0.747	0.744	0.895	−0.733	−0.157	0.200
47	140	N547	0.539	0.536	0.538	N661	0.770	0.762	0.766	0.922	1.257	−0.161	−0.400
48	143	N548	0.483	0.486	0.484	N662	0.705	0.708	0.706	0.841	−4.715	−0.157	0.200
49	146	N549	0.567	0.573	0.570	N663	0.758	0.752	0.755	0.937	2.357	−0.131	3.897
50	149	N550	0.570	0.570	0.570	N664	0.770	0.776	0.773	0.950	3.300	−0.144	2.098
51	152	N551	0.523	0.529	0.526	N665	0.753	0.753	0.753	0.904	−0.052	−0.161	−0.300
52	155	N552	0.509	0.514	0.512	N666	0.746	0.735	0.741	0.886	−1.414	−0.162	−0.500
53	158	N553	0.565	0.571	0.568	N667	0.774	0.763	0.768	0.945	2.934	−0.141	2.398
54	161	N554	0.531	0.528	0.530	N668	0.757	0.752	0.754	0.908	0.210	−0.158	0.000
55	164	N555	0.527	0.516	0.522	N669	0.758	0.764	0.761	0.907	0.157	−0.169	−1.499
56	167	N556	0.526	0.526	0.526	N670	0.754	0.754	0.754	0.905	0.000	−0.161	−0.400
57	170	N557	0.549	0.548	0.548	N671	0.849	0.852	0.850	0.989	6.182	−0.214	−7.794
58	173	N558	0.531	0.533	0.532	N672	0.742	0.747	0.744	0.902	−0.210	−0.150	1.199
59	176	N559	0.532	0.538	0.535	N673	0.769	0.759	0.764	0.919	0.995	−0.162	−0.500
60	179	N560	0.505	0.500	0.502	N674	0.761	0.766	0.764	0.895	−0.733	−0.185	−3.797
61	182	N561	0.532	0.524	0.528	N675	0.788	0.785	0.786	0.929	1.781	−0.182	−3.397
62	185	N562	0.756	0.744	0.750	N676	0.522	0.530	0.526	0.902	−0.210	0.158	44.766
63	188	N563	0.521	0.521	0.521	N677	0.747	0.747	0.747	0.897	−0.629	−0.160	−0.200
64	191	N564	0.534	0.528	0.531	N678	0.753	0.767	0.760	0.913	0.576	−0.162	−0.500
65	194	N565	0.544	0.544	0.544	N679	0.768	0.768	0.768	0.928	1.676	−0.158	0.000
66	197	N566	0.555	0.553	0.554	N680	0.763	0.765	0.764	0.932	1.991	−0.148	1.399
67	200	N567	0.519	0.525	0.522	N681	0.739	0.739	0.739	0.892	−0.995	−0.153	0.699
68	203	N568	0.616	0.622	0.619	N682	0.738	0.744	0.741	0.962	4.191	−0.086	10.192

续表

序号	实验室代码	氨氮/(mg/L)											
		编号	浓度	浓度	平均	编号	浓度	浓度	平均	S	ZB	D	ZW
69	206	N569	0.526	0.519	0.522	N683	0.763	0.756	0.760	0.907	0.105	−0.168	−1.399
70	209	N570	0.528	0.528	0.528	N684	0.756	0.756	0.756	0.908	0.210	−0.161	−0.400
71	212	N571	0.507	0.522	0.514	N685	0.736	0.733	0.734	0.882	−1.676	−0.156	0.400
72	215	N572	0.525	0.520	0.522	N686	0.750	0.751	0.750	0.899	−0.419	−0.161	−0.400
73	218	N573	0.520	0.533	0.526	N687	0.749	0.758	0.754	0.905	0.000	−0.161	−0.400
74	221	N574	0.511	0.511	0.511	N688	0.781	0.778	0.780	0.913	0.576	−0.190	−4.497
75	224	N575	0.533	0.533	0.533	N689	0.753	0.753	0.753	0.909	0.314	−0.156	0.400
76	227	N576	0.570	0.564	0.567	N690	0.776	0.774	0.775	0.949	3.248	−0.147	1.599
77	230	N577	0.533	0.539	0.536	N691	0.756	0.756	0.756	0.914	0.629	−0.156	0.400
78	233	N578	0.535	0.530	0.532	N692	0.762	0.757	0.760	0.914	0.629	−0.161	−0.400
79	236	N579	0.530	0.540	0.535	N693	0.745	0.750	0.748	0.907	0.157	−0.151	1.099
80	239	N580	0.741	0.740	0.740	N694	0.519	0.521	0.520	0.891	−1.048	0.156	44.367
81	242	N581	0.531	0.532	0.532	N600	0.747	0.748	0.748	0.905	0.000	−0.153	0.799
82	245	N582	0.533	0.527	0.530	N601	0.756	0.748	0.752	0.907	0.105	−0.157	0.200
83	248	N583	0.534	0.534	0.534	N602	0.750	0.747	0.748	0.907	0.105	−0.151	0.999
84	251	N584	0.509	0.506	0.508	N603	0.750	0.756	0.753	0.892	−0.995	−0.173	−2.098
85	254	N585	0.535	0.538	0.536	N604	0.749	0.776	0.762	0.918	0.943	−0.160	−0.200
86	257	N586	0.530	0.535	0.532	N605	0.763	0.763	0.763	0.916	0.786	−0.163	−0.699
87	260	N587	0.541	0.541	0.541	N606	0.761	0.761	0.761	0.921	1.153	−0.156	0.400
88	263	N588	0.522	0.516	0.519	N607	0.733	0.728	0.730	0.883	−1.624	−0.149	1.299
89	266	N589	0.529	0.532	0.530	N608	0.734	0.734	0.734	0.894	−0.838	−0.144	1.998
90	269	N590	0.613	0.607	0.610	N609	0.835	0.843	0.839	1.025	8.854	−0.162	−0.500
91	272	N591	0.535	0.535	0.535	N610	0.755	0.749	0.752	0.910	0.367	−0.153	0.699
92	275	N592	0.510	0.525	0.518	N611	0.740	0.753	0.746	0.894	−0.838	−0.161	−0.400
93	278	N593	0.530	0.527	0.528	N612	0.751	0.751	0.751	0.904	−0.052	−0.158	0.100
94	281	N594	0.522	0.520	0.521	N613	0.758	0.761	0.760	0.906	0.052	−0.169	−1.499
95	284	N500	0.536	0.533	0.534	N614	0.756	0.753	0.754	0.911	0.419	−0.156	0.400
96	287	N595	0.520	0.531	0.526	N695	0.717	0.733	0.725	0.885	−1.519	−0.141	2.498
97	结果数				96				96	96		96	
98	中位值				0.528				0.753	0.905		−0.158	
99	标准 *IQR*				0.010				0.013	0.013		0.007	
100	稳健 *CV*/%				1.860				1.698	1.491		−4.468	
101	最小值				0.484				0.520	0.841		−0.214	
102	最大值				0.750				0.854	1.047		0.158	
103	极差				0.266				0.334	0.205		0.372	

附表 4　　第二组高锰酸盐指数 Z 值统计表

序号	实验室代码	高锰酸盐指数/(mg/L)											
		编号	浓度	浓度	平均	编号	浓度	浓度	平均	S	ZB	D	ZW
1	002	M454	2.18	2.22	2.20	M300	4.46	4.51	4.49	4.731	−0.647	−1.619	0.834
2	005	M455	2.23	2.27	2.25	M301	4.69	4.69	4.69	4.907	0.468	−1.725	0.000
3	008	M456	2.04	2.04	2.04	M302	4.71	4.55	4.63	4.716	−0.736	−1.831	−0.834
4	011	M457	2.08	2.04	2.06	M303	4.90	5.06	4.98	4.978	0.914	−2.065	−2.670
5	014	M458	1.99	1.99	1.99	M304	4.50	4.52	4.51	4.596	−1.494	−1.782	−0.445
6	017	M459	2.38	2.38	2.38	M305	4.65	4.66	4.66	4.978	0.914	−1.612	0.890
7	020	M460	2.00	2.00	2.00	M306	4.54	4.54	4.54	4.624	−1.316	−1.796	−0.556
8	023	M461	1.97	1.93	1.95	M307	4.66	4.60	4.63	4.653	−1.137	−1.895	−1.335
9	026	M462	2.25	2.29	2.27	M308	4.51	4.61	4.56	4.830	−0.022	−1.619	0.834
10	029	M463	2.30	2.30	2.30	M309	4.60	4.62	4.61	4.886	0.334	−1.633	0.723
11	032	M464	2.28	2.28	2.28	M310	4.60	4.60	4.60	4.865	0.201	−1.640	0.668
12	035	M465	2.20	2.17	2.18	M311	4.64	4.60	4.62	4.808	−0.156	−1.725	0.000
13	038	M466	2.14	2.19	2.16	M312	4.57	4.54	4.56	4.752	−0.513	−1.697	0.223
14	041	M467	2.16	2.20	2.18	M313	4.67	4.70	4.68	4.851	0.111	−1.768	−0.334
15	044	M468	1.86	1.86	1.86	M314	4.55	4.55	4.55	4.533	−1.895	−1.902	−1.391
16	047	M469	2.43	2.43	2.43	M315	4.55	4.63	4.59	4.964	0.825	−1.527	1.558
17	050	M470	2.40	2.36	2.38	M316	4.72	4.76	4.74	5.035	1.271	−1.669	0.445
18	053	M471	2.28	2.25	2.26	M317	4.53	4.53	4.53	4.801	−0.201	−1.605	0.946
19	056	M472	1.69	1.65	1.67	M318	4.43	4.42	4.42	4.306	−3.322	−1.945	−1.724
20	059	M473	1.56	1.56	1.56	M319	4.28	4.18	4.23	4.094	−4.660	−1.888	−1.279
21	062	M474	2.18	2.18	2.18	M320	4.96	4.94	4.95	5.042	1.316	−1.959	−1.836
22	065	M475	2.17	2.14	2.16	M321	4.60	4.63	4.62	4.794	−0.245	−1.739	−0.111
23	068	M476	1.92	1.92	1.92	M322	3.92	3.92	3.92	4.130	−4.437	−1.414	2.448
24	071	M477	2.26	2.22	2.24	M323	4.61	4.61	4.61	4.844	0.067	−1.676	0.389
25	074	M478	2.13	2.12	2.12	M324	4.83	4.80	4.82	4.907	0.468	−1.909	−1.446
26	077	M479	2.16	2.24	2.20	M325	4.64	4.72	4.68	4.865	0.201	−1.754	−0.223
27	080	M480	2.26	2.26	2.26	M326	4.64	4.58	4.62	4.865	0.201	−1.669	0.445
28	083	M481	2.22	2.22	2.22	M327	4.64	4.60	4.62	4.837	0.022	−1.697	0.223
29	086	M482	2.15	2.17	2.16	M328	4.62	4.60	4.61	4.787	−0.290	−1.732	−0.056
30	089	M483	2.13	1.91	2.02	M329	4.53	4.51	4.52	4.624	−1.316	−1.768	−0.334
31	092	M484	2.14	2.10	2.12	M330	4.20	4.26	4.23	4.490	−2.163	−1.492	1.836
32	095	M485	2.08	2.06	2.07	M331	4.56	4.57	4.56	4.688	−0.914	−1.761	−0.278
33	098	M486	2.12	2.08	2.10	M332	4.56	4.52	4.54	4.695	−0.870	−1.725	0.000
34	101	M487	2.30	2.29	2.30	M333	4.75	4.76	4.76	4.992	1.003	−1.739	−0.111

续表

序号	实验室代码	高锰酸盐指数/(mg/L)											
		编号	浓度	浓度	平均	编号	浓度	浓度	平均	*S*	*ZB*	*D*	*ZW*
35	104	M488	2.25	2.27	2.26	M334	4.55	4.53	4.54	4.808	−0.156	−1.612	0.890
36	107	M489	2.26	2.23	2.24	M335	4.71	4.63	4.67	4.886	0.334	−1.718	0.056
37	110	M490	2.32	2.29	2.30	M336	4.82	4.86	4.84	5.049	1.360	−1.796	−0.556
38	113	M491	2.18	2.18	2.18	M337	4.61	4.69	4.65	4.830	−0.022	−1.747	−0.167
39	116	M492	1.74	1.74	1.74	M338	4.64	4.64	4.64	4.511	−2.029	−2.051	−2.559
40	119	M493	2.16	2.16	2.16	M339	5.12	5.12	5.12	5.148	1.984	−2.093	−2.893
41	122	M494	2.05	1.97	2.01	M340	4.43	4.47	4.45	4.568	−1.672	−1.725	0.000
42	125	M400	2.23	2.31	2.27	M341	4.62	4.62	4.62	4.872	0.245	−1.662	0.501
43	128	M401	2.21	2.25	2.23	M342	4.58	4.66	4.62	4.844	0.067	−1.690	0.278
44	131	M402	2.25	2.25	2.25	M343	4.62	4.70	4.66	4.886	0.334	−1.704	0.167
45	134	M403	1.91	1.92	1.92	M344	4.42	4.41	4.42	4.483	−2.207	−1.768	−0.334
46	137	M404	2.20	2.24	2.22	M345	4.64	4.68	4.66	4.865	0.201	−1.725	0.000
47	140	M405	1.94	1.88	1.91	M346	4.56	4.54	4.55	4.568	−1.672	−1.867	−1.113
48	143	M406	3.45	3.47	3.46	M347	4.94	4.98	4.96	5.954	7.068	−1.061	5.229
49	146	M407	2.29	2.25	2.27	M348	4.67	4.73	4.70	4.929	0.602	−1.718	0.056
50	149	M408	1.64	1.64	1.64	M349	4.31	4.30	4.30	4.200	−3.991	−1.881	−1.224
51	152	M409	2.08	2.07	2.08	M350	4.55	4.60	4.58	4.709	−0.780	−1.768	−0.334
52	155	M410	2.08	2.06	2.07	M351	4.61	4.60	4.60	4.716	−0.736	−1.789	−0.501
53	158	M411	2.06	2.14	2.10	M352	4.78	4.82	4.80	4.879	0.290	−1.909	−1.446
54	161	M412	2.20	2.20	2.20	M353	4.78	4.79	4.78	4.936	0.647	−1.824	−0.779
55	164	M413	2.09	2.07	2.08	M354	4.58	4.60	4.59	4.716	−0.736	−1.775	−0.389
56	167	M414	2.22	2.22	2.22	M355	4.52	4.60	4.56	4.794	−0.245	−1.655	0.556
57	170	M415	2.64	2.68	2.66	M356	5.16	5.24	5.20	5.558	4.571	−1.796	−0.556
58	173	M416	2.41	2.37	2.39	M357	4.51	4.59	4.55	4.907	0.468	−1.527	1.558
59	176	M417	2.27	2.28	2.28	M358	4.70	4.72	4.71	4.943	0.691	−1.718	0.056
60	179	M418	2.51	2.53	2.52	M359	4.44	4.49	4.46	4.936	0.647	−1.372	2.781
61	182	M419	2.13	2.09	2.11	M360	4.86	4.52	4.69	4.808	−0.156	−1.824	−0.779
62	185	M420	2.21	2.17	2.19	M361	4.65	4.73	4.69	4.865	0.201	−1.768	−0.334
63	188	M421	2.28	2.28	2.28	M362	4.64	4.64	4.64	4.893	0.379	−1.669	0.445
64	191	M422	1.79	1.81	1.80	M363	4.53	4.53	4.53	4.476	−2.252	−1.930	−1.613
65	194	M423	1.92	1.91	1.92	M364	4.62	4.62	4.62	4.624	−1.316	−1.909	−1.446
66	197	M424	1.47	1.45	1.46	M365	4.65	4.63	4.64	4.313	−3.278	−2.249	−4.116
67	200	M425	2.14	2.14	2.14	M366	4.78	4.68	4.73	4.858	0.156	−1.831	−0.834
68	203	M426	2.09	2.09	2.09	M367	4.80	4.80	4.80	4.872	0.245	−1.916	−1.502

续表

序号	实验室代码	高锰酸盐指数/(mg/L)											
		编号	浓度	浓度	平均	编号	浓度	浓度	平均	S	ZB	D	ZW
69	206	M427	2.22	2.22	2.22	M368	4.82	4.82	4.82	4.978	0.914	−1.838	−0.890
70	209	M428	3.56	3.56	3.56	M369	4.49	4.49	4.49	5.692	5.418	−0.658	8.400
71	212	M429	2.28	2.28	2.28	M370	4.00	4.04	4.02	4.455	−2.386	−1.230	3.894
72	215	M430	2.40	2.40	2.40	M371	4.96	5.00	4.98	5.218	2.430	−1.824	−0.779
73	218	M431	2.03	2.03	2.03	M372	4.38	4.42	4.40	4.547	−1.806	−1.676	0.389
74	221	M432	2.00	1.94	1.97	M373	4.69	4.67	4.68	4.702	−0.825	−1.916	−1.502
75	224	M433	2.08	2.08	2.08	M374	4.76	4.76	4.76	4.837	0.022	−1.895	−1.335
76	227	M434	2.02	2.02	2.02	M375	4.61	4.69	4.65	4.716	−0.736	−1.860	−1.057
77	230	M435	2.16	2.15	2.16	M376	4.48	4.49	4.48	4.695	−0.870	−1.640	0.668
78	233	M436	2.13	2.15	2.14	M377	4.62	4.62	4.62	4.780	−0.334	−1.754	−0.223
79	236	M437	2.31	2.27	2.29	M378	4.75	4.68	4.72	4.957	0.780	−1.718	0.056
80	239	M438	3.56	3.56	3.56	M379	5.62	5.62	5.62	6.491	10.457	−1.457	2.114
81	242	M439	2.20	2.20	2.20	M380	4.61	4.64	4.63	4.830	−0.022	−1.718	0.056
82	245	M440	2.23	2.31	2.27	M381	4.62	4.62	4.62	4.872	0.245	−1.662	0.501
83	248	M441	1.73	1.77	1.75	M382	4.66	4.72	4.69	4.554	−1.761	−2.079	−2.781
84	251	M442	2.11	2.15	2.13	M383	4.42	4.38	4.40	4.617	−1.360	−1.605	0.946
85	254	M443	2.22	2.20	2.21	M384	4.68	4.72	4.70	4.886	0.334	−1.761	−0.278
86	257	M444	2.36	2.38	2.37	M385	4.57	4.59	4.58	4.914	0.513	−1.563	1.279
87	260	M445	2.33	2.33	2.33	M386	4.60	4.60	4.60	4.900	0.424	−1.605	0.946
88	263	M446	2.24	2.23	2.24	M387	4.44	4.46	4.45	4.731	−0.647	−1.563	1.279
89	266	M447	2.32	2.29	2.30	M388	4.40	4.36	4.38	4.723	−0.691	−1.471	2.003
90	269	M448	2.14	2.16	2.15	M389	4.47	4.49	4.48	4.688	−0.914	−1.648	0.612
91	272	M449	2.21	2.19	2.20	M390	4.68	4.64	4.66	4.851	0.111	−1.739	−0.111
92	275	M450	2.25	2.21	2.23	M391	4.71	4.59	4.65	4.865	0.201	−1.711	0.111
93	278	M451	2.35	2.35	2.35	M392	4.69	4.69	4.69	4.978	0.914	−1.655	0.556
94	281	M452	2.28	2.32	2.30	M393	4.64	4.69	4.66	4.921	0.557	−1.669	0.445
95	284	M453	2.19	2.22	2.20	M394	4.59	4.64	4.62	4.822	−0.067	−1.711	0.111
96	287	M495	1.68	1.80	1.74	M395	4.30	4.42	4.36	4.313	−3.278	−1.853	−1.001
97	结果数				96				96	96		96	
98	中位值				2.20				4.62	4.833		−1.725	
99	标准 IQR				0.148				0.111	0.159		0.127	
100	稳健 CV/%				6.754				2.407	3.281		−7.367	
101	最小值				1.46				3.92	4.094		−2.249	
102	最大值				3.56				5.62	6.491		−0.658	
103	极差				2.10				1.70	2.397		1.591	

附表 5

第三组氨氮 Z 值统计表

序号	实验室代码	氨氮/(mg/L)											
		编号	浓度	浓度	平均	编号	浓度	浓度	平均	S	ZB	D	ZW
1	003	N101	0.370	0.375	0.372	N315	0.760	0.744	0.752	0.795	-0.628	-0.269	-0.434
2	006	N102	0.377	0.374	0.376	N316	0.766	0.763	0.764	0.806	0.116	-0.274	-1.204
3	009	N103	0.386	0.388	0.387	N317	0.747	0.744	0.746	0.801	-0.209	-0.254	1.590
4	012	N104	0.375	0.377	0.376	N318	0.759	0.759	0.759	0.803	-0.116	-0.271	-0.723
5	015	N105	0.374	0.378	0.376	N319	0.781	0.774	0.778	0.816	0.768	-0.284	-2.553
6	018	N106	0.379	0.382	0.380	N320	0.759	0.754	0.756	0.803	-0.070	-0.266	-0.048
7	021	N107	0.376	0.373	0.374	N321	0.766	0.766	0.766	0.806	0.116	-0.277	-1.590
8	024	N108	0.366	0.372	0.369	N322	0.749	0.754	0.752	0.793	-0.768	-0.271	-0.723
9	027	N109	0.399	0.405	0.402	N323	0.741	0.746	0.744	0.810	0.395	-0.242	3.228
10	030	N110	0.396	0.399	0.398	N324	0.777	0.780	0.778	0.832	1.791	-0.269	-0.434
11	033	N111	0.360	0.363	0.362	N325	0.733	0.733	0.733	0.774	-1.977	-0.262	0.434
12	036	N112	0.375	0.373	0.374	N326	0.756	0.753	0.754	0.798	-0.442	-0.269	-0.434
13	039	N113	0.369	0.375	0.372	N327	0.767	0.764	0.766	0.805	0.023	-0.279	-1.783
14	042	N114	0.375	0.372	0.374	N328	0.757	0.763	0.760	0.802	-0.163	-0.273	-1.012
15	045	N115	0.367	0.376	0.372	N329	0.748	0.748	0.748	0.792	-0.814	-0.266	-0.048
16	048	N116	0.377	0.383	0.380	N330	0.732	0.744	0.738	0.791	-0.907	-0.253	1.686
17	051	N117	0.375	0.370	0.372	N331	0.745	0.735	0.740	0.786	-1.186	-0.260	0.723
18	054	N118	0.374	0.372	0.373	N332	0.742	0.744	0.743	0.789	-1.000	-0.262	0.530
19	057	N119	0.372	0.373	0.372	N333	0.744	0.742	0.743	0.788	-1.047	-0.262	0.434
20	060	N120	0.363	0.369	0.366	N334	0.754	0.748	0.751	0.790	-0.954	-0.272	-0.915
21	063	N121	0.370	0.366	0.368	N335	0.760	0.756	0.758	0.796	-0.535	-0.276	-1.397
22	066	N122	0.379	0.376	0.378	N336	0.754	0.767	0.760	0.805	0.023	-0.270	-0.626
23	069	N123	0.360	0.355	0.358	N337	0.739	0.747	0.743	0.779	-1.698	-0.272	-0.915
24	072	N124	0.371	0.374	0.372	N338	0.743	0.741	0.742	0.788	-1.093	-0.262	0.530
25	075	N125	0.387	0.384	0.386	N339	0.778	0.770	0.774	0.820	1.047	-0.274	-1.204
26	078	N126	0.388	0.393	0.390	N340	0.761	0.761	0.761	0.814	0.628	-0.262	0.434
27	081	N127	0.382	0.385	0.384	N341	0.762	0.765	0.764	0.812	0.488	-0.269	-0.434
28	084	N128	0.387	0.392	0.390	N342	0.767	0.761	0.764	0.816	0.768	-0.264	0.145
29	087	N129	0.389	0.371	0.380	N343	0.771	0.778	0.774	0.816	0.768	-0.279	-1.783
30	090	N130	0.379	0.385	0.382	N344	0.741	0.735	0.738	0.792	-0.814	-0.252	1.879
31	093	N131	0.377	0.372	0.374	N345	0.750	0.742	0.746	0.792	-0.814	-0.263	0.337
32	096	N132	0.378	0.384	0.381	N346	0.762	0.762	0.762	0.808	0.256	-0.269	-0.530
33	099	N133	0.378	0.390	0.384	N347	0.761	0.755	0.758	0.808	0.209	-0.264	0.145
34	102	N134	0.408	0.411	0.410	N348	0.755	0.758	0.756	0.824	1.326	-0.245	2.842

续表

序号	实验室代码	氨氮/(mg/L)											
		编号	浓度	浓度	平均	编号	浓度	浓度	平均	S	ZB	D	ZW
35	105	N135	0.370	0.375	0.372	N349	0.734	0.728	0.731	0.780	-1.605	-0.254	1.590
36	108	N136	0.388	0.388	0.388	N350	0.762	0.768	0.765	0.815	0.721	-0.267	-0.145
37	111	N137	0.373	0.367	0.370	N351	0.753	0.750	0.752	0.793	-0.721	-0.270	-0.626
38	114	N138	0.383	0.379	0.381	N352	0.759	0.759	0.759	0.806	0.116	-0.267	-0.241
39	117	N139	0.365	0.367	0.366	N353	0.741	0.744	0.742	0.783	-1.372	-0.266	-0.048
40	120	N140	0.381	0.387	0.384	N354	0.786	0.783	0.784	0.826	1.419	-0.283	-2.361
41	123	N141	0.374	0.381	0.378	N355	0.741	0.747	0.744	0.793	-0.721	-0.259	0.915
42	126	N142	0.380	0.374	0.377	N356	0.746	0.746	0.746	0.794	-0.674	-0.261	0.626
43	129	N143	0.382	0.379	0.380	N357	0.762	0.762	0.762	0.808	0.209	-0.270	-0.626
44	132	N144	0.362	0.364	0.363	N358	0.746	0.749	0.748	0.786	-1.233	-0.272	-0.915
45	135	N145	0.371	0.366	0.368	N359	0.741	0.746	0.744	0.786	-1.186	-0.266	-0.048
46	138	N146	0.367	0.369	0.368	N360	0.746	0.744	0.745	0.787	-1.140	-0.267	-0.145
47	141	N147	0.386	0.385	0.386	N361	0.763	0.765	0.764	0.813	0.581	-0.267	-0.241
48	144	N148	0.383	0.386	0.384	N362	0.764	0.761	0.762	0.810	0.395	-0.267	-0.241
49	147	N149	0.383	0.407	0.395	N363	0.764	0.772	0.768	0.822	1.186	-0.264	0.241
50	150	N150	0.374	0.374	0.374	N364	0.749	0.744	0.746	0.792	-0.814	-0.263	0.337
51	153	N151	0.379	0.385	0.382	N365	0.753	0.747	0.750	0.800	-0.256	-0.260	0.723
52	156	N152	0.377	0.382	0.380	N366	0.747	0.758	0.752	0.800	-0.256	-0.263	0.337
53	159	N153	0.374	0.391	0.382	N367	0.764	0.752	0.758	0.806	0.116	-0.266	-0.048
54	162	N154	0.525	0.520	0.522	N368	0.767	0.762	0.764	0.909	6.908	-0.171	12.864
55	165	N155	0.398	0.404	0.401	N369	0.768	0.767	0.768	0.827	1.465	-0.260	0.819
56	168	N156	0.392	0.389	0.390	N370	0.761	0.758	0.760	0.813	0.581	-0.262	0.530
57	171	N157	0.397	0.399	0.398	N371	0.767	0.765	0.766	0.823	1.233	-0.260	0.723
58	174	N158	0.400	0.405	0.402	N372	0.763	0.768	0.766	0.826	1.419	-0.257	1.108
59	177	N159	0.413	0.407	0.410	N373	0.759	0.764	0.762	0.829	1.605	-0.249	2.264
60	180	N160	0.375	0.387	0.381	N374	0.761	0.761	0.761	0.808	0.209	-0.269	-0.434
61	183	N161	0.373	0.373	0.373	N375	0.756	0.756	0.756	0.798	-0.395	-0.271	-0.723
62	186	N162	0.379	0.379	0.379	N376	0.769	0.758	0.764	0.808	0.256	-0.272	-0.915
63	189	N163	0.375	0.378	0.376	N377	0.747	0.744	0.746	0.793	-0.721	-0.262	0.530
64	192	N164	0.393	0.396	0.394	N378	0.756	0.760	0.758	0.815	0.674	-0.257	1.108
65	195	N165	0.361	0.367	0.364	N379	0.755	0.755	0.755	0.791	-0.861	-0.276	-1.494
66	198	N166	0.368	0.372	0.370	N380	0.763	0.769	0.766	0.803	-0.070	-0.280	-1.975
67	201	N167	0.377	0.382	0.380	N381	0.759	0.765	0.762	0.808	0.209	-0.270	-0.626
68	204	N168	0.372	0.372	0.372	N382	0.743	0.743	0.372	0.526	-18.304	0.000	36.182

续表

序号	实验室代码	氨氮/(mg/L)											
		编号	浓度	浓度	平均	编号	浓度	浓度	平均	*S*	*ZB*	*D*	*ZW*
69	207	N169	0.385	0.396	0.390	N383	0.758	0.764	0.761	0.814	0.628	−0.262	0.434
70	210	N170	0.368	0.368	0.368	N384	0.755	0.755	0.755	0.794	−0.674	−0.274	−1.108
71	213	N171	0.374	0.374	0.374	N385	0.723	0.729	0.726	0.778	−1.744	−0.249	2.264
72	216	N172	0.400	0.386	0.393	N386	0.758	0.753	0.756	0.812	0.535	−0.257	1.204
73	219	N173	0.372	0.380	0.375	N387	0.741	0.741	0.741	0.789	−1.000	−0.259	0.915
74	222	N174	0.395	0.395	0.395	N388	0.770	0.770	0.770	0.824	1.279	−0.265	0.048
75	225	N175	0.385	0.372	0.378	N389	0.765	0.741	0.753	0.800	−0.302	−0.265	0.048
76	228	N176	0.376	0.381	0.378	N390	0.763	0.763	0.763	0.807	0.163	−0.272	−0.915
77	231	N177	0.380	0.388	0.384	N391	0.744	0.759	0.752	0.803	−0.070	−0.260	0.723
78	234	N178	0.384	0.374	0.379	N392	0.753	0.763	0.758	0.804	−0.023	−0.268	−0.337
79	237	N179	0.383	0.383	0.383	N393	0.761	0.761	0.761	0.809	0.302	−0.267	−0.241
80	240	N180	0.389	0.389	0.389	N394	0.767	0.768	0.768	0.818	0.907	−0.268	−0.337
81	243	N181	0.387	0.387	0.387	N300	0.765	0.759	0.762	0.812	0.535	−0.265	0.048
82	246	N182	0.390	0.384	0.387	N301	0.752	0.758	0.755	0.808	0.209	−0.260	0.723
83	249	N183	0.382	0.385	0.384	N302	0.758	0.761	0.759	0.808	0.256	−0.265	0.048
84	252	N184	0.381	0.390	0.386	N303	0.762	0.765	0.763	0.812	0.535	−0.267	−0.145
85	255	N185	0.373	0.378	0.376	N304	0.759	0.764	0.762	0.805	0.023	−0.273	−1.012
86	258	N186	0.380	0.376	0.378	N305	0.755	0.761	0.758	0.803	−0.070	−0.269	−0.434
87	261	N187	0.378	0.381	0.380	N306	0.765	0.763	0.764	0.809	0.302	−0.272	−0.819
88	264	N188	0.391	0.389	0.390	N307	0.749	0.754	0.752	0.808	0.209	−0.256	1.301
89	267	N189	0.391	0.388	0.390	N308	0.726	0.726	0.726	0.789	−1.000	−0.238	3.806
90	270	N190	0.368	0.366	0.367	N309	0.742	0.738	0.740	0.783	−1.419	−0.264	0.241
91	273	N191	0.413	0.413	0.413	N310	0.754	0.757	0.756	0.827	1.465	−0.243	3.132
92	276	N192	0.384	0.397	0.390	N311	0.757	0.760	0.758	0.812	0.488	−0.260	0.723
93	279	N193	0.378	0.372	0.375	N312	0.749	0.755	0.752	0.797	−0.488	−0.267	−0.145
94	282	N194	0.381	0.381	0.381	N313	0.754	0.754	0.754	0.803	−0.116	−0.264	0.241
95	285	N100	0.376	0.373	0.375	N314	0.748	0.743	0.745	0.792	−0.814	−0.262	0.530
96	288	N195	0.377	0.377	0.377	N395	0.743	0.743	0.743	0.792	−0.814	−0.259	0.915
97	结果数				96				96	96		96	
98	中位值				0.380				0.757	0.804		−0.266	
99	标准 *IQR*				0.010				0.012	0.015		0.007	
100	稳健 *CV*/%				2.585				1.591	1.890		−2.764	
101	最小值				0.358				0.372	0.526		−0.284	
102	最大值				0.522				0.784	0.909		0.000	
103	极差				0.164				0.412	0.383		0.284	

附表6　　第三组高锰酸盐指数Z值统计表

序号	实验室代码	高锰酸盐指数/(mg/L)											
		编号	浓度	浓度	平均	编号	浓度	浓度	平均	S	ZB	D	ZW
1	003	M553	3.40	3.50	3.45	M600	4.34	4.36	4.35	5.515	−2.608	−0.636	1.349
2	006	M554	3.65	3.57	3.61	M601	4.66	4.64	4.65	5.841	0.150	−0.735	0.000
3	009	M555	3.33	3.37	3.35	M602	4.47	4.47	4.47	5.530	−2.488	−0.792	−0.771
4	012	M556	3.50	3.50	3.50	M603	4.63	4.63	4.63	5.749	−0.630	−0.799	−0.867
5	015	M557	3.67	3.80	3.74	M604	4.50	4.64	4.57	5.876	0.450	−0.587	2.023
6	018	M558	3.21	3.33	3.27	M605	4.33	4.33	4.33	5.374	−3.807	−0.750	−0.193
7	021	M559	3.52	3.50	3.51	M606	4.62	4.60	4.61	5.742	−0.689	−0.778	−0.578
8	024	M560	3.50	3.49	3.50	M607	4.59	4.63	4.61	5.735	−0.749	−0.785	−0.674
9	027	M561	3.83	3.85	3.84	M608	4.73	4.75	4.74	6.067	2.068	−0.636	1.349
10	030	M562	3.56	3.51	3.54	M609	4.56	4.60	4.58	5.742	−0.689	−0.735	0.000
11	033	M563	3.50	3.60	3.55	M610	4.70	4.70	4.70	5.834	0.090	−0.813	−1.060
12	036	M564	3.62	3.59	3.60	M611	4.68	4.67	4.68	5.855	0.270	−0.764	−0.385
13	039	M565	3.49	3.46	3.48	M612	4.65	4.59	4.62	5.728	−0.809	−0.806	−0.964
14	042	M566	3.45	3.47	3.46	M613	4.67	4.65	4.66	5.742	−0.689	−0.849	−1.542
15	045	M567	3.53	3.61	3.57	M614	4.59	4.63	4.61	5.784	−0.330	−0.735	0.000
16	048	M568	4.86	4.82	4.84	M615	3.86	3.82	3.84	6.138	2.668	0.707	19.657
17	051	M569	3.97	3.87	3.92	M616	4.85	4.90	4.88	6.223	3.387	−0.679	0.771
18	054	M570	3.76	3.73	3.74	M617	4.77	4.61	4.69	5.961	1.169	−0.672	0.867
19	057	M571	3.77	3.74	3.76	M618	5.03	5.06	5.04	6.223	3.387	−0.905	−2.313
20	060	M572	3.54	3.58	3.56	M619	4.66	4.62	4.64	5.798	−0.210	−0.764	−0.385
21	063	M573	3.52	3.52	3.52	M620	4.70	4.75	4.72	5.827	0.030	−0.849	−1.542
22	066	M574	3.58	3.34	3.46	M621	4.81	4.60	4.70	5.770	−0.450	−0.877	−1.927
23	069	M575	3.64	3.65	3.64	M622	4.65	4.62	4.64	5.855	0.270	−0.707	0.385
24	072	M576	4.00	4.04	4.02	M623	5.04	5.04	5.04	6.406	4.946	−0.721	0.193
25	075	M577	3.76	3.88	3.82	M624	4.83	4.75	4.79	6.088	2.248	−0.686	0.674
26	078	M578	3.60	3.60	3.60	M625	4.50	4.50	4.50	5.728	−0.809	−0.636	1.349
27	081	M579	3.63	3.64	3.64	M626	4.62	4.64	4.63	5.848	0.210	−0.700	0.482
28	084	M580	3.52	3.55	3.54	M627	4.34	4.38	4.36	5.586	−2.008	−0.580	2.120
29	087	M581	3.52	3.54	3.53	M628	4.55	4.56	4.56	5.720	−0.869	−0.728	0.096
30	090	M582	3.51	3.44	3.48	M629	4.52	4.50	4.51	5.650	−1.469	−0.728	0.096
31	093	M583	3.20	3.28	3.24	M630	4.25	4.33	4.29	5.325	−4.227	−0.742	−0.096
32	096	M584	3.74	3.76	3.75	M631	4.84	4.86	4.85	6.081	2.188	−0.778	−0.578
33	099	M585	3.57	3.58	3.58	M632	4.60	4.62	4.61	5.791	−0.270	−0.728	0.096
34	102	M586	3.54	3.57	3.56	M633	4.55	4.55	4.55	5.735	−0.749	−0.700	0.482

续表

序号	实验室代码	高锰酸盐指数/(mg/L)											
		编号	浓度	浓度	平均	编号	浓度	浓度	平均	S	ZB	D	ZW
35	105	M587	3.67	3.83	3.75	M634	4.97	4.81	4.89	6.109	2.428	−0.806	−0.964
36	108	M588	3.62	3.65	3.64	M635	4.70	4.73	4.72	5.911	0.749	−0.764	−0.385
37	111	M589	3.52	3.54	3.53	M636	4.73	4.71	4.72	5.834	0.090	−0.841	−1.445
38	114	M590	3.60	3.60	3.60	M637	4.56	4.56	4.56	5.770	−0.450	−0.679	0.771
39	117	M591	3.68	3.72	3.70	M638	4.75	4.79	4.77	5.989	1.409	−0.757	−0.289
40	120	M592	3.73	3.73	3.73	M639	4.62	4.54	4.58	5.876	0.450	−0.601	1.831
41	123	M593	3.70	3.74	3.72	M640	4.58	4.60	4.59	5.876	0.450	−0.615	1.638
42	126	M594	3.64	3.60	3.62	M641	4.67	4.67	4.67	5.862	0.330	−0.742	−0.096
43	129	M500	3.60	3.60	3.60	M642	4.60	4.60	4.60	5.798	−0.210	−0.707	0.385
44	132	M501	4.24	4.28	4.26	M643	5.04	5.04	5.04	6.576	6.385	−0.552	2.505
45	135	M502	3.59	3.64	3.62	M644	4.40	4.36	4.38	5.657	−1.409	−0.537	2.698
46	138	M503	3.46	3.42	3.44	M645	4.50	4.46	4.48	5.600	−1.889	−0.735	0.000
47	141	M504	3.36	3.38	3.37	M646	4.74	4.70	4.72	5.720	−0.869	−0.955	−2.987
48	144	M505	3.62	3.61	3.62	M647	4.61	4.64	4.62	5.827	0.030	−0.707	0.385
49	147	M506	3.60	3.68	3.64	M648	4.56	4.64	4.60	5.827	0.030	−0.679	0.771
50	150	M507	3.37	3.37	3.37	M649	4.40	4.40	4.40	5.494	−2.788	−0.728	0.096
51	153	M508	3.59	3.57	3.58	M650	4.57	4.61	4.59	5.777	−0.390	−0.714	0.289
52	156	M509	3.71	3.71	3.71	M651	4.53	4.53	4.53	5.827	0.030	−0.580	2.120
53	159	M510	3.49	3.55	3.52	M652	4.63	4.69	4.66	5.784	−0.330	−0.806	−0.964
54	162	M511	3.64	3.68	3.66	M653	4.32	4.32	4.32	5.643	−1.529	−0.467	3.662
55	165	M512	3.56	3.68	3.62	M654	4.61	4.69	4.65	5.848	0.210	−0.728	0.096
56	168	M513	3.62	3.60	3.61	M655	4.64	4.67	4.66	5.848	0.210	−0.742	−0.096
57	171	M514	3.64	3.62	3.63	M656	4.72	4.75	4.74	5.918	0.809	−0.785	−0.674
58	174	M515	3.51	3.47	3.49	M657	4.59	4.57	4.58	5.706	−0.989	−0.771	−0.482
59	177	M516	3.28	3.28	3.28	M658	4.40	4.40	4.40	5.431	−3.327	−0.792	−0.771
60	180	M517	3.66	3.65	3.66	M659	4.65	4.67	4.66	5.883	0.510	−0.707	0.385
61	183	M518	4.36	4.36	4.36	M660	5.68	5.74	5.71	7.121	11.002	−0.955	−2.987
62	186	M519	3.83	3.79	3.81	M661	5.08	5.08	5.08	6.286	3.927	−0.898	−2.216
63	189	M520	3.64	3.64	3.64	M662	4.53	4.53	4.53	5.777	−0.390	−0.629	1.445
64	192	M521	3.45	3.46	3.46	M663	4.44	4.45	4.44	5.586	−2.008	−0.693	0.578
65	195	M522	3.56	3.56	3.56	M664	4.48	4.48	4.48	5.685	−1.169	−0.651	1.156
66	198	M523	3.58	3.66	3.62	M665	4.71	4.67	4.69	5.876	0.450	−0.757	−0.289
67	201	M524	3.65	3.69	3.67	M666	4.70	4.62	4.66	5.890	0.570	−0.700	0.482
68	204	M525	3.30	3.38	3.34	M667	4.70	4.74	4.72	5.699	−1.049	−0.976	−3.276

续表

序号	实验室代码	高锰酸盐指数/(mg/L)											
		编号	浓度	浓度	平均	编号	浓度	浓度	平均	S	ZB	D	ZW
69	207	M526	3.51	3.51	3.51	M668	4.48	4.48	4.48	5.650	−1.469	−0.686	0.674
70	210	M527	2.14	2.14	2.14	M669	4.16	4.16	4.16	4.455	−11.601	−1.428	−9.443
71	213	M528	3.74	3.78	3.76	M670	4.90	4.86	4.88	6.109	2.428	−0.792	−0.771
72	216	M529	3.86	3.88	3.87	M671	4.86	4.89	4.88	6.187	3.088	−0.714	0.289
73	219	M530	3.49	3.45	3.47	M672	4.67	4.67	4.67	5.756	−0.570	−0.849	−1.542
74	222	M531	3.45	3.46	3.46	M673	4.47	4.45	4.46	5.600	−1.889	−0.707	0.385
75	225	M532	3.42	3.34	3.38	M674	4.78	4.58	4.68	5.699	−1.049	−0.919	−2.505
76	228	M533	3.46	3.46	3.46	M675	4.58	4.59	4.58	5.685	−1.169	−0.792	−0.771
77	231	M534	3.84	3.83	3.84	M676	5.04	5.05	5.04	6.279	3.867	−0.849	−1.542
78	234	M535	3.62	3.60	3.61	M677	4.81	4.77	4.79	5.940	0.989	−0.834	−1.349
79	237	M536	3.63	3.65	3.64	M678	4.62	4.61	4.62	5.841	0.150	−0.693	0.578
80	240	M537	3.58	3.58	3.58	M679	4.66	4.66	4.66	5.827	0.030	−0.764	−0.385
81	243	M538	3.54	3.64	3.59	M680	4.68	4.68	4.68	5.848	0.210	−0.771	−0.482
82	246	M539	3.61	3.57	3.59	M681	4.64	4.62	4.63	5.812	−0.090	−0.735	0.000
83	249	M540	3.53	3.54	3.53	M682	4.62	4.69	4.66	5.791	−0.270	−0.799	−0.867
84	252	M541	3.59	3.63	3.61	M683	4.67	4.58	4.62	5.819	−0.030	−0.714	0.289
85	255	M542	3.60	3.58	3.59	M684	4.65	4.62	4.64	5.819	−0.030	−0.742	−0.096
86	258	M543	3.69	3.72	3.70	M685	4.78	4.82	4.80	6.010	1.589	−0.778	−0.578
87	261	M544	3.75	3.73	3.74	M686	4.78	4.78	4.78	6.025	1.709	−0.735	0.000
88	264	M545	3.55	3.57	3.56	M687	4.65	4.53	4.59	5.763	−0.510	−0.728	0.096
89	267	M546	3.28	3.26	3.27	M688	4.17	4.15	4.16	5.254	−4.826	−0.629	1.445
90	270	M547	3.42	3.46	3.44	M689	4.83	4.77	4.80	5.827	0.030	−0.962	−3.083
91	273	M548	3.59	3.59	3.59	M690	4.57	4.57	4.57	5.770	−0.450	−0.693	0.578
92	276	M549	3.60	3.60	3.60	M691	4.40	4.40	4.40	5.657	−1.409	−0.566	2.313
93	279	M550	3.47	3.49	3.48	M692	4.80	4.72	4.76	5.827	0.030	−0.905	−2.313
94	282	M551	3.71	3.69	3.70	M693	4.75	4.77	4.76	5.982	1.349	−0.750	−0.193
95	285	M552	4.12	4.16	4.14	M694	5.42	5.42	5.42	6.760	7.944	−0.905	−2.313
96	288	M595	3.65	3.65	3.65	M695	4.66	4.66	4.66	5.876	0.450	−0.714	0.289
97	结果数				96				96	96		96	
98	中位值				3.60				4.64	5.823		−0.735	
99	标准 IQR				0.132				0.119	0.118		0.073	
100	稳健 CV/%				3.655				2.556	2.025		−9.979	
101	最小值				2.14				3.84	4.455		−1.428	
102	最大值				4.84				5.71	7.121		0.707	
103	极差				2.70				1.87	2.666		2.135	

附表 7　　有机组硝基苯 *Z* 值统计表

序号	实验室代码	硝基苯/(mg/L)											
		编号	浓度	浓度	平均	编号	浓度	浓度	平均	*S*	*ZB*	*D*	*ZW*
1	001	X131	43.9	43.8	43.8	X216	105	105	105	105.217	−0.500	−43.275	0.000
2	002	X132	48.8	48.9	48.8	X217	112	112	112	113.703	0.763	−44.689	−0.566
3	003	X133	48.6	48.9	48.8	X218	113	115	114	115.117	0.973	−46.103	−1.131
4	004	X134	49.7	49.8	49.7	X219	116	117	116	117.168	1.278	−46.881	−1.442
5	005	X135	48.9	48.9	48.9	X220	113	112	112	113.773	0.773	−44.618	−0.537
6	006	X136	49.1	49.1	49.1	X221	112	112	112	113.915	0.794	−44.477	−0.481
7	007	X137	49.1	49.2	49.2	X222	112	112	112	113.986	0.805	−44.406	−0.452
8	008	X138	47.2	47.1	47.2	X223	116	116	116	115.471	1.026	−48.720	−2.178
9	009	X139	51.5	51.7	51.6	X224	114	114	114	117.097	1.267	−44.123	−0.339
10	011	X141	45.9	49.3	47.6	X226	113	122	118	117.097	1.267	−49.780	−2.602
11	012	X142	44.7	44.8	44.8	X227	103	103	103	104.510	−0.605	−41.154	0.848
12	013	X143	48.0	47.0	47.5	X228	104	104	104	107.127	−0.216	−39.952	1.329
13	014	X144	44.5	45.0	44.8	X229	109	102	106	106.632	−0.289	−43.275	0.000
14	015	X145	46.4	45.4	45.9	X230	109	106	108	108.824	0.037	−43.911	−0.255
15	016	X146	45.3	45.0	45.2	X231	105	106	106	106.915	−0.247	−42.992	0.113
16	018	X147	45.8	45.3	45.6	X232	107	107	107	107.904	−0.100	−43.416	−0.057
17	019	X148	46.1	47.1	46.6	X233	108	104	106	107.904	−0.100	−42.002	0.509
18	020	X149	46.3	44.5	45.4	X234	102	108	105	106.349	−0.331	−42.144	0.452
19	021	X150	44.3	42.6	43.4	X235	102	102	102	102.813	−0.857	−41.436	0.735
20	022	X151	40.3	40.2	40.2	X236	93.9	94.1	94.0	94.894	−2.035	−38.042	2.093
21	023	X152	48.2	47.4	47.8	X237	109	109	109	110.874	0.342	−43.275	0.000
22	024	X153	44.3	45.1	44.7	X238	101	101	101	103.025	−0.826	−39.810	1.386
23	033	X154	28.4	28.5	28.4	X239	82.3	82.4	82.4	78.347	−4.497	−38.184	2.036
24	035	X155	48.3	48.4	48.4	X240	107	107	107	109.884	0.195	−41.436	0.735
25	044	X156	73.7	75.3	74.5	X241	144	135	140	151.674	6.411	−46.315	−1.216
26	056	X157	45.3	46.4	45.8	X242	103	105	104	105.925	−0.394	−41.154	0.848
27	070	X158	51.7	51.8	51.8	X243	117	117	117	119.360	1.604	−46.103	−1.131
28	073	X159	52.1	52.2	52.2	X244	112	114	113	116.814	1.225	−42.992	0.113
29	079	X160	43.7	43.5	43.6	X245	104	105	104	104.369	−0.626	−42.709	0.226
30	089	X161	70.9	72.8	71.8	X246	142	144	143	151.887	6.443	−50.346	−2.828
31	093	X177	48.9	49.2	49.0	X262	113	115	114	115.258	0.994	−45.962	−1.075
32	097	X162	47.6	47.4	47.5	X247	118	118	118	117.026	1.257	−49.851	−2.630
33	106	X163	47.2	48.7	48.0	X248	121	125	123	120.915	1.835	−53.033	−3.903
34	121	X164	44.4	44.8	44.6	X249	104	106	105	105.783	−0.415	−42.709	0.226

续表

序号	实验室代码	硝基苯/(mg/L)											
		编号	浓度	浓度	平均	编号	浓度	浓度	平均	*S*	*ZB*	*D*	*ZW*
35	132	X166	47.9	48.7	48.3	X251	112	112	112	113.349	0.710	−45.043	−0.707
36	165	X167	44.8	44.8	44.8	X252	106	106	106	106.632	−0.289	−43.275	0.000
37	178	X168	44.1	45.0	44.6	X253	106	105	106	106.490	−0.310	−43.416	−0.057
38	184	X169	45.8	45.2	45.5	X254	100	100	100	102.884	−0.847	−38.537	1.895
39	212	X171	47.5	48.8	48.2	X256	104	106	105	108.329	−0.037	−40.164	1.244
40	228	X172	46.7	46.6	46.6	X257	110	111	110	110.733	0.321	−44.831	−0.622
41	239	X173	54.4	52.0	53.2	X258	112	111	112	116.460	1.173	−41.224	0.820
42	248	X174	46.5	45.6	46.0	X259	104	107	105	106.929	−0.245	−41.818	0.583
43	257	X175	42.0	42.2	42.1	X260	102	101	102	101.894	−0.994	−42.356	0.368
44	263	X176	44.5	43.4	44.0	X261	108	107	108	107.480	−0.163	−45.255	−0.792
45	结果数				44				44	44		44	
46	中位值				46.9				108	108.576		−43.275	
47	标准 *IQR*				2.984				6.116	6.723		2.500	
48	稳健 *CV*/%				6.362				5.689	6.192		−5.778	
49	最小值				28.4				82.4	78.347		−53.033	
50	最大值				74.5				143	151.887		−38.042	
51	极差				46.1				60.6	73.539		14.991	

附表 8　　有机组甲萘威 *Z* 值统计表

序号	实验室代码	甲萘威/(μg/L)											
		编号	浓度	浓度	平均	编号	浓度	浓度	平均	*S*	*ZB*	*D*	*ZW*
1	001	Y305	60.6	60.3	60.4	Y462	155	154	155	152.311	−1.161	−66.892	0.582
2	002	Y306	63.1	63.0	63.1	Y463	158	158	158	156.341	−0.472	−67.104	0.535
3	005	Y309	62.5	62.7	62.6	Y466	160	160	160	157.402	−0.290	−68.872	0.142
4	008	Y312	63.6	63.5	63.6	Y469	153	152	153	153.159	−1.016	−63.215	1.400
5	011	Y315	59.5	60.6	59.8	Y472	156	152	154	151.179	−1.355	−66.609	0.645
6	012	Y316	64.5	63.7	64.1	Y473	168	167	168	164.119	0.859	−73.468	−0.881
7	013	Y317	63.4	63.4	63.4	Y474	163	163	163	160.089	0.169	−70.428	−0.205
8	014	Y318	63.7	63.2	63.4	Y475	162	163	162	159.382	0.048	−69.721	−0.047
9	015	Y319	63.5	63.7	63.6	Y476	162	162	162	159.523	0.073	−69.579	−0.016
10	016	Y320	63.1	62.8	63.0	Y477	162	161	162	159.099	0.000	−70.004	−0.110
11	018	Y321	63.4	62.6	63.0	Y478	162	166	164	160.513	0.242	−71.418	−0.425
12	019	Y322	63.3	67.4	65.4	Y479	151	166	158	157.968	−0.194	−65.478	0.897
13	020	Y323	63.5	63.4	63.4	Y480	163	164	164	160.796	0.290	−71.135	−0.362
14	021	Y324	65.0	62.7	63.8	Y481	161	162	162	159.665	0.097	−69.438	0.016

续表

序号	实验室代码	甲萘威/(μg/L)											
		编号	浓度	浓度	平均	编号	浓度	浓度	平均	*S*	*ZB*	*D*	*ZW*
15	022	Y325	62.0	62.1	62.0	Y482	166	166	166	161.220	0.363	−73.539	−0.897
16	023	Y326	65.4	64.5	65.0	Y483	161	160	160	159.099	0.000	−67.175	0.519
17	024	Y327	65.2	65.3	65.2	Y484	165	166	166	163.483	0.750	−71.276	−0.393
18	033	Y328	66.2	66.2	66.2	Y485	165	165	165	163.483	0.750	−69.862	−0.079
19	035	Y329	63.4	63.6	63.5	Y486	162	162	162	159.453	0.060	−69.650	−0.031
20	044	Y330	93.6	93.8	93.7	Y487	43.0	43.2	43.1	96.732	−10.671	35.780	23.424
21	056	Y331	71.3	74.5	72.9	Y488	127	130	128	142.058	−2.916	−38.962	6.796
22	079	Y334	60.6	64.6	62.6	Y491	151	150	150	150.331	−1.500	−61.801	1.715
23	106	Y337	60.0	61.7	60.8	Y494	148	147	148	147.644	−1.960	−61.660	1.746
24	121	Y338	59.2	58.1	58.6	Y495	148	150	149	146.795	−2.105	−63.922	1.243
25	122	Y339	58.9	60.1	59.5	Y496	152	150	151	148.846	−1.754	−64.700	1.070
26	165	Y341	66.7	67.7	67.2	Y452	167	168	168	166.312	1.234	−71.276	−0.393
27	212	Y345	65.4	64.6	65.0	Y456	154	156	155	155.563	−0.605	−63.640	1.306
28	239	Y347	61.0	61.0	61.0	Y458	164	164	164	159.382	0.048	−73.115	−0.802
29	248	Y348	64.0	64.3	64.1	Y459	169	165	167	163.342	0.726	−72.662	−0.702
30	257	Y349	62.5	63.2	62.9	Y460	161	162	162	159.028	−0.012	−70.074	−0.126
31	结果数				30				30	30		30	
32	中位值				63.4				162	159.099		−69.509	
33	标准 *IQR*				1.616				7.228	5.845		4.495	
34	稳健 *CV*/%				2.549				4.462	3.674		−6.467	
35	最小值				58.6				43.1	96.732		−73.539	
36	最大值				93.7				168	166.312		35.780	
37	极差				35.1				125	69.579		109.319	

通过分析，2014年能力验证参加A类项目的288家实验室中高锰酸盐指数一次性获得满意结果的217家，占所有实验室的75.3%，可疑结果的33家，占所有实验室的11.5%，不满意结果的38家，占所有实验室的13.2%；氨氮一次性获得满意结果的239家，占所有实验室的83.0%，可疑结果的17家，占所有实验室的5.9%，不满意结果的32家，占所有实验室的11.1%。由于各实验室设备等条件限制，参加B类项目的实验室数量不同，参加硝基苯测试的实验室共44家，一次性获得满意结果的36家，占参加总数的81.8%，可疑结果的4家，占所有实验室的9.1%，不满意结果的4家，占所有实验室的9.1%；参加甲萘威测试的实验室共30家，一次性获得满意结果的27家，占参加总数的90.0%，可疑结果的1家，占所有实验室的3.3%，不满意结果的2家，占所有实验室的6.7%。2014年能力验证判别结果|*Z*|（*ZB*和*ZW*）值分布统计和不满意结果实验室统计情况见表27、表28。对满意结果，直接给与通过，而对可疑和不满意结果，提醒实验室注意随机误差，并提供一次补测机会，重新发样测定。

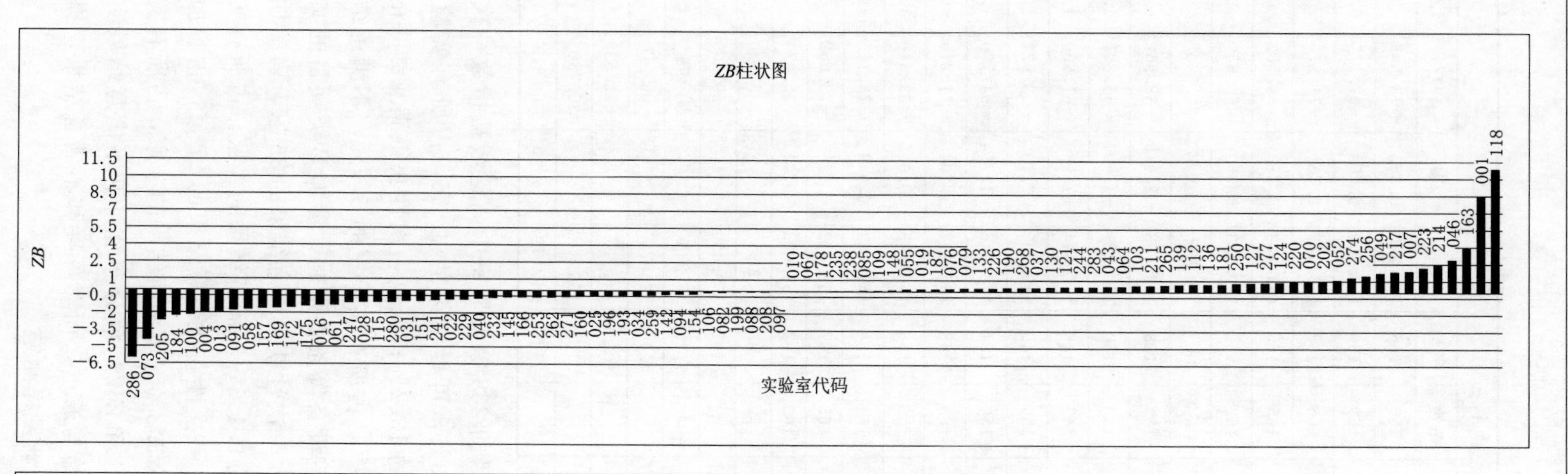

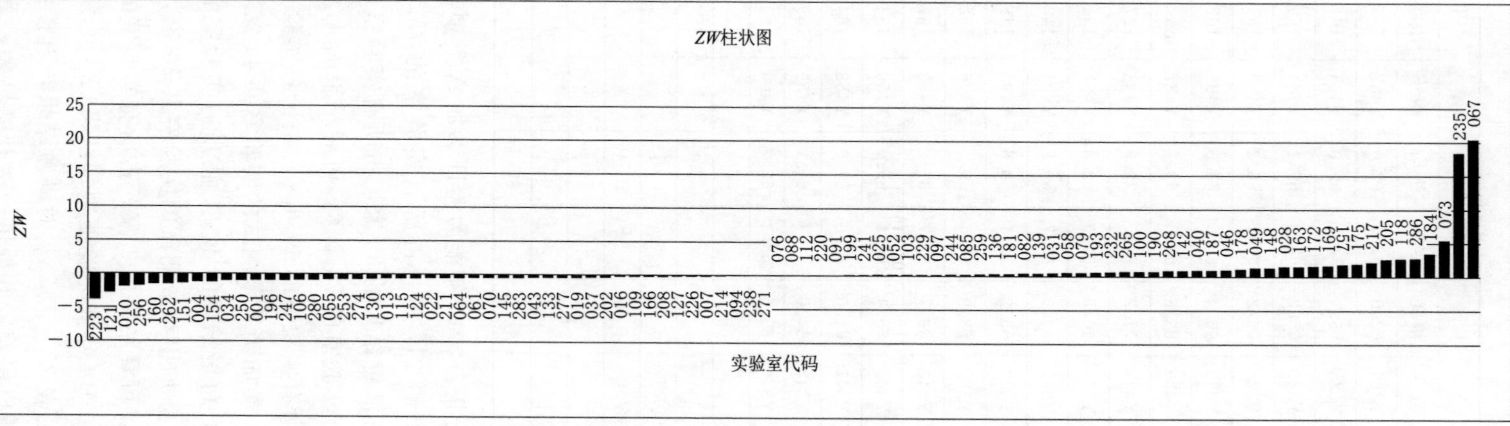

附图 1　A 类项目第一组高锰酸盐指数 Z 比分数序列图

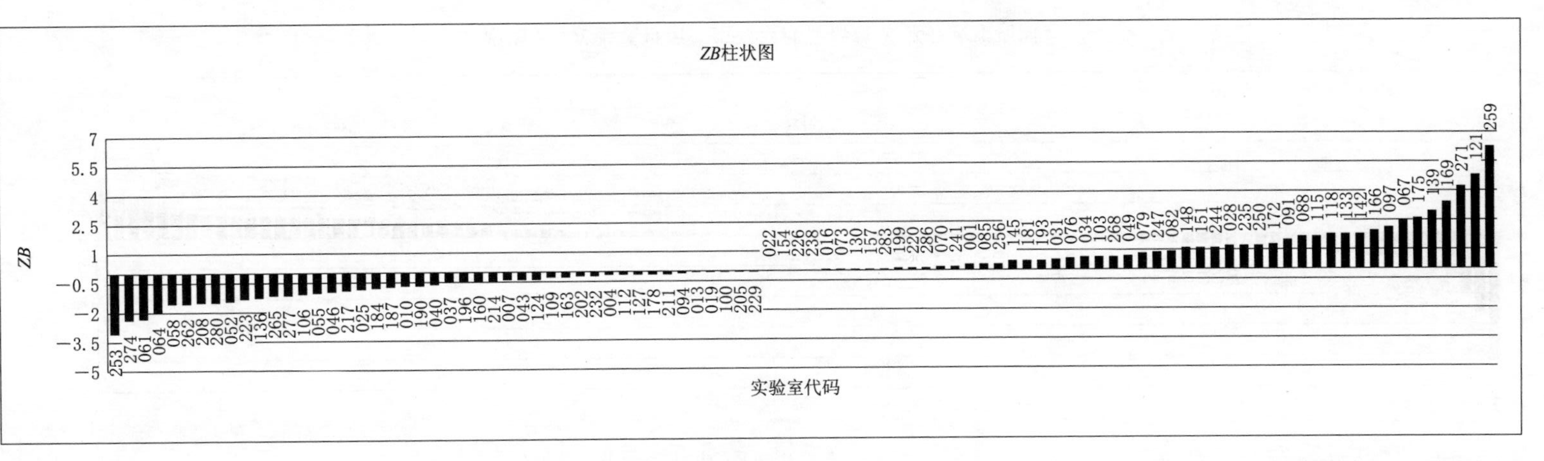

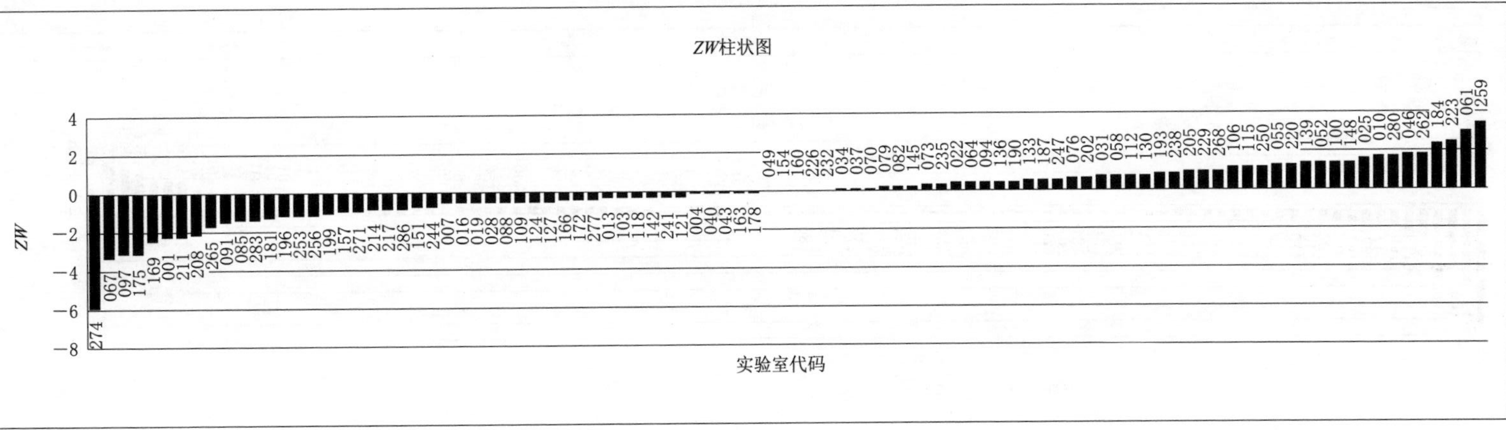

附图 2　A 类项目第一组氨氮 Z 比分数序列图

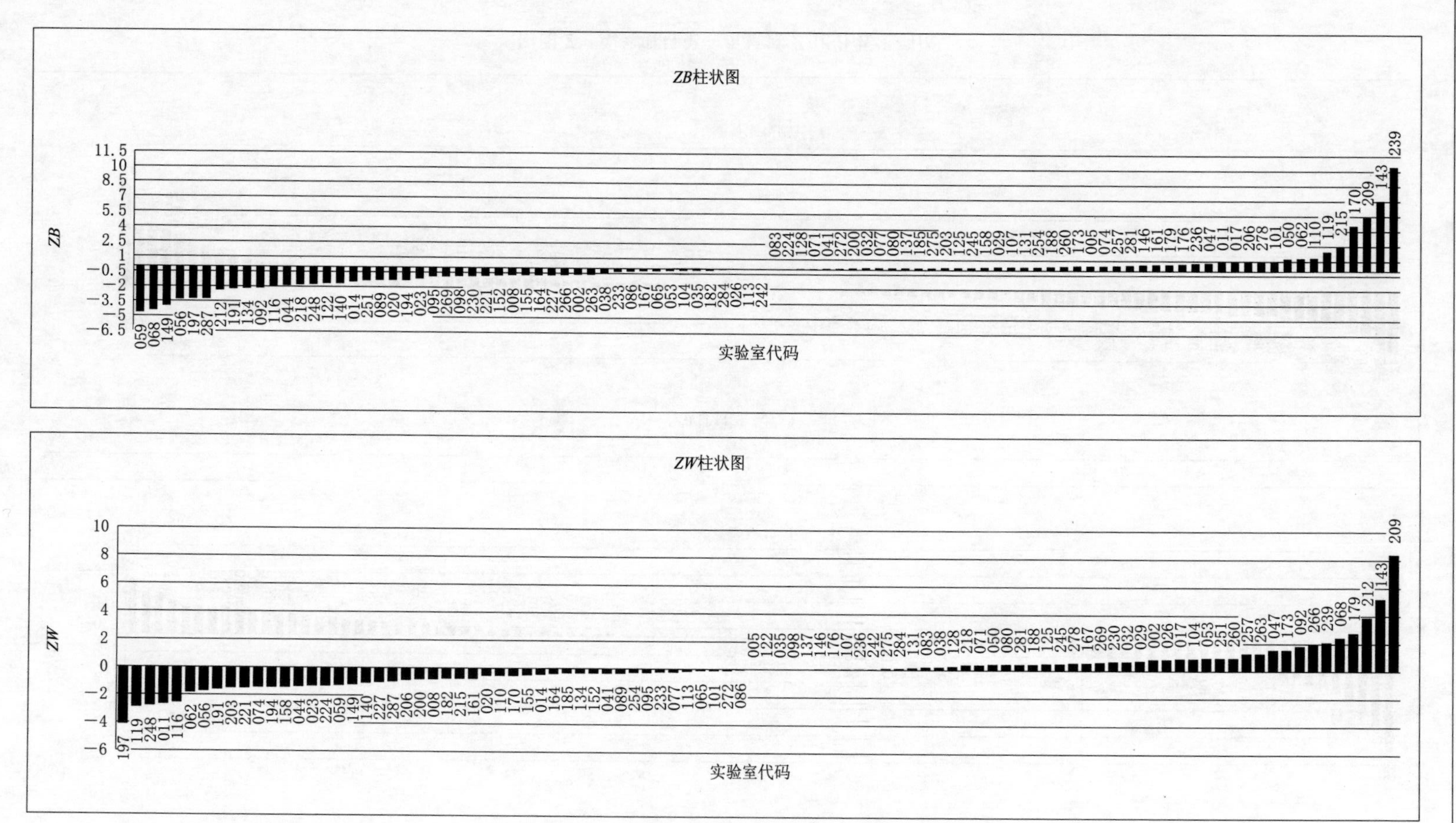

附图 3 A类项目第二组高锰酸盐指数 Z 比分数序列图

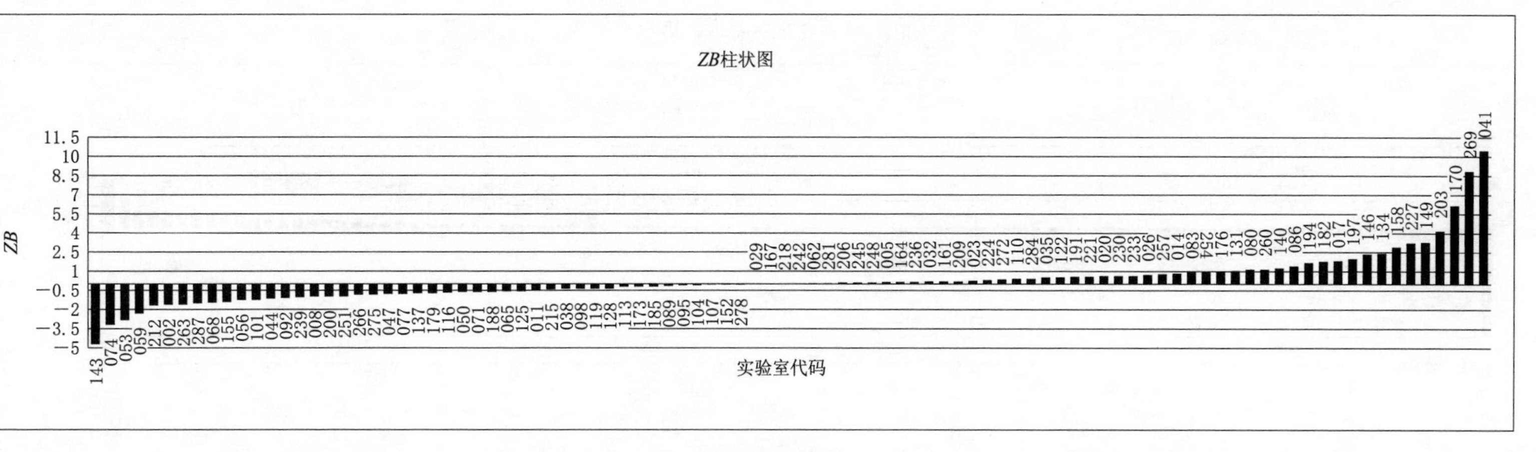

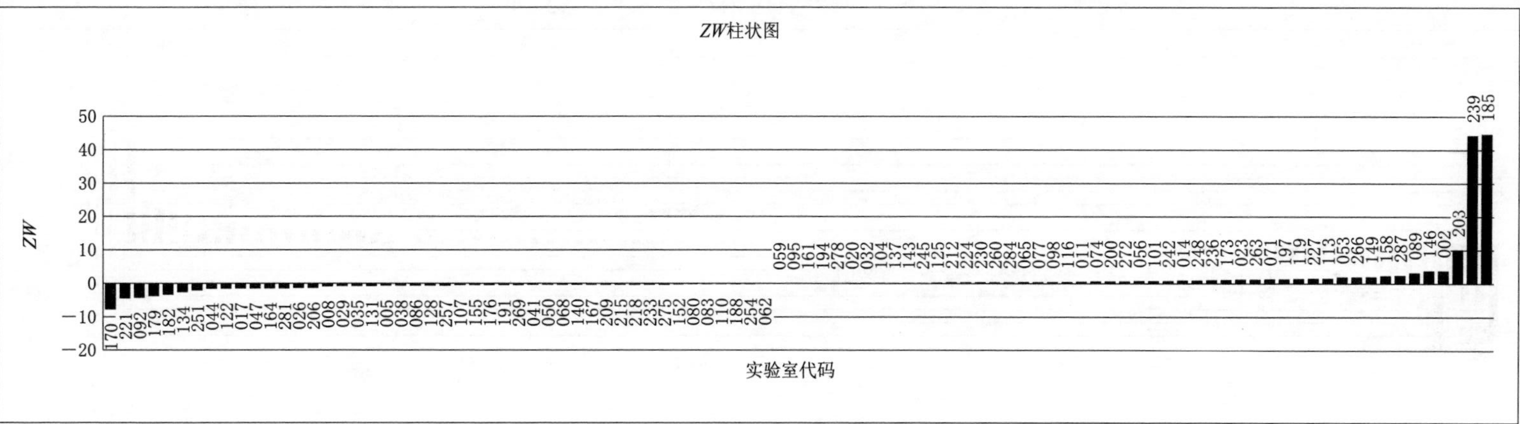

附图 4 A 类项目第二组氨氮 Z 比分数序列图

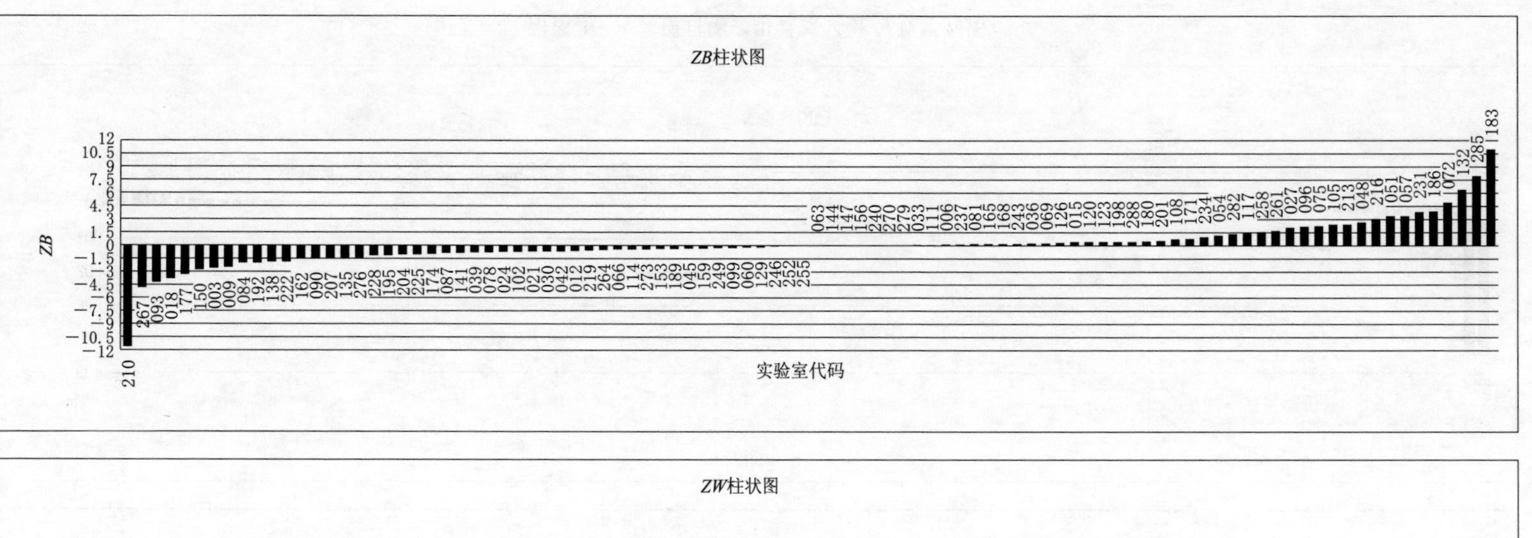

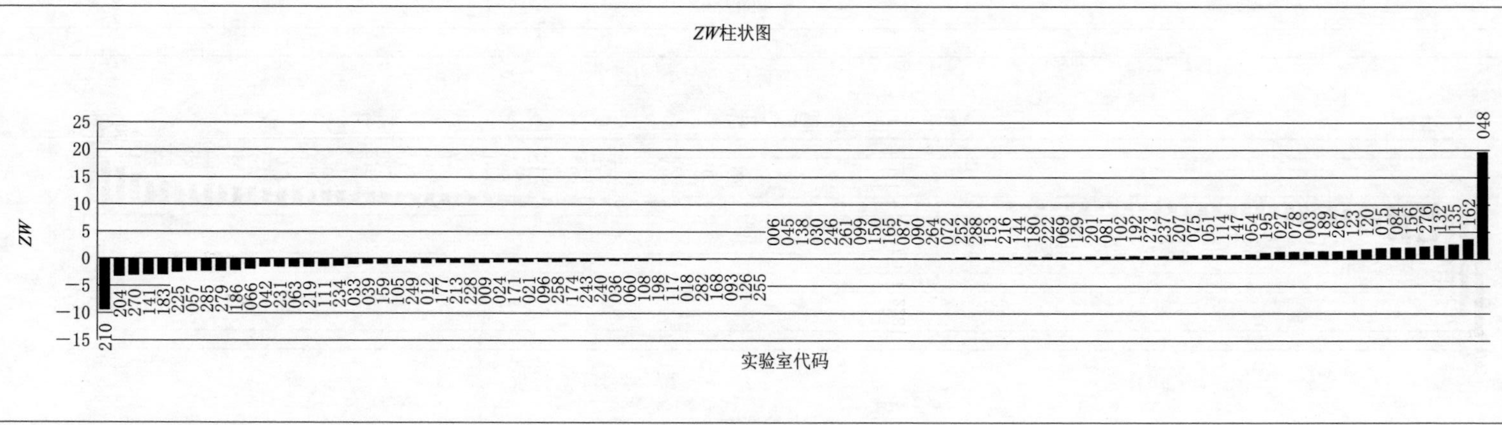

附图 5　A类项目第三组高锰酸盐指数 Z 比分数序列图

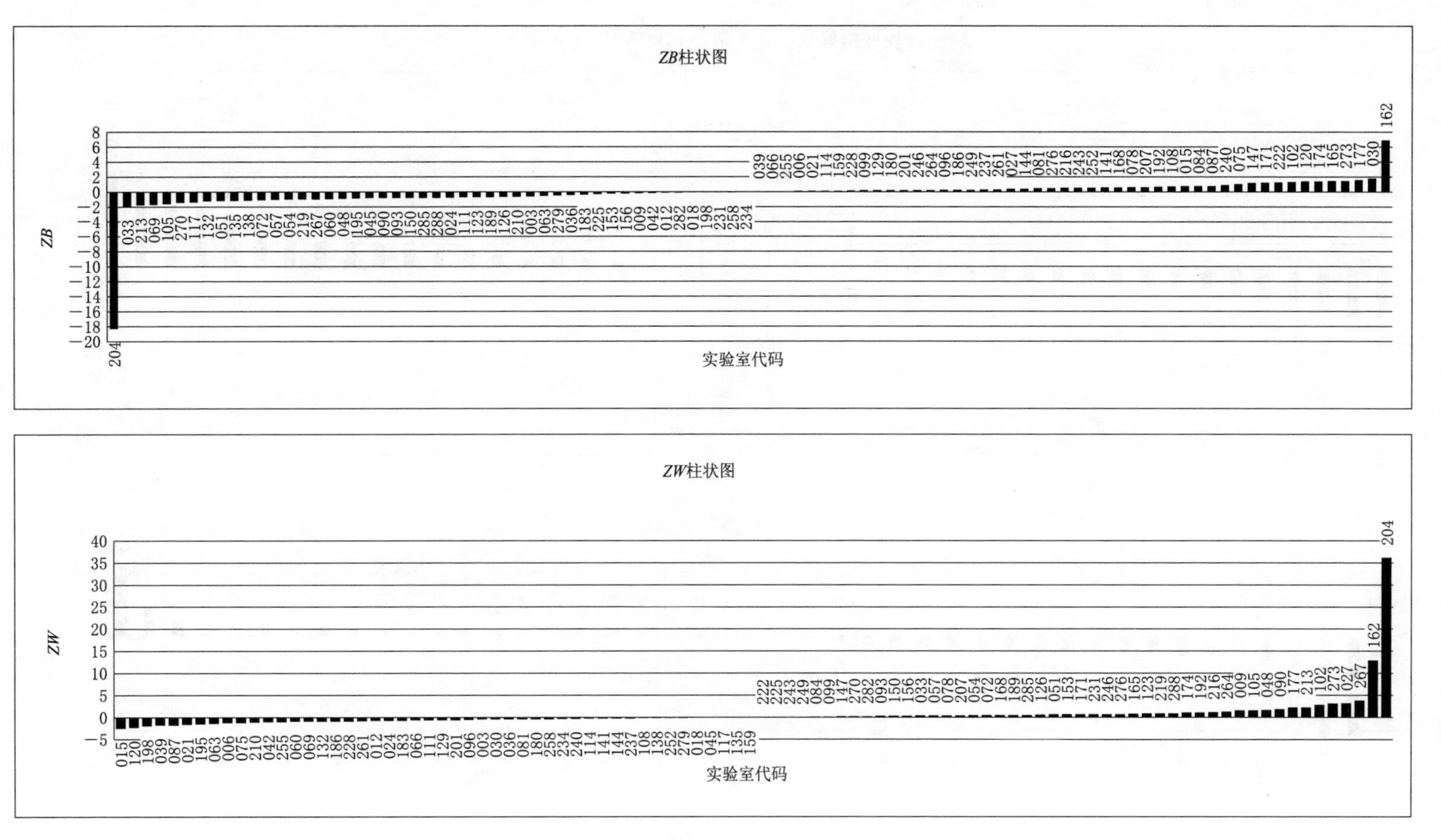

附图 6　A 类项目第三组氨氮 Z 比分数序列图

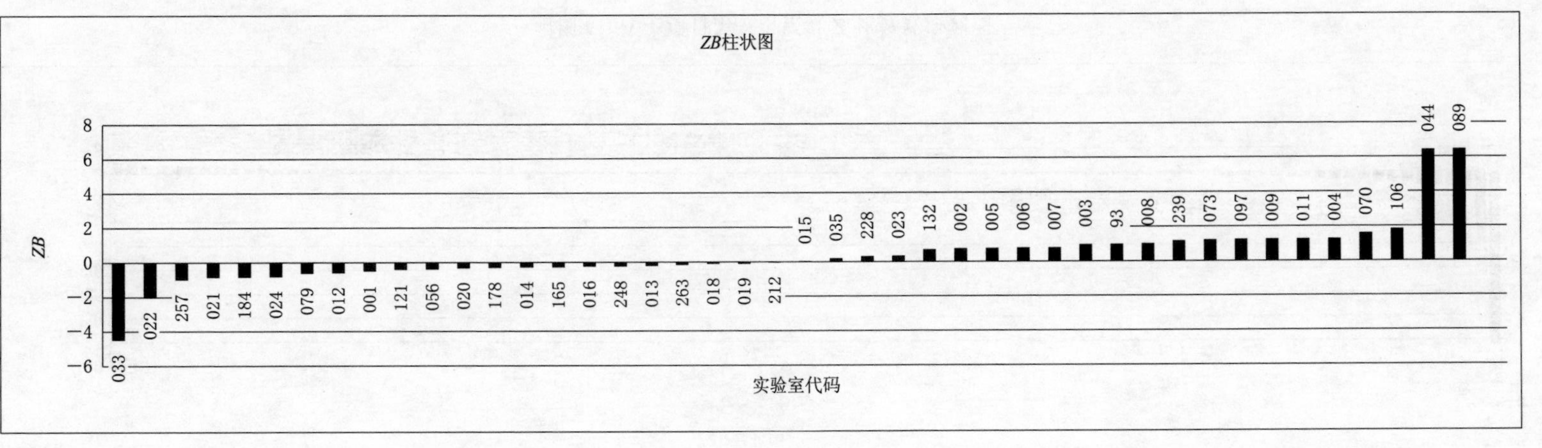

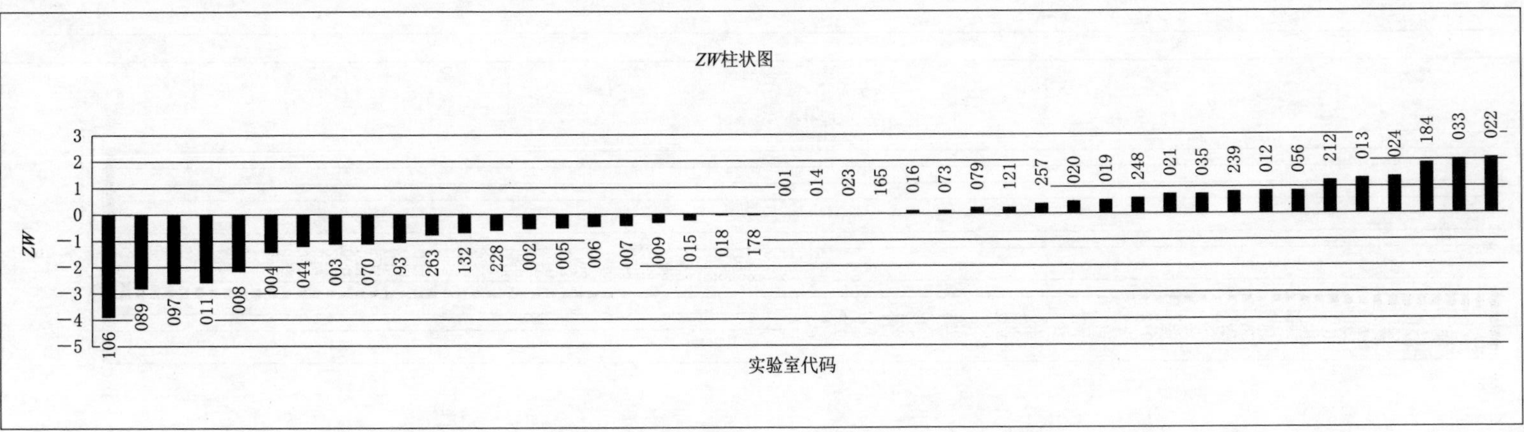

附图 7　B 类项目硝基苯 Z 比分数序列图

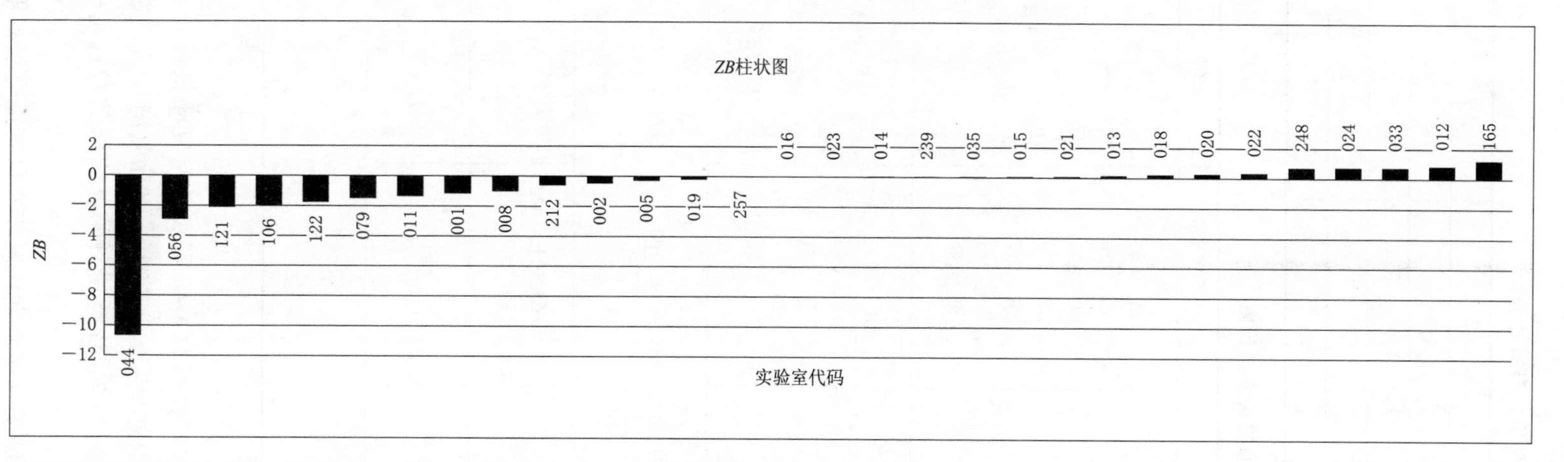

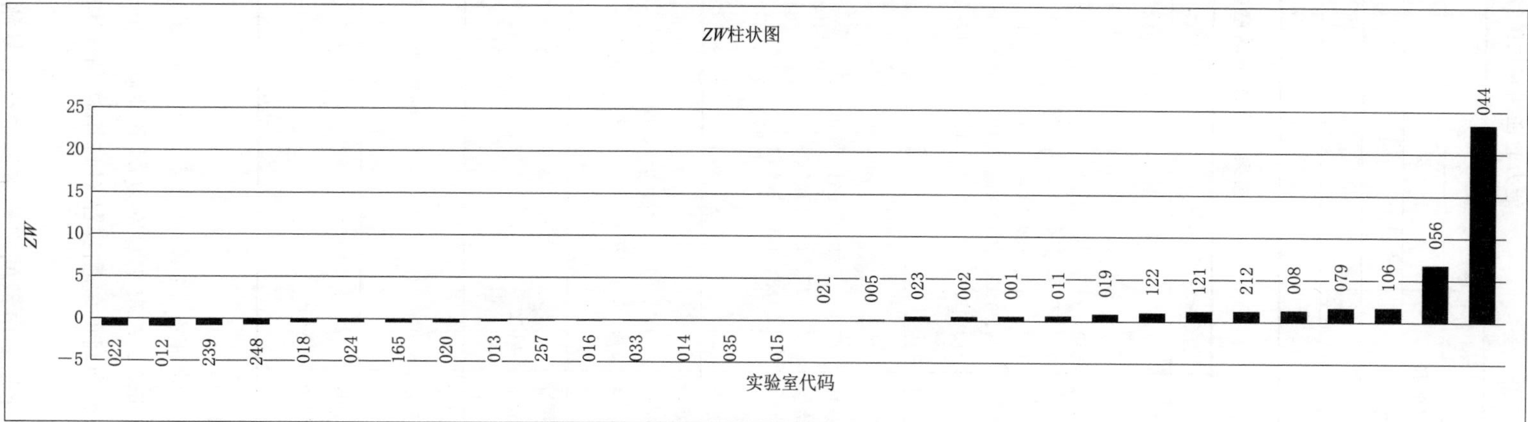

附图 8　B 类项目甲萘威 Z 比分数序列图

表 27　　能力验证判别结果|Z|值分布统计表

项　目	|Z|≤2	2<|Z|<3	|Z|≥3
高锰酸盐指数	217	33	38
氨氮	239	17	32
硝基苯	36	4	4
甲萘威	27	1	2

表 28　　结果可疑或不满意的实验室统计表

项　目	2<|ZB|<3	|ZB|≥3	2<|ZW|<3	|ZW|≥3
高锰酸盐指数结果可疑或不满意的实验室代码	003、009、027、046、048、075、084、092、096、100、105、116、134、150、184、191、192、205、212、213、214、215、223	001、018、051、056、057、059、068、072、073、093、118、132、143、149、163、170、177、183、186、197、209、210、216、231、239、267、285、286、287	011、015、057、068、084、116、118、119、121、132、135、141、156、179、183、186、205、217、225、239、248、266、276、279、285、286	048、067、073、143、162、184、197、204、209、210、212、223、235、270
氨氮结果可疑或不满意的实验室代码	053、059、061、067、097、134、139、146、158、175、274	041、074、121、143、149、162、169、170、203、204、227、253、259、269、271	001、015、102、120、134、149、158、169、177、184、208、211、213、223、251、287	002、027、061、067、089、092、097、146、162、170、175、179、182、185、203、204、221、239、259、267、273、274
高锰酸盐指数和氨氮结果都可疑或不满意的实验室代码	001、015、027、059、067、092、121、134、143、149、162、170、177、179、184、204、213、223、239、267、287			
硝基苯结果可疑或不满意的实验室代码	022	033、044、089	008、011、022、033、089、097	106
甲萘威结果可疑或不满意的实验室代码	056、121	044	—	044、056
硝基苯和甲萘威结果可疑或不满意的实验室代码	044			

2. 复测

本次能力验证有 71 家实验室需要复测高锰酸盐指数，49 家实验室复测氨氮，8 家实验室复测硝基苯，3 家实验室复测甲萘威。由于复测实验室较少，因此复测样品仍选用初测样品。A 类项目的复测样品对选用样品 1 和样品 3，B 类项目的复测样品对选用样品 1 和样品 2。

所有提交复测申请的实验室都提交了复测结果（实验室代码 279 没有提交复测申请），

并对A类项目的复测结果重新进行了总计计量分析，结果见表29，Z 值统计表见附表9、附表10。B类项目采用初测数据的中位值、标准四分位数间距（IQR）、稳健的变异系数（CV）、最小值、最大值和极差进行总计计量分析，Z 值统计表见附表11。

表29　　能力验证测试结果的总计统计量（复测）

样品对	测试项目	结果数量/个	中位值	标准化 IQR	最大值	最小值	极差	稳健 CV/%
1	高锰酸盐指数/(mg/L)	70	2.20	0.130	2.72	1.72	1.004	5.910
		70	4.63	0.089	5.68	4.12	1.560	1.923
2	氨氮/(mg/L)	49	0.378	0.010	0.427	0.353	0.074	2.549
		49	0.754	0.008	0.814	0.706	0.108	1.081

注　中位值、最大值和最小值按照作业指导书要求保留3位有效数字，其他项保留3位小数。

附表9　　复测氨氮 Z 值统计表

序号	实验室代码	氨氮/(mg/L)											
		编号	浓度	浓度	平均	编号	浓度	浓度	平均	S	ZB	D	ZW
1	001	N101B	0.371	0.371	0.371	N301B	0.751	0.753	0.752	0.794	−0.707	−0.269	−0.726
2	002	N102B	0.417	0.410	0.414	N302B	0.764	0.769	0.766	0.834	2.955	−0.249	2.283
3	015	N103B	0.379	0.378	0.378	N303B	0.755	0.754	0.754	0.800	−0.128	−0.266	−0.208
4	027	N104B	0.386	0.386	0.386	N304B	0.755	0.761	0.758	0.809	0.642	−0.263	0.208
5	041	N105B	0.388	0.391	0.390	N305B	0.718	0.730	0.724	0.788	−1.285	−0.236	4.151
6	053	N106B	0.380	0.383	0.382	N306B	0.751	0.754	0.752	0.802	0.000	−0.262	0.415
7	059	N107B	0.376	0.379	0.378	N307B	0.759	0.756	0.758	0.803	0.128	−0.269	−0.623
8	061	N108B	0.379	0.371	0.375	N308B	0.744	0.750	0.747	0.793	−0.771	−0.263	0.208
9	067	N109B	0.374	0.377	0.376	N309B	0.759	0.753	0.756	0.800	−0.128	−0.269	−0.623
10	074	N110B	0.350	0.359	0.354	N310B	0.702	0.711	0.706	0.750	−4.754	−0.249	2.283
11	089	N111B	0.372	0.378	0.375	N311B	0.755	0.752	0.754	0.798	−0.321	−0.268	−0.519
12	092	N112B	0.376	0.378	0.377	N312B	0.737	0.737	0.737	0.788	−1.285	−0.255	1.453
13	097	N113B	0.381	0.375	0.378	N313N	0.754	0.759	0.756	0.802	0.000	−0.267	−0.415
14	102	N114B	0.373	0.376	0.374	N314B	0.750	0.750	0.750	0.795	−0.642	−0.266	−0.208
15	120	N115B	0.368	0.380	0.374	N315B	0.764	0.761	0.763	0.804	0.161	−0.275	−1.505
16	121	N116B	0.400	0.399	0.400	N316B	0.767	0.766	0.767	0.825	2.120	−0.260	0.726
17	134	N117B	0.391	0.391	0.391	N317B	0.761	0.761	0.761	0.815	1.156	−0.262	0.415
18	139	N118B	0.375	0.381	0.378	N318B	0.755	0.761	0.758	0.803	0.128	−0.269	−0.623
19	143	N119B	0.387	0.380	0.384	N319B	0.754	0.748	0.751	0.803	0.064	−0.260	0.726
20	146	N120B	0.377	0.379	0.378	N320B	0.749	0.751	0.750	0.798	−0.385	−0.263	0.208
21	149	N121B	0.378	0.378	0.378	N321B	0.753	0.747	0.750	0.798	−0.385	−0.263	0.208
22	158	N122B	0.383	0.377	0.380	N322B	0.759	0.748	0.754	0.802	0.000	−0.264	0.000
23	162	N123B	0.391	0.391	0.391	N323B	0.768	0.774	0.771	0.822	1.799	−0.269	−0.623

续表

序号	实验室代码	氨氮/(mg/L)											
		编号	浓度	浓度	平均	编号	浓度	浓度	平均	*S*	*ZB*	*D*	*ZW*
24	169	N124B	0.382	0.382	0.382	N324B	0.753	0.750	0.752	0.802	0.000	−0.262	0.415
25	170	N125B	0.390	0.393	0.392	N325B	0.759	0.746	0.754	0.810	0.771	−0.256	1.245
26	175	N126B	0.350	0.356	0.353	N326B	0.751	0.741	0.746	0.777	−2.248	−0.278	−1.972
27	177	N127B	0.377	0.377	0.377	N327B	0.755	0.755	0.755	0.800	−0.128	−0.267	−0.415
28	179	N128B	0.375	0.381	0.378	N328B	0.754	0.754	0.754	0.800	−0.128	−0.266	−0.208
29	182	N129B	0.420	0.413	0.416	N329B	0.788	0.779	0.784	0.849	4.240	−0.260	0.623
30	184	N130B	0.362	0.358	0.360	N330B	0.729	0.731	0.730	0.771	−2.826	−0.262	0.415
31	185	N131B	0.377	0.377	0.377	N331B	0.759	0.753	0.756	0.801	−0.064	−0.268	−0.519
32	203	N132B	0.422	0.432	0.427	N332B	0.770	0.780	0.775	0.850	4.368	−0.246	2.698
33	204	N133B	0.371	0.371	0.371	N333B	0.747	0.747	0.747	0.791	−1.028	−0.266	−0.208
34	208	N134B	0.375	0.375	0.375	N334B	0.738	0.738	0.738	0.787	−1.349	−0.257	1.141
35	211	N135B	0.378	0.382	0.379	N335B	0.768	0.764	0.766	0.810	0.707	−0.274	−1.349
36	213	N136B	0.386	0.386	0.386	N336B	0.741	0.741	0.741	0.797	−0.450	−0.251	1.972
37	221	N137B	0.361	0.358	0.360	N337B	0.717	0.720	0.718	0.762	−3.597	−0.253	1.660
38	223	N138B	0.414	0.411	0.412	N338B	0.775	0.772	0.774	0.839	3.340	−0.256	1.245
39	227	N139B	0.367	0.379	0.373	N339B	0.731	0.731	0.731	0.781	−1.927	−0.253	1.660
40	239	N140B	0.389	0.389	0.389	N340B	0.780	0.780	0.780	0.827	2.248	−0.276	−1.764
41	251	N141B	0.382	0.382	0.382	N341B	0.768	0.771	0.770	0.815	1.156	−0.274	−1.453
42	253	N142B	0.416	0.419	0.418	N342B	0.814	0.814	0.814	0.871	6.295	−0.280	−2.283
43	259	N143B	0.379	0.379	0.379	N343B	0.762	0.757	0.760	0.805	0.321	−0.269	−0.726
44	267	N144B	0.374	0.371	0.372	N344B	0.754	0.751	0.752	0.795	−0.642	−0.269	−0.623
45	269	N145B	0.371	0.374	0.372	N345B	0.750	0.750	0.750	0.793	−0.771	−0.267	−0.415
46	271	N146B	0.379	0.379	0.379	N346B	0.758	0.758	0.758	0.804	0.193	−0.268	−0.519
47	273	N147B	0.407	0.399	0.403	N347B	0.797	0.786	0.792	0.845	3.918	−0.275	−1.557
48	274	N148B	0.380	0.385	0.382	N348B	0.755	0.755	0.755	0.804	0.193	−0.264	0.104
49	287	N149B	0.385	0.391	0.388	N349B	0.738	0.741	0.740	0.798	−0.385	−0.249	2.283
50	结果数				49				49	49		49	
51	中位值				0.378				0.754	0.802		−0.264	
52	标准 *IQR*				0.010				0.008	0.011		0.007	
53	稳健 *CV*/%				2.549				1.081	1.373		−2.577	
54	最小值				0.353				0.706	0.750		−0.280	
55	最大值				0.427				0.814	0.871		−0.236	
56	极差				0.074				0.108	0.122		0.044	

附表 10　　　　**复测高锰酸盐指数 Z 值统计表**

序号	实验室代码	高锰酸盐指数/(mg/L)											
		编号	浓度	浓度	平均	编号	浓度	浓度	平均	S	ZB	D	ZW
1	001	M101B	2.20	2.20	2.20	M301B	4.68	4.68	4.68	4.865	0.620	−1.754	−0.267
2	003	M102B	2.03	2.08	2.06	M302B	4.69	4.66	4.68	4.766	−0.248	−1.853	−1.097
3	009	M103B	2.21	2.21	2.21	M303B	4.80	4.80	4.80	4.957	1.427	−1.831	−0.919
4	011	M104B	2.31	2.18	2.24	M304B	4.75	4.64	4.70	4.907	0.992	−1.739	−0.148
5	015	M105B	2.34	2.36	2.35	M305B	4.69	4.69	4.69	4.978	1.613	−1.655	0.563
6	018	M106B	2.16	2.14	2.15	M306B	4.60	4.64	4.62	4.787	−0.062	−1.747	−0.208
7	027	M107B	2.22	2.22	2.22	M307B	4.54	4.54	4.54	4.780	−0.124	−1.640	0.682
8	046	M108B	2.06	2.06	2.06	M308B	4.83	4.83	4.83	4.872	0.682	−1.959	−1.986
9	048	M109B	1.77	1.81	1.79	M309B	4.58	4.62	4.60	4.518	−2.419	−1.987	−2.224
10	051	M110B	2.40	2.42	2.41	M310B	4.77	4.76	4.76	5.070	2.419	−1.662	0.504
11	056	M111B	2.09	2.10	2.10	M311B	4.58	4.56	4.57	4.716	−0.682	−1.747	−0.208
12	057	M112B	2.11	2.14	2.12	M312B	4.71	4.68	4.70	4.822	0.248	−1.824	−0.860
13	059	M113B	2.18	2.15	2.16	M313B	4.65	4.68	4.66	4.822	0.248	−1.768	−0.385
14	067	M114B	2.02	2.06	2.04	M314B	4.55	4.62	4.59	4.688	−0.930	−1.803	−0.682
15	068	M115B	2.24	2.28	2.26	M315B	4.42	4.45	4.44	4.738	−0.496	−1.541	1.512
16	072	M116B	2.57	2.61	2.59	M316B	4.98	4.98	4.98	5.353	4.900	−1.690	0.267
17	073	M117B	2.22	2.18	2.20	M317B	4.59	4.67	4.63	4.830	0.310	−1.718	0.030
18	075	M118B	2.19	2.19	2.19	M318B	4.62	4.62	4.62	4.815	0.186	−1.718	0.030
19	084	M119B	2.21	2.25	2.23	M319B	4.65	4.61	4.63	4.851	0.496	−1.697	0.208
20	092	M120B	2.21	2.20	2.20	M320B	4.49	4.48	4.48	4.723	−0.620	−1.612	0.919
21	093	M121B	2.17	2.09	2.13	M321B	4.48	4.52	4.50	4.688	−0.930	−1.676	0.385
22	096	M122B	2.04	2.02	2.03	M322B	4.45	4.45	4.45	4.582	−1.861	−1.711	0.089
23	100	M123B	2.21	2.23	2.22	M323B	4.53	4.53	4.53	4.773	−0.186	−1.633	0.741
24	105	M124B	2.14	2.18	2.16	M324B	4.60	4.64	4.62	4.794	0.000	−1.739	−0.148
25	116	M125B	2.05	2.05	2.05	M325B	4.59	4.59	4.59	4.695	−0.868	−1.796	−0.623
26	118	M126B	2.50	2.47	2.49	M326B	5.04	5.08	5.06	5.337	4.763	−1.820	−0.824
27	119	M127B	2.11	2.13	2.12	M327B	4.38	4.38	4.38	4.596	−1.737	−1.598	1.038
28	121	M128B	2.05	2.07	2.06	M328B	4.74	4.77	4.76	4.822	0.248	−1.909	−1.571
29	132	M129B	2.03	2.11	2.07	M329B	4.66	4.66	4.66	4.759	−0.310	−1.831	−0.919
30	134	M130B	2.18	2.20	2.19	M330B	4.64	4.66	4.65	4.837	0.372	−1.739	−0.148
31	135	M131B	2.07	2.12	2.10	M331B	4.65	4.66	4.66	4.780	−0.124	−1.810	−0.741
32	141	M132B	2.19	2.20	2.20	M332B	4.59	4.55	4.57	4.787	−0.062	−1.676	0.385
33	143	M133B	2.19	2.19	2.19	M333B	4.45	4.46	4.46	4.702	−0.806	−1.605	0.978
34	149	M134B	2.25	2.27	2.26	M334B	4.65	4.63	4.64	4.879	0.744	−1.683	0.326

续表

序号	实验室代码	高锰酸盐指数/(mg/L)											
		编号	浓度	浓度	平均	编号	浓度	浓度	平均	S	ZB	D	ZW
35	150	M135B	2.22	2.24	2.23	M335B	4.62	4.66	4.64	4.858	0.558	−1.704	0.148
36	156	M136B	2.24	2.25	2.24	M336B	4.55	4.59	4.57	4.815	0.186	−1.648	0.623
37	162	M137B	2.18	2.18	2.18	M337B	4.67	4.63	4.65	4.830	0.310	−1.747	−0.208
38	163	M138B	2.30	2.27	2.28	M338B	4.78	4.68	4.73	4.957	1.427	−1.732	−0.089
39	170	M139B	2.36	2.36	2.36	M339B	4.63	4.63	4.63	4.943	1.302	−1.605	0.978
40	177	M140B	2.36	2.36	2.36	M340B	4.60	4.60	4.60	4.921	1.116	−1.584	1.156
41	179	M141B	2.39	2.37	2.38	M341B	4.34	4.36	4.35	4.759	−0.310	−1.393	2.757
42	183	M142B	2.13	2.10	2.12	M342B	4.55	4.56	4.56	4.723	−0.620	−1.725	−0.030
43	184	M143B	2.10	2.14	2.12	M343B	4.39	4.37	4.38	4.596	−1.737	−1.598	1.038
44	186	M144B	2.26	2.30	2.28	M344B	4.65	4.69	4.67	4.914	1.054	−1.690	0.267
45	191	M145B	2.05	2.06	2.06	M345B	4.68	4.65	4.66	4.752	−0.372	−1.838	−0.978
46	192	M146B	2.17	2.17	2.17	M346B	4.33	4.35	4.34	4.603	−1.675	−1.534	1.571
47	197	M147B	2.06	2.04	2.05	M347B	4.48	4.50	4.49	4.624	−1.489	−1.725	−0.030
48	204	M148B	1.78	1.82	1.80	M348B	4.15	4.19	4.17	4.221	−5.024	−1.676	0.385
49	205	M149B	1.88	1.95	1.92	M349B	4.63	4.67	4.65	4.646	−1.302	−1.930	−1.749
50	209	M150B	1.72	1.72	1.72	M350B	4.12	4.12	4.12	4.130	−5.830	−1.697	0.208
51	210	M151B	2.72	2.72	2.72	M351B	4.95	4.95	4.95	5.428	5.563	−1.576	1.221
52	212	M152B	2.23	2.21	2.22	M352B	4.56	4.56	4.56	4.794	0.000	−1.655	0.563
53	213	M153B	2.30	2.30	2.30	M353B	4.75	4.75	4.75	4.985	1.675	−1.732	−0.089
54	214	M154B	2.28	2.28	2.28	M354B	4.72	4.72	4.72	4.950	1.364	−1.725	−0.030
55	215	M155B	2.06	2.08	2.07	M355B	4.62	4.61	4.62	4.731	−0.558	−1.803	−0.682
56	216	M156B	1.99	2.03	2.01	M356B	4.68	4.67	4.68	4.727	−0.589	−1.884	−1.364
57	217	M157B	2.59	2.57	2.58	M357B	5.25	5.23	5.24	5.527	6.425	−1.884	−1.358
58	223	M158B	2.48	2.48	2.48	M358B	5.68	5.68	5.68	5.770	8.559	−2.263	−4.536
59	225	M159B	2.16	2.24	2.20	M359B	4.88	4.96	4.92	5.035	2.109	−1.923	−1.690
60	231	M160B	2.25	2.21	2.23	M360B	4.56	4.59	4.58	4.815	0.186	−1.662	0.504
61	235	M161B	2.25	2.29	2.27	M361B	4.59	4.61	4.60	4.858	0.558	−1.648	0.623
62	239	M162B	2.26	2.26	2.26	M362B	4.43	4.43	4.43	4.731	−0.558	−1.534	1.571
63	248	M163B	2.08	2.07	2.08	M363B	4.66	4.63	4.64	4.752	−0.372	−1.810	−0.741
64	266	M164B	2.20	2.24	2.22	M364B	4.57	4.59	4.58	4.808	0.124	−1.669	0.445
65	267	M165B	2.22	2.20	2.21	M365B	4.54	4.51	4.52	4.759	−0.310	−1.633	0.741
66	270	M166B	2.18	2.20	2.19	M366B	4.48	4.50	4.49	4.723	−0.620	−1.626	0.800
67	276	M167B	2.56	2.56	2.56	M367B	4.66	4.66	4.66	5.105	2.729	−1.485	1.986
68	285	M168B	1.98	1.90	1.94	M368B	4.55	4.63	4.59	4.617	−1.551	−1.874	−1.275

续表

序号	实验室代码	高锰酸盐指数/(mg/L)											
		编号	浓度	浓度	平均	编号	浓度	浓度	平均	S	ZB	D	ZW
69	286	M169B	1.98	1.98	1.98	M369B	4.60	4.60	4.60	4.653	−1.240	−1.853	−1.097
70	287	M170B	2.11	2.11	2.11	M370B	4.65	4.72	4.68	4.801	0.062	−1.817	−0.800
71	结果数				70				70	70		70	
72	中位值				2.20				4.63	4.794		−1.722	
73	标准 *IQR*				0.130				0.089	0.114		0.119	
74	稳健 *CV*/%				5.910				1.923	2.378		−6.926	
75	最小值				1.72				4.12	4.130		−2.263	
76	最大值				2.72				5.68	5.770		−1.393	
77	极差				1.00				1.56	1.640		0.870	

通过对复测结果的分析，高锰酸盐指数测定结果满意的有 58 家，12 家实验室的结果 $|Z|$ 值大于 2；氨氮测定结果满意的有 35 家，14 家实验室的结果 $|Z|$ 值大于 2；硝基苯测定结果满意的有 5 家，3 家实验室的结果 $|Z|$ 值大于 2；甲萘威测定结果满意的有 2 家，1 家实验室的结果 $|Z|$ 值大于 2。本次能力验证复测判别结果 $|Z|$（*ZB* 和 *ZW*）值分布统计和不满意结果实验室统计情况见表 30、表 31。

表 30　　能力验证复测判别结果 $|Z|$ 值分布统计表

项　目	$\|Z\|\leqslant 2$	$2<\|Z\|<3$	$\|Z\|\geqslant 3$
高锰酸盐指数	58	5	7
氨氮	35	6	8
硝基苯	5	2	1
甲萘威	2	0	1

表 31　　复测结果可疑或不满意的实验室统计表

项　目	$2<\|ZB\|<3$	$\|ZB\|\geqslant 3$	$2<\|ZW\|<3$	$\|ZW\|\geqslant 3$
高锰酸盐指数结果可疑或不满意的实验室代码	048、051、225、276	072、118、204、209、210、217、223	048、179	223
氨氮结果可疑或不满意的实验室代码	002、121、175、184、239	074、182、203、221、223、253、273	002、074、203、253、287	041
高锰酸盐指数和氨氮结果都可疑或不满意的实验室代码	223			
硝基苯结果可疑或不满意的实验室代码	—	044	022、033、044	—

续表

项　目	2<|ZB|<3	|ZB|≥3	2<|ZW|<3	|ZW|≥3
甲萘威结果可疑或不满意的实验室代码	—	—	—	044
硝基苯和甲萘威结果可疑或不满意的实验室代码	044			

(六) 技术分析

1. 方法的选择

作业指导书中提供了A类项目样品中高锰酸盐指数与氨氮的含量参考范围分别为1.00～6.00mg/L和0.100～1.00mg/L，详细描述了样品在测试前需要稀释适当倍数，推荐25倍，要求报告稀释25倍的结果；B类项目样品中硝基苯与甲萘威的含量参考范围分别为20.0～150μg/L和40.0～200μg/L，详细描述了样品在测试前需要稀释适当倍数，推荐500倍，要求报告稀释500倍的结果。

本次能力验证不限制测定方法，但根据各实验室上报的分析方法统计，比较集中地采用了酸式滴定法（高锰酸盐指数）、分光光度法（氨氮）、气相色谱法（硝基苯）和液相色谱法（甲萘威）等实验室常用方法，具体见表32。

表32　能力验证测定方法一览表

项目	测定方法	标准方法	实验室/家	占比率/%
高锰酸盐指数	酸式滴定法	GB 11892—89	286	99.30
		GB/T 5750.7—2006	1	0.35
	连续流动分析法	自定方法	1	0.35
氨氮	分光光度法	GB 7479—87	105	36.46
		HJ 535—2009	172	59.72
		GB/T 5750.5—2006	1	0.35
	流动注射法	HJ 666—2013	6	2.08
		自定方法	3	1.04
	连续流动分析法	自定方法	1	0.35
硝基苯	气相色谱法	GB/T 5750.8—2006	12	27.27
		HJ 648—2013	13	29.55
		HJ 529—2010	10	22.73
		GB/T 13194—1991	9	20.45
甲萘威	液相色谱法	GB/T 5750.9—2006	30	100

2. 不满意结果原因分析

在第一次测试中高锰酸盐指数的离群现象最为明显，有71家实验室的|Z|值大于2，占实验室总数的24.65%，其中|ZB|>2（实验室间）的有52家，说明在测定方法相同

的情况下人员操作、玻璃容量器皿是否经过检定、实验室环境以及试剂空白等方面可能是带来实验误差的原因。

氨氮则有 49 家实验室的|Z|值大于 2，占实验室总数的 17.0%，其中|ZW|>2（实验室内）的有 38 家；硝基苯有 8 家实验室的|Z|值大于 2，占实验室总数的 18.2%，其中|ZW|>2（实验室内）的有 7 家。以上两个项目不满意结果说明，检测人员对检测项目的操作原理和方法掌握程度不过熟练，在实验过程中存在一定的操作误差。

（七）总结

1. 本次能力验证计划的特点

（1）有一个强有力的组织领导层：这是水利系统第一次按照 GB/T 15483—1999 组织承办能力验证工作，水利部水文局对项目实施给予了高度重视和大力支持，使得项目顺利完成。

（2）技术专家支持：项目实施者聘请了流域实验室和省中心实验室的相关专家组成技术顾问组。技术顾问组审查了能力验证项目实施方案，提出了宝贵意见，使能力验证方案更加完善。在项目的中期总结阶段，专家又对结果不满意实验室的数据判定标准进行了讨论，确保判定标准和结论科学、严谨。

（3）参加实验室范围广：全国重要江河湖泊水功能区水质达标考核在即，为检验实验室的检测能力，水利系统几乎所有通过计量认证的实验室都参加了本次能力验证。共有 288 家实验室确认并提交测试结果。

2. 本次能力验证计划的创新点

2014 年能力验证是水利系统第一次按照国家标准，在实验室主管部门授权下，由部中心承担实施，其特点如下：

（1）样品浓度设计合理：根据地表水环境质量标准的要求，对 A 类项目设计了三种浓度的样品。三种样品基质一致，均为常见离子，以北京地区地表水中无机离子含量为基础配置，通过这样的设计，可以考核实验室的检测能力以及其对标准临界值的判断能力。三种样品的样品编号及实验室分组，均采用完全随机方式产生，实验室无法通过样品编号识别组别，最大限度地防止了实验室间的相互串通。

（2）能力验证计划全过程受到控制：在项目启动阶段，召开了项目专家启动会，由专家对项目方案进行评议。在项目末期，邀请专家对项目结果进行了审议，确保了项目的顺利完成。

（3）为参加者提供尽可能多的结果信息：本次能力验证项目的实施者本着为客户服务的宗旨，尽可能多的给出能力验证相关信息，以便参加单位通过能力验证提高技术水平和质量保证水平。

（八）依据的标准规范

GB/T 15483—1999《利用实验室间比对的能力验证》

CNAS-GL 02：2014《能力验证结果的统计处理和能力评价指南》

CNAS-GL 03：2014《能力验证样品均匀性和稳定性评价指南》

CNAS-RL 02：2016《能力验证规则》

第二章　全国检验检测能力验证

第一节　水中高锰酸盐指数的测定能力验证 (CNCA－20－05)

一、前言

水中高锰酸盐指数的测定能力验证项目（CNCA－20－05）为市场监管总局组织的2020年全国检验检测机构能力验证计划项目之一，本项目由水利部水环境监测评价研究中心（以下简称“部中心”）负责具体协调与实施。本次能力验证工作旨在了解全国相关检验检测机构水中高锰酸盐指数检测能力的整体水平，识别和掌握在仪器设备自动化程度快速发展时代的检测人员基本能力，促进相关技术交流，推动相关检测能力的提升。

本次能力验证依据 GB/T 27043—2012《合格评定能力验证的通用要求》、《检验检测机构能力验证实施办法》、GB/T 28043—2019《利用实验室间比对进行能力验证的统计方法》和《市场监管总局办公厅关于开展2020年国家级检验检测机构能力验证工作的通知》（市监检测〔2020〕26号）相关工作要求实施。

能力验证是检验检测机构质量控制的基本元素之一，是判断和监控检验检测机构能力的有效手段，是通过外部措施对检验检测机构内部质量控制工作的有效补充。能力验证项目的主要用途之一是评价检验检测机构的检验检测能力，参加能力验证计划为检验检测机构提供了一个评估和证明其检验检测数据、结果可靠性的客观手段。

本次能力验证的结果客观反映了我国相关检验检测机构水中高锰酸盐指数检测的能力状况，不仅可帮助检验检测机构发现管理和技术运作中存在的主要问题，还可促进检验检测机构提高检验检测能力和水平。

本报告总结了水中高锰酸盐指数的测定 CNCA－20－05 能力验证项目所有检测结果及相关信息，给出了检测结果的技术分析并提出了建议，有助于各检验检测机构能够从中获得有益的信息，对提高检验检测机构检测水平有所帮助，并通过能力验证的外部措施来有效补充检验检测机构的内部质量控制工作。同时，本报告也有助于管理部门进一步了解相关检验检测机构水中高锰酸盐指数检测的技术能力水平，并对相关领域检验检测机构的技术能力考核决策提供参考。

二、项目概述

（一）项目简介

高锰酸盐指数（COD_{Mn}）指在一定条件下，用高锰酸钾氧化水样中的部分有机物及无机还原性物质，按照消耗的高锰酸钾量计算得到相当的耗氧量，以该值来表征水体受有机污染物和还原性无机物质污染的程度；是反映水体有机物污染和防止水质变黑臭的综合性指标，在实际工作中，其在反映饮用水有机污染的总体水平方面是一项易于操作、比较实用的指标，被广泛地应用于地表水、地下水、饮用水和生活污水等测定，对于区域环境的现状分析及影响趋势具有十分重要的意义。

高锰酸盐指数（COD_{Mn}）在 GB 3838—2002《地表水环境质量标准》中以高锰酸盐指数（COD_{Mn}）表示，而在 GB/T 14848—2017《地下水质量标准》和 GB 5749—2006《生活饮用水卫生标准》中以耗氧量（COD_{Mn} 法，以 O_2 计）表示。因此，本次能力验证项目的开展涉及环境、水利、供排水等多行业的检验检测机构。

本次能力验证共有 970 家检验检测机构报名，除机构代码为 1260 的实验室因疫情未能提交结果，剩余的 969 家报名机构全部按要求反馈结果，下文中仅对反馈结果的 969 家检验检测机构进行统计分析。

本次能力验证于 2020 年 4 月召开能力验证实施方案专家咨询会，4 月 7 日在部中心网站上公布邀请通知，报名表的电子版可以在网站下载，报名工作截至 5 月 31 日，全国共计 970 家检验检测机构报名参加；5 月完成能力验证样品的制备；6 月完成样品均匀性、稳定性（部分）检验；6 月 29—30 日部中心以邮政特快专递的方式向各参加检验检测机构寄出《能力验证作业指导书》《能力验证样品接收状态确认表》《能力验证样品检测结果报告单》和能力验证样品等，并规定收到样品后的 3 个自然日上报检测结果；截至 9 月 31 日对回收的 969 家检验检测机构的检测结果进行了录入、核对、统计分析和结果评价，并编写《水中高锰酸盐指数的测定能力验证报告》（CNCA－20－05）。

（二）参加检验检测机构概况

全国 31 个省（直辖市、自治区）共 969 家检验检测机构参加本次能力验证并反馈结果，这些检验检测机构分别来自国家产品质量监督检验中心、相关部委监测中心（监测站）、海关技术中心（实验室）、科研院所实验室、第三方检测实验室以及其他检验检测机构。其中强制参加的检验检测机构 645 家，占总数的 66.6%，自愿参加 324 家，占总数的 33.4%。参加本次能力验证计划的检验检测机构行业分布情况、地区分布及强制和自愿参加的占比分布图分别见表 1、表 2 和图 1～图 3。

表 1　　参加检验检测机构行业分布

行　业	参加检验检测机构数/家	百分比/%
水利行业水质监测中心	312	32.2
海关技术中心	45	4.6
质量监督检验中心	83	8.6
疾病预防控制中心	20	2.1
供排水水质监测中心	78	8.0
环境监测中心（站）	54	5.6
科学研究院所	57	5.9
其他	320	33.0
检验检测机构总数	969	100

表 2　　参加检验检测机构地区分布表

地区	数量/家	地区	数量/家	地区	数量/家
北京	49	山东	56	吉林	22
天津	21	新疆	38	福建	24
上海	31	江苏	57	贵州	23
重庆	17	浙江	33	广东	62
河北	30	江西	20	青海	10
河南	53	湖北	68	西藏	6
云南	29	广西	34	四川	54
辽宁	39	甘肃	19	宁夏	11
黑龙江	22	山西	23	海南	4
湖南	33	内蒙古	19	—	—
安徽	43	陕西	19	—	—

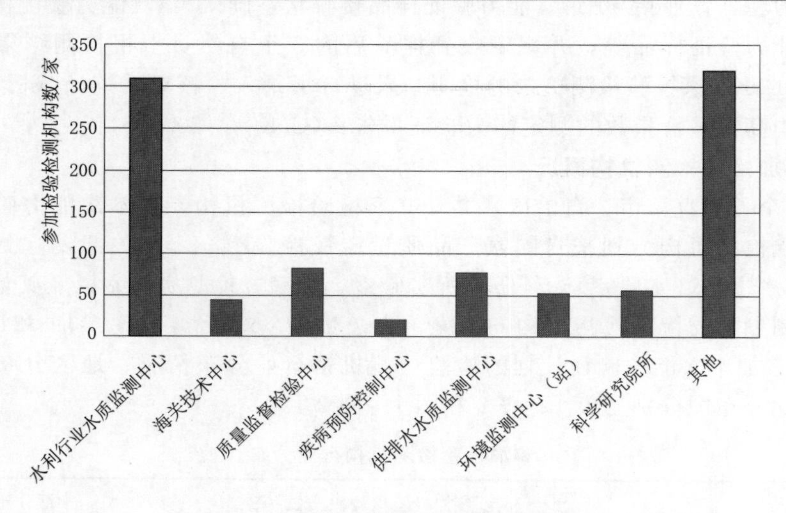

图 1　参加检验检测机构行业分布图

（三）方案设计

本次能力验证方案设计遵循 GB/T 27043—2012《合格评定能力验证的通用要求》、《检验检测机构能力验证实施办法》、GB/T 28043—2019《利用实验室间比对进行能力验证的统计方法》、CNAS - GL003：2018《能力验证样品均匀性和稳定性评价指南》、CNAS - GL002：2018《能力验证结果的统计处理和能力评价指南》和《市场监管总局办公厅关于开展 2020 年国家级检验检测机构能力验证工作的通知》（市监检测〔2020〕26 号）相关工作要求制定。

1. 样品设计

本次能力验证选择在地表水、地下水和生活饮用水等检测过程中较为常见的高锰酸盐指数，作为此次能力验证计划的测试样品。

能力验证样品在充分考虑方法性能、GB 3838—2002《地表水环境质量标准》、GB/T

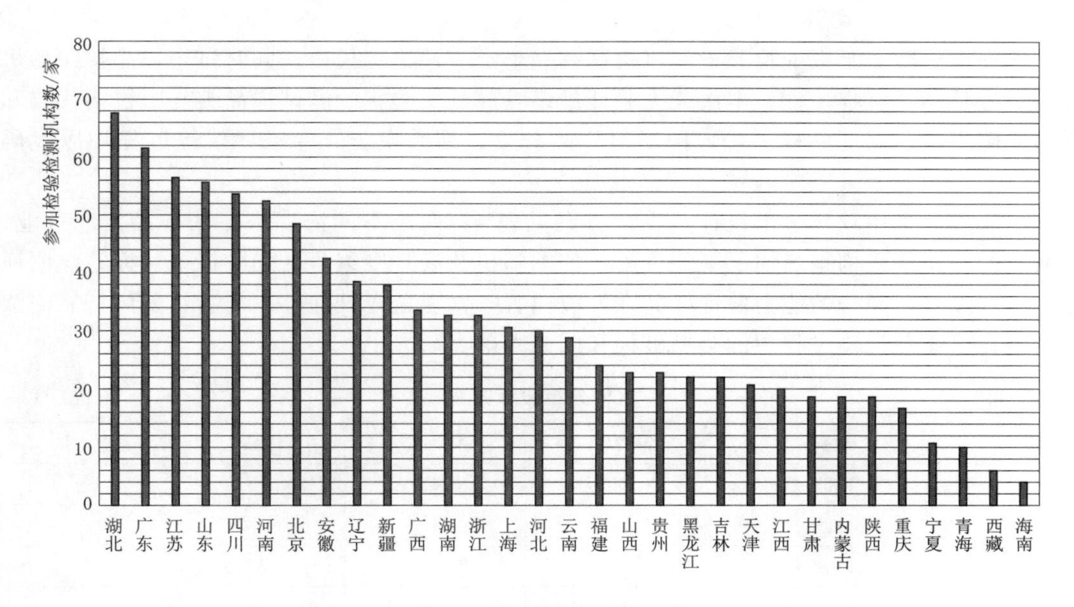

图 2　参加检验检测机构地区分布图

14848—2017《地下水质量标准》和 GB 5749—2006《生活饮用水卫生标准》评价标准的标准限值要求基础上，遵循统计分析应能予以区别且尽可能接近的原则设计具体浓度值。本次能力验证样品预计配置 4 个不同浓度水平，即样品 1、样品 2、样品 3 和样品 4，多浓度样品进行两两组合，构成本次能力验证的检测样品对。

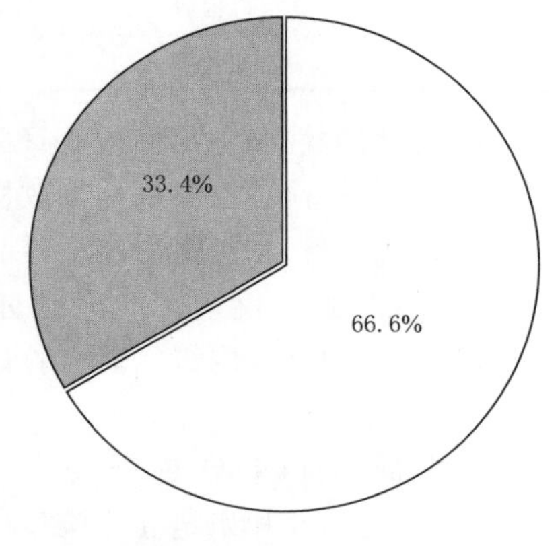

图 3　强制和自愿参加机构占比分布图

2. 样品制备

为了满足能力验证样品的均匀性、稳定性和安全性要求，对所用试剂和药品进行严格把关，以保证样品在配制和使用过程中的可操作性、安全性和标样浓度的稳定性，同时还要考虑仪器分析过程中的影响。本次能力验证样品的配制过程是按照国家二级标准物质要求制备，即在室温 20℃±2℃的洁净环境下采用重量-容量法准确配制，并封装于 20mL 洁净安瓿内，迅速封口、灭菌，标识待用。所有样品配制信息见表 3。

表 3　　能力验证样品配制信息表

项　　目	样品 1	样品 2	样品 3	样品 4	基体
高锰酸盐指数/(mg/L)	104	130	161	195	H_2O

注　表中样品浓度为安瓿瓶中浓度。

3. 样品标识与发放

参加本次能力验证的检验检测机构赋有一个唯一性机构代码，同时每个样品按照随机数表编号且均具有唯一性。本次能力验证最终发放到实验室的测试样品编码由机构代码和样品代码组成，保证一样一码，同时对样品分发、结果报告、专家评议等过程均以代码表示。

样品发放采用双样分组设计，设计方案见表 4。两个不同浓度水平的样品按照行业、地域及检验检测机构报名情况平均分配，依据随机数表规则编号并加贴标签，标签注明样品组号和编号。制备的能力验证样品在发放前置于常温避光处保存。样品将采用特制泡沫盒承装，以避免运输过程中的碰撞破损和阳光曝晒。

表 4　　双样分组设计方案　　单位：家

序号	组别	样品 1	样品 2	样品 3	样品 4
1	1 组机构数	247	247	—	—
2	2 组机构数	—	249	249	—
3	3 组机构数	—	—	57	57
4	4 组机构数	251	—	251	—
5	5 组机构数	—	107	—	107
6	6 组机构数	58	—	—	58
7	合计机构数	556	603	557	222

样品经均匀性和稳定性检验（部分）合格后，于 2020 年 6 月 29—30 日以邮政特快专递方式向各参加检验检测机构发放样品，同时附《能力验证作业指导书》《能力验证样品接收状态确认表》和《能力验证样品检测结果报告单》等文件，并规定在收到样品的当天以传真或邮件方式反馈《能力验证样品接收状态确认表》，在收到样品后的 3 个自然日（含法定节假日）内将《能力验证样品检测结果报告单》及按照作业指导书要求的原始记录邮寄到部中心。

4. 样品均匀性和稳定性检验

样品的均匀性和稳定性检验委托中国计量科学研究院完成。均匀性检验依据 CNAS－GL003：2018《能力验证样品均匀性和稳定性评价指南》要求，从能力验证所制备的每一浓度水平样品中各随机抽取 10 瓶样品，每瓶进行 2 次平行测定，测定结果采用方差分析法，通过瓶间方差和瓶内方差的比较来判断各瓶测量值之间有无系统性差异，如果二者的比小于统计检验的临界值，则认为样品是均匀的。

稳定性是指在不同的时间（例如以月为单位）积累特性值的稳定性。由于本次能力验证涉及全国 31 个省（直辖市、自治区）的近千家检验检测机构，为避免样品发放过程中运输和时间对检测的特性量产生的影响，在样品发送给检验检测机构之前，需要进行有关条件的稳定性检验，即短期稳定性检验和长期稳定性检验。短期稳定性检验是模拟运输过程中的环境温度和运输时间，设计 0℃和 60℃时 7d 稳定性检验，考察能力验证样品中组分量值稳定性。长期稳定性检验是模拟常温状态下长期保存样品的组分量值稳定性。依据 CNAS－GL003：2018《能力验证样品均匀性和稳定性评价指南》对本次能力验证样品在

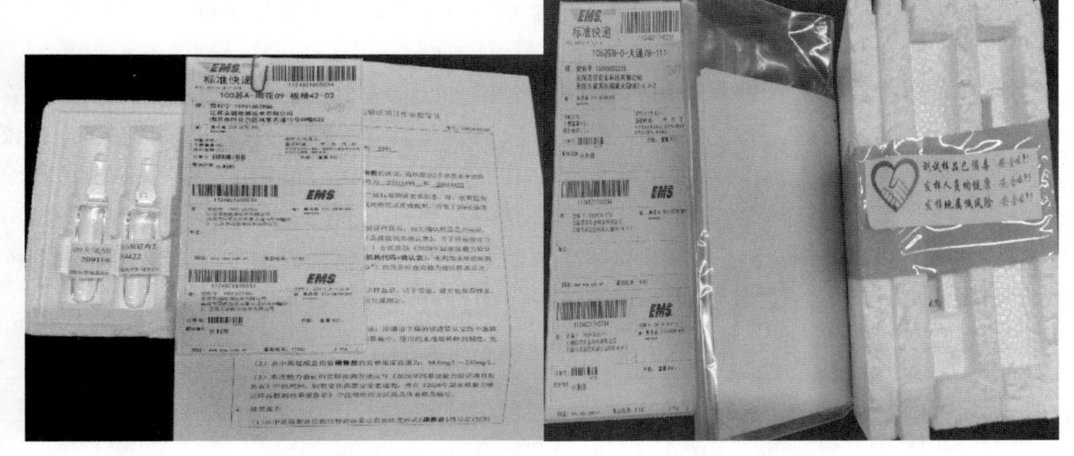

图 4 样品的标识、发放图片

90d 时间内，进行了 5 次稳定性监测，每次对各浓度水平能力验证样品中特征量值的含量进行测定，每个浓度水平样品分别随机抽取 2 瓶，每瓶进行两次独立测量，共 4 次取平均值，对不同时间的测定平均值进行 t 分布检验，即 i 次检验的 t_i 值若小于临界值 $t_{0.05}(i-2)$，则表明检验该标准物质的特征量值无显著性变化。

5. 检测方法

为了保证各检验检测机构反馈结果的一致性和可评价性，本次能力验证计划推荐采用 GB 11892—1989《水质　高锰酸盐指数的测定》、DZ/T 0064.68—1993《地下水质检验方法　酸性高锰酸盐氧化法测定化学需氧量》和 GB/T 5750.7—2006《生活饮用水标准检验方法　有机物综合指标》。如机构采用其他标准方法、非标准方法和机构自制方法，则要求机构在《能力验证项目测试结果报告单》中详细说明。

（四）统计设计及评价方法

本次能力验证统计设计方法依据 GB/T 28043—2019《利用实验室间比对进行能力验证的统计方法》中的相关要求进行，评价方法参考 HJ/T 164—2004《地下水环境监测技术规范》中给出的高锰酸盐指数实验室间准确度范围对反馈结果进行评价。

1. 指定值的确定

依据 GB/T 28043—2019《利用实验室间比对进行能力验证的统计方法》，将各检验检测机构检测结果进行汇总，在去除明显错误识别数据后，根据结果分布频率绘制分布频率直方图，图形呈近似对称或对称单峰分布，故可采用国际比较通用的迭代稳健统计技术进行统计分析，即采用迭代稳健统计分析方法获得结果的稳健平均值和标准差的稳健值，充分减少极端结果对结果稳健平均值和标准偏差稳健值的影响。根据专家评议，确定各浓度水平样品的稳健平均值为本次能力验证该样品的指定值，见表 5。

表 5　能力验证样品指定值信息表

项　目	样品 1	样品 2	样品 3	样品 4	基体
高锰酸盐指数/(mg/L)	107	136	170	206	H_2O

注　表中样品浓度为安瓿瓶中浓度。

2. 迭代稳健统计分析方法

应用迭代稳健统计分析法可以得到稳健平均值和稳健标准差（“稳健平均值”和“稳健标准差”应理解为利用稳健算法计算的总体平均值和总体标准差的均值估算），即按递增顺序排列 p 个数据，表示为

$$x_1, x_2, \cdots, x_i, \cdots x_p$$

这些数据的稳健平均值和稳健标准差记为 x^* 和 s^*。

计算 x^* 和 s^* 的初始值如式（1）和式（2）（med 表示中位数）：

$$x^* = \text{med} x_i \quad (i=1,2,\cdots,p) \tag{1}$$

$$s^* = 1.483 \times \text{med}|x_i - x^*| \quad (i=1,2,\cdots,p) \tag{2}$$

根据以下步骤更新 x^* 和 s^* 的值计算 δ：

$$\delta = 1.5 s^* \tag{3}$$

对每个 x_i（$i=1, 2, \cdots, p$），计算：

$$x_i^* = \begin{cases} x^* - \delta, & 若\ x_i < x^* - \delta \\ x^* + \delta, & 若\ x_i > x^* + \delta \\ x_i, & 其他 \end{cases} \tag{4}$$

再由式（5）和式（6）计算 x^* 和 s^* 的新的取值。

$$x^* = \sum x_i^* / p \tag{5}$$

$$s^* = 1.134\sqrt{\sum (x_i^* - x^*)^2/(p-1)} \tag{6}$$

其中求和符号对 i 求和。

稳健估计值 x^* 和 s^* 可由迭代计算得出，例如用已修改数据更新 x^* 和 s^*，直至过程收敛。当稳健标准差的第三位有效数字和稳健平均值相对应的数字在连续两次迭代中不再变化时，即可认为过程是收敛的。

3. 能力评价方法

评价方法采用 HJ/T 164—2004《地下水环境监测技术规范》中给出的高锰酸盐指数实验室间准确度范围（见表 6）对反馈结果进行评价。准确度是指测试结果与被测量真值或约定真值间的一致程度。

表 6　　准确度范围表

项目	样品含量范围/(mg/L)	室间准确度/%	适用的监测分析方法
高锰酸盐指数	>2.0	≤20	酸性法、碱性法

本次能力验证结果评价的参数为百分相对差（D），$D\% = (x - X)/X \times 100$，这里 x 为参加者的结果值，X 为指定值。当两个样品的评价结果均满足 $|D| \leqslant 20\%$ 时，结果为满意；当两个样品的任一评价结果满足 $|D| > 20\%$ 时，结果为不满意，各浓度水平的样品评价范围见表 7。

表 7　　各浓度水平的样品评价范围表　　单位：mg/L

样品	指定值	满意浓度下限	满意浓度上限
样品 1	107	85.6	128
样品 2	136	109	163
样品 3	170	136	204
样品 4	206	165	247

（五）保密措施

出于保密要求，为防止检验检测机构间串通结果，将两个参数各浓度水平制备的样品按照行业、地域及检验检测机构报名情况平均分配。每个样品按照随机数表编号且具有唯一性，因此每个参加本次能力验证的检验检测机构均获得具有唯一编号的能力验证样品。

本次能力验证为每个参加的检验检测机构赋予一个唯一性代码，能力验证样品分发和结果报告等均以代码传递。部中心收到检测结果后，由统计人员集中时间拆封并统计。部中心和协作单位相关人员及论证专家均有责任和义务对本次能力验证样品及参加检验检测机构的相关信息保密。

三、样品均匀性和稳定性评价

（一）样品均匀性检验结果及评价

本次能力验证样品的均匀性检验由中国计量科学研究院完成，对制备好的高锰酸盐指数能力验证样品的各浓度水平的特性量值进行均匀性检验。依据 CNAS－GL003：2018《能力验证样品均匀性和稳定性评价指南》，采用单因子方差分析法（F 检验法）随机抽取分装后的样品 10 瓶，每瓶 2 次平行测定，采用 GB 11892—1989《水质　高锰酸盐指数的测定》进行均匀性检验。样品均匀性检验数据见附录 A，样品均匀性检验结果表明样品均匀性良好。

（二）样品稳定性检验结果及评价

1. 短期稳定性检验

模拟运输过程中的环境温度和运输时间，设计 0℃和 60℃时 7d 短期稳定性测试，进行短期稳定性检验。每个检测点各取浓度水平样品 3 瓶，每瓶进行 2 次测定。检验方法、检测人员、仪器、实验室条件与均匀性检验相同。采用平均值一致性检验－t 值检验法评定样品的稳定性。

计算公式（7）：

$$t=\frac{\overline{x_1}-\overline{x_2}}{\sqrt{\frac{\sum_{j=1}^{n_1}(x_{1j}-\overline{x}_1)^2+\sum_{j=1}^{n_2}(x_{2j}-\overline{x}_2)^2}{n_1+n_2-2}\times\frac{n_1+n_2}{n_1n_2}}} \tag{7}$$

若由公式算出的 $|t|$ 值小于 $t_{0.05}(n_1+n_2-2)$，则认为 $\overline{x_1}$ 与 $\overline{x_2}$ 是一致的，可判定量值无显著性差异。

已知 $n_1=n_2=6$ 自由度 $n_1+n_2-2=10$，查 t 检验临界值表 $t_{0.05(10)}=2.23$，若 $|t|<t_{0.05(10)}$，则判定两次测量结果平均值一致，测定结果见附录 B。稳定性检验结果表明样品在考察期间是足够稳定的。

2. 长期稳定性检验

长期稳定性检验是模拟常温状态下长期保存样品的组分量值稳定性。稳定性检验采用与均匀性检验相同的检测方法，对能力验证样品的所有特性量值进行了稳定性检验，检验时间分别为能力验证样品配制完成后的第 0 天、第 10 天、第 30 天、第 60 天、第 90 天，整个周期涵盖能力验证计划全过程。每次对四个浓度水平样品分别随机抽取 2 瓶，每瓶进行两次独立测量，共 4 次取平均值，对不同时间的测定平均值进行 t 分布检验，测定数据见附录 B。评价结果表明能力验证样品稳定性良好。

四、检测结果统计与能力评定

（一）数据结果的图形分布

在去除明显错误数据的基础上，统计各浓度水平数据，并根据结果分布频率绘制分布频率直方图，见附录 C。分布频率直方图表明本次能力验证回收的结果总体单峰特征明显，近似对称或对称，可以采用迭代稳健统计方式进行数据处理。

（二）检测结果的统计

本次能力验证项目共有970家检验检测机构报名参加检测，在规定期限内，除机构代码为1260的实验室因疫情未能提交结果，剩余的969家机构均按照要求反馈了检测结果。其中机构代码为1191、2053、2084、2108、2123、2175、2204、2205、2246、2280、2293、2324、2329、2334、3030共15家机构没有按照作业指导书要求报送结果，为明显错误数据，在进行结果统计时将其结果予以剔除。

本次能力验证对剔除明显错误数据后的检测结果制作检测结果分布图，图形呈近似对称或对称单峰分布，故此能力验证项目可采用国际比较通用的迭代稳健统计技术进行统计分析，即采用迭代稳健统计分析方法获得结果的稳健平均值和标准差的稳健值，充分减少极端结果对结果稳健平均值和标准偏差稳健值的影响。根据专家评议，确定各浓度水平样品的稳健平均值为本次能力验证该样品的指定值，各浓度水平样品统计结果见表8。

表8　　各浓度水平样品统计结果表

序号	项　目	样品1	样品2	样品3	样品4
1	反馈结果机构数/家	556	603	557	222
2	明显错误识别机构数/家	8	9	9	4
3	参加统计机构数/家	548	594	548	218
4	稳健平均值/(mg/L)	107	136	170	206
5	稳健标准差/(mg/L)	6.40	9.20	9.18	5.62
6	最小值/(mg/L)	56.8	69.5	63.2	141
7	最大值/(mg/L)	190	216	242	235
8	极差/(mg/L)	133	147	179	94

（三）检测结果的能力评价

本次能力验证能力评价方法采用HJ/T 164—2004《地下水环境监测技术规范》中给出的高锰酸盐指数实验室间准确度范围（见表6）对反馈结果进行评价，即百分相对差$D=(x-X)/X\times100$，这里x为参加者的结果值，X为指定值，当结果满足$|D|\leqslant20\%$时，结果为满意；当结果满足$|D|>20\%$时，结果为不满意。单个样品评价结果见表9和图5。

表9　　单个样品评价结果表

序号	评价结果	样品1		样品2		样品3		样品4	
		机构数/家	百分比/%	机构数/家	百分比/%	机构数/家	百分比/%	机构数/家	百分比/%
1	不满意	44	7.9	48	8.0	31	5.6	6	2.7
2	满意	512	92.1	555	92.0	526	94.4	216	97.3
3	合计	556	100	603	100	557	100	222	100

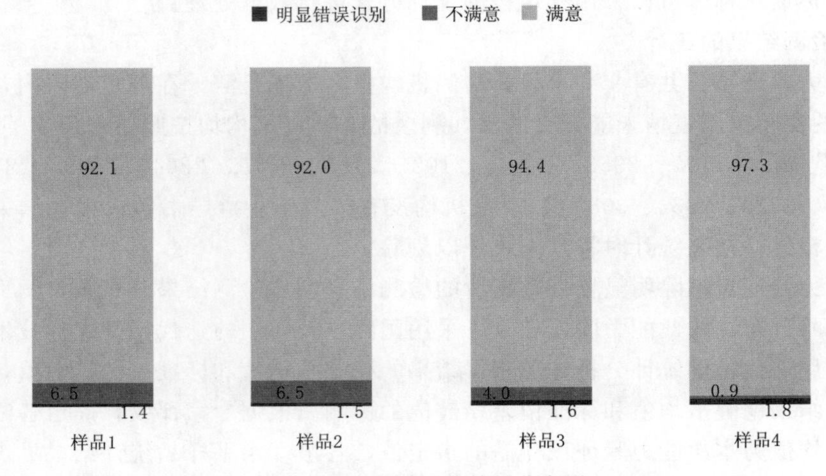

图5　单个样品评价结果分布图

经过统计后，样品1共556家反馈结果数据，参与统计的548家机构中，结果满意的机构512家，占参加机构总数的92.1%；结果不满意的机构36家，占参加机构总数的6.5%；另有8家机构由于没有按照作业指导书要求提交稀释前浓度，导致结果错误，不参与统计，直接判定为不满意结果，占参加机构总数的1.4%；不满意机构合计占参加机构总数的7.9%。

样品2共603家反馈结果数据，参与统计的594家机构中，结果满意的机构555家，占参加机构总数的92.0%；结果不满意的机构39家，占参加机构总数的6.5%；另有9家机构由于没有按照作业指导书要求提交稀释前浓度，导致结果错误，不参与统计，直接判定为不满意结果，占参加机构总数的1.5%；不满意机构合计占参加机构总数的8.0%。

样品3共557家反馈结果数据，参与统计的548家机构中，结果满意的机构526家，占参加机构总数的94.4%；结果不满意的机构22家，占参加机构总数的4.0%；另有9家机构由于没有按照作业指导书要求提交稀释前浓度，导致结果错误，不参与统计，直接判定为不满意结果，占参加机构总数的1.6%；不满意机构合计占参加机构总数的5.6%。

样品4共222家反馈结果数据，参与统计的218家机构中，结果满意的机构216家，占参加机构总数的97.3%；结果不满意的机构2家，占参加机构总数的0.9%；另有4家机构由于没有按照作业指导书要求提交稀释前浓度，导致结果错误，不参与统计，直接判定为不满意结果，占参加机构总数的1.8%；不满意机构合计占参加机构总数的2.7%。

本次能力验证采用双样分组设计，检验检测机构最终能力评价结果采用综合评价方法，即当两个样品的评价结果均满足$|D|\leqslant 20\%$时，结果为满意；当两个样品的任一评价结果满足$|D|>20\%$时，结果为不满意。经综合评价，结果满意的机构共885家，占参加机构总数的91.3%，其中强制参加机构611家，自愿参加机构274家；结果不满意的机构84家，占参加机构总数的8.7%，其中强制参加机构34家，自愿参加机构50家。综合评价不满意机构代码表、综合评价情况统计表、不满意机构地区分类统计表、不满意机构行业分类统计表分别见表10～表13，综合评价分布图见图6，评价结果见附录E。

表 10　综合评价不满意机构代码表

序号	参加类型	机构代码
1	强制参加	1058、1061、1097、1105、1118、1124、1128、1131、1136、1138、1158、1162、1191、1196、1198、1219、1223、1227、1254、1259、1266、1291、1293、1295、1296、1299、1317、2259、3013、3030、3134、3188、3284、3294
2	自愿参加	2002、2023、2024、2029、2030、2033、2034、2036、2052、2053、2055、2064、2068、2084、2091、2108、2112、2118、2123、2162、2170、2172、2174、2175、2176、2179、2187、2196、2200、2204、2205、2208、2209、2218、2235、2246、2255、2268、2280、2282、2290、2293、2306、2308、2314、2315、2319、2324、2329、2334

表 11　综合评价情况统计表

序号	评价结果	强制参加		自愿参加		合计	
		机构数/家	百分比/%	机构数/家	百分比/%	机构数/家	百分比/%
1	满意	611	94.7	274	84.6	885	91.3
2	不满意	34	5.3	50	15.4	84	8.7
3	合计	645	100	324	100	969	100

表 12　不满意机构地区分类统计表

地区	数量/家	百分比/%	地区	数量/家	百分比/%
北京	5	10.2	山东	3	5.4
天津	2	9.5	新疆	4	10.5
上海	1	3.2	江苏	5	8.8
河北	3	10.0	浙江	2	6.1
河南	6	11.3	江西	1	5.0
云南	1	3.4	湖北	12	17.6
辽宁	6	15.4	广西	1	2.9
四川	4	7.4	甘肃	3	15.8
宁夏	2	18.2	山西	3	13.0
湖南	2	6.1	内蒙古	2	10.5
安徽	5	11.6	陕西	2	10.5
吉林	1	4.5	广东	2	3.2
福建	2	8.3	青海	3	30.0
贵州	1	4.3	—	—	—

表 13　不满意机构行业分类统计表

行业分类	不满意机构数/家	参加机构数/家	百分比/%
水利行业水质监测中心	6	310	1.9
海关技术中心	5	45	11.1
质量监督检验中心	6	83	7.2

续表

行业分类	不满意机构数/家	参加机构数/家	百分比/%
疾病预防控制中心	3	20	15.0
供排水水质监测中心	3	78	3.8
环境监测中心（站）	8	54	14.8
科学研究院所	12	57	21.1
其他	41	322	12.7
检验检测机构总数	84	969	8.7

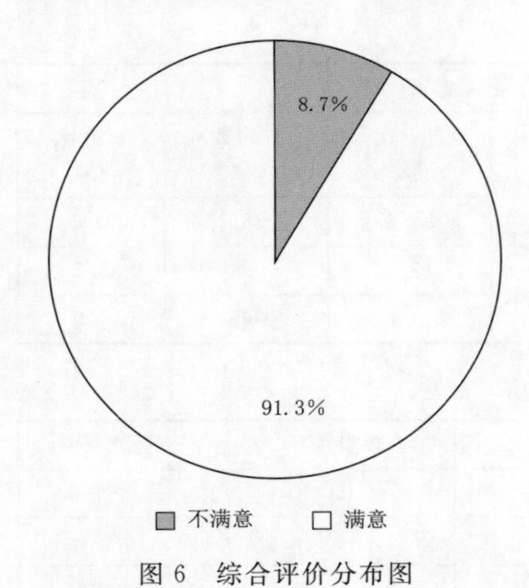

图6　综合评价分布图

五、技术分析与建议

水中高锰酸盐指数的测定作为水质监测中开展频次较高的检测项目，大部分涉水检测实验室都具备此项目的检测能力。但从本次能力验证的反馈结果可以看出，此项目影响检测结果的因素较多，在有效反馈结果数据的检验检测机构中有8.7%的机构存在问题，本次出现不满意结果的原因可能来自以下几个方面。

（一）实验条件的影响分析

高锰酸盐指数是反映水中有机污染物和可氧化性无机污染物的常用指标。但高锰酸钾并不能氧化样品中的全部可氧化污染物，高锰酸盐指数仅能反映在一定实验条件下样品中的可氧化污染物的含量。因此，高锰酸盐指数的测定属于条件实验，测得的结果与实验条件密切相关，一旦实验条件发生变化，所测得的高锰酸盐指数就可能变化。实验条件包括取样量、$KMnO_4$标准溶液浓度、水浴条件、空白值、滴定过程控制等。

1．取样量的影响

取样量过小，$KMnO_4$的量相对较大，将使测定结果偏高。取样量过大，反应液体系的氧化能力不足，将使测定结果偏低。根据标准要求，样品量以加热氧化后残留的$KMnO_4$为其加入量的1/3～1/2为宜。在实际测定时，对于需要稀释的样品，取样量应按照回滴过量$Na_2C_2O_4$标准溶液时消耗的$KMnO_4$标准溶液的体积为3～6mL确定，这样既能保证反应体系中有足够的氧化能力，又能减少滴定误差。

2．$KMnO_4$标准溶液浓度的影响

$KMnO_4$标准溶液的浓度对空白值、K值和样品测定结果影响非常大。当其浓度过低时，会增加滴定量，使滴定时间过长，体系温度过低，可能会使反应进行不完全，结果偏低；当其浓度过高时，在空白实验中，加入的$Na_2C_2O_4$标准溶液不能完全还原剩余的$KMnO_4$，溶液的颜色仍呈紫红色，无法进行回滴；此外，$KMnO_4$标准溶液浓度较高时，不利于滴定终点的掌握，容易造成滴定过量，导致误差增大。

3．水浴加热条件的影响

水浴加热条件主要包括水浴加热温度和时间、水浴液面高度。水浴加热时间和温度能直接影响氧化还原反应的最终效果，若水浴加热时间不足，将会导致反应不充分，使测得的高锰酸盐指数偏低；反之，若水浴加热时间过长，将会使测得的高锰酸盐指数偏高。当出现水温低于沸点时，可通过适当延长水浴加热时间来进行修正。同时，实际操作时还应根据水浴锅功率、散热情况、室温等实际情况合理调整水浴加热时间。

对于水浴液面高度主要控制两个方面：一是水浴液面应高于样品溶液液面，防止加热过程中样品反应体系受热不均；二是考虑整个实验过程由于蒸发损失导致的水浴液面下降。

4．空白试验的影响

高锰酸盐指数的计算一种是直接测定法，采用不稀释的公式；当高锰酸盐指数较大时，样品需要稀释，采用稀释公式。采用稀释公式的目的主要是为了减去稀释用水的空白值，从而减少测定误差。实际水样分析时可按照是否稀释代入相应的公式进行计算。在进行高锰酸盐指数测定的能力验证样品时，要根据作业指导书的要求分情况代入不同公式计算，即一种是以样品瓶中的原样进行测定，另一种是以稀释后的溶液进行测定。对于以样品瓶中的原样进行测定的样品，空白值可相对放宽；而对于以稀释后的溶液进行测定的样品，则空白值应相对严格，以减小误差。

5．滴定过程的影响

（1）滴定温度的影响。$Na_2C_2O_4$ 在高于 90℃时会发生分解，因此，样品从水浴锅取出后不能立即加入 $Na_2C_2O_4$，应稍微冷却 10～20s 后再加入 $Na_2C_2O_4$ 标准溶液，此时溶液的温度一般在 80℃左右，方可进行滴定操作。

（2）滴定速度的影响。一般分析项目的滴定操作应遵循“成滴不成线”的原则，滴定速度越慢越有利于反应充分进行。但对于高锰酸盐指数的测定，$KMnO_4$与 $Na_2C_2O_4$ 的反应在 60～80℃的温度范围内才能正常进行。若反应温度低于 60℃，则反应速度进行缓慢，影响定量。因此滴定操作时间不宜过长，须在 2min 内完成。

（二）标准物质的影响分析

标准物质和标准溶液是定量检测的基准，标准物质和标准溶液失效、不准确或配置方法不规范都将导致检测结果离群或可疑。标准物质的计量溯源性非常重要，应使用有效期内且按要求保存的有证标准物质；同时在配制基准溶液时，应考虑基准标准物质的纯度、操作的正确规范性、可能的污染来源、配制量具和仪器的精度及其计量溯源性、计算的正确性等影响。参加本次能力验证的检验检测机构都能正确使用标准物质，对检测结果的溯源性和一致性有较好的保证。

（三）对作业指导书的理解

参加本次能力验证的大部分检验检测机构能够正确理解作业指导书，但也有部分机构理解不到位，如上报数据没按要求上报稀释前浓度，有效位数没按要求填写；结果报告单和原始记录不一致；没有按要求提交仪器设备的检定证书等。

（四）建议

检验检测机构应加强管理人员和检测人员的培训，使其进一步满足检验检测工作的要求。

检验检测机构应根据本次能力验证的结果对自身存在的问题进行有效纠正措施，有效改进提升相关检测能力。

六、依据的标准规范

GB/T 27043—2012《合格评定　能力验证的通用要求》

GB/T 28043—2019《利用实验室间比对进行能力验证的统计方法》

CNAS-GL002：2018《能力验证结果的统计处理和能力评价指南》

CNAS-GL003：2018《能力验证样品均匀性和稳定性评价指南》

GB 11892—1989《水质　高锰酸盐指数的测定》

DZ/T 0064.68—1993《地下水质检验方法酸性高锰酸盐氧化法测定化学需氧量》

GB/T 5750.7—2006《生活饮用水标准检验方法有机物综合指标》

附录 A　样品均匀性检验结果

表 A-1　样品 1 均匀性检验

序号	测定值/(mg/L)		平均值/(mg/L)	瓶内方差
	1	2		
1#-1	117.0	119.0	118.0	1.95
1#-2	119.4	120.2	119.8	0.33
1#-3	119.2	120.3	119.7	0.58
1#-4	117.8	118.4	118.1	0.17
1#-5	117.1	120.4	118.8	5.54
1#-6	119.6	117.7	118.6	1.69
1#-7	117.5	119.4	118.4	1.84
1#-8	119.2	120.6	119.9	1.04
1#-9	118.6	116.2	117.4	2.88
1#-10	118.9	120.8	119.9	1.87
总平均/(mg/L)	118.9			
相对标准偏差/%	1.10			
Q_1/(mg/L)	14.88			
Q_2/(mg/L)	17.89			
v_1	9			
v_2	10			
F	0.92			
$F_{0.05}$ (v_1, v_2)	3.02			
u'_{bb}/%	—			
u_{bb}/%	0.53			

表 A-2　样品 2 均匀性检验

序号	测定值/(mg/L)		平均值/(mg/L)	瓶内方差
	1	2		
2#-1	147.8	148.8	148.3	0.59
2#-2	149.4	147.0	148.2	2.80
2#-3	147.9	148.4	148.2	0.13
2#-4	148.7	146.3	147.5	2.86
2#-5	146.7	148.0	147.4	0.86
2#-6	148.9	150.3	149.6	1.03
2#-7	149.1	150.4	149.8	0.91
2#-8	148.7	150.1	149.4	0.94

续表

序号	测定值/(mg/L)		平均值/(mg/L)	瓶内方差
	1	2		
2#-9	149.0	149.9	149.5	0.38
2#-10	146.2	148.9	147.6	3.87
总平均/(mg/L)	148.5			
相对标准偏差/%	0.85			
Q_1/(mg/L)	15.65			
Q_2/(mg/L)	12.10			
v_1	9			
v_2	10			
F	1.21			
$F_{0.05}$ (v_1, v_2)	3.02			
u'_{bb}/%	0.38			
u_{bb}/%	0.26			

表 A-3　　样品 3 均匀性检验

序号	测定值/(mg/L)		平均值/(mg/L)	瓶内方差
	1	2		
3#-1	176.4	178.3	177.3	1.85
3#-2	177.3	177.6	177.4	0.04
3#-3	179.5	176.9	178.2	3.22
3#-4	183.0	178.6	180.8	9.83
3#-5	179.6	181.4	180.5	1.60
3#-6	181.2	179.6	180.4	1.38
3#-7	179.8	179.9	179.9	0.00
3#-8	180.7	178.1	179.4	3.41
3#-9	178.8	178.3	178.5	0.17
3#-10	176.5	177.1	176.8	0.19
总平均/(mg/L)	178.9			
相对标准偏差/%	0.99			
Q_1/(mg/L)	38.30			
Q_2/(mg/L)	21.70			
v_1	9			
v_2	10			
F	1.96			
$F_{0.05}$ (v_1, v_2)	3.02			
u'_{bb}/%	0.39			
u_{bb}/%	0.57			

表 A-4　　样品 4 均匀性检验

序号	测定值/(mg/L)		平均值/(mg/L)	瓶内方差
	1	2		
4#-1	215.4	214.4	214.9	0.55
4#-2	214.9	213.9	214.4	0.52
4#-3	212.8	212.1	212.4	0.24
4#-4	212.1	215.6	213.8	6.20
4#-5	214.2	215.4	214.8	0.64
4#-6	213.8	213.2	213.5	0.19
4#-7	213.6	212.5	213.1	0.62
4#-8	213.1	213.6	213.4	0.09
4#-9	214.4	214.0	214.2	0.08
4#-10	212.7	213.8	213.3	0.59
总平均/(mg/L)	213.8			
相对标准偏差/%	0.49			
Q_1/(mg/L)	11.41			
Q_2/(mg/L)	9.72			
v_1	9			
v_2	10			
F	1.30			
$F_{0.05}(v_1, v_2)$	3.02			
u'_{bb}/%	0.22			
u_{bb}/%	0.18			

附录B 样品稳定性检验结果

表B-1 60℃条件下样品短期稳定性检测结果

抽样编号	样号							
	样品1		样品2		样品3		样品4	
	测量值/(mg/L)							
	常温	60℃	常温	60℃	常温	60℃	常温	60℃
1	117.4	116.9	147.2	148.5	179.4	178.3	215.6	212.9
2	119.2	117.4	152.3	152.5	178.5	179.0	212.5	212.9
3	118.3	118.1	147.2	149.1	176.8	178.7	213.3	214.0
4	117.0	118.0	147.8	148.3	178.3	177.3	214.2	214.9
5	119.4	119.8	149.3	148.2	177.6	177.4	213.8	214.4
6	119.2	119.7	147.9	148.2	176.9	178.2	213.6	212.4
平均值	118.4	118.3	148.6	149.1	177.9	178.2	213.8	213.6
标准偏差	1.01	1.20	1.97	1.68	0.99	0.66	1.04	0.98
相对标准偏差/%	0.9	1.0	1.3	1.1	0.6	0.4	0.5	0.5
t_i	—	0.16	—	0.47	—	0.62	—	0.34
$t_{0.05}$ (10)	2.23							
结论	$t_i < t_{0.05}$ (10)，说明判定量值无显著性差异							

表B-2 0℃条件下样品短期稳定性检测结果

抽样编号	样号							
	样品1		样品2		样品3		样品4	
	测量值/(mg/L)							
	常温	0℃	常温	0℃	常温	0℃	常温	0℃
1	117.4	117.4	147.2	149.1	179.4	178.5	215.6	212.5
2	119.2	116.5	152.3	147.9	178.5	180.1	212.5	213.3
3	118.3	116.3	147.2	148.5	176.8	176.6	213.3	214.6
4	117.0	118.1	147.8	147.5	178.3	180.8	214.2	213.8
5	119.4	118.8	149.3	147.4	177.6	180.5	213.8	214.8
6	119.2	118.6	147.9	149.6	176.9	179.6	213.6	213.5
平均值	118.4	117.6	148.6	148.3	177.9	179.3	213.8	213.8
标准偏差	1.01	1.07	1.97	0.89	0.99	1.57	1.04	0.84
相对标准偏差/%	0.9	0.9	1.3	0.6	0.6	0.9	0.5	0.4
t_i	—	1.33	—	0.34	—	1.85	—	0
$t_{0.05}$ (10)	2.23							
结论	$t_i < t_{0.05}$ (10)，说明判定量值无显著性差异							

表 B－3　　样品 1 长期稳定性检验结果

抽样编号	天数/d				
	0	10	30	60	90
	测定值/(mg/L)				
1	116.5	117.7	118.4	117.4	117.4
2	120.8	119.6	117.0	120.1	120.3
3	117.0	117.5	120.2	116.9	118.6
4	119.0	119.4	118.1	118.0	119.0
平均值	118.3	118.5	118.4	118.1	118.8
相对标准偏差/%	1.7	0.9	1.1	1.2	1.0
稳定性检验 线性拟合 趋势分析	斜率 $b_1=0.00277$；截距 $b_0=118.31$；$S=0.212$ 斜率的标准偏差 $S(b_1)=0.00287$ $t_{(0.95,3)}$ 分布临界值＝3.18；$t_{(0.95,3)}\times S(b_1)=0.00913$ $\|b_1\|<t_{(0.95,3)}\times S(b_1)$：$0.00277<0.00913$				
结论	$\|b_1\|<t_{(0.95,3)}\times S(b_1)$，说明稳定性无显著性变化				
u_{srel}	不确定度 $u=S(b_1)\times$时间间隔$=0.00287\times 90=0.26$ $u_{srel}=0.22\%$				

表 B－4　　样品 2 长期稳定性检验结果

抽样编号	天数/d				
	0	10	30	60	90
	测定值/(mg/L)				
1	147.8	148.7	146.2	147.2	150.5
2	148.8	146.3	148.9	152.3	147.4
3	149.3	150.8	149.5	148.1	148.1
4	147.0	148.7	147.7	147.8	147.4
平均值	148.2	148.6	148.1	148.9	148.3
相对标准偏差/%	0.7	1.2	1.0	1.6	1.0
稳定性检验 线性拟合 趋势分析	斜率 $b_1=0.00186$；截距 $b_0=148.35$；$S=0.286$ 斜率的标准偏差 $S(b_1)=0.00386$ $t_{(0.95,3)}$ 分布临界值＝3.18；$t_{(0.95,3)}\times S(b_1)=0.0123$ $\|b_1\|<t_{(0.95,3)}\times S(b_1)$：$0.00186<0.0123$				
结论	$\|b_1\|<t_{(0.95,3)}\times S(b_1)$，说明稳定性无显著性变化				
u_{srel}	不确定度 $u=S(b_1)\times$时间间隔$=0.00386\times 90=0.35$ $u_{srel}=0.23\%$				

表 B-5　　样品 3 长期稳定性检验结果

抽样编号	天数/d				
	0	10	30	60	90
	测定值/(mg/L)				
1	178.3	183.0	178.1	180.6	178.7
2	177.3	178.6	179.9	179.5	179.4
3	177.6	179.6	176.6	177.1	178.5
4	179.5	181.4	177.4	177.6	180.1
平均值	178.2	180.7	178.0	178.7	179.2
相对标准偏差/%	0.5	1.1	0.8	0.9	0.4
稳定性检验线性拟合趋势分析	斜率 $b_1=-0.000087$；截距 $b_0=178.93$；$S=0.954$ 斜率的标准偏差 $S(b_1)=0.01288$ $t_{(0.95,3)}$ 分布临界值=3.18；$t_{(0.95,3)}\times S(b_1)=0.0406$ $\lvert b_1\rvert<t_{(0.95,3)}\times S(b_1)$：$0.000087<0.0406$				
结论	$\lvert b_1\rvert<t_{(0.95,3)}\times S(b_1)$，说明稳定性无显著性变化				
u_{srel}	不确定度 $u=S(b_1)\times$时间间隔$=0.01288\times90=1.20$ $u_{srel}=0.65\%$				

表 B-6　　样品 4 长期稳定性检验结果

抽样编号	天数/d				
	0	10	30	60	90
	测定值/(mg/L)				
1	215.4	213.8	215.4	215.6	212.9
2	214.4	213.2	213.2	212.5	213.0
3	214.9	213.6	212.4	214.0	214.1
4	212.1	215.3	213.1	212.5	215.1
平均值	214.2	214.0	213.5	213.6	213.8
相对标准偏差/%	0.7	0.4	0.6	0.7	0.5
稳定性检验线性拟合趋势分析	斜率 $b_1=-0.00185$；截距 $b_0=213.89$；$S=0.217$ 斜率的标准偏差 $S(b_1)=0.00193$ $t_{(0.95,3)}$ 分布临界值=3.18；$t_{(0.95,3)}\times S(b_1)=0.00612$ $\lvert b_1\rvert<t_{(0.95,3)}\times S(b_1)$：$0.00185<0.00612$				
结论	$\lvert b_1\rvert<t_{(0.95,3)}\times S(b_1)$，说明稳定性无显著性变化				
u_{srel}	不确定度 $u=S(b_1)\times$时间间隔$=0.00193\times90=0.17$ $u_{srel}=0.08\%$				

附录 C　能力验证结果分布频率直方图

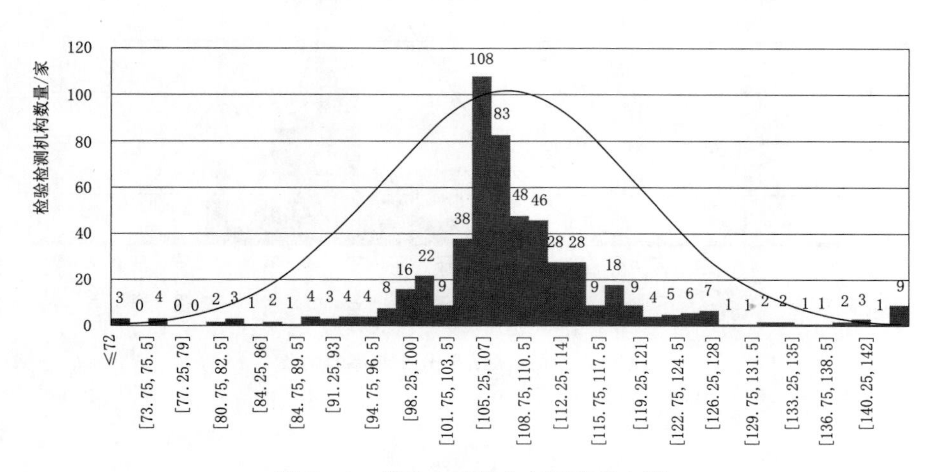

图 C-1　样品 1 结果分布频率直方图

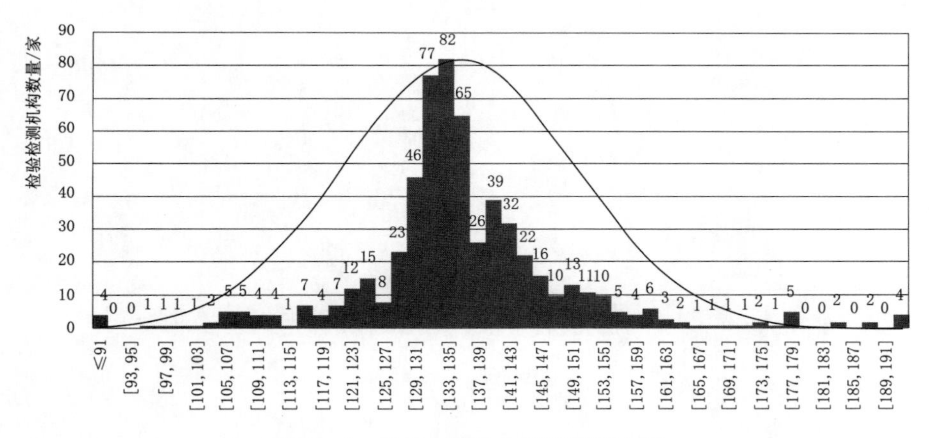

图 C-2　样品 2 结果分布频率直方图

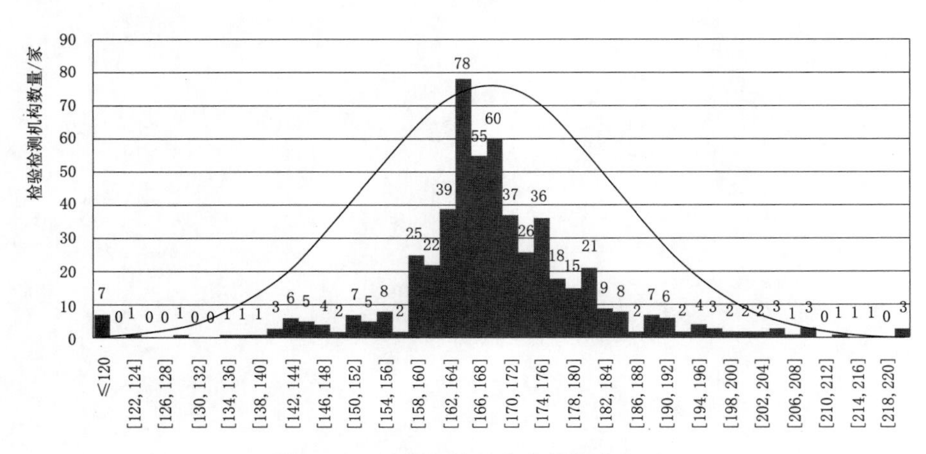

图 C-3　样品 3 结果分布频率直方图

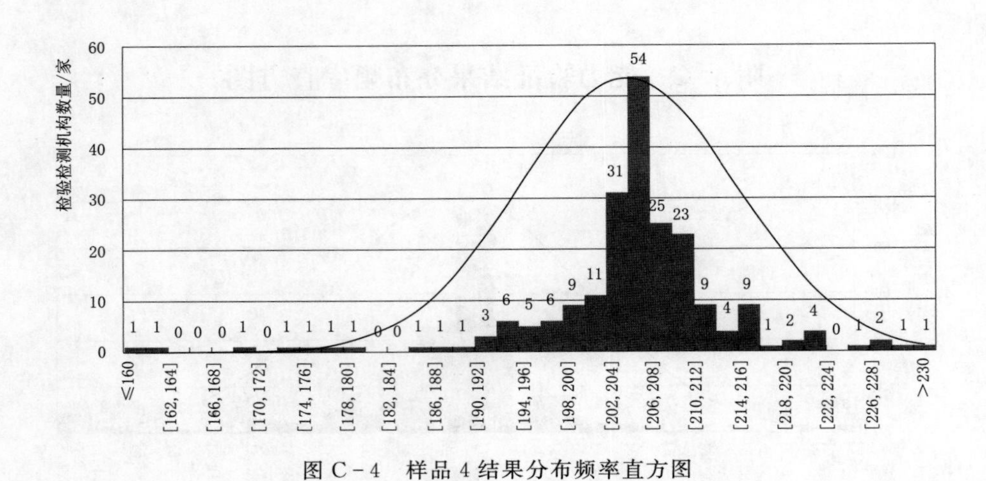

图 C-4　样品 4 结果分布频率直方图

附录D-1　作业指导书

2020年国家级能力验证项目作业指导书　　编号：CNCA-20-05

1. 代码

贵机构在本次能力验证中的代码为____________

2. 检测样品说明

（1）本次能力验证水中高锰酸盐指数的测定，随机发出2个浓度水平的样品，每个浓度水平各1瓶，样品编号为________和________。

（2）本次能力验证样品按照国家二级标准物质要求制备，即：在室温为20℃±2℃的洁净环境下，采用高纯试剂和纯水准确配制，分装于20mL洁净安瓿瓶中，每瓶约20mL样品。

（3）各检验检测机构在收到能力验证样品后，应先确认样品是否完好，并填写《2020年国家级能力验证样品接收状态确认表》，并于样品接收当日以E-mail（××××××××××××@qq.com）方式反馈《2020年国家级能力验证样品接收状态确认表》（文件名为机构代码＋确认表），水利部水环境监测评价研究中心（以下简称“部中心”）也将及时查询能力验证样品送达、签收状态。

（4）各检验检测机构收到能力验证样品后，请于常温、避光处保存样品，使用前平衡至室温20℃±2℃，并尽快完成测定。

3. 检测说明

（1）水中高锰酸盐指数的稀释办法：用清洁干燥的移液管从安瓿中准确移取10.0mL待测样品，至500mL容量瓶中，使用纯水准确稀释到刻度，充分混匀后使用。

（2）水中高锰酸盐指数稀释前的质量浓度范围为：50.0～250mg/L。

（3）本次能力验证的实际检测方法应与《2020年国家级能力验证项目报名表》中的相同，如有变化需提交变更说明，并在《2020年国家级能力验证样品检测结果报告单》中注明所用方法的具体名称及编号。

4. 结果报告

（1）水中高锰酸盐指数的检测结果以质量浓度形式（稀释前）填写在《2020年国家级能力验证样品检测结果报告单》中，每个能力验证样品要求检测两次，并计算每个样品的平均结果，所有结果均保留三位有效数字。

（2）各检验检测机构应在收到样品后的3个自然日（含双休日和国家法定节假日）内将《2020年国家级能力验证样品检测结果报告单》及详细的原始记录［含所使用的仪器的检定/校准/内部校准证书或报告完整复印件、使用的标准物质证书完整复印件、试剂（含批号和纯度）和标准物质/标准样品（含编号）配置记录、能力验证样品检测原始记录、计算过程等］以快递方式反馈给部中心，并于邮寄报告当日将《2020年国家级能力验证样品检测结果报告单》电子版（word格式）以E-mail方式发送至部中心（文件名为机构代码＋结果报告单），书面结果反馈日期以邮戳为准。无故未按时提交结果报告的检验检测机构，其结果将不进行统计和评价。

5. 保密

本次能力验证项目实施过程中，检验检测机构应注意保密。

6. 其他事宜

能力验证检测过程中如有任何问题请与部中心联系。

附录 D-2　样品接收状态确认表

2020 年国家级能力验证样品接收状态确认表　　编号：CNCA-20-05

<table>
<tr><td>项目名称</td><td colspan="3">水中高锰酸盐指数的测定</td></tr>
<tr><td>发送机构</td><td colspan="3">水利部水环境监测评价研究中心</td></tr>
<tr><td>发放日期</td><td></td><td>发放人签名</td><td></td></tr>
<tr><td>发放状态</td><td colspan="3">□完好　　　　□不完好</td></tr>
<tr><td colspan="4">接收检验检测机构名称：（此处机构名称将与后期满意证书机构名称一致，请仔细填写）

检验检测机构代码：

能力验证样品编号：________和________

联系地址：
邮编：　　　　电子邮件：
联系电话：　　　　联系人：</td></tr>
<tr><td colspan="4">接收时，被测物品状态是否良好，样品编号是否清晰：　是□　　否□
接收人姓名：　　　　接收时间：</td></tr>
<tr><td colspan="4">如需要，对接收状态的详细说明：</td></tr>
<tr><td colspan="4">备注：</td></tr>
</table>

注　请确保“确认表”上留有接收联系人及其手机、邮箱等详细信息。

附录 D－3　检测结果报告单

2020 年国家级能力验证样品检测结果报告单
（项目编号：CNCA－20－05）

检验检测机构代码：

样品编号	检测结果		平均结果	检测方法全称及编号	检测日期	检测人员签字	校核人员签字

注　1. “检测结果”栏中的质量浓度（稀释前）单位为 mg/L。

2. 报告单不得涂改，并请提交检测过程可溯源的完整原始记录［含所使用的仪器的检定/校准/内部校准证书或报告完整复印件、使用的标准物质证书完整复印件、试剂（含批号和纯度）和标准物质/标准样品（含编号）配置记录、能力验证样品检测原始记录、计算过程等］，可另附页说明实验过程中出现的问题或异常现象。

3. 本次能力验证的实际检测方法应与《2020 年国家级能力验证项目报名表》中的相同，如有变化需提交变更说明。

负责人（签字）：

检验检测机构公章：

附录E　检验检测机构能力评价结果表

表E-1　第一组（样品1和样品2）能力评价结果表

序号	机构代码	样品编码	平均值/(mg/L)	百分相对差 D/%	样品编码	平均值/(mg/L)	百分相对差 D/%	评价结果	所用检测方法
1	1001	10011196	109	1.87	10014194	135	-0.74	满意	GB 11892—1989
2	1002	10022558	95.4	-10.84	10023150	135	-0.74	满意	GB 11892—1989
3	1003	10031779	116	8.41	10034118	135	-0.74	满意	GB/T 5750.7—2006
4	1004	10042596	105	-1.87	10043978	136	0.00	满意	GB 11892—1989
5	1005	10051804	112	4.67	10054116	150	10.29	满意	DZ/T 0064.68—1993
6	1006	10062861	116	8.41	10063157	152	11.76	满意	GB 11892—1989
7	1007	10071948	101	-5.61	10074439	130	-4.41	满意	GB 11892—1989
8	1008	10082215	107	0.00	10083922	136	0.00	满意	GB 11892—1989
9	1009	10091524	106	-0.93	10094549	140	2.94	满意	GB/T 5750.7—2006
10	1010	10102246	116	8.41	10103565	142	4.41	满意	GB 11892—1989
11	1011	10111632	119	11.21	10114540	158	16.18	满意	GB 11892—1989
12	1012	10122555	108	0.93	10123320	147	8.09	满意	GB 11892—1989
13	1013	10131311	99.2	-7.29	10134692	132	-2.94	满意	GB 11892—1989
14	1014	10142570	112	4.67	10143195	133	-2.21	满意	GB 11892—1989
15	1015	10151276	105	-1.87	10154398	130	-4.41	满意	GB 11892—1989
16	1016	10162189	119	11.21	10163695	151	11.03	满意	GB 11892—1989
17	1017	10171802	106	-0.93	10174486	137	0.74	满意	GB 11892—1989
18	1018	10182426	102	-4.67	10183940	133	-2.21	满意	DZ/T 0064.68—1993
19	1019	10191616	104	-2.80	10194688	134	-1.47	满意	GB 11892—1989
20	1020	10202623	109	1.87	10203133	136	0.00	满意	GB/T 5750.7—2006
21	1022	10222186	104	-2.80	10223709	143	5.15	满意	GB 11892—1989
22	1023	10231118	104	-2.80	10234917	124	-8.82	满意	GB 11892—1989
23	1024	10242397	105	-1.87	10243337	138	1.47	满意	GB 11892—1989
24	1025	10251183	110	2.80	10254411	158	16.18	满意	GB 11892—1989
25	1026	10262414	103	-3.74	10263142	131	-3.68	满意	GB/T 5750.7—2006
26	1027	10271253	107	0.00	10274468	135	-0.74	满意	GB 11892—1989
27	1028	10282871	105	-1.87	10283260	149	9.56	满意	GB 11892—1989
28	1029	10291425	104	-2.80	10294634	132	-2.94	满意	GB/T 5750.7—2006
29	1030	10302834	112	4.67	10303268	156	14.71	满意	GB 11892—1989
30	1031	10311100	106	-0.93	10314701	138	1.47	满意	GB 11892—1989
31	1032	10322908	117	9.35	10323306	145	6.62	满意	GB/T 5750.7—2006
32	1033	10331898	107	0.00	10334523	131	-3.68	满意	GB 11892—1989

续表

序号	机构代码	样品编码	平均值/(mg/L)	百分相对差 D/%	样品编码	平均值/(mg/L)	百分相对差 D/%	评价结果	所用检测方法
33	1034	10342314	108	0.93	10343188	140	2.94	满意	GB/T 5750.7—2006
34	1035	10351999	114	6.54	10354959	142	4.41	满意	GB/T 5750.7—2006
35	1036	10362703	104	−2.80	10363233	125	−8.09	满意	GB/T 5750.7—2006
36	1037	10371312	107	0.00	10374755	143	5.15	满意	GB 11892—1989
37	1038	10382220	112	4.67	10383433	143	5.15	满意	GB/T 5750.7—2006
38	1039	10391299	105	−1.87	10394523	133	−2.21	满意	GB/T 5750.7—2006
39	1040	10402433	106	−0.93	10403731	133	−2.21	满意	GB 11892—1989
40	1041	10411779	107	0.00	10414846	134	−1.47	满意	GB/T 5750.7—2006
41	1042	10422951	108	0.93	10423665	128	−5.88	满意	GB 11892—1989
42	1043	10431581	108	0.93	10434644	134	−1.47	满意	GB/T 5750.7—2006
43	1044	10442367	109	1.87	10443555	135	−0.74	满意	GB 11892—1989
44	1045	10451900	110	2.80	10454145	141	3.68	满意	GB/T 5750.7—2006
45	1046	10462366	116	8.41	10463578	144	5.88	满意	GB 11892—1989
46	1047	10471838	96.8	−9.53	10474279	128	−5.88	满意	GB 11892—1989
47	1048	10482684	113	5.61	10483934	140	2.94	满意	GB/T 5750.7—2006
48	1049	10491468	106	−0.93	10494317	135	−0.74	满意	GB/T 5750.7—2006
49	1050	10502278	106	−0.93	10503606	130	−4.41	满意	GB/T 5750.7—2006
50	1051	10511767	114	6.54	10514574	147	8.09	满意	GB 11892—1989
51	1052	10522275	105	−1.87	10523225	137	0.74	满意	GB/T 5750.7—2006
52	1053	10531796	91.4	−14.58	10534706	125	−8.09	满意	GB/T 5750.7—2006
53	1054	10542377	106	−0.93	10543505	139	2.21	满意	GB/T 5750.7—2006
54	1055	10551433	122	14.02	10554756	137	0.74	满意	GB 11892—1989
55	1056	10562290	105	−1.87	10563433	134	−1.47	满意	GB 11892—1989
56	1057	10571392	105	−1.87	10574917	135	−0.74	满意	GB 11892—1989
57	1058	10582208	140	30.84	10583870	178	30.88	不满意	GB 11892—1989
58	1059	10591202	88.6	−17.20	10594502	113	−16.91	满意	GB 11892—1989
59	1060	10602349	102	−4.67	10603596	134	−1.47	满意	GB 11892—1989
60	1061	10611899	83.9	−21.59	10614455	121	−11.03	不满意	GB 11892—1989
61	1062	10622584	110	2.80	10623147	134	−1.47	满意	《水和废水监测分析方法》(第四版 增补版)
62	1063	10631945	105	−1.87	10634600	134	−1.47	满意	GB 11892—1989
63	1064	10642890	102	−4.67	10643316	128	−5.88	满意	GB 11892—1989
64	1065	10651837	88.2	−17.57	10654389	118	−13.24	满意	GB/T 5750.7—2006
65	1066	10662246	113	5.61	10663206	146	7.35	满意	GB/T 5750.7—2006
66	1067	10671486	115	7.48	10674595	144	5.88	满意	GB 11892—1989

续表

序号	机构代码	样品编码	平均值/(mg/L)	百分相对差 D/%	样品编码	平均值/(mg/L)	百分相对差 D/%	评价结果	所用检测方法
67	1068	10682922	105	−1.87	10683737	135	−0.74	满意	GB 11892—1989
68	1069	10691143	112	4.67	10694465	140	2.94	满意	GB 11892—1989
69	1070	10702241	111	3.74	10703513	136	0.00	满意	GB 11892—1989
70	1071	10711723	103	−3.74	10714307	140	2.94	满意	GB/T 5750.7—2006
71	1072	10722533	114	6.54	10723965	145	6.62	满意	GB 11892—1989
72	1073	10731492	127	18.69	10734348	142	4.41	满意	GB/T 5750.7—2006
73	1074	10742524	105	−1.87	10743910	136	0.00	满意	GB 11892—1989
74	1075	10751148	110	2.80	10754967	143	5.15	满意	GB/T 5750.7—2006
75	1076	10762434	89.5	−16.36	10763986	128	−5.88	满意	GB/T 5750.7—2006
76	1077	10771472	108	0.93	10774550	138	1.47	满意	GB/T 5750.7—2006
77	1078	10782361	108	0.93	10783580	141	3.68	满意	GB/T 5750.7—2006
78	1079	10791561	105	−1.87	10794141	132	−2.94	满意	GB 11892—1989
79	1080	10802777	103	−3.74	10803358	135	−0.74	满意	GB 11892—1989
80	1081	10811188	110	2.80	10814593	139	2.21	满意	GB 11892—1989
81	1082	10822657	114	6.54	10823994	144	5.88	满意	GB/T 5750.7—2006
82	1083	10831953	108	0.93	10834100	138	1.47	满意	GB/T 5750.7—2006
83	1084	10842982	89.5	−16.36	10843284	128	−5.88	满意	GB/T 5750.7—2006
84	1085	10851152	106	−0.93	10854214	136	0.00	满意	GB/T 5750.7—2006
85	1086	10862683	105	−1.87	10863979	137	0.74	满意	GB 11892—1989
86	1087	10871221	106	−0.93	10874770	145	6.62	满意	GB/T 5750.7—2006
87	1088	10882744	107	0.00	10883570	134	−1.47	满意	GB/T 5750.7—2006
88	1089	10891931	110	2.80	10894680	134	−1.47	满意	GB 11892—1989
89	1090	10902559	106	−0.93	10903455	140	2.94	满意	GB 11892—1989
90	1091	10911423	109	1.87	10914650	136	0.00	满意	GB/T 5750.7—2006
91	1092	10922704	112	4.67	10923532	136	0.00	满意	GB/T 5750.7—2006
92	1094	10942910	108	0.93	10943833	129	−5.15	满意	GB/T 5750.7—2006
93	1095	10951692	118	10.28	10954517	154	13.24	满意	GB 11892—1989
94	1096	10962218	108	0.93	10963987	138	1.47	满意	GB/T 5750.7—2006
95	1097	10971626	132	23.36	10974997	160	17.65	不满意	DZ/T 0064.68—1993
96	1098	10982653	113	5.61	10983608	145	6.62	满意	GB/T 5750.7—2006
97	1099	10991484	115	7.48	10994831	141	3.68	满意	GB 11892—1989
98	1100	11002808	101	−5.61	11003106	141	3.68	满意	GB 11892—1989
99	2001	20011304	108	0.93	20014330	133	−2.21	满意	GB 11892—1989
100	2002	20022941	130	21.50	20023975	152	11.76	不满意	GB 11892—1989

续表

序号	机构代码	样品编码	平均值/(mg/L)	百分相对差 $D/\%$	样品编码	平均值/(mg/L)	百分相对差 $D/\%$	评价结果	所用检测方法
101	2003	20031938	115	7.48	20034431	143	5.15	满意	GB 11892—1989
102	2004	20042145	107	0.00	20043770	140	2.94	满意	GB 11892—1989
103	2005	20051732	96.7	−9.63	20054603	126	−7.35	满意	GB 11892—1989
104	2006	20062328	104	−2.80	20063149	137	0.74	满意	GB/T 5750.7—2006
105	2007	20071201	108	0.93	20074161	142	4.41	满意	《水和废水监测分析方法》（第四版增补版）
106	2008	20082164	101	−5.61	20083363	121	−11.03	满意	GB 11892—1989
107	2009	20091301	106	−0.93	20094516	136	0.00	满意	GB 11892—1989
108	2010	20102315	109	1.87	20103722	134	−1.47	满意	GB 11892—1989
109	2011	20111293	104	−2.80	20114499	138	1.47	满意	GB 11892—1989
110	2012	20122250	111	3.74	20123642	131	−3.68	满意	GB 11892—1989
111	2013	20131483	103	−3.74	20134865	134	−1.47	满意	GB 11892—1989
112	2014	20142827	108	0.93	20143905	150	10.29	满意	GB/T 5750.7—2006
113	2015	20151560	110	2.80	20154721	140	2.94	满意	GB 11892—1989
114	2016	20162817	109	1.87	20163792	141	3.68	满意	GB 11892—1989
115	2017	20171306	114	6.54	20174165	144	5.88	满意	GB 11892—1989
116	2018	20182841	113	5.61	20183740	146	7.35	满意	GB 11892—1989
117	2019	20191880	96.3	−10.00	20194760	125	−8.09	满意	GB 11892—1989
118	2020	20202938	103	−3.74	20203964	134	−1.47	满意	GB 11892—1989
119	2021	20211671	102	−4.67	20214309	132	−2.94	满意	GB/T 5750.7—2006
120	2022	20222810	106	−0.93	20223921	154	13.24	满意	GB 11892—1989
121	2023	20231628	126	17.76	20234430	184	35.29	不满意	GB 11892—1989
122	2024	20242175	144	34.58	20243460	170	25.00	不满意	GB 11892—1989
123	2025	20251727	100	−6.54	20254804	129	−5.15	满意	GB 11892—1989
124	2026	20262744	93.1	−12.99	20263484	129	−5.15	满意	GB 11892—1989
125	2027	20271836	101	−5.61	20274143	132	−2.94	满意	GB 11892—1989
126	2028	20282393	99.1	−7.38	20283794	128	−5.88	满意	GB 11892—1989
127	2029	20291887	144.5	35.05	20294968	179	31.62	不满意	GB 11892—1989
128	2030	20302417	87	−18.69	20303938	106	−22.06	不满意	GB 11892—1989
129	2031	20311575	96.8	−9.53	20314362	133	−2.21	满意	GB 11892—1989
130	2032	20322984	112	4.67	20323305	134	−1.47	满意	GB 11892—1989
131	2033	20331953	140	30.84	20334609	106	−22.06	不满意	GB 11892—1989
132	2034	20342869	138	28.97	20343768	104	−23.53	不满意	GB 11892—1989
133	2035	20351343	113	5.61	20354136	141	3.68	满意	GB 11892—1989
134	2036	20362775	129	20.56	20363555	178	30.88	不满意	GB/T 5750.7—2006

续表

序号	机构代码	样品编码	平均值/(mg/L)	百分相对差 D/%	样品编码	平均值/(mg/L)	百分相对差 D/%	评价结果	所用检测方法
135	2037	20371503	105	−1.87	20374651	132	−2.94	满意	GB 11892—1989
136	2038	20382697	112	4.67	20383374	144	5.88	满意	GB/T 5750.7—2006
137	2039	20391399	98.1	−8.32	20394610	128	−5.88	满意	GB 11892—1989
138	2040	20402642	116	8.41	20403139	142	4.41	满意	GB 11892—1989
139	2041	20411464	93.3	−12.80	20414115	117	−13.97	满意	GB/T 5750.7—2006
140	2042	20422936	116	8.41	20423542	148	8.82	满意	GB 11892—1989
141	2043	20431224	104	−2.80	20434603	144	5.88	满意	GB 11892—1989
142	2044	20442218	96.6	−9.72	20443787	120	−11.76	满意	GB 11892—1989
143	2045	20451401	110	2.80	20454920	140	2.94	满意	GB 11892—1989
144	2046	20462782	126	17.76	20463416	124	−8.82	满意	GB/T 5750.7—2006
145	2047	20471804	110	2.80	20474696	132	−2.94	满意	GB 11892—1989
146	2048	20482641	112	4.67	20483719	143	5.15	满意	GB 11892—1989
147	2049	20491798	110	2.80	20494395	132	−2.94	满意	GB 11892—1989
148	2050	20502874	108	0.93	20503346	136	0.00	满意	GB/T 5750.7—2006
149	2051	20511578	106	−0.93	20514564	136	0.00	满意	GB 11892—1989
150	2052	20522864	136	27.10	20523872	163	19.85	不满意	GB 11892—1989
151	2053	20531261	2.29	−97.86	20534471	3.01	−97.79	不满意	GB/T 5750.7—2006
152	2054	20542262	110	2.80	20543724	130	−4.41	满意	GB/T 5750.7—2006
153	2055	20551902	70	−34.58	20554546	97.4	−28.38	不满意	GB 11892—1989
154	2056	20562618	111	3.74	20563354	151	11.03	满意	GB 11892—1989
155	2057	20571547	105	−1.87	20574360	140	2.94	满意	GB/T 5750.7—2006
156	2058	20582978	108	0.93	20583647	136	0.00	满意	GB/T 5750.7—2006
157	2059	20591415	112	4.67	20594583	143	5.15	满意	GB/T 5750.7—2006
158	2060	20602759	125	16.82	20603292	148	8.82	满意	GB 11892—1989
159	2061	20611164	109	1.87	20614992	145	6.62	满意	GB/T 5750.7—2006
160	2062	20622603	113	5.61	20623834	141	3.68	满意	GB 11892—1989
161	2064	20642869	75	−29.91	20643728	110	−19.12	不满意	GB 11892—1989
162	2065	20651424	105	−1.87	20654517	134	−1.47	满意	GB 11892—1989
163	2067	20671456	116	8.41	20674118	143	5.15	满意	GB 11892—1989
164	2068	20682896	74	−30.84	20683295	100	−26.47	不满意	GB 11892—1989
165	2069	20691235	113	5.61	20694961	144	5.88	满意	GB 11892—1989
166	2070	20702573	108	0.93	20703739	132	−2.94	满意	GB/T 5750.7—2006
167	2071	20711766	110	2.80	20714731	136	0.00	满意	GB 11892—1989
168	2072	20722744	109	1.87	20723413	133	−2.21	满意	GB 11892—1989

续表

序号	机构代码	样品编码	平均值/(mg/L)	百分相对差 $D/\%$	样品编码	平均值/(mg/L)	百分相对差 $D/\%$	评价结果	所用检测方法
169	2073	20731415	104	−2.80	20734381	132	−2.94	满意	GB 11892—1989
170	2075	20751435	120	12.15	20754310	142	4.41	满意	GB 11892—1989
171	2076	20762207	114	6.54	20763253	141	3.68	满意	GB 11892—1989
172	2077	20771938	110	2.80	20774813	125	−8.09	满意	GB 11892—1989
173	2078	20782782	114	6.54	20783555	146	7.35	满意	GB 11892—1989
174	2079	20791508	120	12.15	20794617	130	−4.41	满意	GB 11892—1989
175	2080	20802350	105	−1.87	20803409	136	0.00	满意	GB 11892—1989
176	2081	20811751	105	−1.87	20814874	135	−0.74	满意	GB 11892—1989
177	2082	20822407	91	−14.95	20823838	133	−2.21	满意	GB 11892—1989
178	2083	20831602	108	0.93	20834468	128	−5.88	满意	GB 11892—1989
179	2084	20842355	2.19	−97.95	20843309	2.72	−98.00	不满意	GB 11892—1989
180	2085	20851959	96.9	−9.44	20854467	137	0.74	满意	GB 11892—1989
181	2086	20862245	110	2.80	20863759	133	−2.21	满意	GB 11892—1989
182	2087	20871468	106	−0.93	20874921	138	1.47	满意	GB 11892—1989
183	2088	20882876	99.7	−6.82	20883241	139	2.21	满意	GB 11892—1989
184	2089	20891117	116	8.41	20894122	150	10.29	满意	GB/T 5750.7—2006
185	2090	20902940	100	−6.54	20903236	128	−5.88	满意	GB/T 5750.7—2006
186	2091	20911498	80	−25.23	20914422	116	−14.71	不满意	GB 11892—1989
187	2092	20922724	99.3	−7.20	20923723	124	−8.82	满意	GB 11892—1989
188	2093	20931407	114	6.54	20934740	153	12.50	满意	GB 11892—1989
189	2094	20942173	113	5.61	20943248	148	8.82	满意	GB 11892—1989
190	2095	20951379	115	7.48	20954427	141	3.68	满意	GB 11892—1989
191	2096	20962179	113	5.61	20963193	149	9.56	满意	GB/T 5750.7—2006
192	2097	20971393	102	−4.67	20974570	134	−1.47	满意	GB 11892—1989
193	2098	20982368	116	8.41	20983897	144	5.88	满意	GB/T 5750.7—2006
194	2099	20991693	106	−0.93	20994172	134	−1.47	满意	GB/T 5750.7—2006
195	2100	21002620	124	15.89	21003188	153	12.50	满意	GB 11892—1989
196	3001	30011758	102	−4.67	30014873	130	−4.41	满意	GB 11892—1989
197	3007	30071494	100	−6.54	30074780	130	−4.41	满意	GB 11892—1989
198	3013	30131333	81.2	−24.11	30134328	113	−16.91	不满意	GB 11892—1989
199	3019	30191419	105	−1.87	30194534	134	−1.47	满意	GB 11892—1989
200	3025	30251635	108	0.93	30254420	132	−2.94	满意	GB 11892—1989
201	3031	30311375	109	1.87	30314506	134	−1.47	满意	GB 11892—1989
202	3037	30371203	104	−2.80	30374968	135	−0.74	满意	GB 11892—1989

续表

序号	机构代码	样品编码	平均值/(mg/L)	百分相对差 D/%	样品编码	平均值/(mg/L)	百分相对差 D/%	评价结果	所用检测方法
203	3043	30431323	106	−0.93	30434295	133	−2.21	满意	GB 11892—1989
204	3049	30491123	104	−2.80	30494370	135	−0.74	满意	GB 11892—1989
205	3055	30551275	103	−3.74	30554575	133	−2.21	满意	GB 11892—1989
206	3061	30611795	106	−0.93	30614665	135	−0.74	满意	GB 11892—1989
207	3067	30671448	103	−3.74	30674620	132	−2.94	满意	GB 11892—1989
208	3073	30731495	104	−2.80	30734107	132	−2.94	满意	GB 11892—1989
209	3079	30791959	105	−1.87	30794935	132	−2.94	满意	GB 11892—1989
210	3085	30851940	105	−1.87	30854866	133	−2.21	满意	GB 11892—1989
211	3091	30911299	106	−0.93	30914554	135	−0.74	满意	GB 11892—1989
212	3097	30971747	104	−2.80	30974636	128	−5.88	满意	GB 11892—1989
213	3103	31031246	108	0.93	31034261	134	−1.47	满意	GB 11892—1989
214	3109	31091914	105	−1.87	31094100	132	−2.94	满意	GB 11892—1989
215	3115	31151367	111	3.74	31154245	144	5.88	满意	GB 11892—1989
216	3121	31211869	109	1.87	31214788	136	0.00	满意	GB 11892—1989
217	3127	31271131	102	−4.67	31274356	134	−1.47	满意	GB 11892—1989
218	3133	31331254	105	−1.87	31334896	135	−0.74	满意	GB 11892—1989
219	3139	31391121	109	1.87	31394108	140	2.94	满意	GB 11892—1989
220	3145	31451696	107	0.00	31454918	134	−1.47	满意	GB 11892—1989
221	3151	31511910	106	−0.93	31514667	137	0.74	满意	GB 11892—1989
222	3157	31571743	107	0.00	31574867	137	0.74	满意	GB 11892—1989
223	3163	31631296	108	0.93	31634324	136	0.00	满意	GB 11892—1989
224	3169	31691691	105	−1.87	31694804	131	−3.68	满意	GB 11892—1989
225	3175	31751836	109	1.87	31754419	135	−0.74	满意	GB 11892—1989
226	3181	31811240	105	−1.87	31814285	131	−3.68	满意	GB 11892—1989
227	3187	31871393	106	−0.93	31874471	136	0.00	满意	GB 11892—1989
228	3193	31931261	106	−0.93	31934981	134	−1.47	满意	GB 11892—1989
229	3199	31991358	105	−1.87	31994714	135	−0.74	满意	GB 11892—1989
230	3205	32051213	106	−0.93	32054661	133	−2.21	满意	GB 11892—1989
231	3211	32111506	104	−2.80	32114157	132	−2.94	满意	GB 11892—1989
232	3217	32171398	105	−1.87	32174787	133	−2.21	满意	GB 11892—1989
233	3223	32231295	105	−1.87	32234874	136	0.00	满意	GB 11892—1989
234	3229	32291811	106	−0.93	32294894	135	−0.74	满意	GB 11892—1989
235	3235	32351517	105	−1.87	32354108	135	−0.74	满意	GB 11892—1989
236	3241	32411261	109	1.87	32414522	144	5.88	满意	GB 11892—1989

续表

序号	机构代码	样品编码	平均值/(mg/L)	百分相对差 D/%	样品编码	平均值/(mg/L)	百分相对差 D/%	评价结果	所用检测方法
237	3247	32471362	102	−4.67	32474997	136	0.00	满意	GB 11892—1989
238	3253	32531807	105	−1.87	32534532	135	−0.74	满意	GB 11892—1989
239	3259	32591111	104	−2.80	32594595	132	−2.94	满意	GB 11892—1989
240	3265	32651418	113	5.61	32654544	151	11.03	满意	GB 11892—1989
241	3271	32711439	107	0.00	32714354	133	−2.21	满意	GB 11892—1989
242	3277	32771345	100	−6.54	32774724	130	−4.41	满意	GB 11892—1989
243	3283	32831440	93	−13.08	32834971	121	−11.03	满意	GB 11892—1989
244	3289	32891595	99.2	−7.29	32894664	123	−9.56	满意	GB 11892—1989
245	3295	32951335	116	8.41	32954979	155	13.97	满意	GB 11892—1989
246	3302	33022706	103	−3.74	33023193	132	−2.94	满意	GB 11892—1989
247	3308	33082251	108	0.93	33083860	138	1.47	满意	GB 11892—1989
备注	1. 样品1的指定值为107mg/L，样品2的指定值为136mg/L； 2. 能力评价采用百分相对差 $D=(x-X)/X\times100$，这里 x 为参加者的结果值，X 为指定值，当结果满足 $\|D\|\leqslant20\%$ 时，评价结果为满意；当结果满足 $\|D\|>20\%$ 时，评价结果为不满意。								

表 E-2　　第二组（样品2和样品3）能力评价结果表

序号	机构代码	样品编码	平均值/(mg/L)	百分相对差 D/%	样品编码	平均值/(mg/L)	百分相对差 D/%	评价结果	所用检测方法
1	1101	11014950	146	7.35	11015917	181	6.47	满意	GB 11892—1989
2	1102	11023839	116	−14.71	11026574	156	−8.24	满意	GB/T 5750.7—2006
3	1103	11034744	130	−4.41	11035542	170	0.00	满意	GB/T 5750.7—2006
4	1104	11043588	124	−8.82	11046521	165	−2.94	满意	DZ/T 0064.68—1993
5	1105	11054558	106	−22.06	11055166	144	−15.29	不满意	GB/T 5750.7—2006
6	1106	11063190	122	−10.29	11066773	144	−15.29	满意	GB/T 5750.7—2006
7	1107	11074911	131	−3.68	11075337	171	0.59	满意	GB 11892—1989
8	1108	11083593	128	−5.88	11086766	164	−3.53	满意	GB 11892—1989
9	1109	11094356	125	−8.09	11095612	165	−2.94	满意	GB 11892—1989
10	1110	11103489	146	7.35	11106563	166	−2.35	满意	GB/T 5750.7—2006
11	1111	11114883	146.5	7.72	11115197	179	5.29	满意	GB 11892—1989
12	1112	11123249	122	−10.29	11126860	183	7.65	满意	GB 11892—1989
13	1113	11134209	145	6.62	11135775	182	7.06	满意	GB/T 5750.7—2006
14	1114	11143598	113	−16.91	11146243	152	−10.59	满意	GB/T 5750.7—2006
15	1115	11154888	131	−3.68	11155422	142	−16.47	满意	GB 11892—1989
16	1116	11163822	137	0.74	11166554	170	0.00	满意	GB 11892—1989
17	1117	11174334	132	−2.94	11175577	169	−0.59	满意	GB 11892—1989

续表

序号	机构代码	样品编码	平均值/(mg/L)	百分相对差 D/%	样品编码	平均值/(mg/L)	百分相对差 D/%	评价结果	所用检测方法
18	1118	11183307	175	28.68	11186820	195	14.71	不满意	GB/T 5750.7—2006
19	1119	11194592	160	17.65	11195748	195	14.71	满意	GB/T 5750.7—2006
20	1120	11203807	126	−7.35	11206493	167	−1.76	满意	GB 11892—1989
21	1121	11214121	134	−1.47	11215312	176	3.53	满意	GB 11892—1989
22	1122	11223211	126	−7.35	11226276	176	3.53	满意	DZ/T 0064.68—1993
23	1123	11234678	130	−4.41	11235504	170	0.00	满意	GB/T 5750.7—2006
24	1124	11243372	160	17.65	11246783	206	21.18	不满意	DZ/T 0064.68—1993
25	1125	11254898	130	−4.41	11255718	166	−2.35	满意	GB 11892—1989
26	1126	11263935	133	−2.21	11266312	171	0.59	满意	GB 11892—1989
27	1127	11274378	109	−19.85	11275307	175	2.94	满意	GB/T 5750.7—2006
28	1128	11283735	169	24.26	11286791	138	−18.82	不满意	GB 11892—1989
29	1129	11294689	136	0.00	11295821	170	0.00	满意	GB 11892—1989
30	1130	11303202	142	4.41	11306395	182	7.06	满意	GB 11892—1989
31	1131	11314190	70.3	−48.31	11315305	90.1	−47.00	不满意	GB 11892—1989
32	1132	11323486	128	−5.88	11326889	170	0.00	满意	GB 11892—1989
33	1133	11334923	142	4.41	11335289	177	4.12	满意	DZ/T 0064.68—1993
34	1134	11343808	136	0.00	11346836	176	3.53	满意	GB 11892—1989
35	1135	11354202	131	−3.68	11355758	162	−4.71	满意	GB 11892—1989
36	1136	11363693	198.3	45.81	11366829	222.8	31.06	不满意	GB 11892—1989
37	1137	11374791	133	−2.21	11375668	160	−5.88	满意	GB/T 5750.7—2006
38	1138	11383336	206	51.47	11386230	193	13.53	不满意	GB/T 5750.7—2006
39	1139	11394726	134	−1.47	11395155	175	2.94	满意	GB 11892—1989
40	1140	11403607	152	11.76	11406714	184	8.24	满意	GB/T 5750.7—2006
41	1141	11414789	134	−1.47	11415316	166	−2.35	满意	GB 11892—1989
42	1142	11423833	133	−2.21	11426910	167	−1.76	满意	DZ/T 0064.68—1993
43	1143	11434681	142	4.41	11435532	196	15.29	满意	GB 11892—1989
44	1144	11443195	140	2.94	11446747	169	−0.59	满意	GB/T 5750.7—2006
45	1145	11454410	141	3.68	11455735	173	1.76	满意	GB 11892—1989
46	1146	11463187	142	4.41	11466123	173	1.76	满意	GB/T 5750.7—2006
47	1147	11474163	146	7.35	11475552	191	12.35	满意	GB 11892—1989
48	1148	11483855	130	−4.41	11486704	169	−0.59	满意	GB/T 5750.7—2006
49	1149	11494411	136	0.00	11495220	172	1.18	满意	GB 11892—1989
50	1150	11503790	132	−2.94	11506620	164	−3.53	满意	GB 11892—1989

续表

序号	机构代码	样品编码	平均值/(mg/L)	百分相对差D/%	样品编码	平均值/(mg/L)	百分相对差D/%	评价结果	所用检测方法
51	1151	11514562	112	−17.65	11515719	177	4.12	满意	GB 11892—1989
52	1152	11523819	157	15.44	11526704	178	4.71	满意	GB 11892—1989
53	1153	11534717	139	2.21	11535968	165	−2.94	满意	GB 11892—1989
54	1154	11543921	133	−2.21	11546117	171	0.59	满意	GB 11892—1989
55	1155	11554330	141	3.68	11555646	172	1.18	满意	GB/T 5750.7—2006
56	1156	11563208	136	0.00	11566780	164	−3.53	满意	GB 11892—1989
57	1157	11574991	128	−5.88	11575337	156	−8.24	满意	GB/T 5750.7—2006
58	1158	11583507	106	−22.06	11586371	144	−15.29	不满意	GB/T 5750.7—2006
59	1159	11594494	137	0.74	11595530	170	0.00	满意	GB/T 5750.7—2006
60	1160	11603682	134	−1.47	11606861	174	2.35	满意	GB/T 5750.7—2006
61	1161	11614752	140	2.94	11615770	165	−2.94	满意	GB 11892—1989
62	1162	11623143	175	28.68	11626992	200	17.65	不满意	GB 8538—2016
63	1163	11634135	132	−2.94	11635547	166	−2.35	满意	GB 11892—1989
64	1164	11643908	133	−2.21	11646402	164	−3.53	满意	GB/T 5750.7—2006
65	1165	11654946	152	11.76	11655353	183	7.65	满意	GB/T 5750.7—2006
66	1166	11663871	141	3.68	11666110	171	0.59	满意	GB/T 5750.7—2006
67	1167	11674597	131	−3.68	11675407	172	1.18	满意	GB/T 5750.7—2006
68	1168	11683192	140	2.94	11686200	170	0.00	满意	GB 11892—1989
69	1169	11694642	130	−4.41	11695164	166	−2.35	满意	GB 11892—1989
70	1170	11703922	122	−10.29	11706663	162	−4.71	满意	GB 11892—1989
71	1171	11714736	154	13.24	11715635	176	3.53	满意	GB 11892—1989
72	1172	11723840	110	−19.12	11726583	156	−8.24	满意	GB 11892—1989
73	1173	11734189	132	−2.94	11735786	170	0.00	满意	GB 11892—1989
74	1174	11743971	143	5.15	11746807	186	9.41	满意	GB 11892—1989
75	1175	11754987	136	0.00	11755362	172	1.18	满意	GB/T 5750.7—2006
76	1176	11763505	137	0.74	11766837	167	−1.76	满意	GB/T 5750.7—2006
77	1177	11774610	120	−11.76	11775864	162	−4.71	满意	GB 11892—1989
78	1178	11783305	143	5.15	11786390	172	1.18	满意	GB/T 5750.7—2006
79	1179	11794744	135	−0.74	11795713	166	−2.35	满意	GB/T 5750.7—2006
80	1180	11803165	132	−2.94	11806599	163	−4.12	满意	GB 11892—1989
81	1181	11814855	135	−0.74	11815310	180	5.88	满意	GB/T 5750.7—2006
82	1182	11823502	135	−0.74	11826516	173	1.76	满意	GB 11892—1989
83	1183	11834992	134	−1.47	11835578	172	1.18	满意	GB 11892—1989

续表

序号	机构代码	样品编码	平均值/(mg/L)	百分相对差 D/%	样品编码	平均值/(mg/L)	百分相对差 D/%	评价结果	所用检测方法
84	1184	11843565	128	−5.88	11846184	159	−6.47	满意	GB 11892—1989
85	1185	11854778	142	4.41	11855184	170	0.00	满意	GB 11892—1989
86	1186	11863840	138	1.47	11866479	165	−2.94	满意	GB 11892—1989
87	1187	11874971	138	1.47	11875108	166	−2.35	满意	GB 11892—1989
88	1188	11883704	136	0.00	11886410	177	4.12	满意	GB/T 5750.7—2006
89	1189	11894720	119	−12.50	11895410	152	−10.59	满意	GB 11892—1989
90	1190	11903444	136	0.00	11906578	173	1.76	满意	GB/T 5750.7—2006
91	1191	11914835	2.76	−97.97	11915345	3.48	−97.95	不满意	GB 11892—1989
92	1192	11923932	150	10.29	11926650	182	7.06	满意	GB 11892—1989
93	1193	11934328	133	−2.21	11935481	190	11.76	满意	GB 11892—1989
94	1194	11943706	142	4.41	11946623	176	3.53	满意	GB 11892—1989
95	1195	11954370	121	−11.03	11955942	162	−4.71	满意	GB 11892—1989
96	1196	11963917	81.4	−40.15	11966199	151	−11.18	不满意	GB 11892—1989
97	1197	11974132	144	5.88	11975339	176	3.53	满意	GB 11892—1989
98	1198	11983913	165	21.32	11986722	214	25.88	不满意	GB/T 5750.7—2006
99	1199	11994954	142	4.41	11995109	178	4.71	满意	GB 11892—1989
100	1200	12003754	135	−0.74	12006786	176	3.53	满意	GB/T 5750.7—2006
101	2101	21014501	133	−2.21	21015358	142	−16.47	满意	GB 11892—1989
102	2102	21023251	148	8.82	21026637	190	11.76	满意	GB 11892—1989
103	2103	21034338	132	−2.94	21035418	165	−2.94	满意	GB 11892—1989
104	2104	21043637	142	4.41	21046383	178	4.71	满意	GB/T 5750.7—2006
105	2105	21054656	128	−5.88	21055316	165	−2.94	满意	GB 11892—1989
106	2106	21063917	147	8.09	21066591	180	5.88	满意	GB 11892—1989
107	2107	21074352	123	−9.56	21075887	160	−5.88	满意	GB 11892—1989
108	2108	21083977	2.76	−97.97	21086721	3.2	−98.12	不满意	GB 11892—1989
109	2109	21094455	153	12.50	21095999	182	7.06	满意	GB 11892—1989
110	2110	21103146	140	2.94	21106700	180	5.88	满意	GB 11892—1989
111	2111	21114936	132	−2.94	21115764	168	−1.18	满意	GB 11892—1989
112	2112	21123666	179	31.62	21126164	154	−9.41	不满意	GB/T 5750.7—2006
113	2113	21134930	134	−1.47	21135728	176	3.53	满意	GB/T 5750.7—2006
114	2114	21143646	138	1.47	21146292	174	2.35	满意	GB/T 5750.7—2006
115	2115	21154842	152	11.76	21155698	184	8.24	满意	GB 11892—1989
116	2116	21163730	136	0.00	21166838	180	5.88	满意	GB 11892—1989

续表

序号	机构代码	样品编码	平均值/(mg/L)	百分相对差 D/%	样品编码	平均值/(mg/L)	百分相对差 D/%	评价结果	所用检测方法
117	2117	21174728	132	−2.94	21175501	159	−6.47	满意	GB 11892—1989
118	2118	21183412	164	20.59	21186472	192	12.94	不满意	GB 11892—1989
119	2119	21194394	134	−1.47	21195704	165	−2.94	满意	GB/T 5750.7—2006
120	2120	21203502	147	8.09	21206956	187	10.00	满意	GB 11892—1989
121	2121	21214732	134	−1.47	21215956	153	−10.00	满意	GB 11892—1989
122	2122	21223545	136	0.00	21226688	173	1.76	满意	GB 11892—1989
123	2123	21234429	3.05	−97.76	21235631	3.52	−97.93	不满意	GB 11892—1989
124	2124	21243884	150	10.29	21246777	181	6.47	满意	GB/T 5750.7—2006
125	2125	21254256	149	9.56	21255701	182	7.06	满意	GB 11892—1989
126	2126	21263688	145	6.62	21266936	173	1.76	满意	GB 11892—1989
127	2127	21274757	150	10.29	21275238	182	7.06	满意	GB 11892—1989
128	2128	21283651	133	−2.21	21286855	169	−0.59	满意	GB 11892—1989
129	2129	21294787	122	−10.29	21295912	155	−8.82	满意	GB 11892—1989
130	2130	21303369	136	0.00	21306448	168	−1.18	满意	GB/T 5750.7—2006
131	2131	21314120	142	4.41	21315652	160	−5.88	满意	GB/T 5750.7—2006
132	2132	21323921	133	−2.21	21326495	184	8.24	满意	GB 11892—1989
133	2134	21343898	124	−8.82	21346137	166	−2.35	满意	GB 11892—1989
134	2135	21354288	117	−13.97	21355830	151	−11.18	满意	GB/T 5750.7—2006
135	2136	21363681	128	−5.88	21366681	180	5.88	满意	GB 11892—1989
136	2137	21374631	139	2.21	21375187	176	3.53	满意	GB/T 5750.7—2006
137	2138	21383879	122	−10.29	21386547	160	−5.88	满意	GB 11892—1989
138	2139	21394320	150	10.29	21395733	186	9.41	满意	GB 11892—1989
139	2140	21403705	131	−3.68	21406560	159	−6.47	满意	GB/T 5750.7—2006
140	2141	21414367	160	17.65	21415697	189	11.18	满意	GB 11892—1989
141	2142	21423469	130	−4.41	21426164	160	−5.88	满意	GB 11892—1989
142	2143	21434558	155	13.97	21435595	189	11.18	满意	GB 11892—1989
143	2144	21443884	146	7.35	21446180	178	4.71	满意	GB 11892—1989
144	2146	21463429	152	11.76	21466350	185	8.82	满意	GB 11892—1989
145	2147	21474204	122	−10.29	21475991	165	−2.94	满意	GB/T 5750.7—2006
146	2148	21483425	122	−10.29	21486529	155	−8.82	满意	GB 11892—1989
147	2149	21494219	127	−6.62	21495414	160	−5.88	满意	GB 11892—1989
148	2150	21503388	109	−19.85	21506636	160	−5.88	满意	GB 11892—1989
149	2151	21514355	125	−8.09	21515965	181	6.47	满意	GB/T 5750.7—2006

续表

序号	机构代码	样品编码	平均值/(mg/L)	百分相对差 D/%	样品编码	平均值/(mg/L)	百分相对差 D/%	评价结果	所用检测方法
150	2152	21523895	151	11.03	21526640	175	2.94	满意	GB 11892—1989
151	2153	21534411	140	2.94	21535590	163	−4.12	满意	GB 11892—1989
152	2154	21543291	154	13.24	21546756	197	15.88	满意	GB 11892—1989
153	2155	21554168	140	2.94	21555415	177	4.12	满意	GB 11892—1989
154	2156	21563287	151	11.03	21566733	181	6.47	满意	GB/T 5750.7—2006
155	2157	21574670	131	−3.68	21575736	156	−8.24	满意	GB 11892—1989
156	2158	21583237	123	−9.56	21586945	161	−5.29	满意	GB 11892—1989
157	2159	21594240	124	−8.82	21595428	184	8.24	满意	GB/T 5750.7—2006
158	2160	21603906	140	2.94	21606837	182	7.06	满意	GB 11892—1989
159	2161	21614254	137	0.74	21615907	172	1.18	满意	GB 11892—1989
160	2162	21623506	184	35.29	21626787	209	22.94	不满意	GB 11892—1989
161	2163	21634142	146	7.35	21635986	172	1.18	满意	GB 11892—1989
162	2164	21643605	154	13.24	21646922	198	16.47	满意	GB/T 5750.7—2006
163	2165	21654733	161	18.38	21655868	195	14.71	满意	GB 11892—1989
164	2166	21663387	150	10.29	21666877	178	4.71	满意	GB 11892—1989
165	2167	21674352	130	−4.41	21675439	173	1.76	满意	GB 11892—1989
166	2168	21683750	146	7.35	21686900	176	3.53	满意	GB 11892—1989
167	2169	21694852	140	2.94	21695449	172	1.18	满意	GB 11892—1989
168	2170	21703440	214	57.35	21706498	242	42.35	不满意	GB 11892—1989
169	2171	21714689	126	−7.35	21715897	168	−1.18	满意	GB 11892—1989
170	2172	21723388	69.5	−48.90	21726539	104	−38.82	不满意	GB 11892—1989
171	2173	21734211	136	0.00	21735805	166	−2.35	满意	GB/T 5750.7—2006
172	2174	21743422	162	19.12	21746596	210	23.53	不满意	GB 11892—1989
173	2175	21754301	2.96	−97.82	21755365	3.68	−97.84	不满意	GB 11892—1989
174	2176	21763487	108	−20.59	21766656	147	−13.53	不满意	GB 11892—1989
175	2177	21774133	130	−4.41	21775273	172	1.18	满意	GB 11892—1989
176	2178	21783446	140	2.94	21786556	194	14.12	满意	GB 11892—1989
177	2179	21794816	95.4	−29.85	21795876	124	−27.06	不满意	GB/T 5750.7—2006
178	2180	21803414	131	−3.68	21806863	173	1.76	满意	GB/T 5750.7—2006
179	2181	21814855	136	0.00	21815559	166	−2.35	满意	GB 11892—1989
180	2182	21823578	139	2.21	21826129	171	0.59	满意	GB/T 5750.7—2006
181	2183	21834856	160	17.65	21835826	200	17.65	满意	GB 11892—1989
182	2184	21843582	137	0.74	21846740	171	0.59	满意	GB 11892—1989

续表

序号	机构代码	样品编码	平均值/(mg/L)	百分相对差 D/%	样品编码	平均值/(mg/L)	百分相对差 D/%	评价结果	所用检测方法
183	2185	21854574	156	14.71	21855969	192	12.94	满意	GB 11892—1989
184	2186	21863937	116	−14.71	21866380	186	9.41	满意	GB 11892—1989
185	2187	21874225	177	30.15	21875784	218	28.24	不满意	GB/T 5750.7—2006
186	2188	21883292	142	4.41	21886265	163	−4.12	满意	GB 11892—1989
187	2189	21894807	136	0.00	21895480	150	−11.76	满意	GB 11892—1989
188	2190	21903164	144	5.88	21906446	173	1.76	满意	GB 11892—1989
189	2191	21914332	127	−6.62	21915582	179	5.29	满意	GB/T 5750.7—2006
190	2192	21923897	159	16.91	21926344	203	19.41	满意	GB/T 5750.7—2006
191	2194	21943896	134	−1.47	21946917	179	5.29	满意	GB/T 5750.7—2006
192	2195	21954403	131	−3.68	21955129	174	2.35	满意	GB/T 5750.7—2006
193	2196	21963964	107	−21.32	21966498	136	−20.00	不满意	GB/T 5750.7—2006
194	2197	21974278	140	2.94	21975499	167	−1.76	满意	GB 11892—1989
195	2198	21983915	134	−1.47	21986307	169	−0.59	满意	GB/T 5750.7—2006
196	2199	21994653	139	2.21	21995485	166	−2.35	满意	GB 11892—1989
197	2200	22003135	172	26.47	22006800	215	26.47	不满意	GB 11892—1989
198	3002	30023564	119	−12.50	30026470	160	−5.88	满意	GB 11892—1989
199	3008	30083836	135	−0.74	30086729	170	0.00	满意	GB 11892—1989
200	3014	30143218	111	−18.38	30146712	160	−5.88	满意	GB 11892—1989
201	3020	30203432	132	−2.94	30206971	167	−1.76	满意	GB 11892—1989
202	3026	30263820	137	0.74	30266983	170.5	0.29	满意	GB 11892—1989
203	3032	30323309	135	−0.74	30326112	171	0.59	满意	GB 11892—1989
204	3038	30383628	135	−0.74	30386529	168	−1.18	满意	GB 11892—1989
205	3044	30443454	132	−2.94	30446190	168	−1.18	满意	GB 11892—1989
206	3050	30503834	135	−0.74	30506342	165	−2.94	满意	GB 11892—1989
207	3056	30563804	132	−2.94	30566287	164	−3.53	满意	GB 11892—1989
208	3062	30623137	134	−1.47	30626599	164	−3.53	满意	GB 11892—1989
209	3068	30683972	134	−1.47	30686891	162	−4.71	满意	GB 11892—1989
210	3074	30743737	131	−3.68	30746284	165	−2.94	满意	GB 11892—1989
211	3080	30803963	131	−3.68	30806647	164	−3.53	满意	GB 11892—1989
212	3086	30863343	129	−5.15	30866787	169	−0.59	满意	GB 11892—1989
213	3092	30923639	130	−4.41	30926185	168	−1.18	满意	GB 11892—1989
214	3098	30983305	127	−6.62	30986151	160	−5.88	满意	GB 11892—1989
215	3104	31043453	138	1.47	31046751	168	−1.18	满意	GB 11892—1989
216	3110	31103455	130	−4.41	31106402	164	−3.53	满意	GB 11892—1989
217	3116	31163413	130	−4.41	31166957	170	0.00	满意	GB 11892—1989
218	3122	31223158	140	2.94	31226348	146	−14.12	满意	GB 11892—1989

续表

序号	机构代码	样品编码	平均值/(mg/L)	百分相对差D/%	样品编码	平均值/(mg/L)	百分相对差D/%	评价结果	所用检测方法
219	3128	31283215	132	−2.94	31286511	163	−4.12	满意	GB 11892—1989
220	3134	31343686	105	−22.79	31346464	170	0.00	不满意	GB 11892—1989
221	3140	31403834	140	2.94	31406882	170	0.00	满意	GB 11892—1989
222	3146	31463601	134	−1.47	31466289	164	−3.53	满意	GB 11892—1989
223	3152	31523112	134	−1.47	31526275	166	−2.35	满意	GB 11892—1989
224	3158	31583430	136	0.00	31586870	167	−1.76	满意	GB 11892—1989
225	3164	31643173	134	−1.47	31646559	165	−2.94	满意	GB 11892—1989
226	3170	31703487	116	−14.71	31706700	157	−7.65	满意	GB 11892—1989
227	3176	31763598	134	−1.47	31766970	165	−2.94	满意	GB 11892—1989
228	3182	31823887	128	−5.88	31826149	169	−0.59	满意	GB 11892—1989
229	3188	31883948	75	−44.85	31886726	106	−37.65	不满意	GB 11892—1989
230	3194	31943548	131	−3.68	31946283	165	−2.94	满意	GB 11892—1989
231	3200	32003144	135	−0.74	32006315	165	−2.94	满意	GB 11892—1989
232	3206	32063193	135	−0.74	32066716	165	−2.94	满意	GB 11892—1989
233	3212	32123905	135	−0.74	32126849	168	−1.18	满意	GB 11892—1989
234	3218	32183327	131	−3.68	32186125	169	−0.59	满意	GB 11892—1989
235	3224	32243115	141	3.68	32246455	175	2.94	满意	GB 11892—1989
236	3230	32303923	135	−0.74	32306547	167	−1.76	满意	GB 11892—1989
237	3236	32363682	136	0.00	32366718	167	−1.76	满意	GB 11892—1989
238	3242	32423340	131	−3.68	32426833	159	−6.47	满意	GB 11892—1989
239	3248	32483723	136	0.00	32486975	174	2.35	满意	GB 11892—1989
240	3254	32543764	136	0.00	32546328	175	2.94	满意	GB 11892—1989
241	3260	32603579	145	6.62	32606624	176	3.53	满意	GB 11892—1989
242	3266	32663773	129	−5.15	32666864	181	6.47	满意	GB 11892—1989
243	3272	32723961	132	−2.94	32726310	166	−2.35	满意	GB 11892—1989
244	3278	32783139	131	−3.68	32786494	160	−5.88	满意	GB 11892—1989
245	3284	32843583	102	−25.00	32846429	146	−14.12	不满意	GB 11892—1989
246	3290	32903880	131	−3.68	32906246	166	−2.35	满意	GB 11892—1989
247	3296	32963882	143	5.15	32966132	175	2.94	满意	GB 11892—1989
248	3303	33034321	132	−2.94	33035814	166	−2.35	满意	GB 11892—1989
249	3309	33094616	142	4.41	33095570	186	9.41	满意	GB 11892—1989
备注	1. 样品2的指定值为136mg/L，样品3的指定值为170mg/L； 2. 能力评价采用百分相对差 $D=(x-X)/X\times100$，这里 x 为参加者的结果值，X 为指定值，当结果满足 $\|D\|\leqslant20\%$ 时，评价结果为满意；当结果满足 $\|D\|>20\%$ 时，评价结果为不满意。								

表 E-3　　**第三组（样品3和样品4）能力评价结果表**

序号	机构代码	样品编码	平均值/(mg/L)	百分相对差 D/%	样品编码	平均值/(mg/L)	百分相对差 D/%	评价结果	方　法
1	1021	10216654	182	7.06	10218743	208	0.97	满意	GB 11892—1989
2	1093	10936226	161	−5.29	10938189	204	−0.97	满意	GB/T 5750.7—2006
3	3003	30035306	162	−4.71	30038744	195	−5.34	满意	GB 11892—1989
4	3006	30066447	168	−1.18	30067871	203	−1.46	满意	GB 11892—1989
5	3009	30095232	166	−2.35	30098377	205	−0.49	满意	GB 11892—1989
6	3012	30126351	172	1.18	30127614	205	−0.49	满意	GB 11892—1989
7	3015	30155920	171	0.59	30158361	203	−1.46	满意	GB 11892—1989
8	3018	30186382	165	−2.94	30187939	206	0.00	满意	GB 11892—1989
9	3021	30215809	142	−16.47	30218512	192	−6.8	满意	GB 11892—1989
10	3027	30275577	172	1.18	30278543	210	1.94	满意	GB 11892—1989
11	3033	30335705	170	0.00	30338706	214	3.88	满意	GB 11892—1989
12	3039	30395764	168	−1.18	30398652	204	−0.97	满意	GB 11892—1989
13	3045	30455834	166	−2.35	30458475	203	−1.46	满意	GB 11892—1989
14	3051	30515919	164	−3.53	30518735	210	1.94	满意	GB 11892—1989
15	3057	30575368	165	−2.94	30578929	209	1.46	满意	GB 11892—1989
16	3063	30635895	182	7.06	30638789	212	2.91	满意	GB 11892—1989
17	3069	30695924	164	−3.53	30698465	204	−0.97	满意	GB 11892—1989
18	3075	30755616	166	−2.35	30758373	208	0.97	满意	GB 11892—1989
19	3081	30815376	154	−9.41	30818468	203	−1.46	满意	GB 11892—1989
20	3087	30875525	168	−1.18	30878788	200	−2.91	满意	GB 11892—1989
21	3093	30935891	167	−1.76	30938846	202	−1.94	满意	GB 11892—1989
22	3099	30995342	159	−6.47	30998584	208	0.97	满意	GB 11892—1989
23	3105	31055104	165	−2.94	31058753	206	0.00	满意	GB 11892—1989
24	3111	31115922	169	−0.59	31118659	204	−0.97	满意	GB 11892—1989
25	3117	31175837	170	0.00	31178465	198	−3.88	满意	GB 11892—1989
26	3123	31235503	147	−13.53	31238402	169	−17.96	满意	GB 11892—1989
27	3129	31295260	165	−2.94	31298417	203	−1.46	满意	GB 11892—1989
28	3135	31355177	175	2.94	31358556	211	2.43	满意	GB 11892—1989
29	3141	31415345	162	−4.71	31418254	203	−1.46	满意	GB 11892—1989
30	3147	31475554	164	−3.53	31478238	202	−1.94	满意	GB 11892—1989
31	3153	31535715	166	−2.35	31538804	204	−0.97	满意	GB 11892—1989
32	3159	31595713	167	−1.76	31598948	205	−0.49	满意	GB 11892—1989
33	3165	31655150	168	−1.18	31658817	206	0.00	满意	GB 11892—1989
34	3171	31715752	180	5.88	31718645	216	4.85	满意	GB 11892—1989

续表

序号	机构代码	样品编码	平均值/(mg/L)	百分相对差 D/%	样品编码	平均值/(mg/L)	百分相对差 D/%	评价结果	方　法
35	3177	31775609	168	−1.18	31778753	208	0.97	满意	GB 11892—1989
36	3183	31835650	167	−1.76	31838432	199	−3.40	满意	GB 11892—1989
37	3189	31895379	168	−1.18	31898409	196	−4.85	满意	GB 11892—1989
38	3195	31955647	165	−2.94	31958798	206	0.00	满意	GB 11892—1989
39	3201	32015595	164	−3.53	32018760	210	1.94	满意	GB 11892—1989
40	3207	32075581	165	−2.94	32078238	210	1.94	满意	GB 11892—1989
41	3213	32135382	171	0.59	32138588	205	−0.49	满意	GB 11892—1989
42	3219	32195650	165	−2.94	32198603	205	−0.49	满意	GB 11892—1989
43	3225	32255205	160	−5.88	32258630	205	−0.49	满意	GB 11892—1989
44	3231	32315477	166	−2.35	32318165	202	−1.94	满意	GB 11892—1989
45	3237	32375426	166	−2.35	32378973	202	−1.94	满意	GB 11892—1989
46	3243	32435187	168	−1.18	32438885	206	0.00	满意	GB 11892—1989
47	3249	32495390	166	−2.35	32498845	206	0.00	满意	GB 11892—1989
48	3255	32555124	172	1.18	32558439	212	2.91	满意	GB 11892—1989
49	3261	32615974	175	2.94	32618410	216	4.85	满意	GB 11892—1989
50	3267	32675914	168	−1.18	32678356	207	0.49	满意	GB 11892—1989
51	3273	32735604	166	−2.35	32738645	210	1.94	满意	GB 11892—1989
52	3279	32795323	168	−1.18	32798710	215	4.37	满意	GB 11892—1989
53	3285	32855847	174	2.35	32858248	176	−14.56	满意	GB 11892—1989
54	3291	32915335	174	2.35	32918739	215	4.37	满意	GB 11892—1989
55	3297	32975716	164	−3.53	32978393	199	−3.40	满意	GB 11892—1989
56	3304	33046132	164	−3.53	33047125	212	2.91	满意	GB 11892—1989
57	3310	33106741	169	−0.59	33107705	197	−4.37	满意	GB 11892—1989
备注	1. 样品3的指定值为170mg/L，样品4的指定值为206mg/L； 2. 能力评价采用百分相对差 $D=(x-X)/X\times100$，这里 x 为参加者的结果值，X 为指定值，当结果满足 $\|D\|\leqslant20\%$ 时，评价结果为满意；当结果满足 $\|D\|>20\%$ 时，评价结果为不满意。								

表 E-4　　第四组（样品1和样品3）能力评价结果表

序号	机构代码	样品编码	平均值/(mg/L)	百分相对差 D/%	样品编码	平均值/(mg/L)	百分相对差 D/%	评价结果	方　法
1	1201	12011831	120	12.15	12015297	181	6.47	满意	GB 11892—1989
2	1202	12022823	115	7.48	12026151	167	−1.76	满意	GB 11892—1989
3	1203	12031766	110	2.80	12035283	162	−4.71	满意	GB 11892—1989
4	1204	12042976	106	−0.93	12046611	166	−2.35	满意	GB 11892—1989
5	1205	12051685	119	11.21	12055321	170	0.00	满意	GB 11892—1989
6	1206	12062962	103	−3.74	12066456	168	−1.18	满意	GB 11892—1989

续表

序号	机构代码	样品编码	平均值/(mg/L)	百分相对差 D/%	样品编码	平均值/(mg/L)	百分相对差 D/%	评价结果	方　法
7	1207	12071685	112	4.67	12075787	174	2.35	满意	GB 11892—1989
8	1208	12082529	105	－1.87	12086911	192	12.94	满意	GB/T 5750.7—2006
9	1209	12091770	108	0.93	12095823	170	0.00	满意	GB/T 5750.7—2006
10	1210	12102434	125	16.82	12106959	170	0.00	满意	GB/T 5750.7—2006
11	1212	12122453	116	8.41	12126492	179	5.29	满意	GB/T 5750.7—2006
12	1213	12131868	107	0.00	12135300	165	－2.94	满意	GB/T 5750.7—2006
13	1214	12142736	97.5	－8.88	12146984	164	－3.53	满意	GB 11892—1989
14	1215	12151801	105	－1.87	12155313	164	－3.53	满意	GB/T 5750.7—2006
15	1216	12162497	112	4.67	12166689	174	2.35	满意	GB 11892—1989
16	1217	12171979	108	0.93	12175379	181	6.47	满意	GB 11892—1989
17	1218	12182821	123	14.95	12186199	190	11.76	满意	GB/T 5750.7—2006
18	1219	12191573	186	73.83	12195317	63.2	－62.82	不满意	GB/T 5750.7—2006
19	1220	12202729	110	2.80	12206154	182	7.06	满意	GB/T 5750.7—2006
20	1221	12211275	105	－1.87	12215969	165	－2.94	满意	GB/T 5750.7—2006
21	1222	12222217	106	－0.93	12226420	170	0.00	满意	GB 11892—1989
22	1223	12231976	74.7	－30.19	12235237	150	－11.76	不满意	GB 11892—1989
23	1224	12242464	108	0.93	12246893	170	0.00	满意	GB 11892—1989
24	1225	12251694	103	－3.74	12255428	171	0.59	满意	GB 11892—1989
25	1226	12262424	100	－6.54	12266644	159	－6.47	满意	GB/T 5750.7—2006
26	1227	12271761	155	44.86	12275350	183	7.65	不满意	DZ/T 0064.68—1993
27	1228	12282900	108	0.93	12286635	170	0.00	满意	GB/T 5750.7—2006
28	1229	12291340	108	0.93	12295769	177	4.12	满意	GB 11892—1989
29	1230	12302893	120	12.15	12306960	183	7.65	满意	GB/T 5750.7—2006
30	1231	12311281	102	－4.67	12315448	178	4.71	满意	GB 11892—1989
31	1232	12322667	100	－6.54	12326496	160	－5.88	满意	GB 11892—1989
32	1233	12331899	108	0.93	12335166	169	－0.59	满意	GB 11892—1989
33	1234	12342782	108	0.93	12346929	168	－1.18	满意	GB 11892—1989
34	1235	12351499	104	－2.80	12355634	164	－3.53	满意	GB 11892—1989
35	1236	12362582	105	－1.87	12366755	170	0.00	满意	GB 11892—1989
36	1237	12371170	91.1	－14.86	12375855	170	0.00	满意	GB 11892—1989
37	1238	12382514	106	－0.93	12386682	168	－1.18	满意	GB 11892—1989
38	1239	12391626	117	9.35	12395326	174	2.35	满意	GB/T 5750.7—2006
39	1240	12402448	106	－0.93	12406724	197	15.88	满意	GB/T 5750.7—2006
40	1241	12411842	100	－6.54	12415959	161	－5.29	满意	GB 11892—1989
41	1242	12422246	110	2.80	12426626	176	3.53	满意	GB 11892—1989

续表

序号	机构代码	样品编码	平均值/(mg/L)	百分相对差 D/%	样品编码	平均值/(mg/L)	百分相对差 D/%	评价结果	方　法
42	1243	12431281	113	5.61	12435547	175	2.94	满意	GB/T 5750.7—2006
43	1244	12442262	108	0.93	12446485	172	1.18	满意	GB 11892—1989
44	1245	12451901	108	0.93	12455840	169	−0.59	满意	GB 11892—1989
45	1246	12462243	112	4.67	12466138	183	7.65	满意	GB 11892—1989
46	1247	12471736	109	1.87	12475261	163	−4.12	满意	GB/T 5750.7—2006
47	1248	12482657	104	−2.80	12486229	170	0.00	满意	GB 11892—1989
48	1249	12491124	117	9.35	12495265	174	2.35	满意	GB/T 5750.7—2006
49	1250	12502650	124	15.89	12506276	201	18.24	满意	GB/T 5750.7—2006
50	1251	12511213	104	−2.80	12515722	172	1.18	满意	GB 11892—1989
51	1252	12522254	99.2	−7.29	12526907	151	−11.18	满意	GB/T 5750.7—2006
52	1253	12531297	105	−1.87	12535219	168	−1.18	满意	GB/T 5750.7—2006
53	1254	12542103	81.7	−23.64	12546692	130	−23.53	不满意	GB/T 5750.7—2006
54	1255	12551111	107	0.00	12555373	172	1.18	满意	GB 11892—1989
55	1256	12562385	110	2.80	12566354	169	−0.59	满意	GB/T 5750.7—2006
56	1257	12571214	113	5.61	12575309	168	−1.18	满意	GB/T 5750.7—2006
57	1258	12582500	107	0.00	12586791	164	−3.53	满意	GB/T 5750.7—2006
58	1259	12591139	145	35.51	12595499	209	22.94	不满意	GB/T 5750.7—2006
59	1261	12611586	111	3.74	12615577	174	2.35	满意	DZ/T 0064.68—1993
60	1262	12622225	115	7.48	12626714	185	8.82	满意	GB 11892—1989
61	1263	12631187	108	0.93	12635531	169	−0.59	满意	GB 11892—1989
62	1264	12642260	108	0.93	12646302	169	−0.59	满意	GB 11892—1989
63	1265	12651289	108	0.93	12655416	168	−1.18	满意	GB 11892—1989
64	1266	12662910	190	77.57	12666434	206	21.18	不满意	GB/T 5750.7—2006
65	1267	12671555	107	0.00	12675270	164	−3.53	满意	GB/T 5750.7—2006
66	1268	12682675	104	−2.80	12686839	161	−5.29	满意	GB 11892—1989
67	1269	12691813	106	−0.93	12695266	158	−7.06	满意	GB/T 5750.7—2006
68	1270	12702780	112	4.67	12706219	172	1.18	满意	GB 11892—1989
69	1271	12711498	106	−0.93	12715113	176	3.53	满意	GB 11892—1989
70	1272	12722948	102	−4.67	12726592	168	−1.18	满意	GB 11892—1989
71	1273	12731627	118	10.28	12735577	175	2.94	满意	GB 11892—1989
72	1274	12742943	94.2	−11.96	12746237	164	−3.53	满意	GB 11892—1989
73	1275	12751597	104	−2.80	12755366	171	0.59	满意	GB/T 5750.7—2006
74	1276	12762550	114	6.54	12766590	144	−15.29	满意	GB 11892—1989
75	1277	12771744	105	−1.87	12775330	165	−2.94	满意	GB/T 5750.7—2006
76	1278	12782213	116	8.41	12786360	180	5.88	满意	GB 11892—1989

续表

序号	机构代码	样品编码	平均值/(mg/L)	百分相对差 D/%	样品编码	平均值/(mg/L)	百分相对差 D/%	评价结果	方　法
77	1279	12791365	104	−2.80	12795721	170	0.00	满意	GB 11892—1989
78	1280	12802333	106	−0.93	12806321	166	−2.35	满意	GB/T 5750.7—2006
79	1281	12811905	102	−4.67	12815447	139	−18.24	满意	GB 11892—1989
80	1282	12822636	105	−1.87	12826281	160	−5.88	满意	GB 11892—1989
81	1283	12831323	115	7.48	12835755	182	7.06	满意	GB 11892—1989
82	1284	12842186	107	0.00	12846175	180	5.88	满意	GB/T 5750.7—2006
83	1285	12851112	96	−10.28	12855942	166	−2.35	满意	GB 11892—1989
84	1286	12862613	102	−4.67	12866823	162	−4.71	满意	GB/T 5750.7—2006
85	1287	12871894	98.4	−8.04	12875432	202	18.82	满意	GB 11892—1989
86	1288	12882306	110	2.80	12886603	175	2.94	满意	GB/T 5750.7—2006
87	1289	12891497	106	−0.93	12895835	167	−1.76	满意	GB 11892—1989
88	1290	12902624	110	2.80	12906138	175	2.94	满意	GB 11892—1989
89	1291	12911268	139	29.91	12915280	206	21.18	不满意	GB 11892—1989
90	1292	12922295	111	3.74	12926254	163	−4.12	满意	GB 11892—1989
91	1293	12931167	58.1	−45.70	12935185	90.2	−46.94	不满意	DZ/T 0064.68—1993
92	1294	12942369	105	−1.87	12946889	172	1.18	满意	GB/T 5750.7—2006
93	1295	12951113	141	31.78	12955533	72.6	−57.29	不满意	GB 11892—1989
94	1296	12962248	56.8	−46.92	12966858	106	−37.65	不满意	GB/T 5750.7—2006
95	1297	12971160	97.7	−8.69	12975664	172	1.18	满意	GB/T 5750.7—2006
96	1298	12982352	105	−1.87	12986508	166	−2.35	满意	GB 11892—1989
97	1299	12991188	75.4	−29.53	12995814	146	−14.12	不满意	GB 11892—1989
98	1300	13002600	106	−0.93	13006207	172	1.18	满意	GB/T 5750.7—2006
99	1301	13011422	108	0.93	13015432	180	5.88	满意	GB/T 5750.7—2006
100	1302	13022567	114	6.54	13026525	180	5.88	满意	DZ/T 0064.68—1993
101	2201	22011299	108	0.93	22015176	172	1.18	满意	GB/T 5750.7—2006
102	2202	22022673	101	−5.61	22026176	165	−2.94	满意	GB 11892—1989
103	2203	22031302	101	−5.61	22035847	165	−2.94	满意	GB/T 5750.7—2006
104	2204	22042813	1.76	−98.36	22046544	3.16	−98.14	不满意	GB 11892—1989
105	2205	22051287	2.22	−97.93	22055493	3.62	−97.87	不满意	GB 11892—1989
106	2206	22062476	103	−3.74	22066770	181	6.47	满意	GB/T 5750.7—2006
107	2207	22071446	122	14.02	22075927	188	10.59	满意	GB 11892—1989
108	2208	22082934	144	34.58	22086359	192	12.94	不满意	GB 11892—1989
109	2209	22091228	132	23.36	22095588	192	12.94	不满意	GB 11892—1989
110	2210	22102537	108	0.93	22106648	170	0.00	满意	GB/T 5750.7—2006
111	2211	22111400	117	9.35	22115911	189	11.18	满意	GB 11892—1989

续表

序号	机构代码	样品编码	平均值/(mg/L)	百分相对差 D/%	样品编码	平均值/(mg/L)	百分相对差 D/%	评价结果	方　法
112	2212	22122391	97.5	−8.88	22126357	164	−3.53	满意	GB 11892—1989
113	2213	22131513	114	6.54	22135787	177	4.12	满意	GB 8538—2016
114	2214	22142468	101	−5.61	22146181	168	−1.18	满意	GB/T 5750.7—2006
115	2215	22151985	103	−3.74	22155309	172	1.18	满意	GB 11892—1989
116	2216	22162752	91.6	−14.39	22166241	145	−14.71	满意	GB 11892—1989
117	2217	22171336	103	−3.74	22175274	165	−2.94	满意	GB 11892—1989
118	2218	22182519	135	26.17	22186831	203	19.41	不满意	GB 11892—1989
119	2219	22191898	99	−7.48	22195929	162	−4.71	满意	GB/T 5750.7—2006
120	2220	22202927	95	−11.21	22206616	164	−3.53	满意	GB/T 5750.7—2006
121	2221	22211683	108	0.93	22215226	176	3.53	满意	GB 11892—1989
122	2222	22222205	110	2.80	22226744	169	−0.59	满意	GB 11892—1989
123	2223	22231663	114	6.54	22235215	175	2.94	满意	GB/T 5750.7—2006
124	2224	22242414	102	−4.67	22246660	170	0.00	满意	GB 11892—1989
125	2225	22251695	98.1	−8.32	22255753	176	3.53	满意	GB 11892—1989
126	2226	22262111	104	−2.80	22266755	169	−0.59	满意	GB/T 5750.7—2006
127	2227	22271556	95.2	−11.03	22275924	161	−5.29	满意	GB 11892—1989
128	2228	22282843	86	−19.63	22286313	165	−2.94	满意	GB 11892—1989
129	2229	22291971	114	6.54	22295318	178	4.71	满意	GB 11892—1989
130	2230	22302266	106	−0.93	22306210	161	−5.29	满意	GB 11892—1989
131	2231	22311737	104	−2.80	22315106	162	−4.71	满意	GB 11892—1989
132	2232	22322374	116	8.41	22326391	181	6.47	满意	GB 11892—1989
133	2233	22331231	106	−0.93	22335615	148	−12.94	满意	GB/T 5750.7—2006
134	2234	22342116	102	−4.67	22346789	146	−14.12	满意	GB 11892—1989
135	2235	22351704	130	21.50	22355928	208	22.35	不满意	GB/T 5750.7—2006
136	2236	22362185	126	17.76	22366103	176	3.53	满意	GB 11892—1989
137	2237	22371616	103	−3.74	22375889	166	−2.35	满意	GB/T 5750.7—2006
138	2238	22382243	105	−1.87	22386821	165	−2.94	满意	GB 11892—1989
139	2239	22391779	104	−2.80	22395564	171	0.59	满意	GB 11892—1989
140	2240	22402355	105	−1.87	22406448	168	−1.18	满意	GB 11892—1989
141	2241	22411668	125	16.82	22415915	176	3.53	满意	GB 11892—1989
142	2242	22422815	110	2.80	22426368	173	1.76	满意	GB 11892—1989
143	2243	22431943	104	−2.80	22435126	178	4.71	满意	GB 11892—1989
144	2244	22442493	109	1.87	22446232	169	−0.59	满意	GB 11892—1989
145	2245	22451120	116	8.41	22455202	175	2.94	满意	GB 11892—1989
146	2246	22462713	2.32	−97.83	22466164	3.74	−97.80	不满意	GB 11892—1989

续表

序号	机构代码	样品编码	平均值/(mg/L)	百分相对差 D/%	样品编码	平均值/(mg/L)	百分相对差 D/%	评价结果	方　法
147	2247	22471845	102	−4.67	22475163	159	−6.47	满意	GB 11892—1989
148	2248	22482666	118	10.28	22486264	170	0.00	满意	GB/T 5750.7—2006
149	2249	22491506	115	7.48	22495361	185	8.82	满意	GB 11892—1989
150	2250	22502641	97	−9.35	22506363	163	−4.12	满意	GB 11892—1989
151	2252	22522391	98.4	−8.04	22526697	148	−12.94	满意	GB 11892—1989
152	2253	22531403	106	−0.93	22535169	170	0.00	满意	GB 11892—1989
153	2254	22542947	108	0.93	22546782	178	4.71	满意	GB/T 5750.7—2006
154	2255	22551766	80	−25.23	22555115	143	−15.88	不满意	GB 11892—1989
155	2256	22562372	104	−2.80	22566884	166	−2.35	满意	GB 11892—1989
156	2257	22571935	101	−5.61	22575667	172	1.18	满意	GB 11892—1989
157	2258	22582486	112	4.67	22586173	175	2.94	满意	GB 11892—1989
158	2259	22591838	146	36.45	22595337	198	16.47	不满意	GB 11892—1989
159	2260	22602242	99	−7.48	22606333	168	−1.18	满意	GB 11892—1989
160	2261	22611755	112	4.67	22615977	173	1.76	满意	GB 11892—1989
161	2262	22622645	125	16.82	22626903	184	8.24	满意	GB 11892—1989
162	2263	22631438	124	15.89	22635237	189	11.18	满意	GB 11892—1989
163	2264	22642785	96.5	−9.81	22646428	161	−5.29	满意	GB 11892—1989
164	2265	22651431	98.6	−7.85	22655612	162	−4.71	满意	GB 11892—1989
165	2266	22662424	122	14.02	22666965	185	8.82	满意	GB 11892—1989
166	2267	22671297	107	0.00	22675336	155	−8.82	满意	GB/T 5750.7—2006
167	2268	22682763	138	28.97	22686212	229	34.71	不满意	GB 11892—1989
168	2269	2691114	106	−0.93	22695925	161	−5.29	满意	GB 11892—1989
169	2270	22702964	96.7	−9.63	22706651	168	−1.18	满意	GB 11892—1989
170	2271	22711184	98	−8.41	22715365	159	−6.47	满意	GB 11892—1989
171	2272	22722921	122	14.02	22726404	172	1.18	满意	GB 11892—1989
172	2273	22731125	108	0.93	22735185	159	−6.47	满意	GB 11892—1989
173	2274	22742443	96.9	−9.44	22746904	169	−0.59	满意	GB/T 5750.7—2006
174	2275	22751884	110	2.80	22755795	177	4.12	满意	GB/T 5750.7—2006
175	2276	22762626	86	−19.63	22766170	154	−9.41	满意	GB 11892—1989
176	2277	22771825	108	0.93	22775291	180	5.88	满意	GB 11892—1989
177	2278	22782880	123	14.95	22786937	165	−2.94	满意	GB 11892—1989
178	2279	22791138	114	6.54	22795488	176	3.53	满意	GB/T 5750.7—2006
179	2280	22802137	2.03	−98.10	22806588	3.35	−98.03	不满意	GB 11892—1989
180	2281	22811220	111	3.74	22815961	168	−1.18	满意	GB/T 5750.7—2006
181	2282	22822531	82.3	−23.08	22826663	152	−10.59	不满意	GB 11892—1989

续表

序号	机构代码	样品编码	平均值/(mg/L)	百分相对差 D/%	样品编码	平均值/(mg/L)	百分相对差 D/%	评价结果	方　法
182	2283	22831296	113	5.61	22835111	167	−1.76	满意	GB 11892—1989
183	2284	22842683	102	−4.67	22846460	164	−3.53	满意	GB 11892—1989
184	2285	22851909	102	−4.67	22855238	160	−5.88	满意	GB 11892—1989
185	2286	22862362	104	−2.80	22866398	165	−2.94	满意	GB 11892—1989
186	2287	22871123	122	14.02	22875990	178	4.71	满意	GB/T 5750.7—2006
187	2288	22882187	124	15.89	22886759	182	7.06	满意	GB 11892—1989
188	2289	22891784	107	0.00	22895828	166	−2.35	满意	GB/T5750.7—2006
189	2290	22902954	185	72.9	22906893	143	−15.88	不满意	GB 11892—1989
190	2291	22911910	114	6.54	22915583	173	1.76	满意	GB 11892—1989
191	2292	22922433	101	−5.61	22926672	153	−10.00	满意	GB 11892—1989
192	2293	22931545	2.54	−97.63	22935467	3.82	−97.75	不满意	GB 11892—1989
193	2294	22942722	115	7.48	22946664	177	4.12	满意	GB/T 5750.7—2006
194	2295	22951123	111	3.74	22955894	155	−8.82	满意	GB 11892—1989
195	2296	22962286	96.6	−9.72	22966476	167	−1.76	满意	GB 11892—1989
196	2297	22971800	110	2.80	22975763	176	3.53	满意	GB/T 5750.7—2006
197	2298	22982480	106	−0.93	22986440	165	−2.94	满意	GB 11892—1989
198	2299	22991394	102	−4.67	22995500	164	−3.53	满意	GB 11892—1989
199	2300	23002937	108	0.93	23006600	161	−5.29	满意	GB 11892—1989
200	3004	30042541	102	−4.67	30046132	163	−4.12	满意	GB 11892—1989
201	3010	30102621	108	0.93	30106789	174	2.35	满意	GB 11892—1989
202	3016	30162829	103	−3.74	30166544	164	−3.53	满意	GB 11892—1989
203	3022	30222479	108	0.93	30226274	168	−1.18	满意	GB 11892—1989
204	3028	30282827	109	1.87	30286265	169	−0.59	满意	GB 11892—1989
205	3034	30342306	112	4.67	30346774	170	0.00	满意	GB/T 5750.7—2006
206	3040	30402142	106	−0.93	30406376	166	−2.35	满意	GB 11892—1989
207	3046	30462881	106	−0.93	30466945	168	−1.18	满意	GB 11892—1989
208	3052	30522667	106	−0.93	30526443	165	−2.94	满意	GB 11892—1989
209	3058	30582720	104	−2.80	30586681	164	−3.53	满意	GB 11892—1989
210	3064	30642366	99.8	−6.73	30646610	170	0.00	满意	GB 11892—1989
211	3070	30702722	104	−2.80	30706742	166	−2.35	满意	GB 11892—1989
212	3076	30762470	105	−1.87	30766835	165	−2.94	满意	GB 11892—1989
213	3082	30822300	112	4.67	30826857	174	2.35	满意	GB 11892—1989
214	3088	30882863	107	0.00	30886949	168	−1.18	满意	GB 11892—1989
215	3094	30942903	107	0.00	30946949	169	−0.59	满意	GB 11892—1989
216	3100	31002788	105	−1.87	31006879	161	−5.29	满意	GB 11892—1989
217	3106	31062935	105	−1.87	31066714	165	−2.94	满意	GB 11892—1989

续表

序号	机构代码	样品编码	平均值/(mg/L)	百分相对差 D/%	样品编码	平均值/(mg/L)	百分相对差 D/%	评价结果	方　法
218	3112	31122761	105	－1.87	31126241	166	－2.35	满意	GB 11892—1989
219	3118	31182130	105	－1.87	31186592	170	0.00	满意	GB 11892—1989
220	3124	31242588	107	0.00	31246765	170	0.00	满意	GB 11892—1989
221	3130	31302409	104	－2.80	31306857	165	－2.94	满意	GB 11892—1989
222	3136	31362264	106	－0.93	31366137	168	－1.18	满意	GB 11892—1989
223	3142	31422583	105	－1.87	31426379	165	－2.94	满意	GB 11892—1989
224	3148	31482819	105	－1.87	31486696	168	－1.18	满意	GB 11892—1989
225	3154	31542263	108	0.93	31546602	166	－2.35	满意	GB 11892—1989
226	3160	31602292	105	－1.87	31606581	166	－2.35	满意	GB 11892—1989
227	3166	31662212	108	0.93	31666202	166	－2.35	满意	GB 11892—1989
228	3172	31722469	109	1.87	31726188	176	3.53	满意	GB 11892—1989
229	3178	31782877	105	－1.87	31786876	168	－1.18	满意	GB 11892—1989
230	3184	31842884	104	－2.80	31846833	164	－3.53	满意	GB 11892—1989
231	3190	31902198	106	－0.93	31906405	168	－1.18	满意	GB 11892—1989
232	3196	31962261	105	－1.87	31966894	165	－2.94	满意	GB 11892—1989
233	3202	32022562	106	－0.93	32026940	163	－4.12	满意	GB 11892—1989
234	3208	32082464	108	0.93	32086140	168	－1.18	满意	GB/T 5750.7—2006
235	3214	32142631	109	1.87	32146806	170	0.00	满意	GB 11892—1989
236	3220	32202326	105	－1.87	32206965	168	－1.18	满意	GB 11892—1989
237	3226	32262844	100	－6.54	32266188	173	1.76	满意	GB 11892—1989
238	3232	32322263	106	－0.93	32326700	168	－1.18	满意	GB 11892—1989
239	3238	32382330	106	－0.93	32386996	168	－1.18	满意	GB 11892—1989
240	3244	32442812	106	－0.93	32446907	170	0.00	满意	GB 11892—1989
241	3250	32502822	104	－2.80	32506730	170	0.00	满意	GB 11892—1989
242	3256	32562527	107	0.00	32566482	170	0.00	满意	GB 11892—1989
243	3262	32622569	104	－2.80	32626732	163	－4.12	满意	GB 11892—1989
244	3268	32682945	105	－1.87	32686948	165	－2.94	满意	GB 11892—1989
245	3274	32742394	106	－0.93	32746456	165	－2.94	满意	GB 11892—1989
246	3280	32802825	96.3	－10.00	32806580	160	－5.88	满意	GB 11892—1989
247	3286	32862741	118	10.28	32866998	163	－4.12	满意	GB 11892—1989
248	3292	32922535	118	10.28	32926213	169	－0.59	满意	GB 11892—1989
249	3298	32982530	100	－6.54	32986297	170	0.00	满意	GB 11892—1989
250	3305	33051157	106	－0.93	33055882	175	2.94	满意	GB 11892—1989
251	3311	33111398	92.6	－13.46	33115314	152	－10.59	满意	GB 11892—1989
备注	1. 样品1的指定值为107mg/L，样品3的指定值为170mg/L； 2. 能力评价采用百分相对差 $D=(x-X)/X\times100$，这里 x 为参加者的结果值，X 为指定值，当结果满足 $\lvert D\rvert\leqslant20\%$ 时，评价结果为满意；当结果满足 $\lvert D\rvert>20\%$ 时，评价结果为不满意。								

表 E-5　　第五组（样品 2 和样品 4）能力评价结果表

序号	机构代码	样品编码	平均值 /(mg/L)	百分相对差 D/%	样品编码	平均值 /(mg/L)	百分相对差 D/%	评价结果	方法
1	1303	13034331	142	4.41	13038162	203	−1.46	满意	GB/T 5750.7—2006
2	1304	13043467	136	0.00	13047731	205	−0.49	满意	GB 11892—1989
3	1305	13054744	132	−2.94	13058691	204	−0.97	满意	GB 11892—1989
4	1306	13063219	146	7.35	13067734	173	−16.02	满意	GB/T 5750.7—2006
5	1307	13074916	138	1.47	13078343	212	2.91	满意	GB 11892—1989
6	1308	13083743	132	−2.94	13087388	205	−0.49	满意	GB 11892—1989
7	1309	13094191	123	−9.56	13098471	199	−3.40	满意	GB 11892—1989
8	1310	13103396	136	0.00	13107723	194	−5.83	满意	GB 11892—1989
9	1311	13114984	147	8.09	13118669	221	7.28	满意	GB 11892—1989
10	1312	13123719	124	−8.82	13127212	204	−0.97	满意	GB 11892—1989
11	1313	13134692	137	0.74	13138975	208	0.97	满意	GB 11892—1989
12	1314	13143997	127	−6.62	13147221	194	−5.83	满意	GB 11892—1989
13	1315	13154150	145	6.62	13158839	216	4.85	满意	GB 11892—1989
14	1316	13163298	153	12.50	13167752	225	9.22	满意	GB 11892—1989
15	1317	13174704	188	38.24	13178383	162	−21.36	不满意	GB/T 5750.7—2006
16	1318	13183937	132	−2.94	13187798	206	0.00	满意	GB 11892—1989
17	1319	13194940	135	−0.74	13198251	206	0.00	满意	GB 11892—1989
18	1320	13203754	132	−2.94	13207437	207	0.49	满意	GB 11892—1989
19	2301	23014247	148	8.82	23018883	215	4.37	满意	GB 11892—1989
20	2302	23023890	157	15.44	23027218	230	11.65	满意	GB 11892—1989
21	2303	23034360	142	4.41	23038352	194	−5.83	满意	GB 11892—1989
22	2304	23043214	141	3.68	23047107	202	−1.94	满意	GB 11892—1989
23	2305	23054480	155	13.97	23058624	222	7.77	满意	GB 11892—1989
24	2306	23063797	216	58.82	23067874	141	−31.55	不满意	GB 11892—1989
25	2307	23074890	120	−11.76	23078164	200	−2.91	满意	GB/T 5750.7—2006
26	2308	23083367	166	22.06	23087636	228	10.68	不满意	GB 11892—1989
27	2309	23094221	109	−19.85	23098510	179	−13.11	满意	GB 11892—1989
28	2310	23103754	137	0.74	23107282	205	−0.49	满意	GB/T 5750.7—2006
29	2311	23114178	138	1.47	23118949	209	1.46	满意	GB 11892—1989
30	2312	23123594	138	1.47	23127281	210	1.94	满意	GB 11892—1989
31	2313	23134749	115	−15.44	23138281	188	−8.74	满意	GB 11892—1989
32	2314	23143840	179	31.62	23147893	221	7.28	不满意	GB/T 5750.7—2006
33	2315	23154501	188	38.24	23158585	235	14.08	不满意	GB 11892—1989
34	2316	23163988	110	−19.12	23167291	186	−9.71	满意	GB 11892—1989

续表

序号	机构代码	样品编码	平均值/(mg/L)	百分相对差 D/%	样品编码	平均值/(mg/L)	百分相对差 D/%	评价结果	方 法
35	2317	23174985	149	9.56	23178650	212	2.91	满意	GB 11892—1989
36	2318	23183540	144	5.88	23187688	210	1.94	满意	GB 11892—1989
37	2319	23194168	108	−20.59	23198498	191	−7.28	不满意	GB 11892—1989
38	2320	23203445	142	4.41	23207984	215	4.37	满意	GB/T 5750.7—2006
39	2321	23214897	152	11.76	23218685	218	5.83	满意	GB 11892—1989
40	2322	23223393	163	19.85	23227945	220	6.80	满意	GB 11892—1989
41	2323	23234870	138	1.47	23238889	210	1.94	满意	GB/T 5750.7—2006
42	2324	23243384	2.44	−98.21	23247504	3.66	−98.22	不满意	GB/T 5750.7—2006
43	2325	23254203	132	−2.94	23258670	195	−5.34	满意	GB 11892—1989
44	2326	23263298	138	1.47	23267915	197	−4.37	满意	GB 11892—1989
45	2327	23274917	156	14.71	23278600	228	10.68	满意	GB 11892—1989
46	2328	23283721	123	−9.56	23287247	196	−4.85	满意	GB 11892—1989
47	2329	23294411	2.58	−98.10	23298807	4.27	−97.93	不满意	GB 11892—1989
48	2330	23303310	116	−14.71	23307807	193	−6.31	满意	GB 11892—1989
49	2331	23314456	135	−0.74	23318508	201	−2.43	满意	GB 11892—1989
50	2332	23323735	159	16.91	23327544	210	1.94	满意	GB 11892—1989
51	2333	23334520	132	−2.94	23338303	194	−5.83	满意	GB 11892—1989
52	2334	23343661	2.79	−97.95	23347726	4.08	−98.02	不满意	GB 11892—1989
53	2335	23354111	155	13.97	23358873	222	7.77	满意	GB/T 5750.7—2006
54	2336	23363583	133	−2.21	23367943	204	−0.97	满意	GB 11892—1989
55	2337	23374248	134	−1.47	23378148	210	1.94	满意	GB 11892—1989
56	1327	13273483	137	0.74	13277633	205	−0.49	满意	GB 11892—1989
57	3005	30054292	125	−8.09	30058575	197	−4.37	满意	GB 11892—1989
58	3011	30114103	154	13.24	30118834	216	4.85	满意	GB 11892—1989
59	3017	30174187	135	−0.74	30178215	202	−1.94	满意	GB 11892—1989
60	3024	30243597	130	−4.41	30247363	200	−2.91	满意	GB 11892—1989
61	3029	30294199	134	−1.47	30298996	213	3.40	满意	GB 11892—1989
62	3035	30354303	136	0.00	30358224	214	3.88	满意	GB 11892—1989
63	3041	30414196	132	−2.94	30418281	206	0.00	满意	GB 11892—1989
64	3047	30474875	130	−4.41	30478296	208	0.97	满意	GB 11892—1989
65	3053	30534141	132	−2.94	30538403	210	1.94	满意	GB 11892—1989
66	3059	30594591	143	5.15	30598278	210	1.94	满意	GB 11892—1989
67	3065	30654418	138	1.47	30658995	207	0.49	满意	GB 11892—1989
68	3071	30714483	129	−5.15	30718626	205	−0.49	满意	GB 11892—1989

续表

序号	机构代码	样品编码	平均值/(mg/L)	百分相对差 D/%	样品编码	平均值/(mg/L)	百分相对差 D/%	评价结果	方　法
69	3077	30774592	134	−1.47	30778138	201	−2.43	满意	GB 11892—1989
70	3083	30834759	137	0.74	30838523	205	−0.49	满意	GB 11892—1989
71	3089	30894298	134	−1.47	30898412	203	−1.46	满意	GB 11892—1989
72	3095	30954152	135	−0.74	30958587	210	1.94	满意	GB 11892—1989
73	3101	31014997	130	−4.41	31018981	210	1.94	满意	GB 11892—1989
74	3107	31074310	133	−2.21	31078826	200	−2.91	满意	GB 11892—1989
75	3113	31134148	136	0.00	31138377	206	0.00	满意	GB 11892—1989
76	3119	31194280	132	−2.94	31198241	209	1.46	满意	GB 11892—1989
77	3125	31254417	138	1.47	31258267	204	−0.97	满意	GB 11892—1989
78	3131	31314683	135	−0.74	31318878	206	0.00	满意	GB 11892—1989
79	3137	31374927	133	−2.21	31378781	205	−0.49	满意	GB 11892—1989
80	3143	31434653	133	−2.21	31438548	204	−0.97	满意	GB 11892—1989
81	3149	31494464	134	−1.47	31498859	205	−0.49	满意	GB 11892—1989
82	3155	31554816	133	−2.21	31558734	202	−1.94	满意	GB 11892—1989
83	3161	31614429	136	0.00	31618688	205.5	−0.24	满意	GB 11892—1989
84	3167	31674658	136	0.00	31678503	206	0.00	满意	GB 11892—1989
85	3173	31734746	130	−4.41	31738347	204	−0.97	满意	GB 11892—1989
86	3179	31794742	130	−4.41	31798458	205	−0.49	满意	GB 11892—1989
87	3185	31854118	137	0.74	31858533	205	−0.49	满意	GB 11892—1989
88	3191	31914967	132	−2.94	31918830	206	0.00	满意	GB 11892—1989
89	3197	31974899	133	−2.21	31978180	206	0.00	满意	GB 11892—1989
90	3203	32034618	134	−1.47	32038387	205	−0.49	满意	GB 11892—1989
91	3209	32094209	133	−2.21	32098113	210	1.94	满意	GB 11892—1989
92	3215	32154356	133	−2.21	32158290	206	0.00	满意	GB 11892—1989
93	3221	32214721	132	−2.94	32218266	204	−0.97	满意	GB 11892—1989
94	3227	32274214	133	−2.21	32278100	205	−0.49	满意	GB 11892—1989
95	3233	32334315	136	0.00	32338486	205	−0.49	满意	GB 11892—1989
96	3239	32394354	133	−2.21	32398500	204	−0.97	满意	GB 11892—1989
97	3245	32454195	131	−3.68	32458980	206	0.00	满意	GB 11892—1989
98	3251	32514860	134	−1.47	32518801	207	0.49	满意	GB 11892—1989
99	3257	32574426	137	0.74	32578303	208	0.97	满意	GB 11892—1989
100	3263	32634417	118	−13.24	32638284	192	−6.80	满意	GB 11892—1989
101	3269	32694612	136	0.00	32698631	206	0.00	满意	GB 11892—1989
102	3275	32754971	136	0.00	32758492	214	3.88	满意	GB 11892—1989

续表

序号	机构代码	样品编码	平均值/(mg/L)	百分相对差 D/%	样品编码	平均值/(mg/L)	百分相对差 D/%	评价结果	方　法
103	3281	32814862	125	−8.09	32818871	207	0.49	满意	GB 11892—1989
104	3287	32874321	148	8.82	32878346	200	−2.91	满意	GB 11892—1989
105	3293	32934243	140	2.94	32938215	212	2.91	满意	GB 11892—1989
106	3300	33003403	140	2.94	33007853	208	0.97	满意	GB/T 5750.7—2006
107	3306	33063239	131	−3.68	33067958	205	−0.49	满意	GB 11892—1989
备注	1. 样品2的指定值为136mg/L，样品4的指定值为206mg/L； 2. 能力评价采用百分相对差 $D=(x-X)/X\times100$，这里 x 为参加者的结果值，X 为指定值，当结果满足 $\|D\|\leqslant20\%$ 时，评价结果为满意；当结果满足 $\|D\|>20\%$ 时，评价结果为不满意。								

表 E-6　　第六组（样品1和样品4）能力评价结果表

序号	机构代码	样品编码	平均值/(mg/L)	百分相对差 D/%	样品编码	平均值/(mg/L)	百分相对差 D/%	评价结果	方　法
1	1321	13211251	104	−2.80	13218189	204	−0.97	满意	GB 11892—1989
2	1322	13221254	104	−2.80	13228192	205	−0.49	满意	GB 11892—1989
3	1323	13231726	110	2.80	13238256	210	1.94	满意	GB 11892—1989
4	1324	13241265	89.8	−16.07	13248557	190	−7.77	满意	GB 11892—1989
5	1325	13251630	106	−0.93	13258324	208	0.97	满意	GB 11892—1989
6	1326	13261713	112	4.67	13268263	177	−14.08	满意	GB/T 5750.7—2006
7	1328	13281361	96.2	−10.09	13288461	198	−3.88	满意	GB 11892—1989
8	1329	13292618	106	−0.93	13297618	210	1.94	满意	GB 11892—1989
9	1330	13301928	106	−0.93	13307928	207	0.49	满意	GB 11892—1989
10	3030	30302389	2.1	−98.04	30307936	4.22	−97.95	不满意	GB 11892—1989
11	3036	30362943	106	−0.93	30367546	208	0.97	满意	GB 11892—1989
12	3042	30422852	108	0.93	30427398	205	−0.49	满意	GB 11892—1989
13	3048	30482361	106	−0.93	30487243	206	0.00	满意	GB 11892—1989
14	3054	30542167	102	−4.67	30547149	202	−1.94	满意	GB 11892—1989
15	3060	30602496	104	−2.80	30607202	210	1.94	满意	GB 11892—1989
16	3066	30662482	103	−3.74	30667207	208	0.97	满意	GB 11892—1989
17	3072	30722105	104	−2.80	30727708	204	−0.97	满意	GB 11892—1989
18	3078	30782698	104	−2.80	30787281	202	−1.94	满意	GB 11892—1989
19	3084	30842172	105	−1.87	30847999	207	0.49	满意	GB 11892—1989
20	3090	30902621	106	−0.93	30907415	205	−0.49	满意	GB 11892—1989
21	3096	30962114	108	0.93	30967944	212	2.91	满意	GB 11892—1989
22	3102	31022662	105	−1.87	31027245	206	0.00	满意	GB 11892—1989
23	3108	31082476	104	−2.80	31087273	207	0.49	满意	GB 11892—1989
24	3114	31142754	111	3.74	31147672	211	2.43	满意	GB 11892—1989
25	3120	31202946	98.3	−8.13	31207541	206	0.00	满意	GB 11892—1989

续表

序号	机构代码	样品编码	平均值/(mg/L)	百分相对差 D/%	样品编码	平均值/(mg/L)	百分相对差 D/%	评价结果	方　法
26	3126	31262470	107	0.00	31267140	196	−4.85	满意	GB 11892—1989
27	3132	31322365	104	−2.80	31327835	204	−0.97	满意	GB 11892—1989
28	3138	31382161	105	−1.87	31387579	206	0.00	满意	GB 11892—1989
29	3144	31442272	106	−0.93	31447412	205	−0.49	满意	GB 11892—1989
30	3150	31502171	103	−3.74	31507193	204	−0.97	满意	GB 11892—1989
31	3156	31562936	105	−1.87	31567908	204	−0.97	满意	GB 11892—1989
32	3162	31622252	104	−2.80	31627387	205	−0.49	满意	GB 11892—1989
33	3168	31682452	108	0.93	31687143	208	0.97	满意	GB 11892—1989
34	3174	31742128	109	1.87	31747830	208	0.97	满意	GB 11892—1989
35	3180	31802643	104	−2.80	31807988	204	−0.97	满意	GB 11892—1989
36	3186	31862218	106	−0.93	31867828	198	−3.88	满意	GB 11892—1989
37	3192	31922476	106	−0.93	31927181	206	0.00	满意	GB 11892—1989
38	3198	31982687	107	0.00	31987143	208	0.97	满意	GB 11892—1989
39	3204	32042948	105	−1.87	32047303	208	0.97	满意	GB 11892—1989
40	3210	32102666	105	−1.87	32107771	205	−0.49	满意	GB 11892—1989
41	3216	32162853	109	1.87	32167725	205	−0.49	满意	GB 11892—1989
42	3222	32222267	105	−1.87	32227466	205	−0.49	满意	GB 11892—1989
43	3228	32282878	104	−2.80	32287696	205	−0.49	满意	GB 11892—1989
44	3234	32342737	106	−0.93	32347420	205	−0.49	满意	GB 11892—1989
45	3240	32402167	104	−2.80	32407740	204	−0.97	满意	GB 11892—1989
46	3246	32462657	109	1.87	32467478	209	1.46	满意	GB 11892—1989
47	3252	32522762	107	0.00	32527222	208	0.97	满意	GB 11892—1989
48	3258	32582669	104	−2.80	32587537	208	0.97	满意	GB 11892—1989
49	3264	32642586	105	−1.87	32647390	204	−0.97	满意	GB 11892—1989
50	3270	32702820	106	−0.93	32707594	206	0.00	满意	GB 11892—1989
51	3276	32762830	103	−3.74	32767115	210	1.94	满意	GB 11892—1989
52	3282	32822622	93.2	−12.90	32827458	193	−6.31	满意	GB 11892—1989
53	3288	32882220	118	10.28	32887938	220	6.80	满意	GB 11892—1989
54	3294	32942748	145	35.51	32947337	216	4.85	不满意	GB 11892—1989
55	3301	33011370	104	−2.80	33018717	203	−1.46	满意	GB 11892—1989
56	3307	33071250	105	−1.87	33078188	203	−1.46	满意	GB 11892—1989
57	3312	33121252	97.2	−9.16	33128190	199	−3.40	满意	GB 11892—1989
58	2338	23381253	106	−0.93	23388191	207	0.49	满意	GB 11892—1989
备注	1. 样品 1 的指定值为 107mg/L，样品 4 的指定值为 206mg/L； 2. 能力评价采用百分相对差 $D=(x-X)/X\times100$，这里 x 为参加者的结果值，X 为指定值，当结果满足 $\|D\|\leqslant20\%$时，评价结果为满意；当结果满足 $\|D\|>20\%$时，评价结果为不满意。								

第二节　水中氟化物的测定能力验证（CNCA－22－07）

一、前言

水中氟化物的测定能力验证项目（CNCA－22－07）为市场监管总局组织的2022年国家级检验检测机构能力验证计划项目之一，本项目由水利部水环境监测评价研究中心（以下简称“部中心”）负责具体协调与实施。本次能力验证工作旨在了解全国相关检验检测机构水中氟化物检测能力的整体水平，促进相关技术交流，推动相关检测能力的提升。

本次能力验证依据GB/T 27043—2012《合格评定能力验证的通用要求》、《实验室能力验证实施办法》（认监委第9号公告）、GB/T 28043—2019《利用实验室间比对进行能力验证的统计方法》和《市场监管总局办公厅关于开展2022年国家级检验检测机构能力验证工作的通知》（市监检测〔2022〕19号）相关工作要求实施。

能力验证是检验检测机构质量控制的基本元素之一，是判断和监控检验检测机构能力的有效手段，是通过外部措施对检验检测机构内部质量控制工作的有效补充。能力验证项目的主要用途之一是评价检验检测机构的检验检测能力，参加能力验证计划为检验检测机构提供了一个评估和证明其检验检测数据、结果可靠性的客观手段。

本次能力验证的结果客观反映了我国相关检验检测机构水中氟化物检测的能力状况，不仅可帮助检验检测机构发现管理和技术运作中存在的主要问题，还可促进检验检测机构提高检验检测能力和水平。

市场监管总局对本次能力验证计划具有最终解释权，能力验证结果和报告内容未经市场监管总局同意不得用于其他目的。对未按要求参加能力验证及能力验证结果不合格的国家级资质认定的检验检测机构，市场监管总局将督促其进行整改和验证。

二、项目概述

（一）项目简介

氟化物是重要的环境污染物之一，研究发现，当水中含氟量高于4.0mg/L时，就会引起骨膜增生、骨刺形成、骨节硬化、骨质疏松、骨骼变形与发脆等氟骨病，另外还会对肝脏、肾脏、心血管系统、免疫系统、生殖系统、感官系统等非骨组织均有不同程度的损害作用。氟化物也是GB 3838—2002《地表水环境质量标准》、GB/T 14848—2017《地下水质量标准》、GB 5749—2022《生活饮用水卫生标准》、GB 8537—2018《食品安全国家标准 饮用天然矿泉水》和GB 11607—89《渔业水质标准》的必检项目，在水质检测中出现频率较高。因此，本次能力验证项目的开展将涉及环境、水利、供排水、疾控、食品等多行业的检验检测机构。

本次能力验证共有1053家检验检测机构报名，除机构代码为0584、0856和1007的检测机构因疫情未能提交结果，剩余的1050家报名机构全部按要求反馈结果，下文中仅对反馈结果的1050家检验检测机构进行统计分析。

本次能力验证于2022年4月召开能力验证实施方案专家咨询会，4月13日在部中心网站上公布邀请通知，报名表的电子版可以在网站下载，报名工作截至5月20日，全国共计1053家检验检测机构报名参加；5月完成能力验证样品的制备；6月完成样品均匀性、稳定性（部分）检验；6月29—30日部中心以邮政特快专递的方式向各参加检验检测机构寄出《能力验证作业指导书》《能力验证样品接收状态确认表》《能力验证样品检测结果报告单》和能力验证样品等，并规定收到样品后的3个自然日上报检测结果；截至9月30日对回收的1050家检验检测机构的检测结果进行了录入、核对、统计分析和结果评价，并编写《水中氟化物的测定能力验证报告》（CNCA-22-07）。

（二）参加检验检测机构概况

全国31个省（直辖市、自治区）共1050家检验检测机构参加本次能力验证并反馈结果，这些检验检测机构分别来自国家产品质量监督检验中心、相关部委监测中心（监测站）、海关技术中心（实验室）、科研院所实验室、第三方检测实验室以及其他检验检测机构。其中强制参加的检验检测机构606家，占总数的57.7%，自愿参加444家，占总数的42.3%。参加本次能力验证计划的检验检测机构行业分布情况、地区分布及强制和自愿参加的占比分布图分别见表1、表2，图1～图3。

表1 参加检验检测机构行业分布

行业	参加检验检测机构数/家	百分比/%
水利行业水质监测中心	316	30.1
海关技术中心	90	8.6
质量监督检验中心	150	14.3
疾病预防控制中心	39	3.7
供排水水质监测中心	74	7.0
环境监测中心（站）	69	6.6
科学研究院所	69	6.6
其他	243	23.1
检验检测机构总数	1050	100

表2 参加检验检测机构地区分布表

地区	数量/家	地区	数量/家	地区	数量/家
北京	59	山东	68	吉林	20
天津	28	新疆	30	福建	31
上海	26	江苏	50	贵州	20
重庆	38	浙江	48	广东	88
河北	41	江西	32	青海	10
河南	33	湖北	66	西藏	10
云南	29	广西	30	四川	40
辽宁	38	甘肃	33	宁夏	9
黑龙江	32	山西	28	海南	13
湖南	25	内蒙古	20	—	—
安徽	27	陕西	28	—	—

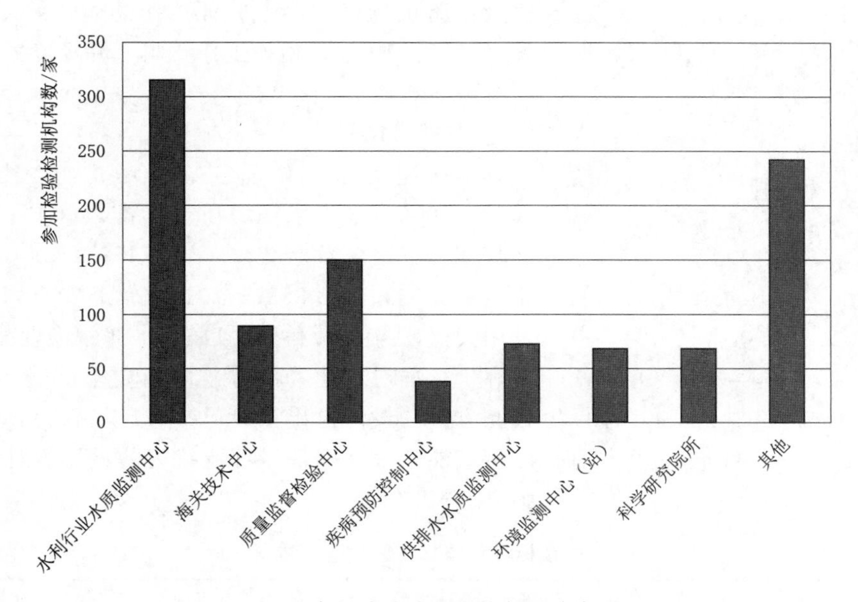

图1　参加检验检测机构行业分布图

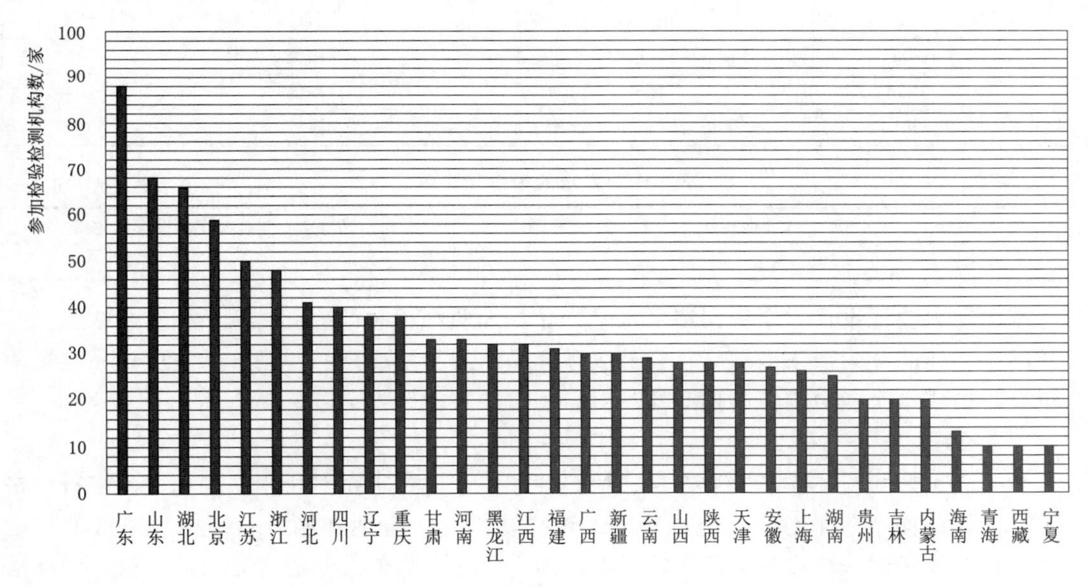

图2　参加检验检测机构地区分布图

（三）方案设计与实施

本次能力验证方案设计遵循 GB/T 27043—2012《合格评定能力验证的通用要求》、《实验室能力验证实施办法》（认监委第9号公告）、GB/T 28043—2019《利用实验室间比对进行能力验证的统计方法》、JJF1343—2022《标准物质的定值及均匀性、稳定性评估》、CNAS-GL003：2018《能力验证样品均匀性和稳定性评价指南》、CNAS-GL002：2018《能力验证结果的统计处理和能力评价指南》和《市场监管总局办公厅关于开展2022年国

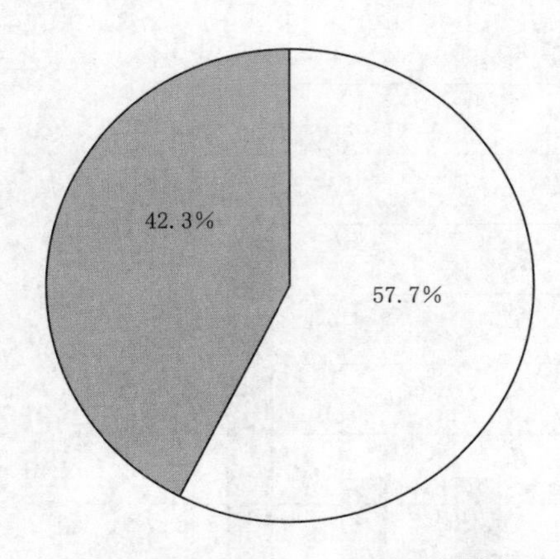

图 3　强制和自愿参加机构占比分布图

家级检验检测机构能力验证工作的通知》（市监检测发〔2022〕19 号）相关工作要求，并经专家评审合格后按方案实施。

1. 样品设计

本次能力验证样品在充分考虑方法性能、GB 3838—2002《地表水环境质量标准》、GB/T 14848—2017《地下水质量标准》、GB 5749—2022《生活饮用水卫生标准》、GB 8537—2018《食品安全国家标准 饮用天然矿泉水》和 GB 11607—89《渔业水质标准》等评价标准对氟化物的标准限值要求（表 3）及不同检测方法的最低检出浓度（表 4）基础上，遵循统计分析应能予以区别且尽可能接近的原则设计浓度范围为 0.2～1.0mg/L。

表 3　质量标准对氟化物的限值要求　　单位：mg/L

标准号	标准名称	水质类别	氟化物浓度
GB 3838—2002	地表水环境质量标准	Ⅲ	≤1.0
GB/T 14848—2017	地下水质量标准	Ⅲ	≤1.0
GB 5749—2022	生活饮用水卫生标准	限值	1.0
GB 11607—89	渔业水质标准	限值	1.0
GB 8537—2018	食品安全国家标准 饮用天然矿泉水	限值	1.5

表 4　不同检测方法的最低检出浓度　　单位：mg/L

检测方法	离子选择电极法	离子色谱法	分光光度法	目视比色法
最低检出浓度	0.2	0.1	0.02	0.1

本次能力验证设计 4 个不同浓度水平样品，即两个相对低浓度，两个相对高浓度，其中样品 1 和样品 2 为低浓度样品，样品 3 和样品 4 为高浓度样品，高、低浓度样品进行两两组合，构成本次能力验证的检测样品对。

2. 样品制备

为了满足能力验证样品的均匀性、稳定性和安全性要求，对所用试剂和药品进行严格把关，以保证样品在配制和使用过程中的可操作性、安全性和能力验证样品浓度的稳定性，同时还要考虑分析过程中的影响。本次能力验证样品的配制过程是按照国家二级标准物质要求制备，即选用国药集团化学试剂有限公司的优级纯试剂氟化钠，用去离子水，在室温 20℃±2℃的洁净环境下采用重量-容量法准确配制，并封装于 20mL 洁净安瓿瓶内，迅速封口、灭菌，标识待用。所有样品配制信息见表 5。

表 5　能力验证样品配制信息表　　单位：mg/L

项　目	样品 1	样品 2	样品 3	样品 4	基体
安瓿瓶中氟化物浓度	14.3	17.7	32.7	40.8	H_2O
稀释 50 倍后的浓度	0.286	0.354	0.654	0.816	H_2O

3. 样品标识与发放

参加本次能力验证的检验检测机构赋有一个唯一性机构代码，同时每个样品按照随机数表编号且均具有唯一性。本次能力验证最终发放到检测机构的测试样品编码由机构代码和样品代码组成，保证一样一码，同时对样品分发、结果报告、专家评议等过程均以代码表示。

样品发放采用双样分组设计，设计方案见表 6。两个不同浓度水平的样品按照行业、地域及检验检测机构报名情况平均分配，依据随机数表规则编号并加贴标签，标签注明样品组号和编号。制备的能力验证样品在发放前置于常温避光处保存。样品将采用特制泡沫盒承装，以避免运输过程中的碰撞破损和阳光曝晒。

表 6　　双样分组设计方案

序号	组别	样品 1	样品 2	样品 3	样品 4
1	1 组	√		√	
2	2 组	√			√
3	3 组		√	√	
4	4 组		√		√

样品经均匀性和稳定性检验合格后，于 2022 年 6 月 29—30 日以邮政特快专递方式向各参加检验检测机构发放样品，同时附《能力验证作业指导书》、《能力验证样品接收状态确认表》和《能力验证样品检测结果报告单》等文件，并规定在收到样品的当天以传真或邮件方式反馈《能力验证样品接收状态确认表》，在收到样品后的 3 个自然日（含法定节假日）内将《能力验证样品检测结果报告单》及按照作业指导书要求的原始记录以电子邮件方式发送到部中心。

4. 样品均匀性和稳定性检验

样品的均匀性和稳定性检验委托中国计量科学研究院完成。均匀性依据 JJF 1343—2022《标准物质的定值及均匀性、稳定性评估》，采用离子色谱法对能力验证样品中氟化物含量进行测定，通过单因素方差分析法对结果进行均匀性检验。当检测机构反馈数据后，再依据 CNAS - GL003：2018《能力验证样品均匀性和稳定性评价指南》中 $S_S \leqslant 0.3\sigma_{pt}$ 准则对 4 个浓度水平样品的均匀性进行评价。

稳定性是指在不同的时间（例如以月为单位）积累特性值的稳定性。由于本次能力验证涉及全国 31 个省（直辖市、自治区）的近千家检验检测机构，为避免样品发放过程中运输和时间对检测的特性量产生的影响，在样品发送给检验检测机构之前，需要进行有关条件的稳定性检验，即短期稳定性检验和长期稳定性检验。短期稳定性检验是模拟运输过程中的环境温度和运输时间，设计 4℃和 60℃时 7d 稳定性检验，考察能力验证样品中组分量值稳定性。长期稳定性检验是模拟常温状态下长期保存样品的组分量值稳定性。依据 JJF 1343—2022《标准物质的定值及均匀性、稳定性评估》对本次能力验证样品进行 90d 的稳定性检验。当检测机构反馈数据后，再依据 CNAS - GL003：2018《能力验证样品均匀性和稳定性评价指南》中 $|\overline{y}_1 - \overline{y}_2| \leqslant 0.3\sigma_{pt}$ 准则对样品稳定性进行评价。

5. 检测方法

为了保证各检验检测机构反馈结果的一致性和可评价性，本次能力验证计划建议使用离子色谱法、离子选择电极法和分光光度法相关的国家或行业标准。如机构采用其他标准方法、非标准方法和机构自制方法，则要求机构在《能力验证项目测试结果报告单》中详细说明。

（四）统计设计及评价方法

本次能力验证统计设计和评价方法依据 GB/T 28043—2019《利用实验室间比对进行能力验证的统计方法》中的相关要求进行。

1. 指定值的确定

依据 GB/T 28043—2019《利用实验室间比对进行能力验证的统计方法》，将各检验检测机构检测结果进行汇总，在去除明显错误识别数据后，根据结果分布频率绘制分布频率直方图，图形呈近似对称或对称单峰分布，故可采用国际比较通用的迭代稳健统计技术进行统计分析，即采用迭代稳健统计分析方法获得结果的稳健平均值和标准差的稳健值，并采用各浓度水平样品的稳健平均值为本次能力验证该样品的指定值，见表 7。

表 7　能力验证样品指定值信息表

统　计　项	样品 1	样品 2	样品 3	样品 4
指定值（稳健平均值）/x_{pt}	14.3	17.8	32.7	40.4
参照值（配制值）	14.3	17.7	32.7	40.8
指定值标准不确定度/$u(x_{pt})$	0.0195	0.0348	0.0282	0.0354
参照值标准不确定度/$u(x_{ref})$	0.1001	0.1241	0.2945	0.2446
2 倍差值不确定度/$2u_{diff}$	0.2041	0.2578	0.5916	0.4943
差值/x_{diff}	0.0	0.1	0.0	0.4

注　表中样品浓度为安瓿瓶中浓度，单位 mg/L。

且通过稳健平均值与配制值（独立参照值）的比较见表 7，结果显示四个浓度水平样品的指定值与配制值差值小于差值不确定度的两倍，说明稳健平均值可以作为本次能力验证的指定值。

2. 迭代稳健统计分析方法

应用迭代稳健统计分析法可以得到稳健平均值和稳健标准差（“稳健平均值”和“稳健标准差”应理解为利用稳健算法计算的总体平均值和总体标准差的均值估算），即按递增顺序排列 p 个数据，表示为

$$x_1, x_2, \cdots, x_i, \cdots, x_p$$

这些数据的稳健平均值和稳健标准差记为 x^* 和 s^*。

计算 x^* 和 s^* 的初始值如式（1）和式（2）（med 表示中位数）：

$$x^* = \text{med}\{x_i\} \quad (i=1,2,\cdots,p) \tag{1}$$

$$s^* = 1.483 \times \text{med}\{|x_i - x^*|\} \quad (i=1,2,\cdots,p) \tag{2}$$

根据以下步骤更新 x^* 和 s^* 的值计算 δ：

$$\delta = 1.5s^* \tag{3}$$

对每个 $x_i(i=1,2,\cdots,p)$，计算：

$$x_i^*=\begin{cases}x^*-\delta(\text{当 } x_i<x^*-\delta)\\x^*+\delta(\text{当 } x_i>x^*+\delta)\\x_i(\text{在其他情况下})\end{cases}\tag{4}$$

再由式（5）和式（6）计算 x^* 和 s^* 的新的取值：

$$x^*=\sum_{i=1}^{p}x_i^*/p\tag{5}$$

$$s^*=1.134\sqrt{\sum_{i=1}^{p}(x_i^*-x^*)^2/(p-1)}\tag{6}$$

其中求和符号对 i 求和。

稳健估计值 x^* 和 s^* 可由迭代计算得出，例如用已修改数据更新 x^* 和 s^*，直至过程收敛。当稳健标准差的第三位有效数字和稳健平均值相对应的数字在连续两次迭代中不再变化时，即可认为过程是收敛的。

3. 能力评价方法

本次能力验证结果采用 GB/T 28043—2019《利用实验室间比对进行能力验证的统计方法》中 z 值进行能力评价。

能力验证结果 x_i 的 z 值计算方法为

$$z_i=\frac{x_i-x_{pt}}{\sigma_{pt}}\tag{7}$$

式中：x_{pt} 为指定值；σ_{pt} 为能力评定标准差。

通常 z 值的解释为当 $|z|\leqslant2.0$ 时，结果可接受；当 $2.0<|z|<3.0$ 时，给出警戒信号；当 $|z|\geqslant3.0$ 时，结果不可接受（或给出行动信号）。

本次能力验证对涉及检测标准给出的实验室间相对标准偏差进行分析，经专家讨论决定，本次能力验证结果评价采用 $|z|$ 值 3.0 作为行动信号，即检验检测机构的两个样品的评价结果均满足 $|z|<3.0$ 时，结果为合格；当检验检测机构的两个样品的任一评价结果满足 $|z|\geqslant3.0$ 时，结果为不合格。

（五）保密措施

出于保密要求，为防止检验检测机构间串通结果，将不同浓度水平的样品按照行业、地域及检验检测机构报名情况随机分配。每个样品按照随机数表编号且具有唯一性，因此每个参加本次能力验证的检验检测机构均获得具有唯一编号的能力验证样品。

本次能力验证为每个参加的检验检测机构赋予一个唯一性代码，能力验证样品分发和结果报告等均以代码传递。部中心收到检测结果后，由统计人员集中时间统计。部中心和协作单位相关人员及论证专家均有责任和义务对本次能力验证样品及参加检验检测机构的相关信息保密。

三、样品均匀性和稳定性评价

（一）样品均匀性检验结果及评价

样品均匀性检验采用单因子方差分析法（F 检验法）随机抽取分装后的样品 15 瓶，

每瓶 2 次平行测定，采用离子色谱法进行测定。样品均匀性检验数据见附录 A，样品均匀性检验结果表明样品均匀性良好。

反馈的有效数据经过稳健统计后，依据 CNAS－GL003：2018《能力验证样品均匀性和稳定性评价指南》中 $S_S \leqslant 0.3\sigma_{pt}$ 准则对四个检测样品的均匀性进行了评价，其中 σ 为稳健标准差，S_S 为样品间的不均匀性标准偏差。S_S 的计算公式如下：

$$S_S = \sqrt{(MS_1 - MS_2 -)/n} \tag{8}$$

式中：MS_1 为样品间均方；MS_2 为样品内均方；n 为测量次数。

均匀性检验统计结果表明，四个浓度水平的检测样品的结果不均匀性标准偏差符合 $S_S \leqslant 0.3\sigma_{pt}$ 准则，样品不均匀性标准偏差不会影响实验室能力评价的结果，样品均匀性检验结果详细内容见附录 A。

（二）样品稳定性检验结果及评价

1. 短期稳定性检验

模拟运输过程中的环境温度和运输时间，设计 4℃和 60℃时 7d 短期稳定性测试，进行短期稳定性检验。每个检测点取各浓度水平样品 3 瓶，每瓶进行 1 次测定。检验方法、检测人员、仪器、实验室条件与均匀性检验相同。采用平均值一致性检验－t 值检验法评定样品的稳定性，测定结果见附录 B。短期稳定性检验结果表明样品在考察期间是稳定的。

2. 长期稳定性检验

长期稳定性检验采用与均匀性检验相同的检测方法，对能力验证样品的所有特性量值进行了稳定性检验，检验时间分别为能力验证样品配制完成后的第 0 天、第 8 天、第 24 天、第 60 天、第 90 天，整个周期涵盖能力验证计划全过程。每次对四个浓度水平样品分别随机抽取 2 瓶，每瓶进行两次独立测量，共四次取平均值，对不同时间的测定平均值进行 t 分布检验，即 i 次检验的 t_i 值若小于临界值 $t_{0.05}(i-2)$，则表明检验该标准物质的特征量值无显著性变化，测定数据见附录 B，结果表明能力验证样品稳定性良好。

反馈的有效数据经过稳健统计后，依据 CNAS－GL003：2018《能力验证样品均匀性和稳定性评价指南》中 $|\overline{y}_1 - \overline{y}_2| \leqslant 0.3\sigma_{pt}$ 准则对样品稳定性进行了评价，其中 σ_{pt} 为稳健标准差，$\overline{y_1}$ 为均匀性检验的总平均值，$\overline{y_2}$ 为稳定性检验时对随机抽出样品的测量平均值。

稳定性检验统计结果表明，四个浓度水平的检测样品稳定性均符合 $|\overline{y}_1 - \overline{y}_2| \leqslant 0.3\sigma_{pt}$ 准则，样品稳定性标准偏差可以忽略不计，样品稳定性评价结果详见附录 B。

四、检测结果统计与能力评定

（一）数据结果的图形分布

在去除明显错误数据的基础上，统计各浓度水平数据，并根据结果分布频率绘制分布频率直方图，见附录 C。分布频率直方图表明本次能力验证回收的结果总体单峰特征明显，近似对称或对称，可以采用迭代稳健统计方式进行数据处理。

（二）检测结果的统计

本次能力验证项目最终共有1053家检验检测机构报名参加检测，在规定期限内，除机构代码为0584、0856、1007共3家检测机构因疫情未能提交结果，剩余的1050家机构均按照要求反馈了检测结果。其中机构代码为0082、0461、0654、0852、0862、1047等6家机构因未按作业指导书要求报送结果等原因，导致其数据为明显错误数据，在进行结果统计时将其结果予以剔除。

本次能力验证对剔除明显错误数据后的检测结果制作分布频率直方图，图形呈近似对称或对称单峰分布，故此能力验证项目可采用国际比较通用的迭代稳健统计技术进行统计分析，即采用迭代稳健统计分析方法获得结果的稳健平均值和标准差的稳健值，充分减少极端结果对结果稳健平均值和标准偏差稳健值的影响。各浓度水平样品的统计结果见表8。

本次能力验证的检测机构结果评价基于稳健统计分析得出的稳健平均值和稳健标准差，能力验证样品的瓶间不均匀性标准偏差均小于$0.3\sigma_{pt}$，且稳定性检验平均值与均匀性检验平均值之差也小于$0.3\sigma_{pt}$，说明样品的均匀性和稳定性变异不会对参加实验室的能力评价产生影响。

表8　　各浓度水平样品的统计结果

序号	项　目	样品1	样品2	样品3	样品4
1	反馈结果机构数/家	598	452	599	451
2	明显错误识别机构数/家	2	4	3	3
3	参加统计机构数/家	596	448	596	448
4	稳健平均值/(mg/L)/x_{pt}	14.3	17.8	32.7	40.4
5	稳健标准差/(mg/L)/σ_{pt}	0.38	0.59	0.55	0.60
6	最小值/(mg/L)	12.1	13.5	15.1	31.2
7	最大值/(mg/L)	22.9	29.6	44.7	46.5
8	极差/(mg/L)	10.8	16.1	29.6	15.3

（三）检测结果的能力评价

本次能力验证结果采用GB/T 28043—2019《利用实验室间比对进行能力验证的统计方法》中z值进行能力评价，且使用3.0作为$|z|$的行动信号，即检验检测机构的两个样品的评价结果均满足$|z|<3.0$时，结果为合格；当检验检测机构的两个样品的任一评价结果满足$|z|\geqslant 3.0$时，结果为不合格。单个样品评价结果见表9和图4。

表9　　单个样品评价结果

序号	评价结果	样品1		样品2		样品3		样品4	
		机构数/家	百分比/%	机构数/家	百分比/%	机构数/家	百分比/%	机构数/家	百分比/%
1	不合格	35	5.8	35	7.7	42	7.0	40	8.9
2	合格	563	94.2	417	92.3	557	93.0	411	91.1
3	合计	598	100	452	100	599	100	451	100

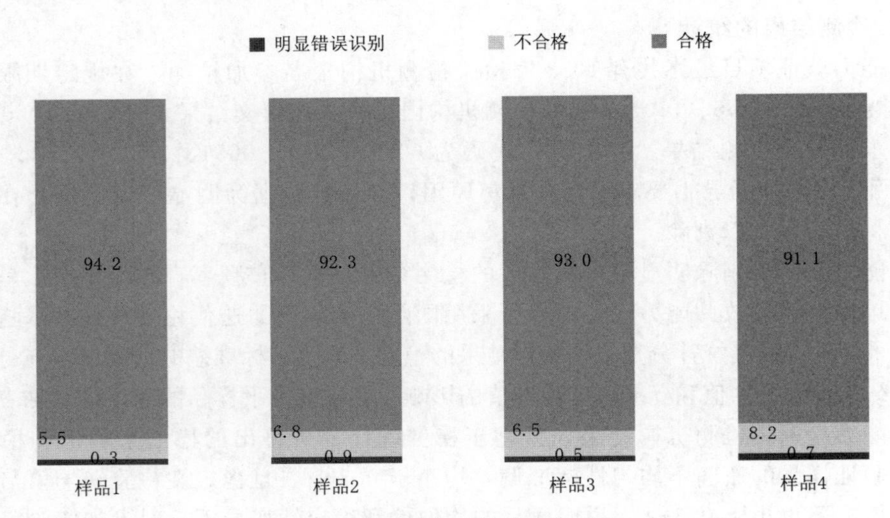

图4　单个样品评价结果分布图

经过统计后，样品1共反馈结果数据598家，参与统计的596家机构中，结果合格的机构563家，占参加机构总数的94.2%；结果不合格的机构33家，占参加机构总数的5.5%；另有2家机构由于没有按照作业指导书要求提交稀释前浓度等原因，导致结果错误，不参与统计，直接判定为不合格结果，占参加机构总数的0.3%；不合格机构合计占参加机构总数的5.8%。

样品2共452家反馈结果数据，参与统计的448家机构中，结果合格的机构417家，占参加机构总数的92.3%；结果不合格的机构31家，占参加机构总数的6.8%；另有4家机构由于没有按照作业指导书要求提交稀释前浓度等原因，导致结果错误，不参与统计，直接判定为不合格结果，占参加机构总数的0.9%；不合格机构合计占参加机构总数的7.7%。

样品3共599家反馈结果数据，参与统计的596家机构中，结果合格的机构557家，占参加机构总数的93.0%；结果不合格的机构39家，占参加机构总数的6.5%；另有3家机构由于没有按照作业指导书要求提交稀释前浓度等原因，导致结果错误，不参与统计，直接判定为不合格结果，占参加机构总数的0.5%；不合格机构合计占参加机构总数的7.0%。

样品4共451家反馈结果数据，参与统计的448家机构中，结果合格的机构411家，占参加机构总数的91.1%；结果不合格的机构37家，占参加机构总数的8.2%；另有3家机构由于没有按照作业指导书要求提交稀释前浓度等原因，导致结果错误，不参与统计，直接判定为不合格结果，占参加机构总数的0.7%；不合格机构合计占参加机构总数的8.9%。

本次能力验证采用双样分组设计，检验检测机构最终能力评价结果采用综合评价方法，即当两个样品的评价结果均满足$|z|<3.0$时，结果为合格；当检验检测机构的两个样品的任一评价结果满足$|z|\geqslant 3.0$时，结果为不合格。经综合评价，结果合格的机构共937家，占参加机构总数的89.2%，其中强制参加机构539家，自愿参加机构398家；结果不合格的机构113家，占参加机构总数的10.8%，其中强制参加机构67家，自愿参加机构46家。综合评价不合格机构代码表、综合评价情况统计表、不合格机构地区分类统

计表、不合格机构行业分类统计表分别见表10～表13，综合评价分布图见图5，评价结果见附录E。

表10　综合评价不合格机构代码表

序号	参加类型	机构代码
1	强制参加	0018、0023、0025、0057、0059、0104、0147、0148、0200、0208、0238、0271、0274、0285、0292、0327、0330、0346、0351、0361、0363、0366、0367、0399、0465、0505、0509、0588、0597、0606、0623、0625、0652、0667、0668、0671、0707、0708、0720、0728、0784、0796、0797、0869、0875、0880、0884、0892、0906、0919、0925、0928、0938、0952、0965、0967、0975、0986、0991、0995、0996、1001、1016、1018、1029、1047、1048
2	自愿参加	0082、0093、0167、0179、0234、0241、0242、0298、0305、0313、0368、0381、0395、0433、0445、0461、0485、0486、0494、0498、0500、0519、0528、0544、0578、0595、0653、0654、0714、0719、0721、0730、0803、0821、0832、0852、0858、0862、0863、0881、0883、0896、0909、0913、0917、1020

表11　综合评价情况统计表

序号	评价结果	强制参加		自愿参加		合　计	
		机构数/家	百分比/%	机构数/家	百分比/%	机构数/家	百分比/%
1	合格	539	51.3	398	37.9	937	89.2
2	不合格	67	6.4	46	4.4	113	10.8
3	合计	606	57.7	444	42.3	1050	100

表12　不合格机构地区分类统计表

地区	参加机构数/家	不合格机构数/家	不合格占比/%	地区	参加机构数/家	不合格机构数/家	不合格占比/%
广东	88	12	13.6	新疆	30	2	6.7
山东	68	9	13.2	云南	29	2	6.9
湖北	66	7	10.6	山西	28	2	7.1
北京	59	7	11.9	陕西	28	4	14.3
江苏	50	1	2.0	天津	28	7	25.0
浙江	48	4	8.3	安徽	27	2	7.4
河北	41	5	12.2	上海	26	2	7.7
四川	40	2	5.0	湖南	25	2	8.0
辽宁	38	2	5.3	贵州	20	2	10.0
重庆	38	8	21.1	吉林	20	3	15.0
甘肃	33	4	12.1	内蒙古	20	3	15.0
河南	33	2	6.1	海南	13	2	15.4
黑龙江	32	3	9.4	青海	10	5	50.0
江西	32	2	6.3	西藏	10	2	20.0
福建	31	1	3.2	宁夏	9	1	11.1
广西	30	3	10.0	—	—	—	—

表 13　　　　　　　　　　　　　　不合格机构行业分类统计表

行业分类	不合格机构数/家	参加机构数/家	百分比/%
水利行业水质监测中心	17	316	5.4
供排水水质监测中心	4	74	5.4
疾病预防控制中心	3	39	7.7
质量监督检验中心	14	150	9.3
科学研究院所	7	69	10.1
海关技术中心	11	90	12.2
环境监测中心（站）	12	69	17.4
其他	45	243	18.5
检验检测机构总数	113	1050	10.8

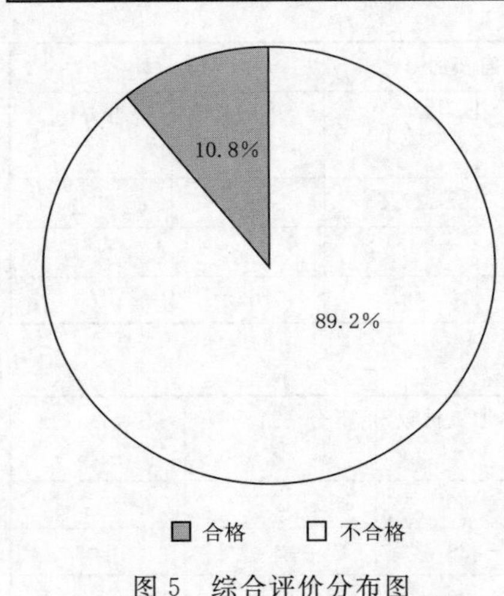

图 5　综合评价分布图

五、技术分析与建议

水中氟化物的测定作为水质监测中开展频次较高的检测项目，大部分涉水检测机构都具备此项目的检测能力，但从本次能力验证的有效反馈结果可以看出，各参加机构检测能力水平有一定的差异。本项目技术分析主要以有效反馈结果为依据，从“人、机、料、法、环”五个基础环节进行分析。

（一）对作业指导书的理解

参加本次能力验证的大部分检验检测机构能够正确理解作业指导书，但也有部分机构理解不到位，如上报数据没按要求上报稀释前浓度，有效位数没按要求填写；结果报告单和原始记录不一致；没有按要求提交仪器设备的检定证书等。

（二）标准物质的影响分析

标准物质/标准样品是定量检测的基准，其计量溯源性非常重要。建议检测机构优先选用国家有证标准物质，使用有证标准物质时应在有效期内且按要求保存。

本次能力验证有些检测机构未采用标准物质作为质控样品验证检测系统的准确性受控情况，导致结果不合格；有些检测机构选择了未获得国家有证编号的标准物质用于制作校准曲线并未对量值进行确认，导致结果不合格；有些检测机构配制标准溶液时，未考虑基准标准物质的纯度、操作的正确规范性、可能的污染来源及其计量溯源性等影响，导致结果不合格。

（三）仪器设备的影响分析

仪器设备的适宜性、仪器设备（量具）的精度和检测条件优化是影响检测结果准确性的重要因素。本次能力验证有些检测机构对仪器状态没有核查，仪器设备状态不稳定，导致结果不合格，如离子色谱仪的基线波动较大，对出峰较早的氟化物峰形造成影响，导致峰面积偏大或偏小，影响最终的检测结果。

（四）检测方法的影响分析

本次能力验证主要涉及离子色谱法、离子选择电极法、分光光度法和目视比色法四类方法。四种方法各有优缺点，其中离子色谱法取样量少，操作简便，线性范围宽，准确度和精密度高，适用范围广，还能同时测多种阴离子，已在实验室广泛应用；离子选择电极法具有选择性好、简便快速的特点，但容易受到多种因素的影响，如温度、pH、搅拌速度、电极老化和缓冲剂浓度等；氟试剂分光光度法取样量较多，操作步骤烦琐，受到水中干扰因素多，线性范围窄，但所需的仪器和试剂简单，适于在基层检测机构使用；茜素磺酸锆目视比色法方便快速，但是通过目视观察，精确度不高，误差较大。

本次能力验证选择离子色谱法的检验检测机构最多765家，占机构总数的72.86%，其次是选择离子选择电极法有193家，占机构总数的18.38%，选择分光光度法有84家，占机构总数的8.00%，选择目视比色法有8家，只占机构总数的0.76%，具体检测方法使用情况见表14。

表14　检测方法使用情况一览表

序号	检测方法名称	标准号	数量/家
1	水质 无机阴离子（F^-、Cl^-、NO_2^-、Br^-、NO_3^-、PO_4^{3-}、SO_3^{2-}、SO_4^{2-}）的测定 离子色谱法	HJ 84—2016	334
2	生活饮用水标准检验方法 无机非金属指标 3.2 离子色谱法	GB/T 5750.5—2006	291
3	水质 氟化物的测定 离子选择电极法	GB/T 7484—1987	130
4	水质无机阴离子的测定（离子色谱法）	SL 86—1994	92
5	水质 氟化物的测定 氟试剂分光光度法	HJ 488—2009	72
6	生活饮用水标准检验方法 无机非金属指标 3.1 离子选择电极	GB/T 5750.5—2006	47
7	饮用天然矿泉水检验方法 36.4 离子色谱法	GB 8538—2016	28
8	地下水质分析方法 第54部分 离子选择电极法	DZ/T 0064—2021	10
9	地下水质分析方法 第51部分 离子色谱法	DZ/T 0064—2021	8
10	生活饮用水标准检验方法 无机非金属指标 3.3 氟试剂分光光度法	GB/T 5750.5—2006	7
11	水质 氟化物的测定 茜素磺酸锆目视比色法	HJ 487—2009	6
12	工业循环冷却水及锅炉水中氟、氯、磷酸根、亚硝酸根、硝酸根和硫酸根的测定 离子色谱法	GB/T 14642—2009	5
13	饮用天然矿泉水检验方法 36.1 离子选择电极法	GB 8538—2016	5
14	地下水质分析方法 第53部分 茜素络合物分光光度法	DZ/T 0064—2021	4
15	《水和废水监测分析方法》（第四版）（增补版）	离子色谱法	2
16	城镇污水水质标准检验方法 20.3 离子色谱法	CJ/T 51—2018	2

续表

序号	检测方法名称	标准号	数量/家
17	生活饮用水标准检验方法 无机非金属指标 3.5　锆盐茜素比色法	GB/T 5750.5—2006	2
18	《中国药典》2020年版四部通则	0513离子色谱法	1
19	城镇污水水质标准检验方法 20.2 离子选择电极法（标准系列法）	CJ/T 51—2018	1
20	离子色谱分析方法通则	JY/T 0575—2020	1
21	《油田水分析方法》离子色谱法	SY/T 5523—2016	1
22	《水和废水监测分析方法》（第四版）（增补版）	氟试剂分光光度法	1

为了验证不同方法测定结果与所有结果的一致性，依据GB/T 28043—2019《利用实验室间比对进行能力验证的统计方法》，根据不同原理对分析方法进行分类并统计，得到的稳健平均值或平均值 x_i 与所不分检测方法的稳健统计结果的指定值 x_{pt} 进行比较，结果表明四种不同分析方法的统计结果与所有实验室的统计结果是一致的，结果详见表15。

表15　　不同方法间主要稳健平均值的比较　　单位：mg/L

方法名称	浓度1	浓度2	浓度3	浓度4
不分方法计算结果/x_{pt}	14.3	17.8	32.7	40.4
离子色谱法/x_1	14.3	17.7	32.7	40.4
分光光度法/x_2	14.1	17.9	32.6	40.7
离子电极法/x_3	14.4	18.0	32.7	40.4
目视比色法*/x_4	14.1	18.5	31.1	38.9
$\|x_i-x_{pt}\|\leqslant 3\sigma_{pt}$	满足	满足	满足	满足

注　标有“*”的方法由于选用检验检测机构少，所以统计结果为平均值。

（五）建议

检验检测机构应加强管理人员和检测人员的培训，使其进一步满足检验检测工作的要求。

检验检测机构应根据本次能力验证的结果对自身存在的问题进行有效纠正措施，有效改进提升相关检测能力。

六、依据的标准规范

GB/T 27043—2012《合格评定　能力验证的通用要求》

GB/T 28043—2019《利用实验室间比对进行能力验证的统计方法》

CNAS-GL002：2018《能力验证结果的统计处理和能力评价指南》

CNAS-GL003：2018《能力验证样品均匀性和稳定性评价指南》

GB 7484—87《水质 氟化物的测定 离子选择电极法》

HJ 488—2009《水质 氟化物的测定 氟试剂分光光度法》

HJ 84—2016《水质 无机阴离子（F^-、Cl^-、NO_2^-、Br^-、NO_3^-、PO_4^{3-}、SO_3^{2-}、

SO_4^{2-}）的测定 离子色谱法》

SL 86—1994《水中无机阴离子的测定（离子色谱法）》

GB/T 5750.5—2006《生活饮用水标准检验方法 无机非金属指标》

DZ/T 0064.51—2021《地下水质分析方法　第51部分：氯化物、氟化物、溴化物、硝酸盐和硫酸盐的测定离子色谱法》

DZ/T 0064.54—2021《地下水质分析方法　第54部分：氟化物的测定离子选择电极法》

GB 8538—2016《食品安全国家标准 饮用天然矿泉水检验方法》

CJ/T 51—2018《城镇污水水质标准检验方法》

GB 13580.10—1992《大气降水中氟化物的测定 新氟试剂光度法》

GB/T 14642—2009《工业循环冷却水及锅炉水中氟、氯、磷酸根、亚硝酸根、硝酸根和硫酸根的测定 离子色谱法》

附录A　样品均匀性检验结果

表A-1　　样品1均匀性检验

序号	测定值/(mg/L)		平均值/(mg/L)	瓶内方差
	1	2		
A1	14.29	14.27	14.28	0.00028
A2	14.38	14.26	14.32	0.00693
A3	14.34	14.29	14.31	0.00129
A4	14.30	14.25	14.28	0.00108
A5	14.24	14.23	14.23	0.00002
A6	14.28	14.26	14.27	0.00029
A7	14.27	14.23	14.25	0.00078
A8	14.28	14.25	14.26	0.00042
A9	14.27	14.23	14.25	0.00069
A10	14.27	14.28	14.28	0.00007
A11	14.26	14.24	14.25	0.00019
A12	14.32	14.35	14.34	0.00049
A13	14.25	14.23	14.24	0.00015
A14	14.24	14.33	14.28	0.00393
A15	14.33	14.21	14.27	0.00746
总平均/(mg/L)	14.27			
相对标准偏差/%	0.288			
Q_1/(mg/L)	0.0250			
Q_2/(mg/L)	0.0241			
v_1	14			
v_2	15			
F	1.11			
$F_{0.05}$(14，15)	2.46			
S_S	0.009			
$0.3\sigma_{pt}$	0.114			
$S_S \leqslant 0.3\sigma_{pt}$	均匀性良好			

表A-2　　样品2均匀性检验

序号	测定值/(mg/L)		平均值/(mg/L)	瓶内方差
	1	2		
B1	17.75	17.78	17.76	0.00047
B2	17.72	17.66	17.69	0.00195

续表

序号	测定值/(mg/L)		平均值/(mg/L)	瓶内方差
	1	2		
B3	17.69	17.68	17.69	0.00009
B4	17.80	17.73	17.76	0.00244
B5	17.88	17.79	17.84	0.00344
B6	17.77	17.69	17.73	0.00333
B7	17.69	17.67	17.68	0.00014
B8	17.73	17.68	17.70	0.00136
B9	17.76	17.80	17.78	0.00058
B10	17.71	17.79	17.75	0.00318
B11	17.77	17.83	17.80	0.00137
B12	17.73	17.79	17.76	0.00193
B13	17.76	17.79	17.77	0.00036
B14	17.63	17.74	17.68	0.00645
B15	17.64	17.75	17.70	0.00638
总平均/(mg/L)	17.74			
相对标准偏差/%	0.330			
Q_1/(mg/L)	0.0660			
Q_2/(mg/L)	0.0335			
v_1	14			
v_2	15			
F	2.11			
$F_{0.05}(14, 15)$	2.46			
S_S	0.035			
$0.3\sigma_{pt}$	0.177			
$S_S \leqslant 0.3\sigma_{pt}$	均匀性良好			

表 A-3　　样品 3 均匀性检验

序号	测定值/(mg/L)		平均值/(mg/L)	瓶内方差
	1	2		
C1	32.76	32.62	32.69	0.00957
C2	32.68	32.65	32.66	0.00048
C3	32.63	32.83	32.73	0.01917
C4	32.66	32.76	32.71	0.00527
C5	32.63	32.71	32.67	0.00381
C6	32.71	32.63	32.67	0.00393

续表

序号	测定值/(mg/L)		平均值/(mg/L)	瓶内方差
	1	2		
C7	32.71	32.64	32.67	0.00248
C8	32.69	32.70	32.69	0.00005
C9	32.75	32.76	32.75	0.00008
C10	32.90	32.75	32.83	0.01087
C11	32.77	32.64	32.71	0.00865
C12	32.67	32.60	32.63	0.00219
C13	32.84	32.70	32.77	0.01000
C14	32.65	32.62	32.63	0.00043
C15	32.69	32.68	32.69	0.00006
总平均/(mg/L)	32.70			
相对标准偏差/%	0.22			
Q_1/(mg/L)	0.0757			
Q_2/(mg/L)	0.0770			
v_1	14			
v_2	15			
F	1.05			
$F_{0.05}(14, 15)$	2.46			
S_S	0.012			
$0.3\sigma_{pt}$	0.165			
$S_S \leqslant 0.3\sigma_{pt}$	均匀性良好			

表 A-4　　样品 4 均匀性检验

序号	测定值/(mg/L)		平均值/(mg/L)	瓶内方差
	1	2		
D1	40.74	40.84	40.79	0.00516
D2	40.74	40.72	40.73	0.00014
D3	40.82	40.98	40.90	0.01257
D4	40.91	40.75	40.83	0.01271
D5	40.79	40.82	40.81	0.00029
D6	40.73	40.76	40.74	0.00060
D7	40.93	40.81	40.87	0.00670
D8	40.84	40.86	40.85	0.00022
D9	40.80	40.72	40.76	0.00279
D10	40.77	40.80	40.78	0.00055

续表

序号	测定值/(mg/L)		平均值/(mg/L)	瓶内方差
	1	2		
D11	40.73	40.71	40.72	0.00014
D12	40.78	40.87	40.82	0.00394
D13	40.74	40.78	40.76	0.00075
D14	40.76	40.69	40.73	0.00199
D15	40.80	40.76	40.78	0.00057
总平均/(mg/L)	40.79			
相对标准偏差/%	0.16			
Q_1/(mg/L)	0.0812			
Q_2/(mg/L)	0.0491			
v_1	14			
v_2	15			
F	1.77			
$F_{0.05}(v_1, v_2)$	2.46			
S_S	0.036			
$0.3\sigma_{pt}$	0.180			
$S_S \leqslant 0.3\sigma_{pt}$	均匀性良好			

附录B　样品稳定性检验结果

表 B-1　　60℃条件下样品短期稳定性检测结果

抽样编号	样号							
	样品1		样品2		样品3		样品4	
	测量值/(mg/L)							
	常温	60℃	常温	60℃	常温	60℃	常温	60℃
1	14.36	14.34	17.80	17.65	32.76	32.68	40.83	40.70
2	14.38	14.34	17.68	17.78	32.74	32.70	40.84	40.72
3	14.29	14.41	17.77	17.78	32.77	32.77	40.71	40.71
平均值	14.34	14.36	17.75	17.73	32.76	32.72	40.79	40.71
t_i	—	0.56	—	−0.24	—	−1.39	—	−1.98
$t_{0.05}$ (4)	2.78							
结论	$t_i < t_{0.05}$ (4)，说明判定量值无显著性差异							

表 B-2　　4℃条件下样品短期稳定性检测结果

抽样编号	样号							
	样品1		样品2		样品3		样品4	
	测量值/(mg/L)							
	常温	4℃	常温	4℃	常温	4℃	常温	4℃
1	14.36	14.33	17.80	17.87	32.76	33.08	40.83	40.91
2	14.38	14.34	17.68	17.74	32.74	32.99	40.84	40.94
3	14.29	14.35	17.77	17.81	32.77	32.46	40.71	40.79
平均值	14.34	14.34	17.75	17.81	32.76	32.84	40.79	40.88
t_i	—	0.00	—	1.09	—	0.45	—	1.40
$t_{0.05}$ (4)	2.78							
结论	$t_i < t_{0.05}$ (4)，说明判定量值无显著性差异							

表 B-3　　样品1长期稳定性检验结果

抽样编号	天数/d				
	0	8	24	60	90
	测定值/(mg/L)				
1	14.29	14.36	14.30	14.25	14.28
2	14.38	14.38	14.33	14.34	14.38
3	14.34	14.29	14.26	14.24	14.35
4	14.30	14.34	14.34	14.23	14.32
平均值	14.33	14.34	14.31	14.27	14.34

续表

稳定性检验 线性拟合 趋势分析	斜率 $\beta_1=-0.000160$；截距 $\beta_0=14.32$；$S=0.0333$ 斜率的标准偏差 $S(\beta_1)=0.000441$ $t_{(0.95,3)}$ 分布临界值=3.18；$t_{(0.95,3)}\times S(\beta_1)=0.00140$ $\|\beta_1\|<t_{(0.95,3)}\times S(\beta_1)$：0.000160<0.00140		
结论	$\because \|\beta_1\|<t_{(0.95,3)}\times S(\beta_1)$ ∴稳定性无显著性变化		
u_{srel}	不确定度 $u=S(\beta_1)\times$时间间隔=0.00441×90=0.0397 u_{srel}=0.28%		
$\overline{y}_1$	14.27	$\overline{y}_2$	14.32
$0.3\sigma_{pt}$	0.114	$\|\overline{y}_1-\overline{y}_2\|$	0.05
$\|\overline{y}_1-\overline{y}_2\|\leqslant 0.3\sigma_{pt}$	稳定性满足		

表 B-4　　样品 2 长期稳定性检验结果

抽样编号	天数/d				
	0	8	24	60	90
	测定值/(mg/L)				
1	17.75	17.80	17.66	17.69	17.77
2	17.72	17.68	17.74	17.55	17.71
3	17.69	17.77	17.80	17.74	17.68
4	17.80	17.74	17.64	17.80	17.67
平均值	17.74	17.75	17.71	17.69	17.71
稳定性检验 线性拟合 趋势分析	斜率 $\beta_1=-0.000472$；截距 $\beta_0=17.737$；$S=0.0194$ 斜率的标准偏差 $S(\beta_1)=0.000256$ $t_{(0.95,3)}$ 分布临界值=3.18；$t_{(0.95,3)}\times S(\beta_1)=0.000814$ $\|\beta_1\|<t_{(0.95,3)}\times S(\beta_1)$：0.000472<0.000814				
结论	$\because \|\beta_1\|<t_{(0.95,3)}\times S(\beta_1)$ ∴稳定性无显著性变化				
u_{srel}	不确定度 $u=S(\beta_1)\times$时间间隔=0.000256×90=0.0230 u_{srel}=0.13%				
$\overline{y}_1$	17.74	$\overline{y}_2$	17.72		
$0.3\sigma_{pt}$	0.177	$\|\overline{y}_1-\overline{y}_2\|$	0.02		
$\|\overline{y}_1-\overline{y}_2\|\leqslant 0.3\sigma_{pt}$	稳定性满足				

表 B-5　　样品 3 长期稳定性检验结果

抽样编号	天数/d				
	0	8	24	60	90
	测定值/(mg/L)				
1	32.76	32.76	32.54	32.77	32.69
2	32.68	32.74	32.78	32.89	32.80
3	32.63	32.77	32.76	32.67	32.85
4	32.66	32.99	32.97	32.73	32.71
平均值	32.68	32.82	32.76	32.77	32.77

续表

稳定性检验 线性拟合 趋势分析	斜率 $\beta_1=0.000346$；截距 $\beta_0=32.747$；$S=0.0563$ 斜率的标准偏差 $S(\beta_1)=0.000745$ $t_{(0.95,3)}$ 分布临界值＝3.18；$t_{(0.95,3)}\times S(\beta_1)=0.00237$ $\lvert\beta_1\rvert<t_{(0.95,3)}\times S(\beta_1)$：$0.000346<0.00237$			
结论	$\because \lvert\beta_1\rvert<t_{(0.95,3)}\times S(\beta_1)$ ∴稳定性无显著性变化			
u_{srel}	不确定度 $u=S(\beta_1)\times$时间间隔$=0.000745\times90=0.0670$ $u_{srel}=0.21\%$			
$\overline{y}_1$	32.70	$\overline{y}_2$	32.76	
$0.3\sigma_{pt}$	0.165	$\lvert\overline{y}_1-\overline{y}_2\rvert$	0.06	
$\lvert\overline{y}_1-\overline{y}_2\rvert\leqslant0.3\sigma_{pt}$	稳定性满足			

表 B-6　样品4长期稳定性检验结果

抽样编号	天数/d				
	0	8	24	60	90
	测定值/(mg/L)				
1	40.74	40.83	40.65	40.92	40.77
2	40.74	40.84	40.73	40.94	40.78
3	40.91	40.71	40.71	40.85	40.83
4	40.82	40.94	40.83	40.86	40.85
平均值	40.80	40.83	40.73	40.89	40.81
稳定性检验 线性拟合 趋势分析	斜率 $\beta_1=0.000468$；截距 $\beta_0=40.79$；$S=0.0633$ 斜率的标准偏差 $S(\beta_1)=0.000838$ $t_{(0.95,3)}$ 分布临界值＝3.18；$t_{(0.95,3)}\times S(\beta_1)=0.00266$ $\lvert\beta_1\rvert<t_{(0.95,3)}\times S(\beta_1)$：$0.000468<0.00266$				
结论	$\because \lvert\beta_1\rvert<t_{(0.95,3)}\times S(\beta_1)$ ∴稳定性无显著性变化				
u_{srel}	不确定度 $u=S(\beta_1)\times$时间间隔$=0.000838\times90=0.0754$ $u_{srel}=0.19\%$				
$\overline{y}_1$	40.79	$\overline{y}_2$	40.81		
$0.3\sigma_{pt}$	0.180	$\lvert\overline{y}_1-\overline{y}_2\rvert$	0.02		
$\lvert\overline{y}_1-\overline{y}_2\rvert\leqslant0.3\sigma_{pt}$	稳定性满足				

附录C　能力验证结果分布频率直方图

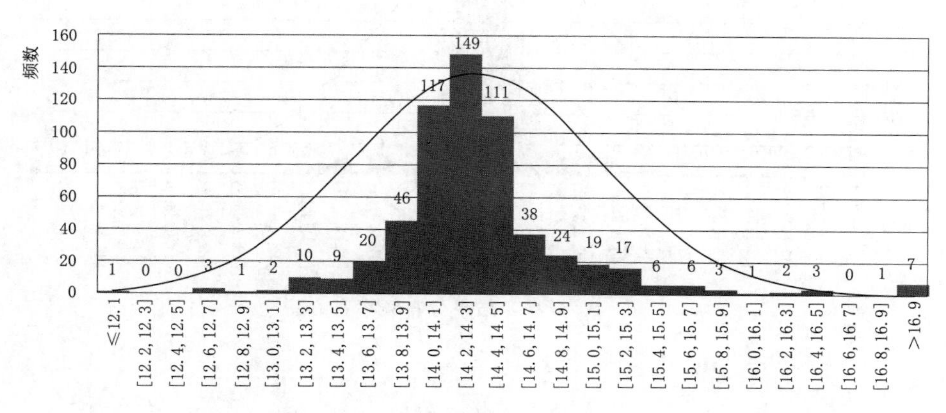

图 C-1　样品 1 结果分布频率直方图

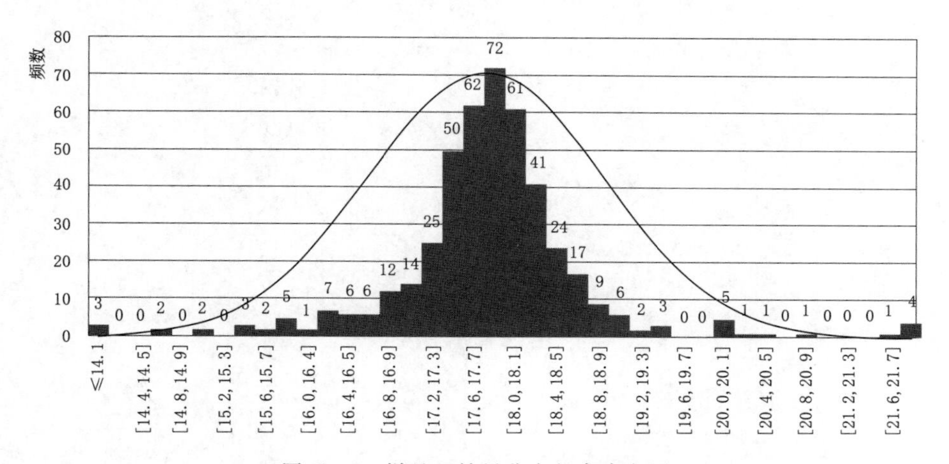

图 C-2　样品 2 结果分布频率直方图

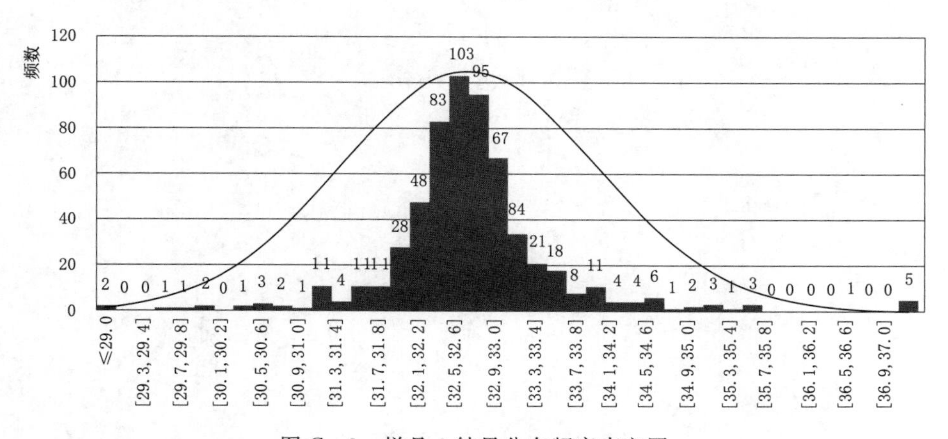

图 C-3　样品 3 结果分布频率直方图

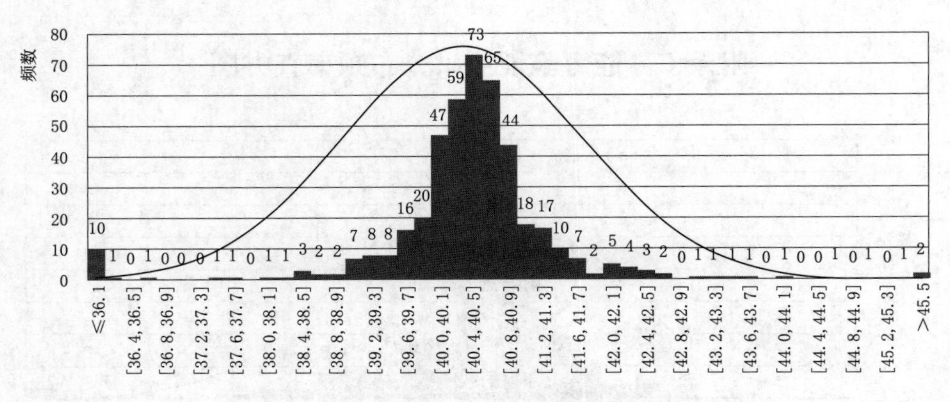

图 C-4　样品 4 结果分布频率直方图

附录D－1　作　业　指　导　书

2022年国家级能力验证项目作业指导书　　　　编号：CNCA－22－07

1. 代码

贵机构在本次能力验证中的代码为____________________

2. 检测样品说明

（1）本次能力验证水中氟化物的测定，随机发出2个浓度水平的样品，每个浓度水平各1瓶，样品编号为________和________。

（2）本次能力验证样品按照国家二级标准物质要求制备，即：在室温为20℃±2℃的洁净环境下，采用高纯试剂和纯水准确配制，分装于20mL洁净安瓿瓶中，每瓶约20mL样品。

（3）各检验检测机构在收到能力验证样品后，应先确认样品是否完好，并填写《2022年国家级能力验证样品接收状态确认表》，并于样品接收当日以E－mail（××××××××××@qq.com）方式反馈《2022年国家级能力验证样品接收状态确认表》（文件名为机构代码＋确认表），水利部水环境监测评价研究中心（以下简称“部中心”）也将及时查询能力验证样品送达、签收状态。

（4）各检验检测机构收到能力验证样品后，请于常温、避光处保存样品，使用前平衡至室温20℃±2℃，并尽快完成测定。

3. 检测说明

（1）能力验证样品的稀释办法：用清洁干燥的移液管从安瓿中准确移取10.0mL待测样品，至500mL容量瓶中，使用纯水准确稀释到刻度，充分混匀后使用。

（2）能力验证样品稀释前的质量浓度范围为：50.0mg/L。

（3）本次能力验证的实际检测方法应与《2022年国家级能力验证项目报名表》中的相同，如有变化需提交变更说明，并在《2022年国家级能力验证样品检测结果报告单》中注明所用方法的具体名称及编号。

4. 结果报告

（1）水中氟化物的检测结果以质量浓度形式（稀释前）填写在《2022年国家级能力验证样品检测结果报告单》中，每个能力验证样品要求检测两次，并计算每个样品的平均结果，所有结果均保留三位有效数字。

（2）各检验检测机构应在收到样品后的3个自然日（含双休日和国家法定节假日）内将《2022年国家级能力验证样品检测结果报告单》（word版和盖章后的PDF版）及详细的原始记录［含所使用的仪器的检定/校准/内部校准证书或报告完整复印件、使用的标准物质证书完整复印件、试剂（含批号和纯度）和标准物质/标准样品（含编号）配置记录、能力验证样品检测原始记录、计算过程等］以电子邮件方式发送至部中心（2158741842@qq.com）（文件名为机构代码＋结果报告单）。无故未按时提交结果报告的检验检测机构，其结果将不进行统计和评价。

5. 保密

本次能力验证项目实施过程中，检验检测机构应注意保密。

附录 D-2　样品接收状态确认表

2022 年国家级能力验证样品接收状态确认表　　编号：CNCA-22-07

项目名称	水中氟化物的测定		
发送机构	水利部水环境监测评价研究中心		
发放日期	年　月　日	发放人签名	
发放状态	□完好	□不完好	

接收检验检测机构名称：＿＿＿＿＿＿＿＿
（此处机构名称将与后期满意＿＿＿＿＿＿＿＿
证书机构名称一致，请仔细填写）＿＿＿＿＿＿＿＿

检验检测机构代码：＿＿＿＿＿＿＿＿

能力验证样品编号：＿＿＿＿＿＿＿＿和＿＿＿＿＿＿＿＿

联系地址：＿＿＿＿＿＿＿＿

邮编：＿＿＿＿＿＿＿＿　电子邮件：＿＿＿＿＿＿＿＿

联系电话：＿＿＿＿＿＿＿＿　联系人：＿＿＿＿＿＿＿＿

接收时，被测样品状态是否良好，样品编号是否清晰：　是□　　否□

接收人姓名：　　　　　　　　接收时间：

如需要，对接收状态的详细说明：

备注：

注　请确保“确认表”上留有接收联系人及其手机、邮箱等详细信息。

附录 D-3　检测结果报告单

2022 年国家级能力验证样品检测结果报告单
（项目编号：CNCA-22-07）

检验检测机构代码：

样品编号	检测结果/(mg/L)		平均结果/(mg/L)	检测方法全称及编号	检测仪器	仪器编号	检测日期	检测人员签字	校核人员签字

注　1. “检测结果”栏中的质量浓度（稀释前）单位为 mg/L。

2. 报告单不得涂改，并请提交检测过程可溯源的完整原始记录［含所使用的仪器的检定/校准/内部校准证书或报告完整复印件、使用的标准物质证书完整复印件、试剂（含批号和纯度）和标准物质/标准样品（含编号）配置记录、能力验证样品检测原始记录、计算过程等］，可另附页说明实验过程中出现的问题或异常现象。

3. 本次能力验证的实际检测方法应与《2022 年国家级能力验证项目报名表》中的相同，如有变化需提交变更说明。

负 责 人（签 字）：____________________

检验检测机构公章：

附录E　检验检测机构能力评价结果表

表E-1　　第一组（样品1和样品3）能力评价结果表

序号	机构代码	样品1		样品3		评价结果
		上报均值/(mg/L)	z值	上报均值/(mg/L)	z值	
1	0001	14.5	0.57	32.7	0.08	合格
2	0002	14.8	1.36	33.6	1.73	合格
3	0003	14.4	0.31	33.2	1.00	合格
4	0004	13.5	−2.06	33.6	1.73	合格
5	0005	13.6	−1.79	32.8	0.26	合格
6	0006	14.0	−0.74	33.6	1.73	合格
7	0007	14.2	−0.22	32.8	0.26	合格
8	0008	14.0	−0.74	32.4	−0.47	合格
9	0009	14.0	−0.74	32.6	−0.10	合格
10	0010	14.0	−0.74	31.5	−2.11	合格
11	0011	14.4	0.31	31.2	−2.66	合格
12	0012	15.0	1.89	32.2	−0.83	合格
13	0013	14.2	−0.22	32.3	−0.65	合格
14	0014	14.2	−0.22	32.5	−0.29	合格
15	0015	15.0	1.89	32.1	−1.02	合格
16	0016	13.7	−1.53	31.9	−1.38	合格
17	0017	14.1	−0.48	32.0	−1.20	合格
18	0018	14.5	0.57	34.4	3.19	不合格
19	0019	14.1	−0.48	32.3	−0.65	合格
20	0020	13.2	−2.85	32.1	−1.02	合格
21	0021	13.4	−2.32	32.8	0.26	合格
22	0022	14.2	−0.22	32.4	−0.47	合格
23	0023	19.4	13.46	33.5	1.54	不合格
24	0024	14.2	−0.22	32.8	0.26	合格
25	0025	15.8	3.99	35.4	5.02	不合格
26	0026	14.2	−0.22	33.2	1.00	合格
27	0027	14.1	−0.48	33.0	0.63	合格
28	0028	14.4	0.31	33.1	0.81	合格
29	0029	13.6	−1.79	32.1	−1.02	合格
30	0030	15.3	2.68	33.0	0.63	合格
31	0031	14.5	0.57	33.3	1.18	合格

续表

序号	机构代码	样品1		样品3		评价结果
		上报均值/(mg/L)	z 值	上报均值/(mg/L)	z 值	
32	0032	14.8	1.36	33.5	1.54	合格
33	0033	14.0	−0.74	32.0	−1.20	合格
34	0034	14.6	0.84	32.8	0.26	合格
35	0035	14.1	−0.48	32.2	−0.83	合格
36	0036	14.1	−0.48	32.3	−0.65	合格
37	0037	14.1	−0.48	32.2	−0.83	合格
38	0038	14.2	−0.22	32.6	−0.10	合格
39	0039	14.4	0.31	33.9	2.28	合格
40	0040	13.8	−1.27	32.2	−0.83	合格
41	0041	14.4	0.31	33.5	1.54	合格
42	0042	14.0	−0.74	31.9	−1.38	合格
43	0043	13.8	−1.27	32.4	−0.47	合格
44	0044	14.2	−0.22	32.7	0.08	合格
45	0045	14.0	−0.74	32.7	0.08	合格
46	0046	14.8	1.36	32.8	0.26	合格
47	0047	14.0	−0.74	32.6	−0.10	合格
48	0048	14.4	0.31	32.9	0.45	合格
49	0049	13.3	−2.58	32.2	−0.83	合格
50	0050	14.3	0.05	33.3	1.18	合格
51	0051	14.0	−0.74	32.0	−1.20	合格
52	0052	14.1	−0.48	32.4	−0.47	合格
53	0053	14.0	−0.74	32.8	0.26	合格
54	0054	13.6	−1.79	32.7	0.08	合格
55	0055	14.2	−0.22	32.8	0.26	合格
56	0056	14.6	0.84	33.0	0.63	合格
57	0057	15.6	3.47	37.4	8.68	不合格
58	0058	13.7	−1.53	32.1	−1.02	合格
59	0059	15.4	2.94	35.1	4.47	不合格
60	0060	14.8	1.36	33.2	1.00	合格
61	0061	14.3	0.05	32.3	−0.65	合格
62	0062	14.4	0.31	32.3	−0.65	合格
63	0063	13.8	−1.27	32.8	0.26	合格
64	0064	14.2	−0.22	32.6	−0.10	合格
65	0065	15.2	2.41	32.9	0.45	合格

续表

序号	机构代码	样品1		样品3		评价结果
		上报均值/(mg/L)	z值	上报均值/(mg/L)	z值	
66	0066	14.3	0.05	32.0	−1.20	合格
67	0067	13.8	−1.27	32.8	0.26	合格
68	0068	15.0	1.89	33.2	1.00	合格
69	0069	14.6	0.84	32.8	0.26	合格
70	0070	13.7	−1.56	32.1	−1.02	合格
71	0072	14.4	0.31	32.9	0.45	合格
72	0073	14.7	1.10	33.3	1.18	合格
73	0074	14.3	0.05	32.4	−0.47	合格
74	0075	14.2	−0.22	32.2	−0.83	合格
75	0076	14.6	0.84	33.2	1.00	合格
76	0077	14.5	0.57	32.2	−0.83	合格
77	0078	14.4	0.31	32.7	0.08	合格
78	0079	15.2	2.41	34.1	2.64	合格
79	0080	13.8	−1.27	32.6	−0.10	合格
80	0081	14.2	−0.22	33.4	1.36	合格
81	0082	0.272	−36.84	0.650	−58.54	不合格
82	0083	14.1	−0.48	32.5	−0.29	合格
83	0084	14.0	−0.74	32.6	−0.10	合格
84	0085	13.9	−1.00	33.0	0.63	合格
85	0086	13.6	−1.79	32.1	−1.02	合格
86	0087	14.2	−0.22	32.9	0.45	合格
87	0088	14.2	−0.22	32.4	−0.47	合格
88	0089	13.3	−2.58	33.4	1.36	合格
89	0090	14.4	0.31	32.8	0.26	合格
90	0091	13.7	−1.53	32.1	−1.02	合格
91	0092	14.0	−0.74	33.9	2.28	合格
92	0093	12.6	−4.42	29.6	−5.59	不合格
93	0094	14.2	−0.22	32.8	0.26	合格
94	0095	14.9	1.63	32.3	−0.65	合格
95	0096	14.2	−0.22	32.2	−0.83	合格
96	0097	14.3	0.05	32.2	−0.83	合格
97	0098	14.4	0.31	32.5	−0.29	合格
98	0099	13.7	−1.53	33.6	1.73	合格
99	0100	14.0	−0.74	32.4	−0.47	合格

续表

序号	机构代码	样品 1		样品 3		评价结果
		上报均值/(mg/L)	z 值	上报均值/(mg/L)	z 值	
100	0101	15.3	2.68	32.6	−0.10	合格
101	0102	14.4	0.31	32.8	0.26	合格
102	0103	15.2	2.41	33.9	2.28	合格
103	0104	15.0	1.89	35.0	4.29	不合格
104	0105	14.2	−0.22	32.6	−0.10	合格
105	0106	14.4	0.31	32.8	0.26	合格
106	0107	14.3	0.05	32.5	−0.29	合格
107	0108	14.0	−0.74	32.4	−0.47	合格
108	0109	14.2	−0.22	32.4	−0.47	合格
109	0110	14.1	−0.48	32.3	−0.65	合格
110	0111	14.2	−0.22	32.2	−0.83	合格
111	0112	14.1	−0.48	32.3	−0.65	合格
112	0113	14.2	−0.22	33.0	0.63	合格
113	0114	15.2	2.41	32.8	0.26	合格
114	0115	14.1	−0.48	32.9	0.45	合格
115	0116	14.0	−0.74	33.0	0.63	合格
116	0117	14.0	−0.74	32.5	−0.29	合格
117	0118	14.2	−0.22	32.8	0.26	合格
118	0119	14.0	−0.74	32.2	−0.83	合格
119	0120	14.7	1.10	33.0	0.63	合格
120	0121	14.2	−0.22	32.6	−0.10	合格
121	0122	14.4	0.31	32.4	−0.47	合格
122	0123	15.1	2.15	33.6	1.73	合格
123	0124	14.0	−0.74	32.3	−0.65	合格
124	0125	14.3	0.05	32.3	−0.65	合格
125	0126	14.2	−0.22	32.2	−0.83	合格
126	0127	14.1	−0.48	32.0	−1.20	合格
127	0128	14.5	0.57	32.5	−0.29	合格
128	0129	14.4	0.31	32.3	−0.65	合格
129	0130	14.3	0.05	32.8	0.26	合格
130	0131	14.3	0.05	32.4	−0.47	合格
131	0132	14.6	0.84	32.8	0.26	合格
132	0133	14.4	0.31	32.5	−0.29	合格
133	0134	14.4	0.31	32.9	0.45	合格

续表

序号	机构代码	样品1		样品3		评价结果
		上报均值/(mg/L)	z值	上报均值/(mg/L)	z值	
134	0135	14.1	−0.48	32.6	−0.10	合格
135	0136	14.5	0.57	32.6	−0.10	合格
136	0137	14.2	−0.22	32.9	0.45	合格
137	0138	14.1	−0.48	32.6	−0.10	合格
138	0139	14.5	0.57	34.0	2.46	合格
139	0140	14.2	−0.22	32.8	0.26	合格
140	0141	14.4	0.31	32.9	0.45	合格
141	0142	14.1	−0.48	32.4	−0.47	合格
142	0143	14.4	0.31	33.3	1.18	合格
143	0144	14.4	0.31	32.9	0.45	合格
144	0145	14.5	0.57	32.2	−0.83	合格
145	0146	14.4	0.31	32.3	−0.65	合格
146	0147	12.7	−4.16	33.3	1.18	不合格
147	0148	13.0	−3.37	31.2	−2.66	不合格
148	0149	13.9	−1.00	32.5	−0.29	合格
149	0150	14.3	0.05	32.6	−0.10	合格
150	0151	13.4	−2.32	31.4	−2.30	合格
151	0152	14.3	0.05	32.6	−0.10	合格
152	0153	14.2	−0.22	32.6	−0.10	合格
153	0154	14.2	−0.22	32.2	−0.83	合格
154	0155	14.4	0.31	32.6	−0.10	合格
155	0156	14.3	0.05	32.5	−0.29	合格
156	0157	14.5	0.57	32.4	−0.47	合格
157	0158	14.0	−0.74	32.4	−0.47	合格
158	0159	14.4	0.31	32.5	−0.29	合格
159	0160	14.5	0.57	32.8	0.26	合格
160	0161	14.8	1.36	32.8	0.26	合格
161	0162	14.3	0.05	32.2	−0.83	合格
162	0163	14.5	0.57	33.1	0.81	合格
163	0164	14.2	−0.22	32.1	−1.02	合格
164	0165	15.2	2.41	32.8	0.26	合格
165	0166	14.2	−0.22	32.3	−0.65	合格
166	0167	16.2	5.04	41.0	15.26	不合格
167	0168	14.2	−0.22	32.9	0.45	合格

续表

序号	机构代码	样品 1		样品 3		评价结果
		上报均值/(mg/L)	z 值	上报均值/(mg/L)	z 值	
168	0169	15.2	2.41	32.6	−0.10	合格
169	0170	14.3	0.05	32.5	−0.29	合格
170	0171	14.5	0.57	33.1	0.81	合格
171	0172	13.8	−1.27	32.2	−0.83	合格
172	0173	14.7	1.10	32.2	−0.83	合格
173	0174	14.0	−0.74	32.0	−1.20	合格
174	0175	14.1	−0.48	32.4	−0.47	合格
175	0176	14.3	0.05	32.8	0.26	合格
176	0177	14.2	−0.22	32.9	0.45	合格
177	0178	14.2	−0.22	32.6	−0.10	合格
178	0179	14.2	−0.22	34.3	3.01	不合格
179	0180	14.2	−0.22	32.5	−0.29	合格
180	0181	14.0	−0.74	33.0	0.63	合格
181	0182	14.3	0.05	32.8	0.26	合格
182	0183	14.0	−0.74	32.0	−1.20	合格
183	0184	14.1	−0.48	32.6	−0.10	合格
184	0185	14.5	0.57	32.5	−0.29	合格
185	0186	14.7	1.10	32.8	0.26	合格
186	0187	14.2	−0.22	33.0	0.63	合格
187	0188	14.1	−0.48	32.8	0.26	合格
188	0189	13.4	−2.32	32.2	−0.83	合格
189	0190	15.0	1.89	33.2	1.00	合格
190	0191	14.9	1.63	33.5	1.54	合格
191	0192	15.0	1.89	33.1	0.81	合格
192	0193	14.0	−0.74	32.5	−0.29	合格
193	0194	14.5	0.57	32.7	0.08	合格
194	0195	14.0	−0.74	33.0	0.63	合格
195	0196	14.2	−0.22	32.2	−0.83	合格
196	0197	14.3	0.05	32.6	−0.10	合格
197	0198	13.7	−1.53	32.8	0.26	合格
198	0199	14.1	−0.48	32.3	−0.65	合格
199	0200	16.5	5.83	36.5	7.03	不合格
200	0201	14.2	−0.22	33.4	1.36	合格
201	0202	14.5	0.57	32.6	−0.10	合格

续表

序号	机构代码	样品 1		样品 3		评价结果
		上报均值/(mg/L)	z 值	上报均值/(mg/L)	z 值	
202	0203	13.8	−1.27	32.8	0.26	合格
203	0204	14.3	0.05	32.4	−0.47	合格
204	0205	14.4	0.31	32.6	−0.10	合格
205	0206	14.5	0.57	33.6	1.73	合格
206	0207	14.0	−0.74	32.6	−0.10	合格
207	0208	15.2	2.41	34.5	3.37	不合格
208	0209	14.3	0.05	33.1	0.81	合格
209	0210	14.5	0.57	33.2	1.00	合格
210	0211	14.1	−0.48	32.8	0.26	合格
211	0212	13.8	−1.27	32.0	−1.20	合格
212	0213	14.0	−0.74	32.4	−0.47	合格
213	0214	14.0	−0.74	32.9	0.45	合格
214	0215	13.9	−1.00	32.5	−0.29	合格
215	0216	14.3	0.05	32.6	−0.10	合格
216	0217	13.9	−1.00	32.8	0.26	合格
217	0218	14.5	0.57	32.5	−0.29	合格
218	0219	13.9	−1.00	33.0	0.63	合格
219	0220	14.2	−0.22	32.2	−0.83	合格
220	0221	14.2	−0.22	32.4	−0.47	合格
221	0222	14.1	−0.48	33.0	0.63	合格
222	0223	13.9	−1.00	32.4	−0.47	合格
223	0224	15.1	2.15	33.2	1.00	合格
224	0225	14.3	0.05	32.4	−0.47	合格
225	0226	14.1	−0.48	32.4	−0.47	合格
226	0227	14.7	1.10	32.6	−0.10	合格
227	0228	15.2	2.41	33.0	0.63	合格
228	0229	14.0	−0.74	32.4	−0.47	合格
229	0230	13.9	−1.00	32.7	0.08	合格
230	0231	14.6	0.84	32.7	0.08	合格
231	0232	14.3	0.05	32.0	−1.20	合格
232	0233	14.2	−0.22	32.3	−0.65	合格
233	0234	13.0	−3.37	29.9	−5.04	不合格
234	0235	14.6	0.84	33.4	1.36	合格
235	0236	13.9	−1.00	33.2	1.00	合格

续表

序号	机构代码	样品1		样品3		评价结果
		上报均值/(mg/L)	z 值	上报均值/(mg/L)	z 值	
236	0237	14.6	0.84	32.8	0.26	合格
237	0238	15.7	3.73	32.4	−0.47	不合格
238	0239	14.1	−0.48	32.0	−1.20	合格
239	0240	14.4	0.31	32.9	0.45	合格
240	0241	13.3	−2.58	30.5	−3.94	不合格
241	0242	12.7	−4.16	31.9	−1.38	不合格
242	0243	13.9	−1.00	33.0	0.63	合格
243	0244	14.2	−0.22	32.2	−0.83	合格
244	0245	14.2	−0.22	32.5	−0.29	合格
245	0246	13.5	−2.06	32.0	−1.20	合格
246	0247	14.3	0.05	32.7	0.08	合格
247	0248	14.4	0.31	32.6	−0.10	合格
248	0254	14.1	−0.48	31.6	−1.93	合格
249	0255	14.1	−0.48	33.2	1.00	合格
250	0256	14.2	−0.22	31.6	−1.93	合格
251	0257	14.1	−0.48	33.1	0.81	合格
252	0258	13.8	−1.27	33.5	1.54	合格
253	0259	14.5	0.57	32.5	−0.29	合格
254	0260	14.0	−0.74	32.4	−0.47	合格
255	0261	14.5	0.57	32.5	−0.29	合格
256	0262	14.2	−0.22	33.4	1.36	合格
257	0263	14.4	0.31	32.5	−0.29	合格
258	0264	14.4	0.31	33.0	0.63	合格
259	0265	14.2	−0.22	32.6	−0.10	合格
260	0266	14.5	0.57	32.5	−0.29	合格
261	0267	14.2	−0.22	32.7	0.08	合格
262	0268	14.0	−0.74	32.4	−0.47	合格
263	0269	14.2	−0.22	32.0	−1.20	合格
264	0270	15.3	2.68	32.7	0.08	合格
265	0271	14.6	0.84	34.6	3.56	不合格
266	0272	13.9	−1.00	32.4	−0.47	合格
267	0273	14.1	−0.48	32.8	0.26	合格
268	0274	14.8	1.36	35.0	4.29	不合格
269	0275	14.7	1.10	32.6	−0.10	合格

续表

序号	机构代码	样品1		样品3		评价结果
		上报均值/(mg/L)	z值	上报均值/(mg/L)	z值	
270	0276	13.9	−1.00	31.7	−1.75	合格
271	0277	14.2	−0.22	32.5	−0.29	合格
272	0278	13.8	−1.27	34.0	2.46	合格
273	0279	14.0	−0.74	32.1	−1.02	合格
274	0280	14.4	0.31	32.6	−0.10	合格
275	0281	14.3	0.05	32.3	−0.65	合格
276	0282	14.2	−0.22	32.4	−0.47	合格
277	0283	13.8	−1.27	32.6	−0.10	合格
278	0284	13.5	−2.06	33.0	0.63	合格
279	0285	14.9	1.63	30.8	−3.39	不合格
280	0286	14.1	−0.48	32.5	−0.29	合格
281	0287	15.4	2.94	34.1	2.64	合格
282	0288	14.3	0.05	32.4	−0.47	合格
283	0289	14.1	−0.48	32.9	0.45	合格
284	0290	15.0	1.89	32.5	−0.29	合格
285	0291	15.2	2.41	32.4	−0.47	合格
286	0292	15.5	3.20	33.0	0.63	不合格
287	0293	14.4	0.31	32.5	−0.29	合格
288	0294	14.0	−0.74	32.8	0.26	合格
289	0295	14.2	−0.22	32.8	0.26	合格
290	0296	14.9	1.63	32.7	0.08	合格
291	0297	14.2	−0.22	32.0	−1.20	合格
292	0298	15.9	4.26	31.2	−2.66	不合格
293	0299	14.4	0.31	32.4	−0.47	合格
294	0300	14.4	0.31	32.2	−0.83	合格
295	0335	14.1	−0.48	32.7	0.08	合格
296	0540	14.4	0.31	33.0	0.63	合格
297	0541	14.2	−0.22	33.0	0.63	合格
298	0542	14.2	−0.22	33.0	0.63	合格
299	0811	14.4	0.31	33.0	0.63	合格
300	0812	14.4	0.31	33.3	1.18	合格
301	0861	13.3	−2.58	31.2	−2.66	合格
302	0870	14.3	0.05	32.6	−0.10	合格
303	0881	16.4	5.57	32.8	0.26	不合格

续表

序号	机构代码	样品 1		样品 3		评价结果
		上报均值/(mg/L)	z 值	上报均值/(mg/L)	z 值	
304	0900	14.7	1.10	32.7	0.08	合格
305	1010	14.4	0.31	33.2	1.00	合格
306	1037	14.1	−0.48	32.6	−0.10	合格
307	1038	14.3	0.05	32.4	−0.47	合格
备注：样品 1 的指定值为 14.3mg/L，样品 3 的指定值为 32.7mg/L；两个样品的任一结果满足 $\lvert z \rvert \geqslant 3.0$ 时，机构评价结果为不合格。						

表 E-2　　第二组（样品 1 和样品 4）能力评价结果表

序号	机构代码	样品 1		样品 4		评价结果
		上报均值/(mg/L)	z 值	上报均值/(mg/L)	z 值	
1	0301	14.2	−0.22	39.8	−1.05	合格
2	0302	14.2	−0.22	40.3	−0.21	合格
3	0303	14.4	0.31	40.1	−0.55	合格
4	0304	14.1	−0.48	40.5	0.12	合格
5	0305	15.5	3.20	39.9	−0.88	不合格
6	0306	14.3	0.05	40.1	−0.55	合格
7	0307	14.6	0.84	39.4	−1.71	合格
8	0308	14.6	0.84	41.2	1.28	合格
9	0309	14.1	−0.48	40.2	−0.38	合格
10	0310	13.8	−1.27	41.4	1.62	合格
11	0311	14.6	0.84	40.4	−0.05	合格
12	0312	14.1	−0.48	40.2	−0.38	合格
13	0313	16.1	4.78	38.9	−2.54	不合格
14	0314	13.9	−1.00	40.7	0.45	合格
15	0315	14.2	−0.22	39.7	−1.21	合格
16	0316	14.5	0.57	39.6	−1.38	合格
17	0317	14.4	0.31	41.0	0.95	合格
18	0318	14.0	−0.74	40.9	0.78	合格
19	0319	14.3	0.05	40.5	0.12	合格
20	0320	14.8	1.36	40.8	0.62	合格
21	0321	14.5	0.57	40.8	0.62	合格
22	0322	14.0	−0.74	41.1	1.12	合格
23	0323	14.2	−0.22	40.2	−0.38	合格
24	0324	14.0	−0.74	40.5	0.12	合格
25	0325	14.4	0.31	40.3	−0.21	合格

续表

序号	机构代码	样品1		样品4		评价结果
		上报均值/(mg/L)	z 值	上报均值/(mg/L)	z 值	
26	0326	14.8	1.36	40.8	0.62	合格
27	0327	15.9	4.26	40.8	0.62	不合格
28	0328	15.2	2.41	40.2	−0.38	合格
29	0329	14.2	−0.22	40.3	−0.21	合格
30	0330	14.0	−0.74	38.5	−3.21	不合格
31	0331	13.2	−2.85	40.0	−0.71	合格
32	0332	14.2	−0.22	40.0	−0.71	合格
33	0334	14.5	0.57	40.0	−0.71	合格
34	0338	14.5	0.57	40.5	0.12	合格
35	0340	14.6	0.84	40.6	0.28	合格
36	0341	14.5	0.57	40.3	−0.21	合格
37	0342	14.1	−0.48	40.2	−0.38	合格
38	0343	13.8	−1.27	41.2	1.28	合格
39	0344	14.6	0.84	39.6	−1.38	合格
40	0345	14.2	−0.22	40.2	−0.38	合格
41	0346	14.1	−0.48	36.2	−7.03	不合格
42	0347	14.7	1.10	40.4	−0.05	合格
43	0348	14.3	0.05	40.7	0.45	合格
44	0349	13.8	−1.27	40.2	−0.38	合格
45	0350	14.2	−0.22	40.7	0.45	合格
46	0351	14.7	1.10	42.4	3.28	不合格
47	0352	14.1	−0.48	40.5	0.12	合格
48	0353	15.0	1.89	42.2	2.95	合格
49	0354	13.2	−2.85	39.6	−1.38	合格
50	0355	14.4	0.31	40.5	0.12	合格
51	0356	14.2	−0.22	40.8	0.62	合格
52	0357	15.0	1.89	40.8	0.62	合格
53	0358	14.2	−0.22	40.8	0.62	合格
54	0359	14.2	−0.22	40.0	−0.71	合格
55	0360	14.6	0.84	40.5	0.12	合格
56	0361	22.9	22.66	46.5	10.10	不合格
57	0362	14.5	0.57	40.6	0.28	合格
58	0363	19.3	13.20	34.4	−10.03	不合格
59	0364	14.2	−0.22	40.2	−0.38	合格

续表

序号	机构代码	样品 1		样品 4		评价结果
		上报均值/(mg/L)	z 值	上报均值/(mg/L)	z 值	
60	0365	14.5	0.57	39.8	−1.05	合格
61	0366	21.0	17.67	46.5	10.10	不合格
62	0367	13.9	−1.00	38.6	−3.04	不合格
63	0368	16.8	6.62	45.4	8.27	不合格
64	0369	14.4	0.31	41.0	0.95	合格
65	0370	14.1	−0.48	38.7	−2.87	合格
66	0371	13.5	−2.06	41.2	1.28	合格
67	0372	15.2	2.41	41.5	1.78	合格
68	0373	13.4	−2.32	40.4	−0.05	合格
69	0374	14.2	−0.22	40.4	−0.05	合格
70	0375	14.2	−0.22	40.6	0.28	合格
71	0376	14.6	0.84	39.0	−2.38	合格
72	0377	14.5	0.57	39.2	−2.04	合格
73	0378	14.4	0.31	41.5	1.78	合格
74	0379	14.2	−0.22	41.3	1.45	合格
75	0380	14.1	−0.48	40.4	−0.05	合格
76	0381	15.6	3.47	43.5	5.11	不合格
77	0382	13.8	−1.27	40.6	0.28	合格
78	0383	14.0	−0.74	40.1	−0.55	合格
79	0384	14.1	−0.48	40.0	−0.71	合格
80	0385	14.4	0.31	39.9	−0.88	合格
81	0386	14.2	−0.22	41.1	1.12	合格
82	0387	14.2	−0.22	40.8	0.62	合格
83	0388	14.2	−0.22	40.2	−0.38	合格
84	0389	14.6	0.84	40.4	−0.05	合格
85	0390	14.3	0.05	40.8	0.62	合格
86	0391	14.4	0.31	40.4	−0.05	合格
87	0392	14.2	−0.22	40.4	−0.05	合格
88	0393	14.3	0.05	39.7	−1.21	合格
89	0394	14.2	−0.22	40.2	−0.38	合格
90	0395	17.1	7.41	41.0	0.95	不合格
91	0396	14.5	0.57	41.4	1.62	合格
92	0397	14.3	0.05	40.0	−0.71	合格
93	0398	14.1	−0.48	40.1	−0.55	合格

续表

序号	机构代码	样品1		样品4		评价结果
		上报均值/(mg/L)	z 值	上报均值/(mg/L)	z 值	
94	0399	13.8	−1.27	43.6	5.27	不合格
95	0400	14.2	−0.22	40.3	−0.21	合格
96	0401	14.0	−0.74	40.2	−0.38	合格
97	0402	14.2	−0.22	40.5	0.12	合格
98	0403	14.1	−0.48	40.4	−0.05	合格
99	0404	14.6	0.84	40.0	−0.71	合格
100	0405	14.2	−0.22	40.2	−0.38	合格
101	0406	14.4	0.31	40.4	−0.05	合格
102	0407	14.0	−0.74	40.4	−0.05	合格
103	0408	14.4	0.31	40.6	0.28	合格
104	0409	14.2	−0.22	40.6	0.28	合格
105	0410	14.3	0.05	40.8	0.62	合格
106	0411	13.8	−1.27	40.3	−0.21	合格
107	0412	14.1	−0.48	40.6	0.28	合格
108	0413	14.0	−0.74	40.0	−0.71	合格
109	0414	14.3	0.05	40.4	−0.05	合格
110	0415	14.2	−0.22	40.6	0.28	合格
111	0416	13.9	−1.00	40.4	−0.05	合格
112	0417	14.1	−0.48	40.8	0.62	合格
113	0418	14.8	1.36	40.4	−0.05	合格
114	0419	14.9	1.63	40.7	0.45	合格
115	0420	14.4	0.31	40.4	−0.05	合格
116	0421	13.8	−1.27	40.2	−0.38	合格
117	0422	14.3	0.05	40.3	−0.21	合格
118	0423	13.2	−2.85	40.2	−0.38	合格
119	0424	14.5	0.57	40.6	0.28	合格
120	0425	15.2	2.41	40.6	0.28	合格
121	0426	14.2	−0.22	41.0	0.95	合格
122	0427	13.7	−1.53	41.2	1.28	合格
123	0428	14.3	0.05	40.5	0.12	合格
124	0429	14.6	0.84	40.9	0.78	合格
125	0430	14.2	−0.22	40.6	0.28	合格
126	0431	14.4	0.31	39.9	−0.88	合格
127	0432	15.0	1.89	40.1	−0.55	合格

续表

序号	机构代码	样品 1		样品 4		评价结果
		上报均值/(mg/L)	z 值	上报均值/(mg/L)	z 值	
128	0433	12.1	−5.74	38.4	−3.37	不合格
129	0434	14.4	0.31	41.0	0.95	合格
130	0435	14.1	−0.48	41.8	2.28	合格
131	0436	14.1	−0.48	41.4	1.62	合格
132	0437	14.8	1.36	39.6	−1.38	合格
133	0438	15.2	2.41	40.6	0.28	合格
134	0439	14.5	0.57	40.6	0.28	合格
135	0440	13.6	−1.79	40.2	−0.38	合格
136	0441	14.8	1.36	40.5	0.12	合格
137	0442	13.6	−1.79	40.0	−0.71	合格
138	0443	14.4	0.31	40.6	0.28	合格
139	0444	14.2	−0.22	42.2	2.95	合格
140	0445	12.9	−3.63	34.6	−9.69	不合格
141	0446	15.1	2.15	40.0	−0.71	合格
142	0447	14.4	0.31	40.6	0.28	合格
143	0448	13.9	−1.00	39.8	−1.05	合格
144	0449	14.4	0.31	40.5	0.12	合格
145	0450	14.1	−0.48	39.8	−1.05	合格
146	0451	14.5	0.57	41.3	1.45	合格
147	0452	14.5	0.57	40.7	0.45	合格
148	0453	14.9	1.63	40.9	0.78	合格
149	0454	14.6	0.84	41.1	1.12	合格
150	0455	13.8	−1.27	39.8	−1.05	合格
151	0456	14.4	0.31	39.0	−2.38	合格
152	0457	14.0	−0.74	40.0	−0.71	合格
153	0458	13.8	−1.27	40.0	−0.71	合格
154	0459	15.0	1.89	40.0	−0.71	合格
155	0460	14.3	0.05	40.8	0.62	合格
156	0461	0.286	−36.81	0.801	−65.90	不合格
157	0462	14.7	1.10	40.5	0.12	合格
158	0464	14.2	−0.22	40.4	−0.05	合格
159	0465	15.6	3.47	39.6	−1.38	不合格
160	0466	14.5	0.57	40.5	0.12	合格
161	0467	14.3	0.05	40.2	−0.38	合格

续表

序号	机构代码	样品1		样品4		评价结果
		上报均值/(mg/L)	z值	上报均值/(mg/L)	z值	
162	0468	14.8	1.36	40.5	0.12	合格
163	0469	14.4	0.31	40.2	−0.38	合格
164	0470	13.6	−1.79	39.2	−2.04	合格
165	0471	13.8	−1.27	41.2	1.28	合格
166	0472	14.3	0.05	40.6	0.28	合格
167	0473	14.3	0.05	40.5	0.12	合格
168	0474	14.8	1.36	40.4	−0.05	合格
169	0475	13.9	−1.00	40.1	−0.55	合格
170	0476	14.5	0.57	39.5	−1.54	合格
171	0477	14.5	0.57	40.7	0.45	合格
172	0478	14.0	−0.74	40.0	−0.71	合格
173	0479	15.3	2.68	39.0	−2.38	合格
174	0480	13.6	−1.79	39.9	−0.88	合格
175	0481	14.1	−0.48	40.7	0.45	合格
176	0482	14.6	0.84	42.1	2.78	合格
177	0483	15.0	1.89	39.4	−1.71	合格
178	0484	14.6	0.84	40.8	0.62	合格
179	0485	13.5	−2.06	37.5	−4.87	不合格
180	0486	13.2	−2.85	38.5	−3.21	不合格
181	0487	14.0	−0.74	40.5	0.12	合格
182	0488	14.2	−0.22	40.6	0.28	合格
183	0490	13.2	−2.85	39.0	−2.38	合格
184	0491	13.9	−1.00	40.7	0.45	合格
185	0492	14.5	0.57	40.5	0.12	合格
186	0493	14.3	0.05	40.3	−0.21	合格
187	0494	14.2	−0.22	38.0	−4.04	不合格
188	0495	14.8	1.36	40.2	−0.38	合格
189	0496	14.0	−0.74	39.6	−1.38	合格
190	0497	14.2	−0.22	40.2	−0.38	合格
191	0498	15.5	3.20	42.3	3.11	不合格
192	0499	14.1	−0.48	41.4	1.62	合格
193	0500	16.2	5.04	41.0	0.95	不合格
194	0501	14.7	1.10	40.7	0.45	合格

续表

序号	机构代码	样品 1		样品 4		评价结果
		上报均值/(mg/L)	z 值	上报均值/(mg/L)	z 值	
195	0502	13.9	−1.00	39.9	−0.88	合格
196	0503	14.2	−0.22	40.3	−0.21	合格
197	0504	14.2	−0.22	40.1	−0.55	合格
198	0505	15.4	2.94	31.2	−15.35	不合格
199	0506	13.8	−1.27	41.2	1.28	合格
200	0507	14.1	−0.48	40.1	−0.55	合格
201	0508	14.1	−0.48	40.8	0.62	合格
202	0509	16.5	5.83	41.2	1.28	不合格
203	0510	14.4	0.31	41.0	0.95	合格
204	0511	14.3	0.05	39.3	−1.88	合格
205	0512	14.0	−0.74	40.1	−0.55	合格
206	0513	14.0	−0.74	40.2	−0.38	合格
207	0514	14.0	−0.74	40.1	−0.55	合格
208	0515	14.8	1.36	41.6	1.95	合格
209	0516	14.0	−0.74	40.0	−0.71	合格
210	0517	13.8	−1.27	40.3	−0.21	合格
211	0518	14.0	−0.74	40.0	−0.71	合格
212	0519	14.0	−0.74	32.6	−13.02	不合格
213	0520	14.2	−0.22	40.8	0.62	合格
214	0521	14.3	0.05	40.2	−0.38	合格
215	0522	14.5	0.57	40.7	0.45	合格
216	0523	14.1	−0.48	40.2	−0.38	合格
217	0524	14.2	−0.22	40.6	0.28	合格
218	0525	14.2	−0.22	41.2	1.28	合格
219	0526	14.1	−0.48	40.1	−0.55	合格
220	0527	15.0	1.89	40.6	0.28	合格
221	0528	17.4	8.20	40.5	0.12	不合格
222	0529	14.4	0.31	40.2	−0.38	合格
223	0530	14.5	0.57	40.5	0.12	合格
224	0531	14.1	−0.48	40.4	−0.05	合格
225	0532	14.4	0.31	40.7	0.45	合格
226	0533	14.4	0.31	40.2	−0.38	合格
227	0534	14.2	−0.22	40.5	0.12	合格

续表

序号	机构代码	样品1		样品4		评价结果
		上报均值/(mg/L)	z值	上报均值/(mg/L)	z值	
228	0535	14.1	−0.48	40.7	0.45	合格
229	0536	14.2	−0.22	40.4	−0.05	合格
230	0546	14.4	0.31	40.4	−0.05	合格
231	0547	13.7	−1.53	40.0	−0.71	合格
232	0548	14.5	0.57	41.0	0.95	合格
233	0549	14.0	−0.74	40.0	−0.71	合格
234	0550	13.8	−1.27	40.1	−0.55	合格
235	0551	14.2	−0.22	41.1	1.12	合格
236	0552	14.6	0.84	40.5	0.12	合格
237	0553	14.8	1.36	39.7	−1.21	合格
238	0554	14.1	−0.48	40.5	0.12	合格
239	0555	14.1	−0.48	40.7	0.45	合格
240	0556	14.5	0.57	41.6	1.95	合格
241	0557	14.4	0.31	40.8	0.62	合格
242	0558	14.6	0.84	41.0	0.95	合格
243	0559	14.0	−0.74	40.2	−0.38	合格
244	0560	14.3	0.05	40.2	−0.38	合格
245	0561	14.9	1.63	41.0	0.95	合格
246	0562	14.2	−0.22	40.7	0.45	合格
247	0563	14.2	−0.22	40.3	−0.21	合格
248	0564	14.4	0.31	40.1	−0.55	合格
249	0565	14.0	−0.74	40.2	−0.38	合格
250	0566	14.2	−0.22	41.7	2.11	合格
251	0567	14.4	0.31	40.5	0.12	合格
252	0568	13.8	−1.27	40.2	−0.38	合格
253	0569	14.5	0.57	40.1	−0.55	合格
254	0570	14.3	0.05	40.5	0.12	合格
255	0571	15.0	1.89	40.8	0.62	合格
256	0572	14.0	−0.74	40.3	−0.21	合格
257	0573	13.9	−1.00	39.9	−0.88	合格
258	0574	14.2	−0.22	40.2	−0.38	合格
259	0575	15.0	1.89	41.4	1.62	合格
260	0576	14.3	0.05	40.4	−0.05	合格

续表

序号	机构代码	样品1		样品4		评价结果
		上报均值/(mg/L)	z值	上报均值/(mg/L)	z值	
261	0577	14.2	−0.22	40.2	−0.38	合格
262	0578	15.6	3.54	40.8	0.62	不合格
263	0579	14.0	−0.74	40.4	−0.05	合格
264	0580	14.4	0.31	40.3	−0.21	合格
265	0581	14.7	1.10	41.8	2.28	合格
266	0582	14.7	1.10	40.8	0.62	合格
267	0583	14.0	−0.74	40.1	−0.55	合格
268	0585	14.1	−0.48	40.1	−0.55	合格
269	0586	14.0	−0.74	40.2	−0.38	合格
270	0587	14.2	−0.22	39.4	−1.71	合格
271	0588	15.1	2.15	45.1	7.77	不合格
272	0589	13.6	−1.79	39.2	−2.04	合格
273	0590	14.1	−0.48	40.7	0.45	合格
274	0591	14.2	−0.22	40.2	−0.38	合格
275	0592	14.5	0.57	41.1	1.12	合格
276	0593	13.7	−1.53	40.4	−0.05	合格
277	0594	13.9	−1.00	40.2	−0.38	合格
278	0595	15.6	3.47	42.4	3.28	不合格
279	0596	13.6	−1.79	39.9	−0.88	合格
280	0597	13.6	−1.79	42.3	3.11	不合格
281	0598	14.4	0.31	40.4	−0.05	合格
282	0599	14.1	−0.48	41.2	1.28	合格
283	0600	14.4	0.31	40.0	−0.71	合格
284	0249	14.2	−0.22	40.5	0.12	合格
285	0250	14.8	1.36	41.2	1.28	合格
286	0696	14.3	0.05	40.6	0.28	合格
287	0813	14.6	0.84	40.8	0.62	合格
288	0814	14.5	0.57	40.6	0.28	合格
289	1039	13.8	−1.27	40.2	−0.38	合格
290	1040	14.4	0.31	40.6	0.28	合格

备注：样品1的指定值为14.3mg/L，样品4的指定值为40.4mg/L；两个样品的任一结果满足$|z|\geqslant 3.0$时，机构评价结果为不合格。

表 E-3　　第三组（样品2和样品3）能力评价结果表

序号	机构代码	样品2		样品3		评价结果
		上报均值/(mg/L)	z值	上报均值/(mg/L)	z值	
1	0601	17.2	−1.01	33.1	0.81	合格
2	0602	17.8	0.01	32.8	0.26	合格
3	0603	17.6	−0.33	33.4	1.36	合格
4	0604	18.0	0.35	32.6	−0.10	合格
5	0605	17.4	−0.67	32.6	−0.10	合格
6	0606	16.5	−2.20	34.8	3.92	不合格
7	0607	17.5	−0.50	32.5	−0.29	合格
8	0608	18.0	0.35	33.2	1.00	合格
9	0609	17.6	−0.33	32.7	0.08	合格
10	0610	18.0	0.35	33.1	0.81	合格
11	0611	17.6	−0.33	32.9	0.45	合格
12	0612	18.2	0.69	32.6	−0.10	合格
13	0613	17.0	−1.35	32.6	−0.10	合格
14	0614	17.8	0.01	32.6	−0.10	合格
15	0615	17.9	0.18	33.0	0.63	合格
16	0616	17.5	−0.50	32.4	−0.47	合格
17	0617	17.6	−0.33	32.8	0.26	合格
18	0618	17.5	−0.50	32.1	−1.02	合格
19	0619	17.7	−0.16	32.5	−0.29	合格
20	0620	17.2	−1.01	32.5	−0.29	合格
21	0621	17.4	−0.67	32.9	0.45	合格
22	0622	18.0	0.35	32.8	0.26	合格
23	0623	15.0	−4.75	29.8	−5.22	不合格
24	0624	17.9	0.18	32.6	−0.10	合格
25	0625	22.1	7.33	35.5	5.20	不合格
26	0626	18.2	0.69	33.0	0.63	合格
27	0628	17.6	−0.33	32.6	−0.10	合格
28	0629	18.2	0.69	33.1	0.81	合格
29	0630	17.8	0.01	32.8	0.26	合格
30	0631	17.9	0.18	32.7	0.08	合格
31	0632	17.5	−0.50	32.0	−1.20	合格
32	0633	17.4	−0.67	32.2	−0.83	合格
33	0634	17.5	−0.50	32.5	−0.29	合格
34	0635	17.8	0.01	32.6	−0.10	合格

续表

序号	机构代码	样品 2		样品 3		评价结果
		上报均值/(mg/L)	z 值	上报均值/(mg/L)	z 值	
35	0636	18.1	0.52	33.0	0.63	合格
36	0637	17.5	−0.50	32.7	0.08	合格
37	0638	17.5	−0.50	33.8	2.09	合格
38	0639	17.3	−0.84	32.0	−1.20	合格
39	0640	17.7	−0.16	32.7	0.08	合格
40	0641	17.1	−1.18	32.3	−0.65	合格
41	0642	17.6	−0.33	33.1	0.81	合格
42	0643	18.6	1.37	32.8	0.26	合格
43	0644	18.1	0.52	33.0	0.63	合格
44	0645	18.6	1.37	33.5	1.54	合格
45	0646	18.2	0.69	32.6	−0.10	合格
46	0647	17.6	−0.33	32.1	−1.02	合格
47	0648	17.4	−0.67	32.4	−0.47	合格
48	0649	17.9	0.18	32.8	0.26	合格
49	0650	17.6	−0.33	32.5	−0.29	合格
50	0651	18.6	1.37	33.0	0.63	合格
51	0652	21.6	6.48	33.8	2.09	不合格
52	0653	18.7	1.54	34.5	3.37	不合格
53	0654	31.8	23.82	17.1	−28.45	不合格
54	0655	17.6	−0.33	33.6	1.73	合格
55	0656	16.6	−2.03	31.4	−2.30	合格
56	0657	17.9	0.18	32.4	−0.47	合格
57	0658	16.8	−1.69	32.4	−0.47	合格
58	0659	17.9	0.18	32.3	−0.65	合格
59	0660	18.0	0.35	32.9	0.45	合格
60	0661	19.4	2.73	34.0	2.46	合格
61	0662	17.5	−0.50	31.5	−2.11	合格
62	0663	18.0	0.35	32.6	−0.10	合格
63	0664	18.1	0.52	32.8	0.26	合格
64	0665	16.3	−2.54	31.8	−1.57	合格
65	0666	18.2	0.69	32.9	0.45	合格
66	0667	16.9	−1.52	39.1	11.79	不合格
67	0668	16.3	−2.54	30.7	−3.58	不合格
68	0669	16.5	−2.20	32.5	−0.29	合格

续表

序号	机构代码	样品2		样品3		评价结果
		上报均值/(mg/L)	z 值	上报均值/(mg/L)	z 值	
69	0670	18.5	1.20	33.7	1.91	合格
70	0671	16.0	−3.05	31.2	−2.66	不合格
71	0672	17.8	0.01	32.6	−0.10	合格
72	0673	17.6	−0.33	32.3	−0.65	合格
73	0674	17.1	−1.18	31.9	−1.38	合格
74	0675	17.0	−1.35	32.5	−0.29	合格
75	0676	17.3	−0.84	31.8	−1.57	合格
76	0677	17.8	0.01	33.4	1.36	合格
77	0678	17.5	−0.50	32.5	−0.29	合格
78	0679	17.8	0.01	32.8	0.26	合格
79	0680	17.6	−0.33	32.5	−0.29	合格
80	0681	18.3	0.86	33.6	1.73	合格
81	0682	18.3	0.86	33.7	1.91	合格
82	0683	17.8	0.01	32.9	0.45	合格
83	0684	18.0	0.35	32.8	0.26	合格
84	0685	18.8	1.71	33.3	1.18	合格
85	0686	17.6	−0.33	32.7	0.08	合格
86	0687	17.4	−0.67	32.2	−0.83	合格
87	0688	18.0	0.35	33.0	0.63	合格
88	0689	18.4	1.03	33.0	0.63	合格
89	0690	18.0	0.35	32.8	0.26	合格
90	0691	17.9	0.18	33.8	2.09	合格
91	0692	18.2	0.69	32.9	0.45	合格
92	0693	18.1	0.52	32.4	−0.47	合格
93	0694	17.7	−0.16	32.6	−0.10	合格
94	0695	18.9	1.88	33.0	0.63	合格
95	0697	18.4	1.03	32.4	−0.47	合格
96	0698	17.6	−0.33	32.5	−0.29	合格
97	0699	18.0	0.35	33.0	0.63	合格
98	0700	17.6	−0.33	32.6	−0.10	合格
99	0701	18.0	0.35	31.9	−1.38	合格
100	0702	17.8	0.01	32.6	−0.10	合格
101	0703	17.3	−0.84	32.2	−0.83	合格
102	0704	18.4	1.03	33.6	1.73	合格

续表

序号	机构代码	样品 2		样品 3		评价结果
		上报均值/(mg/L)	z 值	上报均值/(mg/L)	z 值	
103	0705	17.5	−0.50	32.0	−1.20	合格
104	0706	18.2	0.69	32.5	−0.29	合格
105	0707	15.8	−3.39	31.2	−2.66	不合格
106	0708	29.6	20.08	39.7	12.88	不合格
107	0709	17.9	0.18	32.8	0.26	合格
108	0710	18.2	0.69	33.2	1.00	合格
109	0711	18.7	1.54	32.4	−0.47	合格
110	0712	18.0	0.35	32.4	−0.47	合格
111	0713	18.3	0.86	32.8	0.26	合格
112	0714	25.0	12.26	44.7	22.03	不合格
113	0715	17.2	−1.01	31.6	−1.93	合格
114	0716	18.6	1.37	34.0	2.46	合格
115	0717	17.2	−1.01	32.8	0.26	合格
116	0718	17.8	0.01	32.9	0.45	合格
117	0719	18.6	1.37	35.5	5.20	不合格
118	0720	16.3	−2.54	30.5	−3.94	不合格
119	0721	16.8	−1.69	30.0	−4.86	不合格
120	0722	17.8	0.01	32.2	−0.83	合格
121	0723	18.6	1.37	32.3	−0.65	合格
122	0724	17.0	−1.35	31.7	−1.75	合格
123	0725	16.8	−1.69	32.0	−1.20	合格
124	0726	16.7	−1.86	31.9	−1.38	合格
125	0727	18.1	0.52	32.6	−0.10	合格
126	0728	19.5	2.90	35.1	4.47	不合格
127	0729	17.8	0.01	32.7	0.08	合格
128	0730	15.4	−4.07	35.6	5.39	不合格
129	0731	17.4	−0.67	32.0	−1.20	合格
130	0732	17.8	0.01	31.7	−1.75	合格
131	0733	16.8	−1.69	31.5	−2.11	合格
132	0734	18.0	0.35	32.3	−0.65	合格
133	0735	17.8	0.01	33.0	0.63	合格
134	0736	16.4	−2.37	31.2	−2.66	合格
135	0737	18.2	0.69	33.1	0.81	合格
136	0738	18.3	0.86	32.4	−0.47	合格

续表

序号	机构代码	样品 2		样品 3		评价结果
		上报均值/(mg/L)	z 值	上报均值/(mg/L)	z 值	
137	0739	17.9	0.18	32.6	−0.10	合格
138	0740	18.6	1.37	33.3	1.18	合格
139	0741	17.6	−0.33	32.7	0.08	合格
140	0742	17.8	0.01	33.0	0.63	合格
141	0743	17.6	−0.33	32.7	0.08	合格
142	0744	18.0	0.35	33.0	0.63	合格
143	0745	18.0	0.35	32.8	0.26	合格
144	0746	17.2	−1.01	32.2	−0.83	合格
145	0747	17.7	−0.16	32.8	0.26	合格
146	0748	17.6	−0.33	32.8	0.26	合格
147	0749	17.6	−0.33	32.5	−0.29	合格
148	0750	17.8	0.01	32.4	−0.47	合格
149	0751	18.2	0.69	32.1	−1.02	合格
150	0752	17.8	0.01	33.1	0.81	合格
151	0753	17.8	0.01	32.3	−0.65	合格
152	0754	18.1	0.52	33.4	1.36	合格
153	0755	17.8	0.01	32.3	−0.65	合格
154	0756	18.9	1.88	32.4	−0.47	合格
155	0757	18.1	0.52	32.5	−0.29	合格
156	0758	17.8	0.01	32.6	−0.10	合格
157	0759	18.6	1.37	33.5	1.54	合格
158	0760	17.3	−0.84	32.3	−0.65	合格
159	0761	17.2	−1.01	31.8	−1.57	合格
160	0763	18.5	1.20	32.7	0.08	合格
161	0764	18.2	0.69	33.4	1.36	合格
162	0765	17.2	−1.01	32.1	−1.02	合格
163	0766	17.6	−0.33	32.6	−0.10	合格
164	0767	18.8	1.71	32.8	0.26	合格
165	0768	17.6	−0.33	32.5	−0.29	合格
166	0769	18.2	0.69	33.4	1.36	合格
167	0770	18.4	1.03	33.0	0.63	合格
168	0771	17.6	−0.33	33.2	1.00	合格
169	0772	18.0	0.35	33.0	0.63	合格
170	0773	18.5	1.20	33.4	1.36	合格

续表

序号	机构代码	样品 2		样品 3		评价结果
		上报均值/(mg/L)	z 值	上报均值/(mg/L)	z 值	
171	0774	18.1	0.52	33.0	0.63	合格
172	0775	18.0	0.35	32.8	0.26	合格
173	0776	18.4	1.03	33.6	1.73	合格
174	0777	18.2	0.69	32.3	−0.65	合格
175	0778	18.4	1.03	33.0	0.63	合格
176	0779	16.3	−2.54	31.5	−2.11	合格
177	0780	17.6	−0.33	32.3	−0.65	合格
178	0781	18.0	0.35	33.0	0.63	合格
179	0782	17.4	−0.67	32.1	−1.02	合格
180	0783	16.8	−1.69	31.6	−1.93	合格
181	0784	20.8	5.12	34.2	2.82	不合格
182	0785	17.8	0.01	32.8	0.26	合格
183	0786	17.8	0.01	33.8	2.09	合格
184	0787	17.4	−0.67	32.6	−0.10	合格
185	0788	16.7	−1.86	32.2	−0.83	合格
186	0789	17.3	−0.84	32.2	−0.83	合格
187	0790	17.2	−1.01	32.4	−0.47	合格
188	0791	18.1	0.52	33.1	0.81	合格
189	0792	18.2	0.69	34.1	2.64	合格
190	0793	17.4	−0.67	32.3	−0.65	合格
191	0794	18.1	0.52	32.6	−0.10	合格
192	0795	17.7	−0.16	32.9	0.45	合格
193	0796	19.0	2.05	34.6	3.56	不合格
194	0797	17.5	−0.50	34.5	3.37	不合格
195	0798	17.0	−1.35	32.3	−0.65	合格
196	0799	17.8	0.01	33.2	1.00	合格
197	0800	17.0	−1.35	31.1	−2.85	合格
198	0801	17.8	0.01	32.4	−0.47	合格
199	0802	17.3	−0.84	32.4	−0.47	合格
200	0803	13.8	−6.79	15.1	−32.11	不合格
201	0804	16.6	−2.03	31.8	−1.57	合格
202	0805	17.0	−1.35	32.4	−0.47	合格
203	0806	18.4	1.03	32.8	0.26	合格
204	0807	17.7	−0.16	33.0	0.63	合格

续表

序号	机构代码	样品2		样品3		评价结果
		上报均值/(mg/L)	z 值	上报均值/(mg/L)	z 值	
205	0808	17.7	−0.16	32.7	0.08	合格
206	0815	17.4	−0.67	32.4	−0.47	合格
207	0816	17.8	0.01	32.7	0.08	合格
208	0817	17.8	0.01	33.1	0.81	合格
209	0818	18.2	0.69	33.7	1.91	合格
210	0819	18.0	0.35	32.6	−0.10	合格
211	0820	17.8	0.01	32.3	−0.65	合格
212	0821	18.2	0.69	34.3	3.01	不合格
213	0822	17.5	−0.50	32.5	−0.29	合格
214	0823	17.6	−0.33	31.8	−1.57	合格
215	0824	17.4	−0.67	32.4	−0.47	合格
216	0825	17.9	0.18	32.8	0.26	合格
217	0826	18.0	0.35	32.8	0.26	合格
218	0827	16.7	−1.86	31.6	−1.93	合格
219	0828	18.0	0.35	31.2	−2.66	合格
220	0829	18.0	0.35	32.7	0.08	合格
221	0830	17.6	−0.33	32.4	−0.47	合格
222	0831	18.4	1.03	32.6	−0.10	合格
223	0832	15.5	−3.90	30.6	−3.76	不合格
224	0833	18.8	1.71	32.7	0.08	合格
225	0834	17.8	0.01	33.0	0.63	合格
226	0835	18.2	0.69	34.0	2.46	合格
227	0836	17.5	−0.50	32.2	−0.83	合格
228	0837	17.7	−0.16	32.7	0.08	合格
229	0838	17.7	−0.16	32.8	0.26	合格
230	0839	18.3	0.86	32.5	−0.29	合格
231	0840	18.5	1.20	34.0	2.46	合格
232	0841	17.9	0.18	32.8	0.26	合格
233	0842	18.3	0.86	31.8	−1.57	合格
234	0843	16.2	−2.71	32.2	−0.83	合格
235	0844	17.2	−1.01	32.3	−0.65	合格
236	0845	17.5	−0.50	32.3	−0.65	合格
237	0846	18.4	1.03	33.0	0.63	合格
238	0847	17.8	0.01	31.8	−1.57	合格

续表

序号	机构代码	样品 2		样品 3		评价结果
		上报均值/(mg/L)	z 值	上报均值/(mg/L)	z 值	
239	0848	17.8	0.01	32.6	−0.10	合格
240	0849	18.2	0.69	32.0	−1.20	合格
241	0850	17.9	0.18	32.8	0.26	合格
242	0851	18.0	0.35	33.1	0.81	合格
243	0852	33.0	25.86	18.3	−26.26	不合格
244	0853	16.5	−2.20	32.6	−0.10	合格
245	0854	18.0	0.35	32.9	0.45	合格
246	0855	17.9	0.18	32.7	0.08	合格
247	0858	15.8	−3.39	32.0	−1.20	不合格
248	0859	17.8	0.01	32.0	−1.20	合格
249	0860	19.3	2.56	32.8	0.26	合格
250	0863	14.6	−5.43	33.3	1.18	不合格
251	0864	18.3	0.86	33.3	1.18	合格
252	0865	17.6	−0.33	32.9	0.45	合格
253	0866	18.8	1.71	32.2	−0.83	合格
254	0867	17.6	−0.33	31.2	−2.66	合格
255	0868	17.3	−0.84	31.2	−2.66	合格
256	0869	20.2	4.09	35.1	4.47	不合格
257	0871	17.5	−0.50	32.2	−0.83	合格
258	0872	18.6	1.37	33.7	1.91	合格
259	0873	17.8	0.01	33.2	1.00	合格
260	0874	17.6	−0.33	32.6	−0.10	合格
261	0875	17.9	0.18	34.3	3.01	不合格
262	0876	17.3	−0.84	31.4	−2.30	合格
263	0877	17.2	−1.01	33.2	1.00	合格
264	0878	16.3	−2.54	31.5	−2.11	合格
265	0879	18.9	1.88	34.0	2.46	合格
266	0880	18.5	1.20	26.5	−11.26	不合格
267	0882	17.8	0.01	32.8	0.26	合格
268	0883	16.9	−1.52	31.0	−3.03	不合格
269	0884	15.4	−4.07	30.4	−4.13	不合格
270	0885	17.8	0.01	31.4	−2.30	合格
271	0886	17.5	−0.50	32.5	−0.29	合格
272	0887	18.3	0.86	31.8	−1.57	合格

续表

序号	机构代码	样品2		样品3		评价结果
		上报均值/(mg/L)	z值	上报均值/(mg/L)	z值	
273	0888	17.4	−0.67	32.6	−0.10	合格
274	0889	17.6	−0.33	32.4	−0.47	合格
275	0890	18.5	1.20	33.0	0.63	合格
276	0891	16.9	−1.52	31.5	−2.11	合格
277	0892	16.5	−2.20	34.6	3.56	不合格
278	0893	18.2	0.69	32.8	0.26	合格
279	0894	18.1	0.52	33.6	1.73	合格
280	0895	18.4	1.03	34.0	2.46	合格
281	0897	17.0	−1.35	31.9	−1.38	合格
282	0898	17.4	−0.67	32.4	−0.47	合格
283	0899	17.4	−0.67	32.4	−0.47	合格
284	0251	17.8	0.01	32.6	−0.10	合格
285	0252	17.9	0.18	32.2	−0.83	合格
286	0337	17.7	−0.16	32.8	0.26	合格
287	0339	17.5	−0.50	32.5	−0.29	合格
288	0543	18.2	0.69	33.1	0.81	合格
289	0544	18.0	0.35	33.2	1.00	合格
290	0545	18.0	0.35	33.0	0.63	合格
291	1013	18.2	0.69	33.2	1.00	合格
292	1041	17.5	−0.50	32.5	−0.29	合格
293	1045	17.8	0.01	32.7	0.08	合格

备注：样品2的指定值为17.8mg/L，样品3的指定值为32.7mg/L；两个样品的任一结果满足$|z|\geqslant 3.0$时，机构评价结果为不合格。

表E-4　　第四组（样品2和样品4）能力评价结果表

序号	机构代码	样品2		样品4		评价结果
		上报均值/(mg/L)	z值	上报均值/(mg/L)	z值	
1	0901	17.5	−0.50	39.8	−1.05	合格
2	0902	18.0	0.35	40.5	0.12	合格
3	0903	17.0	−1.35	39.8	−1.05	合格
4	0904	17.5	−0.50	40.8	0.62	合格
5	0905	17.9	0.18	40.1	−0.55	合格
6	0906	14.1	−6.28	36.6	−6.37	不合格
7	0907	16.3	−2.54	39.2	−2.04	合格
8	0908	17.7	−0.16	40.8	0.62	合格

续表

序号	机构代码	样品 2		样品 4		评价结果
		上报均值/(mg/L)	z 值	上报均值/(mg/L)	z 值	
9	0909	18.7	1.54	43.1	4.44	不合格
10	0910	18.0	0.35	41.7	2.11	合格
11	0911	18.5	1.20	41.2	1.28	合格
12	0913	15.8	−3.39	38.9	−2.54	不合格
13	0914	18.0	0.35	42.0	2.61	合格
14	0915	16.6	−2.03	39.6	−1.38	合格
15	0916	17.5	−0.50	40.6	0.28	合格
16	0917	23.2	9.20	39.8	−1.05	不合格
17	0918	18.4	1.03	40.5	0.12	合格
18	0919	18.4	1.03	42.6	3.61	不合格
19	0920	17.8	0.01	40.9	0.78	合格
20	0921	17.8	0.01	40.3	−0.21	合格
21	0922	17.2	−1.01	39.6	−1.38	合格
22	0923	18.0	0.35	41.2	1.28	合格
23	0924	18.0	0.35	40.2	−0.38	合格
24	0925	20.1	3.92	40.8	0.62	不合格
25	0926	17.4	−0.67	40.2	−0.38	合格
26	0927	18.6	1.37	40.4	−0.05	合格
27	0928	19.1	2.22	43.3	4.77	不合格
28	0929	18.0	0.35	40.8	0.62	合格
29	0930	18.8	1.71	39.9	−0.88	合格
30	0931	17.5	−0.50	40.6	0.28	合格
31	0932	19.5	2.90	39.8	−1.05	合格
32	0933	16.8	−1.69	40.5	0.12	合格
33	0934	17.9	0.18	40.6	0.28	合格
34	0935	18.0	0.35	40.8	0.62	合格
35	0936	18.6	1.37	40.3	−0.21	合格
36	0937	18.1	0.52	40.5	0.12	合格
37	0938	18.4	1.03	34.4	−10.03	不合格
38	0939	17.5	−0.50	40.6	0.28	合格
39	0940	18.5	1.20	40.3	−0.21	合格
40	0941	17.0	−1.35	39.1	−2.21	合格
41	0942	19.0	2.05	42	2.61	合格
42	0943	17.6	−0.33	39.6	−1.38	合格

续表

序号	机构代码	样品 2		样品 4		评价结果
		上报均值/(mg/L)	z 值	上报均值/(mg/L)	z 值	
43	0944	18.4	1.03	40.6	0.28	合格
44	0945	18.1	0.52	41.1	1.12	合格
45	0946	17.7	−0.16	40.5	0.12	合格
46	0947	19.0	2.05	40.1	−0.55	合格
47	0948	18.3	0.86	40.6	0.28	合格
48	0949	18.3	0.86	40.5	0.12	合格
49	0950	17.9	0.18	40.5	0.12	合格
50	0951	17.6	−0.33	40.5	0.12	合格
51	0952	15.9	−3.22	38.3	−3.54	不合格
52	0953	18.0	0.35	41.4	1.62	合格
53	0954	17.6	−0.33	41.6	1.95	合格
54	0955	18.2	0.69	40.8	0.62	合格
55	0956	18.1	0.52	40.8	0.62	合格
56	0957	17.9	0.18	40.8	0.62	合格
57	0958	17.6	−0.33	40.9	0.78	合格
58	0959	17.5	−0.50	39.8	−1.05	合格
59	0960	18.0	0.35	40.5	0.12	合格
60	0961	18.1	0.52	40.6	0.28	合格
61	0962	17.9	0.18	40.8	0.62	合格
62	0963	18.3	0.86	40.8	0.62	合格
63	0964	17.0	−1.35	40.0	−0.71	合格
64	0965	14.7	−5.26	33.2	−12.02	不合格
65	0966	17.6	−0.33	40.6	0.28	合格
66	0967	17.4	−0.67	34.5	−9.86	不合格
67	0968	17.8	0.01	41.2	1.28	合格
68	0969	17.3	−0.84	39.3	−1.88	合格
69	0970	18.0	0.35	41.6	1.95	合格
70	0971	17.2	−1.01	39.7	−1.21	合格
71	0972	18.0	0.35	40.6	0.28	合格
72	0973	18.0	0.35	40.8	0.62	合格
73	0974	17.4	−0.67	39.3	−1.88	合格
74	0975	15.8	−3.39	40.5	0.12	不合格
75	0976	18.2	0.69	41.4	1.62	合格
76	0977	17.0	−1.35	40.0	−0.71	合格

续表

序号	机构代码	样品 2		样品 4		评价结果
		上报均值/(mg/L)	z 值	上报均值/(mg/L)	z 值	
77	0978	18.0	0.35	40.8	0.62	合格
78	0979	16.8	−1.69	39.0	−2.38	合格
79	0980	17.7	−0.16	40.4	−0.05	合格
80	0981	18.2	0.69	40.6	0.28	合格
81	0982	17.8	0.01	39.4	−1.71	合格
82	0983	17.3	−0.84	39.2	−2.04	合格
83	0984	17.6	−0.33	41.5	1.78	合格
84	0985	18.2	0.69	40.3	−0.21	合格
85	0986	15.7	−3.56	40.2	−0.38	不合格
86	0987	17.6	−0.33	40.6	0.28	合格
87	0988	17.6	−0.33	39.0	−2.38	合格
88	0989	17.3	−0.84	40.5	0.12	合格
89	0990	17.9	0.18	40.6	0.28	合格
90	0991	17.8	0.01	42.6	3.61	不合格
91	0992	17.5	−0.50	41.0	0.95	合格
92	0993	18.0	0.35	39.9	−0.88	合格
93	0994	17.7	−0.16	40.5	0.12	合格
94	0995	20.0	3.75	34.4	−10.03	不合格
95	0996	20.0	3.75	40.4	−0.05	不合格
96	0997	17.6	−0.33	40.2	−0.38	合格
97	0998	17.9	0.18	40.9	0.78	合格
98	0999	17.4	−0.67	39.9	−0.88	合格
99	1000	18.8	1.71	40.0	−0.71	合格
100	1001	13.5	−7.30	39.6	−1.38	不合格
101	1002	17.5	−0.50	40.0	−0.71	合格
102	1003	17.4	−0.67	40.4	−0.05	合格
103	1004	18.3	0.86	40.3	−0.21	合格
104	1005	16.8	−1.69	42.0	2.61	合格
105	1006	18.0	0.35	40.8	0.62	合格
106	1008	17.8	0.01	40.8	0.62	合格
107	1009	18.3	0.86	41.2	1.28	合格
108	1011	18.3	0.86	40.3	−0.21	合格
109	1012	17.8	0.01	40.5	0.12	合格
110	1014	18.2	0.69	41.1	1.12	合格

续表

序号	机构代码	样品 2		样品 4		评价结果
		上报均值/(mg/L)	z 值	上报均值/(mg/L)	z 值	
111	1015	17.6	−0.33	40.1	−0.55	合格
112	1016	20.0	3.75	44.7	7.10	不合格
113	1017	16.8	−1.69	40.6	0.28	合格
114	1018	15.7	−3.56	37.7	−4.54	不合格
115	1019	17.7	−0.16	40.9	0.78	合格
116	1020	15.0	−4.75	35.2	−8.69	不合格
117	1021	17.5	−0.50	39.7	−1.21	合格
118	1022	18.0	0.35	40.8	0.62	合格
119	1023	18.0	0.35	40.4	−0.05	合格
120	1024	17.9	0.18	40.6	0.28	合格
121	1025	17.6	−0.33	40.0	−0.71	合格
122	1026	18.2	0.69	40.6	0.28	合格
123	1027	17.9	0.18	40.6	0.28	合格
124	1028	17.7	−0.16	40.6	0.28	合格
125	1029	20.4	4.43	44.0	5.94	不合格
126	1030	16.4	−2.37	39.5	−1.54	合格
127	1031	17.1	−1.18	39.5	−1.54	合格
128	1032	17.3	−0.84	40.6	0.28	合格
129	1033	17.7	−0.16	40.1	−0.55	合格
130	1034	17.4	−0.67	40.4	−0.05	合格
131	0253	17.9	0.18	40.6	0.28	合格
132	0333	17.8	0.01	40.6	0.28	合格
133	0336	17.6	−0.33	40.5	0.12	合格
134	0537	18.4	1.03	40.6	0.28	合格
135	0538	17.7	−0.16	40.6	0.28	合格
136	0539	18.0	0.35	40.7	0.45	合格
137	0809	17.8	0.01	40.4	−0.05	合格
138	0810	17.8	0.01	40.2	−0.38	合格
139	0862	0.396	−29.58	0.810	−65.88	不合格
140	0896	19.0	2.05	42.4	3.28	不合格
141	1035	17.5	−0.50	40.7	0.45	合格
142	1036	17.4	−0.67	40.4	−0.05	合格
143	1042	18.1	0.52	41.3	1.45	合格
144	1043	19.3	2.56	42.0	2.61	合格

续表

序号	机构代码	样品 2		样品 4		评价结果
		上报均值/(mg/L)	z 值	上报均值/(mg/L)	z 值	
145	1044	18.0	0.35	40.6	0.28	合格
146	1046	18.6	1.37	39.7	−1.21	合格
147	1047	0.603	−29.23	0.971	−65.62	不合格
148	1048	20.0	3.75	40.4	−0.05	不合格
149	1049	17.7	−0.16	40.7	0.45	合格
150	1050	17.9	0.18	41.6	1.95	合格
151	1051	18.6	1.37	40.1	−0.55	合格
152	1052	17.7	−0.16	40.9	0.78	合格
153	1053	18.6	1.37	40.6	0.28	合格
154	1054	18.4	1.03	40.9	0.78	合格
155	1055	17.7	−0.16	40.4	−0.05	合格
156	1056	18.0	0.35	40.2	−0.38	合格
157	1057	17.5	−0.50	40.0	−0.71	合格
158	1058	17.2	−1.01	40.7	0.45	合格
159	1059	17.7	−0.16	40.1	−0.55	合格
160	1060	19.0	2.05	39.5	−1.54	合格

备注：样品 2 的指定值为 17.8mg/L，样品 4 的指定值为 40.4mg/L；两个样品的任一结果满足 $|z|\geqslant 3.0$ 时，机构评价结果为不合格。

第六部分　水质监测质量管理工作年报（以2014年为例）

第一章　质量管理制度的执行情况

2014年度水利系统各级水环境监测机构继续贯彻执行水利部《关于加强水质监测质量管理工作的通知》（水文〔2010〕169号），认真落实水利部水文局《关于印发〈水质监测质量管理监督检查考核评定办法〉等七项制度的通知》（水文质〔2011〕8号）等文件精神，进一步完善质量管理规章制度，制定实施细则，结合各自的监测工作，将“七项制度”落到实处。

一年来，各级水环境监测机构按照《2014年度质量管理工作计划》和SL 219《水环境监测规范》的要求开展工作，严格遵守质量管理的各项规定，做好质控考核及常规监测质量控制工作，把质量管理与监测紧密结合，将质量控制工作贯穿于日常的水质监测工作中，确保监测数据的代表性、准确性、精密性、可比性、完整性。

一、水利部水环境监测评价研究中心质量管理制度的执行情况

2014年，水利部水环境监测评价研究中心（以下简称“中心”）严格按照《2014年度质量管理工作计划》和SL 219《水环境监测规范》等要求开展监测工作，将质量保证与质量控制贯穿于日常的水质监测和科学研究工作中，保证了监测数据的准确可靠，确保了科研工作的质量成果。

2014年，中心新增的3名检验检测人员通过了部水文局组织的人员上岗考核，取得了上岗证。参加了国家认监委组织的全国能力验证，8项参数取得满意结果。在科研和外委的水环境监测工作中，中心严格按照SL 219《水环境监测规范》要求每批样品采集不低于10%的现场平行样和全程序空白样；随机抽取5%～20%的样品进行平行和加标回收率测定。中心每月标准物质控制样品不少于实验室内质量控制样品总数的10%，且检测结果均一次性合格。

为强化全国水质监测工作的质量管理力度，推进水质监测能力建设，根据水利部《关于加强水质监测质量管理工作的通知》（水文〔2010〕169号）和SL 219《水环境监测规范》的要求，中心受水利部水文局委托，完成水利系统水质监测实验室质量控制工作，包括质控样品的研制、技术岗位考核、能力验证工作、质量报告编制等。

为满足水利系统水环境监测机构质量管理监督检查和水功能区限制纳污红线考核水质指标监测与评价工作需要，中心在2014年共研制生产考核样品32种46批次，涵盖GB 3838—2002《地表水环境质量标准》中除水温、粪大肠菌群以外的所有常规监测

项目。

依据水利系统省级以上水环境监测机构上报的《质量管理报告》，中心于2014年4月汇总编制完成了《2013年度水利系统流域及省级水环境监测中心质量管理工作总结报告》，并通过了水利部水文局组织的专家审查。中心组织完成了2013年度流域监测机构的人员上岗技术考核，共考核检验人员和采样人员281人次，2433项参数。

根据水利部水文局要求，2014年，中心完成全国水利系统第一次水质监测实验室能力验证工作，安排了高锰酸盐指数、氨氮、硝基苯和甲萘威四个参数的能力验证。初测上报结果的统计分析表明，参加能力验证的288家实验室中高锰酸盐指数的离群现象最为明显，共有70家实验室的Z值大于2，是所有参加能力验证实验室的24.3%；49家实验室的氨氮检测结果的Z值大于2，是所有参加能力验证实验室的17.0%。由于参加硝基苯和甲萘威的实验室数量不同，因此硝基苯项目的离群率为18.2%，甲萘威项目的离群率为10%。通过本次能力验证工作，初步了解了全国水利系统水质监测实验室在某些项目上的监测水平，督促检测结果离群或可疑的实验室自查自纠，提升了实验室的检验检测技术能力，从而促进了水利系统整体监测水平的提高。

二、全国其他监测机构质量管理制度的执行情况

2014年度，全国各级监测机构共计监测各类断面总数达8213个。在水质监测人员岗位技术培训和考核方面，全国水利系统共计举办335期水质监测业务各类培训班，培训学员4460人次；各级监测机构考核检验人员2810人次，共计7721项次。截至2014年底，全国各级监测机构持证上岗人员中，检验人员2424名，采样人员3056名。与2013年度相比，本年度流域和省级监测机构进一步加强了相关技术培训和技术人员的岗位考核，各项工作都取得较好的成绩，具体情况见表1.1。

表1.1　　2014年度人员培训及考核工作一览表

时间	举办培训班/期	培训学员/人次	考核检验人员总数/人次	考核项目总数/项次	检验人员持证上岗人数/人	采样人员持证上岗人数/人
2013年	90	2891	1948	6799	2237	2663
2014年	335	4460	2810	7721	2424	3056

在实验室质量控制考核与比对试验方面，各级水环境监测机构按照采样质控每批样品采集不低于10%的现场平行样和不少于1个的全程序空白样；实验室质控对测定水样随机抽取5%～20%的样品进行平行双样测定，随机抽取5%～20%样品进行加标回收率测定。各流域水环境监测中心积极组织相关监测机构开展质控考核与比对试验工作。

在实验室能力验证方面，全国水利系统共有288个水环境监测机构参加水利部、国家认可监督管理委员会及相关部委组织的能力验证工作，并获得能力验证满意证书。

在实验室仪器设备、自动监测站以及移动实验室方面，据不完全统计，截至2014年底，全国各级监测机构配置10万元以上的实验室大型仪器设备共计1789台（套），建设自动监测站251座，配置移动实验室50个。与2013年度相比流域及省级监测机构在能力

建设方面的投入都有所增加，具体见表 1.2。

表 1.2　　2014 年度能力建设工作一览表

时间	配置大型仪器数/(台/套)	建设自动监测站/座	配置移动实验室/个
2013 年	1656	181	31
2014 年	1789	251	50

第二章　岗位技术培训与考核

一、人员技术培训与考核情况

（一）流域监测机构组织与参加的技术培训与考核

2014年度，各流域监测机构举办水质监测业务各类培训班共计60期，培训流域及省、自治区、直辖市各级水质监测业务人员1257人次；流域机构监测人员参加相关部委、企事业单位各类业务培训共计889人次。

各流域机构全年共计参加检测岗位考核2433项次281人次，采样岗位考核95人；组织考核75个监测机构，考核检验人员347人次，共计1726项次，采样人员60共人。各流域监测机构开展培训与考核工作统计概况见表2.1。

表2.1　　各流域监测机构开展培训与考核工作统计概况表

单位名称	培训			本中心参加考核			考核其他机构			
	举办培训班期数	培训人次	本中心参加各类培训人次	检验检测		被考核采样人员数	检验检测			考核采样人员数
				被考核人次	被考核项次		考核监测机构数	考核人次	考核项次	
长江流域水环境监测中心	7	100	28	35	278	12	33	196	1036	—
水文局上游分中心	1	40	27	7	28	1	—	—	—	—
上游分中心万州实验室	—	—	11	—	—	—	—	—	—	—
上游分中心攀枝花实验室	—	—	9	—	—	—	—	—	—	—
上游分中心嘉陵江实验室	—	—	10	—	—	—	—	—	—	—
上游分中心宜宾实验室	—	—	8	—	—	—	—	—	—	—
水文局三峡分中心	1	15	48	7	24	—	—	—	—	—
水文局荆江分中心	5	62	17	5	113	—	—	—	—	—
水文局中游分中心	1	15	42	13	117	—	—	—	—	—
水文局下游分中心	2	26	39	9	73	—	—	—	—	—
下游分中心九江实验室	—	—	5	7	38	—	—	—	—	—
水文局长江口分中心	1	10	35	10	88	—	—	—	—	—
水文局汉江分中心	8	110	24	16	181	—	—	—	—	—
流域上海分中心	5	59	73	18	94	3	—	—	—	—
黄河流域水环境监测中心	3	157	35	14	153	—	6	49	290	2
黄委水文局	2	35	—	—	—	—	—	—	—	—
黄河上游水环境监测中心	2	45	10	14	62	—	—	—	—	—
黄河宁蒙水环境监测中心	2	37	35	7	29	43	—	—	—	—

续表

单位名称	培训			本中心参加考核			考核其他机构			
	举办培训班期数	培训人次	本中心参加各类培训人次	检验检测		被考核采样人员数	检验检测			考核采样人员数
				被考核人次	被考核项次		考核监测机构数	考核人次	考核项次	
黄河中游水环境监测中心	—	—	62	11	43	—	—	—	—	—
黄河三门峡水环境监测中心	1	15	12	22	85	8	—	—	—	—
黄河山东水环境监测中心	2	24	16	—	—	—	—	—	—	—
淮河流域水环境监测中心	5	96	89	13	160	1	5	16	86	—
海河流域水环境监测中心	2	87	20	9	13	0	21	21	21	58
漳卫南运河分中心	2	25	10	—	—	4	—	—	—	—
引滦工程分中心	2	10	6	6	12	—	—	—	—	—
珠江流域水环境监测中心	4	187	86	18	193	5	4	38	211	—
松辽流域水环境监测中心	1	96	126	19	477	7	3	20	43	—
太湖流域中心	1	6	6	21	172	11	3	7	39	—

1. 长江流域水环境监测中心

截至2014年年底，长江流域机构共举办31期培训班，共培训437人，分别为仪器操作培训、SL 219《水环境监测规范》宣贯、计算机应用培训、实验室安全知识培训、SL 309—2013《水利质量检测机构计量认证评审准则》等培训班。流域机构参加的培训共376人次，其中包括参加水利部、长江委组织的各类培训、水利部组织的《水环境监测规范》宣贯班、水利部国际合作与科技司组织的内审员培训班等业务培训。

本年度长江流域机构共参加检测岗位考核1034项次、127人次，采样岗位考核16人；流域中心对33个监测机构进行检测岗位考核，共考核196人次、1036项次。

2. 黄河流域水环境监测中心

2014年黄河流域机构举办各类技术培训共12次，培训人员313人次，分别为地下水监测技术培训班、气相色谱和离子色谱仪器检测技术培训班、实验员基本技能培训等。流域机构参加的各类培训共170人次。

本年度黄河流域机构共参加检测岗位考核372项次、68人次，采样岗位考核51人；流域中心对6个监测机构进行检测岗位考核，共考核49人次、290项次；采样岗位考核2人。

3. 淮河流域水环境监测中心

2014年淮河流域机构举办各类技术培训共5次，培训人员96人次，流域中心参加的各类培训共89人次。

本年度淮河流域机构共参加检测岗位考核160项次、13人次，采样岗位考核1人；流域中心对5个监测机构进行检测岗位考核，共考核16人次、86项次。

4. 海河流域水环境监测中心

2014年海河流域机构举办各类技术培训共6次，培训人员122人次，分别为水样采集培训班、原子荧光光度计技术培训班等。流域机构参加的各类培训共36人次。

本年度海河流域机构共参加检测岗位考核25项次、15人次，采样岗位考核4人；流域中心对21个监测机构进行检测岗位考核，共考核21人次、21项次；采样岗位考核58人。

5. 珠江流域水环境监测中心

2014年珠江流域机构举办各类技术培训共4次，培训人员187人次，分别为“流动分析检测技术及水质监测质量控制技术”培训、水质采样技术培训、实验室操作技术培训、质量体系文件及水环境监测规范宣贯培训等。流域机构参加的各类培训共86人次。

本年度珠江流域机构共参加检测岗位考核193项次、18人次，采样岗位考核5人；流域中心对4个监测机构进行检测岗位考核，共考核38人次、211项次。

6. 松辽流域水环境监测中心

2014年松辽流域机构举办水样采集培训班1次，培训人员96人次。流域机构参加的各类培训共126人次。

本年度松辽流域机构共参加检测岗位考核477项次、19人次，采样岗位考核7人；流域中心对3个监测机构进行检测岗位考核，共考核20人次、43项次。

7. 太湖流域水环境监测中心

2014年太湖流域机构举办水生态监测技术培训1次，培训人员6人次。流域机构参加的各类培训共6人次。

本年度太湖流域机构共参加检测岗位考核172项次、21人次，采样岗位考核11人；流域中心对3个监测机构进行检测岗位考核，共考核7人次、39项次。

（二）省级监测机构组织与参加的技术培训与考核

2014年各省（自治区、直辖市）监测机构根据实际需求，结合上一年培训计划，在保证中心人员持证上岗的基础上，积极组织分中心人员参加各级培训和考核。同时，有28个省级监测中心举办培训班，培训班共计275期，培训中心及其分中心水质监测业务人员3203人次；中心与分中心监测人员参加相关业务培训共计2992人次。

各省（自治区、直辖市）监测机构全年共计参加检测岗位考核5288项次、2529人次，采样岗位考核277人；组织考核138个下属监测机构，考核检验检测人员1499人次，共计3624项次，采样人员共558人。各省（自治区、直辖市）监测机构开展培训与考核工作统计概况见表2.2。

表2.2　各省（自治区、直辖市）监测机构开展培训与考核工作统计概况

省（自治区、直辖市）	培训			参加考核			考核其他机构			
	举办培训班期数	培训人次	本中心参加各类培训人次	检测		被考核采样人员数	检测			考核采样人员数
				被考核人次	被考核项次		考核监测机构数	考核人次	考核项次	
西藏	1	1	59	0	0	0	0	0	0	0
四川	6	72	76	53	670	0	8	46	517	0
重庆	0	0	35	8	12	0	0	0	0	0

续表

省（自治区、直辖市）	培训			参加考核			考核其他机构			
	举办培训班期数	培训人次	本中心参加各类培训人次	检测		被考核采样人员数	检测			考核采样人员数
				被考核人次	被考核项次		考核监测机构数	考核人次	考核项次	
湖北	17	211	70	118	310	12	10	114	435	80
湖南	1	35	42	372	497	20	11	360	27	51
江西	3	32	91	31	154	0	8	31	154	0
新疆	2	33	33	20	48	0	0	0	0	0
青海	1	29	31	13	27	0	2	9	42	1
甘肃	2	37	23	40	194	5	7	34	154	0
宁夏	0	0	13	0	0	0	0	0	0	0
陕西	3	81	56	29	493	53	5	24	425	51
河南	3	78	11	0	0	0	6	13	154	0
安徽	3	90	17	0	0	0	5	9	67	54
江苏	1	13	8	12	56	0	0	0	0	0
山东	1	45	6	16	72	0	8	58	95	4
北京	6	7	159	96	162	70	8	96	350	100
天津	4	16	20	14	37	9	0	0	0	0
河北	66	775	734	649	61	34	5	310	61	11
山西	63	492	152	153	248	0	7	23	162	0
广东	6	116	168	30	123	29	7	16	103	29
广西	12	254	187	190	190	7	8	190	190	94
云南	10	113	162	33	781	18	8	18	504	18
贵州	1	24	28	55	599	4	0	0	0	0
海南	0	0	20	147	147	0	0	0	0	0
黑龙江	16	100	48	20	43	0	0	0	0	0
吉林	1	42	58	0	0	0	0	0	0	0
辽宁	1	18	89	0	0	0	0	0	0	0
内蒙古	6	32	3	0	0	0	0	0	0	0
浙江	11	121	136	16	50	0	6	13	44	0
上海	16	147	326	132	175	12	12	64	108	0
福建	12	189	131	282	139	4	7	71	32	65

二、持证上岗情况

随着监测业务的不断扩大，各级监测机构严格按照《七项制度》和《水环境监测规范》的要求，积极组织岗位技术考核工作，确保监测工作都能做到持证上岗。截至2014年年底，全国各级监测机构持证上岗人员中，管理人员727名与2013年基本一致；评价人员914名，新增72名；检验人员2424名，新增187名；采样人员3056名，新增393名。其中，流域监测机构持证上岗检验人员425名，管理人员110名，评价人员164名，采样人员372名，检验项目双岗率达到91.95%。

全国各省（自治区、直辖市）监测机构及其分中心共计持证上岗检验人员1999名，管理人员617名，评价人员750名，采样人员2684名，检验项目双岗率达到91.72%。

流域监测机构持证上岗情况见表2.3，各流域片省（自治区、直辖市）及其分中心持证上岗情况见表2.4.1～表2.4.7。

表2.3　　流域监测机构持证上岗情况一览表

单位名称	管理人员上岗人数/人	评价人员上岗人数/人	采样人员上岗人数/人	检验检测人员上岗人数/人	检验检测项目/项	岗位双人率/%	新增检验检测人员/人	新增持证检测项目数/项
长江流域水环境监测中心	6	20	35	36	195	100	11	14
水文局上游分中心	5	3	14	16	66	96	1	0
上游分中心万州实验室	2	3	6	6	37	80	1	0
上游分中心攀枝花实验室	2	2	5	7	52	75	0	0
上游分中心嘉陵江实验室	2	2	5	5	36	94	0	0
上游分中心宜宾实验室	2	1	13	4	33	73	0	0
水文局三峡分中心	5	3	9	9	53	74	1	0
水文局荆江分中心	2	1	25	10	65	83	0	22
水文局中游分中心	4	5	14	15	58	86	2	0
水文局下游分中心	4	3	5	12	50	96	3	1
下游分中心九江实验室	0	0	3	7	8	100	7	1
水文局长江口分中心	3	3	1	10	55	100	0	8
水文局汉江分中心	5	4	22	18	69	94	3	8
流域上海分中心	2	2	12	12	52	100	1	6
黄河流域水环境监测中心	12	13	13	33	177	100	4	54
黄河上游水环境监测中心	3	4	12	13	60	87	0	0
黄河宁蒙水环境监测中心	4	3	5	12	67	100	5	0
黄河宁蒙水环境监测中心宁夏站	2	1	5	7	37	97	0	0
黄河中游水环境监测中心	3	7	3	11	67	100	2	0
黄河三门峡库区水环境监测中心	4	6	4	14	63	100	4	1
黄河山东水环境监测中心	3	4	8	8	44	75	0	0
淮河流域水环境监测中心	5	10	23	20	178	94	1	0
海河流域水环境监测中心	5	10	5	14	138	89	0	0

续表

单位名称	管理人员上岗人数/人	评价人员上岗人数/人	采样人员上岗人数/人	检验检测人员上岗人数/人	检验检测项目/项	岗位双人率/%	新增检验检测人员/人	新增持证检测项目数/项
漳卫南运河分中心	3	6	31	13	45	100	0	0
引滦工程分中心	2	4	2	11	57	82	2	0
珠江流域水环境监测中心	7	16	36	37	183	100	3	0
松辽流域水环境监测中心	5	19	19	19	154	100	6	69
太湖流域中心	8	9	37	46	163	100	10	0

1. 长江流域

截至 2014 年年底，流域中心持证管理人员有 6 人，评价人员有 20 人，采样人员 36 人，检验检测人员 35 人；流域机构持证管理人员有 44 人，评价人员 52 人，检验检测人员 167 人，采样人员 169 人；流域相关省份持证管理人员有 110 人，评价人员 135 人，检验检测人员 338 人，采样人员 290 人。流域机构新增检验检测人员 30 人，新增项目 59 项；流域相关省份新增检验检测人员 42 人，无新增项目。

2014 年度流域中心结合实际业务需要，对检测项目进行了调整，将当前 GB 3838—2002《地表水环境质量标准》和 GB 5479—2006《生活饮用水卫生标准》等标准中未涵盖，而流域中心确认已具备检测能力的项目增加进来，并将部分长期未开展的项目进行了删减。截至本年年底流域中心现有持证检测项目数 195 项，岗位双人率 100%；流域机构现有持证检测项目数 820 项，岗位双人率达到 90.8%；流域相关省份持证检测项目数 374 项，岗位双人率 90.0%。流域中心新增检验检测人员 11 人，均已取得水质监测从业人员岗位证书，流域中心新增持证检测项目为丙烯酰胺、丙烯腈、四乙基铅、吡啶、松节油、苦味酸、丁基黄原酸、嗅和味、肉眼可见物、总 α 放射性、总 β 放射性、三氯乙醛、镍、有机质等 14 项。

水文局上游分中心新增检验检测人员 2 名，已取得水质监测从业人员岗位证书；三峡分中心新增检验检测人员 1 名，已取得水质监测从业人员岗位证书；荆江分中心新增 22 项；中游分中心新增检验检测人员 2 名，已取得水质监测从业人员岗位证书；下游分中心新增 3 名和九江分中心新增的 7 名检验检测人员，均已取得水质监测从业人员岗位证书，新增电导率 1 项；长江口分中心新增持证检测项目为苯、甲苯、乙苯、间二甲苯、对二甲苯、邻二甲苯、苯乙烯、总有机碳等 8 项；汉江分中心新增检测人数为 3 人，已取得水质监测从业人员岗位证书，新增持证检测项目为总大肠菌群、氧化还原电位、铬、酸度、碘化物、碳酸盐、重碳酸盐、浮游植物等 8 个项目；流域上海分中心新增检验检测人员 1 人，已取得水质监测从业人员岗位证书，新增检测项目 6 项。

西藏新增 3 人，其中有 1 人取得水质监测从业人员岗位证书；四川新增检验检测人员 8 人，均已取得水质监测从业人员岗位证书；湖北新增检验检测人员 4 人，有 2 人取得水质监测从业人员岗位证书；湖南新增检验检测人员 16 人，均取得水质监测从业人员岗位证书；江西新增检验检测人员 11 人，除宜春分中心 1 人外，其余均取得水质监测从业人员岗位证书。

表2.4.1　长江流域片6省（自治区、直辖市）中心及其分中心持证上岗情况一览表

省（自治区、直辖市）	管理人员上岗人数/人	评价人员上岗人数/人	采样人员上岗人数/人	检验检测人员上岗人数/人	检验检测项目/项	岗位双人率/%	新增检验检测人员/人	新增检验检测项目数/项
西藏	11	5	24	31	68	59	3	0
四川	31	46	59	62	74	98	8	0
重庆	6	9	14	21	58	100	0	0
湖北	20	40	67	65	56	95	4	0
湖南	22	18	83	83	60	100	16	0
江西	20	17	43	76	58	87	11	0

2. 黄河流域

截至2014年年底，黄河流域水环境监测中心及分中心持证管理人员31人、评价人员38人、检验检测人员98人、采样人员50人。年内新增检验检测人员15人，新增检测项目55项。其中流域监测中心持证管理人员12人、评价人员13人、检验检测人员33人、采样人员13人，现有通过资质认定的检验检测项目177项，岗位双人率达100%；本年度新增4名检验检测人员，并于10月取得上岗证，新增检验检测项目为钼、钴、铍、硼、锑、镍、钡、钒、钛、铊、甲醛、水合肼、丁基黄原酸、黄磷、总α放射性、总β放射性、甲萘威、阿特拉津（莠去津）、微囊藻毒素-LR、环氧七氯等共计54项。分中心除山东水环境监测中心检测岗位双人持证上岗率为75.0%、上游水环境监测中心检测岗位双人持证上岗率为86.7%外，其他监测中心岗位双人持证上岗率均达到100%。

新疆维吾尔自治区：截至2014年年底，新疆水环境监测中心及11个分中心共有24人持有管理岗位证书，30人持有评价岗位证书，43人持有采样岗位证书，63人持有检验检测岗位证书，通过资质认定的检验检测项目63项（不重复参数）。其中阿勒泰、阿克苏分中心双人持证上岗率比较低，仅为59.5%和63.6%，其余监测中心都在85.0%以上。

青海省：截至2014年年底，持管理岗位证书8人，评价岗位证书15人，采样岗位证书27人，检验检测岗位证书29人，认证检测项目共计60项，岗位双人率99.4%；年内新增3名检验检测人员，新增持证检测项目为粪大肠菌群、苯、甲苯、邻二甲苯、四氯化碳、三氯甲烷等6项。

甘肃省：截至2014年年底，甘肃省水环境监测中心和7个分中心现有74人，其中持证管理人员13人、评价人员15人、采样人员18人、检验检测人员65人。认证检测项目数67项，岗位双人持证上岗率87.5%。省中心双人持证上岗率95.7%、酒泉分中心92.0%、张掖分中心90.0%、武威分中心100%、临洮分中心100%、酒泉分中心100%、定西分中心58.5%、平凉分中心80.0%、陇南分中心80.4%。

宁夏回族自治区：截至2014年年底，3人持有管理岗位证书、5人持有评价岗位证书、11人持有检验检测岗位证书、10人持有采样岗位证书；5个分局有22人持有采样岗位证书。现通过认证的53个项目中，36项达到了双人以上持证上岗，双人持证率为67.9%。

陕西省：截至2014年年底，全省各级监测机构持证上岗人员中，检验人员51名、管理人员17名、评价人员26名、采样人员103名。省中心持证检验项目54项，双人持证

上岗率达到100%。分中心持证检测项目45～52项，除宝鸡分中心外，其余分中心双人持证上岗率达到100%。

表2.4.2 黄河流域片5省（自治区）中心及其分中心持证上岗情况一览表

省（自治区）	管理人员上岗人数/人	评价人员上岗人数/人	采样人员上岗人数/人	检验检测人员上岗人数/人	检验检测项目/项	岗位双人率/%	新增检验检测人员/人	新增检验检测项目数/项
新疆	24	30	43	63	63	92	2	0
青海	8	15	27	29	60	99.4	3	6
甘肃	13	15	18	65	67	87.5	8	30
宁夏	3	5	32	11	53	67.9	5	0
陕西	17	26	103	51	54	100	27	58

3. 淮河流域

截至2014年年底，流域中心持证管理人员共5人，评价人员10人，检验检测人员20人，采样人员23人。流域四省监测机构持证管理人员共121人，评价人员134人，检验检测人员367人，采样人员349人。

流域中心现有持证检测项目178项，岗位双人率为94.4%。河南省现有检验检测项目69项，岗位双人率100%；安徽省现有检验检测项目63项，岗位双人率79.2%；江苏省现有检验检测项目113项，岗位双人率95.3%；山东省现有检验检测项目78项，岗位双人率100%。未达到双人持证的项目，将通过2015年的岗位考核予以解决。

2014年度，流域中心新增检验检测人员1人，尚未经过考核，减少检验检测人员3名；中心无新增检验检测项目。流域四省监测机构新增检验检测人员31人，江苏省新增检验检测项目为浮游动物、底栖动物、着生生物及大型水生维管束植物，共4项。

表2.4.3 淮河流域片4省中心及其分中心持证上岗情况一览表

省份	管理人员上岗人数/人	评价人员上岗人数/人	采样人员上岗人数/人	检验检测人员上岗人数/人	检验检测项目/项	岗位双人率/%	新增检验检测人员/人	新增检验检测项目数/项
河南	29	31	48	69	69	100	7	0
安徽	16	16	39	38	63	79.2	9	50
江苏	45	51	156	151	113	95.3	14	4
山东	31	36	106	109	78	100	7	0

4. 海河流域水环境监测中心

截至2014年年底，流域中心及分中心共有10名管理人员持证上岗、20名评价人员持证上岗、38名检验检测人员持证上岗、38名采样人员持证上岗。流域中心和漳卫南运河分中心由于领导层变动，部分领导还没有管理岗上岗证。

海河流域内北京市、天津市、河北省、山西省各级监测机构共有75名管理人员持证上岗、93名评价人员持证上岗、392名检验检测人员持证上岗、316名采样人员持证上岗。

本年度流域现有持证检测项目为138项，岗位双人率为90.4%。引滦工程分中心新增2名检验检测人员，已取得上岗证。海河流域内北京市、天津市、河北省、山西省各级监测机构新增40名检验检测人员，新增持证检测项目数149项。

表2.4.4　　海河流域片4省（直辖市）中心及其分中心持证上岗情况一览表

省（直辖市）	管理人员上岗人数/人	评价人员上岗人数/人	采样人员上岗人数/人	检验检测人员上岗人数/人	检验检测项目/项	岗位双人率/%	新增检验检测人员/人	新增检验检测项目数/项
北京	13	12	91	103	166	100	9	57
天津	6	17	31	39	131	100	8	71
河北	28	35	152	111	76	94	12	0
山西	28	29	118	63	71	97	11	21

5. 珠江流域

截至2014年年底，流域中心共有持证管理人员7人，持证评价人员16人，检验检测人员27人，采样人员36人。流域各省（自治区）中心共有持证管理人员125人，持证评价人员139人，检验检测人员319人，采样人员1019人。

流域中心共认证不重复检测项目183项，岗位双人率100%，新增可溶盐、阳离子交换总量、矿物油、铀、苯胺类、易沉固体、碘化物、溴化物、萘、荧蒽、苯并（k）荧蒽、苯并（b）荧蒽、茚并（1,2,3－cd）芘、苯并（ghi）苝、蒽、苯酚、间甲酚、邻苯二甲酸二辛酯、1,1,2－三氯乙烷、1,1,2,2－四氯乙烷、1,2－二氯丙烷、总硝基化合物、有机磷农药、森林植物群落、草地植物群落、潮间带生物及大型水生植物27项检测项目，新增检验检测人员3人。广东省水文水资源监测中心和云南省水环境监测中心岗位双人率分别为88.3%和96.3；贵州省水环境监测中心、广西水环境监测中心及海南省水环境监测中心岗位双人率为100%；不重复检测项目以云南省水环境监测中心的143项为最多。流域各省（自治区）中心共计新增检验检测人员41人。

表2.4.5　　珠江流域片5省（自治区）中心及其分中心持证上岗情况一览表

省（自治区）	管理人员上岗人数/人	评价人员上岗人数/人	采样人员上岗人数/人	检验检测人员上岗人数/人	检验检测项目/项	岗位双人率/%	新增检验检测人员/人	新增检验检测项目数/项
广东	32	28	178	72	81	88.3	8	0
广西	24	49	388	55	71	100	9	75
云南	43	31	364	127	143	96.3	19	87
贵州	22	25	47	55	58	100	3	25
海南	4	6	42	10	133	100	2	60

6. 松辽流域

截至2014年年底，流域中心实现了全员持证上岗，其中管理岗位持证人员5名，评价岗位持证人员19名，检测岗位持证人员27名，采样持证人员24名。持证检测项目153项次，每个检测项目均有2人以上持证。本年度流域中心新增检验检测人员6名，新增采样人员6名，新增持证检测项目69项。

松辽流域水环境监测中心分工负责的松辽片4省（自治区）中心及其分中心共75人获管理证书，81人获评价证书，237人获水质采样上岗证书，224人获检验上岗证书。

表2.4.6 松辽流域片4省（自治区）中心及其分中心持证上岗情况一览表

省（自治区）	管理人员上岗人数/人	评价人员上岗人数/人	采样人员上岗人数/人	检验检测人员上岗人数/人	检验检测项目/项	岗位双人率/%	新增检验检测人员/人	新增检验检测项目数/项
黑龙江	28	23	45	45	81	97.1	6	0
吉林	15	20	49	39	56	93.7	3	0
辽宁	20	20	113	112	51	86.4	0	0
内蒙古	12	18	30	28	32	45.0	4	0

7. 太湖流域

截至2014年年底，流域中心持证管理人员8名、评价人员9名、检验检测人员46名、采样人员37名，证检测项目163项，岗位双人率100%；浙江省持证管理人员13名，评价人员27名，采样人员55名，检验检测人员61名，检验检测项目71项；上海市持证管理人员21名、评价人员25名、检验检测人员103名、采样人员67名，检验检测项目125项，岗位双人率92.6%；福建省持证管理人员12名、评价人员25名、检验检测人员52名、采样人员52名，持证检测项目63项，岗位双人率99.4%。

本年度流域中心新增检验检测人员10人，均已取得相应上岗证；浙江省新增检验检测人员4人，新增检测项目5项；上海市新增检验检测人员4人；福建省新增检验检测人员2人，新增检测项目2项。

表2.4.7 太湖流域片3省（直辖市）中心及其分中心持证上岗情况一览表

省（直辖市）	管理人员上岗人数/人	评价人员上岗人数/人	采样人员上岗人数/人	检验检测人员上岗人数/人	检验检测项目/项	岗位双人率/%	新增检验检测人员/人	新增检验检测项目数/项
浙江	13	27	55	61	71	—	4	5
上海	21	25	67	103	125	92.6	4	0
福建	12	25	52	52	63	99.4	2	2
合计	46	77	174	216	259	—	10	7

第三章　开展质量控制及考核、比对试验和参加能力验证情况

一、样品采集工作及质量控制

为保证监测数据的准确性，要求各监测中心按照 SL 219《水环境监测规范》以及年初制定《水质采样计划》，进一步加强样品采集过程中的质量控制，强化采样设备、样品采集、储存和运输等环节管理。每批样品采集不低于5%的现场平行样和不少于1个的全程序空白样，通过对测定数据的统计分析，全程序空白样测定值与实验室内空白测定值无显著差异，平行采集样品测定值的相对偏差符合 SL 219《水环境监测规范》和《水质监测质量管理监督检查考核评定办法》等要求，说明样品采集受控。2014 年度各流域监测机构及各流域片省（自治区、直辖市）及其分中心样品采集质量控制情况见表 3.1～表 3.8。

样品送至样品室后，样品管理员对所取样品进行验收，验收合格后，进行交接，并对样品进行唯一性编号（标识）。样品管理员按照 SL 219《水环境监测规范》中“样品保存”的要求，对样品保存，并按要求留备用样品。

表 3.1　各流域监测机构样品采集质量控制情况一览表

单位名称	质控措施		
	样品总数/(个/月)	现场平行样采样率/(%/月)	全程序空白采样率/(%/月)
长江流域水环境监测中心	213～228	8.3～37.5	2.1～33.3
长江委水文局上游分中心	26～44	2.3～3.8	23～3.8
长江委水文局三峡分中心	74	3.1	11.5
长江委水文局荆江分中心	58	10.3	5.2
长江委水文局中游分中心	79～87	9.2～11.1	5.6
长江委水文局下游分中心	117	12～20	5～17
长江委水文局长江口分中心	34	12.3	2.9
长江委水文局汉江分中心	96～101	9.4～17.1	5～20
长江委流域上海分中心	35～55	10.0～33.3	5.0～9.5
黄河流域水环境监测中心	18	5.6～11.1	5.6
黄河上游水环境监测中心	35～41	12.8～17.1	5.0～7.3
黄河宁蒙水环境监测中心	26～45	4.4～15.4	4.4～15.4
黄河中游水环境监测中心	22～27	8.0～25.0	8.0～19.2
黄河三门峡水环境监测中心	3～19	5.26～33.3	5.26～33.3
黄河山东水环境监测中心	7～8	12.5～42.9	12.5～37.5

续表

单位名称	质控措施		
	样品总数/(个/月)	现场平行样采样率/(%/月)	全程序空白采样率/(%/月)
淮河流域水环境监测中心	280～505	11.2～28.6	5.0～14.3
海河流域水环境监测中心	8～548	6.2～14.3	6.1～10.0
漳卫南运河分中心	31	9.7	9.7
引滦工程分中心	3～26	7.7～66.7	7.7～66.7
珠江流域水环境监测中心	76～156	10.34～25	5.49～16.57
松辽流域水环境监测中心	31～175	5.3～50.0	2.3～12.9
太湖流域水环境监测中心	299～728	11～15	5～9

1. 长江流域

本年度流域中心站网管理处提前制定质控计划，严格按照 SL 219《水环境监测规范》的要求，进一步加强了样品采集过程中的质量控制，强化了采样设备、样品采集、储存和运输等环节管理，保证每批样品监测数据的准确性。每批样品采集 8%以上的样品进行现场平行样测定，每批样品均安排采集一个全程序空白样，每个月所有可控项目均进行了质量控制。经统计，中心全年现场平行样采样率为 8.3%～37.5%，全程序空白采样率为 2.1%～33.3%。

流域监测机构每个月的样品数为 26～228 个，现场平行样采样率为 2.3%～38.0%，全程序空白采样率为 2.0%～33.3%。流域相关省份每个月的样品数为 5～108 个，现场平行样采样率为 2.0%～25.4%，全程序空白采样率为 1.4%～100%。

表 3.2　长江流域片 6 省（自治区、直辖市）中心及其分中心样品采集质量控制情况一览表

省（自治区、直辖市）	质控措施		
	样品总数/(个/月)	现场平行样采样率/(%/月)	全程序空白采样率/(%/月)
西藏	10～26	8.8～11.6	7.8～11.5
四川	11～47	2.0～18.2	2.0～100
重庆	24～69	6.3～18.2	4.1～38.4
湖北	5～85	5.3～25.4	3.4～20
湖南	11～53	9.5～18.2	1.8～18.2
江西	29～108	9.5～18.2	1.4～15.4

注　西藏 4 个分中心只有林芝和昌都 2 个中心提交了工作报告，本统计表仅包含该 2 个分中心。

2. 黄河流域

本年度流域中心年内每月样品采集数量 111～158 个，现场平行样采样率为 4.4%～42.9%，全程序空白采样率为 4.4%～37.5%。其中流域监测中心每次采集 1 个全程序空白样，测定率为 5.6%，每次检查 1～4 个项目，全年共测定 26 项；现场密码平行样每次选择 1～2 个断面，测定率为 5.6%～11.1%，每次检查 1～6 个项目，全年共测定 35 项。

全年全程序空白样和密码平行样基本覆盖了所监测的所有项目。全年现场平行样和全程序空白的测定率和相对偏差均符合质量控制的要求。

新疆维吾尔自治区：年度内省中心及11个分中心现场平行样采样率、全程序空白采样率除和田分中心较低均为0～12%外，其余监测机构现场平行样采样率和全程序空白采样率均为3.1%～100.0%。

青海省：年度内3个监测机构现场平行样采样率为9.1%～25.0%，全程序空白采样率为9.8%～25.0%，检测合格率100%。

甘肃省：年内每月检测样品数量为103～133个，全程序空白、现场平行样测试定率除陇南分中心个别月份为0外，其余均符合要求；省中心及7个分中心平行样测定率在0～33.3%，全程序空白测定率为0～33.3%，合格率为100%。

宁夏回族自治区：全年对27个常规基本监测断面共171个水质样品的27个检测项目进行质控跟踪，采集现场平行样22个，采样率为7.4%～50.0%，测定结果相对偏差范围为0～12.5%；采集全程序空白样22个，采样率为7.4%～50.0%，测定结果相对偏差范围为0～2.9%。测定结果相对偏差符合规定要求。

陕西省：年内全程序空白采样率除汉中分中心个别月份较低为3.3%外，其余均为5.1%～50.0%；现场平行样采样率为5.6%～50.0%；通过对测定数据的统计分析，全程序空白样测定值与实验室内空白测定值无显著差异，平行采集样品测定值的相对偏差符合SL 219《水环境监测规范》和《水质监测质量管理监督检查考核评定办法》等要求，说明样品采集受控。

表3.3　黄河流域片5省（自治区）中心及其分中心样品采集质量控制情况一览表

省（自治区）	质控措施		
	样品总数/(个/月)	现场平行样采样率/(%/月)	全程序空白采样率/(%/月)
新疆	1～32	0～100	0～100
青海	39～112	9.1～25.0	9.8～25.0
甘肃	103～133	0～33.3	0～33.3
宁夏	2～27	7.4～50.0	7.4～50.0
陕西	40～166	5.6～50.0	3.3～50.0

3. 淮河流域

按照SL 219—2013《水环境监测规范》、SL 187—1996《水质采样技术规程》以及本中心体系文件，严格规范样品采集全过程。所有采样人员持证上岗，采样设备按要求保存和维护，采样器具按照相关规范和项目分析方法的要求清洗。采样人员按照质控要求保存样品（其中省界、重点控制断面、饮用水源地监测每个水样都用八个瓶子分装），采集备样、现场空白和现场平行，认真填写现场记录，及时将样品运回实验室交接，全程有淮河流域水资源保护局的人员陪同，并有质量监督员不定期的对其进行监督。流域内其他实验室也按照相关规范，采取了一系列的措施确保采样工作顺利开展。

表3.4　　淮河流域片4省中心及其分中心样品采集质量控制情况一览表

省份	质控措施		
	样品总数/(个/月)	现场平行样采样率/(%/月)	全程序空白采样率/(%/月)
河南	213～340	7.4～100	5.0～100
安徽	104～118	4～5.08	4～6.64
江苏	178～251	10.6～11.5	2.4～5.6
山东	446～1169	9.4～25.0	2.0～14.7

4. 海河流域

本年度流域中心及分中心样品采集工作均按照SL 219—2013《水环境检测规范》和《2014年质量管理工作计划》要求进行。采样采用有机玻璃采样器，样品容器根据测定项目采用硬质玻璃、高密度聚乙烯或专用样品容器，容器用原水样洗涤2～3次，特殊样品要现场固定和测试，现场填写采样原始记录表。每批次采集的样品严格按规范比例要求采集全过程空白样、现场平行样进行质控，所有样品均在规定时间内完成实验室分析。

表3.5　　海河流域片4省（直辖市）中心及其分中心样品采集质量控制情况一览表

省（直辖市）	质控措施		
	样品总数/(个/月)	现场平行样采样率/(%/月)	全程序空白采样率/(%/月)
北京	84～227	5.4～12.2	5.4～12.2
天津	12～18	11.1～16.7	11.1～16.7
山西	2～9	11.1～100.0	11.1～50.0

5. 珠江流域

流域中心严格按照监测规范和本中心质量体系文件的要求进行样品采集工作，对样品的采集、运输、保护、接收、存储、处置以及样品的识别等各个环节实施有效的质量控制。

流域中心采样人员均经考核合格持证上岗。地表水使用有机玻璃采样器取样，特定项目用样品瓶直接采样。现场记录采样情况，每个样品均粘贴有唯一性编码的标签。采集后的样品按要求加入固定剂或低温避光保存并尽快送达实验室检测分析。采样人员根据采样任务中的质控要求采集或制备质控样品，每批采样时均采集不少于总数10%的平行样，不少于总数5%的全程序空白样品。

根据统计，流域中心每个月样品数量为（76～156）个/月，现场平行采样率为(10.34%～25%)/月，全程序空白采样率为（5.49%～16.57%)/月。各省（自治区）中心水环境监测中心样品量为（4～92）个/月，现场平行采样率为（3.57%～37.5%)/月；全程序空白采样率为（2.3%～20%)/月。

表3.6　珠江流域片5省（自治区）中心及其分中心样品采集质量控制情况一览表

省（自治区）	质控措施		
	样品总数/(个/月)	现场平行样采样率/(%/月)	全程序空白采样率/(%/月)
广东	25～53	10.0～14.3	2.3～14.3
广西	13～21	12.5～20.0	12.5～20.0
云南	4～33	3.57～37.5	3.03～14.3
贵州	13～16	12.5～15.4	6.2～7.7
海南	92	10～15	8～12

6. 松辽流域

本年度流域中心根据采样路线，每批次选择1个断面采集全程空白样，并对该平行样进行全项目的分析（除现场监测的水温、pH值、溶解氧、电导率等）。每批样品，按不少于所取样品总数的10%采集现场平行样，少于10个样品采集1个现场平行样。中心严格按照SL 219—2013《水环境监测规范》中样品保存的要求，在采样现场针对不同分析项目样品加固定剂进行了保存。现场空白试验、现场平行样测定值的精密度（相对偏差）符合SL 219—2013《水环境监测规范》和《水质监测质量管理监督检查考核评定办法》等7项制度的要求。

表3.7　松辽流域片4省（自治区）中心及其分中心样品采集质量控制情况一览表

省（自治区）	质控措施		
	样品总数/(个/月)	现场平行样采样率/(%/月)	全程序空白采样率/(%/月)
黑龙江	64～759	5.3～15	2.4～10
吉林	117～287	10.0～16.7	4.17～6.25
辽宁	324～552	6.8～78	7.7～15.4
内蒙古	155	5～10	5～10

7. 太湖流域

本中心严格按照SL 219—2013《水环境监测规范》和程序文件要求进行样品采集。样品编号和标签由实验室信息系统生成打印带至现场粘贴；保存剂在实验室预加；每个采样小组每月采集1～2个全程序空白样，每个采样批次采集一个现场平行样；常规水样采集后置于装有冰块的塑料箱内保存运输。

表3.8　太湖流域片3省（直辖市）中心及其分中心样品采集质量控制情况一览表

省（直辖市）	质控措施		
	样品总数/(个/月)	现场平行样采样率/(%/月)	全程序空白采样率/(%/月)
浙江	13～250	6.7～9.1	6.7～9.1
上海	165～292	12.0～13.9	6.0～6.7
福建	17～31	6.7～16.7	6.7～16.7

二、实验室内部工作及质量控制

（一）实验室常规质量控制

1. 实验用水质量保证

各监测中心实验室用水均采用符合要求的高纯水，对有特殊要求的项目如氨氮、总氮、挥发酚等，实验过程中所用水均满足 GB/T 6682—2008《分析实验室用水规格和试验方法》要求。在进行样品分析之前，均对实验用水进行测试，只有达到相关技术要求后才能够使用。

2. 实验室常规检测质量控制

按照 SL 219《水环境监测规范》以及水质监测质量管理七项制度要求，各监测中心对有空白校正的检测项目，每批对试剂空白进行平行测定，并计算相对偏差；对各个项目的标准系列在线性范围内选取至少 5 个浓度点进行测定，并对校准曲线技能型相关性检验、截距检验，相关系数达到 0.999 以上；大部分监测中心都能按照要求对每批水样随机安排 5%以上的密码平行样测定，5%以上项目进行加标回收测定，5%以上有证质控样测定，平行样、加标回收、质控样测定全年覆盖所有在测参数。

由于各监测中心所在区域不同、承担的监测项目各异，实验室常规质量控制工作开展情况也不相同，流域监测机构实验室常规质量控制情况见表 3.9，各流域片省级监测机构实验室常规质量控制情况见表 3.9.1～表 3.9.7。

表 3.9　流域监测机构实验室常规质量控制情况一览表

单位名称	质控措施			
	空白实验测试率 /(%/月)	平行样测试率 /(%/月)	加标回收测试率 /(%/月)	质控样测试率 /(%/月)
长江流域水环境监测中心	100	8.0～100	3.0～33.3	2.1～25.0
水文局上游分中心	100	10	10	3.4～7.7
上游分中心万州实验室	100	>10%	>10%	>5.6
上游分中心攀枝花实验室	100	>10%	>10%	>5.6
上游分中心嘉陵江实验室	100	>10%	>10%	>5.2
上游分中心宜宾实验室	100	>10%	>10%	>7.7
水文局三峡分中心	100	11.5	11.5	5.7
水文局荆江分中心	100	10.3	10.3	6.7
水文局中游分中心	100	10.2	10.2	11.1
水文局下游分中心	100	10.0～33.3	10.0～33.3	10.0～33.3
水文局下游分中心九江实验室	100	10.0～33.3	10.0～33.3	10.0～33.3
水文局长江口分中心	100	86.8	68.3	22.4
水文局汉江分中心	66.7～72.7	7.3～80.0	7.8～14.3	9.5～22.9
流域上海分中心	100	10.0～33.3	10.0～14.3	5.0～20.0
黄河流域水环境监测中心	18.2～100	11.1～50.0	10.5～33.3	5.6～33.3

续表

单位名称	质控措施			
	空白实验测试率/(%/月)	平行样测试率/(%/月)	加标回收测试率/(%/月)	质控样测试率/(%/月)
黄河上游水环境监测中心	5.88～50.0	21.0～100	12.0～25.0	5.26～20.7
黄河宁蒙水环境监测中心	12.5～100	17.8～100	10.0～100	2.2～100
黄河中游水环境监测中心	7.7～100	33.3～100	12.0～100	7.7～60.0
黄河三门峡库区水环境监测中心	5.26～100	20.0～100	10.5～100	5.26～100
黄河山东水环境监测中心	12.5～28.6	33.3～100	25.0～100	12.5～100
淮河流域水环境监测中心	5.0～14.3	10.0～30.0	10.0～30.0	3.8～20.0
海河流域水环境监测中心	5	5.0～100.0	5.0～57.1	5.0～57.1
漳卫南运河分中心	6.1～10.5	6.1～100.0	5.3～13.6	6.5～21.1
引滦工程分中心	7.7～66.7	7.7～33.3	7.7～66.7	7.7～66.7
珠江流域水环境监测中心	100	10～25	10～25	10～25
松辽流域水环境监测中心	76.9～81.8	81.8～100	9～46	75～94.1
太湖流域中心	5～100	5.9～100	5.3～100	4.0～7.5

（1）长江流域。

按照SL 219《水环境监测规范》以及水质监测质量管理七项制度的要求，流域中心每月对所有可控项目的空白进行平行样测试（全年覆盖所有测试参数）；对可控标准系列选取至少5个浓度点进行测定，并对标准曲线进行进行检验，相关系数大于0.999以上；对每批水样随机安排8%以上的密码平行样测定，2～3个项目进行加标回收测定，2～3个有证质控样测定，平行样、加标回收，质控样测定全年覆盖所有在测参数。

流域监测机构空白实验每月测试率为66.7%～100%，平行样每月测试率为7.3%～100%，加标回收率每月的测试率为6.0%～68.3%，质控样每月测试率为2.1%～33.3%。

流域相关省份空白实验每月测试率为77.3%～100%，平行样每月测试率为4.8%～100%，加标回收率每月的测试率为3.6%～77.6%，质控样每月测试率为2.4%～100%。

表3.9.1　长江流域片各省（自治区、直辖市）监测机构实验室常规质量控制情况一览表

省（自治区、直辖市）	质控措施			
	空白实验测试率/(%/月)	平行样测试率/(%/月)	加标回收测试率/(%/月)	质控样测试率/(%/月)
西藏	100	8.5～54.5	9.4～45.2	10.3～22.3
四川	100	5.5～100	3.6～40.0	3.3～100
重庆	100	8.3～25.0	8.3～25.0	5.9～25.0
湖北	100	4.8～69.7	4.8～77.6	10～48.2
湖南	100	6.9～100	6.9～18.2	6.9～18.2
江西	77.3～100	9.5～31.9	9.5～15.7	2.4～29.0

(2) 黄河流域。

流域监测中心及分中心年内空白实验测试率5.26%～100%，平行样测试率11.1%～100%，加标回收测试率10.0%～100%，回收率除砷、汞、硒的回收率在85.0%～115.0%外，其余项目的回收率均在90.1%～109%。全年共测定盲样242项，测试率为2.2%～100%，年内各种检验均符合质控要求。其中流域中心全年共测试空白实验296项次，平行空白实验值的相对偏差为0～25.0%，符合质控要求；共测定标准曲线254条，标准曲线的相关系数为0.999～1.0000，符合质量控制要求的相关系数大于0.999。对标准曲线回归方程的截距a进行t检验，经检验截距与零均无显著性差异，合格率100%；全年各项目平行样的测试率为11.1%～50.0%，相对偏差为0～11.0%，合格率100%；全年共测定加标回收率254项次，各项目加标回收测定率为10.5%～33.3%，回收率为90.1～109%，合格率100%；全年共考核盲样38项，每次盲样测定率为5.6%～33.3%，合格率为100%。

新疆维吾尔自治区：2014年全疆对236个监测站点共采集1439份样品，空白实验测试率除新疆水环境监测中心、阿勒泰分中心、石河子分中心、巴州分中心个别月份比较低为0外，其余实验室测试率为6.67%～100%；平行样测试率除哈密分中心、巴州分中心、喀什分中心个别月测试率比较低为0外，其余实验室为8.0%～100%；加标回收测试率除区中心、阿勒泰分中心个别月测试率比较低为0外，其他实验室为6.67%～100%；质控样测试率除区中心、伊犁分中心、阿勒泰分中心个别月测试率比较低为0外，其余实验室为5.7%～100%。

青海省：年度内3个实验室，空白实验测试率为6.7%～100%，空白试验的相对偏差为0～22.2%，合格率100%；平行样测试率为5.0%～100%，相对偏差为0～9.1%，合格率100%；加标回收测试率为5.0%～100%，加标回收测试率范围为88.8%～112%，合格率100%；共完成212项次的标准物质测定，测试率为2.2%～100%，相对误差为−6.7%～8.0%，合格率100%。从5月开始，每批次检测样品中，插入1个密码平行样，检测项目占批次总项目数的81.5%～96.4%，相对误差为0～7.8%，合格率100%。

甘肃省：每批水样平行样测定率为14.8%～30%。样品较少时，增加平行样，原子吸收分析项目全部平行分析，相对偏差为0～25%；每批水样选择部分项目进行加标回收率测定，加标回收率测定率为12.5%～16.6%，加标回收率范围为91.9%～110%。质控标样采用自配标样和有证标准物质，与样品同时进行测定，每月测定率为3.2%～33.3%。相对误差为−5.0～8.8%，大多数检测项目相对误差小于5.0%，符合质控样不确定度要求。

宁夏回族自治区：中心每月检测25～27个项目，空白实验测试率为44.0%～66.7%；绘制校准曲线的项目，每批样品至少绘制校准曲线一条，除阴离子表面活性剂外，其余项目相关系数全部达到$r \geq 0.999$，截距检验符合要求；平行样测试率为16.0%～100%，测定结果相对偏差范围为0～20.0%，符合范围规定要求；全年加标回收测试率为6.7%～25.0%，回收率范围为87.0%～107%，测定结果均符合要求；每批样品标准控制样品测试率为6.1%～100%，相对误差范围为−3.5%～6.0%。

陕西省：年内空白实验测试率除汉中分中心个别月份空白实验测试率较低为3.3%外，其余均为5.1%～50.0%；对各个项目的标准系列在线性范围内选取至少6个浓度点进行测试，并对校准曲线进行相关性检验、截距检验，相关系数达到0.999以上，截距检验全部合格；对每批水样随机抽取5.6%～50.0%的样品进行平行样测定，并计算相对偏差；对每批水样随机抽取5.6%～50.0%样品进行加标回收率测定，合格率为100%。每月质控样测试率除延安分中心个别月为3.3%外，其余均为5.6%～100%。

表3.9.2　黄河流域片各省（自治区）监测机构实验室常规质量控制情况一览表

省（自治区）	质控措施			
	空白实验测试率/(%/月)	平行样测试率/(%/月)	加标回收测试率/(%/月)	质控样测试率/(%/月)
新疆	0～100	0～100	0～100	0～100
青海	6.7～100	5.0～100	5.0～100	2.2～100
甘肃	—	14.8～30.0	12.5～16.6	3.2～33.3
宁夏	44.0～66.7	16.0～100	6.7～25.0	6.1～100
陕西	3.3～50.0	5.6～50.0	5.6～50.0	3.3～100

（3）淮河流域。

长期以来，中心对质量控制工作严抓不懈，每年的质量控制工作都按照当年的质量控制计划实施。日常监测工作中，通过现场密码平行、现场密码空白、实验室空白、实验室平行、加标回收、质控样测定等手段，有效保障数据的准确性。样品进入实验室要在规定的时间内完成检测工作，并及时报送结果，质控人员及时对现场平行和现场空白进行解密，对质控不符合的，要求全批次样品重新检测、查找原因。每年要检测超过17000项次密码平行样，12000项次实验室平行样，12000项次加标回收率，6400项次现场空白，4000项次左右实验室空白，200项次盲样。在每次监测完成后均形成一个完整的质量控制报告，以确保监测数据的可靠、准确。

流域中心全年密码平行样测试率11.2%～28.6%，相对偏差均符合质控要求。除现场检测项目外，所有项目均进行现场密码空白测定。现场空白与实验室空白比较相对偏差全部在允许误差范围内。实验室平行双样控制项目为除现场检测项目外所有项目。质量控制措施为检验检测人员随机抽取10%样品作为实验室平行样。全年各项目平行样抽取率在10.0%～30.0%，相对偏差范围在允许误差范围内。加标回收率控制项目为除现场检测项目外所有可以加标的项目，质量控制措施为检验检测人员随机抽取10%的样做加标回收率。全年各项目回收率测定率在10.0%～30.0%，回收率范围均在允许误差范围内。质量控制样品使用有证标准物质，和实际样品同步分析，将标准物质的分析结果与其保证值相比较，评价其准确度和检查检验检测人员存在的系统误差。全年对中心所有检验检测人员进行盲样考核，考核结果均在标准值范围内。

表 3.9.3 淮河流域片各省监测机构实验室常规质量控制情况一览表

省份	质控措施			
	空白实验测试率/(%/月)	平行样测试率/(%/月)	加标回收测试率/(%/月)	质控样测试率/(%/月)
河南	3.0～100.0	4.4～100.0	4.0～33.3	4.2～100.0
安徽	4.7～50.0	10.0～15.0	10.0～25.0	2.3～37.0
江苏	1.7～100.0	9.4～100.0	2.0～100.0	0.2～100.0
山东	5.1～16.7	9.4～100.0	6.8～25.0	0～41.2

(4) 海河流域。

本年度流域中心及分中心实验室常规检测质量控制工作均按照《水环境检测规范》和《2014年质量管理工作计划》要求进行。各个项目的标准系列在线性范围内选取至少5个浓度点进行测定，并对校准曲线技能型相关性检验、截距检验，相关系数达到0.999以上。各项质控工作由质量负责人严格把关，质量监督员认真履行职责，根据本中心的质量监督计划，随时对检测过程进行质量监督，尤其是对新上岗人员进行全程监督，并有相应的记录。实验室常规检测质量控制方法包括空白试验、平行样测定、加标回收测定、质控样测定等，全年覆盖所有测试参数。每批水样，测定两个空白值，平行样、加标回收、质控样比例均不低于5%。

表 3.9.4 海河流域片各省（直辖市）监测机构实验室常规质量控制情况一览表

省（直辖市）	质控措施			
	空白实验测试率/(%/月)	平行样测试率/(%/月)	加标回收测试率/(%/月)	质控样测试率/(%/月)
北京	10.5～33.3	10.1～20.5	1.0～14.3	1.0～15.1
天津	5.6～8.3	20.0～33.3	11.1～23.5	5.6～8.3
山西	80.0～100.0	11.1～100.0	11.1～50.0	11.1～50.0

(5) 珠江流域。

本年度流域中心每批次测定至少测定两个空白值，平行测定的相对偏差小于50%。空白实验测试率为100%/月，合格率为100%，全年覆盖所有测试参数。每个监测项目随机抽取10%及以上的样品进行平行双样测定。水样平行测定所得相对偏差均符合分析方法的相对偏差的要求。在测定水样的同时，按要求进行样品加标回收测定。根据统计本年度加标回收测定率为10%～25%/月，其回收率均满足要求。本流域中心对能使用质控样进行跟踪检测的项目，使用标准样品跟踪检测。根据统计，本中心全年质控样测试率为10%～25%/月，质控样测定结果均在其不确定度内，符合要求。全年平行样测定、加标回收测定、质控样测定做到了覆盖所有监测项目。

根据统计，2014年珠江流域各省（自治区）中心空白实验测试率为5.2%～100%/月，其中云南省水环境监测中心和贵州省水环境监测中心空白实验测试率为100%/月；平行样测试率为5%～100%/月；加标回收测试率为5%～33.3%/月；质控样测试率为

2.27%～100%/月，其中云南省水环境监测中心和贵州省水环境监测中心的个别分中心个别月份的质控样测试率不足5%/月。

表3.9.5 珠江流域片各省（自治区）监测机构实验室常规质量控制情况一览表

省（自治区）	质控措施			
	空白实验测试率/(%/月)	平行样测试率/(%/月)	加标回收测试率/(%/月)	质控样测试率/(%/月)
广东	5.2～33.3	10.3～33.3	10.0～12.0	5.1～11.1
广西	12.5～20.0	12.5～20.0	5	78.6～89.3
贵州	100	5.00～100	7.14～33.3	2.27～100
云南	100	12.5～15.4	12.5～15.4	12.5～38.5
海南	50.0～73.1	5.3～100	5.3～10.5	2.6～33.3

（6）松辽流域。

根据SL 219—2013《水环境监测规范》和《水质监测质量管理监督检查考核评定办法》等七项制度的要求，每批样品，同时做平行试验和加标回收试验。平行试验和加标回收率试验不低于样品总数的10%（不少于1个），测定值的精密度（相对偏差）和准确度允许偏差均符合SL 219—2013《水环境监测规范》的要求。

每批次样品在分析时，除pH值、溶解氧等项目以外均要做实验室空白，且要求实验室空白平行样分析，既可以检验实验用水对实验的影响，也可以检验两次实验室空白结果的偏差是否在规定值范围内。经检验，实验室空白及其偏差满足要求后，方可开展实验。每批次样品按不少于10%进行平行样分析。结果按照规定评价，对于不合格的分析项目及时查找原因，及时进行修正。对所分析的项目逐项进行了加标回收率的测定，按照不同浓度加标范围去判定均合格，全年覆盖了所有测试项目。每次实验时均要做质控样品分析，质控样品在标准值范围内才能作为继续分析的必要条件。所以全年的每次检测均有标准样品考核，且全部合格。对于出现异常值的情况，由检验检测人员直接做实验室平行样分析。

表3.9.6 松辽片各省（自治区）监测机构实验室常规质量控制情况一览表

省（自治区）	质控措施			
	空白实验测试率/(%/月)	平行样测试率/(%/月)	加标回收测试率/(%/月)	质控样测试率/(%/月)
黑龙江	0～10	10～50	0～20	5～100
吉林	63.0～100	81.5～96.3	4.1～48.2	40～100
辽宁	74.1	92.6	29.6	—
内蒙古	20～50	20～100	10～20	10～20

（7）太湖流域水环境监测中心。

所有检测项目每批次均进行室内双空白实验；按照最低10%的要求开展室内平行和加标回收测定；按照每季度1次进行已知标样的测定，对于无法开展加标回收的检测项目则增加已知标样的测定频次。

表 3.9.7　太湖流域片各省（直辖市）监测机构实验室常规质量控制情况一览表

省（直辖市）	质控措施			
	空白实验测试率/(%/月)	平行样测试率/(%/月)	加标回收测试率/(%/月)	质控样测试率/(%/月)
浙江	100	53.1～94.1	7.7～19.2	3.8～29.6
上海	1.8～3.6	11.1～13.5	10.7～13.0	10.8～12.0
福建	62.5～65.2	4.5～100	6.5～25	2.7～17.6

（二）质控考核

1. 长江流域

为保障监测质量，本年度流域中心继续组织了流域片质量控制考核，流域机构一共开展了 822 项次考核，合格率 100%，参加质控考核 128 项次，考核合格率 100%；所辖省级监测机构一共开展了 140 项次考核，合格率 81.1%，参加质控考核 691 项次，考核合格率 81.5%，详见表 3.10。

4—6 月，流域中心组织了流域范围的质控考核，涉及西藏、青海、贵州、四川、重庆等 17 个省（自治区、直辖市）监测中心及其分中心，长江委水文局 7 个中心和流域上海分中心进行了质控考核，共发放 110 支考核样，考核项目为氨氮、高锰酸盐指数、六价铬、总氰化物等 16 项 110 项次，收到反馈结果 110 项次，合格 110 项次，合格率达到 100%。

对参与长江三峡工程生态与环境监测水文水质同步监测（子系统）项目的长江委水文局上游中心、三峡中心、中游中心和流域上海分中心 4 个单位，全年共发放 47 支考核样，考核项目为六价铬、挥发酚、五日生化需氧量、总氰化物和石油类等 19 项，共计 50 项次，合格率 100%。

对于本流域中心实验室，站网管理处根据 2014 年质量控制计划，对每批样品均进行了质控考核，考核项目涉及 pH 值、电导率、钾、钠、钙等 49 项，一共发放 261 支考核，考核结果全部合格。

表 3.10　长江流域监测机构实验室常规质量控制情况一览表

单位名称	举办质控考核		参加质控考核	
	项次	考核合格率/%	项次	考核合格率/%
长江流域水环境监测中心	421	100	0	0
水文局上游分中心	10	100	25	100
上游分中心万州实验室	—	—	7	100
上游分中心攀枝花实验室	—	—	5	100
上游分中心嘉陵江实验室	—	—	5	100
上游分中心宜宾实验室	—	—	5	100
水文局三峡分中心	25	100	25	100
水文局荆江分中心	31	100	5	100

续表

单位名称	举办质控考核		参加质控考核	
	项次	考核合格率/%	项次	考核合格率/%
水文局中游分中心	17	100	23	100
水文局下游分中心	20	100	5	100
水文局下游分中心九江实验室	—	—	—	—
水文局长江口分中心	102	100	2	100
水文局汉江分中心	96	100	5	100
流域上海分中心	100	100	16	100
西藏水环境监测中心	5	100	1	100
四川水环境监测中心	40	100	9	100
重庆水环境监测中心	1	100	19	100
湖北水环境监测中心	67	89.6	66	89.4
湖南水环境监测中心	27	97.2	587	98.5
江西水环境监测中心	0	0	9	100

2. 黄河流域

黄河流域共举办质控考核50项次，详见表3.11。其中流域监测中心全年组织进行了化学需氧量、高锰酸盐指数、硫化物、砷、硒、苯、甲苯等14项目，32项次的质控考核，考核合格24项次，合格率为75.0%；黄委水文局组织3个分中心进行了铅、汞、氯化物、邻二甲苯、对二甲苯、总氮、镍等7个项目，18项次的质控考核，除上游水环境监测中心汞项目不合格外，其他单位测试项目均合格。

新疆维吾尔自治区：按照2014年年初制定的《监测质量控制计划表》，区中心及11个分中心分别于3—11月对实验室操作人员进行了总硬度、钙、氟化物等参数的盲样考核。考核相对误差范围为−10.0～10.0，考核结果均合格。博州分中心对化学耗氧量、高锰酸盐指数、氨氮等共22个参数，结合仪器比对、人员比对、期间核查等工作，进行了样品比较分析（含标准样、质控样、密码样）。标准物质和质控考核全部合格。

青海省：2014年度青海省水环境监测中心向3个实验室共发放标准物质考核样164支。考核项目为pH值、高锰酸盐指数、总磷、总氮等32项，合格率100%。此外省中心还参加长江流域水环境监测中心氨氮和汞2个项目的省界水功能区监测质控考核，考核结果全部合格。

甘肃省：省中心参加了黄河流域水环境监测中心高锰酸盐指数、氨氮2项考核，全部合格；平凉分中心参加了黄河流域水环境监测中心氨氮、化学需氧量2项考核，化学需氧量合格、氨氮不合格；陇南分中心参加了长江流域水环境监测中心铅、镉2项考核，全部合格。全年共参加了6项考核，合格率83.3%。

宁夏回族自治区：2014年11月计量认证复查评审现场考核了8个参数的盲样，一次全部合格；参加黄河流域水环境监测中心组织的挥发酚、石油类项目的考核，一次性考核合格；年内实验室内部对购买到标准物质的32个检测项目进行了102人次的盲样考核，98人次一次性通过考核，一次通过率为96.1%；对无标准物质的4个项目进行了12人次的操作演示，通过率为96.5%。

陕西省：省中心每月组织中心内部的质量控制考核，全年考核了32个项目，涉及所有检验检测人员，合格率达到100%，年内省中心组织5个分中心对总氮项目进行1次质控考核，结果全部合格，分中心共组织5次质控考核；此外，省中心参加了黄河流域水环境监测中心组织的石油类和氟化物2个项目的质量控制考核，合格率100%，分中心共参加13次质量控制考核，合格率在97.1%～100%。

表3.11　　黄河流域监测机构实验室常规质量控制情况一览表

单位名称	举办质控考核		参加质控考核	
	项次	考核合格率/%	项次	考核合格率/%
黄河流域水环境监测中心	32	75.0	27	100
黄委水文局	18	94.4	—	—
黄河上游水环境监测中心	—	—	6	83.3
黄河宁蒙水环境监测中心	—	—	6	100
黄河中游水环境监测中心	—	—	2	100
黄河三门峡库区水环境监测中心	—	—	8	100
黄河山东水环境监测中心	—	—	2	100
新疆水环境监测中心	207	100	—	—
青海水环境监测中心	212	100	2	100
甘肃水环境监测中心	163	88.3	6	83.3
宁夏水环境监测中心	114	96.5	10	100
陕西水环境监测中心	42	100	15	99.5

3. 淮河流域水环境监测中心

为保证监测数据的准确性，本年度我中心分3次对内部检验检测人员进行了质量控制考核，考核覆盖中心所有检验检测人员，共考核81项次，全部合格。流域4省中心举办质控考核182项次，参加质控考核25项次，全部合格，详见表3.12。

4. 海河流域水环境监测中心

本年度流域中心组织了一次流域内质量控制考核，流域内共有21个监测机构参加了本次质量控制考核，考核项目为六价铬，考核合格率为100.0%。组织了3次上岗考核，共考核18人次，75项次，考核合格率100%，详见表3.13。

表3.12　　淮河流域监测机构实验室常规质量控制情况一览表

单位名称	举办质控考核		参加质控考核	
	项次	考核合格率/%	项次	考核合格率/%
淮河流域水环境监测中心	81	100	—	—
河南省水环境监测中心	11	100	7	100
安徽省水环境监测中心	67	100	16	100
江苏省水环境监测中心	46	100	2	100
山东省水环境监测中心	58	100	—	—

表3.13　　海河流域监测机构实验室常规质量控制情况一览表

单位名称	举办质控考核		参加质控考核	
	项次	考核合格率/%	项次	考核合格率/%
海河流域水环境监测中心	76	100	1	100
漳卫南运河分中心	17	100	1	100
引滦工程分中心	12	100	1	100
北京市水环境监测中心	—	—	8	100
天津市水环境监测中心	7	100	5	100
河北省水环境监测中心	421	100	188	100
山西省水环境监测中心	376	100	73	100

5. 珠江流域水环境监测中心

2014年流域中心每个月均抽取不同项目进行质控样考核，全年进行铁、锰、苯乙烯等质控样考核41项次，所有质控考核均一次通过，考核合格率100%。各省（自治区）中心共举办质控考核80项次，合格率为95.8%～100%，参加质控考核62次，考核合格率为96.1%～100%，详见表3.14。

表3.14　　珠江流域监测机构实验室常规质量控制情况一览表

单位名称	举办质控考核		参加质控考核	
	项次	考核合格率/%	项次	考核合格率/%
珠江流域水环境监测中心	41	100	41	100
广东省水文水资源监测中心	2	100	28	100
广西水环境监测中心	26	95.8	26	96.1
云南省水环境监测中心	0	0	8	100
贵州省水环境监测中心	0	0	0	0
海南省水环境监测中心	52	100	0	0

6. 松辽流域水环境监测中心

松辽流域水环境监测中心全年开展了25个项目的质控考核。考核项目为pH值、高锰酸盐指数、COD、总磷、总氮、氨氮、氟化物、砷、汞、铜、铅、镉、锌、铁、锰、氯化物、硝酸盐、硫酸盐、六价铬、硫化物、挥发酚、阴离子表面活性剂、五日生化需氧量、总氰化物和石油类等25项，考核全部合格。

黑龙江省水环境监测中心组织了7个实验室的质控考核工作，考核项目为氨氮、高锰酸盐指数、硒、化学需氧量、氯化物、硝基苯、铜7项，共计考核98项次，考核结果均为合格。

吉林省水环境监测中心组织了3个实验室的质控考核工作，考核项目为电导率、高锰酸盐指数、总磷、化学需氧量、氨氮、汞6项，共计16项次，考核结果均为合格。

辽宁省水环境监测中心组织了12个实验室的质控考核工作，考核86人，考核项目为氨氮、高锰酸盐指数、镉、总砷、硒、铜、总硬度、pH值、化学需氧量、亚硝酸盐氮、总汞、六价铬、五日生化需氧量、锌、氰化物、硝酸盐氮、总磷、铅、总氮、总铁、氟化物、挥发酚、锰、氯化物、钠、电导率、硫酸盐、钾、石油类，共29项，359项次，考核合格率为94.9%，详见表3.15。

表3.15　　松辽流域监测机构实验室常规质量控制情况一览表

单位名称	举办质控考核		参加质控考核	
	项次	考核合格率/%	项次	考核合格率/%
松辽流域水环境监测中心	25	100	—	—
黑龙江省	98	100	—	—
吉林省	16	100	—	—
辽宁省	359	94.9	—	—
内蒙古自治区	—	—	—	—

7. 太湖流域水环境监测中心

根据流域质量监督安排，对省市分中心共开展了16项次的质控考核，合格率100%，详见表3.16。

表3.16　　太湖流域监测机构实验室常规质量控制情况一览表

单位名称	举办质控考核		参加质控考核	
	项次	考核合格率/%	项次	考核合格率/%
太湖流域中心	16	100	—	—
浙江省	—	—	—	—
上海市	49	100	116	99.1
福建省	—	—	23	100

（三）比对试验

1. 长江流域

4—6月，流域中心组织了一次高锰酸盐指数、六价铬、砷、氨氮、总氰化物和五日生化需氧量6个项目的比对实验，参加比对实验的有西藏、四川、重庆、湖南、湖北、江西6个省（自治区、直辖市），长江委水文局7个中心和流域上海分中心共60个实验室，已编写完成《2014年长江流域比对实验报告》。

本年度流域机构举办比对试验一共有88项次，考核合格率100%；参加比对试验的一共有38项次，合格率100%；相关省级监测机构举办比对试验一共有116项次，考核合格率81.4%；参加比对试验的一共有153项次，合格率97.9%。

2. 黄河流域

2014年，结合日常监测情况，流域监测中心和黄委水文局共举办比对试验23项次，其中流域中心组织黄河中游水环境监测中心、山西吕梁、临汾共建共管实验室开展了黄河实际水样石油类项目的比对试验。4月，黄委水文局对所属的6个水环境监测中心（站）组织了氨氮检测实验室间比对，比测样品包括天然水、天然水加入氨氮标准（2个，加入不同量的氨氮标准溶液）、标准物质样品。

新疆维吾尔自治区：2014年3月区中心组织了氟化物项目的实验室间比对考核，省中心和11个分中心考核合格；6月区中心参加了新疆计量测试研究院力学所组织的玻璃量器检定比对试验，提交了比对结果和不确定度报告，试验达到了比对要求。

青海省：年度内中心组织3个实验室对六价铬、亚硝酸盐氮、砷、总磷等26个项目进行实验室比对。其中，汞1个项目由格尔木分中心和海东分中心比对，其余25个项目3个实验室验证共同比对。比对结果显示，格尔木分中心实验室五日生化需氧量1个项目超出标准值误差范围，结果偏低，其余25个项目测定结果均在标准值误差范围内，合格率98.7%。

甘肃省：2014年甘肃省水环境监测中心参加了黄河流域水环境监测中心组织的氨氮、高锰酸盐指数比对考核，氨氮一次考核合格，高锰酸盐指数补考合格；陇南分中心参加了长江流域水环境监测中心组织的镉、铅比对考核，补考合格；2014年甘肃省水环境监测中心组织省中心和分中心8个实验室进行了高锰酸盐指数、总氰化物、化学需氧量、砷4个项目的实验室间比对考核，合格率100%。

宁夏回族自治区：计量认证现场考核中对硝酸盐氮项目进行了方法比对、仪器比对，对总碱度项目进行了人员比对。

陕西省：2014年上半年，省中心组织6个实验室进行了总氮项目的人员、仪器比对，结果均合格。10月组织省中心及5个分中心之间进行了行政区界同时采样、同时分析的对比试验。

3. 淮河流域

2014年在流域范围内实验室开展了挥发酚、化学需氧量、五日生化需氧量、总磷、总氮、氨氮这六项的质控考核，考核结果全部合格。流域四省中心举办比对实验5次，参加比对实验13次，全部合格。

4. 海河流域

2014年流域中心组织了流域内比对试验21项次，流域内共有21个监测机构参加了本次比对试验，项目为六价铬。相对误差范围为－2.5%～1.4%，实验室间标准偏差为0.007。

漳卫南运河分中心组织比对试验28项次，包括人员比对、仪器比对及实验室间比对等，考核合格率100%。参加流域中心组织的比对试验，铬（六价）相对误差为0.5%。

引滦工程分中心参加流域中心和承德水文局组织的比对实验2次、4项次，项目为铬（六价）、总磷、亚硝酸盐氮、铁。

5. 珠江流域

本年度流域中心举办铁、砷、化学需氧量3项次比对试验，考核合格率为100%；参加比对试验3项次，流域中心考核合格率为100%。

2014年本年度珠江流域各省（自治区）中心共举办8项次比对实验，合格率为100%，参加比对实验72项次，合格率为100%。

6. 松辽流域

松辽流域水环境监测中心与黑龙江省、吉林省、辽宁省和内蒙古自治区的省中心或分中心实验室分别开展了比对试验，包括水温、pH值、溶解氧、高锰酸盐指数、化学需氧量、总磷、六价铬、硒、砷、氰化物、硫化物、粪大肠菌群，共计12个项目。

黑龙江省、吉林省、辽宁省和内蒙古自治区的省中心或分中心实验室按照流域中心要求参加了比对试验，吉林省水环境监测中心组织了与吉林大学资源与环境实验室之间比对实验，对电导率、高锰酸盐指数、总磷、化学需氧量、氨氮、汞6个参数进行了比对。经过认真准备，考核结果合格。吉林分中心和延边分中心也组织了实验室间的人员比对试验，考核结果合格。

7. 太湖流域

流域中心组织苏州、无锡、常州、湖州、嘉兴、青浦和松浦地市级分中心开展了一次流域内比对试验，比对项目为氨氮和高锰酸盐指数。比对结果客观反映出目前各实验室间存在的差异。

(四) 能力验证

2014年全国水利系统共有288个监测机构参加国家认可监督管理委员会及相关部委组织的能力验证工作，并获得能力验证合格证书。流域及省级监测机构参加能力验证具体情况见表3.17。

表3.17　　流域及省级监测机构参加能力验证情况统计

单位名称	参加能力验证		
	举办能力验证单位及项目	项次	满意率/%
长江流域水环境监测中心	水利部（氨氮、高锰酸盐指数、甲萘威、硝基苯）； 国家认监委（硝酸盐氮和三氯甲烷）； 国家认监委（土壤及沉积物中镉、铅、铬、锰、砷和汞）	12	100
水文局上游分中心	水利部（氨氮、高锰酸盐指数、甲萘威、硝基苯）； 国家认监委（硝酸盐氮和三氯甲烷）	6	100
上游分中心万州实验室	水利部（氨氮、高锰酸盐指数）	2	100
上游分中心攀枝花实验室	水利部（氨氮、高锰酸盐指数）	2	100
上游分中心嘉陵江实验室	水利部（氨氮、高锰酸盐指数）	2	100
上游分中心宜宾实验室	水利部（氨氮、高锰酸盐指数）	2	100
水文局三峡分中心	国家认监委（土壤及沉积物中砷、汞、铅、铬、镉）； 国家认监委（硝酸盐氮）； 水利部（高锰酸盐指数、氨氮）	8	100
水文局荆江分中心	国家认监委（土壤及沉积物中砷、汞、铅、铬、镉）； 国家认监委（硝酸盐氮）； 水利部（高锰酸盐指数、氨氮）	8	100
水文局中游分中心	水利部（氨氮、高锰酸盐指数、甲萘威、硝基苯）； 国家认监委（硝酸盐氮和三氯甲烷）	6	100
水文局下游分中心	国家认监委（硝酸盐氮）； 水利部（高锰酸盐指数、氨氮、硝基苯、甲萘威）	5	100
水文局下游分中心九江实验室	水利部（高锰酸盐指数、氨氮）	2	50

续表

单位名称	参加能力验证		
	举办能力验证单位及项目	项次	满意率/%
水文局长江口分中心	国家认监委（硝酸盐氮）； 水利部（高锰酸盐指数、氨氮、硝基苯、甲萘威）	5	100
水文局汉江分中心	国家认监委（硝酸盐氮）； 水利部（高锰酸盐指数、氨氮、硝基苯、甲萘威）	5	100
流域上海分中心	水利部（氨氮、高锰酸盐指数、甲萘威、硝基苯）	4	100
西藏水环境监测中心	水利部（高锰酸盐指数、氨氮）	2	100
重庆市水环境监测中心	国家认监委（硝酸盐氮）； 水利部（高锰酸盐指数和氨氮）	3	100
湖南环境监测中心	水利部（氨氮、高锰酸盐指数）； 国家认监委（硝酸盐氮）	3	100
武汉分中心	国家认监委（硝酸盐氮）； 国家认监委（土壤及沉积物中砷、汞、镉、铅、铬）； 水利部（氨氮、高锰酸盐指数）	8	100
江西省水资源监测中心	国家认监委（硝酸盐氮）； 国家认监委（土壤及沉积物中砷、汞、铅、镉）； 水利部（高锰酸盐指数、氨氮、硝基苯、甲萘威）	9	88.9
黄河流域水环境监测中心	国家认监委（土壤及沉积物中砷、汞、铬、铅、镉）； 国家认监委（水中三氯甲烷、硝酸盐氮）； 水利部（高锰酸盐指数、氨氮、甲萘威、硝基苯）	11	75.0
黄河上游水环境监测中心	国家认监委（硝酸盐氮）； 水利部（高锰酸盐指数、氨氮、硝基苯）	4	100
黄河宁蒙水环境监测中心	国家认监委（硝酸盐氮）； 水利部（高锰酸盐指数、氨氮、硝基苯）	4	100
黄河中游水环境监测中心	国家认监委（硝酸盐氮）； 水利部（高锰酸盐指数、氨氮、硝基苯）	4	100
黄河三门峡水环境监测中心	水利部（高锰酸盐指数、氨氮、硝基苯）； 国家认监委（硝酸盐氮）	4	100
黄河山东水环境监测中心	国家认监委（硝酸盐氮）； 水利部（高锰酸盐指数、氨氮、硝基苯、甲萘威）	5	100
新疆维吾尔自治区（含分中心）	水利部（高锰酸盐指数、氨氮、硝基苯、甲萘威）；	26	78.9
	国家认监委（三氯甲烷、硝酸盐氮）	2	50.0
青海省（含分中心）	国家认监委（土壤及沉积物中砷、汞、镉、铅、铬）；	24	41.7
	国家认监委（生活饮用水中三氯甲烷、硝酸盐氮）；	8	87.5
	水利部（氨氮、高锰酸盐指数、硝基苯）	14	92.8
甘肃省（含分中心）	国家认监委（土壤及沉积物中砷、镉、铅、铬；生活饮用水中三氯甲烷、硝酸盐氮）；	6	66.7
	水利部（高锰酸盐指数、氨氮、硝基苯）	24	87.5

续表

单位名称	参加能力验证		
	举办能力验证单位及项目	项次	满意率/%
宁夏回族自治区（含分中心）	国家认监委（硝酸盐氮）； 水利部（氨氮、高锰酸盐指数）	1	100
		2	100
陕西省（含分中心）	国家认监委（硝酸盐氮）； 水利部（氨氮、高锰酸盐指数、硝基苯）	6	100
		13	92.3
淮河流域水环境监测中心	水利部（高锰酸盐指数、氨氮、硝基苯、甲萘威）； 国家认监委（土壤及沉积物中砷、汞、铅、铬、镉、铜）； 国家认监委（三氯甲烷、硝酸盐氮）	12	100
河南省（含分中心）	国家认监委（三氯甲烷、硝酸盐氮）； 水利部（高锰酸盐指数、氨氮）； 国家认监委（土壤中污染重金属铅、镉、铬、汞、砷）	16	93.8
安徽省水环境监测中心	水利部（高锰酸盐指数、氨氮、硝基苯、甲萘威）	4	100
江苏省水环境监测中心	水利部（氨氮、高锰酸盐指数、甲萘威、硝基苯）	4	75
山东省中心	水利部（氨氮、高锰酸盐指数、甲萘威、硝基苯）	4	100
海河流域水环境监测中心	国家认监委（三氯甲烷、硝酸盐氮）； 国家认监委（土壤及沉积物中砷、汞、镉、铅、铬、锰）； 水利部（高锰酸盐指数、氨氮、硝基苯、甲萘威）	12	91.7
漳卫南运河分中心	国家认监委（土壤及沉积物中砷、汞、镉、铅、铬）； 水利部（高锰酸盐指数、氨氮）	7	100
引滦工程分中心	国家认监委（土壤及沉积物中砷、汞、镉、铅、铬）； 水利部（高锰酸盐指数、氨氮、硝基苯）	8	93.8
北京市水环境监测中心	国家认监委（三氯甲烷、硝酸盐氮）； 国家认监委（土壤及沉积物中砷、汞、镉、铅、铬）； 水利部（高锰酸盐指数、氨氮、硝基苯、甲萘威）	11	100
天津市水环境监测中心	国家认监委（三氯甲烷、硝酸盐氮）； 国家认监委（土壤及沉积物中砷、汞、镉、铅、铬）； 水利部（高锰酸盐指数、氨氮、硝基苯、甲萘威）	11	100
河北省水环境监测中心	国家认监委（三氯甲烷、硝酸盐氮）； 水利部（高锰酸盐指数、氨氮、硝基苯）	5	100
山西省水环境监测中心	国家认监委（三氯甲烷、硝酸盐氮）； 水利部（高锰酸盐指数、氨氮、硝基苯）	5	100
珠江流域水环境监测中心	水利部（甲萘威、硝基苯、高锰酸盐指数和氨氮）； 国家认监委（三氯甲烷、硝酸盐氮）； 国家认监委（土壤及沉积物中砷、汞、镉、铅、铬）	11	100
广东省水文水资源监测中心	国家认监委（三氯甲烷、硝酸盐氮）； 水利部（甲萘威、硝基苯、高锰酸盐指数和氨、氮）	6	100
广西水环境监测中心	国家认监委（三氯甲烷、硝酸盐氮）； 水利部（氨氮、高锰酸盐指数）	4	100

续表

单位名称	参加能力验证		
	举办能力验证单位及项目	项次	满意率/%
云南省水环境监测中心	国家认监委（三氯甲烷、硝酸盐氮）； 国家认监委（土壤及沉积物中砷、汞、镉、铅、铬）； 水利部（高锰酸盐指数、氨氮、硝基苯及甲萘威）	11	100
贵州省水环境监测中心	国家认监委（硝酸盐氮）； 水利部（高锰酸盐指数和氨氮）	3	100
海南省水环境监测中心	国家认监委（三氯甲烷、硝酸盐氮）； 水利部（硝基苯、甲奈威、氨氮、高锰酸盐指数、氮）	6	100
松辽流域水环境监测中心	国家认监委（砷、汞、镉、铅、铬、硝酸盐氮）； 水利部（高锰酸盐指数、氨氮、硝基苯、甲萘威）	10	100
黑龙江省水环境监测中心实验室	国家认监委（硝酸盐氮）； 水利部（氨氮、高锰酸盐指数、硝基苯）	4	100
吉林省水环境监测中心	国家认监委（三氯甲烷、硝酸盐氮）； 水利部（高锰酸盐指数、氨氮、硝基苯、甲萘威）	6	100
辽宁省水环境监测中心	国家认监委（铅、镉、砷、汞、硝酸盐）； 水利部（高锰酸盐指数、氨氮、硝基苯、甲萘威）	9	100
内蒙古自治区	水利部（高锰酸盐指数、氨氮、硝基苯、甲萘威）	4	100
太湖流域中心	水利部（氨氮、高锰酸盐指数、甲萘威和硝基苯）； 国家认监委（三氯甲烷和硝酸盐氮）； 国家认监委（土壤及沉积物中砷、汞、镉、铅、铬）	4	75
		2	100
		5	100
浙江省中心	国家认监委（三氯甲烷、硝酸盐氮）； 水利部（高锰酸盐指数、氨氮、硝基苯）	5	100
上海市中心	国家海洋局东海标准计量中心（生物体中铬、砷、水体中化学需氧量）； 国家认监委（三氯甲烷、硝酸盐氮）； 国家认监委土壤（砷、汞、镉、铅、铬）； 水利部（高锰酸盐指数、氨氮、硝基苯、甲萘威）	3	100
		2	100
		5	100
		4	100
福建省中心	国家认监委（三氯甲烷、硝酸盐氮）；	5	100
	水利部（高锰酸盐指数、氨氮、硝基苯）		

第四章　水功能区监测质量管理情况

一、长江流域

本年度流域中心负责监测的流域片水功能区有109个，实际组织监测了107个，现状监测率98.2%；全部水功能区监测断面总数有293个，实际组织监测了128个，现状监测率43.7%；国家重要江河湖泊（4493）水功能区有109个，实际组织监测了107个，现状监测率98.2%；国家重要江河湖泊（4493）水功能区断面有293个，实际组织监测了128个，现状监测率43.7%个。

流域分中心监测的水功能区共有93个，实际监测了93个，现状监测率100%；全部水功能区监测断面总数有90个，实际组织监测了90个，现状监测率100%；国家重要江河湖泊（4493）水功能区有78个，实际监测了78个，现状监测率100%；国家重要江河湖泊（4493）水功能区断面有77个，实际组织监测了77个，现状监测率100%个。

相关省份监测的水功能区共有2858个，实际监测了1256个，现状监测率43.9%；全部水功能区监测断面总数有3178个，实际组织监测了1568个，现状监测率49.3%；国家重要江河湖泊（4493）水功能区有1057个，实际监测了883个，现状监测率83.5%；国家重要江河湖泊（4493）水功能区断面有1227个，实际组织监测了1040个，现状监测率84.8%个。

水功能区断面的监测项目按照GB 3838—2002《地表水环境质量标准》和流域水质情况设置，一般监测频率为1次/月，部分断面监测频次为6次/年，少数偏远地区监测频次为2次/年，详见表4.1。

表4.1　　长江流域监测机构水功能区监测概况一览表

单位名称	全部水功能区			全部水功能区监测断面			国家重要江河湖泊（4493）水功能区			国家重要江河湖泊水功能区监测断面		
	总数	现状监测数	现状监测率/%	总数	现状监测数	现状监测率/%	总数	现状监测数	现状监测率/%	总数	现状监测数	现状监测率/%
长江流域水环境监测中心	109	107	98.2	293	128	43.7	109	107	98.2	293	128	43.7
水文局上游分中心	40	40	100	36	36	100	40	40	100	36	36	100
上游分中心万州实验室	13	13	100	13	13	100	13	13	100	13	13	100
上游分中心攀枝花实验室	3	3	100	3	3	100	3	3	100	3	3	100
上游分中心嘉陵江实验室	4	4	100	4	4	100	4	4	100	4	4	100

续表

单位名称	全部水功能区			全部水功能区监测断面			国家重要江河湖泊（4493）水功能区			国家重要江河湖泊水功能区监测断面		
	总数	现状监测数	现状监测率/%	总数	现状监测数	现状监测率/%	总数	现状监测数	现状监测率/%	总数	现状监测数	现状监测率/%
上游分中心宜宾实验室	3	3	100	3	3	100	3	3	100	3	3	100
水文局三峡分中心	4	4	100	4	4	100	4	4	100	4	4	100
水文局荆江分中心	2	2	100	2	2	100	—	—	—	—	—	—
水文局中游分中心	10	10	100	10	10	100	10	10	100	10	10	100
水文局下游分中心	6	6	100	6	6	100	—	—	—	—	—	—
水文局长江口分中心	—	—	—	1	1	100	—	—	—	1	1	100
水文局汉江分中心	8	8	100	8	8	100	—	—	—	—	—	—
流域上海分中心	—	—	—	—	—	—	1	1	100	3	3	100
西藏	21	21	100	36	36	100	19	19	100	26	26	100
四川	559	242	43.3	575	261	45.4	338	210	62.1	354	229	64.7
重庆	189	105	55.5	251	208	82.9	170	142	83.5	178	160	89.9
湖北	1447	358	24.7	1546	445	28.8	184	184	100	245	238	97.1
湖南	198	171	86.4	252	215	85.3	168	150	89.3	222	185	83.3
江西	444	359	80.9	518	403	77.8	178	178	100	202	202	100

二、黄河流域

黄委管理范围内共有国家重要水功能区127个，2014年监测108个，监测覆盖率为85.0%；国家重要水功能区监测断面137个，实施监测118个，监测覆盖率为86.1%。基本监测项目：流量、悬浮物、水温、pH值、电导率、溶解氧、高锰酸盐指数、化学需氧量、五日生化需氧量、氨氮、总磷、挥发酚、氰化物、砷、汞、六价铬、氟化物、铜、铅、锌、镉、石油类、硫化物、硒、阴离子表面活性剂。监测频次为每月一次，采样时间为每月8—12日。部分水功能区增加硝酸盐氮、氯化物、硫酸盐、铁、锰、粪大肠菌群、总氮、矿化度、总硬度、钾、钠、钙、镁、碳酸盐、重碳酸盐、氯化物、硫酸盐项目，本年度共监测4次。省界站点确界立碑工作于2015年完成，其余水功能区确界立碑工作已完成过半。

新疆维吾尔自治区：新疆水环境监测中心共涉及水功能区 26 个，实施监测水功能区 23 个，监测覆盖率为 88.5%；有 4 个水功能区属于国家重要水功能区，全部位于乌鲁木齐境内的乌鲁木齐河，已全部实施监测。水功能区监测断面布设 27 个，现状监测断面 26 个；其中重要水功能区监测断面 5 个，断面现状监测率达到 100%。水功能区断面的监测频次为 3～12 次，重要水功能区断面的监测频次为 6～12 次。

青海省：2014 年全省共布设水功能区水质监测站点 106 处，覆盖 83 个水功能区，监测项目 24～37 项，监测频次为 2～12 次/年；地下水监测项目 30 项，监测频次为 2 次/年，丰水期和枯水期各一次；饮用水源地监测项目 31～35 项，氨氮、高锰酸盐指数、挥发酚 12 次/年，其余项目每 2 次/年；长江流域水环境监测中心委托省界断面监测项目 21 项，监测频次 2 次/年；入河排污口监测项目 7 项，监测频次定为 2 次/年。截至 2014 年年底，共完成全省 91 处地表水水质监测断面和 7 处城市供水水源地监测断面站点标识设立，覆盖 80 个水功能区。

甘肃省：甘肃省共有重要水功能区 88 个，涉及 29 条河流。全省全部水功能区 234 个，2014 年监测 109 个，监测覆盖率 46.6%。其中重要水功能区 88 个，监测 69 个，监测覆盖率 78.4%。甘肃省主要河流的重要河段、主要水库和地表水饮用水源地监测频次为每月 1 次；地下水饮用水源地和地表水水质监测站，监测频次为每两月 1 次，全年不少于 6 次，检测项目 30～40 项，其中武威、临洮、定西 3 个分中心没有原子吸收分光光度计和原子荧光光度计，重金属未检测；酒泉、张掖 2 个分中心没有原子荧光光度计，汞、砷、硒未检测。

宁夏回族自治区：宁夏共划分水功能区 101 个，实施监测的水功能区 48 个，监测率 47.5%；全部水功能区设置监测断面共计 127 个，实施监测断面 68 个，监测率 53.5%。目前，宁夏回族自治区共有国家重要江河湖泊水功能区 18 个，监测断面 12 个，现状监测率 66.7%。

陕西省：河流水功能区断面监测项目为 32 项；黄河流域省界缓冲区断面监测 22 项，长江流域省界缓冲区断面监测 21 项；河流型水源地断面监测 28 项，水库型水源地在河流型水源地监测项目的基础上，增加叶绿素和透明度，并调查水源地年平均供水量及水源地的基本情况；地下水水源地检测 20 项；冯家山等三个水源地实行旬测，监测 3 项，王瑶水库增加五日生化需氧量和石油类；入河排污口监测 6 项，生活排污口增加总磷。2014 年，全省全部水功能区断面总数为 373 个，现状监测数为 144 个，现状监测率为 38.6%，国家重要江河湖泊水功能区断面总数为 151 个，现状监测数为 133 个，现状监测率为 88.1%，详见表 4.2。

三、淮河流域

淮河区（淮河流域及山东半岛）列入全国重要江河湖泊水功能区划共有 394 个，其中一级区划中保护区 64 个、保留区 16 个、缓冲区 39 个，二级区划中饮用水源区 42 个、工业用水区 15 个、农业用水区 116 个，渔业用水区 12 个、景观娱乐用水区 16 个、过渡区 28 个、排污控制区 46 个。

表 4.2　　黄河流域监测机构水功能区监测概况一览表

单位名称	全部水功能区			全部水功能区监测断面			国家重要江河湖泊（4493）水功能区			国家重要江河湖泊水功能区监测断面		
	总数	现状监测数	现状监测率/%	总数	现状监测数	现状监测率/%	总数	现状监测数	现状监测率/%	总数	现状监测数	现状监测率/%
黄河流域水环境监测中心	48	46	95.8	53	51	96.2	48	46	95.8	53	51	96.2
黄河上游水环境监测中心	18	13	72.2	19	14	73.7	18	13	72.2	19	14	73.7
黄河宁蒙水环境监测中心	20	14	70.0	22	16	72.7	20	14	70.0	22	16	72.7
黄河中游水环境监测中心	20	16	80.0	21	17	81.0	20	16	80.0	21	17	81.0
黄河三门峡库区水环境监测中心	11	10	90.9	12	11	91.7	11	10	90.9	12	11	91.7
黄河山东水环境监测中心	10	9	90.0	10	9	90.0	10	9	90.0	10	9	90.0
新疆维吾尔自治区	172	161	93.6	210	201	95.7	56	56	100	100	99	99.0
青海省	156	83	53.2	167	106	63.5	47	45	95.7	56	53	94.6
甘肃省	234	109	46.6	250	109	43.6	88	69	78.4	96	75	78.1
宁夏回族自治区	101	48	47.5	127	68	53.5	18	12	66.7	18	12	66.7
陕西省	373	144	38.6	373	144	38.6	151	133	88.1	151	133	88.1

淮河区重要江河湖泊水功能区监测频率为每月一次，监测项目有：水温、pH 值、溶解氧、高锰酸盐指数、化学需氧量、五日生化需氧量、氨氮、总磷、铜、锌、氟化物、硒、砷、汞、镉、六价铬、铅、氰化物、挥发酚、石油类、硫化物和阴离子表面活性剂共 22 项，饮用水源区增加了硫酸盐、氯化物、硝酸盐、铁和锰 5 个项目，采取流域中心监测和委托湖北、河南、安徽、江苏、山东 5 省相关实验室监测相结合的方式，详见表 4.3。

表 4.3　　淮河流域监测机构水功能区监测概况一览表

单位名称	全部水功能区			全部水功能区监测断面			国家重要江河湖泊（4493）水功能区			国家重要江河湖泊水功能区监测断面		
	总数	现状监测数	现状监测率/%	总数	现状监测数	现状监测率/%	总数	现状监测数	现状监测率/%	总数	现状监测数	现状监测率/%
淮河流域水环境监测中心	—	—	—	—	—	—	—	394	—	—	585	—
河南省中心	29	11	37.9	29	11	37.9	11	11	100	11	11	100
安徽省中心	65	65	100	110	110	100	44	44	100	73	73	100
江苏省中心	113	113	100	177	177	100	36	36	100	66	66	100
山东省中心	13	13	100	18	18	100	4	4	100	7	7	100

四、海河流域

根据《全国重要江河湖泊水功能区划》（2011—2030年），海河流域有230个水功能区列入国家重点水功能区目录中，其中流域中心及分中心负责监测的水功能区有59个，实际监测59个，监测覆盖率100%。

监测项目按照GB 3838《地表水环境质量标准》中地表水环境质量标准基本项目和集中式生活饮用水地表水源地补充项目进行监测，共计29项。监测频次为12次，每月一次。水功能区监测断面的设置、站点标识、样品采集、储存和运输、样品预处理和检验、数据处理、综合评价等的质量控制都参照SL 219—2013《水环境监测规范》和中心《2014年度质量控制计划》要求进行。

海河流域内北京市、天津市、河北省、山西省各级监测机构根据各主管部门要求进行管辖范围内的水功能区监测工作，目前共开展493个水功能区，749个断面的测工作，平均监测覆盖率为72.3%，其中国家重要水功能区218个，断面295个，平均监测覆盖率为82.3%，详见表4.4。

表4.4　海河流域监测机构水功能区监测概况一览表

单位名称	全部水功能区			全部水功能区监测断面			国家重要江河湖泊（4493）水功能区			国家重要江河湖泊水功能区监测断面		
	总数	现状监测数	现状监测率/%	总数	现状监测数	现状监测率/%	总数	现状监测数	现状监测率/%	总数	现状监测数	现状监测率/%
海河流域水环境监测中心	—	—	—	—	—	—	24	24	100	31	31	100
漳卫南运河分中心	—	—	—	—	—	—	23	23	100	32	32	100
引滦工程分中心	—	—	—	—	—	—	14	14	100	21	21	100
北京市水环境监测中心及分中心	139	139	100	228	228	100	29	29	100	71	71	100
天津市水环境监测中心及分中心	81	81	100	160	160	100	33	33	100	33	33	100
河北省水环境监测中心及分中心	275	207	75.3	340	294	86.5	122	106	86.9	156	141	90.4
山西省水环境监测中心及分中心	187	66	35.3	198	67	33.8	81	50	61.7	81	50	61.7

五、珠江流域

2014年流域中心共监测18个水功能区，现状监测率为32.7%，全部水功能区监测断面为20个，现状监测率为32.8%。目前现有水功能区均已设置标识。

根据统计，2014年珠江流域各省（自治区）中心全部水功能区共计为4063个，目前监测1234个，现状监测率为49.3%；流域内的国家重要江河湖泊水功能区共计806个，目前监测721个，现状监测率为72.04%，国家重要江河湖泊水功能区监测断面为889个，目前监测851个，现状监测率为77.2%。其中海南省水环境监测中心已做到了全部水功能区水质监测全覆盖，现状监测率为100%，详见表4.5。

表4.5　珠江流域监测机构水功能区监测概况一览表

单位名称	全部水功能区			全部水功能区监测断面			国家重要江河湖泊（4493）水功能区			国家重要江河湖泊水功能区监测断面		
	总数	现状监测数	现状监测率/%	总数	现状监测数	现状监测率/%	总数	现状监测数	现状监测率/%	总数	现状监测数	现状监测率/%
珠江流域水环境监测中心	55	18	32.70	61	20	32.80	55	18	32.70	61	20	32.80
广东省水文水资源监测中心	930	364	39.1	815	439	53.9	197	143	72.6	213	203	95.3
广西水环境监测中心	2029	283	13.9	2029	283	13.9	256	245	95.7	256	245	95.7
云南省水环境监测中心	667	384	57.6	728	450	61.8	219	199	90.9	283	266	94
贵州省水环境监测中心	371	137	36.1	131	131	100	110	110	100	109	109	100
海南省水环境监测中心	66	66	100	66	66	100	24	24	100	28	28	100

六、松辽流域

2014年松辽流域水环境监测中心对省界缓冲区等重要水功能区上的79个水质监测断面实施监测，共涉及48个水功能区覆盖率100%，监测断面覆盖率89%，监测断面覆盖率逐年增加。

黑龙江省现规划有51个地表水水质监测站点，270个水功能区监测断面、331处地下水质监测井，39个界河站、8个降水站、7个源头背景值站、33个水源地站。同时还承担着460个入河排污口的监测和监督管理工作。

吉林省共设水功能区370个，其中国家重要江河湖泊水功能区158个。省中心覆盖监测水功能区共43个，其中包含国家级水功能区21个；监测水功能区断面53个，其中国家级水功能区监测断面29个。现状监测率达到100%；站点标识达到24%。

辽宁省共监测水质断面510个，国家级水功能区152个，全省主要水源水功能区水质监测76处，国家重要江河湖泊水功能区79处及浑太流域全断面监测40处。

内蒙古自治区水功能区区划总数579个，其中国家重要水功能区259个。详见表4.6。

表 4.6　　松辽流域监测机构水功能区监测概况一览表

单位名称	全部水功能区			全部水功能区监测断面			国家重要江河湖泊（4493）水功能区			国家重要江河湖泊水功能区监测断面		
	总数	现状监测数	现状监测率/%	总数	现状监测数	现状监测率/%	总数	现状监测数	现状监测率/%	总数	现状监测数	现状监测率/%
松辽流域水环境监测中心	—	—	—	—	—	—	59	59	100	89	79	89
黑龙江省	465	216	46.5	505	270	53.5	193	193	100	233	233	100
吉林省	370	355	93.0	416	210	93.7	158	158	100	188	188	100
辽宁省	676	433	64.1	676	433	64.1	239	239	100	152	152	100
内蒙古自治区	579	506	87.4	579	506	87.4	259	186	71.8	259	186	71.8

七、太湖流域

太湖流域共有380个国家级水功能区，根据水功能区监测方案，流域中心承担了其中77个水功能区115个断面的监测任务，目前已全部开展监测，每月一次，监测项目为地表水环境质量标准中的24个基本项目，其中湖泊站点增加5项水源地补充项目及叶绿素a。目前流域中心水功能区监测断面中的省界缓冲断面站点标识均已建设完成，2015年将开展其他断面的站点标识建设工作。

浙江全省水功能区1133个，2014年监测824个水功能区，现状监测率72.7%。国家重要江河湖泊水功能区252个，实际监测252个，覆盖率100%。上海市所辖区域的水功能区监测频次和站点的覆盖率达99.1%。福建省按照重要水源地全年36次、国家水功能区（名录）全年12次、国家水功能区全年6次、省级水功能区全年4次、大型水库全年2次的频次进行监测，其中国家级水功能区全部覆盖监测。详见表4.7。

表 4.7　　太湖流域监测机构水功能区监测概况一览表

单位名称	全部水功能区			全部水功能区监测断面			国家重要江河湖泊（4493）水功能区			国家重要江河湖泊水功能区监测断面		
	总数	现状监测数	现状监测率/%	总数	现状监测数	现状监测率/%	总数	现状监测数	现状监测率/%	总数	现状监测数	现状监测率/%
太湖流域中心	77	77	100	115	115	100	77	77	100	115	115	100
浙江省	1133	824	72.7	1222	913	74.7	252	252	100	265	265	100
上海市	363	347	99.1	399	383	99.1	110	110	100	127	127	100
福建省	871	366	42	775	397	51.2	117	117	100	138	138	100

第五章　仪器设备、自动监测站、移动实验室运行质量管理

一、仪器设备质量管理

1. 仪器设备配置及使用情况

据不完全统计，截至2014年年底，全国各级水环境监测中心配置10万元以上的实验室大型仪器设备共计1789台（套）。大型仪器设备使用人员均经过仪器厂家或相关机构培训，具备独立、熟练操作仪器能力的持证上岗人员数1932名，见表5.1。

表5.1　　　　全国监测机构大型仪器设备配置数量统计表

单位名称	大型仪器/(台/套)	具备独立、熟练操作仪器能力的持证上岗人员数/人
长江流域水环境监测中心	54	30
水文局上游分中心	15	8
上游分中心万州实验室	3	3
上游分中心攀枝花实验室	3	3
上游分中心嘉陵江实验室	3	4
上游分中心宜宾实验室	3	3
水文局三峡分中心	13	8
水文局荆江分中心	9	21
水文局中游分中心	16	40
水文局下游分中心	13	12
水文局下游分中心九江实验室	0	0
水文局长江口分中心	13	10
水文局汉江分中心	14	17
流域上海分中心	8	7
西藏自治区	14	17
四川省	38	49
重庆市	17	19
湖北省	31	58
湖南省	85	73
江西省	60	53
黄河流域水环境监测中心	15	14
黄河上游水环境监测中心	8	8
黄河宁蒙水环境监测中心	11	6
黄河中游水环境监测中心	14	8
黄河三门峡库区水环境监测中心	15	10

续表

单位名称	大型仪器/(台/套)	具备独立、熟练操作仪器能力的持证上岗人员数/人
黄河山东水环境监测中心	10	5
新疆维吾尔自治区	65	25
青海省	16	28
甘肃省	17	16
宁夏回族自治区	9	2
陕西省	21	42
淮河流域水环境监测中心	24	20
河南省	60	50
安徽省	39	35
江苏省	120	98
山东省	71	70
海河流域水环境监测中心	20	10
漳卫南运河分中心	8	5
引滦工程分中心	5	9
北京市	53	87
天津市	42	19
河北省	31	71
山西省	37	54
珠江流域水环境监测中心	24	20
广东省	65	111
广西壮族自治区	44	42
云南省	61	133
贵州省	15	20
海南省	20	10
松辽流域水环境监测中心	76	21
黑龙江省	38	40
吉林省	22	25
辽宁省	57	60
内蒙古自治区	10	10
太湖流域中心	25	18
浙江省	62	49
上海市	98	196
福建省	47	50

2. 仪器设备管理维护

各级监测中心都制定了严格的仪器设备管理制度和各项仪器操作规程，仪器设备的验收、使用、报废均按管理制度执行。档案齐全、管理有序。

（1）仪器管理人员对仪器设备按国家要求进行了周期检定，溯源到国家标准，并对仪器实行了标志化管理。

（2）制定了仪器设备操作规程和维护保养要求，定期对仪器进行维护；仪器的每次使用都做好详细的使用记录。

（3）制定了仪器设备期间核查计划。对一些使用频率高和不太稳定的仪器在两次检定期间进行期间核查。使仪器设备始终处于良好的工作状态。

（4）大型仪器每年使用不少于6次，其他仪器每个月都投入使用。

（5）大型仪器指定专职保管人，定期对仪器的使用环境进行监测记录，对仪器进行定期维护保养，确保大型仪器设备的安全，并始终处于正常运行状态。

3. 仪器设备使用环境

各监测中心的仪器均安装在稳固工作台上，实验室安装了空调、温度、湿度计以及抽湿机等，对仪器运行条件进行控制。

4. 安全

各实验室大都严格执行SL/Z 390—2007《水环境监测实验室安全技术导则》和质量管理体系文件中与安全生产相关的规章制度，对实验室安全操作规范、有毒有害危险品管理、高压气瓶安全管理、实验室消防、“三废”处理、安全事故应急处理措施等进行明确规定。

仪器采取的安全防护措施有：仪器电源接地以防漏电；易燃易爆气体气瓶有专门的气柜，部分实验室安装有易燃易爆气体泄漏报警器；按要求配置灭火器和灭火毯；水、电、气使用完毕后立即关闭；离开分析室时，仔细检查水、电、气、门、窗是否均关好；外出采样人员配备了救生衣、防护服、手套、胶鞋、安全绳、防护药膏等安全防护装备。全年无安全责任事故。

二、自动监测站运行质量管理

各流域水环境监测中心目前均已建有水质自动监测站，多为委托日常维护，并有相应的运行维护管理制度，现均正常运行。流域监测机构自动监测站建设维护情况统计见表5.2。

表5.2　流域监测机构自动监测站的建设和维护情况一览表

单位名称	已建监测站/座	在建监测站/座	正常运行监测站/座	维护情况（中心或委托）	维护周期（范围）	校验周期（范围）	全年比对试验次数（单站均值）
长江流域水环境监测中心	14	—	14	委托	—	—	—
水文局中游分中心	2	—	2	中心	1～2次/月	12次/年	12
水文局下游分中心	1	—	—	—	—	—	—

续表

单位名称	已建监测站/座	在建监测站/座	正常运行监测站/座	维护情况（中心或委托）	维护周期（范围）	校验周期（范围）	全年比对试验次数（单站均值）
水文局长江口分中心	1	—	1	委托	4次/月	12次/年	12
湖南省	1	—	1	中心	2次/月	4次/年	2次
江西省	1	2	1	中心	1次/月	12次/年	5次
黄河流域水环境监测中心	11	6	3	委托	1次/周	1次/月	4次
青海省	1	—	1	委托	1次/月	1次/年	—
淮河流域水环境监测中心	29	—	29	委托	委托	3个月	—
安徽省	—	9	—	—	—	—	—
江苏省	39	—	32	—	—	—	—
山东省	—	7	—	—	—	—	—
海河流域水环境监测中心	6	—	2	委托	1年	1年	1
漳卫南运河分中心	2	—	—	分中心	—	—	—
引滦工程分中心	3	—	1	分中心	1年	1年	1
北京市	26	—	9	委托	1年	6个月	6
河北省	5	—	5	委托	1周	1个月	12
山西省	1	—	1	委托	4～10月	—	7
珠江流域水环境监测中心	4	—	4	委托	1个月～1年	6个月	2
广东省	14	—	14	委托	7日～1年	7日～1年	4.5
云南省	1	5	1（试运行）	委托	1年	1年	1
松辽流域水环境监测中心	1	8	1	中心	1次/周	1次/月	—
黑龙江省	—	7	—	—	—	—	—
太湖流域水环境监测中心	6	—	6	中心	9～15天	3～4月	64
浙江省	3	1	3	委托	1周～1月	1周～半年	—
上海市	29	4	29	中心、委托	1周～1月	1周～1月	—
福建省	1	0	1	分中心	每天	每月	12

1. 长江流域水环境监测中心

截至2014年年底，流域中心建成运行的水质自动站的有三峡兰陵溪、丹江口水库台子山、朱沱、马鞍山（左和右）、荆紫关、白河、城陵矶、庙头、崇滩、翁洞、鹿角沱、武胜和格里坪等14个。

自动站当前运行周期是4h/次，每天测试6次。现已委托专业公司进行维护，每日维护内容为查询数据平台，实时查看水样数据、自动标液核查数据及自动加标回收率数据。通过远程控制软件进行操作，对于异常值，对仪器发送重新测试命令和标液核查命令，确保仪器数据的准确，第一时间了解站点仪器24h运行状态。

每周维护内容为检查自来水供应、纯水系统情况，检查内部管理是否通畅，是否滴漏。仪器自动清洗装置是否运行正常。检查各自动分析仪的进样水管和排水管是否清洁，必要时进行清洗。定期清洗水泵及过滤网。检查站房内电路系统，通信系统是否正常。检查各仪器的试剂余量，确定试剂的保质期，及时更换。并且配置相应浓度的标准液进行仪器核查校准。观察数据采集控制运行情况，并检查连接处有无损坏，对数据进行抽样检查，对比检查在线自动分析仪，数据采集控制仪及上位机接收到的数据是否一致。

每月维护内容为对各仪器进行一次保养，对水泵和取水管路、配水和进水系统、仪器分析系统进行维护。对数据存储和控制系统工作状态进行一次检查。对自动分析仪进行一次日常校验。（实际水样比对试验和标样比对）。检查监测仪器接地情况，检查监测站房防雷措施。其他预防性维护内容为保持监测用房的清洁，保持设备的清洁避免仪器振动，保证监测站房内的温度，温度满足仪器正常运行的需求。擦拭各仪器机柜，保持系统内外清洁，对电源控制器，空调等辅助设备进行经常性检查。

流域分中心已建成4个水质自动监测站，除下游中心的1座自动监测站未投产外，其余3座均正常运行。

2. 黄河流域水环境监测中心

2014年黄河及重要支流上已经建成了兰州、龙门、潼关、花园口、高村、利津、民和、河津、华县、西霞院、武陟11个水质自动监测站，其中花园口、利津、武陟三站正常运行。喇嘛湾、河曲、拓石、沁蟒河口、南村、七里铺6站正在建设中。目前，流域监测中心管理范围内的花园口、利津水质自动站委托承建单位——宇星科技发展（深圳）有限公司，武陟水质自动站委托河北先河科技有限公司进行日常运行维护。流域中心与委托运行维护单位签订了委托运营合同，明确工作内容与程序、质量保证措施和数据准确度等内容和技术要求，并制定各自动站的运行维护管理制度。

为规范黄河水质自动站管理，保障其正常运行，更好地为水资源保护和管理服务，2013年黄河流域水资源保护局印发了《黄河水质自动监测站运行管理办法》。办法中明确了流域监测中心、区域局、运维机构三方的职责，对日常运行管理制度的制定，自动站数据的上报、接受、审查，异常数据的处理，自动站运行质量管理监督检查与考核等质量管理内容进行了规定。

3. 淮河流域水环境监测中心

中心已建水质自动监测站27座，与江苏省水文水资源勘测局共建共管1座，移动监测站1座，全部正常使用，可在会议室实时查看水样数据和自动站周边情况，并设有专人不定期对水质自动监测站进行质量巡查。

4. 海河流域水环境监测中心

流域中心及分中心先后建成了官厅、密云水库上游水质在线监测系统、潘大水库水质在线监测系统、漳卫南运河水质在线监测系统，共计11个水质自动监测站，初步建成了京津重点水源地、漳卫南水系南北两个水质在线监测网，实现了海委直管的3个重要水源地——潘家口、大黑汀、岳城水库，首都重要水源地——密云、官厅水库，以及流域重要省界断面——古北口、下堡、册田、乌龙矶、龙王庙等水质信息的动态监测。流域内北京市、天津市、河北省、山西省各级监测机构已建自动监测站32个，在建2个，正常运行15个。

流域中心及分中心11个自动监测站采用委托有资质的公司和分中心维护相结合的方

式对自动监测站进行运行维护，有完善的运行维护管理制度，系统安装、建设、调试等技术文档保存齐全。北京分中心主要负责自动监测站数据传输系统的维护工作，自2006年以来一直记录该系统维护情况，数据传输基本正常。目前部分自动监测站老化停运，2013年已安排古北口、官厅水库2个站进行了改建，2015—2020年将陆续安排其他自动监测站的继续改建。流域内北京市、天津市、河北省、山西省各级监测机构运行中的自动监测站均采用委托形式进行运行维护，定期对自动监测站进行维护和比对试验，保证其正常运行。

5. 珠江流域水环境监测中心

目前中心共已建成运行的有马口、天峨、平而和水口4座水质自动监测站，并已正常运行，无在建监测站。其中马口、天峨2台自动监测站均与地方水文局共建共管，日常运行维护主要是地方托管，本中心主要是定期巡检。平而水质自动监测站设在平而水文站内，站址位于广西凭祥市友谊镇平而村的黎溪右岸。于2013年11月正式投入运行，监测项目包括水温、pH值、电导率、溶解氧、浊度、氨氮、硝酸盐氮、总有机碳、高锰酸盐指数等共9项。水口水质自动监测站设在水口水文站内，站址位于广西崇左市龙州县水口镇水口河左岸。于2013年11月正式投入运行，监测项目包括水温、pH值、电导率、溶解氧、浊度、氨氮、硝酸盐氮、总有机碳、高锰酸盐指数等共9项。

目前马口和天峨2台自动站均实现远程视频监控，水质自动监测站指定专人定期维护，按期进行试剂、配件更换，每半年用标准样品进行一次校核以保证设备正常运行。除了定期维护外，当水质出现异常波动时中心及时安排比测。平而水质自动监测站委托广西壮族自治区崇左市水文水资源局开展运行维护管理工作，水口水质自动监测站委托广西壮族自治区崇左市水文水资源局开展运行维护管理工作。2014年，站上工作人员每天对设备巡查，对水质数据实时查看并记录。专业技术人员每个月对平而站进行1次实际水样的实验分析，用于比对试验和进行本地校准，并及时清洗管路；每季度对电极进行清洗，泥沙量大时增加清洗频次；每半年进行标样试验；每年进行电极或膜的更换。

根据统计，截至2014年年底，各省（自治区）中心共建自动监测站15座，均正常运行，在建自动监测站5座。目前已建自动站均委托维护，维护周期从1周到1年不等，检验周期从1周到1年不等，全年比对试验次数（单站均值）为1～4.5次。其中，广东省水文水资源流域中心建设自动监测站数量最多，为14座，云南省水环境监测中心已建1座，在建5座，其余各省（自治区）中心无已建及在建自动监测站。

6. 松辽流域水环境监测中心

松辽流域共建有9座水质自动监测站，目前投入运行的是第二松花江上石桥水质自动监测站。嫩江建有五座水资源质量自动监测站，尚未移交运行。在浑江及拉林河上建设了3座水资源质量自动监测站，年底已经完成了质控样测试和实验室的比对实验，仪器设备已经满足运行要求，2015年正式投入运行。

黑龙江省7个国家重点水源地的自动监测站建设工作，已经完成工程招标工作，其中大庆龙湖泡自动监测站已经完成土建工作，其他6个站也已经完成现场踏查和建站准备工作。

7. 太湖流域水环境监测中心

流域中心承担贡湖自动站、太浦河口自动站、金泽自动站、张桥自动站、望亭自动站及常熟自动站共6个自动监测站的运行维护工作。根据各个自动站的实际运行状况，合理制定自动站日常运行维护的周工作计划，2014年累计进行了160人次日常维护，包括清洗仪表管路，检查UPS、消防等安全设备，添加、更换试剂，仪表校准等，同时做好卫生保洁及安全工作。其中试剂配制共计38站次，校准溶液配制86瓶，校准仪表43台次，组织进行水样比对试验共318次，编制比对试验报告9份，完成系统日常维护工作日志160余份。2014年除常熟自动站受到雷击致系统长时间瘫痪外均未发生严重系统故障，整体运行状况良好。

浙江省中心已建自动站位于之江水文站，监测钱塘江干流水质，由之江水文站负责管理。杭州分中心已建自动站位于拱宸桥水文站，监测运河水质，现委托杭州环保成套工程有限公司进行日常维护。台州分中心已建自动站位于台州市重要饮用水源地长潭水库库中，现委托台州市航天亨通科技有限公司进行日常维护；在建水质自动监测站1座，位于饮用水源地牛头山水库，目前已完成招投标及合同签订事宜，正在进行选址工作。

上海市中心实验室负责管理的水质自动监测站已建成只有1座。自动监测站环境条件设施完好，能做到“日查看、周巡检、月比对质控”，每周负责仪器设备的运行、维护、保养和校验工作，确保仪器设备的完好率和准确度，且加强每天24h的各项目监测数据的有效性审核，对异常数据查清原因，以保证数据的准确性及有效性，每月定期进行比对试验。上海市各分中心已建自动站28座，在建自动站4座。

福建省仅泉州分中心已建一个水质自动监测站，位于晋江东西溪汇合口下游石砻水文站断面，主要监测晋江干流的水质状况，由分中心负责日常运行维护工作。

三、移动实验室质量管理

截至2014年年底，全国各级水环境监测中心共计配置移动实验室50个。移动车证照齐全，操作规程齐备，定期维护；按周期检定或校准；使用记录完整，符合有关规定；与实验室进行比对；整体状态良好，功能齐全完好；应急出勤及时，配备的专职司机和负责车载或便携仪器设备维护的技术人员具备开展应急监测工作和处置异常情况的能力。

对于移动实验室及车载仪器设备的存放环境和安全防护，严格按照有关标准进行控制，并定期检查和排除安全隐患，在生产运行中没有对周边环境产生不良影响。全年无安全责任事故。全国各级水环境监测机构移动实验室配置情况见表5.3。

表5.3　全国各级水环境监测机构移动实验室配置情况一览表

单位名称	移动实验室数目	开展应急监测次数（含演习）
长江流域水环境监测中心	2	4
水文局上游分中心	1	3
水文局汉江分中心	1	1
四川省	1	0
湖南省	1	2

续表

单位名称	移动实验室数目	开展应急监测次数（含演习）
黄河流域水环境监测中心	1	1
黄河宁蒙水环境监测中心	1	1
黄河中游水环境监测中心	1	2
黄河三门峡库区水环境监测中心	1	7
淮河流域水环境监测中心	1	1
河南省	1	0
江苏省	6	19
山东省	1	2
海河流域水环境监测中心	2	1
漳卫南运河分中心	1	1
引滦工程分中心	1	1
北京市	4	4
天津市	1	0
河北省	1	2
珠江流域水环境监测中心	1	2
云南省水环境监测中心	1	2
松辽流域水环境监测中心	2	1
内蒙古自治区	10	很少
太湖流域水环境监测中心	2	1
上海市	4	25
福建省	1	1

第六章　实验室管理及资料整、汇编情况

一、实验室管理及安全生产

2014年度，全国水利系统各级水环境监测机构都能严格执行SL/Z 390—2007《水环境监测实验室安全技术导则》和各项安全生产工作规章制度，制定本中心实验室管理及安全生产相关文件，对实验室安全操作规范、有毒有害危险品管理、高压气瓶安全管理、实验室消防、"三废"处理、安全事故应急处理措施等进行明确规定。

各级监测机构实验室均能够做到化学试剂有专人负责管理，试剂出入库均予以记录；剧毒物品实行"双人双锁"保管；废液收集储存到一定数量后，进行集中处理或联系专门的环保公司处理，并及时填写处理记录。实验室装有通风设施，能够保证实验室有良好的通风条件；装有冲洗眼器，配备有防喷溅面罩、防喷溅眼镜、防护口罩、防毒面具、耐酸碱手套以及耐有机腐蚀手套等个人防护用品；外出采样人员也配备了救生衣、安全绳索等安全防护装备；定期对实验楼涉及水电的空调、电梯等设施设备进行检查维护；实验室内及走廊配备有二氧化碳和干粉灭火器并定期更换；不定期举办消防知识等安全讲座，以增加大家的安全防患意识，确保安全生产；成立安全生产领导小组，定期检查安全隐患。

部分监测机构还能够运用高科技技术强化实验室管理与安全生产。长江、珠江流域水环境监测中心等监测机构的实验场所均实行分区管理，每间实验室安装了声光、烟感报警系统，相关实验室还安装危险气体泄露报警系统和实验室废气处理及新风系统，整幢大楼运行了视频安防、指纹门禁系统和实验室监控设备，进一步增强安全生产系数。

2014年，全国水利系统各级水环境监测机构未发生过安全生产责任事故。

二、水质评价工作

2014年，全国水利系统各级水环境监测机构依据SL 219《水环境监测规范》、SL 395—2007《地表水资源质量评价技术规程》及时汇总、整编水质监测成果并开展评价工作。

1. 长江流域

参照GB 3838—2002《地表水环境质量标准》、SL 2019—2013《水环境监测规范》和SL 395—2007《地表水资源质量评价技术规程》要求，流域中心及时汇总、整编水质监测成果，并开展评价工作，编印完成了《长江水资源质量公报》(12期)、《长江地表水资源质量状况月报》(12期)、《长江地表水资源质量状况月报》(12期)、《三峡生态与环境监测快报》(12期)、《丹江口库区省界水体水质监测质量简报》(12期)、《长江流域及西南诸河地表水资源质量状况年度报告》(1期)、《长江流域及西南诸河水资源公报》(1期)、《长江流域及西南诸河重要江河湖泊水功能区水质达标评价报告》(1期)等51期报告。

本年度流域机构编印各类水质评价报告512期，相关省份编印各类水质评价报告1201期。

2. 黄河流域

2014 年黄河流域水质评价结果及各类水质信息由黄河流域水环境监测中心组织编制，水资源保护局统一对外发布、报送。年内黄河流域共组织编发《黄河流域省界水体及重点河段水资源质量状况通报》(12 期)、《黄河流域重点水功能区水资源质量公报》(4 期)、《2013 年黄河流域地表水资源质量公报》(1 期)、《黄河干流水量调度重点河段水质旬报》(12 期)、《黄河水量调度重点河段水质月报》(12 期)、《2013 年黄河水资源公报》中水质调查评价 (1 期)、《全国部分重点湖库藻类试点监测工作成果报送表》(12 期)，共计 54 期。

新疆维吾尔自治区：每年对内陆片新疆部分进行水质评价，按照水利部《中国地表水资源质量年报编制技术大纲》(试行稿) 编制新疆地表水资源公报中水质部分，上报水利部和水利厅。每月编制新疆重要河段水资源质量月报，当月底上报部水质处。每旬监测乌鲁木齐市重要饮用水水源地，有乌拉泊水库、大坝渗沥水、八一闸水源地，按照水利部的统一规定评价后上报 (旬报)。

青海省：年内共发布水资源质量年报、青海省重要水功能区水质通报、2014 年青海省入河排污口监督性监测报告、2013 年度水资源评价质量年报海东地区湟水流域重点水功能区水质通报青海省柴达木盆地水资源年报 (2013 年度)，共计 12 期。

甘肃省：每年编制《甘肃省水质简报》，每季度 1 期，全年编制 4 期。定西分中心每年编制《白银市水环境状况通报》，全年共 4 期。

宁夏回族自治区：编制中国水资源公报宁夏部分、中国水资源简报宁夏部分、中国水资源质量年报宁夏部分等各类评价报告 40 期。

陕西省：全省共完成陕西省水资源公报、陕西省水资源质量通报、重点城市主要供水水源地水资源质量状况旬报等各类评价报告 158 期，其中省中心 35 期，分中心 123 期。

3. 淮河流域

淮河流域中心的监测数据交由淮河流域水资源保护局评价、通报，流域四省监测机构全年编印了 1646 期报告。

4. 海河流域

流域中心及分中心本年度共编印各类报告 154 期，流域内北京市、天津市、河北省、山西省各级监测机构本年度共编印各类报告 522 期。

5. 珠江流域

2014 年根据珠江流域水环境监测中心和流域片各省 (区) 水环境监测中心对本年度实施监测的 609 个监测站点的数据进行汇总和评价，并按水利部的要求编制了《珠江片水资源质量年报》,《珠江片水资源公报》等。

根据水利部的统一部署，组织开展了 56 个省界缓冲区 (其中省界缓冲区断面 48 个，河口缓冲区断面 8 个)、116 个重点水功能区、133 个地表水质监测站的水质监测及评价工作，每月定期发布了《珠江流域省界水体水环境质量状况通报》《珠江片重点水功能区水资源质量状况通报》《珠江片地表水资源质量状况月报》等各类水质信息，共计发布各类月报、通报 36 期，为流域水资源合理开发、高效利用和有效保护提供了基础支撑。

根据统计，2014 年珠江流域各省 (自治区) 中心全年共编印报告 195 期，涵盖省界水质通报、地表水资源质量月报、水资源公报、饮用水源地水质月报、旱情信息简报、生物监测简报等。

6. 松辽流域

2014 年度，流域各级水环境监测机构依据 SL 219—2013《水环境监测规范》、SL 395—2007《地表水资源质量评价技术规程》及时汇总、整编水质监测成果并开展评价工作。

松辽流域水环境监测中心完成《松辽流域省界缓冲区水资源质量状况通报》（12 期）、《松辽流域水资源质量年报（2013）》、《2013 年松花江流域地表水资源质量年报》、《2013 年辽河流域地表水资源质量年报》、《松辽流域“十二五”水污染防治规划省（区）界断面 2014 年度水质评价报告》等编制工作。

黑龙江省完成了《重点水域水质状况通报》（12 期）、《饮用水水源地水质简报》（6 期）、《水功能区水质简报》（6 期）等编制工作。

吉林省主要完成了《2014 年吉林省水资源公报》《2014 年吉林省水资源管理年报》《2014 年吉林省水质简报》《2014 年中国水资源质量年报》《吉林省重点水域水质通报》等编制工作。全省全年合计编印公报、通报等各类报告 44 期。

辽宁省完成了《2014 年辽宁省水资源公报》《2014 年中国水资源质量年报》《辽宁省主要饮用水源保护区水质水量通报》《辽宁省主要供水水库水质水量通报》，全省全年合计编印公报、通报等各类报告 12 期、360 份。

内蒙古自治区完成了《内蒙古水资源质量公报》（3 期）的编制工作。

7. 太湖流域

流域中心全年编制各类水质月报、简报和年报共 247 期，对流域省界水体、重点水功能区、太湖及入湖河道、重点入河排污口的水质状况进行了通报发布。浙江省编制各类水质评价报告共 197 期，上海市编制各类水质评价报告共 151 期，福建省编制各类水质技术报告共 269 期。

三、资料整编、记录与管理

1. 长江流域

流域中心和流域上海分中心依据 SL 219《水环境监测规范》及水质监测资料整汇编技术规定的要求，每月对各类水质监测资料进行整编，资料经分析、校核、复核后整编成册，成果录入数据库并进行电子备份，纸质资料入档案室保存。2014 年流域中心共整编水质监测成果数据数量 47432 个，汇编数据 156890 个；流域上海分中心整编数据 8520 个。

长江委水文局 7 个分中心水环境监测成果资料均严格按照水环境监测规范关于水质监测原始数据的记录、修改、校核、审核等的相关要求来执行。整编成果资料按照《水文局水质监测整编成果资料编制规定》的要求来编制。在本年度水文局组织的水环境监测质量监督检查中，成果资料的记录、校核、审核等均符合规范的要求。完成的整编汇编成果资料，均交勘测局档案室管理。

本年度流域机构一共整编水质监测成果数据数目 380136 个，汇编水质监测成果数据数目585660个；相关省份一共整编水质监测成果数据数目489210个。

各省（自治区、直辖市）监测机构均依据SL 219《水环境监测规范》及水质监测资料整汇编技术规定的要求，每月对各类水质监测资料进行整编，资料经分析、校核、复核后整编成册，除西藏自治区外其他省（直辖市）均录入数据库，整编数据进行电子备份，纸质资料入档案室保存。

2. 黄河流域

2014年5月，黄河流域水资源保护局组织完成2013年度黄河流域（片）水质监测资料整汇编工作。新疆、青海、四川、甘肃、宁夏、内蒙古、山西、陕西、河南、山东等省（自治区）水环境监测中心，黄委水文局，黄委各基层水环境监测中心、黄委各共建共管实验室派人参加。本次资料整汇编包括黄河流域及西北诸河常规、省界、入河排污口、悬移质、水源地等监测断面资料，汇编水质监测成果数据11.61万余个。

新疆维吾尔自治区：2014年整编水质监测成果，共248监测站点、1728个样品、40项监测项目、67204个数据。

青海省：3个实验室于12月中旬在中心进行了资料整编审查，整编工作内容含地表水常规监测（含省界、委托检测）、地下水监测、水源地监测、调查监测、对外服务监测、入河排污口监测、应急监测（演练）等监测资料，整编水质监测成果数据共计33453个。

甘肃省：3月省中心组织中心和各分中心技术人员14人，进行了全省年度水质资料统一整编。6月参加了黄河流域水环境监测中心组织的水质资料汇编工作，全年水质监测数据达到6.25万。

宁夏回族自治区：2014年对地表水常规监测、湖泊（水库）水质监测成果、省界水质站成果、县界水质站成果等进行了整编，整编水质监测成果数据1.46万。

陕西省：省中心及5个分中心积极组织开展本中心水质监测资料在站整、汇编工作。3月，省中心组织完成了2013年度全省水质监测资料整汇编工作，汇编涉及黄河流域及长江流域常规、省界、入河排污口、水功能区、水源地等水质监测断面237个，汇编成果数据近34688个。

3. 淮河流域

流域中心依据SL 219—2013《水环境监测规范》的要求，2014年度继续要求所有检验检测人员严格按照要求进行监测资料记录、校核、审核，对原始检测结果进行核查，发现问题及时处理，以确保检测成果质量。检测质量活动记录由专人负责收集、标识、登记，交档案管理员妥善保存在资料室，不同监测任务单独装订、有序摆放，便于查阅。对记录的标识、储存、检索、保护和处置进行控制，保证质量体系实施的有效性，为质量活动提供可追溯依据。流域四省监测机构整编水质监测成果数据数量1041849个。

4. 海河流域

2014年流域中心组织开展了2013年度海河流域水质资料整编工作，整编依据SL 219—2013《水环境监测规范》相关要求，采取互审的方式，对258个地表水测站、约7万个监测数据的水质站及断面一览表、水质监测成果表、地表水监测项目和分析方法表等进行了认真细致的审核和合理性分析，满足规范要求，质量良好，通过了专家评审。

流域中心、分中心及流域内北京市、天津市、河北省、山西省各级监测机构制定了《记录和档案管理程序》《检测结果质量保证程序》等相关制度，并严格执行。监测数据做好原始记录，并及时校核、审核，确认无误后及时录入数据库。档案设专人负责管理，按照质量体系管理要求，相关的文件、记录、人员档案、仪器档案等资料均按照相关要求进行分类整理存档。

5. 珠江流域

2014年，流域中心对2013年所监测的八口门、水功能区、重要饮用水源地、省界缓冲区的数据进行了汇编，共计汇总数据21888个。

根据统计，本年度各省（自治区）中心共计整编水质监测成果数据326544个，对2013年度包括任务书、送样单、记录表、检测报告等监测原始资料，监测成果等资料进行了审查。根据资料整汇编情况，各省（自治区）中心均能按照《质量手册》等管理体系文件、《水环境监测规范》、水利部"七项质量管理制度"等要求开展监测工作，资料质量整体得到了提高，成果数据差错率低，总结资料整编中存在的问题、对有争议的问题进行了统一，使数据的合理性进一步提高，也进一步提高了水质监测原始资料的规范性和标准性。

6. 松辽流域

2014年度，流域各级水环境监测机构依据SL 219—2013《水环境监测规范》及各机构《水质监测资料整汇编技术规定》等技术要求，对各类水质监测资料进行整汇编，并对监测资料档案进行规范化管理。

流域各级水环境监测机构积极组织开展职责范围内水质监测资料整汇编工作。6月，流域中心组织流域内各省（自治区）召开水质监测资料整编会议，对2013年度水质监测资料进行整编。整编涉及省（自治区）常规断面254个、省界断面60个、国际界河断面21个，水源地断面3个，水质监测断面共计337个，水质监测成果数据93000余个。省界数据已载入水质数据库。

7. 太湖流域水环境监测中心

流域中心使用实验室信息管理系统对水质监测数据进行全过程管理，从监测任务制定到样品接收、从试剂入库到标准曲线生成、从检测结果录入到审核批准信息等全部记录并可追溯。对于所有指标的检测结果均当日完成复核，发现问题及时复测。当数据审核完成后，水质资料即完成确认并可用于汇编。

浙江省中心及各分中心每月对当月资料进行严格的计算、校核及审核，并且录入统一的电子表格。年终将数据从系统导出形成全年的整编表格，同时按要求格式编制电子表格，经过校核与合理性审查工作，完成当年的水质资料整编工作。

上海市中心组织各实验室技术骨干按照SL 219—2013《水环境监测规范》和质量体系文件的要求及中心制定的《资料整编质量考核评比办法》对原始资料及成果报表进行复核审查。在整编过程中对检测原始记录不仅核算数据的计算和记录的填写准确性和正确性，还交流切磋合理选择各种检测方法及选取最佳条件来操作各种大型仪器等。

福建省各中心年初制定资料整编分工，按照SL 219—2013《水环境监测规范》和

《福建省水质监测与整编补充规定汇编》以及省中心关于水质监测和整编的各项规定为指导，统一和规范了记录格式，所有监测资料都经过校核、审核，确保检测数据的真实性和检测成果的准确性。由信息管理员将数据导入数据库，对数据库录入的数据进行了三遍校核，数据库生成年、月成果数据和年特征值统计表，校核、审核无误后备份保存。检测资料的原始记录和电算表格及数据库数据均交由省中心统一保存。

第七章　监测站网和监测能力建设

一、监测站网

1. 长江流域

流域中心现有分中心1个，共建实验室12个，省（国）界水体监测断面194个，监测率100%；国家重要江河湖泊水功能区监测断面128个，监测率43.7%，地下水监测站点35个，监测率100%；入河排污口监测站点82个，监测率100%，其他监测断面20个，全年监测断面总数459个。

本年度流域机构共有8个分中心，5个实验室，12个共建实验室，省（国）界水体监测断面194个，监测率100%；集中式饮用水水源地监测断面10个，监测率100%，国家重要江河湖泊水功能区监测断面128个，监测率43.7%，地下水监测站点36个，监测率100%；入河排污口监测站点90个，监测率100%，其他监测断面112个，全年监测断面总数908个。

相关省份现有44个分中心，省（国）界水体监测断面118个，监测率93.5%；集中式饮用水水源地监测断面291个，监测率91.9%，国家重要江河湖泊水功能区监测断面1090个，监测率89.5%，地下水监测站点51个，监测率100%；入河排污口监测站点54个，监测率100%，其他监测断面521个，全年监测断面总数1965个。

2. 黄河流域

截至2014年年底，黄河流域水环境监测中心现有分中心5个，共建共管实验室9个，黄河流域监测站网包括省界、水功能区、水源地、水量调度、湖库富营养化、沉降物、入河排污口监测等站网。通过直测和委托监测的方式，全流域75个省界断面已实现了全覆盖监测；集中式饮用水水源地监测断面15个，监测覆盖率100%；国家重要江河湖泊水功能区现状监测断面118个，监测率86.1%；地下水监测断面578个，入河排污口监测断面27个，其他监测断面33个。省界断面监测项目为GB 3838—2002《地表水环境质量标准》基本项目；水功能区断面监测项目以GB 3838—2002《地表水环境质量标准》基本项目为主，饮用水源区增加了GB 3838—2002《地表水环境质量标准》集中式生活饮用水地表水源地补充项目以及苯、甲苯、乙苯、二甲苯（对二甲苯、间二甲苯、邻二甲苯）、异丙苯7种苯系物；湖库富营养化断面监测项目为水温、pH值、溶解氧、高锰酸盐指数、总磷、总氮、叶绿素a、透明度、藻类的定性和定量。

新疆维吾尔自治区：省中心目前承担了11条河流、2座水库、2个湖泊共27个站点的地表水监测工作；另外还承担了重点水源地和水污染河段的监测。重点站乌鲁木齐河英雄桥、乌拉泊水库监测频次12次，其他站均分布在丰、平、枯季各6次；重点水源地每月分上、中、下旬3次；11个分中心承担着91条河流、14座水库、8个湖泊共189个站点的地表水监测工作。

青海省：2014年全省共布设水质监测站点217处，其中地表水水质站点106处（含省界8处）、地下水水质站点44处、水源地监测站点9处。

甘肃省：2014年全省共设水质监测站192个，其中，城市饮用水源地（包括地下水和地表水）和地表水功能区水质站134个，监测频次6～12次。黄河流域水环境监测中心委托国家地下水监控项目地下水58眼水井，每年监测2次，省界断面10个；长江委委托监测5个断面；监测国家重要水功能区水质站75个。

宁夏回族自治区：区中心现有一个黄委共建共管固原分中心，实验楼正在筹建中。2014年共监测省界断面13个、国家重要江河湖泊水功能区12个，其他地表水监测断面52个，全年共监测77个地表水监测断面。

陕西省：2014年共监测断面总数237个。其中监测省界断面31个、饮用水源地断面12个、国家重要水功能区断面133个、地下水断面5个、排污口断面81个、其他18个。现有两个共建共管实验室，分别是长江流域的汉中分中心，黄河流域的宝鸡分中心。

3. 淮河流域

淮河流域现有流域中心实验室1个，无流域分中心，4个省中心实验室，30个分中心实验室。

截至2014年年底，流域中心承担的监测任务有：省界水体监测断面51个，每月监测两次；集中式饮用水水源地监测断面20个，其中有14个断面每月监测一次，其余6个断面每季度监测一次；国家重要江河湖泊水功能区监测断面40个，每月监测一次；地下水监测站点442个，全年共监测1244个断面次；重点城镇入河排污口每月抽查50个左右样品。

4. 海河流域

截至2014年年底，流域中心及两个分中心负责70个省界断面、84个重要水功能区断面、9个重要水源地断面、12个水生态监测断面、565个地下水测站以及跨流域调水等水质监测工作。省界、重要水功能区、重要水源地监测频率为每月一次，水生态监测为每年5—10月每月一次。地下水监测根据部水文局统一部署，地下水水源地每月监测一次，河北、河南地下水测站每季度监测一次，北京市、天津市、山西省、山东省地下水测站半年监测一次。此外，流域中心还选取230个重要水功能区中6%的水功能区进行监督性监测，与流域内各省市同时采样，同时监测，进行比对。漳卫南分中心3—10月对26个入河排污口断面开展监督性监测。合计现有分中心数量2个，共建实验室数量1个，省（国）界水体监测断面70个，监测率为100%；集中式饮用水水源地监测断面9个，监测率为100%；国家重要江河湖泊水功能区监测断面84个，监测率为100%；地下水监测断面565个，监测率为100%；入河排污口监测断面26个，监测率为100%；其他监测断面15个，全年监测断面总数为697个。

流域内北京市、天津市、河北省、山西省各级监测机构均根据部水文局、上级主管部门和流域机构的相关要求圆满地完成了本年度的各类水质监测工作。合计现有分中心数量29个，共建实验室数量2个，省（国）界水体监测断面88个，监测率为92.5%；集中式饮用水水源地监测断面71个，监测率为100%；国家重要江河湖泊水功能区监测断面422个，监测率为88.0%；地下水监测断面832个，监测率为96.6%；入河排污口监测断面118个，监测率为100%；其他监测断面585个，全年监测断面总数为2096个。

5. 珠江流域

截至2014年年底，流域中心共设置监测断面41个，其中省（国）界水体监测断面17个，集中式饮用水水源地监测断面4个，国家重要江河湖泊水功能区监测断面20个，入河排污口监测断面20个，无地下水监测断面。目前，珠江流域水环境监测中心尚无分中心实验室。

根据统计，截至2014年年底，珠江流域各省（自治区）中心共有分中心34个，其中云南省有14个分中心，海南省未建分中心；全年监测断面总数为2095个，其中省（国）界水体监测断面128个，集中式饮用水水源地监测断面361个，国家重要江河湖泊水功能区监测断面800个，入河排污口监测断面286个，地下水监测断面162个。

6. 松辽流域

2014年松辽流域水环境监测中心共计开展了533个监测断面的监测工作，包括：2个饮用水源地监测断面，79个重要其他水功能区监测断面，452个地下水监测点的监测工作。

黑龙江省现规划有51个地表水水质监测站点，270个水功能区监测断面、375处地下水质监测井，39个界河站、8个降水站、7个源头背景值站、33个水源地站。同时还承担着460个入河排污口的监测和监督管理工作。黑龙江省现有7个分中心（实验室），在建实验室1个（大兴安岭分中心）。

吉林省共监测省（国）界水体断面43个，集中式饮用水水源地断面22个，国家重要江河湖泊水功能区断面191个，地下水断面共165个。吉林省现有5个分中心。

辽宁省省界水体监测断面13处，集中式饮用水水源地断面22个，国家重要江河湖泊水功能区79个断面、地下水198个监测点、入河排污口监测断面287个进行了监测。

内蒙古自治区国家重要江河湖泊水功能区监测断面205个，入河排污口监测断面118个，其他监测断面173个，内蒙古自治区现有4个分中心。

7. 太湖流域

流域中心现有监测站网主要由省界水体、重点水功能区、引江济太等常规固定测站和流域重要饮水水源地、重点入河排污口等非常规调查测站组成。省界水体和重点水功能区站点每月监测一次，指标为24个基本项目和5个补充项目；引江济太站点根据实施方案和实际水情进行监测；重要饮水水源地每季度监测一次，指标为80项补充项目；重点入河排污口每季度监测一次，指标根据各排污口污水排放类型确定。

二、监测能力建设

1. 长江流域

2014年，流域中心根据业务需要新增持证检测项目为丙烯酰胺、丙烯腈、四乙基铅、吡啶、松节油、苦味酸、丁基黄原酸、嗅和味、肉眼可见物、总α放射性、总β放射性、三氯乙醛、镍、有机质等14项。对部分设置不合理，长期未开展的检测项目艾氏剂、硫丹Ⅰ、狄氏剂、异狄氏剂、硫丹Ⅱ、速灭磷、甲拌磷、二嗪磷、异稻瘟净、杀螟硫磷、溴硫磷、水胺硫磷、稻丰散、杀扑磷、硝基乙苯等15项进行了撤销，人员新增和离职各1人，其他方面没有变化。

流域上海分中心新增了总有机碳、六六六、滴滴涕、甲基对硫磷、马拉硫磷和微囊藻毒素等6个检测项目，人员新增和离职各1人，其他方面没有变化。

本年度流域机构无新建或撤销分中心，新增实验室面积3600m^2，改建面积60m^2，新增仪器设备32台（套），报废仪器设备65台（套），新增监测断面31个，无撤销断面，新进14位监测人员，8位监测人员离职，新增检测项目40，撤销检测项目18个。

本年度相关省份新建1个分中心（湖南省），新增实验室面积1811m^2，改建面积1400m^2，新增仪器设备193台（套），报废仪器设备10台（套），新增监测断面378个，无撤销断面，新进38位监测人员，17位监测人员离职，新增检测项目2，撤销检测项目16个。

2. 黄河流域

流域监测中心及5个分中心2014年新增578个地下水监测断面，自8月将75个省界断面的监测项目硫化物、硒、阴离子表面活性剂由每季度监测1次调整为每月监测1次。

流域监测中心新增仪器设备11台，报废4台；上游水环境监测中心新增1台分光光度计、1台离子色谱仪、1台BOD仪，报废1台分光光度计；宁蒙水环境监测中心新增1台自动电位滴定仪、1台TOC分析仪和1台固相萃取仪；中游水环境监测中心新增1台离子色谱仪、1台冷原子吸收测汞仪和1台液相色谱仪；三门峡库区水环境监测中心新增1台液相色谱仪、1台固相萃取仪和1台高速冷冻离心机；山东水环境监测中心新增1台离子色谱仪、1台TOC分析仪、1台自动电位滴定仪等。

黄河山东水环境监测中心新建实验室（1500m^2）已竣工并通过验收，实验台、仪器边台、室内通风系统等安装工作也已基本到位，搬迁工作正按计划要求有条不紊的进行中。其他水环境监测中心无新建或改建、改造实验室情况。

3. 淮河流域

2014年度流域监测中心实验室无新增（改建），各类监测断面及监测频率均未发生变动，无新增（撤销）检测项目。截至2014年底中心23人持水利部水文局统一换发的采样证，新进监测人员1人，离职两人，报废1台培养箱。2014年度启动了流域地下水监测，完成442个地下水站点的水质监测工作。

当有应急监测任务时，流域监测中心第一时间响应，分工明确，迅速开展工作。2014年春节期间惠济河氨氮超标严重，中心在节日期间即刻组织了应急监测小组到现场进行监测工作，并且一直坚持到4月险情基本消除，监测项目主要为氨氮；8月4—25日参加了南四湖生态补水应急监测，监测项目为水温、pH值、溶解氧、高锰酸盐指数、化学需氧量、五日生化需氧量、氨氮、总磷、铜、锌、氟化物、硒、砷、汞、镉、六价铬、铅、氰化物、挥发酚、石油类、硫化物和阴离子表面活性剂、细菌总数23项。

4. 海河流域

本年度流域中心新购置便携式多参数测定仪、正置生物显微镜、全自动定量浓缩仪共计3台设备。新设省界监测断面5个，已全部覆盖流域省界缓冲区。漳卫南运河分中心新增仪器设备3套、新增重要水功能区监测断面8个。引滦工程分中心改造无菌实验室40m^2，撤销省界监测断面1个，新增省界断面1个，新进检验检测人员2人，离职检验检测人员1人。

流域内北京市、天津市、河北省、山西省各级监测机构合计新建分中心3个，新增实验室面积892m^2，改建实验室面积300m^2，新增仪器设备168台（套），报废仪器设备33台（套），新设监测断面91个，撤销监测断面2个。

5. 珠江流域

截至2014年年底，流域中心尚无新建分中心，实验室面积无变化；共计新增5台/套仪器设备，报废1台/套；无新增或撤销监测断面；新进监测人员2人，退休或离职3人；监测项目没有增减。

2014年，流域中心参加水利部及国家认监委组织的能力验证实验全部一次性满意通过，体现了本中心的监测技术水平。

根据统计，截至2014年年底，珠江流域各省（自治区）中心均无新建分中心，但新增实验室面积1620m^2，撤销实验室面积1350m^2，总体上实验室面积增加270m^2；新增检测仪器设备155台/套仪器设备，报废8台/套；新增监测断面490个，撤销监测断面14个；新进监测人员45人，退休或离职16人；新增监测项目75项，主要为云南省水环境监测中心扩项增加。

2014年在广东省水利行业水质检验工职业技能竞赛中，广东省水文水资源流域中心包揽大赛前七名，其中1人获“五一劳动奖章”，3人获得“广东省技术能力”，5人还获得“广东省职工经济技术创新能手”，13人获得“广东省水利技术能手”称号。

6. 松辽流域水环境监测中心

2014年度流域中心未新建或撤销分中心、未新增或改建实验室面积、未进行实验室改造、也无新增（报废）仪器设备。本年度新增监测断面19个，共监测重要水功能区断面79个，达到了重要水功能区监测全覆盖。本年度中心新进2名合同制人员，这2名同志均获得采样人员资格证书，其中1名同志获得水温、pH值等项目检验检测人员资格证书。通过计量认证复查换证评审，中心检测项目由原来的76项增至153项，新增检测项目77项。

黑龙江省实施国家水资源监控能力建设项目，省中心及黑河、伊春、绥化、大兴安岭分中心各自按项目规划获得了急需的水质监测仪器，项目共投入资金550万元，采购仪器设备55台套，使得4个实验室的监测能力得到大幅提高，检测环境也得到了很大改善。佳木斯分中心对原有实验室进行了改建工作，改建121m^2。齐齐哈尔分中心、伊春分中心、绥化分中心、黑河分中心各新增检验检测人员1名，齐齐哈尔分中心离职检验检测人员1名。本年度无新增或撤销的检测项目。

吉林省监测能力建设略有调整。其中省中心实验室新增大型仪器设4台/套；通化分中心新增断面32个；省中心、白城分中心、四平分中心，吉林分中心、白城分中心各离职检验检测人员1名，四平分中心离职检验检测人员2名，全省合计7人次调动，其他情况无变化。本年度无新增或撤销的检测项目。

辽宁省中心实验室新增大型仪器设1台/套；抚顺分中心新增大型仪器1台。

内蒙古自治区各监测机构全年监测断面、设备、人员和检测项目未发生变化。

7. 太湖流域

流域中心目前仅有一个实验室在运行，本年度无改建工程，监测人员中新进8人同时有2人离职。本中心组织开展了一次水质检测技能竞赛，邀请了环保、城建系统专家担任裁判，通过以赛代练有效促进了中心人员的技能水平。

浙江省分中心新增监测断面 44 个，新进 2 人、离职 1 人，2 个分中心分别新增 1 个检测项目。

上海市中心承担了 6 次应急监测的采样任务和检测任务，包括 1 月黄浦江上游二氯甲烷、1 月长江口锆监测、4 月靖江水质监测、5 月长江口挥发酚监测、7 月黄浦江上游取水口锑监测、11 月长江口油污监测，全年提供数据超过 1000 组。

福建省各中心改建实验室面积 110m^2，新设监测断面 131 个，撤销监测断面 2 个，新进检验检测人员 2 人，离职 1 人。

第八章　问 题 与 建 议

一、总结

2014 年质量工作，各监测中心存在的问题及提出的建议基本相同，主要包括以下几个方面：

（1）各种培训工作不能满足需求。近年来随着监测任务的增加，大批先进仪器设备的购进，各监测中心特别是流域中心都引进大量高学历人才，这些人员主要负责大型仪器操作，日常工作中基本技能操作涉及较少，在岗位技术考核中表现出基本技能操作不够规范和熟练，基本原理掌握不够扎实，在今后需进一步加强其基本理论知识学习和基本操作技能的练兵。

随着监测任务的增加，质量管理工作显得更加重要，而各监测中心质量管理岗位人员偏少、工作面广、任务量大成为影响质量管理工作的主要原因。

（2）质量管理工作经费不足。监督检查和上岗考核工作的全面开展，使得各流域和省级监测中心人员出差经费和标准样品发放严重超出预算，中心没有专项经费支持。

（3）监测任务重，检验检测人员配额不足。随着实行最严格的水资源管理制度，对水源地、排污口、水功能区等水质监测工作的广度、频次都大幅度提高，而检验检测人员数量有限，检验检测人员承担的监测任务过多，很难在样品保存时间内完成检验检测工作，影响检验检测结果质量。

（4）自动监测站质量控制与质量保证有待提高。有些监测机构的水质自动监测站采用委托管理的方式运行维护，但监管工作跟不上，使水质自动监测站的质量控制与质量保证受到影响。

二、建议

（1）需从政策层面解决水环境监测人员编制和质量管理经费的问题，进一步提升水环境监测能力建设。

（2）加大质量管理的技术培训力度，强化基本技能培训，增加新仪器、新技术的培训，从而提高实验室各类人员的管理水平和技术水平。

（3）加强行业内和行业间质量管理经验交流，促进质量管理工作的统一与规范。努力适应新时期的水质监测工作。

（4）进一步加强自动监测站的运行质量管理，监督运维公司对合同范围内的在线水质监测设备进行维护和管理；增加与实验室的比对实验频次，确保水质自动监测站设备运行稳定、数据可靠、通信正常。